HANDBUCH DER KÄLTETECHNIK

UNTER MITARBEIT
ZAHLREICHER FACHLEUTE

HERAUSGEGEBEN VON

RUDOLF PLANK
KARLSRUHE

FÜNFTER BAND

KÄLTEMASCHINEN

KALTGASMASCHINEN UND KALTDAMPFMASCHINEN

Springer-Verlag Berlin Heidelberg GmbH
1966

KÄLTEMASCHINEN

KALTGASMASCHINEN UND KALTDAMPFMASCHINEN

BEARBEITET VON

K. BACH - FRANKFURT/M. · P. GRASSMANN - ZÜRICH
R. GÖLDNER - BERLIN · K. LINGE - KARLSRUHE
A. NEUENSCHWANDER - PARIS · R. PLANK - KARLSRUHE
L. VÁHL - DELFT

MIT 376 ABBILDUNGEN

Springer-Verlag Berlin Heidelberg GmbH

1966

URSPRÜNGLICH ERSCHIENEN BEI SPRINGER-VERLAG BERLIN HEIDELBERG NEW YORK 1966
SOFTCOVER REPRINT OF THE HARDCOVER 1ST EDITION 1966

LIBRARY OF CONGRESS CATALOG CARD NUMBER: 53—24194

ISBN 978-3-642-87160-3 ISBN 978-3-642-87159-7 (eBook)
DOI 10.1007/978-3-642-87159-7

LIBRARY OF CONGRESS CATALOG CARD NUMBER: 53—24194

Titel-Nr. 5551

Vorwort zum fünften Band

Bedingt durch die starke Überlastung der Mitarbeiter an diesem Handbuch hat sich die Fertigstellung der drei letzten Bände ungebührlich verzögert. Bei einem technischen Werk ist eine solche Verzögerung immerhin mit dem Vorteil verbunden, daß neueres, modernes Material berücksichtigt werden kann.

Der vorliegende Band befaßt sich mit den eigentlichen Kälte*maschinen*, also mit den wichtigsten bewegten Teilen einer Kälteanlage. Die dazugehörigen Kälteapparate werden in dem folgenden Band VI behandelt werden. Von den Maschinen sind es hauptsächlich die Kompressoren, deren Berechnung und Konstruktion eingehend zu besprechen ist. Daneben mußte aber auch an die Expansionsmaschinen (Kaltgasmaschinen) gedacht werden. Bei den Maschinen sind es die Bauformen, die sich im Zuge der Fortentwicklung am raschesten verändern. Klein- und Großkältemaschinen gehen da ihre eigenen Wege. In den großen Anlagen der chemischen und petrochemischen Industrie, aber auch in der Klimatechnik sind Kälteleistungen von einigen Millionen Kilokalorien in der Stunde keine Seltenheit mehr, und dafür treten in neuester Zeit schnellaufende Turbokompressoren immer mehr an die Stelle der Kolbenkompressoren.

Für die einzelnen Abschnitte ist es gelungen, namhafte Sachkenner zu gewinnen:

Das Gebiet der Kaltluft- und Kaltgasmaschinen, deren Verwendung hauptsächlich im Bereich der tiefsten Temperaturen liegt, wurde von Professor Dr. P. GRASSMANN übernommen, der das Kältelaboratorium an der Eidgenössischen Technischen Hochschule in Zürich leitet und sich durch zahlreiche Veröffentlichungen als führender europäischer Fachmann ausgewiesen hat, der aber auch die großartige amerikanische Entwicklung in allen Einzelheiten kennt. Hier wird von Turbokompressoren und Expansionsturbinen ausgiebig Gebrauch gemacht.

Das Gebiet der Kolbenkompressoren von Kaltdampfmaschinen wird durch einen Abschnitt eingeleitet, in dem Professor Dr.-Ing. K. LINGE, Technische Hochschule Karlsruhe, die Berechnungsgrundlagen darlegt und in Rechenbeispielen erläutert. Dabei wurden die verschiedenen Schaltungen ausführlich behandelt.

Die Kleinkältemaschinen, die sich völlig unabhängig vom Großkältemaschinenbau entwickelt haben und bei denen heute für die kleinsten Kälteleistungen in Kühlschränken die hermetischen Bauarten (Motorkompressoren) vorherrschen, wurden von Dr.-Ing. K. BACH behandelt, der als selbständiger Berater auf dem Gebiet der Kältetechnik tätig ist und über reiche praktische Erfahrungen verfügt.

Die Beschreibung der verschiedenen konstruktiven Formen von Kolbenkompressoren für Großkältemaschinen und von deren Maschinenelementen haben Direktor A. NEUENSCHWANDER von der Firma Brissonneau-York in Paris, die europäische und amerikanische Erfahrungen in sich vereint, und Professor Dr.-Ing.

R. Plank, Karlsruhe in gemeinsamer Arbeit übernommen. Neben den Kompressoren mit hin- und hergehenden Kolben werden auch die Bauarten von Dreh- und Rollkolbenkompressoren ausführlich behandelt. Daneben wird auch den Sonderbauarten gebührende Beachtung geschenkt, denen vielleicht in der Zukunft größere Bedeutung zukommen wird, vor allem den Schraubenkompressoren.

Das Gebiet der Turbokompressoren, dessen Entwicklung sich erst im letzten Jahrzehnt vollzogen hat und auf dem noch manche Neuerung zu erwarten ist, wurde Herrn Dipl.-Ing. R. Göldner, Berlin, übertragen, der während seiner Tätigkeit bei führenden deutschen Maschinenfabriken reiche Erfahrungen zu sammeln Gelegenheit hatte.

Schließlich werden die Dampfstrahl-Kältemaschinen, auf deren Grundlagen schon in den Bänden II und III dieses Handbuches kurz eingegangen wurde, im Entwurf und in den Anwendungen von Professor Dr.-Ing. L. Váhl von der Technischen Hochschule in Delft eingehender behandelt, der diesem Gebiet in seinem Laboratorium besondere Aufmerksamkeit gewidmet hat.

Der Herausgeber möchte allen Mitarbeitern für ihre mühevolle Arbeit herzlichen Dank sagen. Der Dank gilt auch dem Verlag, der in gewohnter Weise alles aufgewendet hat, um diesen Band äußerlich mustergültig zu gestalten. Das gilt vor allem auch der zugestandenen sehr großen Zahl der Abbildungen, die für den Wert eines konstruktiven Bandes mitbestimmend sind.

Karlsruhe, im Januar 1966

R. Plank

Gesamtvorwort

zum

Handbuch der Kältetechnik

(In zwölf Bänden)

Herausgegeben von

Prof. Dr.-Ing. Dr. phil. nat. h. c. Dr. sc. agr. h. c. **R. Plank**, Karlsruhe

Die Kältetechnik erscheint dem Außenstehenden als ein enges Teilgebiet des Maschinenbaues, und in diesem Sinne wird sie auch meist an Technischen Hochschulen gelehrt. Oft sieht man in ihr sogar nur ein Anwendungsbeispiel der technischen Thermodynamik. Ihren vollen Umfang und ihre große wirtschaftliche Bedeutung erkennt man erst, wenn man sich nicht nur mit der Erzeugung tiefer Temperaturen befaßt, sondern auch deren zahlreiche Anwendungen betrachtet.

Ein die gesamte Kältetechnik umfassendes Handbuch, das, mit wissenschaftlicher Strenge und den Bedürfnissen der Praxis Rechnung tragend, dieses weitverzweigte Gebiet behandelt, ist bisher nicht geschrieben worden. Es läßt sich auch nicht in einen einzigen, noch so dicken Band fassen und kann nicht von *einem* Verfasser bewältigt werden.

Der Herausgeber und der Verlag wollen durch das vorliegende Werk, das zwölf Bände von je rund 500 Seiten umfassen soll, eine vorhandene Lücke in der technischen Weltliteratur schließen. In den verschiedenen Ländern sind zahlreiche Lehrbücher der Kältetechnik erschienen, von denen manche in vorzüglicher Weise einzelne Teilgebiete darstellen, wie z. B. den Kältemaschinenbau, die Klimatechnik, das Transportwesen, die Lebensmittelfrischhaltung u. a. Keines dieser Werke setzte sich aber das Ziel, den Kälteingenieur in umfassender und vertiefter Weise in die Gesamtheit seines Aufgabenbereiches einzuführen. Auch die in Frankreich unter der Schriftleitung des verstorbenen Dr. M. PIETTRE bisher erschienenen Bände einer „Encyclopédie du Froid" besitzen zwar jeder für sich einen beachtlichen Wert, stellen aber eher eine Sammlung von Monographien über einzelne Sondergebiete als ein in sich geschlossenes Gesamtwerk dar.

Viele Kälteingenieure beherrschen nur einen Ausschnitt ihres Faches und sind nur einseitig orientiert. Eine solche Beschränkung ist ganz besonders bedenklich, wenn sie auf einem typischen Grenzgebiet geübt wird, wie es die Kältetechnik zweifellos darstellt. In ihr begegnet sich der Ingenieur mit dem Physiker,

Chemiker, Botaniker, Mikrobiologen, Zoologen und Hygieniker, aber auch mit den Vertretern aller Berufskreise, die sich mit der Verarbeitung und Aufbewahrung schnellverderblicher Lebensmittel befassen. Es kann vom Kältetechniker nicht verlangt werden, daß er alle diese Gebiete beherrscht; aber er muß sich in ihnen so weit auskennen, wie sie in die Kältetechnik eingehen, damit er sich mit den Vertretern dieser verschiedenen Disziplinen verständigen kann. Es genügt nicht, wenn er die Leistung einer Kälteanlage richtig zu berechnen und das kältetechnische Verfahren zweckmäßig auszuwählen vermag; er muß auch die Eigenschaften der Objekte kennen, die gekühlt werden sollen, und wissen, wie sie auf die Einwirkung tiefer Temperaturen reagieren. Handelt es sich um unbelebte Materie, dann genügt die Kenntnis der physikalisch-chemischen Eigenschaften; bei Erzeugnissen tierischer oder pflanzlicher Herkunft muß aber auch das biologische Verhalten in Betracht gezogen werden.

Die Kältebehandlung einer Ware stellt aber häufig nur eine Stufe im Rahmen eines verwickelten technischen Verfahrens dar, das von der Rohware zum Halbfabrikat oder zum Fertigprodukt führt. In solchen Fällen muß sich der Kältetechniker mit dem gesamten Verfahren vertraut machen, um beurteilen zu können, ob der kältetechnische Einsatz schon bestmöglich und vollständig erfolgt, oder ob durch weitere oder andersartige Anwendung tiefer Temperaturen Verbesserungen und Weiterentwicklungen möglich sind. So sind z. B. Verfeinerungen im Kälteeinsatz auf Fischereifahrzeugen zur Verbesserung der Qualität angelandeter Fische nicht ohne genauere Kenntnis der Fangmethoden und der Bordverhältnisse möglich. Bei den zahlreichen Anwendungen der Kälte in der chemischen Technik, sei es bei der Herstellung von Kunststoffen, Zellwolle oder Buna, der Glaubersalzgewinnung, der Ölraffination, der Trennung von Gasgemischen und in vielen anderen Industrien, kann die zweckmäßigste Art der Kälteanwendung nur aus der eingehenden Kenntnis des gesamten Verfahrens angegeben werden. Und eine Klimaanlage in bewohnten Räumen kann nur richtig entworfen werden, wenn man den Einfluß von Temperatur, Feuchtigkeit und Luftbewegung auf den menschlichen Körper kennt.

Beim Aufbau des *Handbuches der Kältetechnik* mußte auf alle diese Anforderungen sorgfältig geachtet werden. Neben der Bearbeitung von Bänden, die der Thermodynamik der Kältemaschinen, den Grundlagen der Wärmeübertragung, der Konstruktion von Maschinen und Apparaten und wichtigen Sondergebieten der Kälteerzeugung gewidmet sind, mußte daher auch daran gedacht werden, in weiteren Bänden die biologischen Grundlagen und die zahlreichen Anwendungen der Kälte in der Lebensmittelwirtschaft, in den chemischen Industrien, im Transportwesen, in der Klimatechnik usw. eingehend zu behandeln.

Den gegenwärtigen Stand einer Technik und ihre zukünftigen Entwicklungsmöglichkeiten kann man nur dann richtig beurteilen, wenn man ihre Entwicklungsgeschichte kennt; daher erschien es notwendig, auch der Geschichte der Kältetechnik einen Abschnitt zu widmen. Die Kältetechnik hat sich inzwischen zu einem machtvollen Wirtschaftsfaktor entwickelt, dessen Bedeutung in der Zukunft ohne Zweifel noch weiter zunehmen wird. Eine organisierte Lebensmittelwirtschaft, ein Export schnellverderblicher Waren und die Massenerzeugung zahlreicher Gebrauchswaren ist ohne Einsatz der Kältetechnik nicht denkbar. Es mußte daher auf die wirtschaftliche Bedeutung der Kältetechnik in einem besonderen Abschnitt eingegangen werden. Eine genaue statistische Erfassung der Erzeugung von Kältemaschinen, des Verbrauchs an gekühlten oder gefrorenen

Lebensmitteln, der Eiserzeugung u. a. findet man nur in wenigen Ländern. Trotzdem wurde versucht, in einem Abschnitt „Statistik" das verfügbare Material zusammenzufassen.

Es ist selbstverständlich, daß in dem vorliegenden Handbuch nicht nur die Kälteindustrie in Deutschland, sondern auch in anderen Ländern, insbesondere in den Vereinigten Staaten von Nordamerika und in der Sowjetunion, berücksichtigt wurde. Der heutige hohe Stand der Kältetechnik ist den vereinten Bemühungen in vielen Ländern zu verdanken; Physiker, Chemiker, Ingenieure und Wirtschaftler haben zu der Entwicklung und Ausbreitung dieses jungen Zweiges der Technik entscheidend beigetragen.

Die Auswahl der Mitarbeiter an den verschiedenen Bänden des Handbuches war nicht einfach. Über 40 Vertreter verschiedenartiger Disziplinen mußten herangezogen werden; trotzdem mußte vermieden werden, den einheitlichen Charakter des Gesamtwerkes zu gefährden. Glücklicherweise konnte sich der Herausgeber die Mitwirkung zahlreicher früherer Mitarbeiter am Kältetechnischen Institut der Technischen Hochschule Karlsruhe und an der Bundesforschungsanstalt (früher Reichsforschungsanstalt) für Lebensmittelfrischhaltung in Karlsruhe sichern. Es sind dies: Professor Dr.-Ing. H. D. Baehr, Berlin; Oberingenieur E. Hofmann, Sürth/Rh.; Dr.-Ing. G. Kaess, Brisbane (Australien); Professor Dr.-Ing. S. Kiesskalt, Aachen; Professor Dr.-Ing. J. Kuprianoff, Karlsruhe; Professor Dr.-Ing. K. Linge, Karlsruhe; Professor Dr.-Ing. W. Niebergall, Berlin; Professor Dr. K. Paech, Tübingen; Dr.-Ing. G. Ruppel, Düsseldorf; Professor Dr.-Ing. Th. E. Schmidt, Stuttgart; Professor Dr. G. Steiner, Karlsruhe; Dr.-Ing. W. Tamm, München; Professor Dr.-Ing. L. Váhl, Delft; Dr. J. E. Wolf, Karlsruhe.

Dieser Karlsruher Kreis konnte aber doch nicht alle zu behandelnden Gebiete decken, und so war es notwendig, sich nach anderen Mitarbeitern umzusehen. Der Herausgeber schätzt sich glücklich, namhafte Fachleute für die Bearbeitung wichtiger Teilgebiete gewonnen zu haben: Professor Dr. F. F. Nord von der Fordham University in New York hat gemeinsam mit seinem Mitarbeiter, Dr. M. Bier, den Abschnitt über die kolloidchemischen Grundlagen der Lebensmittelfrischhaltung bearbeitet; Professor Dr.-Ing. H. Hausen, Hannover, hat das umfangreiche Gebiet der Erzeugung tiefster Temperaturen, der Gasverflüssigung und der Trennung von Gasgemischen behandelt; den Abschnitt über Bau- und Isolierstoffe hat Dr.-Ing. J. S. Cammerer, Tutzing, den über metallische Werkstoffe Professor Dr.-Ing. H. Jungbluth, Karlsruhe, in Gemeinschaft mit Oberingenieur Dr.-Ing. F. Hickel, Karlsruhe, übernommen: Professor Dr.-Ing. P. Grassmann, Zürich, bearbeitet den Abschnitt über Kaltluftmaschinen, Dr.-Ing. R. Göldner, Berlin, das Gebiet der Turbokompressoren, Direktor A. Neuenschwander, Paris, die Konstruktion von Kolbenkompressoren, Dr.-Ing. K. Bach, Frankfurt, die Kleinkältemaschinen, Dr. rer. nat. H. Steinle, Stuttgart, die Kältemittel und die Vorbereitungen zur Inbetriebnahme von Kälteanlagen, Dr.-Ing. H. Löwer, Karlsruhe, das Zubehör von Kälteanlagen, Dipl.-Ing. A. Ostertag, Zürich, die Kälteanlagen und deren Betrieb, Dipl.-Ing. H. R. Hege, Dipl.-Ing. W. D. Metzenauer und Dipl.-Ing. Roling die Automatik und Dipl.-Ing. J. Philippsen mit Obering. E. Hofmann, Sürth, die Wärmeübertragungsapparate.

Für die Behandlung der verschiedenen Anwendungsgebiete der künstlichen Kälte wurden gewonnen: Professor Dr.-Ing. W. Fischer† und Dipl.-Ing. H. Engerth, Weihenstephan (Brauereien), Professor Dr. E. Kallert†, Kulmbach (Fleisch), Dipl. agr. H. KESSLER†, Wädenswil (Obst und Gemüse), Dipl.-Ing. W. MAAKE und Ing. R. J. ECKERT, Hamburg (Kühlhäuser), Dipl.-Ing. K. F. LEOPOLD, Hamburg (Milch), Oberingenieur Dipl.-Ing. F. SCHLITT, München (Eiserzeugung), Obering. H. KUBLI, Zürich (Kunsteisbahnen), Dr.-Ing. G. VOGEL und Ing. H. SÜRTH in Sürth (Trockeneis), Dipl.-Ing. A. DAUSER, Wiesbaden (Schlachthöfe und Markthallen), Dr.-Ing. H. L. VON CUBE, Frankfurt (Kühlschränke und Wärmepumpen), Dipl.-Ing. F. LIEDING, Sürth (Behälter), Oberingenieur H. OFTERDINGER und Dipl.-Ing. F. W. SCHRÖDER, Bergedorf (Kühlschiffe), Dr.-Ing. H. BOCK, Frankfurt a. M. (gekühlte Lastkraftwagen), Professor S. A. ANDERSEN und beratender Ingenieur R. HANSEN, Kopenhagen (Speiseeis), Dr.-Ing. K. STEPHAN, Karlsruhe (Verfahrenstechnik), Professor Dr.-Ing. E. LINSEL, Aachen, Professor Dr.-Ing. W. HÄUSSLER, Karl-Marx-Stadt, Dr. H. LAAKSO, Leverkusen, und Bundesbahnoberrat H. BAUR, München (Abschnitte aus der Klimatechnik), Dr.-Ing. W. STÄNDER, Karlsruhe (Gefrieren von Erdreich), Dr.-Ing. W. MANDRY, Lima (Staudämme), und Obering. E. RICHTER, Berlin (Sicherheitsvorschriften).

Direktor Dipl.-Ing. O. WAGNER, Wiesbaden, bringt die wirtschaftliche Bedeutung der Kältetechnik zum Ausdruck, Dr. W. STRIGEL, München, hat das statistische Material zusammengetragen und bearbeitet, und Professor Dr. M. DIEM, Karlsruhe, hat die meteorologischen Daten gesammelt.

Allen Mitarbeitern sei dafür gedankt, daß sie der Aufforderung des Herausgebers gefolgt sind und die für das Gesamtwerk aufgestellten allgemeinen Richtlinien beachtet haben.

Besonderer Dank gebührt dem Verlag für das verständnisvolle Eingehen auf alle Wünsche der Autoren und des Herausgebers.

Wir hoffen, daß das Handbuch der Kältetechnik in der Fachwelt Anklang finden und den Benutzern ein zuverlässiger Helfer sein wird. Wir wünschen auch, daß es dazu beiträgt, Kältetechniker mit weitem Gesichtskreis und fortschrittlicher Gesinnung auszubilden.

Der Herausgeber.

Plan des Handbuches.

Außer dem vorliegenden Band erschienen bisher:

Erster Band: **Entwicklung, Wirtschaftliche Bedeutung, Werkstoffe.**

Bearbeitet von: Dr.-Ing. habil. J. S. CAMMERER, Tutzing/Obb.; Professor Dr. phil. habil. M. DIEM, Karlsruhe; Ing. O. HERRMANN, Stuttgart; Dr.-Ing. F. HICKEL, Karlsruhe; Professor Dr.-Ing. habil. H. JUNGBLUTH, Karlsruhe; Professor Dr.-Ing. S. KIESSKALT, Aachen; Prof. Dr.-Ing. Dr. phil. nat. h. c. R. PLANK, Karlsruhe; Dr. rer. pol. W. STRIGEL, München; Direktor Dipl.-Ing. O. WAGNER, Wiesbaden.

Zweiter Band: **Thermodynamische Grundlagen.**

Bearbeitet von: Prof. Dr.-Ing. Dr. phil. nat. h. c. R. PLANK, Karlsruhe.

Dritter Band: **Verfahren der Kälteerzeugung und Grundlagen der Wärmeübertragung.**

Bearbeitet von: Prof. Dr.-Ing H.-D. BAEHR, Berlin; Oberingenieur E. HOFMANN, Sürth/Rh.; Prof. Dr.-Ing. R. PLANK, Karlsruhe.

Vierter Band: **Die Kältemittel.**

Bearbeitet von: Prof. Dr.-Ing. J. KUPRIANOFF, Karlsruhe; Prof. Dr.-Ing. R. PLANK, Karlsruhe; Dr. rer. nat. H. STEINLE, Stuttgart.

Siebenter Band: **Sorptions-Kältemaschinen.**

Bearbeitet von: Prof. Dr.-Ing. W. NIEBERGALL, Berlin.

Achter Band: **Erzeugung sehr tiefer Temperaturen. Gasverflüssigung und Zerlegung von Gasgemischen.**

Bearbeitet von: Prof. Dr.-Ing. H. HAUSEN, Hannover.

Neunter Band: **Biochemische Grundlagen der Lebensmittelfrischhaltung.**

Bearbeitet von: Dozent Dr. M. BIER, New York; Prof. Dr.-Ing. Dr. phil. W. DIEMAIR, Frankfurt a. M.; Professor Dr. phil. H. KÜHLWEIN, Karlsruhe; Prof. Dr. F. F. NORD, New York; Prof. Dr. phil. K. PAECH†, Tübingen; Prof. Dr. G. STEINER, Heidelberg; Dr. phil. habil. J. E. WOLF, Karlsruhe.

Zehnter Band: **Die Anwendung der Kälte in der Lebensmittelindustrie.**

Bearbeitet von: Prof. Dr. agr. Dipl.-Ing. Dipl. Braumeister H. ENGERTH, München; Prof. Dr.-Ing. W. FISCHER†; Dipl.-Ing. J. GUTSCHMIDT, Karlsruhe; Prof. Dr.-Ing. W. HEIMANN, Karlsruhe; Dr.-Ing. G. KAESS, Brisbane/Australien; Prof. Dr. med. vet. E. KALLERT†; H. KESSLER†; Prof. Dr.-Ing. J. KUPRIANOFF, Karlsruhe; Dipl.-Ing. K. F. LEOPOLD, Hamburg-Bergedorf; Prof. Dr.-Ing. K. LINGE, Karlsruhe; Prof. Dr.-Ing. R. PLANK, Karlsruhe; Dr.-Ing. W. TAMM, München.

Elfter Band: **Der gekühlte Raum, der Transport gekühlter Lebensmittel und die Eiserzeugung.**

Bearbeitet von: Prof. S. A. ANDERSEN, Kopenhagen; Dr. H. BOCK, Frankfurt a. M.; Dr. rer. nat. H. L. v. CUBE, Heidelberg; Dipl.-Ing. A. DAUSER, Rodenkirchen/Rh.; Ing. H. J. ECKERT, Hamburg; Dipl.-Ing. J. GUTSCHMIDT, Karlsruhe; R. HANSEN, Kopenhagen; Prof. N. S. KOMAROW, Moskau; Dipl.-Ing. F. LIEDING, Rodenkirchen/Rh.; Dipl.-Ing. W. MAAKE, Hamburg; Obering. H. OFTERDING, Hamburg; Prof. Dr.-Ing. R. PLANK, Karlsruhe; Dipl.-Ing. E. SCHLITT, München; Dipl.-Ing. F. W. SCHRÖDER, Hamburg-Bergedorf; Ing. H. SÜRTH, Daun/Eifel; Dr.-Ing. G. VOGEL, Sürth/Rh.

Es befinden sich in Vorbereitung:

Sechster Band: **Wärmeübertragungsapparate, Zubehör, Kompressionskälteanlagen, Betrieb, Wärmepumpen, Automatik.**

Bearbeitet von: Dr. rer. nat. H. L. VON CUBE, Dipl.-Ing. H. R. HEGE, Köln; Obering. E. HOFMANN, Sürth/Rh.; Dipl.-Ing. W. D. METZENAUER, Wuppertal-Elberfeld: Dipl.-Ing. A. OSTERTAG, Zürich; Dipl.-Ing. J. PHILIPPSEN, Sürth/Rh.; Dipl.-Ing. ROLING, Karlsruhe; Dr. rer nat. H. STEINLE, Stuttgart, Dr.-Ing. H. LÖWER, Karlsruhe.

Zwölfter Band: **Die Anwendungen der Kälte in der Verfahrenstechnik und Klimatechnik, Sicherheitsvorschriften.**

Bearbeitet von: Reichsbahnoberrat H. BAUR, München; Obering. H. KUBLI, Zürich; Dr. H. LAAKSO, Leverkusen; Prof. Dr. E. LINSEL, Aachen; Dr.-Ing. W. MANDRY, Lima; Obering. E. RICHTER, Berlin; Dr.-Ing. W. TAMM, München; Prof. Dr. TH. E. SCHMIDT, Stuttgart; Dr.-Ing. W. STÄNDER, Karlsruhe; Priv.-Doz. Dr.-Ing. K. STEPHAN, Duisburg.

Inhaltsverzeichnis.

Kaltluft- und Kaltgasmaschinen.

Von Dr. P. Grassmann
Professor an der Eidg. Technischen Hochschule Zürich

Mit 51 Abbildungen

Berechnungsgrundlagen von Kolbenkompressoren (Hubvolum und Leistungsbedarf).

Von Dr.-Ing. K. Linge
o. Professor an der Technischen Hochschule Karlsruhe

Mit 18 Abbildungen

Kompressoren für Kleinkältemaschinen.

Von Dr.-Ing. K. Bach, Frankfurt (Main)

Mit 104 Abbildungen

Kolbenkompressoren für Großkältemaschinen

Von Direktor A. Neuenschwander, Paris,
und
Dr.-Ing. Dr. phil. nat. h. c. Dr. sc. agr. h. c. R. Plank
em. o. Professor an der Technischen Hochschule Karlsruhe

Mit 109 Abbildungen.

Turbokompressoren.

Von Dipl.-Ing. R. Göldner, Berlin-Tegel

Mit 59 Abbildungen

Dampfstrahl-Kältemaschinen (Entwurf und Betrieb).

Von Dr.-Ing. L. VÁHL
Professor an der Technischen Hochschule Delft, Niederlande

Mit 35 Abbildungen

Kaltluft- und Kaltgasmaschinen.

Von

Dr. P. Graßmann,

Professor an der Eidg. Technischen Hochschule, Zürich

Mit 51 Abbildungen

A. Wirkungsweise und Anwendungsbereich.

Das Verfahren der Kälteerzeugung durch Kaltluft- und Kaltgasmaschinen beruht auf der Abkühlung eines Gases bei der Entspannung unter äußerer Arbeitsleistung. Eine hierfür geeignete Anordnung zeigt Abb. 1. Der Kompressor *1* verdichtet Luft oder ein anderes geeignetes Gas auf einen Druck p. Durch Zwischen- und Endkühler *2* wird die durch die Kompression erhitzte Luft in üblicher Weise wieder etwa auf die Umgebungstemperatur T_1 gekühlt, mit der sie in den Gegenströmer *3* eintritt. Hier wird sie im Gegenstrom mit der zurückkommenden Luft auf die Eintrittstemperatur T_3 in die Expansionsvorrichtung *4* abgekühlt. Bei kleineren Anlagen dient zur Expansion meist eine *Kolbenmaschine*, d. h. eine nach dem Verdrängerprinzip arbeitende Vorrichtung. Ist dagegen das zu verarbeitende Volum groß, so ist es günstiger, hierfür *Turbinen*, also Strömungsmaschinen, zu verwenden. Auf jeden Fall strebt man eine möglichst adiabate und verlustlose Entspannung an, die im Grenzfall der idealen Maschine längs einer Isentropen verlaufen würde. Die durch diese Entspannung unter äußerer Arbeitsleistung auf die Temperatur T' gekühlte Luft entzieht anschließend im Kühler *5* dem zu kühlenden Raum oder einem zweiten zu kühlenden oder zu verflüssigenden Gasstrom die Nutzkälteleistung Q_0. Jedoch muß sie bei Austritt aus dem Kühler *5* immer noch kalt genug sein, um die einströmende Luft im Gegenströmer *3* auf die Eintrittstemperatur T_3 abzukühlen.

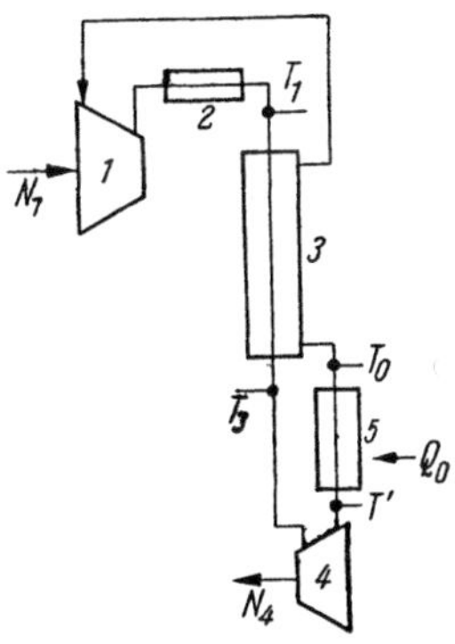

Abb. 1. Geschlossene Kaltluftmaschine.

Im Gegensatz zur Kaltdampfmaschine, bei der die Entspannung im Drosselventil immer einen typisch irreversiblen Prozeß darstellt, ist also der Prozeß der Kaltluftmaschine aus lauter Teilvorgängen aufgebaut, die sich im Prinzip reversibel durchführen lassen. Man könnte deshalb glauben, daß sie der Kaltdampfmaschine grundsätzlich überlegen sei. Dies trifft jedoch nur für Temperaturen unter etwa $-100°$ C und für gewisse Anwendungsgebiete auch noch für höhere Temperaturen zu. Der Grund liegt im folgenden: Die für den Betrieb der Maschine erforderliche Leistung N ist durch die Differenz der für den Antrieb des Kompressors benötigten Leistung N_1 und der durch die Expansionsvorrichtung zurückgewonnenen Leistung N_4 gegeben. Würden beide Maschinen verlustlos arbeiten und wären die Temperaturen T_0 und T' nicht merklich tiefer als die Temperatur T_1, bei der die Luft komprimiert wird, so wäre N_4 nicht viel kleiner als N_1. Die vom Antriebsmotor aufzubringende Leistung $N = N_1 - N_4$ wäre also durch die kleine Differenz zweier vergleichsweise großer Zahlen gegeben. Tatsächlich ist aber einerseits wegen des von *1* verschiedenen isothermen Wirkungsgrades η_{is} des Kompressors die für den Kompressor aufzubringende Leistung um den Faktor $1/\eta_{is}$ *größer*. Andererseits ist die von der Expansionsvorrichtung zurückgewonnene Leistung um den Faktor η_{ad} *kleiner* als beim verlustlosen Idealprozeß. Aus der beim Idealprozeß kleinen Differenz $N_1 - N_4$ wird dadurch die viel größere Differenz $N_1/\eta_{is} - N_4 \cdot \eta_{ad}$, d. h. der Motor muß nunmehr eine viel größere Leistung aufbringen. Dazu kommt noch, daß sich auch die Kälteleistung Q_0 etwas verkleinert hat, denn die tatsächliche Temperatursenkung in der Entspannungsvorrichtung ist natürlich etwas kleiner als bei verlustloser Durchführung. Um den Verlusten in Kompressor und Entspannungsvorrichtung Rechnung zu tragen, müßte also die Motorleistung stark erhöht werden, während die Kälteleistung etwas zurückgeht. Verglichen mit dem verlustlosen Prozeß besitzt also der bei vergleichsweise hohen Temperaturen durchgeführte reale Kaltluftmaschinenprozeß einen niedrigen Wirkungsgrad. Obwohl er im Prinzip vollkommener ist als der Kaltdampfmaschinenprozeß, ist er ihm praktisch bei mäßig tiefen Temperaturen hinsichtlich des Wirkungsgrades *unterlegen*.

Diese Nachteile treten jedoch mehr und mehr zurück, je tiefer die Temperatur der arbeitleistenden Entspannung gewählt wird. Einerseits machen sich nämlich die von 1 verschiedenen Wirkungsgrade η_{is} und η_{ad} von Kompressor und Expansionsmaschine nicht mehr so störend bemerkbar, wenn wegen der tiefen Temperatur der Entspannung die Differenz $N_1 - N_4$ auch beim Idealprozeß schon groß ist, andererseits sinkt der Wirkungsgrad der Kaltdampfmaschine mit abnehmender Verdampfertemperatur stark ab, muß sie doch unter diesen Verhältnissen durch eine Kaskadenanlage ersetzt werden.[1] Aus dieser Überlegung, die wir weiter unten noch durch Zahlenangaben belegen werden, folgt, daß die Kaltgasmaschine vorteilhaft bei *tiefen* Temperaturen eingesetzt wird. Tatsächlich hat sie sich hier ein breites Anwendungsgebiet — etwa zwischen — 80 und — 265 °C — erobert. Einen Überblick[2] über die auf den Carnotprozeß bezogenen Wirkungsgrade der in Frage kommenden Kälteprozesses vermittelt Abb. 2. Beim Kaltdampfprozeß ist dabei angenommen, daß jeweils das für das betreffende Temperatur-

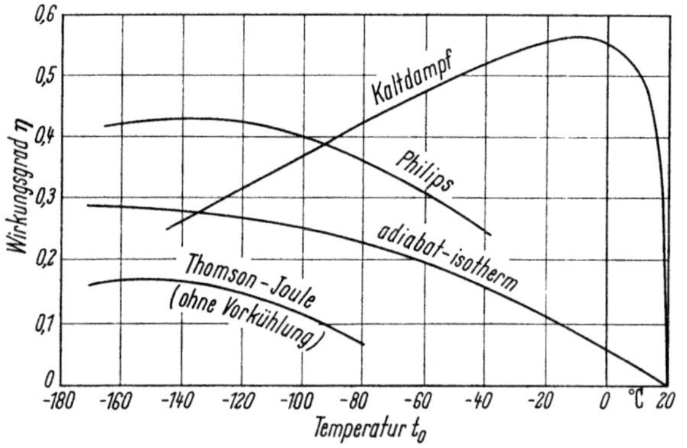

Abb. 2. Wirkungsgrad von Kälteprozessen nach Nesselmann.

[1] Zur Durchrechnung einer 4stufigen Kaskade ($NH_3-C_2H_4-CH_4-N_2$) vgl. A. Huguenin, Stodola-Festschrift, Orell Fussli Verlag, Zürich (1929), S. 272/85; — Bock, H.: Linde Berichte No. 1, August 1957, S. 16/24. — Bock, H., W. Hänel u. W. Pütz, daselbst No. 2, Jan. 1958, S. 32/40.

[2] Nach K. Nesselmann: Chem.-Ing.-Techn. 29 (1957) S. 198/200 und Kältetechnik Bd. 9 (1957) S. 321—323.

gebiet geeignetste Kältemittel gewählt und für tiefere Temperaturen Kaskaden benützt werden. Über die Philips-Kältemaschine finden sich nähere Angaben in Bd. II (S. 70) und Bd. VIII (S. 96/100) dieses Handbuches, sowie im Abschnitt F dieses Beitrags. Der mit „adiabat-isotherm" bezeichnete Prozeß bezieht sich auf den Kaltluftprozeß, wobei mit einer Temperaturdifferenz im Wärmeaustauscher von 5° C, mit einem isothermen Wirkungsgrad des Verdichters von 0,7 und mit einem isentropen Wirkungsgrad der Entspannungsvorrichtung von 0,8 gerechnet wurde. Die mit „Thomson-Joule" bezeichnete Kurve bezieht sich auf die Kälteerzeugung durch Drosselentspannung (vgl. Bd. VIII dieses Handbuches, bes. S. 30/34).

Danach stellt die Entspannung mit äußerer Arbeitsleistung die wirkungsvollste und deshalb auch meistverwendete Kältequelle für die Gasverflüssigung und Gaszerlegung dar. Um sie hierfür zu verwenden, benützt man allerdings nur in Ausnahmefällen den in Abb. 1 gezeichneten geschlossenen Kreislauf, bei dem ein und dieselbe Gasmenge dauernd umgewälzt und die Kälte im Wärmeaustausch durch eine Wand hindurch übertragen wird[1]. Meist arbeitet man nämlich mit einem offenen Kreislauf, wie ihn stark schematisiert Abb. 3 zeigt (genauere Schemata sind in Bd. VIII dieses Handbuches z. B. auf S. 74, 178 und 180 zu finden). In diesem Fall strömt das mit tiefer Temperatur aus der Expansionsvorrichtung *4* austretende Gas anderen Teilen der Apparatur, z. B. der Zerlegungskolonne *5* zu. (Aus Gründen, die hier nicht zu erörtern sind, wird dabei meist ein Teilstrom des Gases im Gegenströmer *6* noch tiefer gekühlt und dann über ein Drosselventil *7* der Zerlegungskolonne zugeführt.) Die kalten von der Kolonne kommenden Gasfraktionen dienen im Gegenströmer *3* zur Abkühlung des zur Turbine fließenden Gases. Das zu zerlegende Gas dient damit gleichzeitig als Kältemittel. Dies bringt im Gegensatz zur üblichen Anordnung der Kaltdampfmaschine den Vorteil mit sich, daß keine besonderen Austauschflächen erforderlich sind, um die Wärme von dem zu kühlenden Medium an das Kältemittel zu übertragen. Andererseits besteht bei offenen Kreisläufen immer die Gefahr, daß mit dem zugeführten Gas auch Verunreinigungen in die Wärmeaustauscher und die Entspannungsvorrichtung eingeschleppt werden. Man muß deshalb dafür sorgen, daß der in Form von Reif abgeschiedene Wasserdampf, das mit der Luft eingeführte Kohlendioxyd, sowie Staub und auch vom Kompressor stammende Ölnebel oder Öldämpfe weder den Wärmeaustauscher blockieren, noch die Entspannungsvorrichtung beschädigen.

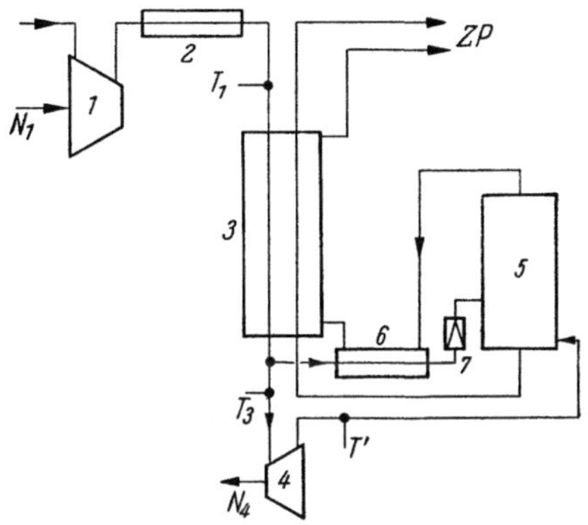

Abb. 3. Offene Kaltluftmaschine.

In neuerer Zeit haben sich auch getrennte Gaskreisläufe eingeführt, in denen eine vorgegebene Gasmenge als Kältemittel im dauernden Kreislauf umgewälzt wird. Bei diesen Anlagen gibt das zu verflüssigende oder zu zerlegende Gas seine Wärme in entsprechenden Wärmeaustauschern an dieses Kreislaufgas ab. Dadurch läßt sich jede Verunreinigung des Kältekreislaufs und vor allem der hochwertigen Expansionsturbinen ein für allemal vermeiden. Derartige Anlagen

[1] Vgl. dazu die während der Drucklegung erschienene Arbeit von J. T. Harvell u. W. H. Hogan: Kälteanlagen mit geschlossenem Kreislauf; Kältetechnik Bd. 17 (1965) Nr. 6, S. 180—185.

wurden von Gebr. Sulzer AG. in Winterthur[1] und — nach einem ganz anderen Prinzip arbeitend — von Philips (vgl. Abschnitt F) entwickelt.

Beim Zusammenwirken eines die Kälte liefernden und eines kälteverbrauchenden Prozesses treten gewisse Übertragungsverluste auf. Im allgemeinen sind sie dadurch bedingt, daß Wärmemengen über größere Temperaturdifferenzen übertragen werden. Sie lassen sich durch günstige gegenseitige Abstimmung der beiden Prozesse herabsetzen.[2]

Die Kaltluft- bzw. Kaltgasmaschine stellt für die Gasverflüssigung und Zerlegung nicht nur eine thermodynamisch günstige, sondern auch eine in ihrem Aufbau vergleichsweise einfache Kältequelle dar. Besonders klein ist der Platzbedarf bei Verwendung von Expansionsturbinen. Dies ist der Grund, daß die Kaltluftmaschine auch in Temperaturgebieten zur Kühlung herangezogen wird, in denen sie einen viel niedrigeren Wirkungsgrad besitzt als eine Kaltdampfmaschine. So dient sie z. B gelegentlich zur Klimatisierung von Flugzeugen. Die erforderliche Druckluft kann meist dem Aufladegebläse des Flugzeugtriebwerkes entnommen werden. Die aus den kleinen und schnellaufenden Expansionsturbinen austretende kalte Luft läßt sich z. B. nach entsprechender Mischung mit Raumluft unmittelbar zur Klimatisierung der Kabine verwenden.[3] Dabei ist es ein besonderer Vorteil, daß die bei einer Kaltdampfmaschine für die Kühlung der Luft erforderlichen raumbeanspruchenden Wärmeübertragungsflächen wegfallen. Kaltluftmaschinen wird gelegentlich auch dort der Vorzug gegeben, wo die Anforderungen an die Sicherheit so hoch sind, daß auch die unter üblichen Verhältnissen harmlosen Kältemittel — wie z. B. fluorhaltige Kohlenwasserstoffderivate — doch zu gewissen Bedenken Anlaß geben.[4]

In diesem Zusammenhang sei ferner noch die Verwendung von Kaltluftmaschinen für die Klimatisierung von Bergwerken[5] erwähnt. Auch hier gelangt sie in einem Temperaturgebiet zum Einsatz, wo sie vom rein thermodynamischen Gesichtspunkt aus der Kaltdampfmaschine meist unterlegen ist. Verwendet man die an der Welle der Entspannungsvorrichtung verfügbare Leistung zum Antrieb von Werkzeugen, z. B. Gesteinsbohrern, so wird sie zwar letzten Endes wieder in Wärme verwandelt, jedoch ist dies dann immer noch günstiger als etwa ein elektrischer Antrieb. Zudem wird bei Verwendung von gekühlter Preßluft zum Antrieb von Bohrwerkzeugen die Kälte unmittelbar beim Arbeiter verfügbar und er wird gleichzeitig mit frischer und trockener Luft versorgt.

Die Kaltdampfmaschine erzeugt zumindest den Hauptteil der Kälte bei *einer* Temperatur, nämlich bei der Siedetemperatur des Kältemittels unter dem im Verdampfer herrschenden Druck. Bei der Kaltgasmaschine dagegen steht als Kältequelle ein Strom kalten Gases zur Verfügung. Er entzieht der Umgebung Wärme, wodurch seine Temperatur dauernd ansteigt. Die Kälteleistung Q_0 verteilt sich also auf ein breiteres oder schmäleres Temperatur*intervall*. Dies ist für manche Anwendungszwecke vorteilhaft, für andere nachteilig. Ein solcher kalter Gasstrom eignet sich z. B. sehr gut, um einen anderen Gas- oder Flüssigkeitsstrom abzukühlen. Sind die Wärmekapazitäten — d. h. die je Zeiteinheit durchgesetzten Mengen mal die spezifischen Wärmen — der beiden Stoffströme etwa gleich groß, so ist auch die Temperaturdifferenz an allen Stellen des betreffenden Wärmeaustauschers gleich groß, was eine günstige Ausnützung der Austauschfläche gewährleistet. Kühlt man jedoch einen Gas- oder Flüssigkeitsstrom durch ein bei einer

---

[1] Ergenc, S., U. Giger, u. Ch. Trepp: Kältetechnik Bd. 16 (1964) S. 296—301.
[2] Glaser, H.: Kältetechnik Bd. 8 (1956) S. 210—14.
[3] Näheres hierüber in Bd. XII dieses Handbuches.
[4] Linge, K.: Kältetechnik Bd. 13 (1961) S. 95—98.
[5] Plank, R.: VDI-Zs. Bd. 83 (1939) S. 1021.

bestimmten Temperatur siedendes Kältemittel, so ist die Temperaturdifferenz zwischen beiden Medien auf der Eintrittsseite des warmen Gases immer vergleichsweise groß. An dieser Stelle wird daher Wärme über ein großes Temperaturintervall übertragen, was zu einer entsprechend großen Entropieerzeugung und damit zu merklichen Verlusten führt.

Umgekehrt ist es im allgemeinen ungünstig, mit dem aus einer Expansionsturbine austretenden kalten Gasstrom ein anderes Medium zu verflüssigen. Um die Kälte des Gasstroms soweit wie möglich auszunützen, muß nämlich die Verflüssigungstemperatur des betreffenden Mediums höher sein als die höchste Temperatur des Gasstroms. Dann ergibt sich aber auf der Eintrittsseite des kalten Gasstroms eine sehr große Temperaturdifferenz mit ihren ungünstigen schon oben dargelegten Folgen. Durch Verwendung mehrerer hintereinander geschalteter Turbinen läßt sich dieser Nachteil weitgehend vermeiden. Dazu wird der Auspuff der jeweils vorhergehenden Turbine durch Wärmeaufnahme aus dem zu verflüssigenden Gas vor Eintritt in die folgende Turbine wieder aufgewärmt.

Über die Geschichte der Kaltluftmaschine wurde bereits in Bd. I dieses Handbuches (bes. auf S. 42 bis 51) berichtet[1].

B. Thermodynamische Grundlagen.[2]

Um die Leistung einer Kaltdampfmaschine und einer Kaltluftmaschine miteinander zu vergleichen, bedient man sich am besten des thermodynamischen Mittelwertes der Temperatur. Man versteht darunter folgendes: Um innerhalb eines Temperaturbereiches von T' bis T_0 die gesamte Kältemenge $Q = \int dQ$ zu erzeugen, ist bei der Umgebungstemperatur T_1 die reversible Arbeit

$$860\, L_{rev} = \int\limits_Q \frac{T_1 - T}{T}\, dQ$$

(In diese Zahlenwertgleichung ist die Arbeit L_{rev} in kWh, die Wärmemenge dQ in kcal einzusetzen.)

erforderlich. Dabei bedeutet das Zeichen Q unter dem Integral, daß über die gesamte Kältemenge zu integrieren ist, die im Temperaturbereich T' bis T_0 (vgl. Abb. 1) geliefert wird.

Unter dem thermodynamischen Mittelwert der Temperatur versteht man diejenige Temperatur T_m, bei der die gleiche reversible Arbeit nötig ist, um die gesamte Kältemenge Q bereitzustellen.[3] Sie ist also definiert durch die Gleichung

$$\frac{T_1 - T_m}{T_m} \int\limits_Q dQ = \int\limits_Q \frac{T_1 - T}{T}\, dQ\,.$$

Eine leichte Umformung ergibt

$$\frac{1}{T_m} \int dQ = \int \frac{dQ}{T}$$

oder mit dem Differential $dS = dQ/T$ der Entropie

$$T_m = \frac{\int dQ}{\int dQ/T} = \frac{\int dQ}{\int dS}\,. \tag{1}$$

---

[1] Vgl. dazu auch S. C. Collins, u. R. L. Cannaday: Expansion Machines for Low Temperature Processes, Chapt. II, Oxford University Press 1958.

[2] Vgl. dazu auch Bd. II dieses Handbuches, S. 83—86, sowie Bd. III, S. 6—13.

[3] Grassmann, P.: Schweiz. Bauzeitung Bd. 79 (1961) S. 797—800.

Nach dem I. Hauptsatz gilt für den isobaren Prozeß $dQ = dI - Vdp = dI$ oder $\int dQ = I_0 - I'$ (I = Enthalpie). Setzen wir diesen Ausdruck in Gl. (1) ein und beziehen ihn auf 1 kg durchgesetzte Menge, so gilt

$$T_m = \left(\frac{i_0 - i'}{s_0 - s'}\right). \tag{2}$$

Dabei sind i_0, i', s_0 und s' die spez. Enthalpien bzw. Entropien im Zustand T_0 bzw. T'.

Darf die spez. Wärme als konstant betrachtet werden, so lassen sich diese Ausdrücke umformen in

$$i_0 - i' = c_p\,(T_0 - T')$$

und

$$\int_{T'}^{T_0} dQ/T = c_p \int dT/T = c_p \ln(T_0/T').$$

Damit folgt an Stelle von (2)

$$T_m = \frac{T_0 - T'}{\ln(T_0/T')} \tag{3}$$

Dieser Ausdruck ist formal gleich gebildet wie derjenige für die mittlere Temperaturdifferenz in einem Wärmeaustauscher, nur daß an Stelle der Temperatur*differenzen* an den beiden Enden des Austauschers die *absoluten* Temperaturen treten.

Es läßt sich leicht zeigen[1], daß bei adiabat-reversibler, d. h. isentroper Entspannung eines idealen Gases mit konstanter spez. Wärme die gleiche Leistung zurückgewonnen wird wie bei isothermer Entspannung bei der thermodynamischen Mitteltemperatur T_m. Dabei ist natürlich ein gleiches Verhältnis des Anfangsdruckes p zum Enddruck p_1 vorausgesetzt. Es ist nämlich nach dem I. Hauptsatz

$$N_{ad} = \dot{G} \cdot \Delta i/860 = \dot{G} c_p\,(T_3 - T')/860.$$

Dabei ist $\dot{G}$ der Gewichtsstrom des betreffenden Gases in kg/h, N_{ad} die Kompressorleistung in kW und c_p die spez. Wärme in kcal/kg °C. Die den beiden Temperaturen T_3 und T' entsprechende Mitteltemperatur T'_m ist analog zu Gl. (3) gegeben durch $T'_m = (T_3 - T')/\ln(T_3/T')$. Damit läßt sich die im obigen Ausdruck für N_{ad} auftretende Temperaturdifferenz $(T_3 - T')$ ersetzen durch $T'_m \cdot \ln(T_3/T')$ und man erhält

$$N_{ad} = (\dot{G} c_p/860)\, T'_m \ln(T_3/T').$$

Nach der „Adiabaten"-Gleichung ist aber mit $\varkappa = c_p/c_v$

$$T_3/T' = (p/p_1)^{(\varkappa - 1)/\varkappa}.$$

Setzt man dies in die obige Gleichung für N_{ad} ein, so ergibt sich

$$N_{ad} = (\dot{G}/860)\, c_p \frac{\varkappa - 1}{\varkappa}\, T'_m \ln(p/p_1)$$

Nun ist aber $c_p(\varkappa - 1)/\varkappa$ gleich der individuellen Gaskonstanten R in kcal/kg °K = 1,987/M (M = Molekulargewicht). Damit folgt, wie zu beweisen war

$$N_{ad} = \frac{\dot{G}}{860} R T'_m \ln(p/p_1) = N_{is} \tag{4}$$

Mit Hilfe dieser Beziehung läßt sich leicht nachweisen, daß bei einem mit einem idealen Gas reversibel betriebenen Prozeß nach Abb. 1 die insgesamt aufgewendete Arbeit gerade so groß ist, wie diejenige, die erforderlich wäre, um die

[1] GRASSMANN, P.: Schweiz. Banzeitung Bd. 79 (1961)) S. 797—800.

Kältemenge Q_0 bei der Mitteltemperatur T_m zu erzeugen. Damit sich auch im Gegenströmer 3 keine Irreversibilitäten ergeben, muß die Temperaturdifferenz zwischen den beiden ihre Wärme austauschenden Stoffströmen an allen Stellen gleich Null sein. Auch unter der Voraussetzung „unendlich großer" Austauschflächen ist dies nur dann möglich, wenn die spez. Wärmen der beiden Stoffe nicht vom Druck abhängen. Dies ist jedoch schon durch die Voraussetzung des idealen Gases gewährleistet. Es besitzt dann auch das entspannte Gas, das am kalten Ende in den Gegenströmer eintritt, die Temperatur $T_0 = T_3$. Daraus folgt, daß die mittlere Temperatur T'_m der Entspannung gleich der mittleren Temperatur T'_m ist, bei der die erzeugte Kälte zur Verfügung steht. Da bei dem vorausgesetzten reversiblen Prozeß auch die Druckabfälle in den Wärmeaustauschern Null sein müssen, ist das vom Kompressor erzeugte Druckverhältnis gleich dem in der Entspannungsvorrichtung verarbeiteten Druckverhältnis.

Die vom Motor aufzubringende Antriebsleistung N ist durch die Differenz der für die Gaskompression benötigten und der bei der Expansion abgegebenen Leistung bestimmt. Mit R in kcal/kg °K und N, N_1 und N_4 in kW gilt also:

$$N = N_1 - N_4 = \dot{G}\,\frac{T_1 R}{860}\ln\left(\frac{p}{p_1}\right) - \dot{G}\,\frac{T_m R}{860}\ln\left(\frac{p}{p_1}\right) = \dot{G}\,\frac{R}{860}\ln\left(\frac{p}{p_1}\right)(T_1 - T_m).$$

Dieser Ausdruck läßt sich mit Hilfe der „Adiabaten"-Gleichung $p/p_1 = (T_0/T')^{\varkappa/(\varkappa-1)}$ leicht umformen in

$$N = \dot{G}\,\frac{c_p}{860}\ln\left(\frac{T_0}{T'}\right)(T_1 - T_m).$$

Nach Gl. (3) läßt sich hierfür schreiben

$$N = \frac{T_1 - T_m}{T_m}\,\dot{G}\,\frac{c_p}{860}\,(T_0 - T') = \frac{T_1 - T_m}{T_m}\cdot\frac{\dot{Q}_0}{860}. \tag{5}$$

Im letzten Ausdruck erkennt man die Leistung in kW, die für die Bereitstellung der Kälteleistung $\dot{Q}_0 = \dot{G}\,c_p(T_0 - T')$ bei der Umgebungstemperatur T_1 und der mittleren Temperatur T_m aufzubringen ist.

Damit ist für diesen Spezialfall gezeigt, daß unter der Voraussetzung eines reversiblen Wärmeaustausches der Kaltluftprozeß — im Gegensatz zum Kaltdampfprozeß — vollständig reversibel durchgeführt werden könnte. Die vom Motor aufzubringende Antriebsleistung ist so groß wie die Gesamtleistung vieler kleiner Carnotprozesse, die bei der von T' auf T_0 ansteigenden Temperatur die Kälteleistungen $d\dot{Q} = \dot{G}\,c_p\,dT$ liefern würden.

Unter Benützung von Gl. (4) lassen sich auch für den irreversiblen Fall die mit Kaltluftmaschinen erreichbaren Reversibilitätsgrade in Abhängigkeit von den Wirkungsgraden des Kompressors und der Entspannungsvorrichtung berechnen. Der Reversibilitätsgrad ist dabei das Verhältnis der tatsächlich erzielten Kälteleistung zur Kälteleistung des bei gleichen Temperaturen und mit gleicher Antriebsleistung arbeitenden vollständig reversiblen Prozesses. Er stellt in diesem Fall eine sinnvolle Verallgemeinerung des auf den Carnotprozeß bezogenen Wirkungsgrades η_c dar.

Der Reversibilitätsgrad läßt sich besonders einfach durch Gleichungen darstellen, wenn wir von dem Begriff der Exergie[1] (technische Arbeitsfähigkeit) Gebrauch machen. Wenn wir auch diesen Begriff hier nicht allgemein erläutern

---

[1] GRASSMANN, P.: Chem.-Ing.-Techn. Bd. 22 (1950) S. 77—80. Allgem. Wärmetechnik Bd. 2 (1951) S. 161—66 und Bd. 9 (1959) S. 79—86. Kältetechnik Bd. 4 (1952) S. 52—57. — NESSELMANN, K.: Allgem. Wärmetechnik Bd. 3 (1952) S. 97—104 u. Bd. 4 (1953) S. 141—47. Die Bezeichnung Exergie wurde von Z. RANT (Forsch. Gebiete Ingenieurwesens Bd. 22 (1956) No. 1, S. 36—37) vorgeschlagen.

können[1], so mögen doch folgende Hinweise dem Leser dienlich sein. Die Exergie ist definitionsgemäß die Arbeit, die für die reversible vom Umgebungszustand ausgehende Herstellung eines gewissen Zustandes in einem offenen, stationären Prozeß erforderlich ist. Dabei wird vorausgesetzt, daß Wärme nur bei der Umgebungstemperatur ausgetauscht wird. Bezeichnen wir Enthalpie und Entropie eines Stoffes im Umgebungszustand (meist $T = T_1$ und $p = p_1$) mit I_1 und S_1, so ist die Exergie eines Zustandes I, S gegeben durch

$$E = I - I_1 - T_1 (S - S_1) \tag{6}$$

(Zur Ableitung dieser Formel sei auf die angegebene Literatur verwiesen). Beispielsweise ist die Exergie eines komprimierten, auf Umgebungstemperatur befindlichen Gases gleich der reversiblen isothermen Verdichtungsarbeit. Die Exergie eines Gases mit einer niedrigeren Temperatur T als der Umgebungstemperatur T_1 ist positiv, denn es ist Arbeit erforderlich, um es mit Hilfe einer unendlichen Zahl infinitesimaler Carnot-Prozesse von T_1 auf T abzukühlen. Die Exergie einer Wärmemenge Q, die bei der Temperatur T zur Verfügung steht, ist gegeben durch

$$E = Q \frac{T - T_1}{T} \tag{7}$$

Es wird dem System Exergie zugeführt, wenn Wärme bei $T > T_1$ zugeführt, wie auch wenn ihm bei $T < T_1$ Wärme entzogen wird. Dies kommt auch in Gl. (5b) zum Ausdruck, denn im ersten Fall ist $Q > 0$ und $T - T_1 > 0$, im zweiten Fall $Q < 0$ und $T - T_1 < 0$, so daß sich in beiden Fällen $E > 0$ ergibt.

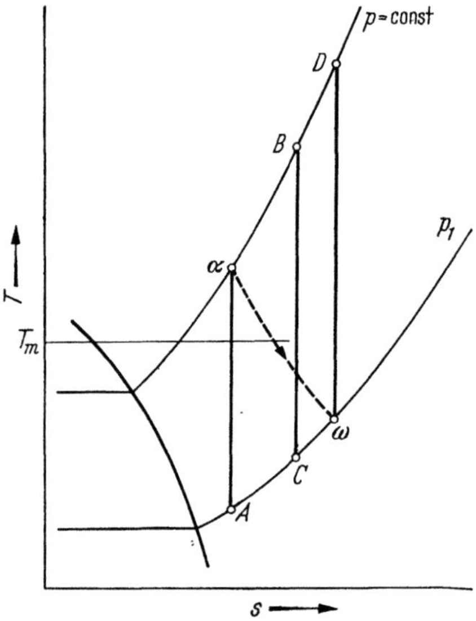

Abb. 4. Die 3 verschiedenen Möglichkeiten zur Definition des Wirkungsgrades von Entspannungsvorrichtungen.

Wirkungsgrade von Gaskompressoren bezieht man im allgemeinen — besonders wenn es sich um höhere Drücke und mehrstufige Kompressoren handelt — auf die Isotherme. Der Wirkungsgrad wird dementsprechend definiert als Verhältnis der für die reversible isotherme Kompression erforderlichen Leistung zu der tatsächlich verbrauchten Leistung.

Bei der Definition des Wirkungsgrades von Entspannungsvorrichtungen geht man dagegen von der „Adiabate" aus. Man setzt dementsprechend[2]

$$\eta = \Delta i / \Delta i_i \tag{8}$$

Dabei ist $\Delta i = i_\alpha - i_\omega$ (vgl. Abb. 4) die tatsächlich erzielte Enthalpieabnahme, Δi_i dagegen eine Enthalpiedifferenz, die auf einer passend gewählten Isentropen zwischen den Schnittpunkten mit der Isobaren $p = p_\alpha$ des Anfangsdruckes und derjenigen des Enddruckes $p = p_1$ abzulesen ist.

[1] Er wurde als „énergie utilisable" eingeführt von M. GOUY: J. Physique II Bd. 8 (1889) S. 501—518 und dann vor allem von FR. BOŠNJAKOVIĆ: Technische Thermodynamik II, S. 446ff., 3. Aufl., Dresden u. Leipzig: Th. Steinkopff 1960, viel verwendet. Zur Ableitung der im folgenden benützten Beziehungen vgl. auch P. GRASSMANN: Physikalische Grundlagen der Chemie-Ingenieur-Technik, § 2.8. bis 2.10. u. 2.13., Aarau und Frankfurt/Main; Sauerländer 1961. — BAEHR, H. D.: Thermodynamik, Berlin/Göttingen/Heidelberg: Springer 1962, S. 120ff. Energie und Exergie; Düsseldorf: VDI-Verlag 1965.

[2] Diesen Wirkungsgrad bezeichnet HAUSEN als Kältewirkungsgrad, Bd. VIII dieses Handbuches, S. 75, Gl. (64).

Üblich ist als Bezugsisentrope die durch den *Anfangspunkt* α gehende Isentrope zu wählen, d. h. zu definieren

$$\eta_\alpha \equiv \Delta i/(i_\alpha - i_A) \tag{8a}$$

MEISSNER[1] weist jedoch darauf hin, daß in der Tieftemperaturtechnik meist nicht der Anfangspunkt α, sondern der Endpunkt ω durch das Verfahren gegeben ist. So soll z. B. oft eine Temperatur erreicht werden, die knapp oberhalb der Sättigungslinie liegt oder die Austrittstemperatur soll tief genug sein, um mit dem entspannten Gas irgendeinen anderen Gasstrom durch Wärmeaustausch zu verflüssigen. Die zu wählende Eintrittstemperatur und damit auch die beim üblichen Verfahren benützte Bezugsisentrope hängen dann unter anderem auch vom Wirkungsgrad ab. Deshalb schlägt MEISSNER vor, den Wirkungsgrad zu definieren durch (vgl. Abb. 4)

$$\eta_\omega \equiv \Delta i/(i_D - i_\omega) \tag{8b}$$

Besonders einfach werden die Ausdrücke für den Reversibilitätsgrad des Gesamtkreislaufes, wenn man sich auf diejenige Isentrope bezieht, längs der eine verlustlose, adiabate Entspannung die gleiche thermodynamische Mitteltemperatur T_m ergäbe, wie die tatsächliche Entspannung[2]. Diese Bezugsisentrope wird also gefunden, indem man zunächst entsprechend Gl. (3) die thermodynamische Mitteltemperatur $T_m = (T_\alpha - T_\omega)/\ln(T_\alpha/T_\omega)$ berechnet und dann diejenige Isentrope sucht, für die $T_m = (T_B - T_C)/\ln(T_B/T_C)$ ist. Dieser Wirkungsgrad ist definiert durch

$$\eta_m \equiv \Delta i/(i_B - i_C) \tag{8c}$$

Dabei ist $\eta_\omega \leq \eta_m \leq \eta_a$.

Wie sich nach einiger Rechnung zeigen läßt, gilt für das ideale Gas folgende Umrechnungsformel

$$\eta_m = \frac{-\varkappa}{(\varkappa - 1)\ln(p_1/p)} \ln\left\{1 - \eta_\alpha\left[1 - (p_1/p)^{\frac{\varkappa-1}{\varkappa}}\right]\right\} \tag{9}$$

In Abb. 5 ist die entsprechende Umrechnung links für ein einatomiges Gas mit $(\varkappa - 1)/\varkappa = 0{,}4$, rechts für ein zweiatomiges Gas mit $(\varkappa - 1)/\varkappa = 0{,}286$ dargestellt.

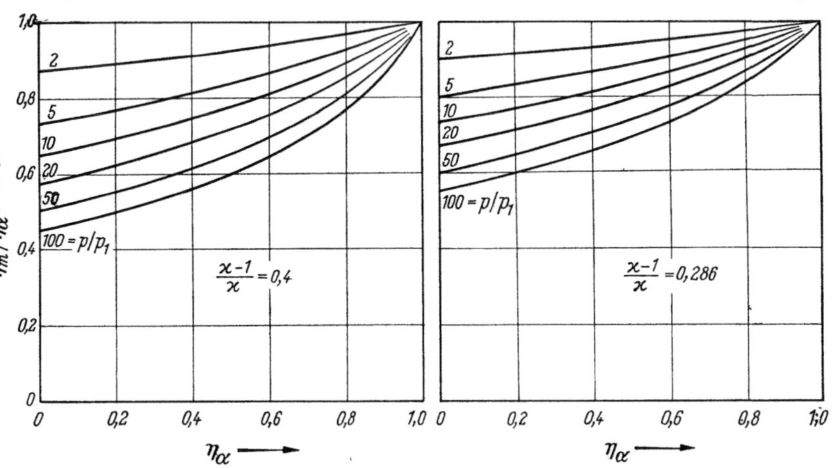

Abb. 5. Zur Berechnung von η_m (Gl. 8c) aus η_α (Gl. 8a) nach Gl. (9), links für ein einatomiges Gas (z. B. Edelgase, näherungsweise auch H_2 unter 60° K), rechts für ein zweiatomiges Gas (z. B. Luft, N_2, O_2 und H_2 oberhalb etwa 260° K).

---

[1] MEISSNER, W.: Physikal. Zs. Bd. 43 (1942) S. 261. Zs. f. angew. Phys. Bd. 16 (1963) (S. 275–281).

[2] ERGENC S. u. J. HÄNNY; Technische Rundschau Sulzer Nr. 4 (1963).

In den Tabellen 1 und 2 sind jeweils zwei Prozesse miteinander verglichen. Beim ersten wird die Kälte bei einer mittleren Temperatur geliefert, die nur 90% der absoluten Umgebungstemperatur T_1 beträgt. (Für $t_1 = +27°$ C entsprechend $T_1 = 300°$ K, also bei $T_m = 270°$ K oder $-3°$ C.) Beim zweiten Prozeß ist dagegen $T_m = 0{,}3\, T_1$ gesetzt, d. h. die Kälteleistung Q_0 ist bei einer mittleren Temperatur T_m von 90° K verfügbar. In Tabelle 1 sind reversible Maschinen vorausgesetzt, in Tabelle 2 zwar ein reversibel arbeitender Gegenströmer, jedoch ist der Wirkungsgrad η_{is} des Kompressors zu 60%, derjenige der Expansionsvorrichtung zu $\eta_m = 80\%$ angenommen.

Tabelle 1. $\eta_{is} = 100\%$, $\eta_m = 100\%$, *ideales Gas.*

	$T_m = 0{,}9\, T_1$	$T_m = 0{,}3\, T_1$
Antriebsleistung des Kompressors N_1	100 kW	100 kW
Leistungsabgabe der Entspannungsvorrichtung $N_4 = N_1 T_m / T_1$	90 kW	30 kW
Durch Antriebsmotor zu liefernde Leistung $N = N_1 - N_4$	10 kW	70 kW
Leistungsbedarf für die reversible Kälteerzeugung	10 kW	70 kW

Die Angaben in der letzten Zeile folgen dabei aus der durch Gl. (5) zum Ausdruck gebrachten Tatsache, daß bei der reversiblen Anlage die für den Antrieb erforderliche Leistung gleich der für die reversible Kälteerzeugung aufzuwendenden Leistung ist.

Für die irreversiblen Prozesse folgt dagegen

Tabelle 2. $\eta_{is} = 60\%$, $\eta_m = 80\%$, *ideales Gas.*

	$T_m = 0{,}9\, T_1$	$T_m = 0{,}3\, T_1$
Antriebsleistung des Kompressors $N_1 = 100/0{,}6 =$	166,7 kW	166,7 kW
Leistungsabgabe der Entspannungsvorrichtung $N_4 =$ $90 \cdot 0{,}8$ bzw. $30 \cdot 0{,}8$	72,0 kW	24 kW
Durch Antriebsmotor zu liefernde Leistung $N = N_1 - N_4 =$	94,7 kW	142,7 kW
Leistungsbedarf für die reversible Kälteerzeugung	8 kW	56 kW
Reversibilitätsgrad des Gesamtprozesses	8,45 %	39,3 %

Die vorletzte Zeile dieser Tabelle wurde berechnet, indem die in der letzten Zeile von Tab. 1 angegebenen Werte mit η_m multipliziert wurden. Da nämlich die Enthalpieabnahme in der Maschine nur 80% des idealen Wertes beträgt, gilt ein Gleiches auch für die Kälteleistung. Endlich ergeben sich die beiden in der letzten Zeile angegebenen Reversibilitätsgerade durch Division des Leistungsbedarfs für die reversible Kälteerzeugung durch die tatsächlich erforderliche Leistung.

Wie man erkennt, läßt sich bei tiefen Temperaturen unter den obigen nicht sehr günstigen Annahmen ein beachtlicher hoher Reversibilitätsgrad erreichen. Er erniedrigt sich allerdings noch etwas durch die Verluste im Gegenströmer. Es sind dies:

1. der Druckverlust der strömenden Gase,
2. der Wärmeaustausch zwischen beiden Gasströmen über eine endliche Temperaturdifferenz,
3. der Wärmeaustausch mit der Umgebung.

Sie alle lassen sich bei zweckentsprechender Konstruktion weitgehend herabmindern.

In Übereinstimmung mit der auf S. 7 gegebenen Definition ist also hier der Reversibilitätsgrad definiert als das Verhältnis der reversiblen Arbeit zur tatsächlich aufgewendeten Arbeit. Die reversible Arbeit ist diejenige Arbeit, die bei reversibler Durchführung zum gleichen Ergebnis wie der vorliegende Prozeß führen würde. In unserem Fall ist das Ergebnis des irreversiblen Prozesses die Bereitstellung der Kältemenge $\eta_m\, c_p(T_0 - T')$ bei der mittleren nach Gl. (3) berechneten Temperatur T_m. Um sie in reversibler Weise, d. h. durch einen Carnot-Prozeß zu erzeugen, benötigt man die Arbeit

$$L_i = \frac{Q_0}{860}\,\frac{T_1 - T_m}{T_m} = \eta_m\,\frac{c_p(T_0 - T')}{860}\cdot\frac{T_1 - T_m}{T_m}. \tag{10}$$

Obwohl also die bei isentroper Entspannung sich ergebende Temperaturdifferenz $T_0 - T'$ wegen des von 1 verschiedenen Wirkungsgrades der Entspannungsvorrichtung sich auf $\eta_m(T_0 - T')$ verkleinert, setzen wir doch voraus, daß die mittlere Temperatur T_m für beide Prozesse dieselbe ist. Beim tatsächlichen Prozeß liegt deshalb die Eintrittstemperatur in die Entspannungsvorrichtung etwas tiefer, die Austrittstemperatur etwas höher als bei isentroper Entspannung.

Die tatsächlich aufgewendete Arbeit ist die Differenz aus der Kompressorarbeit und der von der Entspannungsvorrichtung zurückgewonnenen Arbeit. Für letztere verwenden wir wieder den Ausdruck nach Gl. (4), wobei wir beachten, daß für ideales Gas und einen verlustlosen Wärmeaustauscher $T_m' = T_m$ ist. Ist R die individuelle Gaskonstante in kcal/kg °K, so beträgt diese Differenz in kWh je kg durchgesetzte Gasmenge[1]

$$L = \frac{R\,T_1}{860\,\eta_{is}}\ln\left(\frac{p}{p_1}\right) - \eta_m\,\frac{R\,T_m}{860}\ln\left(\frac{p}{p_1}\right) = \frac{R}{860}\ln\left(\frac{p}{p_1}\right)\left(\frac{T_1}{\eta_{is}} - \eta_m\,T_m\right)$$

$$= \frac{R}{860}\,\frac{\varkappa}{\varkappa - 1}\ln\left(\frac{T_0}{T'}\right)\left(\frac{T_1}{\eta_{is}} - \eta_m\,T_m\right) = \frac{c_p}{860}\ln\left(\frac{T_0}{T'}\right)\left(\frac{T_1}{\eta_{is}} - \eta_m\,T_m\right) \tag{11}$$

Damit folgt mit Gl. (10) für den Reversibilitätsgrad des Gesamtprozesses

$$\eta \equiv \frac{L_i}{L} = \frac{\eta_m(T_0 - T')\,(T_1 - T_m)/T_m}{\ln\left(\frac{T_0}{T'}\right)\left(\frac{T_1}{\eta_{is}} - \eta_m\,T_m\right)}$$

Dafür läßt sich nach Gl. (3) schreiben

$$\eta \equiv \frac{L_i}{L} = \eta_m\,\frac{T_1 - T_m}{\frac{T_1}{\eta_{is}} - \eta_m\,T_m}$$

oder

$$\eta \equiv \eta_m\,\eta_{is}\,\frac{1 - T_m/T_1}{1 - (\eta_m\cdot\eta_{is})\,(T_m/T_1)}. \tag{12}$$

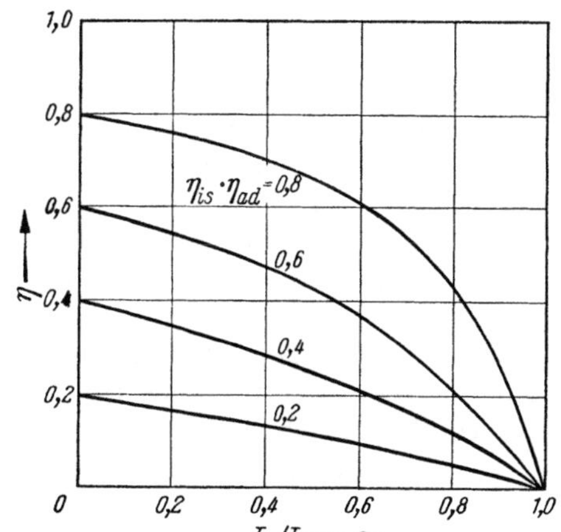

Abb. 6 Reversibilität von Kaltluftprozessen nach Gl. (12).

Der Reversibilitätsgrad des Gesamtprozesses hängt also unter den gemachten Voraussetzungen und für ein ideales Gas als Kältemittel nur vom Temperaturverhältnis T_m/T_1 und dem Produkt $\eta_m\cdot\eta_{is}$ der Wirkungsgrade von Expansionsvorrichtung und Kompressor ab. (Vgl. dazu Abb. 6). Er ist dagegen vom Druckverhältnis unabhängig. Bei kleinem Druckverhältnis ist jedoch die Temperatur-

[1] Dasselbe Problem wurde auf etwas andere Art und wesentlich ausführlicher behandelt von K. NESSELMANN: Kältetechnik Bd. 9 (1957) S. 271—273 und K. STEPHAN: daselbst (S. 314—318). — Vgl. ferner H. BOCK: Linde Berichte Nr. 4, Nov. 1958 (S. 45—51).

erniedrigung in der Entspannungsturbine vergleichsweise klein. Die gesamte gelieferte Kälte steht dann innerhalb eines engen Temperaturbereiches $T_0 - T'$ zur Verfügung. Umgekehrt lassen sich bei großen Druckverhältnissen weite Temperaturbereiche überspannen.

Bei dieser Rechnung wurde angenommen, daß die in der Entspannungsvorrichtung dem Gas entzogene Leistung *restlos* für den Antrieb des Kompressors ausgenützt wird. Praktisch ist das nicht der Fall, da bei der Übertragung immer ein Teil der Leistung verloren geht. Die Drehzahl von Kompressor und Entspannungsturbine muß nämlich oft verschieden gewählt werden, so daß ein Getriebe erforderlich ist oder die Entspannungsvorrichtung arbeitet auf einen Generator, der seine Leistung ans Netz abgibt. Bei kleinen Apparaten und tiefen Temperaturen wird die von der Entspannungsvorrichtung abgegebene Leistung sogar oft der Einfachheit halber nur abgebremst.

Ist η' der Wirkungsgrad dieser Übertragungsvorrichtung, so folgt an Stelle von Gl. (11)

$$L = \frac{R}{860} \ln\left(\frac{p}{p_1}\right)\left(\frac{T_1}{\eta_{is}} - \eta' \eta_m T_m\right) = \frac{c_p}{860} \ln\left(\frac{T_0}{T'}\right)\left(\frac{T_1}{\eta_{is}} - \eta' \eta_m T_m\right) \quad (13)$$

Dagegen bleibt Gl. (10) ungeändert. Damit ergibt sich an Stelle von Gl. (12)

$$\eta = \eta_m \, \eta_{is} \frac{1 - T_m/T_1}{1 - \eta' \, \eta_m \, \eta_{is} \, (T_m/T_1)} \quad (14)$$

Zu einer übersichtlichen Darstellung der verschiedenen Verlustquellen gelangen wir, wenn wir die in die einzelnen Teilprozesse eingehende Exergie E_α mit der austretenden Exergie E_ω vergleichen. Bei einem reversiblen, stationären Prozeß ist nämlich für jedes beliebige Bilanzgebiet die Summe der eintretenden Exergien gleich der Summe der austretenden. Beim irreversiblen Prozeß ist dagegen immer $\Sigma E_\alpha > \Sigma E_\omega$, da bei ihm immer eine Entwertung der Energie eintritt. Der thermodynamische Verlust im Innern des Bilanzgebietes ist gegeben durch

$$V_{\alpha-\omega} = \Sigma E_\alpha - \Sigma E_\omega \quad (15)$$

An Stelle der Exergien selbst kann man auch die „Exergieströme", d. h. die je Zeiteinheit zu- bzw. abgeführten Exergiemengen, auftragen und gelangt damit zu einem Exergieflußbild nach Abb. 7. In den in Gl. (15) auftretenden Summen und in gleicher Weise in den Exergieflußbildern sind jeweils *alle* Exergieflüsse zu berücksichtigen. Sie setzen sich zusammen aus:

1. den durch die zu- bzw. abgeführten Gasströme eingebrachten Exergien, die nach Gl. (6) zu berechnen sind;
2. den nach Gl. (7) zu berechnenden Exergien der zugeführten Wärmeströme;
3. den zugeführten mechanischen und elektrischen Leistungen. Bei ihnen ist die zugeführte Energie gleich der zugeführten Exergie.

Der Reversibilitätsgrad eines Teilprozesses ist gegeben durch

$$\eta_{\omega/\alpha} = \sum E_\omega / \sum E_\alpha \quad (16)$$

Da der Verlust V und der Reversibilitätsgrad jeweils von *zwei* Exergiesummen abhängen, ist es angezeigt, sie auch doppelt zu indizieren.

Von HÄNNY und ERGENC[1] wurden die einzelnen Verluste und Teilwirkungsgrade eines Kaltgasprozesses als Funktion des Temperaturverhältnisses T_m/T_1 aufgetragen (Abb. 8). Dabei werden alle Größen auf die Exergie E_b des in den Apparat einströmenden verdichteten Gases bezogen. Diese Exergie ist bis auf den

[1] ERGENC, S., u. J. HÄNNY: Einige Betrachtungen zur Thermodynamik der Gaskältekreisläufe; Technische Rundschau Sulzer 1963, Nr. 4, S. 197—204.

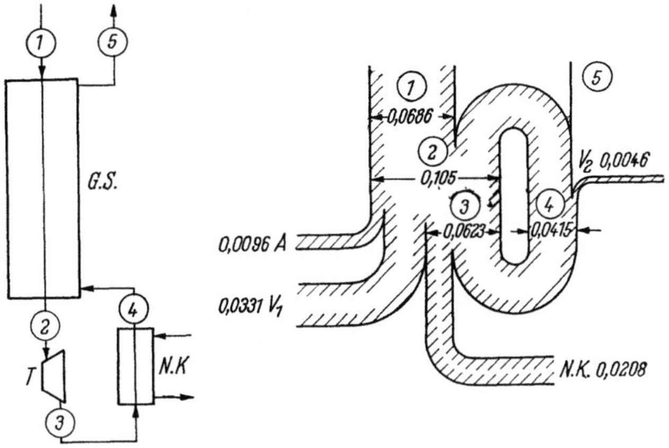

Abb. 7. Schema und Exergieflußbild einer einfachen Kaltluftmaschine (nach P. GRASSMANN). Die Zahlenangaben sind in kWh/Nm³ Luft gegeben. *G. S.* Gegenströmer; *T* Turbine bzw. Expansionsmaschine; *N. K.* Kühler, in dem die Nutzkälte übertragen wird; *A* von der Turbine abgegebene mechanische Leistung: V_1 Verlust in der Turbine; V_2 Verluste im Gegenströmer.

Vorausgesetzt sind folgende Werte

Punkt	1	2	3	4	5
Druck	10	10	1	1	1 ata
Temperatur	+ 26,8	− 150	− 187	− 159	+ 26,8° C

Es ist also der praktisch nicht ganz zu verwirklichende Fall angenommen, daß die Temperaturdifferenz am warmen Ende des Austauschers Null ist.

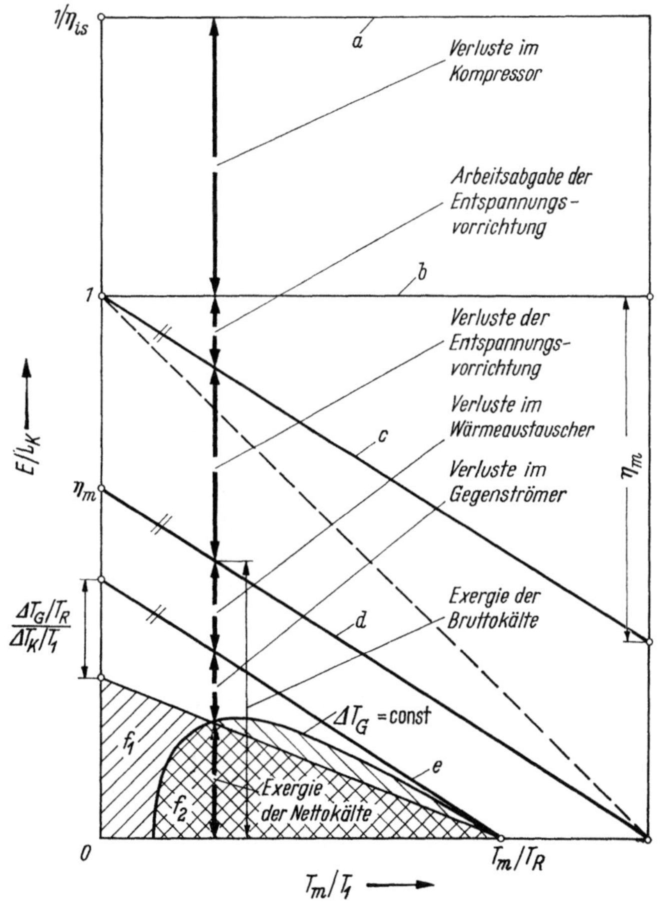

Abb. 8. Diagramm zur Ermittlung der Verluste und Teilwirkungsgrade als Funktion von T_m/T_1 nach HÄNNY und ERGENC.

Zahlenfaktor „860" gleich der Arbeit

$$L_K = G\frac{RT_1}{860}\ln(p/p_1) = \frac{Gc_p}{860}\Delta T_K = \frac{E_b}{860} \tag{17}$$

für die isotherme, verlustlose Kompression des als ideal vorausgesetzten Gases. ΔT_K ist dabei die Temperaturerhöhung des Gases, die sich ergeben würde, wenn es bei der thermodynamischen Mitteltemperatur T_1 reversibel und adiabat von p_1 auf p verdichtet wurde. Wir benützen diese Größe im folgenden als Rechengröße. Wir setzen L_K bzw. E_b als konstant voraus und stellen sie deshalb durch die Waagrechte *b* dar. Da sie als Bezugsgröße dient, entspricht ihr der Ordinatenwert 1. Die dem Kompressor tatsächlich zugeführte Arbeit ist L_K/η_{is} und wird im Diagramm durch die Waagrechte *a* dargestellt.

Im Gegensatz zu unseren früheren Überlegungen, die zu Gl. (18) führten, geht HÄNNY von der Voraussetzung aus, daß die von der Expansionsvorrichtung abgegebene Leistung durch Abbremsen vernichtet werde.[1] Obwohl bei Luftverflüssigungs- und Zerlegungsanlagen Leistungsabgaben bis 500 PS in Frage kommen können[2], ist diese Annahme für Temperaturen unter etwa $-180°$ C zu vertreten. Wir tragen ihr Rechnung, wenn wir in Gl. (18) $\eta' = 0$ setzen. Da das HÄNNYsche Diagramm nicht auf die dem Kompressor zugeführte Arbeit, sondern auf die Exergie E_b des eintretenden Gases bezogen ist, haben wir in Gl. (18) $\eta_{is} = 1$ zu setzen und erhalten

$$\eta_{d/b} \equiv \frac{E_d}{E_b} = \eta_m\,(1 - T_m/T_1) \tag{18}$$

Der Unterschied zwischen den Geraden *b* und *d* ist die Summe folgender Verluste:

1. V_{b-c}. Dieser Verlust ist dadurch bedingt, daß die von der Entspannungsvorrichtung abgegebene Arbeit nicht ausgenützt wird. Da die Arbeiten für isentrope Verdichtung bzw. Entspannung nach Gl. (4) dem thermodynamischen Mittelwert der Temperatur proportional sind, bei der sie vorgenommen werden, ist

$$V_{b-c} = E_b\,\eta_m\,T_m/T_1 \tag{19}$$

Der auf die Exergie E_b bezogene Verlust V_{b-c}/E_b wird im Diagramm dargestellt durch den senkrechten Abstand der Geraden *b* und *c*. (Gerade ergeben sich allerdings nur, wenn η_m von T_m unabhängig ist. Wenn dies auch nie exakt zutreffen dürfte, setzen wir es doch im folgenden voraus.) Man erkennt, daß er nur bei großen Werten von T_m/T_1, d. h. nur bei vergleichsweise hohen Temperaturen eine Rolle spielt.

2. V_{c-d}, d. h. die Verluste in der Maschine selbst. Da die Geraden *c* und *d* beide die Neigung $-\eta_m$ besitzen, ist dieser Verlust offenbar von T_m/T_1 unabhängig.

Dies läßt sich auch auf folgende Art beweisen. Nach der Gouy-Stodola-Gleichung ist der Verlust in der Turbine gegeben durch (Bezeichnungen nach Abb. 4)

$$V_{c-d} = T_1\Delta S = T_1\,(S_\omega - S_\alpha) = T_1 G\,(s_\omega - s_A) \tag{20}$$

Dabei ist ΔS die gesamte in Turbine und Umgebung eintretende Entropiezunahme. Da auch die verlustbehaftete Turbine als adiabat betrachtet werden darf, ändert sich die Entropie der Umgebung nicht, so daß für ΔS die Entropiezunahme $S_\omega - S_\alpha$ des Gases beim Durchtritt durch die Turbine einzusetzen ist. Da die Punkte A und ω auf derselben Isobare liegen, gilt für das ideale Gas

$$S_\omega - S_A = Gc_p\ln\left(\frac{T_\omega}{T_A}\right) = Gc_p\ln\left(\frac{T_\omega}{T_\alpha}\cdot\frac{T_\alpha}{T_A}\right) = Gc_p\ln\left(\frac{T_\omega}{T_\alpha}\,\frac{T_B}{T_C}\right)$$

[1] Die von der Expansionsvorrichtung gewonnene nutzbare Leistung läßt sich jedoch nachträglich leicht in den Formeln berücksichtigen.

[2] Chem.-Ing.-Techn. Bd 35 (1963) S. 813 (ohne Verfasserangabe).

Bereits bei der Ableitung von Gl. (8c) wurde darauf hingewiesen, daß die reversible Entspannung $B \rightarrow C$ bei dereslben thermodynamischen Mitteltemperatur T_m vorzunehmen sei wie die tatsächliche Entspannung $\alpha \rightarrow \omega$. Daraus folgt

$$T_m = \frac{T_\alpha - T_\omega}{\ln(T_\alpha/T_\omega)} = \frac{T_B - T_C}{\ln(T_B/T_C)}$$

oder

$$\ln(T_\alpha/T_\omega) = \frac{T_\alpha - T_\omega}{T_B - T_C}\ln(T_B/T_C) = \frac{i_\alpha - i_\omega}{i_B - i_C}\,\frac{\varkappa - 1}{\varkappa}\ln\left(\frac{p}{p_1}\right) = \eta_m \frac{\varkappa - 1}{\varkappa}\ln\left(\frac{p}{p_1}\right)$$

Damit ergibt sich für die Verlustarbeit nach Gl. (20)

$$V_{c-d} = G\,T_1\,c_p\left(\ln\frac{T_B}{T_C} + \ln\frac{T_\omega}{T_\alpha}\right) = G\,T_1\,c_p\,\frac{\varkappa - 1}{\varkappa}\ln\left(\frac{p}{p_1}\right)[1 - \eta_m]$$

$$= G\,T_1\,R\ln\left(\frac{p}{p_1}\right)[1 - \eta_m]\,.$$

Mit Gl. (17) folgt daraus

$$V_{c-d}/E_b = 1 - \eta_m \tag{21}$$

Aus dem Verlauf der Geraden erkennen wir: Wenn es sich auch bei sehr tiefen Temperaturen ($T_m < \approx 80°$ K) meist nicht mehr lohnt, die abgegebene Leistung auszunützen, so ist ein hoher Wirkungsgrad der Entspannungsvorrichtung in allen Temperaturgebieten anzustreben.

Es sind jetzt noch die durch den Wärmeaustausch bedingten Verluste zu betrachten. Dabei wollen wir uns auf die durch Wärmeübertragung über eine endliche Temperaturdifferenz bedingten Verluste beschränken, jedoch die durch den Druckverlust und den Wärmeaustausch mit der Umgebung verursachten Verluste außer acht lassen.

Erfährt das eine Gas beim Durchströmen des Wärmeaustauschers die Entropieabnahme ΔS_1, das andere die Entropiezunahme ΔS_2, so beträgt die gesamte Entropiezunahme $\Delta S = \Delta S_2 - \Delta S_1$. Wird keine Wärme mit der Umgebung ausgetauscht, so ist die Enthalpieabgabe ΔI_1 des einen gleich der Enthalpiezunahme ΔI_2 des anderen Gases und gleich der übertragenen Wärme Q. Es ist dann

$$\Delta S = \Delta S_2 - \Delta S_1 = Q\left(\frac{\Delta S_2}{\Delta I_2} - \frac{\Delta S_1}{\Delta I_1}\right).$$

Nach Gl. (2) läßt sich dafür auch schreiben

$$\Delta S = Q\left(\frac{1}{T_{m_2}} - \frac{1}{T_{m_1}}\right) \tag{22}$$

Die bekannte Formel für die Entropiezunahme beim Wärmeaustausch $\Delta S = Q(1/T_1 - 1/T_2)$ zwischen zwei Körpern mit den *konstanten* Temperaturen T_1 und T_2 läßt sich also auch auf *variable* Temperaturen erweitern, wenn für die beiden Stoffe die thermodynamischen Mitteltemperaturen T_{m1} und T_{m2} eingesetzt werden.

Berechnen wir zunächst die Verluste im Wärmeaustauscher *5* nach Abb. 1. Dazu nehmen wir an, daß der Gegenströmer *3* reversibel arbeite, d. h. $T_3 = T_0$ sei. Dann wird unter der Voraussetzung eines idealen Arbeitsgases offenbar die gesamte in der Turbine als Arbeit abgeführte Energie dem Gas im Wärmeaustauscher *5* wieder in Form von Wärme zugeführt. Die übertragene Wärme ist also gegeben durch $Q = \eta_m G R T_m \ln(p/p_1)$. Sie wird vom Arbeitsgas bei der mittleren Temperatur T_m der Entspannung aufgenommen. Das zu kühlende Gas gibt sie jedoch bei der höheren Mitteltemperatur T_R ab. Die Entropiezunahme im Wärmeaustauscher *5* ist also nach Gl. (22) gegeben durch

$$\Delta S_W = \eta_m G R T_m \ln(p/p_1)(1/T_m - 1/T_R)$$

Der durch diese Entropiezunahme bedingte Verlust ist nach der Gouy-Stodola-Gleichung (20) gegeben durch

$$V_{d-e} = \eta_m G R T_1 \ln(p/p_1)(1 - T_m/T_R)$$

Bezieht man auch diesen Verlust auf die Exergie $E_b = G R T_1 \ln(p/p_1)$ des in den Apparat eintretenden komprimierten Gases, so folgt

$$\frac{V_{d-e}}{E_b} = \eta_m (1 - T_m/T_R) \tag{23}$$

Die rechte Seite dieser Gleichung ist konstant, falls η_m und T_m/T_R von T_m unabhängig sind. Die letztgenannte Annahme ist meist gerechtfertigt, denn im allgemeinen wird man die Temperaturdifferenz $T_R - T_m$ um so kleiner wählen, je niedriger die Temperatur ist. Ist aber $T_R - T_m = \text{const} \cdot T_m$, so ist auch T_m/T_R konstant.

Unter diesen Annahmen ist die nach Abzug der Verluste in der Turbine und im Wärmeaustauscher *5* noch verfügbare Exergie E_e bezogen auf die Exergie des eintretenden Gases durch die zu *d* und *c* parallele Gerade *e* gegeben, die durch den Punkt T_m/T_R der Ordinaten-Achse geht. Ihre Gleichung ist

$$\eta_{b-e} \equiv \frac{E_e}{E_b} = \eta_m \left(\frac{T_m}{T_R} - \frac{T_m}{T_1}\right) \tag{24}$$

η_{b-e} wird also zu Null für $T_m/T_R = T_m/T_1$ oder $T_R = T_1$. Das ist verständlich, denn wenn einem Körper mit der Umgebungstemperatur T_1 Wärme entzogen wird, so entspricht dem nach Gl. (7) keine Exergie.

Schließlich sind noch die Verluste im Gegenströmer *3* (Abb. 1) zu betrachten. Statt diese selbst zu berechnen — etwa in der Weise, wie wir es eben für die Verluste im Wärmeaustauscher *5* durchgeführt haben — können wir auch unmittelbar die Exergie der an den zu kühlenden Stoff übertragenen „Kälte" berechnen.

Um die Wärmeübertragung im Gegenströmer *3* zu ermöglichen, muß eine endliche Temperaturdifferenz $\Delta T_G = T_3 - T_0$ bestehen. Dem zu kühlenden Stoff kann jetzt also nur noch die Wärmemenge

$$Q_f = \eta_m G R T_m \ln(p/p_1) - G c_p \Delta T_G$$

bei der mittleren Temperatur T_R entzogen werden. Die entsprechende Exergie ist

$$E_f = (Q_f/T_R)(T_1 - T_R).$$

Beziehen wir diese wieder auf die Exergie E_b des in den Apparat einströmenden komprimierten Gases, so folgt zunächst nach Gl. (17)

$$\eta_{b-f} \equiv \frac{E_f}{E_b} = \left[\eta_m \frac{T_m}{T_1} - \frac{c_p \Delta T_G}{R T_1 \ln(p/p_1)}\right] \frac{T_1 - T_R}{T_R} \tag{25}$$

Der zweite Summand in der eckigen Klammer läßt sich mit Hilfe von Gl. (17) etwas vereinfachen

$$\eta_{b-f} \equiv = \left[\eta_m \frac{T_m}{T_1} - \frac{\Delta T_G}{\Delta T_K}\right] \frac{T_1 - T_R}{T_R} \tag{26}$$

Aus den Gl. (25) bzw. (26) ist zu erkennen, daß der Einfluß der Temperaturdifferenz ΔT_G im Gegenströmer um so kleiner ist, je höher das Verdichtungsverhältnis p/p_1 bzw. ΔT_K gewählt wird.

Um die durch die Temperaturdifferenz ΔT_G bedingten Verluste zu berechnen, bilden wir die Differenz $E_e - E_f$ und erhalten nach einigen Umformungen aus den Gl. (24) und (25)

$$\frac{V_{e-f}}{E_b} = \frac{E_e - E_f}{E_b} = \frac{\varDelta T_G/T_R}{\varDelta T_K/T_1}\left(1 - \frac{T_R}{T_1}\right) = \frac{\varDelta T_G}{\varDelta T_K}\left(\frac{T_1}{T_R} - 1\right) \tag{27}$$

Dieser Verlust wird für $T_R = T_1$ und damit auch für $T_m/T_1 = T_m/T_R$ zu Null. Die ihn darstellende Kurve geht also durch den Punkt T_m/T_R der Abszissenachse. Sie wird zur Geraden, wenn:

1. entsprechend den Ausführungen zu Beginn von Abschnitt C $\varDelta T_G/T_R$ konstant gewählt wird;
2. das Verdichtungsverhältnis und damit nach Gl. (17) auch $\varDelta T_K/T_1$ konstant ist;
3. T_R/T_m konstant ist.

Diese Gerade f_1 schneidet die Ordinatenachse im Punkt $\eta_m(T_m/T_R) - (\varDelta T_G/T_R)/(\varDelta T_K/T_1)$.

Wird dagegen $\varDelta T_G$ selbst als konstant, d. h. als unabhängig von T_R angenommen, so ergibt sich an Stelle der Geraden die Kurve f_2. Bei einer endlichen Temperatur wird dann die gesamte Kälteleistung durch den Verlust im Wärmeaustauscher aufgezehrt.

Zu den letzten Ausführungen ist allerdings noch folgendes zu bemerken: Die durch Gl. (23) dargestellten Verluste im Wärmeaustauscher *5* wurden unter der Annahme berechnet, daß keine Verluste im Gegenströmer auftreten, also $\varDelta T_G = 0$ ist. Berücksichtigt man diese Verluste, so wird die im Wärmeaustauscher übertragene Wärmemenge um $G\, c_p\, \varDelta T_G$ kleiner. Dadurch erniedrigen sich auch die Verluste im Wärmeaustauscher selbst. Die Gerade *e* wandert deshalb etwas nach oben. Dagegen bleiben die Gerade f_1 bzw. die Kurve f_2 unverändert, denn sie wurden unmittelbar aus der Exergie der nach Abzug der Verluste im Wärmeaustauscher und Gegenströmer noch verfügbaren Kälte berechnet.

Wesentlich andere Beziehungen als für den hier verwendeten Reversibilitätsgrad ergeben sich, wenn man statt dessen von der Leistungsziffer Gebrauch macht. Sie ist bekanntlich definiert als das Verhältnis der Kälteleistung Q_0 zu der in den gleichen Einheiten gemessenen aufgewendeten Leistung. Wie aus der Ableitung in Bd. II dieses Handbuches (S. 84) hervorgeht, ist sie vom Druckverhältnis p/p_1 in hohem Maße abhängig[1].

Da bei diesen Prozessen oft höhere Drücke und tiefe Temperaturen auftreten, sind die Abweichungen von dem hier vorausgesetzten idealen Gasgesetz beträchtlich. Sie bewirken bei den meisten Gasen — so besonders auch bei Luft — eine Abkühlung, auch wenn bei der Entspannung keine äußere Arbeit geleistet, also das Gas in einem Ventil entspannt wird. So läßt sich z. B. bei einer Temperatur von 300° K durch eine Drosselentspannung von 200 auf 50 ata unter Berücksichtigung eines Kälteverlustes von 1 kcal/kg verarbeitete Luft eine Kälteleistung von 4,7 kcal/kg Luft = 19,6 kJ/kg Luft erreichen. Durch eine Vorkühlung auf —40° C läßt sich diese Kälteleistung auf 10,2 kcal/kg Luft = 43,5 kJ/kg Luft steigern. Dagegen liefert ein mit einer Expansionsmaschine mit $\eta_{ad} = 0{,}8$ arbeitender Prozeß bei einer Eintrittstemperatur der Luft in den Wärmeaustauscher von 300° K und in die Maschine von 140° K eine Kälteleistung von 9,6 kcal/kg = 40 kJ/kg Luft. Dabei ist eine Entspannung von 8 auf 2 ata, also das gleiche Druckverhältnis wie bei der Drosselentspannung vorausgesetzt.[2] Die Drosselentspannung mit Vorkühlung erreicht damit bei gleichem Verdichtungsverhältnis (und damit auch näherungsweise gleicher Kompressionsarbeit) Kälteleistungen, die mit denen von Kaltluftmaschinen vergleichbar sind.

[1] Vgl. dazu auch M. Ruhemann: Low Temperature Refrigeration, Cryogenics Vol. 1, No. 4 (1961), S. 193.

[2] Vgl. dazu auch K. Linge: Kältetechnik Bd. 13 (1961) S. 95—98.

Bei der Expansion in einer Maschine tritt neben der äußeren Arbeitsleistung beim realen Gas auch eine innere Arbeitsleistung zur Überwindung der Anziehungskräfte der Moleküle auf. Wenn wir von einigen schwer verflüssigbaren Gasen wie Wasserstoff und Helium absehen, ist deshalb die Abkühlung des realen Gases in der Maschine größer als nach der idealen Gasgleichung berechnet.[1] Die im vorhergehenden abgeleiteten Gleichungen geben also etwas zu ungünstige Werte. Die exakten Werte für derartige mit realen Gasen durchgeführte Prozesse müssen unter Benützung der entsprechenden Zustandsdiagramme berechnet werden.

C. Einfügung der Entspannungsvorrichtung in den Gesamtkreislauf.

Durch die Entspannung unter äußerer Arbeitsleistung erzielt man 2 Vorteile:

1. die irreversible Entspannung in einem Ventil wird durch einen weitgehend reversiblen Vorgang ersetzt;
2. durch diese Entspannung lassen sich die Verluste im Wärmeaustauscher theoretisch vollständig vermeiden, praktisch zumindest stark herabsetzen.

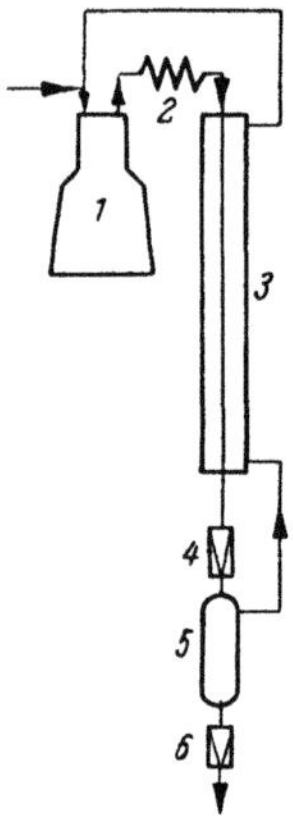

Abb. 9. Ursprüngliches Linde-Verfahren.
1 4- bis 5stufiger Kompressor; *2* Nachkühler; *3* Gegenströmer; *4* Drosselventil; *5* Abscheider für den verflüssigten Anteil der Luft; *6* Ablaßventil für flüssige Luft.

Der 2. Punkt wird meistens nicht genügend beachtet. Dazu sei folgendes bemerkt: Wie man leicht berechnet, besteht beim einfachen Lindeprozeß (Abb. 9) am kalten Ende des Wärmeaustauschers eine große Temperaturdifferenz zwischen der hochverdichteten und der rückströmenden nicht verflüssigten aber sehr kalten Luft. Bei einem Betriebsdruck von 200 ata beträgt diese Differenz rund 90° C. Dies ist durch folgende Gründe bedingt:

1. Die Menge der im Wärmeaustauscher rückströmenden Luft ist um den Anteil der verflüssigten Luft kleiner als die der einströmenden verdichteten Luft.

2. Die spezifische Wärme der verdichteten Luft ist größer als die der entspannten.

3. Die trotz guter Isolation nie ganz zu vermeidende Wärmezufuhr von außen verzögert die Abkühlung der einströmenden Luft, während die Anwärmung der rückströmenden kalten Luft beschleunigt wird.

Alle 3 Gründe führen dazu, daß sich die abzukühlende einströmende Luft weniger stark abkühlt als sich die rückströmende kalte Luft erwärmt. (Ganz allgemein ist bei einem adiabaten Wärmeaustauscher die Temperaturdifferenz an demjenigen Ende am kleinsten, an dem das Medium mit der kleineren Wärmekapazität austritt).

Wenn auch bei anderen Gas-Verflüssigungs- und Zerlegungsverfahren häufig nicht alle angeführten Gründe bestehen, so wächst doch meist die Temperaturdifferenz gegen das kalte Ende des Wärmeaustauschers an. Um die Verluste *im* Wärmeaustauscher klein zu halten, müßte man jedoch den umgekehrten Verlauf anstreben.[2] Wird nämlich die Wärmemenge dQ von einem Gas mit der Temperatur T auf ein Gas mit der tieferen Temperatur T_2 übertragen, so verringert

[1] Die thermodynamischen Zusammenhänge sind in Bd. II dieses Handbuches S. 202—204 dargestellt.

[2] Vgl. dazu P. GRASSMANN u. J. KOPP: Kältetechnik Bd. 9, Heft 10 (1957) S. 306—308.

sich die Entropie des wärmeren Gases um dQ/T, während die des kälteren Gases um dQ/T_2 zunimmt. Die gesamte Entropiezunahme beträgt somit

$$dS = dQ\,(1/T_2 - 1/T) = dQ\,(T - T_2)/(T \cdot T_2) \approx dQ\,(T - T_2)/T_2^2 \quad (28)$$

Andererseits ist aber die Mehrarbeit , die auf Grund dieser Irreversibilität geleistet werden muß, gegeben durch $T_1\,\mathrm{d}S$ (T_1 = Umgebungstemperatur). Um diese Mehrarbeit so klein wie möglich zu halten, muß also besonders am *kalten* Ende des Wärmeaustauschers eine möglichst kleine Temperaturdifferenz angestrebt werden. (Eine große Temperaturdifferenz am *warmen* Ende des Austauschers wirkt sich zwar bezüglich der Verluste im Wärmeaustauscher weniger schädlich aus, bedingt jedoch einen gewissen Verlust auf Grund der zu kalt austretenden Luft. Dieser ist jedoch im allgemeinen klein gegenüber den Verlusten im Wärmeaustauscher.[1]

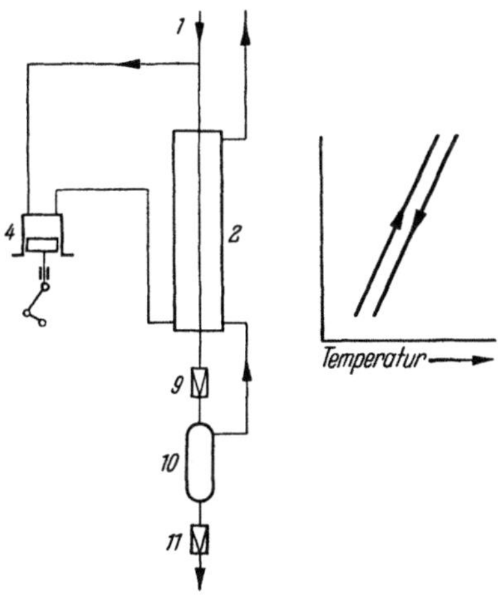

Abb. 10. Die zum Gegenströmer parallelgeschaltete Expansionsmaschine.

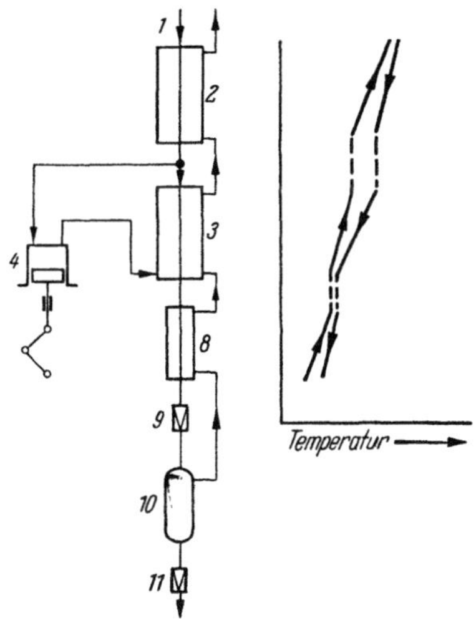

Abb. 11. CLAUDEsches Luftverflüssigungsverfahren.

Um diese großen Temperaturdifferenzen am kalten Ende des oder der Wärmeaustauscher so weit wie möglich abzubauen, können die Verfahren nach den Abb. 10 bis 12 und 13 angewandt werden. Das auf einen entsprechenden Betriebsdruck verdichtete und etwa auf Raumtemperatur gekühlte Gas tritt bei 1 in den ersten Gegenströmer *2* ein, in dem es im Gegenstrom zum entspannten rückströmenden Gas gekühlt wird. Um die Temperaturdifferenz mit abnehmender Temperatur nicht zu stark ansteigen zu lassen, besteht entweder die Möglichkeit entsprechend den Abb. 10, 11 oder 12 jeweils einen Teil des Gases über das gesamte zur Verfügung stehende Druckgefälle oder nach Abb. 13 unter Teilung des Druckgefälles die gesamte Gasmenge zu entspannen. Da im erstgenannten Fall das Gasvolum vergleichsweise klein, das Druckgefälle groß ist, sind hierfür Expansions-Kolbenmaschinen, *4* und *6* in Abb. 10, 11 und 12 besonders geeignet, während für den Prozeß nach Abb. 13 vor allem Expansionsturbinen *4*, *6* und *7* in Frage kommen. Der letzten Entspannung unter äußerer Arbeitsleistung folgt meist noch eine weitere Abkühlung im Joule-Thomson-Kühler *8*, bevor das vollständig oder nahezu auf Verflüssigungstemperatur gekühlte Gas im Drosselventil *9* entspannt wird. Aus dem entstandenen Dampf-Flüssigkeitsgemisch setzt sich im Abscheider *10* die Flüssigkeit ab und wird durch Ventil *11* entnommen.

[1] Vgl. dazu P. GRASSMANN u. J. KOPP: Kältetechnik Bd. 9, Heft 10 (1957) S. 306–308.

Rechts neben den Fließschemata ist jeweils der Temperaturverlauf in den Wärmeaustauschern skizziert, wobei sich die Temperaturen auf die in gleicher Höhe befindlichen Apparateteile beziehen.

Abb. 11 entspricht etwa dem CLAUDEschen Luftverflüssigungsverfahren, Abb. 12 dem COLLINSschen Heliumverflüssiger und Abb. 13 in groben Zügen einem von der Firma Gebr. Sulzer A.G. für eine Wasserstofftrennanlage verwendeten Kältekreislauf[1].

Gelegentlich werden auch die rückströmenden Gase noch unter Arbeitsleistung entspannt, wodurch sich die Möglichkeiten der Anordnungen noch vervielfachen.

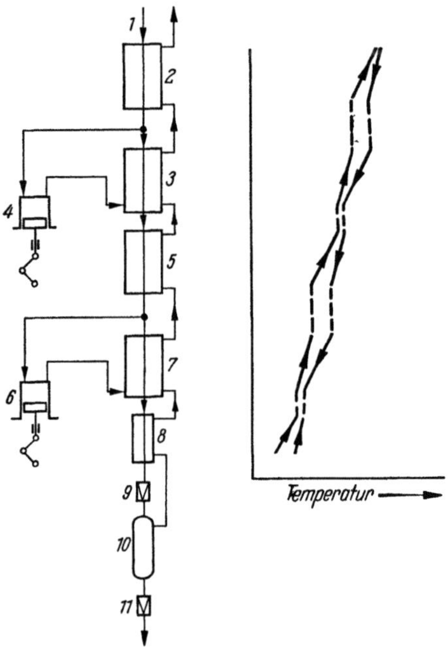

Abb. 12. Verfahren mit 2 Expansionsmaschinen (entspricht dem COLLINSschen He-Verflüssiger)

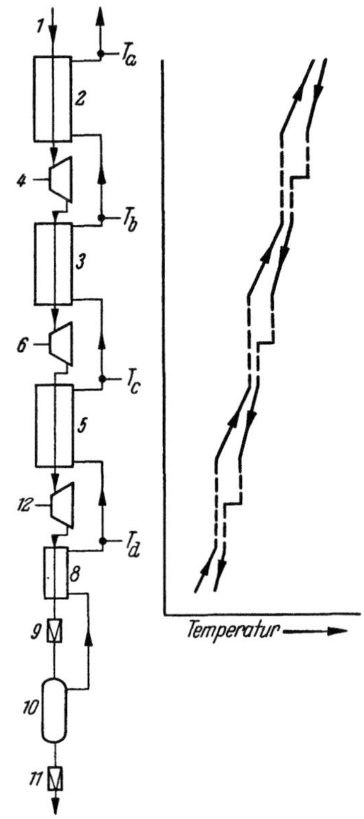

Abb. 13. Verfahren mit 3 Expansionsturbinen (nach Gebr. Sulzer AG, Winterthur).

Eine mehrfache Entspannung nach Abb. 12 oder 13 wird nur angewandt, wenn das Verhältnis der Umgebungstemperatur zur tiefsten im Prozeß erreichten Temperatur groß ist, dementsprechend nur selten bei der Luftzerlegung oder Verflüssigung, häufig jedoch bei Wasserstoff- und Heliumverflüssigung[2].

Um aus der mehrfachen Entspannung den vollen Nutzen zu ziehen, müssen die Temperaturstufen vorteilhaft gewählt werden. Der Rechnung legen wir das Schema nach Abb. 13 unter folgenden vereinfachenden Annahmen zugrunde:

---

[1] HÄNNY, J., Schweiz. Archiv Bd. 26 (1960), Nr. 3, S. 115—129; Kältetechnik Bd. 12 (1960) S. 158—169.

[2] Zur mehrfachen Entspannung vgl. H. N. DAVIS: Research Corp., U.S. Pat. 1420625 (1922). — LEVEN, J. H.: F. Pat. 705075 (1931); U.S. Pat. 1892155 (1932). — RABES, M.: Zs. ges. Kälte-Ind. Bd. 37 (1930) S. 48—58. — MCCREERY, E. P., D. B. STAMPS, u. P. W. STAMPS: U.S. Pat. 2086567 (1937). — DE BAUFRE, W. L.: U.S. Pat. 2089543 (1937). — GRASSMANN, P.: D.B. Pat. 849851 (1952). — TREPP, CH.: Industries Atomiques VI (1962) Nr. 7/8, S. 71—80 und Techn. Rundschau Sulzer (1962) Nr. 4, S. 35—41. — Vgl. dazu auch H. HAUSEN: Bd. VIII dieses Handbuches S. 79.

1. die Wärmekapazitäten beider Gasströme sind unabhängig von der Temperatur;
2. an den warmen Enden der Wärmeaustauscher hat das einströmende und das rückströmende Gas dieselbe Temperatur ($\Delta T = 0$);
3. die Druckverluste in den Gegenströmern werden vernachlässigt;
4. die nach Gl. (8a) definierten Wirkungsgrade der Turbinen sind unabhängig von der absoluten Temperatur.

Ist $C = G\,c_p$ (G = Gewicht je Zeiteinheit, c_p = spez. Wärme) die Wärmekapazität des einströmenden komprimierten Gases, C_2 diejenige des rückströmenden, so ergibt eine Wärmebilanz über einen kurzen Abschnitt des Gegenströmers

$$dq = C\,d\,T = C_2 d\,T_2$$

oder

$$d\,(T - T_2) = d\,\Delta\,T$$

$$= (C_2/C - 1)\,d\,T_2.$$

Damit folgt

$$\Delta\,T = -(1 - C_2/C)\,T_2 + \text{const.}$$

Unter Beachtung von Voraussetzung 2 folgt damit z. B. für den ersten Gegenströmer (vgl. Abb. 14)

$$T - T_2 = (T_a - T_2)\,(1 - C_2/C).$$

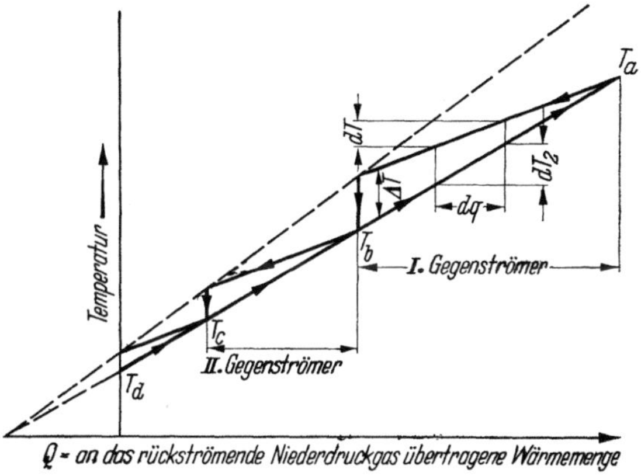

Abb. 14. Temperaturverteilung in den Gegenströmern bei mehrfacher Entspannung.

Setzt man diesen Ausdruck in die unter Gl. (28) angegebene Näherungslösung, d. h. $dS = dQ(T - T_2)/T_2^2$ ein, so folgt mit $dQ = C_2\,d\,T_2$ die Beziehung

$$dS = \frac{C_2 d\,T_2\,(T_a - T_2)\,(1 - C_2/C)}{T_2^2} = C_2\left(1 - \frac{C_2}{C}\right)\left[T_a \frac{dT_2}{T_2^2} - \frac{d\,T_2}{T_2}\right]$$

Die Integration von $T_2 = T_b$ bis $T_2 = T_a$ ergibt für die Entropiezunahme im I. Gegenströmer

$$\Delta S_{\mathrm{I}} = C_2\left(1 - \frac{C_2}{C}\right)\left[\frac{T_a}{T_b} - 1 - \ln\left(\frac{T_a}{T_b}\right)\right]$$

Entsprechend folgt für die Entropiezunahme im II. und III. Gegenströmer

$$\Delta S_{\mathrm{II}} = C_2\left(1 - \frac{C_2}{C}\right)\left[\frac{T_b}{T_c} - 1 - \ln\left(\frac{T_b}{T_c}\right)\right]$$

bzw.

$$\Delta S_{\mathrm{III}} = C_2\left(1 - \frac{C_2}{C}\right)\left[\frac{T_c}{T_d} - 1 - \ln\left(\frac{T_c}{T_d}\right)\right].$$

Damit die Verluste in den Wärmeaustauschern möglichst klein werden, müssen die Zwischentemperaturen T_b und T_c so gewählt werden, daß die gesamte Entropiezunahme

$$\Delta S = \Delta S_{\mathrm{I}} + \Delta S_{\mathrm{II}} + \Delta S_{\mathrm{III}} = C_2\left(1 - \frac{C_2}{C}\right)\left[\frac{T_a}{T_b} + \frac{T_b}{T_c} + \frac{T_c}{T_d} - 3 - \ln\left(\frac{T_a}{T_d}\right)\right]$$

zu einem Minimum wird. Dies ist der Fall, wenn sowohl

$$\left(\frac{\partial \Delta S}{\partial T_b}\right)_{T_c} = C_2\left(1 - \frac{C_2}{C}\right)\left(-\frac{T_a}{T_b^2} + \frac{1}{T_c}\right) = 0$$

wie auch

$$\left(\frac{\partial \Delta S}{\partial T_c}\right)_{T_b} = C_2\left(1 - \frac{C_2}{C}\right)\left(-\frac{T_b}{T_c^2} + \frac{1}{T_d}\right) = 0$$

werden. Aus der ersten Bedingung folgt

$$T_b = \sqrt{T_a T_c}\,, \text{ aus der zweiten } T_c = \sqrt{T_b T_d}$$

oder auch

$$\frac{T_a}{T_b} = \frac{T_b}{T_c} = \frac{T_c}{T_d} \tag{29}$$

Wie erstmals von Nesselmann[1] abgeleitet, sind die absoluten Temperaturen also möglichst so zu wählen, daß sie eine geometrische Reihe bilden. Natürlich erhöhen kleinere Abweichungen von diesem Bestwert — die z. B. durch konstruktive Gründe bedingt sein können — die Entropieerzeugung nur unwesentlich, da auch in der Nähe des Minimums $\partial\, \Delta S/\partial T$ sehr klein ist.

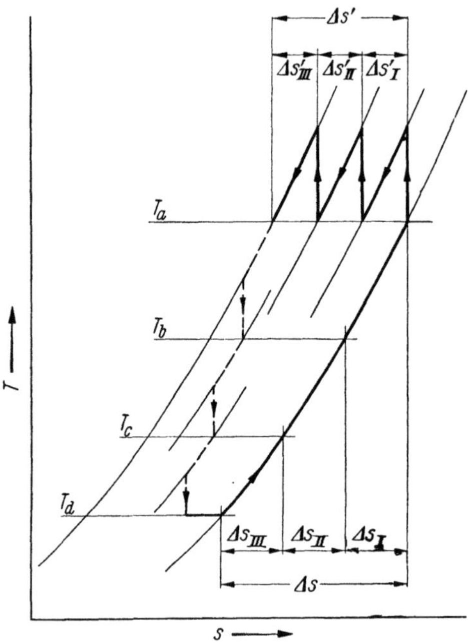

Abb. 15. Mehrfache Entspannung und mehrfache Kompression im T-s-Diagramm.

Neben den Verlusten in den Wärmeaustauschern spielen auch die in den Turbinen selbst eine beachtliche Rolle. Nimmt man an, daß diese nur durch Reibung innerhalb der Turbine und nicht durch Wärmezufuhr von außen gegeben sind[2] und daß ferner der Turbinenwirkungsgrad von der Temperatur unabhängig ist, so läßt sich zeigen, daß auch die Verluste in der Turbine von der Temperatur unabhängig sind.[3] Der günstigste Einsatzbereich der Turbinen ist also unter diesen Voraussetzungen allein durch die Bedingung der minimalen Entropieerzeugung in den Wärmeaustauschern, d. h. unter den gemachten Voraussetzungen durch Gl. (29) gegeben.

Nach Gl. (29) bilden die Logarithmen der absoluten Temperaturen eine arithmetische Reihe. Da bei konstanter spez. Wärme die Entropie längs einer Isobaren mit dem Logarithmus der Temperatur anwächst, kann man die geeignetsten Temperaturen für die Entspannung auch dadurch finden (Abb. 15), daß man den gesamten Entropieunterschied Δs, der längs einer Isobaren gemessen dem gesamten Temperaturunterschied $T_a - T_d$ entspricht, in gleiche Teile Δs_{I}, Δs_{II} und Δs_{III} teilt.

Diese Verhältnisse weisen eine beachtliche Ähnlichkeit mit der mehrstufigen Verdichtung eines idealen Gases auf, wobei auch die Zwischendrücke p_b und p_c am günstigsten so gewählt werden, daß sie eine geometrische Reihe bilden. Dementsprechend lassen sich auch in diesem Falle die Zwischendrücke dadurch finden, daß man den gesamten längs einer Isothermen gemessenen Entropieunterschied Δs in gleiche Teile teilt.

Auch für eine Anordnung nach Abb. 12 werden die Temperaturen der verschiedenen Entspannungen vorteilhaft so gewählt, daß sie eine geometrische Reihe bilden.

[1] Nesselmann, K.: Arbeitssitzung der Arbeitsabteilung I des DKV 1956.

[2] Zur gesonderten Berücksichtigung dieser Verluste vgl. S. Ergenc, U. Giger u. Ch. Trepp: Betriebscharakteristik einfacher Heliumkreisläufe mit Kaltgasturbinen; Kältetechnik Bd. 16 (1964) S. 296—301.

[3] Vgl. P. Grassmann: Schweiz. Bauzeitung Bd. 79 (1961) S. 797—800.

Die Verhältnisse ändern sich natürlich grundlegend, wenn die gemachten Voraussetzungen nicht mehr erfüllt sind, sei es daß in gewissen Temperaturbereichen für die totale oder partielle Verflüssigung des einströmenden Gases ein besonders großer Kältebedarf entsteht oder daß durch die Verdampfung einer rückströmenden Komponente vergleichsweise große Kältemengen verfügbar werden. In diesen Fällen ist — wie auch sonst in der Kältetechnik — dafür zu sorgen, daß der in den einzelnen Temperaturgebieten sich ergebende Kältebedarf durch Kältequellen gedeckt wird, deren Temperatur möglichst wenig unter der Temperatur des Bedarfs liegt. Diese Anpassung von Kältelieferung an den Kältebedarf hat natürlich ihre wirtschaftlichen Grenzen.

Von Plotnikoff und Gorbunoff[1] wurde vorgeschlagen, den Turbokompressor einer Kälteanlage durch eine mit demselben Kältemittel betriebene Turbine anzutreiben. Dazu wird aus dem üblichen Kreislauf einer Kaltdampfkälteanlage ein Teilstrom des im Kondensator verflüssigten Kältemittels entnommen, durch eine Pumpe auf erhöhten Druck gebracht und dann in einem mit Abfallwärme geheizten Kessel verdampft. Dieser vergleichsweise hoch komprimierte Kältemitteldampf wird in der vorerwähnten Turbine auf Kondensatordruck entspannt und dem vom Kältemittelkompressor zum Kondensator gehenden Kältemitteldampf wieder zugeführt. In diesem Falle dient also — abweichend von den bisher beschriebenen Anordnungen — die Turbine primär nicht zur Abkühlung eines Gases, sondern als Antriebselement. Das Verfahren stellt damit eine enge Kopplung zwischen einem Wärmekraft- und einem Kaltdampfmaschinenprozeß dar.

D. Allgemeine Gesichtspunkte für die Konstruktion.

Je tiefer die mittlere Temperatur T_m wird, desto kleiner wird unter sonst gleichbleibenden Bedingungen die von der Entspannungsvorrichtung abgegebene Leistung und desto eher kann auf ihre Ausnützung — z. B. zum Antrieb eines auf das elektrische Netz arbeitenden Generators — verzichtet werden. Dazu kommt, daß häufig nur ein Teilstrom des insgesamt verarbeiteten Gases unter Leistung äußerer Arbeit entspannt wird. Unter diesen Bedingungen sinkt dann die aus der Entspannungsvorrichtung rückgewonnene Leistung auf wenige Prozente der für den Kompressor erforderlichen. Es ist dann ziemlich gleichgültig, welcher Bruchteil von ihr in Lagern und Getrieben sich in Wärme verwandelt, solange diese nicht durch Leitung wieder an das zu kühlende Gas übertragen wird. Es kommt deshalb auf den durch Gl. (8) definierten inneren Wirkungsgrad an. Dieser muß aber so hoch wie möglich sein, denn er beeinflußt sehr stark den Reversibilitätsgrad des Gesamtprozesses (Abb. 6 und 8).

Meist wird nicht bis ins Naßdampfgebiet entspannt. Einerseits erniedrigt sich nämlich dann durch den vergrößerten Wärmeaustausch mit der Wand und aus anderen Gründen der Wirkungsgrad der Entspannung, andererseits können Schäden an der Entspannungsvorrichtung entstehen: In Kolbenmaschinen führt eine Teilverflüssigung unter Umständen zu Flüssigkeitsschlägen, während in den meist sehr hochtourigen Turbinen das Material durch Tropfenschlag beansprucht wird. Besonders gefährlich ist eine Teilverflüssigung der Luft in Kolbenmaschinen.

---

[1] Tschistiakoff, F., u. A. Plotnikoff: Cholodilnaja Technika Bd. 29 (1952) S. 16 (russisch). Referat in Kältetechnik Bd. 6 (1954) S. 20.

Durch Kondensation und Wiederverdampfung reichert sich nämlich die schwerer flüchtige Komponente — das ist in diesem Fall der Sauerstoff — in der Flüssigkeit an. Mit Spuren von Öl kann dies zu heftigen Explosionen führen.

Um auch ohne Verflüssigung in der Maschine die Verflüssigung des Gases zu erreichen, wird nach einem genialen Gedanken von CLAUDE[1] (nach Abb. 11) nur ein *Teilstrom* unter äußerer Arbeitsleistung entspannt. Durch ihn wird der noch auf hohem Druck befindliche andere Teilstrom verflüssigt oder zumindest soweit gekühlt, daß er nach der Entspannung in einem Ventil zum Teil als Flüssigkeit anfällt.

Wegen des hohen Druckes, der tiefen Temperatur und der bei kleinen Apparaten kleinen Gesamtgasmenge, von der nur ein Teil durch die Expansionsmaschine geht, ist das verarbeitete Volum viel kleiner als bei einer Dampfmaschine. Tatsächlich beträgt das je Hub geförderte Volum gemessen unter Ansaugbedingungen bei kleinen Maschinen oft nur noch 5 cm^3! Man gelangt damit zu Kolbendurchmessern von 30 mm und eventuell noch darunter. Damit steht eine vergleichsweise große Wärmeübertragungsfläche für ein kleines Gasvolum zur Verfügung. Ferner ist die Wärmeübergangszahl wegen der hohen Dichte und kleinen Viskosität des Gases hoch. Der periodische Wärmeaustausch mit der Wand spielt daher eine beachtliche Rolle. Im Gegensatz zu den üblichen Verhältnissen bei Luftkompressoren und Verbrennungsmotoren ist dieser nicht mehr fast ausschließlich durch den Wärmeübertragungswiderstand $1/\alpha$ vom Gas auf die Wand, sondern auch schon durch den Widerstand für die Wärmeausbreitung *in* der Wand bestimmt.

Das kleine Kolbenvolum mancher Maschinen erlaubt meist nicht mehr die Indizierung mit mechanischen Indikatoren. Es lassen sich hierzu jedoch Quarzindikatoren verwenden, wobei die Spannungen mit Kathodenstrahloszillographen angezeigt werden. Von EDER[2] und vor allem von FÜNER und Mitarbeitern[3] wurde ein Verfahren für die Indizierung beschrieben.

Immer ist dafür zu sorgen, daß auch bei einem möglichen Versagen der Abbremsung die Maschine keine unzulässig hohe Drehzahl erreicht. Besonders müssen bei Maschinen, die auf einen elektrischen Generator arbeiten, Schnellschlußventile vorgesehen werden, die die Maschine bei Überschreiten einer Grenzdrehzahl abschalten, da sonst bei Stromausfall die Maschine durchginge.

Bei der Materialauswahl muß der Versprödung mancher Werkstoffe — z. B. unlegierter Stähle — bei tiefen Temperaturen Rechnung getragen werden[4].

In vielen Fällen ist es erwünscht, daß die Füllung der Maschine geregelt werden kann. So werden z. B. Anlagen für Luft- und Gaszerlegung mit einem höheren Betriebsdruck in Gang gesetzt als dem Dauerbetrieb entspricht, damit die tiefen Temperaturen möglichst rasch erreicht werden. Bei vielen Anlagen besteht auch die Möglichkeit, je nach Bedarf einen größeren oder kleineren Anteil der Zerlegungsprodukte in flüssiger Form zu gewinnen. Dadurch vergrößert sich der Kältebedarf der Anlage, was durch eine Erhöhung des Betriebsdrucks ausgeglichen wird. Im allgemeinen soll jedoch trotz Änderung des Betriebsdrucks immer etwa der gleiche Anteil des verarbeiteten Gases durch die Maschine gehen. Dies läßt sich aber nur erreichen, wenn eine entsprechende Füllungsregelung vorgesehen ist.

---

[1] CLAUDE, G.: Compt. Rend. Acad. Scie. Paris Bd. 134 (1902) S. 1568—1570 u. Bd. 195 (1932) S. 919—922. Weitere Literatur in Bd. VIII dieses Handbuches S. 72ff.

[2] EDER, F. X.: Kältetechnik Bd. 11 (1959) Nr. 8, S. 257.

[3] FÜNER, V., E. SCHÖBERL, R. TAUCHMANN, H. RUF u. K. BACH: Kältetechnik Bd. 12 (1960) S. 66 u. 298, Bd. 13 (1961) S. 99—102 u. S. 145—149.

[4] Vgl. dazu Bd. I dieses Handbuchs, S. 410ff.

E. Expansionsmaschinen mit hin- und hergehenden Kolben.

Derartige Maschinen entsprechen in ihrem Aufbau weitgehend den herkömmlichen Dampfmaschinen. (Vgl. etwa Bd. VIII dieses Handbuchs, S. 288, Abb. 227.) Sie werden stehend und liegend gebaut und die Ventile werden durch Steuerungen meist über Nockenwellen betätigt. Von Dampfmaschinen unterscheiden sie sich jedoch in folgenden Punkten, die alle durch die tiefe Arbeitstemperatur bedingt sind:

1. Die Zylinder sollen, um Eisansatz zu vermeiden, sorgfältig isoliert sein. Auch ist es ratsam, die Wärmeleitung zwischen den sehr kalten Teilen — das ist vor allem der Zylinderdeckel, die Kolbenstirnfläche und das Austrittsventil — und den warmen Teilen durch geeignete Wahl der Werkstoffe und Abmessungen soweit wie möglich zu unterbinden.

2. Der Schmierung der Zylinderlaufflächen muß besondere Aufmerksamkeit geschenkt werden, da bei den auftretenden Temperaturen auch Kältemaschinenöle erstarren. Es muß deshalb der Zutritt von Öl in den Expansionsraum vollständig unterbunden werden, was durch die im folgenden näher beschriebenen Konstruktionen gelingt.

Um bei Gasverflüssigungsanlagen eine möglichst große Kälteleistung zur Verfügung zu haben, sind sie meist für hohe Betriebsdrücke ausgelegt. (Luft- und O_2-Verflüssigungsanlagen meist für 100 bis 200 atü, Heliumverflüssiger für 15 ata.) Da im allgemeinen in einer Stufe entspannt wird, ergeben sich damit Druckverhältnisse, die bei Luftverflüssigungsanlagen auf $100:1{,}5 = 67:1$, bei Anlagen zur Gewinnung von flüssigem O_2 durch Verflüssigung und Zerlegung von Luft auf $200:6 = 33:1$ ansteigen können[1]. Sie sind damit um das zwei- bis dreifache höher als in Kolbendampfmaschinen. Dadurch ergeben sich gewisse Schwierigkeiten in der Bemessung: Damit die maximale Kolbenkraft nicht zu groß wird, ist man bestrebt, die Bohrung nicht zu groß zu wählen. Um aber trotzdem die vorgegebene Gasmenge nahezu auf den vergleichsweise sehr niedrigen Enddruck entspannen zu können, muß dann der Hub groß sein. Bei langhubigen Maschinen ist es aber bekanntlich schwierig, die erforderlichen Ventilquerschnitte im Zylinderkopf unterzubringen. Um mit vertretbaren Hubvolumen auszukommen, läßt man das Gas sich nicht ganz bis zum Enddruck im Zylinder entspannen. Damit verliert man zwar je Hub einen Arbeitsbetrag, der dem „abgeschnittenen Zipfel" des Indikatordiagramms entspricht, hat aber andererseits den Vorteil einer merklich kleineren Maschine, bei der auch die Verluste durch Reibung und Wärmezufuhr aus der Umgebung niedriger sind. Wurde beispielsweise die Füllung einer Maschine, in der Luft von 200 auf 15 atü entspannt wurde, von 0,1 auf 0,21 bzw. 0,315 gesteigert, so erhöhte sich dadurch bei einem schädlichen Raum von 7,5% der adiabate Wirkungsgrad η_α von 64 auf 68 bzw. 69%[2].

Bei hohen Druckgefällen macht sich der unvermeidliche schädliche Raum natürlich besonders ungünstig bemerkbar. Um seine Wirkung soweit wie möglich abzuschwächen, wird das Auslaßventil so gesteuert, daß es schon schließt, einige Zeit *bevor* der Kolben den äußeren Totpunkt erreicht. Der im Zylinder verbleibende Gasrest wird dann mit Annäherung des Kolbens an den äußeren Totpunkt komprimiert. Dadurch läßt sich erreichen, daß beim Öffnen des Einlaßventils der schädliche Raum bereits mit Gas gefüllt ist, das näherungsweise unter dem Druck

---

[1] Zur mehrfachen Entspannung vgl. Abschnitt C.

[2] VASILENKO, A. N.: Versuch an einer Kolbenexpansionsmaschine für hohen Druck, Kislorod (russ.) (1958) H. 5, S. 10—21.

der Eintrittsseite steht. Ohne diese Vorkompression würde dagegen der schädliche Raum durch eine im Einlaßventil abgedrosselte Gasmenge aufgefüllt werden, was natürlich einen Verlust bedeuten würde. Nach VASILENKO[1] ergibt sich unter den schon oben genannten Bedingungen bei einer Füllung von 0,21 und einer Vorkompression von 0,08, 0,26 und 0,43 ein adiabater Wirkungsgrad η_a von 68, 69, und 70%. Durch diese Vorkompression erniedrigt sich auch der Druckunterschied, der beim Öffnen des Einlaßventils zwischen beiden Ventilseiten besteht. Dadurch wird seine Abnützung erniedrigt. Der Polytropenexponent der Entspannung wird von VASILENKO zu 1,2 bis 1,3, der der Vorkompression zu rund 1,0 angegeben.

Da durch arbeitleistende Entspannung der Wirkungsgrad der Verflüssigung sich stark erhöht, kann bei vorgegebener Verflüssigungsleistung entweder die verarbeitete Gasmenge oder der Betriebsdruck verringert werden. Beides wirkt sich sehr vorteilhaft sowohl auf das Gewicht wie den Preis des Kompressors aus. So werden oft auch bei sehr kleinen Anlagen Expansionsmaschinen angewendet, wenn auf eine möglichst leichte und raumsparende Anordnung besonderer Wert gelegt wird[2].

Im folgenden sei am Beispiel einiger markanter Konstruktionen gezeigt, wie es im Laufe der Entwicklung mehr und mehr gelang, die oben erwähnten konstruktiven Schwierigkeiten zu überwinden.

Nach der Pionierleistung von G. CLAUDE[3], der zu Anfang dieses Jahrhunderts erstmals leistungsfähige Expansionsmaschinen für die Luftverflüssigung schuf, war es zunächst HEYLANDT[4], der ab 1912 vor allem das Problem der Schmierung auf elegante Weise löste. Bei dem von ihm geschaffenen Maschinentyp findet ein langer, möglichst dünnwandiger und die Wärme schlecht leitender Tauchkolben Verwendung. Er wird gedichtet durch Kolbenringe, die sich in möglichst großer Entfernung von der Kolbenstirnfläche im warmen Teil der Maschine befinden und so mit normalem Öl geschmiert werden können. Durch den Kreuzkopf und durch im warmen Teil des Zylinder befindliche Gleitbahnen wird er so gut geführt, daß er im kalten Teil des Zylinders nicht an der Wand anliegt. Damit wird jede Zufuhr von Reibungswärme zum kalten Gas vermieden.

Ab 1920 begann CLAUDE auch Maschinen für die Expansion von Wasserstoff zu bauen, deren Austrittstemperatur nur noch etwa 68° K betrug. Einen großen Fortschritt erzielte 1934 P. KAPITZA[5], der den Kolben mit so geringem Spiel in den Zylinder einpaßte, daß auf eine Schmierung vollständig verzichtet werden konnte. So gelang es ihm erstmals, Helium ohne die bisher erforderliche Vorkühlung mit flüssigem H_2 und der meist noch zusätzlich angewandten Vorkühlung mit flüssigem N_2 *nur* durch arbeitleistende Entspannung zu verflüssigen. Diese Möglichkeit wurde auch von COLLINS[6] benützt, der noch dazu überging, die Maschine so zu entwerfen, daß sowohl die Kolbenstange wie auch die Stangen für die Betätigung der beiden Ventile nur auf Zug beansprucht werden. Da dann nicht mehr

[1] VASILENKO, A. N.: s. Fußnote 2 S. 25.

[2] RUSHTON, J. H., u. E. P. STEVENSON: Trans. Am. Inst. chem. Engng. Bd. 43 (1947) S. 61—68; Chem. Engng. Progr. (1947) Febr., S. 61—68. — Vgl. dazu auch P. GRASSMANN u. G. WEILER: Chem.-Ing.-Techn. Bd. 21 (1949) S. 19—24.

[3] Vgl. dieses Handbuch Bd. I, S. 93; Bd. VIII, S. 72ff., sowie G. CLAUDE: L'air liquide, oxygène, azote, gaz rares, Paris: Dunod et Pinat, 1909 u. 2. Aufl. 1926.

[4] Vgl. dazu M. LASCHIN: Der flüssige Sauerstoff, Halle: Carl Marhold 1929.

[5] KAPITZA, P.: Proc. Roy. Soc. Bd. A 147 (1934) S. 189.

[6] COLLINS, S. C., u. R. L. CANNADAY: Expansion Machines for Low Temperature Processes, Oxford University Press 1958. — COLLINS, S. C.: Rev. sci. Instrum. Bd. 18 (1947) S. 157, Nature Bd. 160 (1947) S. 736, sowie Artikel „Helium Liquefiers and Carriers" in Handbuch der Physik, herausgegeb. von S. FLÜGGE, Bd. XIV, Berlin/Göttingen/Heidelberg: Springer 1956, S. 112—136, sowie P. GRASSMANN, Kältetechnik Bd. 6 (1954) S. 59—61.

wie bei einer Druckbeanspruchung die Gefahr des Ausknickens besteht, vermögen lange und dünne und damit die Wärme schlecht leitende Stangen der Beanspruchung Stand zu halten. Durch diese Konstruktion wird auch gleichzeitig eine sehr gute Führung des Kolbens erreicht, wird er doch dabei eher gezogen als geschoben.

Die Einzelheiten der zerlegten Maschine zeigt Abb. 16. Der Zylinder *1* besteht aus einem einfachen, innen sehr sauber bearbeiteten Rohrstück, in dem sich der Kolben *2* mit sehr geringem Spiel bewegt. Die an ihm sichtbaren tangentialen Rillen sorgen für eine gleichmäßige Verteilung des zwischen Kolben und Zylinder hindurchgepreßten Gases, was ein einseitiges Anliegen des Kolbens verhindert. Das zu entspannende Gas wird in den Raum *über* dem Kolben eingeleitet und schiebt diesen unter Arbeitsleistung nach unten. Diese Arbeit wird über die — im Bild aus dem Kolben ausgeschraubte — Zugspindel *3* auf eine im Bild nicht mehr sichtbare Bremse übertragen. Die beiden Federn *4* halten Einlaß- und Auslaßventil geschlossen, soweit sie nicht durch die ebenfalls von oben betätigten Zugspindeln *5* geöffnet werden. Der Zylinderdeckel *6* und der Boden *7* werden durch zwei aufgeschnittene Mantelstücke *8*, die über den Zylinder *1* gelegt werden, an dessen beide Stirnseiten angepreßt.

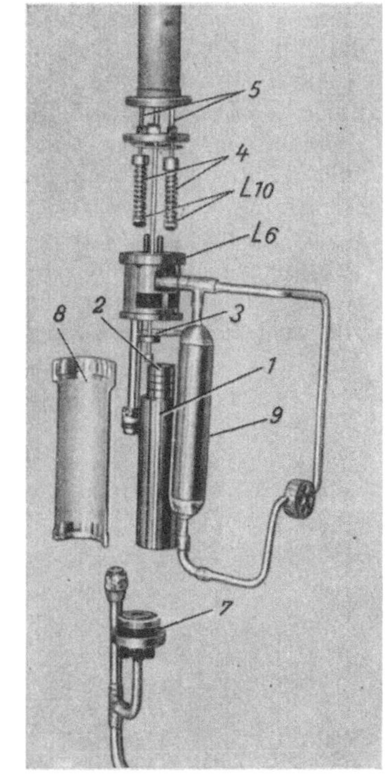

Abb. 16. Expansionsmaschine des COLLINSschen Helium-Verflüssigers (zerlegt) (Fa. A.D. Little, Inc., Cambridge, Mass. — USA).

Der zum Gebrauch in Laboratorien bestimmte COLLINSsche Helium-Verflüssiger[1] benützt das Schema von Abb. 12 und liefert ohne Vorkühlung mit flüssiger Luft etwa 2, mit Vorkühlung etwa 4 *l* flüssiges Helium je Stunde. Durch Verwendung eines zweiten Heliumkompressors läßt sich die Leistung auf 4 bzw. 7 *l* flüssiges Helium je Stunde erhöhen. Der Hub beider Expansionsmaschinen beträgt 32 mm. Die bei höherer Temperatur arbeitende Maschine besitzt eine Bohrung von 38,2, die andere eine solche von 25,4 mm.

Bei diesen Maschinen können schon geringste Verunreinigungen des verarbeiteten Heliumgases durch Stickstoff und Sauerstoff zu ernsten Störungen führen. Sie erstarren nämlich bei den hier in Frage kommenden tiefen Temperaturen zu Kristallen von beachtlicher Härte[2]. Diese Verunreinigungen sind bei der höheren Temperatur vor der Expansion teilweise als Dämpfe im Gas enthalten. Sie werden jedoch in dem mit Aktivkohle gefüllten Filter *9*, Abb. 16, zurückgehalten.

Während sich so die Expansionsmaschine das Gebiet des flüssigen Wasserstoffs und schließlich des flüssigen Heliums eroberte, wurde die Entwicklung auch auf dem ursprünglichen Gebiet — dem der Luftverflüssigung und Zerlegung — weiter vorangetrieben.

---

[1] COLLINS, S. C., u. R. L. CANNADAY sowie S. C. COLLINS: Siehe Fußn. [6] auf S. 26. — Vgl. dazu auch das ausführliche Referat von P. GRASSMANN: Kältetechnik Bd. 6 (1954), S. 59—61.

[2] TREPP, CH.: Die Härte von N_2, O_2, Ar und von N_2—O_2-Gemischen, Prom. Nr. 2747, ETH Zürich (1958) und Schweiz. Archiv Bd. 24 (1958) Nr. 6, S. 191—200 u. Nr. 7, S. 231—239.

Die für transportable Luftzerlegungsanlagen gebauten Gleichstrom-Maschinen nach GRINDIN[1] (Abb. 17) besitzen mit Rücksicht auf den Einlaßdruck von 180 bis 200 atü nur Kolbendurchmesser von 20 bis 100 mm. Die Hochdruckluft tritt von Kammer *3* in den Arbeitsraum ein, sobald die von der Nockenwelle *1* betätigte Ventilspindel *2* sich hebt. Nach Schließung dieses Ventils setzt die Expansion ein. Sobald beim Abwärtsgang des Kolbens dessen obere Kante die Öffnung *5* erreicht, beginnt der Auslaß der Luft, der sich über einen Kurbelwinkel von etwa 90° — zur Hälfte vor und hinter dem unteren Totpunkt — erstreckt: Die Vorkompression der im Zylinder verbliebenen Restluft beginnt, wenn die obere Kolbenkante beim Aufwärtsgang die Auslaßöffnung wieder verdeckt. Durch diese Gleichstromführung vermindern sich einerseits die Drosselverluste in den Ventilen, denn es stehen ausreichende Querschnitte für die eintretende und austretende Luft zur Verfügung. Andererseits ist die untere kalte Zone — in der Nähe des Auslaßventils — von der oberen etwas wärmeren Zone beim Einlaßventil weitgehend getrennt.

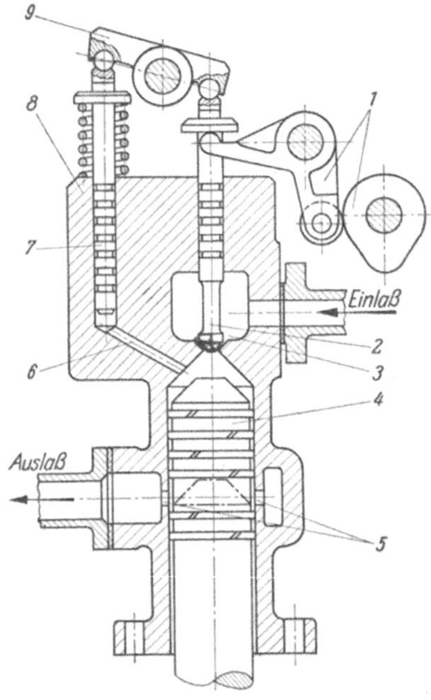

Abb. 17. Gleichstrommaschine nach GRINDIN (mit Rückkompression). *1* Nockensteuerung; *2* Einlaßventil; *3* Einlaßkammer; *4* Kolben; *5* Auslaßöffnungen; *6* Verbindungskanal; *7* Entlastungskolben; *8* Zylinder; *9* Balancierhebel.

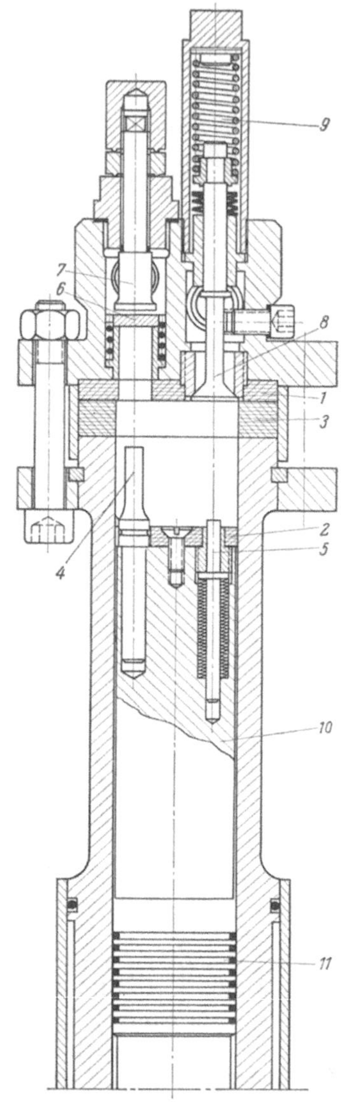

Abb. 18. Expansionsmaschine der Firma Thermodyn GmbH., Zürich.

[1] GRINDIN, W. B.: Zeitschr. Kislorod (russisch), Bd. 12 (1959) Nr. 3, S. 16—25. — Vgl. dazu auch das ausführliche Referat von R. PLANK in Kältetechnik Bd. 12 (1960) S. 59 bis 62.

Bei den untersuchten Maschinentypen dieser Art wächst der adiabate Wirkungsgrad bis zu den beachtlich hohen Drehzahlen von etwa 1000 bis 1300 U/min. an und erreicht Bestwerte von $\eta_a = 70$ bis 75%.

Den Kopf einer Maschine, wie sie von der Firma Thermodyn GmbH. in Zürich für kleine Luftverflüssigungs- und Zerlegungsanlagen gebaut wird, zeigt Abb. 18. Bei dieser Konstruktion ist der Wärmeaustausch der kalten Luft mit der Zylinderwand durch Einbau von zwei Kunststoffplatten *1* und *2* im Zylinderdeckel und über der Kolbenstirnfläche weitgehend unterbunden. Auch der

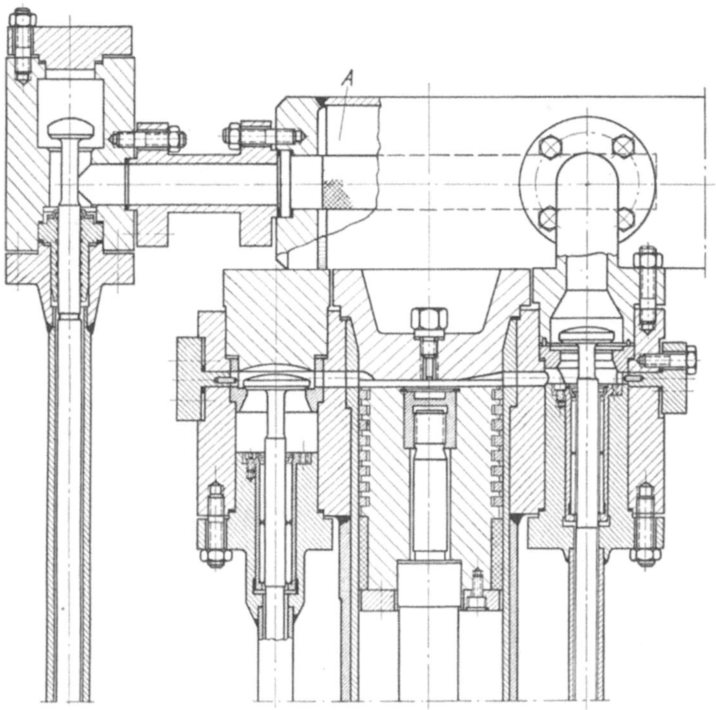

Abb. 19. Kopf einer Expansionsmaschine der Adolf Messer GmbH., Frankfurt/Main.

oberste Teil der Zylinderwand ist durch einen Kunststoffring *3* ersetzt. Bemerkenswert ist auch die Konstruktion der Ventile: Während diese nämlich sonst meist über Nockenwellen betätigt werden, dienen bei dieser Maschine hierzu zwei im Kolben angebrachte Stößel *4* und *5*. Beim Hochgehen des Kolbens wird zunächst die Ventilplatte *6* des Einlaßventils angehoben, die vorher durch den über der Ventilplatte herrschenden Druck von 100 atü der ankommenden Luft zugepreßt wurde. Sobald sich jedoch der Kolben mit größerer Geschwindigkeit nach abwärts bewegt, schließt sich das Einlaßventil automatisch durch den Druckabfall der einströmenden Luft, wenn es der Stößel *4* beim Abwärtsgehen des Kolbens wieder freigibt. Der Fänger *7* dient zur Mengenregelung. Das Auslaßventil *8* öffnet sich durch die von oben wirkende Feder *9*, sobald mit der Abwärtsbewegung des Kolbens der Druck im Arbeitsraum genügend tief abgesunken ist. Kurz vor Erreichen des oberen Totpunktes wird es durch den Stößel *5* wieder geschlossen. Mit diesen Maschinen lassen sich auf die Adiabate bezogene Wirkungsgrade von $\eta_a = 65$ bis 75% erreichen.

Den Kopf einer ölfreien Expansionsmaschine, wie sie neuerdings von der Firma Messer GmbH., Frankfurt/Main, gebaut wird, zeigt Abb. 19. Dabei dienen glasfaserverstärkte Teflonringe als Kolbenringe, die auf einer oberflächennitrierten und feinst geschliffenen Laufbüchse ohne Schmierung gleiten. Dadurch werden die bei Ölschmierung immer möglichen Schwierigkeiten ein für allemal verhindert. Durch den über dem Zylinderdeckel angebrachten Ausgleichbehälter A werden Druckschwankungen vor dem Einlaßventil vermieden. Links von diesem Behälter ist das Schnellschlußventil angebracht. Durch einen besonderen Mechanismus wird es sofort geschlossen, sobald die Drehzahl der Maschine einen gewissen Höchstwert überschreitet.

Als Kältequelle in einer Anlage für eine Kälteleistung von 1 kW im Bereich von 10 bis 30° K benützt die Firma Cryo Vac (Columbus, Ohio) eine Expansionsmaschine mit einer Bohrung von 89 mm und einem Hub von 114 mm, die mit 100 bis 300 U/min läuft[1]. Der Kolben ist hierbei durch lederne, sorgfältig in den Zylinder eingepaßte Kolbenringe abgedichtet.

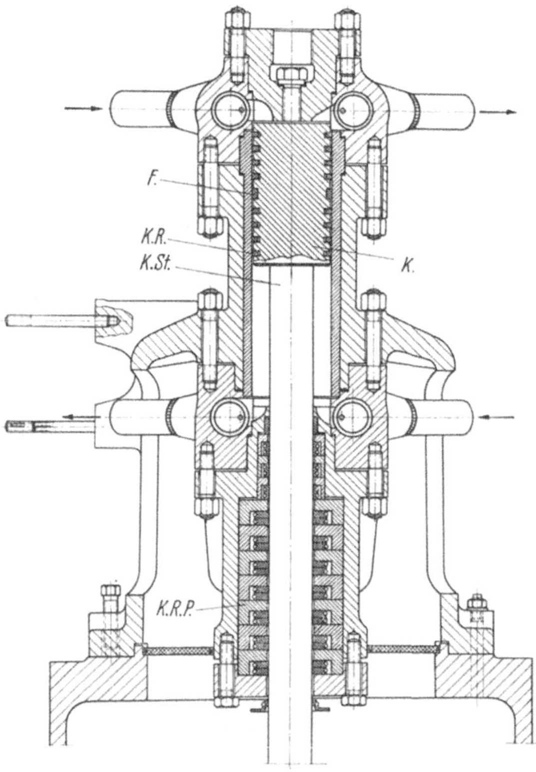

Abb. 20. Doppeltwirkende Expansionsmaschine der Firma A. Messer GmbH., Frankfurt (Main).

Kleinere Maschinenabmessungen werden erreicht, wenn man von der einfachwirkenden Bauweise auf die doppeltwirkende übergeht und gleichzeitig die Drehzahl erhöht. So entwickelte die Firma Messer GmbH. eine doppeltwirkende Einzylinder-Hochdruckmaschine (Abb. 20), die für einen Betriebsdruck von 200 atü ausgelegt ist und in einem Drehzahlbereich von 100—500 Upm betrieben werden kann. Bei einem Kolbendurchmesser von 90 mm können bis zu 2600 m³/h Luft entspannt werden. Da bei einer doppeltwirkenden Maschine die Kolbenabdichtung im kalten Teil liegt und nicht geschmiert werden kann, ergibt sich daraus zwangsläufig die Trockenlaufausführung.

Kolben K und Kolbenstange K.St. sind aus einem Stück gefertigt. Der Kolben trägt 8 Kolbenringe K.R. und eine Führungsbüchse F, beides aus kohle gefülltem Teflon. Der untere Zylinderraum ist durch eine Kolbenstangenstopfbüchse, die als Kammerringpackung K.R.P. ausgeführt ist, abgedichtet. Auch die Ringsegmente bestehen aus kohlegefülltem Teflon. Alle Laufflächen, auf denen Teflondichtungsteile gleiten, sind gehärtet und geschliffen. Alle Teile innerhalb des Isolierkastens sind aus kältebeständigem Material gefertigt.

An beiden Enden trägt der Zylinder je 1 Ein- und Auslaßventil. Die Ventile sind horizontal angeordnet und liegen parallel nebeneinander. Um die Beschleunigungskräfte klein zu halten, sind beide als Kolbenventile ausgebildet. Sie werden am Kolbenteil mit Kolbenringen aus kohlegefülltem Teflon gedichtet.

[1] HOOD, C. B., W. W. VOGELHUBER u. C. B. BARNES: Advances in Cryogenic Engineering, Vol. 9. S. 496—506; New York: Plenum Press 1964.

Die Ventile werden von Nocken betätigt, die durch eine senkrecht angeordnete Welle angetrieben werden, die ihrerseits über ein Kegelradpaar mit der Kurbelwelle verbunden ist. Für die beiden Einlaßventile auf Deckel- und Kurbelseite ist nur ein einziges Nockenpaar vorgesehen. Durch eine besondere Verstelleinrichtung können diese Nocken so gegeneinander verdreht werden, daß jede beliebige Füllung zwischen Null und einem Maximalwert von etwa 60% eingestellt werden kann. Dabei werden gleichzeitig auch die beiden Nockenpaare für die beiden Auslaßventile so gesteuert, daß die Vorkompression dem jeweiligen Diagramm angepaßt wird. Wird eine bestimmte Höchstdrehzahl überschritten oder fällt der Bremsgenerator durch Stromausfall aus, dann wird durch eine Schnellschlußeinrichtung die Luftzufuhr zur Maschine abgesperrt. Gleichzeitig schaltet das Einlaß-Nockenpaar auf Null-Füllung, so daß der Zylinder nicht mehr beaufschlagt wird.

Der kalte Teil der Maschine ist durch eine Laterne mit dem Triebwerk verbunden. Das Triebwerksöl muß bei der Trokkenlaufausführung einwandfrei von dem kalten Zylinderteil ferngehalten werden. Dazu dient eine besondere Ölabstreifpackung.

Eine kleine Expansionsmaschine, die sich für die Heliumverflüssigung bewährt hat, wurde von MEISSNER, SCHMEISSNER und DOLL[1] beschrieben.

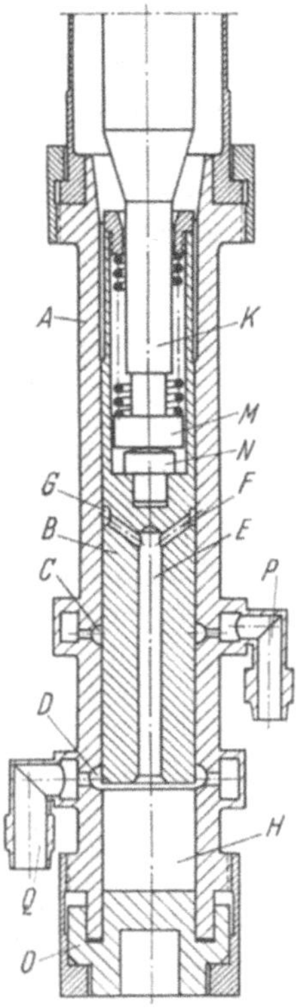

Abb. 21. Kolben und Zylinder der Expansionsmaschine von DOLL und EDER.

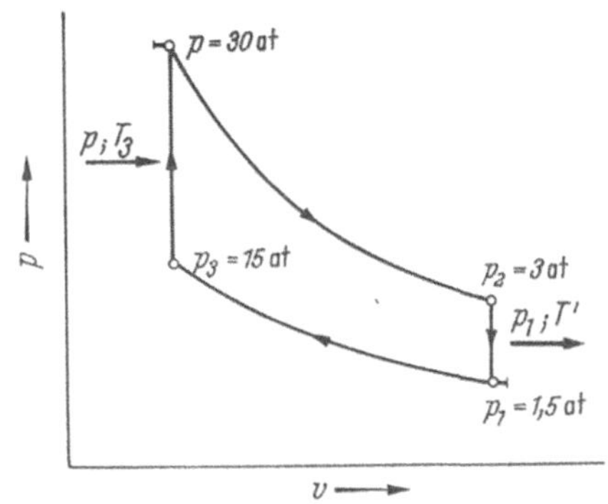

Abb. 22. Indikatordiagramm der Maschine von DOLL und EDER (schematisch mit beispielhaften Druckangaben).

In jüngster Zeit wurde von DOLL und EDER[2] eine ventillose und ölfreie Expansionsmaschine speziell für kleinere Heliumverflüssiger entwickelt. Wie Abb. 21 zeigt, besitzt der Arbeitszylinder A in der Lauffläche zwei ringförmige Kanäle C und D, die über die Anschlüsse P und Q mit der Hochdruck- bzw. Niederdruck-Leitung des Verflüssigers verbunden sind. Der Kolben B ist mit einer zentralen Bohrung E versehen, die über radiale Kanäle F mit einer Ringnut G an der Lauffläche verbunden ist. Über die Kolbenstange K wird die Leistung an das nicht gezeichnete Kurbelgetriebe abgegeben.

Bei dieser Konstruktion wirkt also der Arbeitskolben selbst als Steuerschieber für den Gasein- und -austritt, indem kurz vor Erreichen des äußeren (= unteren) Totpunktes der Expansionsraum H über $P-C-G-F-E$ mit Hochdruckgas

[1] MEISSNER, W., F. SCHMEISSNER u. R. DOLL: Heliumverflüssiger mit Expansionsmaschine und Hochdruckreiniger, Kältetechnik Bd. 11 (1959) S. 317–320.

[2] DOLL, R., u. F. X. EDER: Kältetechnik Bd. 16 (1964) Nr. 1, S. 5–11 und Advances in Cryogenic Engineering, Plenum Press, New York 1964, Vol. 9, S. 561–564.

vom Druck p gefüllt wird, das nach der Expansion auf den Druck p_2 (Abb. 22) über D und Q in die Niederdruckleitung mit dem Druck p_1 entweicht. Geht der Kolben wieder nach abwärts, so verschließt er die Ringnut D, so daß der im Arbeitsraum verbliebene Gasrest wieder auf einen höheren Druck p_3 verdichtet wird. Die besonders bei kleineren Maschinen oft etwas störanfälligen Ventile werden also bei dieser Konstruktion vollständig vermieden. Damit nicht ein und dieselbe Gasmenge abwechselnd komprimiert und expandiert, sondern ein Mengenstrom durch die Maschine durchgesetzt wird, muß natürlich p merklich größer als p_3 und p_2 merklich größer als p_1 sein.

Wie aus Abb. 21 ersichtlich ist, herrscht zwischen den Ringkanälen C und D die volle Druckdifferenz $p - p_1$, was eine dauernde Gasströmung im Spalt zwischen Kolben und Zylinder zur Folge hat. Ein wesentliches Merkmal der neuen Konstruktion besteht nun darin, daß durch geeignete Formgebung der Kolbenlauffläche diese Spaltströmung gleichzeitig zur Stabilisierung und Gasschmierung des Kolbens herangezogen wird. Da aber jede solche Strömung einen Kurzschluß zur arbeitsleistenden Expansion darstellt, müssen die Spaltweiten so klein wie möglich, d. h. in der Größenordnung von 2 μm gewählt werden. Die durch diese Spaltströmung bedingten Verluste und auch die übrigen Verluste werden in der angeführten Arbeit von DOLL und EDER im einzelnen berechnet.

Um die Gasschmierung zu ermöglichen und den Kolben zu stabilisieren, ist dieser mit ringförmigen Eindrehungen versehen. Die zwischen benachbarten Nuten verbleibende Lauffläche des Kolbens ist ganz leicht konisch geformt, so daß die Spaltweite zwischen den Laufflächen von Kolben und Zylindern in axialer Richtung veränderlich ist. Damit ergeben sich leicht keilförmige Spalte, die als Gaslager wirken. Damit sich der Kolben unter der Wirkung dieser Kräfte im Zylinder zentrieren kann, ist er nicht fest, sondern über die ballige Auflage N mit der Kolbenstange H verbunden.

Die bisher erprobten Maschinen waren bei einer Bohrung von 28,5 mm und 32 mm Hub, bei 1100 bis 1250 U/min, für einen Durchsatz von 54 Nm³/h Helium ausgelegt. Bei einem Eintrittsdruck von 20 bis 27 ata ($T_3 = 22{,}3$ bis $27{,}3^\circ$ K) wurden bei einem Gegendruck $p_1 = 1{,}5$ ata Austrittstemperaturen T' von $12{,}6^\circ$ K erreicht. Der auf die Isentrope durch den Ausgangspunkt bezogene Wirkungsgrad η_α betrug bei Spaltweiten von 3,5; 1,7 und 1,3 μm 62 bis 64; 72 bis 76 und 81%. Kolben und Zylinder bestehen aus „Remanit 1740" der Deutschen Edelstahlwerke.

F. Die Philips-Gas-Kältemaschine.

Die bisher beschriebenen Verfahren arbeiten im allgemeinen in einem offenen Kreislauf. Dies bringt zwar einerseits den Vorteil mit sich, daß durch die arbeitleistende Expansion unmittelbar das zu verflüssigende oder zu zerlegende Gas abgekühlt wird. Andererseits läßt es sich aber kaum vermeiden, daß zusammen mit dem laufend zugeführten Frischgas auch Verunreinigungen in die Entspannungsvorrichtungen eingeschleppt werden. Besonders wenn sie — wie Wasser oder Kohlendioxyd — bei tiefer Temperatur fest werden, können sie zu Störungen in der Maschine führen.

Diese Schwierigkeit vermeidet grundsätzlich der von der Firma Philips seit dem Ende der 40er Jahre entwickelte Prozeß. Er gleicht insoweit dem üblichen Kaltdampfmaschinenprozeß, als auch bei ihm ein und dieselbe Kältemittelmenge in einem geschlossenen Kreislauf umgepumpt wird. Er unterscheidet sich aber insofern grundlegend von ihm, als dieses Kältemittel an keiner Stelle verflüssigt wird. Im Gegenteil wird als Kältemittel ein Gas wie z. B. Wasserstoff oder Helium gewählt, das sich auch bei den tiefsten auftretenden Temperaturen noch möglichst wie ein ideales Gas verhält. Natürlich muß dann die im geschlossenen Prozeß erzeugte Kälte in einem Wärmeaustauscher auf das zu kühlende Gas übertragen werden. Wegen der hierfür erforderlichen endlichen Temperaturdifferenz bedeutet dies zwar immer eine merkliche Entropiezunahme und damit einen thermodynamischen Verlust. Er kann jedoch — wie Rechnung und Erfahrung zeigen — gegenüber den Vorteilen des Verfahrens in Kauf genommen werden.

Wie schon an anderer Stelle dieses Handbuches ausführlich dargelegt[1], besteht der Prozeß aus zwei Teilprozessen:

1. aus einer periodischen Expansion und Kompression derselben Gasmenge,

2. aus einem im wesentlichen isobaren[2] Umfüllen dieser Gasmenge aus einem auf Raumtemperatur befindlichen Behälter über einen Regenerator in einen zweiten Behälter mit der tiefsten Temperatur des Prozesses.

Diese beiden Teilvorgänge sind so miteinander gekoppelt, daß die Gasmenge jeweils expandiert wird, wenn sie sich zum überwiegenden Teil im kalten Behälter befindet, dagegen komprimiert wird, wenn sie im warmen Behälter ist. Dadurch würde der kalte Behälter immer noch kälter, der warme immer noch wärmer werden. Im stationären Betrieb strömt jedoch von dem zu kühlenden Medium dem kalten Behälter soviel Wärme zu, daß seine Temperatur konstant bleibt, während die im warmen Behälter entwickelte Kompressionswärme an das Kühlwasser abgeführt wird. Am günstigsten arbeitet die Maschine bei einem Druckverhältnis von etwa 2.

Als wesentlichste Unterschiede zum Ackeret-Keller-Prozeß können hervorgehoben werden:

1. der Gebrauch von Regeneratoren im Gegensatz zu kontinuierlich betriebenen Gegenströmern im Ackeret-Keller-Prozeß. Da die Strömungsrichtung in diesen Regeneratoren durch die Bewegung der Kolben erzwungen wird, sind keine Umschaltventile- wie etwa bei den Linde-Fränkl-Regeneratoren (Bd. VIII dieses Handbuches S. 184ff.) — erforderlich.

2. Expansion und Kompression verlaufen beim Ackeret-Keller-Prozeß weitgehend adiabat, im Philips-Prozeß dagegen halbwegs zwischen einer Isotherme und einer Adiabate.

Wie schon in Band VIII dieses Handbuches näher erläutert, läßt sich der Prozeß in einer Maschine ohne Ventile durchführen. Ferner entfällt auch die Notwendigkeit, einen Kolben im kalten Zylinder einer Expansionsmaschine abdichten zu müssen, da alle für die Abdichtung erforderlichen Bauelemente sich etwa auf Raumtemperatur befinden. Diese betriebstechnischen Vorteile zusammen mit einem günstigen thermodynamischen Wirkungsgrad (vgl. Abb. 2) sichern der Maschine ein breites Anwendungsgebiet.

Vor einigen Jahren wurde zum unmittelbaren Anschluß an die Maschine auch eine kleine Luftzerlegungskolonne entwickelt, aus der flüssiger Stickstoff mit einer Reinheit von 99,8% entnommen werden kann.

---

[1] Thermodynamische Grundlagen, Bd. II, S. 70—73. (Es wird dort allerdings mit wesentlich höheren Druckverhältnissen gerechnet, als bei den ausgeführten Maschinen verwendet werden.) Beschreibung der Kälteanlage selbst: Bd. VIII, S. 96—100.

[2] Vgl. dazu J. W. L. Köhler: Progress in Cryogenics, Bd. II, Edit. K. Mendelssohn, London: Heywood and Comp. u. Köhler, J. W. L., u. C. O. Jonkers: Philips Technical Rev. Bd. 16 (1954) S. 69 u. 105, sowie Kältetechnik Bd. 6 (1954) S. 234 u. 262.

Auch läßt sich die Maschine zur Kühlung von Prüfschränken oder dergleichen verwenden, die auf irgendeiner Temperatur bis herunter auf $-170°$ C gehalten werden sollen. Dazu wird sie mit einem Zylinderkopf nach Abb. 23 ausgerüstet. Die am Zylinderkopf gekühlte Luft dient hierbei als Kühlmittel für den auf tiefer Temperatur zu haltenden Raum.

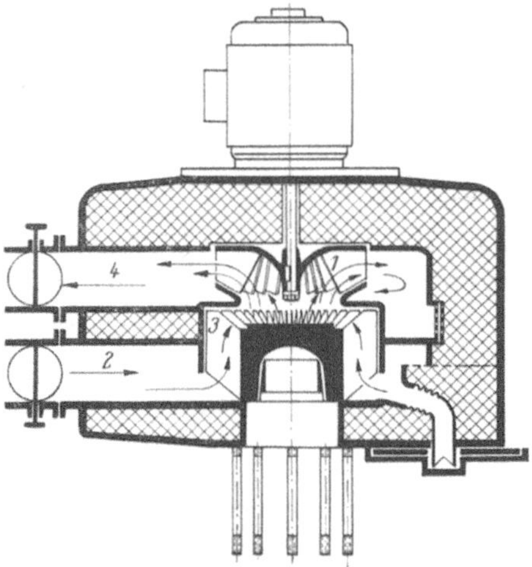

Abb. 23. Durchschnitt durch den Kühlkopf für Umlaufluft der Philips-Kältemaschine. Durch den Ventilator *1* wird Luft durch das Rohr *2* über die vom Zylinderdeckel durch Wärmeleitung gekühlten Rippen *3* gesaugt und in das zum Kühlraum führende Rohr *4* gedrückt.

Für den Typ PGA-105 werden für eine Kühlwassertemperatur von 15° C folgende Leistungszahlen angegeben:

Temperatur	*Kälteleistung*	*Leistungs-aufnahme*
$-100°$ C	1450 kcal/h = 1690 W	8,1 kW
$-170°$ C	850 kcal/h = 990 W	6,1 kW

Inzwischen ist auch eine Vierzylindermaschine im Handel, für die bei einer Antriebsleistung von 35 bis 40 kW entweder die Erzeugung von 30 bis 33 l/h flüssiger Luft oder — ergänzt durch eine Zerlegungskolonne — von 25 bis 30 l/h fl. N_2 garantiert wird. Beim Betrieb als Kälteanlage (Abb. 24) etwa liefert sie 3100 kcal/h bei -194 C und gleicher Antriebsleistung. Beim letzten Modell[1] sind Expansions- und Kompressionszylinder in V-Form auf das Kurbelgehäuse gesetzt, während der Regenerator horizontal darüber angeordnet ist. Diese Maschine erzeugt bei 600 U/min. und 77° K $= -196°$ C eine Kälteleistung von rund 20 kW, was etwa 17000 kcal/h entspricht. Als Wirkungsgrad bezogen auf den Carnotprozeß werden 42% angegeben.

Abb. 24. 4 zylindrige Philips-Gaskältemaschine Modell B mit direkt gekoppeltem 52 PS Antriebsmotor.

[1] KÖHLER, J. W. L.: Scientific American Bd. 212 (1965) No. 4 April, S. 119—127.

Der Wirkungsgrad des üblichen Philips-Gas-Kältekreislaufs fällt bei sehr tiefen Temperaturen stark ab, da einerseits die je kg Gas erzeugte Kälte der absoluten Temperatur der Entspannung proportional ist, andererseits der Verlust im Regenerator mit abnehmender Temperatur zunimmt (vgl. dazu auch, was zu Abb. 8 gesagt wurde). So wird bei einer Expansionstemperatur von 20° K fast die gesamte erzeugte Kälte zur Deckung des Regeneratorverlustes aufgebraucht. Dies läßt sich jedoch vermeiden, wenn man zum sogenannten Philips-Mehrraum-Kreislauf (Philips multi-space cycle) übergeht[1]. Dabei wird das Gas in mehreren hintereinander geschalteten Expansionszylindern, zwischen denen sich jeweils ein Regenerator befindet, bei verschiedenen Temperaturen entspannt. Der Prototyp liefert bei 20° K eine Kälteleistung von 100 W mit einem auf den Carnot-Prozeß bezogenen Wirkungsgrad von rund 17%.

G. Sonderkonstruktionen von Kolbenexpansionsmaschinen.

Da gleitende Teile, die nicht in der üblichen Weise geschmiert werden können, leicht zu Störungen führen, hat man immer wieder versucht, den im Zylinder gleitenden Kolben durch elastische Membranen, Faltenbälge und ähnliche Konstruktionen zu ersetzen. Die Dauerwechselfestigkeit der meisten Werkstoffe nimmt allerdings bei tiefen Temperaturen stark zu[2]. Auch wurden schon interessante Konstruktionen angegeben[3], um die Beanspruchung des Materials so niedrig wie möglich zu halten. Allen diesen Versuchen war aber bisher kein dauernder Erfolg beschieden.

Einen ganz neuen Weg, der vor allem für sehr kleine Kälteleistungen bei tiefen Temperaturen Erfolg versprechen dürfte, beschreiten GIFFORD und MCMAHON[4] mit den bei A.D. Little, Inc., Cambridge/Mass., entwickelten Maschinen. Das Schema dieses Verfahrens zeigt Abb. 25. Das Einlaßventil *5* wird geöffnet, wenn sich der Kolben *9* in der untersten Totpunktlage befindet. Es füllt sich also sowohl der kleine Regenerator *7* wie auch der vom Kolben *9* freigegebene Teil des Zylinders *8* mit Hochdruckgas. Beim Hochgehen des Kolbens strömt durch das weiterhin geöffnete Einlaßventil im Regenerator abgekühltes Gas in den Expansionsraum ein. Das Einlaßventil wird dann geschlossen, so daß nun das im Regenerator und Zylinder befindliche Gas beim weiteren Hoch-

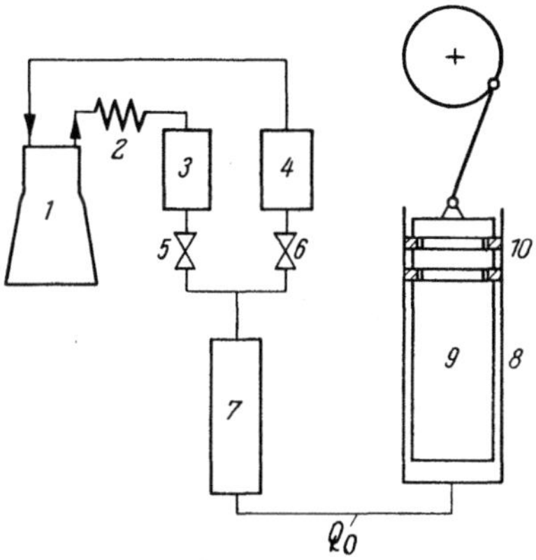

Abb. 25. Erster Kreislauf nach GIFFORD und MCMAHON.
1 Kompressor; *2* Nachkühler; *3* Ausgleichsvolum für Hochdruckgas; *4* Ausgleichsvolum für Niederdruckgas; *5* Einlaßventil; *6* Auslaßventil; *7* Regenerator; *8* Zylinder; *9* Kolben; *10* Abdichtung (Kolbenringe).

[1] PRAST, G.: Cryogenics Bd. 3 (1963) Nr. 3, S. 156—160 und Philips Technical Review Bd. 26 (1965) No. 1.

[2] LONG, H. M., u. F. E. SIMON: Kältetechnik Bd. 6 (1954) S. 150—151. — HILDESHEIMER, H.: Die Wechselfestigkeit einiger Stähle bei tiefen Temperaturen, Prom. Nr. 2783, ETH Zürich (1959) und Schweiz. Archiv Bd. 25 (1959) S. 177—200.

[3] COLLINS, S. C., u. R. L. CANNADAY: s. Fußnote 6, S. 26.

[4] GIFFORD, W. E., u. H. O. MCMAHON: A new refrigeration Process, Ber. X. Intern. Kältekongress, Kopenhagen 1959, Bd. I, S. 105—109, und Advances in Cryogenic Engineering, Bd. 5, New York: Plenum Press 1960, S. 368—372 (Editor K. D. Timmerhaus).

gehen des Kolbens unter Arbeitsleistung expandiert und sich dadurch abkühlt. Dann wird das Auslaßventil *6* geöffnet, wobei der Druck und dementsprechend auch die Temperatur noch weiter absinken. Schließlich wird beim Niedergehen des Kolbens das kalte Gas durch den Regenerator gedrückt. Dabei kühlt sich die Regeneratorfüllung ab, während gleichzeitig das austretende Gas sich wieder etwa auf Umgebungstemperatur anwärmt.

Auffallend sind die sehr kleinen Abmessungen des gesamten Apparates: bei einer Ausführungsart — dem „Minircooler" — der zur Abkühlung von Infrarotzellen dient, hat der Zylinder einen Durchmesser von nur 5,6 mm bei einer Länge von 51 mm. Der Regenerator ist im Kolben untergebracht und die Ventile, der Kreuzkopf und der Antriebsmotor im Zylinderblock.

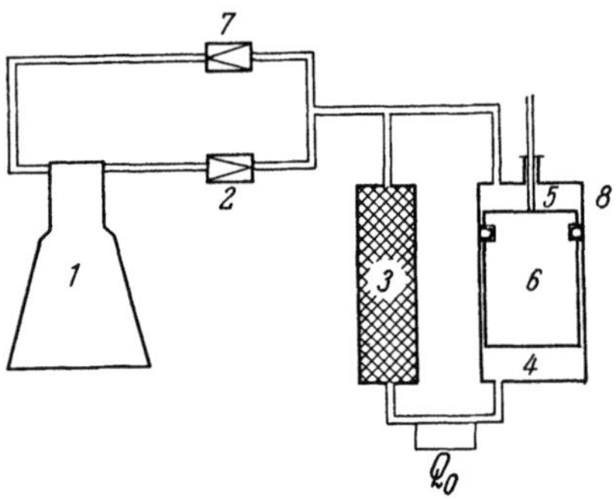

Abb. 26. Zweiter Kreislauf nach GIFFORD und MCMAHON.
1 Kompressor; *2* Einlaßventil; *3* Regenerator; *4* Expansionsraum; *5* Kompressionsraum; *6* Verdränger; *7* Auslaßventil; *8* Abdichtung.

Von denselben Autoren wurde noch eine zweite, gleichfalls für sehr kleine Einheiten geeignete und aus leicht herstellbaren Teilen aufgebaute Anordnung angegeben[1]. Dabei fällt auf, daß im Gegensatz zu allen anderen hier beschriebenen Entspannungsvorrichtungen die dem zu kühlenden Gas entzogene Energie nicht als mechanische Arbeit, sondern als Wärme nach außen abgeführt wird.

Das Einlaßventil *2* (Abb. 26) wird geöffnet, wenn der von außen betätigte Verdränger *6* so tief steht, daß das Volum *4* nahezu Null ist. Es füllen sich also nur das Volum *5* und der Regenerator *3* mit Hochdruckgas. Hierauf wird bei geöffnetem Einlaßventil der Verdränger *6* von unten nach oben bewegt. Dementsprechend fließt das bisher in *5* befindliche Gas durch den Regenerator *3*, dessen unteres Ende von der vorhergehenden Betriebsperiode noch kalt ist, nach *4*. Wegen der damit verbundenen Abkühlung strömt dabei weiteres Gas durch das Einlaßventil zu. Hat der Verdränger den obersten Totpunkt erreicht, so schließt das Einlaßventil *2* und öffnet das Auslaßventil *7*. Dadurch wird das im Volum *4* enthaltene Gas von Hoch- auf Niederdruck expandiert, wobei es sich abkühlt. Darauf wird der Verdränger wieder von oben nach unten bewegt, wobei das Volum *4* sich in das Volum *5* entleert. Wegen der Erwärmung des Gases beim Durchgang durch den Regenerator, strömt seiner Volumzunahme bei konstantem Druck entsprechend, ein weiterer Teil durch das Auslaßventil wieder zur Niederdruckseite des Kompressors zurück.

Da die beiden Ventile jeweils geöffnet bzw. geschlossen werden, wenn der Verdränger sich in der Nähe eines der Totpunkte befindet, wird der Druck bei praktisch konstantem Volum aufgebaut und auch wieder auf Niederdruck reduziert. Andererseits werden die beiden Teilvolume jeweils bei geöffnetem Ein- bzw. Auslaßventil, d. h. bei konstantem Druck, verändert. Die entsprechenden Indikatordiagramme sind daher Rechtecke. Dadurch geht natürlich ein Teil der sonst während der Expansion geleisteten Arbeit verloren, was eine entsprechende Einbuße an Kälteleistung nach sich zieht. Dieser Verlust wirkt sich jedoch, wenn das Druckverhältnis nicht zu hoch ist, nicht allzu stark aus.

---

[1] GIFFORD, W. E., u. H. O. MCMAHON: A Low Temperature Heat Pump, Ber. X. Intern. Kältekongr., Kopenhagen 1959, Bd. 1, S. 105. Advances in Cryogenic Engineering, Bd. 5, New York: Plenum Press, 1960, S. 354—367. Zur neuesten, hier nicht mehr berücksichtigten Entwicklung vgl. J.T. HARVELL u. W. H. HOGAN: Kältetechnik Bd. 17 (1965) Nr. 6, S. 180—185.

Während die Indikatorschleife des Volums *4* im Uhrzeigersinn, d. h. unter Energieabgabe des Gases durchlaufen wird, ist der Umlaufsinn bei Volum *5* gerade umgekehrt. An dieses Gas wird also Energie abgegeben. Dadurch erwärmt es sich bis über Umgebungstemperatur, sobald das Einlaßventil geöffnet wird und der Druck ansteigt. Strömt es dann anschließend durch den Regenerator zum Volum *4*, so wird dabei das obere Regeneratorende bis über Raumtemperatur erwärmt. Daher ist das beim Öffnen des Auslaßventiles aus dem Regenerator austretende Gas wärmer als das eintretende Hochdruckgas. Es führt also Energie in Form von Wärme aus dem Kreislauf ab. Außerdem gibt der obere warme Teil des Zylinders auch unmittelbar Wärme an die Umgebung ab.

Im Gegensatz zu den üblichen mit Expansionsmaschine arbeitenden Verfahren wird bei diesem also keine Arbeit nach außen abgeführt. Der Druck auf beiden Seiten des Verdrängers ist nämlich — abgesehen von einer kleinen durch den Strömungswiderstand des Regenerators bedingten Druckdifferenz immer gleich hoch.

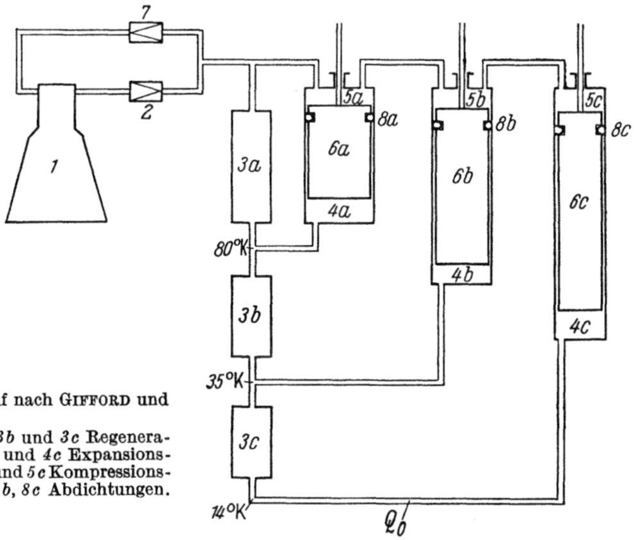

Abb. 27. Mehrstufiger Kältekreislauf nach GIFFORD und McMAHON.
1 Kompressor; *2* Einlaßventil; *3a*, *3b* und *3c* Regeneratoren der 1., 2. und 3. Stufe; *4a*, *4b* und *4c* Expansionsräume der 1., 2. und 3. Stufe; *5a*, *5b* und *5c* Kompressionsräume; *6a*, *6b*, *6c* Verdränger; *8a*, *8b*, *8c* Abdichtungen.

Dieses Verfahren bietet verglichen mit den bisher üblichen den großen Vorteil, daß keine bei tiefen Temperaturen aufeinander gleitenden Teile gegeneinander abzudichten sind. Eine solche Abdichtung stellt nämlich immer ein konstruktiv recht schwieriges Problem dar, läßt sich doch einerseits der altbewährte mit Öl geschmierte Kolbenring mangels eines geeigneten Schmiermittels nicht mehr verwenden, während andererseits eine Abdichtung durch enge Spalte oder Labyrinte wegen der sehr geringen Viskosität der Gase bei tiefen Temperaturen ein sehr geringes Spiel erfordert. In diesem Fall genügt aber eine Abdichtung *8* im warmen Teil des Verdrängers, die zudem nur gegen eine geringe Druckdifferenz — den Druckabfall im Regenerator — zu dichten hat.

Auch die über eine Nockenwelle gesteuerten Ventile *2* und *7* arbeiten etwa bei Raumtemperatur, bieten also keine konstruktiven Schwierigkeiten und sind auch leicht zugänglich.

In jüngster Zeit haben McMAHON und GIFFORD[1] mit diesem Verfahren auch einen mehrstufigen Prozeß entwickelt. Wir erkennen in Abb. 27 eine erste Stufe mit Kompressor *1*, Hochdruckventil *2*, Regenerator *3a*, und Verdränger *6a*. Ihre

[1] Vortrag an der Sitzung der Komm. I des Institut International du Froid in Eindhoven, Holland, Juni 1960, Annexe 1960-1, S. 15—27. Bull. IIF, und Advances in Cryogenic Engineering Vol. 6, S. 82—94 (Herausgeber K. D. Timmerhaus) New York: Plenum Press, 1961.

Kälteleistung ist gegeben durch die mit 80° K an die zweite Stufe mit Regenerator *3b* und Verdränger *6b* abgegebene Teilmenge des Gases. Diese zweite Stufe kühlt ihrerseits die in die 3. Stufe eintretende Gasmenge auf 35°K ab, in der schließlich eine Temperatur von 14° K erreicht wird.

Dies stellt so ziemlich die Temperaturgrenze dar, die sich mit Regeneratoren erreichen läßt. Damit ein Regenerator einen brauchbaren Wirkungsgrad erreicht, dürfen beim Umschalten keine zu großen Verluste auftreten. Sie sind dann beträchtlich, wenn die Wärmekapazität des beim Umschalten im Regenerator befindlichen Gases groß gegenüber der Wärmekapazität der Füllung ist. Bei tiefen Temperaturen nimmt aber die spezifische Wärme fester Körper — und damit auch der Regeneratorfüllung — entsprechend dem DEBYEschen Gesetz etwa mit T^3 ab. Die spez. Wärme des Heliums bezogen auf die Masseneinheit ist zwar unabhängig von der Temperatur; die spez. Wärme je Volumeinheit — auf die es hier ankommt — nimmt aber wegen der zunehmenden Dichte mit abnehmender Temperatur stark zu. Unter diesen Umständen hat die Füllung des Regenerators ihre Temperatur schon merklich geändert, ehe eine größere Gasmenge durch ihn durchgesetzt wurde, was zu einer Einbuße an Wirkungsgrad führt.

Trotz der durch die Regeneratoren auferlegten Temperaturgrenze läßt sich eine derartige Anlage auch für die Heliumverflüssigung (Siedepunkt des He bei 4,2° K) verwenden, wenn man sie mit einem Joule-Thomson-Kreislauf koppelt. Die im 3stufigen Prozeß erreichte Temperatur von rund 14° K dient dann als Vorkühltemperatur.

Von den Verfassern werden Daten für eine wassergekühlte (1) und eine luftgekühlte (2) Anlage gegeben. Bei beiden wird der in Abb. 27 gezeigte Kreislauf mit einem Niederdruck von 6,3 ata und einem Hochdruck von 22 ata betrieben. Die wichtigsten durch Versuche ermittelten Daten sind die folgenden:

		1	2
Leistungsbedarf		10 PS = 7,4 kW	3 PS = 2,2 kW
Gewichte des Motors und Kompressors		162 kg	83 kg
Kälteleistung Q_0	bei 14° K	15 W = 12,9 kcal/h	5 W = 4,3 kcal/h
	bei 4,2° K	4,0 W = 3,4 kcal/h	0,75 W = 0,64 kcal/h
	bei 3,2° K	3,0 W = 2,6 kcal/h	0,22 W = 0,19 kcal/h
	bei 2,8° K	0,5 W = 0,43 kcal/h	—
Gewicht der Kälteanlage selbst		225 kg	41 kg
Hub der Verdränger		25,4 mm	25,4 mm
Drehzahl		75 U/min	105 U/min

Würde man bei einer Umgebungstemperatur von 300° K eine Leistung von 7,4 kW für einen verlustlosen Carnot-Prozeß aufwenden, so erhielte man bei 14; 4,2; 3,2 und 2,8° K eine Kälteleistung von 362; 105; 80 und 70 W. Bezogen auf den Carnot-Prozeß erreicht die wassergekühlte Maschine bei den angegebenen Temperaturen also Reversibilitätsverhältnisse von 4,1; 3,8; 3,7 und 0,72%. Diese Werte sind zwar niedriger als diejenigen neuzeitlicher Heliumverflüssiger üblicher Bauart, jedoch dürfte dies durch die sonstigen Vorteile der Maschine für viele Anwendungszwecke aufgewogen werden.

In letzter Zeit wurde von A. D. Little Inc. (Cambridge, Mass.) eine Maschine entwickelt, bei der das Temperaturgefälle zwischen Raumtemperatur und der Temperatur des siedenden Stickstoffs dafür verwendet wird, um einen bei noch tieferer Temperatur arbeitenden Kälteprozeß anzutreiben[1]. Auch bei dieser An-

[1] CHELLIS, F. F., u. W. H. HOGAN: A Liquid-Nitrogen-Operated Refrigerator for Temperatures below 77° K. Advances in Cryogenic Engineering, New York: Plenum Press, 1964, Vol. 9, S. 545—551.

ordnung, die bis zu Temperaturen von 10° K brauchbar ist, werden Verdränger verwendet, die das Arbeitsgas über Austauscher und Regeneratoren von einem Raum in den anderen umfüllen.

H. Allgemeine Gesichtspunkte für den Entwurf von Kälteturbinen[1].

Schon zu Ende des vorigen Jahrhunderts wurde vorgeschlagen[2], die auf dem Verdrängerprinzip beruhenden Expansionsmaschinen mit hin und hergehenden Kolben durch Turbinen zu ersetzen. Dies schien besonders auch im Hinblick auf die trotz mancher Fortschritte sich immer wieder ergebenden Schwierigkeiten bei der Schmierung der Expansionsmaschinen angezeigt. Solange man aber einerseits an den im Dampf- und Gasturbinenbau üblichen Konstruktionen festhielt, andererseits Luft und andere Gasmischungen in vergleichsweise kleinen Einheiten unter hohen Betriebsdrücken verflüssigte und zerlegte, bot sich keine Möglichkeit, Turbinen für Zwecke der Tieftemperaturtechnik anzuwenden; denn die konventionellen Bauarten verlangten große Durchsatzvolume, während die durch die Turbinen von Gasverflüssigungs- und Zerlegungsanlagen gehenden Volume wegen der meist nicht sehr großen verarbeiteten Gasmenge, der tiefen Temperatur und des hohen Druckes[3] oft einige Größenordnungen unter dem sonst im Turbinenbau üblichen Volumdurchfluß blieben. Dazu kommt noch, daß jeweils nur ein Teilstrom der verarbeiteten Gasmenge — meist etwa zwischen 20 und 70% — durch die Entspannungsvorrichtung geht.

Der Einsatz von Turbinen wurde jedoch erfolgversprechend, als mit der weiteren Entfaltung der chemischen Industrie der Bedarf an großen Zerlegungseinheiten anstieg, die Einführung der Linde-Fränkl-Regeneratoren[4] (1928) den Bau großer Luftzerlegungseinheiten mit über 20000 m³/h Luft bei niedrigen Betriebsdrücken ermöglichte und sich einige Konstrukteure — vor allem Kapitza — von den herkömmlichen Turbinenbauarten mehr und mehr lösten und die für die Tieftemperaturtechnik geeignetsten Bauformen entwickelten. Wenn auch gelegentlich Expansionsturbinen für Verflüssigungsanlagen — so z. B. von Kapitza — und auch für Gaszerlegungsanlagen — so neuerdings von Sulzer für eine H_2-HD-Anlage — verwendet wurden, so ist doch ihr größtes Anwendungsgebiet das der großen Luftzerlegungsanlagen. Hier werden sie häufig für die arbeitleistende Entspannung desjenigen Luftstroms verwendet, der in die Niederdruckkolonne eingeblasen wird. In derartigen Turbinen wird die Luft von rund 5 auf 1,3 ata entspannt, wobei ihre Temperatur von $-135°$ C auf -175 bis $-180°$ C sinkt[5].

[1] Wir vermeiden hier die übliche Bezeichnungsweise „Entspannungsturbine", in der der Wortteil „Entspannung" nichtssagend ist, da in jeder Turbine ein Medium unter Arbeitsleistung entspannt wird. Dagegen unterscheiden sich die im folgenden besprochenen Konstruktionen insofern von den herkömmlichen Dampf- und Gasturbinen, als für sie die Abkühlung eines Gases und nicht die Gewinnung von Arbeit im Vordergrund steht.

[2] Zur frühen Geschichte der Expansionsturbinen vgl. COLLINS u. CANNADAY a. d. S. 26 angeg. Orte, S. 64ff.

[3] Anm. bei der Korr.: Neuerdings wurden jedoch auch Kaltgasturbinen für Eingangsdrücke von 180 bis 200 ata entwickelt; vgl. STRASS, W., Vortrag auf Kältetagung 1965 und Kältetechnik Bd. 18 (1966) (im Druck).

[4] Vgl. dieses Handbuch, Band VIII, S. 254—274.

[5] STRASS, W.: Entspannungsturbinen für tiefe Temperaturen, Kältetechnik Bd. 11 (1959) S. 136—144. — SAIDEL, R. R.: Turboexpansionsmaschinen in Sauerstoffanlagen (russisch). Moskau: Maschgis, 1960. In diesem Buch wird die Theorie, die Berechnung und die Konstruktion von Kälteturbinen behandelt. (Vgl. Kältetechnik Bd. 13 (1961), S. 239.)

Der Durchsatz einer mittelgroßen Turbine beträgt etwa 4000 nm^3/h (1 nm^3 $\equiv$ 1 Normkubikmeter). Dies entspricht einem Eintrittsvolum von nur 400 m^3/h.

Wenn auch wegen dieses vergleichsweise kleinen Durchsatzvolums, der tiefen Betriebstemperatur und des meist niedrigen Druckverhältnisses die Einzelheiten der Konstruktion von den bei Dampf- und Gasturbinen üblichen abweichen, so bleiben die Prinzipien der Berechnung und Auslegung doch erhalten. Da hier nicht der Ort ist, auf diese Grundlagen einzugehen, sei der Leser auf die einschlägige Literatur verwiesen[1].

Es seien hier im Hinblick auf das folgende lediglich die wichtigsten in Frage kommenden Einteilungsprinzipien ins Gedächtnis zurückgerufen:

1. Nach der Wirkungsweise unterscheidet man Gleichdruck- und Überdruckturbinen (engl. „impuls-“ bzw. „reaction-turbines“).
2. Nach der Beaufschlagung voll- und teilbeaufschlagte Turbinen.
3. Nach der Strömungsrichtung Axial- und Radialturbinen, wobei bei letzteren noch zwischen der — meist verwandten — Strömung von außen nach innen („Zentripetalturbine“) und der entgegengesetzten Strömungsrichtung („Zentrifugalturbine“) zu unterscheiden ist.

Bei den Gleichdruckturbinen wird das gesamte für die betreffende Stufe verfügbare Druckgefälle in den Leitschaufeln in kinetische Energie umgewandelt. In den Kanälen der Laufschaufeln besteht also kein Druckgefälle in Strömungsrichtung. Dies erleichtert die Abdichtung nach außen, da unter diesen Umständen nur gegen den Niederdruck abgedichtet werden muß. Dagegen wird bei der Überdruckturbine nur ein Teil des gesamten Druckgefälles schon in den Leitschaufeln für die Geschwindigkeitssteigerung des Gases verwendet, das restliche Druckgefälle jedoch erst in den Laufschaufeln. Unter sonst gleichen Bedingungen sind deshalb die Geschwindigkeiten und damit auch die Reibungsverluste in der Überdruckturbine niedriger, wodurch ein bis zu 10% höherer Wirkungsgrad erzielt werden kann[2].

Die Überdruckturbine muß dagegen voll beaufschlagt werden, will man nicht eine recht merkliche Einbuße an Wirkungsgrad in Kauf nehmen. Das erschwert ihre Anpassung an veränderliche Durchsatzvolume.

Während im Dampf- und Gasturbinenbau der Axialstrom bevorzugt wird, werden Kälteturbinen meist als Radialturbinen[3] entworfen. Die bei der Zentripetalturbine verwirklichte Strömung von Außen nach Innen bringt dabei folgende Vorteile:

1. Das zu entspannende Gas muß gegen das Zentrifugalfeld anlaufen. Ein Teil des Druckgefälles muß also nicht erst zur Erzeugung einer hohen Gasgeschwindigkeit verwendet werden, sondern dient unmittelbar zur Überwindung des Zentrifugalfeldes. Dabei wird die entsprechende Leistung auf dem Wege über die Coriolis-Kräfte vom Gas auf den Läufer übertragen. Die Geschwindigkeiten und

[1] Traupel, W.: Thermische Turbomaschinen, Bd. 1, Berlin/Göttingen/Heidelberg: Springer 1958 (2. Auflage 1966). — Adolph. M.: Einführung in die Strömungsmaschinen, Turbinen, Kreiselpumpen, Verdichter, Berlin/Göttingen/Heidelberg: Springer 1959. — Zietemann, C.: Die Dampfturbine, 2. Aufl., Berlin/Göttingen/Heidelberg: Springer 1955.

[2] Jekat, W. K.: An impulse type expander turbine, in K. D. Timmerhaus (Herausgeber), Advances in Cryogenic Engineering, Vol. 2 (Boulder Conference) 1956, New York: Plenum Press 1960.

[3] Epifanowa, W. I.: Radiale Tieftemperatur-Expansionsturbinen (russisch), Maschgis, Moskau 1961 (vgl. Besprech. in Kältetechnik Bd. 15 (1963) S. 390. Vgl. dazu auch den Artikel des gleichen Verfassers in Progress in Cryogenics, Bd. 4, herausgegeben von K. Mendelssohn, Heywood Books, veröffentlicht von Temple Press Books Ltd., London 1964.

damit auch die durch hohe Geschwindigkeiten bedingten Verluste bleiben deshalb vergleichsweise klein.

2. Bei der Strömung von Innen nach Außen läßt sich eine niedrige Absolutgeschwindigkeit des aus den Laufschaufeln austretenden Gases nur für eine bestimmte Durchsatzmenge erreichen. Die kinetische Energie des austretenden Gases läßt sich aber jeweils nur zum Teil wieder in Druckenergie zurückverwandeln.

Deshalb ist die schon von Kapitza angewandte Strömung von Außen nach Innen günstiger. Dies gilt jedoch nicht mehr, wenn bis ins Naßdampfgebiet[1] entspannt wird, oder das Gas feste Verunreinigungen enthält. Bei zentripetaler Strömung besteht dann nämlich die Gefahr, daß die vom Gasstrom mitgerissenen oder bei seiner Abkühlung auskondensierten Teilchen durch die Zentrifugalkraft wieder gegen den Gasstrom nach Außen geschleudert werden. Dies bedeutet nicht nur eine Einbuße an Wirkungsgrad, sondern kann auch — besonders bei den meist verwendeten sehr hohen Drehzahlen — zu einer Erosion der Schaufeln führen. Deshalb wird bei der Entspannung ins Naßdampfgebiet die Zentrifugalturbine bevorzugt.

Durch die Entspannung ins Naßdampfgebiet erniedrigt sich der Wirkungsgrad. Als Faustformel wird angegeben[2], daß der für trockenes Ansaugen ermittelte Wirkungsgrad mit dem Dampfgehalt des entspannten Dampfes zu multiplizieren ist, um den Wirkungsgrad im Naßdampfgebiet zu erhalten (aus einem „trockenen" Wirkungsgrad von 78% folgt also bei 3% Dampfnässe ein „nasser" Wirkungsgrad von $78 \times 0{,}97 = 75{,}7\%$). Es hängt dies jedoch stark von der gewählten Bauart ab und von anderer Seite wird für Überschlagsrechnungen eine doppelt so große Einbuße an Wirkungsgrad für angemessen erachtet. Wenn also auch in Hinblick auf den Wirkungsgrad der Turbine eine Entspannung ins Naßdampfgebiet immer nachteilig ist, so kann sie doch für den Gesamtprozeß Vorteile bringen. Bei hohem Feuchtigkeitsgehalt des in der Turbine entspannten Gases kann nämlich unter Umständen auf die meist stark irreversible Verflüssigung eines Teilstroms des Gases auf Grund des Joule-Thomson-Effekts verzichtet werden. Auch kann man dann gesättigten Dampf, der z. B. aus einer Rektifizierkolonne entnommen wird, unmittelbar in eine Kälteturbine einführen, ohne ihn zuvor anwärmen zu müssen.

Es sei noch darauf hingewiesen, daß sich einige Gase mit hohem Molekulargewicht — z. B. einige chlorierte und fluorierte Kohlenwasserstoffe (= „Freone" bzw. „Frigene") bei der adiabaten Entspannung ausgehend von der Sättigungslinie überhitzen.

Wie schon in Teil B betont wurde, spielt die von der Turbine abgegebene Leistung gegenüber dem Leistungsbedarf des Gesamtprozesses eine nur geringfügige Rolle. Dementsprechend wird auch bei den Turbinen häufig auf einen Rückgewinn verzichtet und die abgegebene Leistung in einer Öl- oder Wasserbremse vernichtet. Ja, in manchen Fällen mußten sehr hochtourige Turbinen sogar angetrieben werden, da die dem Gas entzogene Leistung nicht ausreichte, um die Lagerreibung zu überwinden. In all diesen Fällen muß natürlich darauf geachtet werden, daß die erzeugte Reibungswärme nicht durch Wärmeleitung dem entspannten Gas wieder zugeführt wird.

Ein vergleichsweise einfacher und oft beschrittener Weg zur Rückgewinnung der Leistung besteht im Antrieb eines Ventilators oder kleineren Turbokompres-

[1] Gyarmathy, G.: Grundlagen einer Theorie der Naßdampfturbine. Prom. Nr. 3221 der Eidgen. Techn. Hochschule Zürich, 1962.

[2] Jekat, W. K., u. L. Nagyszalanczy: Power and Fluids (Zs. der Worthington Corp.) Bd. 5 (1959) Nr. 3, S. 38—43.

sors (Abb. 28, 40 und 41). Da diese bei passender Auslegung mit der gleichen Drehzahl wie die Turbine laufen können, ist kein Untersetzungsgetriebe erforderlich. Auch kann man durch Drosselung des Gebläses leicht die Drehzahl der Turbine regeln[1].

Bei größeren Leistungen koppelt man langsam laufende Turbinen unmittelbar, schnellaufende über ein Untersetzungsgetriebe mit einem Asynchrongenerator, der seine Leistung ans Netz abgibt. Eine solche Anordnung wird in Europa aber

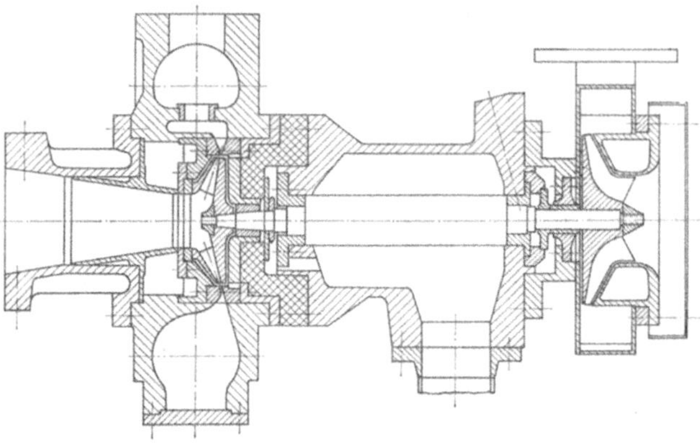

Abb. 28. Rückgewinnung der Leistung einer Kälteturbine durch Antrieb eines Gebläserades (Maschinenfabrik Sürth) nach STRASS.

erst von Leistungen über etwa 20 kW, in den USA erst über etwa 100 kW wirtschaftlich. Durch eine solche Koppelung wird gleichzeitig die Drehzahl der Turbine weitgehend konstant gehalten.

Für den Entwurf der Turbinen ist die in den Düsen erreichte Mach-Zahl von Bedeutung. Sie ist bekanntlich definiert als das Verhältnis der betreffenden Strömungsgeschwindigkeit zur Schallgeschwindigkeit. Diese ist gegeben durch

$$W_S = \sqrt{\varkappa\, p/\varrho}. \tag{30}$$

Dabei ist $\varkappa$ der Exponent in der Adiabaten-Gleichung $p\,v^{\varkappa} = \text{const}$, p der absolute Druck und ϱ die Dichte. Setzt man in dieser Gl. p in N/m² (1 N/m² $\equiv 1\,\text{kg}\,\text{m}^{-1}\,\text{s}^{-2} = 1{,}02 \cdot 10^{-5}$ at) und ϱ in kg/m³ ein, so folgt w in m/s. Für ideale Gase läßt sich hierfür mit Verwendung der universellen Gaskonstante R und dem Molekulargewicht M auch schreiben

$$W_S = \sqrt{\varkappa\, R\, T/M}. \tag{31}$$

Solange $\varkappa$ als konstant betrachtet werden darf, nimmt W_S also mit der Wurzel aus der absoluten Temperatur T zu. Dagegen ist sie vom Druck unabhängig. Beim realen Gas nimmt die Schallgeschwindigkeit mit wachsendem Druck bei hohen Temperaturen merklich zu, bei tiefen Temperaturen — besonders in der Nähe des kritischen Punktes und natürlich auch im Zweiphasengebiet stark ab.

Die für die Reynoldszahl und damit für die Reibungsverluste maßgebende kinematische Viskosität nimmt mit sinkender Temperatur stark ab, da einerseits die dynamische Viskosität etwa mit $\sqrt{T}$ abnimmt, während andererseits die

[1] Vgl. zu diesem und dem folgenden W. STRASS: a. d. S. 39 zitierten Ort, S. 136—144.

[2] Ein Diagramm für die Schallgeschwindigkeit in Wasserstoff als Funktion der Temperatur für verschiedene Gasdichten in Amagat-Einheiten als Parameter wurde von E. H. BROWN (Journal of Research, National Bureau of Standards — C. Engineering and Instrumentation, Vol. 64 C., Nr. 1, January-March 1960) veröffentlicht.

Dichte zunimmt. Auch mit wachsendem Druck verringert sich die kinematische Viskosität, denn das leichte Ansteigen der dynamischen Viskosität wird bei weitem aufgewogen durch die mit steigendem Druck rasch zunehmende Dichte.

Wegen der hohen Drehzahlen[1,2] — sie erreichen bei einzelnen neueren Versuchsausführungen Werte von 510000 U/min = 8500 U/s = 8,5 kHz — muß der Auswahl und der Ausführung der Lager große Aufmerksamkeit geschenkt werden. Für derartig hohe Drehzahlen bei den meist nicht hohen Lagerbelastungen sind nur Gaslager[3] geeignet. Analog zum üblichen ölgeschmierten Lager kommt auch bei ihnen die Tragwirkung dadurch zustande, daß ein viskoses Medium — in diesem Fall aber ein Gas — durch die Drehbewegung in einen sich verengenden Spalt hineingezogen wird. Wegen der im Vergleich zu Öl viel kleineren Viskosität der Gase vermag ein Gaslager aber erst bei sehr hohen Drehzahlen eine ausreichende Tragkraft zu entfalten. Für den Anlauf der Turbine müssen also irgendwelche Hilfslager vorgesehen werden. Ferner ist es meist schwierig, ausreichende Stabilität zu erreichen, da sich in dem tragenden Gaskissen leicht Schwingungen ausbilden. Es scheint aber in letzter Zeit gelungen zu sein, dieser Schwierigkeiten Herr zu werden (Abb. 41). Man benötigt dann keinen Ölkreislauf für die Schmierung. Dies ist zur Vermeidung von Explosionen besonders bei Anlagen erwünscht, in denen höhere Sauerstoffkonzentrationen auftreten können. Da Gaslager meist mit einem aus dem Prozeß selbst stammenden Gas — z. B. auch einem oft für die Wärmebilanz vernachlässigbar kleinen Teilstrom des zur Turbine gehenden Gases — geschmiert werden, wird auch das entspannte Gas nicht verunreinigt.

Wegen der erwähnten Schwierigkeit der Stabilisierung wird bei größeren und damit meist vergleichsweise langsamer laufenden Turbinen bisher immer, bei kleineren sehr hochtourigen Turbinen noch oft auf konventionelle Lagerbauarten zurückgegriffen. So findet man Kugellager und Gleitlager, wobei häufig Ölnebelschmierung angewandt wird.

Es wurde bereits versucht, Kugellager ohne jegliche Schmierung durch Öl in verflüssigten Gasen laufen zu lassen. So konnten MARTIN und JACOBS[4] zeigen, daß ein in flüssigen Wasserstoff getauchtes Lager bei 12000 U/min 262 h lang anstandslos lief, während andere Lager bei 3300 U/min sogar nahezu 5000 h einwandfrei funktionierten. Dabei führte immer ein Bruch des Kugelkäfigs zum schließlichen Versagen. Dies dürfte beweisen, daß für den für das Kugellager maßgebenden Vorgang, nämlich das Abrollen der Kugeln auf den Bahnen, auf die übliche Ölschmierung verzichtet werden kann. Dies zeigten auch die Versuche von SOREM und CATTANEO[5]. Sie erprobten Kugellager bei + 315° C und 10000 U/min. Wurde jegliche Oxydation der tragenden Lagerteile durch Verwendung einer stark reduzierenden Kohlenwasserstoffatmosphäre ausgeschaltet, so ließen sich nach einer Laufzeit von 60 Std. noch keine Schädigungen nachweisen.

---

[1] MANN, D. B., H. SIXSMITH, W. A. WILSON, u. B. W. BIRMINGHAM: Advances in Cryogenic Engineering, Vol. 8, S. 221—227, New York: Plenum Press 1963; vgl. dazu auch Techn. News Bull. Nat. Bur. Stand 46 (1962) 1, S. 2—3 u. Engineering Bd. 193 (1962) S. 49, 94, 2.

[2] Zur Berechnung der günstigsten Drehzahl vgl. S. ERGENC, U. GIGER u. CH, TREPP: Kältetechnik Bd. 16 (1964) S. 296—301.

[3] PANTALL, D., u. C. H. ROBINSON: Gas-lubricated Bearings in Nuclear Engineering, Nuclear Engng. Bd. 4 (1959) 35, 53—59. — COLE, J. A.: Gas Lubrication Research appl. Ind. Bd. 12 (1959) Heft 8/9, S. 348—355. — WHITLEY, S., u. C. BETTS: Study of Gas-lubricated, Hydrodynamic Full Journal Bearings, Brit. J. appl. Phys. Bd. 10 (1959) Heft 10, S. 455—463.

[4] MARTIN, K. B., u. R. B. JACOBS: Testing and Operation of Ball Bearings Submerged in Liquified Gases (Paper presented before the ASLE/ASME Joint Lubrication Conference Oct. 13—15, 1958, Vol. 2, Nr. 1 ASLE Transactions.).

[5] SOREM, S. S., u. A. G. CATTANEO: High-Temperature Bearing Operation in the Absence of Liquid Lubricant, Lubrication Engineering Juli/August 1956.

Solange man jedoch noch auf die üblichen Lagerkonstruktionen angewiesen ist, muß das Lager auf einer wesentlich höheren Temperatur als der Schaufelkranz gehalten werden. Dies sucht man durch eine die Wärme möglichst schlecht leitende Turbinenwelle zu erreichen, die dementsprechend meist als Hohlwelle ausgebildet und aus nicht rostendem Stahl gefertigt wird. Dabei muß allerdings der Abstand zwischen der Turbinenscheibe und dem nächsten Lager sehr klein gehalten werden, damit die kritische Drehzahl der meist fliegend gelagerten Läufer der Betriebsdrehzahl nicht zu nahe rückt. Häufig muß zudem das den kalten Teilen des Läufers am nächsten liegende Lager durch einen warmen Gasstrom auf der günstigsten Betriebstemperatur gehalten werden. Trotz des geringen Abstandes zwischen Läufer und Lager muß unbedingt vermieden werden, daß auch nur geringste Ölspuren zum Laufrad gelangen. Natürlich ist dafür zu sorgen, daß nicht durch kaltes, aus dem Arbeitsraum der Turbine durch die Labyrinthe austretendes Gas dieses Lager zusätzlich gekühlt wird.

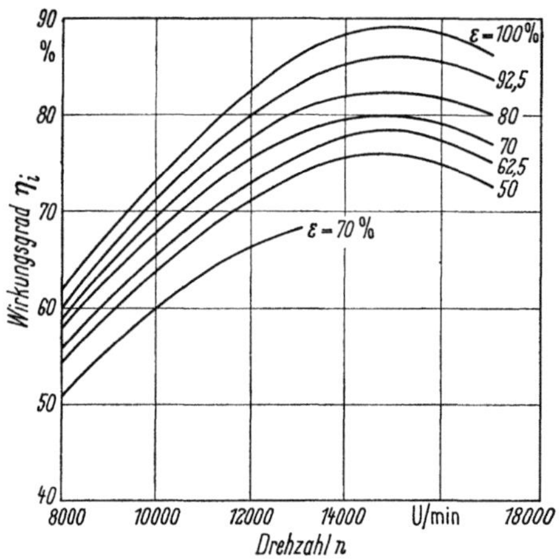

Abb. 29. Gemessene Wirkungsgrade einer Zentripetalturbine (Durchsatz 3300 nm³/h Luft, Druckgefälle 4,7/1,2 ata, Eintrittstemperatur $-145°$ C) in Abhängigkeit von Drehzahl und Beaufschlagung (nach STRASS).

Auch aus anderen Gründen sind Lässigkeitsverluste (= „Stopfbuchsenverluste") nach außen peinlichst zu vermeiden. Sie wirken sich bei einer Kälteturbine nämlich ungleich stärker aus als bei der üblichen Dampfturbine. Würde bei dieser $1^0/_{00}$ der zugeführten Dampfmenge durch die Labyrinthe auf der Hochdruckseite nach außen treten, so entspräche dies einer kaum fühlbaren Einbuße an Wirkungsgrad von $1^0/_{00}$. Bei einer Kälteturbine leistet aber das nach außen strömende Gasvolum nicht nur keine Arbeit in der Turbine, sondern kann auch meist nicht mehr in den Wärmeaustauschern zur Abkühlung der eintretenden Gase verwendet werden. Je nach dem Verhältnis der Temperaturabsenkung in der Turbine zu der in den Wärmeaustauschern kann der an zweiter Stelle genannte Verlust ein Vielfaches des Verlustes sein, der durch den Wegfall der arbeitleistenden Entspannung des ausgetretenen Gasvolums bedingt ist.

Die Abhängigkeit des inneren Wirkungsgrades einer Zentripetalturbine von der Drehzahl und der Beaufschlagung zeigt Abb. 29. Nach SAIDEL[1] erleidet der Wirkungsgrad einer radialen Expansionsturbine keine wesentliche Einbuße, wenn die Zahl der Schaufeln auf 16 bis 18 erniedrigt wird.

Eine Methode, um bei Berechnung von Expansionsturbinen die Abweichungen vom Gasgesetz durch Einführung des durch die Gleichung $pv = ZRT$ definierten Realfaktors Z zu berücksichtigen, erläutert EPIFANOVA[2].

J. Ausführungsbeispiele von Kälteturbinen.

Abb. 30 zeigt als Beispiel einer mehrstufigen Axialturbine eine von Skoda entwickelte siebenstufige Turbine, die der klassischen Turbinenbauart nahe steht.

Eine besonders für Luftzerlegungsanlagen von Brown-Boveri (Baden, Schweiz) entwickelte Zentripetalturbine ist in Abb. 31 dargestellt[3]. Diese Turbinen

[1] SAIDEL, R. R.: Kislorod, U.S.S.R. Bd. 12 (1959) Nr. 4, S. 15—22.
[2] EPIFANOVA, V. I.: Kislorod, U.S.S.R. Bd. 12 (1959) Nr. 6, S. 23—28.
[3] STUDER, A., u. E. NIEDERMANN: Brown Boveri-Mitteilungen Bd. 50 (1963) Nr. 6/7, S. 366—372.

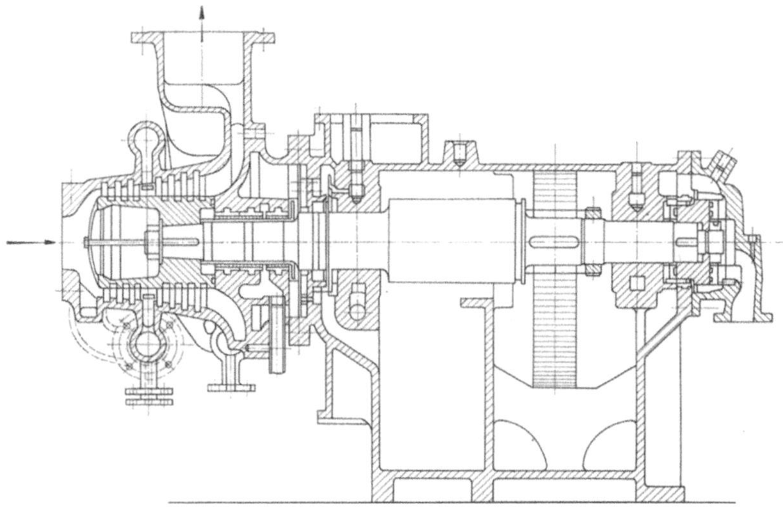

Abb. 30. Siebenstufige Axialturbine von Skoda für die Entspannung von 12000 bis 15000 nm^3/h Luft von 6 bis 7 ata und $-152°$ C auf 1,7 ata. $N = 170$ bis 180 PS (nach STRASS).

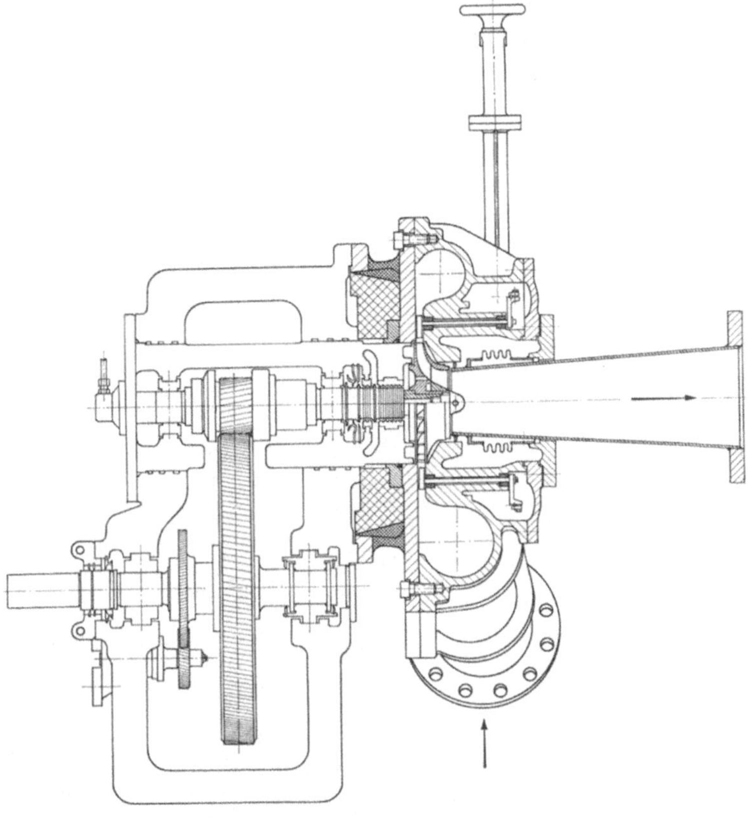

Abb. 31. Zentripetalturbine von Brown, Boveri und Cie. AG (Schweiz). Maximale Schluckfähigkeit 40000 kg/h Luft bei einem Eintrittsdruck von 7,5 ata und $-150°$ C bei einem Druckverhältnis von 5; bzw. 100000 kg/h Luft bei einem Eintrittsdruck von 20 ata und $-150°$ C bei einem Druckverhältnis von 2,5. Das angebaute Zahnradgetriebe erlaubt ein maximales Untersetzungsverhältnis von 10.

werden üblicherweise mit Raddurchmessern von 132 und 236 mm gebaut. Durch eine Kombination von Breite, Austrittsdurchmesser und Drehzahl werden die Gruppen an die verlangten Durchsatzmengen und Druckverhältnisse angepaßt.

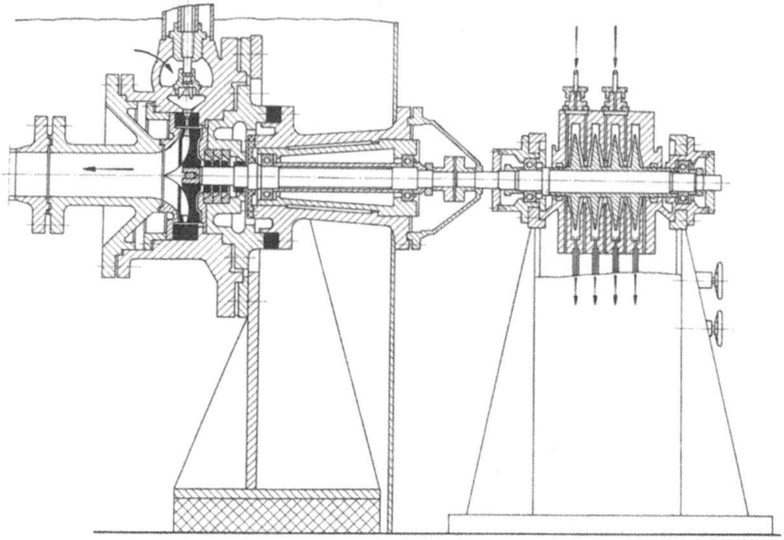

Abb. 32. Mitteldruckexpansionsturbine (Maschinenfabrik Sürth).
Laufraddurchmesser 150 mm; Beaufschlagung 15 bis 30%; Kaltfahren: $P_0 = 20$ ata, $T_0 = 160°$ K, $P_2 = 1{,}8$ ata, $V = 1840$ nm³/h; Drehzahl $n = 10000$ bis 18000 U/min; Dauerbetrieb $P_0 = 16$ ata, $T_0 = 160°$ K, $P_2 = 6{,}0$ ata, $V = 1900$ nm³/h.

Abb. 33. Große radiale Expansionsturbine für 42000 nm³/h Luft, die den rechts befindlichen Luftkompressor antreibt (Worthington Corp., Harrison, N. J., USA).

Das Gehäuse besteht aus Chrom-Nickel-Stahl, das Turbinenrad aus einer Aluminiumlegierung. Nach Firmenangabe werden Wirkungsgrade bis 85% erreicht. Da die rückgewonnene Energie je nach den Verhältnissen einige 100 kW betragen kann, wird sie in einem Asynchrongenerator ausgenützt.

Für den vergleichsweise hohen Druck von 16 ata ist die von der Maschinenfabrik Sürth entwickelte einstufige Radialturbine (Abb. 32) mit Strömung von außen nach innen geeignet. Man erkennt rechts die Wasserwirbelbremse, die allerdings bei späteren Maschinen durch einen über ein Getriebe angekuppelten Generator ersetzt wurde. Wegen des kleinen Eintrittsvolums von nur 0,015 m³/s mußten die Schaufelhöhe und auch die Spalte sehr eng gehalten werden. Dies wird ermöglicht durch den durch zwei Kugellager sehr genau gelagerten Läufer.

Abb. 34. Läufer einer Radialturbine. Der Wirkungsgrad beträgt nach Angabe der Firma Worthington Corp. 90%.

Eine große Zentripetalturbine der Worthington Corp., Harrison, N. J., zeigt Abb. 33. Abb. 34 zeigt einen Läufer derselben Firma. Sie baut auch Axialturbinen für die Entspannung von Wasserstoff, in denen 5 bis 10 Gew. % des expandierten Gases in der Turbine verflüssigt werden. Bei den 2stufigen Expansionsturbinen mit zentripetaler Strömung (Abb. 35) bleibt jeweils zu untersuchen, ob die Vorteile der zweistufigen Anordnung nicht durch die Umlenkungsverluste in den Leitschaufeln wieder zunichte gemacht werden.

Eine zweiflutige Zentripetalturbine zur Entspannung von 15000 nm³/h Luft zeigt Abb. 36 im Axialschnitt, während aus Abb. 37 die Beschaufelung zu erkennen ist[1].

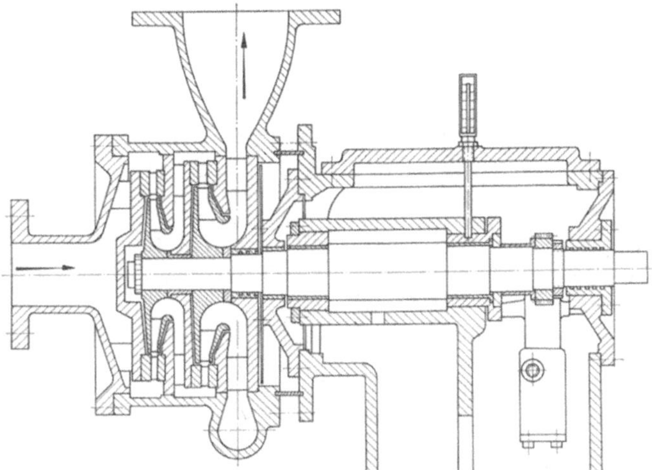

Abb. 35. Zweistufige radiale Expansionsturbine (Clark).

[1] Nach I. P. Usjukin: Maschinen und Apparate für die Zerlegung von Luft durch Tiefkühlung (russisch), Konstruktionsatlas, Wissenschaftlich-Technischer Verlag für Maschinenbau, Moskau 1959, Blatt 78.

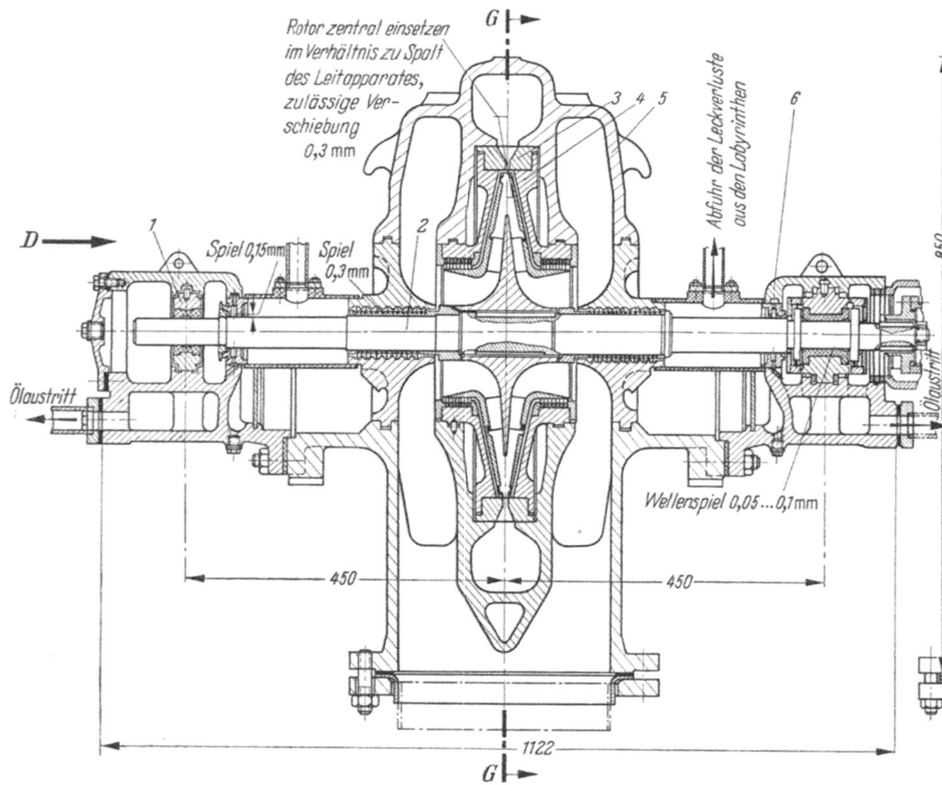

Abb. 36. Axialschnitt einer zweiflutigen Zentripetalturbine für 15000 nm³/h Luft. Nach I. P. Usjukin
1 Radiallager; *2* Rotor; *3* Axialapparat; *4* Diaphragma; *5* Gehäuse; *6* Radial-axial-Lager.

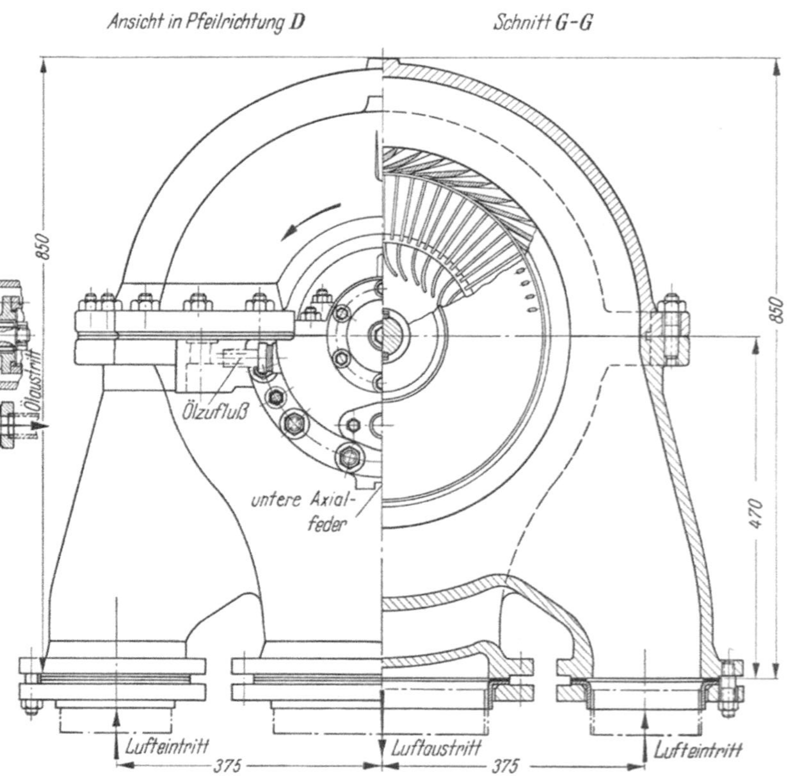

Abb. 37. Ansicht und Schnitt der Turbine nach Abb. 36.

Der Rotor hat ein Stützlager, das zweite Lager nimmt zufällige axiale Beanspruchungen auf. Das Stützlager beseitigt gefährliche Schwingungen der Welle bei überkritischen Drehzahlen. Das Gehäuse aus Messingguß ist längs der horizontalen Achse trennbar. Es stützt sich auf geschweißte stählerne Ständer, die

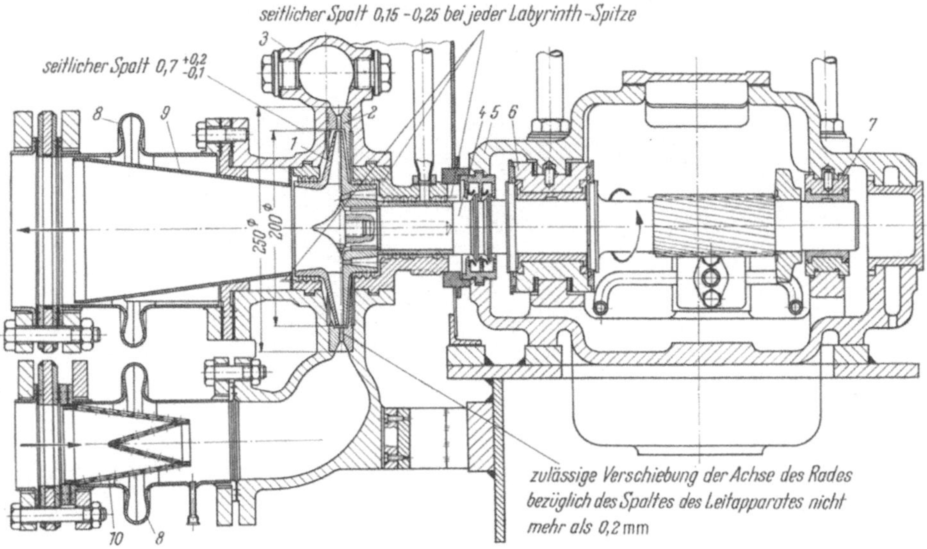

Abb. 38. Turbine für 4000 kg/h Luft.

1 Arbeitsrad; *2* Leitapparat; *3* Gehäuse mit spiralförmiger Luftzuführung; *4* Welle mit Untersetzungsgetriebe 6:1; *5* Getriebegehäuse; *6* Schub-Stütz-Lager (= radial-axial-Lager); *7* Stützlager; *8* Dehnungsausgleich; *9* Austrittsdiffusor; *10* Filter.

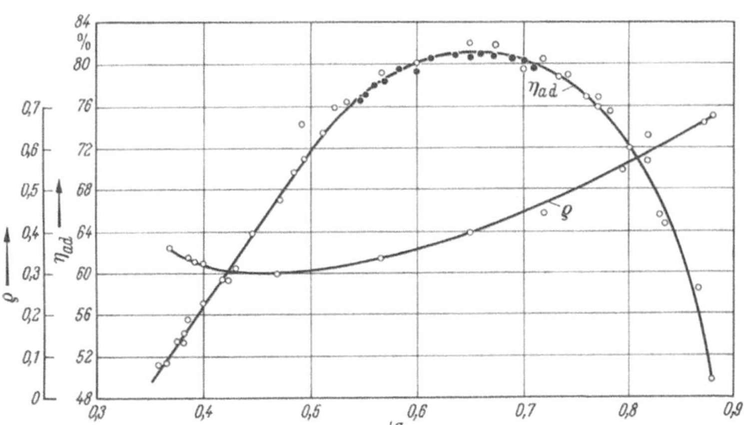

Abb. 39. Die Abhängigkeit des Wirkungsgrades η_α und des Reaktionsgrades ϱ von der reduzierten Umfangsgeschwindigkeit für die Turbine ТДР-3 (= TDR-3).

am Fundamentrahmen des Aggregats befestigt sind. Zur Erleichterung der Demontage und der Besichtigung sind die Eintritts- und Austrittsrohrstutzen nach unten gerichtet.

Über die neuere Entwicklung in Rußland auf dem Gebiet der Radialturbinen finden sich wertvolle Angaben in dem schon im Abschnitt H zitierten Buch von Epifanova. Z. B. zeigt Abb. 38 den Längsschnitt durch eine moderne einstufige

Zentripetalturbine für einen Durchsatz von 4000 kg Luft je Stunde bei einem Expansionsverhältnis von 7,5 ata : 1,4 ata = 5,35. Der Wirkungsgrad η_α einer ähnlichen Konstruktion — der sogenannten ТДР-3 (= TDR-3) — konnte — wie Abb. 39 zeigt — bis auf etwas über 80% gesteigert werden. Dieselbe Abbildung gibt auch den berechneten Reaktionsgrad ϱ ebenfalls als Funktion der redu-

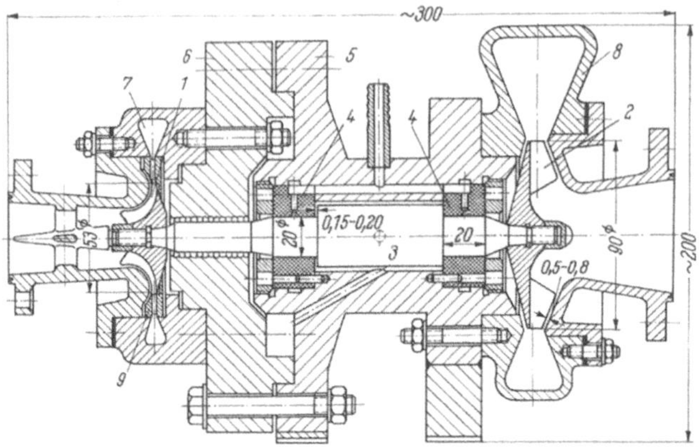

Abb. 40. Versuchsturbine mit Gaslagern. Konstruktion MWTU (Moskauer hohe technische Schule) von BAUMANN. *1* Arbeitsrad; *2* Bremsrad; *3* Welle; *4* Büchse der Gaslager; *5* Lagergehäuse; *6* Zwischenlage zur thermischen Isolierung; *7* Turbinengehäuse; *8* Gebläsegehäuse; *9* Leitapparat.

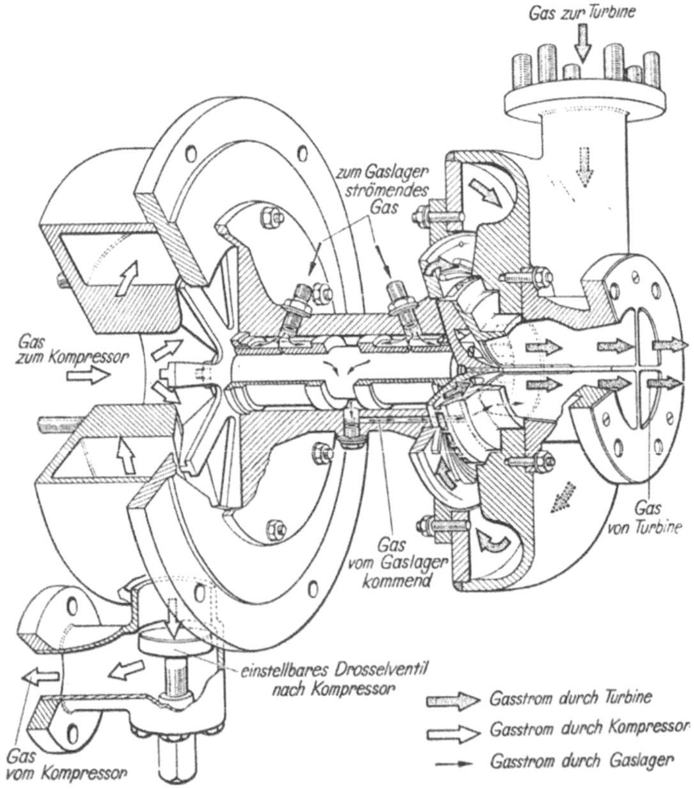

Abb. 41. Gasgelagerte Kälteturbine mit Drehzahlregelung durch das Drosselventil nach dem Luftkompressor (Joseph Lucas Ltd., Birmingham, England).

zierten Umfangsgeschwindigkeit u_1/c_0 des Rades an. Dabei ist u_1 die Umfangsgeschwindigkeit und $c_0 = \sqrt{2h_t}$ die bei verlustloser adiabater Entspannung erreichte Gasgeschwindigkeit, wobei h_t das totale isentrope Enthalpiegefälle in der Turbine bedeutet. In diese Größengleichung müssen alle Größen in kohärenten Einheiten eingesetzt werden; z. B. ergibt h_t in J/kg (1 kcal = 4187 J) c_0 in m/s.

Abb. 40 zeigt schließlich eine mit Gaslagern ausgerüstete Versuchsturbine, die durch die folgenden Daten charakterisiert ist:

Fördermenge 320 kg/h
Druck am Eingang 5 ata
Druck am Ausgang 1,5 ata
Verfügbares Wärmegefälle
$h_t = 6{,}9$ kcal/kg
Drehzahl 45000 U/min.

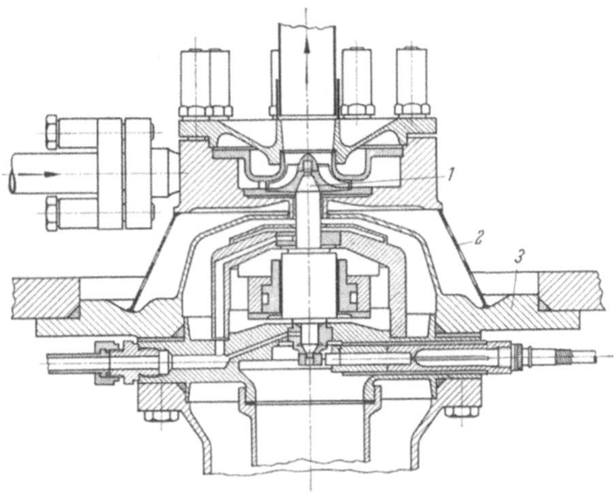

Abb. 42. Schnittbild der Expansionsturbine für Wasserstoff (Gebr. Sulzer A. G., Winterthur).

Die von der Firma Joseph Lucas Ltd. (Birmingham, England) entwickelten gasgelagerten Kälteturbinen besitzen je nach Läuferdurchmesser (1″ bis 10″ entsprechend 25,4 bis 254 mm) Drehzahlen zwischen 100000 und 1500 U/min bei Eingangsdrücken zwischen 3,5 und 70 ata. Die Durchsatzleistungen für diese ein- und mehrstufig gebauten Turbinen liegen zwischen 170 und 28000 nm³/h (Abb. 41).

Auch die speziell für die Bedürfnisse der UKAEA (= United Kingdom Atomic Energy Authority) entwickelten Anlagen, die 1100 nm³/h Stickstoff unter einem Druck von 7 ata mit einer Reinheit von 99,99% liefern, sind mit gasgelagerten Kälteturbinen ausgerüstet[1]. Ihre Drehzahl beträgt 60000 U/min.

In der von der Firma Gebr. Sulzer A.G. in Winterthur erstellten Anlage zur Gewinnung von schwerem Wasserstoff durch Rektifikation von flüssigem Wasserstoff werden zur Kälteerzeugung ebenfalls Zentripetalturbinen verwendet[2].

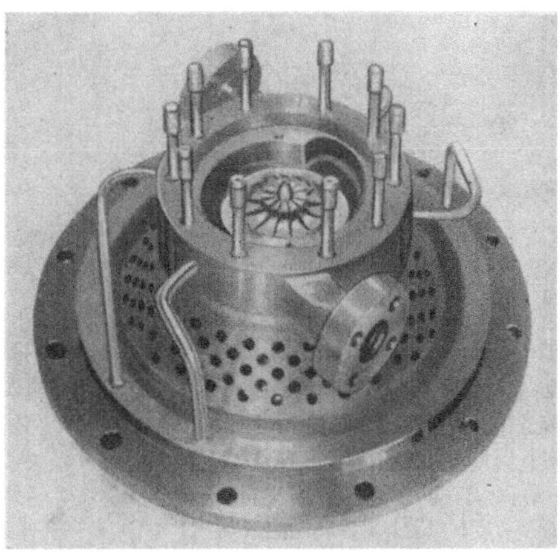
Abb. 43. Gehäuse der Expansionsturbine mit abgehobenem Deckel (Gebr. Sulzer A. G., Winterthur).

Im Schnitt (Abb. 42) sind oben der Läufer (Durchmesser = 60 mm) der Turbine und die Zu- und Abführungsleitung für den Wasserstoff zu erkennen. Dieser kalte Teil stützt sich durch den auch in Abb. 43 gut erkennbaren Kegel aus dünnem rostfreiem Stahl auf dem etwa auf Umgebungstemperatur befindlichen Befesti-

[1] Engineering Bd. 191 Nr. 4952 (1961) S. 398 (ohne Verfasserangabe).

[2] HÄNNY, J.: Eine Tieftemperaturanlage zur Gewinnung von schwerem Wasser, Kältetechnik Bd. 12 (1960) S. 158—169, bes. 165; ferner Schweizer Archiv Bd. 26 (1960) Nr. 3, S. 115—129.

gungsflansch ab, der die ölgeschmierten Gleitlager der Turbine und die Ölbremse trägt. Die Drehzahl wird mittels eines vom unteren Wellenende erregten Abnehmers (=„Pic-up") gemessen. Um jede Beschädigung von Leit- und Laufschaufeln zu vermeiden, strömt das Gas vor Eintritt in die Turbine durch ein Filter. Zu- und Abfuhrleitung lassen sich je durch ein Handventil abschließen, damit jede Turbine für sich ausgebaut werden kann, auch wenn die übrige Anlage noch kalt und mit Wasserstoff gefüllt ist.

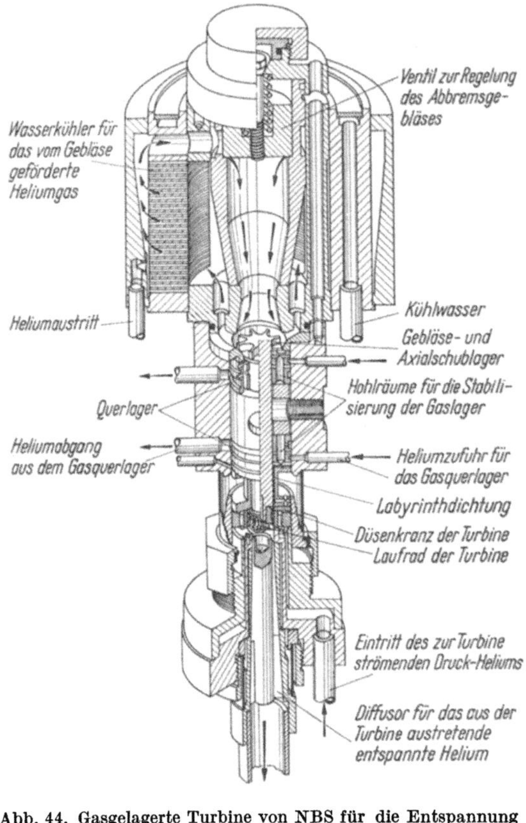

Abb. 44. Gasgelagerte Turbine von NBS für die Entspannung von Helium von 20 auf 1,5 atm für 8400 U/s.

Bei einer maximalen Drehzahl von 120000 U/min läuft die Turbine meist mit 80 bis 100000 U/min. Zwischen dem kalten Laufrad und dem warmen ölgeschmierten Lager besteht nur ein Abstand von etwa 30 mm, bei einer Temperaturdifferenz von über 250° C.

Einstufige Radialturbinen mit Strömung von außen nach innen wurden von der Firma Linde AG. entwickelt[1]. Die senkrecht stehende Turbinenwelle ist zweifach gelagert. Das unten liegende ölgeschmierte Gleitlager nimmt neben einem Teil der Querkräfte auch die Axialkräfte auf. Gleichzeitig dient es als Ölbremse. Als oberes Halslager dient ein statisches Gaslager. Bei Laufraddurchmessern zwischen 35 und 70 mm und Drehzahlen zwischen 90000 und 120000 U/min liegen die Leistungen zwischen 0,8 und 2,2 kW.

Die bisher wohl kleinste und höchsttourige Turbine wurde im CEL National Bureau of Standards in Boulder, Colorado, entwickelt[2] (Abb. 44 und 45). Bei ihr strömt das auf 20 atm verdichtete Heliumgas radial zu und verläßt die Turbine mit einem Druck von 1 atm in axialer Richtung nach unten. Bei einer Eintrittstemperatur von 30° K wird bei einem Wirkungsgrad von 40 bis 50% eine Austrittstemperatur von 19 bis 21° K erreicht. Bei einem Raddurchmesser von 7,85 mm beträgt der Heliumdurchsatz 65 scfm = 0,0307 nm^3/s = 111 nm^3/h. Die Turbine, deren Leistung mit einem Ventilator (oben in Abb. 44 und rechts in Abb. 45) abgebremst wird, läuft mit 8400 U/s = 8,4 kHz = 504000 U/min.

Über die neueste Entwicklung dieser Turbine berichtete N. T. Norton anläßlich des Internationalen Kältekongresses in München 1963. Bei einem Eintrittsdruck zwischen 3,8 und 6,6 atm und einem Austrittsdruck zwischen 0,94 und 1,03 atm wurden bei Eintrittstemperaturen zwischen 25 und 30° K und Aus-

---

[1] Sellmaier, A., u. W. Strass: Versuchsanlage mit Helium-Entspannungsturbinen zur Kälteerzeugung bei sehr tiefen Temperaturen. Linde-Berichte Nr. 17 (Juni 1964) S. 7—14.

[2] Mann, D. B., H. Sixsmith, W. A. Wilson u. B. W. Birmingham: Advances in Cryogenic Engineering, Vol. 8, New York: Plenum Press 1963, S. 221—227.

trittstemperaturen zwischen 18 und 23° K die in Abb. 46 verzeichneten Wirkungsgrade erreicht. In dieser ist der Wirkungsgrad der Turbine als Funktion von u/c_0 wiedergegeben. Dabei ist u die Umfangsgeschwindigkeit der Turbine c_0

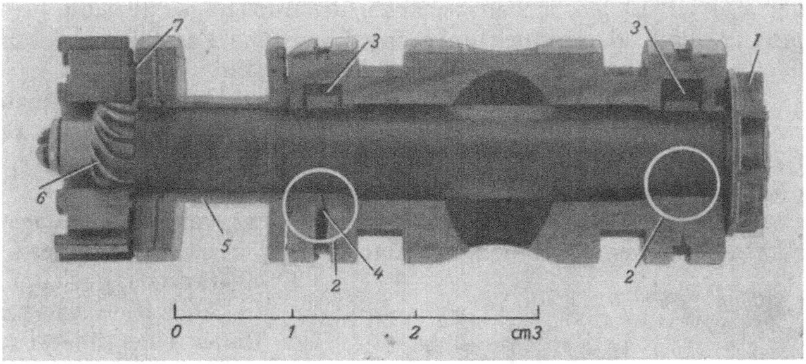

Abb. 45. Durchschnitt durch die gasgelagerte Turbine des National Bureau of Standards, Boulder/Colorado, mit einem Läuferdurchmesser von 7,94 mm.
1 Ventilator zur Vernichtung der abgegebenen Leistung; *2* Gaslager; *3* Hohlräume zur Gaslagerstabilisierung *4* Bohrungen für die Zufuhr von Gas für die Gaslager; *5* Labyrinthabdichtung; *6* Rotor der Turbine; *7* Düsenkranz

diejenige Geschwindigkeit, die sich bei einer verlustlosen adiabaten Entspannung ergeben würde. Die Kurven beziehen sich jeweils auf verschiedene Entspannungsverhältnisse.

Die Umdrehungszahl wurde auf maximal 9600 U/sec gesteigert. Die Durchflußmenge betrug zwischen 4,4 und 7,4 g/sec.

Nach den früheren Veröffentlichungen verbrauchen die Gaslager 12 bis 15 scfm = 5,7 bis $7{,}1 \cdot 10^{-3}$ nm³/s = 20,4 bis 25,5 nm³/h. Dieser Gasverbrauch wirkt sich zwar nicht auf den Turbinenwirkungsgrad aus, erniedrigt jedoch den Gesamtwirkungsgrad des Prozesses um 20%. Der mit der Turbine betriebene Kältekreislauf lieferte bei einem vom Kompressor verdichteten Volumen von 75 bis 80 scfm (= 0,035 bis 0,0375 nm³/s = 128 bis 136 nm³/h) wie erwartet eine Kälteleistung von 8 bis 10 W bei 4,2° K.

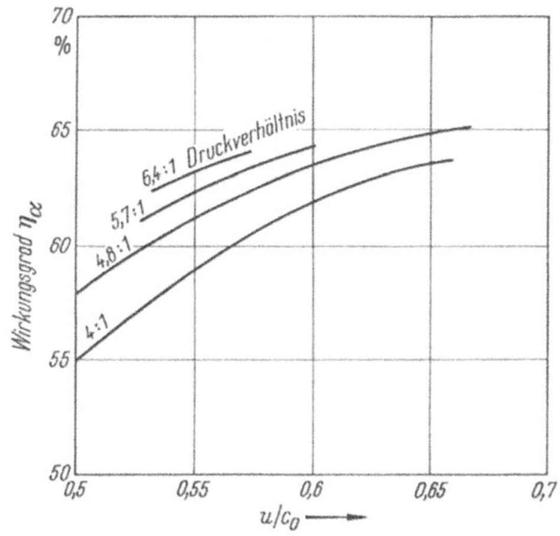

Abb. 46. Wirkungsgrad der Turbine des National Bureau of Standards, Boulder/Colorado, als Funktion von u/c_0 mit dem Druckverhältnis als Parameter.

K. Anwendung der arbeitleistenden Entspannung zur Kühlung und Klimatisierung.

Im Abschnitt A wurde dargelegt, daß der Kreislauf der Kaltgasmaschine nur im Temperaturbereich unter etwa —80° C günstige Wirkungsgrade erreicht. Trotzdem wird die Kaltluftmaschine auch im Gebiet höherer Temperaturen angewendet, wenn es — wie z. B. bei der Klimatisierung von Flugzeugen — auf besonders leichte und raumsparende Anordnungen ankommt oder andere Vorteile für die Kaltluftmaschine sprechen.

Wie wir uns auch in den vorhergehenden Abschnitten im wesentlichen auf die Entspannungsvorrichtung selbst beschränkt und die mit ihr aufgebauten Kreisläufe nur gestreift haben, wollen wir auch hier nur einiges über die für die Luftentspannung verwendeten Maschinen erwähnen. Die Darstellung der Kreisläufe selbst bleibt Band 12 dieses Handbuches vorbehalten.

Bei der Kühlung von Bergwerken[1] wird der Turbokompressor für die Erzeugung von Druckluft meist über Tage aufgestellt. Um die Bildung von Eis bei der kälteerzeugenden Entspannung im Bergwerk zu vermeiden, muß die verdichtete Luft möglichst weitgehend getrocknet werden. Da die Temperatur des zur Verfügung stehenden Kühlwassers meist nicht ausreicht, um einen genügend tiefen Taupunkt zu erreichen, wird die komprimierte Luft in einem besonderen Wärmeaustauscher noch auf etwa 0°C gekühlt. Hierzu dient entweder die in einer über Tage aufgestellten Kälteturbine unter Arbeitsleistung entspannte Luft oder auch eine Kaltdampfmaschine[2]. Die gekühlte, aber noch auf einem Druck von z. B. 8 ata befindliche Luft wird dann in die zu kühlenden Stollen eingeleitet. Sie wird entweder in vielen vergleichsweise kleinen Druckluftmotoren entspannt, die an den einzelnen Arbeitsplätzen zum Antrieb von Druckluftmeißeln oder Gesteinsbohrern dienen oder einem größeren Druckluftmotor (vgl. Abb. 47) zugeleitet, der z. B. eine Entwässerungspumpe antreibt.

Abb. 47. Gehäuse und Läufer eines Pfeilrad-Druckluftmotors zur Luftkühlung in Bergwerken (Demag, Duisburg)

Bei der Kühlung von Flugzeugen muß von folgenden Tatsachen ausgegangen werden: Entsprechend der internationalen Norm-Atmosphäre (INA) und nach DIN 5454 (vgl. dazu auch „Hütte", des Ingenieurs Taschenbuch, 28. Aufl., Bd. I, S. 281) gelten für Temperatur und Druck der Luft in verschiedenen Höhen über dem Meeresspiegel die folgenden Richtwerte:

Tabelle 3

Höhe	0	1	2	5	10	20 km
Temperatur	15,0	8,5	2,0	−17,5	−50,0	−56,6 °C
Druckverhältnis	1,00	0,887	0,784	0,533	0,261	0,054
Dichteverhältnis	1,00	0,907	0,822	0,601	0,337	0,072

Im Innern des Flugzeuges will man dagegen meist einen Druck aufrecht erhalten, der etwa einer Höhe von 2000 m oder auch von 8000 Fuß (= 2440 m)

---

[1] Es sei in diesem Zusammenhang auch auf das Buch M. ROUBINET: Le Conditionnement de l'Air des Locaux Souterrains, Edit. Eyrolles, Paris 1957, hingewiesen, in dem allerdings Kaltluftmaschinen als Kältequellen nicht erwähnt sind.

[2] Verschiedene Schaltungsmöglichkeiten sind aus einem Artikel von R. PLANK, VDI-Z. Bd. 83 (1939) S. 1021—1029 zu ersehen.

entspricht[1]. Um beim Flug in 10 km Höhe die Außenluft auf diesen Druck zu bringen, ist ein Druckverhältnis von 0,784/0,261 = 3,0 erforderlich. Dies entspricht bei adiabater Durchführung einem Verhältnis der absoluten Temperaturen vor und nach der Verdichtung von $3{,}0^{0{,}286} = 1{,}37$. Da auch umgekehrt durch die Entspannung vom Kabinendruck auf Außendruck eine Abkühlung von der gleichen Größenordnung erzielt wird, liegt es nahe, Temperierung und Druckregelung der Flugzeugkabinen miteinander zu verbinden, d. h. Kaltluftmaschinen zu verwenden. Sie müssen aber in offenen Prozessen arbeiten, wird doch für die Lüftung der Kabine laufend Frischluft gebraucht. Dabei stellt sich zwangsläufig auch das Problem der Wasserabscheidung aus der bei der Expansion abgekühlten Luft, aber auch das der Befeuchtung; ist doch der absolute Dampfgehalt der Luft in großen Höhen wegen der dort herrschenden tiefen Temperatur meist recht niedrig.

Während die Berechnung der Funktion der Klimaanlage für das auf dem Boden stehende Flugzeug in prinzipiell gleicher Weise durchgeführt werden kann, wie dies auch sonst in der Klimatechnik üblich ist, muß beim fliegenden Flugzeug auf die hohe Relativgeschwindigkeit zur umgebenden Luft geachtet werden. Sie gibt einerseits in vielen Fällen die Möglichkeit, Wärmeaustauscher, in denen Wärme an die Außenluft abgegeben werden soll, ohne besondere Ventilatoren zu betreiben, da der Staudruck genügt, um die Außenluft durch die Übertragungsflächen hindurchzupressen. Andererseits darf aber für den Wärmeaustausch nicht mit der in Tab. 3 angegebenen statischen Temperatur t_s der ruhenden Luft gerechnet werden. Kommt nämlich die Außenluft mit einer relativ zu ihr bewegten Fläche in Berührung, so verwandelt sich zumindest ein großer Teil der dieser Relativbewegung entsprechenden Energie in Wärme („Ram-Effect"). Es ist dabei zweckmäßig, eine Totaltemperatur t_t nach der Gleichung

$$t_t - t_s = w^2/(2\,c_p) \tag{32}$$

zu definieren. In dieser Größengleichung müssen natürlich kohärente Einheiten verwendet werden. Setzt man also die Temperaturen in °C, die Geschwindigkeit in m/s ein, so ist für die spez. Wärme c_p als Einheit J/kg °C zu wählen. Für die spez. Wärme der Luft ist also 1005 J/kg °C einzusetzen. Da die Geschwindigkeit von Flugzeugen jedoch meist in km/h angegeben wird, ist es für den praktischen Gebrauch meist zweckmäßiger, die Teperaturdifferenz in °C mit der Zahlenwertgleichung

$$t_t - t_s = 0{,}384\,(w/100)^2 \tag{32a}$$

zu berechnen.

Eine parallel zur Strömung liegende ebene Fläche nimmt allerdings nicht ganz diese Temperatur an, sondern unter stationären Verhältnissen und ohne Berücksichtigung der Wärmestrahlung nur die Temperatur t_r (= recovery temperature). Für sie gilt[2]

$$Pr^{1/2} = \frac{t_r - t_s}{t_t - t_s}. \tag{33}$$

Dabei ist $Pr = \nu/a$ (ν = kinematische Viskosität, a = Temperaturleitzahl) die Prandtl-Zahl, die für Luft den Wert 0,71 besitzt.

---

[1] Vgl. dazu H. Bock: VDI-Berichte Bd. 34 (1959) S. 85—90 betr. Wärme-, Kälte- und Lüftungstechnik im Fahrzeug, Vorträge bei der VDI-Tagung, Stuttgart 1958. Düsseldorf: VDI-Verlag. — Still, E. W.: Air Conditioning in Aircraft, Journ. Roy. Aeron. Soc. Bd. 61 (1957) S. 727—755.

[2] Vgl. dazu z. B. E. R. G. Eckert u. T. F. Irvine: Journ. Appl. Mech. (March 1957) S. 25—28 und E. R. G. Eckert u. R. M. Drake: Heat and Mass Transfer New York, Toronto, London: McGraw Hill 1959 S. 257.

Während stationäre Anlagen meist so bemessen werden, daß die Summe aus Anschaffungs- und Betriebskosten zu einem Minimum wird, treten beim Flugzeug andere Forderungen wie niedriges Gesamtgewicht, kleine Raumbeanspruchung und höchste Betriebssicherheit in den Vordergrund. Bei Gewicht und Raumbeanspruchung ist dabei nicht nur die Anlage selbst, sondern auch der für ihren Betrieb erforderliche Brennstoff in Rechnung zu setzen. Hier sind einige Angaben aufschlußreich, die PLANK[1] im Anschluß an amerikanische Veröffentlichungen[2] anführt. Danach beträgt das Gewicht einer Kaltluftturbine für 30000 kcal/h nur 113 kp, das einer entsprechenden Freon-Maschine jedoch 270 kp. Da das Gewicht von den im Abschnitt E beschriebenen Kolbenmaschinen — besonders in der konventionellen Bauart mit hin- und hergehenden Kolben — vergleichsweise hoch ist, wurden sie bei der Flugzeugklimatisierung bisher nicht verwendet.

Erstaunlich niedrige Gewichte erreichen die von Carrier entwickelten Freon-Anlagen, die mit Turbokompressoren ausgerüstet sind. So verfügen die Düsenflugzeuge der Type DC-8 über einen von einer Abgasturbine mit etwa 90000 U/min angetriebenen Turbokompressor, der bei einem Läuferdurchmesser von 50 mm für eine Klimaanlage mit 40500 kcal/h ausreicht. Die gesamte Klimaanlage wiegt nur etwa 70 kp. Vergleichsweise sei erwähnt, daß die Klimaanlage der Type DC-7 485 kp wiegt; dieser Gewichtsunterschied entspricht dem Verlust von vier bis fünf Fluggastsitzen[3].

Es dürfte heute wohl noch verfrüht sein, vorauszusagen, ob der Kaltdampf- oder der Kaltluftmaschine die Zukunft gehört. Wahrscheinlich werden beide Kühlverfahren nebeneinander bestehen bleiben, wobei je nach den speziellen Bedingungen bald das eine bald das andere Verfahren den Vorzug verdient[4].

Die für den Betrieb der Kaltluftmaschine erforderliche Druckluft wird meist den Aufladegebläsen der Flugzeugtriebwerke entnommen. Wegen des Wegfalls eines besonderen Kompressors führt dies zwar zu einer sehr merklichen Gewichtsersparnis, bringt aber andererseits den Nachteil mit sich, daß besondere Vorkehrungen erforderlich sind, um das Flugzeug auch kühlen zu können, solange es auf der Erde steht und die Triebwerke nicht laufen. Häufig reicht der Enddruck des Aufladegebläses noch nicht aus, so daß noch ein zusätzlicher Kompressor erforderlich ist. Diese Druckluft wird nicht selten auch zum Antrieb von Ventilatoren oder sonstigen Hilfsaggregaten verwendet, was gegenüber dem Antrieb durch kleine Elektromotoren zu einer Gewichtsverminderung um 50 bis 70% führt[5].

Das Schema einer Kaltluft-Klimaanlage für den Bodenbetrieb zeigt Abb. 48 (nach H. BOCK Fußnote S. 55). Im Winterbetrieb wird die durch die Kompression im Turbolader *1* erwärmte Luft entweder unmittelbar oder nach Heizung und Befeuchtung in die Kabine eingeblasen. In dem in Abb. 48 dargestellten Sommerbetrieb wird sie dagegen nach Kühlung mit Außenluft in *2* oder auch mit

---

[1] PLANK, R.: Amerikanische Kältetechnik, 3. Bericht., Deutscher Ingenieur-Verlag GmbH., Düsseldorf 1950, S. 189.

[2] MESSINGER, B. L.: Soc. Automotive Engng. Journal (Transactions) Bd. 54 (1946) Nr. 3, S. 93, u. Refr. Engng. Bd. 51 (Jan. 1946) S. 21; Heating and Ventilating Bd. 43 (1946) S. 63. SCOFIELD, P. C.: Refr. Engng. Bd. 57 (Juni 1949) S. 558.

[3] Nach K. BACH: VDI-Zs. Bd. 102 (1960) S. 899—906, bes. S. 901; daselbst auch Abbildung und weitere Abgaben. — Vgl. dazu auch K. JASSNIKER: Entwicklungstendenzen im Bau von Turbokompressoren für Kälteanlagen, Techn. Rundschau Sulzer 1962, Nr. 2.

[4] Eine Diskussion des Für und Wider der verschiedenen Möglichkeiten und eine thermodynamische Berechnung erfolgversprechender Prozesse findet sich bei E. J. GABBAY: Some Aspects of Refrigeration in Supersonic Aircraft, Proc. ot fhe Garrett Corporation (Los Angeles 45, Calif.) Turbine Transport Equipment Symposium, S. 29—46.

[5] Vgl. dazu E. W. STILL: Air Conditioning in Aircraft, Journ. Roy. Aeron Soc. Bd. 61 (1957) S. 727—755 (vgl. bes. Fig. 2 u. 6).

der Abluft aus der Kabine in der Kälteturbine *5* entspannt, deren abgegebene Leistung zum Antrieb des Turbokompressors *3* ausgenützt wird.

Die Kaltluft-Klimaanlage für den Höhenflug unterscheidet sich vom Schema nach Abb. 48 nur insofern, als in der Kälteturbine nicht die zur Kabine gehende Zuluft, sondern die von der Kabine kommende Abluft entspannt wird. Da der Druck der Außenluft wesentlich tiefer ist als der Druck in der Kabine, ist der Auspuff aus der Turbine kalt genug, um in einem Wärmeaustauscher die zur Kabine gehende Zuluft ausreichend tief zu kühlen. Die beträchtlichen Einsparungen an Gewicht und Raumbedarf, die sich mit Turbinen erzielen lassen, führten trotz des niederen Wirkungsgrades dazu, die Boeing B-47 mit Kälteturbinen auszurüsten[1]. Wie Abb. 49 zeigt, wird auch hierbei die erforderliche Druckluft durch Anzapfen aus dem Turbo-Jet-Triebwerk unter einem Druck von rund 5 atü entnommen, durch Außenluft („ram air") in einem Wärmeaustauscher von etwa 200° C auf 34° C gekühlt und in einer kleinen Turbine entspannt. (Gewicht des Gesamtaggregates 18 kg bei einem Raumbedarf von 0,057 m³). Bei trockener Luft sinkt dabei die Temperatur auf —40° C, was einer Temperatursenkung um 74° C entspricht. Durch die auf Kugellagern mit 38000 U/min laufende Turbine werden 27 kg/min Luft durchgesetzt. Dies entspricht bei einer Erwärmung der Luft auf +20° C einer Kälteleistung von 23600 kcal/h. Der Wirkungsgrad der Turbine wird mit 70% angegeben (die Nachrechnung führt je nach den zugrunde gelegten Annahmen auf etwas niedrigere Werte). Wird Luft mit einer relativen Feuchtigkeit von 80% bei 15,6° C entspannt, so erhöht sich durch die für die Wasserdampfkondensation gebundene Kälte die Austrittstemperatur aus der Turbine von —40 auf —18° C. In dem genannten Artikel von GREGG finden sich ferner noch eine Reihe anderer Schaltungsmöglichkeiten dargestellt.

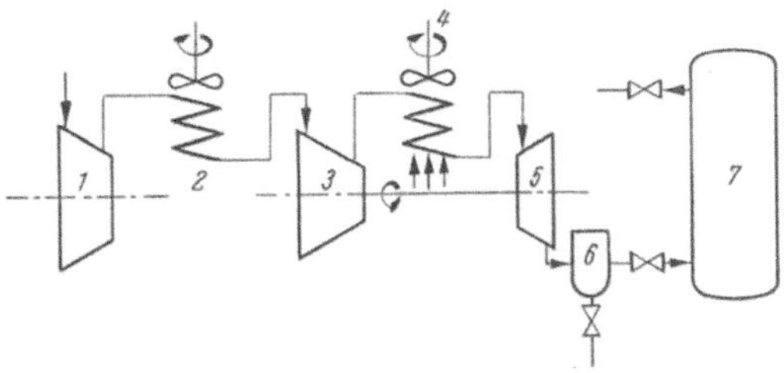

Abb. 48. Schema einer Kaltluft-Klimaanlage für den Bodenbetrieb von Flugzeugen.

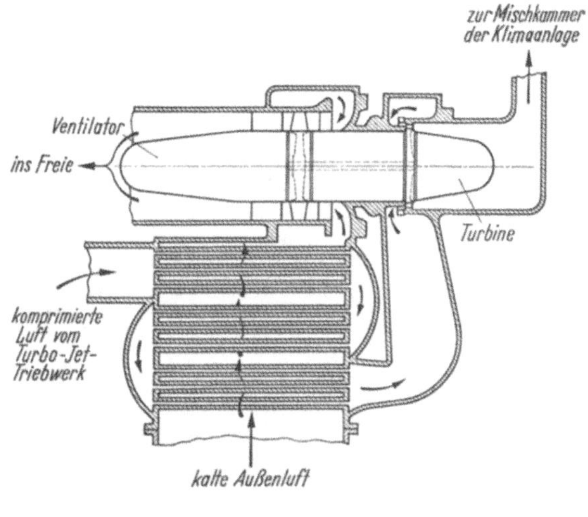

Abb. 49. Kälteturbine für Druckluft aus dem Turbo-Jet-Triebwerk eines Boeing B-47 Flugzeuges (Nach G. E. GREGG).

In einer ausführlichen Zusammenfassung von STILL[2] werden die verschiedenen Kühlsysteme hauptsächlich hinsichtlich ihres Gewichts einander gegenüber gestellt. Die im Vergleich zum Durchsatz niedrigen Gewichte der in Abb. 50 dargestellten Kälteturbinen konnten durch Erhöhung der Drehzahl auf 80000 bis 100000 U/min erreicht werden.

---

[1] GREGG G. E.: Air Cycle Air Conditioning, Refrig. Engng. Nov. 1957, S. 35—39, Fig. 1.
[2] STILL, E. W.: Vgl. Fußnote auf S. 56.

Eine für die Flugzeugklimatisierung verwendete sehr kompakte Turbine der AiResearch Manufacturing Company, die durch einen Ventilator abgebremst wird, zeigt Abb. 51. Auf ihr ist links die Zentripetalturbine, rechts der Ventilator

Abb. 50. Sehr leichte Kälteturbine mit Drehzahlen von 80000 bis 100000 U/min. (E. W. STILL).

zu erkennen. Bei einer Drehzahl von über 100000 U/min ist besonderer Wert auf eine ausreichende Kühlung der mit Ölnebel geschmierten Kugellager gelegt. Sie wird dadurch erreicht, daß ein Teil der zu entspannenden Luft durch die im Rotor zu erkennende schräge Bohrung in die Nähe des Kugellagers auf der Ventilator-

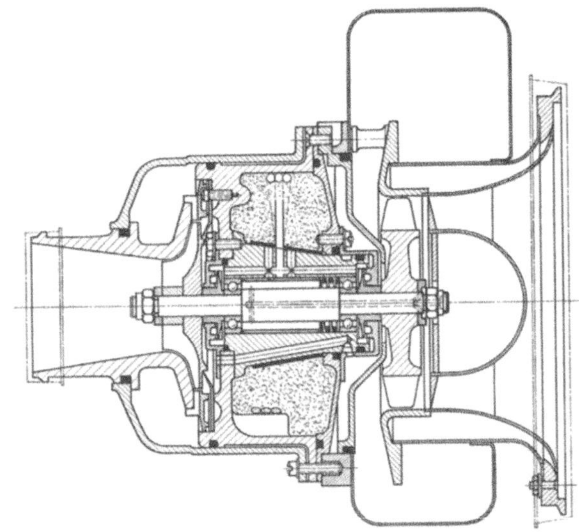

Abb. 51. Turbine der AiResearch Manufacturing Comp., Los Angeles, zur Flugzeugklimatisierung, unmittelbar gekoppelt mit Ventilator. (Vgl. dazu auch US-Patent 2.709.567, Brit. Pat. No. 663.693, Franz. Patent No. 1.007.394 und Holl. Pat. No. 74.241.).

seite geleitet wird, um sich dann hier mit der vom Ventilator verdichteten Luft zu vereinigen. Die kalte in der Turbine entspannte Luft strömt durch das ganz links sichtbare, leicht konische Rohr in axialer Richtung zu der zu klimatisierenden Flugzeugkabine.

Berechnungsgrundlagen von Kolbenkompressoren.

(Hubvolum und Leistungsbedarf)

Von

Dr.-Ing. **K. Linge**

o. Professor an der Technischen Hochschule Karlsruhe

Mit 18 Abbildungen

A. Einleitung.

Um die Hauptabmessungen eines Kompressors und dessen Leistungsbedarf berechnen zu können, müssen für das gewählte Kältemittel die gewünschte Kälteleistung Q_0 und die Betriebsverhältnisse, insbesondere die Verdampfungstemperatur t_0, die Verflüssigungstemperatur t und die Unterkühlungstemperatur t_u gegeben sein. Die Kälteleistung ist entweder durch eine neu zu bauende Kompressorserie festgelegt, wobei für die Betriebsverhältnisse bestimmte Normalbedingungen, z. B.: $t_0 = -15°C$, $t = 30°C$ und $t_u = 25°C$ gewählt werden, oder sie ist für einen bestimmten Verwendungszweck von Fall zu Fall zu berechnen, wobei die Größen von t_0, t und t_u durch diesen Verwendungszweck und die Kühlwasserverhältnisse nach wirtschaftlichen Gesichtspunkten bestimmt werden.

Die Aufgabe kann aber auch lauten: die Kälteleistung und der Leistungsbedarf eines gegebenen Kompressors mit bekannten Hauptabmessungen sind für bestimmte Werte von t_0, t und t_u und für ein bestimmtes Kältemittel zu berechnen.

Der Berechnungsgang wird zunächst für den einstufigen Kompressor gezeigt.

B. Einstufige Kompressoren.

I. Die ideale Maschine.

Der ideale einstufige Vergleichsprozeß für Kaltdampf-Kompressions-Kältemaschinen ist in Abb. 52 im T, s-Diagramm dargestellt. Er ist vereinbarungsgemäß dadurch festgelegt, daß der Kältemitteldampf den Verdampfer im trockengesättigten Zustand 1 (Druck p_0 und Temperatur t_0) verläßt und vom Kompressor angesaugt wird. Der Dampf wird im Kompressor isentrop bis zum Zustand 2 (Druck p und Überhitzungstemperatur t_h) verdichtet, wobei die äußere Arbeit W zugeführt werden muß. Der verdichtete Dampf gelangt im Zustand 2 in den Kondensator, wo die Überhitzungswärme und die Verflüssigungswärme nach außen (durch Kühlwasser oder Luft) abgeführt werden. Der Dampf wird dabei vollständig verflüssigt. Die Flüssigkeit von der dem Druck p entsprechenden Verflüssigungstemperatur t wird nun im Nachkühler noch weiter auf die Unterkühlungstemperatur t_u abgekühlt und damit der Zustand 3 erreicht, wobei die Unterkühlungswärme ebenfalls nach außen abgeführt wird. Im Zustand 3 gelangt das flüssige Kältemittel zum Regelventil, wo es vom Kondensatordruck p auf den Verdampferdruck p_0 gedrosselt wird. Die Zustandsänderung des Kältemittels im Drosselventil verläuft nach einer Linie gleicher Enthalpie i (Drosselkurve), wodurch der Zustand 4 gegeben ist, in dem das Kältemittel in den Verdampfer eintritt. Unter der Saugwirkung des Kompressors sowie infolge der bei der tiefen Temperatur zugeführten Wärme verdampft das Kältemittel bei der Verdampfungstemperatur t_0. Der gebildete trockengesättigte Dampf wird erneut vom Kompressor angesaugt, womit der Kältemittelkreislauf geschlossen ist.

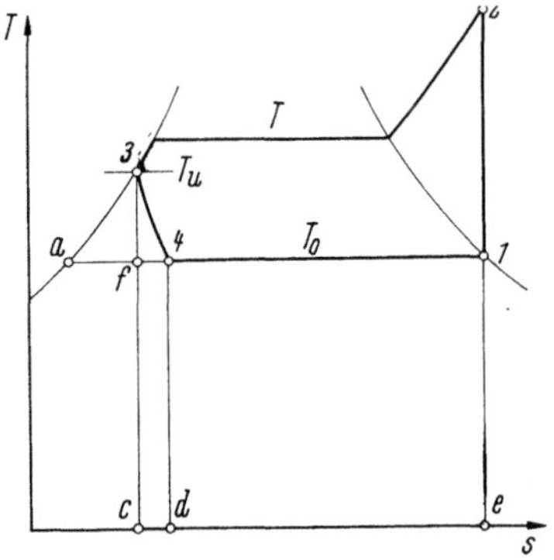

Abb. 52. Vergleichsprozeß im T,s-Diagramm für eine einstufige Kompressions-Kältemaschine mit Ansaugen im trockengesättigten Zustand. Die Zustandspunkte *1* bis *4* entsprechen den Meßstellen in Abb. 53

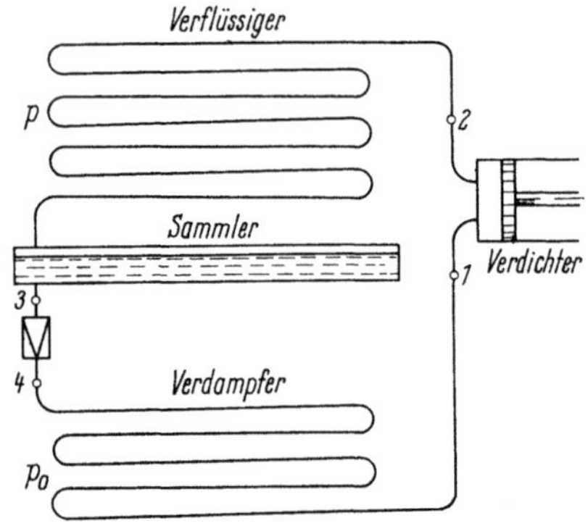

Abb. 53. Schaltschema einer einstufigen Kompressions-Kältemaschine mit Ansaugen in trocken-gesättigtem Zustand.

Dieser ideale Vergleichsprozeß der einstufigen Kaltdampf-Kompressions-Kältemaschine ist in Abb. 53 schematisch dargestellt, wobei die verschiedenen Zustände des Kältemittels mit gleichen Ziffern wie in Abb. 52 bezeichnet sind. In Abb. 52 ist die von 2 bis 3 nach außen abgeführte Wärme Q durch die Fläche 123ce1 und die von 4 bis 1 bei tiefer Temperatur von außen zugeführte Wärme Q_0 durch die Fläche 41ed4 dargestellt, die Verdichtungsarbeit W auf dem Wege von 1 bis 2 durch die Fläche 123a41, denn es ist leicht einzusehen, daß die Flächen 4dcf und a3f gleich groß sind, wenn die Zustandsänderung 3 4 eine Isenthalpe ist.[1] Die zahlenmäßige Ermittlung der Wärme und der Arbeit ist aus Abb. 52 zwar möglich, aber recht umständlich.

Für diesen Zweck ist das Mollier-i,p-Diagramm besser geeignet als das T,s-Diagramm. In der Kältetechnik wird vorzugsweise das Mollier-Diagramm mit der Enthalpie i als Abszisse und mit dem Druck p (oder dem Logarithmus des Druckes: $\log p$) als Ordinate verwendet. In Abb. 54 ist der ideale Vergleichsprozeß in ein $\log p,i$-Diagramm eingetragen, wobei die Zustände des Kältemittels mit den gleichen Ziffern bezeichnet sind wie in den Abb. 52 und 53. Die Verdichtungsarbeit und die zu- und abgeführten Wärmen werden in Abb. 54 in einfacher Weise als Strecken abgegriffen und sind in kcal/kg zahlenmäßig leicht zu bestimmen.

Die waagerechten Entfernungen stellen dar:

von 1 bis 2 die isentrope Verdichtungsarbeit $W = i_2 - i_1$ (1)

von 2 bis 3 die nach außen abgeführte Wärme $Q = i_2 - i_3$ (2)

von 3 bis 1 die von außen zugeführte Wärme $Q_0 = i_1 - i_3 = i_1 - i_4$. (3)

[1] Siehe Bd. III dieses Handbuches, S. 31.

Tabelle 1. *Dampftafel für Ammoniak* (NH_3).

Temperatur t	Absoluter Druck p	Spez. Volum der Flüssigkeit v'	Spez. Volum des Dampfes v''	Dichte der Flüssigkeit ϱ'	Dichte des Dampfes ϱ''	Enthalpie der Flüssigkeit i'	Enthalpie des Dampfes i''	Verdampfungswärme $r = i'' - i'$	Entropie der Flüssigkeit s'	Entropie des Dampfes s''
°C	kp/cm²	l/kg	m³/kg	kg/l	kg/m³	kcal/kg	kcal/kg	kcal/kg	kcal/kg °K	kcal/kg °K
— 75	0,0765	1,368	12,89	0,7310	0,0775	20,9	373,5	352,6	0,6633	2,4431
— 70	0,1114	1,3788	9,009	0,7253	0,1110	25,9	375,7	349,8	0,6878	2,4101
— 68	0,1287	1,3832	7,870	0,7230	0,1271	27,9	376,6	348,7	0,6975	2,3976
— 66	0,1485	1,3876	6,882	0,7207	0,1453	29,9	377,4	347,5	0,7074	2,3853
— 64	0,1706	1,3920	6,044	0,7184	0,1655	32,0	378,3	346,3	0,7173	2,3734
— 62	0,1954	1,3965	5,324	0,7161	0,1878	34,0	379,1	345,1	0,7270	2,3618
— 60	0,2233	1,4010	4,699	0,7138	0,2128	36,0	380,0	344,0	0,7366	2,3507
— 58	0,2543	1,4056	4,161	0,7114	0,2403	38,1	380,8	342,7	0,7461	2,3393
— 56	0,2889	1,4103	3,693	0,7091	0,2708	40,2	381,7	341,5	0,7555	2,3285
— 54	0,3272	1,4150	3,288	0,7067	0,3041	42,2	382,5	340,3	0,7648	2,3180
— 52	0,3697	1,4197	2,933	0,7044	0,3409	44,2	383,3	339,1	0,7741	2,3078
— 50	0,4168	1,4245	2,623	0,7020	0,3812	46,3	384,1	337,8	0,7882	2,2978
— 48	0,4686	1,4293	2,351	0,6996	0,425	48,4	384,9	336,6	0,7931	2,2808
— 46	0,5256	1,4242	2,112	0,6972	0,473	50,4	385,7	335,3	0,8021	2,2785
— 44	0,5882	1,4392	1,901	0,6948	0,526	52,5	386,5	334,0	0,8112	2,2692
— 42	0,6568	1,4442	1,715	0,6924	0,583	54,6	387,3	332,7	0,8203	2,2600
— 40	0,7318	1,4493	1,550	0,6900	0,645	56,8	388,1	331,3	0,8295	2,2510
— 39	0,7719	1,4519	1,4752	0,6888	0,678	57,82	388,49	330,67	0,8340	2,2465
— 38	0,8137	1,4545	1,4045	0,6875	0,712	58,88	388,88	329,99	0,8385	2,2421
— 37	0,8573	1,4571	1,3377	0,6863	0,748	59,94	389,27	329,31	0,8430	2,2378
— 36	0,9028	1,4597	1,2746	0,6851	0,785	61,01	389,65	328,63	0,8475	2,2336
— 35	0,9503	1,4623	1,2151	0,6839	0,823	62,08	390,03	327,95	0,8520	2,2294
— 34	0,9999	1,4649	1,1589	0,6826	0,863	63,15	390,41	327,26	0,8565	2,2252
— 33	1,0515	1,4676	1,1058	0,6814	0,905	64,21	390,79	326,57	0,8610	2,2211
— 32	1,1052	1,4703	1,0555	0,6801	0,948	65,28	391,17	325,88	0,8654	2,2170
— 31	1,1610	1,4730	1,0080	0,6789	0,992	66,35	391,54	325,19	0,8698	2,2130
— 30	1,2190	1,4757	0,9630	0,6777	1,038	67,42	391,91	324,49	0,8742	2,2090
— 29	1,279	1,4784	0,9204	0,6764	1,086	68,49	392,28	323,79	0,8786	2,2050
— 28	1,342	1,4811	0,8801	0,6752	1,136	69,56	392,64	323,08	0,8880	2,2011
— 27	1,407	1,4839	0,8418	0,6739	1,188	70,63	393,00	322,37	0,8874	2,1972
— 26	1,475	1,4867	0,8056	0,6726	1,242	71,71	393,36	321,66	0,8917	2,1934
— 25	1,546	1,4895	0,7712	0,6714	1,297	72,78	393,72	320,94	0,8960	2,1896
— 24	1,619	1,4923	0,7386	0,6701	1,354	73,86	394,07	320,22	0,9003	2,1858
— 23	1,695	1,4951	0,7076	0,6688	1,413	74,93	394,42	319,49	0,9046	2,1821
— 22	1,774	1,4980	0,6782	0,6676	1,474	76,01	394,77	318,76	0,9089	2,1784
— 21	1,856	1,5008	0,6502	0,6663	1,538	77,09	395,12	318,03	0,9132	2,1747
— 20	1,940	1,5037	0,6236	0,6650	1,604	78,17	395,46	317,29	0,9175	2,1710
— 19	2,027	1,5066	0,5983	0,6637	1,672	79,25	395,80	316,55	0,9217	2,1674
— 18	2,117	1,5096	0,5742	0,6624	1,742	80,33	396,13	315,80	0,9259	2,1638
— 17	2,211	1,5125	0,5513	0,6611	1,814	81,41	396,46	315,05	0,9301	2,1602
— 16	2,309	1,5155	0,5295	0,6598	1,889	82,50	396,79	314,29	0,9343	2,1567
— 15	2,410	1,5185	0,5087	0,6585	1,966	83,59	397,12	313,53	0,9385	2,1532
— 14	2,514	1,5215	0,4889	0,6572	2,046	84,68	397,44	312,76	0,9427	2,1498
— 13	2,621	1,5245	0,4700	0,6559	2,128	85,76	397,75	311,99	0,9469	2,1464
— 12	2,732	1,5276	0,4520	0,6546	2,213	86,85	398,06	311,21	0,9511	2,1430
— 11	2,847	1,5307	0,4348	0,6533	2,300	87,94	398,37	310,43	0,9552	2,1396
— 10	2,966	1,5338	0,4184	0,6520	2,390	89,03	398,67	309,64	0,9593	2,1362
— 9	3,089	1,5369	0,4028	0,6507	2,483	90,12	398,97	308,85	0,9634	2,1329
— 8	3,216	1,5400	0,3878	0,6493	2,579	91,21	399,27	308,06	0,9675	2,1296
— 7	3,347	1,5432	0,3735	0,6480	2,678	92,30	399,56	307,25	0,9716	2,1263
— 6	3,481	1,5464	0,3599	0,6467	2,779	93,40	399,85	306,45	0,9757	2,1231
— 5	3,619	1,5496	0,3469	0,6453	2,883	94,50	400,14	305,64	0,9798	2,1199

Fortsetzung S. 62

Tabelle 1. (Fortsetzung).

Temperatur t	Absoluter Druck p	Spez. Volum der Flüssigkeit v'	Spez. Volum des Dampfes v''	Dichte der Flüssigkeit ϱ'	Dichte des Dampfes ϱ''	Enthalpie der Flüssigkeit i'	Enthalpie des Dampfes i''	Verdampfungswärme $r = i'' - i'$	Entropie der Flüssigkeit s'	Entropie des Dampfes s''
°C	kp/cm²	l/kg	m³/kg	kg/l	kg/m³	kcal/kg	kcal/kg	kcal/kg	kcal/kg °K	kcal/kg °K
— 4	3,761	1,5528	0,3344	0,6440	2,991	95,59	400,42	304,83	0,9839	2,1167
— 3	3,908	1,5561	0,3225	0,6426	3,102	96,69	400,70	304,01	0,9880	2,1135
— 2	4,060	1,5594	0,3111	0,6413	3,216	97,79	400,98	303,19	0,9920	2,1103
— 1	4,217	1,5627	0,3002	0,6399	3,332	98,89	401,25	302,36	0,9960	2,1072
0	4,379	1,5660	0,2897	0,6386	3,452	**100,00**	401,52	301,52	**1,0000**	2,1041
+ 1	4,545	1,5694	0,2797	0,6372	3,576	101,10	401,78	300,68	1,0040	2,1010
+ 2	4,716	1,5727	0,2700	0,6358	3,703	102,21	402,04	299,84	1,0080	2,0979
+ 3	4,892	1,5761	0,2608	0,6345	3,834	103,32	402,30	298,99	1,0120	2,0949
+ 4	5,073	1,5796	0,2520	0,6331	3,969	104,43	402,55	298,13	1,0160	2,0919
+ 5	5,259	1,5831	0,2435	0,6317	4,108	105,54	402,80	297,26	1,0200	2,0889
+ 6	5,450	1,5866	0,2353	0,6303	4,250	106,65	403,04	296,39	1,0240	2,0859
+ 7	5,647	1,5901	0,2275	0,6289	4,396	107,76	403,27	295,51	1,0280	2,0829
+ 8	5,849	1,5936	0,2200	0,6275	4,546	108,87	403,50	294,63	1,0319	2,0799
+ 9	6,057	1,5972	0,2128	0,6261	4,700	109,99	403,73	293,74	1,0358	2,0770
+ 10	6,271	1,6008	0,2058	0,6247	4,859	111,11	403,95	292,84	1,0397	2,0741
+ 11	6,490	1,6045	0,1992	0,6233	5,022	112,23	404,17	291,94	1,0436	2,0712
+ 12	6,715	1,6081	0,1927	0,6218	5,189	113,35	404,38	291,03	1,0475	2,0683
+ 13	6,946	1,6118	0,1866	0,6204	5,361	114,47	404,59	290,12	1,0514	2,0654
+ 14	7,183	1,6156	0,1806	0,6190	5,537	115,59	404,79	289,20	1,0553	2,0626
+ 15	7,427	1,6193	0,1749	0,6175	5,718	116,72	404,99	288,27	1,0592	2,0598
+ 16	7,677	1,6231	0,1694	0,6161	5,904	117,85	405,19	287,34	1,0631	2,0570
+ 17	7,933	1,6270	0,1642	0,6146	6,094	118,98	405,38	286,40	1,0670	2,0542
+ 18	8,196	1,6308	0,1591	0,6132	6,289	120,11	405,57	285,46	1,0709	2,0514
+ 19	8,465	1,6347	0,1542	0,6117	6,489	121,24	405,75	284,51	1,0747	2,0486
+ 20	8,741	1,6386	0,1494	0,6103	6,694	122,38	405,93	283,55	1,0785	2,0459
+ 21	9,024	1,6426	0,1449	0,6088	6,904	123,52	406,10	282,58	1,0824	2,0432
+ 22	9,314	1,6466	0,1405	0,6073	7,119	124,66	406,27	281,61	1,0862	2,0405
+ 23	9,611	1,6507	0,1363	0,6058	7,339	125,80	406,43	280,63	1,0900	2,0378
+ 24	9,915	1,6546	0,1322	0,6043	7,564	126,94	406,59	279,65	1,0938	2,0351
+ 25	10,225	1,6588	0,1283	0,6028	7,795	128,09	406,75	278,66	1,0976	2,0324
+ 26	10,544	1,6630	0,1245	0,6013	8,031	129,24	406,89	277,66	1,1014	2,0297
+ 27	10,870	1,6672	9,1209	0,5998	8,273	130,39	407,03	276,65	1,1052	2,0270
+ 28	11,204	1,6714	0,1174	0,5983	8,521	131,54	407,17	275,64	1,1090	2,0243
+ 29	11,546	1,6757	0,1140	0,5968	8,775	132,69	407,30	274,62	1,1128	2,0217
+ 30	11,895	1,6800	0,1107	0,5952	9,034	133,84	407,43	273,59	1,1165	2,0191
+ 31	12,252	1,6844	0,1075	0,5937	9,300	135,00	407,55	272,55	1,1203	2,0165
+ 32	12,617	1,6888	0,1045	0,5921	9,573	136,16	407,67	271,50	1,1241	2,0139
+ 33	12,991	1,6932	0,1015	0,5906	9,852	137,32	407,78	270,45	1,1278	2,0113
+ 34	13,374	1,6977	0,0986	0,5890	10,138	138,48	407,88	269,39	1,1315	2,0087
+ 35	13,765	1,7023	0,0959	0,5875	10,431	139,65	407,97	268,32	1,1352	2,0061
+ 36	14,165	1,7069	0,0932	0,5859	10,731	140,82	408,06	267,24	1,1390	2,0035
+ 37	14,573	1,7115	0,0906	0,5843	11,038	141,99	408,15	266,15	1,1427	2,0009
+ 38	14,990	1,7162	0,0881	0,5827	11,353	143,16	408,23	265,06	1,1464	1,9984
+ 39	15,415	1,7209	0,0857	0,5811	11,675	144,34	408,30	263,96	1,1501	1,9958
+ 40	15,850	1,7257	0,0833	0,5795	12,005	145,52	408,37	262,85	1,1538	1,9933
+ 41	16,294	1,7305	0,0810	0,5779	12,34	146,70	408,43	261,73	1,1575	1,9908
+ 42	16,747	1,7354	0,0788	0,5762	12,69	147,88	408,49	260,60	1,1612	1,9882
+ 43	17,210	1,7404	0,0767	0,5746	13,04	149,06	408,54	259,47	1,1649	1,9857
+ 44	17,682	1,7454	0,0746	0,5729	13,40	150,24	408,58	258,33	1,1686	1,9832
+ 45	18,165	1,7504	0,0726	0,5713	13,77	151,43	408,61	257,18	1,1722	1,9807
+ 46	18,658	1,7555	0,0707	0,5696	14,15	152,62	408,64	256,02	1,1759	1,9781

Tabelle 1. (Fortsetzung).

Temperatur t	Absoluter Druck p	Spez. Volum der Flüssigkeit v'	Spez. Volum des Dampfes v''	Dichte der Flüssigkeit ϱ'	Dichte des Dampfes ϱ''	Enthalpie der Flüssigkeit i'	Enthalpie des Dampfes i''	Verdampfungswärme $r = i'' - i'$	Entropie der Flüssigkeit s'	Entropie des Dampfes s''
°C	kp/cm²	l/kg	m³/kg	kg/l	kg/m³	kcal/kg	kcal/kg	kcal/kg	kcal/kg °K	kcal/kg °K
+ 47	19,161	1,7607	0,0688	0,5680	14,54	153,81	408,66	254,85	1,1796	1,9756
+ 48	19,673	1,7659	0,0670	0,5663	14,94	155,00	408,68	253,67	1,1832	1,9731
+ 49	20,195	1,7712	0,0652	0,5646	15,34	156,20	408,70	252,48	1,1868	1,9706
+ 50	20,727	1,7775	0,0635	0,5628	15,75	157,38	408,72	251,34	1,1905	1,9683
+ 52	21,83	1,788	0,0602	0,5591	16,59	159,8	408,7	248,9	1,1982	1,9638
+ 54	22,97	1,800	0,0572	0,5554	17,47	162,2	408,8	246,6	1,2056	1,9590
+ 56	24,15	1,812	0,0543	0,5516	18,39	164,6	408,8	244,2	1,2130	1,9542
+ 58	25,37	1,825	0,0515	0,5478	19,35	167,1	408,7	241,6	1,2205	1,9494
+ 60	26,66	1,838	0,0489	0,5440	20,35	169,6	408,6	238,0	1,2280	1,9445
+ 62	27,98	1,851	0,0464	0,5402	21,41	172,2	408,5	236,3	1,2354	1,9396
+ 64	29,36	1,864	0,0441	0,5364	22,53	174,8	408,3	233,5	1,2428	1,9347
+ 66	30,77	1,877	0,0420	0,5326	23,73	177,4	408,0	230,6	1,2502	1,9297
+ 68	32,25	1,891	0,0399	0,5288	25,01	180,0	407,7	227,7	1,2576	1,9247
+ 70	33,77	1,905	0,0379	0,5248	26,36	182,7	407,3	224,6	1,2650	1,9196

Damit sind also die Arbeit bzw. die Wärmen ausgedrückt, wenn 1 kg Kältemittel den Kreislauf einmal ausführt. Bei der Berechnung von Kältemaschinen interessiert aber auch, welche Wärmeströme in einer Stunde zu bzw. abgeführt werden und welche Arbeit in einer Stunde zugeführt werden muß.

Bezeichnet man die stündlich umlaufende Kältemittelmenge mit G_k in kg/h, so ist die stündlich von außen zugeführte Wärme, also die Kälteleistung:

$$Q_0 = G_k \cdot (i_1 - i_3) \quad \text{in kcal/h} \tag{4}$$

und die Kondensatorleistung (einschl. Unterkühlung)

$$Q = G_k \cdot (i_2 - i_3) \quad \text{in kcal/h}. \tag{5}$$

Die in der Stunde zuzuführende Arbeit ist der theoretische Leistungsverbrauch

$$N_{th} = \frac{G_k (i_2 - i_1)}{860} \quad \text{in kW}. \tag{6}$$

Für eine gewünschte Kälteleistung Q_0 ist der Kältemittelstrom:

$$G_k = \frac{Q_0}{i_1 - i_3} \quad \text{in kg/h} \tag{7}$$

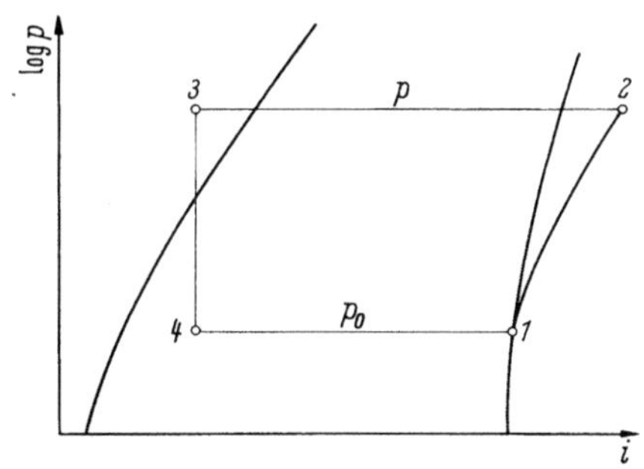

Abb. 54. Vergleichsprozeß im i, lg p-Diagramm für eine einstufige Kompressions-Kältemaschine mit Ansaugen von trockengesättigtem Dampf. Die Zustandspunkte *1* bis *4* entsprechen den Meßstellen *1* bis *4* in Abb. 52 und 53.

und das theoretisch stündlich zu fördernde Dampfvolum, bezogen auf den Anausgezustand 1 ist

$$V_{th} = G_k \cdot v_1'' = \frac{Q_0}{\dfrac{i_1 - i_3}{v_1''}} \quad \text{in m}^3/\text{h}, \tag{8}$$

wobei v_1'' das spezifische Volum des angesaugten trockengesättigten Dampfes in m³/kg bedeutet. Es ist zu beachten, daß die Bezeichnungen Q und Q_0 sowohl eine Wärme je kg Kältemittel als auch eine Wärme je Stunde (Wärmestrom, Kälteleistung) bedeuten können.

Tabelle 2. *Dampftafel für R 11 (Freon 11, Frigen 11, Monofluortrichlormethan, $CFCl_3$).*

Temperatur t	Absoluter Druck p	Spez. Volum der Flüssigkeit v'	Spez. Volum des Dampfes v''	Enthalpie der Flüssigkeit i'	Enthalpie des Dampfes i''	Verdampfungswärme $r=i''-i'$	Entropie der Flüssigkeit s'	Entropie des Dampfes s''
°C	kp/cm²	l/kg	m³/kg	kcal/kg	kcal/kg	kcal/kg	kcal/kg °K	kcal/kg °K
−40	0,052	0,6167	2,760	92,07	140,67	48,60	0,9686	1,1770
−38	0,059	0,6184	2,415	92,46	140,91	48,45	0,9702	1,1762
−36	0,066	0,6201	2,124	92,86	141,15	48,29	0,9719	1,1756
−34	0,075	0,6217	1,888	93,25	141,38	48,13	0,9735	1,1748
−32	0,084	0,6234	1,698	93,64	141,62	47,98	0,9751	1,1741
−30	0,094	0,6250	1,533	94,03	141,86	47,83	0,9767	1,1734
−28	0,105	0,6267	1,389	94,42	142,09	47,67	0,9784	1,1729
−26	0,117	0,6284	1,264	94,82	142,33	47,51	0,9800	1,1723
−24	0,130	0,6300	1,156	95,22	142,58	47,36	0,9816	1,1717
−22	0,144	0,6318	1,057	95,61	142,81	47,20	0,9832	1,1712
−20	0,160	0,6335	0,963	96,01	143,06	47,05	0,9848	1,1707
−18	0,177	0,6352	0,879	96,41	143,31	46,90	0,9863	1,1701
−16	0,195	0,6370	0,806	96,81	143,55	46,74	0,9878	1,1696
−14	0,216	0,6388	0,737	97,20	143,78	46,58	0,9894	1,1692
−12	0,238	0,6406	0,673	97,60	144,03	46,43	0,9809	1,1687
−10	0,261	0,6425	0,616	98,00	144,27	46,27	0,9924	1,1682
− 8	0,2875	0,6443	0,564	98,40	144,52	46,12	0,9940	1,1679
− 6	0,3145	0,6461	0,517	98,80	144,76	45,96	0,9955	1,1675
− 4	0,3430	0,6480	0,475	99,20	145,00	45,80	0,9970	1,1671
− 2	0,3750	0,6499	0,439	99,60	145,24	45,64	0,9985	1,1668
0	0,4100	0,6519	0,405	**100,00**	145,48	45,48	**1,0000**	1,1665
+ 2	0,4460	0,6538	0,374	100,41	145,73	45,32	1,0014	1,1661
+ 4	0,4855	0,6558	0,346	100,81	145,97	45,16	1,0029	1,1659
+ 6	0,5270	0,6578	0,321	101,21	146,20	44,99	1,0043	1,1655
+ 8	0,5715	0,6598	0,298	101,62	146,45	44,83	1,0058	1,1653
+10	0,6175	0,6619	0,277	102,02	146,69	44,67	1,0072	1,1650
+12	0,6675	0,6639	0,257	102,43	146,93	44,50	1,0087	1,1648
+14	0,7210	0,6660	0,239	102,83	147,16	44,33	1,0101	1,1646
+16	0,7790	0,6680	0,223	103,24	147,41	44,17	1,0115	1,1643
+18	0,8400	0,6701	0,208	103,66	147,66	44,00	1,0129	1,1641
+20	0,9040	0,6722	0,194	104,07	147,90	43,83	1,0143	1,1638
+22	0,9720	0,6743	0,181	104,48	148,14	43,66	1,0157	1,1636
+24	1,0445	0,6765	0,170	104,90	148,38	43,48	1,0171	1,1634
+26	1,1205	0,6787	0,159	105,31	148,61	43,30	1,0185	1,1632
+28	1,2000	0,6809	0,149	105,73	148,86	43,13	1,0199	1,1631
+30	1,2855	0,6833	0,140	106,14	149,09	42,95	1,0213	1,1630
+32	1,374	0,6856	0,132	106,56	149,33	42,77	1,0226	1,1628
+34	1,466	0,6879	0,124	106,98	149,56	42,58	1,0240	1,1627
+36	1,565	0,6903	0,116	107,40	149,80	42,40	1,0254	1,1626
+38	1,671	0,6927	0,109	107,82	150,03	42,21	1,0268	1,1625
+40	1,782	0,6950	0,103	108,24	150,27	42,03	1,0281	1,1623
+42	1,899	0,6975	0,098	108,66	150,50	41,84	1,0295	1,1622
+44	2,022	0,7000	0,092	109,09	150,74	41,65	1,0308	1,1621
+46	2,148	0,7025	0,087	109,52	150,97	41,45	1,0322	1,1621
+48	2,275	0,7050	0,082	109,95	151,20	41,25	1,0335	1,1620
+50	2,403	0,7075	0,077	110,38	151,43	41,05	1,0349	1,1619

Tabelle 3. *Dampftafel für R 12 (Freon 12, Frigen 12, Difluordichlormethan,* CF_2Cl_2*).*

Temperatur t	Absoluter Druck p	Spez. Volum der Flüssigkeit v'	Spez. Volum des Dampfes v''	Dichte der Flüssigkeit ϱ'	Dichte des Dampfes ϱ''	Enthalpie der Flüssigkeit i'	Enthalpie des Dampfes i''	Verdampfungswärme $r=i''-i'$	Entropie der Flüssigkeit s'	Entropie des Dampfes s''
°C	kp/cm²	l/kg	m³/kg	kg/l	kg/m³	kcal/kg	kcal/kg	kcal/kg	kcal/kg °K	kcal/kg °K
−70	0,1258	0,6234	1,1259	1,604	0,888	85,84	128,88	42,99	0,94050	1,15219
−69	0,1341	0,6246	1,0605	1,601	0,943	86,02	128,95	42,93	0,94139	1,15173
−68	0,1429	0,6258	0,9998	1,598	1,000	86,20	129,06	42,86	0,94230	1,15130
−67	0,1521	0,6270	0,9437	1,595	1,060	86,39	129,19	42,80	0,94322	1,15087
−66	0,1618	0,6281	0,8911	1,592	1,122	86,57	129,30	42,73	0,94411	1,15044
−65	0,1721	0,6289	0,8413	1,590	1,189	86,75	129,41	42,66	0,94500	1,15001
−64	0,1829	0,6301	0,7954	1,587	1,257	86,94	129,54	42,60	0,94589	1,14961
−63	0,1941	0,6313	0,7528	1,584	1,328	87,12	129,65	42,53	0,94678	1,14920
−62	0,2059	0,6325	0,7125	1,581	1,403	87,31	129,77	42,46	0,94769	1,14883
−61	0,2183	0,6337	0,6749	1,578	1,482	87,50	129,89	42,39	0,94858	1,14844
−60	0,2315	0,6349	0,6394	1,575	1,564	87,68	130,00	42,32	0,94946	1,14806
−59	0,2451	0,6361	0,6064	1,572	1,649	87,87	130,12	42,25	0,95034	1,14769
−58	0,2595	0,6373	0,5752	1,569	1,738	88,06	130,24	42,18	0,95122	1,14731
−57	0,2744	0,6386	0,5461	1,566	1,831	88,25	130,36	42,11	0,95212	1,14698
−56	0,2900	0,6394	0,5188	1,564	1,927	88,44	130,48	42,04	0,95300	1,14663
−55	0,3065	0,6406	0,4930	1,561	2,028	88,63	130,59	41,96	0,95387	1,14627
−54	0,3236	0,6418	0,4687	1,558	2,134	88,82	130,71	41,89	0,95474	1,14595
−53	0,3414	0,6431	0,4461	1,555	2,242	89,01	130,83	41,82	0,95561	1,14562
−52	0,3602	0,6443	0,4246	1,552	2,355	89,20	130,95	41,75	0,95650	1,14531
−51	0,3797	0,6456	0,4043	1,549	2,473	89,39	131,06	41,67	0,95737	1,14500
−50	0,3999	0,6468	0,3854	1,546	2,595	89,59	131,18	41,59	0,95824	1,14468
−49	0,4212	0,6481	0,3673	1,543	2,723	89,78	131,30	41,52	0,95910	1,14438
−48	0,4432	0,6493	0,3504	1,540	2,854	89,97	131,42	41,45	0,95997	1,14410
−47	0,4662	0,6502	0,3344	1,538	2,990	90,17	131,54	41,37	0,96084	1,14381
−46	0,4900	0,6515	0,3193	1,535	3,132	90,36	131,65	41,29	0,96170	1,14352
−45	0,5150	0,6527	0,3050	1,532	3,279	90,56	131,77	41,21	0,96256	1,14324
−44	0,5409	0,6540	0,2914	1,529	3,432	90,76	131,89	41,13	0,96342	1,14297
−43	0,5678	0,6553	0,2787	1,526	3,588	90,95	132,01	41,06	0,96428	1,14271
−42	0,5958	0,6566	0,2665	1,523	3,752	91,15	132,13	40,98	0,96515	1,14247
−41	0,6247	0,6579	0,2551	1,520	3,920	91,35	132,24	40,89	0,96600	1,14220
−40	0,6551	0,6592	0,2441	1,517	4,097	91,55	132,36	40,81	0,96685	1,14193
−39	0,6865	0,6605	0,2337	1,514	4,279	91,75	132,48	40,73	0,96770	1,14170
−38	0,7189	0,6618	0,2239	1,511	4,466	91,95	132,60	40,65	0,96855	1,14146
−37	0,7523	0,6631	0,2146	1,508	4,660	92,15	132,72	40,57	0,96941	1,14124
−36	0,7875	0,6645	0,2057	1,505	4,862	92,35	132,83	40,48	0,97026	1,14101
−35	0,8238	0,6658	0,1973	1,502	5,069	92,55	132,95	40,40	0,97110	1,14078
−34	0,8610	0,6671	0,1894	1,499	5,280	92,76	133,07	40,31	0,97194	1,14055
−33	0,9000	0,6684	0,1818	1,496	5,501	92,96	133,19	40,23	0,97278	1,14034
−32	0,9400	0,6698	0,1747	1,493	5,724	93,16	133,30	40,14	0,97364	1,14014
−31	0,9818	0,6711	0,1678	1,490	5,960	93,37	133,43	40,06	0,97448	1,13993
−30	1,0245	0,6725	0,1613	1,487	6,200	93,57	133,54	39,97	0,97532	1,13975
−29	1,0688	0,6739	0,1551	1,484	6,447	93,78	133,66	39,88	0,97616	1,13954
−28	1,1149	0,6752	0,1492	1,481	6,702	93,98	133,77	39,79	0,97699	1,13934
−27	1,1622	0,6766	0,1436	1,478	6,964	94,19	133,90	39,71	0,97783	1,13917
−26	1,2109	0,6780	0,1382	1,475	7,236	94,40	134,01	39,61	0,97867	1,13899
−25	1,2616	0,6793	0,1331	1,472	7,513	94,61	134,13	39,52	0,97950	1,13879
−24	1,3140	0,6807	0,1282	1,469	7,800	94,81	134,24	39,43	0,98033	1,13862
−23	1,3678	0,6821	0,1235	1,466	8,097	95,02	134,36	39,34	0,98116	1,13845
−22	1,4227	0,6835	0,1190	1,463	8,403	95,23	134,47	39,24	0,98200	1,13829
−21	1,4805	0,6854	0,1147	1,459	8,718	95,44	134,59	39,15	0,98283	1,13814
−20	1,5396	0,6868	0,1107	1,456	9,034	95,65	134,71	39,06	0,98365	1,13798

Fortsetzung S. 66

Tabelle 3. (Fortsetzung).

Temperatur t	Absoluter Druck p	Spez. Volum der Flüssigkeit v'	Spez. Volum des Dampfes v''	Dichte der Flüssigkeit ϱ'	Dichte des Dampfes ϱ''	Enthalpie der Flüssigkeit i'	Enthalpie des Dampfes i''	Verdampfungswärme $r=i''-i'$	Entropie der Flüssigkeit s'	Entropie des Dampfes s''
°C	kp/cm²	l/kg	m³/kg	kg/l	kg/m³	kcal/kg	kcal/kg	kcal/kg	kcal/kg °K	kcal/kg °K
−19	1,6005	0,6882	0,1067	1,453	9,372	95,87	134,83	38,96	0,98448	1,13783
−18	1,6627	0,6897	0,1030	1,450	9,709	96,08	134,95	38,87	0,98531	1,13768
−17	1,7275	0,6911	0,09938	1,447	10,06	96,29	135,06	38,77	0,98614	1,13753
−16	1,7940	0,6925	0,09597	1,444	10,42	96,50	135,17	38,67	0,98696	1,13738
−15	1,8622	0,6940	0,09268	1,441	10,79	96,72	135,29	38,57	0,98778	1,13723
−14	1,9321	0,6954	0,08952	1,438	11,17	96,93	135,40	38,47	0,98860	1,13709
−13	2,0050	0,6973	0,08650	1,434	11,56	97,15	135,52	38,37	0,98942	1,13695
−12	2,0793	0,6988	0,08361	1,431	11,96	97,36	135,63	38,27	0,99025	1,13682
−11	2,1555	0,7003	0,08082	1,428	12,37	97,58	135,75	38,17	0,99107	1,13668
−10	2,2342	0,7018	0,07813	1,425	12,80	97,80	135,87	38,07	0,99188	1,13657
− 9	2,3148	0,7032	0,07558	1,422	13,23	98,02	135,98	37,96	0,99270	1,13644
− 8	2,3984	0,7047	0,07313	1,419	13,68	98,23	136,09	37,86	0,99351	1,13633
− 7	2,4833	0,7062	0,07078	1,416	14,13	98,45	136,20	37,75	0,99432	1,13620
− 6	2,5712	0,7077	0,06852	1,413	14,60	98,67	136,32	37,65	0,99514	1,13609
− 5	2,6602	0,7092	0,06635	1,410	15,08	98,89	136,43	37,54	0,99595	1,13598
− 4	2,7531	0,7107	0,06427	1,407	15,57	99,11	136,54	37,43	0,99676	1,13586
− 3	2,8479	0,7127	0,06226	1,403	16,07	99,33	136,65	37,32	0,99757	1,13575
− 2	2,9439	0,7143	0,06028	1,400	16,59	99,56	136,77	37,21	0,99839	1,13566
− 1	3,0446	0,7158	0,05844	1,397	17,11	99,78	136,88	37,10	0,99919	1,13555
0	3,1465	0,7173	0,05667	1,394	17,65	**100,00**	136,99	36,99	**1,00000**	1,13546
+ 1	3,2511	0,7189	0,05496	1,391	18,20	100,22	137,10	36,88	1,00081	1,13535
+ 2	3,3583	0,7205	0,05330	1,388	18,76	100,45	137,21	36,76	1,00161	1,13524
+ 3	3,4676	0,7220	0,05168	1,385	19,35	100.67	137,32	36,65	1,00242	1,13515
+ 4	3,5804	0,7241	0,05012	1,381	19,95	100,90	137,43	36,53	1,00322	1,13506
+ 5	3,6959	0,7257	0,04863	1,378	20,56	101,12	137,54	36,42	1,00402	1,13497
+ 6	3,8135	0,7273	0,04721	1,375	21,18	101,35	137,65	36,30	1,00483	1,13488
+ 7	3,9348	0,7289	0,04583	1,372	21,82	101,58	137,76	36,18	1,00563	1,13480
+ 8	4,0582	0,7310	0,04450	1,368	22,47	101,80	137,86	36,06	1,00643	1,13471
+ 9	4,1853	0,7326	0,04323	1,365	23,13	102,03	137,97	35,94	1,00723	1,13462
+10	4,3135	0,7342	0,04204	1,362	23,79	102,26	138,08	35,82	1,00803	1,13455
+11	4,4466	0,7358	0,04086	1,359	24,48	102,49	138,18	35,69	1,00883	1,13446
+12	4,5828	0,7380	0,03970	1,355	25,19	102,72	138,29	35,57	1,00963	1,13439
+13	4,7209	0,7396	0,03858	1,352	25,92	102,95	138,39	35,44	1,01042	1,13430
+14	4,8621	0,7413	0,03751	1,349	26,66	103,18	138,49	35,31	1,01122	1,13422
+15	5,0076	0,7435	0,03648	1,345	27,41	103,42	138,61	35,19	1,01201	1,13414
+16	5,1550	0,7452	0,03547	1,342	28,19	103,65	138,70	35,05	1,01281	1,13407
+17	5,3067	0,7468	0,03449	1,339	28,99	103,88	138,81	34,93	1,01361	1,13400
+18	5,4605	0,7491	0,03354	1,335	29,87	104,12	138,91	34,79	1,01440	1,13392
+19	5,6172	0,7507	0,03263	1,332	30,65	104,35	139,01	34,66	1,01519	1,13385
+20	5,7786	0,7524	0,03175	1,329	31,50	104,59	139,12	34,53	1,01598	1,13378
+21	5,9432	0,7547	0,03089	1,325	32,38	104,82	139,21	34,39	1,01678	1,13372
+22	6,1112	0,7570	0,03005	1,321	33,28	105,06	139,31	34,25	1,01757	1,13364
+23	6,2825	0,7587	0,02925	1,318	34,19	105,29	139,40	34,11	1,01835	1,13356
+24	6,4584	0,7605	0,02848	1,315	35,11	105,53	139,50	33,97	1,01914	1,13350
+25	6,6363	0,7628	0,02773	1,311	36,07	105,77	139,61	33,84	1,01993	1,13344
+26	6,8175	0,7645	0,02700	1,308	37,04	106,01	139,70	33,69	1,02072	1,13337
+27	7,0020	0,7669	0,02629	1,304	38,04	106,25	139,79	33,54	1,02151	1,13329
+28	7,1933	0,7692	0,02560	1,300	39,06	106,49	139,89	33,40	1,02229	1,13322
+29	7,3863	0,7710	0,02494	1,297	40,10	106,73	139,98	33,25	1,02307	1,13315
+30	7,5810	0,7734	0,02433	1,293	41,11	106,97	140,08	33,11	1,02387	1,13310

Tabelle 3. (Fortsetzung).

Temperatur t	Absoluter Druck p	Spez. Volum der Flüssigkeit v'	Spez. Volum des Dampfes v''	Dichte der Flüssigkeit ϱ'	Dichte des Dampfes ϱ''	Enthalpie der Flüssigkeit i'	Enthalpie des Dampfes i''	Verdampfungswärme $r = i'' - i'$	Entropie der Flüssigkeit s'	Entropie des Dampfes s''
°C	kp/cm²	l/kg	m³/kg	kg/l	kg/m³	kcal/kg	kcal/kg	kcal/kg	kcal/kg °K	kcal/kg °K
+ 31	7,7826	0,7758	0,02371	1,289	42,18	107,21	140,16	32,95	1,02465	1,13301
+ 32	7,9897	0,7782	0,02309	1,285	43,31	107,45	140,25	32,80	1,02543	1,13294
+ 33	8,2003	0,7800	0,02250	1,282	44,45	107,69	140,34	32,65	1,02620	1,13286
+ 34	8,4087	0,7825	0,02192	1,278	45,62	107,94	140,43	32,49	1,02699	1,13280
+ 35	8,6264	0,7849	0,02136	1,274	46,81	108,18	140,51	32,33	1,02778	1,13273
+ 36	8,8475	0,7874	0,02083	1,270	48,01	108,43	140,61	32,18	1,02856	1,13266
+ 37	9,0726	0,7893	0,02030	1,267	49,25	108,67	140,69	32,02	1,02934	1,13258
+ 38	9,2989	0,7918	0,01980	1,263	50,51	108,92	140,77	31,85	1,03011	1,13250
+ 39	9,5351	0,7943	0,01931	1,259	51,79	109,16	140,85	31,69	1,03089	1,13243
+ 40	9,7707	0,7968	0,01882	1,255	53,13	109,41	140,94	31,53	1,03167	1,13236
+ 41	10,014	0,7994	0,01835	1,251	54,49	109,66	141,02	31,36	1,03246	1,13229
+ 42	10,257	0,8019	0,01789	1,247	55,90	109,91	141,10	31,19	1,03324	1,13222
+ 43	10,511	0,8045	0,01744	1,243	57,34	110,16	141,18	31,02	1,03400	1,13212
+ 44	10,763	0,8071	0,01700	1,239	58,83	110,41	141,25	30,84	1,03478	1,13204
+ 45	11,023	0,8104	0,01656	1,234	60,38	110,66	141,33	30,67	1,03556	1,13197
+ 46	11,283	0,8130	0,01614	1,230	61,95	110,91	141,40	30,49	1,03634	1,13188
+ 47	11,553	0,8157	0,01573	1,226	63,57	111,15	141,48	30,31	1,03712	1,13180
+ 48	11,828	0,8190	0,01533	1,221	65,24	111,42	141,56	30,14	1,03788	1,13173
+ 49	12,108	0,8217	0,01494	1,217	66,94	111,67	141,64	29,97	1,03865	1,13168
+ 50	12,386	0,8244	0,01459	1,213	68,56	111,94	141,73	29,79	1,03945	1,13163
+ 55	13,868	0,8410	0,01316	1,189	75,98	113,25	142,13	28,88	1,0433	1,1314
+ 60	15,481	0,8568	0,01167	1,167	85,69	114,57	142,49	27,92	1,0472	1,1311
+ 65	17,216	0,8741	0,01036	1,114	96,52	115,92	142,82	26,90	1,0511	1,1307
+ 70	19,096	0,8936	0,00919	1,119	108,81	117,29	143,09	25,80	1,0550	1,1302
+ 75	21,125	0,9149	0,00814	1,093	122,85	118,69	143,31	24,62	1,0590	1,1297
+ 80	23,290	0,9398	0,00723	1.064	138,31	120,13	143,46	23,33	1,0629	1,1290
+ 85	25,620	0,9680	0,00639	1,033	156,49	121,61	143,51	21,90	1,0669	1,1281
+ 90	28,107	1,0009	0,00564	0,999	177,30	123,12	143,41	20,29	1,0700	1,1269
+ 95	30,771	1,0416	0,00497	0,960	201,20	124,69	143,11	18,42	1,0714	1,1252
+ 100	33,614	1,0952	0,00437	0,913	228,83	126,36	142,51	16,15	1,0794	1,1227
+ 105	36,654	1,1736	0,00359	0,852	278,48	128,13	141,51	13,38	1,0841	1,1195
+ 110	39,874	1,3513	0,00266	0,742	374,93	131,44	138,89	7,45	1,0917	1,1111
+ 115,5 (krit.)	40,879	1,7934	0,00179	0,558	557,59	134,75	134,75	0	1,1016	1,1016

1. Berechnung des theoretischen stündlichen Hubvolums.

Nach Gl. (8) ist das theoretische stündliche Hubvolum V_{th} bei gegebener Kälteleistung nur von dem Ausdruck $\frac{i_1 - i_3}{v_1''}$ abhängig, den man als die volumetrische Kälteleistung q_0 bezeichnet.

Es ist:

$$q_0 = \frac{i_1 - i_3}{v_1''} \quad \text{in} \quad \text{kcal/m}^3 \tag{9}$$

und damit das gesuchte theoretische stündliche Hubvolum:

$$V_{th} = \frac{Q_0}{q_0} \quad \text{in} \quad \text{m}^3/\text{h}. \tag{10}$$

Die volumetrische Kälteleistung q_0 ist vom Kältemittel und von den Betriebsbedingungen, d. h. von der Verdampfungstemperatur und von der Unterkühlungs-

Tabelle 4. *Dampftafel für R 22 (Freon 22, Frigen 22, Difluormonochlormethan, CHF_2Cl).*

Temperatur t	Absoluter Druck p	Spez. Volum der Flüssigkeit v'	Spez. Volum des Dampfes v''	Dichte der Flüssigkeit ϱ'	Dichte des Dampfes ϱ''	Enthalpie der Flüssigkeit i'	Enthalpie des Dampfes i''	Verdampfungswärme $r=i''-i'$	Entropie der Flüssigkeit s'	Entropie des Dampfes s''
°C	kp/cm²	l/kg	m³/kg	kg/l	kg/m³	kcal/kg	kcal/kg	kcal/kg	kcal/kg °K	kcal/kg °K
—100	0,0210	0,6409	8,340	1,560	0,1199	74,12	137,92	63,80	0,8828	1,2512
— 98	0,0243	0,6429	6,980	1,555	0,1433	74,63	138,16	63,53	0,8858	1,2485
— 96	0,0292	0,6450	5,890	1,550	0,1868	75,14	138,40	63,26	0,8886	1,2457
— 94	0,0348	0,6470	4,985	1,545	0,2006	75,63	138,62	62,99	0,8914	1,2430
— 92	0,0410	0,6490	4,250	1,540	0,2353	76,12	138,84	62,72	0,8942	1,2404
— 90	0,0489	0,6510	3,634	1,536	0,2752	76,63	139,14	62,51	0,8970	1,2382
— 88	0,0575	0,6530	3,117	1,531	0,3208	77,14	139,34	62,20	0,8997	1,2356
— 86	0,0670	0,6550	2,709	1,526	0,3691	77,65	139,58	61,93	0,9024	1,2333
— 84	0,0781	0,6570	2,330	1,522	0,4292	78,15	139,81	61,66	0,9051	1,2311
— 82	0,0910	0,6592	2,030	1,517	0,4926	78,65	140,05	61,40	0,9078	1,2290
— 80	0,1050	0,6612	1,775	1,512	0,5634	79,14	140,29	61,15	0,9104	1,2270
— 78	0,1213	0,6632	1,547	1,507	0,6464	79,65	140,54	60,89	0,9130	1,2250
— 76	0,1400	0,6653	1,363	1,503	0,7337	80,14	140,77	60,63	0,9155	1,2230
— 74	0,1605	0,6675	1,206	1,498	0,8292	80,64	141,01	60,37	0,9180	1,2211
— 72	0,1832	0,6693	1,060	1,494	0,9434	81,15	141,26	60,11	0,9206	1,2194
— 70	0,2088	0,6714	0,940	1,489	1,064	81,64	141,49	59,85	0,9230	1,2176
— 68	0,2370	0,6735	0,885	1,484	1,130	82,15	141,74	59,59	0,9254	1,2159
— 66	0,267	0,6756	0,746	1,480	1,341	82,64	141,96	59,32	0,9278	1,2141
— 64	0,303	0,6778	0,661	1,475	1,513	83,15	142,21	59,06	0,9302	1,2126
— 62	0,341	0,6801	0,592	1,470	1,689	83,65	142,44	58,79	0,9325	1,2109
— 60	0,382	0,6824	0,535	1,465	1,869	84,15	142,68	58,53	0,9348	1,2094
— 58	0,428	0,6849	0,481	1,460	2,079	84,65	142,91	58,26	0,9372	1,2080
— 56	0,479	0,6874	0,434	1,455	2,304	85,16	143,16	58,00	0,9396	1,2067
— 54	0,534	0,6897	0,393	1,450	2,545	85,67	143,40	57,73	0,9419	1,2053
— 52	0,593	0,6923	0,355	1,444	2,817	86,18	143,65	57,47	0,9442	1,2041
— 50	0,660	0,6950	0,323	1,439	3,096	86,70	143,90	57,20	0,9465	1,2028
— 48	0,730	0,6977	0,293	1,433	3,413	87,21	144,15	56,94	0,9488	1,2017
— 46	0,807	0,7005	0,267	1,427	3,745	87,72	144,39	56,67	0,9512	1,2007
— 44	0,891	0,7030	0,244	1,422	4,098	88,25	144,63	56,38	0,9534	1,1994
— 42	0,979	0,7058	0,223	1,416	4,484	88,75	144,85	56,10	0,9557	1,1984
— 40	1,076	0,7086	0,205	1,411	4,878	89,27	145,12	55,85	0,9579	1,1974
— 38	1,182	0,7113	0,188	1,405	5,319	89,77	145,29	55,52	0,9602	1,1963
— 36	1,295	0,7142	0,173	1,400	5,780	90,32	145,56	55,24	0,9624	1,1953
— 34	1,414	0,7173	0,158	1,395	6,329	90,85	145,79	54,94	0,9646	1,1943
— 32	1,542	0,7205	0,146	1,388	6,849	91,37	146,02	54,65	0,9668	1,1934
— 30	1,679	0,7235	0,135	1,382	7,407	91,90	146,25	54,35	0,9690	1,1925
— 28	1,824	0,7270	0,125	1,375	8,000	92,45	146,48	54,03	0,9712	1,1916
— 26	1,978	0,7304	0,116	1,369	8,621	93,00	146,71	53,71	0,9733	1,1906
— 24	2,14	0,7337	0,108	1,363	9,259	93,51	146,91	53,40	0,9754	1,1897
— 22	2,32	0,7370	0,100	1,356	10,00	94,04	147,12	53,08	0,9775	1,1888
— 20	2,51	0,7405	0,0929	1,350	10,76	94,58	147,35	52,77	0,9796	1,1880
— 18	2,70	0,7437	0,0864	1,344	11,57	95,12	147,58	52,46	0,9817	1,1873
— 16	2,92	0,7472	0,0805	1,338	12,43	95,65	147,80	52,15	0,9837	1,1865
— 14	3,14	0,7508	0,0751	1,331	13,32	96,18	148,02	51,84	0,9857	1,1857
— 12	3,37	0,7545	0,0700	1,325	14,29	96,70	148,23	51,53	0,9878	1,1851
— 10	3,63	0,7582	0,0654	1,318	15,29	97,25	148,43	51,18	0,9898	1,1844
— 8	3,89	0,7620	0,0611	1,312	16,37	97,78	148,63	50,85	0,9918	1,1836
— 6	4,17	0,7658	0,0572	1,305	17,48	98,31	148,83	50,52	0,9938	1,1829
— 4	4,46	0,7697	0,0536	1,299	18,66	98,87	149,03	50,16	0,9959	1,1823
— 2	4,77	0,7739	0,0502	1,292	19,92	99,43	149,23	49,80	0,9979	1,1816
0	5,10	0,7785	0,0471	1,285	21;23	**100,00**	149,43	49,43	**1,0000**	1,1810

Tabelle 4. (Fortsetzung).

Temperatur t	Absoluter Druck p	Spez. Volum der Flüssigkeit v'	Spez. Volum des Dampfes v''	Dichte der Flüssigkeit ϱ'	Dichte des Dampfes ϱ''	Enthalpie der Flüssigkeit i'	Enthalpie des Dampfes i''	Verdampfungswärme $r=i''-i'$	Entropie der Flüssigkeit s'	Entropie des Dampfes s''
°C	kp/cm²	l/kg	m³/kg	kg/l	kg/m³	kcal/kg	kcal/kg	kcal/kg	kcal/kg °K	kcal/kg °K
+ 2	5,44	0,7823	0,0443	1,278	22,57	100,58	149,63	49,05	1,0022	1,1805
+ 4	5,82	0,7867	0,0416	1,271	24,04	101,16	149,81	48,65	1,0043	1,1798
+ 6	6,18	0,7912	0,0390	1,264	25,64	101,77	150,01	48,24	1,0064	1,1792
+ 8	6,57	0,7957	0,0367	1,257	27,25	102,40	150,20	47,80	1,0086	1,1786
+ 10	6,99	0,8004	0,0346	1,249	28,90	103,00	150,36	47,40	1,0107	1,1780
+ 12	7,42	0,8050	0,0326	1,242	30,67	103,60	150,52	46,92	1,0128	1,1773
+ 14	7,87	0,8096	0,0307	1,235	32,57	104,25	150,72	46,47	1,0150	1,1768
+ 16	8,34	0,8145	0,0289	1,228	34,60	104,87	150,87	46,00	1,0172	1,1763
+ 18	8,83	0,8194	0,0273	1,220	36,63	105,50	151,00	45,50	1,0193	1,1756
+ 20	9,35	0,8244	0,0258	1,213	38,76	106,13	151,13	45,00	1,0214	1,1749
+ 22	9,89	0,8294	0,0243	1,206	41,15	106,78	151,27	44,49	1,0236	1,1743
+ 24	10,45	0,8345	0,0230	1,198	43,48	107,38	151,38	43,96	1,0258	1,1737
+ 26	11,03	0,8398	0,0217	1,190	46,08	108,10	151,54	43,44	1,0280	1,1732
+ 28	11,63	0,8455	0,0206	1,183	48,54	108,75	151,65	42,90	1,0302	1,1726
+ 30	12,26	0,8501	0,0194	1,176	51,55	109,44	151,78	42,34	1,0323	1,1720
+ 32	12,92	0,8570	0,0184	1,167	54,34	110,10	151,87	41,77	1,0344	1,1713
+ 34	13,60	0,8632	0,0174	1,158	57,47	110,77	151,97	41,20	1,0365	1,1706
+ 36	14,30	0,8695	0,0165	1,150	60,61	111,43	152,03	40,60	1,0386	1,1699
+ 38	15,02	0,8760	0,0156	1,141	64,10	112,10	152,07	39,97	1,0408	1,1693
+ 40	15,79	0,8830	0,0148	1,132	67,57	112,77	152,12	38,35	1,0429	1,1686
+ 42	16,58	0,8900	0,0140	1,123	71,43	113,45	152,19	38,74	1,0451	1,1680
+ 44	17,39	0,8972	0,0133	1,114	75,19	114,13	152,23	38,10	1,0472	1,1673
+ 46	18,23	0,9049	0,0126	1,105	79,37	114,82	152,26	37,44	1,0493	1,1666
+ 48	19,10	0,9132	0,0120	1,095	83,33	115,51	152,29	39,78	1,0514	1,1659
+ 50	20,00	0,9214	0,0113	1,085	88,50	116,27	152,37	36,10	1,0535	1,1653
+ 52	20,93	0,9303	0,0107	1,0750	93,457	116,97	152,43	35,46	1,0556	1,1647
+ 54	21,886	0,9395	0,0100	1,0644	**100,000**	117,65	152,47	34,82	1,0577	1,1642
+ 56	22,879	0,9491	0,0093	1,0536	107,526	118,32	152,50	34,18	1,0598	1,1637
+ 58	23,905	0,9591	0,0086	1,0426	116,279	118,99	152,53	33,54	1,0619	1,1632
+ 60	24,969	0,9696	0,0079	1,0314	126,582	119,66	152,56	32,90	1,0640	1,1628

temperatur, abhängig. In der Nähe des kritischen Punktes besteht auch noch eine Abhängigkeit vom Kondensatordruck.

Der Wert von q_0 für ein bestimmtes Kältemittel kann leicht aus den Dampftafeln ermittelt werden. Dabei ist der Wert i_1 gleich der Enthalpie und v_1'' gleich dem spezifischen Volum von trocken gesättigtem Dampf vom Zustand 1, also bei der gewünschten Verdampfungstemperatur t_0; der Wert i_3 ist gleich der Enthalpie der Flüssigkeit bei der Unterkühlungstemperatur t_u.

Die zur Berechnung von q_0 erforderlichen Werte von i_1, i_3 und v_1'' können aber auch aus dem i,p-Diagramm (Abb. 54) abgelesen werden, wenn darin Isochoren (v = const) eingezeichnet werden. Zur Durchführung dieser Methode wurden in Band IV dieses Handbuches für zahlreiche Kältemittel Dampftafeln und Mollier-Diagramme beigefügt. Wir beschränken uns hier auf die Dampftafeln der wichtigsten Kältemittel: NH_3, R 11 ($CFCl_3$), R 12 (CF_2Cl_2) und R 22 (CHF_2Cl), Tab. 1 bis 4.

Die häufig benötigten Werte der volumetrischen Kälteleistung q_0 sind für diese 4 Kältemittel in Abhängigkeit von den Betriebsbedingungen in den Tab. 5 bis 8 zusammengestellt. Für einige andere Kältemittel findet man diese Werte

Tabelle 5. *Volumetrische Kälteleistung* q_0

Verdampfungs-temperatur t_0 °C	Temperatur t_u vor								
	−30	−25	−20	−15	−10	−5	0	+5	+10
−70	34,2	33,6	33,0	32,4	31,8	31,2	30,6	30,0	29,4
−67,5	40,6	39,9	39,2	38,5	37,8	37,0	36,3	35,6	34,9
−65	48,0	47,2	46,4	45,5	44,7	43,8	43,0	42,1	41,3
−62,5	56,6	55,6	54,6	53,7	52,7	51,7	50,7	49,7	48,7
−60	66,5	65,4	64,2	63,1	61,9	60,8	59,6	58,4	57,2
−57,5	77,5	76,2	74,9	73,5	72,2	70,9	69,5	68,1	66,7
−55	90,2	88,6	87,1	85,5	84,0	82,4	80,8	79,2	77,6
−52,5	104,5	102,7	100,9	99,1	97,3	95,5	93,7	91,9	90,0
−50	120,7	118,7	116,6	114,6	112,5	110,4	108,3	106,2	104,1
−47,5	138,6	136,3	134,0	131,6	129,2	126,8	124,4	122,0	119,6
−45	158,9	156,4	153,8	151,1	148,4	145,7	142,9	140,1	137,3
−42,5	181,5	178,5	175,4	172,3	169,2	166,1	163,0	159,9	156,8
−40	206,9	203,4	200,0	196,5	192,9	189,4	185,9	182,3	178,7
−37,5	234,6	230,7	226,8	222,8	218,8	214,8	210,8	206,8	202,8
−35	265,5	261,1	256,7	252,2	247,7	243,2	238,7	234,1	229,5
−32,5	299,4	294,4	289,4	284,4	279,4	274,3	269,2	264,1	259,0
−30	337,0	331,4	325,8	320,2	314,5	308,8	303,1	297,4	291,6
−27,5	—	371,8	365,5	359,2	352,9	346,5	340,1	333,7	327,3
−25	—	416,2	409,2	402,1	395,1	388,0	380,9	373,7	366,4
−22,5	—	—	456,7	448,9	441,0	433,1	425,2	417,2	409,2
−20	—	—	508,8	500,1	491,4	482,6	473,8	464,9	456,0
−17,5	—	—	—	555,7	546,0	536,3	526,5	516,7	506,9
−15	—	—	—	616,3	605,6	594,9	584,1	573,2	562,1
−12,5	—	—	—	—	670,0	658,1	646,2	634,3	622,3
−10	—	—	—	—	740,1	727,0	713,8	700,6	687,3
− 7,5	—	—	—	—	—	801,0	786,6	772,0	757,4
− 5	—	—	—	—	—	881,1	865,2	849,2	833,2
− 2,5	—	—	—	—	—	—	947,1	930,3	913,2
0	—	—	—	—	—	—	1040,8	1021,7	1002,5
+ 2,5	—	—	—	—	—	—	—	1117,7	1096,9
+ 5	—	—	—	—	—	—	—	1220,8	1198,0
+ 7,5	—	—	—	—	—	—	—	—	1306,6
+10	—	—	—	—	—	—	—	—	1422,9

Tabelle 6. *Volumetrische Kälteleistung* q_0 *in kcal/m*^{3} *für R 11*
(Freon 11, Frigen 11, Monofluortrichlormethan, $CFCl_3$*)*

Verdampfungs-temperatur t_0 °C	Temperatur t_u vor dem Regelventil in °C								
	10	15	20	25	30	35	40	45	50
−40	14,00	13,63	13,26	12,88	12,51	12,13	11,75	11,37	10,97
−35	19,62	19,11	18,60	18,08	17,56	17,04	16,51	15,98	15,44
−30	25,99	25,32	24,65	23,97	23,30	22,62	21,93	21,24	20,53
−25	33,41	32,57	31,72	30,86	30,01	29,14	28,27	27,40	26,50
−20	42,62	41,56	40,49	39,41	38,34	37,25	36,16	35,06	33,94
−15	53,94	52,62	51,28	49,94	48,60	47,24	45,88	44,51	43,11
−10	68,59	66,93	65,26	63,57	61,90	60,19	58,49	56,77	55,02
− 5	86,59	84,53	82,44	80,34	78,26	76,14	74,02	71,88	69,70
0	107,31	104,79	102,25	99,68	97,14	94,54	91,95	89,33	86,67
+ 5	131,95	128,89	125,81	122,69	119,61	116,47	113,32	110,15	106,92
+10	161,26	157,58	153,86	150,11	146,39	142,60	138,80	134,98	131,08

in kcal/m³ für Ammoniak (NH_3).

dem Regelventil in °C								Verdampfungs-temperatur t_0 °C
+ 15	+ 20	+ 25	+ 30	+ 35	+ 40	+ 45	+ 50	
28,7	28,1	27,5	26,8	26,2	25,6	24,9	24,2	− 70
34,1	33,4	32,6	31,9	31,1	30,3	29,6	28,8	− 67,5
40,4	39,5	39,6	37,8	36,9	35,9	35,0	34,1	− 65
47,6	46,6	45,6	44,5	43,5	42,4	41,3	40,2	− 62,5
56,0	54,8	53,6	52,4	51,1	49,9	48,6	47,4	− 60
65,4	64,0	62,5	61,1	59,7	58,2	56,8	55,3	− 57,5
76,0	74,4	72,8	71,1	69,5	67,8	66,1	64,4	− 55
88,2	86,3	84,4	82,5	80,6	78,6	76,7	74,7	− 52,5
101,9	99,8	97,6	95,4	93,2	91,0	88,7	86,4	− 50
117,2	114,7	112,2	109,7	107,2	104,6	102,0	99,4	− 47,5
134,4	131,5	128,6	125,7	122,8	119,9	117,0	114,0	− 45
153,6	150,4	147,1	143,8	140,5	137,2	133,8	130,4	− 42,5
175,1	171,4	167,7	164,0	160,3	156,5	152,7	148,8	− 40
198,8	194,6	190,4	186,2	182,0	177,7	173,4	169,1	− 37,5
224,9	220,3	215,6	210,8	206,1	201,2	196,4	191,5	− 35
253,8	248,6	243,4	238,1	232,7	227,2	221,7	216,2	− 32,5
285,5	279,9	274,0	268,0	262,0	255,9	249,7	243,5	− 30
320,8	314,2	307,6	300,9	294,2	287,4	280,5	273,5	− 27,5
359,2	351,8	344,4	337,0	329,4	321,8	314,2	306,4	− 25
401,2	393,0	384,7	376,4	368,1	359,7	351,1	342,4	− 22,5
447,0	437,9	428,8	419,5	410,2	400,8	391,3	381,8	− 20
496,9	486,9	476,8	466,5	456,2	445,8	435,4	424,7	− 17,5
551,2	540,1	528,9	517,6	506,1	494,6	483,0	471,3	− 15
610,1	597,8	585,5	573,0	560,0	547,7	534,9	521,9	− 12,5
673,9	660,3	646,7	633,0	619,0	605,0	590,9	576,7	− 10
742,6	727,8	712,8	697,8	682,5	667,0	651,5	635,8	− 7,5
817,0	800,7	784,2	767,7	751,0	734,0	716,9	699,8	− 5
896,2	878,8	861,0	843,0	824,7	806,1	787,4	768,4	− 2,5
983,1	963,5	943,8	924,0	903,9	883,7	863,3	842,7	0
1075,7	1054,3	1032,8	1011,2	989,3	967,2	944,9	922,4	+ 2,5
1175,0	1151,6	1128,2	1104,6	1080,7	1056,6	1032,3	1008,0	+ 5
1281,5	1256,2	1230,7	1205,0	1179,0	1152,8	1126,4	1099,7	+ 7,5
1395,7	1368,2	1340,4	1312,5	1284,3	1255,7	1227,0	1198,1	+ 10

in den „Kältemaschinenregeln"[1]. Daraus ist zu ersehen, daß q_0 sehr stark von t_0, dagegen nur wenig von t_u abhängt. Die Werte von q_0 bei gleichem t_0 und t_u sind bei verschiedenen Kältemitteln sehr verschieden und sind angenähert proportional dem der Verdampfungstemperatur t_0 entsprechenden Sättigungsdruck p_0. Das gesuchte theoretische stündliche Hubvolum V_{th} ergibt sich nun einfach aus Gl. (10).

2. Berechnung des theoretischen Leistungsbedarfs.

Aus den bereits entwickelten Gln. (6) und (7) erhält man die Gleichung:

$$N_{th} = \frac{Q_0}{860 \dfrac{i_1 - i_3}{i_2 - i_1}} \quad \text{in} \quad \text{kW} \tag{11}$$

oder abgekürzt

$$N_{th} = \frac{Q_0}{K_{th}} \quad \text{in} \quad \text{kW} \tag{12}$$

[1] 5. Auflage, Karlsruhe: C. F. Müller, 1958.

Tabelle 7. *Volumetrische Kälteleistung q_0 in kcal/m³ für R 12 (Freon 12, Frigen 12,*

Verdampfungs-temperatur t_0 °C	Temperatur t_u vor dem Regelventil in °C								
	−30	−25	−20	−15	−10	−5	0	+5	+10
−70	31,36	30,44	29,51	28,56	27,60	26,64	25,65	24,66	23,6
−65	42,60	41,36	40,13	38,86	37,57	36,28	34,96	33,63	32,3
−60	56,98	55,35	53,72	52,05	50,36	48,65	46,92	45,17	43,4
−55	75,09	72,98	70,87	68,70	66,51	64,30	62,05	59,78	57,5
−50	97,59	94,89	92,19	89,41	86,61	83,78	80,90	78,00	75,0
−45	125,2	121,8	118,4	114,9	111,4	107,8	104,2	100,5	96,8
−40	158,9	154,6	150,4	146,0	141,6	137,1	132,6	128,0	123,3
−35	199,6	194,3	189,1	183,6	178,2	172,6	167,0	161,3	155,5
−30	247,8	241,4	234,9	228,3	221,6	214,8	207,9	201,0	193,9
−27,5	—	267,7	260,6	253,3	245,9	238,5	230,9	223,3	215,7
−25	—	296,9	289,1	281,1	273,0	264,8	256,4	248,0	239,4
−22,5	—	—	319,9	311,1	302,1	293,2	284,0	274,8	265,1
−20	—	—	352,8	343,2	333,4	323,6	313,6	303,4	293,1
−17,5	—	—	—	378,6	368,0	357,2	346,2	335,1	323,6
−15	—	—	—	416,1	404,4	392,7	380,7	368,6	356,4
−12,5	—	—	—	—	444,5	431,6	418,6	405,4	391,7
−10	—	—	—	—	487,5	473,5	459,3	444,9	430,2
− 7,5	—	—	—	—	—	518,1	502,6	487,1	471,0
− 5	—	—	—	—	—	—	—	531,8	515,0
− 2,5	—	—	—	—	—	—	—	581,4	562,3
0	—	—	—	—	—	—	—	632,6	612,8
+ 2,5	—	—	—	—	—	—	—	688,6	667,0
+ 5	—	—	—	—	—	—	—	749,4	725,5
+ 7,5	—	—	—	—	—	—	—	—	787,0
+10	—	—	—	—	—	—	—	—	852,0

wobei K_{th} die theoretische spezifische Kälteleistung des Idealprozesses bedeutet nach der Gleichung:

$$K_{th} = 860 \frac{i_1 - i_3}{i_2 - i_1} \quad \text{in} \quad \text{kcal/kWh}. \tag{13}$$

Die theoretische spezifische Kälteleistung kann leicht aus dem i,p-Diagramm ermittelt werden, da Zähler und Nenner durch Strecken in diesem Diagramm dargestellt werden. Da die Werte von K_{th} häufig gebraucht werden, sind sie in Tab. 9 für Ammoniak bei verschiedenen Betriebsverhältnissen angegeben. Andere Kältemittel ergeben fast die gleichen spezifischen Kälteleistungen wie für Ammoniak; deshalb kann Tab. 9 auch für andere Kältemittel benutzt werden, wobei die in Abb. 55 dargestellten Abweichungen zu berücksichtigen sind.

Spielt sich der Kreisprozeß in der Nähe des kritischen Punktes ab, was bei Kohlendioxyd, Propan, Äthan und Äthylen der Fall sein kann, so ergeben sich größere Abweichungen für die Werte der spezifischen Kälteleistung gegenüber anderen Kältemitteln, bei denen der Kreisprozeß weit unterhalb des kritischen Punktes liegt. In Abb. 56 sind in das T,s-Diagramm für Kohlendioxyd 2 Kreisprozesse mit gleicher Unterkühlungs- und Verdampfungstemperatur, jedoch bei verschiedenen Verflüssigerdrücken p_1 und p_2 eingetragen. Daraus ist zu ersehen, daß die volumetrische Kälteleistung und die spezifische Kälteleistung außer von der Verdampfungs- und Unterkühlungstemperatur auch noch vom Kondensatordruck abhängig ist.

Difluordichlormethan, CF_2Cl_2)

Temperatur t_u vor dem Regelventil in °C								Verdampfungstemperatur t_0 °C
+15	+20	+25	+30	+35	+40	+45	+50	
22,6	21,6	20,5	19,5	—	—	—	—	−70
30,9	29,5	28,1	26,7	—	—	—	—	−65
41,6	39,7	37,9	36,0	—	—	—	—	−60
55,1	52,7	50,3	47,9	—	—	—	—	−55
72,0	69,0	65,9	62,8	—	—	—	—	−50
93,0	89,1	85,2	81,3	—	—	—	—	−45
118,6	113,8	108,9	104,0	99,1	—	—	—	−40
149,7	143,7	137,8	131,7	125,5	—	—	—	−35
186,7	179,5	172,2	164,7	157,2	149,6	—	—	−30
207,8	199,8	191,7	183,5	175,1	166,7	—	—	−27,5
230,7	221,9	213,1	204,1	195,0	178,7	176,3	—	−25
255,6	245,9	236,2	226,3	216,5	206,4	196,0	—	−22,5
282,7	272,1	261,4	250,6	239,7	228,5	217,3	206,0	−20
312,2	300,6	288,9	277,1	265,3	253,1	240,8	228,4	−17,5
343,9	331,2	318,5	305,6	292,4	279,2	265,7	252,2	−15
378,0	364,3	350,4	336,3	322,4	307,9	293,2	278,5	−12,5
415,3	400,4	385,3	369,9	354,5	338,8	322,8	306,8	−10
455,2	438,6	422,2	405,5	388,9	371,8	354,4	337,0	− 7,5
497,5	479,9	462,1	444,0	425,5	406,9	388,1	369,3	− 5
543,3	524,2	505,0	485,4	466,0	445,9	425,5	405,1	− 2,5
592,4	571,7	550,9	529,7	508,1	486,4	464,4	442,3	0
644,9	622,6	600,1	577,3	554,1	530,7	506,9	483,0	+ 2,5
701,6	677,6	653,3	628,6	604,1	578,8	553,1	527,4	+ 5
761,3	735,4	709,3	682,8	657,2	629,9	602,2	574,5	+ 7,5
824,5	796,6	768,6	740,0	711,9	682,6	652,9	623,1	+10

Die theoretische spezifische Kälteleistung K_{th} für Kohlendioxyd bei verschiedenen Betriebsverhältnissen ist in Tab. 16 der „Kältemaschinenregeln“[1] angegeben. Wie ein Vergleich mit Tab. 9 zeigt, sind die K_{th}-Werte bei gleichen Temperaturen bei Kohlendioxyd kleiner als bei Ammoniak.

Bei überkritischem Druck im Kondensator ist dieser nicht mehr durch die Temperatur allein bestimmt. Infolgedessen kann man den Kondensatordruck bei gleicher Unterkühlungstemperatur verschieden hoch wählen. Nach Abb. 56

Tabelle 8. *Volumetrische Kälteleistung q_0 in kcal/m³ für R 22 (Freon 22, Frigen 22, Difluormonochlormethan, CHF_2Cl).*

Verdampfungstemperatur t_0 °C	Temperatur t_u vor dem Regelventil in °C								
	−100	−95	−90	−85	−80	−75	−70	−65	−60
−100	7,6	7,5	7,4	7,2	7,0	6,9	6,8	6,6	6,4
− 95	—	11,7	11,4	11,2	11,0	10,7	10,5	10,3	10,0
− 90	—	—	17,2	16,8	16,5	16,2	15,8	15,5	15,1
− 85	—	—	—	24,6	24,1	23,6	23,1	22,6	22,1
− 80	—	—	—	—	34,4	33,7	33,0	32,3	31,6
− 75	—	—	—	—	—	47,2	46,2	45,3	44,3
− 70	—	—	—	—	—	—	63,7	62,3	61,0
− 65	—	—	—	—	—	—	—	84,1	82,3
− 60	—	—	—	—	—	—	—	—	100

[1] 5. Auflage, Karlsruhe: C. F. Müller, 1958.

Fortsetzung S. 74

Tabelle 8. (Fortsetzung).

Verdampfungs-temperatur t_0 °C	Temperatur t_u vor dem Regelventil in °C										
	– 55	– 50	– 45	– 40	– 35	– 30	– 25	– 20	– 15	– 10	– 5
– 100	6,3	6,1	6,0	5,8	5,7	5,6	5,4	5,2	5,0	4,9	4,7
– 95	9,8	9,6	9,3	9,1	8,9	8,7	8,4	8,1	7,9	7,6	7,4
– 90	14,8	14,4	14,1	13,7	13,4	13,1	12,6	12,2	11,9	11,5	11,1
– 85	21,6	21,1	20,6	20,1	19,6	19,0	18,5	18,0	17,4	16,9	16,4
– 80	30,9	30,2	29,5	28,7	28,0	27,3	26,5	25,8	25,0	24,2	23,5
– 75	43,3	42,3	41,3	40,3	39,3	38,2	37,2	36,2	35,1	34,1	33,0
– 70	59,7	58,3	56,9	55,6	54,2	52,8	51,3	49,9	48,5	47,1	45,6
– 65	80,5	78,7	76,9	75,0	73,2	71,3	69,4	67,5	65,6	63,7	61,8
– 60	107	105	102	99,8	97,4	94,9	92,4	89,9	87,4	84,9	82,4
– 55	140	137	134	131	128	125	121	118	115	112	108
– 50	—	177	173	169	165	161	157	153	149	144	140
– 45	—	—	222	217	211	206	201	196	191	185	180
– 40	—	—	—	272	266	260	253	247	240	234	227
– 35	—	—	—	—	334	326	318	310	302	294	285
– 30	—	—	—	—	—	403	393	383	373	363	353
– 25	—	—	—	—	—	—	478	466	454	442	430
– 20	—	—	—	—	—	—	—	568	554	539	525
– 15	—	—	—	—	—	—	—	—	667	650	633
– 10	—	—	—	—	—	—	—	—	—	783	762
– 5	—	—	—	—	—	—	—	—	—	—	908

Tabelle 8. (Fortsetzung).

Verdampfungs-temperatur t_0 °C	Temperatur t_u vor dem Regelventil in °C										
	0	+ 5	+ 10	+ 15	+ 20	+ 25	+ 30	+ 35	+ 40	+ 45	+ 50
– 100	4,6	4,4	4,2	4,0	3,8	3,6	3,4	3,2	3,0	2,8	2,6
– 95	7,1	6,8	6,6	6,3	6,0	5,7	5,4	5,1	4,8	4,4	4,1
– 90	10,8	10,4	9,9	9,5	9,1	8,6	8,2	7,7	7,2	6,8	6,3
– 85	15,8	15,2	14,6	14,0	13,4	12,7	12,0	11,4	10,7	10,0	9,3
– 80	22,7	21,8	21,0	20,1	19,2	18,3	17,4	16,4	15,5	14,5	13,6
– 75	31,9	30,8	29,6	28,4	27,1	25,8	24,6	23,3	22,0	20,6	19,2
– 70	44,1	42,5	41,0	39,3	37,6	35,8	34,1	32,3	30,6	28,7	26,9
– 65	59,8	57,7	55,5	53,3	51,1	48,7	46,4	44,0	41,6	39,2	36,7
– 60	79,8	77,0	74,2	71,2	68,3	65,2	62,1	59,0	55,9	52,6	49,4
– 55	105	101	97,8	94,0	90,2	86,1	82,1	78,1	74,0	69,8	65,7
– 50	136	131	127	122	117	112	107	102	96,4	91,0	85,7
– 45	175	169	163	157	150	144	137	131	124	118	111
– 40	221	213	205	198	190	182	174	166	158	149	141
– 35	277	268	259	249	240	230	220	210	199	189	178
– 30	343	331	320	309	297	285	273	260	248	235	222
– 25	418	405	391	377	363	348	334	319	304	288	273
– 20	510	494	477	461	444	426	408	390	372	354	335
– 15	615	596	577	556	536	515	494	473	451	429	407
– 10	741	718	695	671	647	621	596	571	546	519	493
– 5	883	856	829	801	773	742	713	683	653	621	590
0	1049	1018	986	953	919	884	849	814	778	741	705
+ 5	—	1201	1164	1125	1086	1045	1004	963	922	878	836
+ 10	—	—	1369	1324	1278	1230	1183	1135	1086	1036	986
+ 15	—	—	—	1551	1499	1442	1388	1332	1276	1217	1160
+ 20	—	—	—	—	1744	1679	1616	1552	1487	1419	1353
+ 25	—	—	—	—	—	1949	1876	1802	1727	1650	1573
+ 30	—	—	—	—	—	—	2182	2097	2011	1921	1832
+ 35	—	—	—	—	—	—	—	2421	2321	2218	2117
+ 40	—	—	—	—	—	—	—	—	2659	2541	2425
+ 45	—	—	—	—	—	—	—	—	—	2926	2792
+ 50	—	—	—	—	—	—	—	—	—	—	3195

wird die volumetrische Kälteleistung mit zunehmendem Kondensatordruck größer, ebenso die Kompressionsarbeit $i_2 - i_1$, wobei die theoretische spezifische Kälteleistung ein Maximum erreicht. Tab. 10 gibt einen Überblick über die zahlenmäßigen Werte.

Bei überkritischem Arbeiten muß also ein bestimmter Druck im Kondensator einer Kohlendioxyd-Kälteanlage eingehalten werden, um ausreichende Kälteleistung und höchste Wirtschaftlichkeit zu erreichen. Das wird im Betrieb einer Kälteanlage erreicht durch ausreichende Füllung an Kältemittel und durch entsprechende Einstellung des Regelventils.

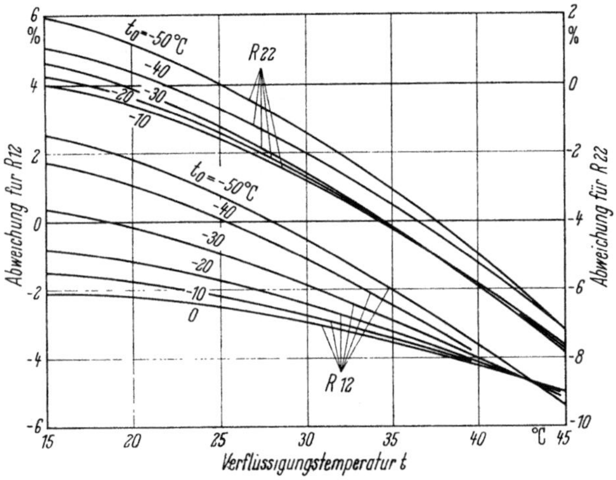

Abb. 55. Relative Abweichung der spezifischen Kälteleistung für R 12 bzw. R 22 von der spezifischen Kälteleistung für NH_3.

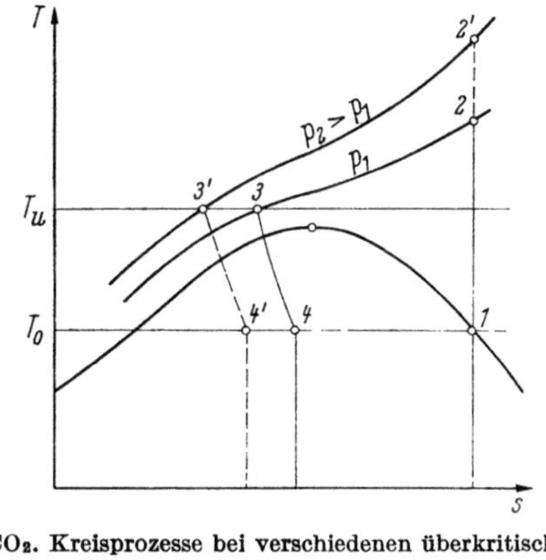

Abb. 56. T, s-Diagramm für CO_2. Kreisprozesse bei verschiedenen überkritischen Drücken im Kondensator.

In allen Fällen, wo zur Berechnung der spezifischen Kälteleistung kein Diagramm oder keine Tabelle für K_{th} zur Verfügung steht, kann K_{th} nach Gl. (13) in folgender Weise berechnet werden: Die Werte i_1 und i_3 werden aus der Dampftabelle entnommen, wobei i_3 die Enthalpie der Flüssigkeit bei der Unterkühlungstemperatur t_u ist. Der Wert $i_2 - i_1$ ist die isentrope Verdichtungsarbeit und kann berechnet werden nach der Gleichung:

$$i_2 - i_1'' = A \frac{\varkappa}{\varkappa - 1} P_0 v_1'' \left[\left(\frac{P}{P_0} \right)^{\frac{\varkappa - 1}{\varkappa}} - 1 \right] \quad \text{in} \quad \text{kcal/kg}. \tag{14}$$

Tabelle 9. *Spezifische Kälteleistung K_{th} in kcal/kWh für Ammoniak (NH_3). (Diese Tabelle ist*

Verflüssigungs-temperatur t °C	Temperatur t_u vor dem Regelventil °C	Verdampfungstemperatur t_0 in °C									
		− 50	− 47,5	− 45	− 42,5	− 40	− 37,5	− 35	− 32,5	− 30	− 27,5
	0	2531	2706	2901	3112	3345	3604	3892	4215	4578	4993
+ 10	5	2482	2655	2845	3052	3282	3535	3819	4134	4492	4899
	10	2432	2602	2788	2992	3216	3465	3744	4054	4405	4804
	0	2426	2591	2770	2965	3181	3419	3683	3977	4306	4676
+ 12,5	5	2379	2540	2716	2909	3121	3354	3614	3902	4224	4589
	10	2331	2490	2663	2852	3060	3288	3543	3826	4146	4500
	0	2328	2483	2651	2834	3034	3253	3495	3764	4064	4398
+ 15	5	2283	2436	2600	2780	2977	3192	3430	3694	3988	4317
	10	2239	2387	2549	2725	2919	3129	3365	3622	3910	4234
	15	2192	2338	2497	2670	2860	3067	3297	3550	3832	4149
	5	2196	2339	2494	2662	2844	3045	3264	3507	3775	4073
+ 17,5	10	2153	2293	2445	2610	2788	2985	3201	3439	3702	3994
	15	2109	2247	2395	2557	2732	2925	3138	3371	3628	3915
	5	2116	2251	2395	2553	2724	2910	3113	3340	3585	3856
	7,5	2094	2228	2372	2528	2697	2882	3083	3308	3551	3820
	10	2074	2206	2349	2502	2671	2853	3053	3275	3516	3784
+ 20	12,5	2052	2184	2324	2478	2644	2825	3023	3242	3482	3747
	15	2032	2161	2301	2452	2617	2796	2992	3210	3446	3710
	17,5	2010	2138	2277	2426	2589	2768	2962	3177	3411	3672
	20	1988	2116	2254	2402	2562	2739	2931	3143	3376	3634
	7,5	2021	2146	2282	2429	2588	2746	2948	3157	3381	3628
	10	2001	2126	2259	2404	2562	2732	2920	3125	3348	3593
	12,5	1980	2104	2237	2381	2536	2705	2890	3094	3314	3558
+ 22,5	15	1960	2082	2214	2357	2511	2678	2861	3063	3282	3522
	17,5	1939	2060	2191	2332	2485	2651	2832	3030	3248	3487
	20	1919	2039	2168	2308	2359	2623	2803	2999	3214	3452
	22,5	1897	2017	2145	2283	2433	2595	2773	2968	3180	3415
	10	1932	2051	2177	2315	2463	2623	2798	2988	3195	3423
	12,5	1912	2029	2156	2292	2438	2598	2770	2958	3163	3389
	15	1893	2009	2134	2268	2413	2570	2742	2928	3132	3355
+ 25	17,5	1873	1988	2112	2245	2388	2545	2713	2898	3101	3321
	20	1852	1967	2089	2221	2364	2517	2686	2868	3068	3287
	22,5	1833	1946	2067	2198	2338	2492	2657	2838	3036	3253
	25	1813	1924	2044	2173	2313	2464	2629	2807	3003	3218
	12,5	1850	1961	2079	2209	2346	2497	2659	2834	3026	3237
	15	1831	1941	2059	2187	2323	2471	2632	2806	2996	3204
	17,5	1812	1920	2037	2164	2298	2447	2606	2777	2966	3172
+ 27,5	20	1792	1900	2016	2142	2275	2421	2579	2749	2936	3139
	22,5	1773	1880	1994	2119	2251	2395	2551	2720	2905	3106
	25	1753	1859	1973	2096	2226	2369	2524	2690	2874	3074
	27,5	1734	1839	1950	2073	2202	2343	2496	2662	2842	3040
	15	1772	1878	1990	2111	2240	2380	2531	2694	2871	3065
	17,5	1753	1858	1969	2089	2217	2356	2505	2666	2842	3034
	20	1735	1839	1949	2067	2194	2331	2479	2638	2812	3003
+ 30	22,5	1716	1818	1927	2045	2171	2307	2452	2611	2784	2972
	25	1697	1799	1907	2022	2147	2282	2426	2583	2754	2940
	27,5	1678	1779	1886	2001	2123	2256	2400	2555	2724	2909
	30	1659	1758	1865	1979	2100	2232	2373	2527	2694	2876

angenähert auch für andere Kältemittel gültig).

Verdampfungstemperatur t_0 in °C

− 25	− 22,5	− 20	− 17,5	− 15	− 12,5	− 10	− 7,5	− 5	− 2,5	0	+ 2,5	+ 5	+ 7,5	+ 10
5466	6011	6650	7404	8314	9423	10812	12599	14986	18326	23339	—	—	—	—
5362	5898	6525	7266	8159	9249	10612	12366	14711	17990	22912	31118	47532	—	—
5259	5785	6400	7128	8004	9073	10411	12133	14431	17650	22480	30533	46641	95000	∞
5097	5577	6134	6783	7553	8477	9607	11070	12840	15267	18667	—	—	—	—
5002	5474	6019	6659	7415	8322	9430	10819	12606	14989	18326	23336	31688	—	—
4906	5369	5905	6531	7273	8164	9252	10615	12368	14707	17982	22900	31095	52240	96712
4776	5202	5693	6260	6922	7703	8644	9795	11232	13083	15554	—	—	—	—
4687	5105	5587	6144	6795	7562	8485	9615	11027	12844	15271	18670	23767	—	—
4597	5008	5481	6028	6665	7419	8325	9434	10820	12603	14986	18322	23325	31666	48352
4506	4910	5373	5909	6535	7275	8163	9251	10610	12361	14698	17970	22878	31061	47430
4409	4786	5214	5704	6271	6932	7713	8654	9803	11240	13093	15560	19018	—	—
4325	4693	5115	5595	6151	6801	7568	8490	9619	11030	12848	15270	18663	23758	32247
4239	4601	5014	5486	6032	6668	7422	8326	9433	10817	12600	14978	18306	23302	31631
4163	4502	4886	5323	5821	6399	7072	7868	8824	9993	11457	13339	15851	—	—
4124	4459	4840	5273	5766	6339	7005	7794	8741	9901	11351	13215	15704	19190	—
4083	4416	4794	5221	5711	6278	6939	7719	8658	9807	11243	13091	15557	19011	24193
4043	4372	4748	5171	5655	6218	6872	7645	8575	9713	11136	12966	15409	18831	23963
4002	4329	4700	5119	5599	6157	6804	7570	8490	9618	11027	12840	15261	18648	23732
3962	4285	4653	5067	5543	6096	6736	7495	8406	9523	10918	12713	15111	18466	23499
3921	4242	4605	5016	5488	6033	6668	7419	8322	9428	10809	12587	14960	18282	23267
3905	4212	4555	4944	5383	5886	6468	7147	7949	8913	10094	11570	13468	16002	—
3866	4171	4511	4896	5331	5830	6407	7079	7874	8829	9999	11461	13342	15852	19365
3828	4130	4468	4848	5280	5773	6344	7011	7798	8745	9904	11351	13215	15701	19181
3790	4090	4424	4801	5228	5716	6283	6943	7722	8660	9807	11240	13087	15550	18996
3752	4049	4379	4752	5175	5659	6221	6873	7645	8575	9710	11130	12958	15398	18810
3714	4008	4334	4704	5123	5602	6158	6804	7568	8489	9614	11019	12829	15244	18624
3675	3966	4289	4655	5070	5545	6094	6733	7491	8402	9516	10907	12700	15091	18436
3673	3952	4262	4607	4998	5444	5951	6538	7220	8031	9002	10190	11681	13596	16149
3638	3914	4221	4563	4950	5391	5894	6475	7151	7955	8916	10093	11570	13467	15995
3601	3875	4179	4518	4901	5338	5836	6411	7082	7877	8830	9997	11455	13338	15841
3565	3835	4137	4473	4852	5285	5777	6347	7012	7800	8743	9899	11345	13207	15686
3528	3796	4095	4427	4804	5231	5719	6283	6951	7721	8655	9800	11232	13075	15530
3491	3756	4053	4382	4755	5178	5660	6219	6871	7642	8568	9701	11119	12943	15373
3454	3717	4009	4336	4704	5123	5602	6154	6799	7563	8480	9602	11005	12811	15217
3465	3720	4001	4311	4663	5056	5501	6015	6606	7295	8112	9092	10294	11791	13722
3431	3683	3962	4269	4617	5006	5448	5957	6542	7224	8034	9003	10195	11678	13590
3396	3646	3921	4227	4571	4957	5394	5897	6476	7154	7955	8915	10094	11564	13457
3362	3609	3881	4183	4525	4906	5339	5839	6411	7083	7876	8826	9993	11450	13324
3327	3571	3841	4140	4477	4857	5285	5779	6436	7011	7796	8738	9893	11334	13189
3291	3533	3800	4096	4431	4806	5231	5719	6280	6939	7715	8648	9791	11219	13055
3256	3495	3759	4053	4383	4755	5175	5658	6214	6865	7634	8557	9689	11102	12919
3276	3508	3764	4095	4362	4714	5112	5562	6079	6675	7368	8194	9183	10392	11901
3244	3473	3726	4005	4318	4654	5062	5508	6019	6610	7296	8114	9093	10290	11786
3210	3438	3688	3964	4274	4620	5010	5452	5958	6543	7223	8032	9002	10188	11669
3177	3403	3650	3924	4231	4572	4959	5396	5898	6476	7150	7951	8911	10086	11552
3143	3366	3612	3883	4186	4525	4907	5341	5837	6410	7076	7869	8820	9982	11434
3109	3331	3574	3842	4143	4477	4855	5285	5776	6343	7003	7787	8728	9879	11315
3075	3294	3535	3800	4098	4430	4804	5228	5713	6275	6928	7704	8636	9774	11197

Fortsetzung S. 78

Tabelle 9. (Fortsetzung).

Verflüssigungstemperatur t °C	Temperatur t_u vor dem Regelventil °C	Verdampfungstemperatur t_0 in °C									
		−50	−47,5	−45	−42,5	−40	−37,5	−35	−32,5	−30	−27,5
	17,5	1700	1799	1907	2020	2141	2273	2413	2565	2730	2909
	20	1682	1780	1886	1998	2119	2248	2388	2538	2701	2879
	22,5	1665	1761	1866	1977	2096	2225	2362	2512	2674	2849
+32,5	25	1645	1742	1846	1956	2074	2200	2338	2485	2645	2819
	27,5	1628	1723	1825	1934	2051	2176	2312	2458	2617	2788
	30	1609	1704	1805	1912	2028	2153	2286	2430	2587	2758
	32,5	1591	1684	1784	1890	2005	2128	2260	2403	2558	2727
	20	1633	1727	1828	1934	2048	2172	2304	2445	2600	2766
	22,5	1616	1708	1807	1913	2026	2149	2279	2419	2572	2738
	25	1598	1689	1788	1893	2005	2126	2255	2394	2545	2708
+35	27,5	1580	1671	1768	1871	1983	2103	2230	2368	2517	2679
	30	1561	1652	1748	1851	1961	2079	2206	2342	2490	2649
	32,5	1544	1633	1729	1831	1939	2055	2181	2316	2462	2619
	35	1526	1614	1708	1809	1916	2032	2156	2289	2334	2591
	25	1552	1640	1734	1835	1941	2056	2179	2311	2452	2606
+37,5	30	1531	1603	1696	1794	1899	2011	2132	2260	2399	2550
	35	1482	1567	1656	1753	1855	1965	2084	2210	2346	2493
	25	1510	1594	1684	1780	1882	1991	2108	2233	2368	2512
	30	1476	1559	1647	1741	1841	1948	2062	2184	2316	2458
+40	35	1442	1523	1609	1701	1799	1904	2016	2135	2264	2403
	40	1408	1486	1571	1661	1757	1859	1968	2086	2211	2347
	30	1438	1516	1601	1692	1787	1889	1998	2115	2240	2373
+42,5	35	1404	1481	1564	1652	1746	1846	1953	2067	2190	2320
	40	1370	1446	1527	1613	1705	1802	1907	2018	2138	2267
	30	1399	1477	1559	1644	1737	1833	1938	2050	2168	2296
	35	1368	1443	1523	1608	1697	1792	1894	2003	2119	2244
+45	40	1336	1409	1486	1569	1656	1750	1850	1957	2070	2192
	45	1302	1374	1450	1531	1617	1707	1805	1909	2020	2139
	35	1334	1406	1484	1565	1651	1742	1840	1943	2054	2173
+47,5	40	1303	1372	1448	1527	1612	1701	1897	1899	2006	2123
	45	1270	1340	1413	1491	1572	1661	1753	1852	1958	2073
	35	1303	1372	1447	1525	1608	1696	1788	1888	1994	2107
	40	1272	1340	1412	1489	1569	1655	1748	1844	1948	2058
+50	45	1240	1307	1378	1452	1531	1616	1704	1799	1901	2009
	50	1208	1273	1342	1416	1493	1575	1662	1754	1854	1958

Tabelle 10. *q_0 und K_{th} bei CO_2 für $t_0 = -15°$ C, gleicher Unterkühlungstemperatur t_u und verschiedenem überkritischen Verflüssigerdruck p.*

t_u		p = 80	85	90	95	100	110 kp/cm²
35°	K_{th} =	949	1731	1943	1942	1935	1862
	q_0 =	845	1649	1926	2032	2101	2188
32,5°	K_{th} =	1983	2123	2141	2048	2020	1920
	q_0 =	1797	2022	2138	2193	2255	2313

Darin ist P in kp/m², v'' in m³/kg (aus der Dampftafel) und für $A = 1/427$ kcal/mkp einzusetzen. Der Exponent der isentropen Verdichtung ist in Tab. 11 für verschiedene Kältemittel angegeben. Die Werte in Tab. 11 sind nach der Glei-

Verdampfungstemperatur t_0 in °C														
− 25	− 22,5	− 20	− 17,5	− 15	− 12,5	− 10	− 7,5	− 5	− 2,5	0	+ 2,5	+5	+ 7,5	+ 10
3104	3317	3552	3808	4094	4413	4768	5169	5625	6143	6744	7446	8277	9274	10490
3072	3283	3516	3770	4053	4368	4721	5118	5568	6082	6678	7371	8194	9181	10386
3040	3249	3479	3730	4011	4323	4672	5065	5511	6019	6610	7296	8111	9089	10282
3008	3215	3442	3691	3970	4279	4624	5012	5454	5958	6542	7222	8028	8996	10177
2976	3180	3405	3652	3928	4232	4575	4959	5395	5896	6474	7147	7944	8903	10071
2943	3146	3369	3612	3886	4187	4526	4906	5338	5833	6404	7071	7859	8809	9965
2910	3113	3331	3573	3842	4141	4476	4852	5280	5769	6335	6994	7775	8714	9859
2946	3143	3358	3594	3854	4143	4462	4821	5225	5682	6207	6814	7521	8356	9360
2916	3110	3324	3558	3815	4100	4417	4772	5172	5625	6144	6744	7445	8272	9266
2885	3078	3288	3520	3774	4056	4371	4722	5118	5566	6081	6675	7368	8187	9170
2853	3045	3253	3483	3735	4013	4325	4672	5063	5508	6017	6606	7291	8103	9075
2822	3011	3218	3445	3694	3970	4279	4621	5009	5450	5953	6535	7213	8017	8980
2791	2978	3182	3407	3653	3926	4232	4571	4954	5391	5889	6464	7132	7932	8884
2759	2944	3147	3369	3612	3883	4185	4521	4900	5331	5824	6393	7058	7844	8787
2772	2951	3148	3365	3599	3858	4145	4466	4823	5225	5683	6207	6819	7515	8350
2712	2889	3082	3293	3522	3777	4058	4371	4722	5116	5564	6076	6668	7359	8176
2652	2823	3014	3219	3445	3694	3968	4276	4619	5005	5444	5946	6524	7201	8001
2668	2838	3022	3222	3441	3680	3945	4236	4563	4926	5335	5802	6335	6950	7666
2611	2777	2957	3152	3367	3601	3861	4147	4466	4823	5224	5679	6203	6804	7507
2553	2715	2891	3083	3293	3522	3777	4056	4368	4718	5111	5557	6068	6659	7347
2493	2652	2825	3012	3218	3442	3691	3964	4270	4612	4997	5433	5934	6510	7184
2517	2674	2842	3026	3226	3444	3682	3947	4239	4564	4926	5337	5802	6331	6941
2462	2614	2780	2959	3155	3367	3601	3861	4147	4464	4820	5220	5675	6195	6792
2404	2554	2716	2891	3083	3291	3520	3774	4053	4363	4711	5103	5549	6056	6641
2432	2579	2738	2909	3097	3298	3522	3766	4034	4332	4662	5032	5450	5921	6460
2377	2521	2676	2895	3029	3226	3445	3683	3945	4238	4561	4923	5331	5794	6321
2322	2463	2615	2780	2959	3154	3367	3600	3857	4143	4459	4813	5212	5664	6181
2267	2404	2554	2715	2890	3079	3288	3516	3767	4046	4356	4702	5092	5534	6064
2300	2436	2583	2742	2914	3099	3302	3524	3766	4034	4332	4659	5028	5444	5916
2247	2380	2524	2679	2848	3029	3227	3445	3682	3944	4234	4556	4916	5323	5784
2194	2323	2463	2615	2780	2958	3151	3363	3596	3852	4136	4450	4802	5201	5651
2228	2357	2496	2645	2807	2981	3172	3378	3604	3852	4124	4424	4761	5138	5558
2176	2302	2438	2585	2743	2913	3099	3302	3522	3764	4031	4326	4655	5024	5435
2124	2248	2381	2524	2678	2845	3027	3225	3441	3677	3937	4226	4548	4908	5311
2071	2192	2323	2462	2613	2776	2954	3147	3358	3589	3843	4125	4439	4791	5184

Tabelle 11. *ϰ-Werte für verschiedene Kältemittel.*

H_2O	NH_3	CO_2	SO_2	CH_3Cl	C_3H_8	C_2H_6
$\varkappa$ = 1,30	1,30	1,25	1,25	1,22	1,15	1,2

C_2H_4	$CFCl_3$	CF_2Cl_2	CF_3Cl	$CHFCl_2$	CHF_2Cl
$\varkappa$ = 1,2	1,12	1,15	1,15	1,17	1,19

chung $\varkappa = \frac{c_p}{c_v}$, also wie bei idealen Gasen berechnet. Sie stimmen bei Dämpfen nicht genau mit dem Exponenten der isentropen Verdichtung überein, jedoch können die Abweichungen hier vernachlässigt werden.

Tabelle 12. *Spezifische Kälteleistung für den Carnot-Prozeß* $K_c = \frac{T_0}{T - T_0}\, 860$ kcal/kWh.

Verflüssigungs-temperatur t °C	Verdampfungstemperatur t_0 in °C											
	− 100	− 95	− 90	− 85	− 80	− 75	− 70	− 65	− 60	− 55	− 50	− 45
− 30	2127	2357	2625	2942	3322	3787	4368	5115	6111	7505	9596	13110
− 25	1986	2189	2423	2697	3020	3408	3883	4475	5238	6254	7677	9832
− 20	1861	2043	2250	2490	2769	3099	3494	3978	4583	5361	6397	7866
− 15	1752	1915	2100	2312	2556	2840	3177	3580	4074	4690	5483	6555
− 10	1655	1803	1969	2158	2373	2622	2912	3255	3666	4169	4798	5619
− 5	1568	1702	1853	2023	2215	2435	2688	2984	3333	3752	4265	4916
0	1489	1613	1750	1904	2076	2271	2496	2754	3055	3411	3838	4370
+ 5	1418	1532	1658	1798	1954	2130	2330	2557	2820	3127	3489	3933
+ 10	1354	1459	1575	1703	1846	2005	2184	2387	2619	2886	3199	3575
+ 15	1295	1393	1500	1618	1749	1894	2056	2238	2444	2680	2953	3277
+ 20	1241	1332	1432	1541	1661	1794	1941	2106	2291	2502	2742	3025
+ 25	1191	1277	1370	1471	1582	1704	1839	1989	2157	2345	2559	2809
+ 30	1146	1226	1313	1407	1510	1623	1747	1884	2037	2207	2399	2622
+ 35	1103	1179	1260	1348	1445	1549	1664	1790	1930	2085	2258	2458
+ 40	1064	1135	1212	1295	1384	1482	1588	1705	1833	1975	2132	2314
+ 45	1027	1094	1167	1245	1329	1420	1519	1627	1746	1876	2020	2185
+ 50	993	1057	1125	1199	1278	1363	1456	1557	1667	1787	1919	2070

	− 40	− 35	− 30	− 25	− 20	− 15	− 10	− 5	0	+ 5	+ 10
− 30	20052	—	—	—	—	—	—	—	—	—	—
− 25	13368	20482	—	—	—	—	—	—	—	—	—
− 20	10026	13655	20912	—	—	—	—	—	—	—	—
− 15	8021	10241	13941	21342	—	—	—	—	—	—	—
− 10	6684	8193	10546	14228	21772	—	—	—	—		—
− 5	5729	6827	8365	10671	14515	22202	—	—	—	—	—
0	5013	5852	6971	8537	10886	14801	22632	—	—	—	—
+ 5	4456	5120	5975	7114	8709	11101	15088	23062	—	—	—
+ 10	4010	4552	5228	6098	7257	8881	11366	15375	23492	—	—
+ 15	3646	4096	4647	5335	6221	7401	9053	11531	15661	23922	—
+ 20	3342	3724	4182	4742	5445	6343	7544	9224	11746	15948	24352
+ 25	3085	3414	3802	4268	4838	5550	6466	7687	9397	11961	16235
+ 30	2865	3151	3485	3880	4354	4934	5658	6589	7831	9569	12176
+ 35	2674	2926	3217	3557	3959	4440	5029	5765	6712	7974	9741
+ 40	2506	2732	2987	3283	3629	4037	4526	5125	5873	6835	8117
+ 45	2359	2560	2788	3049	3350	3700	4114	4612	5220	5980	6958
+ 50	2228	2410	2614	2846	3110	3416	3771	4193	4698	5316	6088

3. Der theoretische Leistungsbedarf beim Carnotprozeß.

An Stelle des idealen Vergleichsprozesses (Abb. 52) kann auch der Carnotprozeß als Grundlage gewählt werden, wobei als obere Temperatur die Verflüssigungstemperatur T und als untere Temperatur die Verdampfungstemperatur T_0 zu gelten haben. Für die spezifische Kälteleistung K_c beim Carnotprozeß ergibt sich der einfache Ausdruck:

$$K_c = 860 \frac{T_0}{T - T_0} \quad \text{in kcal/kWh.} \tag{15}$$

Die Zahlenwerte von K_c sind für verschiedene Temperaturen T und T_0 in Tab. 12 angegeben. K_c ist lediglich von den beiden Temperaturgrenzen T und T_0, nicht aber von der Unterkühlungstemperatur oder vom Kältemittel abhängig und gibt die höchste theoretisch erreichbare spezifische Kälteleistung an. Es ist nicht üblich, den Wert von K_c zur Berechnung des Kompressors zu benutzen; jedoch ermöglicht ein Vergleich der wirklich erreichten spezifischen Kälteleistung mit dem Wert von K_c eine Beurteilung von Kompressoren mit verschiedenen Kältemitteln, von Mehrstufenkompressoren oder von Mehrstoffkälteanlagen. Dabei kann zahlenmäßig erfaßt werden, wieweit sich jeweils der Kompressor in seiner spezifischen Kälteleistung dem maximal erreichbaren Wert nähert.

In Tab. 13 sind die spezifischen Kälteleistungen des idealen Vergleichsprozesses für Ammoniak K_{th} mit denen des Carnotprozesses K_c bei verschiedenen Verdampfungs- und Verflüssigungstemperaturen t_0 und t verglichen. Bei dem idealen Vergleichsprozeß wurde dabei $t_u = t$ gesetzt. Der Quotient

$$\eta_k = K_{th}/K_c \tag{16}$$

ist der Wirkungsgrad des idealen Kreisprozesses mit einem bestimmten Kältemittel, bezogen auf den Carnotprozeß.

Tabelle 13. *Vergleich von K_{th} und K_c für Ammoniak.*

t	$t_0 =$	0°	−20°	−40°
	K_{th}	10809	4605	2562
+20	K_c	11746	5445	3342
	η_k	0,922	0,845	0,767
	K_{th}	4997	2825	1757
+40	K_c	5873	3620	2506
	η_k	0,853	0,780	0,700

Nach Tab. 13 ist η_k für Ammoniak in weitem Temperaturbereich fast nur abhängig von der Temperaturdifferenz $t - t_0$. Diese Abhängigkeit läßt sich ausdrücken durch die empirische Gleichung:

$$\eta_k = 1 - \frac{t - t_0}{265}, \tag{17}$$

welche im gesamten Arbeitsbereich einstufiger Ammoniak-Kälteanlagen ohne Unterkühlung mit einer Genauigkeit von $\pm 1\%$ gilt. Aus Gl. (16) und (17) erhält man:

$$K_{th} = K_c \left(1 - \frac{t - t_0}{265}\right) \quad \text{in kcal/kWh.} \tag{18}$$

Diese Gleichung kann benutzt werden, wenn Dampftafeln und Diagramme nicht zur Hand sind. Sie gilt sehr genau bei Ammoniakanlagen ohne Unterkühlung. Die Unterkühlung kann dadurch berücksichtigt werden, daß für jedes Grad Unterkühlung unter die Verflüssigungstemperatur eine Erhöhung des

Zahlenwertes von K_{th} nach Gl. (18) um 0,4% vorgenommen wird. Man erhält dann:

$$K_{th} = 860 \frac{T_0}{T - T_0} \left(1 - \frac{t - t_0}{265}\right) \left(1 + \frac{t - t_u}{250}\right) \text{ in kcal/kWh}, \tag{19}$$

oder etwas einfacher und fast ebenso genau:

$$K_{th} = 860 \frac{T_0}{T - T_0} \left(1 - \frac{t - t_0}{265} + \frac{t - t_u}{300}\right) \quad \text{in} \quad \text{kcal/kWh} \tag{20}$$

gültig für Ammoniak. Diese Gleichung ist aber auch für andere Kältemittel brauchbar, wenn die Berichtigungen nach Abb. 55 berücksichtigt werden. Für solche Kältemittel jedoch, bei denen, wie z. B. bei Kohlendioxyd, der kritische Punkt in der Nähe des Arbeitsbereiches liegt, ist Gl. (20) nicht brauchbar.

Für die zahlenmäßige Bestimmung der theoretischen spezifischen Kälteleistung K_{th} sind damit verschiedene Methoden angegeben. Der gesuchte theoretische Leistungsbedarf N_{th} wurde schon in Gl. (12) angegeben.

II. Berechnung des geometrischen stündlichen Hubvolums.

In Abb. 57 ist ein Indikatordiagramm eines Kolbenkompressors dargestellt. Die Strecke 1—2 ist die Sauglinie, die Strecke 2—3 die Verdichtungslinie, die Strecke 3—4 die Ausschublinie und die Strecke 4—1 die Rückexpansionslinie, deren Verlauf vor allem von der Größe des schädlichen Raums ε_0 abhängt. Die Ausschublinie liegt um den Druckverlust Δp im Druckventil höher als der Kondensatordruck p, die Sauglinie um den Druckverlust Δp_0 im Saugventil niedriger als der Verdampferdruck p_0. Das geometrische Hubvolum, das in Abb. 57 gleich 1 gesetzt ist, wird daher nicht vollständig zur Förderung des Dampfes ausgenutzt, sondern nur mit dem Anteil η_v, der durch die Linien 2—3 und 4—1 auf der Verdampferdrucklinie p_0 ausgeschnitten wird. Die Größe η_v wird als volumetrischer Wirkungsgrad bezeichnet.

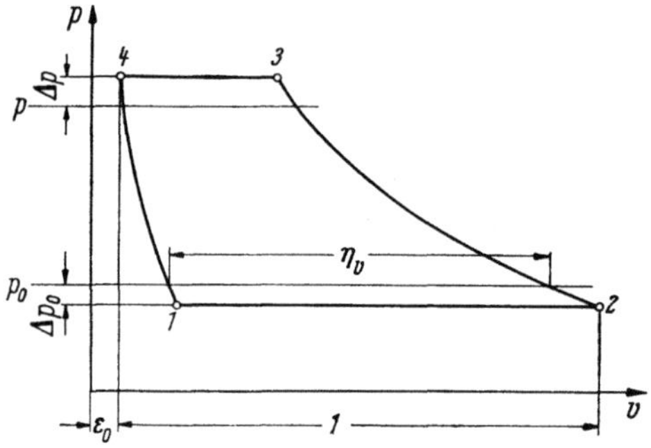

Abb. 57. P,v-Diagramm eines einstufigen Kompressors.

Während des Ansaugens wird der kalte Dampf von der Temperatur T_0 durch die wärmeren Ventile und Zylinderwände sowie durch die Vermischung des entspannten Dampfes aus dem schädlichen Raum auf die Temperatur T_{01} erwärmt, so daß das Gewicht des Dampfes kleiner wird, als es bei der Verdampfungstemperatur T_0 wäre. Diese Gewichtsverkleinerung läßt sich durch den thermometrischen Wirkungsgrad $\eta_t = \frac{T_0}{T_{01}}$ ausdrücken.

Ein geringer Teil des angesaugten Dampfes strömt während der Kompression durch undichte Saugventile und Kolben auf die Saugseite zurück. Auch durch undichte Druckventile kann während des Ansaugens etwas Dampf zurückströmen. Diese Verluste sind zahlenmäßig schwer zu erfassen und können je nach Betriebszustand des Kompressors verschiedene Werte annehmen. Sie können berücksichtigt werden durch den Dichtheitswirkungsgrad η_d.

Das Produkt dieser drei Wirkungsgrade ergibt den Liefergrad λ. Es ist:

$$\lambda = \eta_v \cdot \eta_t \cdot \eta_d. \tag{21}$$

Dabei ist η_v vom Druckverhältnis, vom schädlichen Raum und von den Ventilwiderständen, η_t und η_d vom Druckverhältnis und vom Verhältnis des Hubvolums zur Größe der Wärmeaustausch- und Dichtungsflächen des Zylinders abhängig.

Vernachlässigt man die geringfügigen Unterschiede in der Kühlwirkung zwischen luft- und wassergekühlten Zylindern und setzt man die auf den absoluten Druck bezogenen Druckverluste in den Arbeitsventilen gleich groß an, so läßt sich der Liefergrad λ als Funktion des Druckverhältnisses p/p_0, des schädlichen

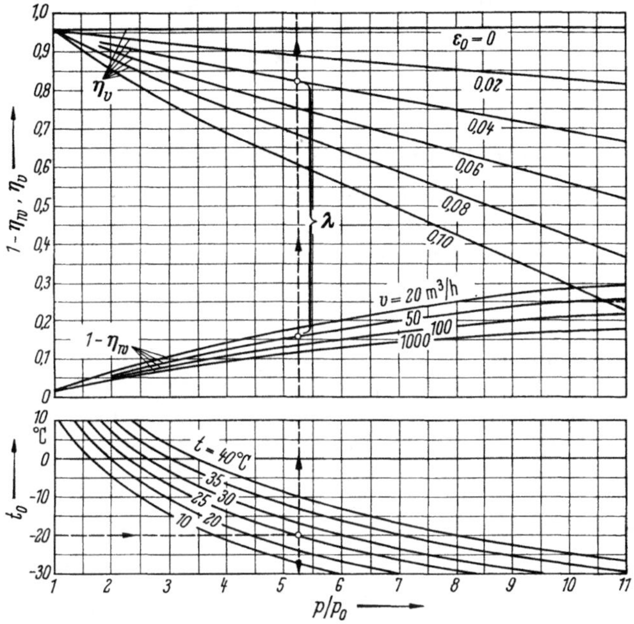

Abb. 58. Nomogramm zur Berechnung des Liefergrades λ.

Beispiel:
Verdampfungstemperatur $t_0 = -20°$ C;
Verflüssigungstemperatur $t = +25°$ C;
Schädlicher Raum $\varepsilon_0 = 0{,}04$;
stündliches Hubvolum einer Zylinderseite
$V = 50$ m³/h
ergibt:

Druckverhältnis $p/p_0 = 5{,}3$;
Volumetrischer Wirkungsgrad $\eta_v = 0{,}82$;
Wandungsverlust $(1 - \eta_w) = 0{,}16$;
Liefergrad $\lambda = \eta_v - (1 - \eta_w) = 0{,}66$; $\eta_i/\lambda = 1{,}18$;
Indizierter Wirkungsgrad $\eta_i = 1{,}18 \cdot 0{,}66 = 0{,}78$.

Raums ε_0 und des Hubvolums je Zylinder angeben. Zur übersichtlichen Darstellung der Zusammenhänge eignet sich besonders gut die von FISCHER[1] angegebene Gleichung

$$\lambda = \eta_v - (1 - \eta_w). \qquad (22)$$

Darin bedeutet η_w den Wandungswirkungsgrad, in dem die Größen η_t und η_d zusammengefaßt sind und $(1 - \eta_w)$ den Wandungsverlust durch Wärmeaustausch und durch Lässigkeit der Dichtungselemente. Dieser Wandungsverlust wird berechnet aus Versuchswerten von λ nach der Gleichung:

$$1 - \eta_w = \eta_v - \lambda. \qquad (23)$$

Dabei ist $(1 - \eta_w)$ abhängig von p/p_0 und vom Hubvolum je Zylinder, η_v abhängig von p/p_0 und vom schädlichen Raum ε_0.

In Abb. 58 sind über p/p_0 die Werte von η_v für verschiedene Größen von ε_0 und die Werte von $(1 - \eta_w)$ für verschiedene Größen des Hubvolums je Zylinder

[1] FISCHER, W.: Untersuchungen an einer Ammoniak-Kältemaschine VDI-Forschungsheft Nr. 244, 1921.

eingetragen. Der Liefergrad λ kann nach Gl. (22) als Differenz von η_v und $(1 - \eta_w)$ für bestimmte Hubvolume und Druckverhältnisse direkt abgegriffen werden. Die Erfahrung lehrt, daß die Ermittlung von λ nach Abb. 58 im gesamten vorkommenden Temperaturbereich praktisch ausreichend genau ist. Nennenswerte Abweichungen treten nur auf bei zu kleinen Arbeitsventilen, bei zu starken Ventilfedern, bei falsch eingestelltem schädlichen Raum, bei stark undichten Ventilen und Kolbenringdichtungen und bei Schwingungen der Gassäule in der Saugleitung.

Für eine bestimmte Kälteleistung Q_0 ist das stündliche geometrische Hubvolum V:

$$V = \frac{V_{th}}{\lambda}. \tag{24}$$

III. Der indizierte Leistungsbedarf.

Wegen des Wärmeaustausches im Zylinder und wegen der Undichtheiten der Ventile und der Kolbenringe ist der indizierte Leistungsbedarf N_i größer als der theoretische Leistungsbedarf N_{th}. Es ist:

$$N_i = \frac{N_{th}}{\eta_i}. \tag{25}$$

Dabei ist η_i der indizierte Wirkungsgrad. Das Verhältnis η_i/λ ist abhängig von p/p_0 und von ε_0 und kann unter bestimmten Annahmen berechnet werden. In Abb. 59 ist der Verlauf von η_i/λ über dem Druckverhältnis bei verschiedener Größe des schädlichen Raums ε_0 dargestellt. Ist λ nach Abb. 58 bekannt, so kann η_i aus Abb. 59 berechnet werden.

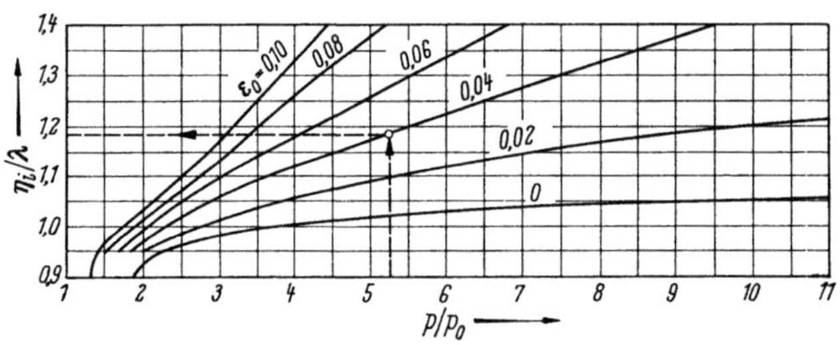

Abb. 59. Ermittlung des indizierten Wirkungsgrades η_i bei gegebenem Wert von λ nach Abb. 58.

Die Abb. 58 und 59 gelten für Ammoniakkompressoren und sind durch viele Versuche bestätigt.[1] Für andere Kältemittel liegen nur sehr wenig brauchbare Versuchsergebnisse vor, so daß eine Bestätigung der Gültigkeit dieser Abbildungen für alle Kältemittel noch fehlt. Da der Einfluß der Eigenschaften der Kältemittel auf λ und η nur gering sein kann und die Berechnung wegen der veränderlichen Lässigkeitsverluste und eventueller Schwingungen in der Saugleitung ohnehin nur mit einer gewissen Unsicherheit möglich ist, können die Werte nach Abb. 58 und 59 auch für andere Kältemittel verwendet werden.

Einen Überblick über den Verlauf von λ und η_i vermittelt Abb. 60, in der diese beiden Werte über dem Druckverhältnis p/p_0 aufgetragen sind. Die dargestellten Kurven gelten für ein Hubvolum von 100 m^3/h je Zylinder und für ein $\varepsilon_0 = 0,02$, 0,05 und 0,1.

[1] LINGE, K.: Der Liefergrad und der indizierte Wirkungsgrad von Kältemaschinen. „Die Kälte", Bd. 3 (1948) S. 116—123.

Die λ-Kurven beginnen bei $p/p_0 = 1$ mit dem Wert 0,94 und fallen mit steigendem Druckverhältnis langsam ab. Die η_i-Kurven beginnen bei $p/p_0 = 1$ mit dem Wert 0, steigen sehr steil mit steigendem Druckverhältnis an und erreichen zwischen $p/p_0 = 2$ bis 3 ein Maximum; sie fallen dann wieder langsam ab. In diesem abfallenden Ast liegen die η_i-Kurven höher als die λ-Kurven. Beide zeigen um so höhere Werte, je kleiner der schädliche Raum ε_0 ist. Daß bei kleinerem schädlichen Raum nicht nur λ sondern auch η_i größer wird, hängt damit zusammen, daß ein größerer schädlicher Raum auch größere schädliche Flächen für den Wärmeaustausch im Zylinder zur Folge hat. Die durch ein kleines ε_0 mögliche Verbesserung zeigt sich besonders bei großen Druckverhältnissen.

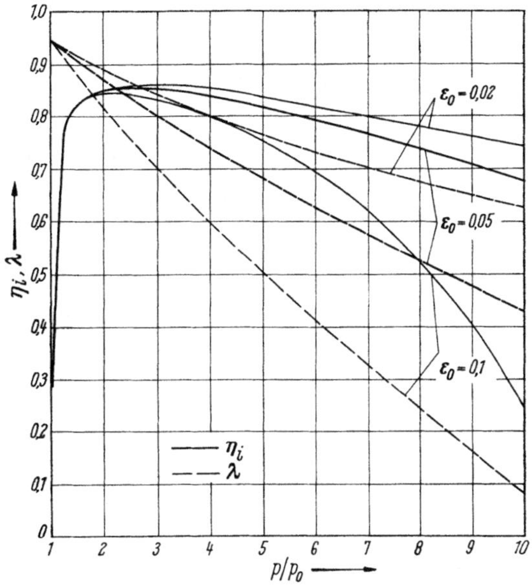

Abb. 60. Abhängigkeit des Liefergrades λ und des indizierten Wirkungsgrades η_i vom Druckverhältnis p/p_0.

IV. Der effektive Leistungsbedarf.

Wegen der Reibung der aufeinander gleitenden Teile des Kompressors, der Ventilationsverluste des Schwungrades und des Leistungsbedarfs von Ölpumpen und sonstigen Hilfsmaschinen ist der effektive Leistungsbedarf N_{eff} (an der Welle gemessen) größer als der indizierte Leistungsbedarf N_i. Es ist:

$$N_{eff} = \frac{N_i}{\eta_m}, \tag{26}$$

wobei η_m der mechanische Wirkungsgrad ist. Dieser ist bei guter konstruktiver Ausbildung der Lager, Gleitstellen und Stopfbüchsen, bei sehr genauer Bearbeitung aller gleitenden Flächen günstiger als bei weniger guter Ausführung, und bei großen Maschinen günstiger als bei kleinen. Außerdem ist er auch von der Belastung abhängig.

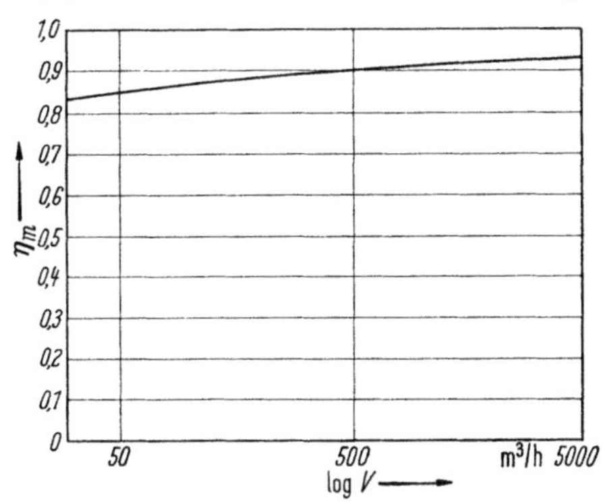

Abb. 61. Abhängigkeit des mechanischen Wirkungsgrades η_m vom Hubvolum des Kompressors.

In Abb. 61 ist der Verlauf von η_m über dem Hubvolum je Zylinder bei voller Belastung aufgetragen. Volle Belastung bedeutet einen indizierten Leistungsbedarf, wie er bei den ,,Normalbedingungen" $t_0 = -15°\,C$, $t = 30°\,C$ entsprechend der dabei erreichten Kälteleistung auftritt. Berechnet man die indizierte Leistung $N_{i,n}$ für die oben angegebenen Normalbedingungen, so ist die dazugehörige effektive Leistung:

$$N_{eff,n} = \frac{N_{i,n}}{\eta_m}. \tag{27}$$

Die gesamte Reibungsverlustleistung N_v des Kompressors ist dann

$$N_v = N_{eff,n} - N_{i,n}. \tag{28}$$

In erster Annäherung kann angenommen werden, daß die Verlustleistung N_v bei allen Belastungen gleich groß bleibt, ausgenommen bei geringer Teillast in regelbaren Maschinen und bei Leerlauf. Bei Belastungen des Kompressors, die von der so gekennzeichneten „vollen Belastung“ nach oben oder unten abweichen, empfiehlt sich die Berechnung des effektiven Leistungsbedarfs nach der Gleichung:

$$N_{eff} = N_i + N_v, \tag{29}$$

wobei N_v nach den Gln. (27) und (28) und η_m nach Abb. 61 ermittelt wird.

V. Die Kondensatorleistung.

Die Kondensatorleistung Q wird berechnet aus der Gleichung

$$Q = Q_0 + N_i. \tag{30}$$

Hierbei ist allerdings zu beachten, daß die Kondensatorleistung in Wirklichkeit etwas kleiner oder etwas größer sein kann als nach Gl. (30) berechnet. Sie ist kleiner um die nach außen abgeführte Wärme infolge der Zylinderkühlung. Sie kann auch größer sein, wenn wie bei gekapselten Maschinen ein Teil der Reibungswärme, oder wie bei stopfbüchslosem elektrischem Antrieb (hermetische Bauart) auch ein Teil der elektrischen Verlustleistung an das Kältemittel übertragen wird. Für die Berechnung der Kondensatorleistung sind jedoch die möglichen Fehler bedeutungslos. Bei genauen Leistungsversuchen sollte dagegen der Anteil der im Kompressor zu- und abgeführten Verlustwärmen berücksichtigt werden.

VI. Einstufiger Kompressor für Kältemaschinen mit innerem Wärmeaustausch.

Bei Kältemaschinen für Kältemittel, die in Öl leicht löslich sind, werden zur Erleichterung des Ölkreislaufs und zur besseren Ölabscheidung und -Rückführung Durchlaufverdampfer mit dahintergeschalteten Dampf-Überhitzern verwendet, die gleichzeitig ein nasses Arbeiten und damit verbundene Flüssigkeitsschläge verhindern. Möglichst weitgehende Überhitzung des angesaugten Dampfes ist auch aus wirtschaftlichen Gründen notwendig, da sonst im Öl zuviel unverdampftes Kältemittel zurückbleiben würde, was einerseits die Kälteleistung verringert, andererseits die Schmierfähigkeit des Öls herabsetzt. Der Dampf wird durch das aus dem Kondensator abfließende flüssige Kältemittel überhitzt, welches dabei entsprechend abgekühlt wird, also durch inneren Wärmeaustausch. In Abb. 62 ist das Schema einer Kältemaschine mit innerem Wärmeaustausch dargestellt. Den dazugehörigen Kreisprozeß zeigt Abb. 63. Gegenüber der einstufigen Maschine nach Abb. 52, 53 und 54 ist hier der innere Wärmeaustauscher hinzugekommen, wodurch im Punkt 1 nicht mehr trocken gesättigter, sondern überhitzter Dampf angesaugt wird.

Die volumetrische Kälteleistung bei überhitztem Ansaugen ist

$$q_{0,h} = \frac{i_6 - i_4}{v_1} = \frac{i_1 - i_3}{v_1} \tag{31}$$

und die theoretische spezifische Kälteleistung

$$K_{th,h} = 860\,\frac{i_1 - i_3}{i_2 - i_1}. \tag{32}$$

Die Gl. (31) stimmt mit Gl. (9) und Gl. (32) mit Gl. (13) überein, lediglich mit dem Unterschied, daß der Zustand 1 nicht mehr trocken gesättigt, sondern überhitzt ist. Dadurch können die Werte von i_1 und v_1 nicht mehr aus der Dampftafel entnommen werden, so daß die Ermittlung nur aus einem Dampfdiagramm möglich ist. Eine Aufstellung von Zahlentafeln für q_0 und K_{th} bei überhitztem Ansaugen wäre viel zu umständlich und umfangreich, so daß ein einfacherer Weg gefunden werden muß.

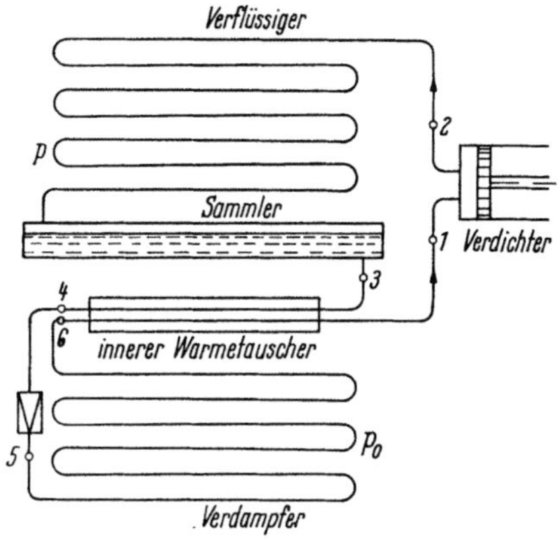

Abb. 62. Schaltschema einer einstufigen Kompressions-Kältemaschine mit Ansaugen in überhitztem Zustand.

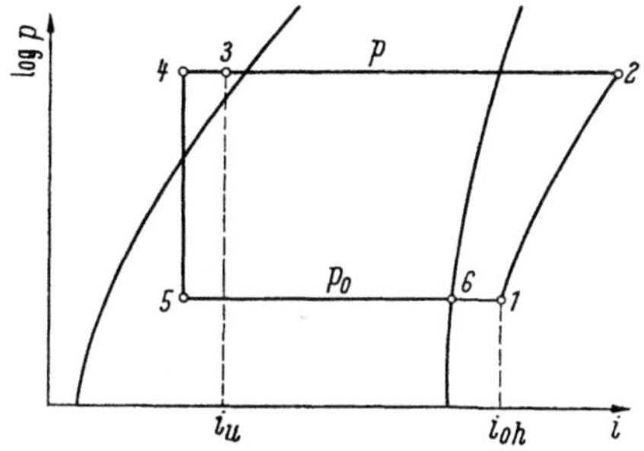

Abb. 63. Kreisprozeß einer Kältemaschine mit innerem Wärmeaustausch.

Genaue Nachrechnungen über den Einfluß des überhitzten Ansaugens führen zu dem Ergebnis[1], daß die Werte von q_0 und K_{th} je nach den Eigenschaften des Kältemittels bei überhitztem Ansaugen größer, gleich oder kleiner sein können als bei trocken gesättigtem Ansaugen. In Abb. 64 sind die Werte von $\frac{q_{0,h}}{q_0}$ und $K_{th,h}/K_{th}$ für eine Verdampfungstemperatur von $t_0 = -15°$ C bei steigender Überhitzungstemperatur $t_{0,h}$ aufgetragen. Daraus ergibt sich, daß beide Werte bei R 12 mit steigender Überhitzung schwach zunehmen, bei R 22 schwach abnehmen und bei NH_3 stärker abnehmen.

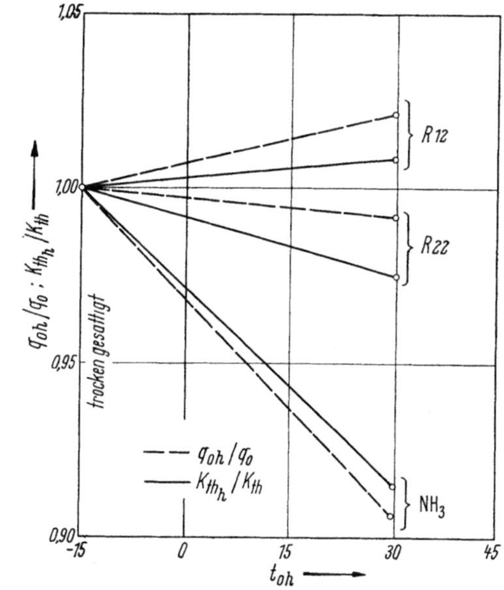

Abb. 64. Änderung von $\frac{q_{oh}}{q_0}$ und $\frac{K_{th_h}}{K_{th}}$ mit steigender Überhitzung bei $t_0 = -15°$ C.

Da der innere Wärmeaustausch nur bei chlorierten und fluorierten Kohlenwasserstoffen vorgenommen wird und die Abweichung der Werte von $q_{0,h}$ und $K_{th,h}$ gegenüber q_0 und K_{th} nur geringfügig sind (etwa 1,5% maximal), empfiehlt es sich, die Berechnung der Kompressoren genau so vorzunehmen wie ohne Überhitzung des angesaugten Dampfes und mit den Werten q_0 und K_{th} für trocken gesättigtes Ansaugen zu rechnen, die bequem aus den Tabellen entnommen werden können. Eine Korrektur nach Abb. 64 wäre zwar möglich, aber wenig sinnvoll, da genaue Versuchswerte von λ und η_i für Kompressoren mit halogenierten

[1] Linge, K.: Der Einfluß des Ansaugezustandes auf die volumetrische und die spezifische Kälteleistung. „Kältetechnik" Bd. 8 (1956) S. 75—79.

Kältemitteln noch nicht vorliegen und vorläufig mit den λ- und η_i-Werten, die an Ammoniak-Kompressoren gemessen wurden, gerechnet werden muß. Welchen Einfluß die Überhitzung des angesaugten Dampfes auf λ und η_i hat, ist noch kaum erforscht. Da die wenigen bisherigen Versuche eine leichte Vergrößerung von λ mit zunehmender Überhitzung erwarten lassen, geht man nach der sicheren Seite, wenn man mit q_0 und K_{th} wie beim trocken gesättigten Ansaugen rechnet.

C. Der mehrstufige Kompressor.

Bei einstufigen Kompressoren kann äußerstenfalls ein Druckverhältnis p/p_0 bis etwa 10 erreicht werden, wobei aber die Kompressionsendtemperatur meist schon an die oberste zulässige Grenze ansteigt und die Werte von λ und η_i unbefriedigend klein werden.

Durch Unterteilung des Druckgefälles in mehrere Stufen werden diese Nachteile beseitigt und außerdem durch Zwischenkühlung und zweistufige Entspannung weitere Vorteile erreicht. Die Zwischenkühlung kann dabei durch eingespritztes flüssiges Kältemittel allein oder kombiniert mit einer Wasservorkühlung verwirklicht werden. Am Zwischenkühler kann auch ein zusätzlicher Verdampfer angeschlossen werden, der bei höherer Verdampfungstemperatur — nämlich der Ansaugetemperatur im Zwischenkühler — arbeitet, und damit kann ein Mehrstufenkompressor Kühlaufgaben für zwei verschiedene Temperaturen gleichzeitig erfüllen. Bei kleinen Maschinen und solchen, die besonders leicht bedienbar sein sollen, kann die Zwischenkühlung auch durch Wasser oder Luft allein erfolgen und nur einfache Entspannung des Kältemittels vorgenommen werden, wobei allerdings der Leistungsbedarf ungünstiger wird.

Die Berechnung mehrstufiger Kaltdampfprozesse hat R. PLANK[1] für eine Vielzahl möglicher Schaltungen ausführlich behandelt. Zur Auswertung der gewonnenen Gleichungen müssen die Zustandsdiagramme verwendet werden.

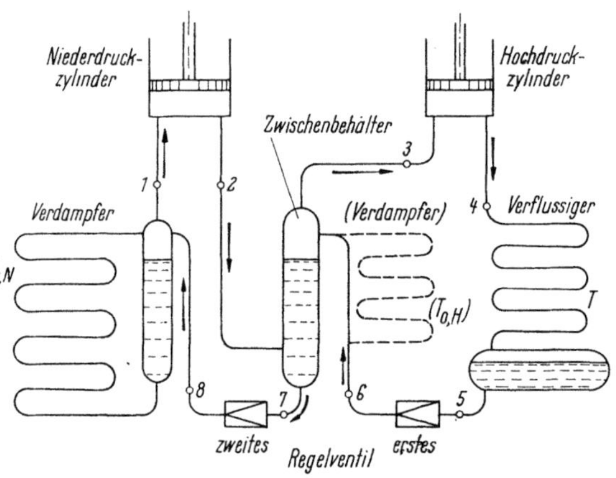

Abb. 65. Schema einer Kältemaschine mit zweistufiger Verdichtung.

Für die weitaus häufigste Schaltung mehrstufiger Kältemaschinen mit mehrstufiger Zwischenkühlung durch verdampfendes Kältemittel und mehrstufiger Entspannung des Kältemittels läßt sich jedoch die Berechnung der erforderlichen Hubvolume und des Leistungsbedarfs aller Stufen mit den bereits bekannten Tabellen für einstufige Kompressoren durchführen und damit für den praktischen Gebrauch vereinfachen.[2]

Diese vereinfachte Methode wird im folgenden am Beispiel einer zweistufigen Kältemaschine erläutert. In Abb. 65 ist das Schema einer Maschine mit Hoch- und Niederdruck-Zylinder dargestellt. Der Niederdruckzylinder saugt den Dampf

[1] PLANK, R.: Über den Idealprozeß von Kältemaschinen bei Verbundkompression. Z. f. d. ges. Kälteindustrie, Bd. 35 (1928) S. 17.

[2] LINGE, K.: Eine vereinfachte Berechnung zweistufiger Kältemaschinen. Z. f. d. ges. Kälteindustrie, Bd. 44 (1937) S. 181.

aus dem Verdampfer, komprimiert ihn auf Mitteldruck in den Zwischenkühler, wo er durch verdampfendes Kältemittel seine Überhitzung verliert und auf Sättigungszustand gebracht wird. Vermehrt um den Dampfanteil des eingespritzten flüssigen Kältemittels wird der Dampf vom Hochdruckzylinder angesaugt, auf den Kondensatordruck verdichtet und in den Kondensator geleitet, wo er verflüssigt und unterkühlt wird. Das flüssige Kältemittel wird durch das erste Regelventil in den Zwischenkühler gedrosselt. Der Dampf, der durch die Drosselung und durch die Wärmezufuhr infolge des vom Niederdruckzylinder kommenden überhitzten Dampfes im Zwischenkühler entsteht, gegebenenfalls auch der Dampf aus dem an den Zwischenkühler etwa angeschlossenen Zusatzverdampfer, wird vom Hochdruckzylinder mit abgesaugt. Das restliche flüssige Kältemittel gelangt über das zweite Regelventil in den Verdampfer. Das vom Hochdruckkompressor geförderte Kältemittelgewicht ist daher stets größer als das vom Niederdruckkompressor geförderte Gewicht.

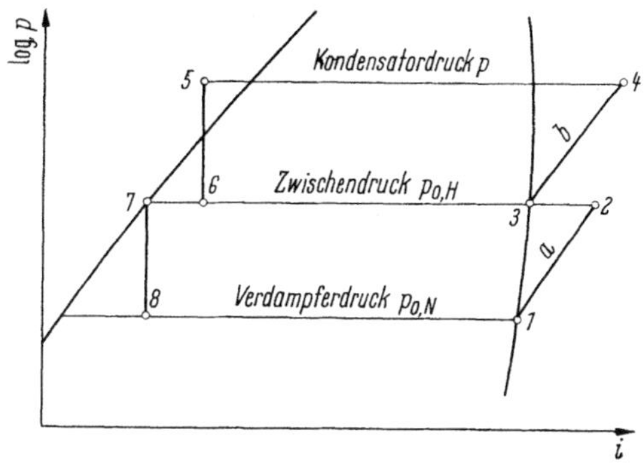

Abb. 66. Prozeß in einer zweistufigen Kältemaschine nach Abb. 65.

In Abb. 66 ist der zum Schaltschema nach Abb. 65 gehörige Kältemittelkreislauf im i,p-Diagramm dargestellt. Die Zustandspunkte von 1 bis 8 in Abb. 66 entsprechen den gleichen Meßpunkten in Abb. 65. Hochdruck- und Niederdruckkreislauf kann man als vollständig getrennte Kreisläufe mit jeweils einstufigen Maschinen auffassen, bei denen das umlaufende Kältemittelgewicht verschieden ist. Die Kälteleistung der Niederdruckstufe $Q_{0,N}$ bei der Verdampfungstemperatur $t_{0,N}$ vermehrt um den indizierten Leistungsbedarf der Niederdruckstufe ergibt die Kondensatorleistung Q_N der Niederdruckstufe bei der Zwischentemperatur t_m, die dem Mitteldruck entspricht und die gleich ist der Verdampfertemperatur $t_{0,H}$ der Hochdruckstufe. Die Kälteleistung $Q_{0,H}$ der Hochdruckstufe ist gleich der Kondensatorleistung Q_N der Niederdruckstufe, die vermehrt um den indizierten Leistungsbedarf der Hochdruckstufe $N_{i,H}$ die Kondensatorleistung $Q_H = Q$ ergibt, die nach außen abzuführen ist. Es ist also für den Niederdruckzylinder

$$V_{th,N} = \frac{Q_{0,N}}{q_{0,N}}, \tag{33}$$

wobei

$$q_{0,N} = \frac{i_1 - i_7}{v_1}$$

und

$$N_{th,N} = \frac{Q_{0,N}}{K_{th,N}}, \tag{34}$$

wobei

$$K_{th,N} = 860\,\frac{i_1 - i_7}{i_2 - i_1}.$$

Für den Hochdruckzylinder ist

$$V_{th,H} = \frac{Q_{0,N} + N_{i,N}}{q_{0,H}}, \tag{35}$$

wobei

$$q_{0,H} = \frac{i_3 - i_5}{v_3}$$

und

$$N_{th,H} = \frac{Q_{0,N} + N_{i,N}}{K_{th,H}}, \tag{36}$$

wobei

$$K_{th,H} = 860 \frac{i_3 - i_5}{i_4 - i_3}.$$

Die Kondensatorleistung ist:

$$Q_H = Q_{0,N} + N_{i,N} + N_{i,H}.$$

Da es sich bei dieser Betrachtungsweise um zwei hintereinandergeschaltete getrennt zu denkende einstufige Prozesse mit trockengesättigtem Ansaugezustand handelt, können die Werte von $q_{0,N}$ und $q_{0,H}$ sowie von $K_{th,N}$ und $K_{th,H}$ aus den Tab. 5 bis 9 entnommen werden. Zu diesem Zweck sind diese Tabellen für q_0 und K_{th} in das untere Temperaturgebiet erweitert, allerdings ohne Unterkühlung, die ja in der Niederdruckstufe nicht vorhanden ist.

Auch die Ermittlung von λ und η_i erfolgt nach Abb. 58 und 59 in gleicher Weise wie für einstufige Maschinen, entsprechend dem jeweiligen Druckverhältnis in den beiden Stufen. Der Mitteldruck p_m, der gleichzeitig der Kondensatordruck der Niederdruckstufe und der Verdampferdruck der Hochdruckstufe ist, wird so gewählt, daß das Druckverhältnis in beiden Stufen (p/p_m und p_m/p_0) gleich groß ist. Aus $p/p_m = p_m/p_0 = \sqrt{p/p_0}$ ergibt sich bei zweistufigen Maschinen:

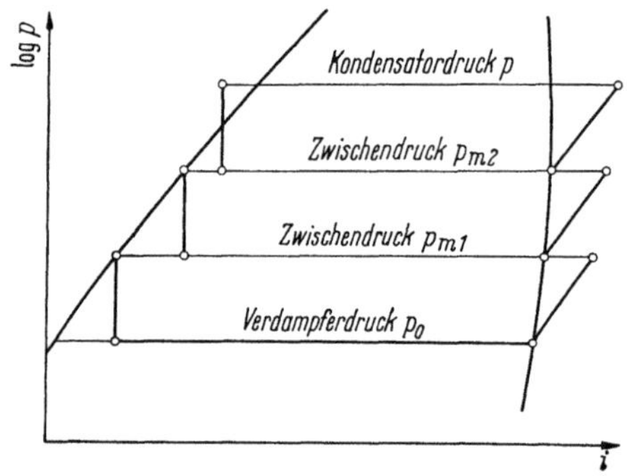

Abb. 67. Prozeß in einer dreistufigen Kältemaschine.

$$p_m = \sqrt{p \cdot p_0} \tag{37}$$

Bei dreistufigen Maschinen werden sinngemäß 3 Kreisläufe hintereinandergeschaltet entsprechend Abb. 67. Auch hier ist die Kondensatorleistung einer unteren Stufe gleich der Kälteleistung der nächsthöheren Stufe. Es ergeben sich 2 verschiedene Mitteldrücke p_{m1} und p_{m2}, wobei diese so gewählt werden, daß die Druckverhältnisse in allen Stufen gleich groß sind. Aus

$$p/p_{m2} = p_{m2}/p_{m1} = p_{m1}/p_0 = \sqrt[3]{\frac{p}{p_0}}$$

ergibt sich für dreistufige Maschinen

$$p_{m1} = \sqrt[3]{p \cdot p_0^2} \quad \text{und} \quad p_{m2} = \sqrt[3]{p^2 \cdot p_0}. \tag{38}$$

Bei der Wahl der Zwischendrücke nach den Gln. (37) und (38) wird ein Maximum des Gesamtwirkungsgrades erreicht, welches jedoch so flach verläuft, daß auch von den gewählten Zwischendrücken abgewichen werden kann.[1] Dieser Fall kann

[1] Literatur über die Ermittlung des Zwischendruckes:
a) SANDOLT, W. R.: Refr. Eng. Bd. 52 (1946) Nr. 3, S. 229 (Referiert in „Die Kälte" Bd. 1 (1948) H. 5—6, S. 126).
b) BEHRINGER, H.: Berechnung des günstigsten Zwischendruckes bei Verbundkompression für NH_3-Maschinen. Z. ges. Kälteind. Bd. 35 (1928), S. 111.
c) HEINZ, A.: Thermodynamische Grundlagen der Kolben- und Turbokompressoren, Berlin 1929.
d) BOUCHÉ/WINTTERLIN: Kolbenverdichter, Springer, 1960, S. 36ff.
e) RASI, A.: Der günstigste Zwischendruck für zweistufige Kälteprozesse. Berichte des IX. Internat. Kältekongresses Paris, 1955, Bd. I, S. 3032—3039. (Referiert in Kältetechnik, Bd. 9 (1957) S. 48).

entstehen, wenn $t_{0,N}$ und $t_{0,H}$ vorgeschrieben sind oder wenn für Verbundmaschinen bestimmte Verhältnisse des geometrischen Hubvolums von Nieder- und Hochdruckstufe eingehalten werden sollen, z. B.: $\frac{V_N}{V_H} = 2$ oder 3 oder 4. In diesem Falle ist bei zweistufigen Maschinen angenähert:

$$p_m = 1{,}2\, p_0 \frac{V_N}{V_H}. \tag{39}$$

Für ein vorgegebenes Hubvolumverhältnis wird also das Druckverhältnis p_m/p_0 rund 20% größer als das Volumverhältnis.

Für Verbundanlagen, bei denen am Zwischenkühler ein zusätzlicher Verdampfer angeschlossen ist, der mit der Sättigungstemperatur $t_{0,H}$ arbeitet, ergibt sich der Zwischendruck p_m aus der vorgeschriebenen Verdampfungstemperatur $t_{0,H}$ des Zusatzverdampfers. Dieser Fall kann beispielsweise eintreten bei einer Verbundmaschine zur Eiserzeugung mit besonderem Verdampfer zur Vorkühlung des Gefrierwassers.

Im Betrieb einer Verbundmaschine ändert sich sowohl p als auch p_0. Dabei bleibt das Druckverhältnis p_m/p_0 der Niederdruckstufe konstant, so daß alle Änderungen von p/p_0 sich nur auf das Druckverhältnis der Hochdruckstufe auswirken. Das ist besonders beim Anfahren zu beachten, da hierbei zunächst nur die Niederdruckstufe belastet wird und überlastet werden kann. Vielfach wird daher das Anfahren und Abkühlen auf den Betriebszustand bei ausgeschalteter Niederdruckstufe allein mit der Hochdruckstufe vorgenommen.

D. Kaskadenkältemaschinen.

Bei mehrstufigen Kältemaschinen der beschriebenen Art kann das Temperaturverhältnis T/T_0 und damit das Druckverhältnis p/p_0 nicht beliebig gesteigert werden, da die Eigenschaften des Kältemittels (Tripelpunkt, kritischer Punkt) eine Grenze setzen. Außerdem ist die Senkung des Verdampferdruckes unter 0,1 ata unzweckmäßig, weil dann der Niederdruckzylinder übermäßig groß und teuer wird. Diese Grenze wird bei einem Druckverhältnis von $p/p_0 \approx 100$ bis 110 erreicht, was einer Differenz von Kondensations- und Verdampfungstemperatur von etwa $t - t_0 = 100°$C bis 120°C entspricht. Bei einer Kondensationstemperatur von 30°C bis 40°C liegt also die tiefste erreichbare Temperatur praktisch bei $t_0 = -70°$C bis $-80°$C, wozu eine dreistufige Kältemaschine ausreicht.

Bei noch tieferen Verdampfungstemperaturen werden zweckmäßig zwei oder drei Kältemaschinenkreisläufe mit *verschiedenen* Kältemitteln hintereinander geschaltet und man erhält so die Kaskadenkältemaschine. Dabei können für jeden Kreislauf ein- oder mehrstufige Kältemaschinen verwendet werden. Bei zwei Kreisläufen mit je 2 Stufen läßt sich etwa $t_0 = -100°$C bis $-120°$C, bei drei Kreisläufen mit je 2 Stufen etwa $t_0 = -140°$C und tiefer erreichen.

In Abb. 68 ist das Schaltschema einer Kaskadenmaschine mit zwei Kältemittelkreisläufen und zwei je zweistufigen Kältemaschinen dargestellt. Die Prozesse sind in Abb. 69 im i,p-Diagramm eingezeichnet, wobei die Meßpunkte in Abb. 68 den entsprechenden Zustandspunkten in Abb. 69 zugeordnet sind. In Abb. 69 sind die Zustandsschaubilder beider Kältemittel übereinander dargestellt, wobei die Druckmaßstäbe so gewählt sind, daß sich ein fortlaufender, für beide Kältemittel gültiger Temperaturmaßstab ergibt.

Die Berechnung ist für beide Kreisläufe so vorzunehmen, wie sie für mehrstufige Maschinen bereits beschrieben wurde. Dabei ist die Kondensatorleistung des unteren Kreislaufs gleich der Kälteleistung des oberen Kreislaufs, vermehrt um die Einstrahlungsverluste, die gerade bei sehr tiefen Temperaturen merklich

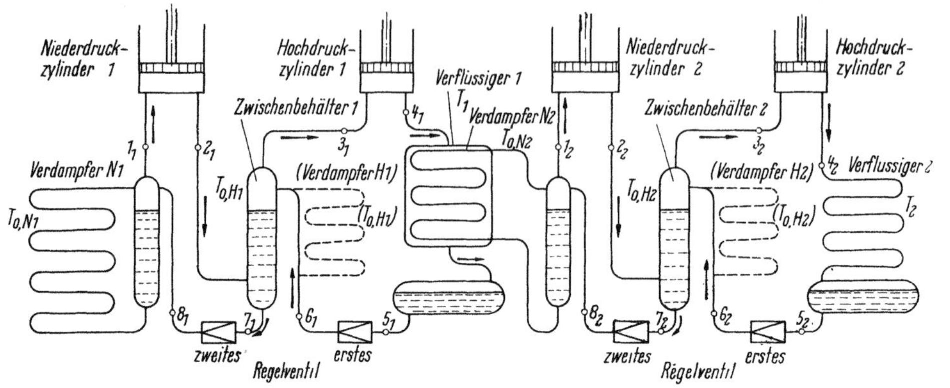

Abb. 68. Schaltschema einer Kaskadenmaschine mit 2 Kältemittelkreisläufen und 2 je zweistufigen Kältemaschinen.

groß sein können. Da die Kondensatorleistung des unteren Kreislaufs in einem Wärmeaustauscher auf den oberen Kreislauf übertragen werden muß, ist die Kondensationstemperatur des unteren Kreislaufs entsprechend höher (etwa 5°C) zu wählen, als die Verdampfungstemperatur des oberen Kreislaufs.

Nähere Einzelheiten ergeben sich aus dem Rechenbeispiel auf Seite 96.

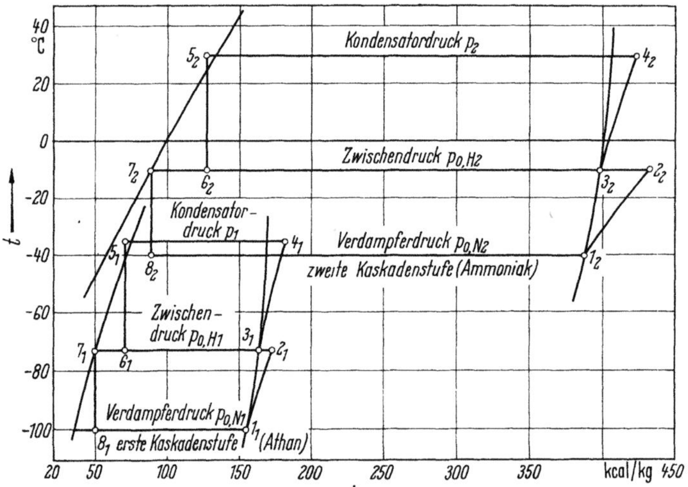

Abb. 69. Prozesse in einer Kaskadenmaschine nach Abb. 68.

E. Die Wärmepumpe.

Bei der Wärmepumpe wird im Gegensatz zur Kältemaschine die Kondensatorleistung nutzbar gemacht, während die Kälteleistung in der Regel nicht genutzt wird. Primär gegeben ist hier die Kondensatorleistung Q, aus der die

Kälteleistung Q_0' überschläglich berechnet werden kann nach der Gleichung:

$$Q_0' = 0{,}85 \cdot Q\,.$$

Mit dieser Kälteleistung werden das Hubvolum V' und der Leistungsbedarf N' berechnet wie bei einer Kältemaschine. Es ergibt sich dann eine Kondensatorleistung Q', die in der Regel etwas größer oder kleiner ist als die gewünschte Heizleistung Q. Alle berechneten Werte wie Q_0', V' und N' sind dann mit dem Faktor $\frac{Q}{Q'}$ zu multiplizieren, wodurch sich die endgültigen Werte für Q_0, V und N ergeben. Die Wärmepumpe wird in Bd. XII dieses Handbuches ausführlich behandelt.

F. Rechenbeispiele.

1. Aufgabe. Für eine Kältemaschine sind bei folgenden Betriebsbedingungen das geometrische Hubvolum V und der effektive Leistungsverbrauch N_{eff} zu bestimmen:

Kälteleistung	$Q_0 = 50000$ kcal/h
Verdampfungstemp.	$t_0 = -15°$ C
Kondensationstemp.	$t = +30°$ C
Unterkühlungstemp.	$t_u = +25°$ C
Schädlicher Raum	$\varepsilon_0 = 0{,}04$
Kältemittel	Ammoniak (NH_3).

Das geometrische Hubvolum errechnet sich aus

$$V = \frac{V_{th}}{\lambda} \quad \text{in m}^3/\text{h}$$

mit $V_{th} = \frac{Q_0}{q_0}$ in m^3/h und $q_0 = \frac{i_1'' - i_3}{v_1''}$ in kcal/m^3 sowie

$$\lambda = \eta_v - (1 - \eta_w)\,.$$

Die volumetrische Kälteleistung q_0 kann zwar mit den Werten $i_1'' = 397{,}12$ kcal/kg, $i_3 = 128{,}09$ kcal/kg und $v_1'' = 0{,}5087$ m^3/kg aus der Dampftafel Tab. 1 für Ammoniak berechnet werden zu

$$q_0 = \frac{397{,}12 - 128{,}09}{0{,}5087} = 529 \text{ kcal/m}^3\,.$$

Es ist jedoch einfacher und genauer, den Wert q_0 der Tab. 5 zu entnehmen. Man erhält $q_0 = 528{,}9$ kcal/m^3. Damit wird

$$V_{th} = \frac{50000}{528{,}9} = 94{,}5 \text{ m}^3/\text{h}\,.$$

Um den Liefergrad der Maschine aus Abb. 58 bestimmen zu können, wird zunächst ein Wert für λ geschätzt und so die ungefähre Größe des geometrischen Hubvolums festgelegt. Mit der Annahme $\lambda \approx 0{,}7$ wird $V \approx 130$ m^3/h.

Aus Abb. 58 ergibt sich damit $1 - \eta_w = 0{,}131$, $\eta_v = 0{,}831$ und somit $\lambda = 0{,}831 - 0{,}131 = 0{,}7$.

Das geometrische Hubvolum wird also $V = \frac{94{,}5}{0{,}7} = 135$ m^3/h.

Die Übereinstimmung des geschätzten mit dem berechneten Wert von λ ist so gut, daß der Liefergrad $\lambda = 0{,}7$ der weiteren Rechnung zugrunde gelegt werden kann.

Der effektive Leistungsverbrauch läßt sich folgendermaßen bestimmen

$$N_{eff} = \frac{N_{th}}{\eta_{eff}} \quad \text{in kW}.$$

Dabei ist $N_{th} = \frac{Q_0}{K_{th}}$ in kW $K_{th} = 860 \frac{i_1'' - i_3}{i_2 - i_1''}$ in kcal/kWh $\eta_{eff} = \eta_i \cdot \eta_m$.

Mit den bereits bekannten Werten i_1'' und i_3 sowie $i_2 = 452$ kcal/kg aus dem MOLLIER-Diagramm für Ammoniak wird

$$K_{th} = 860 \frac{397{,}12 - 128{,}09}{452 - 397{,}12} = 4200 \text{ kcal/kWh}.$$

Auch hier ist es einfacher und genauer, K_{th} der entsprechenden Tabelle, Tab. 9 zu entnehmen: $K_{th} = 4186$ kcal/kWh.

Man erhält damit für den theoretischen Leistungsverbrauch

$$N_{th} = \frac{50\,000}{4186} = 11{,}94 \text{ kW}.$$

Mit einem mechanischen Wirkungsgrad nach Abb. 61 von $\eta_m \approx 0{,}9$ und mit einem indizierten Gütegrad nach Abb. 59 von $\eta_i = 1{,}17 \cdot \lambda = 1{,}17 \cdot 0{,}7 = 0{,}82$ ergibt sich als effektiver Gütegrad $\eta_{eff} = 0{,}82 \cdot 0{,}9 = 0{,}738$.

Damit ist der effektive Leistungsverbrauch

$$N_{eff} = \frac{11{,}94}{0{,}738} = 16{,}2 \text{ kW}.$$

2. Aufgabe. Wie groß sind die Kälteleistung Q_0 und der effektive Leistungsverbrauch N_{eff} der gleichen Maschine für folgende Betriebsbedingungen:

Verdampfungstemp.	t_0	$= -10°$ C
Kondensationstemp.	t	$= +25°$ C
Unterkühlungstemp.	t_u	$= +15°$ C
Geom. Hubvolum	V	$= 135$ m³/h
Kältemittel	Ammoniak (NH_3)	

Es gilt $Q_0 = q_0 \cdot V_{th}$ in kcal/h und weiter $V_{th} = \lambda \cdot V$ in m³/h.

Das geometrische Hubvolum ist gegeben zu $V = 135$ m³/h. λ wird aus Abb. 58 bestimmt für $\varepsilon_0 = 0{,}04$

$$\lambda = \eta_v - (1 - \eta_w) = 0{,}875 - 0{,}08 = 0{,}795$$

$$V_{th} = 0{,}795 \cdot 135 = 107{,}2 \text{ m}^3/\text{h}.$$

Aus Tab. 5 entnimmt man den Wert $q_0 = 673{,}9$ kcal/m³. Man erhält als Kälteleistung

$$Q_0 = 673{,}9 \cdot 107{,}2 = 72\,300 \text{ kcal/h}.$$

Der effektive Leistungsverbrauch ergibt sich aus $N_{eff} = \frac{N_{th}}{\eta_{eff}}$ in kW mit $N_{th} = \frac{Q_0}{K_{th}}$ in kW und $\eta_{eff} = \eta_i \cdot \eta_m$.

Aus Tab. 9 erhält man

$$K_{th} = 5836 \text{ kcal/kWh} \quad \text{und damit} \quad N_{th} = \frac{72\,300}{5836} = 12{,}4 \text{ kW}.$$

Mit $\eta_m = 0{,}9$ (angenommen) und aus Abb. 59

$$\eta_i = 1{,}08 \cdot \lambda = 1{,}08 \cdot 0{,}795 = 0{,}86$$

wird

$$\eta_{eff} = 0{,}86 \cdot 0{,}9 = 0{,}774.$$

Der effektive Leistungsverbrauch errechnet sich zu

$$N_{eff} = \frac{12{,}4}{0{,}774} = 16\,\mathrm{kW}.$$

3. Aufgabe. Die in Aufgabe 1 berechnete Kältemaschine soll mit R 12 (CF_2Cl_2) betrieben werden und erhält dazu größere Ventile, wodurch der schädliche Raum auf 6% erhöht wird. Wie groß sind die Kälteleistung Q_0 und der effektive Leistungsbedarf N_{eff} bei nachstehenden Bedingungen?

Verdampfungstemp.	$t_0 = -10°$ C
Kondensationstemp.	$t = +35°$ C
Unterkühlungstemp.	$t_u = +30°$ C
Geom. Hubvolum	$V = 135\,m^3/h$
Schädlicher Raum	$\varepsilon_0 = 0{,}06$
Kältemittel	R 12

Lösungsweg wie bei Aufgabe 2:

$$Q_0 = q_0 \cdot V_{th} \quad \text{in kcal/h}; \quad V_{th} = \lambda \cdot V \quad \text{in } m^3/h.$$

Aus Abb. 58 für $p/p_0 = 3{,}86$ wird $\lambda = 0{,}815 - 0{,}09 = 0{,}725$ und $V_{th} = 0{,}725 \cdot 135 = 98\,m^3/h$.

Aus Tab. 7 folgt $q_0 = 369{,}9$ kcal/m³ daher $Q_0 = 369{,}9 \cdot 98 = 36250$ kcal/h.

Ferner ist $N_{eff} = \frac{N_{th}}{\eta_{eff}}$ in kW; $N_{th} = \frac{Q_0}{K_{th}}$ in kW; $\eta_{eff} = \eta_i \cdot \eta_m$.

Aus Tab. 9 erhält man $K_{th} = 4279$ kcal/kWh. Dieser Wert muß noch um 3,4% vermindert werden, entsprechend den in Abb. 55 angegebenen Abweichungen der Werte K_{th} für Ammoniak und R 12. Es ist also $K_{th} = 4130$ kcal/kWh und $N_{th} = \frac{36250}{4130} = 8{,}78$ kW. Mit $\eta_m = 0{,}9$ und aus Abb. 59 $\eta_i = 1{,}17 \cdot \lambda$ folgt $\eta_i = 1{,}17 \cdot 0{,}725 = 0{,}848$. Ferner wird $\eta_{eff} = 0{,}848 \cdot 0{,}9 = 0{,}764$ und $N_{eff} = \frac{8{,}78}{0{,}764} = 11{,}5$ kW.

4. Aufgabe. Wie groß sind die geometrischen Hubvolume der Niederdruckstufe V_N und der Hochdruckstufe V_H sowie der effektive Leistungsverbrauch der Niederdruckstufe $N_{eff,N}$ und der Hochdruckstufe $N_{eff,H}$ einer Verbundkältemaschine bei folgenden Betriebsbedingungen:

Kälteleistung	$Q_{0,N} = 200000$ kcal/h
Verdampfungstemp.	$t_0 = -50°$ C
Kondensationstemp.	$t = +30°$ C
Unterkühlungstemp.	$t_u = +25°$ C
Schädlicher Raum	$\varepsilon_0 = 0{,}04$
Kältemittel	Ammoniak (NH_3)

Das Gesamtdruckverhältnis $p/p_0 = 28{,}5$ wird in zwei Stufen überwunden; wir bezeichnen den Zwischendruck p_m mit $p_{0,H}$.

Erste Stufe $p_{0,N} \rightarrow p_{0,H}$, zweite Stufe $p_{0,H} \rightarrow p$. Dabei soll $p_m = p_{0,H}$ nach Gl. (37) gewählt werden:

$$p_{0,H} = \sqrt{p \cdot p_{0,N}} = \sqrt{11{,}895 \cdot 0{,}4168} = 2{,}23\,\text{ata}.$$

Da dieser Druck bei NH_3 einer Verdampfungstemperatur von $-16{,}8°$ C entspricht, wird als Saugdruck der Hochdruckstufe der Wert $p_{0,H} = 2{,}21$ ata zur Temperatur von $-17°$ C zugrunde gelegt. Damit werden die beiden Druckverhältnisse $\frac{p_{0,H}}{p_{0,N}} = 5{,}3$ und $\frac{p}{p_{0,H}} = 5{,}38$. Die beiden getrennten Stufen werden nun wie bei Aufgabe 1 berechnet.

a) Niederdruckstufe

$$V_N = \frac{V_{th,N}}{\lambda_N} \quad \text{in} \quad m^3/h \quad \text{und} \quad V_{th,N} = \frac{Q_{0,N}}{q_{0,N}} \quad \text{in} \quad m^3/h.$$

Aus Tab. 5 erhält man $q_{0,N} = 115{,}4$ kcal/m³.

Daher wird $V_{th,N} = \frac{200000}{115{,}4} = 1734$ m³/h.

Geschätzt: $\lambda_N \approx 0{,}7$ und damit $V_N \approx 2500$ m³/h.

Aus Abb. 58 wird $\lambda_N = 0{,}82 - 0{,}1 = 0{,}72$

und damit $\quad V_N = \frac{1734}{0{,}72} = 2410$ m³/h.

Aus Tab. 9 erhält man ferner $K_{th,N} = 4960$ kcal/kWh und aus Abb. 59 $\eta_{i,N} = 1{,}19 \cdot 0{,}72 = 0{,}857$. Mit $\eta_m = 0{,}9$ wird dann $\eta_{eff,N} = 0{,}857 \cdot 0{,}9 = 0{,}771$ und $N_{th,N} = Q_{0,N}/K_{th,N} = \frac{200000}{4960} = 40{,}3$ kW. Ferner wird $N_{i,N} = N_{th,N}/\eta_{i,N} = \frac{40{,}3}{0{,}857} = 47$ kW und $N_{eff,N} = N_{th,N}/\eta_{eff,N} = \frac{40{,}3}{0{,}771} = 52{,}3$ kW.

b) Hochdruckstufe. Die „Kälteleistung" der Hochdruckstufe wird

$$Q_{0,H} = Q_{0,N} + 860 \cdot N_{i,N} \text{ in kcal/h} = 200000 + 860 \cdot 47 = 240400 \text{ kcal/h}.$$

Aus Tab. 5 erhält man $q_{0,H} = 487{,}2$ kcal/m³ und damit $V_{th,H} = \frac{240400}{487{,}2} = 493$ m³/h. Geschätzt: $\lambda_H \approx 0{,}7$ und damit $V_H \approx 700$ m³/h.

Aus Abb. 58 findet man dann $\lambda_H = 0{,}815 - 0{,}125 = 0{,}69$ und $V_H = \frac{493}{0{,}69} = 715$ m³/h.

Aus Tab. 9 erhält man $K_{th,H} = 3943$ kcal/kWh und damit $N_{th,H} = \frac{240400}{3943} = 61{,}1$ kW.

Aus Abb. 59 findet man schließlich

$$\eta_{i,H} = 1{,}195 \cdot 0{,}69 = 0{,}825; \quad \eta_{eff,H} = 0{,}825 \cdot 0{,}9 = 0{,}742$$

$$\text{und} \quad N_{eff,H} = \frac{61{,}1}{0{,}742} = 82{,}3 \text{ kW}.$$

5. Aufgabe. Wie groß sind die geometrischen Hubvolume V und der effektive Leistungsverbrauch N_{eff} einer Kaskaden-Kältemaschine für folgende Betriebsbedingungen:

Kälteleistung	$Q_0 = 200000$ kcal/h
Verdampfungstemp.	$t_0 = -100°$ C
Kondensationstemp.	$t = +30°$ C
Unterkühlungstemp.	$t_u = +25°$ C
Schädlicher Raum für alle Kompressoren	$\varepsilon_0 = 0{,}04$
Kältemittel 1. Stufe	Äthan (C_2H_6)
Kältemittel 2. Stufe	Ammoniak (NH_3)

Die erste Stufe wird als Äthan-Verbundmaschine, die zweite als Ammoniak-Verbundmaschine ausgeführt. Das Druckverhältnis beider Maschinen soll unter Berücksichtigung der Temperaturdifferenz von 5 Grad zw. der Äthan-Kondensations- und der Ammoniak-Verdampfungstemperatur etwa gleich groß sein.

Äthan[1]	*Ammoniak*
$t_{01} = -100°$ C $\quad p_{0,N1} = 0{,}5354$ ata	$t_{02} = -40°$ C $\quad p_{0,N2} = 0{,}7318$ ata
$t_1 = -35°$ C $\quad p_1 = 9{,}309$ ata	$t_2 = +30°$ C $\quad p_2 = 11{,}895$ ata
$\frac{p_1}{p_{0,N1}} = 17{,}37$	$\frac{p_2}{p_{0,N2}} = 16{,}25$.

[1] Die Werte für Äthan findet man im Bd. IV dieses Handbuches auf S. 467 und im Mollier-Diagramm 13.

Die Berechnung der beiden Stufen erfolgt wie in Aufgabe 4.

a) Erste Stufe (Äthan):

$$p_{0,H1} \approx \sqrt{0{,}5354 \cdot 9{,}309} = 2{,}23 \text{ ata}.$$

Gewählt $p_{0,H1} = 2{,}24$ ata zu $t = -73^\circ$ C. Die Druckverhältnisse werden damit

$$\frac{p_{0,H1}}{p_{0,N1}} = 4{,}18 \quad \text{und} \quad \frac{p_1}{p_{0,H1}} = 4{,}15.$$

Es ist $Q_0 = Q_{0,N1} = 200000$ kcal/h und $q_{0,N1} = 116{,}7$ kcal/m³.

Daher wird $V_{th,N1} = \frac{200000}{116{,}7} = 1715$ m³/h.

Geschätzt: $\lambda_{N1} \approx 0{,}75$ und damit $V_{N1} \approx 2300$ m³/h.

Aus Abb. 58 erhält man $\lambda_{N1} = 0{,}855 - 0{,}08 = 0{,}775$ und daher

$$V_{N1} = \frac{1715}{0{,}775} = 2210 \text{ m}^3/\text{h}.$$

Aus der Dampftafel und dem MOLLIER-Diagramm für Äthan findet man nach Gl. (13)

$$K_{th,N1} = 860 \frac{155{,}07 - 51{,}4}{174 - 155{,}07} = 4710 \text{ kcal/kWh}$$

und

$$N_{th,N1} = \frac{200000}{4710} = 42{,}5 \text{ kW}.$$

Aus Abb. 59 erhält man $\eta_{i,N1} = 1{,}125 \cdot 0{,}775 = 0{,}872$ und $\eta_{eff,N1} = 0{,}872 \cdot 0{,}9 = 0{,}785$.

Daraus folgt $N_{i,N1} = \frac{42{,}5}{0{,}872} = 48{,}7$ kW und $N_{eff,N1} = \frac{42{,}5}{0{,}785} = 54{,}1$ kW.

Damit wird $Q_{0,H1} = 200000 + 860 \cdot 48{,}7 = 241900$ kcal/h.

Mit $q_{0,H1} = 371{,}6$ kcal/m³ wird $V_{th,H1} = \frac{241900}{371{,}6} = 651$ m³/h.

Geschätzt: $\lambda_{H1} \approx 0{,}75$ und damit $V_{H1} \approx 900$ m³/h.

Aus Abb. 58 erhält man $\lambda_{H1} = 0{,}855 - 0{,}1 = 0{,}755$ und daher

$$V_{H1} = \frac{651}{0{,}755} = 862 \text{ m}^3/\text{h}.$$

Aus der Dampftafel und dem MOLLIER-Diagramm für Äthan findet man nach Gl. (13)

$$K_{th,H1} = 860 \frac{161{,}86 - 74{,}56}{181{,}5 - 161{,}86} = 3820 \text{ kcal/kWh}$$

und

$$N_{th,H1} = \frac{241900}{3820} = 63{,}3 \text{ kW}.$$

Aus Abb. 59: $\eta_{i,H1} = 1{,}12 \cdot 0{,}755 = 0{,}846$ und $\eta_{eff,H1} = 0{,}846 \cdot 0{,}9 = 0{,}761$. Daraus folgt

$$N_{i,H1} = \frac{63{,}3}{0{,}846} = 74{,}8 \text{ kW} \quad \text{und} \quad N_{eff,H1} = \frac{63{,}3}{0{,}761} = 83{,}1 \text{ kW}.$$

b) Zweite Stufe (Ammoniak):

$$p_{0,H2} \approx \sqrt{0{,}7318 \cdot 11{,}895} = 2{,}95 \text{ ata}.$$

Gewählt $p_{0,H2} = 2{,}966$ ata zu $t = -10°$ C. Die Druckverhältnisse werden damit

$$\frac{p_{0,H2}}{p_{0,N2}} = 4{,}05 \quad \text{und} \quad \frac{p_2}{p_{0,H2}} = 4{,}01\,.$$

Es ist $Q_{0,N2} = Q_{0,H1} + N_{i,H1} = 241\,900 + 860 \cdot 74{,}8 = 306\,300$ kcal/h.

Aus Tab. 5: $q_{0,N2} = 192{,}9$ kcal/m³ und daher $V_{th,N2} = \frac{306\,300}{192{,}9} = 1590$ m³/h.

Geschätzt: $\lambda_{N2} \approx 0{,}8$ und damit $V_{N2} \approx 2000$ m³/h.

Aus Abb. 58 erhält man

$$\lambda_{N2} = 0{,}86 - 0{,}08 = 0{,}78 \text{ und daher } V_{N2} = \frac{1590}{0{,}78} = 2040 \text{ m}^3/\text{h}.$$

Aus Tab. 1 und dem Mollier-Diagramm für NH_3 erhält man

$$K_{th,N2} = 860\,\frac{388{,}1 - 89{,}03}{433 - 388{,}1} = 5725 \text{ kcal/kWh}$$

$$\text{und daher} \quad N_{th,N2} = \frac{306\,300}{5725} = 53{,}5 \text{ kW}.$$

Aus Abb. 59 folgt $\eta_{i,N2} = 1{,}12 \cdot 0{,}78 = 0{,}874$ und $\eta_{eff,N2} = 0{,}874 \cdot 0{,}9 = 0{,}786$.
Daraus folgt $N_{i,N2} = \frac{53{,}5}{0{,}874} = 61{,}2$ kW und $N_{eff,N2} = \frac{53{,}5}{0{,}786} = 68$ kW.
Damit wird $Q_{0,H2} = 306\,300 + 860 \cdot 61{,}2 = 358\,900$ kcal/h.

Aus Tab. 5 erhält man $q_{0,H2} = 646{,}7$ kcal/m³ und damit

$$V_{th,H2} = \frac{358\,900}{646{,}7} = 555 \text{ m}^3/\text{h}.$$

Geschätzt: $\lambda_{H2} \approx 0{,}75$ und damit $V_{H2} \approx 750$ m³/h.
Aus Abb. 58 $\lambda_{H2} = 0{,}86 - 0{,}095 = 0{,}765$ und daher $V_{H2} = \frac{555}{0{,}765} = 725$ m³/h.
Aus Tab. 9 findet man $K_{th,H2} = 4907$ kcal/kWh und $N_{th,H2} = \frac{358\,900}{4907} = 73{,}2$ kW.
Aus Abb. 59 folgt $\eta_{i,H2} = 1{,}12 \cdot 0{,}765 = 0{,}856$ und $\eta_{eff,H2} = 0{,}856 \cdot 0{,}9 = 0{,}771$.
Daher wird $N_{eff,H2} = \frac{73{,}2}{0{,}771} = 95$ kW.

6. Aufgabe. Wie groß sind das geometrische Hubvolum V und der effektive Leistungsverbrauch N_{eff} einer Wärmepumpe mit einem schädlichen Raum von 6% bei folgenden Betriebsbedingungen:

Kondensatorleistung	$Q = 20\,000$ kcal/h
Verdampfungstemp.	$t_0 = 0$ °C
Kondensationstemp.	$t = +50$ °C
Unterkühlungstemp.	$t_u = +47{,}5$ °C
Schädlicher Raum	$\varepsilon_0 = 0{,}06$
Kältemittel	R 12 (CF_2Cl_2)

$$Q_0' = 0{,}85 \cdot Q \text{ in kcal/h} = 0{,}85 \cdot 20\,000 = 17\,000 \text{ kcal/h}.$$

Aus Tab. 7 $q_0 = 453{,}3$ kcal/m³ daher $V_{th} = \frac{17\,000}{453{,}3} = 37{,}5$ m³/h.
Geschätzt: $\lambda \approx 0{,}7$ und damit $V' \approx 53{,}5$ m³/h.
Aus Abb. 58 für $p/p_0 = 3{,}93$

$$\lambda = 0{,}815 - 0{,}12 = 0{,}695 \quad \text{und} \quad V' = \frac{37{,}5}{0{,}695} = 54 \text{ m}^3/\text{h}.$$

Aus Tab. 9 $K_{th} = 3890$ kcal/kWh.

Nach Abb. 55 müssen für R 12 von diesem Wert etwa 6% abgezogen werden, daher ist $K_{th} = 3660$ kcal/kWh und $N_{th} = \frac{17000}{3660} = 4{,}64$ kW.

Aus Abb. 59: $\eta_i = 1{,}175 \cdot 0{,}695 = 0{,}817$ und $N_i' = \frac{4{,}64}{0{,}817} = 5{,}68$ kW.

Mit $\eta_{eff} = 0{,}817 \cdot 0{,}9 = 0{,}735$ wird $N_{eff}' = \frac{4{,}64}{0{,}735} = 6{,}31$ kW.

$$Q' = Q_0 + 860\, N_i' \text{ in kcal/h} = 17000 + 860 \cdot 5{,}68 = 21890 \text{ kcal/h}.$$

Daher
$$\frac{Q}{Q'} = \frac{20000}{21890} = 0{,}9125.$$

$$Q_0 = \frac{Q}{Q'} \cdot Q_0' \text{ in kcal/h} = 0{,}9125 \cdot 17000 = 15500 \text{ kcal/h}.$$

somit $V = 0{,}9125 \cdot 54 = 49{,}3$ m³/h und $N_{eff} = 0{,}9125 \cdot 6{,}31 = 5{,}76$ kW.

7. Aufgabe. Wie groß sind die Kälteleistung Q_0 und der effektive Leistungsverbrauch N_{eff} der in Aufgabe 6 berechneten Maschine, wenn sie unter nachstehenden Bedingungen als Kältemaschine betrieben wird?

Geometr. Hubvolum	$V = 49{,}3$ m³/h
Verdampfungstemp.	$t_0 = +10$°C
Kondensationstemp.	$t = +45$°C
Unterkühlungstemp.	$t_u = +40$°C
Schädlicher Raum	$\varepsilon_0 = 0{,}06$
Kältemittel	R 12 (CF_2Cl_2)

Aus Abb. 58 wird für $p/p_0 = 2{,}56$ $\lambda = 0{,}875 - 0{,}07 = 0{,}805$ und $V_{th} = 0{,}805 \cdot 49{,}3 = 39{,}7$ m³/h.

Aus Tab. 7: $q_0 = 682,$ kcal/m³, daher $Q_0 = 682{,}6 \cdot 39{,}7 = 27100$ kcal/h.

Aus Tab. 9: $K_{th} = 6181$ kcal/kWh. Nach Abb. 55 sind davon etwa 5% abzuziehen, daher $K_{th} = 5870$ kcal/kWh und $N_{th} = \frac{27100}{5870} = 4{,}62$ kW.

Aus Abb. 59: $\eta_i = 1{,}055 \cdot 0{,}805 = 0{,}849$ $\eta_{eff} = 0{,}849 \cdot 0{,}9 = 0{,}764$ und $N_{eff} = \frac{4{,}62}{0{,}764} = 6{,}05$ kW.

Kompressoren für Kleinkältemaschinen.

Von

Dr.-Ing. **K. Bach**, Frankfurt (Main)

Mit 104 Abbildungen.

A. Leistungs- und Anwendungsbereich.

Die vielfältigen Aufgaben der Kältetechnik überspannen einen weiten Bogen. Dies bezieht sich sowohl auf die spezifische Art der Anwendung von Kältemaschinen als auch auf deren Leistungsgröße. Im Verlaufe der jahrzehntelangen Entwicklung der Kältetechnik haben sich hierbei die beiden umfangreichen Gebiete des Großkältemaschinenbaues und der Kleinkältetechnik herausgeschält.

Die charakteristischen Merkmale, die diese beiden Hauptgebiete unterscheiden, liegen nicht nur in der Leistungsgröße, d. h. der Stärke des Antriebsmotors und der Kälteleistung, sondern auch bei der Verwendungsart, den Fertigungs- und Vertriebsmethoden. Gerade die letzteren Merkmale lassen häufiger eine eindeutigere Zuordnung zu als die absolute Größe des Kompressors.

Die wirtschaftliche Erschließung des Gebietes der Kleinkältemaschinen in den letzten Jahren und die damit verbundenen konstruktiven und fertigungstechnischen Anstrengungen haben diesen Bereich zu einem durchaus selbständigen Gebiet innerhalb der Kältetechnik werden lassen. Darüber hinaus haben sich bei den Kleinkältemaschinen neue Schwerpunkte gebildet, so daß dieser Bereich noch weiter aufteilbar erscheint.

Es lassen sich bei den Kleinkältemaschinen im wesentlichen drei Gruppen unterscheiden: Da sind die Kältemaschinen mit Antriebsleistungen unter 1 PS *(fractional horse power)*, die Kältemaschinen bis zu einer Antriebsleistung von etwa 10 PS mit einer Kälteleistung bis zu 20000 kcal/h bei — 10° C Verdampfungstemperatur oder bis zu 30000 kcal/h bei Klimabedingungen ($t_0 = +5°$ C); und daran schließt sich endlich der obere Bereich bis etwa 50000 kcal/h an.

Zu der ersten Gruppe gehören besonders die als geschlossene Motorkompressoren ausgebildeten Kältemaschinen für Haushaltkühlschränke und Gewerbekühlmöbel (vgl. Abb. 70). Die Bedeutung, die diese Maschinen im Laufe der letzten Jahre gewonnen haben, läßt sich am besten aus dem Umsatz an Haushaltkühlschränken erkennen. In der Bundesrepublik Deutschland wurden in den letzten Jahren etwa nebenstehende Stückzahlen an Haushaltkühlschränken hergestellt.

	mit Motorkompressor	mit Absorber
1956	597000	156000
1957	780000	144000
1958	1322000	215000
1959	1650000	250000
1960	2157000	199000
1961	1980000	100000
1962	1718000	91000
1963	1641000	66000
1964	1979000	97000

Hierzu kommen mit Motorkompressoren ausgerüstete Haushaltgefriermöbel:

	Gefrierschränke	Gefriertruhen
1963	20100	127200
1964	40700	218200

Die Leistungsgröße der Kompressoren reicht von $^1/_{15}$ bis $^1/_6$ PS. Vergleichsweise wurden in den USA in den letzten 10 Jahren bei fast vollständiger Marktsättigung jährlich jeweils zwischen 3 und 4 Millionen Haushaltkühlschränke gefertigt.

Die Klimatechnik, insbesondere die Hersteller von Klimaschränken für die Komfort-Klimatisierung haben die Bauformen der Verdichter bis etwa 10 PS

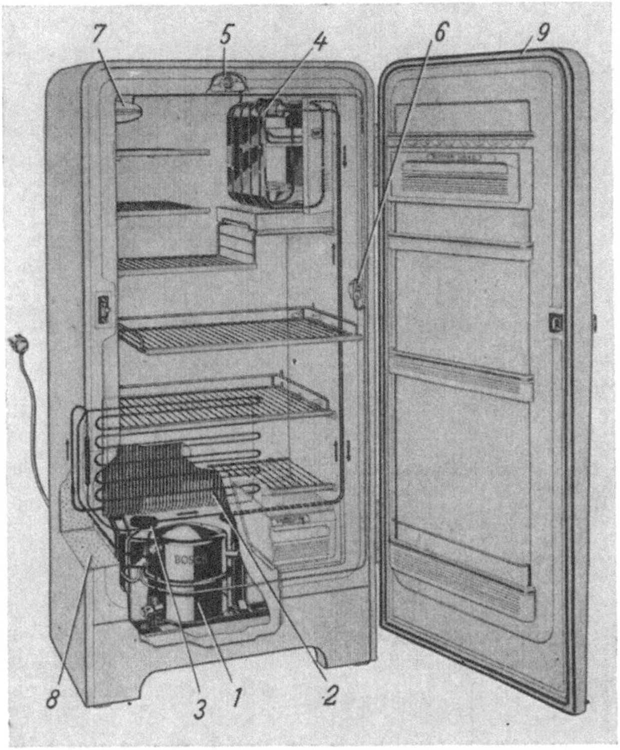

Abb. 70. Anordnung eines R 12-Kältesatzes mit hermetisch gekapseltem Motorkompressor in einem 180 l-Haushalt-Kühlschrank von Bosch.
1 Motorkompressor. *2* Kondensator. *3* Drossel-Kapillare. *4* Verdampfer. *5* Thermostat. *6* Lichtschalter. *7* Innenbeleuchtung. *8* Isolierung. *9* Türdichtung.

wesentlich beeinflußt. Während für Antriebsleistungen bis zu 5 PS heute auch vollhermetische Motorkompressoren zur Verfügung stehen (Abb. 71), wird das Gebiet bis 10 PS, beginnend bei Leistungen um 1 PS, hauptsächlich mit halbhermetischen Motorkompressoren versorgt (Abb. 72). Daneben wird der offene Kompressor, vorzugsweise direkt mit dem Antriebsmotor bei Drehzahlen bis 1450 U/min gekuppelt, aber auch mit Keilriemenantrieb bei niedrigeren Drehzahlen, in jedem Fall jedoch gekennzeichnet durch das Vorhandensein einer Gleitringstopfbuchse, weiterhin verwendet (Abb. 73).

Einige Firmen haben in den letzten Jahren den Einbau des Antriebsmotors in das Kompressorgehäuse folgerichtig fortgesetzt. Die Grenze des Kleinkältemaschinenbaues hat sich hierbei, zumindest von der konstruktiven und fertigungstechnischen Seite gesehen, weiter nach oben verschoben. Die Abgrenzung gegen den Großkältemaschinenbau dürfte bei 30 bis 50000 kcal/h, bezogen auf eine Verdampfungstemperatur von -10° C, liegen. Jedenfalls wird man Mehrzylinder-Kompressoren mit einer Nennleistung von 15 bis 20000 kcal/h je Zylinder schon dem Großkältemaschinenbau hinzurechnen müssen, vor allem bei keilriemengetriebenen Kompressoren mit verhältnismäßig niedrigen Drehzahlen um 500 min^{-1} und entsprechend großen Zylinderabmessungen.

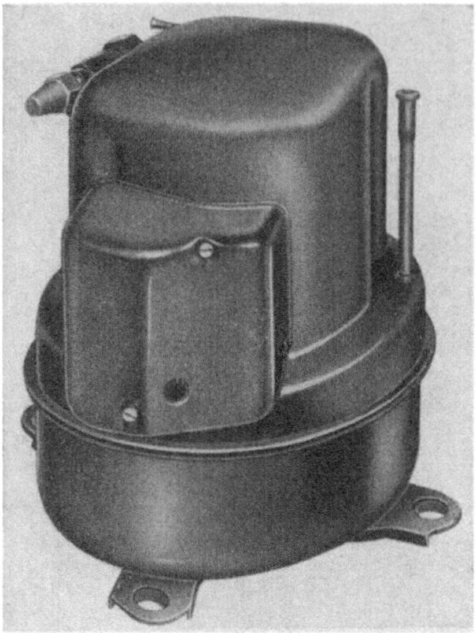

Abb. 71. Typische Form eines hermetischen Zweizylinder-Motorkompressors von Tecumseh (USA) mit Einbaumotor von 0,5 bis 1,5 PS für R 12 und R 22. Breite 275, Tiefe 225, Höhe 305 mm. Ähnliche Kompressoren, jedoch in 4-Zylinder-Ausführung haben Leistungsgrößen von 2,3 und 5 PS. Kapseldurchmesser 360, Höhe 455 mm. Gewicht bis 83,5 kg.

Abb. 72. Halbhermetischer Vierzylinder-Motorkompressor J 80 für R 12 von Linde. Motorleistungsstärke 6 PS, Gewicht 144 kg, Bohrung 58 mm, Hub 46 mm, Kälteleistung 11220 kcal/h bei $t_0 = -10$ °C.

Während die Kleinkälteindustrie immer mehr nach größeren Kompressorleistungen strebt, macht sich bei Firmen, die früher ausschließlich auf dem Gebiete des Großkältemaschinenbaues tätig waren, die Tendenz bemerkbar, sich auch in das Geschäft der Kleinkältemaschinen einzuschalten. Häufig geschieht dies — in klarer Erkenntnis der unterschiedlich gearteten Notwendigkeiten — auf dem Wege des Lizenzbaues. Dadurch werden solche Firmen, die sich bisher ausschließlich der Einzelstückfertigung gewidmet haben, durch einen erfahrenen Partner in die Lage versetzt, sich die besonderen Methoden der Herstellung und des Vertriebes von Kleinkältemaschinen in kürzester Zeit selbst anzueignen. Meistens wird dieses Gebiet innerhalb einer besonderen und selbständig aufgebauten Abteilung dem übrigen Unternehmen angeschlossen. Häufig geht dies so weit, daß für dieses neue Fertigungsprogramm neue Fabriken gebaut werden. Die Tatsache, daß je Tag mehrere 100 bis 1000 Kompressoren und Zubehörteile

Abb. 73. Offener Zweizylinder-Kompressor der H-Reihe von Sümak, direkt mit dem Antriebsmotor gekuppelt. Nenn-Kälteleistung 35000 kcal/h.

hergestellt werden, macht den Einsatz von Einzweck-Werkzeugmaschinen möglich. Methoden der statistischen Qualitätskontrolle ergänzen die für eine Serienfabrikation erforderlichen verfeinerten Prüfmethoden. Kurze und auf die einzelnen Arbeitsplätze abgestimmte Taktzeiten dienen einer rationellen Fertigung bei geringsten Kosten, während andererseits die erforderliche hohe Fertigungsgenauigkeit und Oberflächengüte der bearbeiteten Teile den Aufwand belasten. Nicht selten ist zu beobachten, daß Firmen, die sowohl im Großkälte- als auch im Kleinkältemaschinenbau tätig sind, gute Lehren sowohl für die Konstruktion als auch für den Fertigungsbetrieb des Großkältemaschinenbaues aus der Beschäftigung mit Kleinkältemaschinen ziehen.

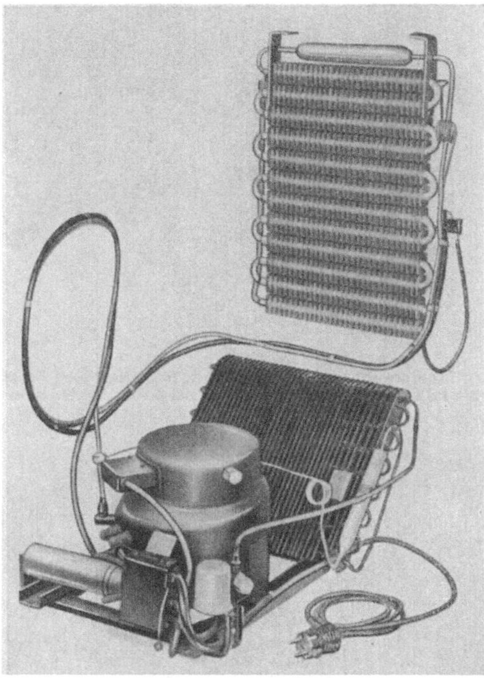

Abb. 74. Statisch belüfteter R 12-Kältesatz mit hermetischem Motorkompressor V 670 R (1/8 PS) von Bosch. Nennleistung 150 kcal/h bei $t_0 = -10$ °C, $t_R = 30$ °C. Stromaufnahme 1,1 A bei 220 V/50 Hz. Vollständiges Gewicht 22,7 kg.

Ein weiteres, interessantes Gebiet für den Einsatz von Kleinkältemaschinen ist die Verfahrenstechnik und Tiefkühlung. So werden solche Maschinen z. B. auch benötigt für Klimaprüfschränke, Tiefkühlschränke und Unterdruckkammern. Dabei sind Verdampfungstemperaturen unter $-40°$ C bis in die Nähe von $-120°$ C in zwei- und mehrstufiger Ausführung erforderlich. Beim Einsatz solcher Anlagen handelt es sich um die Prüfung von Material- und Geräteeigenschaften bei extremen Klimabedingungen, um die Anwendung der Kälte zur Stabilisierung des Kristall- und Gittergefüges spezieller Stahllegierungen, um das Einschrumpfen von Maschinenbauteilen, um die Werkzeugkühlung zum Zwecke der Standzeiterhöhung und viele andere Zwecke.

Kleinkältemaschinen zeichnen sich dadurch aus, daß als Kältemittel fast ausschließlich fluorierte Kohlenwasserstoffe und insbesondere für den normalen Arbeitsbereich R 12 (CF_2Cl_2) und R 22 (CHF_2Cl) Verwendung finden. Das klassische Kältemittel Ammoniak wurde aus diesem weiten Anwendungsgebiet vollkommen verdrängt.

Kleinkältemaschinen werden im allgemeinen für vollautomatischen Betrieb gebaut. In vielen Fällen sind die Leistungen des Kompressors für sich nicht

Abb. 75. Ventilatorbelüfteter Kompressorsatz für R 12 mit halbhermetischem Motorkompressor H 20 von Linde (3/4 PS). Nennleistung 1245 kcal/h bei $t_0 = -10$ °C, $t_R = 25$ °C.

Abb. 76. Ventilatorbelüfteter Kompressorsatz mit offenem R 12-Kompressor Typ HH/UFO von Bosch mit Antriebsmotor 1/3 PS. Geeignet für einen Kühlrauminhalt von 500 bis 1200 l.

bekannt. Dagegen liegen genaue Leistungsdaten vor für vollständige Kompressor- bzw. Kältesätze, teils mit statisch belüftetem, teils mit ventilatorbelüftetem Kondensator oder aber auch für wassergekühlte Maschinensätze (vgl. Abb. 74 bis 77). Der Zusammenbau von Kompressor, Kondensator, Sammler, elektrischer Installation, an- oder eingebautem Antriebsmotor, verbindenden Rohrleitungen und Absperrventilen ist ein weiteres besonderes Merkmal, das immer mehr auch in die Konstruktionsauffassungen des Großkältemaschinenbaues übergreift.

Auch in bezug auf die Festlegung von Normtemperaturen geht der Kleinkältekompressor eigene Wege. Die Definition der Kälteleistung, insbesondere bei Kältemitteln, die überhitzt angesaugt werden, weicht von derjenigen, die früher bei Ammoniak-Maschinen üblich war, wesentlich ab[1].

Hinsichtlich der Norm-Verdampfungstemperaturen bei Motorkompressoren haben sich etwas abweichend sowohl von den amerikanischen Standards als auch von den deutschen Kältemaschinenregeln folgende Temperaturen als zweckmäßig erwiesen:

+ 5° C (Kennbuchstaben K) für Anwendung in der Klimatechnik
— 10° C (Kennbuchstaben G) für Haushalt und Gewerbe
— 25° C (Kennbuchstaben F) für Gefriermöbel bei Frosterbedingungen.

Abb. 77. Wassergekühlter Kompressorsatz mit halbhermetischem 4-Zylinder-Kompressor von Sümak für R 12. Nennleistung 12000 kcal/h.

Eine der bekanntesten amerikanischen Firmen *(Tecumesh-Products)* für die Herstellung von hermetischen Motorkompressoren unterteilt in ihren Katalogen die Leistungsangaben nach hohen, mittleren und niedrigen Verdampferdrücken, wobei folgende *Verdampfungstemperaturen* zugrunde liegen:

$$+7{,}2^\circ\ \mathrm{C};\quad -6{,}7^\circ\ \mathrm{C};\quad -23{,}2^\circ\ \mathrm{C}.$$

Die deutschen Kältemaschinenregeln empfehlen +5, —5, —15, —25° C, wobei auch bestimmte Saugüberhitzungs- und Verflüssigungstemperaturen zugeordnet sind.

In Deutschland beginnen sich als *Raumtemperaturen* für die Prüfung von Kompressorsätzen folgende Temperaturen durchzusetzen:

$$+25^\circ\ \mathrm{C};\quad +32^\circ\ \mathrm{C};\quad +40^\circ\ \mathrm{C}.$$

Es ist die gleiche Temperaturskala, die auch für die Prüfung von Haushaltkühlschränken (DIN 8950) Verwendung findet. Die Temperatur +32° C wird für Leistungsprüfungen in gemäßigten und subtropischen Zonen verwendet, diejenige von +40° C für die Tropen[2].

---

[1] Vgl. Kältemaschinenregeln, 5. Aufl. Karlsruhe: C. F. Müller 1958.

[2] Diese Temperaturstufung ist auch deswegen von Bedeutung, weil die für die Festlegung der Brutto-Kälteleistung wichtige Saugüberhitzungstemperatur t_{0h} häufig aus meß- und betriebstechnischen Gründen der Raumtemperatur gleichgesetzt wird.

B. Allgemeine Beschreibung der Bauformen.

I. Offene Kompressoren mit Tauchkolben.

Bei offenen Kompressoren ist die Kurbel- oder Exzenterwelle aus dem Kurbelgehäuse nach außen geführt. Es besteht daher die Notwendigkeit, die Wellendurchführung mit einer Gleitringdichtung zu verschließen. Der Kompressor ist also

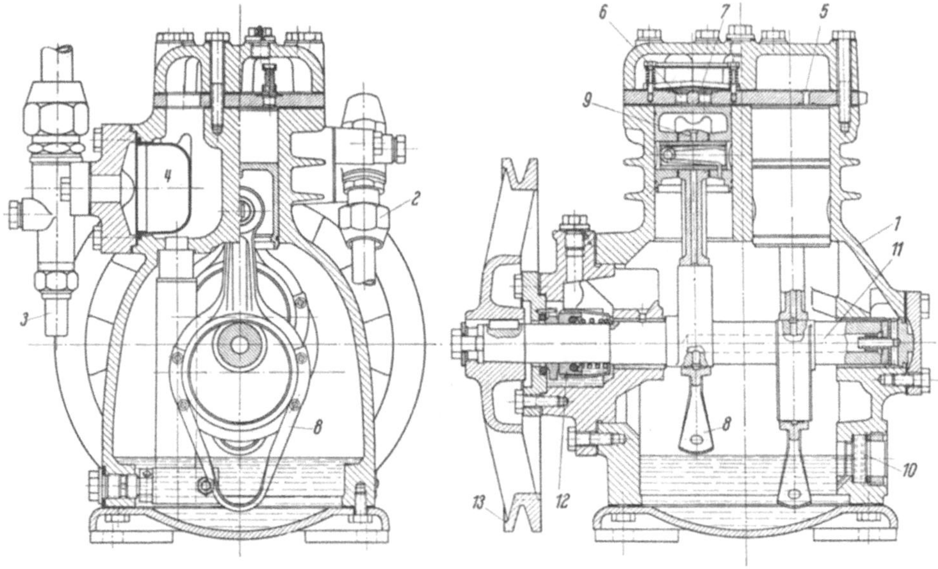

Abb. 78. Offener Zweizylinder-Kompressor mit Gleitring-Wellendichtung für R 12 (BBC), Type F 1,75, Bohrung 54 mm, Hub 38 mm, V_H = 174 cm³. Gewicht 72 kg.
1 Kurbelgehäuse; *2* Druckstutzen; *3* Saugstutzen; *4* Saugraum; *5* Saugventilbohrung; *6* Druckventilbohrung; *7* Druckventil-Hubfänger; *8* Schöpfpleuel zur Schleuderschmierung; *9* Schmierschlitz im oberen Pleuelauge; *10* Ölschauglas; *11* Exzenterwelle; *12* Gleitringdichtung; *13* Keilriemenscheibe (Schwungrad).

in Wirklichkeit gar nicht offen, da das Kurbelgehäuse zusammen mit den Arbeitszylindern und den anschließenden Rohrleitungen in Verbindung mit der Gleitringdichtung ein dampfdicht geschlossenes System darstellt (Abb. 78). Der Begriff *offener Kompressor* hat sich jedoch eingeführt in der Abgrenzung zu den später behandelten Kompressoren, bei denen der Antriebsmotor in einem gemeinsamen gasdichten Gehäuse mit dem Kompressor zusammen eingebaut ist.

Demgegenüber stehen die im Großkältemaschinenbau bekannten Kompressoren in liegender oder stehender Ausführung mit offenem Kurbelgehäuse. Die über einen Kreuzkopf geradgeführten Kolbenstangen sind durch Stopfbüchsen abgedichtet. Während das Kurbelgehäuse mit Antriebswelle, Pleuel und Kreuzkopf mit der Atmosphäre in Verbindung steht, sind die kältemittelführenden Räume dadurch gegen die Umgebung gasdicht abgeschlossen. Man kann diese Bauform genauer also auch als *Kompressoren mit offenem Kurbelgehäuse* oder *Kreuzkopfmaschinen* bezeichnen und die hier zu behandelnde als *Kompressor mit Gleitring-Wellendichtung*. In jedem Falle gestatten dabei diese spezifischen Merkmale eine eindeutige Kennzeichnung.

Gerade für den Einsatz in gewerblichen Kühlmöbeln und zur Kühlung kleinerer Kühlräume auf dem Gebiet der Lebensmittel- und Getränkekühlung nehmen offene Kompressoren, zu fertigen Kältesätzen zusammengebaut, auch heute noch neben den hermetischen einen bedeutenden Platz ein.

Darüber hinaus werden offene Kompressoren bevorzugt dort eingesetzt, wo es zweckmäßig erscheint, die gleiche Kompressortype mit unterschiedlichen Drehzahlen und wirtschaftlich bei verschiedenen Verdampfungstemperaturen betreiben zu können. Jeder beliebige Motortyp kann verwendet werden. Ein Gleichstrom- oder polumschaltbarer Drehstrommotor gestattet ohne eine komplizierte mechanisch-hydraulische oder pneumatische Einrichtung eine einfache Leistungsregelung des Kompressors durch Änderung der Drehzahl. Diesel- oder Brennkraftmaschinen dienen als Antriebsmaschinen, wenn elektrischer Strom nicht oder nicht ausreichend zur Verfügung steht. Dies trifft z. B. in schlecht versorgten Gegenden und bei der Transportkühlung zu. Bei der in den USA üblich werdenden Klimatisierung von Personenkraftwagen sind es auch wieder nur offene Maschinen, die von einem Nebenabtrieb des Fahrmotors aus über eine drehzahlregelnde Kupplung betrieben werden können. Schon im Jahre 1958 wurden in den USA 450000 solcher Anlagen gebaut[1], 1964 über 1 Million[2].

Die Drehzahl der offenen Kompressoren wurde im Laufe der Entwicklung ständig gesteigert. Moderne Ausführungen erreichen bei einer Drehzahl von 950 bis 1450 U/min mittlere Kolbengeschwindigkeiten bis 3,5 m/s. Voraussetzung hierfür sind leichte Arbeitsventile und zuverlässige Gleitringdichtungen. Wesentlich für einen geringen Platzbedarf bei größeren Leistungen ist eine gedrängte Anordnung der Zylinder in V-, W- oder Doppel-V-Form.

Bei NH_3-Kompressoren wird der Kältemitteldampf häufig im Gleichstrom geführt. Das Saugventil befindet sich dann im Kolbenboden. Bei den *öllöslichen* fluorhaltigen Kältemitteln mußte diese Bauform jedoch zugunsten des Wechselstromprinzips verlassen werden. Saug- und Druckventil befinden sich in einer Zwischenplatte unter dem Zylinderkopf. Der angesaugte Dampf wird also nicht mehr über den Ölspiegel im Kurbelgehäuse geführt. Moderne Konstruktionen besitzen darüber hinaus Einrichtungen zur Unterdrückung des Aufschäumens des Öles beim Anlauf.

II. Halbhermetische und hermetische Motorkompressoren mit Tauchkolben.

Gekapselte Kompressoren bieten mehr Schwierigkeiten bei der Herstellung, aber den unschätzbaren Vorteil, daß sie keine Stopfbüchse besitzen. In den Jahren nach 1930 wurden sie erstmalig, und zwar in den USA, in großen Stückzahlen für Haushaltkühlschränke gefertigt. Die Leistungsgrößen lagen durchweg unter 1 PS (fractional horse power), und die Gehäuseschalen waren verschweißt. Heute werden gekapselte Kompressoren aller Typen (Rotations-, Kolben- und Turbokompressoren) mit eingebauten Antriebsmotoren bis zu einigen 100 PS, allerdings in verschraubter Ausführung hergestellt. Diese sind mit üblichem Montagewerkzeug zugänglich, so daß sie an Ort und Stelle geöffnet und schadhafte Bauteile repariert oder ersetzt werden können.

Das Fehlen der Stopfbüchse hat bei früheren Konstruktionen nicht zwangsläufig auch zum Einbau des Motors geführt, obwohl dies heute nach vollständiger Klärung aller technologischen Fragen die einzige gängige Ausführung geworden ist. Erinnert sei an die *Audiffren-Singrün*-Maschine, die wohl vollständig gekapselt war, aber über Keilriemen von außen angetrieben wurde. Der Arbeitszylinder war im Inneren pendelnd aufgehängt und durch Schwerkraftwirkung am Mitdrehen gehindert. Die Kurbelwelle und das zugleich als Kondensator dienende Gehäuse

---

[1] SMITH, J. F. D.: Ber. 10. Internationaler Kältekongreß Kopenhagen (1959), P-1.
[2] SCHWEISHEIMER, W.: Z. Kälte-Klima-Praktiker Bd. 5 (1965), S. 83.

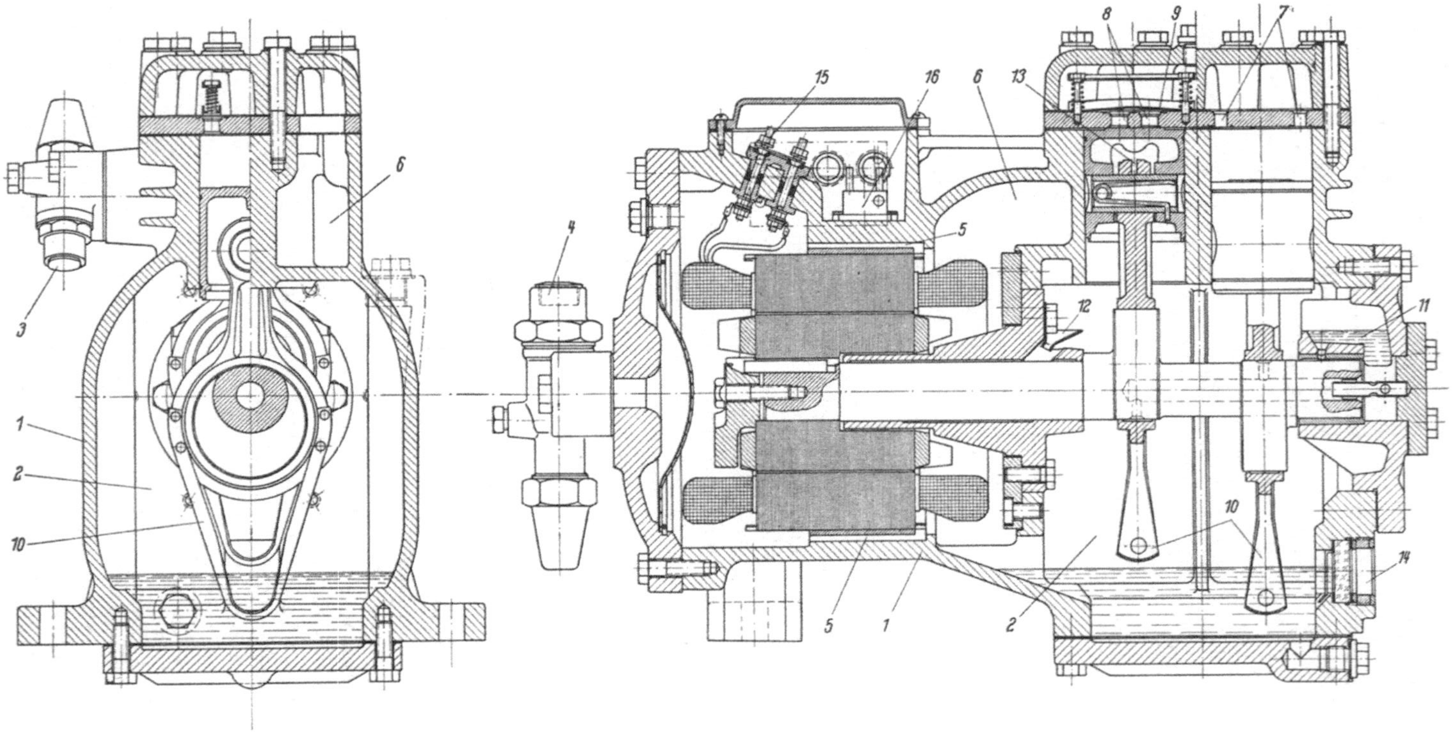

Abb. 79. **Halbhermetischer Zweizylinder-Kompressor für R 12 mit waagerechter Welle (BBC), Type FM 1,25, Bohrung 54 mm, Hub 28 mm, $V_H = 128$ cm³, Gewicht einschließlich Motor 61 kg.**

1 **Motor- und Kompressorgehäuse;** *2* **Kurbelgehäuse;** *3* **Druckstutzen;** *4* **Saugstutzen;** *5* **Kanäle zur Sauggasführung;** *6* **Saugraum;** *7* **Saugventilbohrung;** *8* **Druckventilbohrung;** *9* **Druckventil-Hubfänger;** *10* **Schöpfpleuel zur Schleuderschmierung;** *11* **Ölfangtasche für deckelseitiges Wellenlager und Pleuel;** *12* **Ölfangtasche für motorseitiges Wellenlager;** *13* **Schmierschlitz im oberen Pleuelauge;** *14* **Ölschauglas;** *15* **Stromdurchführungen;** *16* **Übertemperatur-Schutzschalter** drehten sich, ebenso wie der über eine Hohlwelle starr verbundene Verdampfer. Der Wärmeaustausch erfolgte über Gefäße, in die die kugelförmig ausgebildeten, rotierenden Apparate eintauchten[1]. Die Maschine wurde für Leistungen von 500 bis 9000 kcal/h mit SO_2 als Kältemittel gebaut. Bei einer anderen Maschinentype ist wohl der Rotor eingebaut, für den Stator des Motors fehlten jedoch seinerzeit noch die kältemittelbeständigen Lackdrähte und Isolierstoffe. Er war über die dünne, aus nichtmagnetisierbarem Material bestehende Kapselung geschoben und induzierte sein Drehfeld über den durch die Dicke der Metallschale etwas vergrößerten Luftspalt. Der Stator konnte hierbei leicht ersetzt werden, ohne den Kompressor öffnen zu müssen. Es konnten gängige Werkstoffe für Lackdrähte und Isolierung verwendet werden, und schließlich wurde beim Durchbrennen des Motors der Kältekreislauf nicht verunreinigt.

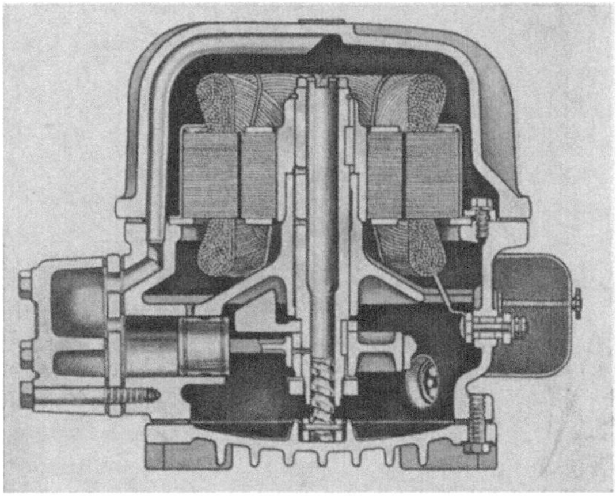

Abb. 80. Halbhermetischer Einzylinder-Kompressor für R 12 mit senkrechter Welle (ATE), Type HK 23, 1/4 PS, Bohrung 32 mm, Hub 28 mm, $V_H = 23$ cm³; Gewicht einschließlich Motor 26,5 kg.

Der Einbau des Motors stellt schließlich die heute übliche Bauform dar. Bei größeren Motorkompressoren, deren Transport z. B. im Falle einer Reparatur umständlich ist, wird den zugänglichen, halbhermetischen Kompressoren der Vorzug gegeben. Abb. 79 zeigt eine typische Bauform, die aus einer offenen hervorgegangen ist. Abb. 80 läßt eine Ähnlichkeit mit einem vollhermetischen Motorkompressor mit senkrechter Welle erkennen. Als Nachteil müssen im Vergleich zu vollhermetischen Motorkompressoren die höheren Herstellkosten, das größere Gewicht und die durch die Schraubverbindungen doch noch gegebenen Möglichkeiten einer Undichtigkeit angesehen werden.

Der hohe Stand der Fertigungstechnik vollhermetisch gekapselter Motorkompressoren mag daran zu erkennen sein, daß in den USA in 5 Jahren weniger als 0,5% Störungen an Kühlschränken auftraten, die mit hermetisch gekapselten Motorkompressoren ausgerüstet sind[2]. Dies ist um so erstaunlicher, als 97,7% aller Haushaltungen mit Kühlschränken versorgt sind und die jährliche Laufzeit einer Kältemaschine etwa dem zehnjährigen Betrieb eines durchschnittlichen Automobilmotors entspricht.

Gekapselte Kompressoren kommen bei gleicher Leistung mit einem kleineren Motor aus. Die angesaugten Kältemitteldämpfe kühlen den Motor wirkungsvoller als die Luft bei offenem Antrieb.

Abb. 81 und 82 zeigen typische Bauformen. Die Kompressorblöcke sind innen gefedert. Daneben gibt es auch Typen mit Außenfederung, bei denen das Statorpaket in die Gehäuseschale eingepreßt ist, so daß durch den innigen metallischen Kontakt eine gute, zusätzliche Wärmeabfuhr gewährleistet ist. Wegen der größeren, insbesondere bei Verwendung in Haushalt- und in Klimageräten geforderten Laufruhe wird jedoch die innen gefederte Ausführung bevorzugt. Es findet keine

---

[1] Dieses Handbuch Bd. I, (1954), S. 64.
[2] SMITH, J. F. D.: Ber. Internationaler Kältekongreß Kopenhagen (1959) P-1.

Körperschallübertragung statt und die den Kältesatz verbindenden Rohrleitungen können weitgehend starr verlegt werden. Einige Hersteller sind zur Erhöhung der Laufruhe dazu übergegangen, Pleuel und Kolben aus Aluminium herzustellen.

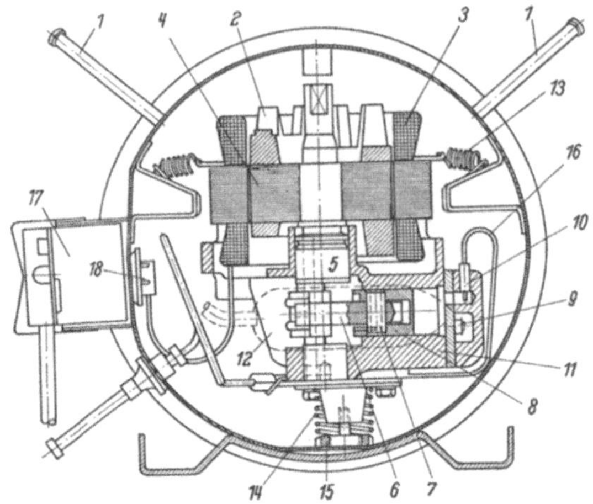

Abb. 81. Hermetisch gekapselter Einzylinder-Motorkompressor mit senkrecht umlaufender Schweißnaht, Pancake-Form mit Pleuelantrieb, innen gefedert (Kelvinator-Prometheus).
1 Saugstutzen; *2* Lüfterflügel; *3* Statorwicklung; *4* Rotor; *5* Kurbelwelle; *6* Pleuel; *7* Kolbenbolzen; *8* Kolben; *9* Arbeitsventile; *10* Ventilplatte; *11* Zylinderblock; *12* Schalldämpfer; *13* Aufhängefeder; *14* Aufsetzfeder; *15* Dämpfungsscheibe aus Kunststoff; *16* Kapillare; *17* Kunststoffgehäuse; *18* Stromdurchführung

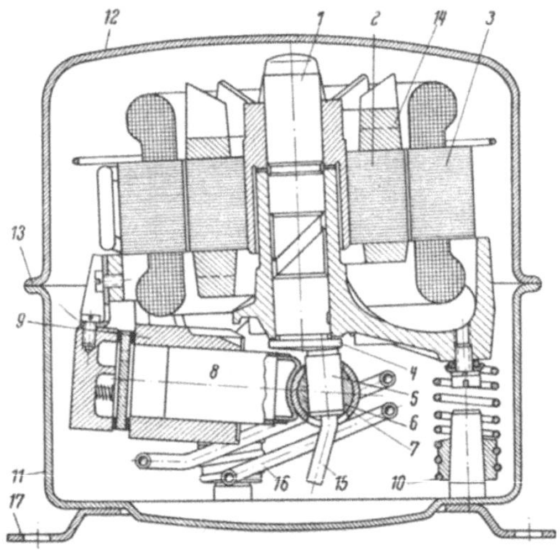

Abb. 82. Hermetischer Motorkompressor mit waagerecht umlaufender Schweißnaht und Kurbelschleifenantrieb, innen gefedert (Stempel-Hermetik).
1 Motor- und Kurbelwelle; *2* Rotor; *3* Stator; *4* Kurbelwanne; *5* Kurbelzapfen; *6* Gleitstein; *7* Gleitsteinführung; *8* Kolben; *9* Zylinder *10* Stützfedern; *11* Unterkapsel; *12* Oberkapsel; *13* Schweißnaht; *14* Gegengewichte; *15* Ölsaugrohr; *16* Druckrohrschleife; *17* Montagestützen.

Mehr und mehr werden die kleinsten Motorkompressoren bis zu einer Leistungsgröße von etwa 1 PS mit hochtourigen, 2poligen Antriebsmotoren ausgestattet. Amerikanische Firmen beginnen, schnellaufende Kompressoren mit 4 Zylindern bereits bis zu einer Leistungsgröße von 4 PS einzuführen. Bei 50-Hz-Netzen ergeben sich dabei Drehzahlen bis 2900 min^{-1}, bei 60-Hz-Netzen bis 3500 min^{-1}. Es werden mittlere Kolbengeschwindigkeiten bis 2,5 m/s erreicht.

Tabelle 1. *Entwicklung von Kompressoren mit einer Kälteleistung von ca. 6000 kcal/h bei — 10° C Verdampfungstemperatur.*

Jahr	Modell (Carrier)	Bauform	Drehzahl min⁻¹	Gewicht kg	äußeres Volum l	reziprokes Leistungsgewicht $\frac{kcal}{kg \cdot h}$
1900	C 4	offenes Kurbelgehäuse, Kreuzkopf, stehender Zylinder	160	1800	3500	3,3
1930	22	geschlossenes Kurbelgehäuse mit Gleitringdichtung, stehender Zylinder	500	485	2000	12,4
1939	7 K 4	geschlossenes Kurbelgehäuse mit Gleitringdichtung, zwei bis vier Zylinder in V-Form	1500	225	520	26,5
1946	5 F 20	geschlossenes Kurbelgehäuse mit Gleitringdichtung, zwei bis vier Zylinder in V-Form	1750	190	350	31,5
1949	6 D 43	halbhermetischer Motorkompressor mit geschraubtem Gehäuse	1750	90	71	66,5
1960	6 A 45	vollhermetischer Motorkompressor mit geschweißtem Gehäuse	3500	42,5	40	140,0

Wie sich Gewicht und Platzbedarf in Abhängigkeit von der Bauform und der Drehzahl im Laufe einer jahrzehntelangen Entwicklung verändert haben, geht aus Tab. 1 hervor[1]. Die Hersteller vollgekapselter Motorkompressoren vertreten die Auffassung, daß in Zukunft Maschinen unter 5 PS im Störungsfall nicht mehr repariert, sondern ersetzt werden sollen. Die auf billigste Herstellung konstruierte Maschine läßt wegen der wachsenden Einführung unlösbarer Verbindungen auch im Kompressor selbst sowieso keine zerstörungsfreie Reparatur mehr zu.

III. Dreh- und Rollkolbenkompressoren.

Die Patente für Rollkolbenkompressoren reichen über 100 Jahre zurück. Bei den ersten Maschinen handelte es sich allerdings um offene Typen für größere Leistungen. Sie dienten als Pumpen und für die Verdichtung von Luft und Gasen außerhalb des Gebietes der Kältetechnik.

Heute werden Dreh- und Rollkolbenmaschinen mit gutem Erfolg als gekapselte Motorkompressoren für kleine Kälteleistungen gebaut[2]. Gegenüber einzylindrigen Tauchkolbenmaschinen ergeben sich im Betrieb gewisse Vorteile. Verlockend sind zunächst die kleinen Hauptabmessungen und Gewichte eines rotierenden Kompressors. Infolge der guten Auswuchtmöglichkeiten der nur umlaufenden Massen läßt sich von vornherein ein ruhiger Lauf und damit auch ein geräuschärmerer Betrieb erzielen. Es sind im allgemeinen auch weniger Bauteile erforderlich als bei einem Tauchkolbenkompressor konventioneller Bauart. Hohe Umlaufgeschwindigkeiten lassen sich ohne weiteres verwirklichen, da besondere Maßnahmen weder von seiten des Unwuchtverhaltens noch im Hinblick auf die Ausbildung der Arbeitsventile zu ergreifen sind. Das Saugventil kann ganz entfallen. Dadurch werden auch die Drosselverluste geringer und die Liefergrade verbessert.

[1] Air Cond. and Refr. News Bd. 89 (1960) Nr. 1611, S. 1 u. 18.

[2] Plank, R., u. J. Kuprianoff: Umlaufverdichter für Kältemaschinen. Z. VDI Bd. 79 (1935) S. 363. — Kleinkältemaschinen, 2. Aufl. Berlin/Göttingen/Heidelberg: Springer 1960. — Dieses Handbuch Bd. I (1954) S. 70—73.

Der sehr viel kleinere schädliche Raum läßt das vorhandene geometrische Fördervolum voll wirksam werden. Die Rückexpansionsverluste sind gering. Dadurch

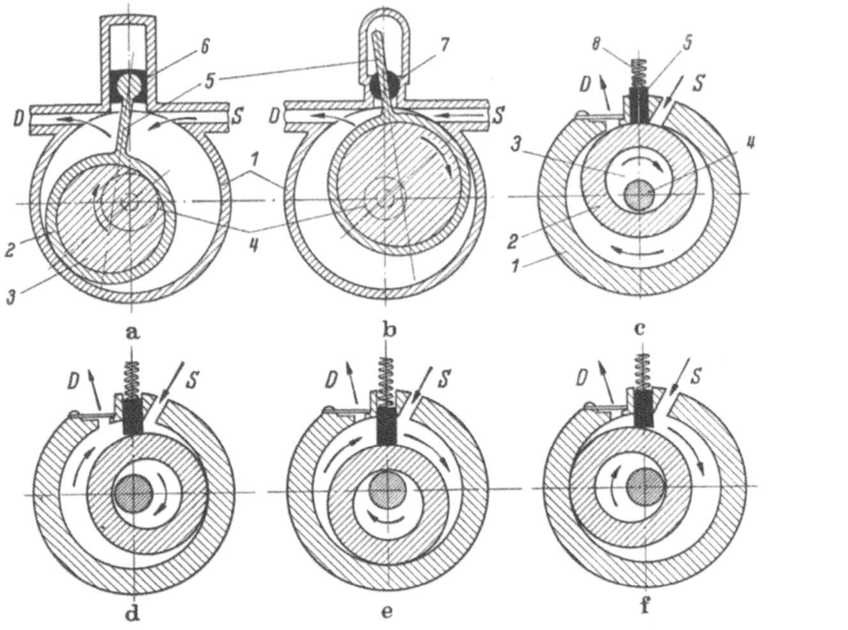

Abb. 83. Schematischer Aufbau von Rollkolben-Kompressoren.
a) entspricht einem Schubkurbelgetriebe, Trennschieber formschlüssig mit Rollkolben verbunden (Pattison-Pumpe, 1857); b) entspricht einer schwingenden Kurbelschleife, Trennschieber formschlüssig mit Rollkolben verbunden (Knott-Pumpe, 1863); c) entspricht etwa einem Kreuzkurbelgetriebe, Trennschieber kraftschlüssig auf Rollkolben gleitend (FRIGIDAIRE, LINDE), bzw. formschlüssig (ESCHER-WYSS). c—f) einzelne Phasen bei einem Arbeitsspiel eines Rollkolbenkompressors (Ansaugen, Verdichten und Ausschub), S = Saugseite, D = Druckseite. *1* Zylinder; *2* Rollkolben; *3* Exzenter; *4* Antriebswelle; *5* Trennschieber; *6* Kreuzkopf (a); *7* Nuß (b); *8* Trennschieber-Feder (c).

wird auch die Abhängigkeit der geförderten Kältemittel-Dampfmenge vom Druckverhältnis geringer. Es ist also möglich, mit einem Rotationskompressor bei gutem volumetrischen Wirkungsgrad einen weiten Bereich in bezug auf das Druckverhältnis und damit die Verdampfungstemperatur zu beherrschen.

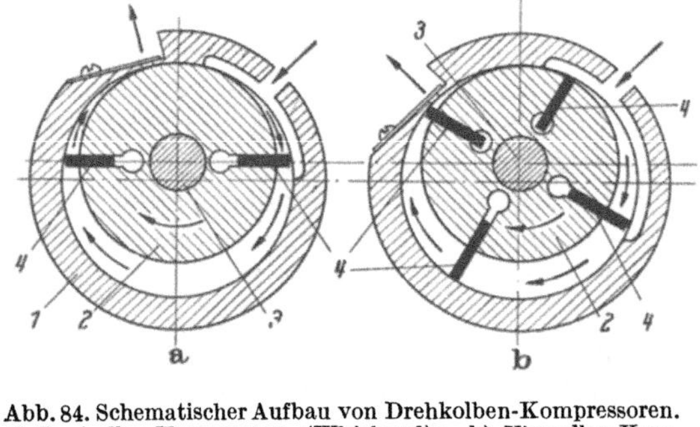

Abb. 84. Schematischer Aufbau von Drehkolben-Kompressoren. a) Zweizellen-Kompressor (Whirlpool); b) Vierzellen-Kompressor; *1* Zylinder. *2* Drehkolben. *3* Antriebswelle. *4* Trennschieber.

Den schematischen Aufbau von Rollkolbenkompressoren zeigt Abb. 83. Die für die einzelnen Bauarten charakteristischen Skizzen zeigen, daß beim Rollkolbenkompressor die Achse der Antriebswelle mit derjenigen des Zylinders zusammenfällt. Die Mittelpunktsachse des Exzenters läuft um die Antriebsachse (Zylindermitte) um. Rein kinematisch entspricht Figur a einem Schubkurbelgetriebe, wie es auch bei Tauchkolbenverdichtern mit Exzenterwelle Anwendung findet. Es wird hierbei jedoch nicht der durch den geradgeführten Kolben (Kreuzkopf) bestrichene Hubraum für die Gasförderung ausgenutzt, sondern der Raum des Kurbelgehäuses (Zylinder), vermindert um denjenigen des Exzenterpleuels (Rollkolben), das sich mehr oder weniger gleitend im Gehäuse abwälzt. Figur b und c zeigen weitere Möglichkeiten des Aufbaues, wovon insbesondere letztere die Grundlage moderner Ausführungen ist.

Abb. 84 zeigt den schematischen Aufbau von Drehkolbenkompressoren, die auch heute noch mit gutem Erfolg gebaut werden. Man unterscheidet ein- und mehrzellige Kompressoren, die auch für größere Leistungen und auch außerhalb des Gebietes der Kältetechnik verwendet werden. Die Zylinderachse ist zu der sich drehenden Antriebswelle des Drehkolbens um die Exzentrizität versetzt. Beide Achsen laufen also parallel und behalten während des Betriebes ihre Lage zueinander. Es ist dabei gleichgültig, ob die Zylinderachse sich dreht und die Drehkolbenachse feststeht oder umgekehrt. Die Trennschieber gleiten auf der Zylinderfläche und bewirken den Abschluß zwischen Saug- und Druckseite. Meist werden sie nur durch die Fliehkraft an die Zylinderwand angepreßt, in anderen Fällen wird der Anpreßdruck durch Federn verstärkt. Abb. 85 zeigt den Schnitt durch einen vollhermetisch gekapselten Drehkolbenkompressor, der in Leistungsgrößen von $^1/_8$ bis $^1/_3$ PS ausgeführt wird.

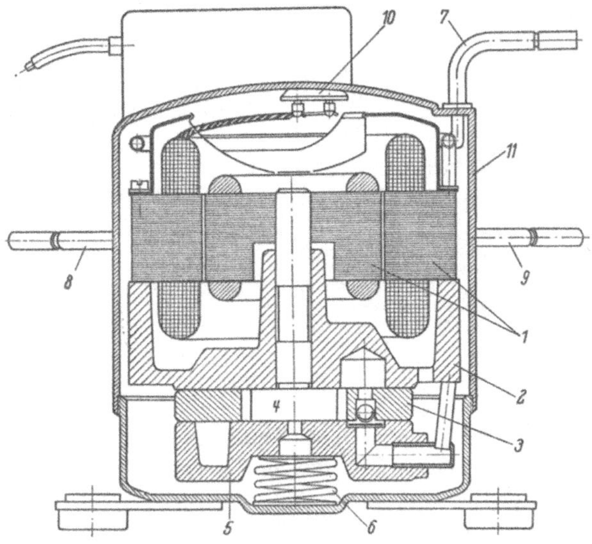

Abb. 85. Drehkolben-Kompressor (Schnitt).
1 Motor; *2* Motorträger; *3* Zylinderflansch; *4* Drehkolben; *5* Unteres Maschinengehäuse; *6* Stützfeder; *7* Saugstutzen; *8* Rückstrom-Druckstutzen; *9* Druckstutzen; *10* Stromdurchführung; *11* Kapsel (Ein weiterer Auslaß-Druckstutzen ist nicht gezeichnet).

Die Nachteile der Dreh- und Rollkolbenkompressoren liegen in der erforderlichen hohen Fertigungsgenauigkeit. Es kommt auf absolute Dichtheit, besonders an den Stirnflächen des Dreh- bzw. Rollkolbens sowie der Trennschieber an, um eine hohe volumetrische Leistung zu erzielen. Zur Verbesserung der Dichtung ist ein ausreichender Ölumlauf erforderlich, denn die Toleranzen können mit Rücksicht auf die unterschiedliche Wärmeausdehnung der Bauteile und die Erhaltung eines guten mechanischen Wirkungsgrades nicht beliebig klein gewählt werden. Dreh- und Rollkolbenverdichter müssen daher auch mit guten Einrichtungen zur Ölabscheidung ausgestattet sein. Dabei kann die unter Verflüssigungsdruck stehende Kapsel 11 als Ölabscheider dienen (Abb. 85).

IV. Berechnung des Hubraumes von Rotationskompressoren.

Die Kenntnis des Bewegungsablaufes eines einzelligen Rotationskompressors ist Voraussetzung für die Bestimmung der Förderleistung auch mehrzelliger Maschinen. Letztere werden ausschließlich als Drehkolbenkompressoren hergestellt, da man im Gegensatz zum mehrzelligen Rollkolbenkompressor mit nur einem Saug- und einem Druckkanal auskommt.

Die Kreisgleichung für den Zylinder mit dem Durchmesser $2R$ im Polarkoordinatensystem mit der Drehkolbenachse O als Bezugspunkt und dem Abszissenabstand $(R - r)$ des Kreismittelpunktes M vom Punkt O lautet (vgl. Abb. 86a):

$$R^2 = \varrho^2 + (R - r)^2 + 2\varrho\,(R - r)\cos\alpha \tag{1}$$

Hierin ist ϱ der umlaufende Fahrstrahl (OZ)

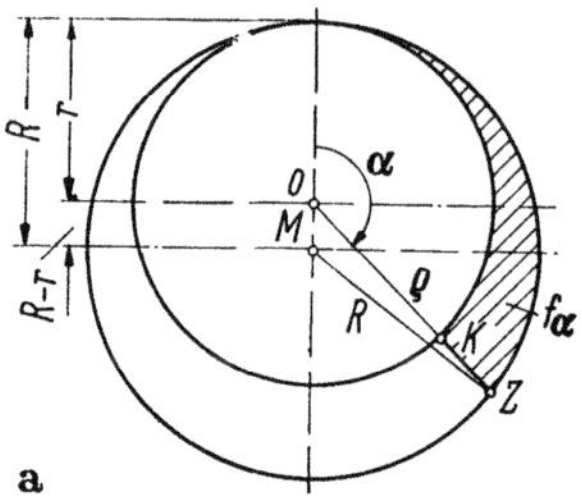

a

Abb. 86a. Zum Aufbau der Kreisgleichung bei einem Drehkolbenkompressor. M Zylindermitte; O Kolbenmitte (Drehachse); R Zylinderradius (MZ); r Kolbenradius (OK); ϱ Fahrstrahl (OZ): α Drehwinkel; f_α überstrichene Stirnfläche des Hubraumes.

α der zugehörige Drehwinkel
$\cos\alpha = -\cos(180 - \alpha)$
r der Kolbenradius (OK)

Setzt man die Exzentrizität $\frac{R - r}{R} = \varepsilon$ (2)

und löst die in ϱ quadratische Gleichung nach ϱ auf, dann erhält man

$$\varrho = R\left[\sqrt{1 - \varepsilon^2\sin^2\alpha} - \varepsilon\cos\alpha\right]. \tag{3}$$

Setzt man, was für kleine ε zulässig ist, angenähert

$$\sqrt{1 - \varepsilon^2\sin^2\alpha} \sim 1 - \frac{\varepsilon^2}{2}\sin^2\alpha, \tag{4}$$

dann wird

$$\varrho = R\left[1 - \frac{\varepsilon^2}{2}\sin^2\alpha - \varepsilon\cos\alpha\right] \tag{5}$$

und

$$\varrho^2 = R^2\,[1 - 2\,\varepsilon\cos\alpha + \varepsilon^2\cos 2\,\alpha]. \tag{6}$$

Die beim Quadrieren entstandenen Glieder mit ε^3 und ε^4 sind vernachlässigbar klein. Der infolge sämtlicher Vereinfachungen entstehende Fehler liegt höchstens um 1% bei $\varepsilon < 0{,}4$ und sogar unter 0,05% bei $\varepsilon < 0{,}2$, so daß diese für einen vereinfachten Rechnungsgang erforderlichen Maßnahmen gerechtfertigt erscheinen.

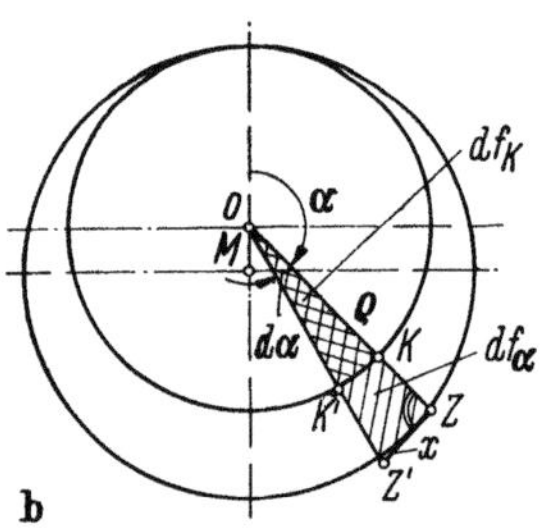

b

Abb. 86b. Flächenelement des Hubraumes. $df_\alpha = df_z - df_k$, $df_z = OZZ'$, $df_k = OKK'$.

Damit wird das vom Fahrstrahl überstrichene Flächendifferential im Zylinderkreis (vgl. Abb. 86b)

$$df_Z = \frac{1}{2}\varrho^2\,d\alpha. \tag{7}$$

Entsprechend wird das differentielle Flächenelement des Drehkolbens

$$df_K = \frac{1}{2}r^2\,d\alpha \tag{8}$$

und die Differenz der beiden Integrale ergibt die sichelförmige Fläche des Arbeitsraumes des Kompressors:

$$\int df_\alpha = f_\alpha = \frac{1}{2}\int\varrho^2\,d\alpha - \frac{r^2}{2}\int d\alpha. \tag{9}$$

Mit ϱ^2 nach (6) und $r = R(1 - \varepsilon)$ nach (2) wird

$$f_\alpha = \frac{1}{2}R^2\int(1 - 2\varepsilon\cos\alpha + \varepsilon^2\cos 2\alpha)\,d\alpha - \frac{R^2}{2}(1 - \varepsilon)^2\,\alpha$$

$$= R^2\frac{\varepsilon}{2}\left[(2 - \varepsilon)\,\alpha - 2\sin\alpha + \frac{\varepsilon}{2}\sin 2\alpha\right]. \tag{10}$$

Für α in den Grenzen von 0 bis 2π erhält man die gesamte überstrichene sichelförmige Fläche eines einzelligen Kompressors, jedoch ohne Berücksichtigung der

Schieberdicke:
$$F_1 = f_1 = R^2 \varepsilon (2 - \varepsilon) \pi \tag{11}$$
$$= \pi (R^2 - r^2), \tag{12}$$
wie sich anschaulich auch aus Abb. 86a erkennen läßt.

Bezieht man die Augenblickswerte f_α während eines Umlaufes auf f_1 nach (11), dann erhält man in dimensionsloser Darstellung
$$\frac{f_\alpha}{f_1} = \frac{R^2 \varepsilon/2 (2 - \varepsilon)\alpha - R^2 \varepsilon/2 (2 \sin\alpha - \varepsilon/2 \sin 2\alpha)}{R^2 \varepsilon (2 - \varepsilon) \pi} = \frac{\alpha}{2\pi} - \frac{\sin\alpha - \varepsilon/4 \sin 2\alpha}{(2 - \varepsilon)\pi}. \tag{13}$$

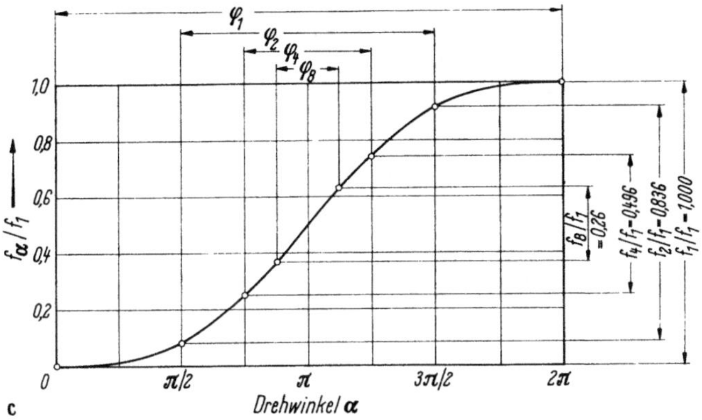

c

Abb. 86c. Die Auffüllung des Hubraumes bei ein- und mehrzelligen Drehkolbenkompressoren während einer Umdrehung.
f_1/f_1 bis f_8/f_1 ist jeweils das auf den vollen sichelförmigen Raum bezogene Hubvolum je Zelle, φ_1 bis φ_8 der jeweils dazugehörige Öffnungswinkel der Zelle.

Diese Werte sind in Abb. 86c aufgetragen, und zwar für $\varepsilon = 0{,}1$. Genügend genau ($\pm 1\%$ vom Hubraum) gelten sie im Bereich $0{,}05 < \varepsilon < 0{,}2$. Weiter ist der Verlauf der Förderleistung je Zelle bei mehrzelligen Kompressoren über dem Dreh-

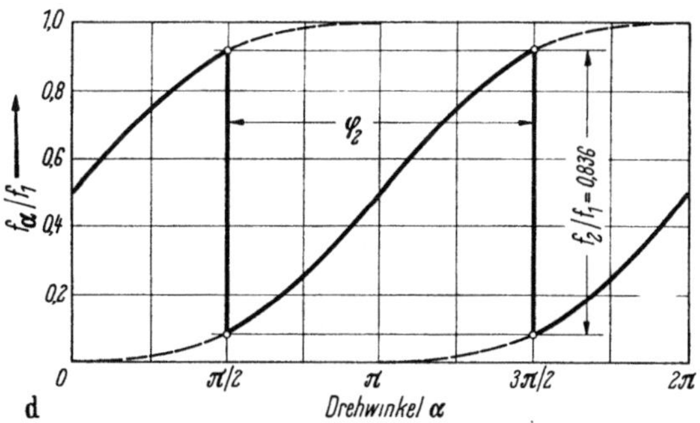

d

Abb. 86d. Der Füllungsverlauf bei einem zweizelligen Kompressor.

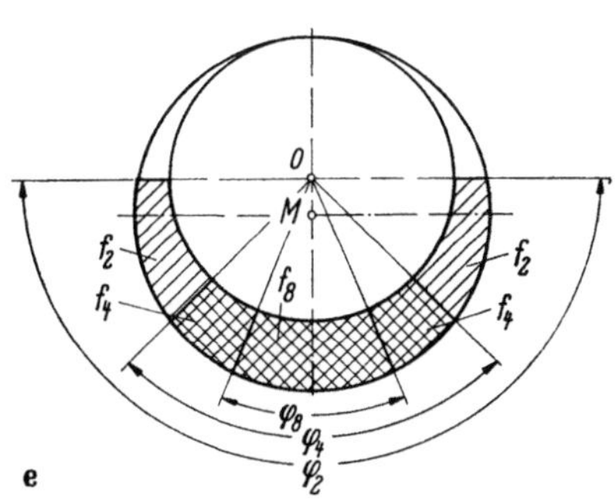

e

Abb. 86e. Lage und Größe der Hubvolume mehrzelliger Drehkolbenkompressoren (f_2, f_4, f_8).

winkel α des Drehkolbens, allerdings ohne Berücksichtigung der Minderung durch die Schieberdicke, abzugreifen. Den Öffnungswinkeln φ_1 bis φ_8 sind z. B. die Flächenverhältnisse f_1/f_1 bis f_8/f_1 zugeordnet. Den Füllungsverlauf eines 2zelligen Kompressors zeigt Abb. 86d. Ähnliche, sägezahnförmige Kurven lassen sich, wie leicht ersichtlich, auch für größere Zellenzahlen zeichnen.

Bei Mehrzellen-Kompressoren wird der Hubraum bei gleichen Hauptabmessungen der Maschine besser ausgenutzt. Beim 2-Zellen-Drehkolben-Kompressor wird z. B. der in Abb. 86e mit f_2 gekennzeichnete Raum während einer

Umdrehung des Drehkolbens zweimal aus der Saugleitung aufgefüllt. Dieser Abschnitt des sichelförmigen Hubraumes beträgt im Bereich üblicher Exzentrizitäten ε von 0,05 bis 0,2 rund 83 bis 85% des gesamten einzelligen Hubraumes, so daß das Fördervolum 2zelliger Kompressoren F_2 das 1,66- bis 1,70fache im Vergleich mit einzelligen beträgt.

Die Förderleistung 4- und noch mehrzelliger Kompressoren entspricht rund der doppelten von einzelligen.

Bei der Berechnung des Hubraumes mehrzelliger Kompressoren müssen die Grenzen im Integral (10) so gelegt werden, daß jeweils derjenige Bereich des Sichelraumes mit der größten Breite ausgeschnitten wird. Dieser liegt immer gegenüber dem geometrischen Berührungspunkt zwischen Kolben und Zylinder und symmetrisch zur Bezugslinie durch OM (vgl. Abb. 86e).

Es ergeben sich so die Grenzen für α

von $^1/_2\,\pi$ bis $^3/_2\,\pi$ für 2zellige Maschinen
von $^3/_4\,\pi$ bis $^5/_4\,\pi$ für 4zellige Maschinen
von $^7/_8\,\pi$ bis $^9/_8\,\pi$ für 8zellige Maschinen

von $\frac{n-1}{n}\,\pi$ bis $\frac{n+1}{n}\,\pi$ für n-zellige Maschinen

z. B. wird für $n = 2$

$$f_2 = R^2 \frac{\varepsilon}{2} [(2-\varepsilon)\pi + 4] \tag{14}$$

und

$$\frac{F_2}{F_1} = \frac{2f_2}{F_1} = \frac{\pi R^2 \varepsilon (2-\varepsilon) + 4 R^2 \varepsilon}{\pi R^2 \varepsilon (2-\varepsilon)}$$

$$= 1 + \frac{4}{\pi(2-\varepsilon)} \tag{15}$$

$$= 1{,}67 \text{ mit } \varepsilon = 0{,}1 .$$

Die Fördervolume für mehrzellige Kompressoren lassen sich, wie bereits erwähnt, auch aus Abb. 86c abgreifen. Es ist jeweils

$$\frac{F_n}{F_1} = n \frac{f_n}{f_1} \tag{16}$$

Zahlenwerte enthält die folgende Tab. 2.

Tabelle 2. *Ansaugvolume mehrzelliger Drehkolbenkompressoren.*

Zahl der Zellen n	Relatives geometrisches Ansaugvolum je Zelle $\frac{f_n}{f_1}$	Relatives geometrisches Ansaugvolum je Umdrehung $\frac{F_n}{F_1}$	Gewinn an Hubraum von Stufe zu Stufe %
1	1,000	1,000	—
2	0,836	1,672	67,0
4	0,496	1,984	18,6
8	0,260	2,080	5,0

Man erkennt, daß der Gewinn an Hubraum beim 2zelligen Kompressor am größten ist und bei 8 und mehr Zellen uninteressant wird. Dies läßt sich auch rechnerisch nachweisen, vor allem, wenn man die endliche Schieberdicke berücksichtigt.

Mit δ als Schieberdicke wird der Verlust an nutzbarem Hubraum je Zelle infolge des Schiebervolums

$$f_s = \delta(\varrho - r). \tag{17}$$

Es erübrigt sich wohl, darauf hinzuweisen, daß der wirkliche Hubraum gleich dem Produkt aus den durch den Fahrstrahl ϱ überstrichenen Flächen $n f_n$ und der Schieberbreite b ist. Da letztere konstant ist und ihre Größe für das Verständnis des Bewegungsablaufes nicht interessiert, wurde sie nicht in den Rechnungsgang einbezogen.

Das Berichtigungsglied (17) kann genügend genau ersetzt werden durch

$$f_s = 2\delta(R - r) \quad \text{und mit (2) wird}$$

$$f_s = 2\delta R \varepsilon. \tag{18}$$

Die Näherungsformel stimmt um so genauer, je größer die Zellenzahl wird. Dabei wächst aber auch der Einfluß der Schieberdicke auf den Hubraum, so daß das vereinfachte Ersatzglied (18) gerade bei größerer Zellenzahl genügend exakte Werte liefert. An der breitesten Stelle des sichelförmigen Raumes ($n = \infty$) ist exakt

$$\varrho - r = 2(R - r). \tag{19}$$

Man kann den Betrag f_s (18) nun wieder dimensionslos machen, indem man ihn durch f_1 (11) dividiert, so daß

$$\frac{f_s}{f_1} = \frac{2\delta R \varepsilon}{\pi R^2 \varepsilon (2 - \varepsilon)}$$

$$= \frac{2}{\pi(2 - \varepsilon)} \frac{\delta}{R}. \tag{20}$$

Mit $\varepsilon = 0{,}1$ wird

$$\frac{f_s}{f_1} = 0{,}36 \frac{\delta}{R}. \tag{21}$$

Man erhält damit z. B. für $\delta = 2$ mm und $R = 50$ mm

$$\frac{f_s}{f_1} = 0{,}0144. \tag{22}$$

Weiter wird dann unter Berücksichtigung der Schieberdicke (16)

$$\frac{F_n'}{F_1} = n\left(\frac{f_n}{f_1} - \frac{f_s}{f_1}\right) \tag{23}$$

und

$$\frac{F_n'}{F_n} = 1 - \frac{f_s/f_1}{f_n/f_1}. \tag{24}$$

Gemäß Beispiel (22) verringern sich also die nutzbaren Hubräume (vgl. auch Tab. 2)

bei 2zelligen Kompressoren um $\frac{1{,}44}{0{,}836} = 1{,}7\%$

bei 4zelligen Kompressoren um $\frac{1{,}44}{0{,}496} = 2{,}9\%$

bei 8zelligen Kompressoren um $\frac{1{,}44}{0{,}260} = 5{,}5\%$

C. Konstruktive und betriebstechnische Einzelheiten.

I. Arbeitsventile.

Die Leistung eines Kompressors wird weitgehend durch die Gestaltung und Anordnung der Arbeitsventile bestimmt. Ihre Konstruktion erfordert um so mehr Sorgfalt, je höher die Drehzahl und die mittlere Kolbengeschwindigkeit wird und je kleiner die Hubraumabmessungen sind. Dabei hat eine erhöhte Drehzahl nicht nur höhere Kolben- und Strömungsgeschwindigkeiten sowie höhere Druckverluste zur Folge, sondern auch eine größere Beanspruchung der Ventilplatte durch erhöhte Schlagzahl.

1. Gleichstromausführung.

Bei Kompressoren, die nach dem Gleichstromprinzip arbeiten, ist das Saugventil im Kolbenboden untergebracht, das Druckventil in einer Zwischenplatte unter dem Zylinderkopf. Die Anordnung von Ventilen mit ausreichenden Strömungsquerschnitten macht hierbei im allgemeinen keine Schwierigkeiten.

Das Saugventil wird durch die durch die Kolbenbewegung hervorgerufenen Beschleunigungskräfte zusätzlich auf den Ventilsitz bzw. den Hubfänger geschlagen. Am Ende des Saughubes besteht hierbei die Gefahr des vorzeitigen Schließens, da nach Überschreiten der Kolbenhöchstgeschwindigkeit etwa in Hubmitte durch Verzögerung Massenkräfte auf das Ventil einwirken. Es kommt also darauf an, das Ventilplättchen möglichst leicht auszuführen, damit ein noch verhältnismäßig geringer Strömungsdruck in der Lage ist, das Ventil offen zu halten und um die Schlagenergie zu verringern.

Der Kolbenboden kann kälter sein als die Zylinderwandungen, so daß dort beim Verdichtungshub Kältemittel kondensiert, wodurch der Liefergrad verschlechtert wird. Da der Kältemitteldampf über das Kurbelgehäuse angesaugt wird, läßt sich ein Mitreißen von Öl, insbesondere beim Einschalten der Maschine, infolge des Aufschäumens durch die plötzliche Druckerniedrigung über dem Ölspiegel nicht vermeiden. Das mitgerissene Öl gelangt in mehr oder weniger großen Mengen in den Verdampfer und verschlechtert die Kälteleistung. Dies trifft besonders für die öllöslichen fluorhaltigen Kältemittel zu; das war im wesentlichen der Grund, warum man diese Bauart zugunsten des Wechselstromprinzips verlassen hat.

2. Wechselstromausführung.

Bei dieser sitzen Saug- und Druckventil dicht gedrängt auf einer Zwischenplatte am Zylinderende. Der Zylinderkopf enthält entsprechende Strömungskanäle und -räume. Das Ansaugen überhitzter Dämpfe ist bei R 12 nicht nur unschädlich, sondern verbessert sogar den Liefergrad[1]. Die Unterbringung ausreichender Ventilquerschnitte gestaltet sich naturgemäß, und besonders bei Kältemitteln mit hohen Molekulargewichten wie R 12 und R 22 schwieriger als bei Gleichstromverdichtern. Das Verhältnis Kolbendurchmesser zu Hub d_K/s muß daher groß genug gewählt werden. Gerade bei kleinen Kompressoren kann d_K/s Werte von etwa 1,5 bis 2,8 annehmen. Bei solchen, kurzhubigen Maschinen wirken sich die schädlichen Räume besonders ungünstig auf den Liefergrad aus. Schadraumhöhen von nur $^1/_{10}$ mm mit wenigen hundertstel Millimetern Toleranz stellen an die Bearbeitungs- und Montagegenauigkeit sehr hohe Anforderungen. Unter Schadraumhöhe ist der Abstand des Kolbenbodens vom Zylinderende im oberen Totpunkt zu verstehen. Die schädlichen Räume sind die im oberen Totpunkt verbleibenden Teile des mit verdichtetem Gas erfüllten Zylindervolums und aller mit diesen bei geschlossenem Druckarbeitsventil verbundenen Hohlräume. Der schädliche Raum in % bezeichnet das Verhältnis der schädlichen Räume zum Hubvolum.

3. Ventil-Bauformen.

Zwangsgesteuerte Ventile, wie sie im Brennkraft- und Dampfmaschinenbau verwendet werden, sind in der Kältetechnik unbekannt. Es handelt sich hier durchweg um selbsttätige Ventile, die als freifliegende oder federbelastete Platten-,

[1] PIERRE, B.: Z. Kältetechnik Bd. 4 (1952) S. 83—87.

Ringplatten- oder Schlitzplattenventile sowie als selbstfedernde Flatterventile *(flapper valves)* aus Federbandstahl ausgeführt werden. Einige Ausführungsarten zeigen die Bilder bei der Baubeschreibung verschiedener Fabrikate.

In Abb. 87 sind einige in hermetische Motorkompressoren mit einer Leistung von $^1/_{12}$ bis $^1/_2$ PS eingebaute Flatterventile dargestellt. Die Begrenzungsnasen der Saugventilplättchen (Pos. *1* bis *7*) dienen als Hubfänger. Sie ragen über die Zylinderwand hinaus und greifen in dort ausgearbeitete Taschen von einigen Zehntel bis etwa 3 mm Tiefe ein. Sie haben die Aufgabe, die Beanspruchung des Plättchens

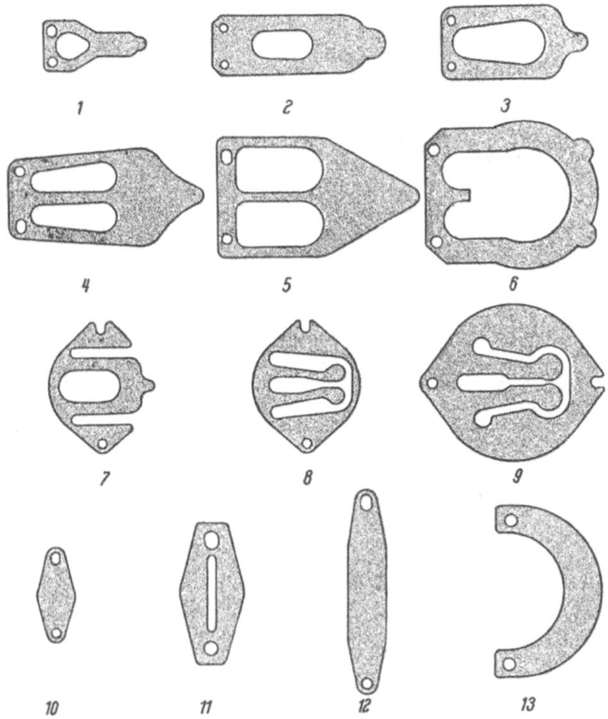

Abb. 87. Saugventil (1—9)- und Druckventilplättchen (10—13) aus schwedischem Federbandstahl (0,16 bis 0,4 mm dick).

durch zu weites Aufschlagen herabzusetzen. Neben diesen Ventilen sind auch noch freifliegende üblich (Pos. *8* und *9*). Die Druckventilplättchen (Pos. *10* bis *12*) besitzen ausnahmslos einen Hubfänger in Form einer um einige Zehntel mm in der Mitte aufgebogenen Platte, die das Plättchen auf die ganze Länge abdeckt. Diese wird mittels zweier Führungsstifte durch Federn auf die Ventilplatte gedrückt und hebt sich bei Flüssigkeitsförderung ab. Bei einer anderen, halbmondförmigen Ausführung (Pos. *13*) ist der Hubfänger als starre Platte ausgebildet. Zwischen dieser und dem Ventilplättchen befindet sich eine Blattfeder als Vorfänger. Einzelheiten dieser Konstruktion zeigt Abb. 88.

4. Die Strömungsgeschwindigkeit in den Ventilen.

Die Gasströme im Zylinderkopf werden infolge des periodischen Öffnens und Schließens der Arbeitsventile pulsierend bewegt. Ihre Geschwindigkeit ist unter der Voraussetzung, daß die Ventile während ihrer vollen Öffnungszeit einen konstanten Querschnitt freigeben, der Kolbengeschwindigkeit proportional. Da Ansaugen und Ausschieben bei annähernd konstantem Druck im Zylinder erfolgen, ist auch das vom Kolben überstrichene Teil-Volum

$$dV_K = c_K \cdot f_K \cdot d_Z$$

gleich dem durch das Ventil strömenden Teil-Volum

$$d\,V_S = c_S \cdot f_S \cdot d_Z$$

bzw.

$$d\,V_D = c_D \cdot f_D \cdot d_Z.$$

Demnach ist die Augenblicks-Geschwindigkeit im Saugventil

$$c_S = \frac{f_K}{f_S} \cdot c_K \text{ in m/s} \tag{25}$$

und im Druckventil

$$c_D = \frac{f_K}{f_D} \cdot c_K \text{ in m/s}, \tag{26}$$

a

b

c

d

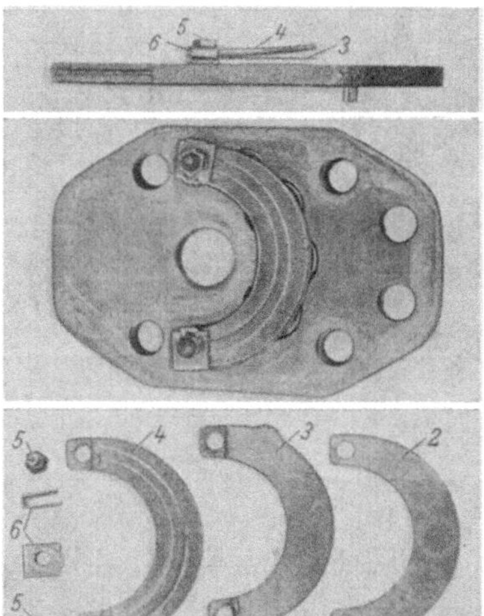

Abb. 88a–d. Ventilplatte mit halbmondförmigem Druckventil, zusammengebaut in Seiten- (a), Draufsicht (b) und zerlegt (c,d).
1 Ventilträgerplatte (Druckventilseite); *2* Druckventilplättchen; *3* Vorfänger; *4* Hubfänger; *5* Befestigungsschrauben; *6* Sicherungs- und Distanzbügel; *7* Saugventilbohrung; *8* Druckventilbohrungen (3 Stück).

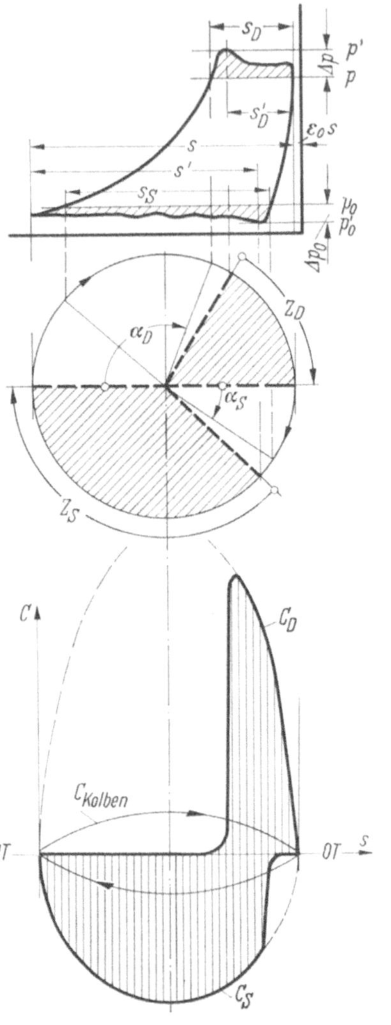

Abb. 89. Zuordnung der Ventilöffnungszeiten und Strömungsgeschwindigkeiten im Saug- und Druckventil zum Indikator-Diagramm.
s = Hublänge
ε_0 = Schädlicher Raum
s_S, s_D = Ansaug- bzw. Ausschubweg (Abschnitt auf der p_0- bzw. p-Linie)
s_S', s_D' = Ansaug- bzw. Ausschubweg (bei voller Ventilöffnung)
$\Delta p_0 = p_0 - p_0'$ = Drosselverlust im Saugventil
$\Delta p = p' - p$ = Drosselverlust im Druckventil
z_S, z_D = Öffnungszeit des Saug- bzw. Druckventils
c_S, c_D = Strömungsgeschwindigkeit im Saug- bzw. Druckventil
c_{Kolben} = Kolbengeschwindigkeit
α_S = Winkelstellung beim Öffnungsbeginn des Saugventils
α_D = Winkelstellung beim Öffnungsbeginn des Druckventils
Die dargestellten Verhältnisse gelten für ein Druckverhältnis $p/p_0 \sim 3$ bis 4.

wobei f_K die Kolbenfläche, c_K die augenblickliche Kolbengeschwindigkeit und f_S und f_D der Bohrungs- bzw. Spaltquerschnitt des Saug- bzw. Druckventils ist. Setzt man für die augenblickliche Kolbengeschwindigkeit c_K die mittlere c_{Km} während der Öffnungszeiten z_S bzw. z_D der Ventile, dann erhält man auch die zugehörigen mittleren Strömungsgeschwindigkeiten c_{Sm} bzw. c_{Dm} in den Ventilen und den unmittelbar angrenzenden Räumen. Die wahren Verhältnisse sind in Abb. 89 graphisch dargestellt. Unter dem Indikatordiagramm sind die Ventilöffnungszeiten auf dem Kurbelkreis als Kreisausschnitte aufgetragen sowie die veränderlichen Kolben- und Ventilgeschwindigkeiten über dem Kolbenweg.

Die den Ventilöffnungszeiten zugeordneten mittleren Kolbengeschwindigkeiten sind also

$$c_{Km} = \frac{s'_S}{z_S} \quad \text{bzw.} \quad c_{Km} = \frac{s'_D}{z_D}.$$

Die Hubstrecken decken nur den Bereich, in dem das jeweilige Ventil voll geöffnet ist. Bei vorliegenden Indikatordiagrammen lassen sich durch Abgreifen und Abmessen die mittleren Kolbengeschwindigkeiten bei beliebigem Stangenverhältnis bestimmen. Zur rechnerischen Ermittlung sollen einige vereinfachende Voraussetzungen gemacht werden. Das Stangenverhältnis sei unendlich (Kurbelschleife); die Öffnungsstrecken seien s_S bzw. s_D (Abschnitte auf der p_0- bzw. p-Linie); der Öffnungswinkel sei jeweils $\pi-\alpha$ bei Saug- und Druckhub, d. h., das jeweilige Ventil öffne bei der Winkelstellung α und schließe wieder im unteren bzw. oberen Totpunkt bei π. Damit wird

$$\begin{aligned} c_{Km} &= \frac{1}{\pi-\alpha}\int_\alpha^\pi \frac{s}{2}\,\omega \sin\alpha\, d\alpha \\ &= \frac{c_m}{2}\,\frac{1}{1-\alpha/\pi}\int_\alpha^\pi \sin\alpha\, d\alpha \end{aligned} \tag{27}$$

wenn man die gleichförmige Winkelgeschwindigkeit $\omega = \frac{2\pi n}{60} = c_m \frac{\pi}{s}$ setzt. Hierin ist c_m in m/s die mittlere Kolbengeschwindigkeit über die volle Hublänge bei der Drehzahl n in min^{-1}.

Integriert man (27) in den angegebenen Grenzen, dann erhält man

$$c_{Km} = \frac{1}{2}\left(\frac{1+\cos\alpha}{1-\alpha/\pi}\right) c_m = b\, c_m. \tag{28}$$

Der Faktor

$$b = \frac{1}{2}\left(\frac{1+\cos\alpha}{1-\alpha/\pi}\right) \tag{28a}$$

ist also nur von α abhängig und für das Saug- (b_s) bzw. das Druckventil (b_D) verschieden. Darin läßt sich $\cos\alpha$ als Funktion thermodynamischer Größen ausdrücken, wobei der Index S für das Saug- und D für das Druckventil eingeführt wird. Es ist annähernd (die Isobaren p_0 und p sollen das Indikatordiagramm begrenzen) für den Saughub

$$s_S/s = 1 - \varepsilon_0\left[\left(\frac{p}{p_0}\right)^{\frac{1}{n}} - 1\right] \tag{29}$$

und

$$s_S = s/2\,(1+\cos\alpha_S). \tag{30}$$

Setzt man (30) in (29) ein, dann wird

$$\frac{1}{2}(1+\cos\alpha_S) = 1 - \varepsilon_0\left[\left(\frac{p}{p_0}\right)^{\frac{1}{n}} - 1\right]$$

und

$$\cos\alpha_S = (1 + 2\varepsilon_0) - 2\varepsilon_0 \left(\frac{p}{p_0}\right)^{\frac{1}{n}}. \tag{31}$$

Hierin ist ε_0 der schädliche Raum, n der Polytropenexponent und α_S die Winkelstellung beim Öffnen des Saugventils.

Beim Druckhub wird

$$\frac{s_D}{s} = \frac{s_D}{s_S} \cdot \frac{s_S}{s}$$

und mit

$$\frac{s_D}{s_S} = \left(\frac{p}{p_0}\right)^{-\frac{1}{n}}$$

und (29) erhält man

$$s_D/s = \left(\frac{p}{p_0}\right)^{-\frac{1}{n}} - \varepsilon_0 + \varepsilon_0 \left(\frac{p}{p_0}\right)^{-\frac{1}{n}}. \tag{32}$$

Ferner ist analog (30) für den Druckhub

$$s_D = s/2\,(1 + \cos\alpha_D). \tag{33}$$

Setzt man (33) in (32) ein, dann wird

$$1/2\,(1 + \cos\alpha_D) = \left(\frac{p}{p_0}\right)^{-\frac{1}{n}} (1 + \varepsilon_0) - \varepsilon_0$$

und

$$\cos\alpha_D = 2\left(\frac{p}{p_0}\right)^{-\frac{1}{n}} (1 + \varepsilon_0) - (1 + 2\varepsilon_0). \tag{34}$$

Setzt man nun (31) bzw. (34) und α_S/π bzw. α_D/π in b_S bzw. b_D nach Gl. (28a) ein, dann erhält man die mittleren Strömungsgeschwindigkeiten in den Ventilen gemäß (25) und (26) und dem dort folgenden Text, sowie (28)

$$c_{Sm} = \frac{f_K}{f_S}\, b_S \cdot c_m \tag{35}$$

und

$$c_{Dm} = \frac{f_K}{f_D}\, b_D \cdot c_m \tag{36}$$

als Funktionen des Druckverhältnisses, des schädlichen Raumes, des Flächenverhältnisses f_K/f_S bzw. f_K/f_D und der bekannten mittleren Kolbengeschwindigkeit c_m. Wenn der Faktor b_S bzw. $b_D = 1$ wird, hängen die mittleren Strömungsgeschwindigkeiten in den Ventilen in einfacher Weise von c_m ab. Für überschlägliche Berechnungen mag diese Vereinfachung ausreichen, vor allem bei vergleichenden Betrachtungen, da die Betriebsbedingungen außer der Drehzahl nicht in die Rechnung eingehen. Es empfiehlt sich auch, zunächst so vorzugehen und dann erst die von den Betriebsbedingungen abhängigen Faktoren b_S und b_D einzuführen.

Für Räume außerhalb des Zylinderkopfes mit den Strömungsquerschnitten f'_S bzw. f'_D, in denen der pulsierende Gasstrom weitgehend geglättet und gleichförmig geworden ist, gelten diese Zusammenhänge nicht mehr. Dort ist die Strömungsgeschwindigkeit auf der Saugseite

$$c'_S = \frac{V_{eff}}{f'_S} \quad \text{in m/s},$$

wobei V_{eff} die wirklich geförderte Gasmenge im Ansaugzustand in m³/s ist, so daß

$$c_S' = \frac{1}{f_S'} \cdot \lambda \cdot f_K \cdot s \cdot \frac{n}{60}.$$

Führt man die mittlere Kolbengeschwindigkeit

$$c_m = \frac{s\,n}{30} \text{ in m/s ein, dann wird}$$

$$c_S' = \lambda \cdot \frac{f_K}{f_S'} \cdot \frac{c_m}{2} \qquad (37)$$

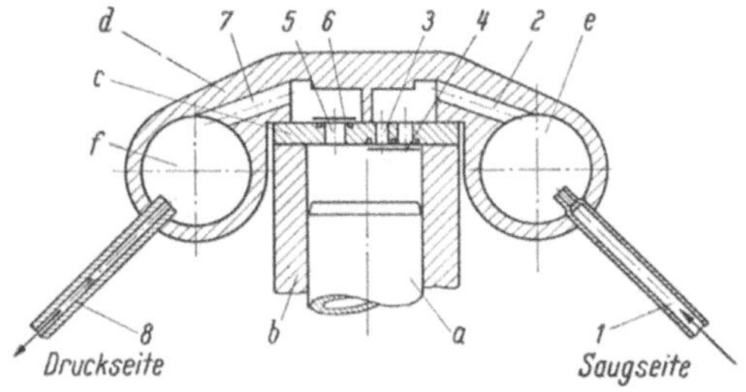

Abb. 90. Strömungsgeschwindigkeiten c im Zylinderkopf eines Motorkompressors (1/8 PS, V_H = 8,35 cm³). a Kolben; b Zylinder; c Ventilträgerplatte; d Zylinderdeckel; e Saugschalldämpfer; f Druckschalldämpfer.

	Pos.	d_{licht} mm	f mm²	c m/s	c errechnet nach Gleichung
Saugseite	1	3,5	9,62	12,6 (–)	37 (–)
	2	5,0	19,63	20,5 (23,4)	25 (35)
	3	2 × 5,0	39,26	10,2 (11,6)	25 (35)
	4	Spalt 1,0	31,40	12,8 (14,6)	25 (35)
Druckseite	5	5,0	19,63	20,5 (15,3)	26 (36)
	6	Spalt 0,2	3,15	128,0 (95,5)	26 (36)
	7	5,0	19,63	20,5 (15,3)	26 (36)
	8	2,5	4,90	4,9 (–)	38a(–)

In Gl. (25) u. (26) ist $c_K = c_m$, entsprechend $b_S = b_D = 1$ in Gl. (35) bzw. (36).
In Gl. (35) ist b_S = 1,14 und in Gl. (36) b_D = 0,745, entsprechend $p/p_0 = 6$, n = 1,1 und ε_0 = 0,05.
Es ist ferner d_K = 25 mm, s = 17 mm, f_K = 490 mm², Drehzahl n = 1450 min⁻¹, $c_m = \frac{sn}{30}$ = 0,82 m/s.

und auf der Druckseite unter Berücksichtigung des veränderten spezifschen Volums

$$c_D' = \frac{v}{v_0} \cdot \lambda \cdot \frac{f_K}{f_D'} \cdot \frac{c_m}{2} \qquad (38)$$

oder

$$= \frac{f_S'}{f_D'} \left(\frac{p}{p_0}\right)^{-1/n} \cdot c_S'. \qquad (38\text{a})$$

λ ist der Liefergrad, d. h. das Verhältnis des wirklich geförderten Mengenstromes V_{eff} zu dem geometrischen Ansaugvolum V_{geom}, jeweils in m³/s.

Welche Geschwindigkeiten bei ausgeführten Kompressoren auftreten, zeigen die Abb. 90 und 91. Trotz der gleichen Leistungsgröße von ¹/₈ PS erkennt man vergleichsweise erhebliche Unterschiede. Wenn auch häufige Druckumsetzungen im Verlauf des Strömungsweges vermieden werden sollen, so lassen sich diese doch nicht ganz vermeiden. Drosselstellen, insbesondere auch am Druckventil, sind oft billige und wirksame Methoden zur Geräuschdämpfung. Es erscheint zunächst abwegig, in diesem Zusammenhang auf die durch die Schallgeschwindigkeit gegebene Grenze hinzuweisen. Die der Abb. 90 beigegebene Tabelle zeigt jedoch, daß bei einer Verengung des Hubes des Druckventilplättchens um nur $^1/_{10}$ mm bei einem Druckverhältnis von z. B. $p/p_0 = 6$ bereits die Schallgeschwindigkeit überschritten würde. In ihrer Nähe steigt der Widerstandsbeiwert stark an und der quadratisch von der Strömungsgeschwindigkeit abhängende Druck-

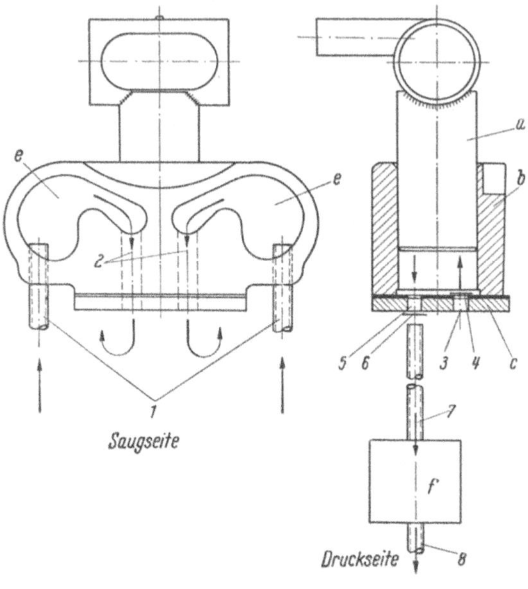

Abb. 91. Strömungsgeschwindigkeit c im Zylinderkopf eines Motorkompressors (1/8 PS, V_H = 8,5 cm³). a Kolben; b Zylinder; c Ventilträgerplatte; d Zylinderdeckel (nicht gezeichnet); e Saugschalldämpfer; f Druckschalldämpfer.

	Pos.	d_{licht} mm	f mm²	c m/s	c errechnet nach Gleichung
Saugseite	1	2×4,91	37,90	3,3 (–)	37 (–)
	2	2×6,6	68,40	6,1 (6,9)	25 (35)
	3	2×5,5	47,50	8,7 (9,9)	25 (35)
	4	Spalt 0,5	17,30	23,8 (27,1)	25 (35)
Druckseite	5	4,0	12,56	33,0 (25,0)	26 (36)
	6	Spalt 0,6	7,55	55,0 (41,0)	26 (36)
	7	3,31	8,60	48,2 (36,0)	26 (36)
	8	2,56	5,14	3,2 (–)	38a (–)

In Gl. (25) u. (26) ist $c_K = c_m$, entsprechend $b_S = b_D = 1$ in Gl. (35) u. (36).
In Gl. (35) ist $b_S = 1{,}14$ und in Gl. (36) $b_D = 0{,}745$, entsprechend $p/p_0 = 6$, $n = 1{,}1$ und $\varepsilon_0 = 0{,}05$.
Es ist ferner $d_K = 26{,}2$ mm, $s = 15{,}8$ mm, $f_K = 540$ mm², Drehzahl $n = 1450$ min⁻¹, $c_m = \frac{s\,n}{30} = 0{,}765$ m/s.

verlust wird beträchtlich[1]. Hinzu kommt eine zusätzliche, adiabate Überhitzung, die die Materialfestigkeit, besonders bei Federn, gefährden kann. Tab. 3 zeigt u. a., daß die Schallgeschwindigkeit von R 12 nur 44% derjenigen von Luft beträgt.

Stark gerundete Kuppen im Indikatordiagramm beim Ausschub deuten darauf hin, daß die Strömungsgeschwindigkeit in der Nähe der Schallgeschwindigkeit liegt. Wegen der konstruktiv bedingten, unvollkommenen Ausbildung der Strömungswege kann jene jedoch nicht überschritten werden. Bei zu klein ausgebildeten Strömungsquerschnitten stellt sich im Zylinder ein erhöhter Auslaß-

[1] Vgl. auch R. FÜNER, E. SCHÖBERL, R. TAUCHMANN u. K. BACH: Kältetechnik Bd. 12 (1960) S. 298 bis 302, besonders Bild 9 u. Tab. 1.

druck ein, wobei sich die Strömungsgeschwindigkeit von selbst dem jeweils möglichen Endwert anpaßt. Wenn die Strömungsquerschnitte und die äußeren Betriebsbedingungen bekannt sind, läßt sich mit Hilfe von Gl. (28a) abschätzen, um wieviel sich das Druckverhältnis vergrößert und damit der Faktor b_D verkleinert, damit die Schallgeschwindigkeit nicht überschritten wird.

Tabelle 3. *Schallgeschwindigkeit a in verschiedenen Kältemitteldämpfen im Vergleich zu Luft* $(a = \sqrt{g\,\varkappa\,R\,T})$.

Stoff	Molekular-gewicht m	Gas-konstante R	$\varkappa$	a bei 0° C m/s	a bei 85° C m/s	$\frac{a \text{ Stoff}}{a \text{ Luft}}$
Luft	29,00	29,270	1,402	331	378	1,000
NH_3	17,03	49,789	1,312	415	472	1,255
R 12	120,92	7,013	1,148	147	167	0,443
R 22	86,48	9,806	1,190	177	202	0,532

5. Die Drosselverluste in den Ventilen.

Drosselverluste, gerade bei hohen Gasgeschwindigkeiten, können durch gut gerundete Einlaufblenden und diffusorartige Erweiterungen am Austritt (vgl. Abb. 92) verringert werden. Zur Vermeidung einer zu großen Schlaghöhe und in der unbedingt zu vertretenden Absicht, die Austrittsfläche am Ringspaltumfang nicht wesentlich kleiner als den Bohrungsquerschnitt zu machen, muß der Durchmesser des Ventilsitzes vergrößert werden. Ausführung b in Abb. 92 verursacht bei gleicher Ventilbohrung weniger Drosselverluste als a.

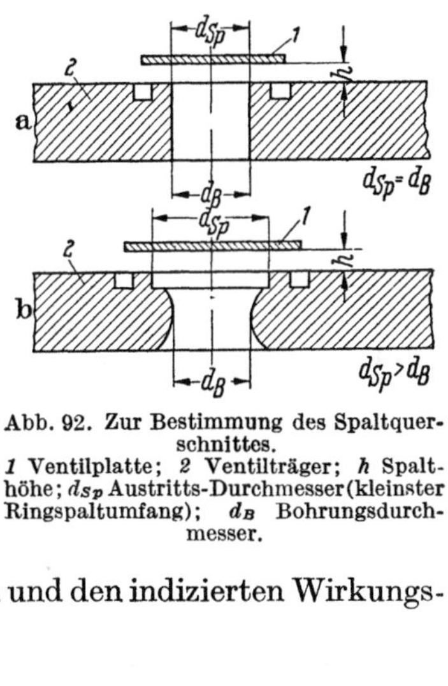

Abb. 92. Zur Bestimmung des Spaltquerschnittes.
1 Ventilplatte; *2* Ventilträger; *h* Spalthöhe; d_{Sp} Austritts-Durchmesser (kleinster Ringspaltumfang); d_B Bohrungsdurchmesser.

Die Druckverluste durch Drosselung betragen im Saugventil

$$\Delta p_0 = \zeta_S \frac{c_S^2 \gamma_0}{2g} \quad \text{in kp/m}^2 \tag{39}$$

und im Druckventil

$$\Delta p = \zeta_D \frac{c_D^2 \gamma}{2g} \quad \text{in kp/m}^2. \tag{40}$$

Sie beeinflussen unmittelbar den volumetrischen und den indizierten Wirkungsgrad. Im Liefergrad $\lambda = \eta_t \cdot \eta_v$ ist

$$\eta_t = \frac{T_0'}{T_1}$$

der thermometrische Wirkungsgrad, wobei T_0' in °K die Dampftemperatur im Saugstutzen und T_1 diejenige im Zylinder nach beendeter Füllung ist, und der volumetrische Wirkungsgrad[1]

$$\eta_v = (1 + \varepsilon_0)\,(1 - \Delta p_0/p_0)^{1/n} - \varepsilon_0 \left(\frac{p + \Delta p}{p_0}\right)^{1/m}. \tag{41}$$

Es bedeuten

c_S, c_D Gasgeschwindigkeit im Saug- bzw. Druckventil,
ε_0 schädlicher Raum,
m, n Exponent der Rückexpansions- bzw. der Kompressionspolytrope,
ζ_S, ζ_D Widerstandsbeiwerte der Ventile (die Werte können bei 6 bis 10 liegen),
γ_0, γ spezifische Gewichte in kp/m³ bei p_0 bzw. p.

[1] Linge, K.: Die Kälte Bd. 1 (1948) S. 116—123.

Es erhebt sich die Frage, wie die Durchtrittsquerschnitte f_S und f_D für Saug- und Druckventile am zweckmäßigsten aufgeteilt werden können.

Ein Kriterium für die günstigste Verteilung der Gasgeschwindigkeiten in den Ventilen kann die günstigste Verteilung der Druckverluste Δp_0 und Δp sein. Dabei sollte aber auf jeden Fall darauf geachtet werden, daß die Schallgeschwindigkeit a nie erreicht wird. Dies gilt besonders für das Druckventil, da dort erfahrungsgemäß höhere Geschwindigkeiten als beim Saugventil zugelassen werden. Die wahren mittleren Strömungsgeschwindigkeiten c_{Dm} betragen bei Druckverhältnissen $p/p_0 \sim 4$ bis 8 und schädlichen Räumen bis $\varepsilon_0 = 5\%$, bei Verhältnissen also, wie sie bei üblichen Kälteanlagen vorliegen, 50 bis 80% der rechnerisch nur auf die mittlere Kolbengeschwindigkeit c_m bezogenen. Es genügt also, dafür zu sorgen, daß

$$c_D = \frac{f_K}{f_D} \cdot c_m \leqq a \text{ ist,}$$

damit

$$c_{Dm} \leqq 0{,}5 \text{ bis } 0{,}8\, a$$

bleibt.

Es erscheint weiter gerechtfertigt zu fordern, daß immer die größere der beiden Verlustarbeiten verringert wird. Dies führt zu der Erkenntnis, daß die z. B. durch den Druckverlust Δp verursachte Verlustarbeit der durch Δp_0 verursachten gleichgemacht wird. In vereinfachter Schreibweise heißt das (vgl. Abb. 89)

$$\Delta p \cdot s_D = \Delta p_0 \cdot s_S \tag{42}$$

oder

$$\frac{\Delta p}{\Delta p_0} = \frac{s_S}{s_D} = \left(\frac{p}{p_0}\right)^{\frac{1}{n}}, \tag{43}$$

Da

$$\frac{p}{p_0} = \left(\frac{\gamma}{\gamma_0}\right)^n \quad \text{und} \quad \left(\frac{p}{p_0}\right)^{\frac{1}{n}} = \frac{\gamma}{\gamma_0} \tag{44}$$

wird

$$\frac{\Delta p}{\Delta p_0} = \frac{\gamma}{\gamma_0}. \tag{45}$$

Andererseits ist aber nach (39) und (40), wenn man die Widerstandsbeiwerte ζ_S und ζ_D in weiterer Annäherung gleichsetzt,

$$\frac{\Delta p}{\Delta p_0} = \frac{c_D^2}{c_S^2} \cdot \frac{\gamma}{\gamma_0}, \tag{46}$$

so daß $c_D = c_S$ werden muß.

Setzt man hierfür nun die wahren, mittleren Strömungsgeschwindigkeiten nach (35) und (36), dann wird

$$\frac{f_K}{f_S} b_S \cdot c_m = \frac{f_K}{f_D} b_D \cdot c_m$$

oder

$$\frac{f_D}{f_S} = \frac{b_D}{b_S}. \tag{47}$$

Tabelle 4. *Flächenverhältnis f_D/f_S bei gleichen Verlustarbeiten beim Ansaugen und beim Ausschub.*

$\frac{p}{p_0}$	f_D/f_S $\varepsilon_0 = 0$	$\varepsilon_0 = 0{,}05$	$\varepsilon_0 = 0{,}10$
1	1,00	1,00	1,00
2	1,02	0,91	0,88
4	0,79	0,66	0,63
6	0,68	0,53	0,49
8	0,59	0,46	0,41
12	0,49	0,37	0,33

Tab. 4 enthält einige Werte von f_D/f_S, die dieser Optimierungsbedingung genügen.

Man ersieht daraus, daß der Strömungsquerschnitt beim Druckventil mindestens etwa 50% des Ansaugquerschnittes betragen sollte, um dort unverhältnismäßig hohe Drosselverluste zu vermeiden.

Vergleicht man die Drosselverluste bei ein und derselben Maschine, jedoch bei Betrieb mit verschiedenen Kältemitteln (Index 1 bzw. 2), dann erhält man

$$\frac{\Delta p_1}{\Delta p_2} = \frac{\gamma_1}{\gamma_2} = \frac{m_1}{m_2} \cdot \frac{p_1}{p_2} \cdot \frac{T_2}{T_1}. \tag{48}$$

Dieses Verhältnis darf nur dann dem Verhältnis der Molekulargewichte $\frac{m_1}{m_2}$ gleichgesetzt werden, wenn, wie man sieht, Druck- und Temperaturverhältnisse übereinstimmen. Unter dieser Voraussetzung verursacht R 12 einen 4,2fach und R 22 einen 3,0fach größeren Drosselverlust als Luft, und R 12 einen 1,4fach größeren als R 22.

Soll ein Kompressor bei gleichbleibender Förderleistung für ein anderes Kältemittel (Index 1 bzw. 2) vorgesehen werden und sollen sich dabei auch die Drosselverluste nicht ändern, dann verhalten sich die Strömungsgeschwindigkeiten wie

$$\frac{c_1}{c_2} = \sqrt{\frac{\Delta p_1}{\Delta p_2} \frac{\zeta_2}{\zeta_1} \frac{\gamma_2}{\gamma_1}} = \sqrt{\frac{\zeta_2}{\zeta_1} \frac{m_2}{m_1} \frac{p_2}{p_1} \frac{T_1}{T_2}}. \tag{49}$$

Die Ventile müssen also umkonstruiert werden, wobei der Verringerung der Widerstandsbeiwerte ζ gerade bei hochmolekularen Kältemitteln besondere Bedeutung zukommt. Unterstellt man jedoch, daß $\zeta_1 = \zeta_2$, dann darf die Strömungsgeschwindigkeit bei R 12 nur 47% im Druckventil ($t = +30°$ C) und nur 43% im Saugventil ($t_0 = -10°$ C) im Vergleich zu NH_3 betragen. Werden die Ventile in dem ursprünglichen NH_3-Verdichter belassen, dann muß bei R 12 zur Erhaltung gleichbleibender Drosselverluste sinngemäß die Kolbengeschwindigkeit und damit die Drehzahl auf 47 bzw. 43% herabgesetzt werden.

6. Die Schließzeit der Ventile.

Die Ventile werden bei den selbsttätigen Ausführungen durch den Gasdruck geöffnet, wobei sich während des Durchströmens ein mehr oder weniger konstanter Druckverlust einstellt. Das Schließen erfolgt durch Federn oder die Federwirkung bei Flatterventilen. Beide Bewegungen sollen möglichst rasch und im richtigen Augenblick erfolgen. Verzögertes Öffnen verursacht beim Druck- und Saugventil durch Verschlechterung des indizierten Wirkungsgrades erhöhten Leistungsbedarf, verzögertes Schließen, Verschlechterung des Liefergrades und Füllungsverlust.

Die Schließzeit eines Ventils läßt sich unter der Annahme einer gleichförmig beschleunigten Bewegung der Ventilplatte berechnen. Mit der gleichförmigen Beschleunigung b in m/s² erhält man die Geschwindigkeit der Ventilplatte zu

$$w = \frac{dh}{dz} = b \cdot z \text{ in m/s}$$

und durch Integration über die Zeit z die Spalthöhe $h = b\frac{z^2}{2}$ in m bei geöffnetem Ventil.

Damit wird die Schließzeit

$$z = \sqrt{\frac{2h}{b}} = \sqrt{\frac{2hG}{g(P + ch)}} \text{ in s}. \tag{50}$$

Hierin ist weiter

G = Gewicht der Ventilplatte in kp,
g = 9,81 m/s²,
P = Federkraft bei geschlossenem Ventil (Schließdruck) in kp,
c = Federkonstante in kp/m.

Für Flatterventile wird $P = 0$, so daß

$$z = \sqrt{\frac{2G}{gc}} \text{ in s}. \tag{51}$$

Während bei federbelasteten Ventilplatten im allgemeinen die Federkonstante c gegenüber der Federkraft P auf die Schließzeit nur wenig Einfluß hat, gibt sie bei Flatterventilen den Ausschlag. Will man die Schließzeit z. B. auf weniger als 6° Kurbelwinkel beschränken[1], was einmal eine gute Funktion des Ventils gewährleistet und zum anderen einfache Rechenwerte ergibt, dann wird die Schließzeit, wenn jetzt unter n die Drehzahl in der Sekunde verstanden wird,

$$z \leqq \frac{1}{n} \text{ in s}. \tag{52}$$

Setzt man (52) in (50) ein und löst nach P auf, dann erhält man die erforderliche Federkraft zu

$$P \geqq \frac{2hG}{g} \cdot n^2 - c\,h \text{ in kp}. \tag{53}$$

Bei Flatterventilen wird die erforderliche Federkonstante aus Gl. (51) mit (52)

$$c \geqq \frac{2G}{g}\, n^2 \text{ in kp/m}. \tag{54}$$

Man erkennt, daß z. B. bei einer Verdoppelung der Drehzahl P bzw. c vervierfacht werden muß, um die gleichen Schließzeiten einer Vergleichsmaschine zu erzielen. Statt dessen könnten aber auch die Gewichte der Ventilplatten entsprechend vermindert werden. Beide Maßnahmen können sich auch ergänzen. Die vorstehende Betrachtung ist also besonders für schnellaufende Maschinen von Bedeutung. In jedem Fall sind die Plattengewichte gering zu halten. Mit Rücksicht auf ein schnelles Öffnen und zur Vermeidung erhöhter Druckverluste im Ventil dürfen die Schließdrucke aber auch nicht zu hoch gewählt werden.

Diesem Umstand tragen in hohem Maße die Flatterventile Rechnung, bei denen $P = 0$ ist (im Grenzfall).

Bei federbelasteten Plattenventilen gelingt es durch besondere Maßnahmen, die Federkraft beim Öffnen zu beeinflussen. So kann beispielsweise die Feder schwächer bemessen werden, als einer hohen Schließgeschwindigkeit entspricht und der Federdruck in offenem Zustand durch einen als pneumatische Dämpfung wirkenden Gaspuffer auf der Rückseite der Ventilplatte verstärkt werden. Eine ähnliche Wirkung läßt sich auch durch eine mechanische Feder mit progressiver Druckcharakteristik erzielen. Auch lassen sich durch die Anordnung einer besonderen Strömungsführung ähnliche Wirkungen erzielen. Beim Öffnungsstoß wird z. B. Gas hinter die Ventilplatte geleitet, wodurch dort kurzzeitig Unterdruck erzeugt und die zuhaltende Federkraft beim Öffnen abgeschwächt wird[2]. Beim Schließen steht der volle Federdruck wieder zur Verfügung.

II. Gleitring-Wellendichtungen.

Die Wellenstopfbuchse, als Gleitringdichtung ausgebildet, war lange ein Sorgenkind im Kältemaschinenbau. Zu den ältesten Ausführungen gehört diejenige mit einem Metall-Federbalg, die in Abb. 93 (a) schematisch dargestellt ist. Eine weitere Bauform ohne Federbalg zeigt die Skizze b.

[1] Vgl. auch M. Bäckström: Kältetechnik, Karlsruhe: C. Braun 1953, S. 136.

[2] Hotani, S., u. J. Nagaoka: Ber. Internationaler Kältekongreß Kopenhagen 1959, Bd. 2, S. 187.

Die Stopfbuchse ist in eine nach oben offene Stopfbuchsenkammer (*3*) eingebaut, durch die die Welle (*1*) aus dem Gehäuse (*2*) nach außen geführt ist. Die durch den Deckel (*4*) verschlossene Kammer dient als Ölsammeltasche zur Schmierung der Gleitflächen des feststehenden (*7*) und des umlaufenden Gleitringes (*6*). So hat die Stopfbuchse im wesentlichen gegen Öl und nicht gegen den Kältemitteldampf zu dichten. Dabei ist jedoch zu berücksichtigen, daß insbesondere bei den fluorierten Kältemitteln das Öl beträchtliche Mengen Kältemittel gelöst enthält, das bei Undichtigkeiten mit dem Öl entweicht. Der Federbalg (*8*) stellt eine elastische, dichte Verbindung dar zwischen der Gleitfläche des Gegengleitringes (*7*) und der Endscheibe (*9*). Er ist in diese beiden Bauteile dicht eingelötet. Die Endscheibe wird mittels des Stopfbuchsendeckels über eine Dichtung (*10*) an das Gehäuse angepreßt. Der mit der Welle umlaufende Gummiring (*5*) hat die Aufgabe, den Gleitring (*6*) sowohl radial als auch axial gegen die Welle und die Wellenschulter abzudichten und dessen parallele Einstellung zur Gegengleitfläche zwangfrei zu ermöglichen.

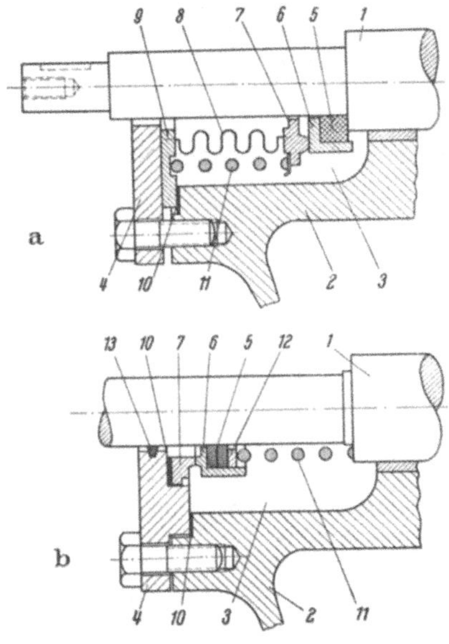

Abb. 93a u. b. Gleitring-Wellendichtungen. *1* Welle; *2* Kompressorgehäuse; *3* Stopfbuchsenkammer; *4* Stopfbuchsendeckel; *5* Umlaufende Gummidichtung; *6* Umlaufender Gleitring (Stahl); *7* Feststehender Gegen-Gleitring (Bronze bzw. Grauguß); *8* Metall-Federbalg; *9* Endscheibe; *10* Dichtung; *11* Druckfeder; *12* Feder-Druckring; *13* Filzring.

An sein Quell- bzw. Schrumpfverhalten und seine Verträglichkeit mit dem ihn umgebenden Öl-Kältemittelgemisch werden besonders hohe Anforderungen gestellt. Die Kältemittelkonzentration im Öl und die Temperatur beeinflussen dieses Verhalten. Daß diese Einwirkungen beim Betrieb einer Kältemaschine instabil sind, erschwert die Auswahl einer geeigneten Gummiqualität. Naturgummi scheidet wegen seiner mangelnden Beständigkeit in Mineralöl und gegen höhere Temperaturen aus. Unter den synthetischen Gummisorten hat sich jedoch Perbunan (Butadien-Acrylnitril) und Neoprene (Chlor-Butadien-Basis) bewährt[1]. Je nach Art des Kältemittels sind bestimmte Mischungszusammenstellungen innerhalb der beiden erwähnten Gummisorten besonders geeignet. Dabei ist zu beachten, daß auch die konstruktive Gestaltung der Stopfbuchse deren Empfindlichkeit gegen die wechselnden Formänderungen der Gummiringe mitbestimmt. Es gibt Ausführungen, die gerade wegen ihrer Einfachheit komplizierteren überlegen sind[2].

Die Druckfeder (*11*) sorgt für den erforderlichen Dichtungsdruck sowohl der Gleitringflächen als auch der Gummidichtungen sowie in Verbindung mit den elastischen Zwischengliedern für die Parallelführung der Gleitflächen. Der dadurch erzeugte Axialschub muß durch ein Wellen-Stirnlager aufgenommen werden. Bei kleineren Maschinen genügt eine gehärtete Stahlkugel, die zwischen dem gegenüberliegenden Wellenende und einem Drucklagerstück im Gehäusedeckel eingelegt ist.

---

[1] Haas, E.: Z. Kältetechnik Bd. 2 (1950) S. 206—209.

[2] Über verschiedene Ausführungen vgl. R. Plank u. J. Kuprianoff: Kleinkältemaschinen, 2. Aufl. Berlin/Göttingen/Heidelberg: Springer 1960.

Den richtigen Anpreßdruck zu berechnen, ist nur annähernd möglich. An vorhandenen Ausführungen ermittelte Erfahrungswerte sind für den Konstrukteur eine wertvolle Hilfe. Sowohl bei Überdruck als auch bei Unterdruck im Kurbelgehäuse wirken Kräfte, die versuchen, die Gleitflächen auseinander zu treiben. Die Druckfeder muß mindestens dieser Kraft entgegenwirken. Andererseits darf der Anpreßdruck nicht so hoch sein, daß die Gleitflächen durch zu hohe Reibungswärme oder mangelnde Ausbildung eines Schmierfilmes gefährdet werden. Für die Berechnung können in erster Annäherung diejenigen für Drucklager herangezogen werden. Sie zeigen, daß der Spaltdruck nur an einem Durchmesser gleich dem höheren Druck ist und zum anderen Durchmesser hin logarithmisch bis zum Gegendruck abnimmt[1]. Das Schmiermittel könnte also frei austreten, wenn es nicht durch Adhäsion im Spalt daran gehindert würde. Wenn der Überdruck $p_i - p_a$ vom äußeren Radius r_a nach dem inneren r_i wirkt, muß die Anpreßkraft theoretisch mindestens betragen

$$P = \pi (r_a^2 - r_i^2) p_a \left[\left(\frac{p_i}{p_a} - 1 \right) \left(\frac{1}{2 \ln \frac{r_i}{r_a}} + \frac{1}{1 - \frac{r_i^2}{r_a^2}} \right) + 1 \right] \quad \text{in kp.} \tag{55}$$

Die Dimensionen sind in kp und cm einzusetzen. Bei einem inneren Überdruck von 10 kp/cm² und einem Radienverhältnis von $r_i/r_a = 0{,}85$ bis 0,90 ist z. B. ein spezifischer Flächendruck von 6 kp/cm² erforderlich.

Berechnungen, die die Gleitringdichtung als Spaltdichtung auffassen, kommen zu endlichen Lässigkeitsverlusten.

Diese sind

$$V = \frac{h^3 \Delta p}{12 \eta} \pi \frac{r_a + r_i}{r_a - r_i} \quad \text{m}^3/\text{s} \tag{56}$$

mit V = durchtretende Stoffmenge in m³/s,
h = Spalthöhe in m,
Δp = Druckdifferenz in kp/m²,
r_a = Außenhalbmesser der Gleitfläche,
r_i = Innenhalbmesser der Gleitfläche,
η = absolute Viskosität in kp · s/m².

und werden nur gleich null, wenn die Spalthöhe verschwindet oder die Viskosität unendlich groß wird. Die Praxis zeigt jedoch, daß es möglich ist, absolut dichte Gleitringdichtungen zu bauen, obwohl die beiden Grenzbedingungen theoretisch unerfüllt bleiben. Die Berechnung ist also nur brauchbar, um den qualitativen Zusammenhang aufzuzeigen. Bei der Spalthöhe läßt sich die Forderung nach einer möglichst geringen Höhe durch die Erzeugung einer möglichst geringen Rauhtiefe erfüllen. Werte von 0,2 bis 0,6 μ, die früher nur durch Handläppen erzielt werden konnten, heute sich jedoch auch durch Maschinenläppen herstellen lassen, machen die Gleitringdichtungen in Verbindung mit der Adhäsionskraft des Schmieröles als Sperrflüssigkeit und einer absoluten Planheit der Ringe weitgehend dicht. Spezifische Flächenpressungen von 6 bis 10 kp/cm² haben sich als ausreichend erwiesen. Die Abhängigkeit von der Umfangsgeschwindigkeit, vor allem im Hinblick auf die Erwärmung, wurde noch nicht systematisch untersucht[2]. Zur gleichmäßigen Verteilung des Schmierfilms auf den Gleitflächen kann einer der beiden Ringe auch exzentrisch angeordnet werden. Die Materialien der beiden Gleitringe müssen wie bei Lagern aufeinander abgestimmt werden. Die eine der beiden Flächen besteht meist aus gehärtetem, geschliffenem und feinstgeläpptem Stahl.

[1] HEINZE, E.: Kältetechnik Bd. 1 (1949) S. 26—32.
[2] TRUTNOVSKY, K.: Z. VDI Bd. 102 (1960) S. 82—84.

Für die Gegengleitfläche werden Grauguß, Graphit-, Phosphor- oder Bleibronzen eingesetzt. Auch synthetischer Gummi, Kohle und Kunstharzpreßstoffe haben sich in Einzelfällen als Material für die Gegengleitfläche bewährt.

Bei den weicheren Gegengleitringen muß bei der Bearbeitung darauf geachtet werden, daß keine Schmirgelkörner in die Oberfläche eindringen. Diese zerstören nachher mit Sicherheit die dagegenlaufende Stahlgleitfläche. Die Gegengleitfläche darf daher nur mit einem Diamanten abgedreht und allenfalls anschließend auf einer sauberen, trockenen Eisenplatte abgezogen werden.

III. Schmierung.

1. Allgemeines.

Wegen ihrer schwingungs- und geräuschdämpfenden Wirkung werden im Kältemaschinenbau fast ausschließlich Gleitlager verwendet[1]. Nachteilig ist die beim Anlauf auftretende Mischreibung, die erhöhte Reibwerte zur Folge hat und dazu zwingt, dem Öl-Haftvermögen der Gleitflächen besondere Aufmerksamkeit zu schenken (z. B. durch Bondern). Im Bereich der Schwimmreibung bei Drehzahlen über etwa 200 min^{-1} sind die Reibwerte gering und nur noch von der Viskosität des Öles abhängig. Letztere muß jedoch so groß sein, daß ein ausreichender, tragender Schmierdruck aufgebaut werden kann, um Verschleiß durch Berührung der metallischen Oberflächen zu vermeiden. Die Oberflächen sollen durch geringe Rauhtiefen einen hohen Traganteil gewährleisten.

Bei größeren Maschinen hat das Öl noch die Aufgabe, die Reibungswärme an den Lagerstellen abzuführen, bei kleineren stellt sich im allgemeinen durch Wärmeleitung und Luftkühlung des Kompressorgehäuses ein stationäres Wärmegleichgewicht ein.

Es gibt jedoch Betriebsfälle, in denen die Belüftung des Gehäuses nur unvollkommen ist. Dies trifft z. B. für wassergekühlte Kompressorsätze zu, die in engen Maschinenfächern gewerblicher Kühlmöbel untergebracht sind. Ähnliche Verhältnisse liegen vor bei Klimageräten, in denen sich eine wirkungsvolle Zwangsbelüftung des Motorkompressors nicht immer durchführen läßt. Es kommt hinzu, daß der Kompressor als hauptsächliche Geräuschquelle weitgehend schall- und damit wärmeisoliert eingebaut wird. Daß besondere Maßnahmen zur Ölkühlung bei Motorkompressoren bisher nicht in größerem Umfang vorgesehen wurden, ist auf die Verbesserung der Sauggaskühlung innerhalb solcher Kompressoren zurückzuführen. Die oben aufgezeigten, besonderen Betriebsumstände machen es jedoch notwendig, die Frage einer zusätzlichen Ölkühlung zu überprüfen. Dies trifft auch zu für größere, schnellaufende Maschinen aller Art, da das Verhältnis der wärmeabgebenden Oberfläche zu der im Kompressorblock untergebrachten Leistung mit wachsender Größe und Drehzahl ungünstiger wird. Dies zeigt sich auch in der höheren Differenz zwischen der Wicklungstemperatur und der Temperatur der Kapseloberfläche bei größeren Maschinen im Vergleich zu kleineren. Ganz besonders betrifft dies die innen gefederten Motorkompressoren, bei denen der Kompressorblock und der Motor allseitig nur mit Kältemitteldampf in Berührung steht.

Bei Anwendung der Druckölschmierung macht es keine Schwierigkeiten, den Ölkreislauf nach außen und dort durch einen wasser- oder luftgekühlten Wärmeaustauscher zu führen. Solche Einrichtungen werden besonders bei NH_3 wegen der dort auftretenden höheren Verdichtungs-Endtemperaturen benutzt.

---

[1] Neuerdings werden, z. B. von der Fa. Göldner, Stuttgart, Kompressoren auch mit Wälzlagern ausgestattet. Vgl. GÖLDNER, H.: Kälte-Klima-Praktiker Bd. 5 (1965), S. 161.

Bei Schleuderschmierung oder druckschwachen Schmiersystemen, z. B. nach dem Fliehkraftprinzip, muß das Öl im Ölsumpf selbst gekühlt werden. Als Kühlmittel kann das Kondensat aus dem Verflüssiger herangezogen werden, da dessen Temperatur meist immer noch tiefer liegt als die zu erwartende Öltemperatur. Die Wirkungsweise eines solchen Systems geht aus Abb. 94 hervor. Der Ölkühler kann als Rohrschlange entweder im Ölsumpf selbst untergebracht oder von außen um den unteren Teil der Gehäusekapsel herumgeführt werden.

Der Schmierfilm hat auch die Kolbenlaufbahn zwischen den wechselnden Arbeitsdrücken im Zylinder und dem Kurbelgehäuse zur Vermeidung von Leckverlusten zu dichten. Höhere Temperaturen und die Verdünnung durch die Absorption öllöslicher Kältemittel setzen die Viskosität des Schmieröles jedoch herab. Beide Einflüsse stehen in Wechselwirkung zueinander, d.h. je wärmer das Öl, desto geringer ist dessen Aufnahmebereitschaft für fluorierte Kältemittel und umgekehrt. So besitzt z. B. ein Mineralöl mit einer kinematischen Viskosität von 140 cSt (bei 20° C) die gleiche Zähigkeit bei 60° C wie ein Öl mit 20 Gew.-% R 12 bei 20° C, nämlich 18 cSt[1].

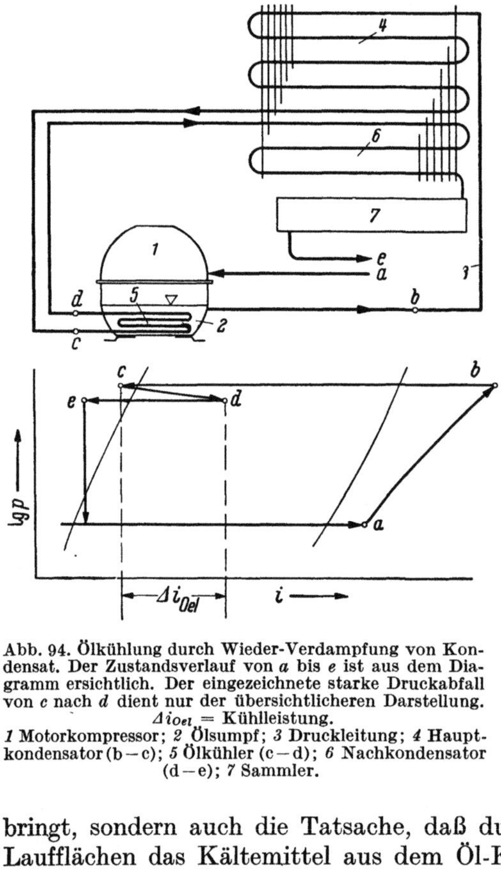

Abb. 94. Ölkühlung durch Wieder-Verdampfung von Kondensat. Der Zustandsverlauf von *a* bis *e* ist aus dem Diagramm ersichtlich. Der eingezeichnete starke Druckabfall von *c* nach *d* dient nur der übersichtlicheren Darstellung. Δi_{Oel} = Kühlleistung.
1 Motorkompressor; *2* Ölsumpf; *3* Druckleitung; *4* Hauptkondensator (b – c); *5* Ölkühler (c – d); *6* Nachkondensator (d – e); *7* Sammler.

Es kommt also darauf an, den Ölspiegel im Kurbelgehäuse, besonders bei größeren Maschinen, vor einer Berührung mit dem Kältemittel zu schützen. Die Verwirklichung des Gegenstromprinzips, d.h. Einlaß des Kältemitteldampfes im Zylinderkopf unter Umgehung des Kurbelgehäuses, entspricht dieser Forderung.

Es ist nicht nur die stark herabgesetzte Viskosität des Öles, die die Gefahr einer metallischen Berührung und damit des Fressens der gleitenden Flächen mit sich bringt, sondern auch die Tatsache, daß durch die erhöhte Temperatur an den Laufflächen das Kältemittel aus dem Öl-Kältemittelgemisch ausgetrieben wird und die entstehenden Dampfblasen den Schmierfilm verdrängen. Wegen des herrschenden Lagerdruckes in der Mitte, der höhere gelöste Anteile zuläßt, findet die Ausdampfung besonders an den Lagerenden statt. Es konnte andererseits durch experimentelle und theoretische Untersuchungen nachgewiesen werden, daß die hydrodynamische Theorie der Lagerschmierung auch auf Lager angewendet werden kann, die mit Öl-Kältemittel-Gemischen geschmiert werden[2]. Aufschluß über die Zuordnung von Druck, Temperatur und Konzentration von Öl-R 12-Gemischen gibt das Merkel-Enthalpie-Konzentrations-Diagramm von BAMBACH[3], Abb. 95. Es gestattet, besonders bei hermetischen Motorkompressoren abzu-

[1] LÖFFLER, H. J.: Kältetechnik Bd. 12 (1960) S. 71—75.
[2] THELEN, A.: Kältetechnik Bd. 11 (1959) S. 341—344.
[3] BAMBACH, G.: Kältetechnik Bd. 7 (1955) S. 187—191.

schätzen, wieviel R 12 sich im Ölsumpf der unter Saugdruck stehenden Kapsel anreichert. Wenn sich nach längerem Stillstand z. B. ein Ausgleichsdruck von 4 ata eingestellt hat, dann werden bei 20° C 31,5 Gew.-% R 12 im Öl gebunden. Voraussetzung ist selbstverständlich, daß die sich hierbei ergebende Kältemittelmenge im gesamten Kühlsystem überhaupt vorhanden ist. Andererseits leistet das Diagramm gute Hilfe, wenn es bei Kühlsystemen für Haushaltkühlschränke gilt, bei bekannten Öl- und R 12-Mengen, den sich im Stillstand einstellenden Ausgleichsdruck zu bestimmen. Dieser ist gerade bei kleinen Motorkompressoren

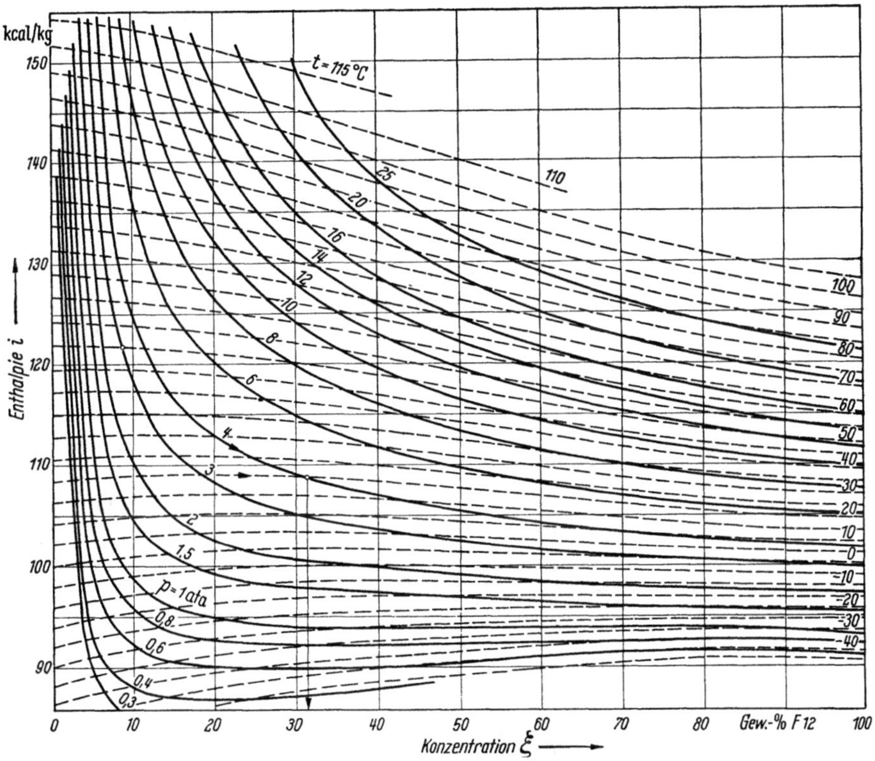

Abb. 95. Merkel-Enthalpie-Konzentrations (i,ξ)-Diagramm für Öl-F 12 (R 12)-Gemische (nach BAMBACH).

wegen der begrenzten Anlaufmomente der Einbaumotoren ausschlaggebend für das Anlaufverhalten. Da die Ölmenge oft ein Vielfaches der Kältemittelfüllung betragen kann, liegt häufig auch die Aufgabe vor, die für eine ausreichende Verdampferfüllung erforderliche Kältemittelmenge unter Berücksichtigung ihrer Absorption im Öl zu bestimmen. Auch hierbei leistet das Diagramm gute Dienste.

Wegen der Ölbenetzung der Zylinderwandungen und der Vermischung des beim Anlauf des Kompressors je nach Konstruktion mehr oder weniger aufschäumenden Öles mit dem angesaugten Kältemitteldampfstrom läßt es sich nicht vermeiden, daß Öl in den Verdampfer mitgenommen wird. Dies führt dort zu einer Dampfdruckerniedrigung bzw. Siedepunktserhöhung. Die wirkliche Verdampfungstemperatur liegt also höher, als dem Sättigungsdruck des reinen Kältemittels entsprechen würde. Da für die Wärmeaustauschleistung des Verdampfers jedoch nur dessen Temperatur interessiert, ist dieses Verhalten nachteilig. Der Liefergrad des Kompressors verschlechtert sich entsprechend dem sich einstellenden größeren Druckverhältnis. Man rechnet im allgemeinen je nach der Güte der

Ölabscheidung und -rückführung sowie dem Betriebszustand bei R 12-Kältemaschinen mit 2 bis 10 Gew.-% Öl im kondensierten Kältemittel. Bei höheren Ölanteilen ergeben sich schon beträchtliche Siedepunktserhöhungen z. B. von — 20° C auf — 16° C bei 40% Ölanteil im Verdampfer, wie von amerikanischen (1938) und deutschen (1955) Forschern übereinstimmend festgestellt wurde[1].

Um das Aufschäumen des Öles beim Anlauf zu vermeiden, muß für eine langsame Entgasung gesorgt werden. Dennoch soll das zu Beginn einer Betriebsperiode in stärkerem Maße nach dem Verdampfer abgewanderte Öl schnell zurückgeführt und wirkungsvoll abgeschieden werden. Zu diesem Zweck enthält das Kurbelgehäuse eine vom Ölsumpf getrennte Ansaugkammer, in der der angesaugte Dampf auf eine Geschwindigkeit unter 1 m/s abgebremst wird. Nach dem Fliehkraftprinzip aufgebaute Gasführungen können die Abscheidewirkung unterstützen. Das rückgeführte Öl strömt über nur kleine Bohrungen unterhalb des Ölspiegels in den Ölsumpf über. Zuvor dampft es in der Ansaugkammer weitgehend aus.

2. Die Kurbelgehäuse-Beheizung.

Eine andere Möglichkeit, die für das Aufschäumen verantwortliche Kältemittelanreicherung während des Stillstandes zu vermeiden, ist die Beheizung des Kurbelgehäuses. Diese Maßnahme hat sich besonders wirkungsvoll erwiesen bei Kältemaschinen für Klimaanlagen und Wärmepumpen. Dort können im Stillstand verdampferseitig höhere Temperaturen als im Maschinenraum auftreten, wodurch eine erhöhte Kältemittelabsorption oder gar -kondensation im Kurbelgehäuse über dem Ölspiegel begünstigt wird. Da die Dampfdiffusion in Abhängigkeit von der Größe der Öloberfläche nur langsam erfolgt, spielt auch die Länge der Stillstandzeit eine Rolle.

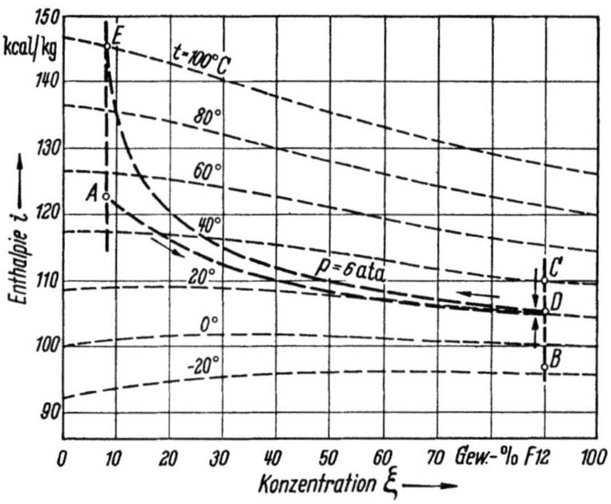

Abb. 96. Zustandsverlauf bei der Stillstandsheizung des Kurbelgehäuses im Merkel-i,ξ-Diagramm für Öl-F 12 (R 12)-Gemische. *A* Öl im Kurbelgehäuse des laufenden Kompressors (50 °C, 8% R 12); *B* Verdampfer ($t_0 = -18$ °C); *C* Kondensator ($t = 40$ °C); *D* Gleichgewicht bei Temperatur- und Druckausgleich im gesamten Kühlsystem beim Stillstand (20 °C); *E* Erforderliche Erwärmung des Öles im Kurbelgehäuse zur Vermeidung jeglicher Ausdampfung beim Anlauf (100 °C, 8% R 12).

Den Zustandsverlauf bei der Beheizung des Kurbelgehäuses im Stillstand und eine Vorstellung von dem dabei auftretenden Wärmebedarf gibt Abb. 96 wieder[2]. Mit Rücksicht auf die Erhaltung der Schmierfähigkeit wird das Öl jedoch nur mäßig beheizt, wodurch das Aufschäumen zwar nicht vollkommen vermieden, aber weitgehend gemindert wird. Öltemperaturen im Stillstand von 20 bis 30° C über der Umgebungstemperatur werden als ausreichend angesehen. Die Heizung kann entweder mittels eines Thermostaten oder aber im Wechsel mit den Lauf- und Standzeiten des Kompressors geschaltet werden. Noch einfacher wird der Betrieb, wenn die Heizleistung so bemessen ist, daß sie auch während des Betriebes nicht abgeschaltet zu werden braucht. Als wirkungsvoll haben sich von außen

[1] Weitere Einzelheiten vgl. dieses Handbuch Bd. IV, (1956) S. 21ff.
[2] Berliner, P.: Kältetechnik Bd. 11 (1959) S. 289—291.

an das Kurbelgehäuse angelegte Heizelemente (Abb. 97) in Form von Heizstäben oder flexiblen Heizbandagen, letztere besonders geeignet für die runden Gehäuse hermetischer Motorkompressoren, erwiesen. Bis zu Leistungsgrößen von $1^1/_2$ PS werden Heizleistungen von nur 50 W, bis 10 PS von nur 65 W benötigt. Empfohlen wird die Beheizung überall dort, wo die Kältemittelfüllung 300 g je 1000 kcal/h überschreitet.

Abb. 97. Kurbelgehäuse-Heizung (Copeland). *1* Kurbelgehäuse; *2* Bodenplatte; *3* Heizleiter; *4* Elektrische Zuleitung, getrennt abgesichert; *5* Klemmkasten.

3. Ölfördersysteme.

Bei Drehzahlen unter etwa 1000 min^{-1} läßt sich die einfache Schleuderschmierung mit gutem Erfolg anwenden.

An den unteren Pleuelenden angebrachte Schöpfvorrichtungen tauchen in den Ölsumpf und schleudern das Öl teilweise in Fangtaschen, von wo es den Schmierstellen zuläuft, und teilweise unmittelbar an die Laufflächen. Bei höheren Drehzahlen muß das Öl jedoch durch Druck zu den Schmierstellen gefördert werden. Es entsteht so ein geschlossenes Schmiersystem, dessen Druck durch ein federbelastetes Überströmventil genau eingestellt und kontrolliert werden kann. Schmieröl-Überdrücke gegenüber dem Kurbelgehäuse von 0,5 bis 2 atü haben sich als ausreichend erwiesen. Zur Sicherstellung einer einwandfreien Förderung muß das Öl weitgehend entgast sein, da sich sonst Dampfblasen im Ansaugstutzen der Pumpe bilden, die ein Ansaugen von Öl verhindern. Die Pumpen werden im allgemeinen von einem Stirnzapfen der Kurbelwelle aus angetrieben. Sie sind als Zahnradpumpen oder nach dem Dreh- oder Rollkolbenprinzip oder auch mit Hubkolben ausgebildet. Bei Motorkompressoren mit senkrechter Welle findet man auch Schrauben- und Fliehkraftpumpen, bei denen das Öl zentrisch aus dem Ölsumpf angesaugt und infolge der Drehbewegung der Kurbelwelle durch schräge Bohrungen und spiralförmige Nuten nach oben zu den Schmierstellen gefördert wird. Bei einem gekapselten Motorkompressor mit Drehstrommotor muß die Ölpumpe in beiden Drehrichtungen funktionsfähig sein. Es gibt verschiedene Ausführungen,

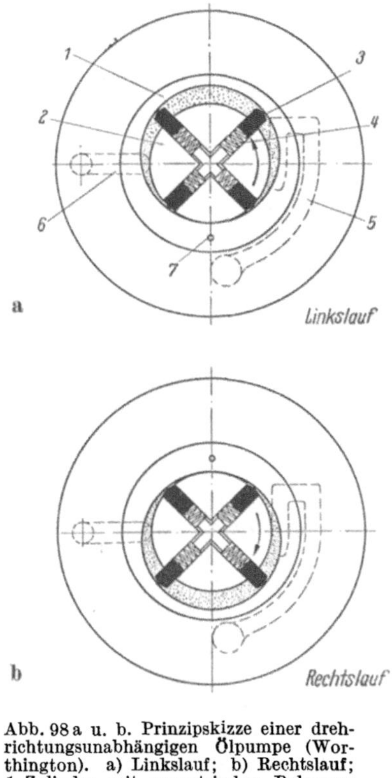

Abb. 98 a u. b. Prinzipskizze einer drehrichtungsunabhängigen Ölpumpe (Worthington). a) Linkslauf; b) Rechtslauf; *1* Zylinder mit exzentrischer Bohrung; *2* Drehkolben; *3* Drehschieber; *4* Druckfedern; *5* Saugkanal; *6* Druckkanal; *7* Anschlagstift. Je nach Drehrichtung der Kurbelwelle schwenkt der exzentrische Zylinder selbstätig um 180° bis zum Anschlagstift, so daß die Ölförderung vom Saug- in den Druckkanal stets gewährleistet ist.

die dieser Anforderung genügen. Abb. 98a und b zeigt eine Drehkolbenpumpe[1], bei der der Zylinderflansch in bekannter Weise eine zum Drehkolben exzentrische Bohrung besitzt. Der Außendurchmesser ist jedoch konzentrisch zur Kompressorwelle, die den Drehkolben antreibt. Die Drehschieber werden durch Fliehkraft, Federkräfte und den Öldruck dichtend an die exzentrische Lauffläche des Zylinders gepreßt. Bei einer Drehrichtungsänderung dreht sich der Zylinderflansch selbsttätig um 180° bis zu einem Anschlagstift, so daß die Ölförderung vom Saug- in den Druckkanal und zur Kurbelwelle gewährleistet ist.

IV. Antriebsmotoren.

1. Allgemeines.

Zum Antrieb von Kältekompressoren dienen hauptsächlich Asynchron-Induktionsmotoren. Die Drehzahl des Läufers ist zur Erzeugung und Aufrechterhaltung der Induktion stets kleiner als die synchrone Drehzahl des Drehfeldes. Die Differenz dieser beiden Drehzahlen, der Schlupf, beträgt bei normaler Belastung etwa 3 bis 6%, so daß sich 4polige Motoren mit 1400 bis 1450 min^{-1} bei 50 Hz bzw. 1700 bis 1750 min^{-1} bei 60 Hz drehen und 2polige doppelt so schnell. Der gebräuchlichste Induktionsmotor ist der (Dreiphasen-)Drehstrommotor, für Antriebsleistungen bis etwa 1 PS auch der (Einphasen-) Wechselstrommotor. Letzterer erzeugt bei Anlegen der Spannung im Stillstand kein Drehfeld und bedarf zum Anlauf eines Hilfsfeldes, worüber auf S. 141 ausführlich berichtet wird. Sein Einsatz hängt von der Belastbarkeit des Lichtnetzes ab. Eine Leistung von 1 PS entspricht bei 220 V einer Stromaufnahme von 8 A. Wegen unregelmäßiger Betriebsbedingungen und des 3- bis 4fachen Anlaufstromes muß ein solches Netz mit einer trägen Sicherung von 15 A, bei günstigsten Bedingungen mit mindestens 10 A, abgesichert und entsprechend ausgelegt sein.

Der Motor soll einen hohen Wirkungsgrad im Dauerbetrieb besitzen, Anlauf bei allen Betriebsbedingungen auch bei Unterspannung gewährleisten, die durch die Baustoffe gebotene Grenze der Wicklungserwärmung im Hinblick auf eine lange Lebensdauer nicht überschreiten und für automatischen Schaltbetrieb geeignet sein. Er sollte also so knapp wie möglich bemessen sein, da der Wirkungsgrad bei Teillast meist sehr schnell abfällt und der Anteil an Verlustwärme ansteigt. Das Anlaufmoment sollte das 2- bis $2^1/_2$fache, das Kippmoment[2] das 2fache des Nenndrehmomentes betragen.

Im allgemeinen erfolgt beim Aussetzbetrieb der Anlauf gegen vollen Betriebsdruck. Ausnahmen hiervon machen die Kälteanlagen mit Kapillarrohrdrosselung, bei denen sich nach Abschalten des Kompressors in wenigen Minuten die Drücke auf Saug- und Druckseite ausgleichen. Hierzu gehören auch die Kompressoren, die mit Anlauf-Entlastungseinrichtungen beispielsweise mit abhebbaren Saugventilen ausgestattet sind. Nicht unerwähnt bleiben darf, daß auch die Höhe des sich einstellenden Ausgleichsdruckes wegen der unterschiedlichen spezifischen Gewichte der Kältemitteldämpfe das Anlaufverhalten beeinflussen.

Die Höhe der bei etwa 10 bis 20% der Nenndrehzahl auftretenden Lastspitze hängt ab von der Größe der zu beschleunigenden Massen, der Beschleunigungszeit, der Kolbenstellung beim Anlauf, der Zahl der Zylinder, der Ventil- und Kolbenlässigkeit und dem gerade in diesem Drehzahlbereich erfolgenden Übergang von der Misch- zur Schwimmreibung.

---

[1] SOUMERAI, H.: Air Cond. and Refr. News Bd. 80 (1957), 11. Febr. S. 33.

[2] VDE 0530, § 40 für Aussetzbetrieb.

Nach Überwindung der Gas- und Reibungskräfte bei der ersten Umdrehung wird Schwungenergie gespeichert, die mithilft, die Lastspitze zu überwinden. Last- und Antriebsmoment stehen immer im Gleichgewicht. Je höher das Antriebsmoment, desto kürzer die Anlaufzeit. Letztere ist nach unten begrenzt durch die Beanspruchbarkeit der Triebwerksteile, nach oben durch die zulässige Erwärmung des Rotors[1] (vgl. Abb. 99). Drehstrommotoren werden entweder als Schleifringläufer oder als Kurzschlußläufermotoren ausgeführt. Erstere lassen sich mittels eines Anlassers in mehreren Stufen weich und ohne große Einschaltströme auf hohe Drehzahl bringen, letztere werden direkt eingeschaltet, wobei der Stromstoß das 4- bis 5fache des Nennstromes betragen kann. Der Ausbau der Kraftnetze und die konstruktive Gestaltung der Kurzschlußläufer lassen heute im allgemeinen die direkte Einschaltung auch größerer Motoren bis zu einigen 100 PS zu. Auf alle Fälle sind bei größeren Leistungen die Bestimmungen der Elektrizitätswerke zu berücksichtigen.

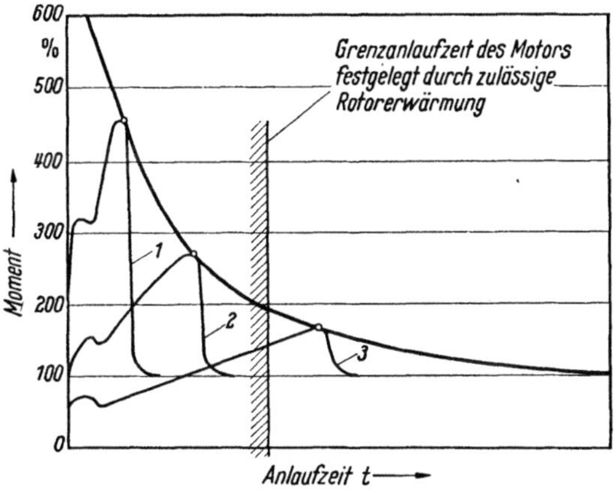

Abb. 99. Der Einfluß des höchsten Antriebsmomentes (Kippmoment) auf die Anlaufzeit.
1 Motor zu stark, Überbeanspruchung der Triebwerksteile; *2* Normale Anlaufcharakteristik; *3* Motor zu schwach, unzulässig hohe Läufererwärmung.

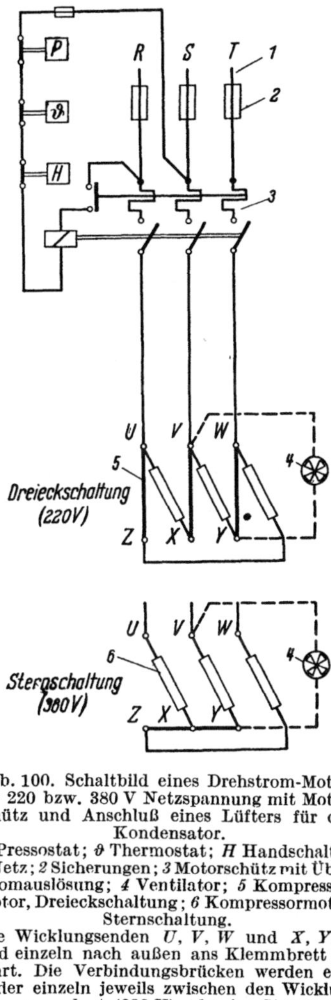

Abb. 100. Schaltbild eines Drehstrom-Motors für 220 bzw. 380 V Netzspannung mit Motorschütz und Anschluß eines Lüfters für den Kondensator.
P Pressostat; *ϑ* Thermostat; *H* Handschalter.
1 Netz; *2* Sicherungen; *3* Motorschütz mit Überstromauslösung; *4* Ventilator; *5* Kompressormotor, Dreieckschaltung; *6* Kompressormotor, Sternschaltung.
Die Wicklungsenden *U*, *V*, *W* und *X*, *Y*, *Z* sind einzeln nach außen ans Klemmbrett geführt. Die Verbindungsbrücken werden entweder einzeln jeweils zwischen den Wicklungen angeordnet (220 V) oder im Sternpunkt (*Z*, *X*, *Y*) vereinigt (380 V).

Bei der Stern-Dreieck-Schaltung ist zu beachten, daß zwar der Einschaltstrom geringer ist, aber auch die verfügbaren Motormomente stark absinken. Sie ist also für Lastanlauf unzweckmäßig.

Drehstrommotoren werden über Motorschutzschalter (Schütz) eingeschaltet (Abb. 100). Diese haben die Aufgabe, bei längerem Betrieb unter Überstrom infolge des Einwirkens der Stromwärme auf Bimetallstreifen die Einschaltkontakte zu lösen. In vielen Fällen reicht dieser Schutz jedoch nicht aus. Um die Wicklung vor zu hoher Erwärmung zu schützen, ist man daher dazu übergegangen, zusätzlich thermische Schalter entweder direkt in die Wicklung ein- oder an das Motor-

[2] v. Cube, H. L.: Kältetechnik Bd. 8 (1956) S. 305.

gehäuse anzubauen, wie dies bei Wechselstrommotoren unter Verzicht auf einen Motorschütz schon lange der Fall ist.

Die Motoren besitzen im allgemeinen Innenbelüftung. Ein auf der Motorwelle sitzender Ventilatorflügel wälzt Luft im Motorgehäuse um und sorgt so für konvektive Wärmeübertragung. Die häufigste Bauform ist B 3 nach DIN 42950, die häufigste Schutzart P 21 nach DIN 40050, d. h. Schutz gegen Tropfwasser und Berührung mit den Fingern sowie gegen mittelgroße feste Fremdkörper.

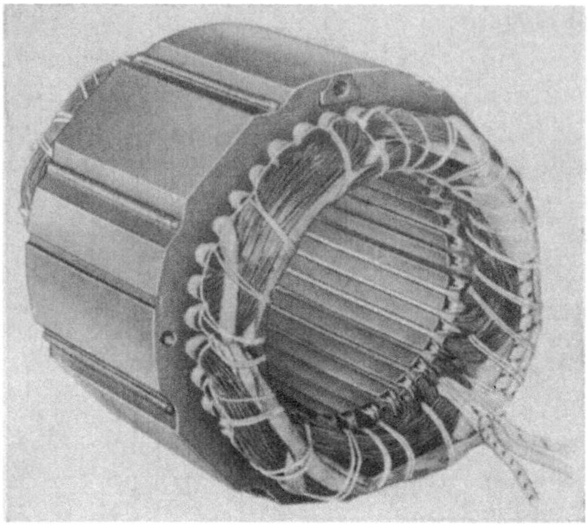

Abb. 101. Motorständer eines Einbaumotors für Motorkompressoren. Das Blechpaket ist durch Schweißraupen am Umfang zusammengehalten.

2. Einbaumotoren.

Einbaumotoren sind ständig dem Kältemittel und dem Öl-Kältemittelgemisch ausgesetzt. An die Beständigkeit der Werkstoffe werden daher besonders hohe Anforderungen gestellt. Dies betrifft besonders den Preßspan für die Nuten-

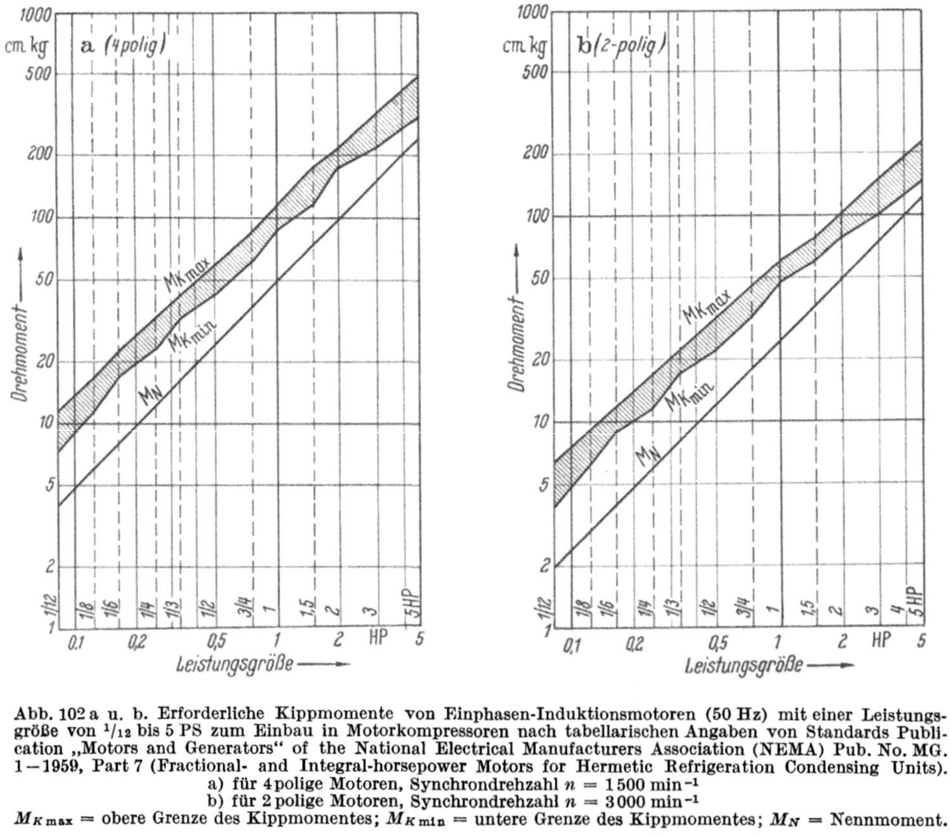

Abb. 102 a u. b. Erforderliche Kippmomente von Einphasen-Induktionsmotoren (50 Hz) mit einer Leistungsgröße von $^1/_{12}$ bis 5 PS zum Einbau in Motorkompressoren nach tabellarischen Angaben von Standards Publication „Motors and Generators" of the National Electrical Manufacturers Association (NEMA) Pub. No. MG. 1—1959, Part 7 (Fractional- and Integral-horsepower Motors for Hermetic Refrigeration Condensing Units).
a) für 4polige Motoren, Synchrondrehzahl $n = 1500 \text{ min}^{-1}$
b) für 2polige Motoren, Synchrondrehzahl $n = 3000 \text{ min}^{-1}$
$M_{K\,max}$ = obere Grenze des Kippmomentes; $M_{K\,min}$ = untere Grenze des Kippmomentes; M_N = Nennmoment.

Isolation und -Verkeilung, den Drahtlack[1], die Umspinnung der Anschlußlitzen und die Bandage für die Wicklungsköpfe. Darüber hinaus müssen diese Stoffe beständig sein gegen Per- und Trichloräthylen, mit denen der Motor während der Herstellung des Motorverdichters in Berührung kommt. Bei Temperaturen über 140° C, im Vakuum bereits über 135° C, gibt Preßspan infolge *Hydrolyse* Zellwasser ab, und zwar um so mehr, je höher der Ligningehalt ist. Der Ligninanteil liegt bei guten Qualitäten unter 0,8%. Fett- und Harzanteile sind besonders unangenehm in bezug auf das Extraktionsverhalten. Bei vollkommenem Zerfall des Preßspans entstehen 55,5% Wasser, bezogen auf das ursprüngliche Preßspangewicht.

Während die Blechpakete der Motorständer früher durch geschraubte Zuganker oder Nieten zusammengehalten waren, werden diese heute fast ausnahmslos durch einzelne Schweißraupen am Umfang verschweißt (Abb. 101).

Bei den Antriebsmotoren für offene Kompressoren haftet der Motorenhersteller allein für die richtige Bemessung. Beim Entwurf von Einbaumotoren ist eine verständnisvolle Zusammenarbeit zwischen Elektro- und Kältemaschinenfirma erforderlich. Die Bauart des Motorkompressors und dessen Verwendungszweck sind maßgebend für die richtige Bemessung des Motors. Dabei spielt die Abfuhr der Wicklungswärme eine wichtige Rolle. Bei einer wirkungsvollen Sauggaskühlung ist es möglich, den Motor im Eisenpaket sehr knapp zu bemessen[2]. Für Anlauf- und Kippmoment gelten im wesentlichen die gleichen Richtlinien wie bei den offenen Motoren. Differenzierte Angaben für das erforderliche Kippmoment von Einbaumotoren gibt es in den USA (Abb. 102a und b).

Am Beispiel eines Motorkompressors für R 12 in verschraubter Ausführung mit einem Drehstrom-Einbaumotor von $1/2$ PS ist ersichtlich, wie sich die Führung des Sauggasstromes auf die Wicklungserwärmung auswirkt (Abb. 103). Es handelt

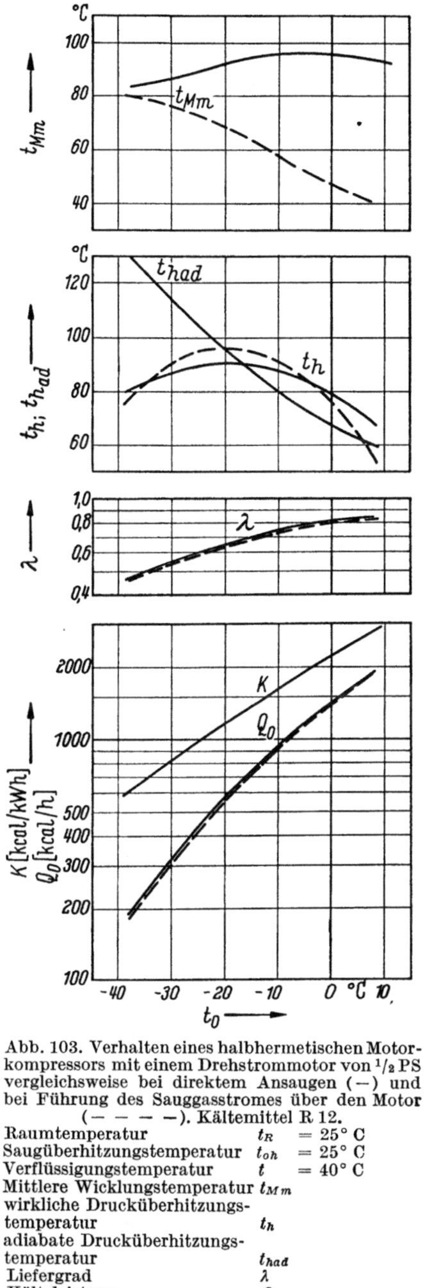

Abb. 103. Verhalten eines halbhermetischen Motorkompressors mit einem Drehstrommotor von $1/2$ PS vergleichsweise bei direktem Ansaugen (—) und bei Führung des Sauggasstromes über den Motor (— — — —). Kältemittel R 12.

Raumtemperatur	t_R	= 25° C
Saugüberhitzungstemperatur	t_{oh}	= 25° C
Verflüssigungstemperatur	t	= 40° C
Mittlere Wicklungstemperatur	t_{Mm}	
wirkliche Drucküberhitzungstemperatur	t_h	
adiabate Drucküberhitzungstemperatur	t_{had}	
Liefergrad	λ	
Kälteleistung	Q_0	
Spezifische Kälteleistung	K	

[1] Lackgrundstoff ist Polyvinylazetat, Handelsbezeichnungen sind Ruvagen, Rupmex, Formex. Schichtstärke 20 bis 50 μ. Neuere Entwicklungen auf der Basis von Terephthalsäureester lassen höhere Temperatur- und Wärmedruckbeständigkeit über 150° C erwarten.

[2] Hänel, W.: Linde-Berichte 1960, Nr. 9, S. 33.

sich hierbei um einen 2-Zylinder-Schubkolbenkompressor mit liegender Welle[1]. Das Gehäuse steht unter *Verdampferdruck*. Man erkennt, daß die Wicklungstemperaturen bei hohen Verdampfungstemperaturen und bei Sauggaskühlung trotz höherer Motorleistung z. B. von 78 °C bei einer Verdampfungstemperatur von − 30° C auf 58 bzw. 43° C bei Verdampfungstemperaturen von − 10 bzw. + 5° C absinken. Demgegenüber steigen die Wicklungstemperaturen bei direkter Ansaugung unter Umgehung des Motorraumes von 87° bei niederen auf 95° C bei höheren Verdampfungstemperaturen und verhalten sich damit ähnlich wie bei

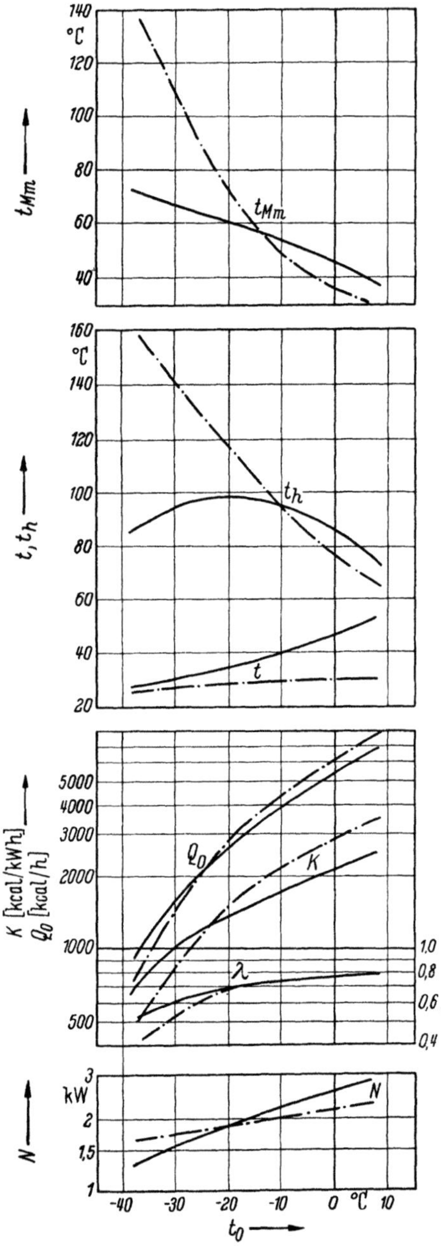

Abb. 104. Vergleich des Betriebsverhaltens zwischen einem luftgekühlten (—) und einem wassergekühlten (—.—.—) Kompressorsatz mit Sauggaskühlung des Kompressormotors (Drehstrom 2 PS); Kältemittel R 12.
Raumtemperatur t_R = 25° C
Saugüberhitzungstemperatur t_{oh} = 20° C (luftgekühlt) = 15° C (wassergekühlt)
Wassereintrittstemperatur t_{w1} = 15° C
Wasseraustrittstemperatur t_{w2} = 25° C

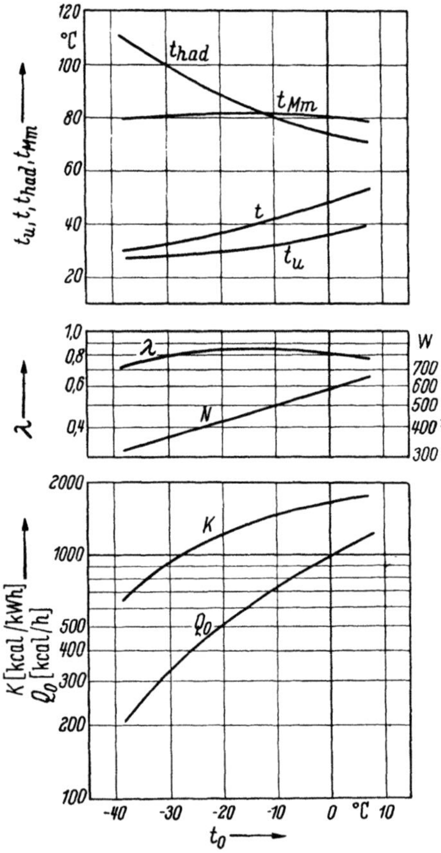

Abb. 105. Betriebsverhalten eines luftgekühlten, hermetischen Rollkolben-Kompressorsatzes mit einem Wechselstrom-Kompressormotor von 1/3 PS und Druckgaskühlung des Motors. Kältemittel R 12.
Raumtemperatur t_R = 25° C
Sauggasüberhitzungstemperatur t_{oh} = 20° C
Unterkühlungstemperatur t_u
Leistungsaufnahme des Motors N
Weitere Bezeichnungen wie bei Abb. 103.

[1] Lieding, F.: Kältetechnik Bd. 11 (1959) S. 284.

offenen Motoren. Die erheblich niedrigeren Wicklungstemperaturen bei Sauggaskühlung gestatten es, den Motor stärker zu belasten. Im Gegensatz zu offenen Kompressoren braucht er nicht mehr für die höhere, sondern für die niedrigste, vorgesehene Kälteleistung bemessen zu werden. Das Anlassen der Kälteanlage aus dem Bereich hoher Verdampfungstemperaturen stellt also keine zusätzliche Belastung für einen für tiefe Verdampfungstemperaturen bestimmten Motor dar. Es kann also auch für höhere Verdampfungstemperaturen ein Motor kleinerer Nennleistung verwendet werden als bei direktem Ansaugen. Aus diesem Umstand erklären sich auch häufig die in den USA im Vergleich zu uns üblichen niedrigeren PS-Angaben bei Motorkompressoren. Bei wassergekühlten Kompressorsätzen kann die Wicklungstemperatur bei tiefen Verdampfungstemperaturen wegen der fehlenden Gehäusebelüftung höher liegen als bei luftgekühlten[1]. Wicklungs- und Drucküberhitzungstemperaturen können unzulässig hohe Werte annehmen. Infolge der größeren Erwärmung des Motorkompressorblockes bei tiefen Verdampfungstemperaturen kann bei wassergekühlten Kompressorsätzen auch die Leistungsaufnahme größer als bei luftgekühlten sein (Abb. 104). Übermäßige Erwärmung deutet auf einen schlechten Motor-Wirkungsgrad hin. Durch Einbau eines schwächeren Motors kann der Wirkungsgrad für den infrage kommenden Anwendungsbereich besser werden. Für höhere Verdampfungstemperaturen reichen dann unter Umständen aber Anlauf- und Kippmoment nicht mehr aus, so daß es erforderlich wird, die Motorkompressoren für verschiedene Anwendungsbereiche mit verschiedenen Motoren auszustatten.

Betriebswerte für einen Motorkompressor, dessen Kapsel unter *Kondensationsdruck* steht, enthält Abb. 105. Es handelt sich hierbei um einen Rollkolbenkompressor mit einem Wechselstrommotor von $^1/_3$ PS. Das Gehäuse dient zugleich als Ölabscheider. Die Wicklungstemperatur bleibt bei Verdampfungstemperaturen von -35 bis $-5°$ C nahezu konstant. Die errechenbare, adiabate Drucküberhitzungstemperatur liegt bei Verdampfungstemperaturen unter $-10°$ C über der Wicklungstemperatur, so daß der Motor zusätzlich aufgeheizt wird, falls das Druckgas nicht enthitzt in die Kapsel eingeführt wird. Bei höheren Verdampfungstemperaturen liegt die Druckgasüberhitzungstemperatur unter der Wicklungstemperatur, so daß der Motor ähnlich wie bei der Sauggaskühlung wirkungsvoll gekühlt wird.

V. Das Anlauf-Hilfsrelais für Motorkompressoren.

Die in hermetische Motorkompressoren eingebauten Asynchron-Induktionsmotoren sind einfach im Aufbau und betriebssicher. Sie laufen jedoch im Einphasennetz nicht von selbst an.

Eine einphasige Wechselspannung kann man sich zusammengesetzt vorstellen aus zwei gleich großen gegenläufigen Drehfeldern von halber Amplitude, deren Summenwert verschwindet. Ist ein Einphasen-Induktionsmotor erst einmal angelaufen, so bewirkt die durch die Drehung induzierte Gegen-EMK eine Schwächung des gegenläufigen Drehfeldes. Der Motor läuft dann wie ein Drehstrommotor weiter, bei dem eine Phase ausgefallen ist. Der Einphasen-Motor kann daher auch nur 50% bis 80% so gut ausgenutzt werden wie ein Drehstrommotor gleicher Abmessungen.

Es ist also erforderlich, den Einphasen-Motor künstlich anzulassen. In der Kältetechnik kommen nur selbsttätige Anlaßschaltungen in Betracht: man versieht den Motor mit einer sogenannten Hilfswicklung, die $^1/_3$ der Nutenzahl einnimmt und um eine halbe Polteilung (90° elektrisch) gegenüber der Hauptphase

---
[1] Lieding, F.: Kältetechnik Bd. 11 (1959) S. 284.

versetzt ist. Ihr mittels eines phasendrehenden Gliedes gegenüber dem Hauptphasenstrom verschobener Strom erzeugt ein Zweiphasenfeld, das das zum Anlauf erforderliche Drehfeld liefert. Optimale Verhältnisse ergeben sich, wenn Haupt-

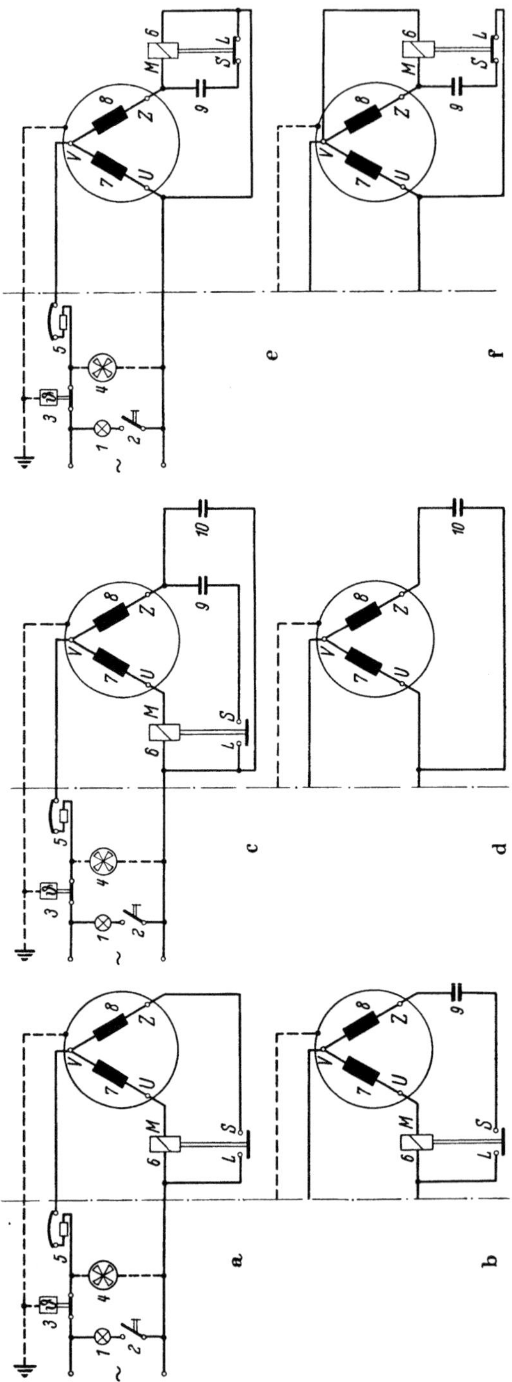

Abb. 106 a–f. Schaltbilder von Motorkompressoren mit einphasigen Wechselstrommotoren.
a) bis d) mit stromabhängigem Anlaufhilfsrelais; e) und f) mit spannungsabhängigem Anlaufhilfsrelais.
U Hauptphasenklemme; *V* Gemeinsame Klemme; *Z* Hilfsphasenklemme; *L* Line = (Netz); *M* Main = (Hauptphase); *S* Start = (Hilfsphase).
1 Kühlschrankbeleuchtung; *2* Türschalter; *3* Thermostat; *4* Ventilatormotor; *5* Motorschutzschalter; *6* Anlaufhilfsrelais; *7* Hauptwicklung; *8* Hilfswicklung; *9* Anlaufkondensator; *10* Betriebskondensator.

a) *Widerstandsmotor* (Split Phase – SP).
Erzeugung eines Drehfeldes durch Zuschalten der Hilfsphase (8) mittels Anlaufhilfsrelais (6), wobei ein Teil der Wicklung bifilar ausgeführt ist, so daß nur noch der Ohm'sche Widerstand dieses Wicklungsteiles wirksam wird. Billig, mittleres Anlaufmoment.

b) *Kondensatormotor* mit abschaltbarem Anlaufkondensator (9) (Capacitor Start – CAP).
Erzeugung eines Drehfeldes durch Zuschalten der Hilfsphase (8), wobei ein Kondensator in Reihe mit der Hilfswicklung liegt. Aufwendiger als a), hohes Anlaufmoment.

c) *Kondensatormotor* mit abschaltbarem Anlaufkondensator (9) und ständig eingeschaltetem Betriebskondensator (10) (Capacitor Start Run – CSR).
wie b) jedoch mit dauernd eingeschaltetem Betriebskondensator. Aufwendiger als b), hohes Anlaufmoment, guter Leistungsfaktor und Wirkungsgrad.

d) *Kondensatormotor* mit dauernd eingeschaltetem Betriebskondensator (10) (Permanent Split Capacitor – PSC) wie c) jedoch ohne Anlaufkondensator und Anlauf-Hilfsrelais. Billig, betriebssicher, keine Funkstörung, niedriges Anlaufmoment.

e) *Kondensatormotor* wie b) jedoch mit spannungsabhängigem Relais in Reihe mit Hilfsphase, angewandt für große Einheiten. Die Relaiskontakte sind weniger beansprucht. Kein Spannungsabfall in der Hauptphase, hohes Anlaufmoment, teuer.

f) *Kondensatormotor* wie e), jedoch mit spannungsabhängigem Relais parallel zur Hilfsphase. Teuer, hohes Anlaufmoment.

phasen- und Hilfsphasenstrom genau um 90° gegeneinander verschoben sind und gleiche Amplitude haben, da dann das inverse Feld ganz unterdrückt wird und sich ein reines Drehfeld ausbildet. Dies gilt aber nur für eine bestimmte Drehzahl, so daß man stets auf einen Kompromiß mit dem Ziel eines möglichst großen Anzugsmomentes bei geringer Sattelausbildung angewiesen ist. Haben Haupt- und Hilfsphasenstrom eine Phasenverschiebung von 90°, unterscheiden sie sich aber in der Amplitude, so erhält man ein elliptisches Drehfeld, d. h., das Moment ist nicht überall am Umfang gleich groß. Haben dagegen die Ströme gleiche Amplitude, jedoch eine von 90° abweichende Phasenverschiebung gegeneinander, so bleibt ein restliches gegenläufiges Drehfeld übrig und schwächt das treibende Moment. In der Praxis kommen diese beiden Fälle stets kombiniert vor, außer in dem schon erwähnten einzigen optimalen Punkt, dessen günstigste Lage am besten durch Versuch ermittelt wird.

Es gibt nun verschiedene Möglichkeiten, phasendrehende Glieder mit der Hilfsphase zu koppeln. Sieht man dabei von dem Fall des Kondensatormotors mit Betriebskondensator ab, (Abb. 106a), so muß jedesmal die Hilfswicklung nach erfolgtem Hochlauf vom Netz getrennt werden, da diese wegen des Bauaufwandes nur für kurzzeitigen Betrieb bemessen ist. Hierfür werden im allgemeinen strom- bzw. spannungsabhängige Relais benutzt. Bei kleineren Leistungen findet sich ausschließlich das billigere *Stromrelais*. Seine Wicklung liegt in der Hauptphase und schaltet über einen Arbeitskontakt die Hilfswicklung beim Anlauf ein. Nach erfolgtem Hochlauf des Motors fällt es infolge des durch die Gegen-EMK abklingenden Hauptphasenstromes ab und trennt die Hilfswicklung vom Netz (Abb. 106a bis d). Bei größeren Einheiten verwendet man wegen der sehr hohen Anlaufströme gerne das *Spannungsrelais*. Seine Wicklung liegt entweder in Reihe (Abb. 106e) oder seltener parallel (Abb. 106f) zur Hilfswicklung und verbindet diese über den elektrischen Kondensator mit dem Netz. Ist der Motor hochgelaufen, so wird die Spannung infolge Resonanz an der Wicklung größer, das Relais zieht an und trennt die Hilfswicklung oder den Anlaufkondensator vom Netz. Abb. 106 enthält hierzu weitere ergänzende Erklärungen. Es sind dort auch weitere Schaltgeräte eingezeichnet, die für den Betrieb eines Haushaltkühlschrankes erforderlich sind, wie z. B. der Motorschutzschalter (*5*), der Thermostat (*3*) und der Türschalter (*2*) für die Innenbeleuchtung. Bei belüfteten Kältesätzen muß ferner noch der Ventilatormotor (*4*) angeschlossen werden.

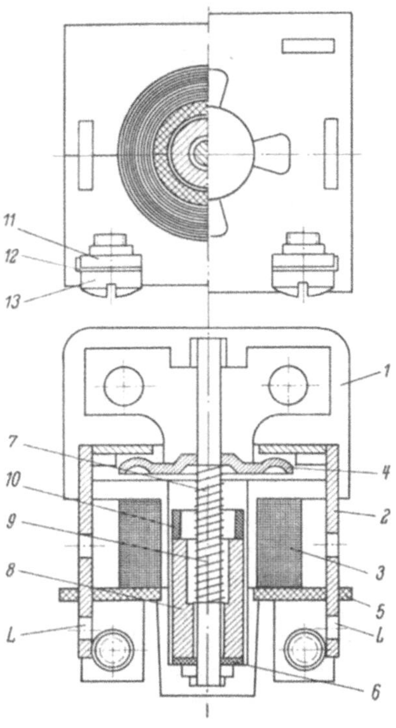

Abb. 107. Anlauf-Hilfsrelais, geeignet für Motorkompressoren bis etwa 1/5 PS (AEG). *1* Gehäuse; *2* Gegenkontakte mit Silberauflage und Anschlußwinkel; *3* Spule; *4* Kontaktbrücke mit Silberauflage; *5* Halteplatte; *6* Dämpfungsscheibe; *7* Druckfeder; *8* Fallanker; *9* Führungsstift; *10* Dämpfungsring; *11* Stützklemme; *12* Drehsicherung; *13* Klemmschraube. *L* Bohrungen für Lötanschlüsse.

Es gibt eine Vielzahl verschiedener Relaisausführungen: Bei dem häufig verwendeten Fallanker-Relais z. B. wird ein Eisenkern in eine Zylinderspule hineingezogen und schließt dabei mittels einer Kontaktbrücke die beiden Anschlußkontakte (Abb. 107). Da Wechselströme geschaltet werden, entfällt eine besondere

Funkenlöschung. Der Kontaktabbrand läßt sich durch Verwendung von Silberkontakten, die eine ebene oder schwach ballige Auflagefläche aufweisen, in erträglichen Grenzen halten. Im allgemeinen begnügt man sich mit einer Lebensdauer von 500000 Schaltungen.

Eine sichere Beurteilung der Funktion eines Relais ermöglicht die oszillographische Beobachtung seines *Prellschlagverhaltens*. Man versteht darunter die Sicherheit des Kontaktschlusses beim Aufsetzen der Kontaktbrücke. Bei prellenden Relais springt die Kontaktbrücke mehrfach zurück und unterbricht für

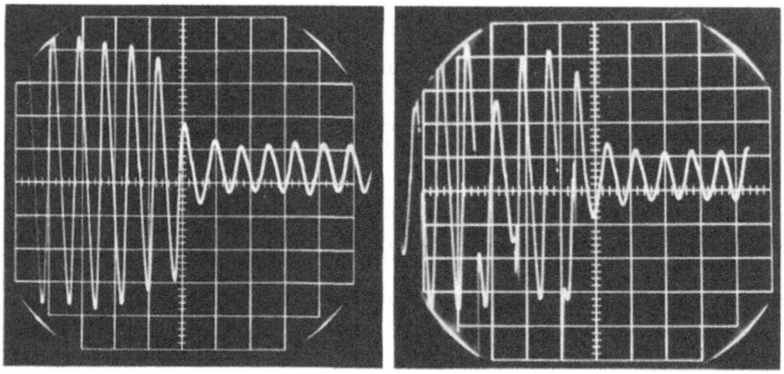

a b

Abb. 108 a u. b. Oszillogramme vom Einschalten eines $^1/_{10}$ PS-Motorkompressors über zwei verschiedene Relais-Typen.
Links ist jeweils der Gesamtstrom aufgezeichnet, rechts schließt sich der Hauptphasenstrom nach Beendigung des Einschaltvorganges an (Foto D. Hintze).
a) Prellschlagfreies Relais.
b) Relais mit ausgeprägtem Prellschlagverhalten, erkenntlich an den ungleichmäßigen Ausschlägen des Gesamtstromes im ersten Teil des Einschalt-Vorganges.

Bruchteile von Sekunden immer wieder den Stromfluß. Das Prellen setzt nicht nur die Lebenserwartung herab, sondern wirkt sich auch ungünstig auf das Anlaufverhalten der Maschine aus. Der für eine einwandfreie Kontaktgabe erforderliche Mindestkontaktdruck läßt sich bei dem billigen Fallanker-Relais nicht immer auf einfache Weise erzeugen. Nachdem dieses Problem jedoch eindeutig erkannt war, gelang es in gemeinsamer Entwicklungsarbeit zwischen Elektro- und Kälteindustrie, relativ prellfreie Relais herzustellen. Dabei kam es im wesentlichen auf saubere mechanische Ausführung, geringes Gewicht der beweglichen Teile, kurze Kontaktwege, richtige Abstimmung der Feder und zweckmäßige Hubbegrenzung an.

Zur Untersuchung auf Prellerscheinungen eignet sich ein Strom- oder Spannungsschreiber, am besten aber ein trägheitslos anzeigender Oszillograph, der zusätzlich mit einer Photoapparatur ausgestattet ist. Man kann die an den Kontakten des Relais liegende Spannung oder beim Stromrelais die Meßspannung an einem Widerstand, der klein gegenüber dem Wicklungswiderstand ist, abgreifen. Abb. 108 a u. b zeigt Oszillogramme der Gesamt- und Hauptphasenströme einer $^1/_{10}$ PS-Maschine mit verschiedenen Relais bei einem Nennstrom von 2 A. Man erkennt deutlich bei b) das Prellen, bevor der Gesamtstrom auf den Hauptphasenstrom abgefallen ist, während a) das einwandfreie Schalten eines anderen Relais-Fabrikates zeigt. Die Bilder wurden vom Bildschirm des Oszillographen photographiert, indem über den Blitzlichtkontakt des Photoapparates die Maschine eingeschaltet und gleichzeitig der Trigger des Oszillographen betätigt wurde.

Die Serienfabrikation von Motorkompressoren stellt im Hinblick auf eine Typenbeschränkung weitere Anforderungen an das Relais. Möglichst eine einzige Relaistype sollte für viele Maschinentypen passen. Je enger bei einem Relais Anzugstrom (*pick-up*-Wert) und Abfallstrom (*drop-out*-Wert) beieinander liegen, desto vielseitiger läßt sich das Relais einsetzen. Differenzen von weniger als 5% sind erreichbar. Das Relais muß noch bei Unterspannung und betriebswarmer Wicklung der Maschine anziehen und bei Überspannung und Überlast doch abfallen können. Bei Kondensatormaschinen ergeben sich noch weitere Komplikationen durch Resonanzerscheinungen, die nur auf empirischem Wege geklärt werden können.

Andererseits ergeben sich auch Schwierigkeiten, wenn der pick-up-Wert des Relais sehr viel tiefer liegt als der Kurzschlußstrom der Maschine. Der Anker des Relais wird dann derart stark beschleunigt, daß die Kontaktbrücke zurückprallt und die Hilfsphase überhaupt nicht in Funktion treten kann. Eine weitere Erscheinung, die bei dem heutigen Stand der Technik schon ins Gewicht fällt, ist die Geräuschbildung des Relais. Man kann dabei das eigentliche Schaltgeräusch, das Schnarren und das Klappern unterscheiden. Das Schaltgeräusch läßt sich nicht ganz vermeiden und muß, ähnlich wie das Prellen, bekämpft werden. Das Schnarren ist eine Resonanzerscheinung, sie tritt beim Anzug auf. Es wird durch Änderung der Federkonstante, der Massen usw. verhindert. Das Klappern endlich erscheint beim Betrieb der Maschine, wenn das Relais also nicht erregt ist. Die bei Einzylindermaschinen nicht vermeidbare Unwucht bewirkt ein Aneinanderstoßen der Einzelteile, die, um einwandfrei schalten zu können, auf ein gewisses Spiel angewiesen sind. Die Verwendung von Kunststoffen hat bei der Bekämpfung des Klapperns Erfolge gebracht. Das Hilfsphasenrelais ist heute ein recht zuverlässiges Bauelement geworden und hat entscheidenden Einfluß auf das Betriebsverhalten eines Motorkompressors.

VI. Indizieren von Motorkompressoren.

Das Indizieren von Kompressoren gehört zu den klassischen Methoden der Maschinenuntersuchung. Bei größeren Kompressoren ist es üblich, am Zylinder

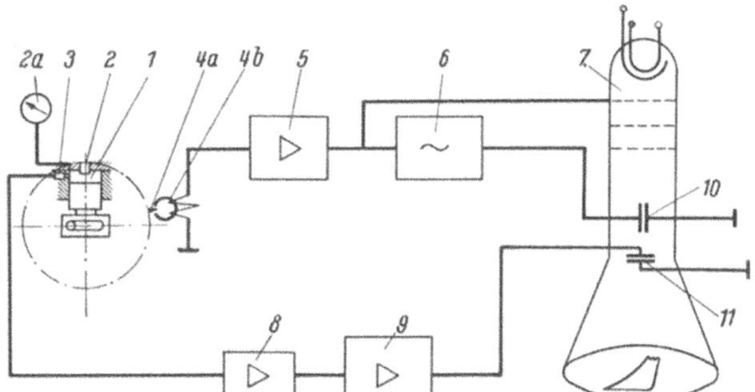

Abb. 109. Meßanordnung zum Indizieren.

1 Kompressorzylinder; *2*, *2a* Spitzendruckgeber und Manometer; *3* Piezo-Quarz-Miniatur-Druckfühler; *4a* Magnet für Totpunktgeber; *4b* Magnetspule; *5* Verstärker; *6* RC-Generator (Synchronisator); *7* Kathodenstrahlröhre; *8* Elektrometer-Röhrenverstärker; *9* Trägerfrequenz-Verstärker; *10* X-Platten; *11* Y-Platten.

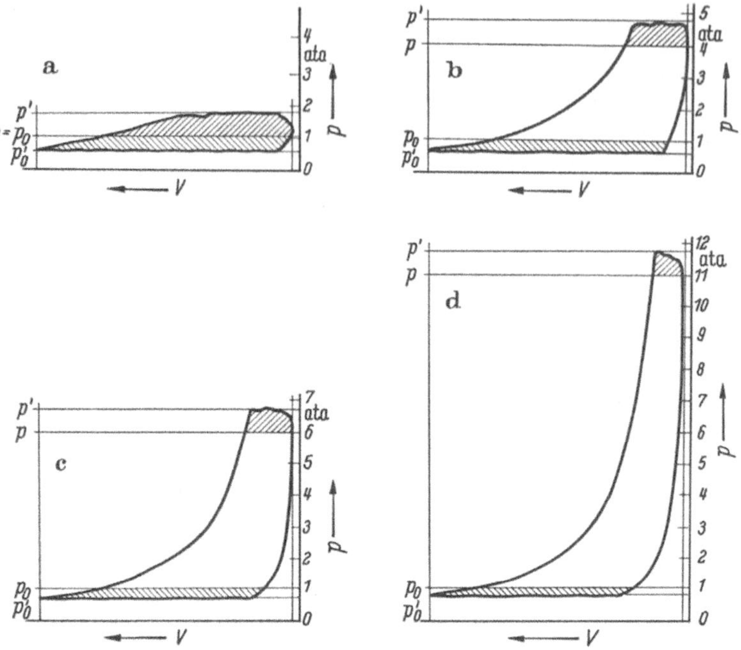

Abb. 110 a–d. Indikator-Diagramm eines hermetischen Motorkompressors 1/10 PS, gemessen mit Luft, maßstabsgerecht umgezeichnet.

p'	Spitzendruck im Zylinder	a) Druckverhältnis	1,0 ;	p_{mi} = 0,83 kp/cm²
p	Druck im Druckstutzen	b) Druckverhältnis	3,85;	p_{mi} = 1,58 kp/cm²
p_0	Druck im Saugstutzen	c) Druckverhältnis	5,78;	p_{mi} = 1,96 kp/cm²
p_0'	Ansaugdruck im Zylinder	d) Druckverhältnis	10,56;	p_{mi} = 2,60 kp/cm²

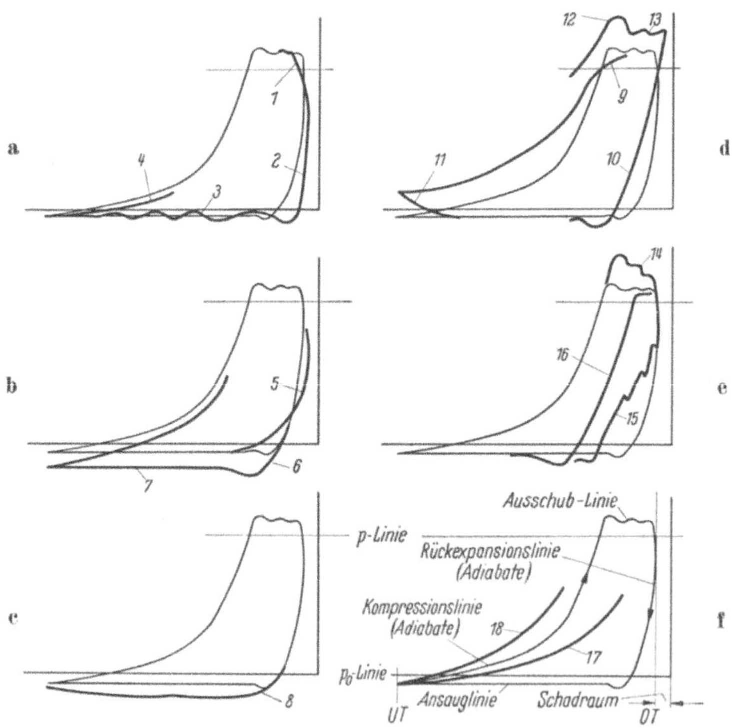

Abb. 111 a–f. Bewertung von Indikator-Diagrammen.
Fehlerhafte Diagramme verursachen erhöhten Leistungsbedarf, Füllungsverlust und Verminderung der effektiven Ansaugleistung.

Erläuterungen siehe nächste Seite.

Erläuterungen zur Abb. 111.

		Erscheinung:	Erklärung:
a)	Punkt *1*	Rückexpansion beginnt vor OT	Undichtigkeit von Kolben oder Saugventil
	Punkt *2*	Rückexpansion fast senkrecht	Undichtigkeit von Kolben oder Saugventil oder zu hohe Wärmeabgabe
	Punkt *3*	Welligkeit der Ansauglinie	Flattern des Saugventils
	Punkt *4*	Rücklaufen der Kompressionslinie auf der Ansauglinie, Beginn der Kompression verzögert	Verspäteter Saugventilschluß infolge zu großen Hubs, zu schwacher Feder oder Klemmung
b)	Punkt *5*	Flacher Übergang der Rückexpansionslinie in die Ansauglinie	Undichtes Saugventil. Ein Klebewiderstand äußert sich überhaupt nicht, da schon vorher Gas aus dem Zylinder auf die Saugseite überströmt
	Punkt *6*	Rückexpansionslinie unterschneidet p_0-Linie	Erhöhter Öffnungsdruck infolge zu großen Klebewiderstandes des Saugventiles oder zu starker Feder
	Punkt *7*	Rückexpansionslinie verläuft konstant zu tief unter der p_0-Linie	Zu stark bemessene Feder
c)	Punkt *8*	Durchhängen der Ansauglinie	Zu eng bemessene Ventilquerschnitte. Erhöhte Strömungsgeschwindigkeit in Hubmitte verursacht erhöhte Drosselverluste
d)	Punkt *9*	Flacher Übergang der Kompressionslinie in die Ausstoßlinie	Undichtes Druckventil. Ein Klebewiderstand äußert sich überhaupt nicht, da schon vorher Gas aus dem Zylinder auf die Druckseite überströmt oder: Kondensation des Kältemittels, undichtes Saugventil, oder: Absorption des Kältemittels im Zylinderschmieröl. Zacken in der Ausschublinie fehlen dann im allgemeinen
	Punkt *10*	Zu flacher Verlauf der Rückexpansionslinie	Undichtes Druckventil, oder: Wiederverdampfung im OT ausgeschiedener Flüssigkeit, oder: zu großer schädlicher Raum, oder: zu hohe Wärmeaufnahme
	Punkt *11*	Ansteigen der Ansauglinie vor UT	Undichtes Druckventil
	Punkt *12*	Ausschublinie überschneidet die p-Linie zu Beginn erheblich	Erhöhter Öffnungsdruck infolge zu großen Klebewiderstandes, oder: zu starke Federn
	Punkt *13*	Welligkeit der Ausschublinie	Flattern des Druckventils. Zu stark bemessene Federn, wenn Ausschublinie konstant zu hoch über der p-Linie
e)	Punkt *14*	Abfallen der Ausschublinie	Zu eng bemessene Ventilquerschnitte. Verminderte Strömungsgeschwindigkeit gegen Hubende verursacht verminderte Drosselverluste
	Punkt *15*	Sägezahnform der Rückexpansionslinie	Wiederaufspringen des Druckventils durch zu großen Hub, falsch bemessene Federn. (Resonanz bei Eigen-Schwingzahl)
	Punkt *16*	Rücklaufen der Rückexpansionslinie auf Ausschublinie, Beginn der Rückexpansion verzögert	Verspäteter Schluß des Druckventils infolge: zu großen Hubs, zu schwacher Feder, Klemmung
f)	Punkt *17*	Zu flacher Anstieg der Kompressionslinie im Vergleich zur Adiabate	Saugventil undicht oder: zu hohe Wärmeabgabe
	Punkt *18*	Zu steiler Anstieg der Kompressionslinie im Vergleich zur Adiabate	Druckventil undicht, oder: zu hohe Wärmeaufnahme

von vornherein Indikatorstutzen vorzusehen. Das Indizieren läßt die Abweichung des wirklichen Prozesses vom theoretischen, Drosselverluste infolge des Strömungswiderstandes in den Arbeitsventilen, Undichtigkeiten im Arbeitsraum des Zylinders sowie sonstige Unregelmäßigkeiten erkennen.

Während das Indizieren von Kompressoren größerer Abmessung und niedriger Drehzahl durch mechanische Indikatoren schon seit Jahrzehnten bekannt ist, liegen erst in jüngster Zeit Erfahrungen über das Indizieren schnellaufender Maschinen, vor allem mit geringem Fördervolum, vor[1].

Eine Anordnung mit einem Piezo-Quarz-Druckgeber, die seit einigen Jahren mit gutem Erfolg bei Brennkraft-Maschinen verwendet wird, hat sich auch zum Indizieren von kleinen Kältekompressoren als besonders geeignet erwiesen.

Die Meßanordnung ist in Abb. 109 schematisch dargestellt[2]. Zur Aufnahme der schnell veränderlichen Drücke im Zylinder wird ein piezoelektrischer Miniaturdruckfühler von nur 5 mm ⌀ verwendet. Abb. 110 zeigt einige Indikatordiagramme, die beim Betrieb eines Motorkompressors ($^1/_{10}$ PS) mit Luft gewonnen wurden. Sie wurden vom Bildschirm des Oszillographen photographiert und maßstabgerecht umgezeichnet. Der Kompressor hatte einen Zylinderdurchmesser von 25 mm und einen Hub von 12 mm, entsprechend einem Hubvolum von 5,9 cm^3, und wurde mit einer Drehzahl von 1450 min^{-1} betrieben. Der schädliche Raum (in %) wurde durch den Einbau des Piezo-Quarzgebers und des Spitzendruckgebers um nicht mehr als 0,25% vergrößert. Einige Bemerkungen zur Bewertung von Indikatordiagrammen enthält Abb. 111. Ähnliche Versuche wurden später auch mit R 12 durchgeführt[3].

D. Baubeschreibungen offener Kompressoren.

Die in diesem Abschnitt und in den Abschnitten E, F und G gegebenen Darstellungen sollen an Hand einiger Beispiele einen Überblick über den Stand der Technik geben. Sie erheben keinen Anspruch auf Vollständigkeit und sollen den Lesern typische Einzelheiten bei modernen Kompressorbauformen zeigen.

I. Brown, Boveri & Cie AG, Mannheim.

Die offenen Kompressoren der F-Reihe sind für Keilriemenantrieb durch Drehstrommotore eingerichtet. Die Gasführung innerhalb des Kompressors erfolgt nach dem Wechselstromprinzip. Druck- und Saugventile sind auf einer Zwischenplatte zwischen Zylinder und Zylinderkopf angeordnet und nach Abnehmen des Zylinderkopfes leicht zugänglich. Das Gehäuse ist aus gasdichtem Spezialguß gefertigt. Die Laufflächen der gleitenden Teile sind geschliffen, um eine hohe Lebensdauer und geräuscharmen Lauf zu erreichen.

An den Pleueln befinden sich Schöpfvorrichtungen, die während des Betriebes in den Ölsumpf im Kurbelgehäuse eintauchen und das Öl in Sammeltaschen hochschleudern. Von diesen wird es zwangsläufig durch Bohrungen an alle Schmierstellen und in die Stopfbuchskammer geleitet.

---

[1] SÖCHTING, F.: Z. VDI Bd. 97 (1955) S. 72. — PEARSON, S. F.: Engineering 186 (1958, 2. Halbjahr) S. 485. — LORENTZEN, G.: Proc. IX. Int. Congr. of Refr. London 1955 (3.44), S. 3078—90. — NAGAOKA, J., u. S. HOTANI: Proc. IX. Int. Congr. of Refr. London 1955 (3.45), S. 3091—99. — MC. LAREN, J. F. T.: Brit. Inst. of Refr. London 1954, S. 227—267. — LORENTZEN, G., u. F. JOHANSEN: Proc. X. Int. Congr. of Refr. Kopenhagen 1959, Bd. 2, S. 163. — CZAPLINSKI, ST.: Bulletin de l'Institut Intern. du Froid Bd. XLV (1965) S. 391—421.

[2] DIENEMANN, W.: Kältetechnik Bd. 12 (1960) S. 260—264. — FÜNER, V., E. SCHÖBERL, R. TAUCHMANN u. K. BACH: Kältetechnik Bd. 12 (1960), S. 66—71.

[3] FÜNER, V., E. SCHÖBERL, R. TAUCHMANN, K. BACH u. H. RUF: Kältetechnik Bd. 12 (1960) S. 298—302, S. 348; Kältetechnik Bd. 13 (1961) S. 99—102, S. 145—149. — DIENEMANN, W.: Kältetechnik Bd. 14 (1962) S. 346—354. — FÜNER, V., u. R. TAUCHMANN: Kältetechnik Bd. 15 (1963) S. 282—289.

Einen Überblick über die Hauptabmessungen und Leistungsdaten geben Tab. 5 und Abb. 112 a—d. Die Kompressoren werden sowohl in luftgekühlte wie in wassergekühlte Kältesätze eingebaut. Die Drehzahlen der kleineren Typen liegen bei 500 bis 1400 min^{-1} bzw. 430 bis 1050 min^{-1}, diejenigen der größeren Typen bei 1000 bis 1450 min^{-1}, die mittleren Kolbengeschwindigkeiten bei 0,4 bis 1,9 m/s. Ventilatorflügel am Kompressorschwungrad unterstützen die Zylinderkopfkühung.

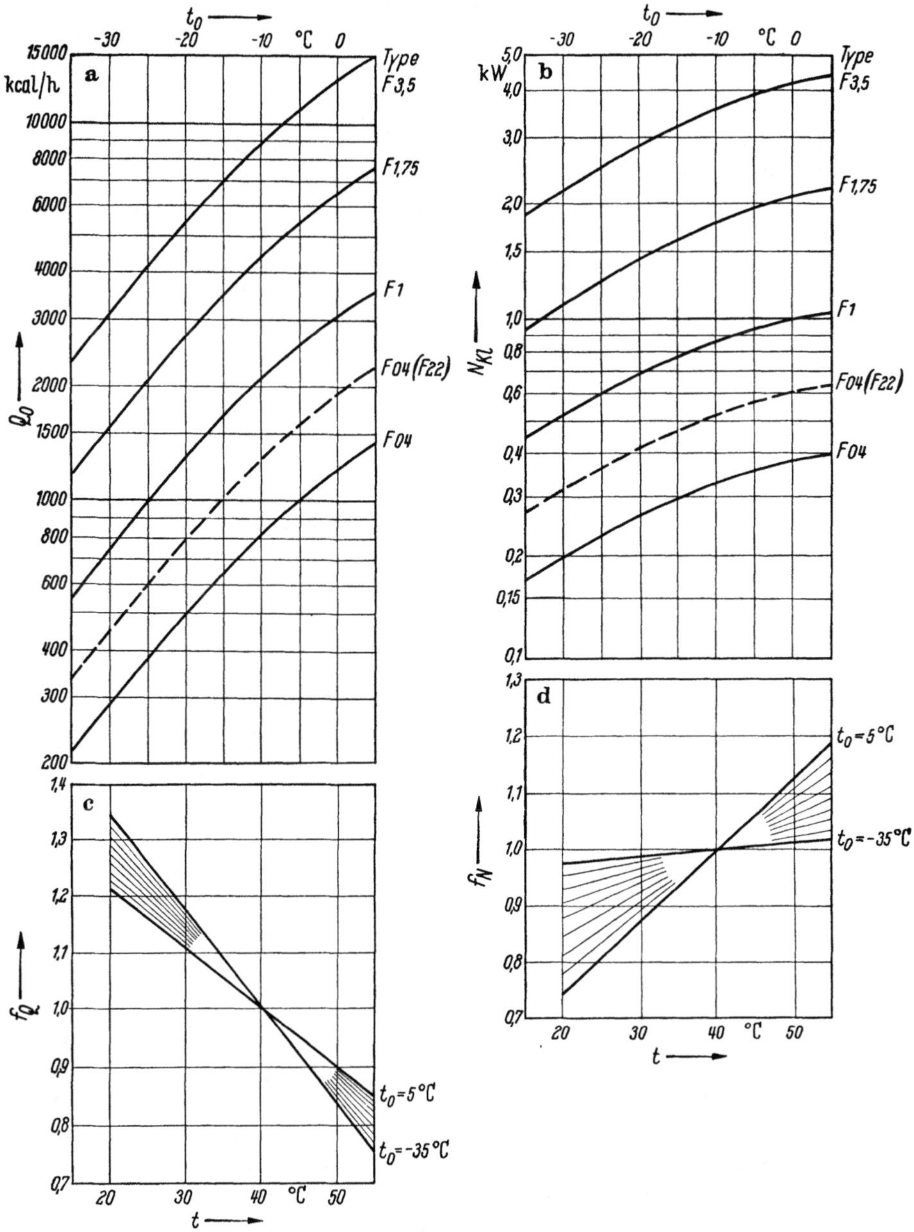

Abb. 112a–d. a) Kälteleistung Q_0 und b) Leistungsbedarf N_{Kl} der Typenreihe F (BBC) bei jeweils zulässiger Höchstdrehzahl, bei $t = 40$ °C, $t_{0h} = t_R = 20°$ C mit R 12 bzw. R 22. c, d) Umrechnungsfaktoren f_Q und f_N für die Kälteleistung und den Leistungsbedarf bei anderen Verflüssigungstemperaturen.

Tabelle 5. *Hauptabmessungen und Leistungsdaten von offenen Kompressoren mit R 12*
Fabrikat Brown, Boveri & Cie. AG, Mannheim.

Kompressor Type	Zyl.-Zahl	Zul. Drehzahl bis	Motor bis [1]	Gewicht [2]	Öl	Bohrung	Hub	Hubraum	Geom. Hubvolum	Kälteleistung [3]	Kälteleistung [4]
		min^{-1}	kW	kg	kg	mm	mm	cm^3	m^3/h	kcal/h	kcal/h
F 04	2	1400	0,44	12	0,20	32	24	38,6	3,25	980	750
F 01	2	1050	0,85	30	0,75	50	28	110,0	6,93	2500	1900
F 1,75	2	1450	2,2	42	0,65	54	38	174,0	15,15	4900	4100
F 3,5	4	1450	4,0	58	0,65	54	38	348,0	30,30	10000	8100

II. Bitzer, Kühlmaschinenbau GmbH, Sindelfingen/Wttbg.

Ventilatorbelüftete Kompressorsätze mit offenen Kompressoren werden im Leistungsbereich von 285 bis 17700 kcal/h bei einer Verdampfungstemperatur von —10° C und einer Umgebungstemperatur von 25° C gebaut. Es stehen 8 Typen in Zweizylinderausführung zur Verfügung. Die Motoren haben eine Antriebsleistung von $^1/_6$ bis 12,5 PS bei Kompressor-Drehzahlen zwischen 545 und 775 min^{-1} bei der kleinsten und zwischen 310 bis 505 min^{-1} bei den größten Typen. Die mittleren Kolbengeschwindigkeiten liegen bei 0,4 bis 1,4 m/s.

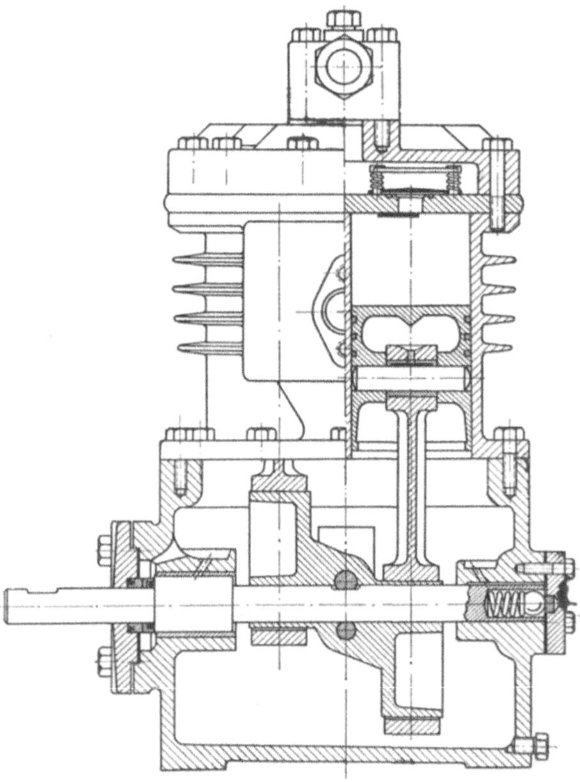

Abb. 113. Kompressor-Aufbau (Bitzer).

Die Kompressoren werden auch in wassergekühlte Kompressorsätze eingebaut. Die Motorstärken reichen bei Kälteleistungen von 1750 bis 20000 kcal/h von $^1/_3$ bis 10 PS. Die Leistungsangaben beziehen sich auf eine Wasserzulauftemperatur von 15° C und eine Verdampfungstemperatur von — 10° C.

Neben R 12 wird auch noch Chlormethyl verwendet. Die Kälteleistungen gehen dabei um 8,5 bis 10% zurück. Die Kompressorsätze können auch bei +5° C Verdampfungstemperatur betrieben werden, wobei die Kälteleistung sich um 80% erhöht; bei einer Verdampfungstemperatur von —25° C beträgt sie nur noch 50% derjenigen bei —10° C. Nach Angaben des Herstellers können bei Verdampfungstemperaturen unter —15° C bis zu 20% höhere Dreh-

[1] Antriebsmotor für Drehstrom 220/380 Volt 50 Hz.
[2] Einschließlich Keilriemenscheibe und Ölfüllung.
[3] In wassergekühlten Kompressorsätzen bei $t_0 = -10°$ C, $t_{we} = 15°$ C, $t_{0h} = 20°$ C.
[4] In luftgekühlten Kompressorsätzen bei $t_0 = -10°$ C, $t_R = 30°$ C, $t_{0h} = 20°$ C.

zahlen zugelassen werden. Abb. 113 zeigt den einfachen konstruktiven Aufbau dieser Kompressortype und Abb. 114 die Ausführung der Stopfbuchse.

Die Zylinder, Exzenter-Pleuel, Kolbenbolzen und die Lagerstellen der gehärteten und geschliffenen Stahlkurbelwelle sind sorgfältig gehont. Bei den größeren Typen sind die Lagerstellen mit Bronzebuchsen, die Kolben mit Kolbenringen ausgestattet. Alle Kompressoren besitzen im Saugkanal hinter dem Absperrventil ein Sieb, durch welches etwa im Kreislauf vorhandene Schmutzteilchen abgefangen werden. Ein Ölschauglas am Kurbelgehäuse ermöglicht eine regelmäßige Überwachung des Ölstandes.

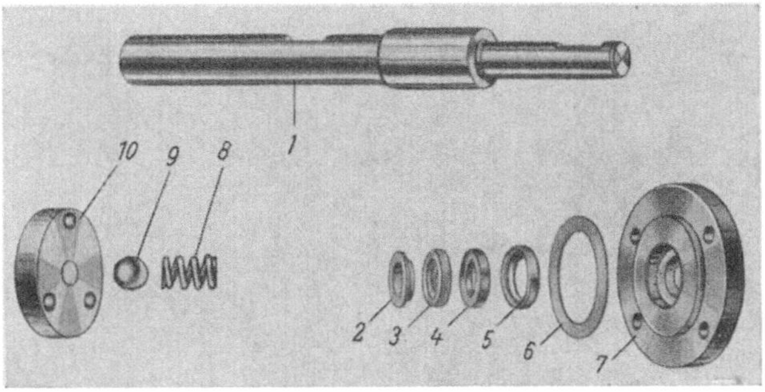

Abb. 114. Gleitringdichtung (Bitzer).
1 Welle; *2* Gummidichtung; *3* Stahlgleitring (drehend); *4* Bronzegleitring (fest); *5* Gummidichtung; *6* Dichtung; *7* Flansch; *8* Druckfeder; *9* Lagerkugel: *10* Gegenflansch mit eingesetztem Druckstück.

III. Borsig AG, Berlin-Tegel

Die Firma Borsig, eine der ältesten deutschen Firmen auf dem Gebiet des Großkältemaschinenbaues, hat eine Typenreihe schnellaufender R 12-Kompressoren mit 2 bis 6 Zylindern entwickelt, die sich für den Einsatz in Klimaanlagen und auch für R 22 bis zu Verflüssigungstemperaturen von 50° C eignet.

Bei einer Verdampfungstemperatur von — 10° C und einer Verflüssigungstemperatur von 30° C beträgt die Zylinderleistung 7500 kcal/h mit R 12. Einen 4-Zylinder-Kompressor dieser Baureihe, direkt mit dem Antriebsmotor gekuppelt, zeigt Abb. 115. Der Kältemitteldampf wird im Wechselstrom geführt, die Ventile besitzen große Öffnungsquerschnitte, die Zylinderbuchsen sind saugdampfgekühlt. Der Ölrückführung und -abscheidung, der Ölpumpe und der Öldrucksicherung wurde besondere Aufmerksamkeit geschenkt (vgl. Abb. 116).

Abb. 115. Vierzylinder-Wechselstrom-Kompressor von Borsig (Type TFV 3106) mit dem 6poligen Antriebsmotor bei $n = 950\ \text{min}^{-1}$ direkt gekuppelt und auf einem gemeinsamen Grundrahmen zusammengebaut. Kälteleistung 34000 kcal/h bei $t_0 = +5°$ C, $t = 35°$ C mit R 12 als Kältemittel.
Vorne am Kurbelgehäuse ist der Differenzdruck-Pressostat zur Öldrucksicherung sichtbar.

Die aus chromiertem Schleuderguß hergestellten Zylinderlaufbuchsen sind leicht auswechselbar in den V- bzw. W-förmig ausgebildeten Zylinderblock eingesetzt. Gedrungene Hauptabmessungen, die guten Möglichkeiten des Massenausgleiches sowie ein ruhiger Lauf kennzeichnen diese Konstruktion.

Die für die Kolben verwendete Leichtmetall-Legierung ist besonders verschleißfest und zeichnet sich, im Vergleich zu Rein-Aluminium, durch eine gerin-

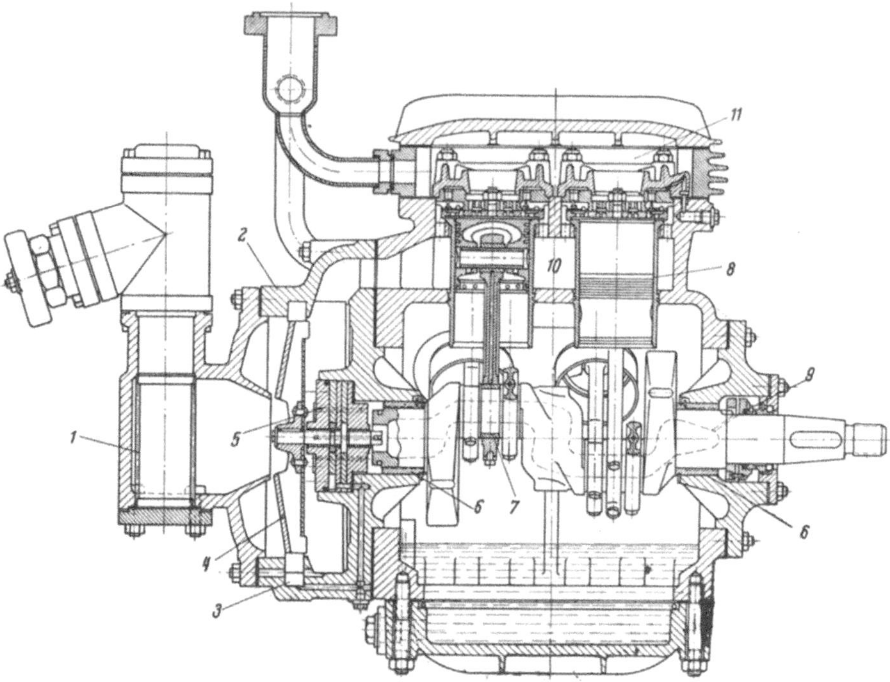

Abb. 116. Schnitt durch einen Sechszylinder-Kompressor in W-Form von Borsig (Type TFS 3106), geeignet für R 12 und R 22.

1 Ansaugsieb; *2* Vorkammer; *3* Ringkanal für Öl; *4* Schleuderrad als Fliehkraftabscheider für Öl; *5* Ölpumpe; *6* Kurbelwellen-Hauptlager; *7* Pleuellager; *8* Zylinderbüchse; *9* Gleitringdichtung; *10* Saugraum; *11* Druckraum.

gere Wärmeausdehnung aus. Die Kolben sind mit handelsüblichen Kolben- und Ölabstreifringen ausgestattet. Sowohl die Hauptlager der für direkten oder Keilriemenantrieb geeigneten, zweifach gelagerten Kurbelwelle als auch die Pleuellager sind als Dünnschicht-Weißmetall-Lager ausgebildet, die Kolbenbolzen sind in Buchsen aus gezogener Bronze eingesetzt. Auf der Saugseite des Kurbelgehäuses befindet sich in einer besonders angesetzten Vorkammer ein Zentrifugal-Ölabscheider[1]. Das durch die Welle direkt angetriebene Schleuderrad schleudert das aus der Saugleitung zurückkommende Öl in einen senkrecht umlaufenden, in die Vorkammer eingedrehten Kanal. Der weitgehend von Öl befreite R 12-Dampf strömt über eine Verbindungsöffnung im oberen Teil des Kurbelgehäuses um die Zylinderbuchsen zum Saugventil, das entgaste Öl wird unten über Bohrungen im Gehäuse von einer Zahnradpumpe angesaugt und in das Kurbelgehäuse zurückgefördert. Nach Angaben der Firma Borsig wird dadurch ein druckseitiger Ölabscheider überflüssig und könnte sich nur störend auf den Ölumlauf und die Ölrückführung auswirken.

[1] Deutsche Patentanmeldung, Auslegeschrift Nr. 1044841/17.

Zur Überwachung des Schmieröldruckes ist ein Differenz-Pressostat eingebaut, der den Kompressor bei Absinken des Öldruckes unter einen für die einwandfreie Schmiermittelversorgung der Lager erforderlichen Wert abschaltet.

Durch Entlasten einzelner Zylinder mittels einer in die Saugventile eingebauten pneumatischen Niederstelleinrichtung kann die Förderleistung geregelt werden; die Einrichtung kann entweder von Hand oder automatisch betätigt werden. Die Arbeitsventile sind als konzentrische Ringplattenventile ausgebildet.

Kälteleistung und Leistungsbedarf an der Welle der Verdichterreihe TF gehen aus dem Nomogramm Abb. 117 hervor.

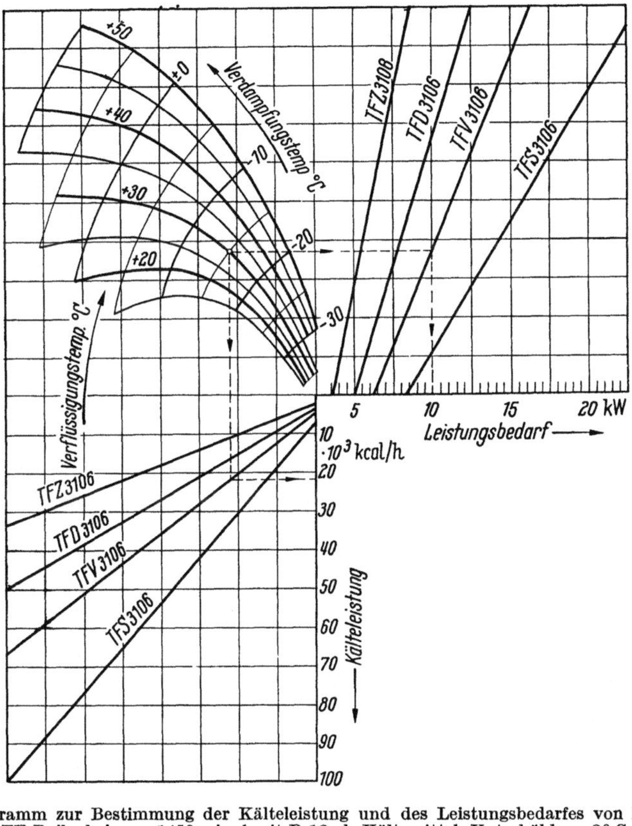

Abb. 117. Nomogramm zur Bestimmung der Kälteleistung und des Leistungsbedarfes von Kompressoren der TF-Reihe bei $n = 1450\ \text{min}^{-1}$ mit R 12 als Kältemittel. Unterkühlung 2° C.

IV. Robert Bosch GmbH, Stuttgart.

Hauptabmessungen und Leistungsangaben der HH-Typenreihe von Bosch enthält Tab. 6. Die Kompressoren sind sowohl für R 12 wie für Chlormethyl mit Keilriemenantrieb eingerichtet. Sie zeichnen sich wegen des Einsatzes eines Betriebskondensators durch geringe Stromaufnahme aus.

Abb. 118 zeigt einen Schnitt durch einen Zweizylinderkompressor. Erwähnenswert ist die große Ölabscheidekammer. Die aus dem Verdampfer angesaugten Dämpfe verringern darin ihre Strömungsgeschwindigkeit und scheiden dabei das mitgerissene Öl ab. Dieses fließt durch die Druckausgleichdüse in das Kurbelgehäuse zurück. Neben dieser Aufgabe des Ölrücklaufes hat diese Düse noch für einen langsamen Druckausgleich zwischen der Ölabscheidekammer und dem

Tabelle 6. *Hauptabmessungen und Leistungsdaten von offenen Kompressoren in ventilatorbelüfteten Kältesätzen mit R 12 für Kühlmöbel und kleinere Kühlräume*
Fabrikat Robert Bosch GmbH, Stuttgart

Kompr. Type	Motor[1]	Anwendung bis[2]	Öl	Drehzahl	Zyl.-zahl	Bohrung	Hub	Hubraum	Geom. Hubvolum	Kälteleistung u. Leistungsaufnahme[3]		Strom
	PS	*l*	*l*	min^{-1}		⌀ mm	mm	cm³	m³/h	kcal/h	W	A
HH/EFO	1/6	500	0,2	500	1	37	28	30	0,90	200	220	1,2
HH/UFO	1/3	500 bis 1200	0,4	500	2	37	28	60	1,80	400	350	1,8
HH/WFO	1/2	1200 bis 2500	0,6	500	2	37	40	43	2,58	620	490	2,5

Kurbelgehäuse zu sorgen. Die Kältemitteldämpfe werden über Kanäle im Kurbelgehäuse unmittelbar in die Ansaugräume vor den Saugventilen geleitet. Das sich im Ölabscheider sammelnde Öl gelangt über Bohrungen zu den Schmierstellen. Darüber hinaus tauchen die Pleueln während des Betriebes in den Ölsumpf des Kurbelgehäuses, schmieren sich dabei selbst und schleudern das Öl an die Zylinderwandungen.

Die Welle wird nach außen durch einen Metallbalg-Gleitring abgedichtet, der federnd an die Wellenschulter angepreßt wird.

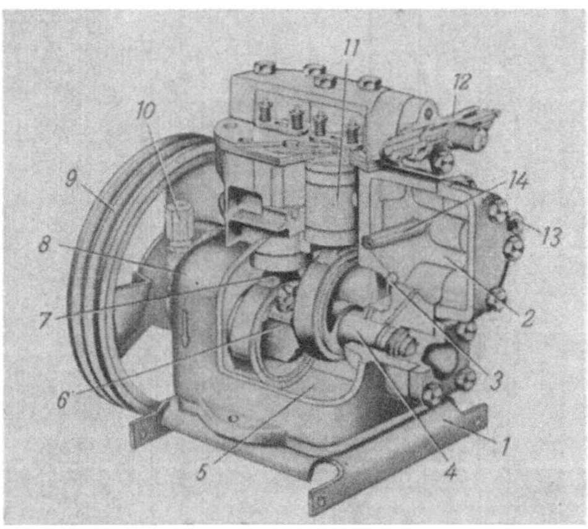

Abb. 118. Halbschnitt durch einen Zweizylinderkompressor der HH-Reihe von Bosch mit Keilriemen-Schwungrad, geeignet für R 12 und CH_3Cl.
1 Grundplatte; *2* Ölabscheidekammer; *3* Druckausgleichdüse; *4* Welle; *5* Öl; *6* Doppelexzenter; *7* Pleuel; *8* Gehäuse; *9* Schwungrad; *10* Öleinfüllstutzen; *11* Kolben; *12* Absperrventil-Druckseite; *13* Absperrventil-Saugseite; *14* Ansaugsieb.

V. Carrier Corp., Syracuse, N. Y., USA.

Die Kompressoren von Carrier sind sowohl für direkten, als auch für Keilriemenantrieb geeignet. Abb. 119 zeigt einen fertig zusammengebauten Kältesatz mit einem direkt angetriebenen Kompressor der 5-FH-Reihe. Dieser entspricht im Aufbau völlig den im folgenden beschriebenen kleineren Typen.

Als besondere Vorzüge enthalten diese eine Einrichtung zum entlasteten Anlauf und zur Leistungsregelung; Kurbelgehäuse und Zylinderblock bilden eine Einheit (vgl. Abb. 120) aus nickellegiertem Gußeisen (*4*). Die Zylinderbüchsen (*5*) sind, ebenso wie die Hauptlager, auswechselbar eingesetzt und durch Saugdampf gekühlt. Druck- und Saugräume sind zur Vermeidung von Gasgeräuschen und mit Rücksicht auf geringe Druckverluste besonders groß ausgeführt. Die aus legiertem

[1] Für Wechselstrom 220 Volt/50 Hz, $n = 1400$ min^{-1} mit Anlaß- und Betriebskondensator. Es können auch Gleich- und Drehstrommotore aufgebaut werden. Die Kältesätze sind mit den angegebenen Motorstärken geeignet für Betrieb bei ständigen Raumtemperaturen nicht über 35° C und ständigen Verdampfungstemperaturen nicht über —5° C.

[2] Die Zahlen geben die ungefähre Kühlraumgröße an, für die der Kältesatz geeignet ist.

[3] Mittelwerte mit R 12 bei $t_0 = -10$° C und $t_R = 30$° C. Die Kompressoren können auch mit Chlormethyl bei etwas geringerer Kälteleistung (5% weniger bei $t_0 = -10$° C) betrieben werden.

Stahl bestehenden Kolben haben zwei Dichtungsringe im oberen und zwei Ölabstreifringe im unteren Teil. Die für den Massenausgleich erforderlichen Gegengewichte sind an die aus einer zähen Stahllegierung bestehende Kurbelwelle angeschmiedet. Die Laufflächen der Welle sind gehärtet, poliert und dynamisch ausgewuchtet.

Abb. 119. Sechszylinder-Kompressor in W-Form von Carrier, Type 5H 60, direkt mit dem Antriebsmotor gekuppelt und mit einem wassergekühlten Kondensator auf gemeinsamem Grundgestell zusammengebaut. Zylinderdurchmesser 82 mm, Hub 69,3 mm; Kälteleistung 48500 kcal/h mit R 12 bei $t_0 = -10°$ C, $t = 45°$ C, $n = 1450$ min^{-1}. Leistungsbedarf an der Welle 26,5 PS. Gewicht des Kompressors allein 482 kg.

Die Saug- und Druckventile sind als Ringplattenventile ausgeführt und besitzen große Durchtrittsflächen und geringen Hub. Das Saugventil sitzt auf der Zylinderbuchse, das Druckventil auf der Ventilträgerplatte. Die Arbeitsventile aller Verdichter sind gasgepolstert (*6*), d. h., die rückwärtige Ventilführung besitzt eine kleine Ausdrehung, in der sich beim Öffnen der Ventilplatte eine gewisse Menge Dampf staut. Bei weiterem Öffnen des Ventiles wirkt diese als pneumatischer Puffer. Dadurch wird die Ventilplatte vor harten Schlägen geschützt, und das Laufgeräusch wesentlich verringert.

Zur Schmierung dient eine durch die Kurbelwelle angetriebene nach Art einer Zahnradpumpe ausgebildete Ölpumpe. Sie kann durch Handbetätigung beiden möglichen Drehrichtungen angepaßt werden (Abb. 121). Die reichlich dimensionierte Ölpumpe hat drei Aufgaben zu erfüllen:

1. Erzeugung eines konstanten Öldruckes und Versorgung aller Lagerstellen mit einer ausreichenden Menge Öl.
2. Kühlung und Versorgung der Stopfbuchskammer, die ständig unter Öl stehen muß.
3. Erzeugung des für die Leistungsregelung und Anlaufentlastung benötigten Öldruckes.

Abb. 120. Halbschnitt durch einen offenen Freon-Kompressor von Carrier, Typenreihe 5 FH.

1 automatische, öldruckgesteuerte Anlaufentlastung; *2* automatische, saugdruckgesteuerte Leistungsregelung; *3* Ölpumpe; *4* Kurbelgehäuse mit Zylinderblock; *5* sauggasgekühlte Zylinderbuchse; *6* pneumatisch gedämpfte Arbeitsventile; *7* Ölfilter; *8* Ölablaßschraube mit Magneteinsatz.

Ein Ölschauglas dient der Überwachung des Ölspiegels im Kurbelgehäuse, Magneteinsätze in der Ölablaßschraube (*8*) und ein Ölfilter (*7*) in Abb. 120 dienen der Ausscheidung von Eisenspänen und Schmutzteilchen.

Ein Kontrollventil unterstützt den Rücklauf des Öles aus dem Kühlsystem und begrenzt die Ölabwanderung aus dem Kurbelgehäuse. Ein Differenzpressostat dient als Öldrucksicherheitsschalter. Er schaltet die Maschine bei Absinken des Öldruckes unter den festgelegten Sicherheitswert ab. Bei einigen Modellen läßt sich auch eine Kurbelgehäuseheizung einbauen, um die Versumpfung durch Absorption von Kältemitteln aus dem Verdampfer während des Stillstandes zu verhindern.

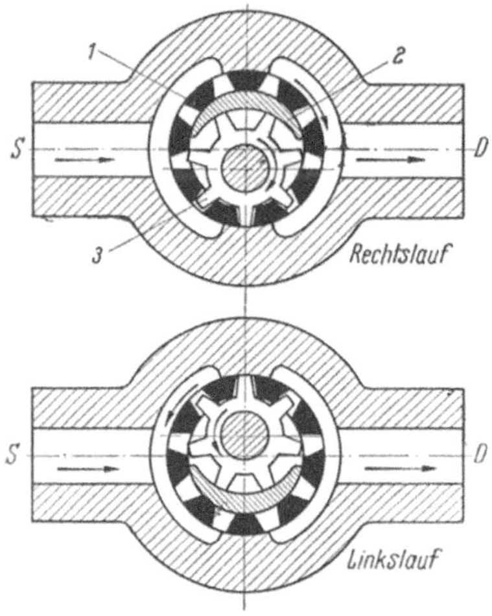

Abb. 121. Ölpumpe.
1 Zahnwelle; *2* verstellbares Zahnrad-Gegenlager; *3* Zahnrad.
S Saugseite, *D* Druckseite.
Durch Verdrehen des Zahnrad-Gegenlagers von Hand um 180° kann die Ölpumpe je nach Drehsinn der Antriebswelle für die entsprechende Drehrichtung eingestellt werden.

Die Gleitringdichtung ist mit Federbälgen ausgestattet und von Öl überflutet. Sie kann ausgetauscht werden, ohne weitere Bauteile entfernen zu müssen. Das Prinzip der Leistungsregelung beruht auf dem Anlüften der Saugventilplatten, so daß der von dem betreffenden Zylinder angesaugte Dampf nicht verdichtet werden kann, sondern beim Druckhub durch die Saugventile wieder ausgeschoben wird. Abb. 122 enthält weitere Einzelheiten. Der gesamte Regelbereich steht zur Verfügung, wenn zwischen Saug- und Öldruck eine Differenz von 0,5 bzw. 0,8 at besteht, wobei die entsprechenden Einstellfedern (*5*) eingebaut sein müssen. Die kleinere Druckdifferenz gilt für klimatechnische Anlagen mit R 12 bzw. Carrene 500 (früher Carrene 7)[1], die stärkere Feder wird bei R 22 benutzt. Der Regelpunkt, d. h. der Saugdruck, bei dem die Entlastung des betreffenden Zylinders beginnt, läßt sich leicht durch Drehen der Einstellspindel (*4*) festlegen. Beim Drehen im Uhrzeigersinne steigt der für den Regelpunkt festgelegte Verdampferdruck, im anderen Falle beginnt der Regelvorgang erst bei tieferen Verdampfungstemperaturen. Änderungen im Saugdruck, verursacht durch unterschiedliche Belastung des Verdampfers, werden durch eine Kapillare (*2*) zu dem Leistungsregelventil (*10*) übertragen. Dort wird diese Druckänderung mittels des Steueröldruckes in eine Bewegung des Kolbens (*15*) im hydraulischen Relais (*14*) umgesetzt. Die Bewegung des Kolbens gestattet oder verhindert das Übertreten des Öldruckes zu dem hydraulischen Kraftverstärker (*16*) des betreffenden Zylinders. Sobald der Öldruck zu einem Kraftverstärkerelement übertragen wird, wird der Zylinder belastet, d. h., der Kraftverstärkerkolben (*17*) wird nach oben, die Enden des Gabelhebels (*18*) werden nach unten gedrückt, so daß sich die Saugventilplatte (*23*) auf ihren Ventilsitz setzt und ihre normale Funktion ausübt. Sobald der Saugdruck fällt, sinkt auch der Steueröldruck, der auf den Kolben des hydraulischen Relais wirkt. Dadurch wird der Kolben nach links geschoben, der Ölpumpendruck entweicht langsam aus dem Kraftverstärkerelement. Dadurch sinkt dessen Kolben infolge der Spannung der eingebauten Druckfeder nach

[1] ASHLEY, C. M.: Refr. Eng. Bd. 58 (1950) Nr. 6, S. 553. Carrene 500 (früher Carrene 7) ist ein azeotropes Gemisch, bestehend aus 74,2 Gew. % R 12 und 25.8 Gew. % R 152 (CH_3-CHF_2). Molekulargewicht 99,3, Normalsiedepunkt — 33,3° C nach Firmenprospekt 1959.

unten, die Enden des Gabelhebels heben sich und entlasten den betreffenden Zylinder durch Abheben der Saugventilplatte von ihrem Sitz.

Statt des Saugdruckes kann auch Druckluft als Impulsdruck benutzt werden. Hierzu dient der vorgesehene Anschlußstutzen (*6*). Dabei gilt die Regel, das 1 atü Druckluft den einzustellenden Saugdruck um den gleichen Betrag in der gleichen Richtung verändert.

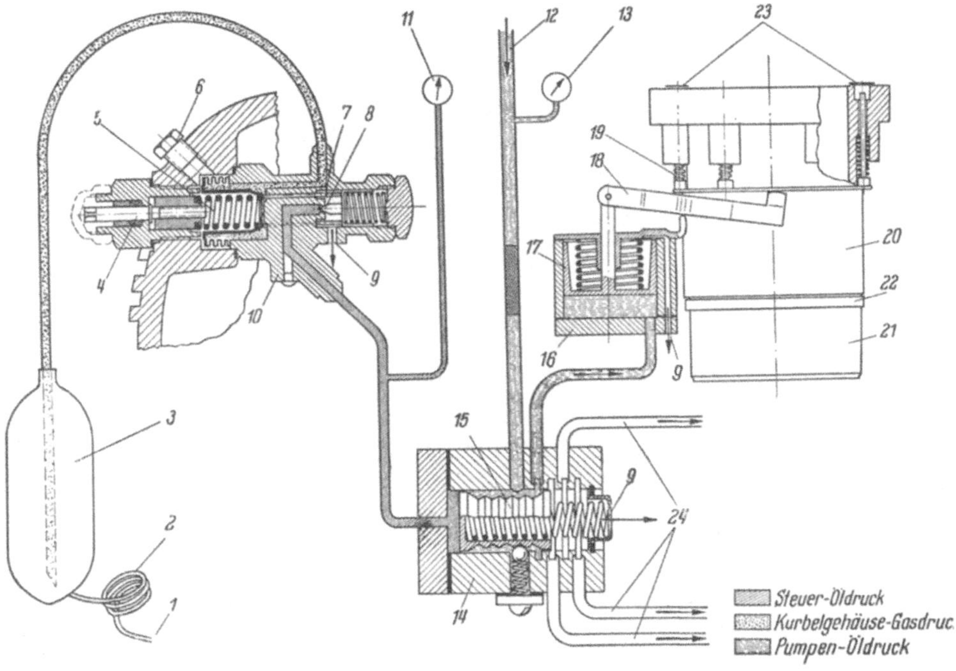

Abb. 122. Carrier-Leistungsregelung.

1 Gasdruck vom Kurbelgehäuse; *2* Kapillare; *3* Ausgleichsgefäß; *4* äußere Einstellspindel; *5* Regelfeder; *6* Verbindungsstutzen zur pneumatischen Steuerung; *7* Druckstifte; *8* Ventilsitz; *9* Ölrückströmkanal; *10* Leistungsregelventil; *11* Steueröldruck; *12* von der Ölpumpe des Kompressors; *13* Ölpumpendruck; *14* Hydraulisches Relais; *15* Steuerkolben; *16* Kraftverstärker; *17* Kolben des Kraftverstärkers; *18* Gabelhebel; *19* Stößel und Stößelfedern zum Abheben der Saugventilplatte; *20* Abhebehülse; *21* Zylinderhülse; *22* Stellring; *23* Saugventilplatte; *24* zu weiteren Entlastungs-Kraftverstärkern für andere Zylinder.

VI. Hans Goeldner & Co., Stuttgart.

Die Exzenterwelle läuft in Ringschmier-Lagern (Abb. 123). Die Gleitring-Wellenabdichtung ist einfach und betriebssicher. Der Zusammenbau ist in Abb. 124a, die drei Bauteile sind in Abb. 124b dargestellt. Die Welle wird mittels Federdruck vom anderen Wellenende her mit dem Wellenbund gegen die Gleitfläche eines Perbunan-Dichtungsringes gepreßt. Die Druckfeder ist über eine Lagerkugel gegen den in Abb. 123 sichtbaren und geschnittenen Gehäuseflansch auf der gegenüberliegenden Seite der Gleitringdichtung abgestützt. Der Preßstoffkugelring im Preßstoffflansch der Wellenabdichtung sorgt dafür, daß sich die eine der beiden Dichtlippen frei gegenüber dem Wellenbund einstellen kann. Der äußere Dichtrand der Gleitringscheibe aus Perbunan wird fest gegen das Kompressorgehäuse gepreßt. Dadurch wird eine sichere Dichtigkeit erzielt. Zur Vermeidung der Versumpfung des Kurbelgehäuses werden diese Kompressoren, wenn es die Betriebsbedingungen erforderlich erscheinen lassen, auch mit einer regelbaren Gehäuseheizung ausgerüstet. Die Kompressoren sind in gleicher Weise für R 12 und R 22 sowie für den Einbau in ventilatorbelüftete oder wassergekühlte Kältesätze geeignet.

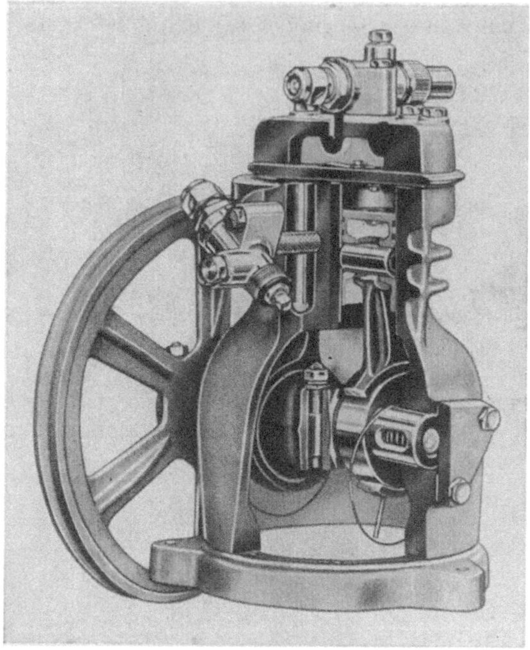

Abb. 123. Halbschnitt durch einen offenen Zweizylinder-Kompressor von Goeldner.

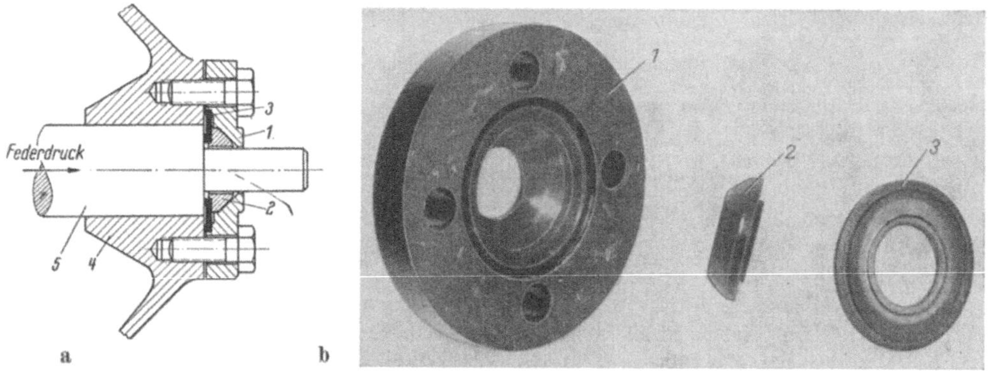

Abb. 124a u. b. Wellenabdichtung in Kunststoffausführung (Goeldner).
1 Flansch aus Preßstoff; *2* Kugelring aus Preßstoff; *3* Gleitring aus Perbunan mit zwei Dichtlippen; *4* Kompressorgehäuse; *5* Kurbelwelle.

VII. Ideal Standard GmbH, Werk Rheinkälte, Düsseldorf.

Die in den Jahren nach dem letzten Krieg in einem amerikanischen Firmenverband aufgegangene frühere Firma Freundlich besitzt ein vielfältiges Herstellungsprogramm an Maschinen und Apparaten für Kälteanlagen in Industrie und Gewerbe.

Kompressorgehäuse und andere Gußteile entstehen in einer eigenen Gießerei. Offene R-12-Kompressoren werden in Zwei- bis Achtzylinder-Ausführung in Reihen- bzw. V-Anordnung gebaut, wobei immer zwei Zylinder zu einem Block zusammengefaßt sind. Es wird nur eine einzige Zylinderabmessung verwendet, der Kältemitteldampf wird im Wechselstrom geführt.

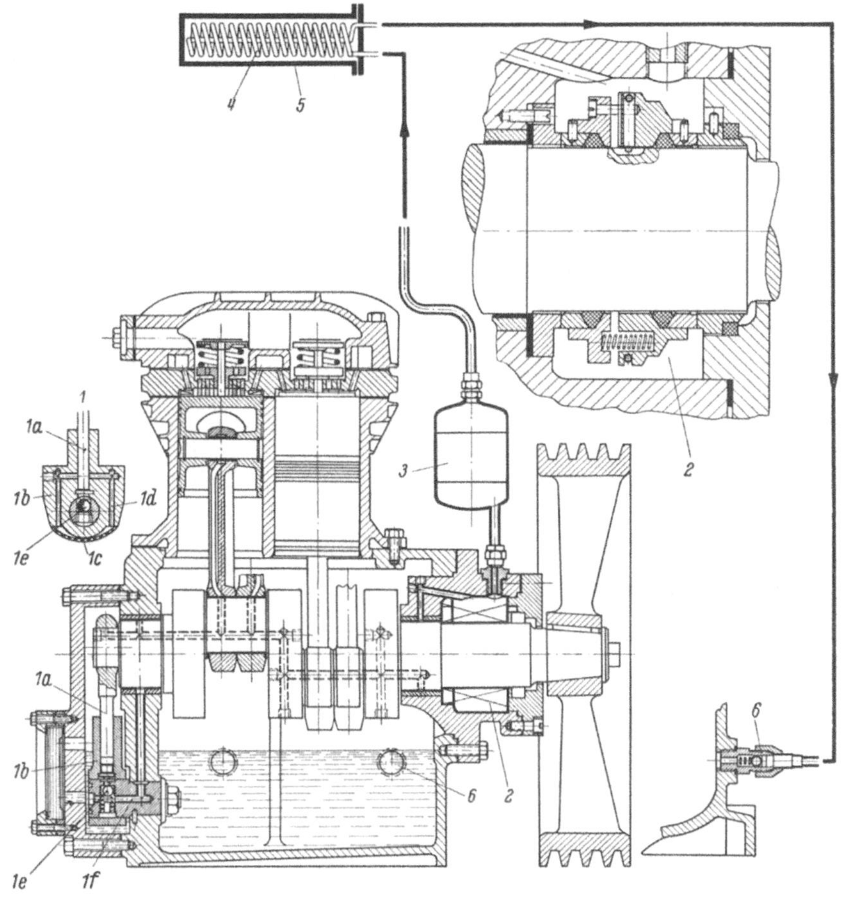

Abb. 125. Schnitt durch einen Vierzylinder-Kompressor für R 12 und R 22 (Type 7 R) von Rheinkälte, Bohrung 85 mm, Hub 60 mm, Hubraum 1,36 l, Gewicht 215 kg, Drehzahl $n = 960\ \text{min}^{-1}$. Kälteleistung 31700 kcal/h bei −10/35/25° C mit R 22, Leistungsbedarf 11,7 PS. Der Verdampfer läßt sich mit R 12 und R 22 bei Verdampfungstemperaturen bis + 5° C einsetzen.
1 Ölpumpe; *1a* Pumpkolben; *1b* Pumpenzylinder (schwingend); *1c* Ansaugsieb; *1d* Ansaugkanal; *1e* Kugel-Rückschlagventil; *1f* Druckkanal; *2* Gleitring-Wellendichtung; *3* Öltopf; *4* Ölkühlerschlange; *5* Saugverteilstück (schematisch); *6* Öl-Überströmventil.

Die beiden kleineren Typen sind mit Schleuderschmierung, die größeren mit Ölpumpe ausgestattet. Letztere sind besonders für direkten Antrieb bei einer Motordrehzahl von 960 min^{-1} konstruiert, sowie für die Verwendung von R 22 bis zu Verflüssigungstemperaturen von 50° C bei Klimabedingungen. Die mittlere Kolbengeschwindigkeit beträgt bis 2 m/s. Abb. 125 zeigt einen Vierzylinder-Kompressor für Keilriemenantrieb. Der Öltopf 3 hat die Aufgabe, einen ausreichenden Ölvorrat für die Stopfbuchse zu gewährleisten, wenn bei längerem Stillstand das Öl in der Stopfbuchskammer über das Hauptlager (Lagerspiel!) abläuft. Der Ölkühler besteht aus einer Rohrschlange 4, die im Saugverteilstück angeordnet ist. Dort wird das Öl um etwa 5° C rückgekühlt.

VIII. Maschinenfabrik NEMA, Netzschkau/Sachsen.

Einen offenen Sternkompressor, der durch die besondere Art der Zylinderanordnung auffällt, zeigt Abb. 126. Die drei aus Grauguß bestehenden Zylinder gruppieren sich liegend um das Kurbelgehäuse, welches aus elektrisch verschweißtem Stahlblech besteht. Sie sind luftgekühlt und bilden zueinander je einen Winkel von 120°. Die senkrecht stehende, nach oben herausgeführte Kurbelwelle ist geteilt ausgeführt, das Hauptpleuel ungeteilt, die Nebenpleuel an dieses angelenkt.

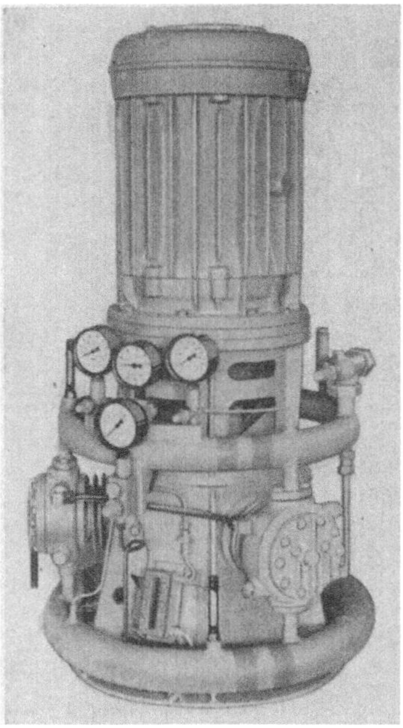

Abb. 126. Dreizylinder-Sternkompressor Type KV 1003 S von Nema, geeignet für R 12, R 22 und NH_3, direkt gekuppelt mit sechspoligem Flanschmotor, $n = 950\,\text{min}^{-1}$. Zylinderbohrung 100 mm, Hub 80 mm.

Saugverteiler- und Druck-Sammelleitung sind als Rohrringe ausgebildet, die sich für mehrstufigen Betrieb unterteilen lassen. Der oben auf einen Tragrahmen aufgesetzte, sechspolige Motor für direkten Antrieb des Kompressors bei einer Drehzahl von 950 min^{-1} ist ein handelsüblicher Flanschmotor.

Der Kompressor arbeitet nach dem Wechselstromprinzip, jeder Zylinder ist mit einem Druck-Arbeitsventil und mit zwei Saug-Arbeitsventilen ausgerüstet. Die zur Schmierung unterhalb des Ölspiegels eingebaute Zahnrad-Druckölpumpe wird direkt von der Kurbelwelle angetrieben. Sie schließt auch die zur Abdichtung der Kurbelwelle im oberen Hauptlager eingebaute Gleitringdichtung in den Ölkreislauf ein. Die Wellendichtung ist eine handelsübliche Ausführung, Fabrikat Danfoss. Die Ölfüllung der Kurbelwanne beträgt 22,5 kg.

Bei einer Zylinderbohrung von 100 mm und einem Hub von 80 mm ergibt sich ein Hubraum von 1,88 l je Zylinder und ein geometrisches Hubvolum von 107 m^3/h.

Mit R 12 als Kältemittel beträgt die Kälteleistung 23500 kcal/h mit R 22 38000 kcal/h und mit NH_3 39000 kcal/h.

Die erforderliche Antriebsleistung liegt bei 11 bzw. 17 kW. Die Angaben beziehen sich auf eine Verdampfungstemperatur von $-15°$ C ($t = 30°$ C, $t_u = 25°$ C). Während der Kompressor für beliebige Verdampfungstemperaturen eingesetzt werden kann, wird als obere Grenze für die Verflüssigungstemperatur 64° für R 12 und 42 bzw. 43° C für NH_3 bzw. R 22 angegeben.

Die Maschine wird auch als Sechszylinder-Sternkompressor mit doppelter Leistung gebaut. In allen Fällen beträgt die Grundfläche nur 850 × 850 mm und die Höhe 800 mm, das Gewicht ohne Motor und Kupplung 265 bzw. 340 kg.

IX. Sabroe & Co. AG, Aarhus/Dänemark.

Die Kompressoren der SMC-Reihe werden nur in zwei Zylindergrößen gebaut, und zwar mit einem Zylinderdurchmesser von 65 und einem solchen von 100 mm. Die Zahl der Zylinder reicht von vier in V-Form bis zu acht und sechzehn Zylinder in Doppel-V-Form, so daß diese Typenreihe einen weiten Leistungsbereich deckt.

Die mittleren Kolbengeschwindigkeiten reichen bei direkter Kupplung mit dem Antriebsmotor bis 3,3 m/s. Als Kältemittel finden Ammoniak, R 12 und R 22 Verwendung. Die Maschinen eignen sich auch für Schiffsbetrieb und für

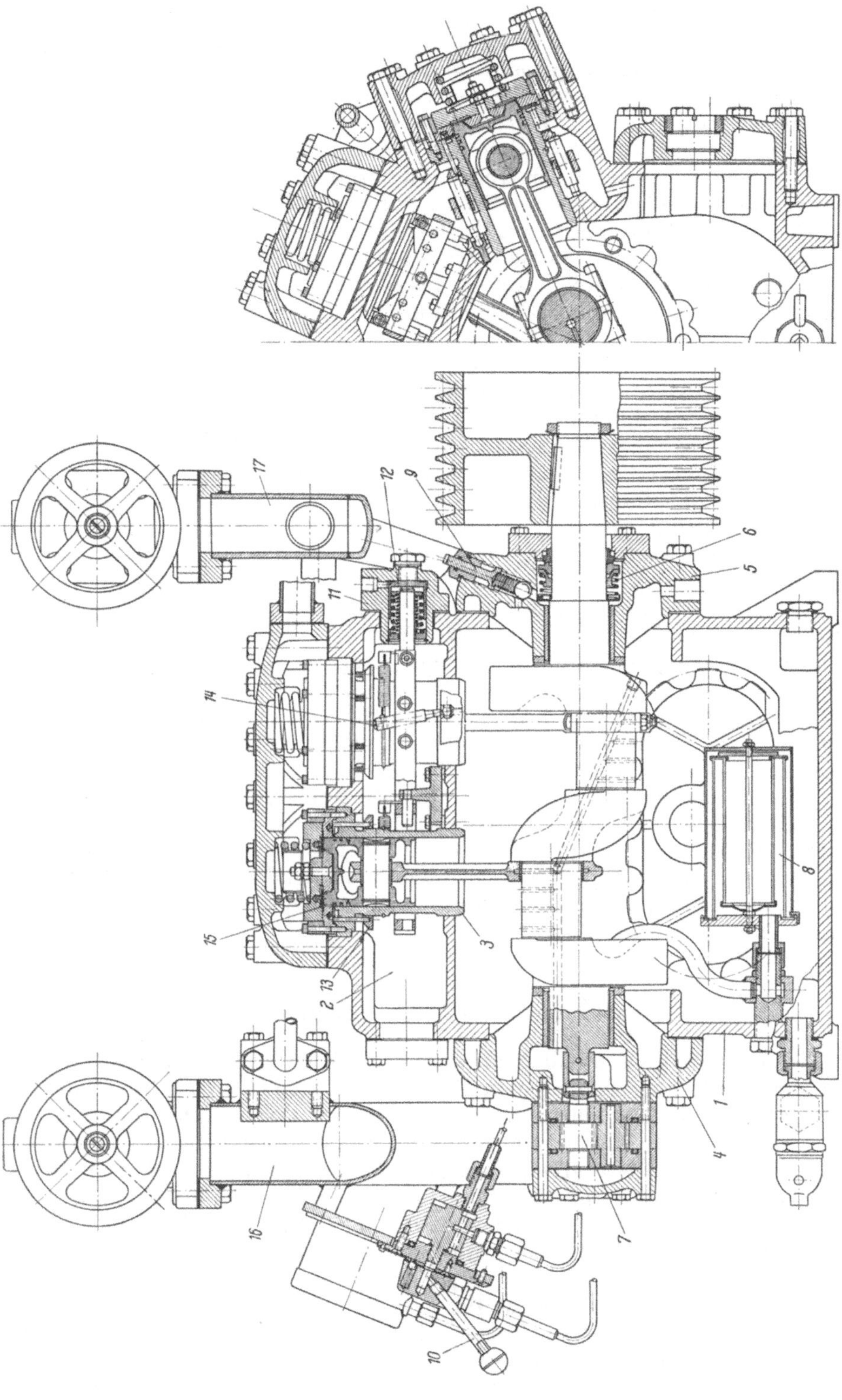

Abb. 127. Achtzylinderkompressor SMC 8-65 von Sabroe mit Anlaufentlastung und ölhydraulischer Leistungsregelung, Zylinderdurchmesser 65 mm, Hub 50 mm. *1* Gehäuse; *2* Ansaugkammer; *3* Zylinderbuchse; *4* pumpenseitiger Deckel; *5* Deckel mit Gleitringkammer; *6* Gleitringdichtung; *7* Zahnradpumpe zur Ölförderung; *8* Ölfilter; *9* Öldruckregelventil; *10* Handbetätigung für ölhydraulische Leistungsregelung; *11* Entlastungszylinder; *12* Entlastungskolben; *13* Entlastungsring mit sechs Stiften zum Abheben der Saugventilplatte; *14* Entlastungshebel; *15* Saugventilplatte; *16* Saugstutzen; *17* Druckstutzen.

Klimaanlagen. Das Gehäuse des Kompressors nach Abb. 127 ist in einem Stück gegossen und besteht aus dem Kurbelgehäuse (*1*) und der Ansaugkammer (*2*), in die auswechselbare Zylinderbuchsen (*3*) eingesetzt sind. Das Kurbelgehäuse ist auf beiden Seiten mit großen Deckeln verschlossen. Einer der Deckel (*4*) trägt die Ölpumpe (*7*), der andere (*5*) die Gleitringdichtung (*6*). Die Kolben bestehen aus Aluminium-Kokillenguß und zeichnen sich durch gute Laufeigenschaften und Korrosionsbeständigkeit aus. Jeder Kolben besitzt zwei Kolbenringe und einen Ölabstreifring. Durch Eloxierung der Kolben ergeben sich, besonders beim Einlaufen des Kompressors, günstige Eigenschaften, die ein Festfressen vermeiden. Die Kolben laufen in Zylinderbuchsen aus einer besonders verschleißfesten Gußeisen-Legierung. Auch die Kurbelwelle besteht aus Gußeisen. Die Lagerbuchsen der Hauptlager enthalten eine dünne Weißmetallschicht, die in Stahlschalen eingegossen ist.

Das Gehäuse der Schmierölpumpe (*7*), die nach dem Zahnradprinzip arbeitet, besteht aus gasdichtem Meehanite-Gußeisen, die Zahnräder selbst aus Chrom-Nickelstahl. Das Öl wird durch ein großes, feinmaschiges Ölfilter aus dem Ölsumpf angesaugt. Die Pumpe drückt dieses dann zu den beweglichen Teilen der Maschine sowie in die Gleitringkammer, zum Entlastungs- und ölhydraulischen Leistungsregelsystem sowie zum Öldruckpressostat. Das überschüssige Öl fließt über ein Öldruck-Regelventil (*9*) nach dem Kurbelgehäuse ab. Das Entlastungssystem hält während des Anlaufens die Saugventile offen, so daß das Anlaufmoment nur einen Bruchteil des Betriebsmomentes beträgt. Die Leistungsregelung ist mit diesem Entlastungssystem kombiniert und setzt die Zylinder paarweise außer Betrieb. Die Betätigung erfolgt über einen Hebel (*10*). Von diesem ölhydraulischen Steuerschalter gehen die Steuerölleitungen zu den einzelnen Zylinderpaaren. Dort befinden sich als wesentliche Betätigungselemente der Entlastungszylinder (*11*), der Entlastungskolben (*12*), ein Entlastungsring (*13*) mit sechs Stiften zum Abheben der Saugventilplatte (*15*) sowie die beiden Entlastungshebel (*14*) auf jeweils gegenüberliegenden Zylinderseiten.

Die Leistungsregelung kann auch vollautomatisch ausgeführt werden.

Die Gleitringdichtung besteht aus einem Gleitring aus metallimprägniertem Kohlenstoff und einem Gegenring aus Spezial-Gußeisen. Ein Dichtungsring aus Neopren sorgt für die Dichtigkeit zwischen dem umlaufenden Gleitring und der Kurbelwelle, ein anderer für die zwangsfreie Einlagerung des Kohlenstoffringes in den Abschlußdeckel.

X. Stierlen-Werke AG, Rastatt/Baden.

Die Besonderheit des Aufbaukompressors nach Abb. 128 besteht darin, daß mit nur einem V-förmig angeordneten Zylinderpaar Einheiten bis 10 Zylinder zusammengefügt werden können. Diese Type eignet sich wegen der großen Freiheit in der Aufteilung der einzelnen Stufen bei zwei- und mehrstufiger Ausführung besonders für die Tieftemperaturtechnik. Dabei können z. B. von den Zylindern neun für die Niederdruckstufe und nur ein Zylinder für die Hochdruckstufe herangezogen werden, wobei immer gleichartige, standardisierte Bauteile Verwendung finden. Mit R 22 oder Propan können bei einer Verdampfungstemperatur von -86° C in einem einzigen zweistufigen Kreislauf Kühlfach-Temperaturen von -80° C erreicht werden.

Bei einem Hub von 50 mm und einem Zylinderdurchmesser von 40 mm ergeben sich nur geringe Lässigkeitsverluste und ein verhältnismäßig geringer Einfluß des schädlichen Raumes auf den Liefergrad bei größeren Druckverhältnissen. In ventilatorbelüfteten Kältesätzen beträgt der Leistungsabfall bei einer Umgebungstemperatur von 40° C nur etwa 10% gegenüber 25° C.

Die Breite einer zweizylindrigen Baueinheit beträgt 360 mm, ihre Höhe 385 mm und ihre Länge 65 mm. Die Kompressorabmessungen reichen von 278 mm

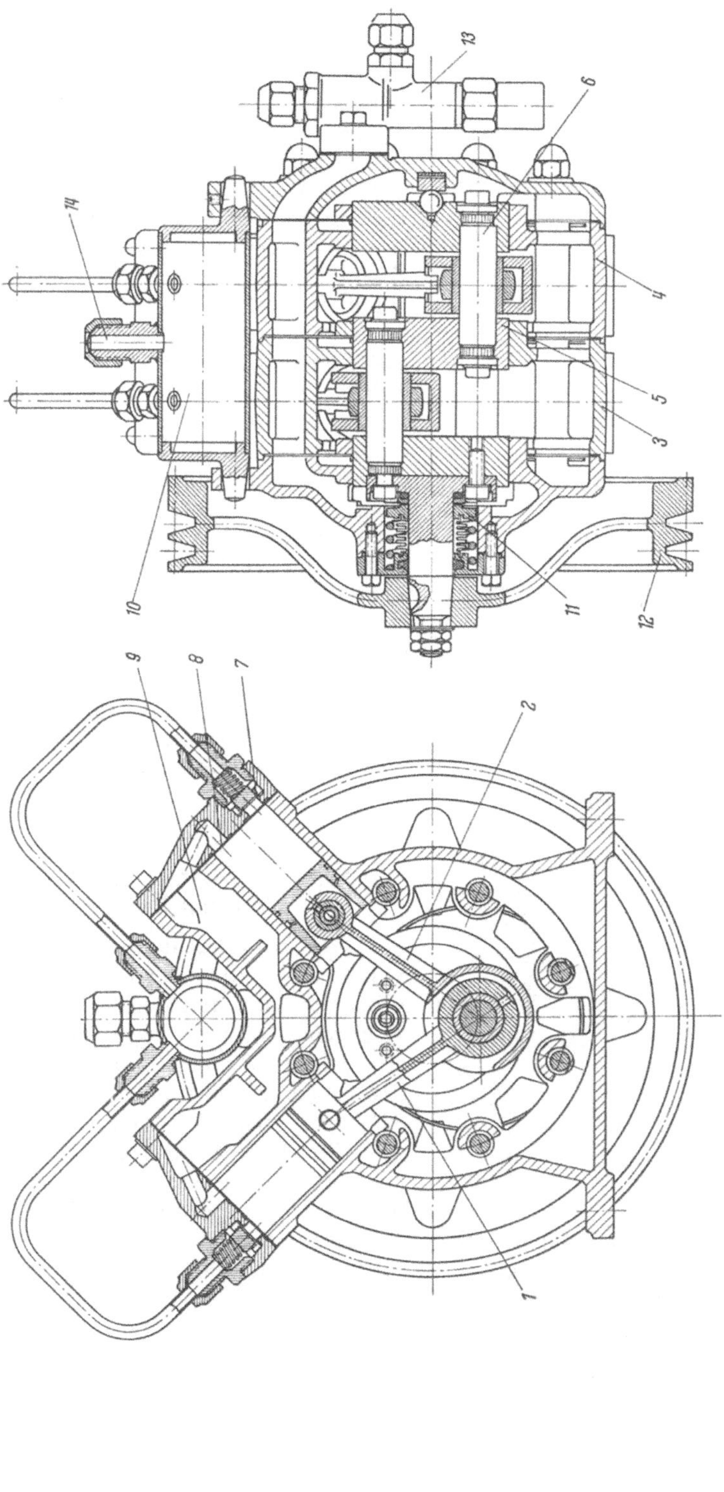

Abb. 128. Längs- und Querschnitt eines Aufbau-Kompressors mit 2 V-förmigen Zylindergrundelementen von Stierlen (Vierzylinder-Ausführung, Bohrung 40 mm, Hub 50 mm).

1 Hauptpleuel; *2* Nebenpleuel (Löffelpleuel); *3* Gehäuse des ersten Grundelementes; *4* Gehäuse des zweiten Grundelementes; *5* Kurbelwange; *6* Kurbelbolzen; *7* Druckventil mit Hubfänger; *8* Saugventil; *9* Saugkammer; *10* Drucksammelstück; *11* Gleitringdichtung; *12* Schwungrad; *13* Saugstutzen; *14* Druckstutzen.

bei der Zweizylinderausführung bis 538 mm bei der Zehnzylinderausführung, die Gewichte betragen 26,7 bis 87,9 kp.

Die Abdichtung der aneinander geflanschten Gehäuse spielt eine große Rolle. Mit Hilfe von durchgehenden Zugbolzen, die nach dem Prinzip einer Dehnschraube gestaltet sind, können die einzelnen Bauelemente einwandfrei zusammengespannt werden.

Die geteilte Kurbelwelle kann leicht montiert werden. Die Verzahnung des Kurbelzapfens wird durch Rändeln hergestellt. Hierdurch entstehen scharfe Schneiden, die in der Lage sind, beim Einpressen in die Kurbelwange sich selbst ihre Gegenzähne in die verhältnismäßig grob tolerierte Bohrung zu stoßen. Wenn bei der Montage bzw. Demontage immer eine Seite des Kurbelzapfens mit einer Kurbelwange verbunden bleibt, dann ist lediglich die Reihenfolge in der Zusammensetzung zu beachten. Da bereits durch die Verschiebung um nur einen einzigen Zahn des Kurbelzapfens eine deutlich sichtbare Exzentrizität der Kurbelwange entsteht, ist ein Versetzen unmöglich.

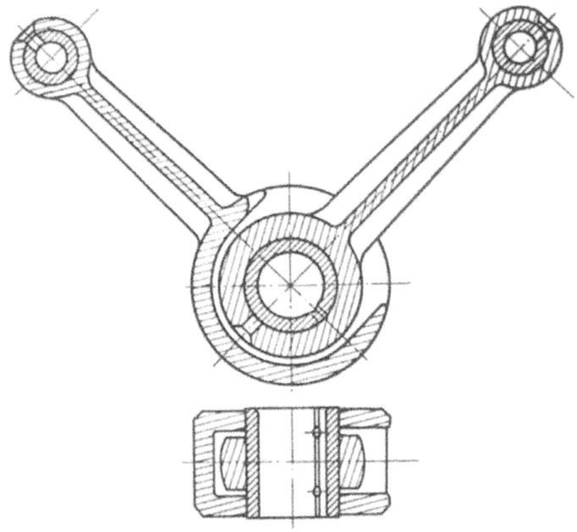

Abb. 129. Löffelpleuel.

Die beiden Zylinder eines Bauelementes liegen jeweils in einer Ebene. Dies wird durch die besondere Art der Pleuelausführung (Löffelpleuel) Abb. 129 erreicht. Dabei umgreift das Pleuellager des einen Pleuels das andere löffelartig und großflächig, so daß die Flächenpressungen gering bleiben.

Das Druckventil ist leicht zugänglich angeordnet und sicher gegen Flüssigkeitsschläge.

Wegen des verhältnismäßig hohen Bearbeitungsaufwandes dürfte diese Konstruktion heute nur noch für die bereits geschilderten Sonderfälle geeignet sein.[1]

Abb. 130. Dreizylinder-Kompressor von Trane für R 12 und R 22, Bohrung 69,8 mm, Hub 50,8 mm (Type F 10).

XI. Trane Comp., La Crosse, Wisconsin/USA.

Die Freon-Tauchkolbenkompressoren von Trane werden nur in zwei Zylindergrößen gebaut und decken in Drei- bis Achtzylinderanordnung einen weiten Leistungsbereich[2]. Von den beiden Zylindergrößen ($2^3/_4''$ Bohrung, $2''$ Hub und $3^2/_3''$ Bohrung, $2^3/_4''$ Hub) interessiert hier die kleinere mit 195 cm^3 Inhalt.

Die Zylinder sind in V, W- oder Doppel-V-Form angeordnet. Bei der kleinsten Type (F 10) sitzen diese in einer senkrechten Ebene einzeln, ähnlich wie bei einem Sternkompressor um die waagerecht liegende Kurbelwelle (Abb. 130). Die acht

[1] Pilz, E.: Kältetechnik Bd. 2 (1949), S. 134. — Die Kälte Bd. 9 (1956), S. 1.
[2] US-Patent Nr. 2673025.

Tabelle 7. *Hauptabmessungen und Leistungsdaten von offenen Kompressoren für R 12 besonders für die Klimatechnik*
Fabrikat Trane Comp., La Crosse, Wisconsin/USA

Kompr. Type	Motor-Stärke	Zyl. Zahl	Zyl. Anordnung	Öl	Bohrung	Hub	Hubraum	Geom. Hubvolum	Kälteleistung und Leistungsbedarf an der Welle	
	PS			*l*	mm	mm	cm³	m³/h	kcal/h	PS
F 10	10	3(2)	W	6,4	69,8	50,8	585	61,5	13500	**7,2**
F 13	13	4(3)	V	8,5	69,8	50,8	780	82,0	18000	**9,6**
F 15	15	5(3)	W	9,0	69,8	50,8	975	103,5	22500	**12,0**
F 20	20	6(4)	W	9,0	69,8	50,8	1170	123,0	27000	**14,4**
F 25	25	8(6)	VV	9,7	69,8	50,8	1560	164,0	36000	**19,2**

Die Leistungsangaben beziehen sich auf $n = 1750\ \text{min}^{-1}$ und R 12 als Kältemittel bei $t_0 = -15°$ C, $t = 35°$ C
Bei Verwendung von R 22 erhöhen sich Kälteleistung und Leistungsbedarf an der Welle um etwa 57%. Die Kompressoren lassen sich bis $t_0 = +10°$ C und $t = 60°$ C betreiben. Sie sind mit einer Anlaufentlastungs- und Leistungsregeleinrichtung ausgestattet. Die Zahlen in Klammern geben jeweils die Anzahl der ausschalt- bzw. regelbaren Zylinder an.

Zylinder der größten Type dieser Reihe stehen paarweise und dicht gedrängt in Doppel-V-Form (Abb. 131).

Die Kompressoren sind speziell für R 22 konstruiert, d. h. starkwandig, mit robusten Lagern und mit besonderen Einrichtungen zur Verhinderung der Ölabwanderung aus dem Kurbelgehäuse. Sie werden in gleicher Weise auch für R 12 eingesetzt. Tab. 7 enthält die Hauptabmessungen und Leistungsangaben dieser Typenreihe. Man ersieht aus den hohen zulässigen Verdampfungstemperaturen bis $+10°$ C und Verflüssigungstemperaturen bis zu 60° C, daß diese Verdichter besonders für klimatechnische und Wärmepumpenanlagen vorgesehen sind. Hieraus ist ferner ersichtlich, daß als Folge des immer knapper werdenden Wassers immer größere Verdichter für luftgekühlte Kondensatoren geplant und gebaut werden.

Abb. 131. Achtzylinder-Kompressor für R 12 und R 22 von Trane in Doppel-V-Anordnung (Type F 25), direkt gekuppelt mit dem Antriebsmotor und auf gemeinsamen Grundrahmen zusammengebaut. Bohrung 69,8 mm, Hub 50,8 mm. Auf der Abdeckplatte der Kupplung erkennt man einen Öldruck-Differenz-Pressostaten sowie einen Über-und Unterdruck-Sicherheitsschalter.

Der schädliche Raum der Zylinder ist besonders klein, so daß sich Liefergrade von 85% bei $t_0 = +4{,}4$ und $t = 40{,}5°$ C ergeben. Dies wurde durch die besondere Anordnung des Druck- und Saugventils erreicht und dadurch, daß der Kolbenboden für die Aufnahme des Druckventils bei der oberen Totpunktslage ausgespart wurde (*1*), wie dies in Abb. 132 ersichtlich ist. Kolben und Pleuel (*2*) sind aus einer Aluminiumlegierung, so daß sich bei gutem Massenausgleich in Verbindung mit dem schweren, aus einem Graugußblock bestehenden Kurbel- und Zylindergehäuse ein äußerst ruhiger Lauf ergibt. Die infolge der geringen auszugleichenden Massen verhältnismäßig klein ausgebildeten Gegengewichte sind an die Kurbelwelle (*3*) angegossen. Die Kurbelzapfen sind ausreichend lang und kräftig ausgeführt, so daß selbst die Kurbelwelle der Acht-Zylinder-Maschine mit zwei Hauptlagern auskommt. Je vier Pleuel liegen nebeneinander auf einem Zapfen. Eine schrägliegende Ölbohrung mit Abzweigbohrungen versorgt die Pleuellager mit Schmieröl. Am Ende der Hauptbohrung ist ein Magnetpfropfen (*4*) eingesetzt, an den sich Eisenspäne und infolge der Zentrifugalwirkung auch sonstige Schmutzteilchen ablagern. Die Ölpumpe (*6*) saugt über das Öl-Ansaugsieb (*5*) Öl aus der Kurbelwanne und drückt es in das Schmiersystem. Eine Verbindungsleitung in der Kurbelwanne bringt das Öl auch auf die gegenüberliegende Gehäuseseite und setzt dort die Gleitringdichtung unter Öl.

In der Ansaugekammer (*7*) befindet sich eine Blechhaube, die dichtend gegen das übrige Kurbelgehäuse eingesetzt ist. In ihr befinden sich ein Ölfilter (*8*) sowie mehrere Ansaugfilter (*13*) für den Kältemitteldampf. Der Kältemitteldampf wird nach dem Durchgang durch die Ansaugfilter weitgehend trocken und von Öl

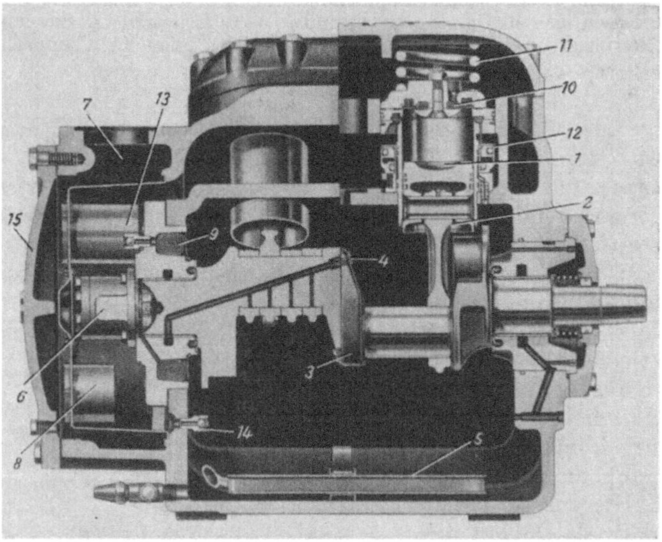

Abb. 132. Schnitt durch einen Achtzylinder-Kompressor von Trane.
1 Kolben aus Aluminium; *2* Pleuel aus Aluminium; *3* Kurbelwelle aus Guß; *4* Magnetpfropfen; *5* Ölansaugsieb; *6* Ölpumpe; *7* Ansaugkammer; *8* Ölfilter; *9* Ölschaumbrecher; *10* Teflon-Dämpfer; *11* Abhebbarer Zylinderkopf; *12* Öldruckgesteuerte Anlaufentlastung in Verbindung mit sauggasgesteuerter Leistungsregelung; *13* Ansaugsieb; *14* Ölrückschlagventil; *15* Gehäusedeckel.

befreit und ohne mit dem Ölspiegel der Kurbelwanne in Berührung zu kommen, nach Umströmen der Zylinderbuchsen angesaugt. Im unteren Teil der Ansaugekammer sammelt sich das aus dem Verdampfer zurückgeführte Öl und gelangt über das Glaswollefilter (*8*) und das Ölrückschlagventil (*14*) in die Kurbelwanne. Ein Übertreten des sich beim Anlauf der Maschine bildenden Ölschaumes in die Ansaugekammer wird durch einen aus Maschendrahtgewebe bestehenden Schaumbrecher (*9*) verhindert.

Durch Teflon-Einlagen (*10*) wird das Geräusch des aufschlagenden Druckventiles gedämpft. Ein abhebbarer Zylinderkopf (*11*) schützt vor Flüssigkeitsschlägen. Die Ventile sind als Ringplattenventile ausgeführt und zur Verbesserung der Festigkeit im Vakuum nach einem Spezialverfahren chromplattiert. Sie halten achtmal länger als unbehandelte Ventilplatten. Jeder Zylinder hat seinen eigenen aufgeschliffenen Zylinderkopf, so daß zusätzliche Dichtungen entbehrlich sind. Die Höhe des schädlichen Raums wird daher nicht durch die Dickentoleranzen einer sonst üblichen Zylinderkopfdichtung beeinträchtigt.

Mit einer Leistungsregelung (*12*) fängt der Kompressor alle Leistungsschwankungen auf, wie sie beim Einsatz in Klimaanlagen auftreten. Die Anlaufentlastung läßt die Verwendung normaler Motore mit niedrigem Anlaufmoment zu. Die Einrichtung zur Leistungsregelung besteht im wesentlichen aus dem vom Sauggas gesteuertem Druckfühler (*1*), dem hydraulischen Steuerventil (*2*) und der Zylinderentlastungseinrichtung (*3*). Die Arbeitsweise dieser Bauteile ist in Abb. 133 dargestellt und wird im folgenden näher erläutert:

Im Stillstand des Kompressors sind die mit einer Regeleinrichtung versehenen Zylinder entlastet. Infolge des noch nicht aufgebauten Öldruckes und unter der Einwirkung der Druckfeder (*18*) taucht der Kolben (*13*) in die untere Ölkammer

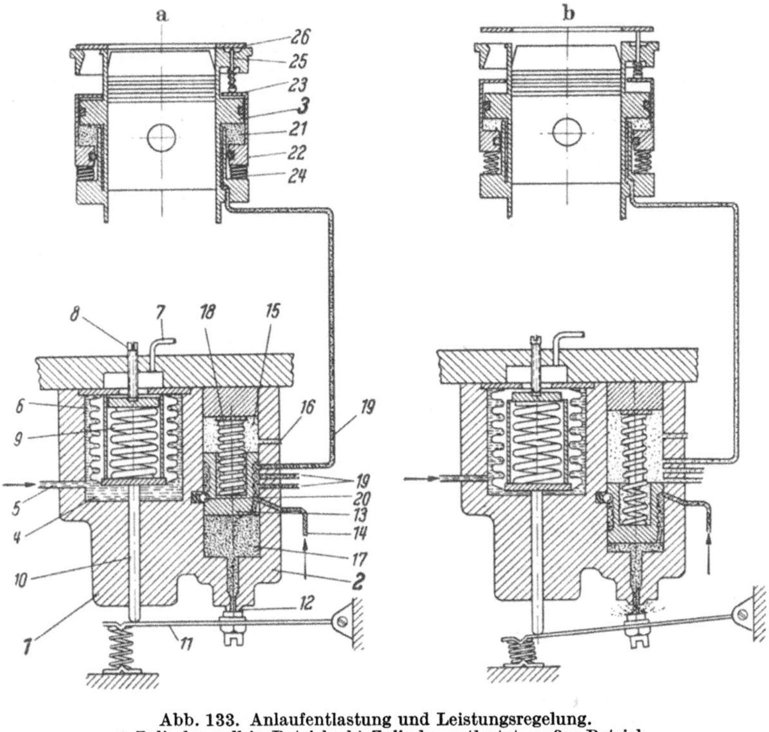

Abb. 133. Anlaufentlastung und Leistungsregelung.
a) Zylinder voll in Betrieb; b) Zylinder entlastet, außer Betrieb.
1 sauggasgesteuerter Druckfühler; *2* hydraulisches Steuerventil; *3* Zylinderentlastungseinrichtung; *4* Saugdruckkammer; *5* Saugdruckanschluß; *6* Federbalg; *7* Atmosphärische Druckausgleichleitung; *8* Einstellspindel; *9* Druckfeder; *10* Druckstift; *11* Hebel; *12* Ölrücklaufdüse (zum Kurbelgehäuse); *13* Hydraulikkolben mit ringförmigen Rillen; *14* Öldruckanschluß; *15* Obere, mit dem Kurbelgehäuse verbundene Ölkammer; *16* Anschluß zum Kurbelgehäuse; *17* Untere, mit der Öldruckleitung verbundene Kammer; *18* Druckfeder; *19* Steuerleitungen; *20* Federbelastete Kugelraste; *21* Ringkammer; *22* Entlastungsgleithülse; *23* Druckrand; *24* Druckfeder; *25* Stößel; *26* Saugventilplatte.

(*17*) ein und verbindet alle Steuerdruckleitungen zu den einzelnen Zylindern (*19*) mit der oberen Ölkammer (*15*) des hydraulischen Steuerventiles. Diese obere Kammer steht aber über die Bohrung (*16*) mit dem Kurbelgehäuse in Verbindung, so daß die Saugventilplatte (*26*) infolge des fehlenden Öldruckes durch Stößel (*25*) von ihrem Sitz abgehoben wird. Beim Anlaufen der Maschine wird über die Druckölleitung (*14*) und über eine Bohrung in dem Steuerkolben (*13*) Öldruck auf die untere Kammer übertragen. Der mit ringförmigen Rillen versehene Kolben bewegt sich gegen den Druck der Feder (*18*) — infolge einer federbelasteten Kugelraste (*20*) schrittweise — nach oben und verbindet nacheinander die einzelnen Zylinder mit der Öldruckleitung. Dadurch erhält die Ringkammer (*21*) Druck. Die

Entlastungs-Gleithülse (*22*) wird gegen den Druck der Federn (*24*) nach unten geschoben. Die Stößel (*25*), die mittels Federn zwischen dem Zylinderflansch und dem oberen Rand (*23*) der Gleithülse eingespannt sind, gehen nach unten. Dadurch setzt sich die Saugventilplatte auf ihren Sitz und übernimmt ihre normale Funktion.

Sinkt nun im Verlaufe des weiteren Betriebes der Saugdruck unter den gewünschten Wert, dann ist dies ein Zeichen dafür, daß die Kältemaschine, im Vergleich zur vollständigen Belastung, zu viel leistet. Dieser Saugdruck wirkt über den Anschlußstutzen (*5*) und die Saugkammer (*4*) auf den Federbalg (*6*) und entgegen der Druckfeder (*9*). Die durch diese Feder hervorgerufene Vorspannung läßt sich durch die Einstellspindel (*80*) verändern. Über die Leitung (*7*) erfolgt der atmosphärische Druckausgleich des Innenraumes des Federbalges. Der absinkende Saugdruck veranlaßt die Feder (*9*) sich auszudehnen und den Druckstift (10) nach unten zu schieben. Dadurch wird der Hebel (*11*) abgedrückt und gibt die Ölrücklaufdüse (*12*) frei. Öl entweicht zum Kurbelgehäuse, der Druck in der unteren Ölkammer (*17*) sinkt und läßt den Kolben im Steuerventil sich nach unten bewegen. Dadurch wird eine Leitung nach der anderen zu den geregelten Zylindern über Bohrung (*16*) mit dem Kurbelgehäuse verbunden und damit entlastet. Dies bedeutet aber, daß, wie bereits oben erwähnt, sich der Rand (*23*) der Entlastungs-Gleithülse hebt und über die Stößel die Saugventilplatte von ihrem Sitz abdrückt.

Eine solche Leistungsregelung beruht also auf der richtigen Abstimmung von Feder-, Gas- und Öldrücken aufeinander und setzt ein hohes Können und Erfahrung auf dem Gebiet der Feinmechanik und Hydraulik voraus.

E. Baubeschreibungen halbhermetischer Motorkompressoren.

I. Ate, Alfred Teves KG, Frankfurt (Main).

Bei den einzylindrigen Motorkompressoren der HK-Reihe von Ate mit senkrechter Antriebswelle sind Motor und Kompressor in ein verschraubtes, gußeisernes Gehäuse eingebaut. Der Zylinderkopf im unteren Gehäuseteil ist nach außen geführt und ebenfalls aufgeschraubt, so daß die Ventilträgerplatte mit den Saug- und Druckventilen jederzeit zugänglich ist (Abb. 134 und 80).

Abb. 134. Luftgekühlter R 12-Kompressorsatz HKL 25 von Ate mit halbhermetischem Motorkompressor HK 17 (1/5 PS, Bohrung 32 mm, Hub 21 mm).

Der Kolben wird über ein Exzenterpleuel angetrieben. Die Welle trägt im unteren Teil eine Spiralnut, mittels der das Öl in die hohlgebohrte Antriebswelle und von dort über Querbohrungen an alle Lagerstellen geführt wird. Der verhältnismäßig hohe Ölumlauf bewirkt eine gute Kühlung, selbst bei Außentemperaturen bis 40° C. Ein Ölschauglas ermöglicht jederzeit eine zuverlässige Kontrolle. Gehäuse und Zylinderkopf sind aus gasdichtem Kokillenguß hergestellt.

Kältesätze, die mit solchen Kompressoren ausgerüstet sind, eignen sich besonders für gewerbliche Kühlmöbel, die nicht serienmäßig beim Herstellerwerk einschließlich des Kühlsystems zusammengebaut werden. Alle Einbauteile, einschließlich des Motorständers, können mit wenigen Handgriffen ausgewechselt werden.

II. Brown, Boveri & Cie., AG, Mannheim.

Die halbhermetischen Motorkompressoren von BBC sind als Zwei- bzw. Vierzylinder-Wechselstromkompressor stehender Bauart in Reihen- bzw. V-Anordnung ausgeführt, durch Sauggas gekühlt und für den Betrieb mit R 12 und R 22 geeignet.

Das Gehäuse einschließlich der Zylinder besteht aus gasdichtem Grauguß. Wegen des ungünstiger werdenden Verhältnisses der äußeren Oberfläche zur Leistung bei größeren Maschinen, insbesondere bei gedrängter V-Zylinderanordnung ist bei der Type FM 3,5 das Gehäuse auf der ganzen Länge mit Kühlrippen versehen, wodurch die Wärmeabfuhr an die Umgebung verbessert wird. Bei den kleineren Typen hat sich eine glatte Oberfläche in Verbindung mit der Kühlung durch Sauggas als ausreichend erwiesen (Abb. 135).

Abb. 135. Zweizylinder-Motorkompressor für R 12 und R 22, Type FM 1,75 von BBC.
Der Drehstrommotor für 220/380 Volt ist sauggasgekühlt, Rippen auf der Gehäuseoberfläche sind entbehrlich. Zylinderdurchmesser 54 mm, Hub 28 mm.

Das Ständerpaket des Motors ist in einen im Gehäuse festsitzenden Zwischenring eingepreßt, der Läufer mit Gegengewicht auf der Antriebswelle verschraubt. Die aus Sphäroguß bestehende Exzenterwelle ist in Bronzebuchsen mit guten Verschleiß- und Notlaufeigenschaften gelagert. Mit Rücksicht auf enge Toleranzen im Luftspalt zwischen Motorläufer und -ständer werden die beiden Hauptlager unter genauer Einhaltung der vorgesehenen Passungen in einem Arbeitsgang fertig bearbeitet. Ein gleichmäßiger Luftspalt ist sowohl für das mechanische und elektrische, als auch das Geräuschverhalten von Bedeutung.

Die Pleuel sind aus einer Aluminiumlegierung im Gesenk geschmiedet und besitzen gute Gleit- und Verschleißeigenschaften. Ihr leichtes Gewicht verringert die nur bedingt auszugleichenden Massenkräfte des hin- und hergehenden Anteils.

Bei den aus feinkörnigem Gußeisen bestehenden Kolben konnte wegen der eng eingestellten Kolbenspiele bei ausreichender Dichtheit in der Zylinderführung auf Kolbenringe verzichtet werden. Es sind lediglich Öldichtrillen am oberen und unteren Ende des Kolbenmantels vorgesehen.

Der Kältemitteldampf wird am motorseitigen Abschlußdeckel des Gehäuses über das Saugabsperrventil und den Saugstutzen angesaugt (Abb. 136). Er strömt durch das großflächige Ansaugsieb (*5*) und Nuten (*6*) im Zwischenring über das Ständerpaket des Motors in den kompressorseitigen Teil des Saugraumes (*7*), in den auch der Motor, durch eine Trennwand gegenüber dem eigentlichen Kurbelgehäuse abgesperrt, eingebaut ist. Von dort führen Saugkanäle (*8*) in die Ansaugekammern des Zylinderkopfes. Das Kältemittel gelangt von da über die Saugventilbohrungen (*9*) und über bogenförmige Saugventilplättchen in den Zylinderarbeitsraum. Die Druckventilplättchen sind durch einen federbelasteten Hubfänger (*11*) gegen Öl- und Flüssigkeitsschläge geschützt.

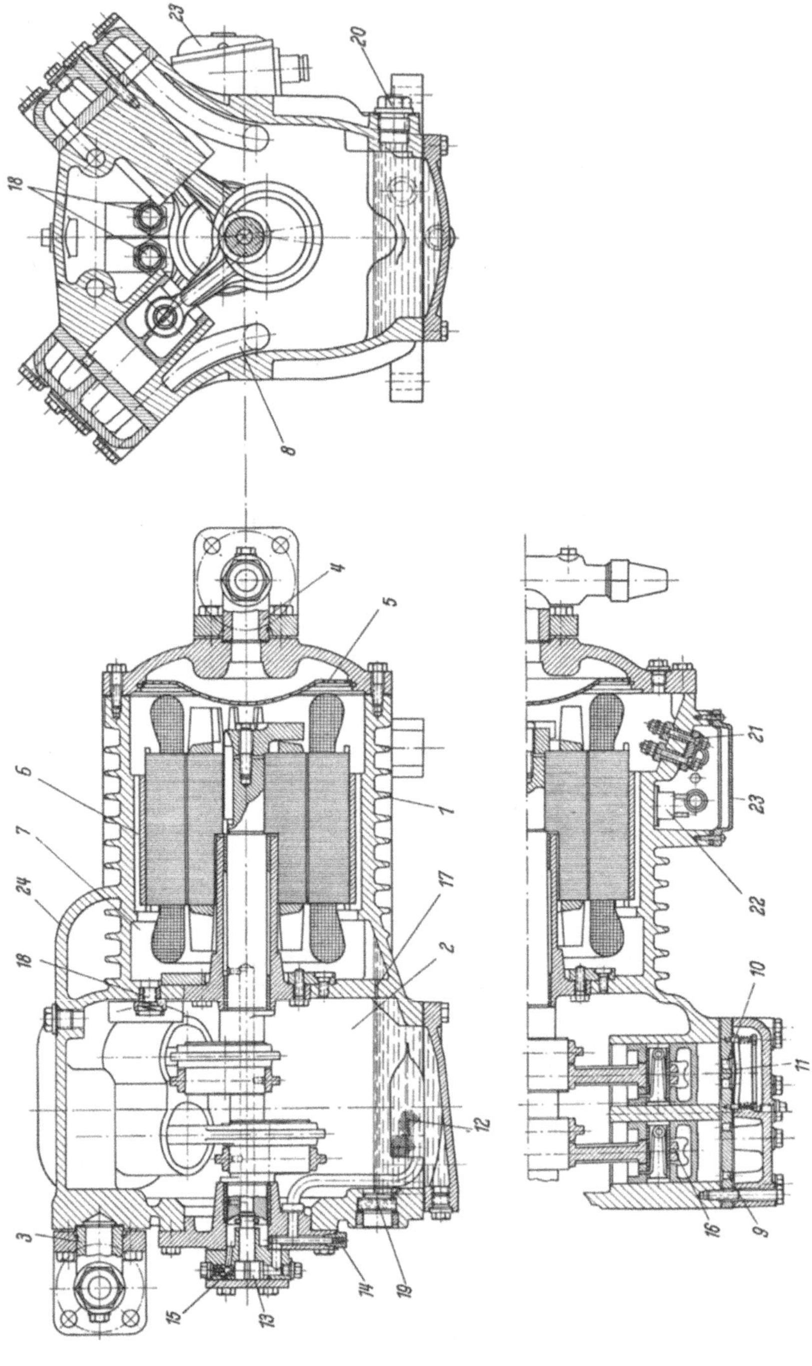

Abb. 136. Motorkompressor Type FM 3,5 für R 12 und R 22 mit Pumpenschmierung und sauggasgekühltem Einbaumotor von BBC.
1 Motor- und Kompressorgehäuse; *2* Kurbelgehäuse; *3* Druckstutzen; *4* Saugstutzen; *5* Ansaugsieb; *6* Kanäle zur Sauggasführung; *7* Saugraum; *8* Saugkanal; *9* Saugventilbohrung; *10* Druckventilbohrung; *11* Druckventil-Hubfänger; *12* Ölansaugsieb; *13* Drehschieber-Ölpumpe; *14* Ölüberströmventil; *15* Ölrückschlagventil; *16* Schmierschlitz im oberen Pleuelauge; *17* Ölrücklaufbohrung in der Trennwand; *18* Rückschlagventile; *19* Ölschauglas; *20* Anschluß für Ölheizung und Ölausgleichsleitung; *21* Stromdurchführungen; *22* Übertemperatur-Schutzschalter; *23* Deckel des Klemmkastens; *24* Transportöse.

Die Type FM 1,25 ist mit einer drehrichtungsunabhängigen Schleuderschmierung ausgestattet. An den unteren Pleuelenden befestigte, in den Ölsumpf tauchende Schöpfbügel schleudern das Öl in Sammeltaschen, die über den Hauptlagern angeordnet sind. Von dort gelangt das Öl an die Lager und über eine Bohrung in der Kurbelwelle auch zu den Pleueln. Die beiden größeren Kompressortypen besitzen Druckschmierung (Abb. 136). Eine über eine Steckkupplung vom Lagerzapfen der Exzenterwelle angetriebene Drehschieber-Ölpumpe (*13*) saugt das Öl über ein Ansaugsieb (*12*), eine Rohrleitung und Bohrungen im Pumpenflansch an. Über einen Öldruckraum gelangt es dann in die hohlgebohrte Exzenterwelle und versorgt von dort Haupt- und Pleuellager. Die Pumpe arbeitet unabhängig von der Drehrichtung. Der Öldruck läßt sich durch eine Feder am Ölüberströmventil (*14*) einstellen. Die Kolbenbolzenlager sind nichtzwangsgeschmiert, ähnlich wie bei der schleudergeschmierten Ausführung genügt das aus den Ringspalten der Haupt- und Pleuellager austretende und durch die Bewegung der umlaufenden Triebwerksteile versprühte Öl zur Schmierung sowohl des Kolbenbolzenlagers als auch der Zylinderwände. Ein breiter Schlitz (*16*) im oberen Teil des kleinen Pleuelauges ermöglicht den freien Zutritt des Sprühöls.

Mit dem angesaugten Kältemitteldampf rückgeführtes Öl läuft durch eine kleine Bohrung (*17*) in der Trennwand unterhalb des Ölspiegels vom Motorgehäuse (*7*) in das Kurbelgehäuse (*2*) zurück. Das Aufschäumen des Öles im Kurbelgehäuse beim Anlauf nach längerem Stillstand, wird weitgehend durch die Trennung des als Saugraum ausgebildeten Motorgehäuses von dem im Kurbelgehäuse befindlichen Ölsumpf und die dem Druckausgleich dienenden beiden Rückschlagventile (*18*) verhindert. Der beim Anlauf entstehende Druckunterschied zwischen Saugraum und Kurbelgehäuse bewirkt ein Schließen des Rückschlagventiles entgegen dem Federdruck. Das Ausdampfen des Kältemittels aus dem aufwallenden und sich erwärmenden Öl erhöht zunächst noch den Schließdruck. Damit läßt ein anfängliches Aufschäumen jedoch sofort nach. Der Druck im Kurbelgehäuse kann sich langsam durch Lässigkeiten der Rückschlagventile und der Zylinder abbauen, bis sich die Ventile, abhängig von der Federung schließlich wieder voll öffnen und damit den Druck im ganzen Gehäuse ausgleichen.

Zur Vermeidung der Kältemittelversumpfung des Öles beim Stillstand besteht ferner bei allen Kompressortypen die Möglichkeit, die Kurbelwanne elektrisch und vollautomatisch zu beheizen. Auf die konstruktive Gestaltung der Bauteile im Hinblick auf die Austauschbarkeit, Rationalisierung der Fertigung und Lagerhaltung wurde besondere Sorgfalt verwendet. So lassen sich z. B. Kolben, Kolbenbolzen, Pleuel, Zylinderdeckel und Dichtungen, Ventilträgerplatte, Saug- und Druckarbeitsventil, Leitungsdurchführungen am Klemmbrett und weitere Teile auch für die Typenreihe der offenen BBC-Kompressoren verwenden.

Die Motoren können, gegenüber denjenigen bei offenen Kompressoren, wegen der voll ausgenutzten Sauggaskühlung wesentlich kleiner gehalten werden. Sie sind ausschließlich für Drehstrom 220/380 Volt mit einer Nenndrehzahl von 1450 U/min gebaut und werden über einen Luftschütz geschaltet. Im Steuerstromkreis liegen kältetechnische Regelgeräte wie z. B. Thermostat, Unter- und Überdruck-Sicherheitsschalter sowie ein Überstrom- und ein Übertemperaturschutzschalter. Während sich der Überstromschutzschalter im Luftschütz befindet, ist der Temperaturschutzschalter (*22*) (Abb. 136) im Klemmkasten unmittelbar auf der Gehäusewandung angeordnet. Fühler und Impulsgeber sind bei beiden Schaltern Bimetall-Elemente, die jedoch in einem Fall nur auf Stromwärme infolge Überlastung im Dauerbetrieb, bei blockiertem Läufer oder bei Zweiphasenlauf ansprechen und im anderen Falle nur auf Wicklungs- bzw. dadurch bedingte Gehäusetemperatur. Der letztere Fall ist besonders wichtig bei tiefen Verdampfungstemperaturen. Dabei wird der Motor bei geringer Strombelastung infolge der geringen Dichte und der geringen Menge der angesaugten Dämpfe nur schlecht gekühlt, so daß sich die Wicklung unzulässig hoch erwärmen könnte.

III. Bonnet, Paris/Frankreich.

Eine Reihe halbhermetischer Kompressoren für R 12 und damit zusammengebauten luft- und wassergekühlten Kältesätzen ist für gewerbliche Kälteanlagen

Abb. 137. Halbhermetischer luftgekühlter Kältesatz von Bonnet Modell AAF 29/60 M für Wechselstrom 220 V 50 Hz, Kälteleistung 745 kcal/h mit R 12. Gewicht 53 kg.

Abb. 138. Schnitt durch einen Kompressor zu Abb. 137.

für Verdampfungstemperaturen von 0 bis −40° C bei höchsten Kondensationstemperaturen bis 55° C geeignet (s. Abb. 137 und 138).

Die Leistungen sind in Tab. 8 zusammengestellt.

Tabelle 8. *Hauptabmessungen und Leistungsdaten halbhermetischer Motorkompressoren.*
Fabrikat Bonnet, Paris

Kompressor-Type	Zyl. Zahl	Motor PS	Kompr. Gewicht kg	Geom. Hubvol. m³/h	Kälteleistung luftgek. kcal/h	Kälteleistung wassergek. kcal/h
22/25	1	0,25	26	2,2	530	—
29/33	2	0,33	30,6	2,9	745	860
39/45	2	0,45	31	3,9	925	1150
44/50	2	0,50	40	4,4	1285	1440
56/75	2	0,75	40	5,6	1450	1580
70/100	2	1,0	45	7,2	2100	2400
100/150	2	1,5	45	10,0	2670	3160
145/200	4	2,0	103	14,4	4700	5150
200/300	4	3,0	114	20,0	5500	6620

Kältemittel: R 12
Die Kälteleistung bezieht sich
bei luftgekühlten Kältesätzen auf $to = -10°$ C
Umgebungstemperatur $ta = +25°$ C
bei wassergekühlten Kältesätzen auf $to = -10°$ C
Wassertemperatur $tw = +20°$ C
Kondens. Temperatur $t = +30°$ C
In allen Fällen:
Unterkühlung des flüssigen Kältemittels $-\Delta tu = 5°$ C
Überhitzung des Saugdampfes $+\Delta toh = 5°$ C

IV. Carrier Corp., Syracuse N. Y., USA.

Für kleinere Klima- und Gewerbekühlanlagen hat Carrier eine Reihe halbhermetischer Kompressoren (2,4 und 6 Zylinder) mit Motoren von 2 bis 10 PS

Abb. 139. Wassergekühlter Kompressorsatz von Carrier mit halbhermetischem Motorkompressor Type 6-D-21 bzw. 6-D-28 für R 12 (2 PS) bzw. R 22 (3 PS).

und für Verdampfungstemperaturen von +10 bis −23° C entwickelt (vgl. Tab. 9 und Abb. 139). Den Schnitt durch einen Sechszylinder-Motorkompressor zeigt Abb. 140. Ab Type 6D40 ist die Statorwicklung des Motors unterteilt und ermöglicht einen Teilwindungsstart mit Senkung des Anlaufstromes auf die Hälfte.

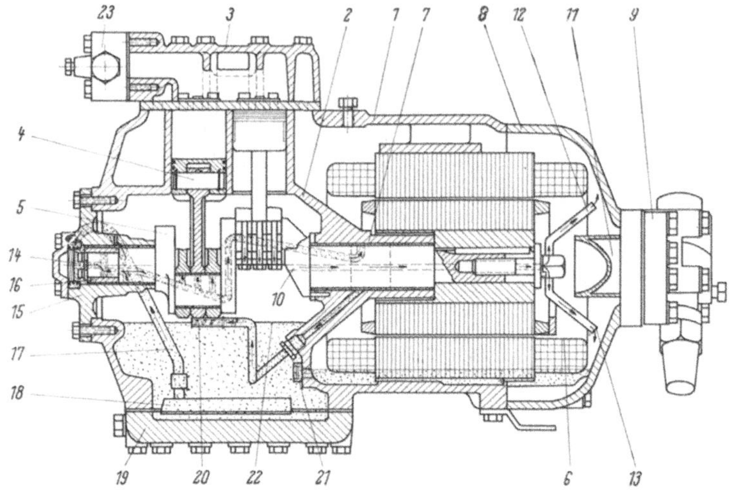

Abb. 140. Schnittbild eines Sechszylinder-Motorkompressors von Carrier.

1 Motorgehäuse
2 Kurbelgehäuse
3 Zylinderkopf
4 Kolben, Kolbenbolzen u. Pleuelstange
5 Kurbelwelle
6 Motor
7 Motorseitiges Hauptlager
8 Motorseitiger Deckel
9 Saugventil
10 Gaseintritt
11 Gas-Ansaugfilter
12 Gasdruckausgleich
13 Druckausgleichrohr
14 Ölpumpe
15 Lagerkopf
16 Pumpenseitiges Lager
17 Ölansaugleitung
18 Ölfilter
19 Ölwannen-Abschluß
20 Öldruckregulierventil
21 Öldruckrückflußventil
22 Ölstand
23 Auslaßventil

Alle funktionswichtigen Teile sind über Zylinder- und Gehäusedeckel leicht zugänglich und können im Bedarfsfalle ersetzt werden, da sie austauschbar toleriert sind. Die Kompressoren sind außengefedert, alle bewegten Teile dynamisch ausgewuchtet. Zur Tilgung der durch den pulsierenden Druckgasstrom hervorgerufenen Geräusche ist in die Druckleitung ein Schalldämpfer eingebaut.

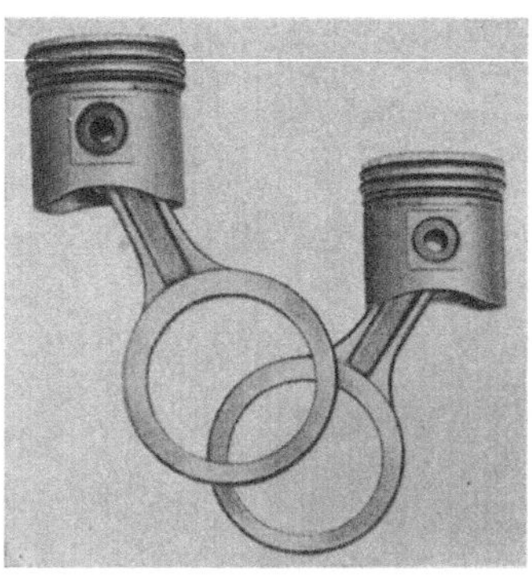

Abb. 141. Kolben mit Exzenterpleuel der Kompressorreihe 6-D.

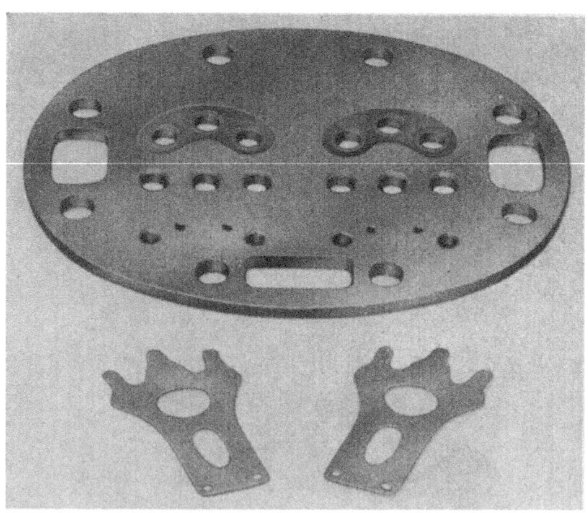

Abb. 142. Ventilträgerplatte mit Saugventilplättchen für je 3 Ventilbohrungen.

Das Gehäuse aus feinkörnigem Grauguß ist im Inneren durch eine Trennwand in das Kurbel- und das Motorgehäuse getrennt. Der durch Sauggas gekühlte Motor ist gegen unzulässig hohe Erwärmung durch einen Übertemperaturschutzschalter am Motorgehäuse geschützt.

Tabelle 9. *Halbhermetische Motorkompressoren, Baureihe 6 D.* Fabrikat Carrier Corp., Syracuse N.Y.

Type	Anwendungsbereich	Kältemittel (R)	Kälteleistung und Leistungsaufnahme bei versch. Verdampfungstemperaturen							
			+ 5° C		− 10° C		− 20° C		− 30° C	
			kcal/h	kW	kcal/h	kW	kcal/h	kW	kcal/h	kW
6D21	HMT	12	6320	1,79	3320	1,58	2020	1,34	800	0,76
6D23	H	12	5560	1,46	2640	1,23				
6D23	H	500	6300	1,75	3060	1,40				
6D24	HM	22	10250	2,68	5175	2,37	3150	1,98		
6D24	HM	500	7280	2,03	3930	1,82	2400	1,55		
6D28	HM	22	8375	2,06	4090	1,79	2210	1,44		
6D40	HM	12	8550	2,33	4150	1,87	2350	1,34		
6D41	MT	12			5950	2,83	3750	2,43	1625	1,44
6D42	MT	12			7250	2,91	4425	2,43	1550	1,39
6D43	HM	12	11250	3,25	5950	2,85	3710	2,20		
6D44	HM	500	15110	3,85	7350	3,19				
6D45	H	22	13850	3,56	6310	3,12				
6D47	HM	12	13725	3,35	7325	2,94	4375	2,43		
6D47	M	22			11120	4,61	6140	3,84		
6D48	HM	22	21820	5,14	11450	4,54	6900	3,79		
6D48	HM	500	16200	3,85	8810	3,40	5500	2,90		
6D62	HMT	12	17400	4,42	9250	3,65	5450	2,98	2150	1,68
6D63	HM	12	17675	4,24	9200	3,68	5550	2,86		
6D63	HM	500	20550	4,86	10750	4,22	6300	3,40		
6D67	HM	22	27700	6,70	14450	5,81	8550	4,74		
6D68	HM	22	26950	6,40	14250	5,75	8520	4,81		
6D72	MT	12			14300	5,90	9175	4,72	3790	2,34
6D73	HM	12	27300	7,36	14400	5,85	9295	4,72		
6D73	HM	500	31625	7,94	16760	6,58	10375	5,37		
6D75	HM	22	41700	11,15	22625	9,00	13625	7,25		

Alle Leistungsangaben bei 1450 min^{-1} und einer Kondensationstemp. von 35° C.
H = hoher Verd. temp. Bereich
M = mittlerer Verd. temp. Bereich
T = tiefer Verd. temp. Bereich

Mit Ausnahme der mit Graugußkolben ausgestatteten Type 6D40 besitzen die anderen Typen Kolben aus einer Aluminiumlegierung mit Kolbenringen (Abb. 141). Pleuel und Hauptlager werden durch eine direkt angetriebene Ölpumpe mit selbsttätiger Drehrichtungsumkehr geschmiert. Zur Versorgung des Kolbenbolzens und der Ringe mit Öl dient eine Bohrung im Pleuel. Der Öldruck wird durch ein federbelastetes Überströmventil konstant gehalten. Ein Ölrücklauf- und ein Druckausgleichsventil zwischen Kurbel- und Motorgehäuse vermindert in Verbindung mit einem Zentrifugal-Ölabscheider den Ölumlauf im Kühlsystem. Ein Ölschauglas am Kompressorgehäuse dient der Kontrolle des Ölstandes.

Die Arbeitsventile aus schwedischem Federbandstahl arbeiten gegen einsatzgehärtete Sitze in der Ventilträgerplatte. Große Durchtrittsquerschnitte verringern die Drosselverluste und die Leistungsaufnahme (Abb. 142). Die größten Modelle 6D73 und 75 sind mit automatischer Leistungsregelung ausgerüstet.

V. Copeland Refrigeration Corporation, Sidney/Ohio, USA.[1]

Die Typenreihe des halbhermetischen Motorkompressors von Copeland für die Klimatechnik reicht von 2 bis 10 und neuerdings sogar bis 30 PS. Abb. 97 zeigt die Ansicht eines solchen Kompressors, Abb. 143 einen Schnitt mit Einzelheiten. Die Zylinder sind sauggasgekühlt. Der Motor ist in das gußeiserne Kurbelgehäuse

Abb. 143. Halbschnitt eines R 12-sauggasgekühlten halbhermetischen Motorkompressors, Type MRF 500 (5 PS) von Copeland.
1 Motorschutzschalter (bis 5 PS bei einphasigen Einbaumotoren an das Gehäuse angebaut); *2* Ansaugstutzen; *3* Stator des Motors; *4* Ansaugkanal; *5* Kurbel- und Motorgehäuse mit Kühlrippen; *6* Flatterventile; *7* Bronzepleuel; *8* Ölpumpe; *9* Kurbelwelle mit Gegengewichten; *10* Ölschauglas.

eingedrückt, so daß er innigen Kontakt mit der Wand hat. Über Kühlrippen wird die Motorwärme wirkungsvoll an die Außenluft abgeführt.

Weitere Erläuterungen über den Aufbau und die Leistungen dieser Reihe enthält Tab. 10.

Tabelle 10. *Hauptabmessungen und Leistungsdaten von halbhermetischen, sauggas-gekühlten Motorkompressoren für die Klimatechnik.*
Fabrikat Copeland Refrigeration Corp., Sidney/Ohio (USA)

Kompressor Type	Kältemittel	Zyl. Zahl	Motor	Gewicht	Öl	Bohrung	Hub	Hubraum	Geom. Hubvolum	Kälteleistung und Leistungsaufnahme		Verdichter Abmessungen		
												Breite	Tiefe	Höhe
			PS	kg	l	mm	mm	cm³	m³/h	kcal/h	kW	mm	mm	mm
8R6-200	R 12	2	2	68,5	2,1	49,4	35,0	134	13,95	5103	2,48	413	305	343
3R42-300	R 12	2	3	76,3	2,6	58,8	35,0	190	19,84	7400	3,57	459	330	358
MRF-500	R 12	2	5	123,0	2,8	63,5	46,2	292	30,56	12800	5,70	605	330	455
9R9-750	R 12	3	$7\frac{1}{2}$	158,5	3,8	60,4	50,8	438	45,85	19100	8,83	685	356	459
9R8-1000	R 22	3	10	153,0	3,8	55,6	50,8	369	38,91	27100	10,53	708	356	459

Die Leistungsangaben beziehen sich auf $n = 1750\ \text{min}^{-1}$, $t_0 = +\ 7{,}2°$ C und $t = 54{,}5°$ C, und bis 3 PS auf Antriebsmotore für Wechselstrom 230 V/60 Hz, darüber auf dreiphasige Drehstrommotore 220 V/60 Hz.

VI. Hans Göldner & Co., Stuttgart.

Die halbhermetischen Motorkompressoren von Goeldner sind in einem verschraubten Gehäuse aus Gußeisen untergebracht. Die senkrecht stehende Antriebswelle treibt einen im unteren Teil des Gehäuses liegenden Doppelkolben über eine

[1] Copeland-Kompressoren werden in Deutschland von DWM, Deutsche Waggon- u. Maschinenfabriken GmbH., Berlin-Borsigwalde in Lizenz hergestellt und vertrieben.

Kurbelschleife mit Gleitstein an. Letzterer ist besonders groß dimensioniert, so daß sich geringe Flächenpressungen ergeben.

Abb. 144 zeigt einen Schnitt durch eine Maschine, die mit einem ventilatorbelüfteten Verflüssiger auf einem gemeinsamen Grundrahmen zusammengebaut wird. Der Kompressor besitzt nur drei bewegliche Teile, nämlich die Kurbelwelle mit dem Läufer des Elektromotors, den Gleitstein und die Gleitsteinführung mit den beiderseits angesetzten Kolben. Saug- und Druckventile sind durch Entfernen der Zylinderdeckel zugänglich, ohne den Kompressor insgesamt öffnen zu müssen. Der Doppelkolben stellt eine zweiseitige Lagerung der Gleitsteinführung dar, so daß ein Verkanten des Gleitsteines durch Schrägstellen des Kolbens, wie es bei einseitiger Kolbenausführung vorkommen könnte, ausgeschlossen ist. Die Kompressoren sind in der Regel mit Drehstrommotoren ausgestattet. Lediglich die kleinste Type wird in Verbindung mit einem wassergekühlten Verflüssiger mit Wechselstrommotor geliefert.

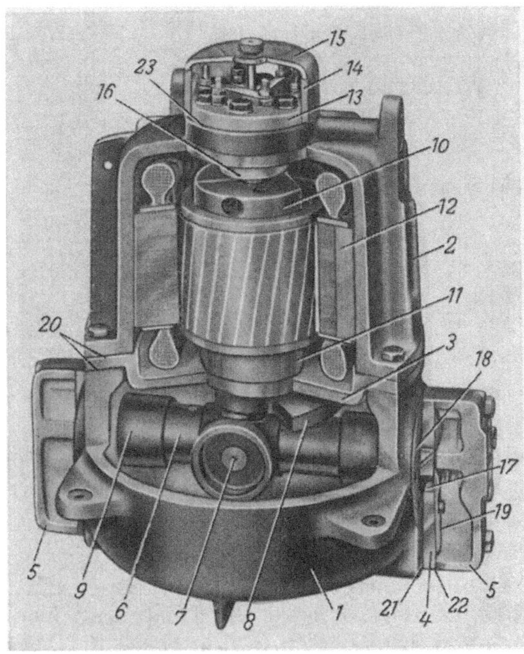

Abb. 144. Schnitt durch einen halbhermetischen Motorkompressor von Göldner.
1 Gehäuse-Unterteil; *2* Gehäuse-Oberteil; *3* Lagerdeckel; *4* Ventildeckel; *5* Zylinderdeckel; *6* Doppelkolben; *7* Gleitstein; *8* Kurbelwelle mit Gegengewicht; *9* Zylinderbüchse; *10* Klemmring; *11* Lagerring; *12* Stator des Antriebsmotors; *13* Anschlußdeckel; *14* Deckelring; *15* Abschlußdeckel; *16* Oberes Wellenlager; *17* Druckventilplatte; *18* Saugventilplatte; *19* Druckventil-Hubfänger; *20* Lagerdeckel-Dichtungen; *21* untere Zylinderkopf-Dichtung; *22* obere Zylinderkopf-Dichtung; *23* Anschlußdeckel-Dichtung

Der typische Aufbau des Kompressors mit den einzeln nach verschiedenen Seiten herausgezogenen Zylinderköpfen läßt es ohne großen Aufwand zu, ihn zweistufig auszuführen. Abb. 145 zeigt den Rohrleitungsplan für eine solche Maschine. Wie Tab. 11 ausweist, lassen sich damit recht beachtliche Kälteleistungen bei Verdampfungstemperaturen bis $-80°$ C erzielen. Bei Verwendung von R 13 als Kältemittel werden in Verbindung mit einer vorgeschalteten R 22-Kältemaschine Verdampfungs-

Tabelle 11. *Hauptabmessungen und Kälteleistung von zweistufigen, halbhermetischen Kompressorsätzen für R 22.*
Fabrikat Hans Göldner & Co., Stuttgart

Kompressor Type	Motor	Niederdruckstufe				Hochdruckstufe		$\frac{V_{ND}}{V_{HD}}$	Kälteleistung in kcal/h bei einer Verdampfungstemperatur von			
		Bohrung	Hub	Hubraum	Geom. Hubvolum	Bohrung	Hub					
	PS	mm	mm	cm³	m³/h	mm	mm		−20	−40	−60	−80° C
II-H-150 Z	1,2	40	30	37,8	3,29	30	30	1,77	1000	550	215	60
III-H-300 Z	2,6	50	38	74,5	6,48	40	38	1,56	1600	925	400	135
IV-H-600 Z	4,0	65	46	153,0	13,30	50	46	1,68	2750	1725	840	300

Die Angaben beziehen sich auf $n = 1450\ \text{min}^{-1}$ und eine Raumtemperatur von 25° C.

temperaturen bis —100° C erreicht. Obwohl der höchste Betriebsdruck für die Gehäusefestigkeit mit 50 atü und der Zerreißdruck mit 100 atü angegeben werden, ist eine Kühlung des R 13-Verflüssigers mit dem bereits erwähnten R 22-Satz aus Gründen der Betriebssicherheit erforderlich, um den Kondensatordruck niedrig zu halten. Da die beiden Zylinder sich nicht gasdicht voneinander trennen lassen, kann der zweistufige Kompressor immer nur mit einem einzigen Kältemittel betrieben werden.

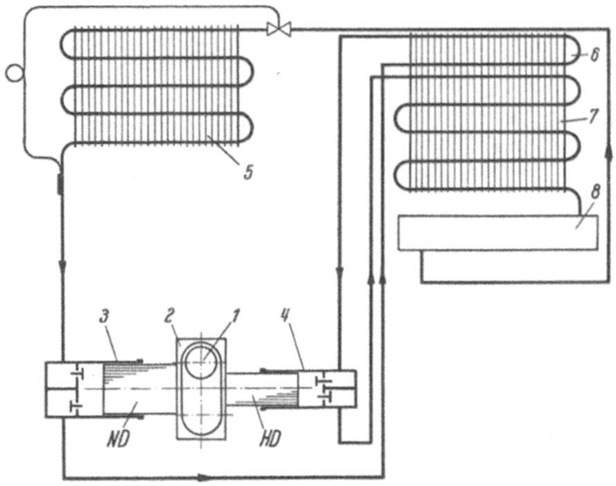

Abb. 145. Rohrleitungsplan eines halbhermetischen Kompressorsatzes mit zweistufiger Verdichtung für R 22.
1 Kurbelzapfen des Motorkompressors; 2 Gleitsteinführung mit Niederdruck (ND)- und Hochdruck (HD)-Kolben; 3 Niederdruckzylinder; 4 Hochdruckzylinder; 5 Verdampfer; 6 Zwischenkühler (Mitteldruck); 7 Verflüssiger; 8 Sammler.

Zur Vermeidung einer Kältemittel-Kondensation im Öl sind die zweistufigen Maschinen ausnahmslos mit einer thermostatisch geregelten Gehäuseheizung ausgerüstet.

VII. Gesellschaft für Lindes Eismaschinen A. G, Maschinenfabrik Sürth.

Die Firma Linde hat aufbauend auf ihrem bisherigen Fertigungsprogramm für Kleinkältemaschinen eine Reihe halbhermetischer Motorkompressoren entwickelt. Wie Tab. 12 zeigt, reichen die Leistungsgrößen von $^1/_2$ bis 6 PS, die Kälteleistungen von 870 bis 11220 kcal/h, bei —10° C Verdampfungstemperatur in ventilatorbelüfteten Kältesätzen und bis 13200 kcal/h in wassergekühlten bei 15° C Wasserzulauftemperatur.

Mit nur 2 Zylinderbohrungen werden insgesamt acht verschiedene Typen zusammengestellt, und zwar in Zwei- und Vier-Zylinderausführung. Die vier kleineren Typen sind mit horizontalliegender Exzenterwelle ausgestattet, die vier größeren mit Kurbelwelle.

Tabelle 12. *Hauptabmessungen und Leistungsdaten von halbhermetischen Motorkompressor-Sätzen bei Betrieb mit R 12, Baureihe Multifrigor.*
Fabrikat Linde: Maschinenfabrik Sürth

Kompressor Type	Zyl. Zahl	Motor[1] PS	Gewicht kg	Öl l	Bohrung mm	Hub mm	Hubraum cm³	Geom. Hubvolum m³/h	Kälteleistung und Leistungsaufnahme[2] kcal/h	W	Kälteleistung und Leistungsaufnahme[3] kcal/h	W
H 10	2	$^1/_2$	36,0	1,2	38	19	43,5	3,9	870	680	1305	870
H 20	2	$^3/_4$	38,0	1,2	38	27	61,2	5,5	1245	895	1860	1125
H 30	4	1	47,5	1,5	38	19	87,0	7,8	1880	1190	2870	1500
H 40	4	1,5	49,0	1,5	38	27	122,4	11,0	2490	1620	3750	2110
J 50	2	2	106,0	3	58	32	169	15,2	3830	2250	5920	3100
J 60	2	3	108,5	3	58	46	243	21,4	5500	3120	8500	4300
J 70	4	4	142,5	4	58	32	338	30,4	7600	3900	12700	5100
J 80	4	6	144,0	4	58	46	486	42,8	11220	5990	17050	7850

[1] Antriebsmotor für Drehstrom 220/380 Volt, 50 Hz. Synchrondrehzahl 1500 min^{-1}.
[2] Bezogen auf $t_0 = -10°$ C, $t_R = 25°$ C und $t_{0h} = 20°$ C, ventilatorbelüftet.
[3] Bezogen auf $t_0 = +5°$ C, $t_R = 25°$ C und $t_{0h} = 20°$ C, ventilatorbelüftet.
Die Leistungsaufnahme schließt die Ventilatormotore mit ein. Die Kompressoren werden auch in wassergekühlten Sätzen verwendet.

Abb. 146 zeigt den Schnitt durch einen luftgekühlten Motorkompressor Type H 20. Das Bild läßt Einzelheiten des Aufbaues, insbesondere der Ölförderung und -verteilung erkennen. Die Ölschleuder (*3*) fördert das Öl in die Ölkammer (*4*), von wo aus es über eine Längsbohrung in der Exzenterwelle verteilt wird. Das überschüssige Öl strömt an der Öldruck-Kontrolldüse (*5*) ab, dort kann auch jeweils der gewünschte Öldruck eingestellt werden. Über Querbohrungen gelangt das Öl in die Hauptlager der Kurbelwelle und über Längsbohrungen in den Pleuelstangen zu den Kolbenbolzen. Ein Ölstand-Schauglas (*6*) ermöglicht jederzeit die Überprüfung der Ölmenge im unteren Teil des Kurbelgehäuses.

Abb. 146. Schnitt durch einen R 12-Motorkompressor der H-Reihe mit 3/4 PS Drehstrommotor (Linde). *1* horizontalliegende Exzenterwelle; *2* Exzenterpleuel; *3* Ölschleuderrad; *4* Ölkammer; *5* Öldruck-Kontrolldüse; *6* Ölstand-Schauglas; *7* Stromdurchführungen in Stopfbuchsenform.

VIII. Forschungsanstalt für Kälte- und Nahrungsmittelmaschinen, Prag/Tschechoslowakei.

Entsprechend dem Stand der Technik in anderen hochindustrialisierten Ländern wurden auch in der Tschechoslowakei in den letzten Jahren geschlossene Motorkompressoren für R 12 entwickelt.

Die Kälteleistungen der halbhermetischen Typenreihe reichen von 350 bis 2000 kcal/h[1]. Mit nur zwei Zylinderabmessungen werden in Zwei-, Drei- und Vier-Zylinder-Ausführung sechs verschiedene Leistungsgrößen zusammengestellt. Die Möglichkeit der Instandhaltung und der Ausführung anfallender Reparaturen an Ort und Stelle wird als besonders wesentlich bei dieser Bauform hervorgehoben.

Auf der senkrecht stehenden Exzenterwelle sind die Pleuellager zwischen den aufgezogenen Gegengewichten untergebracht (Abb. 147). Bei den kleineren Typen liegen die Pleuel übereinander, bei den größerem ist ein Hauptpleuel vorhanden, an den die übrigen angelenkt werden. Die Welle ist zweifach gelagert. Das eine Endlager befindet sich im unteren Gehäusedeckel, in den auch eine Zentrifugal-Ölpumpe eingebaut ist. Die Schaufeln des Pumpenläufers verlaufen radial, so daß die Arbeitsweise von der Drehrichtung unabhängig wird. Der Pumpenläufer ist

---

1 KOTEK: Technické zprávy 1959, Heft 1, S. 13—18.

von außen auf das untere Wellenende aufgesetzt. Dieser Raum ist mit einem kleinen Deckel verschlossen. Der Ölspiegel im Kurbelgehäuse steht mit der Saugseite nicht unmittelbar in Verbindung, vielmehr wird das angesaugte Kältemittel von oben über die Ventilträgerplatte in den Zylinderkopf gesaugt.

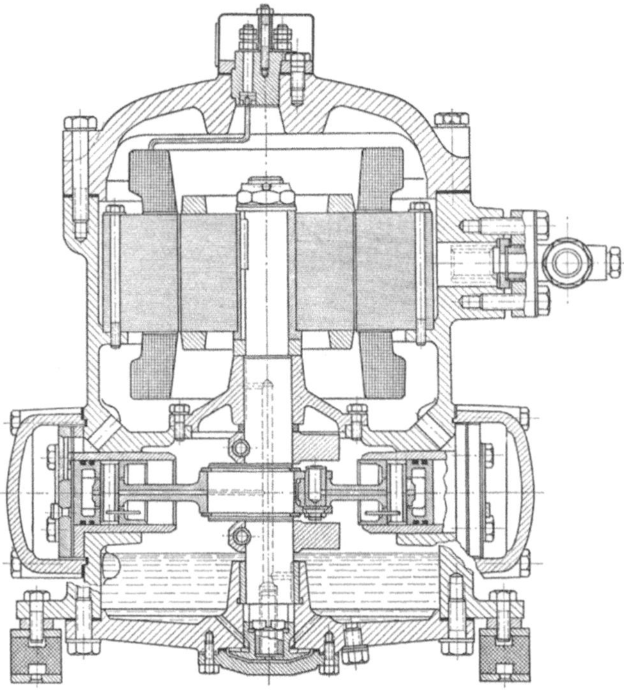

Abb. 147. Halbhermetischer Motorkompressor Type MK 10, Nennkälteleistung 1000 kcal/h bei Betrieb mit R 12. (Forschungsstelle für Kälte- und Nahrungsmittelmaschinen, Prag.).

IX. Charkower Betrieb für Gewerbemaschinen, Charkow, UdSSR.

Die „Charkower Fabrik für Gewerbemaschinen" in Charkow (Ukraine) hat in Zusammenarbeit mit dem Zentralen Forschungsinstitut für die Kälteindustrie in Moskau (Wnichi) eine Reihe von Freonkompressoren mit eingebauten Elektromotoren entwickelt[1]. Die Kälteleistungen liegen bei 400 bis 1500 kcal/h. Die Bauteile entsprechen denjenigen offener Verdichter. Der Wegfall der Stopfbüchse ermöglicht höhere Drehzahlen und damit eine Verringerung der Hauptabmessungen und des Gewichtes. Durch die Kapselung wird ferner eine wesentliche Verringerung des Laufgeräusches erzielt.

Abb. 148 zeigt einen Kompressor im Schnitt in einer verschraubten Stahlblechkapsel, welche bei einer späteren Serienfertigung verschweißt werden soll ($Q_0 = 705$ kcal/h mit R 12). Die beiden Zylinder (*3*) liegen horizontal und sind um 90° versetzt, so daß sich ein guter Massenausgleich ergibt. Der Zylinderdurchmesser beträgt 36 mm, der Hub 18 mm, die Synchrondrehzahl 1500 min^{-1}. Der Einbaumotor (*1*) hat eine Leistung von 0,35 kW und ist für Drehstrom 127/270 Volt oder 220/380 Volt, 50 Hz gebaut. Das Anlaufmoment liegt mit 1,03 mkg bei dem 4,4fachen des Nenndrehmomentes. Der entsprechende offene Kompressor mit einer Standardleistung von 720 kcal/h (1. Tab. 13) benötigt einen Antriebsmotor

[1] ZELIKOVSKI, I. u. V. JAKOBSEN: Cholod. Technika (russ.) 1959, Heft. 2, S. 11—15.

mit einer Leistung von 0,6 kW und wiegt etwa das Doppelte (vgl. Abb. 150a–c). Der Ständer des Elektromotors ist in den gegossenen, als Motorträger ausgebildeten Kompressorblock (2) eingepreßt (Abb. 148). Zwischen den beiden Zylindern ist eine Druckkammer (4) eingegossen, die zugleich als Geräuschdämpfer dient. Der

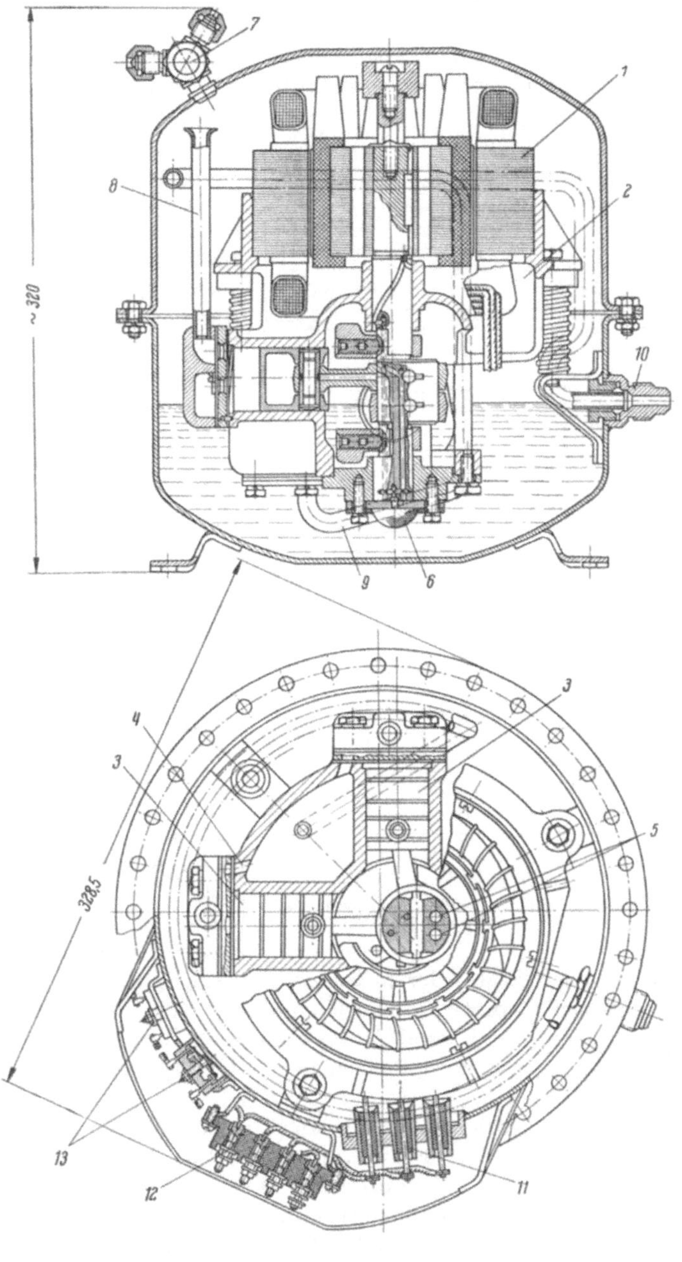

Abb. 148. Halbhermetischer Motorkompressor (Wnichi) mit einem Antriebsmotor von 0,35 kW für Drehstrom, Kälteleistung 705 kcal/h (Type 2 FG-3,6/1,8).
1 **Motor;** *2* **Motorträger (zugleich Kompressorblock);** *3* **Zylinder;** *4* **Druckraum;** *5* **Ölbohrungen in der Antriebswelle;** *6* **Ölansaugsieb;** *7* **Ansaugstutzen in der oberen Kapselschale;** *8* **Ansaugrohr;** *9* **Druckrohr;** *10* **Druckstutzen in der unteren Kapselschale;** *11* **Stromdurchführungen (Preßglasausführung);** *12* **Klemmbrett;** *13* **Motor-Schutzschalter für zwei Phasen.**

untere Teil enthält das Hauptwellenlager. Diese robuste Blockkonstruktion sichert eine genaue Lage der Achsen zueinander und vereinfacht die Montage. Der gesamte Kompressorblock ruht auf drei Stützfedern im unteren Teil der Kapsel. Zwischen Bolzen und Federn sind Gummibüchsen eingesetzt. Die aus St-45 bestehende Welle ist an den Laufflächen gehärtet. Die gußeisernen Gegengewichte sind auf die Welle aufgeschraubt. Die aus Automatenstahl gefertigten Kolben besitzen keine Kolbenringe und sind mit einem Spiel von 10 bis 18 μ in die Zylinder eingepaßt. Die aus gehärtetem Stahl bestehenden Kolbenbolzen sind in die Kolben eingepreßt. Der spezifische Flächendruck auf die Lagerfläche ist nicht größer als 60 kp/cm². Um die Spiele zwischen den beweglichen Teilen zu verkleinern, werden diese nach Beendigung der einzelnen Bearbeitungsprozesse je nach den zulässigen Toleranz-Maßen in 4 bis 6 Gruppen sortiert. Sie werden dann entsprechend gepaart und zusammengebaut.

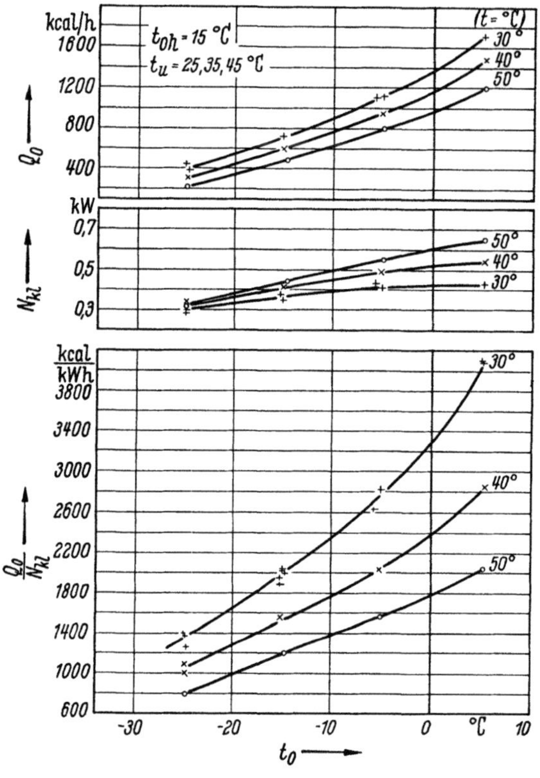

Abb. 149. Kälteleistung, Leistungsaufnahme und spezifische Kälteleistung des Kompressors Type 2 FG-3,6/1,8.

Druck- und Saugventile sind aus kaltgezogenem Bandstahl 70 S 2 HA, mit einer Stärke von 0,16 mm. Die Druckventilbohrung beträgt 7,5 mm. Das Schmieröl wird durch 2 senkrechte Bohrungen in der Welle gefördert, die sich im unteren Teil des Wellenansatzes befinden. Durch entsprechende Querbohrungen und eine Spiralnut gelangt das Öl an alle Schmierstellen. Das Einsaugen des Öles in die Kurbelwelle erfolgt durch Zentrifugalwirkung. Der Rotor besitzt angegossene Ventilatorflügel zur Kühlung der Wicklungsköpfe.

In der unteren Kapsel befinden sich sechs Stromdurchführungen (*11*) aus legiertem Stahl, der in Spezialglas eingepreßt ist. Ferner befinden sich auf der äußeren Kapselwand ein Klemmbrett zur Umschaltung auf Stern- bzw. Dreieckschaltung und zwei Motor-Schutzschalter, die mittels Bimetall-Kontakten den Motor auf zwei Phasen gegen Überstrom und Übertemperatur schützen.

Der Kompressor ist geeignet für Verdampfungstemperaturen von $-30°$ C bis $+5°$ C bei Verflüssigungstemperaturen bis 50° C. Das Anlaufmoment des Motors ist ausreichend groß, um den Kompressor in Verbindung mit einem thermostatischen Expansionsventil auch bei Unterspannung bis zu 15% in Betrieb zu setzen. Da es große Schwierigkeiten macht, Flatterventile gegen statischen Druck, d. h. also beim Stillstand der Maschine dicht zu bekommen, ein undichtes Druckventil jedoch bei Fehlen besonderer Maßnahmen den sicheren Anlauf infrage stellt, wurden Bohrungen vorgesehen, die einen Druckausgleich vom Zylinderraum nach der Saugseite ermöglichen. Ein im Zuge der Entwicklung im Kolbenboden angebrachtes Loch von 0,5 mm ∅ verursachte einen Leistungsverlust von 6 bis 13%. Die spätere Anordnung einer ähnlich kleinen Bohrung am Zylindermantel, etwa in halber Höhe des Hubweges, brachte je nach Kolbenstellung beim Ausschalten der Maschine nur noch einen Verlust von 1 bis 4%. Mit dieser konstruktiven Maßnahme war es möglich, auch bei 20% Unterspannung und Verflüssigungstemperaturen bis 60° C die Maschine einwandfrei zum Anlauf zu bringen.

Leistungsmessungen mit dem Kalorimeter ergaben die in Abb. 149 dargestellten Werte. Die Abweichungen der gemessenen Werte bei verschiedenen Meßreihen untereinander waren nicht größer als 3% vom Mittelwert; die Ölkonzentration im umlaufenden Kältemittel war kleiner als 1%.

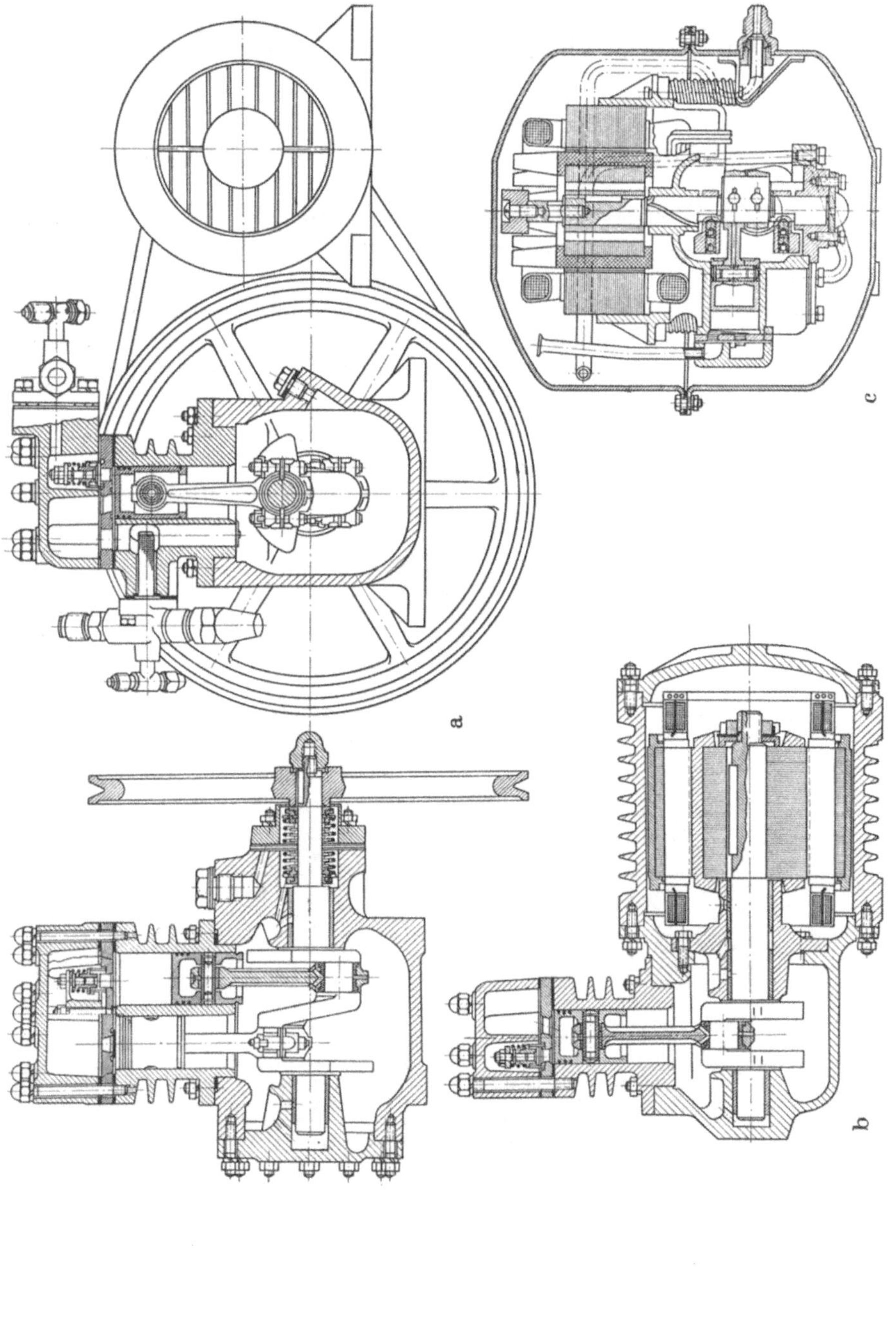

Abb. 150a–c. Schnitt durch verschiedene Kompressorbauformen (vgl. hierzu Tab. 13).
a) offener Kompressor 2 FV-4/4,5 (2 Zylinder). b) halbhermetischer Kompressor 1 FV-4/4,-0,6 mit Gußgehäuse (1 Zylinder).
c) halbhermetischer Kompressor 2 FG-3,6/1,8 (2 Zylinder) mit Stahlblechkapsel (2 Zylinder).

Tabelle 13. *Hauptabmessungen und Leistungsdaten von verschiedenen R 12-Kompressoren nach Abb. 150 a–c*. Fabrikat Charkow'er Betrieb für Gewerbemaschinen, Charkow (Rußland)

Kompressor Type	Zyl. Zahl	Einbau Motor kW	Gewicht kg	Rezipr. Leistungsgewicht[1] kcal/kgh	Kälteleistung bei $t_0 = -15°$ C, $t = 30°$ C kcal/h	Spezifische Kälteleistung kcal/kWh	Kompressorabmessungen Länge mm	Breite mm	Höhe mm
2 FV-4/4,5	2	offen (0,6)	53	13,6	720	1720	540	340	407
1 FV-4/4-0,6	1	0,44	47,8	12,8	610	1470	382	277	335
2 FG-3,6/1,8	2	0,35	28	25,2	705	1960	328	315	320

Hauptabmessungen und Leistungsdaten eines offenen Kompressors, eines halbhermetischen mit waagerechter Welle und eines solchen mit senkrechter Welle nach Abb. 150 a–c sind in Tab. 13 vergleichend gegenübergestellt.

F. Baubeschreibungen hermetischer Motorkompressoren.

I. Robert Bosch GmbH, Stuttgart.

Der mit dem Motor zusammengebaute Tauchkolbenkompressor in Einzylinderausführung ist auf Spiralfedern aufgesetzt. Diese sind besonders geeignet, das Reaktionsmoment des Motorkompressors beim Anlauf und beim Abschalten aufzunehmen (Abb. 151). Der Kolben wird über ein Kurbelpleuel von der fliegend gelagerten Kurbelwelle angetrieben. Besondere Sorgfalt wurde der Dämpfung

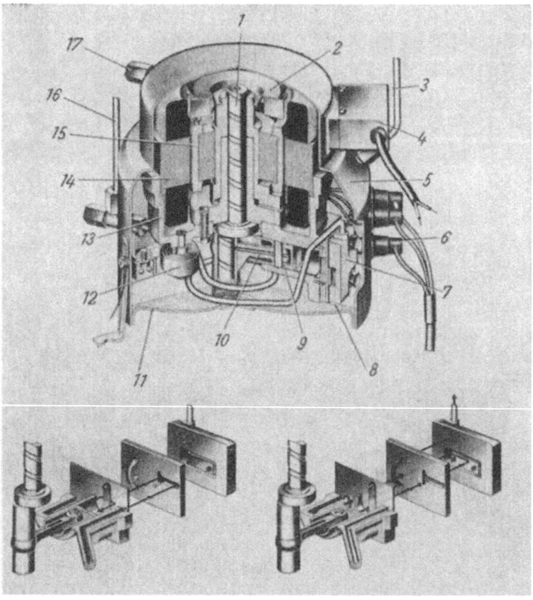

Abb. 151. Hermetischer Einzylinder-Motorkompressor für R 12. Leistungsgrößen von 1/8 bis 1/4 PS (Bosch). Gaswege beim Saughub (links) und Druckhub (rechts.)

1 Kurbelwelle; *2* Lüfter; *3* Saugleitung; *4* Motorschutzschalter; *5* Stahlblechkapsel; *6* Stromdurchführung; *7* Zylinderdeckel; *8* Kältemaschinenöl; *9* Kolben; *10* Kurbelpleuel mit Kolbenbolzen; *11* Kapselboden; *12* Aufhängefeder; *13* Statorgehäuse mit angeschraubtem Radiallager für die Kurbelwelle; *14* Stator des Motors; *15* Rotor; *16* Druckleitung; *17* Absauge- und Füllstutzen.

[1] Gewichtsspezifische Kälteleistung.

des Ansaug- und Ausschub-Geräusches gewidmet. Große Schalldämpfkammern sind an die Zylinder angegossen. Die Ventilträgerplatte besteht aus mehreren Schichten, die die entsprechenden Bohrungen und Kanäle für die Gaswege enthalten. Die einzelnen Platten (Abb. 151 unten) sind im Schutzgasofen zusammengelötet. Dünne Flatterventile sorgen für geräuscharmes Arbeiten und bedingen geringe Drosselverluste beim Dampfdurchtritt.

II. Copeland Refriferation Corporation, Sidney, Ohio (USA).

Die Kolben der Zweizylinder-Kompressoren werden von einer in Bronzebuchsen gelagerten Kurbelwelle über Bronze-Pleuel angetrieben. Die beiden Zylinder liegen übereinander. Bemerkenswert ist bei dieser Konstruktion, daß für alle Typen die gleiche Kurbelwelle verwendet wird. Der Hub bleibt also konstant — ebenso bei der Vierzylinder-Ausführung — während sich die Zylinderbohrung je nach Leistungsgröße ändert. Das Durchmesser/Hub-Verhältnis reicht so bei Motorstärken von 0,5 bis 4 PS von 1,1 bis 1,75. Einen halbgeschnittenen Kompressor der Zweizylinderreihe zeigt Abb. 152.

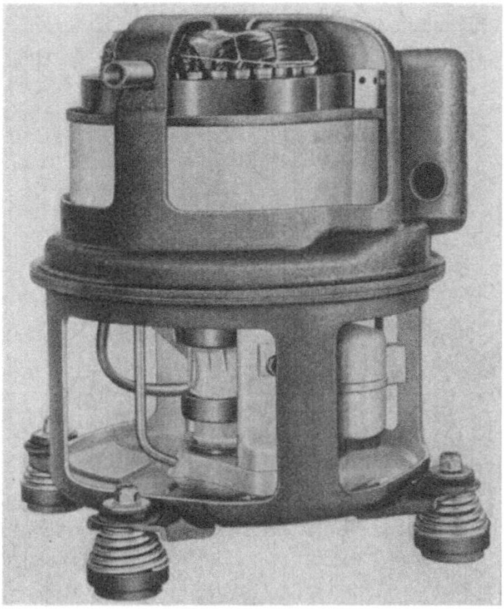

Abb. 152. Zweizylinder-Kompressor „Copelaweld" für Klimageräte (Halbschnitt).

Der Aufbau des Vierzylinder-Kompressors weicht hiervon in einzelnen Punkten ab. Diese größere Maschine ist innen gefedert, besitzt eine Ölpumpe und einen ebenfalls innerhalb der Kapsel untergebrachten hermetisch verschlossenen Motorschutzschalter. Die Pleuel sind aus Aluminium.

III. Fa. Danfoss, Nordborg/Dänemark und Flensburg.

Danfoss baut als Lizenznehmer der Firma Tecumseh bekannte amerikanische Kompressortypen. Mit Rücksicht auf die europäischen Verhältnisse entstand jedoch bereits in den Jahren 1955/56 als eigene Entwicklung ein Kompressortyp mit 2-poligem Antriebsmotor. Dieser Typ ist ständig weiterentwickelt worden und umfaßt heute die Leistungsgrößen von $^1/_{12}$ PS bis $^1/_3$ PS. Technische Einzelheiten und die außerordentlich geringen Abmessungen sind aus der Tab. 14 ersichtlich. Daneben verlieren die Kompressoren mit 4poligen Motoren immer mehr an Bedeutung.

Abb. 153 zeigt ein Schnittbild des 2poligen Motorkompressors. Die typische Topfform ist erkennbar, der zusammengebaute Motorkompressorblock verschwindet — an 3 Zugfedern (*4*) aufgehängt — fast vollständig im Kapseltopf.

Der Kompressor steht außer mit diesen Federn nur noch mit der Druckrohrschleife (*1*) mit der Kapselwand in Verbindung. Die starke Wellung des Druckrohrs verhindert jegliche Übertragung der Laufunruhe nach außen. Der Kompressor liegt bei dieser Maschine oben, der Motor unten.

Der Zylinder ist von 4 Schalldämpfkammern umgeben, 2 auf der Saugseite und 2 auf der Druckseite.

Tabelle 14. *Hauptabmessungen und Leistungsdaten von 1-Zylinder-Motorkompressoren für niedrige und mittlere Verdampfungstemperaturen.*
Fabrikat Danfoss, Nordborg, Dänemark

$t_0 = -25°$ C, $t = +55°$ C, $t_u = t_{0h} = t_R = +32°$ C. Kältemittel R 12.

Motor PS	Bohrung mm	Hub mm	Hubraum cm³	Geom. Hubvol. m³/h	Kälteleistung u. Leistungsaufnahme kcal/h	Watt	Drehzahl min⁻¹	Höhe mm	Gewicht kg
1/12	21	8,5	2,9	0,52	40	80	2920	172	8,0
1/10	21	10	3,5	0,61	55	85	2920	172	8,2
1/8	21	12,5	4,3	0,76	75	105	2920	186	8,4
1/6	21	16	5,5	0,98	95	120	2920	186	8,7
1/5	30	10	7,1	1,23	130	185	2900	210	10,7
1/4	30	12,5	8,8	1,53	150	200	2900	210	11,1
1/3	30	16	11,3	1,97	180	235	2900	210	11,3

Motorkompressoren für hohe Verdampfungstemperaturen.
$t_0 = +5°$ C, $t = +55°$ C, $t_u = t_{0h} = t_R = +32°$ C. Kältemittel R 12.

Motor PS	Bohrung mm	Hub mm	Hubraum cm³	Geom. Hubvol. m³/h	kcal/h	Watt	Drehzahl min⁻¹	Höhe mm	Gewicht kg
1/10	21	8,5	2,9	0,50	205	120	2840	172	8,2
1/8	21	10	3,5	0,59	250	140	2840	186	8,4
1/6	21	12,5	4,3	0,74	310	180	2840	186	8,7
1/5 [1]	21	16	5,5	0,94	400	240	2830	186	10,7
1/4 [1]	30	10	7,1	1,20	555	350	2830	210	11,1
1/3 [1]	30	17,5	8,8	1,50	700	510	2830	210	11,3

[1] Diese Motoren haben hohes Startmoment für Betrieb mit Expansionsventil, alle anderen Motoren haben normales Startmoment für Betrieb mit Kapillarrohr.

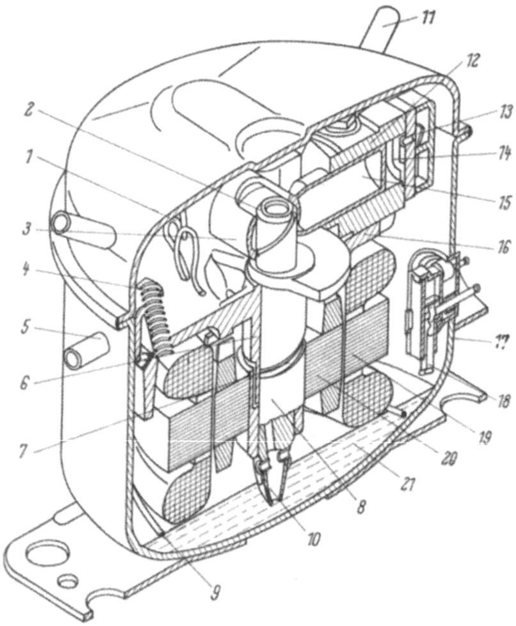

Abb. 153. R 12-Motorkompressor (1/12 PS) mit zweipoligem Antriebsmotor für Haushaltkühlschränke von Danfoss. Bohrung 21 mm, Hub 8,5 mm, $n = 2850$ min⁻¹ bei 50 Hz bzw. 3500 min⁻¹ bei 60 Hz Wechselstrom.
1 Druckrohrschleife; *2* Kurbelzapfen; *3* Gleitsteinhülse; *4* Zugfeder; *5* Druckstutzen; *6* Kurbelwellenlager; *7* Ölnut; *8* Kurbelwelle; *9* Schutzbügel; *10* Zentrifugal-Ölpumpe; *11* Saugstutzen; *12* Zylinder; *13* Druckventil; *14* Saugventil; *15* Kolben; *16* Kurbelwellengehäuse; *17* Kapsel; *18* Glas-Stromdurchführung; *19* Stator; *20* Rotor; *21* Ölstand.

Die Kurbelwelle (*8*) ist unten mit einer Zentrifugal-Ölpumpe (*10*) versehen, die eine besondere Entgasungsvorrichtung besitzt. Das Öl wird durch eine schraubenförmige Ölnut (*7*) nach oben zum Triebwerk gefördert.

Die Verbindung zwischen Kurbelzapfen (*2*) und Kolben (*15*) besteht aus einem Gleitstein und einer Gleitsteinhülse (*3*).

Die Glasstromdurchführung (*18*) ist auf der Innenseite mit dem Motor (*19*, *10*) und auf der Außenseite mit dem magnetischen Startrelais, dem Bimetall-Motorschutzschalter und mit Klemmen für Thermostat und Netzanschlußkabel verbunden.

IV. General Electric, Bloomfield, N. J., USA.

Die klimatechnische Abteilung von General Electric hat sich schon vor Jahren mit der Entwicklung von Motorkompressoren besonders für Klimageräte befaßt, bei denen der wassergekühlte Verflüssiger in die gemeinsame Kapselung mit eingebaut ist. Die vom Weiterverarbeiter durchzuführenden Montagearbeiten erstrecken sich kältemittelseitig nur noch auf das Verlegen der Saug- und Flüssig-

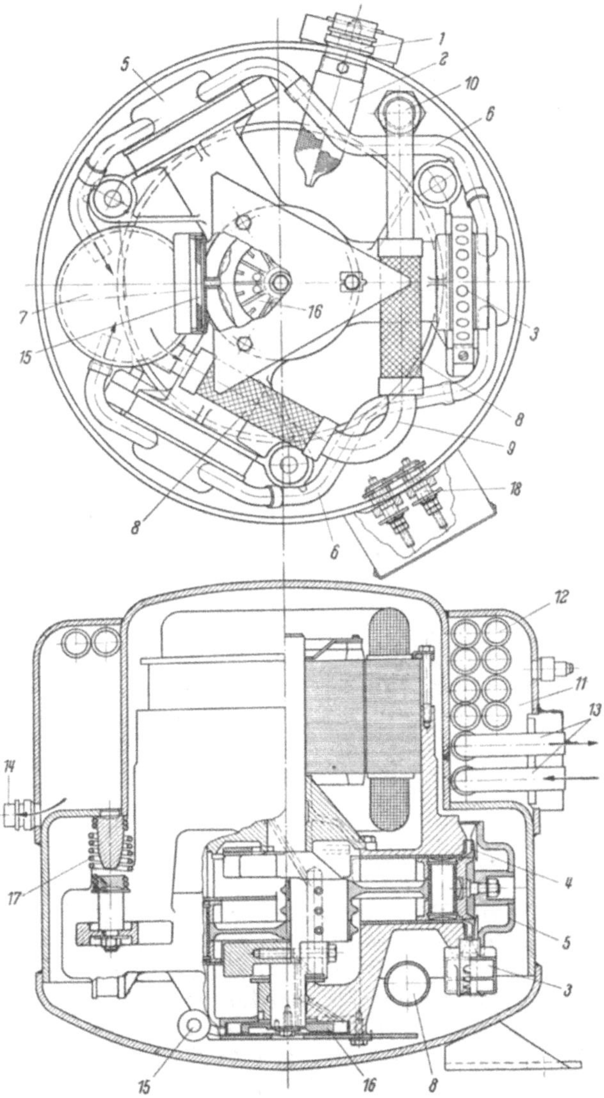

Abb. 154. Hermetischer Kompressorsatz mit eingebauten Kühlwasserrohren für Klimageräte mit R 22 als Kältemittel (General Electric).
Kälteleistung 22500 kcal/h bei $t_0 = +5°$ C und $t = 45°$ C. Motorleistung 7,5 PS.
1 Ansaugstutzen; *2* Ansaugsieb; *3* Ansaug-Schalldämpfer; *4* Druckventil-Hubfänger; *5* Druckkammer; *6* Druckverbindungsleitung; *7* Druckschalldämpfer; *8* flexible Druckrohrdämpfer; *9* gemeinsame Druckleitung; *10* Kondensator-Eintritt; *11* Kondensations- und Sammelkammer; *12* Kühlwasserrohre; *13* Kühlwasser-Zu- und Ablauf; *14* Flüssigkeitsstutzen; *15* Ölansaugsieb; *16* Ölpumpenläufer; *17* Zugfedern; *18* Stromdurchführung.

keitsleitung zwischen dem Verdampfer und den beiden entsprechenden Stutzen an der Gehäusekapsel. Das Montagerisiko wird dadurch weitgehend eingeschränkt. Dieser Umstand und die zusätzliche Platzersparnis waren die leitenden Motive bei dieser Konstruktion.

Abb. 154 zeigt schematisch den Aufbau eines solchen Satzes. Der dargestellte Kompressor hat eine Kälteleistung von 22500 kcal/h bei $t_0 = +5$ und $t = 45°$ C, sein vierpoliger Motor eine Antriebsleistung von 7,5 PS bei einer Drehzahl von 1725 min^{-1} (60 Hz). Als Kältemittel findet R 22 Verwendung, das in drei im Stern liegenden, übereinander gestuften Zylindern angesaugt und verdichtet wird. Hub und Bohrung sind gleich und betragen je 52,2 mm, so daß ein Hubraum von 336 cm^3 zur Verfügung steht.

Das durch Saugstutzen (*1*) und Saugsieb (*2*) in die Kapsel strömende Kältemittel wird über die Saugschalldämpfer (*3*) und großflächige, in einem Ringraum um den Zylinder bzw. auf der Zwischenplatte liegende Ventile angesaugt und verdichtet in die Druckkammer (*5*) ausgeschoben. Über Verbindungsleitungen (*6*) strömt der Dampf zum Schalldämpfer (*7*) und von dort durch die gemeinsame Druckleitung (*9*) mit flexiblen Vibrationsdämpfern (*9*) zum Verflüssigereintritt (*10*). Das Kältemittel kondensiert in der Kammer (*11*) an den Kühlwasserrohren (*12*) und kann am Stutzen (*14*) dem Expansionsventil zugeführt werden.

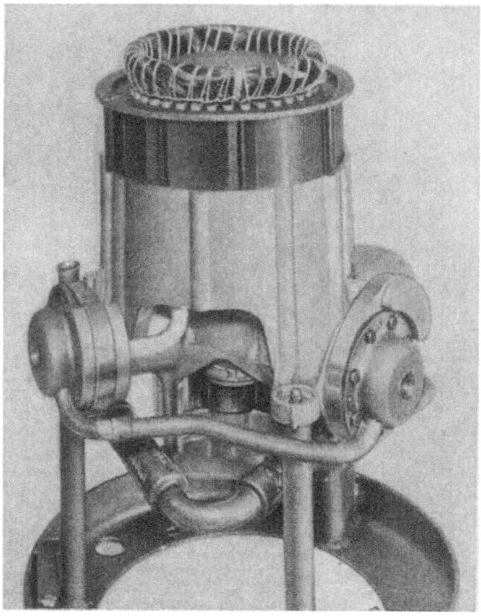

Abb. 155. Dreizylinder-Motorkompressor-Einsatz entsprechend Abb. 154.

Die Ölpumpe ist als direkt angetriebene Kreiselpumpe ausgeführt. Über das Sieb (*15*) saugt das mit radialen Schaufeln ausgerüstete Kreiselrad (*16*) das Öl aus dem Sumpf und drückt es durch Bohrungen zu den Schmierstellen. Abb. 155 zeigt nochmals anschaulich den Einsatz des Dreizylinder-Motorkompressors auf einem Montagebock. Verflüssiger und Kapselschalen fehlen.

V. Kelvinator Corp. Detroit/USA.

Die Leistungsreihe der Motorkompressoren in Pancake-Form von Kelvinator mit senkrecht umlaufender Schweißnaht reicht in fünf Stufen von $^1/_8$ bis $^1/_3$ PS. Der Einbau von zweipoligen Antriebsmotoren bei den größeren Kompressoren gestattet die Verwendung der gleichen Gehäuseabmessungen.

Die Maschinen sind mit einer zweifach gelagerten Kurbelwelle aus Stahlguß ausgerüstet. Die Axialdruckplatte ist aus Gußeisen von Kolbenring-Qualität. Über eine Pleuelstange (*8*) aus Aluminium-Spritzguß wird der Kolben (*9*) angetrieben (Abb. 156). Das geteilte oder geschlossene Pleuellager wird zur Verbesserung der Lauf- und Verschleißeigenschaften einer besonderen Behandlung unterworfen. Der Kolben besteht aus feinkörnigem Kokillenguß und wird nach dem abschließenden Feinläppen in die ebenfalls aus feinkörnigem Gußeisen bestehenden Zylinder nach dem Gesichtspunkt möglichst genauer Kolbenspiele einsortiert. Als Material für den Kolbenbolzen dient nickellegierter Stahl. Gegengewicht und Lüfterflügel sind an den Motorläufer angespritzt. Letzterer ist mit einem Druck von wenigstens 300 kg auf die Kurbelwelle aufgepreßt.

Die aus Stahlblech tiefgezogene Kapselschale und der Deckel besitzen eine besonders entwickelte Form, die beträchtlich zur Schalldämpfung beiträgt.

In den unteren Lagerzapfen ist eine Drehschieber-Ölpumpe (*14*) eingebaut, die das Öl über Bohrungen zu den Lagerstellen führt. Das untere Ende des Zylinders wird infolge der Bewegung der Triebwerkteile ausreichend durch Sprühöl geschmiert, das obere durch eine besondere Öldosierungskapillare (*13*). Diese

Abb. 156. R 12-Motorkompressor in Pancake-Form von Kelvinator. Leistungsgröße 1/8 bis 1/3 PS mit vier- und zweipoligen Antriebsmotoren (vordere Kapselschale entfernt).
1 Schweißrand, senkrecht umlaufend; *2* Saugstutzen; *3* Füllstutzen; *4* Druckstutzen; *5* Aufsetzfeder; *6* Spannfedern; 7 Anschlagsicherung; *8* Pleuel; *9* Kolben; *10* Saugventilplatte; *11* Zylinderkopf; *12* Saugschalldämpfer; *13* Ölkapillare, *14* Drehschieber-Ölpumpe; *15* Druckrohr-Schleife; *16* Glas-Stromdurchführung; *17* Ölkühlrohre.

taucht einerseits in den Ölsumpf und mündet andererseits in die Saugbohrung der Ventilplatte. Der bei jedem Saughub entstehende Unterdruck saugt eine geringe Menge Öl aus dem Ölsumpf in den Zylinderarbeitsraum, dichtet den Kolben und die mit einer Ölnut versehenen Arbeitsventilsitze und dämpft darüberhinaus das Arbeitsgeräusch der Ventile.

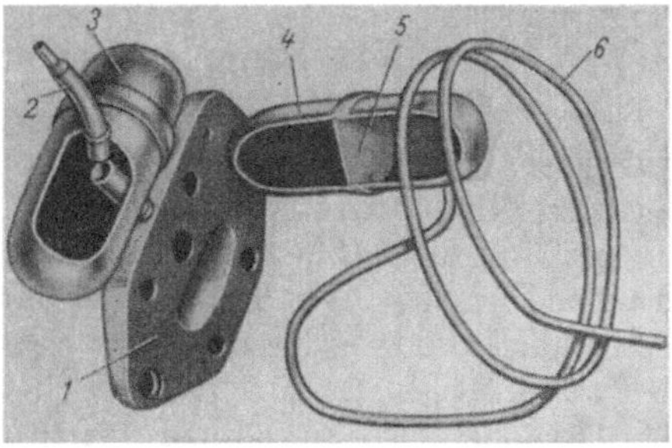

Abb. 157. Zylinderkopf mit Schalldämpfer-Anordnung.
1 Zylinderkopf; *2* Ansaugrohr; *3* Saugschalldämpfer; *4* Druckschalldämpfer; *5* Zwischenblech mit Loch; *6* Druckrohrschleife.

Abb. 157 läßt Einzelheiten der Schalldämpferanordnung erkennen. Der angesaugte Kältemitteldampf gelangt über das Saugrohr (*2*) mit einer eingezogenen Mündungsöffnung in den Schalldämpfer (*3*) und von dort über einen kurzen Rohrstutzen in den Zylinderarbeitsraum. Das verdichtete Gas wird in den Druckschalldämpfer (*4*) ausgestoßen, der aus zwei Kammern besteht, die durch ein Blech (*5*) mit einer kleinen Drosselbohrung voneinander getrennt sind. Dadurch werden die Druckgasgeräusche und die Verdichtungsstöße weitgehend gedämpft. Über die Druckrohrschleife (*6*) strömt der Dampf dann zum Kondensator.

Die ganze Kompressoranordnung sitzt auf einer Spiralfeder auf dem Boden der Kapselschale. Das Reaktionsmoment des Antriebsmotors wird durch Zugfedern (*6*) am oberen Ende des Kompressorblockes aufgenommen. Der obere Teil der Kurbelwelle greift in eine Anschlagsicherung, um die Maschine beim Transport vor Beschädigungen zu schützen.

VI. Gesellschaft für Linde's Eismaschinen A. G., Maschinenfabrik Sürth.

Neben Rollkolbenkompressoren für Haushaltkühlschränke und Gewerbe baut die Firma Linde auch einen hermetischen Motorkompressor konventioneller Bauart. Die Type GM 26 hat einen Zylinderdurchmesser von 25 mm und einen Hub von 12 mm, so daß sich bei einem Hubraum von 5,9 cm³ und einer Drehzahl von 1450 min^{-1} ein geometrisches Hubvolum von 0,512 m³/h ergibt. Bei einer Einbaubreite von 230 mm einschließlich der elektrischen Installation, einer Tiefe, die zugleich dem Kapseldurchmesser entspricht, von 180 mm und einer Höhe von 185 mm beträgt das Gewicht des Motorkompressors 8,8 kg in dem das Gewicht der Ölfüllung von 0,4 kg enthalten ist. Die Nennleistung des vierpoligen Wechselstrommotors beträgt $^1/_{10}$ PS. Die Leistungsdaten sind in Tab. 15 zusammengestellt. Bei den dort im einzelnen näher bezeichneten Bedingungen und einer Verdampfungstemperatur von —10 °C beträgt die spezifische Kälteleistung 850 kcal/kWh und das reziproke Leistungsgewicht 12,5 kcal/kgh. Der Antrieb wird über ein Kreuzkurbelgetriebe (Kurbelschleife), d. h. einen fliegend angeordneten Kurbelzapfen übertragen, der über einen Gleitstein und eine Gleitsteinführung den Kolben bewegt. Ein auf der freien Stirnseite des Kurbelzapfens eingesetztes und abgekröpftes Röhrchen saugt zentrisch aus dem Ölsumpf das Öl an und fördert es mittels Zentrifugalwirkung über eine Spiralnut an die Schmierstellen.

Tabelle 15. *Kälteleistung und Leistungsaufnahme des hermetischen Motorkompressors GM 26 ($^1/_{10}$ PS) von Linde mit R 12 bei einer Kondensationstemperatur von $t = 40°$ C, einer Saugüberhitzungs- und Raumtemperatur von t_{0h} bzw. $t_R = 25°$ C.*

t_0 °C	Q_0 kcal/h	N_{Kl} W
+ 5	215	155
—10	110	130
—25	55	110
—40	25	85

VII. Stempel-Hermetik GmbH, Offenbach (Main).

Die Motorkompressoren der Firma Stempel-Hermetik GmbH, einer Tochtergesellschaft der Danfoss, Nordborg/Dänemark, sind als selbständige Neuentwicklung erst in den letzten Jahren entstanden und wurden bis etwa 1960 mit Erfolg in großen Stückzahlen hergestellt. Ständige Änderungen, Versuche und Verbesserungen formten das endgültige Gesicht dieser Reihe, die im Gewerbe und in Haushaltkühlschränken, bevorzugt in Verbindung mit statisch belüfteten Kältesätzen verwendet werden (Abb. 158).

Obwohl diese Maschinen wegen der inzwischen erfolgten Typenbereinigung durch die Fa. Danfoss nicht mehr gebaut werden, verdienen ihre konstruktiven Merkmale Beachtung.

Besondere Aufmerksamkeit wurde der Tilgung des Geräusches und der Laufunruhe gewidmet, der Verbesserung des Liefergrades und der spezifischen Kälteleistung (kcal/kWh).

Abb. 159 zeigt den Schnitt durch einen typischen Motorkompressor der HS-Reihe mit einem zweipoligen Antriebsmotor. Der Motorkompressorblock sitzt frei auf drei Druckfedern (*19*), der Kältemitteldampf wird aus dem Kapselraum angesaugt und über die in weichfedernden Windungen eingelegte und in die Unterkapsel eingelötete Druckrohrschleife nach außen geleitet. Die Rüttelausschläge infolge der durch den Einzylindertrieb hervorgerufenen Rest-Unwucht werden fast vollkommen gedämpft, so daß die Kapsel starr auf einem äußeren Montagerahmen befestigt werden kann. Der Anschlagsicherung beim Transport dienen der Wellenzapfen (*7*) und die Konusbolzen (*21*) in senkrechter und der Federring (*8*) in waagerechter Richtung.

Alle gleitenden Teile sind bei engsten Toleranzen feinst gehont und teilweise gebondert. Dadurch und durch Schrägstellen des Kurbelzapfens und gegebenenfalls auch des Zylinders ergibt sich eine große Laufruhe und in Verbindung mit einem wirksamen Zentrifugal-Schmiersystem ein guter mechanischer Wirkungsgrad. Hohe Förderleistungen in einem weiten Bereich wechselnder Druckverhältnisse sind die Folge absolut dicht schließender Arbeitsventile, geringer Kolbenspiele und formbeständiger, dünner und eng tolerierter Blei- bzw. Aluminiumdichtungen zwischen Zylinder (*14*) und Ventilträgerplatte (*15*). Die Wicklungsköpfe des Motorständers werden durch Verwirbelung der den Kapselraum durchströmenden Kältemitteldämpfe gekühlt. Dazu dienen die zusammen mit dem Ausgleichsgewicht an den Motorläufer angespritzten Lüfterflügel aus Aluminium (*6*).

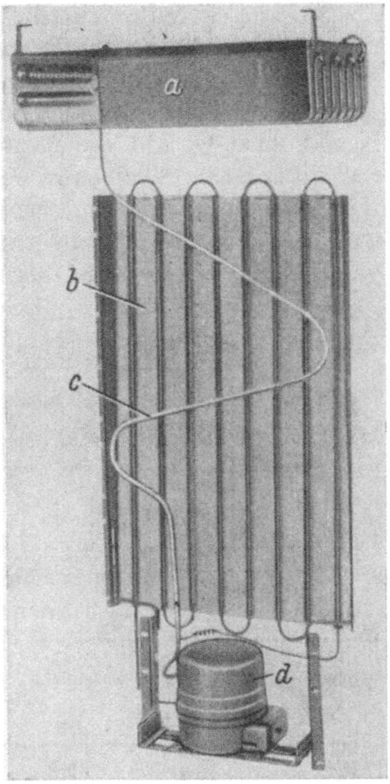

Abb. 158. Statisch belüfteter Kältesatz für Haushaltkühlschränke bis 315 l Inhalt mit Tiefkühlfach. Einzylinder-Motorkompressor Type KA 5 (1/6 PS), Zylinderdurchmesser 30 mm, Hub 16 mm (Stempel-Hermetik). *a* Breitschalenverdampfer; *b* statischer Rückwandkondensator; *c* Doppelrohrleitung (Drosselkapillare mit Saugleitung verlötet); *d* hermetischer Motorkompressor für R 12, $n = 1450\ \text{min}^{-1}$.

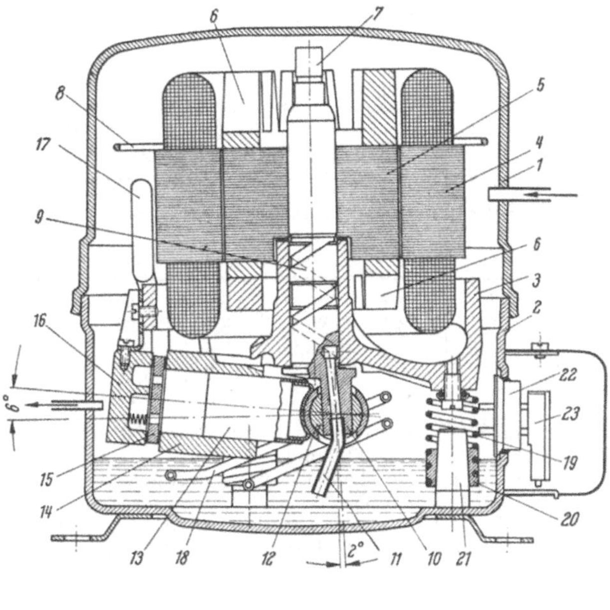

Abb. 159. Einzylinder-Motorkompressor Type HS 8 für R 12 von Stempel-Hermetik. Zweipoliger Antriebsmotor 1/5 PS für 220 Volt Wechselstrom, 50 Hz, $n = 2900\ \text{min}^{-1}$. Zylinderdurchmesser 25 mm, Hub 17 mm.
1 Oberkapsel; *2* Unterkapsel; *3* Motorträger mit Wellenlager; *4* Stator; *5* Rotor; *6* Lüfterflügel; *7* Transport-Anschlagsicherung; *8* Federring; *9* Kurbelwelle mit Spiral-Ölnut; *10* Kurbelzapfen; *11* Ölansaugrohr; *12* Gleitstein; *13* Kolben mit Gleitsteinführungsrohr; *14* Zylinder; *15* Ventilträgerplatte; *16* Zylinderkopf; *17* Ansaugrohr; *18* Druckrohrschleife; *19* Stützfeder; *20* Federkern; *21* Konusbolzen; *22* Glas-Stromdurchführung; *23* Verbindungsstecker (3polig).

Ein abgekröpftes, in die Stirnfläche des Kurbelzapfens (*10*) eingelötetes Ölrohr (*11*) nimmt zentrisch Öl aus dem Ölsumpf auf und fördert es durch Zentrifugalwirkung in die Spiralnut der Kurbelwelle (*9*) zur Schmierung des Kurbelzapfens, des Stirn- und des Schaftlagers der Welle. Von einer Ölsammeltasche mit Kerbe wird Öl auf die Mantelfläche des zurücklaufenden Kolbens geleitet, so daß auch dessen Gleitbahn einwandfrei geschmiert ist. Die Ölabwanderung in das Kühlsystem ist äußerst gering, da das Öl im Kapselraum nicht versprüht wird, wodurch es in den Ansaugstutzen und von dort in den Zylinderarbeitsraum gelangen könnte, sowie wegen des engen Kolbenspieles.

VIII. Tecumseh-Products Comp., Tecumseh, Mich., USA

Diese Firma ist das größte Unternehmen der Welt, das hermetische Motorkompressoren für Haushaltkühlschränke, Klimaschränke, alle Art von Kühlmöbeln und viele andere gewerbliche Zwecke herstellt. Zahlreiche Lizenznehmer

Tabelle 16. *Hauptabmessungen und Leistungsdaten von hermetischen 1-Zylinder-Motorkompressoren (Pancake-Form) für Gewerbe und Haushalt.*
Fabrikat Tecumseh-Products Comp. Tecumseh, Mich., USA.

Kompressor Type	Motor PS	Gewicht kg	Bohrung mm	Hub mm	Hubraum cm³	Geom. Hubvolum m³/h	Kälteleistung bei $t_0 = -23{,}2°$ C kcal/h
P 1219	1/12	11,8	26,2	15,1	8,15	0,86	81
P 91	1/8	13,1	26,2	15,9	8,55	0,90	93
P 6112	1/6	13,1	26,2	19,0	10,20	1,07	113
P 5312	1/5	13,6	30,2	19,0	13,60	1,43	156
AP 5111	1/5	13,6	26,2	17,5	9,4	1,97	202
AR 43	1/4	12,7	30,2	15,9	11,3	2,37	252

Antriebsmotor bei P-Typen vierpolig für Wechselstrom 115 oder 230 V/60 Hz, $n = 1750$ min^{-1} bei A-Typen zweipolig, $n = 3500$ min^{-1}, jeweils ohne Anlaufkondensator. Die Leistungsangaben beziehen sich bei den P-Typen auf statisch belüftete, bei den anderen auf ventilatorbelüftete Kompressorgehäuse, auf $t_{0h} = t_u = t_R = 32{,}2°$ C und $t = 54{,}5°$ C. Die Ölfüllung beträgt 0,625 kg, der Kapseldurchmesser 248, die Tiefe 158 und die Höhe 263 mm. Kältemittel R 12.

Tabelle 17. *Hauptabmessungen und Leistungsdaten von hermetischen 1-Zylinder-Motorkompressoren (Pancake Form) für Klimageräte.*
Fabrikat Tecumseh-Products Comp. Tecumseh, Mich., USA

Kompressor Type	Motor PS	Gewicht kg	Bohrung mm	Hub mm	Hubraum cm³	Geom. Hubvolum m³/h	Kälteleistung bei $t_0 = +7{,}2°$ C kcal/h	Gehäuse- Durchmesser mm	Gehäuse- Tiefe mm	Gehäuse- Höhe mm
P 61	1/6	13,1	26,2	15,9	8,55	0,90	358	248	158	263
P 5112	1/5	13,1	26,2	19,0	10,20	1,07	453	248	158	263
AP 4111	1/4	12,7	26,2	17,5	9,4	1,97	780	248	158	263
AR 26	1/2	14,0	35,0	15,9	15,2	3,20	1300	263	158	263
AU 1P 12	1	19,0	38,1	19,0	21,9	4,60	3000	263	159	263

Antriebsmotor bei P-Typen vierpolig für Wechselstrom 115 oder 230 Volt/60 Hz, $n = 1750$ min^{-1}, bei A-Typen zweipolig, $n = 3500$ min^{-1}.
Die Leistungsangaben beziehen sich auf ventilatorbelüftete Kompressorgehäuse, auf $t_{0h} = t_R = 35°$ C, $t_u = 46{,}1°$ C und $t = 54{,}5°$ C.
Bei der 1 PS-Type beträgt die Ölfüllung 0,79 kg, bei den anderen 0,625 kg.
Die 1 PS-Type verwendet als Kältemittel R 22, die anderen R 12. Ein vollständiges Leistungsdiagramm der Type AR 26 zeigt Abb. 162.

zeugen von dem einmaligen technischen und wirtschaftlichen Erfolg der vielfältigen Konstruktionen im Leistungsbereich von $^1/_{12}$ bis 5 PS.

In Europa erwarben die Lizenz die Firmen Danfoss in Dänemark, L'Unité Hermétique in Frankreich, L. Sterne & Co. in Schottland und Aspera Frigo in Italien. Auf der übrigen Welt bestehen Lizenzverträge in Argentinien, Australien, Brasilien, Israel und auf den Philippinen. Ohne oder nur mit geringen Abweichungen werden die Originalkonstruktionen verwendet, von denen im folgenden einige beschrieben werden.

Tecumseh hat, beginnend 1934, mit jährlich steigenden Stückzahlen bis 1959 etwa 40 Millionen Kompressoren für Kleinkältemaschinen hergestellt, davon etwa 80% in den letzten 10 Jahren. 1958 betrug die Herstellmenge z. B. 4544000 Stück. Hierin sind die inzwischen auch beträchtlich gewordenen Stückzahlen der Lizenznehmer nicht enthalten.

Das Programm ist sehr vielfältig. Weit über 100 verschiedene Modelle in dem bereits genannten Leistungsbereich werden hergestellt. Die Kompressoren haben 1, 2 oder 4 Zylinder, letztere bei den Leistungsgrößen 2 bis 5 PS, sie sind innen oder außen gefedert, benützen R 12 oder R 22 als Kältemittel, haben vier- oder zweipolige Motoren, teils Kurbelschleifen teils Pleuelantrieb und viele andere im Laufe der Entwicklung entstandenen unterschiedlichen Merkmale.

Die weitaus größte Verbreitung hat der wegen seiner besonderen flachen Form als „Pancake" bezeichnete Motorkompressor gefunden. Die Leistungsgrößen reichen für Haushaltkühlschränke und Gewerbekühlung von $^1/_{12}$ bis $^1/_4$ PS, für Klimageräte von $^1/_6$ bis 1 PS (vgl. Tab. 16 und 17). Es werden jedoch ständig weitere Typen entwickelt, wobei der zweipolige Motor mit einer Drehzahl von 3500 min^{-1} bei 60 Hz den vierpoligen Motor vollständig ablöst. Die immer kleiner werdenden äußeren Hauptabmessungen erleichtern sowohl den Einbau in gewerbliche Kühlmöbel als auch in Klimageräte.

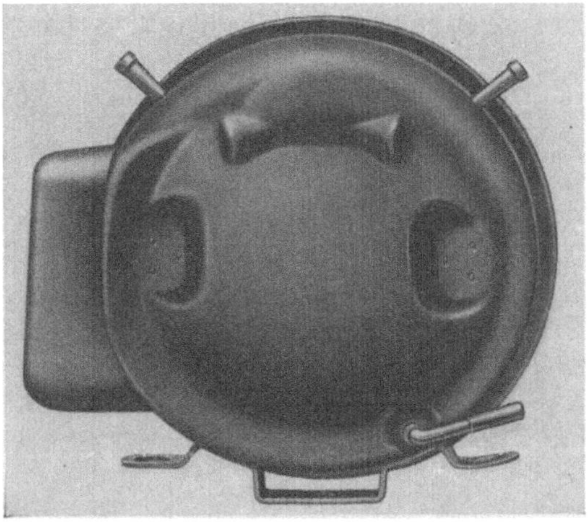

a

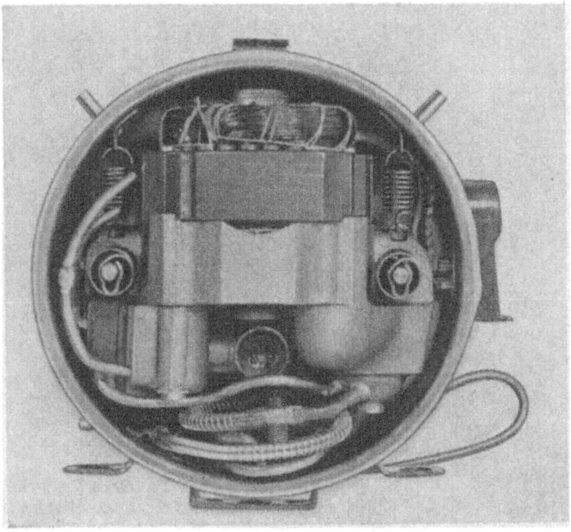

b

Abb. 160a u. b. Einzylinder-Motorkompressor Pancake-Form von Tecumseh. Type P 91 ($^1/_8$ PS). Bohrung 26,2 mm, Hub 15,9 mm.

Abb. 160a und b zeigen einen Pancake-Motorkompressor mit einem Schweißranddurchmesser von 248 mm in Ansicht (a) und mit abgetrenntem Deckel (b).

Neuerdings werden in die gleiche Gehäusegröße Motoren bis zu einer Stärke von $^1/_3$ PS in zweipoliger Ausführung eingebaut. Bei der 1 PS-Pancake-Type findet R 22 Verwendung, bei allen anderen R 12.

Der Kolben wird bei den kleineren Typen (unter $^1/_4$ PS) in der altbekannten Weise mittels Kurbelschleife angetrieben, bei größeren und schnellaufenden jedoch über Pleuel. Die gedrängte Bauform geht aus dem Schnitt Abb. 161 hervor. Der zusammengebaute, vollständige Block hängt an Zugfedern (15). Das Reaktions-

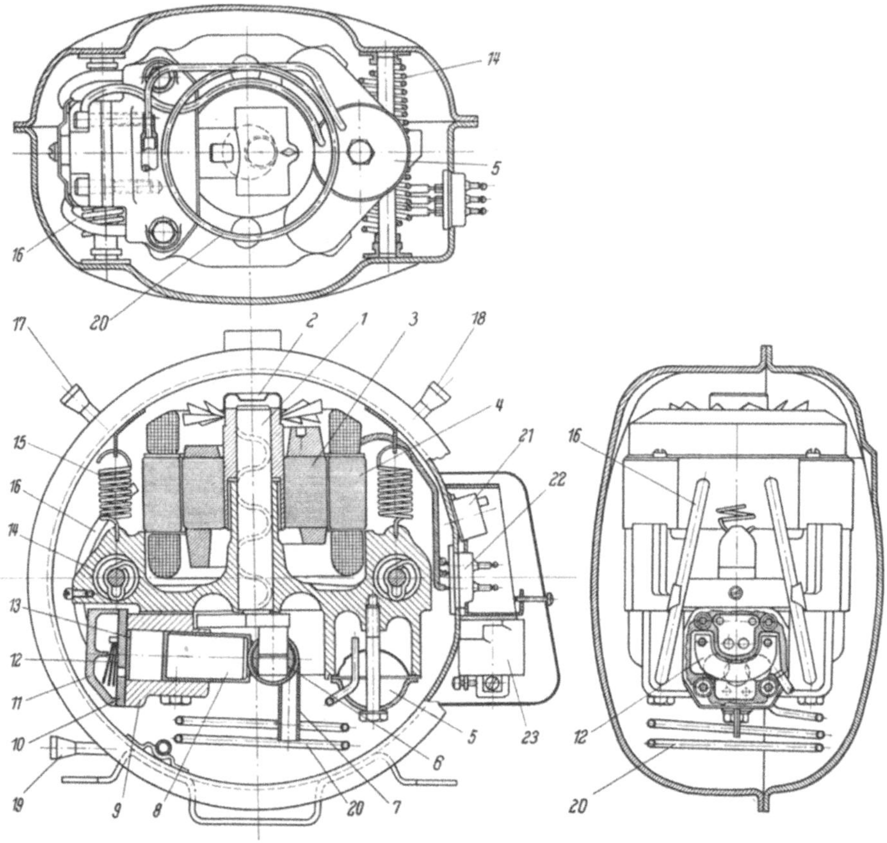

Abb. 161. Pancake-Motorkompressor im Schnitt.
1 Kurbelwelle mit Spiralnut; *2* Ventilatorflügel aus Blech (aufgepreßt); *3* Rotor; *4* Stator; *5* Druckschalldämpfer; *6* Gleitstein; *7* Ölsaugrohr; *8* Kolben mit Gleitsteinführungsrohr; *9* Zylinder; *10* Ventilträgerplatte; *11* Zylinderkopf; *12* Druckventil; *13* Saugventil; *14* Stützfedern; *15* Aufhängefedern; *16* Ansaugrohr; *17* Füllstutzen; *18* Saugstutzen; *19* Druckstutzen; *20* Druckrohrschleife; *21* Motor-Schutzschalter; *22* Preßglas-Stromdurchführung, eingeschweißt; *23* Anlauf-Hilfsrelais.

moment beim Ein- und Abschalten wird durch Druckfedern (14) gegen die Gehäusewand abgestützt. Die Federführungsbolzen bilden zugleich eine Sicherung gegen das Anschlagen des Kompressors am Gehäuse beim Transport. Das in den Ölsumpf tauchende Ölansaugrohr fördert infolge des durch den schräg gestellten Zylinder bedingten Bewegungsablaufes Öl in eine Bohrung des Kurbelzapfens. Von dort gelangt dieses über eine Spiralnut zum Stirn- und Schaftlager der Welle. Erwähnenswert ist noch das halbmondförmig gebogene Druckventil, das große Durchtrittsquerschnitte freigibt. Ein ausführliches Leistungsdiagramm der Type AR 26 enthält Abb. 162.

Ein Beispiel für eine außengefederte Maschine ist in Abb. 163 gezeigt. Diese Type wird mit vierpoligen Antriebsmotoren von $^1/_2$ bis 2 PS Stärke ausgerüstet. Der Motorkompressorblock ist auf Bolzen unter Zwischenlage von elastischen Scheiben in die Kapsel eingeschraubt. Eine Schwingungsübertragung wird dabei weitgehend unterbunden. Die zur Montage erforderlichen Außenfedern sind auf dem Bild nicht ersichtlich. Da die Maschine durch die federnde Aufstellung sich nach allen Seiten bewegen kann, ist es notwendig, Saug- und Druckleitung in mehrfachen Windungen elastisch zu verlegen oder die Rohrleitungen streckenweise zur Unterbrechung der Schwingungsübertragung durch druckfeste Schläuche zu ersetzen.

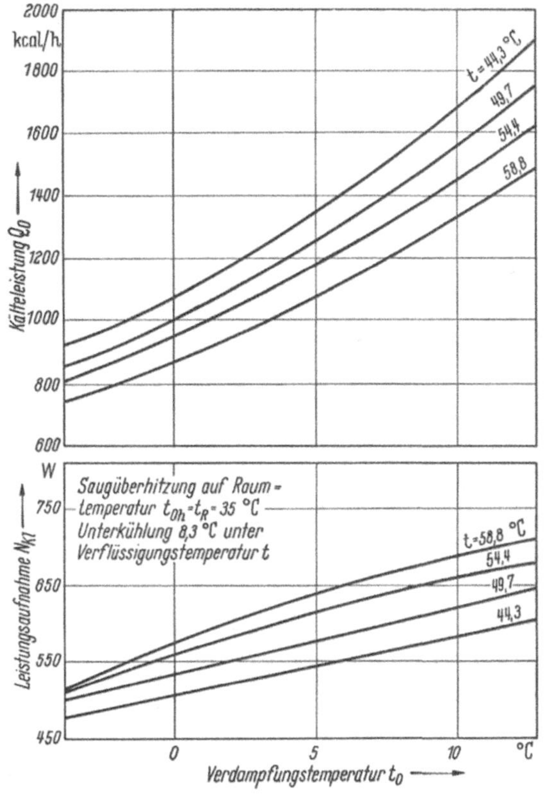

Abb. 162. Kälteleistung und Leistungsaufnahme des hermetischen Einzylinder-Motorkompressors AR 26 von Tecumseh ($^1/_2$ PS, $n = 3500$ min^{-1}).

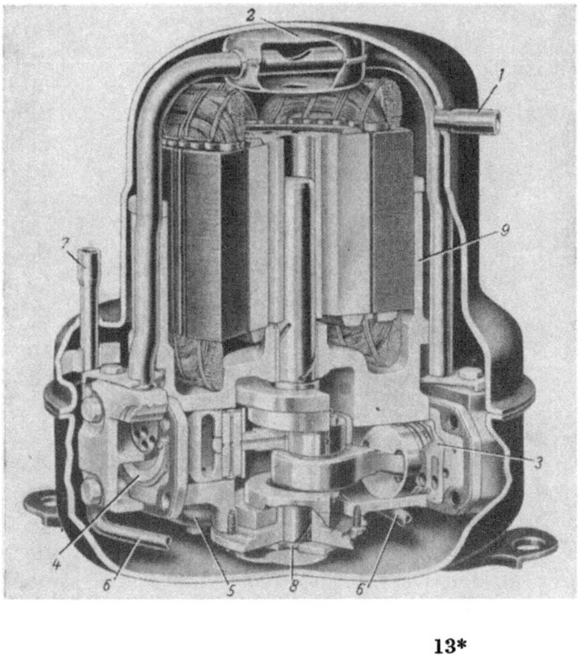

Abb. 163. Zweizylinder-Motorkompressor mit Pleuelantrieb, vierpoliger Antriebsmotor für verschiedene Typen von $^1/_2$ bis 2 PS, außen gefedert.
1 Saugstutzen; *2* Saugschalldämpfer; *3* Saugventil; *4* Druckventil; *5* Druckschalldämpfer; *6* Druckrohr; *7* Druckstutzen; *8* Ölpumpe; *9* Motorträger.

IX. AEG, Kassel

Die hermetisch gekapselten Kleinkälte-Kompressoren der AEG finden in Kältemaschinen für Haushaltskühlschränke und Tiefkühltruhen Verwendung.

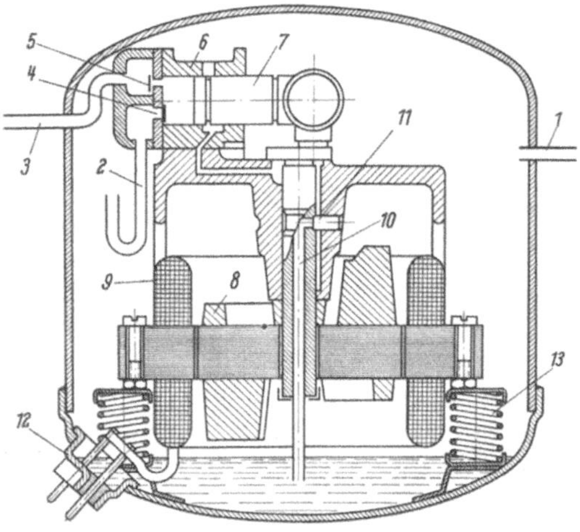

Abb. 164. Schnitt durch einen AEG-Motorkompressor für R 12 (älteres Modell).
1 Ansaugstutzen; *2* Ansaugrohr; *3* Druckstutzen; *4* Saugventil; *5* Druckventil; *6* Zylinder; *7* Kolben; *8* Rotor; *9* Statorwicklung; *10* Ölsaugrohr; *11* Ölpumpe; *12* Stromdurchführung; *13* Stützfedern.

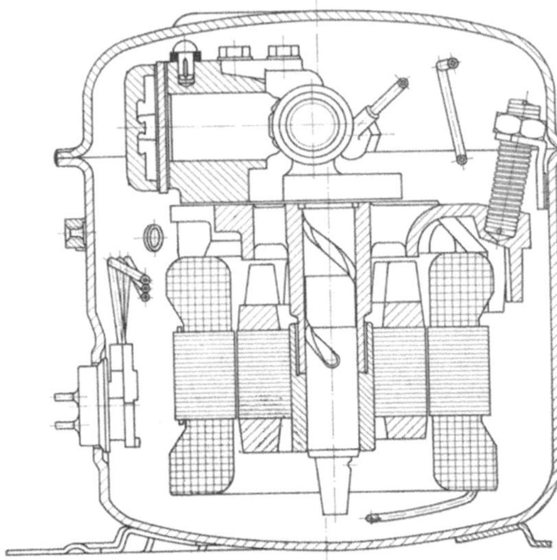

Abb. 165. AEG-Motorkompressor, Ausführung 1963.

Aus der unter Saugdruck stehenden Kompressorkapsel werden die R 12-Dämpfe über eine federnde Druckrohrschleife in den Kondensator mit nachgeschalteter Trockenpatrone gefördert. Der oben liegende Kolben des Kompressors wird über eine Kurbelschleife mit fliegend angeordnetem Kurbelzapfen angetrieben. Die Kurbelwelle läuft in einem langen, zwischen Motor und Kurbelwange liegenden Lager (vgl. Abb. 164 und 165). Der zweipolige Einphasen-Asynchronmotor ist mit einer Hilfsphasenwicklung ausgerüstet, die beim Anlauf durch ein stromabhängiges Anlaßrelais kurzzeitig zugeschaltet wird. Dieses ist mit dem Überstromschutzschalter in einem Gehäuse vereinigt, das leicht zugänglich außen an der Kapselwand sitzt.

Abb. 166. AEG-Motorkompressor mit abgenommenem Kapseldeckel.
1 Ansaugschalldämpfer; *2* obere Anschlagsicherung; *3* Federaufhängung; *4* Druckrohrschleife; *5* Unterer Anschlagbügel.

Saug- und Druckventile sind als Flatterventile ausgebildet. An den Zylinder angegossene Schalldämpferkammern dienen der Tilgung der Gasgeräusche (Abb. 166).

Aus der Kurbelwelle ragt unten der in den Ölsumpf tauchende Ölansaugstutzen heraus. Der untere Teil der Kompressorkapsel dient als Ölvorratsraum.

Über die hohlgebohrte Kurbelwelle und eine eingefräste Spiralnut wird das Öl aus dem Sumpf angesaugt und schmiert so das Kurbelwellenlager. In gleicher Weise wird Öl in den Kurbelzapfen und an das Gleitstück gebracht. Überschüssiges Öl sprüht oberhalb des Zylinders gegen die Kapselwand, schmiert so den Kolben und fließt in den Sumpf zurück, wobei es sich abkühlt.

Der Kompressorblock ist gegen die Kapsel durch Druck- oder Zugfedern abgefedert.

Bei Kühlschränken sind statisch belüftete Kondensatoren vorgesehen. Bei Tiefkühltruhen werden meist mit Rücksicht auf die beschränkten Einbaumaße und die dadurch schlechteren Belüftungsverhältnisse am Kondensator ventilatorbelüftete Kältesätze verwendet.

G. Baubeschreibungen hermetischer Dreh- und Rollkolbenkompressoren.

I. Frigidaire, General Motors Corp., Dayton/Ohio, USA.

Die Firma Frigidaire entwickelte 1933 ihren ersten Rollkolbenkompressor, der sich seinerzeit im Vergleich mit anderen Kältemaschinen durch ungewöhnlich geringe Betriebskosten auszeichnete und daher den Namen Meter-Miser erhielt. Obwohl diese Maschine jetzt nicht mehr gebaut wird, so ist sie doch entwicklungsgeschichtlich interessant.

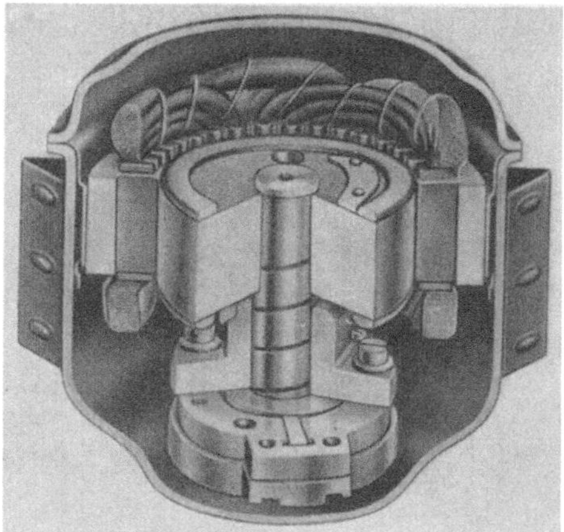

Abb. 167. Halbschnitt eines Rollkolben-Kompressors von Frigidaire.

Die Maschine wurde ursprünglich mit R 114 ($C_2F_4Cl_2$) betrieben. Wegen des hohen normalen Siedepunktes von $+4{,}1^\circ$ C arbeitet ein solches Kältesystem auf der Saugseite im Vakuum. Die Gefahr des Eindringens von Luft und Feuchtigkeit ist daher größer als bei Verwendung beispielsweise von R 12. Doch hat die damals schon beherrschte Fertigungsweise des vollkommenen Verlötens des gesamten Kältekreislaufes einen wirksamen Schutz hiergegen. Im Jahre 1948 wurden alle Umlaufkompressoren bei Frigidaire auf R 12 umgestellt. Dadurch wurde eine Typisierung des gesamten Fertigungsprogrammes erzielt. Ein vierpoliger Einbaumotor treibt die Exzenterwelle mit einer Drehzahl von 1750 U/min. Das Exzenter umschließt der Rollkolben, der auf der Zylinderwandung abrollt (Abb. 167). Im Zylinderflansch ist ein federbelasteter Trennschieber angeordnet, dessen Stirnseite auf dem Rollkolben dichtend gleitet. Früher wurde der verdichtete Kältemitteldampf unmittelbar in das Kapselgehäuse eingeleitet und gelangte von dort über die Druckleitung zum Kondensator. Später wurde die Konstruktion so geändert, daß der verdichtete Kältemitteldampf zunächst in eine berippte Druckleitung außerhalb des Gehäuses strömte. Dabei wurde ein großer Teil der Überhitzungswärme abgeführt, wobei die Temperatur bis etwa 30° C abgesenkt wurde. Der abgekühlte Kältemitteldampf wurde dann in den oberen Gehäuseteil und über die Motorwicklungen geführt. Dadurch wird eine wirksame Abkühlung des Motors erreicht. Auf der gegenüberliegenden Seite der oberen Gehäuseschale gelangt der Kältemitteldampf über eine weitere Druckleitung zum Kondensator.

Solche Rollkolbenkompressoren werden für Antriebsleistungen bis $^1/_2$ PS gebaut und im wesentlichen für Haushaltkühlschränke, Gewerbekühlmöbel und eine beschränkte Zahl von Anwendungsfällen auf dem Gewerbesektor verwendet. Sie eignen sich auch ohne besondere zusätzliche Maßnahmen infolge ihrer fast druckunabhängigen volumetrischen Leistung für Tieftemperatur-Kältesätze.

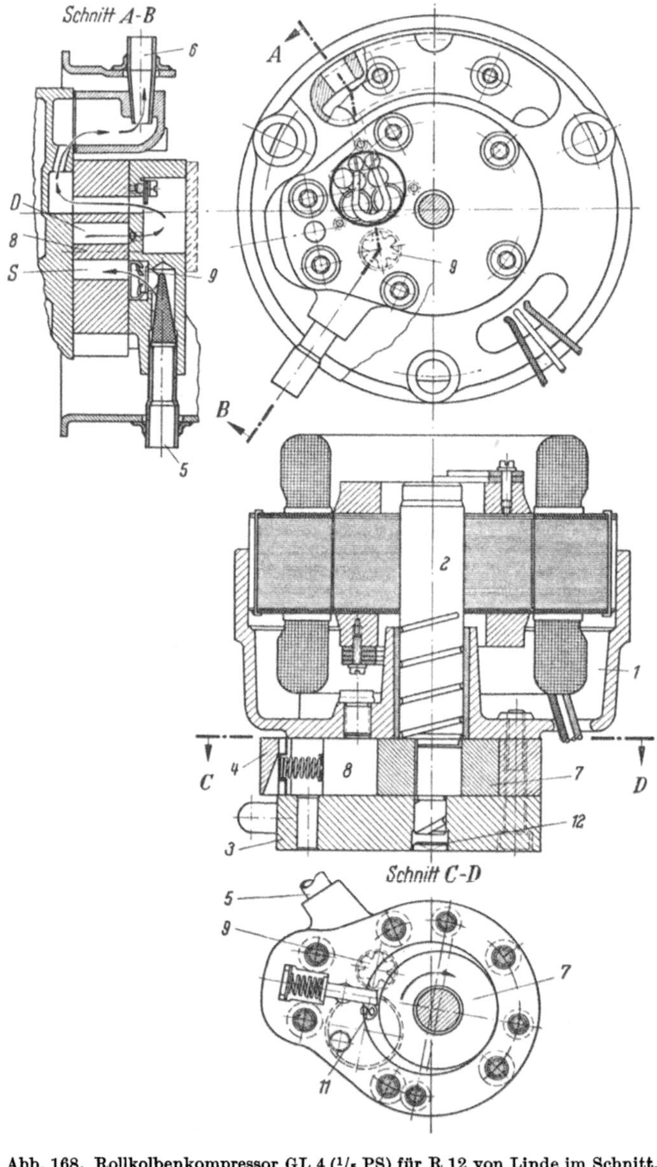

Abb. 168. Rollkolbenkompressor GL 4 ($^1/_5$ PS) für R 12 von Linde im Schnitt.
1 Motorträger; *2* Kurbelwelle, zweifach gelagert mit Spiralnuten zur Ölförderung; *3* Unterer Lagerflansch (untere Deckplatte entfernt); *4* Zylinderflansch; *5* Ansaugstutzen mit Ansaug-Sieb; *6* Druckstutzen; *7* Rollkolben, konisch in Druckschalldämpfer eingepreßt; *8* Trennschieber; *9* Ansaugbohrung; *10* Druckfeder; *11* Druckauslaß; *12* Ölansaug-Sieb (Messinggewebe);
D = Druckseite; *S* = Saugseite.

II. Gesellschaft für Linde's Eismaschinen A. G., Maschinenfabrik Sürth.

Der Rollkolbenverdichter von Linde entspricht dem üblichen Bauprinzip. Einzelheiten gehen aus den Schnittzeichnungen in Abb. 168 hervor. Man erkennt dort Saug- und Druckschalldämpfer, die teils in die Bauteile eingegossen sind, teils durch besondere Dämpfungskörper gebildet werden.

Die Kurbelwelle ist zweimal gelagert, und zwar im Motorträger und im unteren Abschlußflansch. Das Öl wird aus dem Ölsumpf in der unteren Kapselschale durch eine Spiralnut in den unteren Lagerzapfen der Kurbelwelle eingesaugt. Einzelheiten über die Hauptabmessungen und die Leistungsdaten der Typenreihe, die mit 5 Modellen von $^1/_8$ bis $^1/_3$ PS reicht, gehen aus Tab. 18 und Abb. 169 hervor. Alle Kompressormodelle werden von zweipoligen Wechselstrommotoren mit 2950 min^{-1} angetrieben. Die spezifische Kälteleistung liegt bei — 10° C Verdampfungstemperatur und einer Raumtemperatur von 25° C zwischen 1150 und 1420 kcal/kWh. Die Angaben beziehen sich auf fertige, ventilatorbelüftete Kältesätze, die Leistungsaufnahme schließt diejenige für den Lüftermotor mit ein. Die spezifische Kälteleistung ist nicht systematisch abhängig von der Leistungsgröße des Kompressors, was wohl auf die unterschiedlichen Verflüssigungstemperaturen bei den einzelnen Kältesätzen zurückzuführen ist.

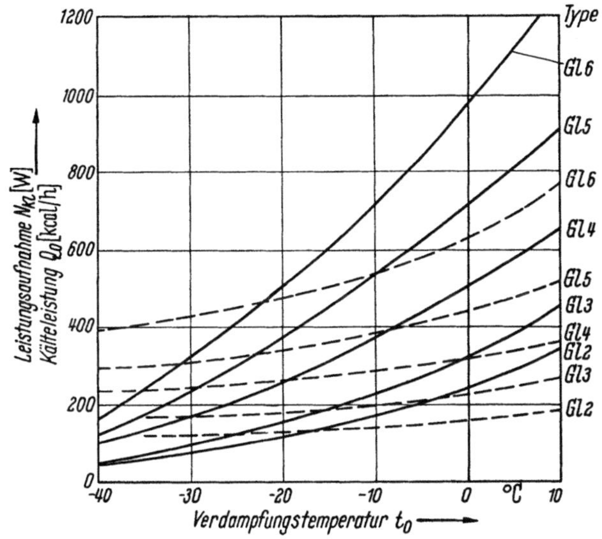

Abb. 169. Kälteleistung Q_0 (—) und Leistungsaufnahme N_{Kl} (— — —) von Linde-Rollkolbenkompressoren in ventilatorbelüfteten Kältesätzen, t_R = 25 °C, t_{0h} = 20° C. Die Leistungsaufnahme schließt den Lüftermotor mit ein.

Tabelle 18. *Hauptabmessungen und Leistungsdaten von Rollkolbenkompressoren bei Betrieb mit R 12 in ventilatorbelüfteten Kompressorsätzen mit Wärmeaustauscher.*
Fabrikat: Linde, Maschinenfabrik Sürth

Kompr. Type	Motor [1]	Gewicht	Öl	Durchmesser Zyl./Kolben	Zyl. Höhe	Hubraum	Geom. Hubvolum	Kälteleistung und Leistungsaufnahme [2]		Kompressorabmessungen		
										Breite	Tiefe	Höhe
	PS	kg	kg	mm	mm	cm³	m³/h	kcal/h	W	mm	mm ⌀	mm
GL 2	$^1/_5$	12,0	0,32	35/31,4	18	3,15	0,56	170	140	230	180	200
GL 3	$^1/_6$	12,0	0,32	35/30,4	18	4,00	0,71	230	200	230	180	200
GL 4	$^1/_8$	17,8	1,00	60/57	25	6,90	1,22	370	290	245	200	215
GL 5	$^1/_4$	20,0	1,00	60/55,6	25	10,00	1,77	540	380	245	200	230
GL 6	$^1/_3$	20,0	1,00	60/54	25	13,43	2,37	720	540	245	200	230

[1] Antriebsmotor 2polig für Wechselstrom 220 V/50 Hz, n = 2950 min^{-1}.
[2] Bei t_R = 25° C, $t \cong$ 40° C, t_0 = — 10° C, t_{0h} = 20° C.
Die Leistungsaufnahme schließt den Ventilatormotor mit etwa 22 W bei den kleineren Typen und etwa 55 W bei der Type GL 6 ein.

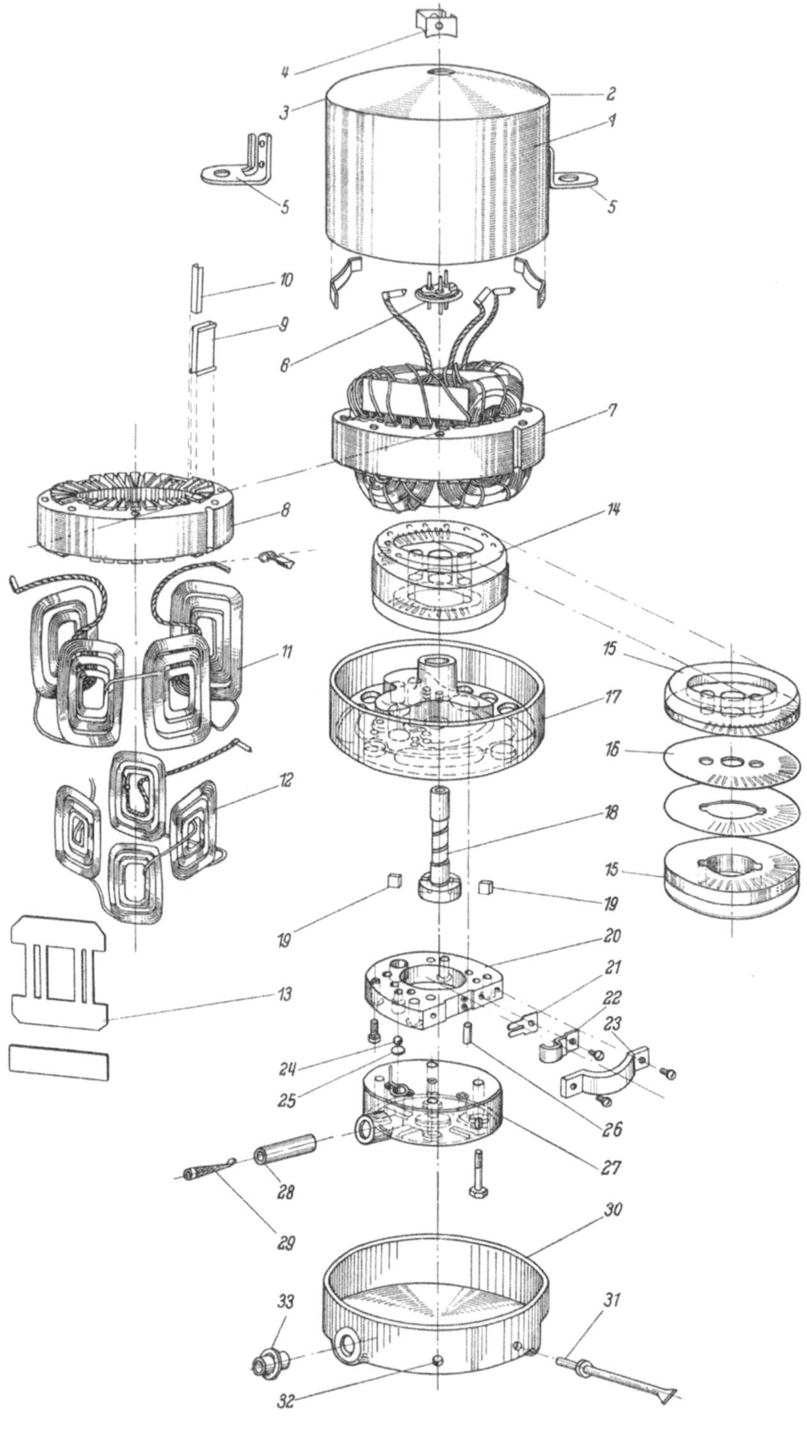

Abb. 170. Drehkolben-Kompressor von Whirlpool (Bauteil-Bilderbogen).
1 Obere Gehäusekapsel; *2* Rückstrom-Druckstutzen; *3* Zweiter Auslaß-Druckstutzen; *4* Schutzkragen für Stromdurchführung; *5* Montage-Winkel; *6* Glas-Stromdurchführung; *7* Stator; *8* Stator-Blechpaket; *9* Nuten-Auskleidung; *10* Nuten-Verkeilung; *11* Hauptphasen-Wicklung; *12* Hilfsphasen-Wicklung; *13* Hilfsphasen-Isolierung; *14* Rotor; *15* Rotor-Endringe aus Aluminium-Spritzguß; *16* Rotor-Bleche; *17* Motorträger; *18* Antriebswelle mit Drehkolben (Rotor); *19* Trennschieber; *20* Zylinder-Flansch; *21* Druckventil; *22* Schalldämpfer; *23* Druckventil-Kappe; *24* Rückschlagkugel; *25* Saugventil-Platte; *26* Bolzen; *27* Unteres Maschinengehäuse; *28* Ansaug-Rohr; *29* Ansaug-Sieb; *30* Untere Gehäusekapsel; *31* Erster Auslaß-Druckstutzen; *32* Füllstutzen; *33* Muffe für Saugstutzen.

III. Whirlpool, Evansville, Ind., USA.

Die amerikanische Firma Whirlpool baute einen Drehkolbenkompressor für R 12, der auch von europäischen Firmen mit Antriebsmotoren für Wechselstrom 220 Volt, 50 Hz in Lizenz hergestellt wurde.

Abb. 170 zeigt in Form eines Bauteilbilderbogens die einzelnen Teile, Abb. 171 stellt diese zusammengefügt in einer Schnittzeichnung dar. Aus den in den Bildunterschriften angegebenen Positionen lassen sich leicht die für das Verständnis des Zusammenwirkens der einzelnen Elemente erforderlichen Zusammenhänge erkennen. Da die Trennschieber des Drehkolbens einzig und allein durch die Fliehkraft an die Zylinderwandung angepreßt werden, sind Saug- und Druckseite

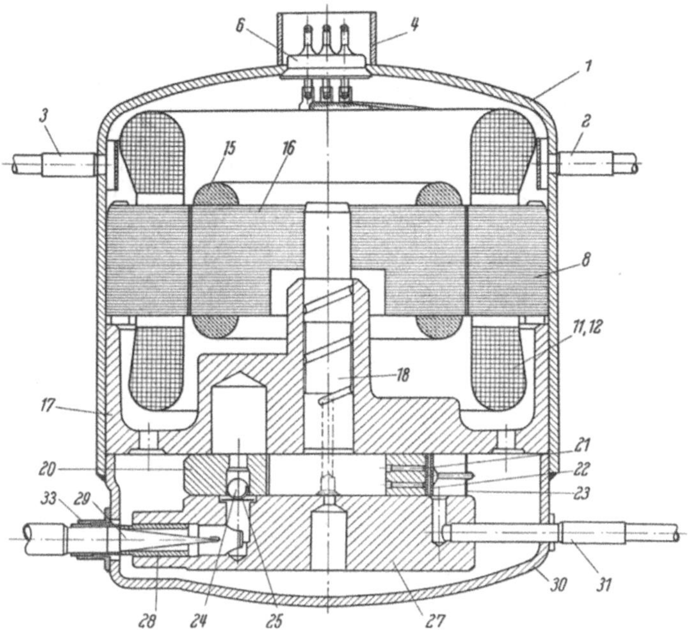

Abb. 171. Drehkolbenkompressor $^1/_8$ PS (Schnitt). Die Positionen entsprechen denen von Abb. 170.

vor Erreichen der Nenndrehzahl noch nicht dicht gegeneinander abgeschlossen. Dadurch ergibt sich ein entlasteter Anlauf, so daß der Motor in bezug auf sein Anlaufmoment schwächer bemessen werden kann als bei üblichen Tauchkolbenkompressoren.

Das für die Schmierung und Abdichtung benötigte Öl wird durch eine Bohrung in der Antriebswelle von unten angesaugt. Das Öl gelangt sowohl an die Stirnseiten des Drehkolbens, als auch über eine Bohrung in der Spiralnut der Welle in das Querlager im Motorträger (Abb. 172). Die umlaufende Ölmenge beträgt etwa 20 bis 30 cm³/min. Der Ölstand in der unteren Gehäusekapsel reicht etwa bis zur halben Höhe des Zylinderflansches. Da die Gehäusekapsel unter Verflüssigerdruck steht, wird das Öl infolge der Druckdifferenz gegenüber dem Saugarbeitsraum hochgesaugt. Darüber hinaus übt die spiralförmige Nut in der Kurbelwelle eine Pumpwirkung aus. Die untere Gleitfläche des Drehkolbens wird direkt durch das aus dem Ölsumpf eintretende Öl geschmiert. Durch die Druckdifferenz zwischen dem Ölsumpf und dem Zylinderarbeitsraum bewirkt das Öl zusätzlich neben der Fliehkraft ein gutes Anliegen der Trennschieber an der Zylinderwandung. Das Öl gelangt mit dem verdichteten Kältemitteldampf über das Druckauslaß-

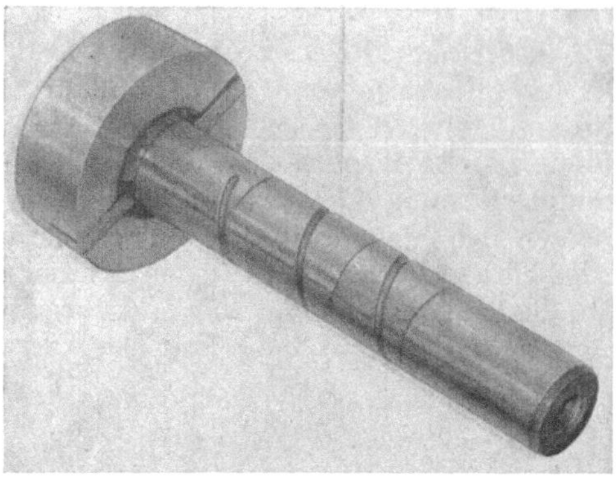

Abb. 172. Ansicht des Drehkolbens von der Wellenseite. Die Welle enthält eine Spiralnut zur Ölförderung für die Schmierung des Querlagers im Motorträger.

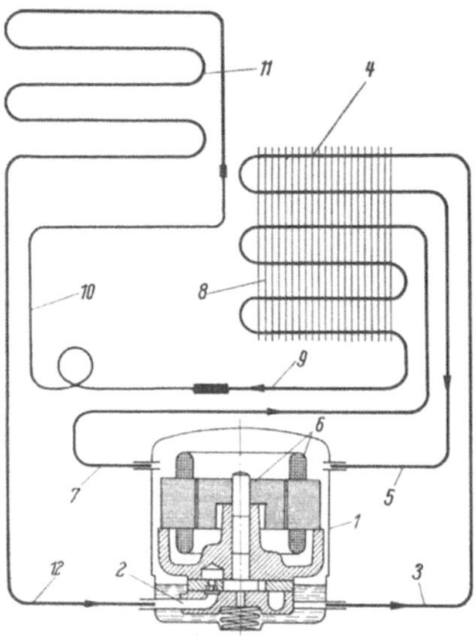

Abb. 173. Rohrleitungsplan eines Kühlsystems mit Druckdampfvorkühlung und Ölabscheidung. (Drehkolben-Kompressor von Whirlpool).
1 Kompressor-Kapsel, zugleich Ölabscheider; *2* Kompressor; *3* Erste Auslaß-Druckleitung; *4* Vorkühler; *5* Rückström-Druckleitung; *6* Motor; *7* Zweite Auslaß-Druckleitung; *8* Kondensator; *9* Flüssigkeitsleitung; *10* Drossel-Kapillare; *11* Verdampfer; *12* Saugleitung.

ventil und den Druckschalldämpfer in einen Vorkühlkreislauf (Abb. 173). Die Überhitzungswärme wird in der Druckleitung (*3*) und im Vorkühler (*4*) fast vollkommen abgeführt. Die Kompressorkapsel steht also unter Verflüssigerdruck. Das von Öl befreite Kältemittel gelangt über die zweite Auslaßdruckleitung (*7*) in den mit dem Vorkühler zusammengebauten Kondensator (*8*) und findet von dort in üblicher Weise seinen Weg über die Drosselkapillare (*10*) in den Verdampfer (*11*). Die Drehkolben-Trennschieber saugen den Dampf über Saugleitung (*12*), ein Filter, und schalldämpfende Hohlräume an, die sich sowohl im unteren Zylinderkopf als auch in der Zylinderwandung und im oberen Zylinderkopf befinden. In dem Strömungskanal im Zylinderflansch ist ferner ein Rückschlagventil angeordnet, das einen raschen Druckausgleich von der Gehäusekapsel zum Verdampfer verhindert.

Die spezifische Kälteleistung beträgt bei $-10\,°C$ Verdampfungstemperatur und $45°$ C Verflüssigungstemperatur 1230 bis 1270 kcal/kWh (vgl. Tab. 19). Die reziproken Leistungsgewichte[1] betragen bei den gleichen Bedingungen und bei einer Leistungsgröße von

PS	kcal/kg · h
$^1/_8$	17,6
$^1/_6$	22,5
$^1/_4$	32,8
$^1/_3$	38,2

Das Geräuschverhalten, die mechanischen und elektrischen Wirkungsgrade sowie die volumetrische Leistung konnten bei dieser Kompressortype in den letzten Jahren erheblich verbessert werden.

Tabelle 19. *Hauptabmessungen und Leistungsdaten von Drehkolbenkompressoren mit R 12* Fabrikat Whirlpool, Luzern (Schweiz).

Motor PS	Gewicht kg	Durchmesser Zyl./Kolben mm	Zyl. Höhe mm	Kälteleistung und Leistungsaufnahme bei $t_0 = -10°$ C kcal/h	W	bei $t_0 = -25°$ C kcal/h	W
$^1/_8$	11,5	45,5/40,5	14,3	202	162	115	141
$^1/_6$	12,5	47,2/40,5	14,3	282	230	146	168
$^1/_4$	13,2	48,8/42,8	22,3	434	346	242	287
$^1/_3$	13,4	49,6/42,8	22,3	511	401	290	318

Die Leistungsangaben beziehen sich auf $t_R = 32°$ C; $t = 45°$ C. Wechselstrom 220 V/50 Hz, $n = 1450\ \text{min}^{-1}$. Kapseldurchmesser 153 mm, Kapselhöhe 210 mm, Ölfüllung 0,4 kg.

[1] Gewichtsspezifische Kälteleistungen

Kolbenkompressoren für Großkältemaschinen.

Von

Direktor **A. Neuenschwander**, Paris

und Dr.-Ing., Dr. phil. nat. h. c., Dr. sc. agr. h. c. **R. Plank**

em. o. Professor an der Technischen Hochschule Karlsruhe

Mit 109 Abbildungen.

Einleitung.

Das Ziel der im Laufe der Jahre stetig angestrebten Verbesserungen im allgemeinen Maschinenbau war die Verringerung des Platzbedarfs, des Gewichtes und der Herstellungskosten der Maschinen gleicher Leistung, bei gleichzeitiger Vereinfachung der Betriebsführung und erhöhter Betriebssicherheit.

Die konstruktive Entwicklung der Kolbenkompressoren folgte den im Bau von Verbrennungskraftmaschinen und Gaskompressoren erzielten Errungenschaften, welche gefördert wurden durch die wissenschaftlichen Fortschritte der Wärme- und Strömungslehre, der Festigkeitslehre, Materialkunde und Schmiertechnik.

Die bei Kältemaschinen verlangten Betriebsbedingungen erforderten aber zusätzlich eine weitgehende Anpassung der Maschinenleistung an den oft in hohem Maße schwankenden Kältebedarf, absoluten Schutz gegen Betriebsstörungen und Überlastung, möglichst einfache, betriebssichere Antriebsmaschinen sowie die Verwendung geeigneter, unschädlicher Kältemittel. Zur erfolgreichen Entwicklung der Kälteerzeugungsmaschinen haben also auch die wissenschaftlichen und technischen Fortschritte in den Gebieten der Elektrotechnik und der Chemie weitgehend beigetragen.

Die Geschichte der Kälteindustrie wurde im ersten Band dieses Handbuches von R. Plank ausführlich behandelt und in diesem Rahmen wurde auch die historische Entwicklung der Kaltdampfkompressionsmaschinen weitgehend berücksichtigt und durch zahlreiche Abbildungen illustriert. Der vorliegende Abschnitt ist der Beschreibung der heute von den namhaftesten europäischen und amerikanischen Spezialfirmen gebauten Groß-Kolbenkompressoren gewidmet. Die historische Einführung in dieses Kapitel bezweckt die Erläuterung der im Laufe der Zeit auf dem Gebiete der Konstruktion dieser Maschinen erzielten Fortschritte.

Da seit den zwei letzten Jahrzehnten die prinzipielle Konstruktion dieser Maschinen in allen Ländern, neuen fast einheitlichen Richtlinien folgt, soll von der ausführlichen Beschreibung der heute nicht mehr oder nur ausnahmsweise ausgeführten Maschinen und von deren Elementen abgesehen und die diesbezügliche Entwicklung nur gestreift werden.

A. Abriß der geschichtlichen Entwicklung.

Die grundsätzlichen, konstruktiven Änderungen, welche den Bau der Kolbenkompressoren im Laufe der Geschichte entscheidend beeinflußt haben, können folgendermaßen kurz umrissen werden:

Die vor der Jahrhundertwende in der Kälteindustrie verwendeten Kolbenkompressoren großer Leistung hatten gewaltige Ausmaße. Die Konstruktion der

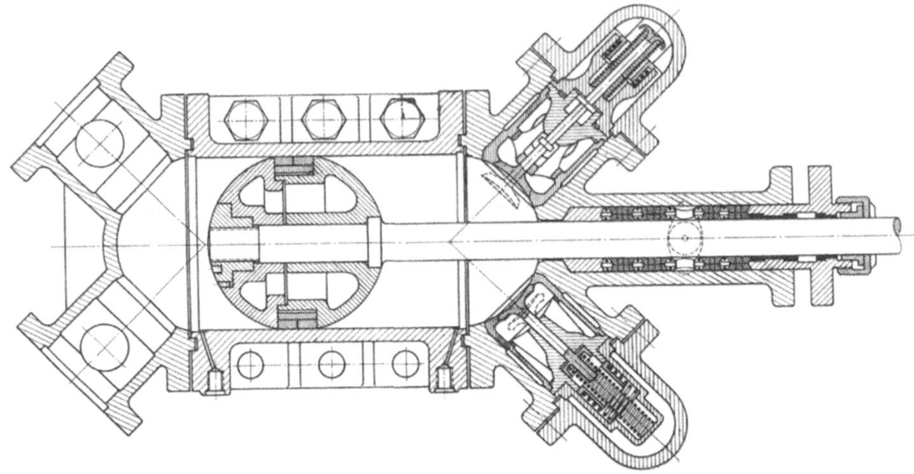

Abb. 174. Liegender NH_3-Kompressorzylinder mit kugeligem Kolben und Tellerventilen (Linde).

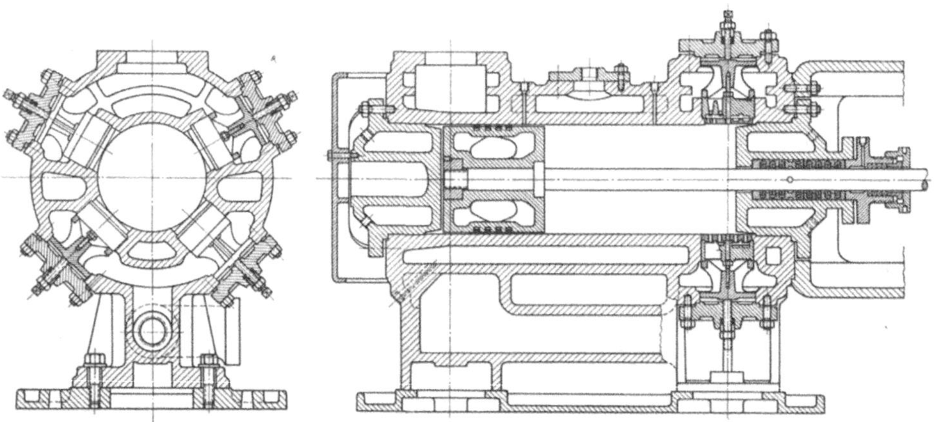

a b

Abb. 175. Kompressorzylinder mit Stirnkolben und Plattenventilen.

Zylinder und Triebwerke lehnte sich an diejenige des Dampfmaschinenbaus an und die von Hand betätigten Schmiervorrichtungen waren sehr primitiv. Der Antrieb erfolgte meistens durch mit der Hauptwelle starr verbundene Dampfmaschinen.

Der damalige Stand der Ventilgestaltung erlaubte mit Rücksicht auf die Strömungsverluste nur geringe Drehzahlen von 50 bis 80 U/min bei mittleren Kolbengeschwindigkeiten von 1,5 bis 1,6 m/s. Der spezifische Werkstoffbedarf dieser Großkolbenmaschinen betrug ungefähr 130 kg für 1000 kcal stündlicher Kälteleistung.

Für stationäre Großkältemaschinen bevorzugte man Ammoniak und in geringerem Maße auch Schwefeldioxyd als Kältemittel. Aber auch Chlormethyl- und Kohlendioxyd-Kaltdampfmaschinen wurden schon damals in der gewerblichen Lebensmittelindustrie und besonders auf Schiffen verwendet.

Im Laufe der ersten Dekade des zwanzigsten Jahrhunderts erfolgte der Übergang vom nassen Kompressorgang auf den trockenen. Gleichzeitig wurde die Gasführung in den Zylindern und die Ventilkonstruktion erheblich verbessert. Die schweren Tellerventile wurden ersetzt durch verbesserte, gedämpfte Mehrzahl-

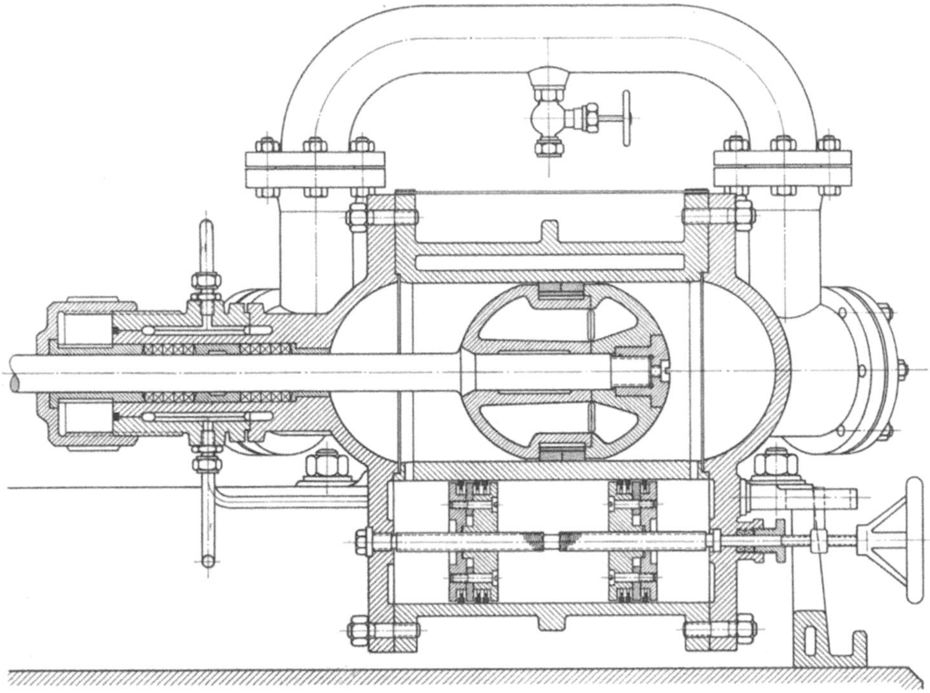

Abb. 176. Kompressorzylinder mit Zuschalträumen zur Leistungsregelung.

Tellerventile aus Spezialstahl. Einige europäische Firmen verließen die in den Zylinderböden und Deckeln angebrachten Ventilanordnungen und gingen über zum Einbau von Klappen- und Ringplattenventilen am Zylinderumfang. Das Problem der Leistungsregelung wurde gelöst durch Vorrichtungen zur willkürlichen Vergrößerung der schädlichen Räume oder durch Abheben der Saugventile einer Zylinderseite. Gleichzeitig wurden die Triebwerke geschlossen, die Schmiervorrichtungen und Stopfbüchsen verbessert. Die mittleren Kolbengeschwindigkeiten wurden bei Großkältemaschinen auf etwa 2 m/s gesteigert und die Drehzahlen erhöht. Der spezifische Materialbedarf sank auf etwa 80 kg für 1000 kcal/h. Es wird auf die Abb. 174 bis 176 verwiesen.

Der Antrieb der Kompressoren mittlerer und kleiner Leistung erfolgte mehr und mehr durch Elektromotoren. Für Schiffsanlagen wurden zur Verminderung des Raumbedarfs die Kompressoren mit ihren Antriebsmaschinen, Kondensatoren und Wasserpumpen zu einheitlichen Aggregaten in den Fabriken zusammengebaut. Ab 1918 wurden auf Schiffen auch CO_2 Anlagen mit zweistufiger Verdampfung und Nachströmkompressoren eingebaut (Voorhees Prinzip).

Solche Maschinen wurden ebenfalls für den Betrieb mit NH_3 entwickelt (Frick) Abb. 177.

Während des ersten Weltkrieges und in der Nachkriegszeit erblühte in Amerika die Kleinkälteindustrie und der Bedarf an gewerblichen und industriellen Kälteanlagen stieg beständig. Die York Corporation in York Pa. unter der Leitung von Thomas Shipley hat in diesem Zeitabschnitt der Konstruktion der Hubkolbenkompressoren völlig neue Wege gewiesen, durch die erstmalige Ausführung völlig geschlossener Gleichstromkompressoren mittlerer und großer Leistung. Die besonderen Merkmale dieser Neukonstruktion waren der Wegfall des Kreuzkopfs, die Vergrößerung des Verhältnisses vom Zylinderdurchmesser zum Kolbenhub, das Verlegen der Saugventile in den Kolben und der Reihenaufbau von zwei Blöcken mit je zwei Zylindern auf ein gemeinsames geschlossenes Kurbelgehäuse (Abb. 178).

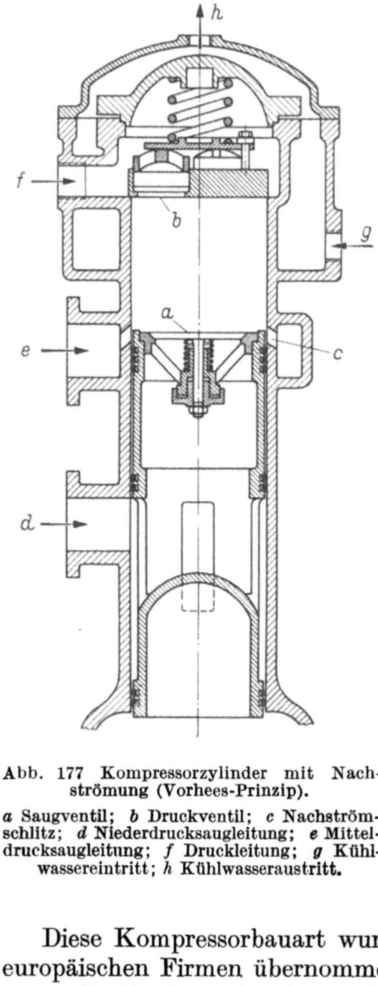

Abb. 177 Kompressorzylinder mit Nachströmung (Vorhees-Prinzip).

a Saugventil; *b* Druckventil; *c* Nachströmschlitz; *d* Niederdrucksaugleitung; *e* Mitteldrucksaugleitung; *f* Druckleitung; *g* Kühlwassereintritt; *h* Kühlwasseraustritt.

Die erzielte Vergrößerung der Ventilquerschnitte und der Einbau mehrerer stromlinienförmiger Einzelventile ermöglichten zusammen mit der Vereinfachung des Getriebes und der Druckschmierung eine weitere Steigerung der mittleren Kolbengeschwindigkeit auf 3 bis 3,5 m/s. Die Drehzahlen der Maschinen im Leistungsbereich von etwa 300000 kcal/h stiegen auf 250 bis 300 U/min. Der spezifische Materialaufwand fiel auf 30 bis 35 kg für 1000 kcal/h. York hat bei diesen Maschinen auch die übliche Regelung mit Zuschalträumen durch eine von Hand oder automatisch betätigte By-pass Regelvorrichtung ersetzt, welche das Rückströmen eines Teiles der angesaugten Dämpfe ermöglichte.

Bei diesen heute noch für sehr große Leistungen ausgeführten Maschinen erfolgte der unbelastete Anlauf durch Öffnung von Querverbindungen zwischen der Saug- und Druckseite. Die gedämpften Mehrzahl-Tellerventile erlaubten bei kleinstem Druckverlust Gasgeschwindigkeiten bis zu 30 m/s in den Saugventilen und bis 54 m/s in den Druckventilen anzuwenden.

Diese Kompressorbauart wurde später von zahlreichen amerikanischen und europäischen Firmen übernommen. Sie blieb bis 1938 die wohl am meisten angewandte Bauform der Ammoniakkompressoren mittlerer und großer Leistung. Die wahrscheinlich größte Vierzylindermaschine dieses Typs mit einer Normalkälteleistung von 3600000 kcal/h wurde im Jahre 1944 von der A.G. Borsig in Berlin Tegel geliefert.

Durch weitere Verbesserung der Ventilkonstruktionen und der Gasführung im Zylinder konnten in den dreißiger Jahren die Drehzahlen dieser Gleichstrommaschinen von 300000 bis 400000 kcal/h auf etwa 400 U/min gesteigert und der spezifische Materialaufwand auf 20 bis 25 kg für 1000 kcal/h erniedrigt werden. Für den Antrieb dieser Kompressoren bevorzugte man in Amerika häufig die im

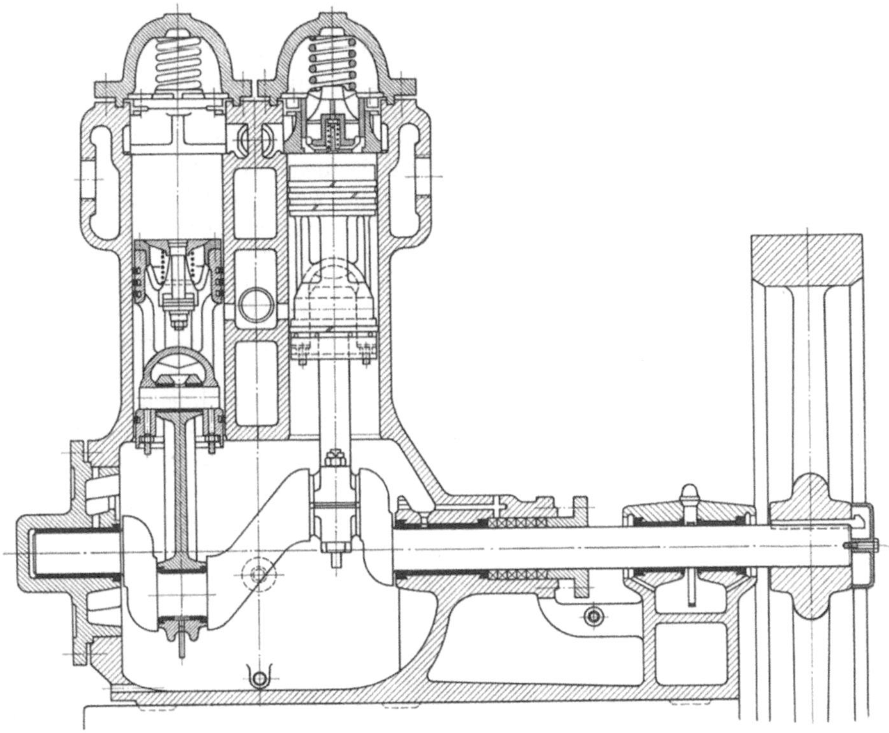

Abb. 178. Stehender Gleichstromkompressor mit Tauchschmierung.

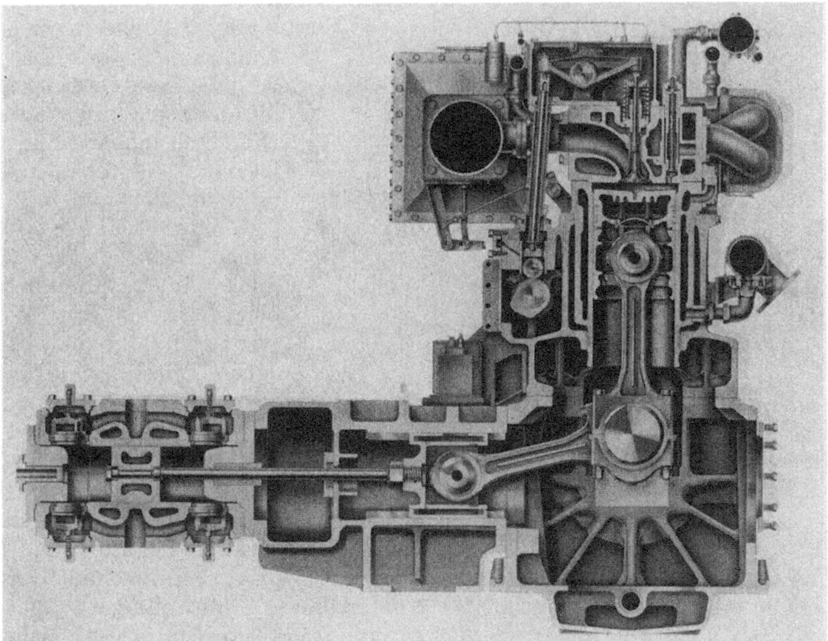

Abb. 179. Winkelkompressor (Worthington).

Jahre 1920 erstmals eingeführten Synchronmotoren, deren Läufer starr mit der Kompressorwelle verbunden wurden.

Für den Betrieb in Gebieten mit Naturgasquellen wurden namentlich von den amerikanischen Firmen Clark, Ingersoll Rand und Worthington horizontale Wechselstromkompressoren unmittelbar mit stehenden Gasmotoren zusammengebaut. Bei diesen noch immer ausgeführten Mehrzylinder-Bauarten werden die Pleuel der Kompressoren direkt von der Motorwelle betätigt. Die Leistungsregelung erfolgt meistens durch Veränderung der schädlichen Räume mittels Zuschaltzylinder (Abb. 179).

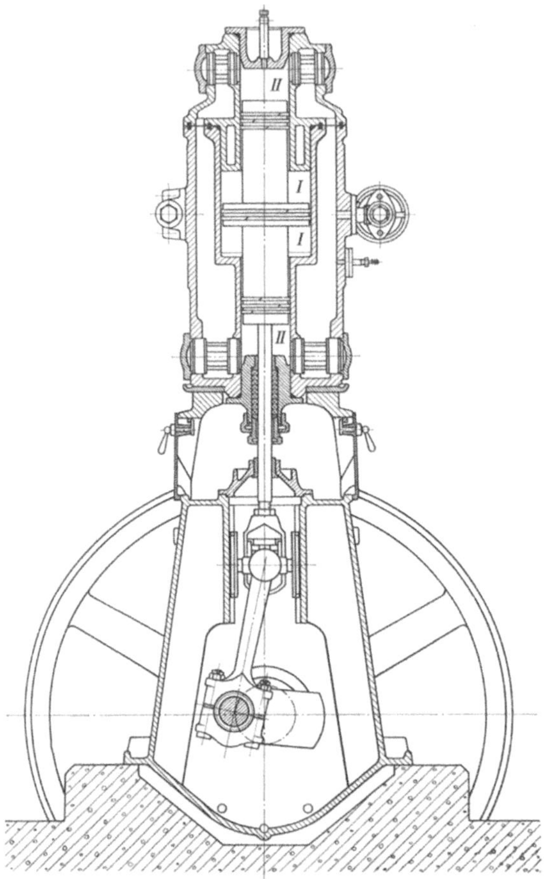

Abb. 180. Stehender zweistufiger NH_3-Kompressor mit Doppeldifferentialkolben (Sulzer).

Einige europäische Firmen wie z. B. Gebrüder Sulzer in Wintherthur beschritten zwischen 1920 und 1930 andere Wege und blieben bei der Konstruktion offener stehender und liegender Einzylinderkompressoren mit geschlossenem Triebwerk, seitlich am Zylinderumfang angeordneten Plattenventilen, Metallstopfbüchsen und getrennter Druckschmierung für Zylinder und Triebwerk. Solche Maschinen wurden von Gebr. Sulzer für mittlere und große Kälteleistungen für ein- und mehrstufige Verdichtung in großem Umfang geliefert. Die Regelung der Kälteleistung erfolgte durch abstellbare Saugventile. Die Drehzahlen schwankten je nach der Maschinengröße zwischen 250 und 350 U/min.

Mehrere andere europäische Firmen wie Borsig, Atlas, Escher Wyss, Freunlich, Barbieri, Brissonneau & Lotz, Lebrun u. a. bauten in derselben Zeit liegende und stehende Verbundkompressoren mit einfach oder doppelt-abgestuften Differentzialkolben (Abb. 180).

Der größte Ammoniak-Kolbenkältekompressor der Welt mit einer Leistung von 9 Millionen kcal/h bei $-12/+35°$ C wurde von Sulzer nach dieser Bauart konstruiert. Diese Verbundmaschine mit doppeltabgestuften Differenzialkolben wurde direkt mit einem Elektromotor von 4100 PS gekuppelt.

Etwa in der Mitte der dreißiger Jahre ging die Firma Sulzer über zum Bau stehender geschlossener Ammoniak-Kompressoren mit einfach abgestuften Differenzialkolben welche für Leistungen bis 1200000 kcal/h. in Ein-, Zwei- oder Dreizylinder Anordnung heute noch ausgeführt werden. Für den Einsatz bei kleinem Druckverhältnis können die Hoch- und Niederdruckzylinder parallel geschaltet werden. Die Firma hat solche Maschinen ebenfalls dreistufig gebaut mit Einheitsleistungen bis zu 2 Millionen kcal/h. Im Bereich von 100000 bis 200000 kcal/h beträgt die Drehzahl 580 U/min. Größere Maschinen werden mit 480 U/min betrieben. Die Leistungsregelung mit Zuschalträumen kann für beide Druckstufen automatisch oder von Hand betätigt werden. Später wurde von Sulzer für diese Maschinen eine neuartige kontinuierliche Düsenregelung entwickelt. (Siehe S. 237.)

Die Firma Escher Wyss in Zürich hatte in ungefähr derselben Zeitspanne ihren zweistufigen Frigotrop Kompressor auf den Markt gebracht. Die vollständig geschlossene in stehender Zweizylinderform ausgeführte Maschine arbeitet mit einfach gestuftem Differenzialkolben. Die Saugventile der Niederdruckstufe sind im Kolben und die Druckventile im Zylinderkopf eingebaut, während die Saug- und Druckventile der zweiten Stufe radial am Hochdruckzylinder angeordnet sind. Die Gasführung erfolgt also im Niederdruckzylinder nach dem Gleichstrom-, im Hochdruckzylinder nach dem Wechselstromprinzip (Abb. 181).

Zweistufige schnellaufende Gleichstrom-Ammoniak Kompressoren in V-Form wurden kurz vor dem zweiten Weltkrieg von der Gesellschaft für Lindes-Eismaschinen in Wiesbaden entwickelt. Bei diesen VH Maschinen mit Leistungen von 16000 bis 32000 kcal/h bei $-45/+25^\circ$ C stehen in verhältnismäßig spitzem Winkel Hochdruck- und Niederdruckzylinder einander versetzt gegenüber. Das Saugventil des Niederdruckzylinders ist im Kolben, sein Druckventil im Zylinderdeckel angeordnet. Am Hochdruckzylinder ist die Ventilanordnung umgekehrt. Das Gleichstromprinzip ist also für beide Druckstufen beibehalten und das Kurbelgehäuse steht unter Mitteldruck. Diese Maschinen mit einer maximalen Drehzahl von 720 U/min werden in Zwei- und Vierzylinder Anordnung gebaut. Die Saugventile der Niederdruckzylinder sind abhebbar, so daß beim Anfahren der Hochdruckteil allein benützt werden kann.

Für größere Leistungen baut Linde die SE Kompressoren mit Reihenanordnung der Zylinder, wobei 1 Zylinder als Hochdruck- und 2 bzw. 3 Zylinder als Niederdruckstufe arbeiten.

Der Drang nach immer größerer Drehzahl mit dem Ziel kleinerer und billigerer Typen der sich schon am Ende der zwanziger Jahre im allgemeinen Maschinenbau bemerkbar machte, lenkte auch den Kompressorbau auf neue Wege. Schnelllaufende Versuchsmaschinen mit 1200 U/min wurden bereits 1921 von den Norwalk Iron Works nach Angaben des amerikanischen Ingenieurs Neason gebaut. Die praktische Anwendung in der Kältetechnik dieser heute von den meisten im Kältemaschinenbau führenden Firmen ausgeführten Schnelläufern in V-, W- oder Sternform erfolgte aber in Amerika erst in den Jahren 1935 bis 1937.

Mit der Entwicklung schnellaufender Kompressoren im Drehzahlbereich von 750 bis 1500 U/min hat sich wohl der französische Erfinder R. Bernat in Bordeaux als Erster verdient gemacht. Als Besonderheit ist zu vermerken, daß bei diesen stehenden Mehrzylinder-Wechselstromkompressoren, die Saugventile durch einen mittels Kette von der Kurbelwelle angetriebenen Drehschieber ersetzt wurden. Die Mehrplatten-Druckventile waren im Zylinderkopf montiert. Die serienmäßige Entwicklung dieser Ammoniak-Kompressoren in Zwei-, Drei- und Vierzylinder Reihenanordnung für ein- und zweistufigen Betrieb wurde für Kälteleistungen bis zu 2 Millionen kcal/h ab 1930 von der Firma Brissonneau & Lotz in Nantes übernommen. Die erste direkt gekuppelte Vierzylindermaschine mit einer Kälteleistung von 300000 kcal/h bei einer Drehzahl von 950 U/min wurde 1931 im Entrepôt Frigorifique Lyonnais eingesetzt und ist heute noch im Betrieb (Abb. 182). Die mittlere Kolbengeschwindigkeit lag bei dieser Maschinentype bei 4 bis 4,5 m/s. Das Gewicht für 1000 kcal/h Normalleistung betrug ungefähr 8 kg.

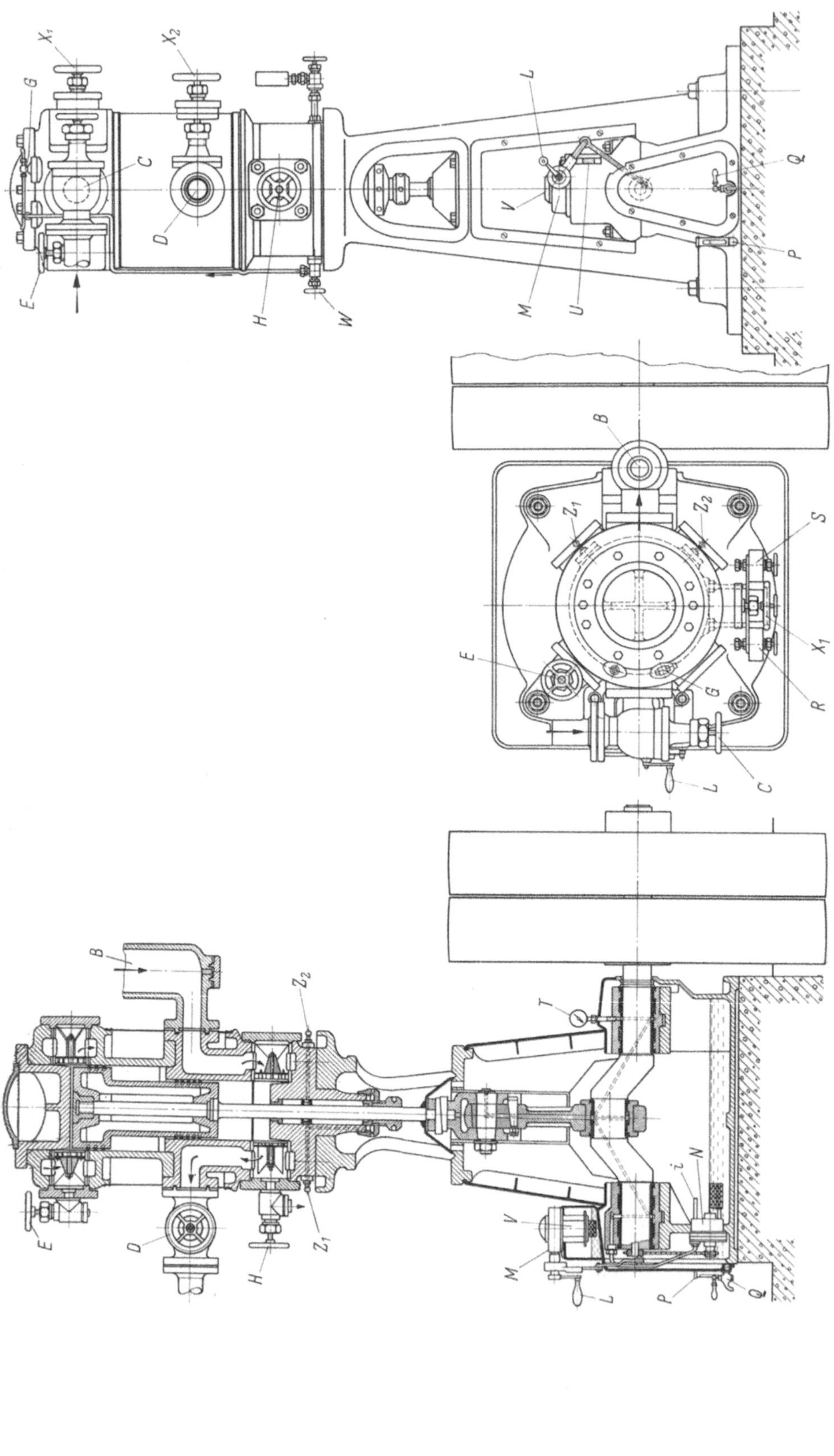

Abb. 181. Zweistufiger Gleichstrom-NH_3-Kompressor „Frigotrop“ (Escher-Wyss).

B Aufnehmer; *C* Saugabsperrventil; *D* Druckabsperrventil; *E* Lufteinlaßventil; *G* Zylinderschmierung; *H* Luftauslaßventil; *L* Hilfskurbel für Schmierpumpe; *M* Schmierpumpe für Zylinder; *N* Schmierpumpe für Getriebe; *P*, *U* Ölstand; *Q* Ölablaß; *R*, *S* Druckmesser, *T* Öldruckmesser; *V* Ölbehälter; *W* Stopfbüchsenabsaugung; X_1, X_2 Umführungsventile; Z_1 Z_2 Stopfbüchsenschmierung.

Das Erscheinen der von der Kinetic Chemicals Inc. im Jahre 1930 unter dem Handelsnamen „Freon" auf den Markt gebrachten fluorierten Kohlenwasserstoffe führte zu einer umfangreichen Weiterentwicklung des gesamten Kältemaschinenbaues. Die Konstruktion der Kompressions-Kältemaschinen von kleinster bis zu größter Leistung erfuhr durch die Verwendung dieser Kältemittel eine ausschlaggebende Neuorientierung.

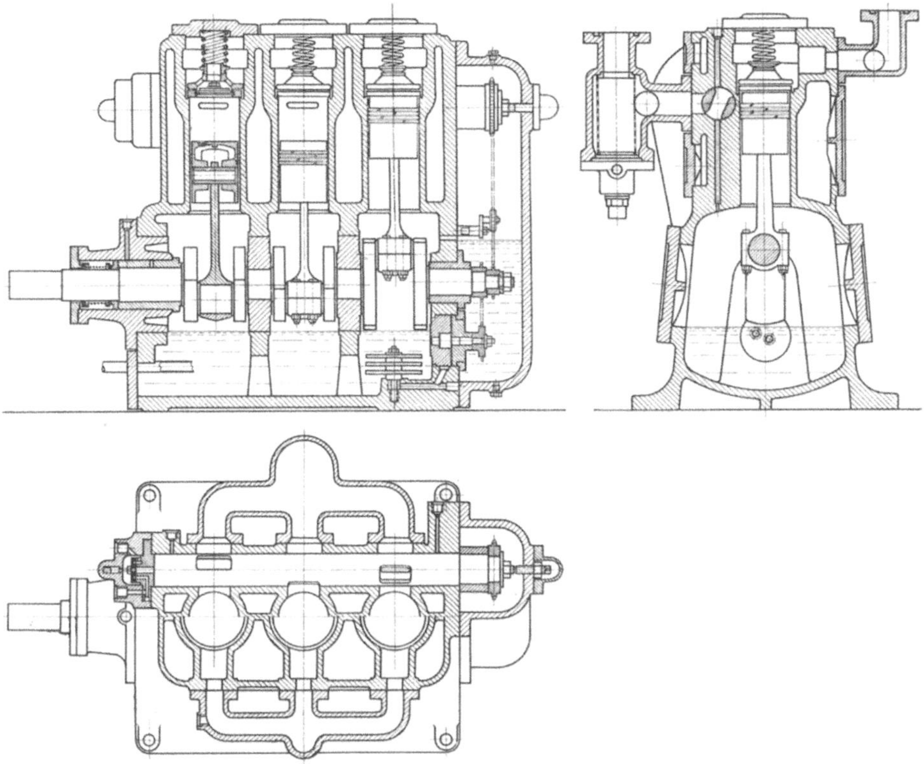

Abb. 182. Schnellaufender stehender Mehrzylinder-Kompressor System Bernat mit Drehschieber an Stelle der Saugventile (Brissonneau und Lotz).

Für die im normalen Temperaturbereich für den Betrieb mit Großkolbenmaschinen besonders geeigneten Freone R 12 (CF_2Cl_2) und R 22 (CHF_2Cl) benutzten die amerikanischen Herstellerfirmen zuerst stehende geschlossene Ammoniakkompressoren in etwas abgeänderter Ausführung (Vergrößerung des Verhältnisses von Zylinderdurchmesser zum Kolbenhub und Ersatz der Wasserkühlung durch Berippung der Zylinder) (Abb. 183).

Mehrere amerikanische Firmen hatten sich inzwischen, gestützt auf die im Brennkraftmaschinenbau erzielten Fortschritte, intensiv mit dem Entwurf schnellaufender Mehrzylinderkompressoren beschäftigt. Die ersten in diesem Sinne gemachten bahnbrechenden Neuausführungen wurden von der Chrysler Corp. in Dayton, Ohio und von der York Corp. in York, Pa, im Jahre 1937 auf den Markt gebracht.

Die damals von der Chrysler Airtemp Division unter dem Impuls von Oberingenieur Neason entwickelten Schnelläufer mit 3, 5 und 7 in Sternform an einem runden Kurbelgehäuse angeordneten Zylindern, werden heute noch in offener und halbhermetischer Ausführung serienmäßig in den Chrysler Werken, hauptsächlich für den Einsatz in Klima-Anlagen, hergestellt[1] (Abb. 184). Die konstruktive Durchbildung und die Einzelteile dieser direkt mit Elektromotoren

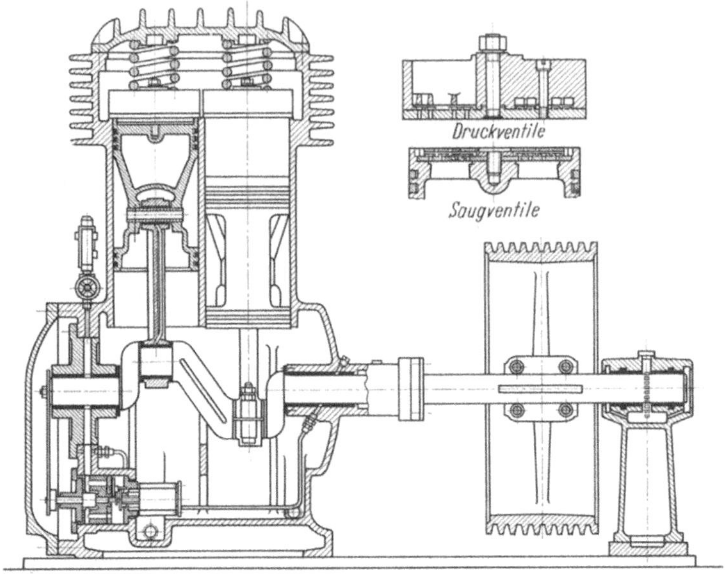

Abb. 183. R 12-Kompressor älterer Bauart.

Abb. 184. Schnellaufender 7-Zylinder-Sternkompressor (Chrysler).

von 1750 U/min gekuppelten Freon-12 Kompressoren werden im Abschnitt B IV 2 auf S. 249 beschrieben.

[1] NEASON, C. G.: Forty years with compressor valves, Refrigerating Engineering, Bd. 60, Dezember 1952 S. 1292.

York lenkte zu demselben Zeitpunkt den Kältekompressorenbau in neue Bahnen mit der Erstausführung eines 6-Zylinder-Doppel-W-Kompressors von $5^1/_4''$ Bohrung und $4^1/_4''$ Hub. Abb. 185 und 186 zeigen die Konstruktion

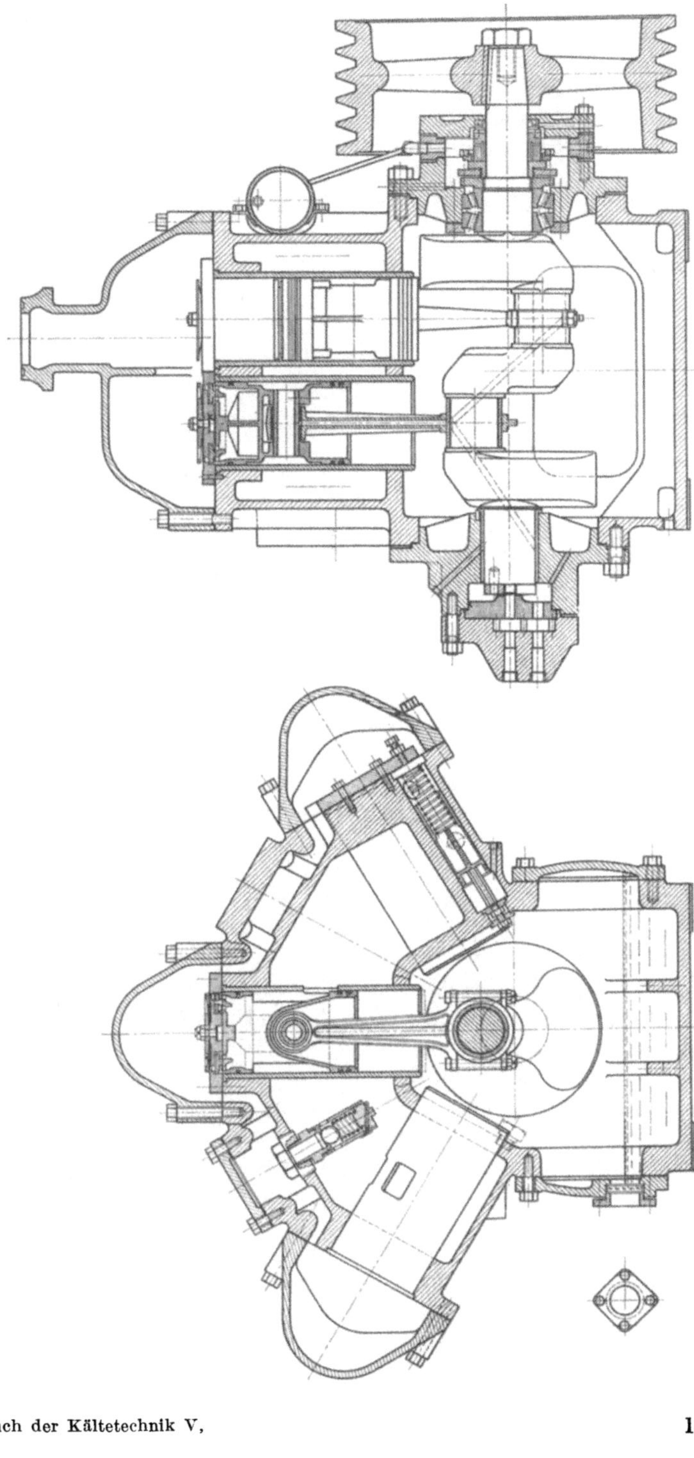

Abb. 185. Schnitt durch den Gleichstromkompressor für R 12 in W-Form, Bauart York (1937).

dieses Vorläufers der heutigen modernen Kolbenkompressoren. Bei dieser nach dem Gleichstromprinzip arbeitenden Maschine bildet das Kurbelgehäuse mit den in 2 parallelen Ebenen angeordneten Zylindern ein einziges Gußstück. Die Verbindung der Zylinder auf der Saug- und Druckseite erfolgt durch reichlich bemessene, im Innern des Gehäuses vorgesehene Kanäle. Zur Leistungsregelung und zum unbelasteten Anlauf sind zwischen je zwei geneigten Einsatz-Zylindern angeordnete Steuerkolben vorgesehen, welche in einer bestimmten Lage die Saug- und Druckräume verbinden. Nach Erprobung dieser Versuchsmaschine baute York zwischen 1937 und 1940 nach demselben Prinzip eine Serie Gleichstromkompressoren für NH_3 und Freon 12 in 4-,6-und 8-Zylinder-Ausführung von $3^3/_4''$ Bohrung und 3″ Hub bei einer maximalen Drehzahl von 900 U/min sowie 2 Typen größerer Leistung mit 6 und 8 Zylindern $6^3/_4'' \times 5''$ und maximaler Drehzahl von 750 U/min. Unter Beibehaltung derselben Zylinderdimensionen ging die Firma im Jahre 1949 über zum Wechselstromprinzip. Die beträchtliche Verringerung des Kolbengewichts und die neue Ventilkonstruktion erlaubten bei diesen gegenwärtig noch ausgeführten Maschinen maximale Drehzahlen von 1750 U/min für die Type $3^3/_4'' \times 3''$ und 1200 U/min für die größeren Modelle.

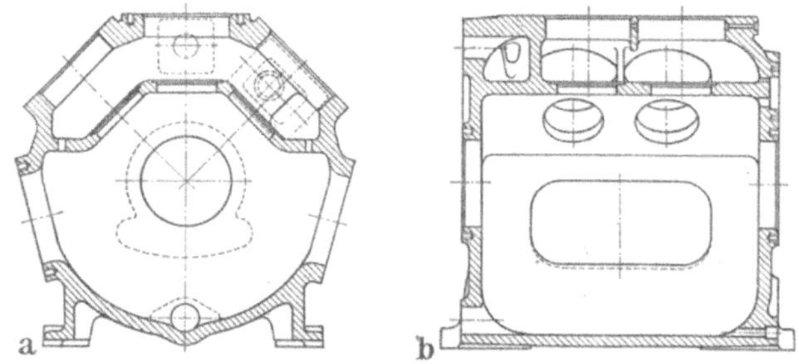

Abb. 186. Gehäuse eines 6-Zylinder-W-Kompressors. a) Querschnitt; b) Längsschnitt.

Zur Deckung kleinerer Leistungsbereiche wurde diese Serie im Jahre 1950 ergänzt durch offene und halbhermetische 3-, 6- und 9-Zylinderkompressoren von $2^5/_8''$ Bohrung und $2^1/_4''$ Hub. Diese Maschinen sind im Abschnitt B IV 2b auf S. 242 näher beschrieben.

Ähnliche Bauformen mit Zylinderanordnungen in V-, Doppel-V- und W-Bauart wurden zwischen 1940 und 1950 von den meisten amerikanischen Großfirmen entwickelt[1] (Carrier, Frick, Worthington, Vilter, Trane, Westinghouse, Brunner usw.). Die wesentlichen Vorteile der V/W-Kompressoren erweckten auch bald das Interesse der europäischen Kältemaschinenbauer, deren Mehrzahl in der Zeitspanne von 1950 bis 1960 Maschinen nach dem Vorbild der amerikanischen Ausführungen in mehr oder weniger abgeänderter Form ausführte.

Die weitere Entwicklung erfolgte nach den fünfziger Jahren in Richtung halbhermetischer Motorkompressoren mittlerer und großer Leistung, unter Beachtung der inzwischen im Bau hermetischer Kleinkältemaschinen gesammelten Erkenntnisse. Der erste Schritt zu diesem Übergang wurde von der Westinghouse Electric Corporation in Springfield, Mass. unternommen, welche schon vor 1950 halbhermetische Freon-12-Motorkompressoren von 5 bis 100 PS mit 2 bis 16 Zylindern lieferte. Solche mit den Kältemitteln R 12 und R 22 arbeitende Maschinen im Leistungsbereich von 10 bis 100 PS werden heute von den amerikanischen Firmen Carrier, York, Worthington und Trane u. a. hauptsächlich zum Einbau in Klimakältesätze serienmäßig hergestellt (siehe Abschnitt B V S. 285).

Seit einigen Jahren haben auch europäische Unternehmen wie z. B. Thermomeccanica Italiana in La Spezia, und die Bergedorfer Astra Werke in Hamburg-Bergedorf, den Bau mittelgroßer Motorkompressoren in ihr Fabrikationsprogramm

[1] Bericht der OEEC: The Cold Chain in the U.S.A., Paris 1952.

eingeschlossen. Die Drehzahlen dieser Kompressoren liegen meistens bei 1450 U/min für 50 Hertz und 1750 U/min für 60 Hertz. Diese Werte stellen jedoch noch keine Grenzwerte dar, denn zweipolige Motorkompressoren für Kälteleistungen bis zu 200000 kcal/h mit 3500 U/min haben in den Prüfständen amerikanischer Kältefirmen bereits das Versuchsstadium überschritten.

Tabelle 1 zeigt die Zunahme der Drehzahl und der mittleren Kolbengeschwindigkeit sowie die Abnahme des Leistungsgewichtes im Laufe der Jahre.

Tabelle 1. *Veränderung der Drehzahlen, mittleren Kolbengeschwindigkeiten und Leistungsgewichte von NH_3 Hubkolbenkompressoren in den Jahren 1895—1950.*

Baujahr (ungefähr)	Bauart	Drehzahl U/min	Mittl. Kolbengeschw. m/s.	Gewicht für 1000 kcal/h in kg
1895	2-Zyl. offenes Gestell	80	1,6	130
1910	2-Zyl. Zwangsschmierung	150	2	80
1920	4-Zyl. geschlossenes Gehäuse	250	3—3,5	33
1930	1-Zyl. Differentialkolben	350	3	14
	4-Zyl. mit Saugschieber	950	4	8
1940	8-Zyl. in V/W Form	950	3—3,5	6—7
1950	8 bis 16-Zyl. in V/W Form	1450	3,5—4	4,5—5

Die Werte der Zahlentafel entsprechen stehenden Ammoniak-Kompressoren von ungefähr 300000 kcal stündlicher Kälteleistung bei $-10° + 25°$.

B. Moderne schnellaufende Hubkolbenkompressoren.

I. Konstruktive Grundsätze.

Der schnellaufende Hub-Kolbenkompressor mit Fächeranordnung der Zylinder ist wohl die heute am meisten verbreitete Kaltdampf-Kompressionsmaschine im Leistungsbereiche von etwa 30000 bis 500000 kcal/h. Mehrzylinder V- und W-Ammoniakkompressoren mit Drehzahlen bis zu 1000 U/min von noch größerer Leistung werden von einigen Spezialfirmen zum Einsatz in Großkälteanlagen für Ansaugmengen bis zu 3000 m³/h gebaut. Diese Maschinentype wird gegenwärtig von der Mehrzahl der Kältemaschinenfabriken aller Länder für den Betrieb mit Ammoniak, R 12, R 22, R 13 sowie Propan hergestellt.

Die allgemeinen Richtlinien, welche der Konstruktion dieser Kompressoren kleinsten Raumbedarfs und Gewichtes zugrunde liegen, können folgendermaßen zusammengefaßt werden:
Zur Vereinfachung der Fertigung und weitgehenden Standardisierung der Einzelteile wird versucht, mit denselben Zylinderdimensionen einen möglichst großen Leistungsbereich zu decken. Zu diesem Zweck wird die Zylinderzahl oft von 2 bis 16 abgestuft. Soll sich die Fertigung über eine sehr große Leistungsspanne erstrecken, so muß bei der Wahl der verschiedenen Zylinderdimensionen und Zylinderzahlen beachtet werden, daß im allgemeinen der Materialaufwand und die Bearbeitungskosten mit Erhöhung der Zylinderzahlen sinken.

Die Drehzahlen werden je nach der Maschinengröße zwischen 750 und 1750 U/min gewählt, wobei die mittlere Kolbengeschwindigkeit mit Rücksicht auf die Ventile und den Verschleiß der Zylinderlaufflächen selten den Wert von 4 m/s übersteigt. Um die Drehzahl leicht an die gewünschte Leistung anzupassen, wird die Berechnung der Kurbelwelle und der Lager so durchgeführt, daß der Antrieb wahlweise durch direkte Kupplung oder durch Riemenantrieb erfolgen kann.

Das Gleichstromprinzip, welches zu schweren Kolben und dementsprechend verhältnismäßig großen Massenkräften führt, ist mit wenigen Ausnahmen verlassen worden; die meisten schnellaufenden Kompressoren arbeiten, unter Benutzung leichter Tauchkolben, nach dem Wechselstromprinzip.

Die Dimensionierung der Wandstärken der Zylinder, des Gehäuses und der Zubehörteile sowie die Berechnung des Kurbeltriebes und die Wahl der Werkstoffe erfolgen unter dem Gesichtspunkt, daß dieselben Maschinen mit möglichst kleinen Änderungen wahlweise für den Betrieb mit NH_3, R 12 und R 22 eingesetzt werden können.

Für zweistufigen Betrieb werden bei den W-Kompressoren vorzugsweise dieselben Zylinder und Maschinenelemente verwendet. Hoch- und Niederdruckstufe werden dann durch eine Zwischenwand getrennt. Ein Zylinderblock arbeitet als Hochdruckstufe, die beiden anderen als Niederdruckstufe.

Mit Rücksicht auf eine wirtschaftliche Fertigung mit denselben Bearbeitungsvorrichtungen und zur Beschränkung der Einzelteile verschiedener Abmessungen werden für die Ausführung halbhermetischer und offener Kompressoren gleicher Leistung dieselben Zylinderabmessungen und Maschinenelemente verwendet.[1]

Die Zylinder werden in V-, W-, Doppel-V-, Stern- oder Boxerform angeordnet, wobei zwei bis vier, bei Sternform bis sieben Pleuel von einer Kurbel betätigt werden.

Das Verhältnis Durchmesser/Hub schwankt bei den meisten ausgeführten Maschinen zwischen den Werten 1,15 und 1,40. Mit zunehmender Kolbengeschwindigkeit wachsen die Schwierigkeiten für den Ventileinbau. Kleine Verhältnisse Durchmesser/Hub erfordern die Wahl hochhübiger Spezialventile mit kleinster Widerstandsziffer. Bei großem Verhältnis wird bei radial am Gehäuse angeordneten Zylindern die Konstruktion durch die Vergrößerung des Kurbelgehäuses verteuert.

Zur Anpassung der Kompressorleistung an den häufig in sehr weiten Grenzen schwankenden Kältebedarf sind alle modernen Kompressoren mit automatischen Vorrichtungen zur Leistungsregelung ausgerüstet. Dieselben Vorrichtungen dienen zum entlasteten Anlauf.

Um Maschinenschäden durch Überlastung und andere Betriebsstörungen zu vermeiden, sind die Kompressoren durch elektrische oder pneumatische oder ölhydraulische Apparate zu schützen, die bei abnormalem Betrieb den sofortigen Stillstand der Antriebsmaschine verursachen.

II. Ausführung der Einzelteile.

1. Gehäuse und Zylinder.

Die Gehäuse und Zylinder der V- und W-Kompressoren werden meist aus zähem Guß mit perlitischem Gefüge und hohen Festigkeitswerten ausgeführt. Einige Spezialfirmen bauen diese Teile aus geschweißtem Stahlblech. Diese Sonderbauart eignet sich besonders für den Einsatz auf Kriegsschiffen, wo auf größtmögliche Gewichtsverminderung hoher Wert gelegt wird. Außerdem verbieten die Materialvorschriften der Kriegsmarine meistens die Anwendung von Gußeisen, mit Rücksicht auf die durch die großen Beschleunigungen hervorgerufenen zusätzlichen Stoßbeanspruchungen. Aus diesem Grunde werden die Gehäuse und Ständer der meisten für Kriegsschiffe bestimmten Maschinen entweder in Stahlguß oder in Schweißkonstruktion ausgeführt. Alle dem Verschleiß unterworfenen festen Teile, wie Zylinderlaufbüchsen und Wellenlager, sind in diesem Falle aus geeignetem Material gefertigt und in die Stahlkonstruktion eingebaut.

Bei der V- und W-Bauart der Kältekompressoren werden die Zylinder häufig mit dem Gehäuse zu einem einzigen Gußstück vereinigt. Vielfach werden aber

[1] Soumerai, H.: Air Conditioning, Heating and Refrigeration News, 1965.

auch — hauptsächlich bei großen Zylinderbohrungen — Gehäuse und Zylinderblöcke getrennt ausgeführt und nach gesonderter Bearbeitung zusammen verschraubt. Die erstgenannte Lösung, welche sich mehr und mehr einführt, ergibt jedoch niedrigere Fertigungskosten. Die getrennte Ausführung ermöglicht das Aufsetzen von Zylindern verschiedener Bohrung auf ein und dasselbe Kurbelgehäuse. Bei mehrstufiger Verdichtung kann dann das Zylinderverhältnis leichter den Betriebsbedingungen angepaßt werden.

Die in derselben vertikalen Ebene liegenden Zylinder sind meistens um 60° oder 90° gegeneinander versetzt. Abb. 187 zeigt die gebräuchlichen Anordnungen und erläutert den entsprechenden Verlauf der freien Massenkräfte. Die Versetzung soll so erfolgen, daß die Massenkräfte erster Ordnung durch ein umlaufendes Gegengewicht ganz ausgeglichen werden können. Die Abbildung zeigt, daß diese Bedingung erfüllt ist bei der V-Form mit einem Versetzungswinkel von 45 Grad gegenüber der Vertikalen, denn die freien Kräfte erster Ordnung können durch

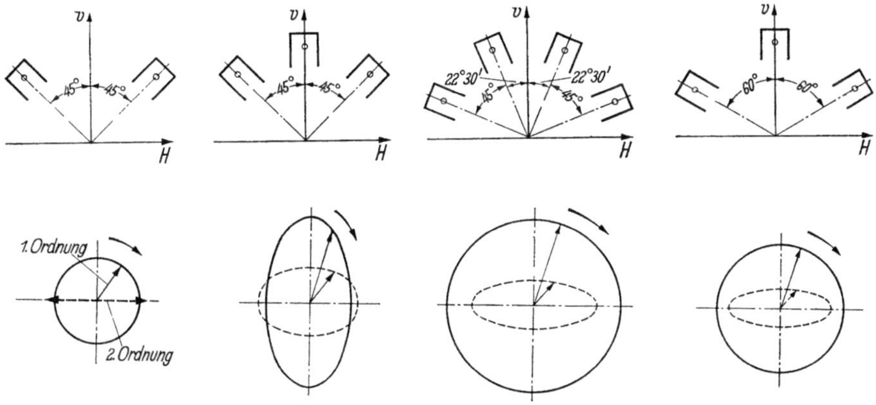

Abb. 187. Anordnungen der Zylinder und freie Massenkräfte.

einen Kreis dargestellt werden. Die nach Richtung und Zeit um 90 Grad versetzten Harmonischen erster Ordnung setzen sich zu einer konstanten Zentrifugalkraft zusammen und können durch mit der Kurbelwelle verbundene Gegengewichte ganz ausgeglichen werden. Derselbe Fall tritt ein beim W-Verdichter mit einer Zylinderversetzung von 60 Grad und bei der Doppel-V-Form mit um 45 Grad versetzten Zylindern. Die Versetzung um 45 Grad beim W-Kompressor soll vermieden werden, denn bei diesem Winkel verbleibt eine drehende freie Massenkraft erster Ordnung, welche den ruhigen Gang der Maschine beeinträchtigt.

Auf den Ausgleich zweiter Ordnung wird im allgemeinen verzichtet. Da die Pleuel meistens nebeneinander auf der Kurbelwelle angeordnet werden, liegen die Zylinder nicht genau in derselben Ebene und die entsprechenden Harmonischen sind gegeneinander etwas versetzt, was ein kleines freies Massenmoment erster Ordnung erzeugt.

Bei dem Entwurf der Zylinder und Gehäuse ist auf die Gasführung besonderen Wert zu legen. Bei Innenanordnung der Zu- und Abfuhrkanäle für den Gasstrom sollen diese reichlich bemessen und so ausgeführt werden, daß der Druckverlust vor dem Eintritt in die Ventile und nach dem Austritt aus denselben in möglichst kleinen Grenzen gehalten wird. Öl- und Flüssigkeitssäcke sollen vermieden werden, denn wenn Flüssigkeit aus diesen Nestern in größeren Mengen vom Gasstrom mitgerissen wird, sind Ventilbrüche unvermeidlich.

2. Zylinderlaufbüchsen.

Die Mehrzahl der schnellaufenden Kompressoren ist mit auswechselbaren Zylinderlaufbüchsen versehen. Diese sind aus besonders dichtem Sonderguß mit hoher Verschleißfestigkeit hergestellt. Die häufig chromierten oder nitrierten Laufflächen erhalten feinste Bearbeitung durch Schleifen am Umfang und Honen in der Bohrung. Die Oberflächenbehandlung durch Verchromen oder Nitrieren gewährleistet minimalen Verschleiß und vermindert wesentlich die durch eventuell in die Zylinder gelangten Fremdkörper verursachten Schäden an den Laufflächen. Die Zylinder büchsen werden oft in die Zylinder warm eingeschrumpft oder besser zwecks leichterer Auswechslung entweder durch den federbelasteten Zylinderdeckel festgehalten oder, wenn dieser selbst fest bleibt, durch einen besonderen Ring mit dem Zylinderoberteil verschraubt.

3. Zylinderkopf und Ventile.

Die Durchbildung des Zylinderkopfs und die Wahl der Ventilanordnung und Leistungsregelvorrichtungen beeinflussen entscheidend die Gesamtkonstruktion und damit den Gang und den Wirkungsgrad der Wechselstromkompressoren.

Bei den meisten schnellaufenden Großkompressoren werden entweder Ringventile, Mehrplattenventile oder Streifenventile verwendet, deren konstruktive Durchbildung folgenden Forderungen entsprechen soll:

Die beim Durchströmen der Ventile erzeugte Drosselung und der zur Einleitung der Ventilbewegung erforderliche Druckabfall sollen durch strömungstechnisch gut ausgebildete, reichlich bemessene Durchflußquerschnitte möglichst reduziert werden, denn sie beeinflussen entscheidend den Gesamtwirkungsgrad.

Kleiner schädlicher Raum und vorzügliche Abdichtung sind zur Erhöhung des Liefergrades unbedingt anzustreben.

Die Massen der bewegten Teile sollen möglichst reduziert und die Ventilhübe so klein wie möglich gehalten werden, um die beim Auftreffen auf die Ventilsitze und Hubfänger erzeugte Schlagwirkung zu vermindern.

Durch die Wahl geeigneten Materials und sorgfältiger Bearbeitung der Ventilplatten und Sitze soll der Verschleiß in annehmbaren Grenzen gehalten werden.

Es ist schwierig diesen Anforderungen in vollem Maße zu entsprechen. Große Ventilquerschnitte führen zu verhältnismäßig großen schädlichen Räumen. Die Wahl einer relativ großen Hubhöhe ergibt größere Schlagarbeit, wenn nicht besondere Maßnahmen zur Dämpfung der Ventilbewegung beim Druckwechsel getroffen werden. Es muß also bei der Bemessung der Ventile ein Kompromiß gefunden werden, welcher ein Optimum bezüglich des Liefergrades, des Wirkungsgrades, der Bruchsicherheit und der Kosten des Zylinderkopfes ergibt.

Die Größe der zu wählenden mittleren Gasgeschwindigkeit hängt ab von der Dichte des strömenden Gases und von der Ventilkonstruktion selbst, denn beide bestimmen den Druckverlust.

Nach G. LORENTZEN[1] liegen für gut durchgebildete Ventilkonstruktionen die Bestwerte für moderne raschlaufende Kältekompressoren bei etwa 80 bis 100 m/s für NH_3 und 30 bis 40 m/s für R 12.

Die Widerstandszahlen ζ von Ventilen können nur durch eingehende Versuche bestimmt werden. Einige Angaben über die Größe der Widerstandszahlen gibt Abb. 188[2,3].

[1] LORENTZEN, G.: Über die Wirkungsgrade automatischer Verdichterventile — Kältetechnik Bd. 5 (1956) S. 165.

[2] FUCHS, F., E. HOFMANN u. F. SCHÜLLER: Z. ges. Kälteindustrie Bd. 48 (1941) S. 5.

[3] FRÖHLICH, F.: Kolbenverdichter, Berlin/Göttingen/Heidelberg: Springer 1961, S. 54.

Die maximale Hubhöhe der Ventile ist bedingt durch die Drehzahl, den Arbeitsdruck und die zur Verminderung der Schlagarbeit vorgesehenen Dämp-

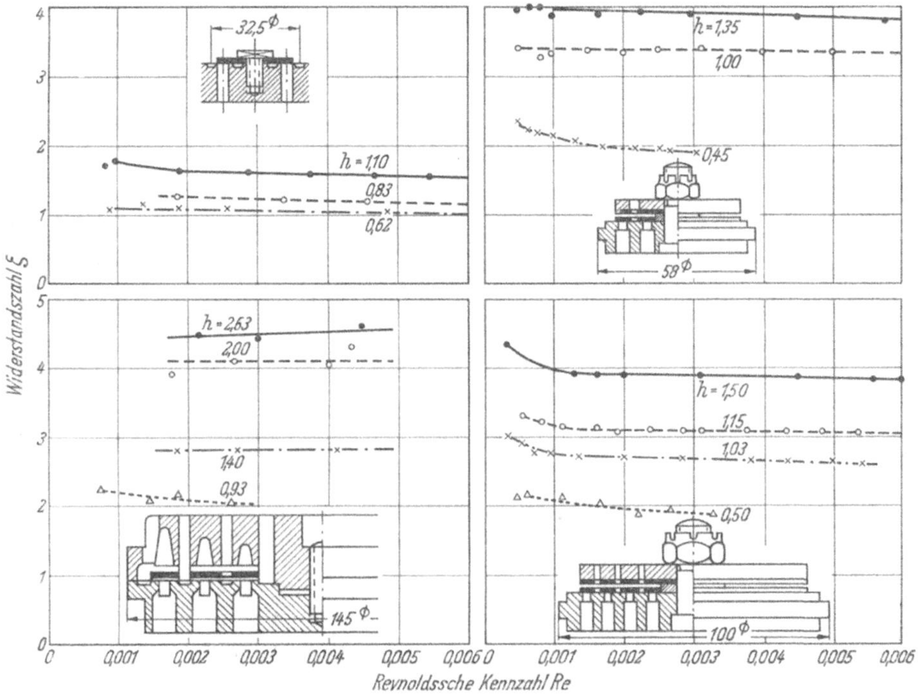

Abb. 188. Widerstandszahlen von Plattenventilen.

fungsvorrichtungen. Die Abb. 189 gibt Erfahrungswerte einiger bewährter Ventilkonstruktionen[1] für Kälte-Kompressoren.

Die Lebensdauer der Ventile ist nicht nur bedingt durch die Ventilkonstruktion selbst, sondern hängt in hohem Maße von den Betriebsbedingungen ab. Flüssigkeits- und Ölschläge führen unvermeidlich zum Ventilbruch. Die Spezialfirmen garantieren selten Laufzeiten über 1500 bis 2000 Stunden und empfehlen das Auswechseln der Ventile nach jeder Betriebssaison[2]. Doch sind in der Praxis bei modernen schnellaufenden Groß-Kältekompressoren Betriebszeiten über 16000 Laufstunden ohne wesentliche Abnützung der Ventile festgestellt worden.

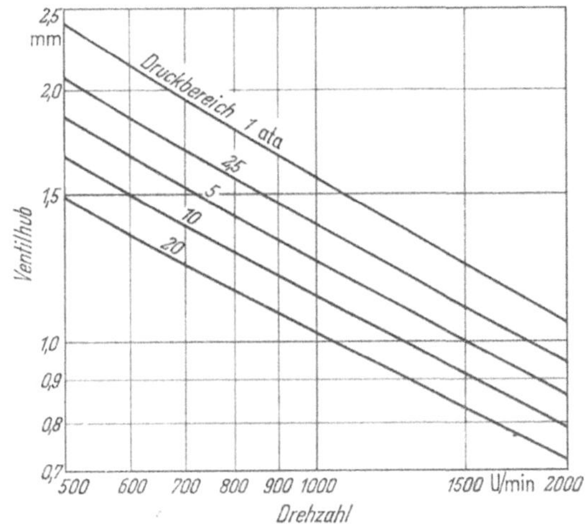

Abb. 189. Zulässige Ventilhübe für schnellaufende Kompressoren (nach Hoerbiger).

[1] Fröhlich, F.: Kolbenverdichter, Berlin/Göttingen/Heidelberg: Springer 1961, S. 54.
[2] Deminger, A.: Ventilgestaltung für Verdichter — Kältetechnik Bd. 3 (1951) S. 189.

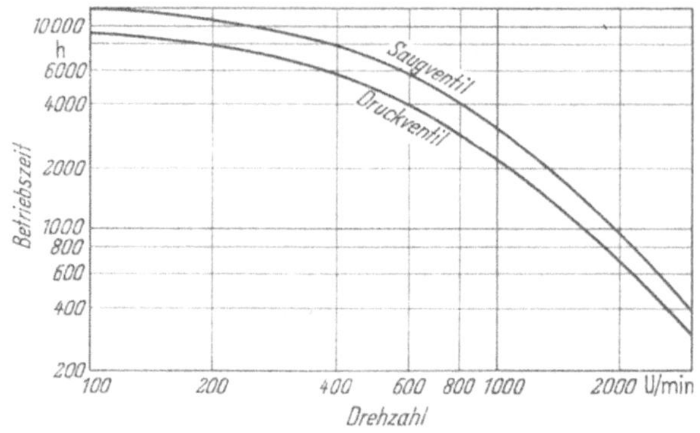

Abb. 190. Empfohlene Auswechselzeit für Ventilplatten und -federn (bis 30 atü, Dienes).

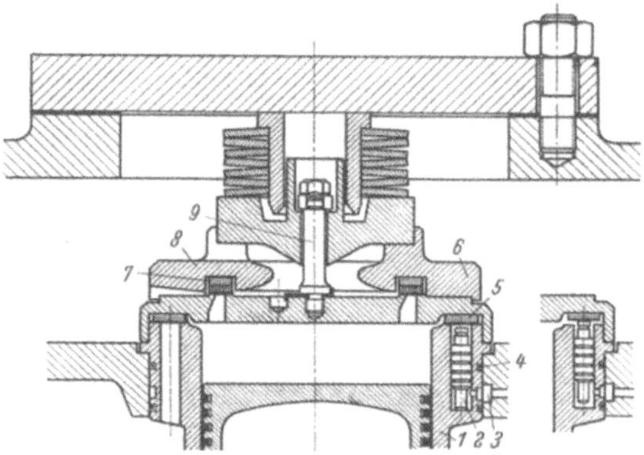

Abb. 191. Zylinderkopf mit konzentrischen Ventilen.
1 Zylinderlaufbüchse; *2* Hilfskolben der Ventilabhebevorrichtung, *3* Ölzulauf zur Ventilabhebevorrichtung, *4* Dichtung; *5* Saugventil; *6* Saugventilhubfänger und Druckventilsitz; *7* Druckventil; *8* Druckventilhubfänger; *9* Zentralschraube.

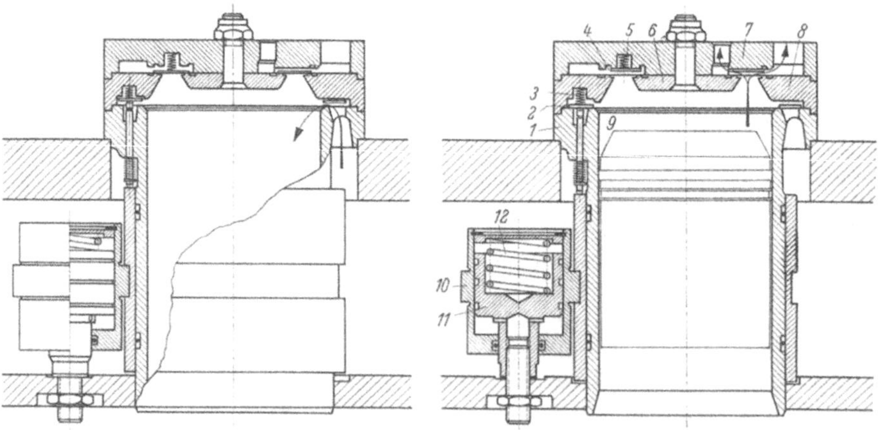

Abb. 192. Zylinder mit Ventilen eines schnellaufenden Wechselstromkompressors.
1 Zylinderlaufbüchse; *2* Saugventil; *3* Saugventilfedern; *4* Druckventil; *5* Druckventilfedern; *6* innerer Druckventilsitz; *7* Druckventil-Hubfänger, *8* äußerer Druckventilsitz; *9* Stifte zum Abheben des Saugventils, *10* Hilfszylinder der Abhebevorrichtung; *11* Hilfskolben der Abhebevorrichtung; *12* Spiralfeder.

Abb. 190 gibt Näherungswerte für die empfohlene Auswechselzeit in Abhängigkeit von der Drehzahl[1].

Bei V- und W-Wechselstromkompressoren mit Einsatzzylindern werden vorzugsweise konzentrische Ringventile verwendet. Der am oberen Ende der Zylinderbüchse angeordnete Flansch ist als Saugventilsitz durchgebildet und der Zylinderabschlußdeckel enthält außen den Hubfänger für das Saugventil und innen am Oberteil den Sitz für das Druckventil. Die vom Kompressorsaugkanal kommenden Gase strömen durch im Zylinderbüchsenflansch vorgesehene Löcher zum Saugventil im Zylinder (Abb. 191 und 192). Der Laufbüchsenflansch enthält ebenfalls die Bohrungen für die Hilfskolben der Saugventilabhebevorrichtung. Als Belastungsfedern der Ventilplatten werden entweder mehrere zylindrische Schraubenfedern (Abb. 191) oder einzelne sogenannte Sinusfedern verwendet. Die ersteren ergeben kleineren schädlichen Raum, haben aber den Nachteil, daß beim Druckwechsel die Ventile auf den Hubfänger auftreffen, während bei Verwendung von sinusoidalen Ringfedern eine starke Dämpfung des Ventilschlags durch Pufferwirkung erreicht wird. Letztere Anordnung ergibt ebenfalls geräuschloseren Gang. Ähnliche konzentrische Ventilanordnungen ergeben sich mit Mehrplattenventilen.

Eine einfachere Form des Zylinderkopfs wird erreicht, wenn die Saug- und Druckventile nebeneinander in eine zwischen Zylinderende und Zylinderhaube angeordnete Platte verlegt werden. Die Abschlußhauben der Zylinder werden in diesem Falle durch eine dichte Trennwand in Saug- und Druckraum unterteilt. Die Form der Zylinderlaufbüchse wird bedeutend einfacher oder fällt häufig ganz weg. Bei dieser Anordnung werden entweder Mehrplattenventile oder Streifenventile (Lamellenventile) verwendet. Der zum Ventileinbau verfügbare Querschnitt wird bedeutend kleiner als bei konzentrischen Ringventilen. Unzweifelhaft findet bei großen Verdichtungsverhältnissen ein nicht vernachlässigbarer Wärmeaustausch durch die Trennwand statt, welcher eine gewisse Aufheizung der den Saugkanal durchströmenden Gase verursacht.

Die Zylinderabschlußplatten werden entweder fest mit dem Zylinder verschraubt oder zwecks Vermeidung der schädlichen Auswirkung von Flüssigkeitsschlägen durch eine oder mehrere Belastungsfedern auf die Zylinderfläche gepreßt. Es gibt viele Meinungsverschiedenheiten über die Notwendigkeit des Einbaus eines nachgiebigen Zylinderabschlusses, der natürlich die Fertigungskosten des Zylinderkopfs erhöht. Tatsächlich gibt es viele bewährte Konstruktionen (siehe Abschnitt D—E) mit festliegenden Zylinderabschlußdeckeln. In gewissen Fällen werden die Druckventilsitze selbst federbelastet; die gelegentlich in die Zylinder eingetretene Flüssigkeit bewirkt dann beim Hubende die Erhebung des gesamten Ventils was das Überströmen in den Druckraum ohne Gefährdung der Ventilplatten gewährleistet.

4. Kolben und Kolbenringe.

Die Tendenz nach hohen Drehzahlen brachte die Forderung nach möglichster Verringerung der hin und hergehenden Massen. Aus diesem Grunde werden bei den schnellaufenden Wechselstromkompressoren die Tauchkolben vorzugsweise aus Leichtmetall statt aus Gußeisen gefertigt. Die Konstruktion lehnt sich sehr stark an diejenige der Automobilkolben. Die Abdichtung gegen den Zylinder erfolgt durch einen oder zwei selbstspannende Kolbenringe aus zähem dichtem Gußeisen. Ein in einer besonderen Ringnut angeordneter Abstreifring verhindert das Mit-

[1] BOUCHÉ/WINTTERLIN: Kolbenverdichter. 3. Aufl. Berlin/Göttingen/Heidelberg: Springer 1959, S. 69.

reißen von überschüssigem Öl in den Zylinder. Zwecks Verminderung der Abnützung werden die Kolbenringe oft chromiert. Abb. 193 zeigt einen typischen Verdichter-Tauchkolben.

5. Pleuel.

Die Pleuel werden entweder aus Gußeisen, Stahl oder Leichtmetall gefertigt. Die Stahl- und Leichtmetallpleuel werden meistens im Gesenk geschmiedet. Letztere werden jedoch ebenfalls in gegossener Ausführung hergestellt. Die Pleuelköpfe aus Stahl oder Gußeisen werden mit Weißmetall-Laufbüchsen versehen. Auch hier wird mehr und mehr von der Technik des Automobilmotorenbaues Gebrauch gemacht durch die Verwendung stählerner Lagerbüchsen mit kleiner Wandstärke und dünnem Weißmetallüberzug. Aus Leichtmetall hergestellte Pleuel bewegen sich meistens ohne Zwischenlager direkt auf der Kurbelwelle. Der den Kolben mit dem Pleuel verbindende Kolbenbolzen aus gehärtetem Stahl ist entweder in den Pleuel fest eingeschrumpft, am Kolben befestigt oder im Kolben frei gelagert und gegen seitliche Verschiebung gesichert.

Abb. 193. Leichtmetallkolben mit 2 Dichtungsringen und 1 Ölabstreifring.

6. Kurbelwellen und deren Lagerung.

Die Kurbelwellen für Kältekompressoren werden meist aus geschmiedetem, legiertem Stahl mit Cr—Ni—Mo- oder Cr—Mo-Zusatz, neuerdings auch häufig aus spherolithischem Gußeisen gefertigt. Ihre Berechnung und Gestaltung erfolgt nach den Regeln des allgemeinen Maschinenbaues. Die Formgebung und die Anpassung an einen günstigen Verlauf der Spannungslinien ist bei gegossenen

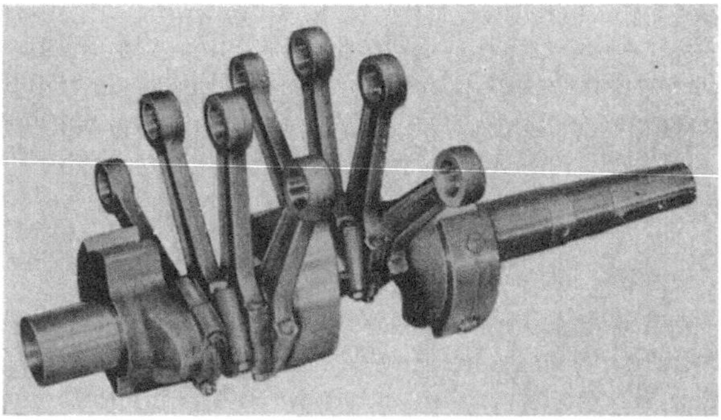

Abb. 194. Stählerne Kurbelwelle und Pleuel eines 8-Zylinder-Doppel-V-Kompressors.

Wellen erleichtert. Die zum Ausgleich der freien Massenkräfte notwendigen Gegengewichte sind bei stählernen Wellen oft getrennt ausgeführt und werden nach Bearbeitung mit der Welle starr verbunden, Abb. 194. Die Kurbelzapfen erhalten zwecks Verminderung des Verschleißes häufig eine Oberflächenbehandlung durch Verchromung oder Härtung.

Die Lagerung der Welle erfolgt vorzugsweise auf leicht zugänglichen, gußeisernen mit Laufbüchsen versehenen Lagern. Die mit Weißmetallausguß versehenen Lagerschalen werden neuerdings durch dünnwandige, stählerne, mit einem leichten Weißmetallüberzug versehene Lagerschalen ersetzt. Häufig werden auch Leichtmetallschalen verwendet.

Die noch oft angewendeten Rollenlager ergeben höhere Fertigungskosten als die Gleitlager und komplizieren die Wellenabdichtung.

7. Wellenabdichtungen.

Das früher so schwierige Problem der Wellenabdichtung der Kältekompressoren kann durch die in den letzten Jahren ständig verbesserte Konstruktion der Gleitringdichtungen als gelöst betrachtet werden. Wie den Beispielen ausgeführter

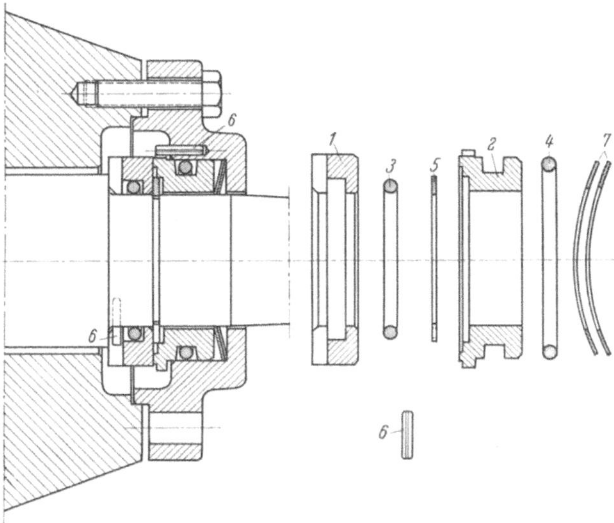

Abb. 195. Gleitringdichtung von York.
1 Laufring; 2 Gegenring; 3 0-Ring des Laufringes, 4 0-Ring des Gegenringes, 5 Staffring; 6 elastischer Stift; 7 Sinusfedern.

Kompressoren (Abschnitt B IV) zu entnehmen ist, werden bei modernen Schnellläufern großer Leistung fast ausschließlich federbelastete, im Druckölbad rotierende Gleitringdichtungen verwendet. Das Prinzip der Gleitringdichtung beruht auf der Verlegung der Abdichtung der runden Wellenoberfläche auf eine dazu senkrecht stehende Kreisringfläche. Sie besteht aus einem mit der Welle drehenden und einem feststehenden Ring, deren Gleitflächen durch eine Druckfeder gegeneinander gepreßt werden. Die Abdichtung gegen Leckverluste längs der Welle und längs der Kontaktfläche zwischen dem festen Ring und dem Abschlußdeckel erfolgt durch O-Ringe aus Spezialgummi. Die Schmierung der beiden Gleitflächen und die Abführung der Reibungswärme ist gewährleistet durch das Verlegen der gesamten Abdichtung in eine mit der Kompressorkurbelmulde verbundene Kammer, welche von der Ölpumpe des Kompressors mit ständig erneuertem Drucköl gespeist wird.

Eine einwandfreie Abdichtung kann nur erreicht werden, wenn die beiden im Kontakt bleibenden Ringflächen genau parallel zueinander laufen. Letztere benötigen also eine sehr genaue Fertigung und müssen sorgfältig geschliffen und geläppt werden. Die in den beiden Gleitringen eingebauten elastischen O-Ringe erleichtern die vollständige Anpassung der abdichtenden Kreisringflächen.

Die Durchbildung der Gleitringdichtung, welche zuerst im Turbinen- und Pumpenbau verwendet wurde, hat im Laufe der Zeit mehrere Entwicklungsstadien durchlaufen; mannigfaltige konstruktive Lösungen haben sich im Kältekompressorenbau einwandfrei bewährt. Die Abb. 195 und 196 zeigen die Einfachheit der heute verwendeten Gleitringdichtungen, welche die vor kurzem noch vielfach ausgeführten Konstruktionsformen mit Metallbälgen und Membranen mehr und mehr ersetzen.

Bei der Ausführungsart nach Abb. 195 (York) ist der rotierende Ring *1* aus perlitischem Gußeisen mit dem Wellenbund durch einen elastischen Stift *6* verbunden und durch einen Staffring *5* gegen axiale Verschiebung gesichert. Der

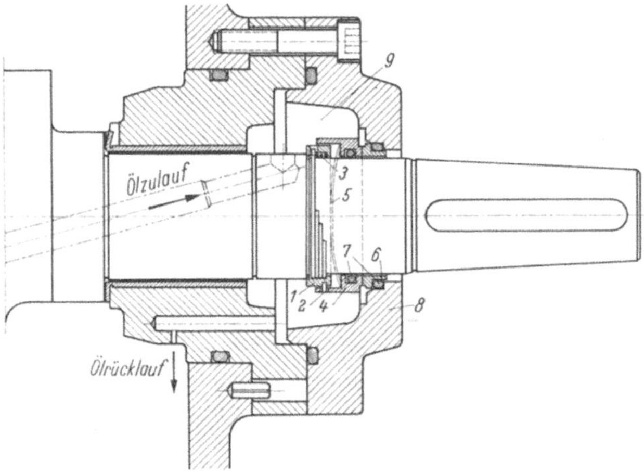

Abb. 196. Gleitringdichtung „Pacific".
1 Mitnehmerring; *2* Elastischer Stift, 3 Schraubenfeder; *4* Laufring; *5* Sinusfedern; *6* Gegenring; *7* O-Ring; *8* Abschlußdeckel; *9* Ölkammer.

nicht drehende Gegenring *2* aus Graphit ist im Abschlußdeckel *8* frei gelagert und durch einen am Deckel befestigten elastischen Stift *6* gegen vollständige Drehung gesichert. Die nötige Anpressung der beiden Gleitflächen wird bewirkt durch 2 Sinusfedern *7*, welche den axial verschiebbaren Gegenring *2* gegen den Laufring *1* drücken. Zwei O-Ringe *3* und *4* aus synthetischem Gummi verhindern die Leckverluste längs des Wellenendes und längs der Kontaktfläche zwischen dem Festring *2* und dem Abschlußdeckel. Die Aussparung im Deckel wird vom Schmiersystem des Kompressors mit Drucköl gespeist, das durch das nebenliegende Gleitlager zum Kompressorgehäuse zurückfließt. Eine im Lagerkörper angeordnete Bohrung von kleinem Durchmesser verbindet außerdem die Ölkammer mit der Kurbelmulde. Dieser zweite Ölrücklauf gestattet den zur Abfuhr der Reibungswärme erforderlichen Ölumlauf.

Eine weitere moderne Durchbildung der Gleitringdichtung für raschlaufende Großkältekompressoren zeigt Abb. 196 (Pacific)[1]. Im Gegensatz zu der Bauform nach Abb. 195 wird hier der rotierende Ring *4* aus Bleibronze durch eingebaute Sinusfedern *5* gegen den im Zylinderdeckel eingebauten aus legiertem Spezialstahl gefertigten Festring *6* gepreßt. Die Befestigung des rotierenden Ringes an der Welle erfolgt durch eine in der inneren Kreisnut eines Mitnehmerrings *1* eingebaute

[1] La Garniture „Pacific" Groll Leonetti & Co. Bd. 29, av. Felix Faure Paris 15.

Schraubenfeder *3*, die sich bei der Drehbewegung nach und nach fest an die Welle schmiegt. Mitnehmerring und Laufring sind durch einen elastischen Stift *2* verbunden. Die drehenden Bauelemente sind zu einen einzigen Satz vereinigt. Die wesentlichen Vorteile dieser Ausführung bestehen in der kurzen Baulänge und der Einfachheit des Ein- und Ausbaus.

Wenn die Kurbelwelle nicht auf Gleitlagern sondern auf Rollenlagern läuft, würde bei den Bauarten nach Abb. 195 und 196 das von der Schmierpumpe zur Ölkammer der Wellendichtung geförderte Drucköl frei durch das Lager zur Kurbel-

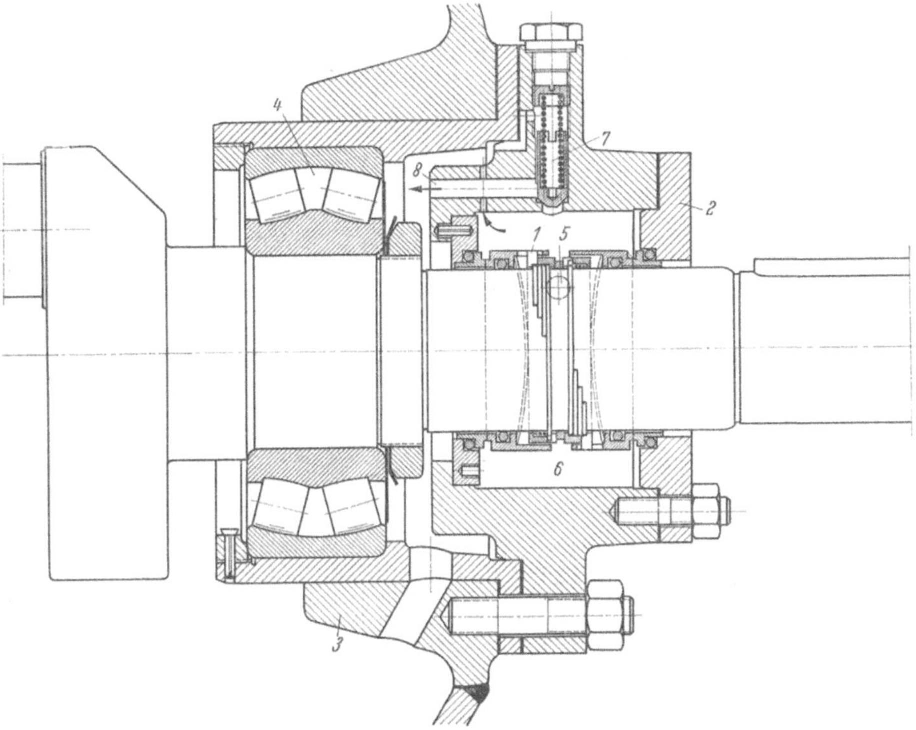

Abb. 197. Doppelgleitringdichtung „Pacific".
1 Gegenseitig angeordnete Dichtungssätze nach Abb. 196; *2* Abschlußdeckel; *3* Kompressorgehäuse; *4* Rollenlager; *5* Öleintritt; *6* Ölkammer; *7* Öldruckregelventil; *8* Ölrücklauf.

mulde zurückfließen. Die Füllung der Kammer und der nötige Öldruck in derselben können also bei dieser Wellenlagerung nur durch die Abdichtung der Ölkammer gegenüber dem Kompressorgehäuse erreicht werden. Zu diesem Zwecke können beispielsweise 2 Gleitringdichtungen nach Abb. 196 gegenseitig angeordnet werden wie Abb. 197 zeigt. Der in der Dichtungskammer erforderliche Öldruck wird hier durch ein besonderes federbelastetes Ventil *7* eingestellt.

Weitere Bauformen von Wellenabdichtungen werden im Abschnitt B IV beschrieben.

8. Schmierung.

Die oft erheblichen Temperatur- und Druckschwankungen ausgesetzten Gleitflächen der raschlaufenden Kolbenkompressoren mittlerer und großer Kälteleistung werden heute fast ausnahmslos durch ein eingebautes geschlossenes Druckölsystem geschmiert.

Die hydrodynamische Theorie der flüssigen Reibung, die Gesetze der Misch- und Grenzreibung, sowie die Formgebung der Gleit- und Wälzlager in bezug auf die Schmierung und die Abführung der Reibungswärme sind in der Fachliteratur eingehend behandelt worden[1]. Auch die Wahl der zur Schmierung der Kältekompressoren zu verwendenden Mineralöle und deren Verhalten gegenüber den verschiedenen Kältemitteln wurden bereits in verschiedenen Fachbüchern ausführlich erläutert[2,3,4]. Es erübrigt sich deshalb an dieser Stelle auf diese wichtigen Probleme einzugehen.

Der Ölkreislauf des Kompressors bezweckt nicht nur die Bildung eines tragfähigen Ölfilms zur Verhinderung der unmittelbaren Berührung der aufeinander gleitenden Flächen, sondern auch die Verbesserung der Abdichtung und die Abfuhr der Reibungswärme einzelner Elemente durch Spülöl. Als Ölpumpen werden Hubkolben-, Drehkolben- oder Zahnradpumpen mit innerer oder äußerer

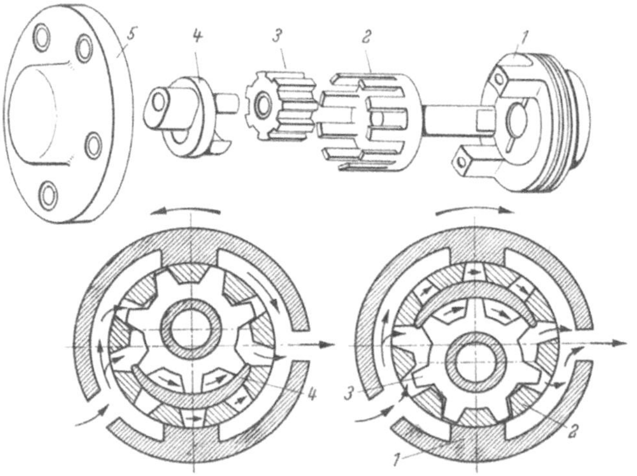

Abb. 198. Reversible Ölpumpe.
1 Einsatzkäfig; *2* Rotor mit Innenverzahnung; *3* Ritzel; *4* Umschwenk-Zwischenstück; *5* Abschlußdeckel.

Verzahnung verwendet. Der Antrieb erfolgt meistens direkt durch das Kurbelwellenende oder, wenn die Pumpe unter den Ölspiegel der Kurbelmulde verlegt wird, durch ein von der Welle betätigtes Schrauben- oder Zahnradübersetzungsgetriebe. In Motorkompressoren wo der Drehsinn nicht kontrolliert werden kann, werden stets reversible Ölpumpen eingebaut welche unabhängig vom Drehsinn den Ölstrom immer in derselben Richtung fördern (Abb. 198). Der von dem Wellenende angetriebene Rotor *2* mit Innenverzahnung nimmt bei seiner Umdrehung das auf der exzentrischen Achse eines um 180° drehbaren Zwischenstücks *4* gelagerte Ritzel *3* mit. Der Raum zwischen dem Außendurchmesser des Ritzels *3* und dem Innendurchmesser des Rotors *2* wird durch die mit dem Zwischenstück *4* gegossene Sichel abgeschlossen. Beim Wechsel des Drehsinns des Rotors verändert sich selbsttätig die Lage des Zwischenstücks und somit des Ritzels um 180°, so daß die Richtung des Ölflusses durch die Pumpe unverändert bleibt.[5]

[1] Siehe z. B. M. ten Bosch: Berechnung der Maschinenelemente 3. Aufl. Berlin/Göttingen/Heidelberg: Springer 1951.
[2] Plank, R.: Handbuch der Kältetechnik, Bd. IV, Die Kältemittel, Kap. VI—5, Berlin/Göttingen/Heidelberg: Springer 1956.
[3] Steinle: Kältemaschinenöle, Berlin/Göttingen/Heidelberg: Springer 1950.
[4] Thelen, A.: Schmierung von zylindrischen Gleitlagern mit Öl-Kältemittel-Gemischen. Diss. Techn. Hochschule Karlsruhe, 1959.
[5] Vgl. Abb. 98 auf S. 135.

Das von der Pumpe durch einen im Ölvorrat des Kompressors angeordnetes Filter angesaugte Öl wird dem Triebwerk und der Wellenabdichtung mit einem Überdruck von 1 bis 2 at zugeführt. Die Zylinderlaufflächen und die Laufbüchsen werden in den meisten Fällen von dem aus den Lagern und Pleuelköpfen austretenden Spritzöl geschmiert. Die zur Wärmeabfuhr der Wellenabdichtung benötigte Spülölmenge wird durch ein besonderes Drosselventil oder durch eine im Ölrücklauf von der Kammer zum Kurbelgehäuse angeordnete Drosselöffnung geregelt. Eine Sicherheitsvorrichtung (Differentialpressostat), welche beim Anlaufen des Kompressors automatisch kurz geschlossen wird, bewirkt den Stillstand des Antriebsmotors, wenn die von der Ölpumpe erzeugte Druckdifferenz unterhalb eines bestimmten Wertes sinkt.

Bei schnellaufenden Kompressoren großer Leistung, namentlich bei Ammoniakmaschinen kann die an den relativ kleinen Ölvorrat der Kurbelmulde übertragene Wärme unzulässig hohe Öltemperaturen verursachen. In die Ölkreisläufe dieser Maschinen wird deshalb meistens ein mit Wasser gekühlter Wärmeaustauscher eingeschaltet. Die durch die Kurbelmulde an den Ölvorrat durch Leitung und Strahlung übertragene Wärmemenge und damit die Größe des Ölkühlers sind weitgehend von der Anordnung der Saug- und Druckkanäle und deren Verbindung mit dem Gehäuse abhängig. Die automatische Ölaufheizung während der Stillstandperiode ist besonders bei Freonkompressoren zu empfehlen. Bei diesen stark in Öl löslichen Kältemitteln wie z. B. R 12 wächst die Konzentration

$$\xi = \frac{\text{Gew. \% Kältemittel}}{\text{Gew. \% Kältemittel} + \text{Öl}}$$

erheblich mit sinkender Temperatur und steigendem Druck[1]. Während längerer Betriebspausen kühlt sich das Kurbelgehäuse ab und der Druck in demselben steigt bis zu dem der Umgebungstemperatur entsprechenden Sättigungsdruck an; erhebliche Mengen Kältemittel können unter diesen Bedingungen im Öl gelöst werden. Beim Wiederanlauf sinkt der Verdampferdruck und somit auch der Druck im Gehäuse rasch ab, die Temperatur steigt an und das gelöste Kältemittel entweicht unter starker Schaumbildung. Das Aufschäumen des Öls und die damit verbundene Volumzunahme führen zu Kavitationserscheinungen in der Ölpumpensaugleitung, zum Abreißen der Strömung, zu Ölabschleuderungen und dementsprechenden Störungen des gesamten Schmiersystems. Auch die Schmierfähigkeit des Öles wird durch dessen Verdünnung bei der Vermischung mit dem Kältemittel beeinträchtigt. Durch den Einbau einer elektrischen Heizpatrone in das Kurbelgehäuse können diese Störungen vermieden werden[2,3]. Die Temperatur des Ölvorrates wird durch das Heizelement während des Stillstandes auf 40 bis 50° C (jedenfalls auf 10 bis 20 Grad über der Umgebungstemperatur) eingestellt.

Die Vorrichtungen für die Leistungsregelung der Kompressoren werden bei mehreren Herstellerfirmen ölhydraulisch betätigt. Das hierzu benötigte Steueröl wird dem Schmiersystem entnommen und bei der Entlastung der Steuerzylinder in die Kurbelmulde zurückgeleitet. Abb. 199 zeigt ein typisches Schema des Ölkreislaufs moderner Kolbenkompressoren mit ölgesteuerter Leistungsregelung. Die vom Kurbelwellenende angetriebene Ölpumpe *1* fördert das aus der Kurbelmulde des Kompressors angesaugte Schmiermittel zum Hochdruckregelventil *2*, das den von der Pumpe zu erzeugenden Überdruck, je nach der Drehzahl des

[1] Bambach, G.: Thermodynamische Eigenschaften und Viskositätsverhalten von Mineralöl-F 12-Gemischen, Kältetechnik Bd. 7 (1955) S. 187.

[2] Neubauer, E. Ted.: Compressor Crankcase Heaters reduce Oil Foaming Refrigerating Engineering, June 1958.

[3] Berliner, P.: Die Beheizung des Kurbelgehäuses von Frigenkompressoren — Kältetechnik Bd. 11, (1959,) S. 289.

Kompressors auf 4 bis 5 atü einstellt. Eine geringe Menge Öl fließt unter maximalem Pumpendruck durch die Abzweigleitung *3* über den Verteiler *4* zu den Steuer-

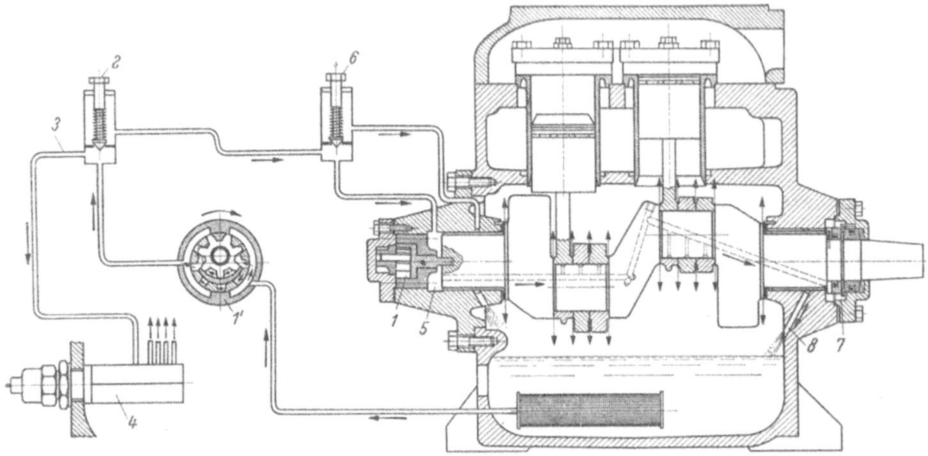

Abb. 199. Schema des Ölkreislaufs.
1 Zahnradölpumpe, *1'* Zahnradölpumpe (schematisch); *2* Hochdruckregelventil; *3* Abzweigleitung zum Leistungsregler; *4* Verteiler des Regelwerkes; *5* Ölkammer; *6* Niederdruckregelventil; *7* Ölkammer der Gleitringdichtung; *8* Spülölrücklauf.

zylindern der Leistungsregelvorrichtung. Der Hauptölstrom wird nach erfolgter Drosselung zu der zwischen Ölpumpe und Wellenende vorgesehenen Aussparung *5* geleitet, die sämtliche Schmierstellen des Triebwerks mit Öl versorgt. Die Regelung des Öldruckes auf 0,3 bis 1 at über dem Gehäusedruck erfolgt durch das in der Umlaufleitung zwischen dieser Aussparung und der Kurbelmulde vorgesehene Niederdruckregelventil *6*. Die überschüssige Ölmenge fließt durch eine im Hauptlager vorgesehene Kreisnut zur Kurbelmulde zurück. Die Ölzufuhr zu den Laufbüchsen der Pleuelköpfe und zu der Kammer *7* der Gleitringdichtung erfolgt durch die mit der Aussparung *5* kommunizierenden Bohrungen der Kurbelwelle (in Pfeilrichtung). Die Schmierung der Haupt- und Drucklager der Welle ist gewährleistet durch die in die Kammern *5* und *7* einmündenden Schmiernuten der Lagerbüchsen. Die Rückleitung des zur Kühlung der Wellenabdichtung erforderlichen Spülöls erfolgt durch die im Kurbelwellenendlager vorgesehene Bohrung *8*.

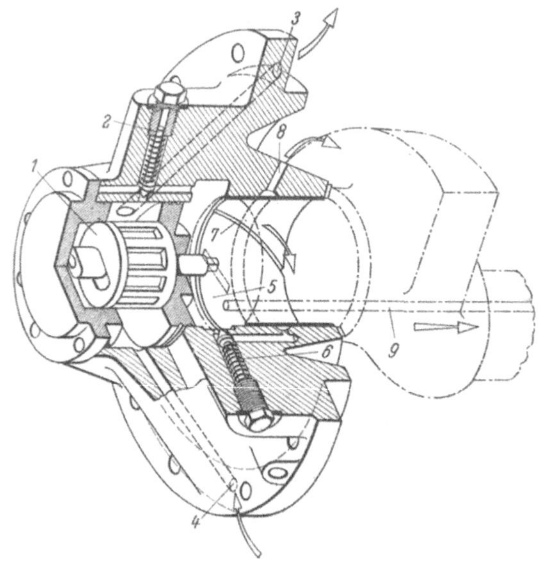

Abb. 200. Einbau der Ölpumpe und der Ölverteilung in dem Abschlußflausch des Kompressorgehäuses.
1 Ölpumpe; *2* Hochdruckregelventil; *3* Abzweigleitung zum Leistungsregler; *4* Ölzulauf; *5* Ölkammer; *6* Niederdruckregelventil; *7* Lagerschmiernute; *8* Ölrücklauf zum Gehäuse; *9* Zur Schmierung der Pleuel, des Hauptlagers und der Wellendichtung.

Abb. 200 zeigt schematisch den Einbau der Ölpumpe, der Regelventile und der Ölleitungen in den Abschlußflansch des Kompressorgehäuses.

III. Vorrichtungen zur Leistungsregelung.

Die Anpassung der Kompressorleistung an den oft zeitlich beträchtlich schwankenden Kältebedarf wird bei den neuzeitlichen Kältekompressoren fast ausnahmslos durch eingebaute, willkürlich von Hand oder selbsttätig gesteuerte Regelvorrichtungen ausgeführt, die auch zum entlasteten Anlauf benutzt werden.

In Großkälte- oder Klimaanlagen mit mehreren Kompressoren übernimmt häufig eine unabhängige, pneumatische, ölhydraulische, elektrische oder elektronische Regelvorrichtung die grobe Anpassung der Leistung an den momentanen Kältebedarf durch Ein- und Ausschalten einzelner Kompressoren sowie die Feinregelung durch Beeinflussung der eingebauten Regelsysteme. Es würde zu weit führen die mannigfaltigen im Kompressorenbau angewandten Regelverfahren zu beschreiben und die Vor- und Nachteile der einzelnen Systeme in bezug auf deren Wirtschaftlichkeit und Betriebssicherheit einer kritischen Prüfung zu unterwerfen. Es werden deshalb im Rahmen dieses Abschnitts nur einige heute vorzugsweise im Kältekompressorenbau verwendete Regelvorrichtungen erwähnt und deren Arbeitsweise an Hand von Beispielen erläutert. Im übrigen wird auf den Abschnitt „Automatik“ im Band VI dieses Handbuches verwiesen.

1. Drehzahlregelung.

Von der Drehzahlregelung wird heute nur noch ausnahmsweise Gebrauch gemacht namentlich bei Schiffskälteanlagen, deren Kompressoren durch Brennkraftmaschinen, Kolbendampfmaschinen oder Gleichstrom-Elektromotoren angetrieben werden. Polumschaltbare Drehstrommotoren und stufenlose Übersetzungsgetriebe sind teuer und werden nur noch in einzelnen Spezialfällen verwendet. Bei den erwähnten Antriebsarten wird die Drehzahl selten unter 70% der Nenndrehzahl herabgesetzt. Je kleiner die niedrigste Drehzahl gewählt wird, desto größer wird das Schwungradgewicht. Beim Antrieb durch Gasmaschinen wird bei Regelung unter 50% der Nenndrehzahl die Gemischbildung schlechter. Auch beim Antrieb durch Gleichstrommotoren wird, um den Preis der Motoren in annehmbaren Grenzen zu halten, die Drehzahl selten um mehr als 30% vermindert. Bei großen Schiffskälteanlagen für den Bananen- oder Fleischtransport, wo meistens 3 bis 4 Kompressoren mit gleicher Verdampfungstemperatur betrieben werden, erlaubt die Veränderung der Drehzahl eines jeden Kompressors um 30% eine stufenlose Regelung der Kälteleistung zwischen 100 und 20% der Vollast.

2. Regelung durch Zuschalträume.

Die früher oft bei Großkältemaschinen verwendete Regelung der Kompressorleistung durch Zylinder-Zuschalträume mit konstantem oder veränderlichem Volum zwecks Veränderung des schädlichen Raumes wird heute ebenfalls nur noch selten verwendet. Man findet dieses Regelverfahren noch bei durch Gasmotoren angetriebenen Winkelkompressoren großer Leistung (Abb. 179).

Dieses oft bei ein- und zweizylindrigen Luft- und Gaskompressoren verwendete Regelverfahren hat den Vorteil, daß die Saugventile unberührt bleiben. Es führt aber bei Kältekompressoren, welche oft mit stark schwankenden und relativ kleinen Druckverhältnissen arbeiten, wobei ein möglichst großer Regelbereich erwünscht ist, zu unzulässig großen Zusatzräumen.

3. Rückströmen der angesaugten Dämpfe.

Bei dieser Regelmethode, die früher häufig bei großen Gleichstromkompressoren Verwendung fand, werden bei Teillast die angesaugten Dämpfe während einer gewissen Zeit des Kompressionshubes durch ein Umlaufventil in den Saugraum zurückgeschoben. Dieses Verfahren wurde später von einigen Herstellerfirmen auch bei mehrzylindrigen, schnellaufenden Maschinen verwendet.

Die Leerlaufschaltung eines oder mehrerer Kompressorzylinder also das totale Rückströmen der angesaugten Dämpfe durch willkürliches Festhalten der Saugventile in geöffneter Stellung wurde ebenfalls schon vor Jahrzehnten als Regelverfahren bei Luft-, Gas- und Kältekompressoren verwendet. Dabei wurden entweder die Saugventilplatten oder die gesamten Saugventile durch von Hand oder mittels Steuerkolben betätigte Greifer abgehoben.

Trotzdem diese Art der Regelung zu nicht vernachlässigbaren Reibungsverlusten führt, wird sie heute infolge ihrer einfachen konstruktiven Durchbildung bei den meisten schnellaufenden Mehrzylinderkompressoren vorzugsweise ausgeführt. Die komplizierten Greifervorrichtungen sind bei den meisten gegenwärtigen Ausführungen durch in den Saugventilsitzen eingebaute Stifte ersetzt, welche entweder mechanisch, ölhydraulisch oder durch die unter Kondensatordruck stehenden Gase betätigt werden.

Diese Anordnungen ermöglichen bei mehrzylindrigen Maschinen eine wirtschaftliche, stufenweise Aufteilung der Kälteleistung, welche nötigenfalls verbessert werden kann durch eine kontinuierliche Feinregelung zwischen den Stufen mit ferngesteuerten, in die Saugleitungen eingebauten Drosselorganen.

Eine einfache Ausführung dieser Regelvorrichtung ist in Abb. 191 veranschaulicht. In dem als Saugventilsitz durchgebildeten Oberteil der Zylinderbüchse sind Führungen der Steuerstifte angeordnet, die durch einen Ringkanal verbunden sind, welcher durch Magnetventile wahlweise mit der Saug- oder Druckseite des Kompressors verbunden werden kann. Beim Stillstand der Maschine steht der Ringraum mit der Druckleitung in Verbindung, Sobald beim Anlauf der Kondensatordruck steigt, werden die Saugventilplatten durch die nach oben bewegten Steuerkolben abgehoben und die Zylinder entlastet.

Die Verwendung der Kältemittelgase zur Bewegung der Hilfskolben, deren Querschnitt aus konstruktiven Gründen begrenzt ist, hat allerdings den Nachteil, daß sich die auf die Steuerstifte ausgeübten Kräfte mit dem Druckverhältnis ändern. Bei kaltem Kühlwasser und hohen Verdampfungstemperaturen kann daher der zur raschen und gleichmäßigen Abhebung der Stifte benötigte Druck zu klein werden, was das einwandfreie Arbeiten der Abhebevorrichtung in Frage stellt und zu Ventilbrüchen führen kann.

Die Regelung der Kälteleistung der V- und W-Kompressoren der namhaften amerikanischen Kältefirmen wie Carrier, Chrysler, Trane, York u. a. erfolgt durch Saugventilabhebevorrichtungen, deren Mechanismen durch ölhydraulische Hilfszylinder in Bewegung gesetzt werden. Die Regeleinheit, welche im wesentlichen aus der Ventilabhebevorrichtung, dem Ölverteiler und dem Steuerventil besteht, ist in den meisten Fällen direkt in das Kompressorgehäuse eingebaut, wobei alle äußeren Rohrleitungen wegfallen. Als Regelgröße wird meistens der Saugdruck gewählt, jedoch können die Vorrichtungen durch die Wahl entsprechender Steuerventile auch thermostatisch, elektrisch oder pneumatisch betätigt werden. Das Steueröl wird dem Schmiersystem des Kompressors entnommen und unter maximalem Pumpendruck dem Verteiler der Regelvorrichtungen zugeführt wie Abb. 199 zeigt.

Bei den V- und W-Kompressoren der York Corporation (Abb. 201) werden die in den Oberteil des Einsatzzylinders eingebauten, federbelasteten Hubstifte *5* durch die Auf- und Abwärtsbewegungen einer den Hauptzylinder umgebenden Gleitbüchse *4*, entweder in ihre obere oder untere Totpunktlage verschoben. Die Hubbewegung der Gleitbüchse *4* wird bewirkt durch einen ölhydraulischen, im

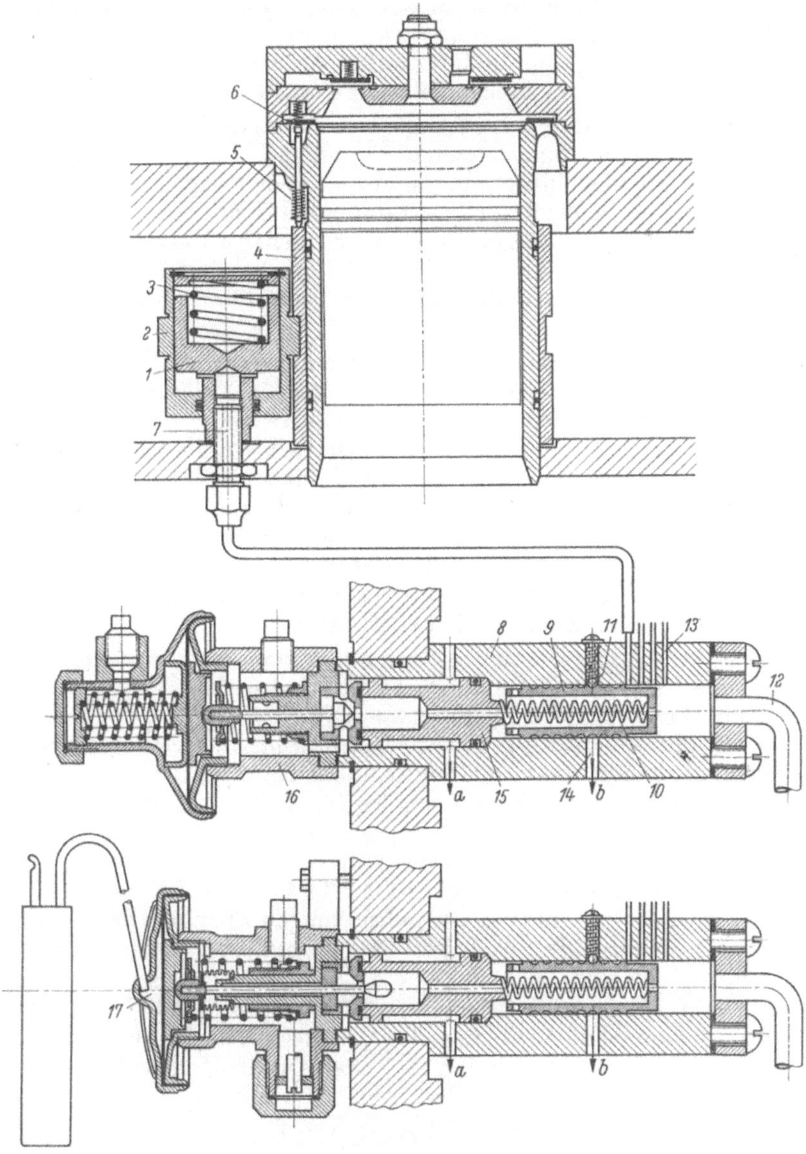

Abb. 201. Leistungsregler von York.
1 Hilfskolben; *2* Hilfszylinder; *3* Druckfeder; *4* Gleitbüchse; *5* Hubstift mit Feder; *6* Saugventil; *7* Öleinlauf zum Hilfszylinder; *8* Zylinder des Ölverteilers; *9* Rillenkolben des Ölverteilers; *10* Schraubenfeder; *11* federbelastete Kugel; *12* Öleintritt zum Verteiler; *13* Ölleitungen zu den Hilfszylindern; *14* Ölrücklauf zum Gehäuse; *15* Zwischenstück; *16* Konstantdruckregelventil; *17* Thermostatisches Regelventil.

Saugkanal des Kompressors untergebrachten Hilfsmechanismus, bestehend aus: dem feststehenden Kolben *1*, dem beweglichen Hilfszylinder *2* und der Druckfeder *3*. Der durch den Verteiler gesteuerte Ölzu- und -ablauf des Hilfszylinders erfolgt durch den Anschluß *7*.

Beim Stillstand des Kompressors bleibt der Hilfszylinder entleert und die Gleitbüchse *4* wird durch die Kraft der Feder *3* im Hilfszylinder *2* in ihre obere Endlage verschoben. Durch die damit bewirkte Erhebung der Hubstifte *5* wird die Saugventilplatte *6* von ihrem Sitze abgehoben und auf dem Hubfänger festgehalten. Der Anlauf der Maschine erfolgt also stets unter vermindertem Drehmoment und der Kompressor läuft entlastet bis der Rillenkolben *9* den Zulauf des Steueröls zu einem oder mehreren Hilfszylindern frei gibt.

Das vom Schmiersystem des Kompressors kommende Drucköl tritt durch die Zulaufleitung *12* in den Verteilerzylinder *8* und wirkt auf den Rillenkolben *9*. Eine Teilmenge des Öls fließt durch die im Kolbenboden angebrachte Öffnung, füllt den Arbeitsraum des Kolbens und fließt durch die Bohrung des Zwischenstücks *15* und die Öffnung des damit verbundenen Konstant-Druckventils *16* an der Stelle *a* zum Kurbelgehäuse zurück. Je nach der Stellung der Nadel des Regelventils verändert sich der auf den Boden des federbelasteten Rillenkolbens ausgeübte Differentialdruck.

Sobald der Gehäusedruck und somit auch der Saugdruck kleiner wird als der am Regelventil eingestellte Sollwert, bewegt sich die Ventilnadel nach rechts und vermindert nach und nach den Durchströmquerschnitt des Regelventils. Wenn dieses vollständig geschlossen ist, entsteht Öldruck-Ausgleich vor und hinter dem Rillenkolben und dieser wird in seine rechte Endlage verschoben. Dadurch werden sämtliche Ölleitungen zu den Hilfszylindern durch die Rillen des Verteilerkolbens und die Öffnung *b* mit dem Kurbelgehäuse verbunden und das in den Hilfszylindern enthaltene Drucköl fließt zum Ölvorrat der Kurbelmulde zurück. Der Kompressor arbeitet dann mit kleinster Leistung, sämtliche mit Abhebevorrichtungen versehenen Zylinder sind entlastet.

Umgekehrt, solange der Gehäusedruck den am Ventil eingestellten Solldruck um einen gewissen Wert übersteigt, bleibt der gesamte Ventilquerschnitt frei, der auf den Boden des Rillenkolbens ausgeübte Differentialdruck erreicht seinen Höchstwert, der Rillenkolben bewegt sich in seine linke Endlage und gibt den Druckölzufluß zu sämtlichen Ölleitungen *13* der Hilfszylinder *2* frei. Diese bewegen sich nach unten, die Saugventile *6* werden frei und der Kompressor arbeitet mit Vollast.

Je nach dem auf dem Boden des Rillenkolbens herrschenden Differential-Öldruck, welcher bedingt ist durch die Stellung der Nadel des Regelventils *16*, werden eine variable Anzahl der Ölzufuhrleitungen *13* zu den Saugventil-Abhebevorrichtungen freigegeben, wodurch eine Anzahl der Zylinder außer Betrieb gesetzt wird.

Durch zwei radial am Verteilerzylinder *8* angeordnete federbelastete Kugeln *11* wird eine schwimmende Bewegung des Ölsteuerkolbens *9* durch eine ruckweise Hin- und Herbewegung ersetzt. Die Ein- oder Ausschaltung eines jeden Zylinders erfolgt bei einer bestimmten Druckdifferenz.

Bei dem in Abb. 201 gezeigten Membranventil wirken auf die rechte Seite der Membran der Gehäusedruck, auf die linke Seite der Atmosphärendruck und der eingestellte Federdruck. Das Ventil schließt bei sinkendem und öffnet bei steigendem Saugdruck.

Dieselbe Wirkung wird erreicht bei thermostatischer Steuerung der Regelvorrichtung, Abb. 201, unteres Bild. Bei steigender Fühlertemperatur wird der Druck auf der linken Seite der Membran größer als der im Verteilerzylinder herrschende Öldruck; die nach rechts bewegte Membran öffnet nun das Ventil, der Rillenkolben *9* verschiebt sich dadurch wie vorher erklärt nach links, die Kälteleistung wird stufenweise vergrößert und umgekehrt.

Auf demselben Prinzip beruht die Leistungsregelung der V- und W-Kompressoren der Carrier Corporation, die in Abb. 202 schematisch dargestellt ist. Das Abheben der ringförmigen Saugventile durch die Hubstifte *A* erfolgt ebenfalls durch eine den Einsatzzylinder umgebende Gleitbüchse *B* welche durch einen

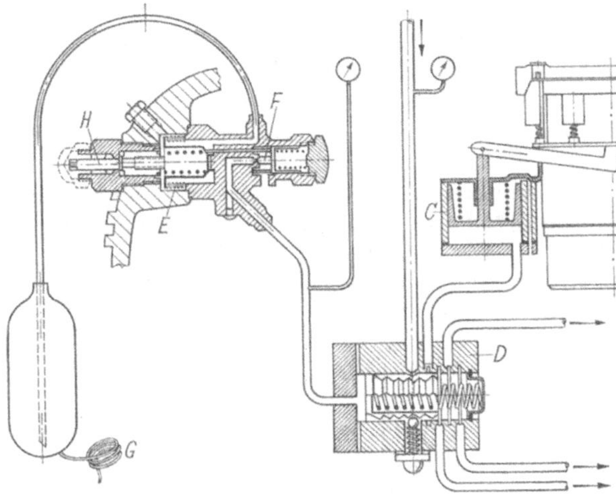

Abb. 202. Leistungsregler von Carrier.
A **Hubstifte;** *B* **Gleitbüchse;** *C* **Schaltzylinder;** *D* **Verteiler;** *E* **Regelventil;** *F* **Ventilnadel;** *G* **Kapillarrohr;** *H* **Einstellschraube.**

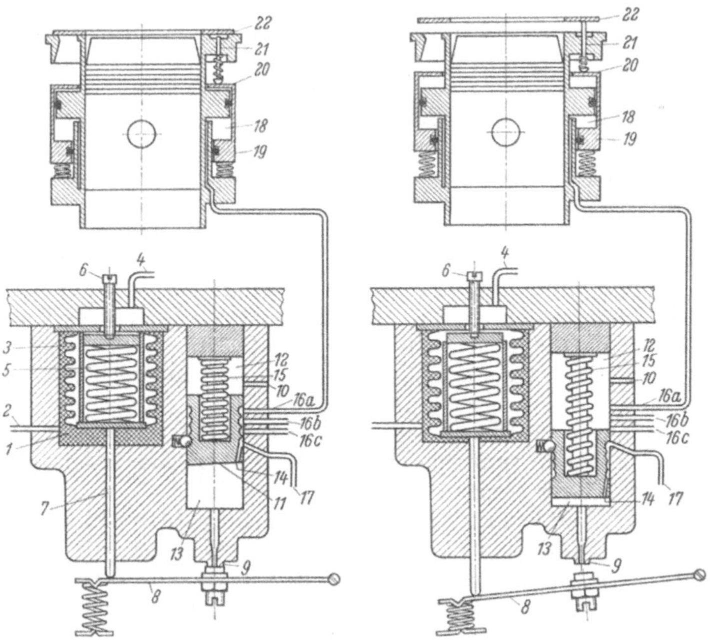

Abb. 203. Leistungsregler der Trane Corporation.
a) Teile des Regelventils: *1* Kammer des Konstantdruckventils; *2* Verbindungskanal zur Saugseite; *3* Metallbalg; *4* Verbindung der Balginnenseite mit der Atmosphäre, *5* Spannfeder; *6* Einstellschraube; *7* Stempel; *8* Federbelasteter Hebel mit Ölabschluß.
b) Teile des Ölverteilers: *9* Drosselstelle für Ölablauf; *10* Verbindung mit dem Kurbelgehäuse; *11* Rillenkolben; *12* oberer Zylinderraum; *13* unterer Zylinderraum; *14* Kanal im Kolben; *15* Spannfeder des Rillenkolbens; *16a*, *16b*, *16c* Ölleitungen zu den Entlastungsmechanismen; *17* Druckölzufuhr vom Schmiersystem.
c) Teile des Entlastungsmechanismus: *18* Ölkammer; *19* Federbelasteter Ringkörper; *20* Ringkörperoberteil; *21* Federbelastete Hubstifte; *22* Saugventil.

ölhydraulischen federbelasteten Servokolben *C* über einen Kipphebel auf- und abwärts bewegt wird. Der mit Rillen versehene Kolben des Verteilers *D* gibt je nach der Größe des durch das Ventil *E* geregelten Steueröldrucks die Ölleitungen zu den Schaltzylindern der Saugventil-Abhebevorrichtungen frei.

Im Regelventil *E* wirken durch das Kapillarrohr *G* der Saugdruck und der durch die Schraube *H* einstellbare Federdruck gegen die mit einem Balg belastete Ventilnadel *F*. Der Überströmquerschnitt des Ventils verändert sich damit je nach der Druckdifferenz. Das Öffnen des Regelventils bewirkt die Vergrößerung und sein Schließen die Verminderung der Kälteleistung in Abhängigkeit des Soll-Saugdrucks.

Auch bei den schnellaufenden Kältekompressoren der Trane Corporation werden die Zylinder durch Abheben der Saugventile mit ölhydraulischen Mechanismen entlastet (Abb. 203). Der Regelkörper bestehend aus dem Konstantdruck-Ventil und dem Ölverteiler ist im unteren Teil des Kurbelgehäuses angeordnet. Die in der Kammer *1* des Regelventils befindliche Balgmembran *3* wird auf ihrer Außenseite durch die Öffnung *2* dem Saugdruck ausgesetzt. Auf ihre Innenseite wirkt durch die Leitung *4* der Atmosphärendruck sowie der durch die Schraube *6* einstellbare Druck der Spannfeder *5*.

Solange der Saugdruck den Sollwert übersteigt, bleibt der Membranbalg *3* zusammengezogen (Bild 203, links) und die Drosseldüse *9* am Verteilerunterteil bleibt geschlossen. Der durch die Leitung *17* in die untere Verteilerkammer *13* eingeleitete Öldruck bewegt den Rillenkolben 11 nach oben und gibt ruckweise die Steuerleitungen *16 a, b, c* mit progressiv abnehmendem Saugdruck frei.

Unter dem Einfluß des in die Ölkammer *18* des Zylinder-Entlastungsmechanismus eintretenden Drucköls wird der federbelastete Ringkörper *19* abwärts bewegt. Die Stifte *21* geben die Saugventile *22* frei und der entsprechende Zylinder arbeitet mit voller Leistung.

Sinkt der Saugdruck unter den Sollwert, dann dehnt sich der Metallbalg *3* unter dem Einfluß des auf seiner Innenseite herrschenden Überdrucks aus (Bild 203, rechts) und der an seiner Unterseite befestigte Stempel *7* öffnet über den Hebel *8* die Verteilerdüse *9*. Der Druck in der Kammer *13* nähert sich dem Gehäusedruck und der Rillenkolben *11* gibt in seiner Abwärtsbewegung mit steigendem Saugdruck nach und nach die Steuerleitungen *16 a, b, c* frei. Das in den Ölkammern enthaltene Drucköl fließt über den oberen Verteilerraum durch *10* zum Kurbelgehäuse zurück. Die nun überwiegende Kraft der Spannfedern des Ringkörpers *19* drückt denselben und mit ihm die Hubstifte *21* aufwärts. Die Saugventile *22* werden dadurch auf ihren Hubfängern festgehalten und der entsprechende Zylinder wird entlastet.

An Stelle des Konstantdruckventils können die Leistungsregler nach Wunsch mit jedem anderen temperaturempfindlichen, elektrischen oder pneumatischen Steuerorgan ausgerüstet werden.

Eine einfache Ausführung der Überströmregelung, bei welcher die Saugventilplatten nicht durch Hubstifte, sondern von dem durch die Kältemittelgase betätigten Steuerkolben selbst abgehoben werden, zeigt Abb. 204 (Brissonneau und Lotz). Der in dem am Zylinderoberteil angeordneten Führungsring *1* gleitende Hilfskolben *2* wird bei Vollast oder beim Stillstand der Maschine durch die Federn *3* in seiner unteren Totpunktlage festgehalten. Beim Anlauf oder bei gewünschter Nulleistung des entsprechenden Zylinders verschiebt sich der Hilfskolben *2* unter dem Einfluß der bei *5* eintretenden Kältemitteldämpfe nach oben, und die Saugventilplatte wird abgehoben.

Das Arbeitsspiel des mit gußeisernen Dichtungsringen versehenen Hilfskolbens ist reichlich bemessen, so daß seine ungestörte Bewegung selbst bei hohen Überhitzungstemperaturen gewährleistet bleibt. Die unter der Druckwirkung stehenden Kolbenflächen sind so bemessen, daß die Aufwärtsbewegung des Hilfskolbens und somit die Abhebung der Saugventile bei einer Druckdifferenz von nur 0,2 at erfolgt. Dadurch wird der unbelastete Anlauf des Kompressors und das einwandfreie Arbeiten der Regelvorrichtung selbst bei geringsten Kondensatordrücken sichergestellt.

Die relativ große Kontaktfläche zwischen der Saugventilplatte und dem Oberteil des Hilfskolbens gewährleistet die Verminderung des spezifischen An-

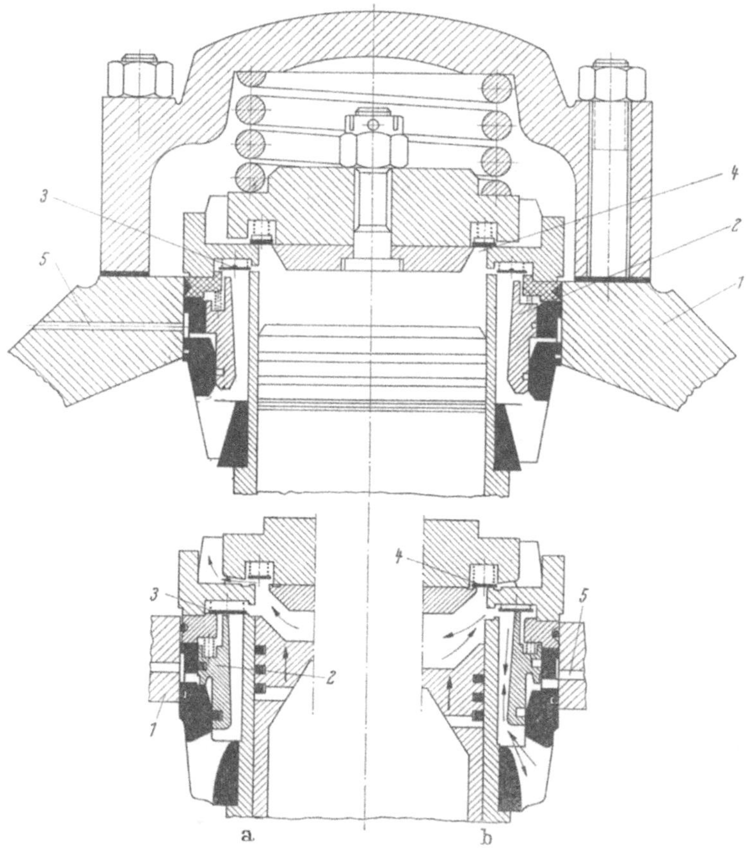

Abb. 204. Leistungsregler von Brissonneau und Lotz. a) Vollast b) Leerlauf.
1 Führungsring; *2* Hilfskolben; *3* Saugventil; *4* Druckventil; *5* Eintritt des Kältemittels.

pressungsdrucks und des Ventilverschleißes. Die auf Seite 230 geschilderten Nachteile der unter dem Einfluß der Kältemitteldämpfe arbeitenden Hubstifte sind durch diese Maßnahmen behoben.

4. Drosselung und Rückströmen der angesaugten Dämpfe.

Bei der von der schwedischen Firma Stal entwickelten Regelvorrichtung (D.B.P. Nr. 1012935) wird die Kälteleistung durch Drosselung der zu den Saugventilen strömenden Dampfmenge mit Hilfe der vor den Saugventilen angeordneten Regelwerke stufenlos vermindert (Abb. 205).

Bei vollständig abgesperrter Dampfzufuhr werden die Saugventile automatisch geöffnet. Gleichzeitig wird der Zylinderraum durch besondere Rückströmventile mit dem Saugraum in Verbindung gesetzt. Dadurch werden die Pumpverluste vernachlässigbar klein. Die Leistungskurve des Kompressors schmiegt sich ziemlich eng an diejenige der verlustlosen Regelung an.

Stal, wie auch die meisten anderen Herstellerfirmen, bestücken bei Frigenkompressoren nur $^2/_3$ der gesamten Zylinderanzahl mit Leistungsreglern. Der Leistungsbereich erstreckt sich demnach von 100% bis 33%. Diese Vorsorge soll vermeiden, daß bei zu geringen Gasgeschwindigkeiten im Verdampfer die Ölrückführung zum Kompressor gefährdet wird.

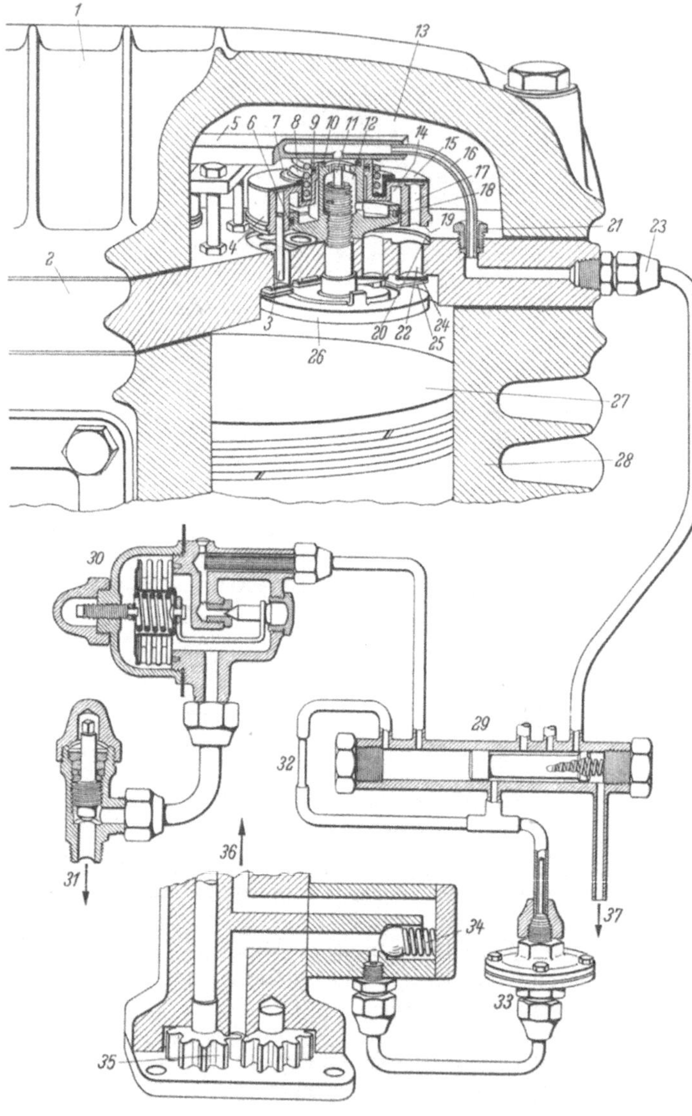

Abb. 205. Leistungsregler von Stal, Norrköping.

1 Zylinderdeckel; *2* Zwischenplatte; *3* Stößel; *4* Regler; *5* Oberteil; *6* 0-Ring; *7* Ventilhalter; *8* Feder; *9*, *10* 0-Ringe; *11* Sicherung; *12* Regelölkanal; *13* Saugraum; *14* Regeldruckraum; *15* Ventil; *16* Rohr; *17* Bohrungen für das Rückleitungsventil, *19*, *20* Regelquerschnitt; *22* Ansaugkanäle, 24 Saugventil, *25* Ventilfeder; *26* Fänger; *27* Kompressorkolben; *28* Zylinder; *29* Verteiler; *30* Kontrollventil; *31* zur Saugleitung des Kompressors; *32* Drosselrohr; *33* Filter; *34* Öldruckregler; *35* Ölpumpe; *36* zum Schmiersystem des Kompressors; *37* Ölablauf zur Kurbelmulde.

Die Leistungsregelung ist in Abb. 205 schematisch dargestellt[1]. Die Ölpumpe *35* fördert über das Druckreduzierventil *34*, durch den Kanal *36* das Schmieröl bei vermindertem Druck zum Kompressor und das Steueröl bei hohem Druck (etwa 5 kp/cm² über dem Saugdruck) über das Filter *33* und den Ölverteiler *29* zu den in den Zylinderköpfen eingebauten Regelwerken.

Bei der normalen Ausführung ist die Regelgröße der Saugdruck, welcher konstant gehalten wird durch das Kontrollventil *30*. Die Zu- und Abfuhr des Steueröls zu den Regelwerken erfolgt wie bei den vorher beschriebenen Systemen von York, Carrier und Trane.

Die Wirkungsweise ist folgende: Wenn das Kontrollventil *30* bei fallendem Saugdruck einen Impuls zur Leistungsverminderung gibt, fällt der Öldruck im Raum *14* des Regelwerks. Dabei wird durch die Spannfeder *8* die Reglerglocke abwärts bewegt und der zu den Saugventilen führende Gasstrom gedrosselt. Ist die vom Kompressor gelieferte Leistung immer noch zu groß, dann fällt der Öldruck weiter bis die Reglerglocke in ihrer unteren Endstellung die Gaszufuhr völlig gesperrt hat. Gleichzeitig werden die Saugventile durch die Hubstifte *3* abgehoben und der Zylinder durch die am Umfange des Regelkörpers angebrachten Bohrungen *17* mit den Rückleitungsventilen verbunden. Der entsprechende Zylinder wird dadurch vollständig entlastet.

5. Stufenlose Regelung durch verspätete Schließung der Saugventile.

Bei dieser namentlich bei großen Luft- und Gaskompressoren angewandten Regelung werden die Saugventilplatten über eine mehr oder weniger große Strecke des Druckhubes durch Greiferkolben offen gehalten. Die angesaugten Gase werden dadurch solange in den Saugkanal zurückgeschoben, bis die Ventilplatten schließen und der effektive Druckhub beginnen kann.

Die im Hubtakt erfolgenden Druckimpulse werden von pneumatischen, ölhydraulischen oder elektromagnetischen Regelvorrichtungen auf die Greiferkolben übertragen. Die Größe des an dieselben übertragenen Steuerdruckes bestimmt die Dauer der willkürlichen Öffnung der Saugventile während des Druckhubes und damit die Liefermenge des Kompressors. Nach diesem Prinzip arbeitet die Regelvorrichtung der Firmen Borsig, Berlin-Tegel; sie benutzt zur Steuerung das Kältemittel selbst. Eine ausführliche Beschreibung der Wirkungsweise findet man im Kältetechnischen Schrifttum[2].

6. Die Staudüsenregelung[3].

Die von Gebrüder Sulzer, Wintherthur patentierte Staudüsenregelung beruht ebenfalls auf dem Prinzip der Beeinflussung des Saugventilschlusses während des Kompressionshubes. Die Saugventilplatten werden hier durch eine verstellbare äußere Federkraft solange offen gehalten, bis der auf sie wirkende Staudruck der rückströmenden Gase diese Federkraft übersteigt und somit den Ventilschluß bewirkt. Zur Verstärkung der Stauwirkung ist die Ventilabhebevorrichtung als Greiferglocke durchgebildet, deren Form den eintretenden Gasen einen möglichst geringen und den rückströmenden Gasen einen möglichst großen Widerstand bietet. Durch die Veränderung der auf die Stauglocke wirkenden Federkraft kann eine Schlußverspätung der Ventile bis zu 70% der Verdichtungshublänge

[1] SAACKE, R.: Leistungsregelung für Kältekompressoren, Kältetechnik, Bd. 12 (1960) S. 369.

[2] Die Kälte Bd. 13 (Juli 1960) S. 359.

[3] Technische Rundschau. Sulzer — Die Regelung der Fördermenge von Kolbenkompressoren, No. 2, 1949, S. 13.

erreicht werden. Dadurch kann die Förderleistung des Kompressors zwischen 100 und 30% stufenlos geregelt werden.

Abb. 206 zeigt den Aufbau der Regelvorrichtung in ihrer einfachsten Form. Die kreisringförmige Staudüse wird gebildet durch eine im unteren Teil der Ventillaterne befestigte Düse *1* und durch die bewegliche Stauglocke *2*. Die mit derselben verbundenen Greifer *3* durchdringen die Schlitze des Saugventilsitzes und verhindern bei der Abwärtsbewegung der Glocke *2* das Schließen der Saugventilplatten *5*. Je nach der durch das Handrad *8* und die Reglerspindel *7* erzeugten Vorspannung der Belastungsfeder *6*, verändert sich die Länge des wirksamen Verdichtungshubes. Die linke Seite der Abb. 206 entspricht der geringsten Vorspannung, d. h. der maximalen Förderleistung, während rechts die Wirkung des Staudrucks an dem willkürlich geöffneten Ventil veranschaulicht ist.

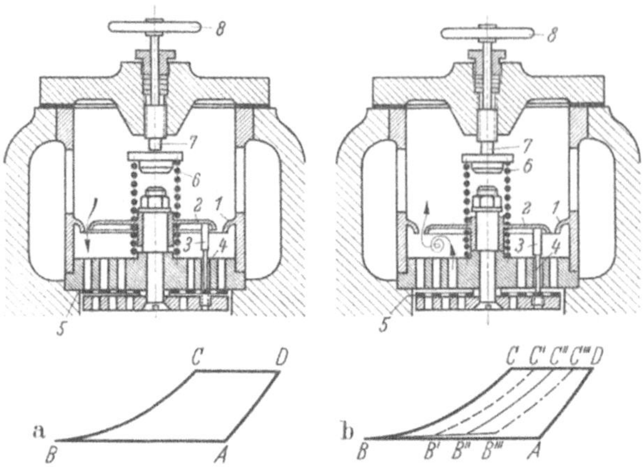

Abb. 206. Staudüsenregelung von Sulzer mit Handverstellung.
1 Ventillaterne; *2* Stauglocke; *3* Greifer; *4* Ventilsitz; *5* Ventilplatte; *6* Reglerfeder; *7* Reglerspindel; *8* Handrad; *a* p,v-Diagramm bei Vollast; *b* p,v-Diagramm bei Teillast.

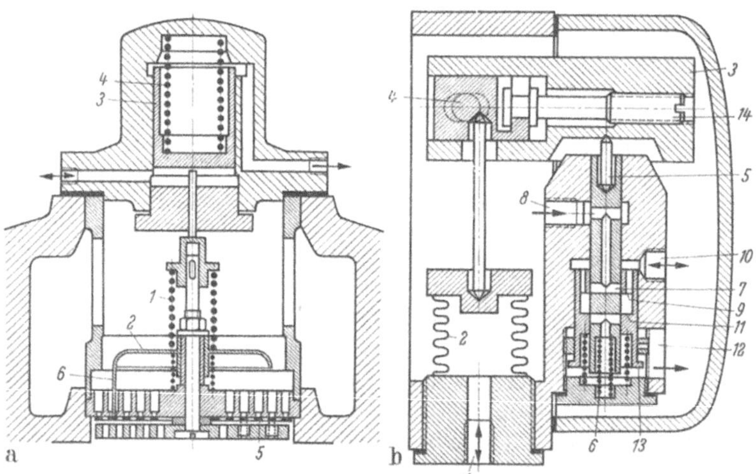

Abb. 207 Staudüsenregelung von Sulzer, ölhydraulisch gesteuert.
a) hydraulisch gesteuertes Saugventil: *1* Druckfeder; *2* Stauglocke; *3* Servomotorkolben; *4* Druckfeder des Servomotorkolbens; *5* Ventilplatte; *6* Greifer.
b) Druckregler: *1* Impulsleitung des Gasdruckes; *2* Membran; *3* als Hebel ausgebildeter Gewichtsstein; *4* verschiebbarer Drehpunkt des Hebels *3*; *5* Steuerschieberspindel; *6* Stützfeder des Steuerschiebers *7*; *7* Steuerschieber; *8* Druckölzufuhr; *9* obere Steuerkante; *10* Verbindungsleitung zu den Saugventilen; *11* untere Steuerkante; *12* Ablaufleitung; *13* Rückführschieber; *14* Einstellschraube.

Wenn die Anpassung der Kompressorleistung an den momentanen Kältebedarf automatisch erfolgen soll, besteht — bei der Wahl des Saugdruckes als Impulsgeber — die Regelvorrichtung aus dem ölhydraulisch gesteuerten Saugventil a und aus dem Druckregler b (Abb. 207). Der Saugdruck wirkt dann durch die mit der Kompressorsaugseite verbundene Öffnung *1* (Abb. 207 b) auf die Balgmembran *2*, deren Auf- und Abwärtsbewegung durch das als Hebel ausgebildete Gewicht *3* auf den Steuerschieber *7* übertragen wird. Zur Regelung des Sollwertes kann der Drehpunkt *4* des Gewichtshebels *3* durch die Schraube *14* verstellt werden. Wenn sich bei sinkendem Saugdruck der Steuerschieber abwärts bewegt, gibt er die obere Steuerkante *9* des Rückführschiebers *13* frei und das bei *8* zugeleitete Drucköl fließt durch *10* unter den Servokolben *3* (Abb. 207 a) des hydraulisch gesteuerten Saugventils. Die auf die untere Seite des Servokolbens *3* wirkende Kraft übersteigt nun die Spannkraft der Feder *4* und der Servokolben bewegt sich aufwärts. Durch die damit bewirkte Entlastung der Druckfeder *4* und unter dem Einfluß des unter der Greiferglocke *2* herrschenden Staudrucks bewegt sich letztere ebenfalls aufwärts. Dadurch wird das Saugventil früher geschlossen und die Leistung des Kompressors entsprechend vergrößert.

In analoger Weise aber in entgegengesetzter Richtung wirkt eine Zunahme des Saugdrucks bei der Überschreitung des eingestellten Sollwertes. Der Steuerschieber *7* (Abb. 207 b) wird dann gehoben wodurch die untere Steuerkante *11* des Rückführschiebers *13* freigegeben wird. Das vom Servokolben *3* (Abb. 207 a) zurückgedrängte Öl entweicht nun durch die Leitung *10* (Abb. 207 b) und die Steuerkante *11* zum Ablauf *12*. Durch die Erhebung des Steuerschiebers *7* ist gleichzeitig die Druckölzufuhr abgesperrt worden. Der Rückführschieber *13* führt unter dem Einfluß des auf ihm lastenden variablen Druckes eine dem Steuerschieber *7* nacheilende Bewegung aus. Er wirkt dadurch als Rückführung und verhindert damit Pendelungen. Jeder vom Saugdruck abhängigen Stellung des Rückführschiebers entspricht ein bestimmter Öldruck unter dem Servokolben der Ventilabhebevorrichtung und damit eine entsprechende Begrenzung des wirksamen Kolbenhubes. Durch die Begrenzung der oberen Endlage des Rückführschiebers *13* wird erreicht, daß das Drucköl im instabilen Regelbereich abläuft und dadurch die Leistung auf Null zurückgeht bis der Kältebedarf wieder ansteigt.

Da das Steueröl dem Schmiersystem des Kurbeltriebs des Kompressors entnommen ist, bleibt beim Stillstand der Maschine die dem Öldruck ausgesetzte Fläche des Servokolbens *3* (Abb. 207 a) unbelastet. Die Greiferglocke *2* wird somit durch die Belastungsfeder *4* in ihre untere Endlage verschoben und das Saugventil verbleibt in abgehobener Stellung. Der Anlauf des Kompressors erfolgt also unbelastet. Die Saugventile werden erst freigegeben wenn bei voller Drehzahl der Öldruck seinen Normalwert erreicht hat.

Die Regelvorrichtung ist sehr empfindlich, da die stets im Öl laufenden steuernden Teile gut entlastet sind. Der eingestellte Sollwert kann auf etwa 0,2 at genau konstant gehalten werden. An Stelle des Saugdruckes kann als Impulsgeber auch die Temperatur oder jede andere Betriebsgröße gewählt werden.

Die Geschwindigkeit der durch die geöffneten Saugventile rückströmenden Gase und somit der auf die Greiferfglocke wirkende Staudruck steigen entsprechend der Kolbengeschwindigkeit in der ersten Hubhälfte von Null bis zu einem Höchstwert an und fallen in der zweiten Hälfte des Kolbenweges wieder ab bis zum Nullwert. Theoretisch könnte also das Saugventil mit Hilfe des Staudrucks nur bis etwas über die Hubmitte in geöffneter Stellung festgehalten werden, was einem Regelbereich von 100 bis 50% der Vollast entsprechen würde. Praktische Erfahrungen haben gezeigt, daß sich infolge sekundärer Einflüsse der tatsächliche Regelbereich bis zu 30% der maximalen Förderleistung erstreckt. Unterhalb dieses Grenzwertes wird die Regelung instabil. Durch besondere Maßnahmen kann jedoch erreicht werden, daß die Regelung zwischen 100 und 0% stetig verläuft.

IV. Ausgeführte schnellaufende Kolbenkompressoren offener Bauart

1. Einleitung.

Die schon im Jahre 1950 bekannt gewesenen amerikanischen Kältekompressoren offener Bauart mit fächerförmig angeordneten Zylindern haben seitdem außer der Verbesserung einiger Einzelteile wie z. B. der Ventile, Wellenabdichtungen und Vorrichtungen zur Leistungsregelung, nur wenige bemerkenswerte Änderungen erfahren. Die konstruktive Durchbildung solcher Maschinen wurde schon damals in der Fachliteratur geschildert.[1,2]

Mit der in der letzten Zeit in allen Ländern erfolgten gewaltigen Entwicklung der Klimaanlagen entstand das Bedürfnis nach schwingungs- und geräuschlosen Kältemaschinen mit kleinsten Raumbedarf und größter Betriebssicherheit. Gestützt auf die inzwischen im Kleinkältemaschinenbau gesammelten Erfahrungen befaßten sich dementsprechend die Konstruktionsabteilungen der führenden Kältemaschinenfirmen mit der Entwicklung gedrängter *Motorkompressoren* von immer größerer Leistung. Die Entwicklung dieser Maschinen in den Vereinigten Staaten ist nun soweit abgeschlossen, daß mit dem Markteinsatz zweipoliger Motor-Kolbenkompressoren mit Leistungen von 3 bis 70 PS in kürzester Zeit zu rechnen ist.

Durch die in jüngster Vergangenheit erzielten Errungenschaften im Bau halb-hermetischer und offener *Turbo-Kältekompressoren* ist die untere Leistungsgrenze dieser Maschinenart unter 300000 kcal/h gesunken. Gleichzeitig wurden durch die Verbesserung der Verdampfer- und Kondensator-Konstruktionen die Einheitsgewichte und der Raumbedarf der mit Turbokompressoren arbeitenden Kältesätze wesentlich verringert und die Herstellungskosten herabgesetzt.

Diese beiden Entwicklungsrichtungen des modernen Großkältemaschinenbaus begründen die zunehmende Verminderung des Anwendungsgebietes offener Kolbenkompressionskältemaschinen.

Da die konstruktiven Merkmale der Einzelteile der V/W-Kompressoren bereits im vorigen Abschnitt behandelt wurden, sollen sich die folgenden Beschreibungen auf die heute üblichen Ausführungsformen und die Leistungsbereiche dieser Maschinengattung beschränken.

Bei der Vielzahl der Hersteller in den verschiedenen Ländern mußten wir uns bei der Beschreibung typischer Bauarten auf einige wenige Firmen beschränken, was nicht bedeuten soll, daß die unerwähnt gebliebenen geringere Beachtung verdienen.

2. Amerikanische Bauarten.

a) Carrier Corporation — Syracuse, N. Y. Die Hauptabmessungen und die wichtigsten Betriebsdaten der von der Carrier Corporation hergestellten Kompressoren der Baureihe 5 FH sind in der Tab. 2 vermerkt. Die für Motorleistungen von $7^1/_2$ bis 125 PS bei einer maximalen Drehzahl von 1750 U/min entwickelten Maschinen dieser Serie arbeiten mit den Kältemitteln R 12 und R 22. Zur Erreichung noch größerer Leistungen werden je 2 Kompressoren der 5-H-Reihe in Duplex-Anordnung auf jeder Seite eines gemeinsamen Elektromotors montiert und mit demselben direkt gekuppelt. Die 2- und 3-Zylinder-Modelle sind nur für Keilriementrieb vorgesehen und werden in ihrer Normalausführung ohne Leistungsregelung geliefert. Alle größeren Maschinentypen können wahlweise direkt gekuppelt oder durch Riemen angetrieben werden.

---

[1] Plank, R.: Amerikanische Kältetechnik, 3. Bericht. Deutscher Ingenieurverlag Düsseldorf, 1950.

[2] OEEC: The Cold Chain in the USA — Part. II Chapter VI, 1952.

Tabelle 2. *Hauptabmessungen der V-W und Doppel-V-Kompressoren der Baureihe 5 FH. (Carrier corp)*

Kompressortype	5 F 20	5 F 30	5 F 40	5 F 60	5H 40	5H 60	5 H 80	5H120
Zylinder ⌀ Zoll	$2^1/_2$	$2^1/_2$	$2^1/_2$	$2^1/_2$	$3^1/_4$	$3^1/_4$	$3^1/_4$	$3^1/_4$
Hub Zoll	2	2	2	2	$2^3/_4$	$2^3/_4$	$2^3/_4$	$2^3/_4$
Zylinderzahl	2	3	4	6	4	6	8	12
Zylinderanordnung	V	W	V—V	W—W	V—V	W—W	2×(V—V)	2×(W—W)
Anzahl abschaltbarer Zylinder	—	—	3	4	3	4	6	8
Maximale Drehzahl U/m	1750	1750	1750	1750	1750	1750	1750	1750
Minimale Drehzahl U/m mit Rücksicht auf die Leistungsregelung:	600	700	800	900	800	900	1100	900
Minimale Drehzahl U/m mit Rücksicht auf die Schmierung:	400	400	400	400	400	400	400	400
Motorleistung: PS	$7^1/_2$	10	15	25	40	60	80	125
Kälteleistung kcal/h bei —10/+ 30° C mit Kältemittel R 12	10100	15200	20400	29800	48500	72500	96000	143000
R 22	16700	24900	32200	48500	78900	118200	157500	238000
Nettogewicht kg	80	98	143	182	277	361	507	707

Den konstruktiven Aufbau der mit einem Zylinderdurchmesser von $2^1/_2$″ und einem Kolbenhub von 2″ gebauten Maschinen der Typenreihe 5 F zeigt Abb. 208. Der Oberteil der in den Saugkanal *2* eingesetzten, auswechselbaren Zylinderbüchsen *1* ist als Saugventilsitz durchgebildet und enthält die mit der Saugseite in Verbindung stehenden Einströmöffnungen sowie die federbelasteten Stifte der

Abb. 208. Zweizylinder-Kompressor 5 F H von Carrier.
1 Zylinderlaufbüchse; *2* Saugkanal; *3* Druckkanal; *4* Leistungsregelung; *5* Pleuel; *6* Arbeitsventile; *7* Ölpumpe; *8* hydarulisches Relais zur Leistungsregelung; *9* magnetischer Pfropfen.

Ventilabhebevorrichtung. Bemerkenswert sind die zwecks Erreichung kleinster Druckverluste reichlich bemessenen Gasströmungswege *2* und *3*. Saug- und Druckventile sind konzentrisch im Zylinderoberteil angeordnet. Die im Gehäuse eingebaute Leistungsregelung wird über ein ölhydraulisches Relais normalerweise durch den Saugdruck gesteuert (siehe Abb. 202). Beim Anfahren bleiben, solange der von der Schmierpumpe zu erzeugende Steuerdruck nicht erreicht ist, die mit abhebbaren Saugventilen ausgerüsteten Zylinder entlastet. Zur Reinhaltung des durch das Schmier- und Steuersystem geförderten Öls sind, außer den üblichen Sieben und Filtern, zwecks Ausscheidung metallischer Verunreinigungen zwei permanente Magnete in den Ölvorrat der Kurbelmulde verlegt.

Ganz ähnlich ist die konstruktive Durchbildung der Typenreihe 5 H. Bei Parallelschaltung mehrer Kompressoren werden zur Anbringung der Ausgleichsleitungen des Ölstandes und des über dem Ölvorrat herrschenden Drucks je ein

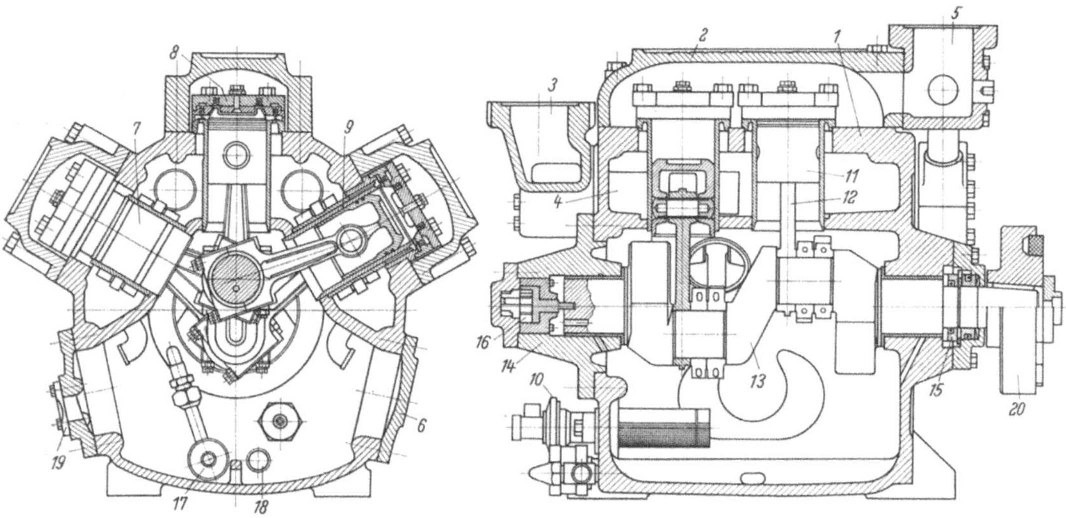

Abb. 209. Sechszylinder-Kompressor von York, Typenreihe $2^5/_8'' \times 2^1/_4''$.
1 Gehäuse; *2* Zylinderhaube; *3* Saugstutzen; *4* Saugfilter; *5* Druckstutzen; *6* Gehäusedeckel; *7* Zylinderlaufbüchse; *8* Saug- und Druckventile; *9* Saugventilabhebevorrichtung; *10* Leistungsregelung; *11* Kolben; *12* Pleuel; *13* Kurbelwelle; *14* Lager; *15* Wellenabdichtung; *16* Ölpumpe; *17* Ölfilter; *18* Heizpatrone; *19* Ölstand-Schauglas; *20* Kupplung.

besonderer Gehäusedeckel verwendet. Wenn im Betriebe hohe Kompressionsendtemperaturen zu erwarten sind, können besondere wassergekühlte Zylinderhauben vorgesehen werden.

b) York Division der Borg Warner Corporation (Chicago). Die gegenwärtig sowohl von der York Division der Borg Warner Corporation (ehemals York Corporation) als auch von der York Shipley Ltd. in London auf den Markt gebrachten schnellaufenden Kolbenkompressoren umfassen die in Tab. 3 angeführten Typenreihen.

Die Maschinen der *Serie* $2^5/_8'' \times 2^1/_4''$ mit 3, 6 oder 9 in W-Form angeordneten Zylindern, welche in offener Bauart sowie auch als Motorkompressoren (s. S. 287) gefertigt werden, arbeiten mit den Kältemitteln R 12 und R 22. Ihr Leistungsbereich erstreckt sich (bei maximaler Drehzahl von 1750 U/m) von 19200 kcal/h bis 97500 kcal/h (bei $-10°/+30°$ C). Der Zusammenbau und die konstruktiven Einzelheiten dieser Kompressoren sind aus Abb. 209 ersichtlich. Der Oberteil des durch eine Trennwand geteilten Gehäuses aus Spezialguß bildet den Saugkanal,

Tabelle 3. *Hauptabmessungen und Leistungen der schnellaufenden V/W Kolbenkompressoren. (York)*

a) Typenreihe "$2^5/_8 \times 2^1/_4$" (Kältemittel R 12 und R 22)

Zylinder ø mm	Hub mm	Zylinderzahl	Zylinderanordnung	Max. Drehzahl U/min.	Hubvolum m³/h	Kälteleistung und Energiebedarf a. d. Welle bei −10°/+25° C R 12 kcal/h	R 12 PS	R 22 kcal/h	R 22 PS
66,67	57,15	3	W	1750	62,5	19200	8,1	32500	13,3
—	—	6	2×W	1750	125	38400	15,1	65000	25,8
—	—	9	3×W	1750	187,5	57600	22,3	97500	36,8

b) Typenreihe $3^3/_4'' \times 3''$ (Kältemittel R 12 und R 22, NH_3).

Zyl. ø mm	Hub mm	Zylinder Zahl	Zyl. Anordnung	Kälteleistung und Energiebedarf an der Welle bei −10°/+25° C — NH_3: maximal 1150 U/m Hubvol. m³/h	NH_3 kcal/h	NH_3 PS	R 12: maximal 1750 U/m Hubvol. m³/h	R 12 kcal/h	R 12 PS	R 22: maximal 1750 U/m Hubvol. m³/h	R 22 kcal/h	R 22 PS
95,25	76,20	4	2×V	150	78500	29	227	75000	27,3	227	118000	37,5
—	—	6	2×W	224	117750	43,5	341	112500	40,5	341	177000	56,5
—	—	8	2×X	299	157000	57,5	454	150000	54,5	454	236000	75
—	—	12	4×W	448	235000	86,5	682	262500	81	682	354000	112,5
—	—	16	4×X	598	314000	115	910	300000	109	910	472000	150

in welchen die auswechselbaren Zylinderbüchsen und die Saugfilter eingebaut sind. Die konzentrischen Ringplattenventile sowie der Hubmechanismus der Leistungsregelung sind im Zylinderkopf angeordnet. Kolben und Pleuel sind aus Leichtmetallguß gefertigt. Der Gehäuseunterteil enthält die auf Gleitlagern bewegte gußeiserne Kurbelwelle sowie den Ölvorrat. Über die Wirkungsweise der Leistungsregelung sei auf Abb. 201 verwiesen.

Die Konstruktion der *Typenreihe* $3^3/_4'' \times 3''$ mit 4, 6, 8, 12 und 16 Zylindern in V/W-Anordnung wurde von der York Corporation schon im Jahre 1949 entwickelt. Die maximale Drehzahl dieser Maschinen beträgt bei Verwendung der Kältemittel R 12 und R 22 1750 U/m und wird bei den Ammoniakkompressoren auf 1150 U/m reduziert. Die Maschinenelemente und der geometrische Aufbau sind den oben beschriebenen, später entwickelten Kompressoren der Serie $2^5/_8'' \times 2^1/_4''$ sehr ähnlich. Auch die verwendeten Werkstoffe sind dieselben, nur werden die Kolben hier aus Gußeisen gefertigt. Die Leistungsregelung beruht auf demselben Prinzip, jedoch erfolgt die Hebung der Saugventilstifte durch die Drehbewegung der am oberen Ende der Zylinderlaufbüchsen angeordneten Ringe, welche paarweise durch einen ölgesteuerten Hilfskolben vermittelst eines Gleitschiebers betätigt werden. Die Abnahme des Energiebedarfs an der Welle mit sinkender Teillast ergibt sich aus Tab. 4.

Tabelle 4. Energiebedarf an der Welle bei Teillast

Kälteleistung %	Energiebedarf an der Welle %
100	100
83	86,7
75	78,4
67	70
50	54,5
38	44,2
33	38,4
25	30,5

Zum Einsatz in Kältesätzen oder Kühlanlagen mit tiefen Verdampfungstemperaturen werden die 3-, 6- und 9-Zylinderkompressoren der Typenreihe $2^5/_8'' \times 2^1/_4''$ sowie der 6-Zylinderkompressor der größeren Typenreihe $3^3/_4'' \times 3''$ auch zweistufig ausgeführt, wobei einer der geneigten Zylinder oder Zylinderbänke als Hochdruckstufe, die beiden anderen als Niederdruckstufe arbeiten. Diese Schaltung erleichtert gegenüber der oft angewendeten Anordnung der W-Compound-Kompressoren mit zentralem Hochdruckzylinder zwischen den beiden geneigten Niederdruckzylindern die Formgebung der Saugkanäle und vereinfacht die entsprechenden Verbindungsleitungen. Unter Beachtung der Sicherheits-

Tabelle 5. *Kälteleistung und Energieverbrauch der zweistufigen York-Kompressoren.*
Q_0: *Kälteleistung in kcal/h,* N_e : *Energiebedarf a. d. Welle in PS, Drehzahl: 1750 U/min.*

Kältemittel R 12											
Typenreihe				2 5/8″ × 2 1/4″						3 3/4″ × 3″	
Anzahl Zylinder				3		6		9		6	
Kondensations-Temperatur		Verdampfungs-Temperatur		Q_0	N_e	Q_0	N_e	Q_0	N_e	Q_0	N_e
°F	°C	°F	°C	kcal/h	PS	kcal/h	PS	kcal/h	PS	kcal/h	PS
		0	−17,78	9900	6,9	19800	13,0	29700	19,1	54000	36,1
		−10	−23,33	8050	6,4	16100	12,1	24150	17,7	44000	33,5
		−20	−28,89	6400	5,9	12800	11,1	19200	16,3	35000	30,8
		−30	−34,44	5050	5,3	10100	9,9	15150	14,6	28500	27,8
+ 90	+ 32,22	−40	−40,00	3900	4,7	7800	8,9	11700	13,1	22000	24,8
		−50	−45,56	2850	4,6	5680	7,8	8500	11,5	15500	21,7
		−60	−51,11	1900	3,6	3800	6,6	5700	9,8	10000	18,7
		−70	−56,67	1150	2,9	2300	5,5	3450	8,2	6200	15,4
		−80	−62,22	600	2,5	1200	4,6	1800	6,9	—	—
		0	−17,78	9550	7,6	19100	14,3	28650	21,1	52000	39,7
		−10	−23,33	7800	7,1	15600	13,3	23400	19,6	42000	36,7
		−20	−28,89	6200	6,5	12400	12,2	18600	18,0	33500	33,8
+ 120	+ 48,89	−30	−34,44	4900	5,9	9800	11,1	14700	16,3	26500	30,6
		−40	−40,00	3700	5,3	7400	10,0	11100	14,5	20000	27,5
		−50	−45,56	2700	4,7	5400	8,7	8100	12,8	14500	24,2
		−60	−51,11	1800	4,1	3600	7,5	5400	11,0	9700	20,9
		−70	−56,67	1100	3,4	2200	6,3	3300	9,3	5000	17,8

vorschriften ASA[1] B 9.1 sind diese Kompressoren mit zwei Sicherheitsventilen versehen, wovon das eine zwischen den Saugseiten der Hoch- und Niederdruckzylinder, das andere zwischen der Saugseite und der Druckseite des Hochdruckzylinders eingebaut ist. Bei Verdampfungstemperaturen unter −56° C wird der Einbau eines Ölkühlers in das Schmiersystem empfohlen. Die Abführung der Kompressionswärme der ersten Stufe und die Unterkühlung des zum Verdampfer strömenden flüssigen Kältemittels erfolgen in einem auf den gemeinsamen Rahmen des Kompressors und seines Antriebsmotors aufgesetzten Zwischenkühler in dessen metallischer Verkleidung auch die Manometer und die elektrischen Kontrollorgane der Leistungsregelung verlegt sind. Tab. 5 enthält Werte der mit diesen Kompressoren erzielten Kälteleistung im Temperaturgebiete von −18 bis −62 °C bei R 12 als Kältemittel.

York hat den 2stufigen 6-Zylinderkompressor $3^3/_4'' \times 3''$ mit einer neuen Saugventilabhebevorrichtung ausgestattet, die nicht (wie es allgemein der Fall ist) im Saugraum, sondern im Druckraum angeordnet ist. Dadurch entfallen die oft schwer zugänglichen, komplizierten im Gehäuseinnern zu verlegenden Leitungen des Steuermittels. Das Abheben der Ventilplatten erfolgt durch den als beweglichen, federbelasteten Ring ausgebildeten äußeren Ventilsitz. Der durch die üblichen Steuerstifte allgemein auf die Ventilplatten ausgeübte hohe spezifische Flächendruck wird dadurch bedeutend vermindert und diese werden vor vorzeitiger Abnützung bewahrt.

Die Vorrichtung nach Abb. 210 besteht aus dem beweglichen äußeren Ventilsitz, dem in den Druckraum eingebauten Hilfszylinder *5* mit Stufenkolben *6* und einem elektrischen reversiblen Servomotor welcher unter dem Einfluß der Steuerorgane (Thermostat oder Pressostat) den verschiedenen Hilfszylindern das unter Verdampfungs- oder Kondensatordruck stehende gasförmige Kältemittel zuführt.

[1] ASA: American Standard Association.

Bei Leerlauf steht die untere Stirnfläche des Hilfskolbens unter Kondensatordruck und seine obere kreisringförmige Stirnfläche unter Verdampferdruck. Der Hilfskolben und das mit ihm verbundene Gestänge werden dadurch in ihre obere Endlage verschoben. Durch die auf seine Unterseite wirkenden Federkräfte wird nun der äußere Ventilsitz gehoben und damit die Ventilplatte auf ihrem Hubfänger festgehalten.

Bei voller Leistung wirkt der Kondensatordruck auf die Ringfläche des Kolbens währendem seine Unterseite dem Verdampferdruck ausgesetzt ist. Der Hilfskolben bewegt sich somit abwärts und sein Gestänge drückt den äußeren Ventilsitz in seine untere Stellung wodurch das normale Spiel der Saugventile eingeleitet wird.

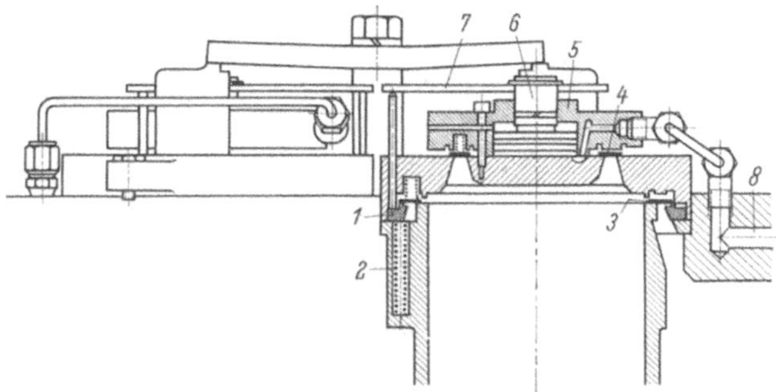

Abb. 210. Im Druckraum eingebaute Saugventilabhebevorrichtung (York).
1 äußerer Saugventilsitz; *2* Stoßfedern; *3* Saugventil; *4* Druckventil; *5* Hilfszylinder; *6* Stufenkolben; *7* Gestänge; *8* Gaszufuhr.

c) Trane Company — La Crosse, Wisconsin. Die Trane Company legte der Berechnung ihrer in zwei Zylinderdimensionen ausgeführten Kolbenkompressoren die Betriebseigenschaften des Kältemittels R 22 zu Grunde. Nach den Angaben der Herstellerfirma soll die Konstruktion dieser Kompressoren eine maximale Verflüssigungstemperatur von $+60°$ C gestatten, was bei R 22 einem absoluten Verdichtungsenddruck von 25,4 kp/cm² entspricht. Selbstverständlich können dieselben Maschinen unter bedeutend geringerer Beanspruchung der Baustoffe auch in R-12-Anlagen verwendet werden. Die Hauptabmessungen und Zylinderanordnungen der 9 Modelle dieser Baureihen welche alle mit 1750 U/min durch direkt gekuppelte Elektromotoren angetrieben werden, sind in Tab. 6 angegeben und die pro Zylinder erzeugte Kälteleistung und der Energieverbrauch an der Welle können den Kurven der Abb. 211 entnommen werden. Die Außenansicht und der Längsschnitt des 8-Zylinderkompressors ist in Abb. 212 dargestellt.

Tabelle 6. *Hauptabmessungen der Kolbenkompressoren von Trane.*

Modelle	3F5A3	3F5A4	3F5A5	3F5A6	3F5A8	3E5A4	3E5A5	3E5A6	3E5A8
Zylinder-⌀ Zoll	2,75	2,75	2,75	2,75	2,75	3,66	3,66	3,66	3,66
Hub Zoll	2,00	2,00	2,00	2,00	2,00	2,75	2,75	2,75	2,75
Zylinderzahl	3	4	5	6	8	4	5	6	8
Anzahl abschaltbarer Zylinder	2	3	3	4	6	3	3	4	6
Zylinderanordnung	W	V	W	W	VV	V	W	W	VV
Drehzahl U/min	1750	1750	1750	1750	1750	1750	1750	1750	1750
Hubvolum m³/h	61,3	81,7	102,2	122,6	163,4	199	248,8	298,5	398
Motorstärke PS (R 12)	10	15	15	20	25	30	40	50	60
Motorstärke PS (R 22)	15	20	25	30	40	50	60	75	100

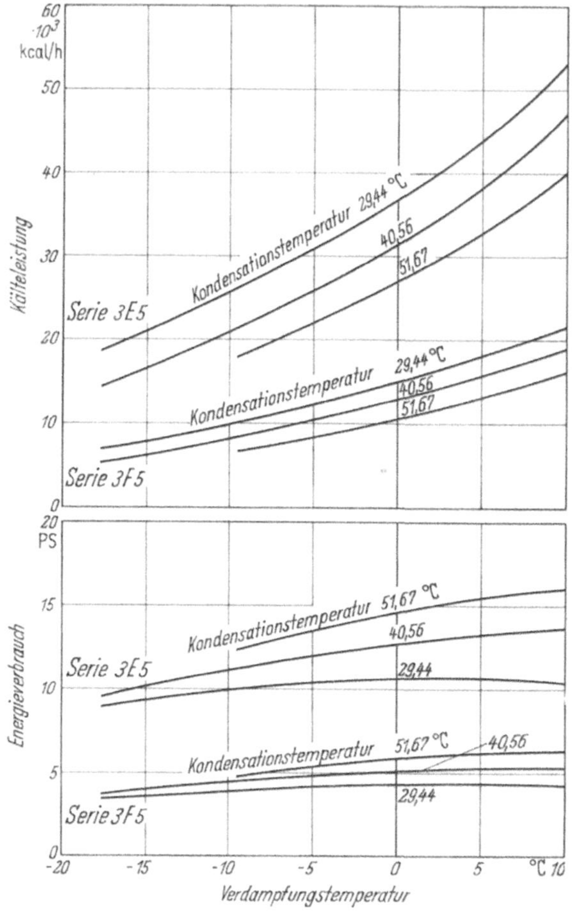

Abb. 211. Kälteleistung und Energiebedarf an der Welle der Trane-Kompressoren, Serie 3E5 und 3F5 (mit R 22).

Die konstruktiven Merkmale dieser Maschinen können wie folgt zusammengefaßt werden:
Gehäuse und Deckel bestehen aus feinkörnigem Guß mit Nickelzusatz. Die Zylinderlaufbüchsen sind auswechselbar. Saug und Druckventile sind konzentrisch im Zylinderoberteil angeordnet. Durch Verchromung der Ventilplatten und sorgfältige Oberflächenbehandlung soll deren Laufzeit um ein Vielfaches verlängert werden. Das Geräusch der Druckventile wird stark gedämpft durch in die Hubfänger verlegte Tefloneinsätze. Pleuel und Kolben sind aus Aluminiumguß gefertigt. Die Kurbelwelle aus Nodularguß läuft auf Gleitlagern. Eine reversible vom Wellenende angetriebene Ölpumpe besorgt die Schmierung der Lager und der Wellenabdichtung. Die Bohrungen zur Führung des Drucköls sind in der Kurbelwelle so verlegt, daß im Öl enthaltene Fremdkörper durch die Zen-

Abb. 212. V/W-Kompressor von Trane.
1 Federbelasteter Zylinderdeckel; *2* Ventilabhebevorrichtung; *3* Zylinder; *4* Saugkammer; *5* Kolben und Pleuel aus Leichtmetall; *6* Ölschaumbrecher; *7* magnetischer Pfropfen; *8* Reversible Ölpumpe; *9* Kurbelwelle; *10* Öldruckfilter; *11* Saugfilter der Ölpumpe.

trifugalkraft gegen die als permanente Magnete ausgebildeten Abschlußpfropfen der Ölleitungen geschleudert und von den Lagerflächen ferngehalten werden.

Zur Vermeidung unzulässiger Ölabwanderung beim Anfahren (verursacht durch das Aufschäumen des mit Kältemittel vermischten Schmiermittels) sind zwischen dem Kurbelgehäuse und der Saugkammer besondere Schaumbrecher angeordnet. Die durch das kreisrunde Gehäuseende gebildete, reichlich bemessene Saugkammer wirkt als Abscheider der in den zuströmenden Gasen enthaltenen Fremdkörper und eventuell mitgerissenen Öl- und Flüssigkeitstropfen. Letztere fallen in den Unterteil der Kammer. Das im Öl enthaltene Kältemittel wird dort unter dem Einfluß der warmen Gehäuseflächen wieder verdampft und strömt zum Saugkanal. Die Rückführung des verbleibenden Schmiermittels zur Kurbelmulde erfolgt durch ein Rückschlagventil welches sich bei einem gewissen Ölstand selbsttätig öffnet.

Die Wirkungsweise der Leistungsregelung der Trane-Kompressoren ist aus Abb. 203 und den dort gegebenen Erklärungen zu ersehen.

Um die unter gewissen Bedingungen auftretenden durch die pulsierenden Druckgase entstehenden Geräusche abzufangen wird von Trane wie auch von anderen Herstellerfirmen (z. B. Carrier und York) ein Schalldämpfer in die Druckleitung eingebaut.

d) Frick Company — Waynesboro Pa. Die seit 1882 im Kältekompressorenbau tätige Frick Company bringt seit Jahren. unter dem Handelsnamen „Eclipse-Compressor" eine Reihe schnellaufender Mehrzylindermaschinen auf den Markt, deren Hauptabmessungen und Kälteleistungen in Tab. 7 vermerkt sind. Die 2- und 3-Zylindermodelle haben vertikale Zylinderanordnung. Bei den in V-Form ausgeführten 4- und 6-Zylindermodellen beträgt der Neigungswinkel der Zylinderachsen 90° und bei den 9-Zylindermaschinen in W-Form wird zwischen der Vertikalen und den geneigten Zylinderreihen ein Winkel von 80° eingehalten. Wie aus Abb. 213 zu entnehmen ist, sind die aus semi-steel gefertigten Zylinder und Gehäuse getrennt gegossen. Die gußeisernen Kolben laufen in den Zylindern ohne Einsatzbüchsen.

Tabelle 7. *Hauptabmessungen und Kälteleistungen der „Eclipse"-Kompressoren von Frick.* (Kältemittel R 12)

Zylinder Zahl	Zylinder-⌀ Zoll	Hub Zoll	Drehzahlen U/min minimum	Drehzahlen U/min maximum	Zylinder Anordnung	Hubvolum m³/h	Kälteleistung (+4,4/+30° C) mit Kältemittel R 12 kcal/h
			Typenreihe PF Kältemittel R 12)				
2	$4^3/_8$	$4^1/_4$	500	900	I	112,7	60000
3	$4^3/_8$	$4^1/_4$	500	900	I	169	90000
4	$4^3/_8$	$4^1/_4$	550	900	V	225,4	120000
6	$4^3/_8$	$4^1/_4$	550	900	V	338,1	180000
9	$4^3/_8$	$4^1/_4$	720	900	W	507	270000
9	$5^1/_4$	$3^3/_4$	800	1200	W	860	435000
			Typenreihe AHP (Kältemittel R 22 oder NH_3)				
3	$3^1/_2$	$4^1/_4$	640	900	I	108,3	39000
6	$3^1/_2$	$4^1/_4$	640	900	V	216,6	80000
9	$3^1/_2$	$4^1/_4$	640	900	W	325	120000
9	$4^3/_4$	$3^3/_4$	640	900	W	530	210000
9*	$4^3/_8$ / $3^1/_2$	$4^1/_4$	720	900	W	ND: 338	zweistufig

* Der zweistufige Kompressor hat 6 Niederdruckzylinder mit ⌀ $4^3/_8''$ und 3 Hochdruckzylinder mit ⌀ $3^1/_2''$. Der gemeinsame Hub ist $4^1/_4''$.

Die konzentrischen Saug- und Druckventile sind zusammen mit der zur Leistungsregelung vorgesehenen Saugventilabhebevorrichtung federbelastet im Zylinderoberteil eingebaut. Bei diesen Kompressoren umströmt das angesaugte Kältemittel die beim Druckhub durch eine zentrale Einsatzbüchse zu den Austrittsstutzen geförderten verdichteten Gase.

Die aus geschmiedetem Stahl hergestellte Kurbelwelle läuft auf zwei Gleitlagern. Die Naben des Schwungrads sind als Ventilatorschaufeln ausgebildet. Gleitflächen, Lager und Wellendichtung werden durch eine vom Wellenende über ein Übersetzungsgetriebe betätigte in die Kurbelmulde verlegte Ölpumpe geschmiert.

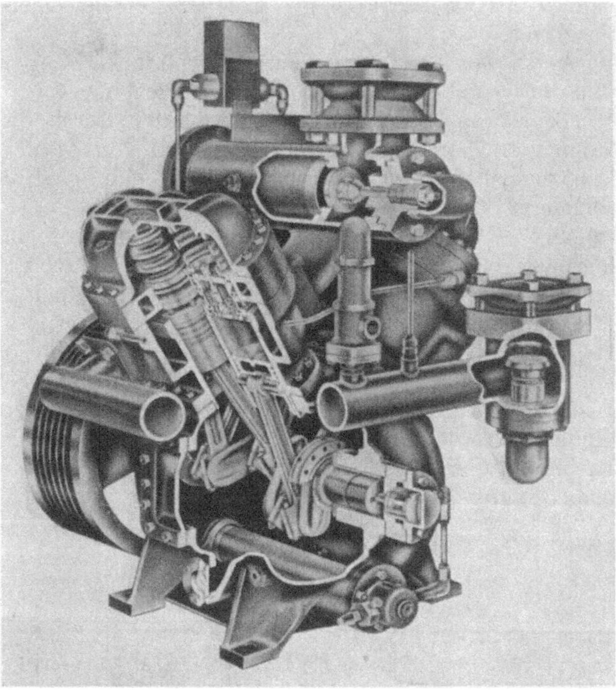

Abb. 213. Vierzylinder „Eclipse"-Kompressor von Frick in V-Bauart.

e) Worthington Pump and Machinery Corporation, Harrison, N. J. Tabelle 8 enthält Angaben über einige von Worthington hergestellte Kältekompressoren mittlerer Leistung, die vorwiegend für Riementrieb bestimmt sind und mit Drehzahlen von 600 bis 1150 U/min mit fluorierten Kältemitteln betrieben werden.

Tabelle 8. *Hauptdaten der R 12 und R 22 Kompressoren.*

Modell	3HS2	3HS4	3HF4	3HF6	4HF4	4HF6	6HF4	6HF6
Zylinderdurchmesser Zoll	$3^1/_8$	$3^1/_8$	$3^1/_8$	$3^1/_8$	$4^3/_4$	$4^3/_4$	$6^3/_8$	$6^3/_8$
Kolbenhub Zoll	$2^1/_2$	$2^3/_4$	$2^3/_4$	3	$3^5/_8$	$3^5/_8$	5	5
Zylinderzahl	2	4	4	6	4	6	4	6
Zylinderanordnung	I	V	V	W	V	W	V	W
Motorstärke in PS mit Kältemittel R 12	3 bis 5	$7^1/_2$	10	15	20 bis 25	30 bis 40	50 bis 60	75 bis 100

Die Modelle mit den Zylinderabmessungen $4^3/_4'' \times 3^5/_8''$ und $6^3/_8'' \times 5''$ werden mit einigen unwesentlichen Änderungen auch als Ammoniakkompressoren für einen Leistungsbereich von etwa 95000 kcal/h bis 340000 kcal/h (bei $-15°$ C/ $+30°$ C) geliefert.

Aus Abb. 214, die den Längs- und Querschnitt eines 6-Zylinderkompressors veranschaulicht, sind die konstruktiven Merkmale dieser Maschinentype ersichtlich.

Hauptdaten der Worthington Ammoniak-Kompressoren.

Modell	4JA4	4JA6	6JA4	6JA6
Zylinder-∅ Zoll	$4^3/_4$	$4^3/_4$	$6^3/_8$	$6^3/_8$
Hub Zoll	$3^5/_8$	$3^5/_8$	5	5
Zylinderzahl	4	6	4	6
Drehzahl U/min	950	950	920	920
Hubvolum m³/h	239	359	582	870
Kälteleistung kcal/h bei $-15°$ C/$+30°$ C	95100	142500	228300	342300
Gewicht kp	453	675	1220	1450

Gehäuse und Zylinder sind gemeinsam gegossen. Mit Ausnahme der 2 kleinsten Modelle sind die Zylinder mit auswechselbaren Laufbüchsen versehen. Die bekannten Worthington-Streifenventile sind in der Zylinderabschlußplatte und im Zylinderdeckel angeordnet, der durch eine dichte Trennwand in Saug- und Druckraum unterteilt ist. Kurbelwelle und Pleuel sind aus geschmiedetem Spezialstahl gefertigt. Eine vom Wellenende betätigte Zahnradpumpe versorgt die Gleitflächen mit Drucköl. Die automatische Leistungsregelung durch Abheben der Saugventile erfolgt durch die in den Saugraum der Zylinderdeckel eingebauten Greiferkolben, welche unter Verwendung der Saug- und Druckgase durch ein Solenoid-Dreiwegventil gesteuert werden.

f) Chrysler Airtemp, Dayton, Ohio[1]. Im Jahre 1935 beschloß die im Automobilbau weltbekannte Chrysler Corporation, ihre Tätigkeit auf die Herstellung von Kälte- und Klimageräten auszudehnen. In der zu diesem Zwecke in Dayton errichteten Fabrik mit einer Grundfläche von 70000 m² wurden keine Fenster vorgesehen da sämtliche Werkstätten und Büroräume klimatisiert wurden. Mit den in der Fertigung raschlaufender Automobilmotoren gemachten Erfahrungen entwickelte die Firma eine Reihe Kältekompressoren für fluorierte Kältemittel mit Zylinderanordnung in Sternform, die bereits im Jahre 1936 auf den Markt gebracht wurden. Die kleinen 3- und 5-Zylindermodelle mit einem Zylinderdurchmesser von $1^7/_8''$ und Kolbenhüben von $1^1/_2''$ resp. $2^1/_8''$ wurden für Leistungen von 2 bis 7 PS, hauptsächlich zum Einbau in fabrikfertige Klimageräte, als senkrechte hermetische Motorkompressoren entwickelt Die hier zu beschreibenden Kompressoren größerer Leistung mit 3, 5 und 7 Zylindern und horizontaler Welle werden von direkt gekuppelten Elektromotoren mit einer Drehzahl von 1750 U/min angetrieben. Die Hauptabmessungen und die wichtigsten charakteristischen Daten dieser Kompressoren, die für noch größere Leistungen oder für zweistufigen Betrieb, paarweise mit einem gemeinsamen Motor gekuppelt werden, sind in Tab. 9 verzeichnet. Den konstruktiven Aufbau zeigt Abb. 215.

Das Gehäuse besteht aus drei im gleichen Gußstück vereinigten konzentrischen Kreiszylindern. Der Innenteil enthält den Kurbeltrieb, das Schmiersystem, sowie die Vorrichtung zur Leistungsregelung. In dem ihn umgebenden als Saugkammer ausgebildeten Ringraum sind die Zylinderlaufbüchsen eingebaut, während der

[1] Vertretung in der Bundesrepublik: Ruhaak G.m.b.H., Frankfurt a/M.

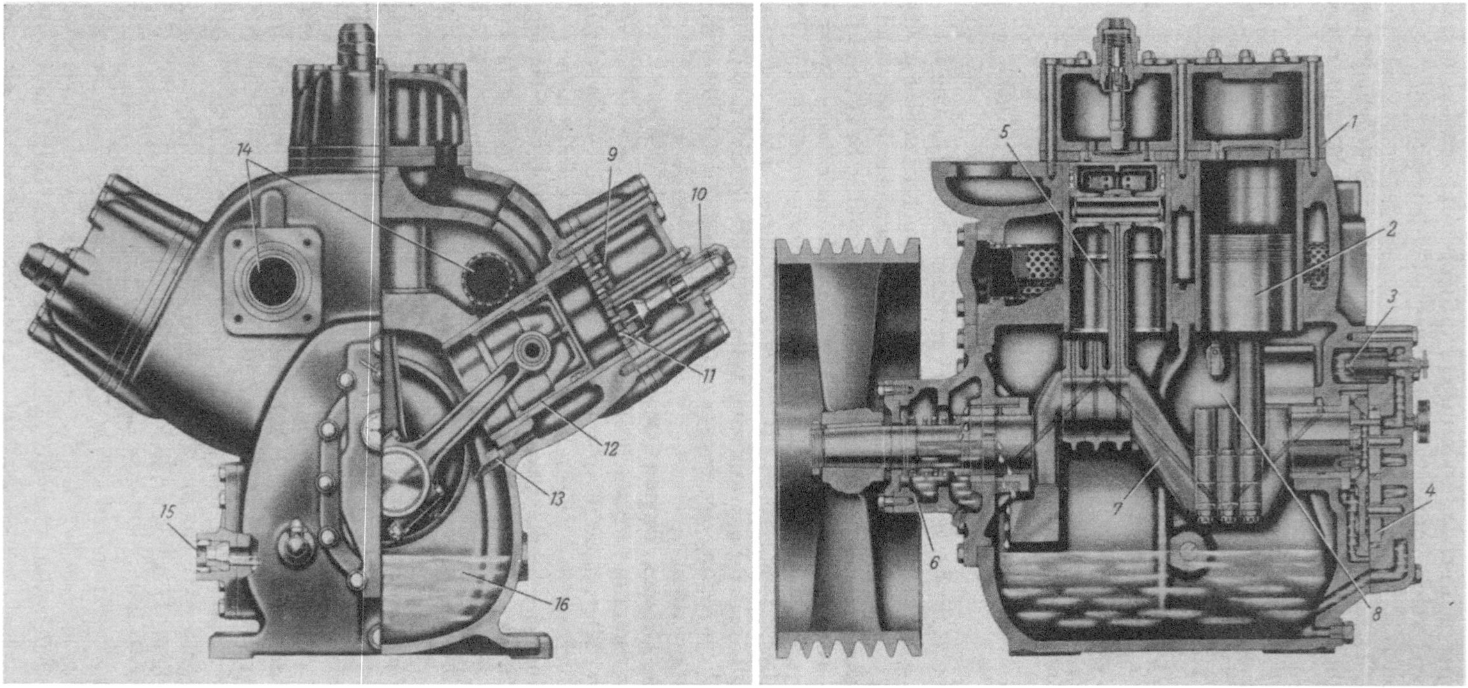

Abb. 214. Sechszylinder-W-Kompressor von Worthington.
1 Zylinderabschlußplatte mit Streifenventilen; *2* Kolben; *3* Ölfilter; *4* Ölpumpe; *5* Pleuel; *6* Wellenabdichtung; *7* Kurbelwelle; *8* Ölrückschlagventil; *9* Druckventil; *10* Ventilabhebevorrichtung; *11* Saugventil; *12* Zylinderlaufbüchse; *13* Ölrückschlagventil; *14* Saugfilter; *15* Ölschauglas; *16* Kurbelmulde.

Tabelle 9. *Airtemp Division der Chrysler Corporation — Dayton (Ohio).*

Modell	Bohrung	Hub	Zylinder	Drehzahl	Hubolum	Kälteleistung kcal/h		Energiebedarf an der Welle-HP*	
	Zoll	Zoll	Zahl	U/min	m³/h	R 12	R 22	R 12	R 22
2103—1	3	$2^3/_4$	3	1750	99	47400	77400	16,6	27,5
2105—1	3	$2^3/_4$	5	1750	166	79500	129300	27,9	45,3
2107—1	3	$2^3/_4$	7	1750	232	110700	180600	38,5	64,2

* Die in diesen Spalten angeführten Werte beziehen sich auf folgende Betriebsbedingungen: Verdampfungstemperatur + 40 °F (+ 4,44 °C), Kondensationstemperatur + 110°F (+ 43,3 °C), Temperatur der angesaugten Gase + 65 °F (18,3 °C).

äußere Ringkanal die Druckseiten der Zylinder mit dem Druckraum des Gehäuseabschlußdeckels verbindet. Dieser enthält auch das äußere Kurbelwellenlager und den Anschlußflansch der Wellenabdichtungskammer.

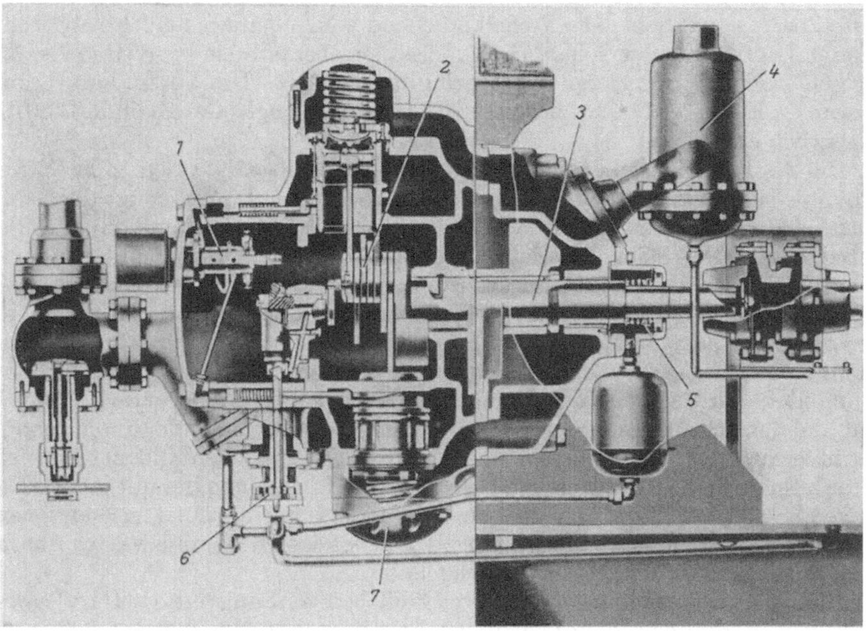

Abb. 215. Kompressor $3'' \times 3^3/_4''$ in Sternform von Chrysler.
1 Leistungsregler; *2* Pleuel; *3* Kurbelwelle: *4* Ölabschneider; *5* Wellenabdichtung; *C* Ölpumpe: *7* Zylinderkopf.

Die mit Dämpfung versehenen Saug- und Druckventile sind im Zylinderoberteil angeordnet.

Um trotz der hohen Drehzahlen, hohe Wirkungsgrade und eine lange Lebensdauer der Ventile zu gewährleisten hat Chrysler der Führung der den Kompressor durchströmenden Gase, sowie der Ventilgestaltung besondere Beachtung gewidmet. In den Saug- und Druckkanälen entstehen dank ihrer reichlich bemessenen Querschnitte und ihrer strömungstechnisch günstigen Ausbildung nur geringe Druckverluste. Die ringförmigen Saugventilplatten aus Spezialstahl sind besonders leicht ausgeführt, ihre Dicke beträgt nur etwa 0,05 mm. Nach Angaben der Firma soll bei hohen Drehzahlen der Liefergrad durch Drucksteigerung am Ende des Saughubes wesentlich verbessert werden. Zu diesem Zwecke sind am Umfang der

Zylinderlaufbüchse radiale mit dem Saugkanal kommunizierende Bohrungen vorgesehen, welche vom Kolben in seiner unteren Totpunktlage freigegeben werden; durch Nachströmen der Sauggase wird eine bessere Zylinderfüllung erreicht. Um auch die zur Ventilerhebung notwendigen Druckdifferenzen möglichst klein zu halten sind die Ventilsitze mit einer Breite von nur etwa 0,5 mm sehr schmal ausgeführt. Diese Maßnahme verbessert sowohl den Liefergrad als auch den indizierten Wirkungsgrad. Mit R 12 als Kältemittel und einem totalen schädlichen Raum von 3% wurden bei verschiedenen Druckverhältnissen folgende Liefergrade gemessen:

Druckverhältnis	3	5	8	10	12
Liefergrad	0,82	0,57	0,50	0,37	0,12

Die auf zwei Gleitlagern drehende, statisch und dynamisch ausgewuchtete Antriebswelle trägt an ihrem freien Kurbelarm je nach der Zylinderzahl 3, 5 oder 7 nebeneinander angeordneter Pleuel, sowie das zum Massenausgleich um 180° versetzte Gegengewicht. Die Pleuelköpfe sind mit gußeisernen, elektrolytisch verzinnten Laufbüchsen versehen. Die gußeisernen ebenfalls elektrolytisch verzinnten Kolben sind mit nur einem Kolbenring ausgerüstet. Die Verzinnung bezweckt besseres „Einlaufen" und soll die Bildung spiegelglatter Zylinderlaufflächen wesentlich erleichtern.

Die vom Kurbelwellenende über ein Getriebe betätigte reversible Zahnrad-Ölpumpe ist außen am Gehäuseunterteil befestigt. Die Pumpe saugt das Schmiermittel aus einem neben dem Kompressor angeordneten Öltank und fördert es unter Druck durch einen Filter zur Kammer der Wellendichtung und zu dem einen Hauptlager. Ein eingebautes Rückschlagventil verhindert den Ölrückfluß beim Stillstand des Kompressors und gewährleistet die Schmierung der Wellendichtung und der Lager beim Anfahren. Durch eine mit dem höchsten Punkt der Dichtungskammer verbundene Leitung, welche in die im Gehäuse vorgesehenen Bohrungen einmündet, wird das Drucköl einerseits zum gegenüberliegenden Hauptlager und zu den Pleuelköpfen, anderseits zum Getriebe der Ölpumpe und zum Mechanismus der Leistungsregelung geführt. Ein zwischen Öldruckleitung und Öltank eingeschaltetes Regelventil gestattet die Einstellung des nötigen Öldruckes (ungefähr 2,8 atü). Von dem mit dem Kompressordruckkanal verbundenen Ölabscheider wird das mit dem Gasstrom mitgerissene Schmiermittel durch ein Schwimmerventil zum Öltank zurückgeleitet.

Die Leistungsregelung erfolgt durch Abheben der Saugventile, Ihre Wirkungsweise beruht auf demselben Prinzip wie bei den in den Abb. 202 und 203 erklärten Systemen.

3. Europäische Bauarten.

(in alphabetischer Reihenfolge)

a) Atlas Kopenhagen.[1] Ausgehend von älteren in 2, 3 und 4 Zylinder-Reihenanordnung gebauten vertikalen Wechselstromkompressoren hat die Firma Atlas unter Beibehaltung derselben Zylinderdimensionen eine Serie zweikurbeliger V-W- und Doppel-V-Kompressoren entwickelt, die in ein- und zweistufiger Ausführung mit den üblichen Kältemitteln sowohl in stationären als auch in Schiffskälteanlagen verwendet werden. Die Hauptdimensionen und wichtigsten Betriebsdaten dieser Maschinen sind in Tab. 10 zu entnehmen. Die Abb. 216 zeigt den Aufbau des 8-Zylinderkompressors der Type A 2 V 1608.

[1] Die im Jahre 1898 gegründete Firma Atlas ist aus der Firma Tuxen und Hammerich hervorgegeangen, welche bereits im Jahre 1892 die erste dänische Kältemaschine lieferte.

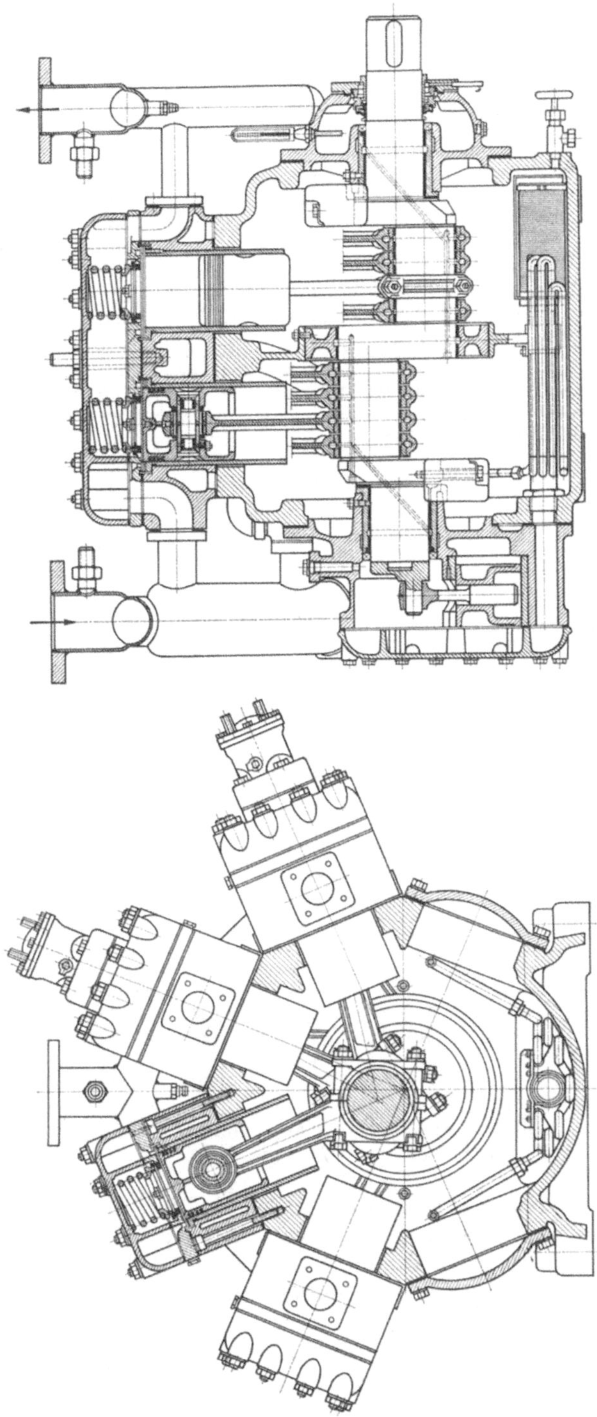

Abb. 216. Achtzylinder-Kompressor von Atlas, Kopenhagen, Type A 2 V 1608.

Tabelle 10. *Hauptabmessungen und Betriebsdaten der V/W-Kompressoren, Ammoniak- und R 22-Kompressoren von Atlas, Kopenhagen.*

Kompressortype	AV 1004	AW 1006	A2V 1008	AV 1604	AW 1606	A2V 1608
Zylinderdurchmesser mm	100	100	100	160	160	160
Kolbenhub mm	80	80	80	125	125	125
Zylinderzahl	4	6	8	4	6	8
Zylinderanordnung	V	W	VV	V	W	VV
Drehzahl U/m	960	960	960	720	720	720
Hubvolum m³/h	144,7	217	289,4	434,1	651,2	868,2
Kälteleistung (— 10/+ 30 °C)						8
kcal/h	47000	71000	94000	154000	231000	308000
Energiebedarf a. d. Welle PS	28	42	56	76	114	152
Gewicht kg	700	900	1050	2000	2350	2750

R 12-Kompressoren

Kompressortype	FV 1254	FW 1256	F2V 1258	FV 2004	FW 2006	F2V 2008
Zylinderdurchmesser mm	125	125	125	200	200	200
Kolbenhub mm	80	80	80	125	125	125
Zylinderzahl	4	6	8	4	6	8
Zylinderanordnung	V	W	2V	V	W	2V
Drehzahl U/m	960	960	960	720	720	720
Hubvolum m³/h	226,1	339,2	452,2	678,25	1017,36	1356,5
Kälteleistung (— 10/+ 30 °C)						
kcal/h	48000	72000	96000	153000	230000	306000
Energiebedarf a. d. Welle PS	25	38	50	79	119	158
Gewicht kg	700	900	1050	2000	2350	2750

Tabelle 10. (Fortsetzung) *Zweistufige Ammoniak-Kompressoren.*

Kompressortype	AVT. 1004	AWT. 1006	A2VT. 1008	AVT. 1604	AWT. 1606	A2VT. 1608
Anzahl H. D.-Zylinder	I	2	2	1	2	2
Anzahl N. D.-Zylinder	3	4	6	3	4	6
Kälteleistung (— 40/+ 30 °C)						
kcal/h	13500	20000	27000	42000	63000	84000
Energiebedarf a. d. Welle PS	15	24	30	45	73	90
Zylinderverhältnis	1/3	1/2	1/3	1/3	1/2	1/3

*Ammoniak-Booster-Kompressoren**

Kompressortype	BV. 1254	BW. 1256	B2V. 1258	B2V. 2004	BW. 2006	B2V. 2008
Zylinderdurchmesser mm	125	125	125	200	200	200
Kolbenhub mm	80	80	80	125	125	125
Zylinderzahl	4	6	8	4	6	8
Drehzahl	960	960	960	720	720	120
Kälteleistung (— 40/— 10 °C)						
kcal/h	30000	45000	60000	90000	135000	180000
Energiebedarf a. d. Welle PS	14	21	28	42	63	84

Zylinder und Gehäuse sind getrennt gegossen. Bei allen Modellen sind je 2 Zylinder in einem Block vereinigt. Um mit ein- und demselben Triebwerk, unabhängig von der Wahl des Kältemittels, dieselben Kälteleistungen zu erzielen, verwendet Atlas bei den R 12-Kompressoren entsprechend größere Zylinderdurchmesser. Die Drehzahlen (960 bis 720 U/min) und mittleren Kolbengeschwindigkeiten (2,56 bis 3 m/s) sind in mäßigen Grenzen gehalten.

Bei diesen Kompressoren sind die Saug- und Druckventile konzentrisch in einer Zwischenplatte angeordnet, deren Unterseite die Saugventilsitze und deren

* Dieselben Maschinen können auch mit den Kältemitteln R 12 und R 22 verwendet werden.

Oberseite die Druckventilsitze enthält. Letztere sind federbelastet. Die Zylinderhauben sind als Saug- und Druckkammern durchgebildet. Das vom Verdampfer kommende Kältemittel gelangt durch die auf der rechten Seite des Zylinders und der Zwischenplatte angeordneten Bohrungen in die den Druckraum umgebende Saugkammer und strömt von hier aus durch die Saugventile in die Zylinder. Nach erfolgter Verdichtung wird das Kältemittel über die Druckventile, den zentralen Druckkanal der Zylinderhauben und die links in der Zwischenplatte und im Zylinder vorgesehenen Bohrungen in die Druckleitung ausgestoßen. Die Leistungsregelung erfolgt durch eine ölhydraulische, auf die Zylinderdeckel aufgebaute Verstellvorrichtung der Saugventile. Eine durch die Hauptwelle angetriebene, in die Ölmulde verlegte Plungerpumpe besorgt die Schmierung und die Druckölzufuhr zu den Steuerkolben der Leistungsregelung.

Tabelle 11. *Bergedorfer Eisenwerke A. G. Astra Werke — Hamburg-Bergedorf*

Type	Zylinder-⌀ mm	Hub mm	Zylinder Zahl	Drehzahl U/min	Hubvolum m³/h	Kälteleistung (bei −10/+25°) in kcal/h		
						NH_3	R 22	R 12
V 414	60	44	4	1450	43,5	—	23250	14500
B 226	80	65	2	1450	57,3	30000	30000	19000
V 452	80	65	4	1450	114,6	60000	60000	38000
W 678	80	65	6	1450	171,9	90000	90000	57000
B 260	105	85	2	1450	128	67000	67000	42000
V 4120	105	85	4	1450	256	124000	134000	84000
W6180	105	85	6	1450	384	200000	200000	126000
B 4200	140	120	4	950	420	225000	225000	140000
B 8400	140	120	8	950	840	450000	450000	280000

b) Bergedorfer Eisenwerke A. G., Astra Werke — Hamburg Bergedorf. Die vor einigen Jahren von dieser Firma entwickelten Schnelläufer-Kompressoren deren Hauptabmessungen und Leistungsbereiche in Tab. 11 vermerkt sind, können mit Ausnahme der zwei größten Modelle (B 4200 und B 8400) wahlweise in offener oder halbhermetischer Bauart ausgeführt werden. Die offenen Kompressoren mit 2, 4, 6 und 8 Zylindern in V-W- und Boxer-Anordnung werden mit den Kältemitteln NH_3, R 12 und R 22 verwendet für Kälteleistungen bis zu 450000 kcal/h (bei −10/+25 °C). Der Umbau eines offenen R 12 oder R 22 Kompressors in einen Motorkompressor soll ohne Änderung der Anlage in kurzer Zeit an Ort und Stelle möglich sein. Abb. 217 zeigt den konstruktiven Aufbau des 4-Zylinder-Boxer-Kompressors Type B 4200. Der automatische Anlauf kann auf Wunsch mit einer pressostatisch oder thermostatisch gesteuerten Leistungsregelung kombiniert werden. Die Saug- und Druckventile sind konzentrisch im Zylinderkopf montiert. Letztere sind mit Sicherheitsfedern belastet und werden bei Flüssigkeitsschlägen abgehoben.

Der zweistufige, langsamlaufende stehende Gleichstromkompressor für die Kältemittel NH_3 und R 22 hat bei einer Drehzahl von 720 U/min und einer Verdampfungstemperatur von −50 °C eine Kälteleistung von 47000 (bei NH_3) bzw. 51500 kcal/h (bei R 22). Auch diese Maschine ist mit allen erforderlichen Einrichtungen für automatischen Betrieb ausgerüstet.

Einzelheiten über die halbhermetischen Astra-Kompressoren siehe S. 293.

c) Borsig AG., Berlin–Tegel. Die Reihe der schnellaufenden Wechselstromkompressoren in V/W-Bauart mit 3 Triebwerken und 2, 3, 4 und 6 Zylinderkombinationen wird sowohl für den Betrieb mit Ammoniak als auch mit den fluorierten Kältemitteln verwendet. Der Leistungsbereich dieser Maschinen mit eingebauter

Leistungsregelung, Sicherheitseinrichtungen Druckschmierung und leichtem Austausch der dem Verschleiß unterworfenen Teile erstreckt sich bei $-15/+30$ °C von 10000 bis 270000 kcal/h mit R 12 und von 15000 bis 400000 kcal/h mit NH_3

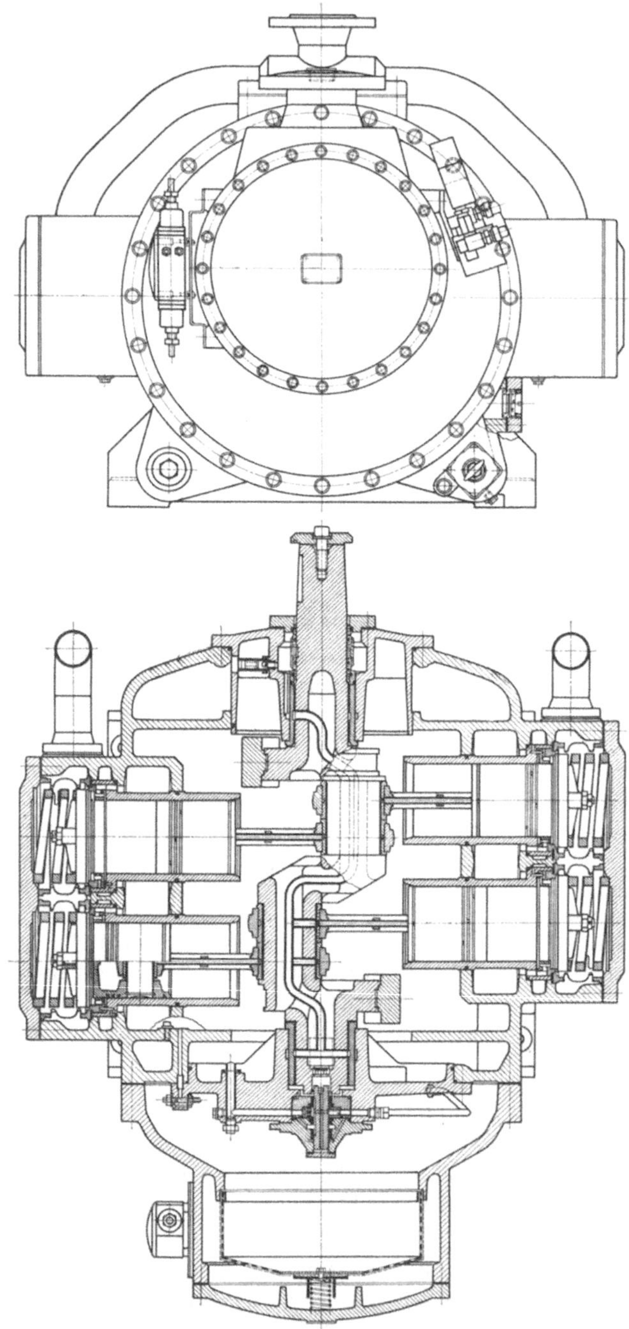

Abb. 217. Vierzylinder-Boxer-Kompressor der Bergedorfer Eisenwerke (Astra-Werke).

als Kältemittel. Dieselben Kompressoren können auch für 2stufige Verdichtung vorgesehen werden.

Die Ammoniak-, R-12- und R-22-Kompressoren mit gleichem Triebwerk haben identische Zylinderdimensionen und Drehzahlen. Ihre wesentlichsten Elemente wie Zylinderlaufbüchsen, alle beweglichen Teile (Kurbelwellen, Pleuel, Kolben, Ölpumpen, Wellendichtungen und Ventile) haben dieselben Maße für die erwähnten Kältemittel. Der grundsätzliche Unterschied besteht in der Zylinderkühlung und der Ölführung. Die Zylinderköpfe sind bei den Ammoniakkompressoren wassergekühlt und bei den R 12-und R 22-Kompressoren mit Kühlrippen versehen. Bemerkenswert ist der bei den letzteren auf der Saugseite eingebaute Ölabscheider welcher nach dem Zentrifugalprinzip arbeitet. Diese patentierte Vorrichtung soll nach den Angaben der Herstellerfirma die Ölkonzentration des umlaufenden Kältemittels mit Sicherheit so niedrig halten, daß Wärmeaustauscher und druckseitige Ölabscheider überflüssig werden. Das abgeschleuderte Schmiermittel wird von der Ölpumpe abgesaugt und in den Ölkreislauf zurückgefördert.

Die Hauptabmessungen und Kälteleistungen der Kompressoren dieser Baureihe sind in Tab. 12 enthalten. Abb. 218 zeigt den Längs- und den Querschnitt eines 6-Zylinderkompressors.

Tabelle 12

Hauptabmessungen und Kälteleistungen der Borsigkompressoren Baureihe TN und TF.

Type[1]	Zylinder ⌀ mm	Hub mm	Drehzahl U/min.	Zylinderzahl	Hubvolum m^3/h	Kälteleistung bei −15/+30 °C/kcal/h NH_3	R 12	R 22
TNZ und TFZ 3106	80	60	1450	2	52,4	15800	10000	17000
TND und TFD 3106	80	60	1450	3	78,6	23700	15000	25600
TNV und TFV 3106	80	60	1450	4	104,8	31600	20000	34100
TNS und TFS 3106	80	60	1450	6	157,2	47400	30000	51100
TNZ und TFZ 3110	130	100	950	2	151,5	51000	31500	53800
TND und TFD 3110	130	100	950	3	227,25	76500	47300	80700
TNV und TFV 3110	130	100	950	4	303	102000	63100	107600
TNS und TFS 3110	130	100	950	6	454,5	153000	94700	161400
TNZ und TFZ 3115	200	150	720	2	407	137500	89000	151600
TND und TFD 3115	200	150	720	3	610,5	206300	133500	227400
TNV und TFV 3115	200	150	720	4	814	275000	178000	303200
TNS und TFS 3115	200	150	720	6	1221	412500	267000	454800

d) Brissonneau und Lotz — Nantes (Frankreich). Gestützt auf die in der Schweißkonstruktion von Schiffshilfsmaschinen gemachten Erfahrungen und Fortschritte baute die Firma Brissonneau & Lotz im Jahre 1945 eine Reihe schnellaufender V/W-Gleichstromkompressoren, deren Gehäuse und Zylinder aus Stahlblech gefertigt wurden. Diese Maschinenreihe umfaßte 5 Modelle mit 2, 3, 4, 6, 9 und 12 Zylindern welche für Kälteleistungen bis zu 400000 kcal/h (bei −10/+25 °C) für ein- und zweistufige Kompression der Kältemittel R 12, R 22, NH_3 und C_3H_8 sowohl in stationären- als auch in Schiffs-Kälteanlagen eingesetzt wurden. Im Jahre 1950 wurde diese Typenreihe unter Beibehaltung derselben Zylinderdimensionen und Triebwerke nach dem Wechselstromprinzip umgebaut. Die durch die wesentliche Gewichtsverminderung der Kolben und Pleuel erzielte Verringerung der Massenkräfte und die gleichzeitig durchgeführte Verbesserung der Ventilkonstruktion erlaubten damals eine Erhöhung der Drehzahl um etwa 50%, wodurch die Maximalleistung der Typenreihe mit einer Drehzahl von 1150 U/min bis auf 590000 kcal/h erhöht werden konnte.

[1] Bezeichnung TN für NH_3-Kompressoren; TF für Frigen-Kompressoren.

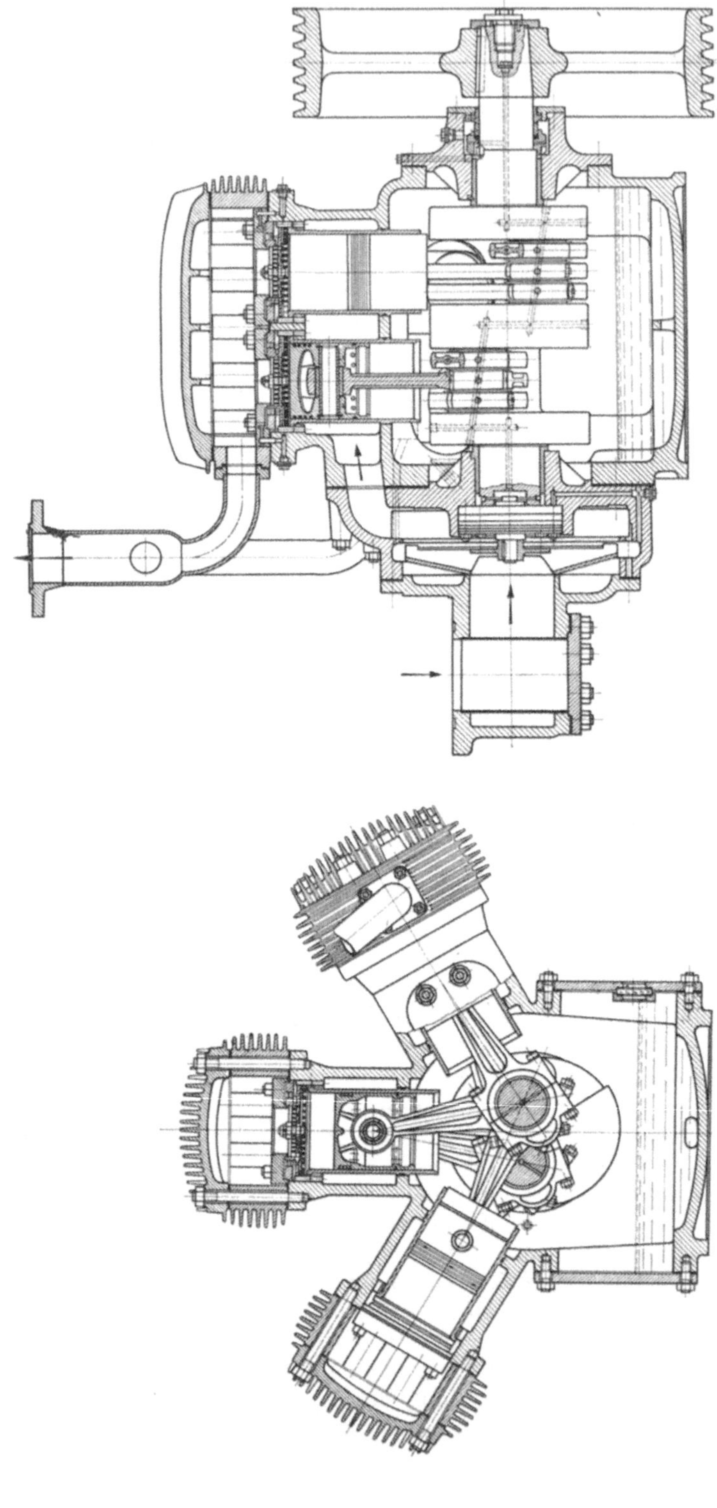

Abb. 218. Sechszylinder-Kompressor für R 22 Type TF von Borsig.

Die 2-, 3- und 4-Zylinderkompressoren dieser Typenreihe (125/120) wurden im Jahre 1960 ersetzt durch die 4-, 6- und 8-Zylindermaschinen der Baureihe 88/75 deren Konstruktion mit Drehzahlen bis zu 1750 U/min zu niedrigeren Herstellungskosten führte.

Die konstruktiven Einzelheiten der in Schweißkonstruktion ausgeführten 6-, 9- und 12-Zylinderkompressoren der Reihe 125/120 sind in Abb. 219 veranschaulicht. Die Schnittzeichnung Abb. 220 erläutert den Aufbau der Serie 88/75. Angaben über Zylinderabmessungen, Drehzahlen und Kälteleistungen sind in Tab. 13 enthalten.

Tabelle 13. *Hauptabmessungen und Leistungen der Kompressoren von Brissonneau und Lotz.*

a) Einstufige Kompressoren

Modell		2I88	4V88	6W88	8X88	6W121	9W125	12W125
Zylinderbohrung	mm	88	88	88	88	125	125	125
Kolbenhub	mm	75	75	75	75	120	120	120
Zylinderzahl		2	4	6	8	6	9	12
Zylinderanordnung		I	V	W	VV	W	W	W
Maximale Drehzahl	U/min	1750	1750	1750	1750	1150	1150	1150
Hubvolum	m³/h	96	192	288	384	614	921	1228
Kälteleistung bei −10/+25 °C	kcal/h							
mit Kältemittel	R 12	29000	58000	107000	116000	163000	244000	325000
	R 22	47000	94000	141000	188000	295000	440000	590000
	NH_3	47000	94000	141000	188000	295000	440000	590000

b) Zweistufige Kompressoren

Modell	6WC125	9WC125	12WC125
Anzahl HD-Zylinder	2	3	4
Anzahl ND-Zylinder	4	6	8
Drehzahl maxi. U/min	1150	1150	1150
Kälteleistung bei −40/+30 °C mit NH_3 in kcal/h	55000	82000	110000

e) **C. K. D., Prag.** Der Bau der Großkolbenkompressoren wurde von den C.K.D.-Werken in Prag bereits im Jahre 1885 begonnen. Heute fertigen u. a. die Staatlichen Gesellschaften: Frigeria, Kolin, C.K.D. Chocen und C.K.D. Prag, jede in einem bestimmten Leistungsbereich, Kolben- und Turbokompressoren von der kleinsten bis zur größten Leistung, sowohl für die Verdichtung von Gasen als auch für den Einsatz in Kälteanlagen. Tab. 14 enthält als Auszug aus dem

Tabelle 14. *V/W Wechselstrom-Kompressoren von C.K.D. Prag— Charakteristische Daten.*

	Type	Zylinder Ø mm	Hub mm	Zylinder-zahl	Zyl. An-ordnung	Maximale Drehzahl U/min	Kälteleistung kcal/h R 12 (−15/+40 °C)	Kälteleistung kcal/h NH_3 (−15/+35 °C)
Gußeiserne Gehäuse und Zylinder	NF 401	125	100	4	V	960	56000	93000
	NF 601	125	100	6	W	960	84000	140000
	NF 801	125	100	8	VV	960	112000	186000
Schweißkonstruktion	4VN 180 F	180	150	4	V	960	156000	—
	6VN 180 F	180	150	6	V	960	230000	—
	8VN 180 F	180	150	8	V	960	300000	—
	4VN 150 A	150	150	4	V	960	—	197000
	6VN 150 A	150	150	6	V	960	—	300000
	8VN 150 A	150	150	8	V	960	—	395000

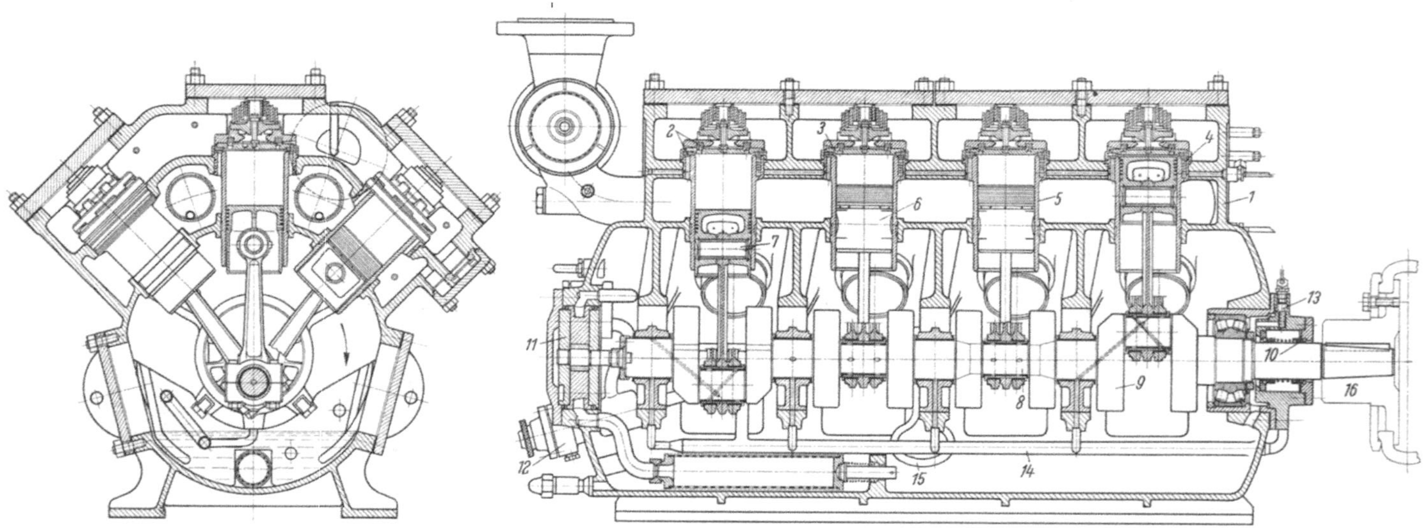

Abb. 219. Zwölfzylinder-Kompressor Type 125/120 von Brissonneau und Lotz.

1 Gehäuse aus geschweißtem Stahlblech; *2* Konzentrische Arbeitsventile (Druckventil mit Teflondämpfer); *3* Federbelasteter Zylinderdeckel; *4* Saugventilabhebevorrichtung; *5* Zylinderlaufbüchsen aus nitriertem Guß; *6* Konisch geschliffene Leichtmetallkolben; *7* Pleuelzapfen aus gehärtetem Spezialstahl; *8* Pleuel aus im Gesenk geschmiedeten Stahl; *9* Kurbelwelle aus Chrom-Molybdän-Stahl mit aufgesetzten Gegengewichten; *10* Doppel-Wellenabdichtung (Pacific), *11* Zahnrad-Ölpumpe; *12* Ölfilter „Autoclean"; *13* Öldruckreduzierventil; *14* Ölzuleitung zu den Schmierstellen; *15* Gehäusedruck-Ausgleichsleistung: *16* Kupplung.

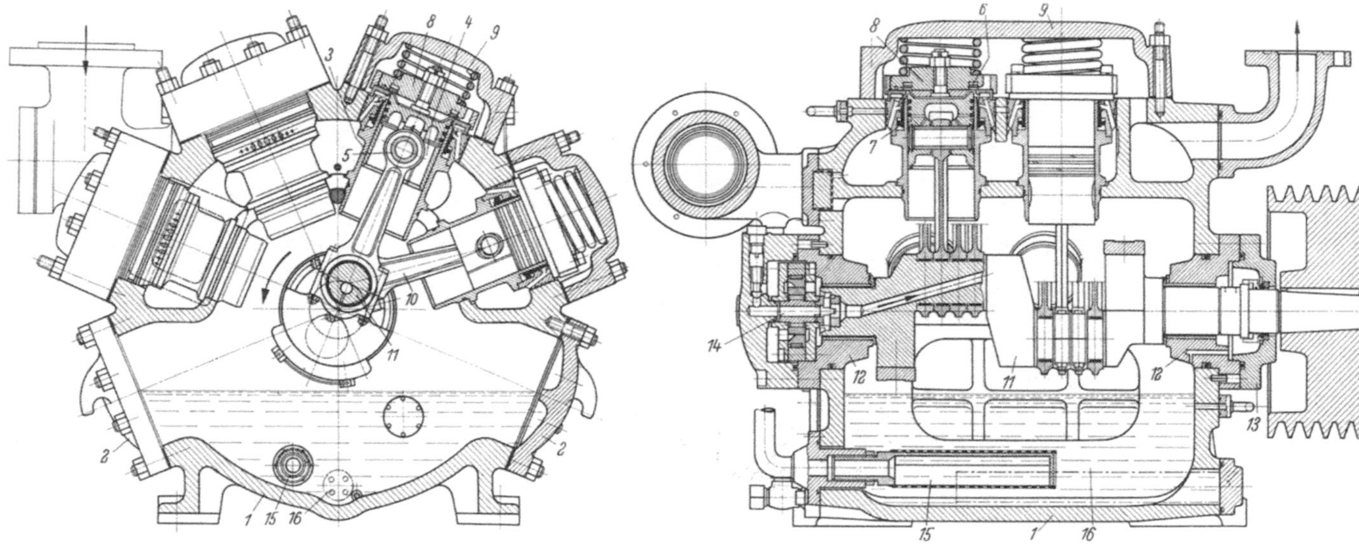

Abb. 220. Achtzylinder-Kompressor Type 88/75 von Brissonneau und Lotz.

1 Gehäuse aus Sonderguß; *2* Gehäusedeckel; *3* Zylinderlaufbüchsen; *4* Kolben; *5* Kolbenbolzen; *6* Konzentrische Saug- und Druckventile; *7* Leistungsregelung; *8* Federbelasteter Zylinderdeckel; *9* Zylinderhaube; 10 Pleuel; *11* Kurbelwelle; *12* Gleitlager; *13* Wellendichtung; *14* Schmierpumpe; *15* Ölfilter; *16* Heizpatrone.

Fertigungsprogramm die charakteristischen Daten moderner Wechselstromkompressoren mit V/W-Anordnung der Zylinder. Die Modelle 401, 601, und 801, mit Höchstdrehzahlen von 960 U/min besitzen aus einem Stück gegossene Gehäuse und Zylinder, mit Einsatzlaufbüchsen, konzentrischen Ringplattenventilen, Druckschmierung mit Zahnradpumpe und Leistungsregelung durch abhebbare Saugventile. Die Zylinderköpfe können, wenn notwendig, mit Wasserkühlung versehen werden.

Abb. 221. Achtzylinder-Kompressor von C.K.D., Prag, in Schweißkonstruktion.

Die getrennten Gehäuse und Zylinder der Baureihe VN sind in Schweißkonstruktion ausgeführt. Je nach der Art des verwendeten Kältemittels werden die 3 Triebwerke dieser Serie bei gleichbleibendem Kolbenhub mit Zylindern verschiedener Durchmesser ausgerüstet (Zylinderdurchmesser 180 mm bei R 12 und 150 mm bei NH_3). Sämtliche in Tab. 14 angeführten Maschinen können auch für 2stufige Verdichtung vorgesehen werden. Als Beispiel sehr großer in Schweißkonstruktion ausgeführter Kolbenkompressoren sei die von C.K.D. gelieferte 8-Zylinder NH_3-Maschine von 3000000 kcal/h angeführt (Abb. 221); hierzu folgende Einzelheiten: Zylinderwinkel 60°, Zylinderdurchmesser 320 mm, Hub 300 mm, Drehzahl 480 U/min, Gewicht 16550 kg.

f) Dell'Orto, Mailand. Die sechs Modelle der mit gleichen Zylinderabmessungen ausgeführten V/M-Kompressoren der Officine Meccaniche Dell'orto (Tab. 15) entsprechen in ihrem Aufbau der heute als klassisch zu bezeichnenden Konstruktion schnellaufender Kältekompressoren: Monoblockmodell für Gehäuse und Zylinder, auswechselbare Zylinderbüchsen, konzentrische Plattenventile, von der Kurbelwelle angetriebene Ölpumpe, Schleifringdichtung, eingebaute Leistungs-

Tabelle 15. *Kälteleistungen der V-M-Kompressoren von Dell' Orto.*

Zylinder ∅ : 85 mm Kolbenhub : 70 mm Drehzahl: 1450 U/min

Type	Anzahl Zylinder	Hubvolum m^3/h	Kälteleistung in kcal/h und Energiebedarf an der Welle in PS							
			NH_3 – 10/+25 °C		R 22 – 10/+25 °C		R 12 – 10/+25 °C		R 12 0/+30 °C	
			kcal/h	PS	kcal/h	PS	kcal/h	PS	kcal/h	PS
V-M 12	2	64,4	30000	10,5	29000	11	—	—	—	—
V-M 13	3	96,6	45000	15,5	43000	16	—	—	—	—
V-M 14	4	128,8	60000	20,5	58000	21	35000	13	49000	17
V-M 16	6	193,2	90000	30,5	87000	31,5	52000	19,5	73000	25
V-M 18	8	257,6	120000	41	116000	42	70000	26	98000	33
V-M 112	12	386,4	180000	60	175000	62	105000	39	145000	49

Die angeführten Werte für die Kälteleistung verstehen sich mit Unterkühlung des flüssigen Kältemittels um 5 °C.

Durch den Einbau eines wirksamen Wärmeaustauschers kann bei Frigen 12 Anlagen die Kälteleistung um folgende prozentuale Werte erhöht werden:

Verdampfungstemperatur °C	–30	–25	–20	–15	–10	–5	0	+5	+10
Erhöhung der Kälteleistung %	19	17	15	13	11	8,5	6	3,5	1

regelung usw. Die Leistungsregelung besteht aus einer vermittelst eines ölhydraulischen Hilfskolbens, über ein Hebelsystem betätigten Gleitbüchse, die in ihrer oberen Lage die Saugventile durch Stifte auf ihre Hubfänger drückt und so den entsprechenden Zylinder ausschaltet, ähnlich wie bei den in den Abb. 201 bis 203 beschriebenen amerikanischen Systemen. Der entlastete Anlauf erfolgt bei diesen Maschinen durch ein zusätzlich vorgesehenes, ebenfalls ölhydraulisch betätigtes Umlaufventil. Bemerkenswert sind außerdem die strömungstechnisch gut durchgebildeten Saug- und Druck kanäle.

Abb. 222. Achtzylinder-Boxer-Kompressor von Escher-Wyss.

g) Escher-Wyss, Zürich. Außer den im Kapitel C beschriebenen „Rotasco"-Kompressoren (s. Seite 295) bringt Escher-Wyss neuerdings Kältekompressoren in Boxerform auf den Markt, welche für alle modernen Kältemittel verwendbar sind (Abb. 222). Die um 180° versetzten, gegenläufigen Kolben dieser Bauart ermöglichen einen fast vollständigen Massenausgleich, so daß diese Maschinen ohne besondere schwingungsdämpfende Fundamente aufgestellt werden können. Diese nach dem Wechselstromprinzip arbeitenden Kompressoren sind sowohl für direkte Kupplung als auch für Keilriementrieb geeignet und können auf Wunsch mit einer stufenlosen Leistungsregelung ausgerüstet werden. Angaben über die bisher bekannten Modelle sind in Tab. 16 enthalten.

Tabelle 16
Hauptabmessungen und Leistungen der Boxer-Kompressoren von Escher Wyss.

Maschinen-Größe		L 704 B	2 × L 704 B
Zylinderzahl		4	8
Zylinderdurchmesser	mm	85	85
Kolbenhub	mm	70	70
Maximale Drehzahl	U/min	1450	1450
Hubvolum	m^3/h	138,33	276,66
Kälteleistung bezogen auf −10/+25 °C			
Für NH_3	kcal/h	69000	138000
Für R 12	kcal/h	39000	78000
Für R 22	kcal/h	63000	126000

h) Grasso's Maschinenfabriken, 's-Hertogenbosch Holland. Tabelle 17 enthält Angaben über die in Schweißkonstruktion hergestellten Kolbenkompressoren in V/W-Form. Die mittlere Kolbengeschwindigkeit der mit einer Zylinderbohrung von 160 mm und einem Kolbenhub von 110 mm, mit 2 bis 12 Zylindern ausgeführten Maschinen, beträgt bei einer Höchstdrehzahl von 750 U/min nur 2,75 m/s. Das Verhältnis von Zylinderdurchmesser zu Hub ist mit 1,455 relativ hoch gewählt, was den Einbau normaler Ringplattenventile erleichtert. Die Ausführung der Gehäuse und Zylinder aus geschweißtem Stahlblech ergibt gegenüber der Gußkonstruktion eine wesentliche Gewichtsersparnis. Das spezifische Leistungsgewicht des 6-Zylinderkompressors mit einer Normalleistung von etwa 300000 kcal/h beträgt beispielsweise nur rund 2,9 kg je 1000 kcal/h. Abb. 223 zeigt den Aufbau des 2-Zylinderkompressors AV 20/110.

Konstruktive Merkmale: Zylinderlaufbüchsen aus Sphäroguß, Kolben aus Leichtmetall, konzentrische Arbeitsventile, Druckventil federbelastet, Leistungsregelung durch Abheben der Saugventile, wassergekühlter Zylinderkopf, Kurbelwelle aus Sphäroguß, stählerne mit Weißmetall ausgefütterte Lagerschalen, Schleifringdichtung Type Pacific (s. S. 224 und Abb. 196), Druckschmierung durch Zahnradölpumpe, Saugfilter in der Saugsammelleitung.

i) J. & E. Hall Ltd., Dartford England. J. & E. Hall bauten bereits 1880 die erste Kaltluftmaschine an Bord eines Schiffes ein und brachten ab 1888 die

Tabelle 17. *Technische Daten der Kältekompressoren von Grasso.*

Type	Zyl. ⌀	Hub	Zyl. Zahl	Zyl. Anordnung	Drehzahl U/min Maxim.	Hubvol.	Gewicht	Kälteleistung kcal/h und Energiebedarf auf der Welle PS (bei −10/+25 °C)					
								NH_3		R 12		R 22	
	mm	mm				m 3/h	kg	kcal/h	PS	kcal/h	PS	kcal/h	PS
A & F 2/70	85	70	2	I	960	45,73	96	22900	8,3	13600	5,6	—	—
AJ & FJ 20/85	110	85	2	I	960	93,00	290	47000	17,3	28800	11,4	—	—
AV & FV 40/85	110	85	4	V	960	186,00	380	94000	32,8	57600	21	—	—
K 20/110	160*	110	2	V	750	200	725	110500	36,5	65000	26	108500	39,5
K 30/110	160	110	3	W	750	300	750	166000	53,5	98000	37,5	163000	58
K 40/110	160	110	4	V	750	400	925	221500	70,5	130500	49	217000	76
K 60/110	160	110	6	W	750	600	1100	332000	104	195500	72	325500	112,6
K 90/110	160	110	9	W	750	900	1425	498000	156	293000	108	488000	169
K 120/110	160	110	12	W	750	1200	1765	663000	207	391000	144	651000	225

* Für zweistufigen Betrieb werden auch Kompressoren mit einem Zylinder-⌀ von 110 mm gebaut.

CO_2-Schiffskältemaschinen zu weiterer Verbreitung. Nach einer Statistik des Lloyds Registers vom Jahre 1939 waren zu diesem Zeitpunkt 62% der Kühlraumkapazität der Weltflotte mit Hall-Kälteanlagen ausgerüstet. Die Firma baute außerdem für Landanlagen ein- und mehrstufige stehende Mehrzylinderkompressoren für Ammoniak, Schwefeldioxyd und Propan bis zu Einheitsleistungen von mehr als einer Million kcal/h.

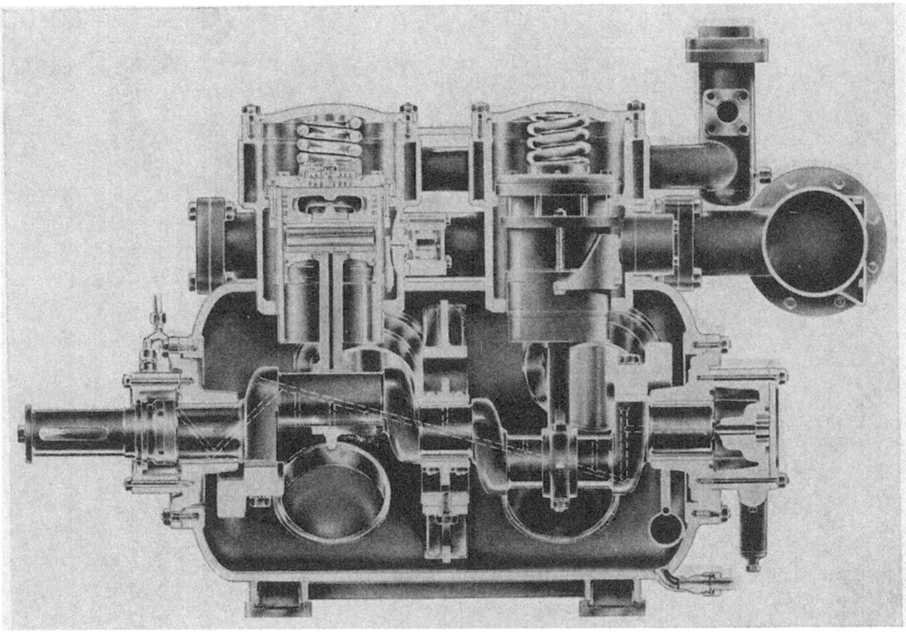

Abb. 223. Zweizylinder-Kompressor AV20/110 von Grasso, 's-Hertogenbosch.

Die unter der Bezeichnung „Veebloc" seit 1955 auf den Markt gebrachten schnellaufenden Kältekompressoren sind zweikurbelige Maschinen, gedrängter Bauart, deren Aufbau demjenigen, der heute von den meisten einschlägigen Herstellerfirmen entwickelten Schnelläuferkompressoren entspricht, d. h.: zu einem Gußstück vereinigte Zylinder und Gehäuse, weite Saug- und Druckräume, auswechselbare Zylinderlaufbüchsen, konzentrische Ringplattenventile, federbelastete Zylinderdeckel, Leistungsregelung durch abhebbare Saugventile, gußeiserne auf Gleitlagern rotierende Kurbelwelle, und Druckschmierung durch ein-

Tabelle 18. *Hauptabmessungen und Kälteleistungen der „Veebloc"-Kompressoren von Hall.*

Zylinder Ø	Hub	Zyl. Zahl	Zyl. Anordnung	Maxim. Drehzahl	Hubvolum	Kälteleistung und Energiebedarf auf der Welle							
						NH_3				R 12			
						(−15/+30 °C)		(+4,4/+37,8 °C)		(−15/+30 °C)		(+4,4/+37,8 °C)	
Zoll	Zoll			U/min.	m³/h	kcal/h	PS	kcal/h	PS	kcal/h	PS	kcal/h	PS
3¾	3	2	I	1500	97,2	—	—	—	—	19480	13,2	42840	18,4
3¾	3	4	V	1500	184,4	—	—	—	—	38960	24,5	85930	34
3¾	3	6	W	1500	291,6	—	—	—	—	58460	34,4	128770	47,8
5	4	8	V-V	1000	620	243000	113	538000	155	132000	78,5	310000	107
7	5	8	V-V	750	1250	490000	226	1090000	310	265000	157	625000	214

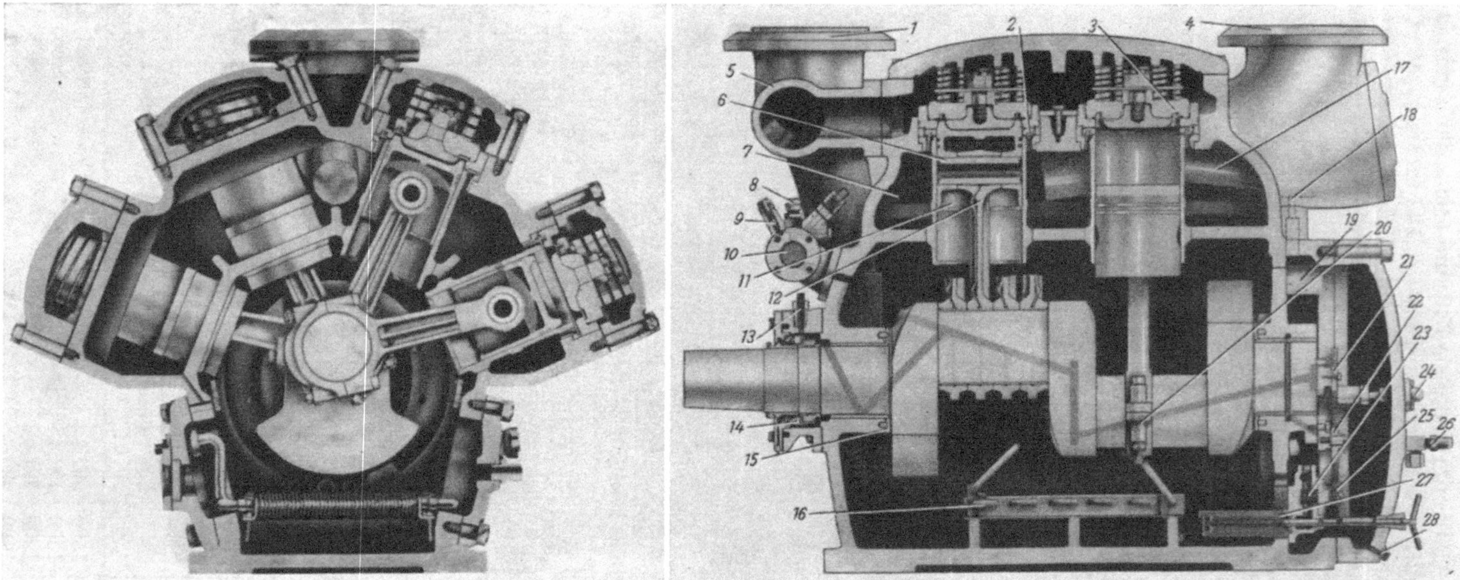

Abb. 224. Achtzylinder „Veebloc“-Kompressor von J. E. Hall, Dartford.

1 Druckstutzen; *2* Saugventil; *3* Druckventil; *4* Saugstutzen; *5* Druckkammer; *6* Kolbenbolzen; *7* Saugkammer; *8* Öldruckregelventil; *9* Ventil für Öldruckmanometer; *10* Ölrücklauf-Schauglas; *11* Kolben; *12* Pleuel; *13* Ölaustritt der Wellendichtung; *14* Wellendichtung; *15* Drucklager; *16* Ölkühler; *17* Saugfilter; *18* Gehäusedruckausgleich; *19* Schaumbrecher; *20* Pleuelkopf; *21* Zahnradantrieb der Ölpumpe; *22* Ritzel der Ölpumpe; *23* Ölpumpe; *24* Ölrücklaufventil; *25* Antriebsrad der Ölpumpe; *26* Öleinfüllventil; *27* Ölfilter; *28* Ölablaß.

gebaute Zahnradpumpe, Beachtenswert sind bei diesen Kompressoren (Abb. 224) die vorbildliche Formgebung der Gehäuse und Zylinder sowie die robuste Konstruktion der einzelnen Maschinenelemente. Tab. 18 enthält die Hauptdaten der „Veebloc"-Kompressoren.

j) B. Lebrun S. A., Nimy-lez-Mons, Belgien. Schon im Jahre 1951 begann diese Firma 2-, 4-, 6- und 8-Zylinderkompressoren in V- und W-Anordnung vom Typ ME zu bauen, die beim Betrieb mit F 22 Kälteleistungen von 25000 bis 96000 kcal/h bei $-10/+30$ °C entwickelten. Eine Ölpumpe mit Sicherheitspressostat besorgt die Schmierung der bewegten Teile. Die geregelte Öffnungsdauer der Saugventile gestattet, die Leistung zu verändern und den Anlauf zu erleichtern. Abb. 225 zeigt einen Schnitt durch den Sechszylinder-Kompressor dieser Bauart.

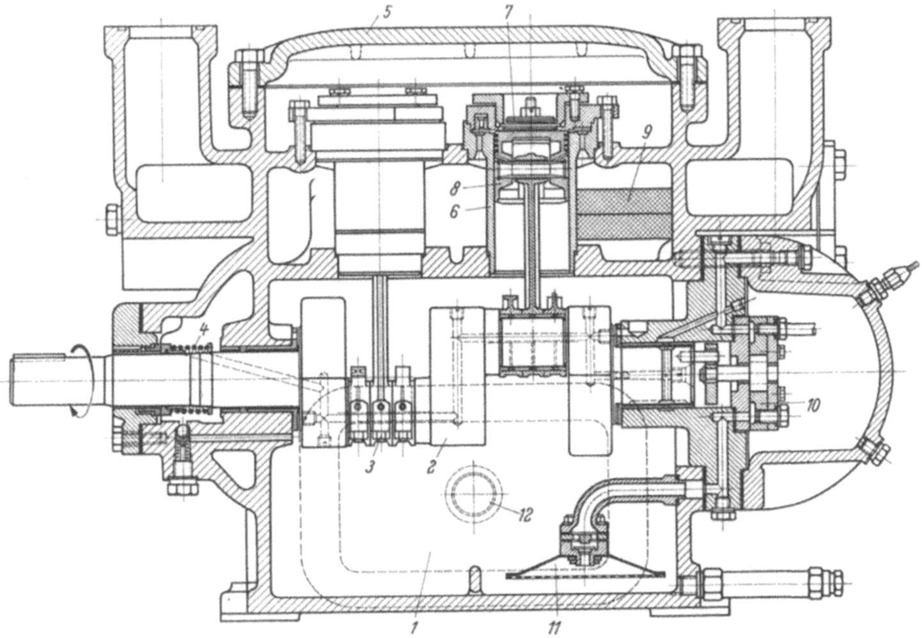

Abb. 225. Sechszylinder-Kompressor von B. Lebrun.
1 Gehäuse; *2* Kurbelwelle; *3* Pleuel; *4* Stopfbüchse; *5* Zylinderdeckel; *6* Zylindermantel; *7* Druckventil; *8* Kolben; *9* Filter in der Saugleitung; *10* Ölpumpe; *11* Ölfilter; *12* Ölstand-Anzeiger.

Außer den ME-Kompressoren baut Lebrun auch Gleichstromkompressoren für Ammoniak mit vertikalen Zylindern für Kälteleistungen von 21000 bis 620000 kcal/h bei $-10/+30$ °C, ferner offene Kompressoren für R 12, R 22 und NH_3, die bei 950 U/min einen Bereich der Kälteleistungen von 170000 bis 770000 kcal/h decken, und auch zweistufige Kompressoren.

Neben diesen offenen Kompressoren baut die Firma auch halbhermetische für Leistungen von 2 bis 40 PS.

k) Linde-Gesellschaft für Linde's Eismaschinen, Wiesbaden. Aus dem umfangreichen Produktionsprogramm dieser Gesellschaft können folgende Kompressortypen als Beispiele angeführt werden:

α) Schnellaufende Gleichstromkompressoren. Baureihe G.H.J.K. Die Hauptabmessungen und Leistungen der Kompressoren dieser Baureihe mit 2 und 4 in V-Form angeordneten Zylindern sind in Tab. 19 angegeben.

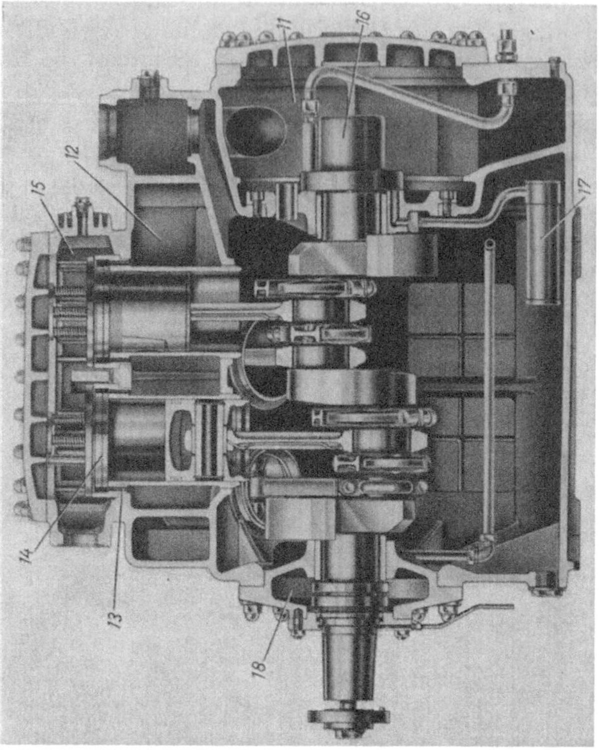

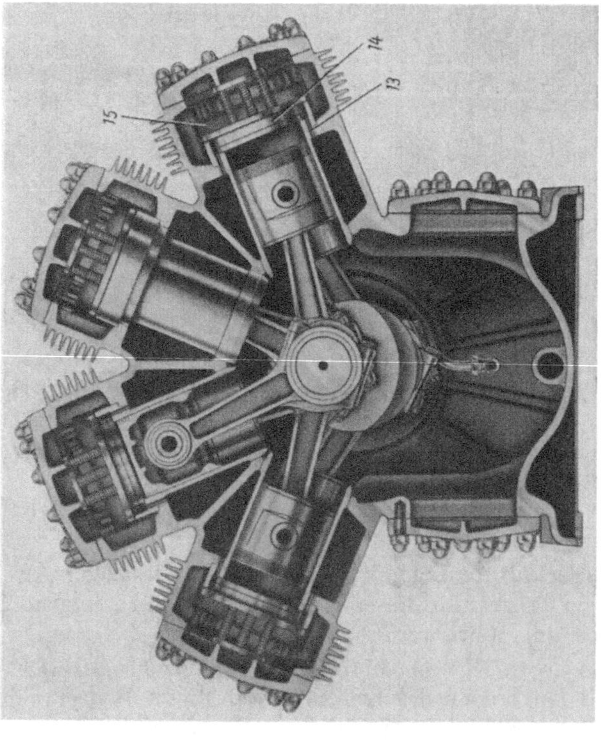

Abb. 226. Achtzylinder-Kompressor von Linde.

11 Vorkammer; *12* Saugraum; *13* Bohrungen; *14* Ventilkörper mit Plattensaug- und Druckventilen; *15* Druckraum; *16* Ölpumpe; *17* Filter; *18* Stopfbüchsenraum.

Tabelle 19.
Hauptdaten der schnellaufenden Gleichstromkompressoren von Linde.

Type	Zyl. ∅ mm	Hub mm	Zylinder zahl	U/min	Kälteleistung kcal/h bei $-10/+25$ °C	
					NH_3	R 12
A4G	85	65	4	1450	60000	33000
A4H	120	100	4	970	135000	74000
A4J	140	100	4	970	190000	104000
A2K	220	180	2	600	260000	143000
A4K	220	180	4	600	500000	286000

β) Einfachwirkende Wechselstromkompressoren. Diese werden mit 2, 4 und 8 Zylindern für NH_3, R 12 und R 22 gebaut, ihr Hubvolum liegt zwischen 70 und 1200 m³/h. Die Drehzahl beträgt für die kleinere Type 1450 und für die größere Type 975 U/min. Längsschnitt und Querschnitt einer 8-Zylindermaschine, deren Leistungsbereich sich bis etwa 550000 kcal/h (bei $-10/+25$ °C) erstreckt, zeigt Abb. 226. Der angesaugte Dampf kommt zunächst in eine Vorkammer *11*, in der sich mitgerissene Flüssigkeitsteilchen abscheiden, die dort verdampfen können. Von der Vorkammer gelangt der Dampf durch Kanäle in den Saugraum *12* und von dort durch zahlreiche Bohrungen *13* zum Plattensaugventil *14* und schließlich in den Zylinder. Die Plattendruckventile befinden sich im Zentrum der Ventilkörper *14*; der verdichtete Dampf wird in den Druckraum *15* ausgestoßen.

Auch bei 8 Zylindern ist die Kurbelwelle nur zweifach gekröpft und nur zweimal gelagert. Der Massenausgleich ist unter Zuhilfenahme von Gegengewichten an der Kurbelwelle fast vollkommen. Die Kolben sind aus Leichtmetall hergestellt. Die Ölpumpe *16*, die von der Kurbelwelle angetrieben wird, saugt das Öl über das Filter *17* aus dem Kurbelgehäuse an und drückt es durch einen außerhalb der Maschine angeordneten Ölkühler, um es im Betrieb auf einer Temperatur von 40 bis 50 °C zu halten. Das Öl wird dann der Kurbelwelle zugeleitet. Über den Stopfbuchsraum *18* kehrt es zum Kurbelgehäuse zurück. Mit dem Drucköl der Pumpe wird auch die Steuerung der Saugventile betätigt. Bei Stillstand der Maschine sind die Saugventilplatten stets von ihrem Sitz abgehoben, so daß der Kompressor entlastet anläuft. Erst wenn ein bestimmter Öldruck erreicht ist, wird das Abheben aufgehoben und die Ventile arbeiten normal. Zum Zweck der Leistungsregelung können die Saugventile der einzelnen Zylinder abgehoben werden.

γ) Doppeltwirkende Wechselstromkompressoren. Einen doppeltwirkenden Kompressor großer Leistung, und zwar die Type WK 160 zeigt Abb. 227 an seinem Aufstellungsort in der chemischen Industrie. Diese Type wird mit *2, 3 und 4 Zylindern* in V/W-Stellung ausgeführt. Die Zylinderdurchmesser betragen 220 bis 390 mm. Die Art der Anordnung der Zylinder und geeignet bemessene Gegengewichte an der Kurbelwelle haben zur Folge, daß nur sehr geringe, nach außen wirkende Massenkräfte und Massenmomente auftreten. Der Hub beträgt 160 mm und die maximale Drehzahl 750 U/min. Für normale einstufige Bedingungen beträgt das geometrische Hubvolum der Vierzylindermaschine etwa 3000 m³/h bei verhältnismäßig kleinem Platzbedarf. Die Kolbenstange wird sowohl im zylindrischen Kreuzkopf als auch im oberen Zylinderdeckel durch ein Längslager geführt. Die Kolbenstange ist mittels Stopfbuchse für hin- und hergehende Bewegung gegenüber dem Kurbelgehäuse abgedichtet. Das Kurbelgehäuse steht somit nicht unter Kältemitteldruck; es ist aber geschlossen. Die Verdichter können mit allen üblichen Kältemitteln betrieben werden. Um zweistufig zu arbeiten, kann man z. B. zwei Zylinder als Niederdruckstufe und einen Zylinder als Hochdruckstufe verwenden.

l) Loire-Chantiers de l'Atlantique (Penhoet-Loire). Bei den V-Kompressoren Serie FA 160 M dieser Firma (Tab. 20 und Abb. 228) werden die Gehäuse und die Zylinder getrennt gegossen. Die konzentrischen Arbeitsventile sind in einem besonderen gemeinsamen Einsatz im Zylinderoberteil angeordnet. Die von der

Abb. 227. Doppeltwirkender Wechselstrom-Kompressor von Linde.

Saugleitung kommenden, durch den unteren Saugkanal in den Kompressor eintretenden Gase kühlen die Zylinderlaufbüchsen und strömen dann durch den die Ventileinsätze enthaltenden Zylinderoberteil zu den Saugventilen. Der Druck-

Tabelle 20. *Technische Daten der Kompressoren Serie FA 160 M der Loire.*

Type	Zyl. Ø mm	Hub mm	Zylinder zahl	Zyl. An-ordnung	Dreh-zahl U/min*	Hubvol. m³/h	Kälteleistung (bei −10/+25 °C) NH₃ kcal/h	R 12 kcal/h	R 22 kcal/h
Einstufig									
2 FA 160 M	160	110	2	I	960	255	143000	82000	142000
3 FA 160 M	160	110	3	I	960	382,5	214500	123000	213000
4 FA 160 M	160	110	4	V	960	510	286000	164000	284000
6 FA 160 M	160	110	6	V	960	765	429000	246000	426000
8 FA 160 M	160	110	8	V	960	1020	572000	328000	568000
Ein- und Zweistufig									
8 FA 160 MC	160	110	6 N D	V	960	ND 765	110000	—	—
			2 H D	V		HD 255	(bei −40/+25°C)	—	—

* Die Drehzahl kann bei Verwendung der Kältemittel R 12 und R 22 auf 1150 U/min gesteigert werden.

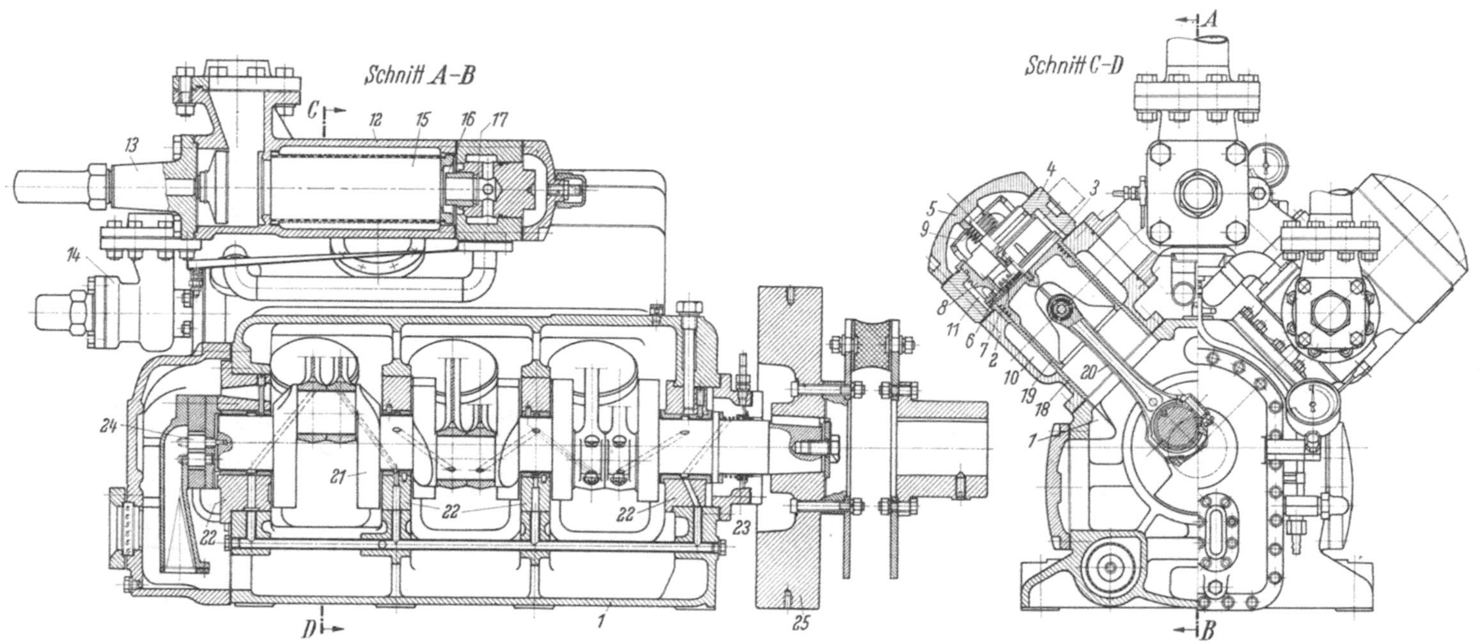

Abb. 228. Sechszylinder-**V**-Kompressor von Loire.
1 Gehäuse; *2* Zylinderblock; *3* Zylinderboden; *4* Zwischenplatte; *5* Zylinderhaube; *6* Saugventil; *7* Druckventil; *8* Ventileinsatz; *9* Druckfeder; *10* unterer Saugkanal; *11* oberer Saugkanal; *12* Saugverteiler; *13* Saugabschließung; *14* Druckabschließung; *15* Saugsieb; *16* Umlaufventil; *17* Bruchplatte; *18* Zylinderlaufbüchsen; *19* Kolben; *20* Pleuel; *21* Kurbelwelle; *22* Wellenlager; *23* Gleitringdichtung; *24* Ölpumpe; *25* Schwungrad mit Kupplung.

raum wird gebildet durch die Hohlzylinder der Ventileinsätze und die Hohlräume der Zylinderhauben, die durch entsprechende Auslaßöffnungen mit den an einem Ende eines jeden Zylinderblocks angeordneten Druckabsperrungen in Verbindung stehen. In dem die Saugräume beider Zylinderblöcke verbindenden Verteiler sind die Saugabsperrungen, das Sieb und das automatische Umlaufventil, das ebenfalls das Bruchplatten-Sicherheitsventil enthält, untergebracht.

Die Leistungsregelung erfolgt bei diesen Kompressoren durch Abdecken der Saugventileinlässe vermittelst eines drehbaren Ringes (Abb. 229), welcher über einen Hebel durch einen außen am Gehäuse angebrachten Hilfszylinder automatisch oder von Hand verstellt wird. Als Steuermittel dienen entweder die Druckgase oder das Drucköl des Schmiersystems. Die nach diesem Prinzip arbeitende Regelvorrichtung kann nicht zum entlasteten Anlauf verwendet werden, denn die beim Stillstand in den Zylindern verbleibenden Gase werden bei den ersten Umläufen des Kompressors beim Wiederanlauf verdichtet. Aus diesem Grunde ist in dem Saugverteiler ein ebenfalls als Sicherheitsventil wirkendes Umlaufventil eingebaut. Das als Servokolben ausgebildete Ventil öffnet sich beim Stillstand unter dem Einfluß einer Stoßfeder und wird nach erfolgtem Anlauf des Kompressors durch vom Schmiersystem abgezweigtes Drucköl über ein automatisches Steuerventil geschlossen.

a

b

Abb. 229. Leistungsregelung Loire, Ventileinsatz und Drehring (a und b).

Konstruktive Merkmale der FA 160-Kompressoren:
Gehäuse und Zylinder aus perlitischem Gußeisen oder aus Sphäroguß für besondere Verwendungszwecke, Zylinderlaufbüchsen aus Spezialguß, konzentrische in einer Zwischenplatte angeordnete Arbeitsventile, federbelastete Druckventileinsätze, gußeiserne Kolben, im Gesenk geschmiedete Pleuel, Kurbelwelle aus Sphäroguß bei den 2-, 4- und 6-Zylinderkompressoren, aus geschmiedetem Stahl bei dem ein- und zweistufigen 8-Zylinderkompressor, Gleitring-Wellendichtung Type „Pacific", Druckschmierung durch eingebaute Zahnradpumpe.

m) Quiri-Société des Usines Quiri & Cie., Strasbourg–Schiltigheim. Bei den von der Firma Quiri & Cie herausgebrachten schnellaufenden Kältekompressoren mit 2, 4, 6, 8, 12 und 16 Zylindern von 120 mm Bohrung und 120 mm Hub (Tabelle 21) werden Gehäuse und Zylinder getrennt bearbeitet. Als Besonderheit ist zu vermerken (siehe Abb. 230), daß hier im Gegensatz zu der bei konzentrischen Ventilen üblichen Ausführung, die Druckventile um die in der Zylinderachse

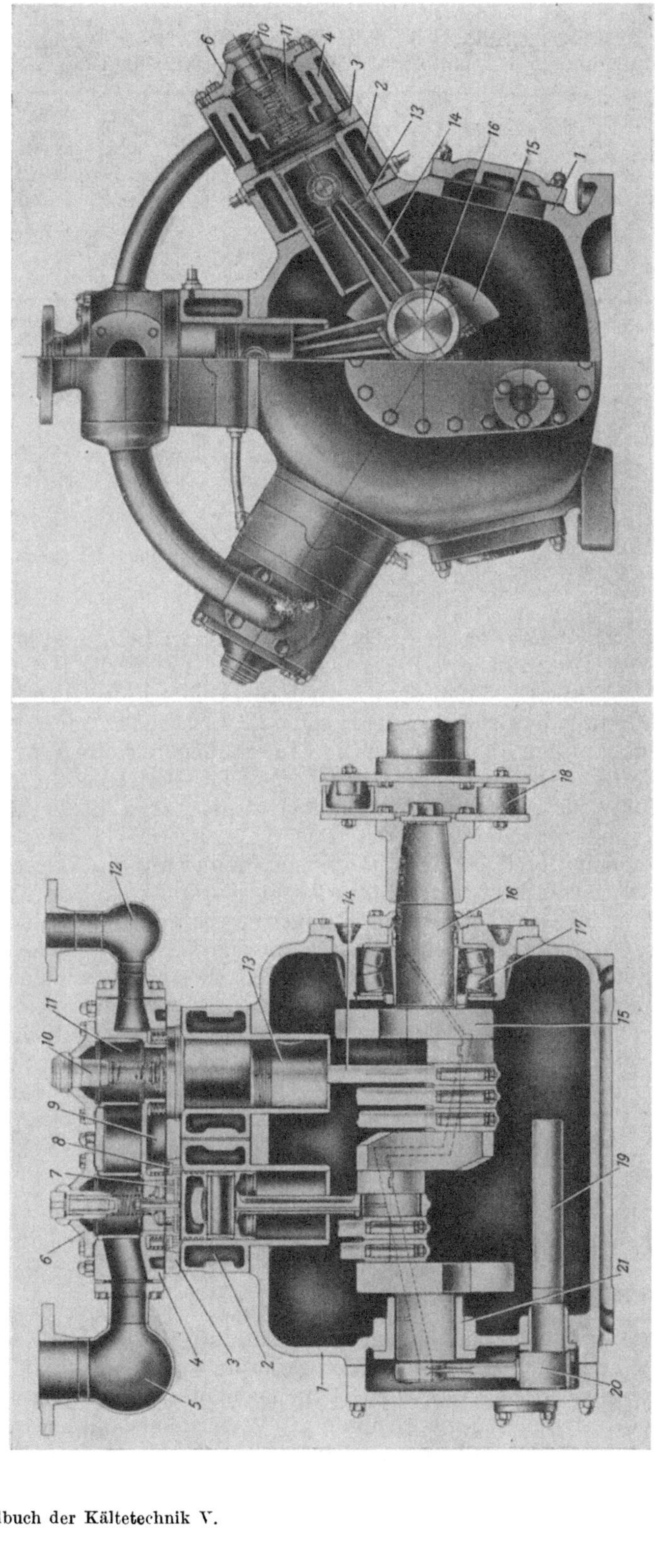

Abb. 230. Sechszylinderkompressor von Quirli, Type 6 AF 120.

1 Gehäuse; *2* Zylinderbüchse mit Wassermantel; *3* Zwischenplatte; *4* Zylinderoberteil; *5* Saugabschließung; *6* Zylinderdeckel; *7* Saugventil; *8* Druckventil; *9* Druckraum; *10* Saugventilabhebevorrichtung; *11* Saugraum; *12* Druckabschließung; *13* Kolben; *14* Pleuel; *15* Kurbelwelle; *16* Gleitringdichtung; *17* Rollenlager; *18* Kupplung; *19* Ölsaugfilter; *20* Ölpumpe; *21* Gleitlager.

Tabelle 21. *Quiri & Cie, Strasbourg — Schiltigheim.*
Typenreihe der schnellaufenden Kolbenkompressoren Serie AF 120
Zylinderdurchmesser: 120 mm, Hub: 120 mm, Drehzahl: 1000 U/min

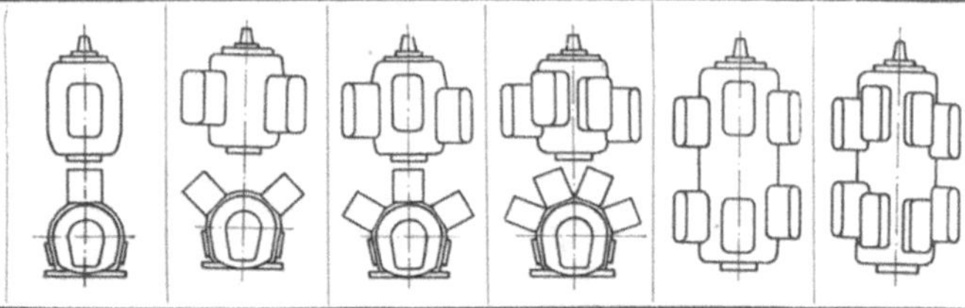

Type	2AF120	4AF120	6AF120	8AF120	12AF120	16AF120
Zylinderzahl	2	4	6	8	12	16
Hubvolum (m^3/h)	163,2	326,4	489,6	652,8	979,2	1305,6
Kälteleistung (— 10/+ 25° C) kcal/h						
mit Kältemittel NH_3	77000	154000	231000	308000	462000	616000
mit Kältemittel R 12	46000	92000	138000	184000	276000	368000
mit Kältemittel R 22	74000	148000	222000	296000	444000	592000

liegenden Saugventile angeordnet sind. Der Zylinder ist dreiteilig und besteht aus der mit einem Wassermantel versehenen Laufbüchse *2*, der die Arbeitsventile enthaltenden Zwischenplatte *3* und dem Zylinderoberteil *4* in welchem die Saug- und Druckkanäle, sowie die Greifervorrichtungen der Leistungsregelung eingebaut sind. Die von gußeisernen Pleuelstangen *14* angetriebenen Kolben *13* sind aus Leichtmetall gefertigt. Die aus Sphäroguß hergestellte Kurbelwelle *15* ist bei doppelter Kröpfung (für 2, 4, 6 und 8 Zylinder) zweifach, bei 4facher Kröpfung (für 12 und 16 Zylinder) dreifach gelagert. Das Wellenlager *17* auf der Antriebsseite ist als Wälzlager durchgebildet. Die Druckschmierung der Lager und der bewegten Teile ist gewährleistet durch eine vom Kurbelwellenende über einen Exzenter betätigte, im Ölbad versenkte Plungerpumpe *20*. Durch eine oscillierende Bewegung des an der Pumpen-Saugseite eingebauten Ölfilters *19* wird eine kontinuierliche Reinigung des Schmiermittels erzielt. Die abgesonderten metallischen Verunreinigungen werden durch einen magnetischen Pfropfen festgehalten. Die Leistungsregelung erfolgt durch eine von den Druckgasen betätigte Saugventilabhebevorrichtung *10*, welche durch Modulierung des Steuerdrucks stufenlos wirkt, indem die Ventile während eines regelbaren Teils des Kolbenhubes abgehoben werden. Für zweistufigen Betrieb werden die Zylinderblöcke paarweise als Hoch- und Niederdruckstufe ausgebildet, indem je ein Normalzylinder mit einem Zylinder kleinerer Bohrung zusammengebaut wird.

Die Firma Quiri baut schnellaufende stehende NH_3-Kompressoren von 20000 bis 800000 kcal/h Normalleistung mit 2, 4 und 6 Zylindern in Reihenanordnung. Die hier beschriebene Typenreihe der V/W-Wechselstromkompressoren wurde 1958 auf den Markt gebracht.

n) Rheinkälte, Zweigniederlassung der Ideal-Standard GmbH. Die Firma baut sowohl offene, wie auch halbhermetische Motorkompressoren (s. S. 293). Von den offenen Kompressoren werden verschiedene Typen gebaut, deren technische Daten in Tab. 22 angegeben sind. Die Kompressoren der W-Serie für Kälteleistungen bis 75000 kcal/h (bei — 10/+ 25° C) in Wechselstrombauart besitzen auswechselbare,

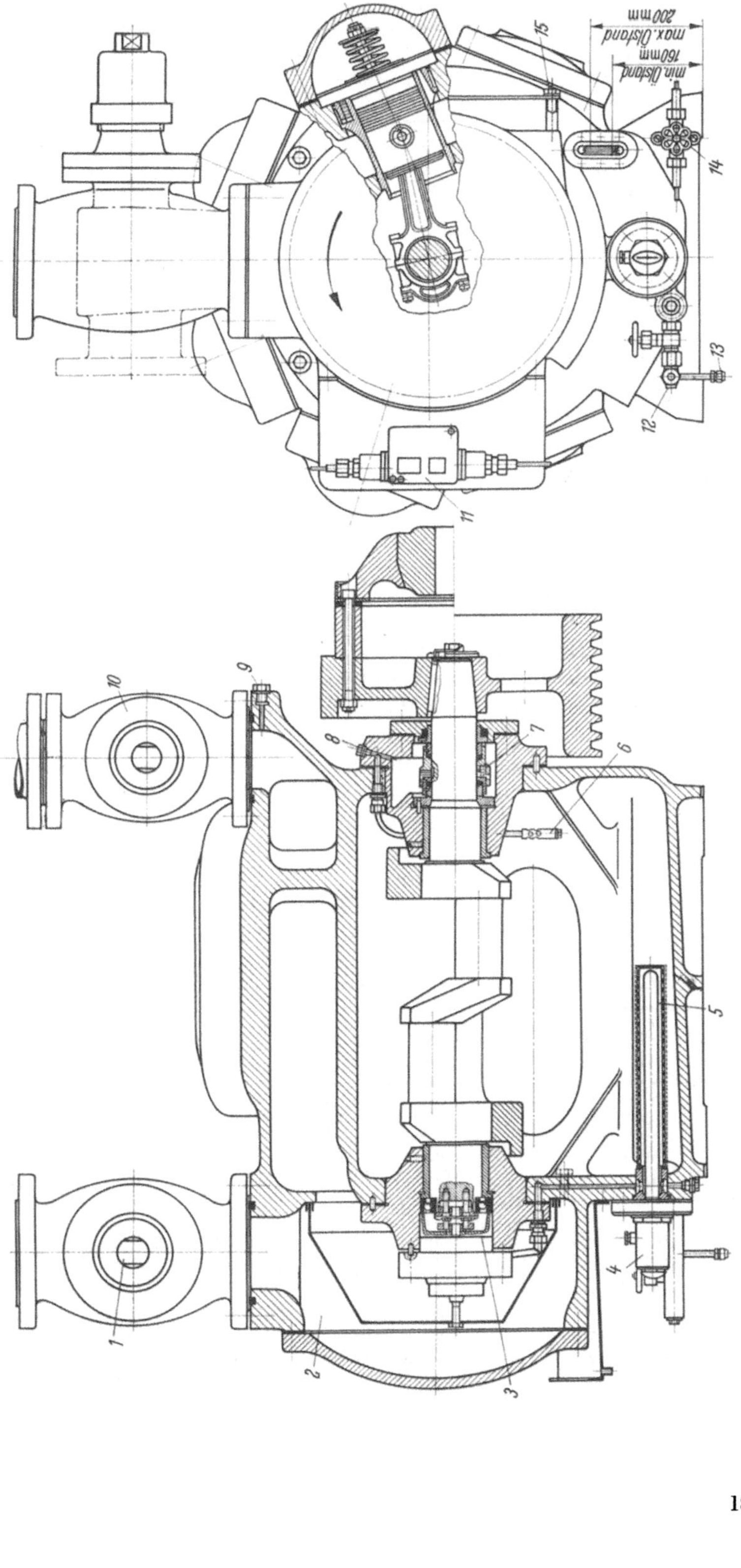

Abb. 231. Achtzylinder-Kompressor der U-Serie von Rheinkälte.

1 Saugabsperrventil; *2* Saugkammer; *3* Zahnradölpumpe; *4* Ölheizung; *5* Ölsaugsieb; *6* Öldruckregelventil; *7* Gleitringstopfbüchse; *8* Öleinfüllung nach Reparatur der Gleitringstopfbüchse; *9* Entlüftungsschraube; *10* Druckabsperrventil; *11* Öldruckdifferenzpressostat; *12* Ölrückfuhranschluß; *13* Öleinziehanschluß; *14* Absperrventil zum Außerbetriebsetzen des Unterdruckschalters beim Vakuumsaugen; *15* Ölschauglas.

Tabelle 22. *Technische Daten der Kompressoren der Rheinkälte.*

Type	Zylinder ⌀ mm		Hub	Zyl. Zahl	Drehzahl U/min	Kälteleistung* kcal/h −10°/+25°C	Energiebedarf * PS	Gewicht kg
2 W	90		70	2	1450	37500	14,3	220
3 W	90		70	3	1450	55000	21,6	280
4 W	90		70	4	1450	75000	28,6	300
3 U	115		82	3	1450	105000	37,5	1215
4 U	115		82	4	1450	145000	50	1285
6 U	115		82	6	1450	210000	75	1510
8 U	115		82	8	1450	290000	100	1755
	ND	HD				Hubvolumen m^3/h ND	HD	
K 16	350	250	160	2	750	1370	694	3250
	300	210	160	2	750	1010	486	3100
	250	250	160	2	750	694	694	3100
	210	210	160	2	750	486	486	3000
K 22	420	300	220	2	480	1740	882	4800
	350	250	220	2	480	1195	594	4600
	300	300	220	2	480	882	882	4600
	250	250	220	2	480	594	594	4400

durch Saugdampf gekühlte Laufbüchsen und Ringplattenventile. Sie eignen sich für den Betrieb mit R 12, R 22 und NH_3.

Für größere Kälteleistungen, bis 290000 kcal/h wird von den Kompressoren der U-Serie Gebrauch gemacht, die in Wechselstrom-Bauart für alle 3 Kältemittel benutzt werden können. Den Achtzylinderkompressor dieser Serie zeigt Abb. 231. Sie besitzen eine Leistungsregelung in den Stufen $^4/_4$, $^3/_4$, $^2/_4$ und $^1/_4$ durch Offenbehalten der Saugventilplatten mittels Servokolben und gestatten entlastetes Anfahren. Beim Betrieb mit NH_3 sind die Zylinderdeckel wassergekühlt.

Die größten Kompressoren K 16 und K 22 werden mit NH_3 betrieben; es sind doppeltwirkende, stehende, 2-Zylinder-Wechselstrommaschinen für ein- und zweistufigen Betrieb mit gekapseltem Triebwerk. Auch sie sind mit Leistungsregelung (Staudruckregelung) und Anfahrentlastung ausgerüstet, Abb. 232.

Tabelle 23. *Hauptabmessungen und Leistungen der Sabroe-Kompressoren Type SMC.*

Type SMC	Zylinder ⌀ mm	Hub mm	Zylinder-zahl	Drehzahl U/min.	Hubvolum m^3/h	Kälteleistung (bei −15/+30° C) NH_3 kcal/h	R 12 kcal/h	R 22 kcal/h
2— 65	65	50	2	1800	35,82	13000	8000	13000
4— 65	65	50	4	1800	71,64	25000	16000	26000
6— 65	65	50	6	1800	107,46	38000	24000	39000
8— 65	65	50	8	1800	143,28	50000	32000	52000
10— 65	65	50	10	1800	179,10	62000	40000	65000
4—100	100	80	4	1500	226	80000	53000	87000
6—100	100	80	6	1500	339	120000	79000	131000
8—100	100	80	8	1500	452	160000	105000	174000
10—100	100	80	10	1500	565	200000	131000	218000
12—100	100	80	12	1500	678	240000	158000	261000
16—100	100	80	16	1500	904	320000	210000	348000
6—180	180	125	6	1000	1144,5	454000	286000	469000
8—180	180	125	8	1000	1526	608000	382000	625000

* Bei F 12. Bei F 22 Motorstärke 10 bis 20% größer wählen.

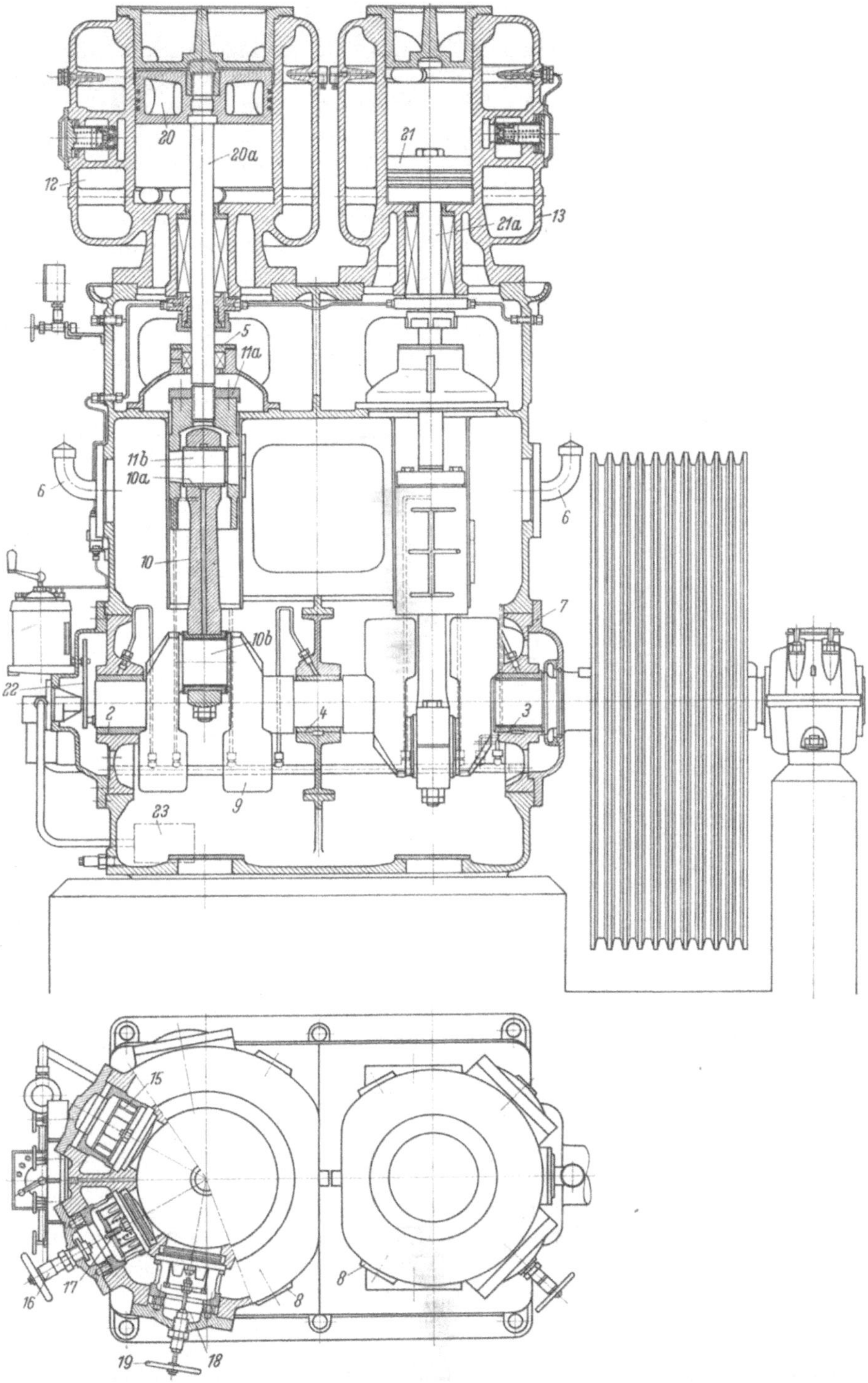

Abb. 232. Doppeltwirkender zweistufiger Zweizylinder-Kompressor der K-Serie von Rheinkälte.
1 Grundgestell; *2* hinteres Hauptlager; *3* vorderes Hauptlager; *4* Mittenlager; *5* Ölabstreifpackung; *6* Lüftungskopf; *7* vorderer Gehäusedeckel; *8* Indikatorstutzen; *9* Kurbelwelle; *10* Pleuel; *10a* und *b* Lagerbüchsen am Kreuzkopf und an der Kurbelwelle; 11 Kreuzkopf; 11*a* Kreuzkopfmutter; *11b* Kreuzkopfbolzen; *12* Niederdruckzylinder; *13* Hochdruckzylinder; *14* Stopfbüchse; *14a* Grundbüchse; *14b* Stopfbüchspackung; *14c* Brille; *14d* Packung für Brille; *15* Druckventil; *16* gesteuertes Saugventil; *17* Greifer zu Teil *16*; *18* Saugventil mit Anfahrvorrichtung; *19* Greifer zu Teil *18*, *20* Niederdruckkolben; *20a* Kolbenstange; *21* Hochdruckkolben; *21a* Kolbenstange; *22* Ölpumpenantrieb; *23* Sieb.

o) Sabroe: Aktieselskabet Thomas Ths. Sabroe & Co Ltd., Aarhus, Dänemark. Die von der Firma Sabroe entwickelten schnellaufenden V/W-Kompressoren, die seit 1945 serienmäßig hergestellt werden, umfassen 13 in 3 Typenreihen unterteilte Maschinengrößen (Tab. 23), deren Leistungsbereich sich bei Verwendung der Kältemittel NH_3 und R 22 von etwa 15000 kcal/h bis 800000 kcal/h erstreckt (bei $-10/+25°$ C).

Der geometrische Aufbau dieser Kompressoren sowie die konstruktive Durchbildung der einzelnen Maschinenelemente und der Leistungsregelung sind den amerikanischen Vorbildern (Abb. 208 bis 210) ähnlich. Besondere Sorgfalt wurde beim Entwurf dieser Maschinen der Ventilkonstruktion gewidmet. Abb. 233a und b zeigen die Schnittzeichnung des Zylinderkopfs mit den konzentrischen Saug- und Druckventilen der Maschinentype SMC 100. Um bei den größeren Zylinder-

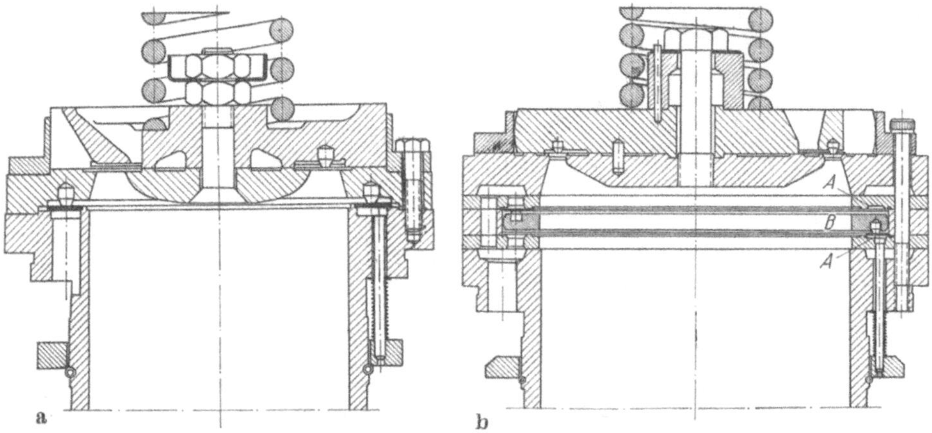

Abb. 233. Anordnung der Arbeitsventile im Zylinderkopf der Kompressoren von Sabroe, Aarhus. a) Kompressortype SMC 100; b) Kompressortype SMC 180. *A* Saugventile; *B* Zwischenring.

dimensionen der Serie SMC 180 bei Einhaltung gleicher Kolbengeschwindigkeiten eine unzulässige Vergrößerung des Ventilhubes zu vermeiden, werden die Saugventile in zwei übereinander liegende Ringplatten unterteilt (Abb. 233b)[1]. Die Hubfänger sind auf beiden Seiten eines zwischen den Ventilplatten *A* beweglichen Ringes *B* angeordnet. Eingehende mit verschiedenen Kältemitteln ausgeführte Versuche ergaben für den Kompressor SMC 100 folgenden Verlauf des Liefergrades λ in Abhängigkeit vom Druckverhältnis p/p_0:

$p/p_0 =$	3	4	5	6	8	10
$\lambda\% =$	80	75	69,5	64	56	48.

p) Samifi, Soc. p. Az. Macchinari Impianti Frigoriferi Industriali, Mailand. Die nach Zeichnungen und Patenten des italienischen Ingenieurs F. Richelli von Samifi gebauten Kältekompressoren umfassen mit 13 in 3 Typenreihen gegliederten Modellen einen Leistungsbereich von 15000 bis 500000 kcal/h bei $-10/+25°$C (Tab. 24). Die normale Drehzahl dieser Maschinen beträgt 730 U/min, wobei die mittlere Kolbengeschwindigkeit je nach der Größe des Hubes in den mäßigen Grenzen von 1,9 bis 3,4 m/s gehalten ist. Bis zu Leistungen von 75000 kcal/h (mit NH_3 oder R 22) werden die mit dem Gehäuse gegossenen, mit Kühlrippen versehenen Zylinder vertikal angeordnet. Bei den 4-, 6- und 8-Zylindermaschinen

[1] Villadsjen: Kulde (dänisch) Bd. 9, August 1955 und Bd. 13, August 1959.

Tabelle 24. *Technische Daten der Kältekompressoren der Samifi.*

Type	Zylinder ⌀ mm	Hub mm	Zylinderzahl	Zylinder-Anordnung	Drehzahl U/min*	Hubvolum m^3/h	Netto-Gewicht kg	Kälteleistung mit NH_3 bei −10/+25°C kcal/h	Energiebedarf an der Welle PS
Ariete-2	75	80	2	I	730*	31	250	15000	4,7
Ariete-3	75	80	3	I	730*	46,5	305	22500	7
Ariete-4	75	80	4	I	730*	62	370	30000	9,3
Sirio-2	110	115	2	I	730	96	830	50000	15,5
Sirio-3	110	115	3	I	730	144	1020	75000	23,5
Sirio-4	110	115	4	2×V	730	192	1176	100000	31,5
Sirio-6	110	115	6	3×V	730	288	1450	150000	47,5
Tauro-4	145	140	4	2×V	730	406	1780	200000	63
Centauro-4	160	140	4	2×V	730	492	1850	250000	78
Tauro-6	145	140	6	3×V	730	609	2380	300000	94,5
Centauro-6	160	140	6	3×V	730	738	2420	375000	118
Tauro-8	145	140	8	4×V	730	812	2760	400000	126
Centauro-8	160	140	8	4×V	730	984	2850	500000	158

größerer Leistung bleibt der prinzipielle Aufbau der einzelnen Elemente unverändert, die Zylinderanordnung ist jedoch V-förmig, wobei stets zwei Pleuel von einem gemeinsamen Kurbelarm angetrieben werden. Das kleine Verhältnis Zylinderdurchmesser/Hub (0,94 bei den Typen Ariete und Sirio) führt zu einer relativ großen Bauhöhe. Dieser Umstand zusammen mit der Wahl der verhältnismäßig kleinen Drehzahl von 730 U/min und den durch die einfache V-Form bei großen Zylinderzahlen bedingten großen Baulängen ergeben entsprechend hohe Gewichte. (Spezifisches Leistungsgewicht des Kompressors Tauro-6 rund 8 kg/1000 kcal/h). Der Aufbau dieser heute typischen Wechselstromkompressoren ist aus Abb. 234 ersichtlich. Kälteleistung 150000 kcal/h mit NH_3 bei −10/+25° C. Als Besonderheit ist die Vereinheitlichung der in die federbelasteten Zylinderdeckel eingebauten Druckventile zu vermerken, welche für alle in Tab. 24 angegebenen Kompressorgrößen dieselben Dimensionen aufweisen. Die Anzahl dieser Ventile variiert mit dem Zylinderdurchmesser und erreicht die Zahl 6 für die Baureihe Centauro.

q) Stal Refrigeration AB, Norrköping, Schweden (Svenska Turbinfabrik A. B., Ljungström). Die Firma Stal baut eine große Anzahl luft- und wassergekühlter Kompressoren[1] für Kälteleistungen bis 900000 kcal/h. Die Kompressoren der „Heavy Duty"-Serie werden mit 3, 6 und 9 Zylindern von gleicher Abmessung in ein- und zweistufiger Ausführung verwendet (Tab. 25). Die Maschinen weisen folgende konstruktive Merkmale auf: Gehäuse und Zylinder aus einem Gußstück, Kolben und Kolbenringe aus Spezialguß, Saug- und Druckventile nebeneinander in einer Zwischenplatte angeordnet, die Kurbelwelle aus wärmebehandeltem Stahl läuft auf SKF-Rollenlagern, Druckschmierung vermittels einer im Ölbad versenkten, vom Wellenende über einen Schneckentrieb betätigten Zahnradpumpe, Wellendichtung mit Metallbalg, doppelte Ölfilterung. Die von Stal entwickelte Leistungsregelung wurde auf S. 235 und in Abb. 205 beschrieben.

Die Kompressoren der „Heavy-Duty"-Serie wurden während der letzten 15 Jahre gebaut. Nunmehr wurde eine neue „Ultra-Duty"-Serie entwickelt, die den Anforderungen der kommenden Jahre genügen soll[2]. Die ersten Überlegungen

* Die Kompressoren der Serie Ariete können mit Drehzahlen bis zu 1450 U/min betrieben werden.

[1] Brandin, T.: Development in the Field of Refrigeration Machinery, Kylteknisk Tidskrift. Bd. 22 (1963), Nr. 4, S. 59.

[2] Larsson, B., u. B. Lundvik: The UD-Series — a new Compressor Series for 30 to 250 H. P., Kylteknisk Tidskrift, Bd. 22 (1963), Nr. 4, S. 65.

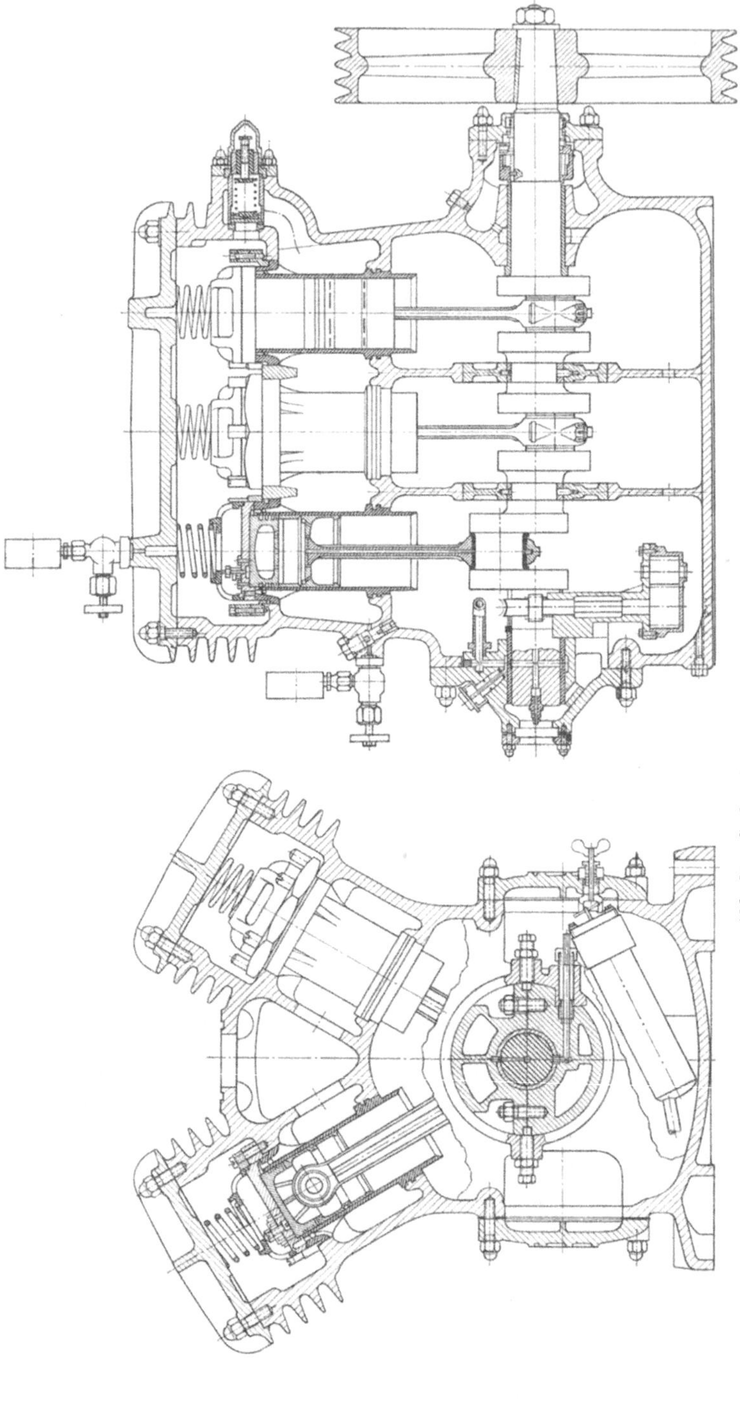

Abb. 234. Sechszylinder-Kompressor von Samifi, Mailand.

galten der Wahl der mittleren Kolbengeschwindigkeit: Das Hubvolum V in m³/s ist

$$V = \frac{n}{60} Z \pi \frac{D^2}{4} S,$$

worin n die Drehzahl pro Minute, Z die Anzahl der Zylinder, D den Zylinderdurchmesser in m und S den Hubraum in m bedeuten. Die mittlere Kolbengeschwindigkeit ist $c_k = n\, S/30$ in m/s, daher wird

$$V = \text{konst.}\, c_k Z D^2.$$

Je höher c_k, um so größer die Kälteleistung eines Zylinders von gegebenem Durchmesser D. Also je höher c_k, um so kleiner kann der Zylinderdurchmesser für eine gewünschte Kälteleistung gewählt werden und um so billiger wird der Kompressor. Die Größe von c_k ist aber durch den erforderlichen Platzbedarf (Fläche) für die Unterbringung der Saug- und Druckventile beschränkt, denn die mittlere Durchflußgeschwindigkeit c_v der Kältemitteldämpfe durch die Ventile darf wegen der Druckverluste bestimmte Werte nicht überschreiten. Es gilt der Zusammenhang

$$c_v = \frac{\pi D^2}{4 \eta A} c_k,$$

worin A die verfügbare Gesamtfläche für die Ventile und η den effektiven Ausnutzungsanteil dieser Fläche für die Unterbringung der Ventile bedeutet.

Um nun bei den gewünschten hohen c_k-Werten noch genügend niedrige c_v-Werte zu erhalten, benutzt Stal als Fläche A nicht nur den Zylinderboden, sondern auch noch einen Teil (etwa ein Drittel) der Zylinderoberfläche. Im Zylinderboden sind nur die Ringplatten-Druckventile untergebracht, die Saugventile dagegen sind in der Zylinderoberfläche angeordnet, wie aus Abb. 235 deutlich zu erkennen ist. Die Hauptdaten für die Kompressoren U 2, U 4 und U 8 sind aus Tab. 25 zu entnehmen. Die mittlere Kolbengeschwindigkeit beträgt bei 1450 U/min 4,54 m/s und bei 1750 U/min 5,5 m/s. Es ist S/D = 0,75. Man sollte dieses Verhältnis nicht zu klein wählen, weil sonst der Einfluß des schädlichen Raumes wächst und der Liefergrad besonders bei hohen Druckverhältnissen unangenehm sinkt. Für guten Ausgleich der Massenkräfte und Momente ist in dieser Serie gesorgt.

r) Sümak, Süddeutsche Maschinen & Metallwarenfabrik Wilhelm Weckerle K.G., Stuttgart–Zuffenhausen. Die Sümak K.G. hat nach mehrjähriger Entwicklungszeit eine Reihe 2-, 4-, 6- und 8-Zylinder-Wechselstromkompressoren in ihr Bauprogramm aufgenommen. Die Kälteleistung pro Zylinder, dieser direkt mit Elektromotoren von 1450 U/min gekuppelten V/W-Kompressoren beträgt rund 22000 kcal/h mit NH_3 und R 22 sowie 14000 kcal/h mit R 12, bei $-10/+25°$ C.

Tabelle 25. *Technische Daten der Stal-Kompressoren — Serie Heavy Duty.*

Type	Zyl. ⌀ mm	Hub mm	Anzahl Zyl.	Zyl. Anordnung	Drehzahl U/min		Hubvolum m³/h		Kälteleistung und Energiebedarf an der Welle bei −15/+30 °C: Kälteleistung kcal/h		Energiebedarf PS
PV 538	148	148	3	I	580		266		61500		31
PV 568	148	148	6	V	580		400		123000		62
PV 598	148	148	9	W	580		800		174500		93
U 2	125	94	2	V	1450	1750	200	241	77000	93000	
U 4	125	94	4	V	1450	1750	400	483	154000	186000	
U 8	125	94	8	VV	1450	1750	800	966	308000	372000	

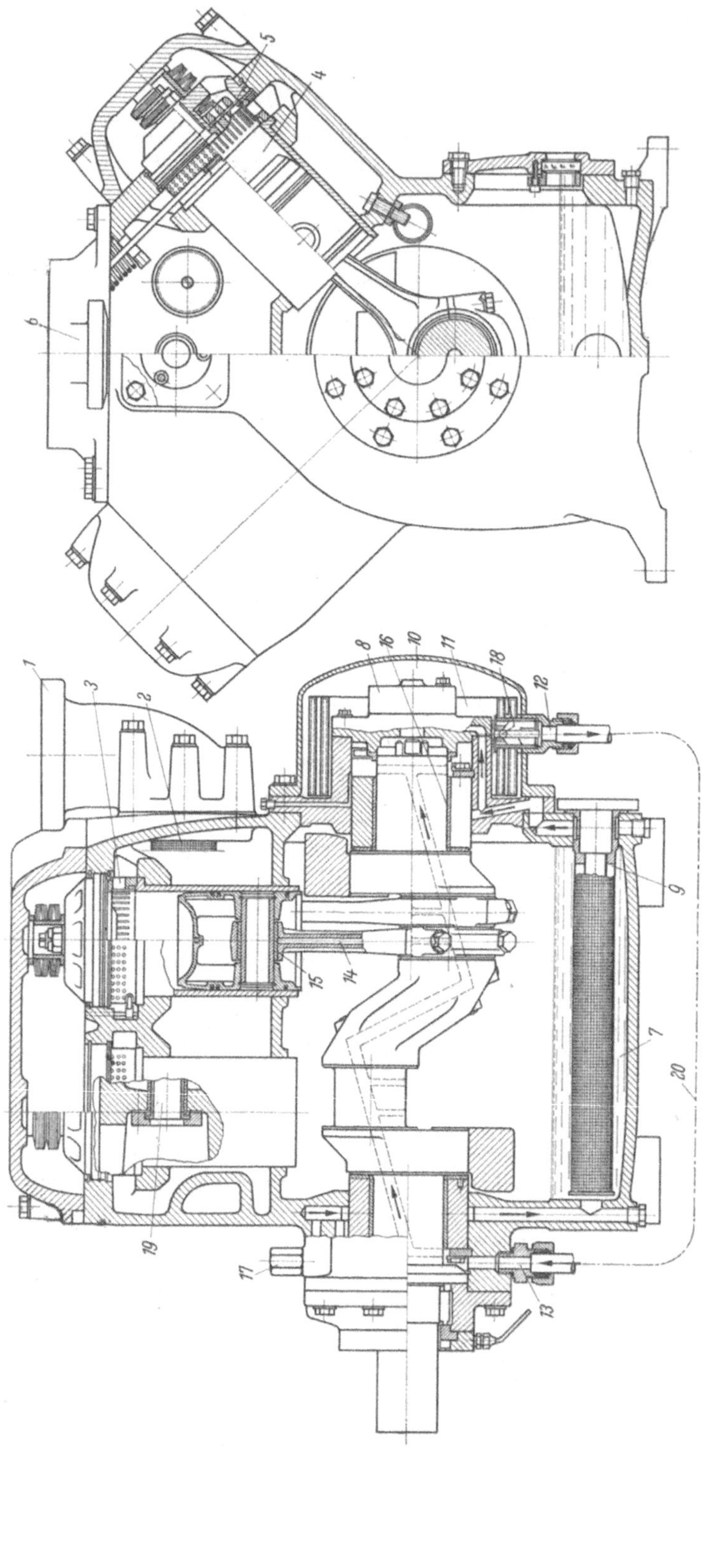

Abb. 235. Vierzylinder-U-4-Kompressor von Stal, Norrköping.

1 Anschluß der Saugleitung; *2* Saugsieb; *3* Saugventil; *4* Zylinder; *5* Druckventil; *6* Anschluß der Druckleitung; *7* Ölsumpf; *8* Ölpumpe; *9* Ölsieb; *10* Ölfilterhaube; *11* Ölfilter; *12* Ölleitungsanschluß; *13* Öleinlauf; *14* Ölkanal; *15* Kolbenbolzenlager; *16* Kurbelwellenlager; *17* Öldruckregler; *18* Sicherheitsventil für Ölfilter; *19* Sicherheitsventil für Kompressor; *20* Ölkühler.

Tabelle 26. *Charakteristische Daten der schnellaufenden Kältekompressoren der Termomeccanica Italiana.*

Kompressor	Zyl.	Hub	Anzahl Zyl.	Zyl. Anordnung	Drehzahl	Kälteleistung u. Energiebedarf an der Welle bei − 15/+ 30 °C						Gewicht
						NH_3		R 12		R 22		
Type	⌀ mm	mm			U/min	kcal/h	PS	kcal/h	PS	kcal/h	PS	kg
FV 50/4	65	50	4	V	1450	—	—	12700	6,5	18500	10	180
FV 50/6	65	50	6	W	1450	—	—	20000	9,8	30000	15	210
VH 100/75/4	100	75	4	V	1450	75000	33,5	45500	23	72000	36	600
VH 100/75/8	100	75	8	VV	1450	150000	67	91000	46	144000	72	1100
VH 200/150/4	200	150	4	V	750	317000	139	189000	96	300000	152	3200
VH 200/150/8	200	150	8	VV	750	634000	278	378000	192	600000	304	5800

Die 6- und 8-Zylindermodelle können zweistufig ausgeführt werden. Sämtliche Typen mit Ausnahme des 2-Zylinderkompressors werden auch als halbhermetische Motorkompressoren gefertigt.

Die wichtigsten Konstruktionsmerkmale sind: Monoblockausführung der Gehäuse und Zylinder, Ringplattenventile mit Sicherung gegen Flüssigkeitsschläge, Aluminiumkolben, Kurbelwellen und Pleuel aus Sphäroguß, Druckschmierung mit Grob- und Feinfilterung des Öls, eingebauter Saugfilter, elektrische Heizung der Kurbelmulde, Leistungsregelung durch Abheben der Saugventile und Sicherheitsvorrichtungen gegen Überlastung und unzureichenden Öldruck.

s) Termomeccanica Italiana, La Spezia. Die Termomeccanica bringt seit einigen Jahren eine neue Serie schnellaufender Wechselstromkompressoren auf den Markt. Diese Maschinen (siehe Abb. 236 und Tab. 26) ersetzen die von der Firma früher gebauten V/W-Gleichstromkompressoren desselben Leistungsbereichs, welche mit Höchstdrehzahlen von etwa 450 bis 750 U/min ein- und zweistufig hergestellt wurden. Die mit 1450 U/min betriebenen Kompressoren der Modellreihen FV und VH werden in Monoblock-Konstruktion (Gehäuse und Zylinder aus einem Stück) ausgeführt, während die Zylinder der langsamer laufenden Maschinen VH 200 für größere Leistungen, getrennt gegossen werden. Unter Benützung derselben Maschinenelemente werden die Modelle FV 50 auch als geschlossene Motorkompressoren gebaut (vgl. S. 294).

Wie aus Abb. 236 zu entnehmen ist, folgt der Aufbau dieser Kompressoren den heute vielfach üblichen Richtlinien: Reichliche Querschnitte der Saug- und Druckräume, konzentrische Arbeitsventile ölhydraulische Leistungsregelung durch Abheben der Saugventile, auswechselbare Zylinderlaufbüchsen, konisch geschliffene Hohlkolben aus Leichtmetall, Preßölschmierung mit Vor- und Nachfilterung des Schmiermittels usw.

t) USSR, Moskauer Fabrik „Kompressor"[1]. Die älteren Bauarten wurden im Jahre 1962 durch die Kompressoren AB-100 mit 2 nebeneinander angeordneten stehenden Zylindern sowie die Kompressoren AY-200 in vier-Zylinder-V-Bauart und AY-400 in acht-Zylinder-Doppel-V-Bauart ersetzt. Die Abmessungen und wichtigsten Daten der beiden letzteren sind in Tab. 27 angegeben.

Gehäuse und Zylinder sind aus einem Block hergestellt; die Zylinderlaufbüchsen sind auswechselbar. Zweifach gekröpfte, doppelt gelagerte Kurbelwelle mit bis zu 4 Pleueln an jedem Kurbelwellenzapfen. Anwendung federloser Plattenventile. Eine Oberflächenberührung der Saug- und Druckräume ist vermieden.

[1] GUREWITSCH, E. S., u. Mitarbeiter: Cholodilnaja Technika Bd. 39 (1962), Nr. 5, S. 4 und The Journ. of Refrigeration, Bd. 6 (1963), Nr. 4, S. 87. Dort findet man auch einen Längs- und Querschnitt des Kompressors AY-200.

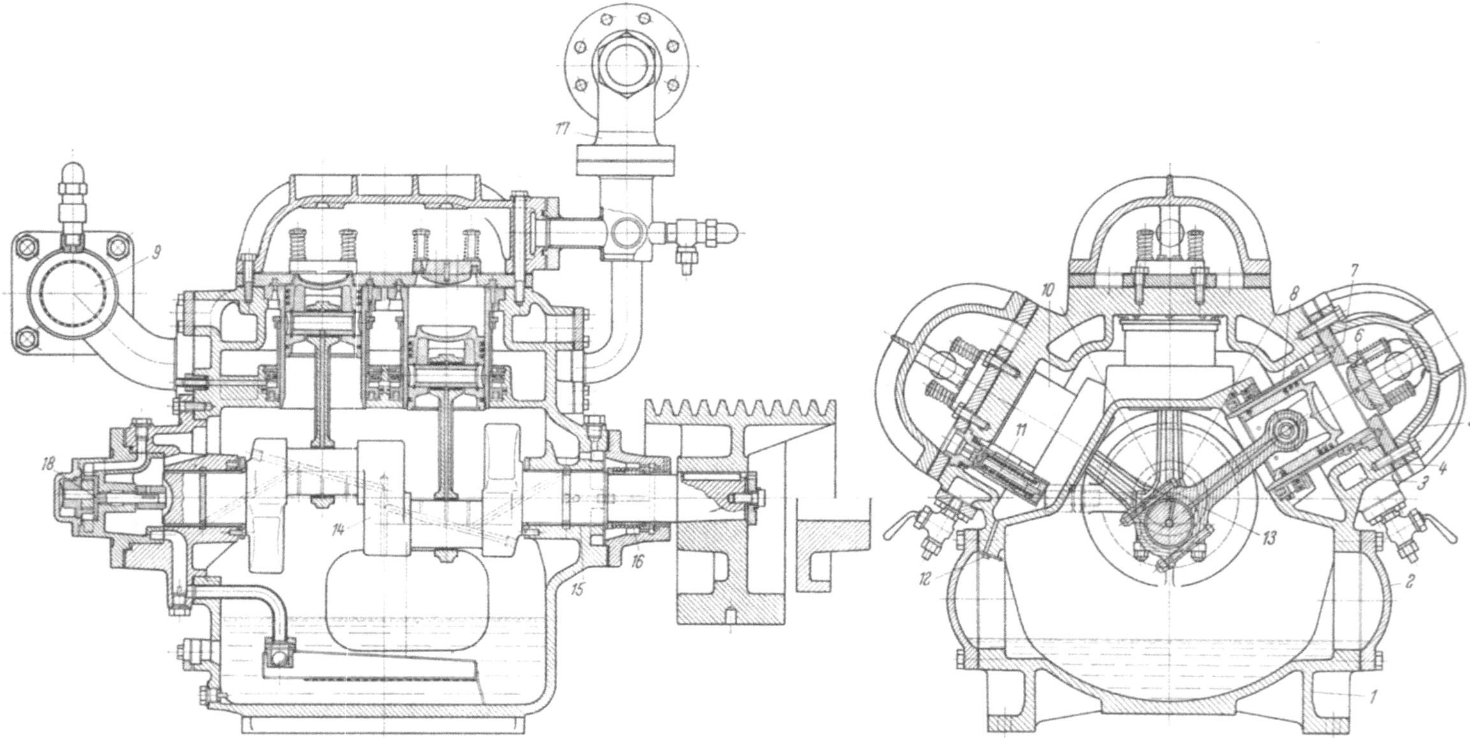

Abb. 236. Sechszylinder-Kompressor der Termomeccanica, La Spezia, Type VH 100/75/4.

1 Gehäuse und Zylinder (Monoblock); *2* Deckel; *3* Wassermantel; *4* Zwischenplatte; *5* berippte Zylinderhaube; *6* Druckventil; *7* Saugventil; *8* Leistungsregler; *9* Saugfilter; *10* Zylinderlaufbüchse; *11* Sicherheits-Umlaufventil; *12* Ölrücklaufventil; *13* Pleuel und Kolben aus Leichtmetall, *14* Kurbelwelle mit Gegengewichten; *15* Gleitlager; *16* Wellenabdichtung; *17* Druckabschließung; *18* Ölpumpe.

Tabelle 27. *Hauptdaten der neuen russischen Kompressoren für NH_3 und R 22.*

	AY-200	AY-400
Kolbenhub mm	130	130
Zylinderdurchmesser mm	150	150
Zylinderzahl	4	8
Drehzahl/min	960	960
Kälteleistung bei $-15°/+30°$/kcal/h	200000	400000
Energieverbrauch N_e kWh	65	128
Gewicht mit Schwungrad kg	1350	2100
Mittl. Kolbengeschwindigkeit m/s	4,16	4,16
Schädlicher Raum %	4,2	4,2
Liefergrad bei $p/p_0 = 5$	0,74	0,74
Spez. Kälteleistung kcal/kWh	3080	3100
Gewicht in kg je 1000 kcal/h	6,75	5,25

Beim Betrieb mit R 12 wird der Zylinderdurchmesser auf 190 mm erhöht. Das gleiche ist auch bei der Verwendung als Booster in zweistufigen Anlagen der Fall.

Neben diesen Kompressoren wird noch die Serie DAY für Kälteleistungen von 30000 bis 100000 kcal/h bei $-40/+35°$ C herausgebracht.

Der Liefergrad des Kompressors AY-200 beträgt bei vierfacher Verdichtung 80% und bei achtfacher Verdichtung 69%.

V. Motorkompressoren mittlerer und großer Leistung.

1. Einleitung.

Die im letzten Abschnitt beschriebenen Kompressoren sind alle „offener" Bauart. Das bedeutet, daß die Kurbelwelle aus dem Kompressorgehäuse herausragt, wobei die Dichtheit zwischen dem Gehäuseinnenraum und der Umgebung durch eine geeignete Stopfbüchse gewährleistet ist. Solche Kompressoren werden durch außen liegende thermische oder elektrische Motore angetrieben, wobei die Kompressorwelle mit der Motorwelle entweder direkt gekuppelt wird oder durch eine Transmission in Bewegung kommt.

Diese offenen Kompressoren sind heute bei kleinen Kälteleistungen, besonders für Haushaltkühlschränke, fast vollständig durch hermetische Motorkompressoren ersetzt, bei denen der Kompressor und der Elektromotor im gleichen Gehäuse untergebracht sind, wobei der Rotor des Elektromotors mit der Kompressorwelle gewöhnlich direkt gekuppelt ist. Man unterscheidet dabei zwei Bauarten:

Bei dem eigentlichen *hermetisch gekuppelten* Motorkompressor ist das Gehäuse durch Schweißung oder Lötung unzugänglich verschlossen, so daß am Aufstellungsort keinerlei Reparaturen vorgenommen werden können. Daneben gibt es zahlreiche Varianten *halbhermetischer* Kompressoren (semihermetic, accessible hermetic), bei denen das Gehäuse durch verschraubte Deckel abgedichtet wird und in denen der Kompressor und der Motor am Aufstellungsort relativ leicht zugänglich sind.

Den ersten hermetischen Kompressor für schweflige Säure ohne Stopfbüchse, aber mit außen liegendem Motor, baute die Firma BBC Mannheim nach Patenten des französischen Abbé Audiffren (1905) (vgl. Bd. 1 dieses Handbuches, S. 64).[1] Einige Jahre später (1916) brachte Escher-Wyss seine „Autofrigor"-Maschine auf den Markt, in welcher der Kompressor für Methylchlorid oder Dimethyläther

[1] Plank, R., u. J. Kuprianoff: Die Kleinkältemaschine, 2. Aufl. Berlin/Göttingen/Heidelberg: Springer 1960, S. 226.

durch einen Induktionsmotor angetrieben wurde, dessen Rotor mit dem direkt gekuppelten Kompressor hermetisch eingeschlossen und dem Kältemittel ausgesetzt war, während die Windungen des Stators durch eine Haube aus nicht magnetischem Metall vom Rotor getrennt waren und außerhalb des Gehäuses lagen[1].

Die ersten Kompressionskältemaschinen, die durch Elektromotoren angetrieben wurden, die im Gehäuse des Kompressors mit eingekapselt waren, sind anscheinend der „Autopolar" von Linde (Sürth) und der „Autofrost" von Freundlich, Düsseldorf[2]. Obwohl diese Maschinen in Europa gebaut wurden, so muß anerkannt werden, daß das Verdienst der Entwicklung solcher Maschinen zu hoher Vollkommenheit und in ganz großem Maßstab der amerikanischen Industrie unter Führung der General Electric zukommt.

Die Beschreibung verschiedener Bauarten hermetischer und halbhermetischer Motorkompressoren für kleine Kälteleistungen ist in diesem Band auf den Seiten 168 bis 197 erfolgt. Die Vorteile dieser Bauarten gegenüber den offenen Kompressoren liegen im Fortfall der Stopfbüchse, die stets eine Quelle für Undichtheiten bot, im Verzicht auf Kupplungen oder Transmissionen, in der Ersparnis an Platzbedarf und Gewicht und in dem geräuschärmeren Lauf. Die Maschinen werden am Erzeugungsort vollständig zusammengebaut, gefüllt und geprüft. Es entfallen ferner die Unterhaltungskosten, und die Lieferfirmen in den USA geben im allgemeinen eine fünfjährige Garantie.

Der Erfolg dieser Maschinen in Haushaltkühlschränken hat die Industrie veranlaßt, sie bald auch für größere Kälteleistungen für das Gewerbe und besonders für Klimageräte zu bauen, wo es sich in erster Linie um Kaltwasserbereitung handelte. Die halbhermetischen Maschinen mit Kolbenkompressoren werden heute bis zu Antriebsleistungen von 100 PS gebaut[3]. So hat die Westinghouse Electric schon um das Jahr 1950 eine Serie mehrzylindriger Motorkompressoren mit 5 Modellen für Antriebsleistungen von 5 bis 100 PS auf den Markt gebracht; zu jeder Kompressorgröße wurden 2 Elektromotoren bereitgestellt, und zwar für Drehzahlen von 870 und 1150 U/min. Viele Firmen folgten diesem Beispiel, nachdem das Problem der Bereitstellung freonbeständiger Isolierungen für die Motorwindungen befriedigend gelöst war.

Vielfach wurden die Motorkompressoren mit den gleichen Zylinderdurchmessern und Hüben sowie mit der gleichen Zylinderzahl und Drehzahl gebaut, die für die offenen Kompressoren der betreffenden Firma festgelegt waren. Anfänglich bediente man sich vierpoliger Motoren mit Drehzahlen von 1450 U/min bei einer Frequenz von 50 Hz und von 1750 U/min bei 60 Hz. Der Konkurrenzkampf und die Forderung, im Platzbedarf und Gewicht zu sparen, zwingt jedoch immer mehr zum Übergang auf zweipolige Motoren mit der doppelten Drehzahl. Dabei mußten manche Probleme gelöst werden, wie Ventilbauarten, die Wärmeabfuhr im verkleinerten Gehäuse und die Erhaltung hoher Liefer- und Wirkungsgrade.

Neben der erwähnten Vörzügen der Motorkompressoren gegenüber den Kompressoren offener Bauart muß auch auf gewisse Nachteile hingewiesen werden:

Da sind an erster Stelle die Schwierigkeiten des Kundendienstes bei teilweisen oder totalen Schäden am Antriebsmotor durch Kurzschlüsse oder Versagen der Schutzvorrichtungen gegen Überlastungen zu nennen. Die Verbrennungsprodukte der elektrischen Isolierungen verunreinigen dann nicht nur die Kältemittel- und Ölfüllung, sondern verschmutzen auch den Kompressormechanismus und den

---

[1] Daselbst, S. 228.

[2] PLANK, R., u. J. KUPRIANOFF: Haushalt-Kältemaschinen und kleingewerbliche Kühlanlagen, 2. Aufl. Berlin/Göttingen/Heidelberg: Springer 1934, S. 71/72.

[3] Für wesentlich größere Antriebsleistung baut man hermetische Turbokompressoren.

Ölumlauf. Die Verunreinigungen können bei schweren Havarien sogar in den gesamten Kältemittelumlauf verschleppt werden, wobei sie sich auf den Wärmeübertragungsflächen der Kondensatoren und Verdampfer absetzen und die Filter sowie die Regelorgane verstopfen. Vollhermetische Motorkompressoren werden in solchen Fällen durch neue Aggregate ersetzt. Bei den halbhermetischen Maschinen besitzen manche Firmen spezielle Einrichtungen, bestehend aus einem Klärbottich, einer kleinen Umlaufpumpe und Filtern, die in den zu reinigenden Kreislauf eingeschalten werden; durch dieses System läßt man einen Strom von flüssigem R 11 oder R 113 zirkulieren, der als Lösungsmittel wirkt. Anschließend wird Stickstoff durchgeblasen, um das restliche Lösungsmittel zu entfernen. Das System muß dann evakuiert und in üblicher Weise getrocknet werden. Genaue Instruktionen erteilt die Lieferfirma der Anlage[1].

Trotz der besagten Nachteile, die sich auf Ausnahmefälle beschränken, besteht kein Zweifel, daß die vollhermetischen Motorkompressoren die offenen Kompressoren in Haushaltkältemaschinen und in kleinen Gewerbeanlagen bis zu Antriebsleistungen von etwa 15 PS bald weitgehend verdrängen werden. Die halbhermetischen Motor-Kolbenkompressoren werden für Antriebsleistungen bis 100 PS (und darüber) überall dort mehr und mehr Zugang finden, wo im Werk vorgefertigte Anlagen gebraucht werden können und keine besonders komplizierten Verhältnisse oder Anforderungen vorliegen, wie das z. B. in Schiffsanlagen der Fall ist. Auch bei Ammoniak-Kompressoren wird die offene Bauart noch lange vorherrschend bleiben.[2]

2. Amerikanische Bauarten.

a) York Division der Borg Warner International Corp., Chicago. Die offenen Kompressoren mit 3, 6 und 9 Zylindern mit einem Durchmesser von $2^5/_8''$ und einem Hub von $2^1/_4''$, die auf den Seiten 242 bis 245, der Tab. 5 und in Abb. 209 beschrieben wurden, werden von York auch in halbhermetischer Bauart ausgeführt. Dabei werden in den ein- und zweistufigen Kompressoren genau die gleichen Bauteile verwendet, und die einstufigen Modelle haben auch die gleichen Einrichtungen für die Leistungsregelung und die gleiche reversible Ölpumpe (Abb. 198). Die Stopfbüchse entfällt, und das Gehäuse ist verlängert, um den Stator des Elektromotors aufzunehmen, dessen Rotor mit der Motorwelle direkt gekuppelt ist. Auf der Motorseite ist das Gehäuse durch einen verschraubten Deckel geschlossen, in dessen Mitte das Einlaßventil mit Filter angebracht ist. Die Kältemittel R 12 und R 22 umfließen und kühlen die Motorwindungen, bevor sie in den Saugkanal treten. Der 6-Zylinder-Kompressor ist in Abb. 237 dargestellt.

Die Elektromotoren (die von den Firmen Louis Allis, General Electric und Westinghouse geliefert werden) laufen bei einer Frequenz von 60 Hz mit 1750 U/

---

[1] Es sei auch auf das „Service Application Manual" der Firma E. I. du Pont de Nemours & Co., Freon Products Division, Wilmington 98, Delaware, verwiesen.

[2] Literatur über hermetische Kompressoren:

BAMBACH, G.: Prüfung von elektrischen Isolationsmaterialien für gekapselte Kältemaschinen. Kältetechnik Bd. 8 (1956), S. 268.

SOMMERAI, H.: Die Entwicklung gekapselter Kompressoren. Air Cond. Refr. News, Bd. 82 (1957), Nr. 7, Referat in Kältetechnik Bd. 11 (1959) S. 114.

CHAMERLAIN, F. R.: Hermetic Systems Redefined Refr. Engng. Bd. 65 (1957), Heft 6.

GOODFELLOW, H. R., u. K. H. GERTEIS: Design Engineering a new line of large hermetic reciprocating compressors Refr. Engng. Bd. 66 (1958), Heft 5, S. 44.

YAKOBSEN, W.: Prüfung hermetischer Kompressoren für Freon 12 und 22: Cholodilnaja Technika (russ.), Bd. 37 (1960), Heft 3, S. 13. Referat in The Journal of Refrigeration, Bd. 5 1962, S. 10.

ALCOOK, A. K.: Hermetic Systems (Sterne): Die Kälte, Bd. 14 (1961) Heft 9, S. 518.

min. Ihre Leistung ist normalisiert und beträgt 15 PS bei 3 Zylindern, 25 und 30 PS bei 6 Zylindern und 45 PS bei 9 Zylindern. Die prozentuale Abnahme des Energiebedarfs und der spezifischen Kälteleistung bei der Leistungsregelung durch Abschalten einzelner Zylinder ist für den 9-Zylinder-Kompressor in Tab. 28 angegeben.

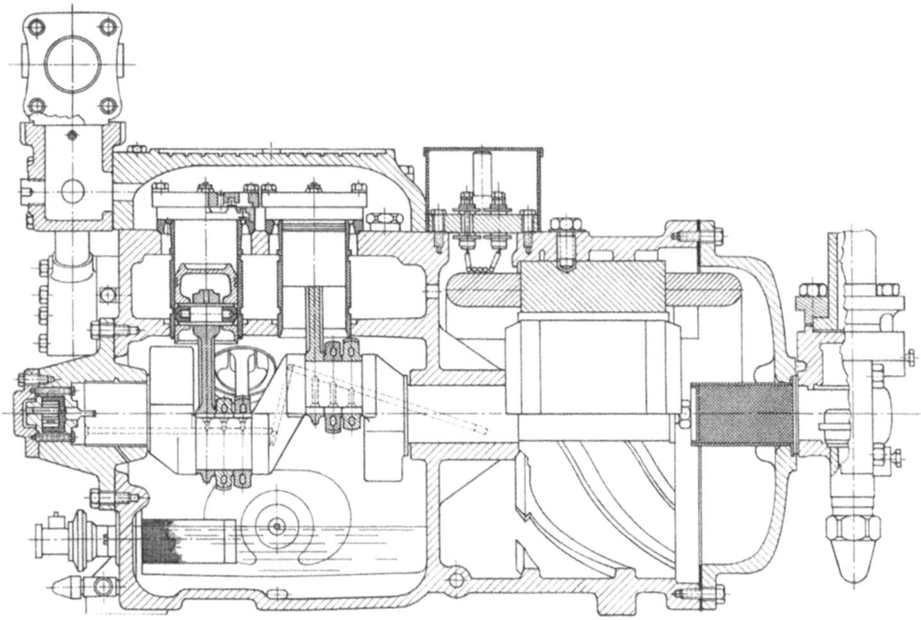

Abb. 237. Halbhermetischer einstufiger Sechs-Zylinder-Kompressor von York.

Die einstufigen Motorkompressoren werden vorwiegend für die Herstellung von Kaltwasser in Klimaanlagen verwendet. Sie sind mit einem über dem Kompressor angeordneten Schrank versehen, auf dem oben äußerlich die Manometer und der Stromunterbrecher angeordnet sind, während sich im Inneren die Saug- und Druckthermostaten, der Ölthermostat und die Klemmen zum eventuellen Anschluß von Kühlwasserpumpen befinden (wie in Abb. 237).

Tabelle 28. *Kälteleistung und Energieverbrauch bei Teillast beim 9-Zylinder-Kompressor von York.*

Zahl der abgeschalteten Zylinder	Kälteleistung %	Energie-verbrauch %	Abnahme der spezifischen Kälteleistung in kcal/PS %
0	100	100	0
1	89	91,5	2
2	77,8	82,5	5,7
3	66,7	74,0	10
4	55,5	65,5	15
5	45,5	57,5	21
6	33,33	48,0	29

Der Schutz der Motoren gegen übermäßige Erhitzung ist durch wärmeempfindliche Elemente in den Windungen sichergestellt.

Die zweistufigen hermetischen Kompressoren unterscheiden sich von den einstufigen nur durch folgende Merkmale (Abb. 238a und b): 1. die Saugkammer ist in zwei Teile geteilt, die den Niederdruck- und Hochdruckkanal bilden. Die zentrale Zylinderreihe und eine der geneigten Reihen dienen als Niederdruckstufe, während die andere geneigte Reihe die Hochdruckstufe bildet; 2. die Leistungsregelung entfällt; 3. die Kolbenbolzen der Niederdruckzylinder sind mit Nadellagern ausgerüstet, denn sie sind Wechselbeanspruchungen ausgesetzt, weil im Gehäuse der Mitteldruck herrscht und der Druck auf die Bolzen daher beim Abwärtsgang der Kolben (Saugperiode) von unten nach oben gerichtet ist.

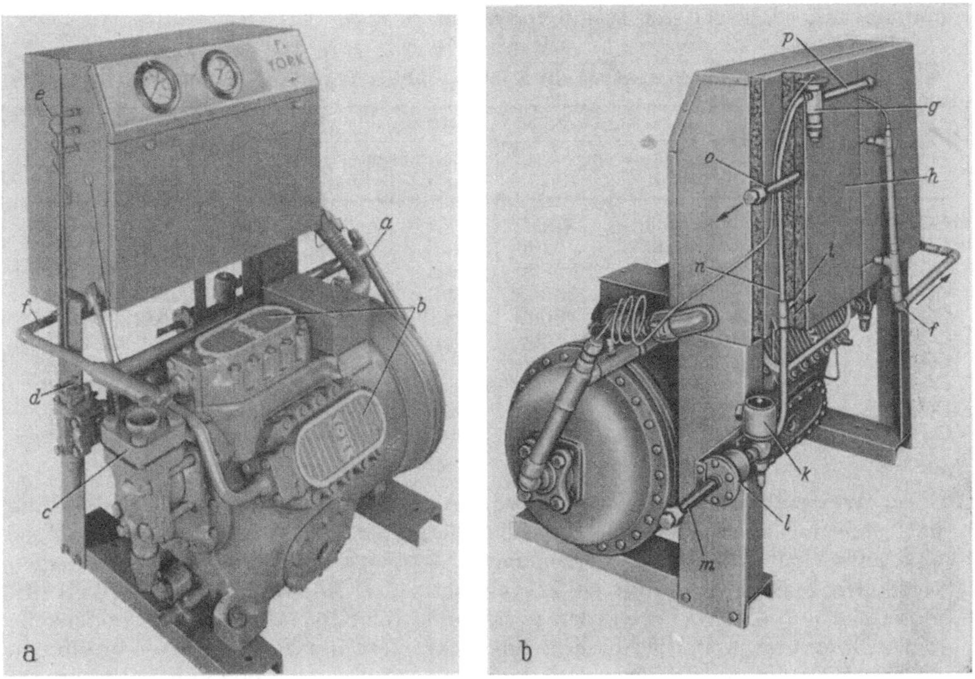

Abb. 238a u. b. Halbhermetischer zweistufiger Kompressor von York.
a Hochdrucksaugleitung; *b* Niederdruckzylinder; *c* Niederdrucksaugleitung vom Verdampfer; *d* Druckleitung zum Kondensator; *e* Hochdruckzylinder; *f* flüssiges und gasförmiges Kältemittelgemisch zur Niederdruck-Ausstoßleitung, *g* thermisches Expansionsventil; *h* Wärmeaustauscher, *i* zu unterkühlendes flüssiges Kältemittel; *k* Solenoidventil; *l* Filter; *m* Hochdruckflüssigkeit vom Sammelbehälter des Kondensators; *n* flüssiges Kältemittel für Unterkühlung und Enthitzung; *o* unterkühltes Hochdruckkältemittel zum Expansionsventil; *p* expandiertes Kältemittelgemisch (flüssiggasförmig) zum Wärmeaustauscher.

Diese zweistufigen Kompressoren besitzen auch den oben erwähnten Schrank, doch ist darin neben den bei den einstufigen Kompressoren genannten Teilen auch noch der zwischen beiden Stufen angeordnete Wärmeaustauscher untergebracht, der zu hohe Überhitzungen zu vermeiden gestattet, sowie der Apparat zur Unterkühlung des kondensierten Kältemittels.

Die Hauptdaten für diese Kompressoren bei Betrieb mit R 22 sind in Tab. 29 enthalten.

Tabelle 29. *Hauptdaten und Abmessungen der zweistufigen halbhermetischen York-Kompressoren*

Modell	Zylinderdurchmesser und Hub	Zylinderzahl		Bereich der Kälteleistg.[1] in kcal/h	Platzbedarf		
		Niederdr.	Hochdr.		Länge mm	Breite mm	Höhe mm
H3CE	$2^5/_8 \times 2^1/_4$	2	1	2700—16800	885	1080	1210
H6CE	$2^5/_8 \times 2^1/_4$	4	2	5100—33900	745	720	720
H9CE	$2^5/_8 \times 2^1/_4$	1	3	7800—51000	1070	1070	1070

[1] Bei 40,5° Kondensationstemperatur und 1750 U/min.

b) The Trane Company, La Crosse, Wisconsin. Die CGB-Serie, Tabelle 30, umfaßt 10 Modelle, deren nominale Kälteleistung von 30000 bis 300000 kcal/h ansteigt. Dazu treten noch 2 Modelle der CGA-Serie mit Kälteleistungen von 37500 und 450000 kcal/h. Das dürften die bisher größten halbhermetischen Kolbenkompressoren sein. Die halbhermetischen Kompressoren der CGB-Serie enthalten die gleichen Bauelemente wie die offenen Kompressoren nach Abb. 212, abgesehen natürlich vom Gehäuse. Es wird daher bezüglich der Zylinderabmessungen und -anordnungen auf Tab. 6 verwiesen.

Tabelle 30. *Hauptdaten der halbhermetischen Trane-Kompressoren.*

Type	Kälteleistung in kcal/h nominal	Kälteleistung in kcal/h*		Energieverbr. in kW		Platzbedarf mm		
		Kaltwasserablauf		Kaltwasserablauf				
		4,4° C	10° C	4,4° C	10° C	Länge	Breite	Höhe
CG10B	30000	26400	32100	7,7	8,0	2490	680	1570
CG15B	45000	40800	50100	12,1	12,6	2490	680	1570
CG20B	60000	54000	65700	16,1	16,7	2490	680	1570
CG25B	75000	67800	83500	20,1	20,9	2490	680	1570
CG30B	90000	82000	100000	24,0	24,9	3400	680	1570
CG40B	120000	109000	134000	31,9	33,4	3400	680	1570
CG50B	150000	134000	164000	40,4	42,0	3400	875	1980
CG60B	180000	164000	201000	50,2	52,3	3400	895	1980
CG75B	225000	203000	249000	60,6	63,1	3710	895	2040
CG100B	300000	269000	330000	80,7	84,2	3750	940	2070

c) Westinghouse Electric Corporation, Air Conditioning Division. Diese Firma hat schon im Jahre 1950 eine Serie halbhermetischer Motorkompressoren Type CLS entwickelt[1]. Diese Maschinen mit 2, 4, 6 und 8 nebeneinander stehenden vertikalen Zylindern und bis zu 16 Zylindern in V-Anordnung (90° Winkel) mit Motoren von 5 bis 100 PS wurden vorwiegend für Klimaanlagen und industrielle Anwendung bestimmt. Die Kompressoren arbeiten mit R 12 bei Verdampfungstemperaturen von $-12°$ bis $+10°$ C und mit maximalen Kondensationstemperaturen von 47° C.

Die kleinen CLS-Kompressoren bis 15 PS wurden durch die neue vollhermetische Type CD bis $7^1/_2$ PS ersetzt und von 8 bis 15 PS wurde eine neue Type CB entwickelt. Diese Kompressoren sind jedoch im Einzelhandel nicht erhältlich, die Firma benutzt sie nur für die Herstellung von zusammengebauten Anlagen (packaged units) und stellt sie im übrigen ihren Lizenznehmern zur Verfügung.

Die älteren CLS-Kompressoren von 20 bis 60 PS mit 6 bis 8 Zylindern in vertikaler Bauart und 1150 U/min wurden in 4-Zylinder-Kompressoren in V-Anordnung mit 1750 U/min umgebaut. Wasserkühler und Hochdruckteile, die von dieser Bauart Gebrauch machen, sind jetzt bis zu Kälteleistungen von 300000 kcal/h verfügbar. In Tab. 31 sind die charakteristischen Daten dieser Kompressoren zusammengestellt.

Motor und Kompressor haben ein gemeinsames Gehäuse. Der Motor ist durch Abschrauben des an seinem Ende angebrachten Deckels zugänglich. Am Deckel sind die Einlaßventile befestigt. Bei allen Kompressoren sind seitlich Öffnungen mit verschraubbaren Deckeln zur Durchführung von Montagen und Reparaturen vorgesehen.

---

* Bei 40,5° C Kondensation und Abkühlung des Kaltwassers im Verdampfer um 5,5° C. Type CG10B für R 12, alle anderen für R 22. Alle Größen laufen mit 1750 U/min.

[1] PLANK, R.: Amerikanische Kältetechnik, 3. Bericht, Düsseldorf. Deutscher Ingenieur-Verlag (VDI), 1950, S. 20—25.

Tabelle 31. *Charakteristische Daten der halbhermetischen Motorkompressoren der Westinghouse Electric Co. ($n = 1725$ U/min).*

Type	Kälte-mittel	Zyl. ⌀ Zoll	Hub Zoll	Verd. Temp. °C	Kondensationstemperatur °C 40,56 kcal/h	kW*	43,33 kcal/h	kW*	48,89 kcal/h	kW*	54,44 kcal/h	kW*	60,00 kcal/h	kW*
CLS				− 1,11	51500	18,5	48000	18,7	43000	19,1	38000	19,3	32500	19,4
-86	R 12	3	3	+ 4,44	66500	20,4	64000	20,9	57500	21,6	52000	22,2	46500	22,5
CNU				+ 10,00	83500	22,2	80000	22,8	74000	24,0	68500	24,9	59000	25,6
CLS				− 1,11	65000	24,7	61000	25,0	58000	25,6	53500	26,2	48500	26,8
-108	R 12	$3^3/_8$	3	+ 4,44	81000	27,1	78000	27,6	72500	28,7	67000	29,2	61500	30,8
CNU				+ 10,00	97500	29,0	95000	29,7	89000	31,2	82000	32,7	76000	34,2
CLS				− 1,11	85500	30,1	82000	30,5	75000	31,4	67500	32,3	60500	33,2
-125	R 22	3	3	+ 4,44	105000	32,7	97500	33,7	92500	35,1	84000	36,7	75000	38,3
CNU				+ 10,00	125000	34,8	122000	36,2	112000	38,4	102000	40,8	92000	43,1
CLS				− 1,11	115000	39,9	111000	40,9	103000	43,4	92500	44,7	87500	45,7
-150	R 22	$3^3/_8$	3	+ 4,44	141000	43,5	136000	45,0	128000	48,3	120000	50,5	111000	52,5
CNU				+ 10,00	167000	46,8	162000	48,7	153000	53,1	144000	56,2	135000	58,6
CLS				− 1,11	133000	50,7	127000	51,4	117000	53,4	105000	55,2	91500	57,0
-185	R 22	$3^3/_4$	3	+ 4,44	168000	56,1	162000	57,5	149000	59,6	135000	62,4	122000	65,2
CNU				+ 10,00	205000	59,7	197000	61,8	181000	65,0	165000	68,6	150000	72,2

* Zugeführte Leistung.

d) Brunner Division, Dunham-Bush Inc., West Hartford, Conn. Diese Firma hat halbhermetische Motorkompressoren auf den Markt gebracht, die mit den Kältemitteln R 12 und R 22 Antriebsleitungen von 10 bis 100 PS beanspruchen.

Die AH-Serie mit 3, 4 und 5 Zylindern von $2^3/_4''$ Durchmesser und $2^3/_{16}''$ Hub umfaßt bei 1750 U/min einen Bereich der Kälteleistungen von 19500 bis 32700 kcal/h bei $-6{,}7/40{,}6°$ C mit R 12 und von 48900 bis 81600 kcal/h bei $+4{,}4/40{,}6°$ C mit R 22 (Tab. 32).

Tabelle 32. *Motorkompressoren Brunner-Dunham-Bush.*

Modell	Zyl. ⌀ Zoll	Hub Zoll	Zylinderzahl	Drehzahl U/min	Kälteleistung in kcal/h R 12 −6,7/+40,6°C	Kälteleistung in kcal/h R 22 +4,4/+40,6°C
A 3H	$2^3/_4$	$2^3/_{16}$	3	1750	19500	48900
A 4H	$2^3/_4$	$2^3/_{16}$	4	1750	24300	65400
A 5H	$2^3/_4$	$2^3/_{16}$	5	1750	32700	81600
B 3H	$3^1/_2$	$2^5/_8$	3	1750	37800	96900
B 4H	$3^1/_2$	$2^5/_8$	4	1750	50400	129000
B 5H	$3^1/_2$	$2^5/_8$	5	1750	63000	161400
B 6H	$3^1/_2$	$2^5/_8$	6	1750	75600	193800
B 8H	$3^1/_2$	$2^5/_8$	8	1750	100800	258300
B10H	$3^1/_2$	$2^5/_8$	10	1750	126000	322800

In der BH-Serie sind 6 Kompressoren mit 3 bis 10 Zylindern von $3^1/_2''$ Durchmesser und $2^5/_8''$ Hub verfügbar, die bei 1750 U/min, die in Tab. 32 verzeichneten Kälteleistungen entwickeln. Sie werden bei Verdampfungstemperaturen von $-40°$ bis $+10°$ C betrieben.

Abb. 239 zeigt einen Schnitt durch den Kompressor A 5 H. Kompressor und Motor sind in einem gemeinsamen Gehäuse mit seitlichen Öffnungen und ver-

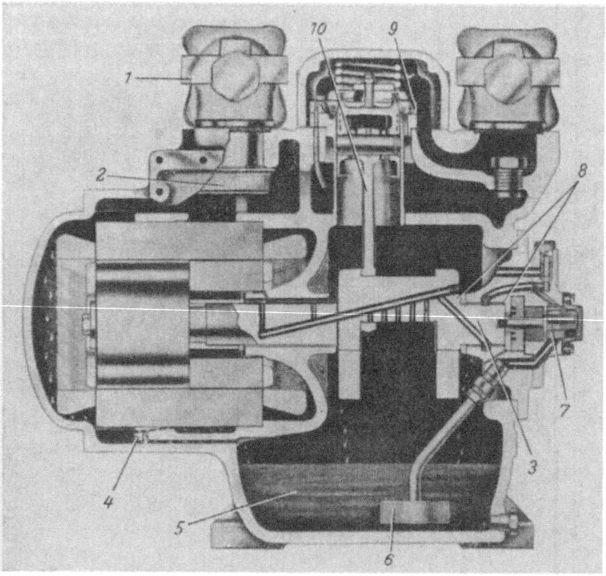

Abb. 239. Halbhermetischer Fünfzylinder-Motorkompressor der Brunner Division, Dunham-Bush Inc.
1 Saugabschließung; *2* Saugfilter; *3* Hauptlager; *4* Ölrücklaufventil zwischen Saugkammer und Kurbelmulde; *5* Ölmulde mit Heizpatrone; *6* Ölfilter; *7* reversible Ölpumpe; *8* Bronce Drucklager; *9* Mechanismus der Leistungsregelung; *10* Pleuel aus Aluminium.

schraubten Deckeln untergebracht. Die Leistungsregelung wird in üblicher Weise durch Abheben der Saugventile ereicht; bei Kompressoren bis zu 5 Zylindern können alle Zylinder bis auf einen und bei solchen mit mehr Zylindern alle bis auf 2 außer Betrieb gesetzt werden.

3. Europäische Bauarten.

a) Bergedorfer Eisenwerk AG. Astra-Werke, Hamburg–Bergedorf. Auf S. 255 wurde bereits hervorgehoben, daß die dort beschriebenen offenen Kompressoren (vgl. Tab. 11) mit Ausnahme der beiden größten Maschinen B 4200 und B 8400 auch in halbhermetischer Bauart geliefert werden, jedoch nur für die Kältemittel R 12 und R 22. Vor die Typenbezeichnung wird dann der Buchstabe H gesetzt. Abb. 240 zeigt den halbhermetischen Vierzylinder-Kompressor HV 4120. Ent-

Abb. 240. Halbhermetischer Vierzylinder-Kompressor des Bergedorfer Eisenwerkes.

gegen der sonst üblichen Kühlung des Antriebsmotors durch die angesaugten Kältemitteldämpfe erfolgt die Kühlung hier je nach der Kälteleistung entweder durch Kühlwasser oder durch einen Ventilator, der auf der verlängerten Motorwelle montiert ist. Die Kompressoren sind für entlastetes Anfahren eingerichtet und können mit einer Leistungsregelung ausgerüstet werden.

b) Rheinkälte, Zweigniederlassung der Ideal Standard GmbH. Neben halbhermetischen Motorkompressoren der H-Serie für kleine Kälteleistungen bis 8800 kcal/h mit R 12 bzw. 14000 kcal/h mit R 22 bei $-10/+25°$ C ist auch der auf S. 276 genannte offene Kompressor 4 W mit der Bezeichnung 4 WH in eine halbhermetische Ausführung verwandelt worden. Er leistet 75000 kcal/h bei $-10/+25°$ C.

c) Sümak, Süddeutsche Maschinen und Metallwarenfabrik, Stuttgart–Zuffenhausen. Neben halbhermetischen Kompressoren für kleine Kälteleistungen (bis 6800 kcal/h bei $-10°$ C) liefert diese Firma auch Kompressoren mit 4, 6 und 8 Zylindern in offener und halbhermetischer Bauart. Die Kälteleistungen umfassen einen Bereich von 88000 bis 176000 kcal/h bei $-10/+25°$ C beim Betrieb mit R 22. Sämtliche Kompressoren können mit einer vollautomatischen Anfahrentlastung und stufenweiser Leistungsregelung ausgerüstet werden, die bei den 6-Zylindermodellen bis zu einer Leistung von 33% und bei dem 8-Zylindermodellen bis 25% der Höchstleistung herunterreicht.

d) Termomeccanica Italiana, La Spezia. Der auf S. 283 und in Tabelle 26 beschriebene 4-Zylinderkompressor FV 50/4 wird mit den gleichen Maschinenelementen auch in halbhermetischer Bauart als Type FVE 50/4 ausgeführt. Die

Tabelle 33. *Kälteleistung und Energieverbrauch des Kompressors FVE 50/4 der Termomeccanica Italiana*

Kältemittel	Verdampfungstemperatur °C	bei Kondensationstemperatur von +25 °C	Multiplikationsfaktor bei Kondensationstemperatur			
			+30° C	+35° C	+40° C	+45° C
R 12	+ 5°	33200 kcal/h 7,0 PS	0,94 1,12	0,88 1,25	0,83 1,38	0,78 1,51
	− 15°	13300 kcal/h 6,2 PS	0,92 1,05	0,84 1,10	0,77 1,16	0,70 1,20
R 22	+ 5°	49400 kcal/h 10,5 PS	0,94 1,12	0,88 1,25	0,83 1,38	0,78 1,51
	− 15°	20600 kcal/h 9,6 PS	0,92 1,05	0,84 1,00	0,77 1,16	0,70 1,20

Einzelheiten entsprechen den üblichen Ausführungen solcher Maschinen. Kälteleistung und Energiervebrauch bei 1450 U/min sind aus Tab. 33 zu entnehmen.

C. Rotationskompressoren.

Neben Kolbenkompressoren mit hin- und hergehenden Kolben werden in der Kältetechnik auch Rotationskompressoren (Umlaufkompressoren) mit umlaufenden Kolben in Gestalt von Rollkolben- und Drehkolbenkompressoren in verhältnismäßig großem Umfang angewendet. Für die Unterscheidung zwischen diesen beiden Typen von Rotationskompressoren muß auf die Literatur verwiesen werden[1,2]. Die historische Entwicklung dieser Bauart ist in Band 1 dieses Handbuches auf den Seiten 70 bis 73 skizziert. Berechnungsgrundlagen findet man in diesem Band auf den S. 113 bis 117. Einige Bauarten für kleine Leistungen wurden ebenfalls in diesem Band auf den S. 197 bis 202 beschrieben. An dieser Stelle sollen Rotationskompressoren für größere Leistungen behandelt werden. Wenn z. B. für Zwecke der Frischhaltung von Lebensmitteln oder für die Herstellung von Eiskrem relativ tiefe Verdampfungstemperaturen verlangt werden (etwa −40° oder darunter), dann empfiehlt sich stets eine zweistufige Verdichtung. Da in solchen Fällen in der unteren Stufe große Dampfmengen bei niederen Anfangsdrücken abzusaugen sind, kann ein Rotationskompressor als Booster gute Dienste leisten. Diese schnellaufenden Maschinen erfordern nur leichte Fundamente, da so gut wie keine freien Massenkräfte auftreten. Schon Ende der dreißiger Jahre hat die Vilter Manufacturing Company in Milwaukee, Wis., Rollkolbenkompressoren als Booster mit NH_3 oder F 12 als Kältemittel für Kälteleistungen bis 200000 kcal/h gebaut[3].

Der Drehkolbenkompressor der Vielzellenbauart ist als Niederdruckstufe für Druckverhältnisse bis zu 5 gut geeignet und kann Druckunterschiede von 2 bis

[1] PLANK, R., u. J. KUPRIANOFF: Die Kleinkältemaschine, 2. Aufl., Berlin/Göttingen/Heidelberg: Springer 1960, S. 199—209.

[2] PLANK, R., u. J. KUPRIANOFF: Umlaufverdichter für Kältemaschinen Z. VDI, Bd. 79 (1935), S. 363.

[3] PLANK, R.: Amerikanische Kältetechnik, Zweiter Bericht, Berlin: VDI-Verlag 1938, S. 40.

3 at überwinden. Der Rollkolbenkompressor ist in einer Stufe für sehr viel höhere Druckverhältnisse geeignet.

1. Der Rotasco-Kompressor von Escher Wyss, Zürich[1,2].

Die Arbeitsweise dieses Rollkolbenkompressors geht aus Abb. 241 hervor: in einem zylindrischen Gehäuse rotiert ein exzentrisch gelagerter Kolben; er berührt die Zylinderfläche in einer Mantellinie, die den Zylinderraum in Saug- und Druckseite unterteilt. Der Kolben saugt auf der rechten Seite dampfförmiges Kältemittel an und verdichtet gleichzeitig auf der linken Seite das bei der vorausgehenden Umdrehung angesaugte Gas. Zur Abdichtung zwischen Saug- und Druckseite dient ein Schieber, der auf dem Drehkolben aufliegt und der durch je einen Exzenter zu beiden Seiten des Kolbens angetrieben wird (*5* in Abb. 242).

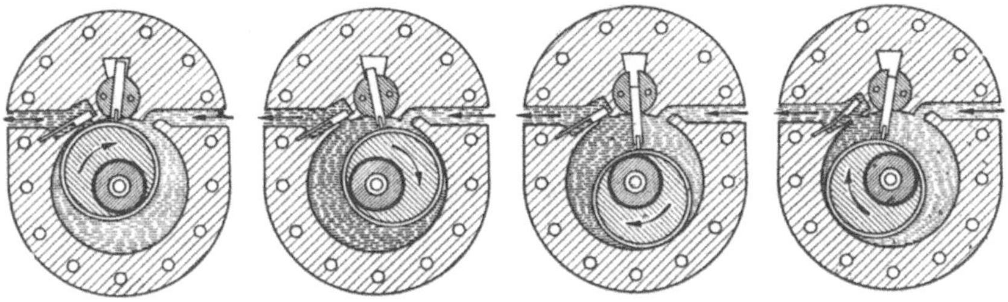

Abb. 241. Arbeitsweise des Rotasco-Kompressors.

Der Kompressor besitzt keine Saugventile. Wenn der Druck des Kältemittels den Kondensatordruck erreicht hat, öffnen sich die ungesteuerten Druckventile (*6* in Abb. 242).

Die Kompressionswärme der Dämpfe wird teils durch Kühlwasser abgeführt, das im Gehäusemantel zirkuliert, teils durch das unter Druck in den Saugraum eingespritzte gekühlte Schmieröl. Man erreicht dadurch auch bei Ammoniak niedrige Überhitzungstemperaturen im Druckrohr und kann daher bei einstufigem Betrieb sehr viel höhere Druckverhältnisse überbrücken als sonst zulässig erscheint.

Der Zusammenbau dieses Kompressors ist in Abb. 242 gezeigt. Welle *2*, Kolben *3* und Exzenter *5* sind aus einem Stück gefertigt, was deren Bearbeitung wesentlich vereinfacht. Die genaue Bearbeitung dieser Teile und des Schiebers *4* ist Voraussetzung für eine einwandfreie Abdichtung zwischen Saug- und Druckraum. Die Abdichtung auf den Stirnseiten des Kolbens gegen die Zylinderdeckplatten *9* erfolgt durch die in den Kolben eingelassenen Ringe *10*, die infolge ihrer exzentrischen Drehbewegung die gußeisernen Zylinderdeckplatten *9* nicht ausschleifen.

Um zwischen Schieber *4* und Kolben *3* eine einwandfreie Abdichtung zu erhalten, ist in die Auflagefläche des Schiebers eine Dichtungsleiste *11* eingelassen (Abb. 242), die durch Federn an die Mantelfläche des Kolbens leicht angedrückt wird. Der Schieber wird in einer zylindrischen Nuß *12* geführt, die in einer Bohrung im Gehäuse gelagert ist, damit sie den Schwenkbewegungen des Schiebers folgen kann, der mit den Pleuelstangen starr verbunden ist. Die Nuß besteht aus einer speziellen Leichtmetall-Legierung von hoher Festigkeit mit guten Laufeigenschaften sowohl auf dem Gußeisen des Gehäuses, als auch auf der gehärteten nitrierten Schieberfläche.

[1] Prandner, K.: Der Drehkolbenverdichter Rotasco. Kältetechnik, Bd. 12 (1960) S. 99.

[2] Mettler: Rotierende Kältekompressoren Bauart Rotasco Escher-Wyss Mitteilungen, Bd. 14 (1941) S. 64.

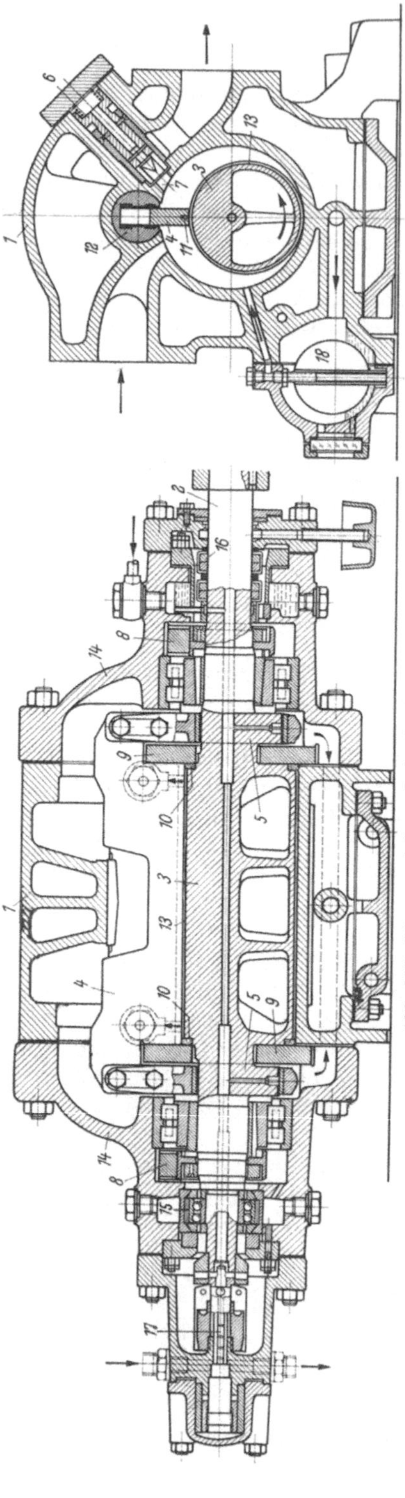

Abb. 242. Längs- und Querschnitt durch den Rotasco-Kompressor.
1 Gehäuse; *2* Welle; *3* Kolben; *4* Schieber; *5* Exzenter; *6* Auslaßventil; *7* schädlicher Raum; *8* Gegengewicht; *9* Zylinderdeckplatte; *10* elastische Ringe; *11* Dichtungsleiste; *12* zylindrische Nuß; *13* elastische Büchse; *14* Zylinderdeckel; *15* Kugellager; *16* Wellenabdichtung; *17* Zentrifugalventil; *18* Schwimmerventil.

Damit eine einwandfreie Abdichtung zwischen der Berührungslinie des Kolbens *3* und der Zylinderwand erzielt wird, ist eine dünnwandige elastische Büchse *13* aus hochwertigem Stahl über den Kolben geschoben. Der Kolbenkörper ist im Bereich der Berührungslinie mit dem Zylinder leicht abgeflacht, so daß zwischen der Büchse und dem Kolben ein schmaler sichelförmiger Hohlraum entsteht. Vor der Berührungslinie mit der Zylinderwand — im Drehsinn gesehen — befindet sich in der Büchse eine Anzahl kleiner Bohrungen, durch die das komprimierte Kältemittel in diesen Sichelraum eintreten kann. Dadurch bläht sich die Büchse leicht auf und schmiegt sich satt an die Zylinderwand an. Diese Ausführung verhindert das Auftreten von Undichtheiten auch nach jahrelangem Betrieb.

Das Zylindergehäuse *1* wird auf beiden Seiten durch gußeiserne Deckel *14* abgeschlossen, in welche die Hauptrollenlager der Kompressorwelle eingebaut sind. Auf der Nichtantriebsseite befindet sich außerdem ein Axiallager, das die Lage des Kolbens mit der Welle im Gehäuse fixiert. Auf der Antriebsseite ist eine selbstdichtende Doppelsealring-Wellenabdichtung *16* untergebracht, die im Ölbad eingetaucht ist und das Austreten von Kältemittel verhindert. Auf dem anderen Wellenende befindet sich ein Zentrifugalölventil *17*, das bei stillstehender Maschine geschlossen ist und automatisch öffnet, sobald der Kompressor beim Anlaufen eine gewisse Drehzahl erreicht hat. So wird verhindert, daß der Kompressor sich im Stillstand aus dem unter höherem Druck stehenden Ölabscheider mit Öl füllt.

Die Auslaßventile *6* (Abb. 242 u. 243) haben mehrere Federlamellen, die auf den Umfang des Ventilkörpers verteilt sind. Diese Bauweise ergibt große Durchgangsquerschnitte und geringe Strömungsverluste. Das Ventilgehäuse selbst wird durch eine

Feder auf seinen eingeschliffenen Sitz gepreßt, so daß bei etwaigen Flüssigkeitsschlägen das ganze Ventilgehäuse von seinem Sitz abgehoben wird. Der schädliche Raum, in dem ein Rest der verdichteten Dämpfe zurückbleibt, ist praktisch bedeutungslos; da bei den Rotationskompressoren im Gegensatz zu den Hubkolbenkompressoren die Energie der im schädlichen Raum verdichteten Gase nicht durch Rückexpansion zurückgewonnen werden kann, ist die Kleinheit des schädlichen Raumes von besonderer Bedeutung.

Die Schmierung der Rotasco-Kompressoren wird durch den im Ölabscheider auf das Öl ausgeübten Gasdruck bewirkt; eine besondere Ölpumpe entfällt daher. Das im Ölabscheider zurückgehaltene Öl gelangt über einen Kühler durch das erwähnte Zentrifugalventil *17* (Abb. 242) in den Kompressor und zu den verschiedenen Schmierstellen. Ein Schwimmerventil *18* im Kompressorgehäuse sorgt für konstanten Ölspiegel.

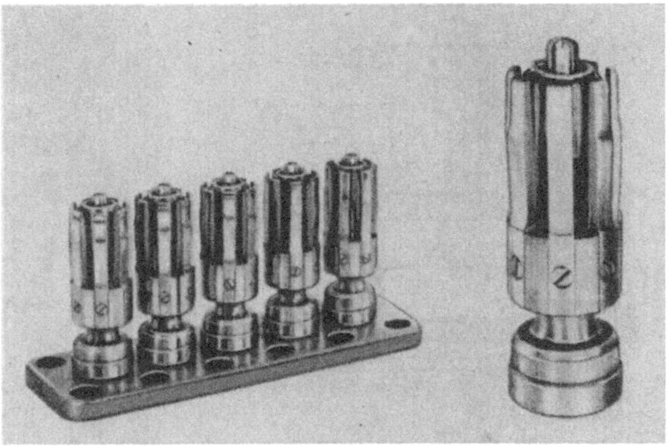

Abb. 243. Auslaßventile des Rotasco-Kompressors.

Der Rotasco-Kompressor wird in der Regel durch einen direkt gekuppelten Elektromotor angetrieben. Bei Keilriemenantrieb ist in bestimmten Fällen ein Außenlager erforderlich.

Die Leistungen und Abmessungen der verfügbaren Rotasco-Kompressoren, sind aus Tab. 34 zu entnehmen.

Im Jahre 1963 wurde die Leistungsfähigkeit dieser Kompressoren durch Erhöhung der Drehzahl und Verbesserung des Gleichförmigkeitsgrades noch gesteigert[1].

Tabelle 34. *Leistungen und Abmessungen der Rotasco-Kompressoren.*

Type	maximale Drehzahl min	theoretisches Hubvolum m³/h	Kälteleistung in kcal/h bei —10/+25/+25°C	Energiebedarf an der Welle in kW bei —10/+25/+25	Grundfläche[1] Meter	Bauhöhe[2] Meter
RL 20	1440	48,3	24600	7,5	2,4×1	1,05
RL 40	960	76,5	40000	11,7	2,6×1,1	1,23
RL 80	960	162,0	87000	24,6	3 ×1,1	1,35
RL 150	960	298,0	162000	45,3	3,7×1,4	1,51
RL 300	730	491,0	270000	75,0	4,3×1,6	1,70
RL 500	580	967,0	530000	146,0	5,5×2,05	1,95

1 mit Ölabscheider und Ölkühler.
2 mit Saugkrümmer.
Die Kompressoren können mit NH_3, R 12 und R 22 betrieben werden.

2. Der Drehkolbenkompressor der Gesellschaft Linde (Zweigniederlassung Maschinenfabrik Sürth)[2].

Im Gegensatz zu dem im vorigen Abschnitt behandelten Rollkolbenkompressor „Rotasco" ist der Linde-Kompressor eine Vielzellen-Drehkolbenmaschine. Auch

1 Schrift „Escher Wyss im In- und Auslande" herausgeg. zur Schweizerischen Landesausstellung 1964 als Heft 1 und 2 der Escher-Wyss-Mitteilungen 1964.

2 S. Fußnote 2 auf S. 294.

alle folgenden Rotationskompressoren gehören diesem Typ an. Die Gesellschaft Linde, die schon lange solche Maschinen für Druckluft gebaut hat, brachte vor wenigen Jahren einen Ammoniakkompressor mit einer normalen Leistung (— 15/ + 30° C) von 50000 kcal/h auf den Markt. Maschinen für andere Leistungen und für fluorierte Kältemittel sind in Vorbereitung[1].

Kompressor und Antriebsmotor bilden zusammen mit einem als Maschinengestell dienenden druckfesten Behälter, der zugleich Raum für das Schmieröl sowie für den Ölabscheider und Ölkühler bietet, eine bauliche Einheit. Der mit 1450 U/min betriebene Kompressor besitzt einen beiderseits in Walzlagern laufenden, zum Zylinder exzentrisch angeordneten Rotor, der in seinen Schlitzen die aus hochwertigem Stahl gefertigten Arbeitsschieber *15* aufnimmt (Abb. 244).

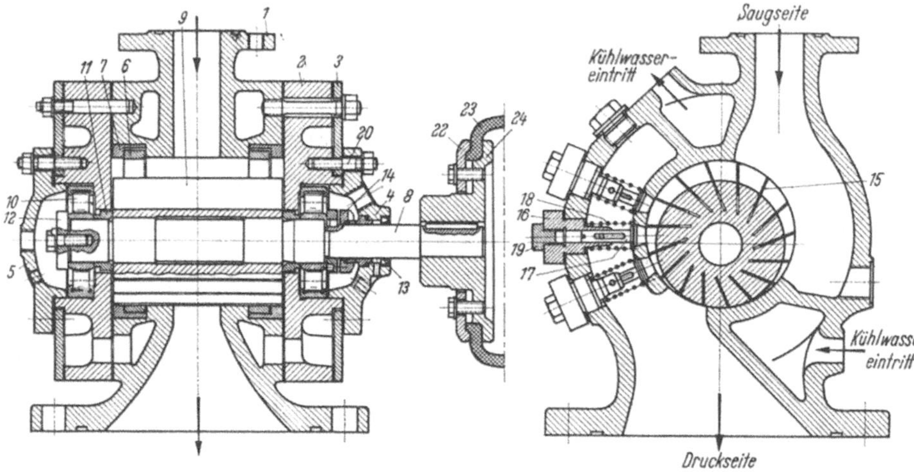

Abb. 244. Längs- und Querschnitt des Rotationsverdichters der Gesellschaft Linde.
1 Gehäuse; 2 Gehäusedeckel; 3 Abdeckplatte; 4 Dichtungsdeckel; 5 Abschlußdeckel; 6 Laufring; 7 Vorring: 8 Welle; 9 Rotor; 10 Wälzlager; 11 Zwischenringe; 12 Druckplatte; 13 Radialdichtung; 14 Schleifringpackung; 15 Arbeitsschieber; 16—19 Zellenventil, bestehend aus Flansch 16, Kegel 17, Feder 18 und Verschlußschraube 19; 20 Stiftschrauben; 21—24 Kupplung.

Diese werden auch als Zungen, Messer, Blätter oder Flügel bezeichnet. Bei der Drehung des Rotors werden die 16 Schieber durch Zentrifugalkräfte an die Zylinderwand geworfen, ohne diese jedoch zu berühren, da sie sich auf zwei nahezu reibungslos geführten Laufringen *6* abstützen, die etwas kleiner im Durchmesser als der Zylinder gehalten sind. Die Laufringe werden von den Schiebern mitgenommen und bewegen sich dabei in den Aussparungen des Gehäuses *1*, in welchem die hier festsitzenden Vorringe *7* zum Abschluß des Raumes für die Laufringe dienen.

Die Zylinderwand enthält in der Verdichtungszone — zwischen den Einlaß- und Auslaß-Steuerkanten — mehrere Ventile 16 bis 19, die eine Anpassung an das jeweilige Druckverhältnis im Kompressor ermöglichen. Hierdurch gleicht sich der Rotationskompressor der Verdichtungscharakteristik eines Hubkolbenkompressors an. Gehäuse und Gehäusedeckel sind wassergekühlt und werden durch das aus dem Ölkühler ablaufende Kühlwasser beaufschlagt.

Der Rotor *9* sitzt auf der Welle *8*, die beiderseits durch zwei kräftige Rollenlager *10* in den beiden Gehäusedeckeln *2* getragen wird. Die Welle wird gasdicht durch eine federbelastete und sich selbst nachstellende Schleifringpackung *14* in

[1] MOLLS, W., u. P. HEIMBACH: Ein Kältemittel-Drehkolbenverdichter mit saugseitiger Öleinspritzung, Linde-Berichte aus Technik und Wissenschaft, Heft 9 (Juli 1960) S. 7.

dem Dichtungsdeckel *4* abgedichtet. Die Gehäusedeckel enthalten Aussparungen für den Kühlwassermantel, der nach außen durch die beiden kreisringförmigen Abdeckplatten *3* abgeschlossen wird.

Durch den Verdichtungsenddruck wird das warme Öl in den Ölkühler gefördert. Über ein Ölfilter wird das gekühlte Öl einerseits in den Abschlußdeckel *5* und andererseits in den Dichtungsdeckel *4* geleitet. Von hier gelangt es über die Stirnflächen des Rotors in den Saugraum und wird zusammen mit dem Kältemitteldampf verdichtet. Durch den Druckstutzen wird es wieder in den Druckbehälter ausgehoben und dort durch entsprechende Einbauten vom Kältemittel getrennt. Das Öl dient sowohl zur Schmierung der gleitenden Teile wie auch zur Abführung der Reibungs- und Verdichtungswärme und schließlich auch noch zur Abdichtung

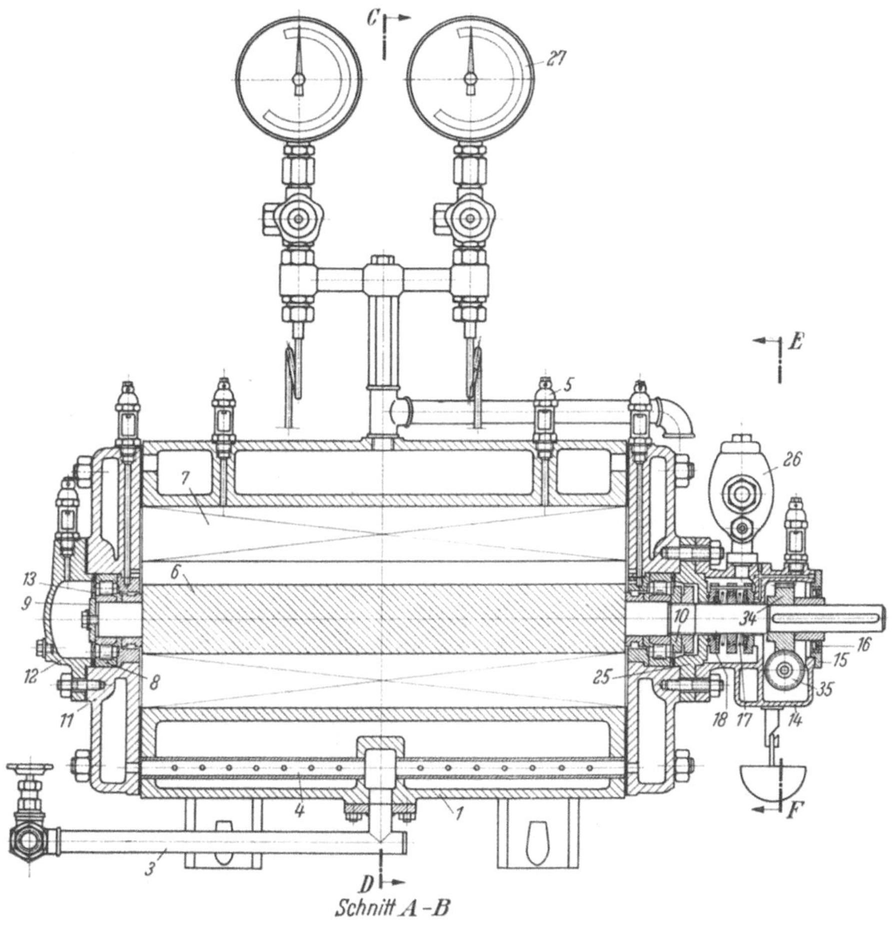

Abb. 245. Längsschnitt und 2 Querschnitte durch den Vielzellen-Drehkolben-Kompressor von Klein, Schanzlin und Becker, Frankenthal (siehe auch Seite 300).

1 Gehäuse; *2* Kühlwasserablaufrohr; *3* Wasserzuführrohr mit T-Stück; *4* Wasserleitrohr; *5* Falltropfenanzeiger; *6* Läufer; *7* Arbeitsschieber; *8* Rollenlager; *9* Lagerscheibe; *10* Wellenmutter; *11* Gehäusedeckel; *12* Abschlußdeckel; *13* Lagerspannring; *14* Ölverschluß-Doppel-Stopfbüchsgehäuse; *15* Stopfbüchsgehäusedeckel; *16* Simmerring; *17* Stopfbüchsfeder; *18* Stopfbüchsmanschette; *19* Ölfangschale; *20* Ölbehälterdeckel; *21* Ölstandsauge; *22* Füllsieb; *23* Tankverschlußstutzen; *24* Tankverschlußdeckel; *25* Zwischendeckel; *26* Ölstandsanzeiger mit Entlastungsleitung; *27* Mano-Vakuummeter; *28* Plattenfänger; *29* Ventilsitz; *30* Ventilplatte; *31* Ventilfeder; *32* Vorschweißflansch mit Feder; *33* Thermometer; *34* Schneckenrad; *35* Schnecke; *36* Ölpumpe mit Flansch; *37* Überströmventil.

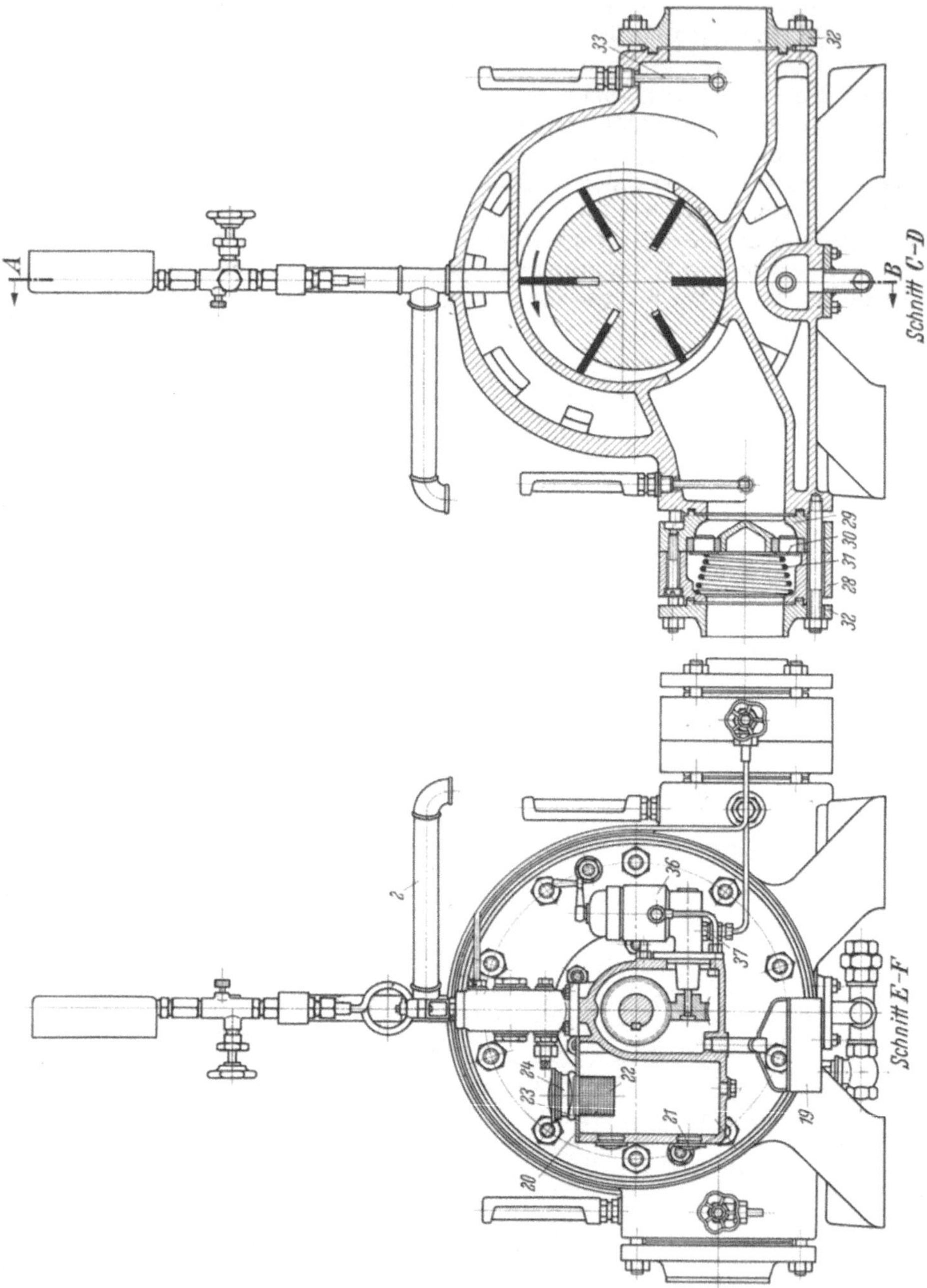

Zu Abbildung 245.

der Axial- und Radialspalte. Die Verdichtung erfolgt unteradiabatisch und die Endtemperatur des Kältemittels liegt bei gleichen Betriebsbedingungen bedeutend tiefer als bei Hubkolbenkompressoren, so daß größere Druckverhältnisse in einer Stufe bewältigt werden können.

3. Der Drehkolbenkompressor von Klein, Schanzlin und Becker, Frankenthal.

Diese Maschinen werden als Vorschaltkompressoren für Ammoniak bis zu sehr großen Kälteleistungen gebaut[1]. Abb. 245 zeigt den Zusammenbau der einzelnen Teile. Die früher verwendeten Laufringe sind fortgefallen und die Stahlschieber sind durch solche aus Phenolharz-imprägniertem Kunststoff ersetzt. Die Drehzahl beträgt für die kleineren Leistungen 1450 U/min und sinkt bei den größten Leistungen auf 370 U/min ab. Um Flüssigkeitsschläge zu vermeiden, wird empfohlen, mit einer Überhitzung von 10 bis 15° C vor dem Saugventil zu arbeiten.

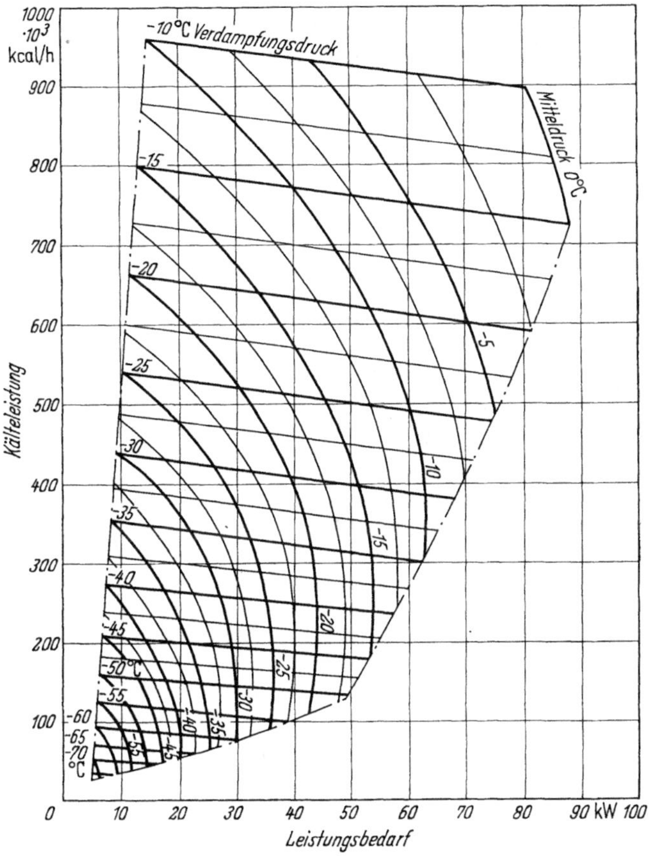

Abb. 246. Leistungsdiagramm eines Drehkolbenkompressors RNG 12 für Ammoniak von Klein, Schanzlin und Becker, 735 U/min.

Abb. 246 zeigt das Leistungsdiagramm des Kompressors RNG 12 bei 10° C Überhitzung und einer maximalen Druckdifferenz von 2 at*; darin ist die Kälteleistung in 1000 kcal/h über dem Leistungsbedarf in kW aufgetragen ($n = 735$ U/min). Der Verdampfungsdruck und der Gegendruck (Mitteldruck) sind in Sättigungstemperaturen für Ammoniak angegeben. Solche Leistungsdiagramme sind für alle Kompressorgrößen vorhanden.

Für die Schmierung ist eine Ölpumpe *36* (Abb. 245) vorgesehen. Bei automatisch gesteuerten Anlagen wird die Verwendung einer zusätzlichen Vorschmierpumpe

[1] Schäfer, W.: Rotationskompressoren als Vorschaltverdichter in Tiefkühlanlagen, KSB-Technische Berichte, Heft 2, Juli 1961. KSB-Sonderheft zur ACHEMA 1964, S. 59.

* Bei einer max. Druckdifferenz von 3 at ist die Kälteleistung um etwa 20% kleiner.

empfohlen, die vor dem Anfahren das sonst von Hand durchzuführende Vorschmieren übernimmt. Es sind nur Spezial-Kältemaschinenöle zu verwenden, die den Richtlinien des DIN-Blattes 51503 entsprechen. Eine möglichst hohe Viskosität zwischen 3,5 bis 4,5 Englergrad ist anzustreben.

Die Kühlung des Kompressors ist so einzustellen, daß das Kühlwasser mit etwa 30° C austritt.

Als Antriebsmaschinen werden ausschließlich Elektromotoren verwendet. Um die Kälteanlagen bei schwankenden Belastungen dem jeweiligen Bedarf anzupassen, wird die Anlage in mehrere Maschinen unterteilt. Eine weitere Möglichkeit ist die Drehzahlveränderung durch Verwendung polumschaltbarer Motore. Die Abnahme der Kälteleistung bei Verminderung der Drehzahlen geht für verschiedene Kompressor-Größen aus Tab. 35 hervor.

Tabelle 35. *Korrekturfaktor der Kälteleistung in kcal/h bei niederen Drehzahlen.*

Kompressorgröße	Drehzahl (U/min)					
	1450	980	735	585	485	370
3 bis 4	1	0,60	0,40	—	—	—
5 bis 8	—	1	0,71	0,53	0,41	—
9 bis 14	—	—	1	0,77	0,61	0,43
16 bis 20	—	—	—	1	0,80	0,58

4. Der York Rotary Booster Compressor.

Der Rotationskompressor der York Corporation in York, Pennsylvania, ist ein Vielzellen-Drehkolbenkompressor, der vorwiegend als Vorschaltstufe in Tieftemperaturanlagen verwendet wird und die Kälteleistung des Haupt- oder Hochdruckkompressors bedeutend zu steigern gestattet. Es besteht auf diesem Gebiet eine enge Zusammenarbeit zwischen York und der Firma Allis Chalmers (s. S. 304).

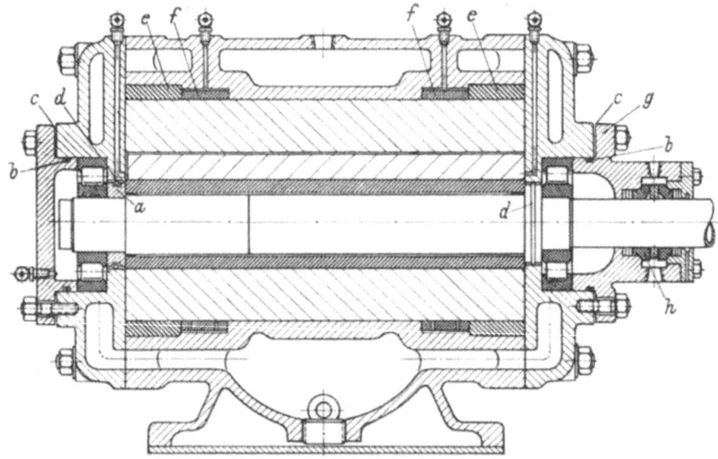

Abb. 247. Längsschnitt durch einen „Rotary Booster"-Kompressor von York; *a* Abstandsring; *b* „0"-Ring: *c* Zwischenlage; *d* Dichtungsring; *e* feste Vorringe; *f* Laufringe; *g* Gehäuse der Wellenabdichtung; *h* Wellenabdichtung.

Abb. 247 ist ein Längsschnitt und Abb. 248 ein Querschnitt durch den Kompressor. Im Gegensatz zum Linde-Kompressor (Abb. 244) mit 16 schräg gestellten Arbeitsschiebern, hat der York-Kompressor nur 8 rein radial gestellte Schieber. Auch hier gleiten die Schieber nicht an der Zylinderwand, sondern an Umlaufringen. Als Material für die Schieber dient mit Phenolharz getränkter Asbest. Wie alle Maschinen dieser Bauart läuft der Kompressor unbelastet an, bis bei Erreichung einer bestimmten Drehzahl die Schieber durch Zentrifugalkraft an die Zylinderoberfläche geschleudert werden und die Förderung beginnt. Der Kompressor kann entweder mit dem Elektromotor direkt gekuppelt oder durch Riemen angetrieben werden. Die kleineren Kompressoren mit Antriebsleistungen von 15 PS aufwärts erreichen normale Drehzahlen bis 1160U/min, bei den großen Leistungen, bis 600 PS geht die normale Drehzahl bis 435 herunter. In beiden Fällen sind Mindest-Drehzahlen vorgeschrieben. Das höchste Druckverhältnis ist 7:1, die größte Druckdifferenz zwischen Druck- und Saugseite beträgt etwa 2,8 ata. Der größte zulässige Druck wird auf der Saugseite mit etwa 1,4 ata und auf der Druckseite mit 3,5 ata angegeben.

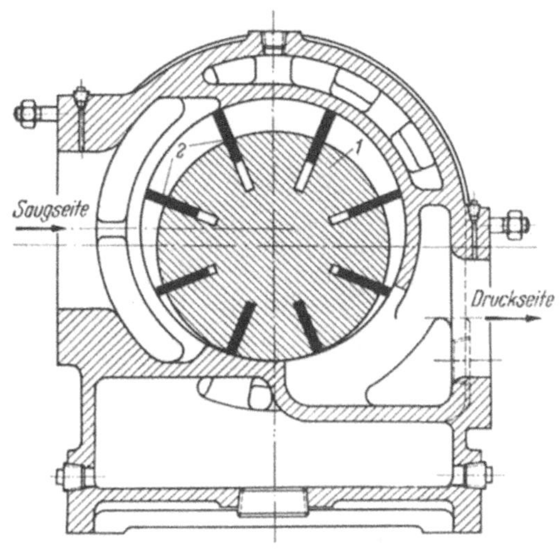

Abb. 248. Querschnitt durch einen „Rotary Booster"-Kompressor; *1* Rotor; *2* acht Arbeitsschieber.

Der Booster-Kompressor eignet sich für den Betrieb mit NH_3, F 12 und F 22. Es wird empfohlen, folgende Saugtemperaturen nicht zu unterschreiten: bei NH_3 $-68°$ C, bei R 12 $-82°$ C und R 22 $-87°$ C.

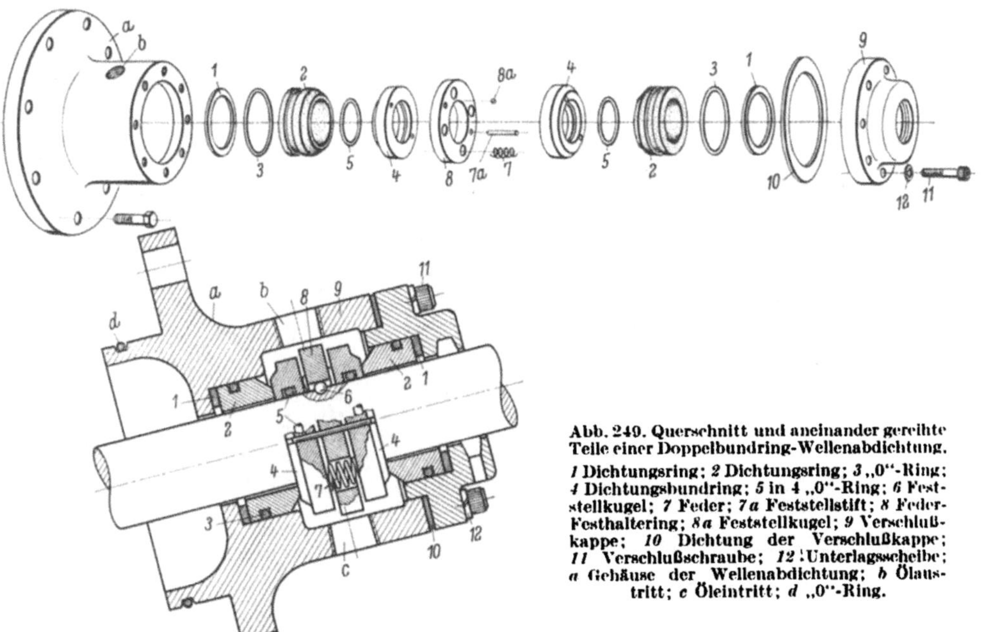

Abb. 249. Querschnitt und aneinander gereihte Teile einer Doppelbundring-Wellenabdichtung.

1 Dichtungsring; *2* Dichtungsring; *3* „0"-Ring; *4* Dichtungsbundring; *5* in 4 „0"-Ring; *6* Feststellkugel; *7* Feder; *7a* Feststellstift; *8* Feder-Festhaltering; *8a* Feststellkugel; *9* Verschlußkappe; *10* Dichtung der Verschlußkappe; *11* Verschlußschraube; *12* Unterlagsscheibe; *a* Gehäuse der Wellenabdichtung; *b* Ölaustritt; *c* Öleintritt; *d* „0"-Ring.

Das Zylindergehäuse kann entweder mit reinem Wasser oder mit F 11 in einem thermischen Kreislauf gekühlt werden, wobei F 11 zwischen dem Booster-Kompressor und einem wassergekühlten Kondensator umläuft. Dieses System gewährleistet eine gleichmäßigere Kühlung des Kompressors und vermeidet Gefrierschäden.

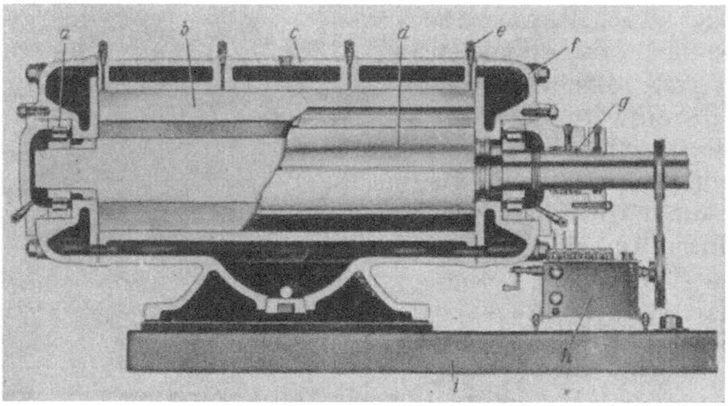

Abb. 250. Längsschnitt durch einen einstufigen Kompressor von Allis-Chalmers.
a Rollenlager; *b* Schieber; *c* Zylindergehäuse; *d* Welle mit Rotor; *e* Öleinlaß; *f* Zylinderdeckel; *g* Wellenabdichtung; *h* Ölpumpe; *i* Grundplatte.

Eine besondere, meist auf der Fundamentplatte des Kompressors aufgestellte und von der Kompressor- oder Motorwelle angetriebene Ölpumpe sorgt für die Schmierung aller bewegten Teile, für die Abdichtung der Spalte und für die Wärmeabfuhr.

Die Doppelbundring-Wellenabdichtung mit allen Einzelteilen ist in Abb. 249 dargestellt. Die älteren Kompressoren besaßen noch eine Einbundring-Abdichtung. Neuerdings wurde auch das Druckrollenlager umgestaltet, wobei ein Spiel zwischen dem Rotor und dem Gehäusedeckel die Stellung der Welle fixiert.

Abb. 251. Zweistufiger Rotationskompressor von Allis-Chalmers mit Zwischenkühler. Rechts die Niederdruckstufe, links die Hochdruckstufe.

5. Der Drehkolbenkompressor von Allis Chalmers.

Auch der Rotationskompressor von Allis Chalmers, Milwaukee, Wis. ist ein Vielzellen-Drehkolbenkompressor, der ein- und zweistufig gebaut wird; er diente primär als Gaskompressor bzw. Vakuumpumpe. Abb. 250 zeigt den Längsschnitt durch einen einstufigen Kompressor, in dem die Einzelteile deutlich erkennbar sind. Die Schieber sind auch hier aus Asbest hergestellt, der mit Phenolharz imprägniert ist. Die Firma weist darauf hin, daß Schieber aus diesem Material bei längerem Stillstand des Kompressors durch Absorption von Feuchtigkeit, Ammoniak oder anderen Dämpfen anschwellen. Bei Vorhandensein eines Reservekompressors wird daher empfohlen, die beiden Maschinen abwechselnd zu be-

a

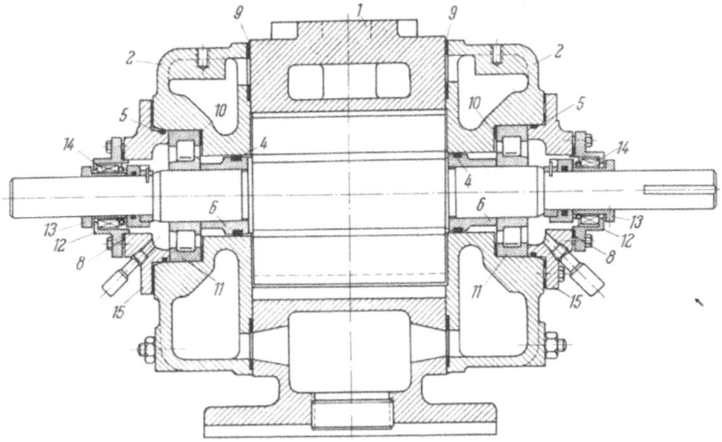

b

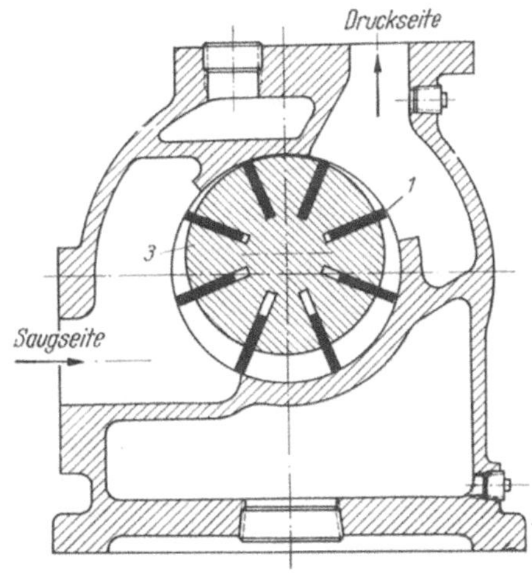

Abb. 252 a u. b Längs- und Querschnitt durch die Hochdruckstufe eines zweistufigen Kompressors von Allis-Chalmers.

1 Zylindergehäuse; *2* Zylinderdeckel; *3* Rotor mit Welle; *4* Dichtungsring; *5* „0“-Ring; *6* Abstandsring; *7* Schieber; *8* Dichtung; *9* Dichtung am Zylinderdeckel; *10* Zwischenlage; *11* Drucklager; *12* Dichtungsstütze; *13* Schließmuffe; *14* Mechanische Dichtung; *15* Aufnahmeteil für die Wellenabdichtung.

treiben. Andernfalls sollten die Schieber bei längerem Stillstand herausgenommen und trocken gelagert werden. Das ist aber ein sehr umständliches Verfahren.

Umlaufringe, die von den Schiebern in Rotation versetzt werden, sind nur bei einigen Modellen vorgesehen. Die Schmierung besorgt eine auf der Fundamentplatte aufgestellte und von der Kompressorwelle angetriebene Ölpumpe; sie fördert das Öl zu den beiden Rollenlagern und zu den Rotor-Stirnflächen; bei größeren Maschinen wird Öl auch noch in der Mitte des Rotors zugeführt. Jeder Kompressor erhält zur Regelung des Gasstroms und des maximalen Gasdruckes eine Entlastungsvorrichtung.

Abb. 251 zeigt den Zusammenbau eines zweistufigen Rotationskompressors mit Zwischenkühler. Die Hochdruckstufe ist in den Abb. 252a u. b wiedergegeben.

6. Der Drehkolbenkompressor der Fuller Company[1].

Die Fuller Company in Catasanqua, Pa., hat ihre Drehkolbenmaschinen zunächst als Luft- oder Gaskompressoren und als Vakuumpumpen entwickelt, hat sie aber später, nach geringfügigen konstruktiven Änderungen, auch als Nieder-

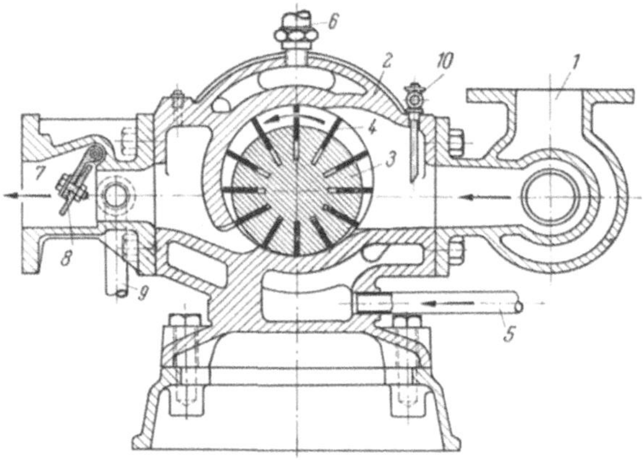

Abb. 253. Querschnitt durch einen Drehkolben-Kompressor der Fuller Company.
1 Saugstutzen; *2* Zylindergehäuse; *3* Drehkolben; *4* Schieber; *5* Kühlwassereintritt; *6* Kühlwasseraustritt; *7* Druckstutzen; *8* Rückschlagventil; *9* Sicherheitsleistung zum Druckregler; *10* Ölzufuhr.

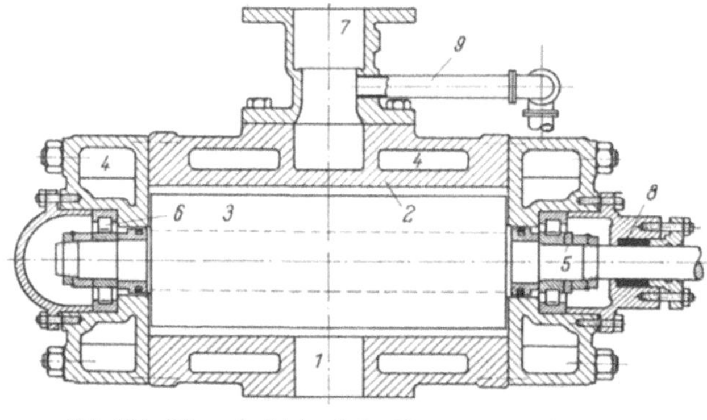

Abb. 254. Längsschnitt durch den Kompressor nach Abb. 253.
1 Saugseite; *2* Zylindergehäuse; *3* Drehkolben; *4* Wassermantel; *5* Lager für das starre Wellenende; *6* Lager für das dehnbare Wellenende; *7* Druckstutzen; *8* Wellenabdichtung; *9* Sicherheitsleitung zum Druckregler.

druckstufe von Ammoniak-Kompressoren für Drücke bis 3 ata und Druckverhältnisse bis etwa 5 : 1 verwendet. Die Konstruktion — eine Lizenz der Compagnie des Machines Pneumatiques Rotatives (s. S. 307) — ist aus den Abb. 253 u. 254 zu ersehen. Die Schieber sind an den Enden etwas abgeschrägt, um einen Ölfilm zwischen der Zylinderwand und den Schiebern in allen Lagen aufrechtzuerhalten, der zugleich die Zellen untereinander abdichtet. Durch den Druck auf der Druckseite wird ein Ventil betätigt, das den Einlaß für die anzusaugenden Gase mehr oder weniger freigibt und als Regelorgan wirkt. Mit der gleichen Vorrichtung wird

[1] Plank, R.: Amerikanische Umlaufverdichter als Kältemaschinen-Vorstufe, Kältetechnik, Bd. 3 (1951), Heft 8, S. 187.

auch ein Sicherheitsventil betätigt, das überschüssige Gase aus dem Zylinder austreten läßt. Der Kompressor wird in sieben Größen gebaut, er arbeitet mit Ammoniak bei einem konstanten Gegendruck von 2,8 ata entsprechend einer Sättigungstemperatur von $-11,4°$ C. Die Verdampfungstemperatur auf der Saugseite kann zwischen $-25°$ und $-45°$ C gehalten werden. Bei $t_0 = -30°$ C leistet das kleinste Modell 30000 kcal/h und das größte 80000 kcal/h. Die Drehzahl beträgt 575 bis 690 U/min.

7. Der Drehkolbenkompressor der Cie. des Machines Pneumatiques Rotatives

In Frankreich werden vielzellige Drehkolbenkompressoren für Luft und andere Gase (aber anscheinend noch nicht für Kältemittel) von der Cie. des Machines Pneumatiques Rotatives in Asnière (Seine) gebaut. Die Bauart unterscheidet sich nicht grundsätzlich von den bisher betrachteten Formen. Besondere Aufmerksamkeit wurde aber dem Kräfteausgleich beim Herausschleudern der aus Stahl oder aus einer plastischen Masse hergestellten Schieber durch die Zentrifugalkraft gewidmet. Die Schieber erhalten an ihrem äußersten Ende ein besonderes, patentiertes Profil, das in Abb. 255 zu erkennen ist. Bei der Bewegung des Schiebers im Sinne des Pfeiles treten in der Ölhaut, die sich infolge der Schmierung auf der inneren Oberfläche des Zylindergehäuses vorfindet, Schubspannungen auf, die durch die schichtartige Ausbreitung des zähen Ölfilms bedingt sind. Die Schubspannungen fangen die Wirkung der Zentrifugalkraft der Schieberbewegung auf und ergeben an der Berührungsstelle einen Kräfteausgleich. Es haftet dabei immer noch eine dünne Grenzschicht Öl an der Oberfläche des Zylinders, die eine trockene Reibung und Abnutzung verhindert und die Dichtheit zwischen zwei benachbarten Förderräumen praktisch gewährleistet. Der geschilderte Kräfteausgleich hängt im Grade seiner Vollkommenheit offenbar mit der Profilierung der Schieberenden zusammen. Je vollkommener dieser Ausgleich ist, um so höhere Umfangsgeschwindigkeiten und Drehzahlen des Kompressors erscheinen zulässig, und umso höhere Leistungen lassen sich aus Maschinen von gegebener Größe und gegebenem Gewicht herausholen.

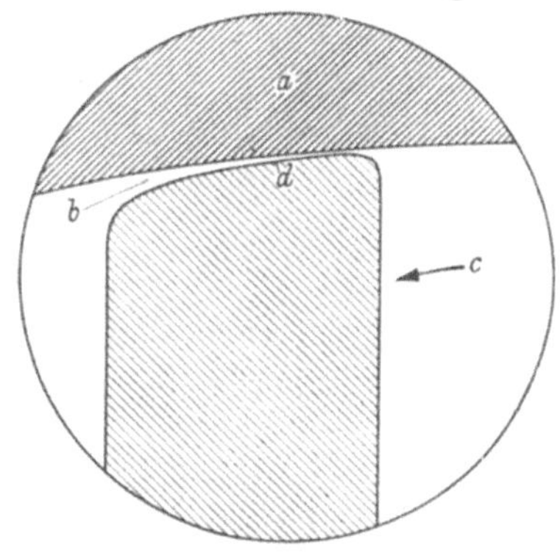

Abb. 255. Profil des äußersten Endes eines Schiebers (Cie. des Machines Pneumatiques Rotatives).
a Zylindergehäuse; *b* Ölhaut; *c* Drehsinn des Schiebers; *d* Profil am äußersten Schieberende.

8. Der halbhermetische Rollkolbenkompressor in der Sowjetunion.

Vom Zentralen Konstruktionsbüro des Kältemaschinenbaues in der Sowjetunion wurden im Verein mit dem Konstruktionsbüro der Rigaer Kältemaschinenfabrik „Kompressor" halbhermetische Rollkolben-Motorkompressoren mit vertikaler Achse entwickelt[1].

In drei Typen wird der Kälteleistungsbereich von 280 bis 2800 kcal/h ($-15/+30°$ C) umfaßt. In jeder Type wird der Zylinderdurchmesser und der Durchmesser des Rollkolbens konstant gehalten, es sind aber drei verschiedene Höhen des Zylinders, des Rollkolbens und des Schiebers vorgesehen, so daß insgesamt

[1] Cholodilnaja Technika (russ.), Bd. 41, 1964, Nr. 2, S. 17. Ausführl. Referat in Kältetechnik, Bd. 15 (1964), Heft 8, S. 255.

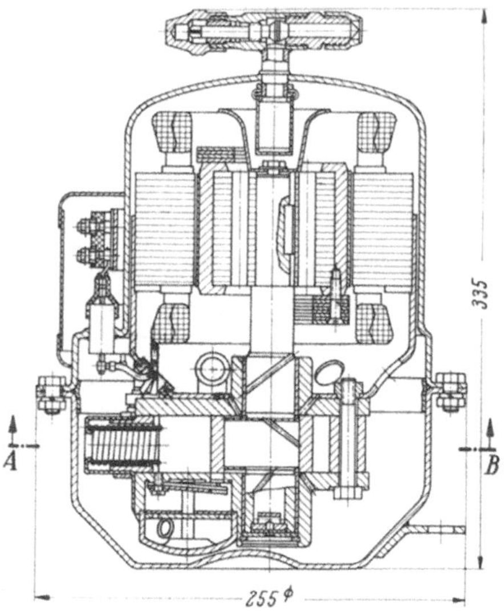

Schnitt C–D

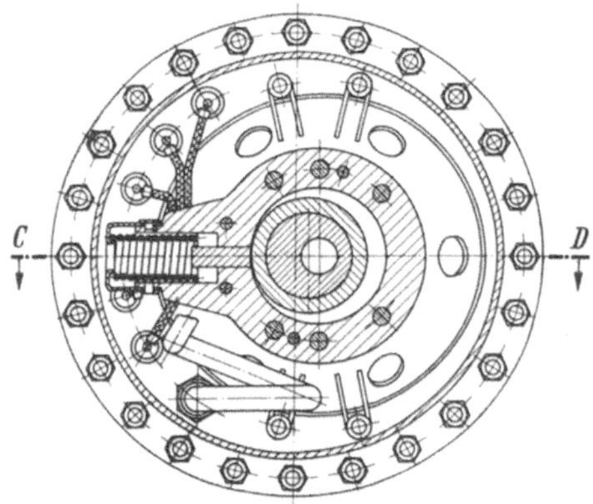

Schnitt A-B

Abb. 256. Hermetischer Rollkolben-Motorkompressor in der Sowjetunion.

neun verschiedene Kälteleistungen zur Verfügung stehen. Das Aggregat wird mit 1500 U/min betrieben und als Kältemittel dient R 12. Die Hauptdaten sind der Tab. 36 zu entnehmen.

Die Bauart ist aus Abb. 256 zu ersehen. Die Schmierung aller bewegten Teile wurde mit besonderer Sorgfalt durchgebildet; Leistungsversuche, die mit der Type 2 mit einer Zylinderhöhe von 33 mm durchgeführt wurden, ergaben eine Kälteleistung von 770 kcal/h, einen Liefergrad von $\lambda = 0{,}81$ bei $p/p_0 = 4$ und eine spezifische Kälteleistung von 1955 kcal/kWh ($-15/+30°$ C). Die äußeren Abmessungen betrugen: Länge und Breite 255 mm, Höhe 335 mm. Das Gewicht des zusammengebauten Aggregates ist 23 kg. Die Temperatur der Wicklungen stieg bei $t_0 = -25°$ und $t = +50°$ C nicht über 66° C und lag dabei nur 20° über der Umgebungstemperatur.

Tabelle 36. *Hauptdaten der hermetischen Rollkolbenkompressoren der UdSSR.*

Type	Hauptabmessungen in mm			Hubvolum	Kälteleistung
	Zylinder ⌀	Rollkolben ⌀	Zylinderhöhe	m³/h	kcal/h
			26	1,16	280
1	53	46	33	1,49	360
			42	1,86	450
			33	2,90	700
2	70	60	42	3,73	900
			53	4,55	1100
			53	7,46	1800
3	90	78	66	9,10	2200
			84	11,60	2800

D. Sonderbauarten von Kompressoren.

1. Der Membrankompressor.

Ein im Kältemaschinenbau neuartiger konstruktiver Gedanke ist in dem Kompressor der Gesellschaft Corblin, Paris, verwirklicht (Abb. 257)[1]. Eine dünnwandige kreisrunde Metallmembran *c* ist zwischen zwei kreisrunde Platten *a* und *b* eingeklemmt und kann in den kugelförmigen Aussparungen dieser Platten eine Schwingbewegung von geringer Amplitude ausführen. Die Schwingungen der Membran bedingen das Ansaugen des Kältemittels durch das Saugplattenventil *e* und das Ausstoßen nach erfolgter Verdichtung durch das Druckplattenventil *f*. Die Schwingbewegung der Membran *c* wird durch den Auf- und Abwärtsgang des

[1] Vgl. C. R. Acad. Sci., Paris, Bd. 172 (1921), S. 46 (vorgelegt durc h MAURICE LEBLANC). Siehe auch Fr. Pat. 804430.

Kolbens h in dem mit Öl gefüllten Zylinder i hervorgerufen, wobei das Öl durch die Öffnungen b_1 in der unteren Platte b bis zur Membran c vordringen kann und die Membran an die obere Platte a fest anpreßt; dadurch schrumpft der schädliche Raum fast auf Null zusammen. Die geringen Ölmengen, die durch Undichtigkeiten zwischen Zylinder und Kolben nach unten in das Gehäuse entweichen, werden durch die kleine Kompensationsölpumpe l mit Kolben m, Saugventil k und Druckventil n durch die Leitung l_1 ersetzt. Überschüssiges Öl wird durch das Sicherheitsventil h_1 beseitigt, das mit Hilfe des Nockens t eingestellt werden kann und jede unzulässige Drucksteigerung verhindert. Sämtliche Lager sind als Kugellager ausgebildet. Der Antrieb erfolgt durch die Riemenscheibe v. Bei den neueren Ausführungen (Abb. 258) liegt die Ölpumpe 8 außerhalb des Gehäuses.

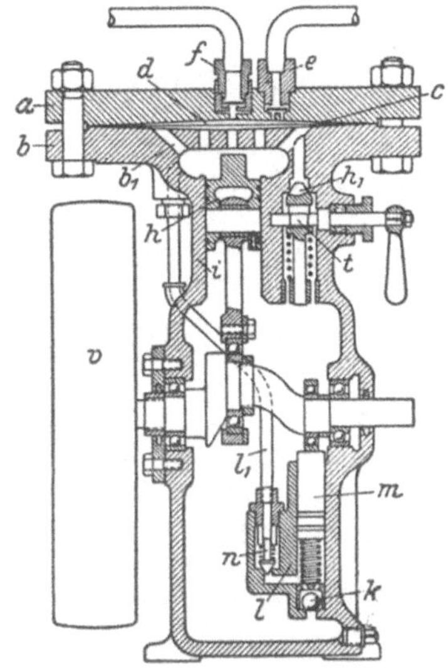

Abb. 257. Membrankompressor von Corblin.
a, b Platten; b_1 Ölkanäle; c Membran; d Hubraum; e Saugventil; f Druckventil; h Kolben der Ölpumpe; h_1 Sicherheitsventil; i Pumpenzylinder; k Saugventil der Kompensationsölpumpe l; l_1 Ölleitung; m Kolben; n Druckventil; t Nocken; v Riemenscheibe.

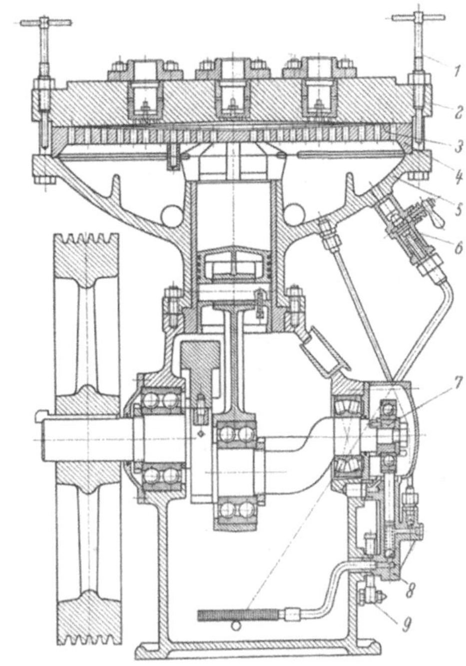

Abb. 258. Neuere Ausführung des Membrankompressors von Corblin.
1 Abhebeschraube für Druckplatte; *2* obere zylindrische Platte; *3* Membran; *4* untere zylindrische Platte mit Bohrungen für das Öl; *5* Begrenzungswand des Druckölraumes; *6* Ventil zur Einstellung des gewünschten Druckes und Sicherheitsventil; *7* Exzenter zum Antrieb der Kompensationspumpe; *8* Kompensationspumpe; *9* Ölstandanzeiger.

Der Hauptvorteil dieser Bauart liegt darin, daß das Kältemittel mit dem Öl überhaupt nicht in Berührung kommt. Die inneren Oberflächen des Kondensators und Verdampfers bleiben daher stets rein, und jeder Ölabscheider ist entbehrlich. Ein weiterer nicht zu unterschätzender Vorteil ist der Fortfall der Stopfbüchse. Die Abnutzung und Reibungsarbeit zwischen Kolben und Zylinder ist sehr gering, da der Kolben vollständig in Öl läuft.

Dieser Kompressor, der sich in Frankreich bewährt hat, wurde ursprünglich für Kälteleistungen von 500 bis 6000 kcal/h für Ammoniak gebaut und mit 200 bis 380 U/min betrieben. Neuerdings werden diese Kompressoren serienmäßig für Kälteleistungen bis 60000 kcal/h hergestellt. Außerdem ist eine kleinere Type für einen Haushalt-Kühlschrank mit einer Kälteleistung von 200 kcal/h gebaut worden. Der Leistungsverbrauch beträgt für 500 kcal/h 0,3 PS und für 200 kcal/h

1/6 PS. Während die Schwingungsamplitude der Membran, gemessen an der Zylinderachse, bei größeren Maschinen bis 4 mm beträgt, ist man bei den kleinsten Modellen bis 1 mm zurückgegangen; je geringer der Hub, um so geräuschloser der Gang. Die Lebensdauer der Membran erreicht bei den größeren Maschinen etwa 2000 Arbeitsstunden. Bei den kleineren Maschinen mit geringerer Schwingungsamplitude hofft man, eine wesentlich längere Lebensdauer zu erreichen. In Haushaltmaschinen würde sich der Bruch der Membran besonders unangenehm bemerkbar machen, da der Ersatz, so einfach und billig er auch sein mag, nicht vom Hauspersonal bewerkstelligt werden kann. Jeder Bruch bringt außerdem eine Vermischung des Kältemittels mit dem Schmieröl mit sich, dessen Vermeidung gerade einen wesentlichen Vorteil dieser Bauart darstellt.

Über weitere Entwicklungen der Membran-Kompressoren von CORBLIN auch für zweistufige Verdichtung hat FEUILLEBOIS berichtet[1]. Bei einstufiger Verdichtung wird ein Enddruck bis 15 atü, bei zwei bis dreistufiger Verdichtung ein solcher bis 1000 atü erreicht. Membranverdichter wurden auch mit elektromagnetischem Antrieb entwickelt[2].

Zwecks Erreichung sehr tiefer Temperaturen wurden Membran-Kompressoren für Äthylen und F 13 gebaut.

2. Der Freikolben-Motorkompressor.

a) Ältere Arbeiten. Die Idee einer triebwerklosen Kolbenmaschine, die jetzt in USA als Motorkompressor durch Verbindung einer Brennkraftmaschine mit einem Kältekompressor verwirklicht wurde, ist keinesfalls neu. Ausgehend von den bis 1893 zurückreichenden Gegenkolben-Zweitaktmaschinen von Öchelhäuser und Junkers, die noch mit einem Kurbelgetriebe versehen waren, hat man später das Triebwerk ganz weggelassen. In Deutschland hat zuerst HUGO JUNKERS in Dessau den Bau von Freikolben-Dieselkompressoren für Luft aufgenommen[3]. An der zentral gelegenen Gegenkolben-Dieselmaschine waren an beiden Seiten koaxial die verschiedenen Kompressorstufen angeordnet, in denen Drücke bis zu 300 atü erreicht wurden. Später hat R. de Pescara in Frankreich die Bauart weiterentwickelt und auch die Schweiz hat sich an diesen Arbeiten beteiligt. Auf diesem Wege entstand die sog. Freikolben-Turboanlage, die aus einer Freikolben-Dieselmaschine mit Kompressor besteht, die aber nur als Gaserzeuger dient und deren Abgas-Luftgemisch eine Gasturbine antreibt. Die DEMAG hat die Lizenz für diese neuartig kombinierte Kraftanlage erworben und deren Fertigung ihrer Tochtergesellschaft, der Motorenfabrik Darmstadt (MODAG) übertragen. die sie für Leistungen von 10000 PS und darüber baut[4].

b) Vorschläge des Battelle Instituts. Obwohl also das Prinzip des vom Schub-Kurbelgetriebe befreiten Kolbens nicht neu ist, so handelt es sich doch bei der vorliegenden Erfindung um eine neuartige Kombination eines treibenden Verbrennungsmotors mit einem angetriebenen Kältekompressor vorwiegend für Zwecke der Klimatisierung. Fast alle nach dem Kompressionssystem arbeitenden Klimaanlagen werden heute elektrisch angetrieben. Das veranlaßte die American Gas Association dem Battelle Memorial Institute in Columbus, Ohio, den Auftrag zu erteilen, ein einfaches und wirtschaftliches System der Klimatisierung bzw. Kälteerzeugung zu entwickeln, bei dem der Kompressor durch einen Gasmotor angetrieben wird. Motor und Kompressor sollten dabei ein organisches Ganzes

---

[1] FEUILLEBOIS: Rev. Gén. du Froid, Bd. 32 (1955), S. 555.

[2] Vgl. z. B. US. Pat. 2257862 und 2312712.

[3] JUNKERS, H.: Jahrb. Schiffbautechn. Ges. Bd. 13 (1912), S. 278. — NEUMANN, K.: Junkers Freikolbenverdichter, Z. VDI, Bd. 79 (1935) Nr. 6, S. 155.

[4] Vgl. G. BRÜNNER: VDI-Nachrichten Nr. 25 vom 31. August 1960, S. 9.

bilden, wie es in den elektrischen hermetischen Motorkompressoren verwirklicht ist.

In mehrjähriger Arbeit wurde in der maschinentechnischen Forschungs-Abteilung des Battelle Instituts der Freikolben-Kompressor entwickelt und durch mehrere Patente geschützt. Eine erste nicht sehr deutliche Beschreibung dieser Erfindung liegt jetzt vor[1]. Das alleinige Ausführungsrecht dieser Maschine hat die Robertshaw-Fulton Controls Company in Richmond, Virginia, für Einheiten bis zu 60000 kcal/h erworben.

Die Maschine nach dem Schema der Abb. 259 besteht oben aus einem Zweitakt-Verbrennungsmotor, der mit Stadtgas, Naturgas oder Flüssiggas (Propan-Butan) betrieben werden kann, und unten aus einem Kompressor-Zylinder mit normalen Saug- und Druckventilen für fluorierte Kältemittel. Der Zylinderdurchmesser beider Teile beträgt $2^3/_4''$, der Hub 3'', entsprechend einem Hubvolum von 17,8 Kubikzoll. Die Maschine läuft mit 1500 Spielen in der Minute bei einer Kondensationstemperatur von 43° C und leistet dabei in einer normalen Klimaanlage 9000 kcal/h. Eine größere Einheit hat die doppelte Kälteleistung. Zunächst wird an die Klimatisierung von Wohnräumen gedacht, doch sollen später auch Personenkraftwagen klimatisiert werden.

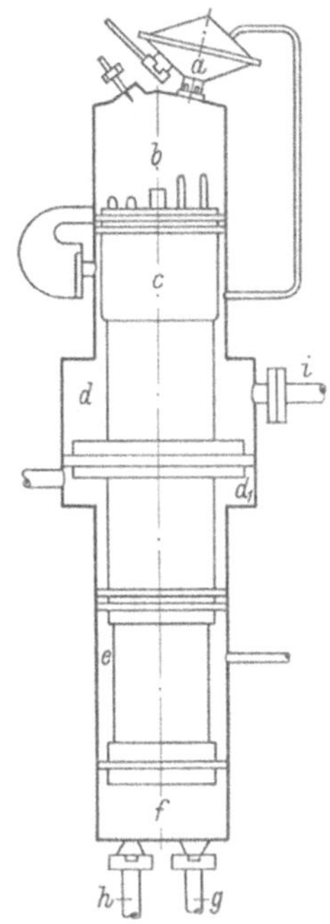

Abb. 259. Schema des Freikolben-Kompressors und Verbrennungsmotors.
a Gaseintrittsdüse; *b* Brennkammer; *c* Freikolben, *d* Rückprallkammer; *e* Ölstopfbüchse; *f* Kompressorzylinder; *g* Saugleitung; *h* Druckleitung; *i* Lufteintritt.

Im Verbrennungsmotor *b* wird von der bei Zweitaktmaschinen üblichen Schleifenspülung mit Hilfe von Einlaß- und Auslaßöffnungen in der Zylinderwand Gebrauch gemacht. Die Spül- und Verbrennungsluft tritt bei *i* in die Kammer *d* ein, wo sie verdichtet und in die Spülluftkammer gefördert wird. Sobald der Kolben beim Abwärtsgang die Einlaßöffnungen in der Wand freigibt, spült die Luft die verbrannten Gase des letzten Spieles durch die Auslaßöffnungen fort, wonach neue Verbrennungsluft eingelassen wird, bevor der Kolben beim Aufwärtsgang mit der Kompression beginnt. Sobald die Auslaßöffnungen überdeckt sind, tritt eine neue Ladung brennbarer Gase ein, die sich bis zum Ende des Kompressionshubes vollkommen mit der Luft vermischt. Im oberen Totpunkt erfolgt dann die Zündung.

Sobald der Zünddruck den Kolben abwärts treibt, beginnt die Kompression der Kältemitteldämpfe im unteren Kompressorzylinder *f* und dauert an, bis das Druckventil bei *h* öffnet und die verdichteten Dämpfe in den Kondensator abströmen. Der Kolben kommt zum stehen und das Druckventil schließt, wenn die kinetische Energie der Kolbenbewegung für die Kompressions- und Ausschubarbeit aufgebraucht ist. Der schädliche Raum des Kompressors ist dann im unteren Totpunkt mit Dampf von Kondensatordruck erfüllt. Der Aufwärtsgang des Kolbens wird durch die Rückexpansion dieser Dämpfe eingeleitet und nachdem der Druck bis zum Verdampferdruck abgefallen ist, öffnet das Saugventil *g* und die weitere Aufwärtsbewegung des Kolbens unter Überwindung der Verdichtung im oberen Motorzylinder erfolgt unter der Wirkung des Verdampferdrucks. Das

[1] McCrory, R. J., R. W. King u. J. H. McNinch: ASHRAE Journ. Bd. 1, (1959) Nr. 11, S. 55. — McNinch, J. H.: Mech. Engng. Bd. 81 (1959), Nr. 12, S. 57—60. Vgl. auch Refrigeration Service and Contracting, Bd. 28 (1960) Nr. 2, S. 10; Canad. Refrigeration, Air Cond. Bd. 26 (1960) Nr. 2, S. 18; Refriger. Journ. (Australien) Bd. 14 (1960) April, S. 39.

Kältemittel muß offenbar so gewählt werden, daß der Verdampferdruck bei der in Klimaanlagen üblichen Verdampfungstemperatur von etwa + 5° C hoch genug ist. Bei F 12 beträgt er 3,7 ata und bei F 22 6 ata. Durch sorgfältiges Ausgleichen der Kompressions- und Expansionsarbeit in beiden Zylindern läßt sich die Maschine in ziemlich weiten Druckgrenzen betreiben. Es wurde gefunden, daß die Arbeit des Kompressors während eines Zyklus innerhalb gewisser Grenzen des Druckverhältnisses konstant bleibt, so daß es nicht erforderlich ist, die Leistung des Motors, also die Ladung mit Luft und Brennstoff zu regeln. Die Rolle der Kammer *d* wird in der Beschreibung der Maschine nicht näher erläutert. Da sie aber als Rückprallkammer (bounce chamber) bezeichnet wird, so kann angenommen werden, daß die darin enthaltene Luft als Polster wirkt. Beim Abwärtsgang des Kolbens wird durch die Kompression dieser Luft in *d* ein Teil der Energie der Verbrennungsgase gespeichert und die Kolbenbewegung bis zum unteren Totpunkt abgebremst. Die gespeicherte Energie unterstützt dann die Aufwärtsbewegung beim Hubwechsel.

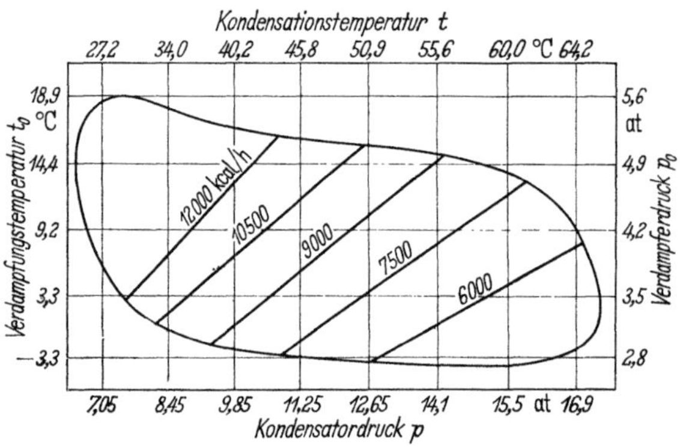

Abb. 260. Betriebscharakteristik des Freikolben-Motorkompressors.

Die Abdichtung des Kältemittels im Kompressor wird durch ein Dichtungsmittel in der Kammer *e* erreicht, die den Kolben umschließt. Als solches kann Kältemaschinenöl verwendet werden, und zwar unter einem höheren Druck als im Kompressor.

Das Anlaufen der Maschine wird bei dem hier besprochenen Modell durch Evakuieren des Kompressionszylinders mit Hilfe einer kleinen Pumpe von $^1/_8$ PS Antriebsleistung bewirkt, wodurch der Kolben in die untere Totpunktstellung gebracht wird. Beim Öffnen des Einlaßventils wird dann unter der Wirkung des Stillstanddruckes der Kälteanlage der Anlaßhub nach oben eingeleitet. Die Massenkräfte des hin- und hergehenden Kolbens werden durch federnde Aufhängung aufgefangen.

In Abb. 260 sind durch die umhüllende Kurve die Grenzen der Kälteleistung angegeben. In der Abszissenachse ist unten der Kondensatordruck und oben die Kondensationstemperatur angegeben, in der Ordinatenachse links der Verdampferdruck und rechts die Verdampfungstemperatur. Ein stabiles Arbeiten kann bei jedem Punkt innerhalb der umhüllenden Kurve erreicht werden. Die normale Leistung von 9000 kcal/h wird also bei etwa folgenden Wertpaaren der Temperatur erreicht:

Verdampfungstemperatur	−1,0	3,3	9,2	14,4
Kondensationstemperatur	37,5	43,0	50,0	56,2

Abweichend von der in Abb. 259 gezeigten Lösung des Abdichtungsproblems wurden im Laufe der Entwicklungsarbeiten verbesserte Lösungen vorgeschlagen, von denen hier nur die in Abb. 261 schematisch gezeigte Konstruktion besprochen werden soll:

Jeder Zylinder hat hier seinen eigenen Kolben und beide sind durch die Kolbenstange *c* verbunden. Dadurch entsteht oberhalb des Kompressorkolbens ein sekundärer Verdichtungsraum *i*, der mit der Saugleitung *k* in Verbindung steht. Die Abdichtungskammer *e* ist hier viel kürzer und ist an die Kolbenstange *c* verlegt. Die Kammer wird unmittelbar vom Ölabscheider *m* mit Öl unter Druck gespeist. Diese Kammer ist auf beiden Seiten noch durch Dichtungsringe *d* abgedichtet. Unterhalb der Ölkammer befindet sich eine Abstreif- oder Abscheidekammer *f*, die Kältemitteldampf unter niedrigem Druck enthält. Das Vakuum wird hier durch die Bewegung des Kölbchens *g* und durch das Rückschlagventil *h* aufrecht erhalten. Bei geringem Ölzufluß zur Kammer *f* ist die Kältemittelkonzentration im Ölfilm bei dem herrschenden Unterdruck und bei der durch die Kolbenreibung bedingten Erwärmung des Ölfilms sehr niedrig. Die Beschreibung der Maschine und die zugehörigen Zeichnungen sind in der erwähnten Originalabhandlung vielleicht mit Absicht nicht sehr klar gehalten, so daß es der Phantasie des Lesers überlassen bleibt, sich die genaue Wirkungsweise vorzustellen.

Eine vielversprechende Möglichkeit wäre die Verwendung einer dichtenden Flüssigkeit, welche die Freone viel schwächer löst als das paraffinbasische Schmieröl. Im Laboratorium wurden bereits Flüssigkeiten geprüft, deren Lösungsvermögen zwanzigmal kleiner ist als das von Öl. Dabei würden die Kältemittelverluste nur den zwanzigsten Teil betragen und verschwindend klein werden.

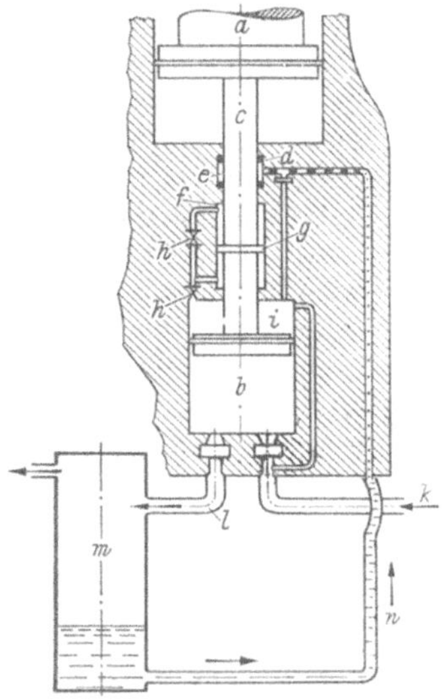

Abb. 261. Schema der Kolbenschaft-Abdichtung.
a Motorzylinder; *b* Kompressorzylinder (3,5 bis 10,5 ata); *c* Kolbenstange; *d* Dichtungsring; *e* Öldruckdichtungskammer; *f* Vakuum-Abscheidekammer (0,35 bis 0,7 ata), *g* Kölbchen; *h* Rückschlagventil; *i* Sekundärer Verdichtungsraum (1,05 bis 3,5 ata), *k* Saugleitung; *l* Druckleitung; *m* Ölabscheider; *n* Öldruckleitung.

Zur Dynamik der Kolbenbewegung ist zu sagen, daß der Verdichtungshub des Kältemittels nur die halbe Zeit des Ansaugehubs beansprucht. Der Auslaßquerschnitt am Druckventil muß daher bei gleichen Betriebsbedingungen doppelt so groß bemessen werden wie bei den Kompressoren üblicher Bauart.

Der Freikolben-Kompressor ist im Grunde ein System schwingender Massen und die Schwingungszahl ist durch die Druckänderungen in den verschiedenen Kammern bestimmt. Eine Zunahme des Kondensatordrucks verursacht eine Erhöhung der Schwingungszahl des Systems und hat eine geringe Zunahme in der Zahl der Hubwechsel pro Zeiteinheit zur Folge. Auch der obere und untere Totpunkt verschieben sich ein wenig im Sinne einer geringen Abnahme des Hubs. Der Kompressor kann ohne Schaden nasse Dämpfe ansaugen.

Auch das Anlassen der Maschine konnte inzwischen vereinfacht werden; man bemüht sich, den oben erwähnten kleinen Zusatzkompressor ganz entbehrlich zu machen und durch ein mechanisches Anlaufsystem zu ersetzen.

Die voraussichtlichen Herstellungskosten einer Freikolben-Kompressor-Klimaanlage für eine Kälteleistung von 9000 kcal/h wurden sorgfältig kalkuliert und mit denjenigen eines üblichen elektrisch angetriebenen Kompressors verglichen. Bei einer Herstellungszahl von 15000 Stück im Jahr stellt sich der Preis einer Freikolben-Kompressor-Anlage nur um 15 Dollar höher als beim elektrischen System. Die Betriebskosten betragen aber etwa nur die Hälfte, wenn man die durchschnittlichen Kosten von Naturgas einerseits und von elektrischem Strom anderseits zugrunde legt.

c) Vorschläge von P. Schlumbohm. Im Zusammenhang mit der Kombination von Brennkraftmotor und Kälteerzeugung ist es angezeigt, auf Gedanken hinzuweisen, die SCHLUMBOHM seit über dreißig Jahren geäußert und zu verwirklichen gesucht hat[1]. Danach soll ein und derselbe Stoff, und zwar Propan, hintereinander zur Kälteerzeugung und Energieerzeugung verwendet werden. SCHLUMBOHMS Ideen reichen in den Patent-Anmeldedaten in Deutschland bis in das Jahr 1927 und in USA bis 1928 zurück. Dabei wurde vorwiegend an die Verwendung in Personen- und Lastkraftwagen gedacht. Im Jahr 1934 hat die Shell Development Company (Shell Union Petroleum Corporation) in USA in Verbindung mit der McCord Radiator und Manufacturing Company den gleichen Gedanken aufgegriffen und die erste Fahrzeugkühlanlage mit Verwertung der Verdampfungswärme des Treibstoffes zu Kühlzwecken entwickelt[2]. Der Lastkraftwagen von 2 t mit einem gekühlten Raum von $(6' \times 6' \times 11')$ stand in den Diensten der S. Loewenstein und Son Gesellschaft in Detroit und wurde für den Transport von Lebensmitteln verwendet. Der flüssige Brennstoff (,,Petrogas") wurde in zwei unter dem Wagenkasten untergebrachten Behältern von je 23 Gallonen Inhalt beim Druck von etwa 10 ata mitgeführt. Er wurde über einen Wärmeaustauscher und ein Drosselventil den Verdampferschlangen in dem zu kühlenden Raum zugeführt und unter einem Druck von etwa 1,3 ata verdampft. Der erzeugte Dampf gelangte im Gegenstrom zum flüssigen Brennstoff durch den Wärmeaustauscher und zwei Regelventile zum Mischventil, wo die richtige Mischung mit Luft erreicht wird, und von dort in den Verbrennungsmotor, der den Wagen antreibt.

Dieses etwas primitive Verfahren hat SCHLUMBOHM in seinem ,,Transitory Cycle" weiterentwickelt, der in der Literatur ausführlich beschrieben ist.[3]

Später (1958) hat er diesen Gedanken mit dem *Freikolben-Kompressor* verbunden. Das Problem der Abdichtung zwischen Motor und Kompressor kann wesentlich vereinfacht werden, wenn derselbe Stoff — Propan — als Verbrennungsgas und als Kältemittel benutzt würde. Gewiß verwandelt sich Propan im Gasmotor in seine Verbrennungsprodukte und deren Überströmen in den Kompressor würde das Kältemittel verunreinigen. Die geringen überströmenden Mengen ließen sich aber, wie sonstige nicht kondensierbare Gase aus dem Sammler hinter dem Kondensator leicht ausscheiden und mit einem Teil des Propans in den Vergaser leiten (Abb. 262). Ein Überströmen des Propans aus dem Kompressorzylinder in den Motor hätte keine nachteiligen Folgen, es würde dort einfach mitverbrennen. Gelangen dagegen z. B. geringe Mengen R 12 in den heißen Motorzylinder, dann können dort Zersetzungen unter Bildung giftiger Gase auftreten, die von dort in den Auspuff gelangen, was bei Verwendung dieses Systems in Kraftwagen gefährlich werden kann.

Die Kombination des ,,Transitory Cycle" mit dem Freikolben-Prinzip ist aus Abb. 262 zu erkennen: In der Mitte der Abbildung erkennt man den normalen Kältekreislauf, bestehend aus Motorkompressor *1*, *7*, Kondensator *2*, Flüssigkeitssammler *3*, dem von der Saugleitung thermostatisch gesteuerten Drosselventil *4* und Verdampfer *5*. Im Transitory Cycle ist aber der Flüssigkeitssammler *3* durch die ,,Entlüftung" *6* mit dem (nicht eingezeichneten) Vergaser und Brennstoffregler des Verbrennungsmotors *7* verbunden. In der Entlüftungsleitung sind Prellplatten *8* für die Ölabscheidung und ein Druckminderventil *9* eingebaut. Die Niederdruckseite ist durch die Fülleitung *10* mit dem Propanbehälter *11* verbun-

---

[1] U. S. Pat. 1935749 (1933); 2082850; 2142866; 2195387/388/389, DRP 456567 (1928).

[2] TINKHAM, G. L.: Vortrag vor der Motor Truck Association and Newark Chamber of Commerce, Newark, November 1934.

[3] SCHLUMBOHM, P.: Refrigerating Engineering Bd. 37 (1939) Nr. 4, S. 328 u. Bd. 42 (1941) Nr. 1, S. 14. — The Refrigerating Data Book, Basic Volume, 7. Aufl. (1951) S. 411.

den. In dieser Leitung ist ein Abschlußventil *12* eingebaut, das nur bei laufendem Motor geöffnet ist und ein Auffüllventil *13*, das den gewünschten Flüssigkeitsstand im Sammler *3* regelt. An diesem Flüssigkeitsstand setzt die Überlaufleitung *14* an, die mit einer sehr kleinen Drosselöffnung in den sekundären Verdampfer *15* mündet und dort eine Abkühlung verursacht, sobald der gewünschte Flüssigkeitsstand im Sammler *3* überschritten wird. Diese Abkühlung oder ihre Unterbrechung mit Hilfe eines Fühlers *16* wird dazu benutzt, das Auffüllventil *13* zu schließen oder zu öffnen. Bei geöffnetem Ventil tritt aus dem Behälter *11* zusätzliches flüssiges Propan in den Verdampfer *5* und damit in den Kältekreislauf. Dieser Zusatz muß den laufenden Verbrauch von Propan im Motor kompensieren. Die Propanentnahme aus dem Behälter *11* dauert so lange an, bis der gewünschte Flüssigkeitsstand in *3* durch Zufluß von frischem Kondensat wieder erreicht ist und etwas Propan in die Leitung *14* überfließt.

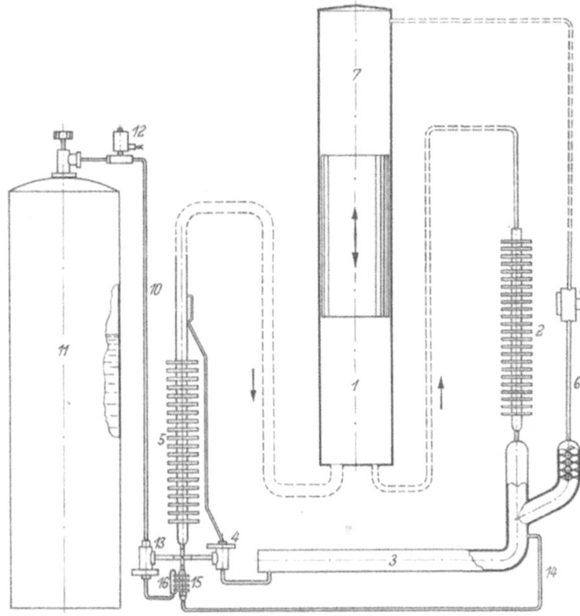

Abb. 262. Der „Transistory Cycle" in Verbindung mit dem Freikolben-Motorkompressor.

1 Kältekompressor; *2* Kondensator; *3* Flüssigkeitssammler; *4* Drosselventil; *5* Verdampfer; *6* Steigleitung zum Vergaser und Motor; *7* Verbrennungsmotor; *8* Ölabscheider; *9* Druckminderventil; *10* Füllleitung; *11* Propanbehälter; *12* Abschlußventil; *13* Auffüllventil; *14* Überlaufleitung; *15* sekundärer Verdampfer; *16* Fühler.

Propan als Kältemittel hat manche Vorteile. Das Druckverhältnis ist kleiner als bei Ammoniak und R 12. Bei $-30°$ C im Verdampfer und $+40°$ C im Kondensator ist das Druckverhältnis bei Propan 8,2, bei R 12 ist es 9,6 und bei Ammoniak 13,0[1]. Der Preis für Propan ist niedrig, in USA ist es überall rein zu erhalten. In Deutschland ist es meist mit Butan und geringen Mengen anderer Kohlenwasserstoffe vermischt und daher als Kältemittel nicht brauchbar. Als Nachteil ist die Explosionsgefahr zu nennen, doch wird sie gerade im Transitory Cycle durch Herabsetzung der Füllung vermindert. Bedenkt man, daß Flüssiggase (Propan-Butangemische) in den Küchen der Haushaltungen stark verwendet werden, so darf man die Feuergefahr nicht überschätzen.

3. Der Schraubenkompressor[2].

Der Schraubenkompressor wurde 1934 von Alf J. R. Lysholm bei der Ljungström-Dampfturbinen-Gesellschaft erfunden und in der Zwischenzeit von der

---

[1] Die thermischen Daten von Propan findet man in Bd. IV dieses Handbuches auf S. 409—413.

[2] Kammerer, H.: Schraubenverdichter und Schraubenmotoren, Kältetechnik, Bd. 7 (1955) S. 156. — Zyrlin, B.: Die Anwendung von Schraubenkompressoren in der Kältetechnik, Cholodilnaja Technika (russ.) Bd. 36 (1959) Nr. 3, S. 16. — Wagenius, B.: Kylteknisk Tidskrift Bd. 17 (1958) Nr. 1, S. 1. — Perry, E. J., u. P. D. Laing: Positive Displacement Rotary Compressors as applied to Refrigeration, The Institute of Refrigeration Proceedings Bd. 57, 1960—61, London, S. 25—40. — Lundvik, B.: Luftkonditionierungsanlagen mit Schraubenkompressor, Kylteknisk Tidskrift (schwedisch), Bd. 23 (1964) Nr. 1, S. 12.

Svenska Rotor Maskiner A.B. zu seiner heutigen Reife entwickelt. Diese Kompressoren werden in Deutschland von der Gutehoffnungshütte in Sterkrade und in Frankreich unter der Bezeichnung „Helice-Compresseur" von der Société Alsacienne de Constructions Mecaniques in Mulhouse gebaut. Sie wurden ursprünglich für die Verdichtung von Luft verwendet, finden aber jetzt in etwas geänderter Konstruktion auch in die Kältetechnik Eingang.

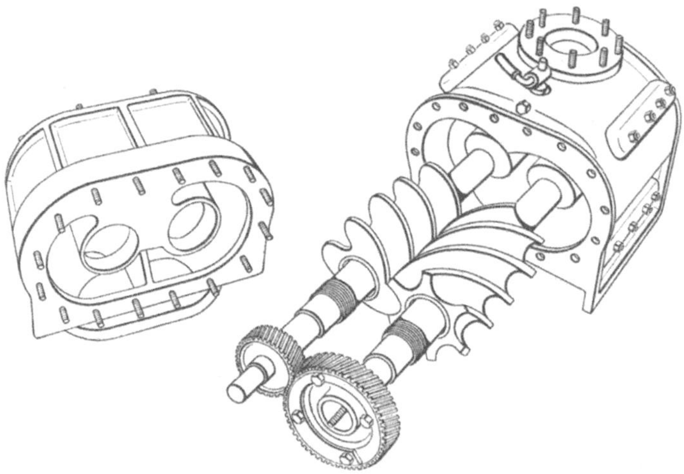

Abb. 263. Die Konstruktionselemente eines Schraubenkompressors.

Die Schraubenkompressoren bestehen aus einem Gehäuse und zwei ineinandergreifende schraubenförmig verzahnte Rotoren (Abb. 263). Sie unterscheiden sich von den bekannten „Rootsgebläsen", die nur kleine Druckverhältnisse bewältigen, durch die sehr ausgeprägte Schrägverzahnung der Rotoren. Die zur Drehachse senkrechte Profilform der Zähne ist heute vorwiegend ein Halbkreis (Abb. 264); der Hauptrotor (in Abb. 263 links) hat in der Regel 4 Zähne, der Nebenrotor (in Abb. 263 rechts) 6 dazu passende Zahnlücken, beide haben denselben Außendurchmesser. Der von außen angetriebene Hauptrotor besitzt gegenüber dem Nebenrotor eine um 50% höhere Drehzahl; das Übersetzungsverhältnis entspricht dem Verhältnis der Zähnezahlen. Die Rotoren wälzen sich ohne Berührung aufeinander ab. Die Synchronisierungszahnräder, die an den Enden der Rotorachsen liegen, übertragen (im Gegensatz zum Rootsgebläse) nur etwa 10% des Drehmotors. Im übrigen wird der Nebenrotor durch den Druck des in den Zahnlücken verdichteten Gases angetrieben.

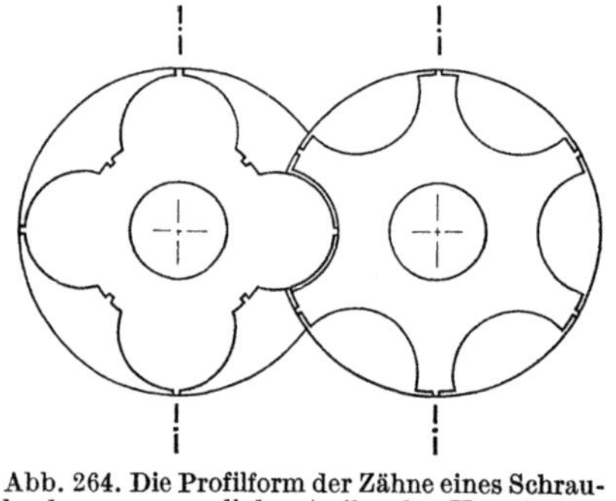

Abb. 264. Die Profilform der Zähne eines Schraubenkompressors; links: treibender Hauptrotor; rechts: Nebenrotor

Die Einlaß- und Auslaßöffnungen befinden sich an den entgegengesetzten Stirnseiten im Gehäuse und erstrecken sich teilweise auch auf dessen zylindrischen Teil. Die schraubenförmigen Lücken der Rotoren werden mit dem angesaugten Gas gefüllt, wenn sie an der Einlaßöffnung vorbeistreichen. Das dauert so lange, bis die Zahnlücken von der Saugöffnung abgeschnitten werden. Dann ist die angesaugte Gasmenge in dem Raum zwischen der Stirnwand, der zylindrischen Gehäusewand und den Oberflächen der Rotorlücken eingeschlossen. Bei weiterer Rotation dringen die Zähne des einen Rotors in die Lücken des anderen ein, wodurch das eingeschlossene Gas verdichtet wird. Das Druckverhältnis ist durch die Abmessungen der Rotoren festgelegt und unveränderlich. Im Laufe der Verdichtung verlagert sich das eingeschlossene Gas nach der Auslaßöffnung an der entgegengesetzten Gehäusestirnwand bis die Verbindung mit dem Druckstutzen hergestellt ist, wonach das verdichtete Gas ausgeschoben wird. Dieser Vorgang wiederholt sich in jeder Zahnlücke, so daß in benachbarten Zahnlücken verschieden hohe Drücke vorhanden sind. Bei der hohen Drehzahl erhält man eine fast stetige Förderung.

Die Zahnprofile der Rotoren müssen sehr genau bearbeitet sein, denn der Spalt darf nur etwa ein Tausendstel des Durchmessers vom Hauptrotor betragen. Da

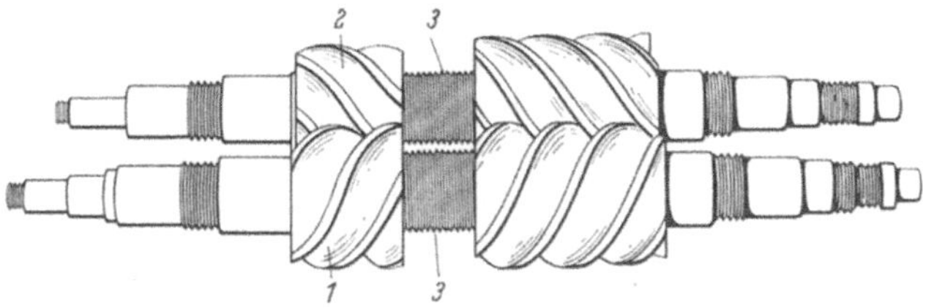

Abb. 265. Die Rotoren eines zweistufigen Kompressors.
1 treibender Rotor; *2* getriebener Rotor; *3* Labyrinth.

keine Reibung metallischer Teile auftritt, könnte eine Schmierung vollständig ausbleiben, so daß ölfreie Luft gefördert werden würde. Um zu vermeiden, daß Öl aus den Lagern in den Kompressionsraum eindringt, sind die Lager in Kammern untergebracht, die durch Graphitringe oder Manschetten aus plastischem Material vom Kompressionsraum getrennt sind.

Das Druckverhältnis kann bis auf 7 gesteigert werden; bei höheren Verhältnissen arbeitet man zweistufig, wobei entweder zwei einstufige Maschinen mit Zwischenkühlung hintereinander geschaltet, oder auch die beiden Stufen im gleichen Gehäuse untergebracht werden (Abb. 265). Die angesaugte Gasmenge liegt zwischen 200 und 30000 m^3/h bei 1500 bis 30000 U/min. Die Umfangsgeschwindigkeit beträgt optimal 80 bis 100 m/s. Je kleiner die Fördermenge ist, um so höher muß die Drehzahl gewählt werden. Bei Drehstrom mit einer Frequenz von 50 Hz muß daher von Übersetzungsgetrieben Gebrauch gemacht werden. Die volumetrischen Verluste hängen mit der Rückströmung der geförderten Gase durch die Spalte zusammen und sinken mit wachsender Drehzahl; es lassen sich sehr hohe Liefergrade erreichen. Eine Leistungsregelung war bisher nur durch Veränderung der Drehzahl möglich.

Gegenüber den Kompressoren mit hin- und hergehenden Kolben oder Drehkolben haben die Schraubenkompressoren folgende Vorteile:

Fortfall der Schmierung der Rotoren und der dadurch bedingten Verunreinigung der geförderten Gase,

Fortfall der Abnutzung der Rotoren und des Gehäuses, da sich infolge der Spalte metallische Teile nicht berühren,

Fortfall der Ventile und der damit verbundenen Verluste, geringe Abmessungen und niedrige Gewichte,

leichte Fundamente infolge Abwesenheit von hin- und hergehenden Teilen.

Gegenüber den Turbokompressoren kann man folgende Vorteile geltend machen:

Möglichkeit der Verwendung auch bei kleinen Förderleistungen mit besseren Wirkungsgraden,
die Fördermenge ist praktisch unabhängig vom Druck und der Druck ist unabhängig von der Drehzahl und von der Dichte des Gases,
ein instabiles Gebiet des „Pumpens" tritt nicht auf.

Die genannten Vorteile eröffnen der Anwendung von Schraubenkompressoren in der Kältetechnik gute Möglichkeiten. Die bisherige Zurückhaltung der Kälteindustrie wird daher zunehmend überwunden. Bis vor kurzem sind nur Sonderanwendungen bekannt geworden. So zeigt Abb. 266 schematisch einen R 12-Motorkompressor für die Klimatisierung von Höhenflugzeugen, der mit 22500 U/min unmittelbar von einem Drehstrommotor für 400 Hz angetrieben wird. Es handelt sich um eine halbhermetische Bauart. Bei einer Verdampfungstemperatur

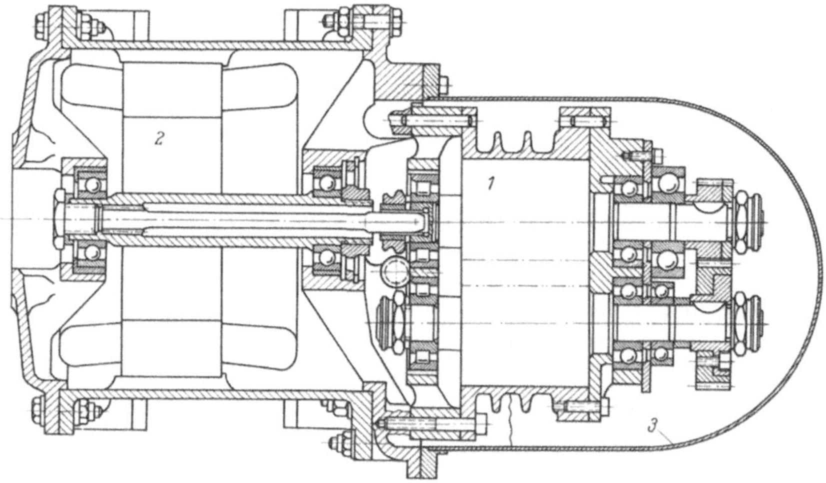

Abb. 266. Halbhermetischer Motor-Schraubenkompressor für R 12.
1 Kompressor; *2* Elektromotor; *3* hermetisch abschließender Mantel.

von 2° C und einer Kondensationstemperatur von 63° C leistet der Kompressor 30000 kcal/h. Beim Druckverhältnis von 5,4 wird ein adiabater Wirkungsgrad von 74% erreicht. Die Länge dieser Einheit beträgt 320 mm und das Gewicht 24,5 kg. Bei einem anderen amerikanischen Beispiel mit einer Kälteleistung von 13500 kcal/h beträgt das Gewicht 14,4 kg und die Leistung des Motors 9,4 kW.

Neuerdings hat die Stal Refrigeration AB in Norrköping (Schweden) den Schraubenkompressor für die Verwendung in der Kältetechnik für Leistungen bis 4 Millionen kcal/h entwickelt. Ein solcher Kompressor wurde auf der Hannover-Messe 1963 gezeigt[1]. Da die beiden Rotoren einander nicht berühren, könnte von einer Ölzufuhr vollständig abgesehen werden. Um aber die Leckverluste durch den engen Spalt weitgehend zu verringern, höhere Druckverhältnisse ohne unzulässige Überhitzung am Ende der Verdichtung zuzulassen und den Liefergrad zu verbessern, arbeitet der Kompressor mit Öleinspritzung. Durch feine Bohrungen wird Öl gegen die Eingriffsflächen geblasen. Neben der dichtenden Wirkung wird damit auch eine Schalldämpfung erzielt. In einem großen Ölabscheider auf der

[1] Kältetechnik, Bd. 15 (1963) S. 270.

Druckseite wird das Kältemittel vom mitgerissenen Öl befreit. Auch das Problem der Leistungsregelung von Schraubenkompressoren ohne Drehzahländerung wurde von Stal gelöst. Durch einen axial verschiebbaren Regelschlitten läßt sich die angesaugte Gasmenge bis auf 10% der maximalen Menge stetig herabsetzen. Bei vollständig zurückgezogenem Schlitten ist der Kompressor ganz entlastet und kann daher durch einen Motor in Stern-Dreieck-Schaltung angelassen werden.

Diese Kompressoren arbeiten mit R 12, R 22 und NH_3; sie sind gegen Flüssigkeitsschläge ganz unempfindlich. Abb. 267 zeigt einen Schnitt durch den Stal-Kompressor, Typ S 66 B mit automatischer Leistungsregelung; die Öffnung für den Regelschlitten ist unten links und die Regelschraube unten rechts zu erkennen. Die Kälteleistung beträgt 1 Million kcal/h bei $-10/+30°$ C und beim Betrieb mit R 22. Die Drehzahl ist 3000 U/min. Der adiabate Wirkungsgrad dieses Kompressors übersteigt 80 %. Den Zusammenbau des automatisch geregelten Kom-

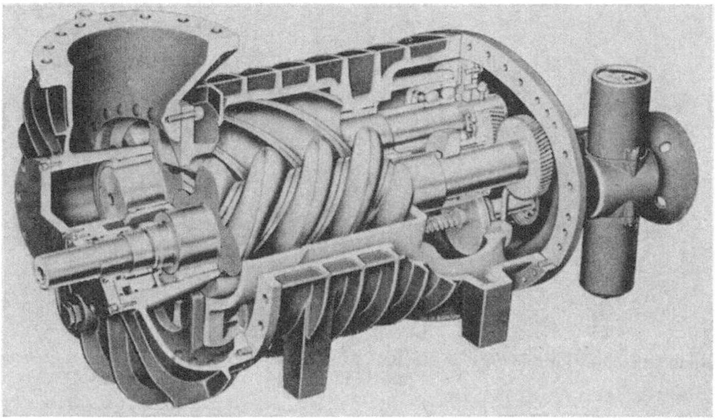

Abb. 267. Schnitt durch den Kompressor von Stal mit automatischer Leistungsregelung.

pressors, Typ S 56, mit dem Antriebsmotor und dem Ölabscheider zeigt Abb. 268. Diese Kompressoren, die in 6 Größen gebaut werden, haben bereits zahlreiche Anwendungen in Klimaanlagen, Eisenbahnen und als Booster gefunden.

Infolge des Fortfalls der Ventile können Schraubenkompressoren auch in Kälteanlagen für sehr tiefe Temperaturen und dementsprechend niedrige Saugdrücke verwendet werden. Während in Kolbenkompressoren der Saugdruck nicht unter 0,1 Atm. abs. absinken darf, könnte man bei Schraubenkompressoren auf 0,05 bis 0,02 Atm. abs. heruntergehen.

Schraubenmaschinen der beschriebenen Bauart werden nicht nur als Kompressoren, sondern auch als arbeitsleistende Expansionsmaschinen verwendet, so z. B. für Druckluft im Bergbau zum Antrieb der Bohrmaschinen; aber auch als Kaltluftmaschinen haben sie sich bereits bewährt. Dem Ausschub beim Kompressor entspricht bei umgekehrter Drehrichtung der Füllungsvorgang bei der Expansionsmaschine: beim Überschneiden der druckseitigen Steuerkanten ist die Füllung beendet und das in den Zahnlücken eingeschlossene Gas wird bei immer länger werdenden Zahnlücken entspannt, bis es am anderen Ende des Gehäuses ausströmt.

Die Svenska Rotor Maskiner AB hat Schraubenexpansionsmaschinen für Klimaanlagen in den Kabinen von Höhenflugzeugen, die von Gasturbinen angetrieben werden, entwickelt. Abb. 269 zeigt das Schema einer solchen Anlage.

Ein Teil der im Kompressor *1* der Gasturbine verdichteten heißen Luft wird im Kühler *4* durch kalte Außenluft *5* abgekühlt, die vom Ventilator *3* durch den Kühler angesaugt wird; der Ventilator wird durch den Schraubenmotor *2* an-

Abb. 268. Zusammenbau des automatisch geregelten Kompressors von Stal mit dem Antriebsmotor und Ölabscheider.

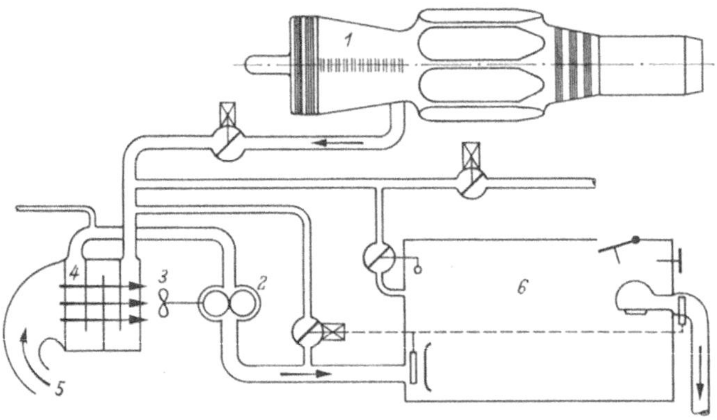

Abb. 269. Schema einer Kaltluft-Klimaanlage für die Kabine eines Höhenflugzeuges.
1 Kompressor der Gasturbine; *2* Schraubenexpansionsmaschine; *3* Ventilator; *4* Luftkühler; *5* Eintritt der Außenluft; *6* klimatisierte Kabine.

getrieben, in dem die Druckluft bis auf den in der Kabine *6* gewünschten Druck expandiert und sich dabei entsprechend abkühlt. In Abb. 269 sind noch die Umgehungskanäle und automatische Ventile angedeutet, die es gestatten, in der Kabine die gewünschte Temperatur einzuhalten.

In England hat die Firma James Howden u. Co. Ltd. in Glasgow und London die Anwendung von Schraubenkompressoren in der Kältetechnik gefördert. In Fußnote 2 auf Seite 315 wurde bereits auf die Arbeit von E. J. PERRY und

P. D. LAING hingewiesen, die schon im Jahre 1955 anfingen, Öl in den Spalt zwischen den Rotoren einzuspritzen, um das Rückströmen der Fördergase zu vermeiden und Kompressionswärme abzuführen. Neuerdings wurden diese Kompressoren speziell für die Anwendung in der Kälte- und Klimatechnik entwickelt[1] und die Verkaufsrechte für diese Anwendungsgebiete den Firmen J. u. E. HALL, Dartford, und UDEC Ltd. London, übertragen. Die Kompressoren sind für NH_3, R 12, R 22 und R 13 geeignet und werden für Antriebsleistungen von 150 PS und höher empfohlen; sie sind ventillos, schwingungsfrei, lassen flüssiges Kältemittel ohne Schaden durch und sind ökonomisch in der Leistung regelbar.

4. Einbau des Kompressors in den Rotor des Elektromotors.

a) Der Zahnrad-Kompressor[2]. Das ursprüngliche Patent von MYRON F. HILL[3] bezieht sich auf einen als „Rotoid" bezeichneten rotierenden Mechanismus, bestehend aus zwei exzentrisch angeordneten Zahnrädern, Abb. 270, von denen das äußere innen verzahnt und das innere außen verzahnt ist, wobei das innere einen Zahn weniger besitzt als das äußere. Bei dem weiter unten zu beschreibenden Motorkompressor von WM. HODGES und Mitarbeitern befindet sich dieser als Zahnradkompressor ausgebildete Mechanismus im Inneren des Rotors des Elektromotors und das äußere Zahnrad ist mit dem Rotor fest verbunden; es wirkt somit als treibendes Zahnrad, während das innere Zahnrad das getriebene ist. Die Zahnlücken des äußeren Rades wirken als rotierende Zylinder, die Zähne des inneren Rades als Kolben. Bei n Zähnen im äußeren Rad und $n-1$ im inneren rotiert das Innenrad $\frac{n}{n-1}$-mal schneller als das äußere. Die Zähne beider Räder greifen lückenlos ineinander, so daß Leckverluste und eine Rückexpansion vermieden werden.

Abb. 270. Schema des Rotoids nach M. F. HILL.

Ein Mechanismus dieser Art eignet sich besonders als Flüssigkeitspumpe. Die Firma Danfoss in Nordborg, Dänemark, baut, auf diesem Prinzip fußend, Hochdruckpumpen für Ölheizungen[4]. In langjähriger Arbeit wurde ein betriebssicheres und wirtschaftliches Modell entwickelt, das jetzt in Serien gebaut wird. Zuerst besaß das innere Rad 6 Zähne und der Zahnkranz 7 Zähne. Dann wurde die Zähnezahl auf 8 und 9 erhöht, um einen höheren Druckbereich und geringere Undichtigkeiten zu erzielen. Die Firma Danfoss beansprucht für diese Bauart ein geringeres Geräuschniveau, einen kleineren Wattverbrauch und ein niedrigeres Startmoment.

An dieser Stelle interessiert aber vorwiegend die Anwendung des beschriebenen Mechanismus als Kompressor für Gase, insbesondere Kältemitteldämpfe.

Die Firma Wetmore Hodges and Associates in Redwood City, Californien[5] hat die Patente von M. F. HILL aufgegriffen mit der Absicht, den Zahnrad-

[1] LAING, P. D., u. E. J. PERRY: Vortrag in der Sitzung des Institute of Refrigeration am 6. Febr. 1964. Im Auszug: The Journal of Refrigeration, Bd. 7 (1964), Nr. 2, S. 24. Referat in Kältetechnik Bd. 17 (1966).

[2] Herrn Siegfried Ruppright in Inglewood, California danken wir für seine Mitarbeit bei der Abfassung dieses Abschnittes.

[3] HILL, M. F.: U. S. Pat. 1682563 (1928); 2031888 (1936); 2048597 (1936); 2091317 (1937); 2209201 (1940); 2386896 (1945); 2547392 (1951).

[4] Das Danfoss Journal, Deutsche Ausgabe, Bd. 12 (1962) Nr. 1, S. 9.

[5] Nach dem Tode von WETMORE HODGES (1957) befaßte sich die Hodges Chemicals Company in Mountain View, Californien, mit dieser Bauart.

kompressor im Inneren des Rotors eines Elektromotors unterzubringen und eine möglichst kompakte Bauart zu schaffen[1]. Die hier zu beschreibende Bauart ist das Ergebnis der Zusammenarbeit von Wm. C. Hodges, H. H. McAdams und Alexander L. Robb. Der Motorkompressor Abb. 271, sieht einem Elektromotor ähnlich, bei dem die äußere Oberfläche freiliegt, so daß die Statorwärme auch durch Strahlung an die Umgebung abgeführt werden kann. Der Kompressor erinnert dadurch an die hermetische Bauart von Zorzi[2], der den Stator exponierte und das Eisenpaket mittels Isolierlack gasdicht machte. Zorzi erreichte den hermetischen Abschluß allerdings nur durch das Opfer geschlossener Nuten, weil die Elektroindustrie zu seiner Zeit die Windungen noch nicht gasdicht herstellen konnte.

Durch die Verwendung von Epoxy-Harzen konnte McAdams die Statorwindungen einkapseln und zu einem festen Körper gestalten. Dadurch wurde aus dem Windungspaket der zylindrische Teil des Motors und damit zugleich des hermetischen Kompressors gemacht und eine Idee von Hodges verwirklicht. Es gehört dazu ein be-

Abb. 271. Ansicht des Motor-Kompressors nach Wm. Hodges, McAdams und Robb.

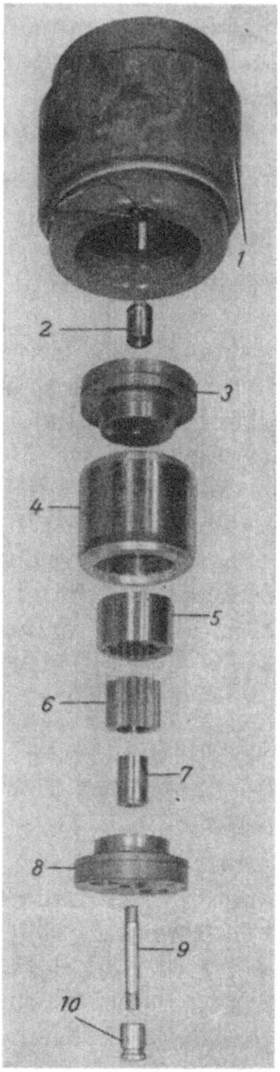

Abb. 272. Motorkompressor nach Abb. 271 in zerlegtem Zustand.
1 Stator; *2* und *10* geschlossene Endmuttern; *3* und *8* Lagerschilder bzw. Endplatten auf der Saug- und Druckseite; *4* Rotor; *5* äußeres Zahnrad; *6* inneres Zahnrad; *7* Hülse (Bundring); *9* Achsbolzen.

sonders geeignetes Kunstharz von halbflüssiger Konsistenz[3], das in die Form, die das fertiggewickelte Statorpaket mit seinen Anschlußklemmen enthält, unter hohem Druck heiß eingefüllt und bis zum Erstarren darin unter Druck gehalten wird. Die Form mit dem Statorpaket wird vorher auf die zur Umwandlung des Kunstharzes nötige Temperatur gebracht und so hoch evakuiert,

[1] Anonym: Tightened Design Packs Compressor in Motor Stator, Design News, 1955.
[2] Plank, R., u. J. Kuprianoff: Die Kleinkältemaschine, S. 155. Berlin/Göttingen/Heidelberg: Springer 1948. Refr. Engng. Bd. 25 (1933) S. 244.
[3] Epon resin der Shell Chemical Corporation.

daß das Material ohne Verwendung von Lösungsmitteln bis in die kleinsten Poren eingepreßt werden kann und einen völlig gasfreien Körper bildet. Das fertige Stück schwindet nicht, bleibt aber genügend elastisch, um sich allen durch Temperaturänderungen im Betriebe vorkommenden Streck- und Schrumpfvorgängen im Eisen-Kupfergebilde des Stators anzupassen und hermetischen Abschluß zu gewährleisten.

Um sicher zu gehen, machte HODGES die Finger zwischen den Nuten gasdicht, indem er die Dynamobleche mit Folien aus einem Kunstharz von elastischerer Qualität unter hohem Preßdruck und höherer Temperatur zu einem festen Körper vereinigte.

Wie Abb. 271 und 272 zeigen, sind die Endplatten oder Lagerschilder (3 und 8 in Abb. 272) nicht am Statoreisen, sondern an dem Kunstharzkörper befestigt, der die Windungsschleifen in üblicher Weise fest umschließt und nach HODGES einen Baubestandteil seines Kompressors bildet.

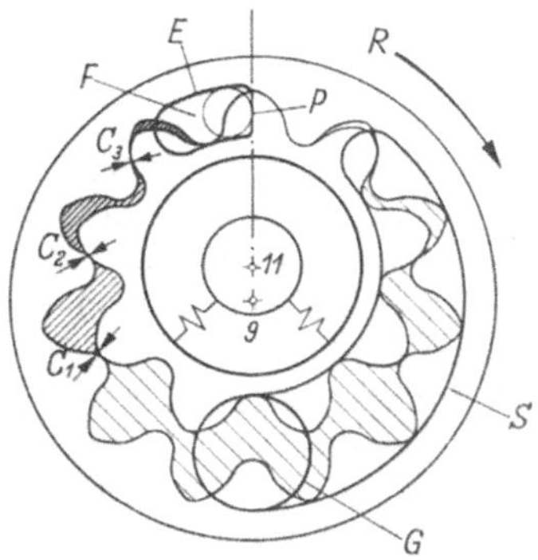

Abb. 273. Querschnitt durch den Zahnrad-Kompressor.

9 Bundring; *11* Achsbolzen; *R* Drehrichtung; *S* Saugkammer; *G* Stutzen der Saugleitung; *E* Druckkammer; *F* Stutzen der Druckleitung; *P* Totpunkt; C_1, C_2, C_3 Berührungskanten.

Wie beim ZORZI-Kompressor sind die einzelnen Teile nur durch die durchgehende Achse *9* zusammengehalten, deren Enden zur Aufnahme der geschlossenen Endmuttern *2* und *10* mit Gewinde versehen sind. Auf der Achse sitzt auch die zylindrische Hülse (Bundring *7*), auf der das innere Zahnrad *6* umläuft. Die Achse *9* ist im Motor-Rotor exzentrisch angeordnet.

Die Abbildungen 273 und 274, bei denen die gleichen Zahlenzeichen wie in Abb. 272 benutzt wurden, erläutern die Wirkungsweise des im Rotor *4* untergebrachten Zahnrad-Kompressors. Die Hülse *7* distanziert genau die Endplatten *3* und *8*, welche die nierenförmigen Aussparungen tragen, deren Lage aus Abb. 273 zu ersehen ist. Die größere *S* mündet in die Saugleitung *G*, die kleinere *E* in die Druckleitung *F*. Wenn das äußere Zahnrad im Uhrzeigersinn (Pfeil *R*) umläuft, gelangt das gasförmige Kältemittel aus der Ansaugeöffnung in den zwischen den Zähnen entstehenden Raum ($P - C_1$), der dem Hubvolum des Kompressors entspricht. Ein Teil des Kältemittels wird jeweils in der Lücke $C_1 - C_2$ eingesperrt und so lange verdichtet,

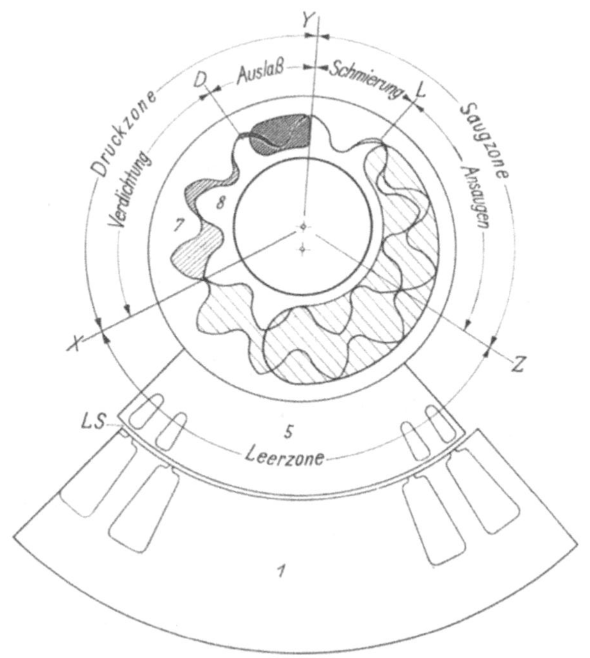

Abb. 274. Querschnitt durch den Zahnrad-Kompressor mit Motor. $X-Y$ Druckzone; $Y-Z$ Saugzone; $Z-X$ Leerzone; $Y-L$ Öleintritt; $L-Z$ Saugperiode; $X-D$ Verdichtungsperiode; $D-Y$ Auslaß; *1* Stator; *5* Rotor; *7* innen verzahntes Gehäuse; *8* außen verzahntes Laufrad; *LS* Luftspalt.

bis die Lücke hinter C_3 mit der Druckkammer F in Verbindung kommt. Im Punkt P ist das Volum der Lücke auf Null verringert und die Auslaßperiode beendet.

Versuche haben ergeben, daß sich der beschriebene Zahnradmechanismus mit n und $n - 1$ Zähnen wohl als Flüssigkeitspumpe eignet; dabei ist nur ein Zahn in der Leerlaufzone $X - Z$ frei und die Zähne treffen bei X mit den Spitzen zusammen (Abb 274). Das gibt beim Betrieb als Gaskompressor zu Störungen Veranlassung, sobald eine geringe Abnutzung der Lager eingetreten ist. Es tritt dann eine Kollision der Zahnspitzen ein, die kurz vor dem Wiedereingriff stehen. Für Gaskompressoren und Kältemaschinen hat daher A. L. ROBB empfohlen, mit n und $n - 2$ Zähnen zu arbeiten, wie die Abb. 273 und 274 mit $n = 11$ zeigen. Dadurch findet der Wiedereingriff an Stellen statt, wo die Zähne bei der ersten Berührung bereits mit ihren Flanken aneinander entlang gleiten. Dabei wird auch die Abdichtung im Betrieb verbessert.

Die Schmierung des Kompressors benötigt keine besondere Vorkehrung, solange das vom Kältemittel in Umlauf gehaltene Öl drei Prozent nicht unterschreitet. Wenn weniger Öl mit dem Kältemittel umläuft, muß hinter dem Kompressor ein Ölabscheider vorgesehen werden, der Öl in die Zone $Y - L$ (Abb. 274) zurückliefert.

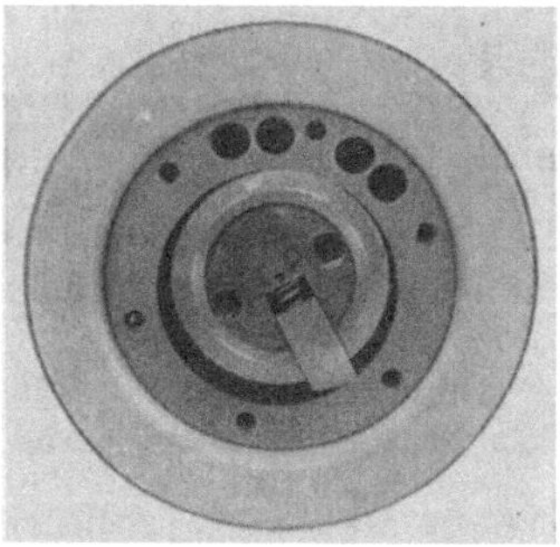

Abb. 275. Rollkolben-Kompressor von U. SELLERIO ohne Stator und obere Stirnplatte. Die Bohrungen in der Zylinderwand dienen dem Massenausgleich der rotierenden Teile.

Der in der Abb. 271 dargestellte Prototyp ist durch folgende Merkmale gekennzeichnet:

Motorleistung	$^1/_2$ PS
Hubvolum	42,5 l/min bei $n = 1725$
Gewicht	11,8 kg
Länge	153 mm
Durchmesser	191 mm

Von dem hier beschriebenen Motorkompressor für Gase und Dämpfe sind bisher wohl nur Versuchsmodelle (Prototypen) angefertigt und untersucht worden. Eine laufende Fabrikation ist noch nicht in Gang gekommen. Die Vorteile liegen in der sehr gedrungenen Bauart und im Fortfall der Ventile. Der Kompressor erfordert aber eine sehr genaue Herstellung mit geringsten Toleranzen, wenn längs der ineinander greifenden Zahnflanken eine zuverlässige Abdichtung erzielt werden soll. Die von der laufenden Abnutzung abhängige Lebensdauer kann nicht vorausgesagt werden. Die Kühlung des im Rotor eingekapselten Kompressors könnte auch noch Schwierigkeiten bereiten. Immerhin erscheint eine Weiterentwicklung dieser Gedanken lohnend zu sein.

b) Der Rollkolbenkompressor. Der im Abschnitt a) beschriebene Vorschlag von WETMORE HODGES, den Kompressor im Inneren des Rotors einzubauen, wurde von UGO SELLERIO aufgegriffen[1], doch ersetzte er den HILLschen Zahnrad-Kompressor durch einen einzelligen Rollkolbenkompressor. Im Gegensatz zu üblichen Bauarten dieser Maschinen, bei denen der Kolben im ruhenden Zylinder abrollt, ließ er den mit dem Rotor fest verbundenen Zylinder um den feststehenden Kolben mit radial beweglichem Schieber abrollen. Das Prinzip ist aus Abb. 275 ersichtlich. In Abb. 276 ist die Bauart im senkrechten und waagerechten Schnitt genauer dargestellt. Außer den kleinsten Modellen von $^1/_8$ bis 2 PS für die Kälte-

[1] SELLERIO, U.: Un nuovo compressore frigorifico, La Termotecnica, Bd. XI (1961) Heft 13, S. 143. — Rendiconti dell' Istituto Superiore di Sanita, Roma, Vol. 23, S. 1198. — Nouveau compresseur frigorifipue, Comptes rendus. IX. Congrès International du Froid, Bd. 1, S. 3070, Paris 1955. — Kältetechnik, Bd. 13 (1961) S. 354.

mittel R 12 und R 22 wurden auch schon gewerbliche Prototypen versuchsweise gebaut.

Die kalten Dämpfe gelangen durch Bohrungen im Kolben in die Saugkammer. Durch die Rotation des Zylinders findet im exzentrischen Hohlraum das Ansaugen und die Verdichtung der Dämpfe statt, die dann über das Druckventil, mit dem Schmieröl vermischt, entweichen. Das Druckventil sitzt auf der oberen Deckplatte und rotiert mit ihr, so daß das ausströmende Öl durch die Zentrifugalkraft an die Innenwand geschleudert wird, von wo es dann zum Ölbad wieder herunterrieselt. Größere Maschinen erhalten am Austritt aus dem Druckventil eine tangential angeordnete Laval-Düse zur besseren Ableitung des Ölstrahls nach der Außenwand und somit zur besseren Ölabscheidung.

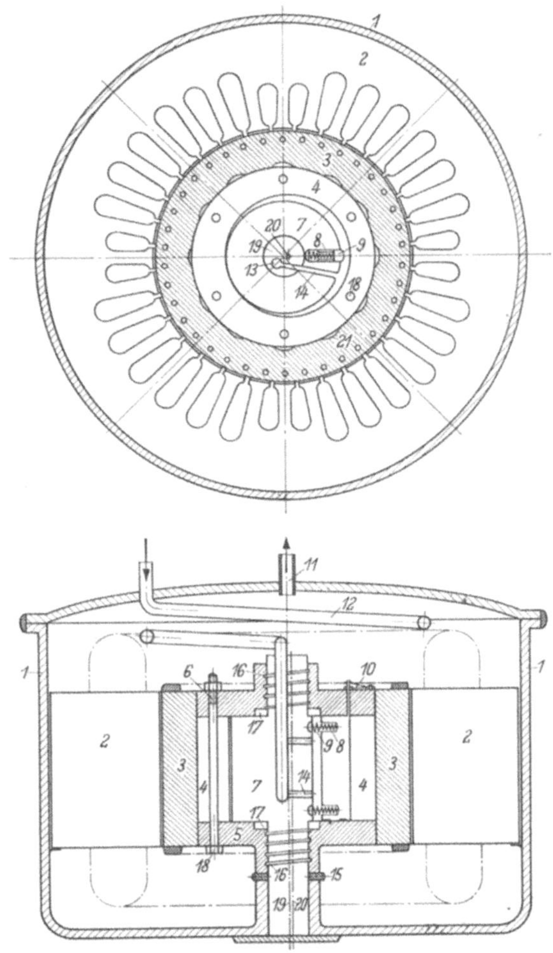

Abb. 276. Rollkolben-Kompressor von U. SELLERIO.
1 Kapsel; *2* Stator; *3* Rotor; *4* Zylindermantel; *5* untere Stirnplatte; *6* obere Stirnplatte; *7* Kolben; *8*, *9* Schieber mit Feder; *10* Druckventil; *11* Druckleitung; *12* Sauganschluß; *13* Saugkanäle; *14* Saugschlitze; *15* Axial-Ringlager; *16* Schraubenpumpe; *17* Ölverteilungs-Ringnut; *18* Befestigungsbolzen; *19* Rotationsachse; *20* Exzentrische Achse; *21* Kühlkanäle.

Die Schmierung erforderte besondere Beachtung. Bei den kleineren Kompressoren fördert eine Schraubenpumpe das Öl in eine unter dem Kolben befindliche Ringnut. Ein Teil des Öles steigt dann durch die Nut, in der sich der Schieber bewegt, hoch und gelangt auf die obere Seite des Kolbens. Wenn der Schieber bei der Verdichtung des Kältemittels nach innen geschoben wird, begegnet er dem Druck des von der Schraubenpumpe geförderten Öles und verdrängt es nach allen Seiten, wodurch die Schmierung, die Abdichtung und die Kühlung gefördert werden.

Die Federn, die den Schieber nach außen pressen, können sehr schwach sein, weil ein Teil dieser Aufgabe vom Schmieröldruck übernommen wird. Der Schieber arbeitet weich und ohne Verschleiß; bei größter Beanspruchung ist auch die Schmierung am stärksten. Eine aus weichem Eisen hergestellte Versuchsmaschine wies nach dreimonatigem Betrieb nicht den geringsten Verschleiß auf.

Nur wenige Teile erfordern sehr genaue Bearbeitung, so daß eine geringe Anzahl von speziellen Werkzeugmaschinen benötigt wird.

Auf Grund der gesammelten Erfahrungen wurde versucht, auf das Gehäuse, welches den Zylinder bildet, zu verzichten und es durch das Blechpaket des Rotors zu ersetzen. SELLERIO ist dabei offenbar dem von WM. HODGES eingeschlagenen Weg gefolgt [vgl. Abschnitt a)]. Man erhält dadurch eine für Kleinkältemaschinen wirtschaftlichere Ausführung. Die Maschinen werden je nach der Polzahl des Elektromotors mit 1500 oder 3000 U/min betrieben.

Eine Versuchsmaschine von 2 PS für R 12 hat die in sie gesetzten Erwartungen erfüllt. Man will Leistungen von 50 PS erreichen und auch zweistufig bauen.

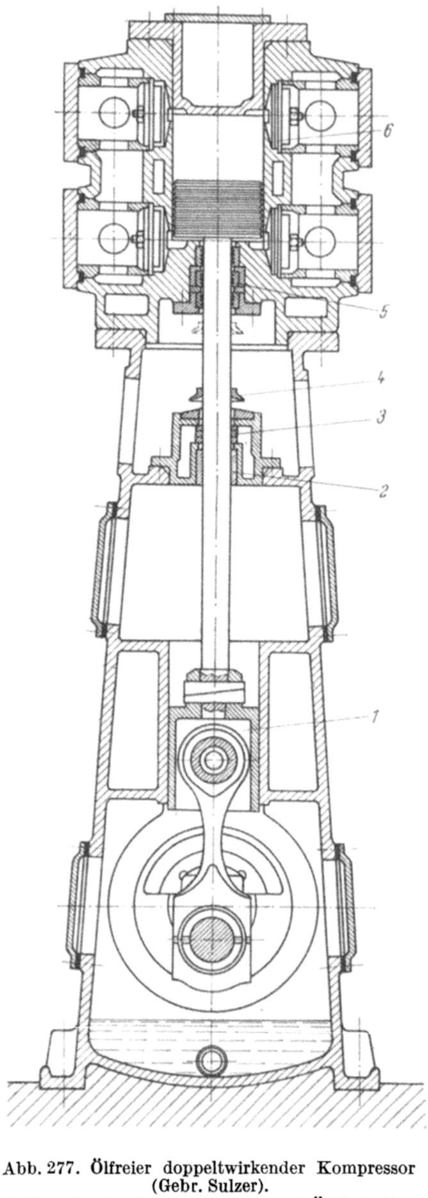

Abb. 277. Ölfreier doppeltwirkender Kompressor (Gebr. Sulzer).
1 Kreuzkopf; 2 Führungslager; 3 Ölabstreifer; 4 Ölauffangring; 5 Stopfbüchse; 6 Plattenventile.

5. Ölfreie Kolbenkompressoren.

a) Bauart Sulzer. Einer der wichtigsten Vorzüge der Turbokompressoren besteht bekanntlich darin, daß das zu fördernde Gas mit Schmieröl nicht in Berührung kommt, weil zwischen den vom Fördermittel berührten bewegten und ruhenden Teilen der Maschine keine Reibungsflächen vorhanden sind. Es ist daher verständlich, daß die Konstrukteure von Kolbenkompressoren sich bemühten, eine Bauart zu entwickeln, die ebenfalls auf die Schmierung der bewegten Teile verzichten konnte. Eine mögliche Lösung dieser Aufgabe bot schon der auf S. 308 beschriebene Membrankompressor, der sich jedoch für sehr große Fördermengen weniger eignen dürfte. Die normale Bauart von Kolbenkompressoren sollte erhalten bleiben. Führend in dieser Richtung ist die Gebrüder Sulzer A.G. in Winterthur aufgetreten, die schon in den dreißiger Jahren den ölfreien Labyrinthkolben entwickelte; er wurde zuerst in Dampfmaschinen erprobt, erzielte aber seine großen Erfolge erst im Kompressorenbau. Den Anstoß dazu gaben die Bierbrauereien, die einen Bedarf an vollkommen reiner Luft anmeldeten, um das Bier aus den Lagertanks in die Flaschen zu pressen. Im Jahre 1935 wurde der erste Labyrinth-Kolbenkompressor mit einer Förderleistung von 4000 m^3/h und einem Enddruck der Luft von 3,5 ata an eine Bierbrauerei in Zürich geliefert. Die Patentzeichnung vom gleichen Jahr zeigt Labyrinthe sowohl auf der Kolbenaußenfläche wie auch auf der Innenfläche des stehenden Zylinders. Solche Kompressoren wurden später für die Verdichtung der verschiedensten Gase und Dämpfe verwendet, besonders auch für Sauerstoff, das mit Öl explosible Gemische liefern würde. An dieser Stelle interessieren aber in erster Linie Kompressoren für Kältemittel, die bereits serienmäßig ausgeführt werden.

Abb. 277 zeigt den prinzipiellen Aufbau eines ölfreien Sulzer-Kompressors für Luft[1]. Die den Kolben tragende Kolbenstange ist an zwei Stellen geführt, nämlich in der Kreuzkopfbahn *1* und in einem oberen Führungslager *2*. Beide Führungen sind mit Öl geschmiert, sie garantieren eine einwandfreie Zentrierung der Kolbenstange. An die Genauigkeit der Fabrikation werden hohe Anforderungen gestellt, denn das Kolbenspiel beträgt selbst bei großen Maschinen nur einige Zehntel Millimeter. Die Kolbenstange ragt durch eine berührungsfreie Stopfbüchse *5* in den Zylinder hinein und trägt an ihrem freien Ende fliegend den aus einer Leichtmetall-Legierung hergestellten Kolben. Auf der Außenseite des Kolbens sind die Labyrinthe in Form feiner Rillen angebracht (Abb. 278); ein sehr kleines Spiel setzt dem Überströmen des Gases großen Widerstand entgegen. Über dem oberen Führungslager *2* (Abb. 277) ist ein Ölabstreifring *3* angebracht, der verhindert, daß das Öl auf der Stange aufwärts kriechen kann. Ein genügend großer Abstand zwischen Führungslager *2* und Stopfbüchse *5* sorgt dafür, daß der benetzte Teil der Stange nicht in den Zylinder hineingelangt, und ein speziell ausgebildeter Auffangring *4* verhindert das Weiterkriechen des molekularen Ölfilms. Oberhalb des Ölabstreifers findet überhaupt keine Berührung zwischen bewegten und feststehenden Teilen mehr statt. Die Stopfbüchse *5* enthält Graphit-Labyrinthringe, die radial leicht verschiebbar sind und sich der Kolbenstange anpassen.

Abb. 278. Leichtmetallkolben mit Labyrinthrillen.

Im Zylinder sind hohe Kolbengeschwindigkeiten von Vorteil, weil dadurch der prozentuale Anteil der Labyrinthverluste vermindert wird. Die ölfreien Kompressoren eignen sich also vorzüglich als schnelllaufende Maschinen. Eine Grenze für die Drehzahl ist nur durch die Massenkräfte und Ventilquerschnitte gesteckt.

Zylinder, Führungslager und Kreuzkopfbahn sind wassergekühlt. Bei mehrzylindrigen und mehrstufigen Maschinen werden alle Zylinder zusammen in einem Block gegossen.

Bei ölfreien Kompressoren entfallen Ölabscheider und Ölfilter, vor allem wird aber in Kälteanlagen der Wärmeübergang in Kondensatoren und Verdampfern verbessert, weil der Wärmeleitwiderstand des Ölfilms ($\lambda = 0{,}11$ kcal/m h °C) an den Kühlflächen fortfällt. Durch diesen Widerstand kann die Wärmedurchgangszahl nicht unwesentlich herabgesetzt werden, was eine entsprechende Vergrößerung der Kühlfläche erfordert. Bei einer Wärmedurchgangszahl der reinen Kühlfläche von 1000 kcal/m^2 h °C setzt schon ein Ölfilm von 0,02 mm diesen Wert um 15% herab. Mit zunehmender Wärmedurchgangszahl der reinen Kühlfläche und wachsender Dicke des Ölfilms nimmt der Verlust stark zu.

Für die Förderung von Kältemitteln (und anderen Gasen) ist der ganze Kompressor hermetisch geschlossen[2] (Abb. 279) und die bei der Kolbenstangen-Stopfbüchse austretenden Leckgase füllen den ganzen Kurbelraum. Diese Gase werden auf die Saugseite des Kompressors zurückgeführt. Man kann also nicht mehr von einer absolut ölfreien Bauart sprechen; da aber immer das gleiche Kältemittelgas im Kurbelraum bleibt und der Dampfdruck des Schmieröls sehr gering ist,

[1] Ritter, U.: Technische Rundschau Sulzer, 1958, Nr. 2.

[2] Ritter, U.: Technische Rundschau Sulzer, 1959, Nr. 2. — Ostertag, A.: Schweizerische Bauzeitung 1961, Nr. 9. — Emblick, E.: Kältetechnik, Bd. 16 (1964) Nr. 6, S. 175.

können praktisch keine Ölspuren in den Zylinderraum übertreten. Gestell und Kurbelgehäuse müssen für den zu erwartenden höchsten Betriebsdruck konstruiert sein.

Abb. 279 zeigt einen einstufigen doppeltwirkenden ölfreien Kältekompressor für direkten Antrieb durch Elektromotor bei Drehzahlen von maximal 1000 in der Minute. Kolbenoberfläche und Zylinderinnenwand haben Labyrinthrillen, die

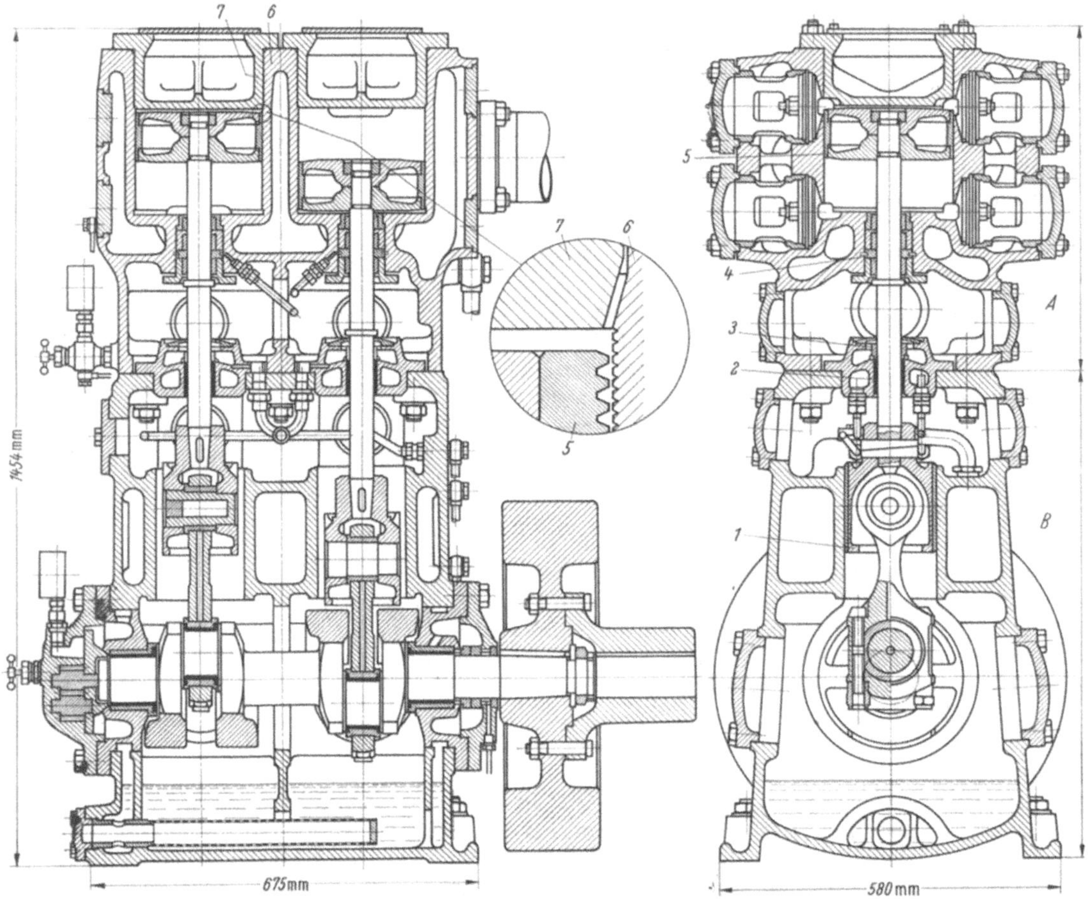

Abb. 279. Einstufiger ölfreier Kältekompressor (Gebr. Sulzer).
1 Kreuzkopf; *2* Führungslager; *3* Ölabstreifer; *4* Stopfbüchse ohne Schmierung; *5* Kolben; *6* Zylinder mit Labyrinthrillen; *7* Zylinderdeckel.

eine Folge vieler Drosselstellen bilden. Der Teil A ist der ölfreie Zylinder, der Teil B das geschmierte Kurbelgehäuse. Kurbellager, Schubstangenlager und Kreuzkopf werden durch eine direkt mit der Kurbelwelle gekuppelte Zahnradölpumpe geschmiert. Das Führungslager ist spritzölgeschmiert. Der dichte Kurbelraum hält das Schmieröl sauber, eine Ölfüllung genügt für 8000 Betriebsstunden. Dieser Kompressor eignet sich für Ammoniak, Freone, Äthylen, Äthan und andere Gase.

Das unvermeidliche Überströmen von der Hochdruck- auf die Niederdruckseite im Zylinder durch die Labyrinthe bedeutet natürlich eine gewisse Verringerung des Ausnutzungs- oder Liefergrades des ölfreien Kompressors gegenüber einem Kompressor mit Kolbenringen und Schmierung, obwohl auch Kolbenringe nicht absolut dicht halten. Dafür entfallen aber die Reibungsverluste im Zylinder, und das bedeutet eine Verbesserung des mechanischen Wirkungsgrades, die nach Angaben der Gebr. Sulzer A.G. 5% und mehr betragen kann.

Unter der Labyrinthverlustziffer v_L versteht man das Verhältnis zwischen der Labyrinthverlustmenge und der theoretischen Fördermenge. Mit den Undichtheitsverlusten in Labyrinthen hat sich schon STODOLA beschäftigt[1]. Gebr. Sulzer haben das Problem eingehend studiert und gefunden, daß diese Verluste von folgenden Größen abhängen: von einem Formkoeffizienten φ, der Zahl der Drosselstellen (Rillen) z in der Längeneinheit des Kolbens, dem Verhältnis der Schallgeschwindigkeit a in der Saugleitung zur mittleren Kolbengeschwindigkeit c_m,

Abb. 280. Liegender doppeltwirkender Zweizylinder-Kompressor mit selbstschmierenden Kolbenringen (Crépelle & Cie.).

dem Verhältnis des Spaltes δ zwischen Zylinder und Kolben zum Zylinderdurchmesser D und von dem Druckverhältnis p_2/p_1 auf beiden Seiten des Kolbens. Die Formel lautet

$$v_L = \frac{\varphi}{\sqrt{z}} \cdot \frac{a}{c_m} \cdot \frac{\delta}{D} \cdot \frac{p_2}{p_1},$$

wobei φ von der Labyrinthform und der Gestalt des Indikatordiagrammes abhängt. Annähernd kann man setzen

$$\varphi = \frac{2{,}9}{\sqrt{\varkappa}},$$

wobei $\varkappa$ der Exponent der Adiabate ist. Somit sind die Labyrinthverluste stoffabhängig und für Luft ($\varkappa = 1{,}4$) kleiner als für mehratomige Kältemittel.

Hohe Kolbengeschwindigkeiten und Drehzahlen sind daher günstig. Der Absolutwert des Zylinderdurchmessers und des höchsten Druckes beeinflussen den Verlust nur wenig. Neben den Verlusten in den Kolbenlabyrinthen sind auch noch Verluste im Kolbenstangenlabyrinth zu berücksichtigen, die bei kleinen

[1] STODOLA, A.: Dampf- und Gasturbinen, 6. Aufl., Berlin: Springer 1924, S. 155. — TRAUPEL, W.: Thermische Turbomaschinen, Bd. I, 2. Aufl. Berlin/Heidelberg/New York: Springer 1966.

Kolben und dicken Kolbenstangen (für hohe Drücke) von gleicher Größenordnung sein können.

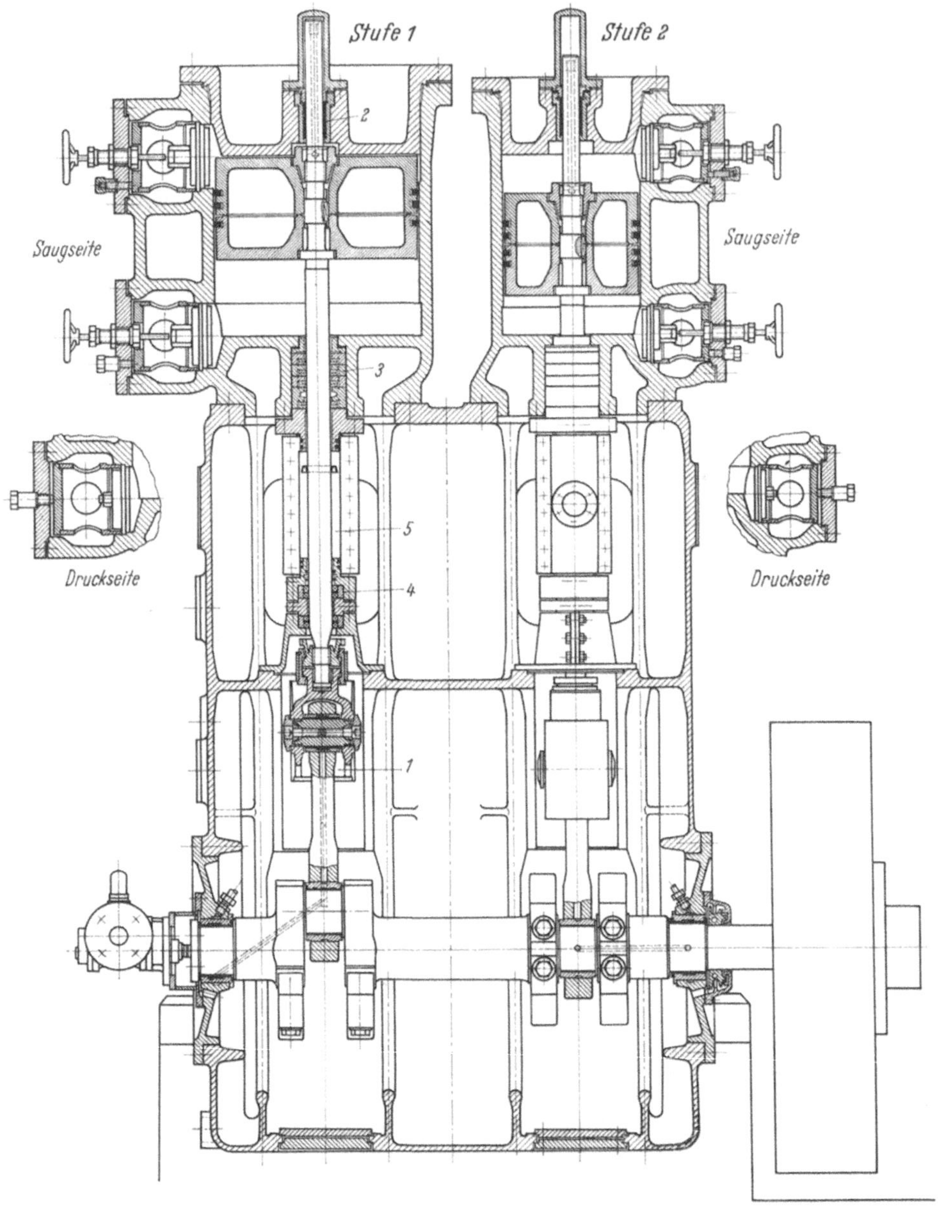

Abb. 281. Stehender zweistufiger Trockenlaufkompressor für Kältemittel (Gesellschaft Linde, Sürth). *1* Kreuzkopf; *2* Lager; *3* und *4* Stopfbüchsen; *5* Raum zwischen den Stopfbüchsen.

b) Bauart Crépelle. Ein anderer Weg, die Schmierung im Zylinder zu vermeiden, besteht darin, daß man die Kolbenringe aus Kohlenstoff oder aus einem anderen die Zylinderwandungen nicht abreibenden Material, z. B. Teflon (Polytetrafluoräthylen) herstellt. Diesen Weg hat die Firma Crépelle und Cie. in

Lille beschritten, die solche ölfreie Kompressoren für die Verdichtung von Ammoniak, Kohlendioxyd, Äthylen, Propan und andere Gase baut. Diese Kompressoren werden in horizontaler Bauart mit je einem Zylinder rechts und links vom Kurbelkasten und mit gegenläufigen Kolben aus Leichtmetall ausgeführt, so daß die Massenkräfte sich aufheben und keine Schwingungen auftreten. Ein Ausführungsbeispiel zeigt Abb. 280. Der Kompressor kann einstufig mit 2 gleichen Zylindern oder zweistufig gebaut werden. Durch Nebeneinanderstellung von 2

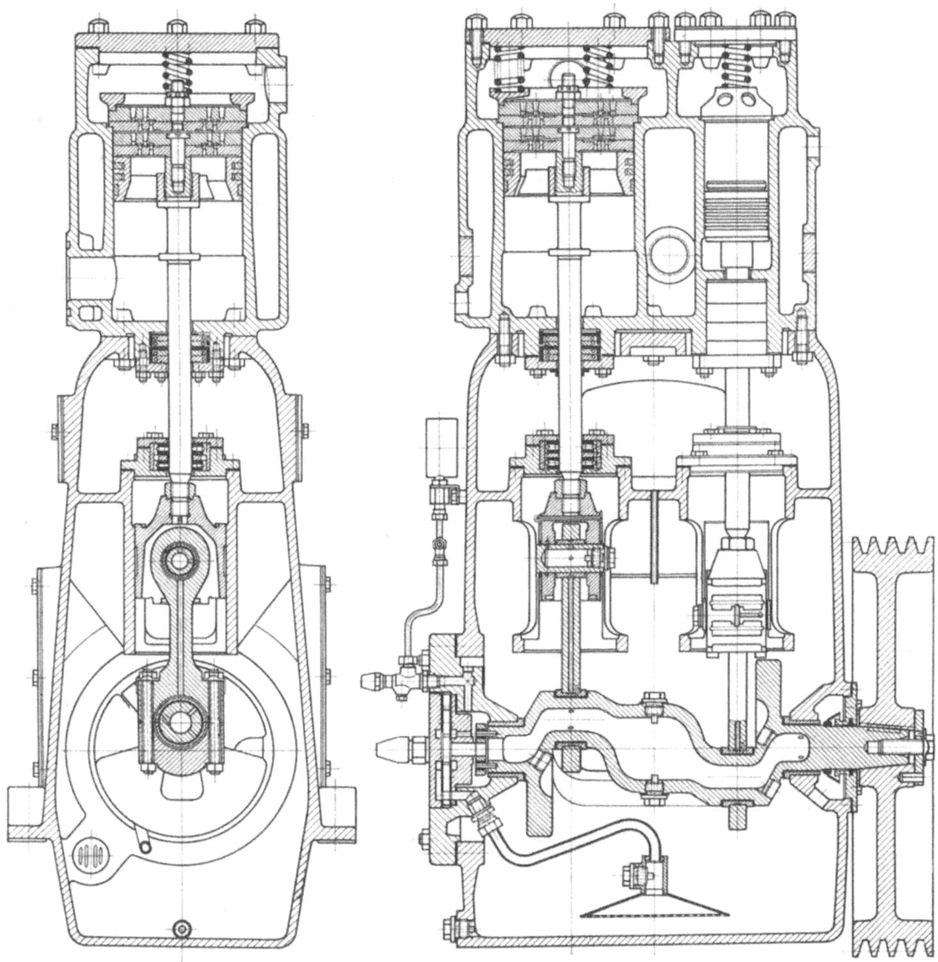

Abb. 282. Ölfreier Kompressor der Borsig AG., Berlin–Tegel.

oder 3 solcher Kompressoren können Sechszylinder-Aggregate mit maximal 6 Stufen hergestellt werden. Die kleinsten Modelle, die mit 500 bis 1000 U/min betrieben werden, sind einstufig bis 4 atü und zweistufig bis 15 atü gebaut. Der Durchmesser des Zylinders beträgt in der Niederdruckstufe 220 mm und in der Hochdruckstufe 140 mm (bis 8 atü) bzw. 120 mm (bis 15 atü). Der Hub ist 120 mm. Die größten Modelle werden mit 600 U/min betrieben; bei den gleichen Druckverhältnissen haben die Zylinder einen Durchmesser von 610 bis 660 mm in der Niederdruckstufe und von 330 bis 380 mm in der Hochdruckstufe. Der Kolbenhub beträgt 260 mm.

c) Bauart Linde[1]. Auch der stehende doppeltwirkende zweistufige Trockenlauf-Kompressor der Gesellschaft für Linde's Eismaschinen AG., Niederlassung Sürth/Rh., Abb. 281, ist mit Dichtungselementen aus einem besonderen Material versehen. HD Zylinder 450 mm ⌀, ND Zylinder 300 mm ⌀, gemeinsamer Hub 170 mm, Drehzahl 485 U/min. Die Kolbenstange wird einerseits im Kreuzkopf *1* und andererseits im Lager *2* im oberen Zylinderdeckel geführt. Der Kolbenkörper selbst berührt die Zylinderwand nicht. Das Kurbelgehäuse ist geschlossen, es steht aber nicht unter Kältemitteldruck. Die beiden Stopfbüchsen *3* und *4* dichten den Zylinderraum nach außen ab. Die Stopfbüchse *3* ist, ebenso wie der Kolben, mit Dichtungselementen versehen, die den Trockenlauf gestatten; diese Stopfbüchse ist nicht absolut dicht, die eigentliche Dichtung besorgt die ölgeschmierte Stopfbüchse *4*. Die Entfernung zwischen den beiden Stopfbüchsen ist so gewählt, daß der ölbenetzte Teil der Kolbenstange nicht in die Trockenlaufstopfbüchse *3* hineinragt. Der Raum *5* zwischen den beiden Stopfbüchsen ist mit der Saugseite verbunden. Es dringt etwas Drucköl aus der geschmierten Stopfbüchse nach oben. Dieses Lecköl und die Leckgasmenge aus der trocken laufenden Stopfbüchse fließen gemeinsam zur Saugseite. Auf diesem Wege wird das Öl aus dem Leckgasstrom durch geeignete Ölabscheider fast vollständig abgeschieden.

d) Bauart Borsig. Die Borsig AG. in Berlin–Tegel hat 1958 mit dem Bau von Tockenlaufkompressoren zur Verdichtung verschiedener Gase begonnen. Seit 1962 werden dort auch ölfreie Kompressoren für Kältemittel mit Kälteleistungen von 20000 bis 1000000 kcal/h (−10/+25° C) gebaut. Als Werkstoff für die Kolbenringe wird Teflon verwendet. Die Gleitringe der Stopfbüchspackungen bestehen aus kohle-imprägniertem Teflon oder aus reiner Kunstkohle. Die Kolbenstangen werden mit einer Hartmetallauflage versehen. Die Ringplatten der Arbeitsventile sind durch Lenkerplatten reibungsfrei geführt. Größere Maschinen werden doppeltwirkend, kleinere einfachwirkend in Gleichstrom-Bauart hergestellt. Abb. 282 zeigt die Schnittzeichnung der Zylinder eines dieser Kompressoren.

[1] Siehe auch H. J. Müller: Weiterentwicklung der Trockenlauf-Kompressoren. Linde-Berichte aus Technik und Wissenschaft, Nr. 16, Dezember 1963, S. 11.

Turbokompressoren.

Von

Dipl.-Ing. **R. Göldner,** Berlin-Tegel

Mit 59 Abbildungen.

A. Geschichtlicher Überblick.

Im Zuge der steten Entwicklung der chemischen und petrochemischen Industrie sowie der Klimatechnik wurde der Bau von Kälteanlagen mit sehr großen Kälteleistungen erforderlich, für die Kolbenkompressoren nicht mehr zur Verfügung standen.

Erste Pionierleistungen wurden bereits in den zwanziger Jahren vollbracht als z. B. die Firma Brown, Boveri & Cie einen Ammoniak-Turbokompressor aufstellte und als die Firma Carrier einen Turbokompressor für Dichloräthylen bauen ließ. Später ermöglichten dann die fluorierten Kohlenwasserstoffe den Einsatz von Turbokompressoren auch für Kälteleistungen, die bis dahin den Kolbenverdichtern vorbehalten waren.

Die systematische Entwicklung der Kälte-Turbokompressoren ging in den USA naturgemäß früher vonstatten als in Europa, da die Kapazitäten der industriellen Anlagen, in denen Kälte benötigt wird, in Amerika von vornherein größer waren. In Europa dagegen wurden bis nach dem zweiten Weltkrieg nur wenige Kälteanlagen mit Turbokompressoren aufgestellt. Die Entwicklung neuer technologischer Verfahren hatte zwar auch hier einen ständig steigenden Bedarf an Kälte zur Folge, der jedoch durch zusätzlich aufgestellte kleinere Einheiten gedeckt wurde. Daher kam man in Europa lange Zeit mit Kolbenkompressoren aus und erst seit 10 Jahren haben auch hier die Turbokompressoren eine weitere Verbreitung gefunden.

B. Merkmale und Bauarten der Turbokompressoren.

Die Turbokompressoren gehören zusammen mit den Turbinen in die Gruppe der Strömungsmaschinen.

Im Gegensatz zu den Kolbenkompressoren, bei denen die Druckerhöhung auf statischer Basis vor sich geht, arbeiten die Turbokompressoren nach dem kinetischen Prinzip. Bei ihnen wird der Druck durch Umwandlung kinetischer Energie in potentielle Energie im Laufrad und in den nachgeschalteten Leitapparaten (unbeschaufelter bzw. beschaufelter Diffusor, Rückführbeschaufelung, Spirale) erzeugt.

Während bei der Kolbenmaschine die Druckerhöhung durch Verringerung des Zylindervolums erfolgt und somit vom Molekulargewicht des zu fördernden

Gases unabhängig ist, hat das Molekulargewicht bei den Turbokompressoren einen sehr großen Einfluß auf den Bauaufwand. Die zum Erreichen eines bestimmten Druckverhältnisses aufzuwendende Arbeit pro Kilogramm Gas (Förderhöhe H) ist umgekehrt proportional dem Molekulargewicht M.

$$H_{ad} = \frac{\varkappa}{\varkappa - 1} \cdot \frac{848}{M} \cdot T_{\mathrm{I}} \left[(p_{\mathrm{II}}/p_{\mathrm{I}})^{\frac{\varkappa - 1}{\varkappa}} - 1 \right]. \tag{1}$$

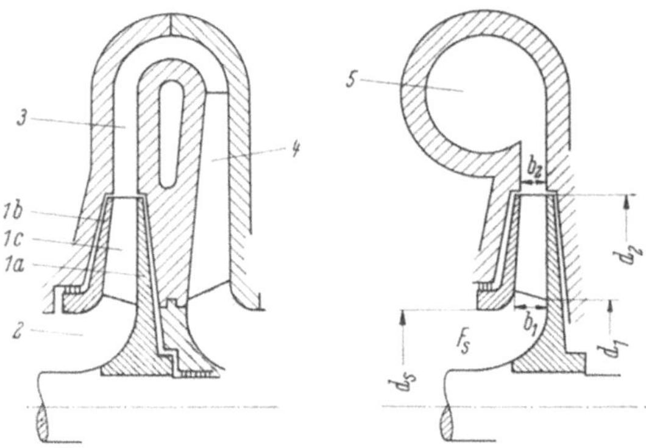

Abb. 283. Bauteile und Bezeichnungen einer Stufe eines Radialkompressors.

1 Laufrad; bestehend aus: *1a* Nabenscheibe; *1b* Deckscheibe; *1c* Schaufeln; *2* Einlauf; *3* Ringraum; *4* Rückführkanal mit Beschaufelung; *5* Spirale.

Bei gleichem Druckverhältnis $p_{\mathrm{II}}/p_{\mathrm{I}}$ ist also bei einem leichten Gas eine größere Förderhöhe erforderlich als bei einem Gas mit hohem Molekulargewicht. Andererseits ist die maximal erreichbare Förderhöhe je Stufe durch strömungstechnische und festigkeitsmäßige Gründe begrenzt. Für ein Gas mit geringem Molekulargewicht müssen deshalb mehr Stufen hintereinander geschaltet werden als bei einem schweren Gas. Der Bauaufwand wird also größer.

Die Leistungsaufnahme eines Kompressors an seiner Kupplung errechnet sich nach der Beziehung

$$N_k = \frac{G \cdot H_{ad}}{\eta_k}, \tag{2}$$

wobei η_k den Wirkungsgrad des Turbokompressors bedeutet (siehe Abschnitt F). Unter Benutzung der allgemeinen Gasgleichung $G = pV/RT$ folgt daraus

$$N_k = \frac{p_{\mathrm{I}} \cdot V_{\mathrm{I}} \cdot \frac{\varkappa}{\varkappa - 1} \left[(p_{\mathrm{II}}/p_{\mathrm{I}})^{\frac{\varkappa - 1}{\varkappa}} - 1 \right]}{\eta_k} \tag{2a}$$

worin V_{I} das in der Zeiteinheit geförderte Gasvolum im Ansaugezustand ist.

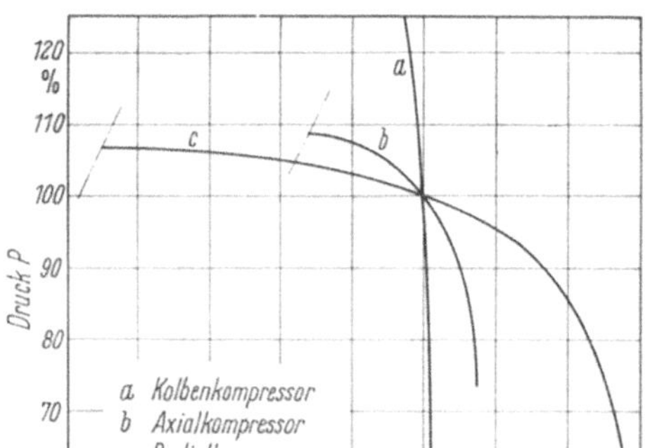

Abb. 284. Charakteristische Kennlinien von Turbo- und Kolbenkompressoren.

Die Leistungsaufnahme ist also bei der Verdichtung eines bestimmten Volums pro Zeiteinheit unabhängig von der Gasart. Abb. 283 zeigt die Bauelemente einer Kompressorstufe. Ein Rückführeinsatz wird immer dann verwendet, wenn eine oder mehrere weitere Stufen nachgeschaltet sind, während eine Spirale bei Einzelstufen und der letzten Stufe einer Stufengruppe angeordnet wird.

Die Kennlinien der Kolben- und Turbokompressoren sind ebenfalls grundsätzlich voneinander verschieden. Während bei Kolbenmaschinen das Födervolum V bei einer Änderung des Druckverhältnisses nahezu konstant bleibt, ist es bei einer Turbomaschine sehr stark vom Druckverhältnis abhängig. Abb. 284

zeigt den grundsätzlichen Verlauf der Kennlinien beider Bauarten. Bei einem Turbokompressor muß also das im Berechnungspunkt erforderliche Druckverhältnis von vornherein genau festgelegt sein. Eine nachträgliche Steigerung ist im allgemeinen nur mit großem Kostenaufwand möglich.

Im Laufe der Entwicklung des Kompressorbaues konnten auch die Grenzen abgesteckt werden, innerhalb derer Kolben- und Turbokompressoren mit dem besten wirtschaftlichen Nutzeffekt arbeiten. In Abb. 285 sind die bevorzugten Anwendungsbereiche der einzelnen Typen dargestellt. Durch intensive Entwicklungsarbeiten konnte der Arbeitsbereich der Turbokompressoren in den letzten Jahren immer weiter in Richtung kleinerer Ansaugemengen erweitert werden. Dieser Entwicklung sind jedoch Grenzen gesetzt, weil die Strömungskanäle bei kleinen Ansaugemengen hydraulisch ungünstige Abmessungen erhalten und die relativen Spaltverluste sowie die relative Wandrauhigkeit stark ansteigen. Aber wenn auch die erreichten Wirkungsgrade im Grenzbereich etwas unter denen vergleichbarer Kolbenkompressoren liegen, so wiegen die technischen Vorteile eines Turbokompressors wie ölfreie Verdichtung, geringer Verschleiß, einfache Wartung, geringer Raumbedarf, geringes Leistungsgewicht, ruhiger Lauf sowie leichte Fundamente den etwas höheren Leistungsbedarf häufig wieder auf.

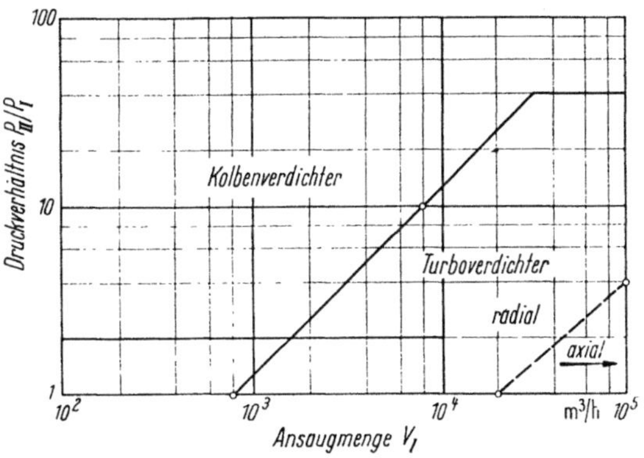

Abb. 285. Anwendungsbereiche von Turbo- und Kolbenkompressoren.

Auch die bei kleinen Fördermengen anzustrebenden hohen Drehzahlen stellen kein Problem mehr dar. Auf Grund der Entwicklung der Lagertechnik können Drehzahlen von 25000 U/min und höher verwirklicht werden. Allerdings muß dabei eine sorgfältige Durchbildung aller Bauteile vorausgesetzt werden.

Bei Turbokompressoren unterscheidet man zwei Bauarten: Axial- und Radialkompressoren. Diese Bezeichnungsweise leitet sich ab aus der Hauptströmungsrichtung des Fördermittels durch die Maschine. Abb. 286a zeigt den Längsschnitt eines Axialkompressors und Abb. 286b den eines Radialkompressors.

In der Kältetechnik sind die Fördermengen der Kompressoren nicht so groß, daß der Einsatz von Axialkompressoren vorteilhaft würde. Allerdings stößt man in letzter Zeit bei manchen Projekten der Petrochemie und bei der Verflüssigung von Erdgas bereits in den in Abb. 285 angedeuteten Grenzbereich vor. Wahrscheinlich geht die Entwicklung jedoch zu kombinierten Einheiten, wobei die großen Gasmengen in einem Axialkompressor vorverdichtet und in einem nachgeschalteten radialen Teil auf den gewünschten Enddruck gebracht werden. Allerdings sind dann beim Axialkompressor besondere Maßnahmen zu treffen (z. B. Schaufelverstellung), um den schlechten Regelbereich zu verbessern und dem des Radialkompressors anzupassen.

C. Anwendung der Turbokompressoren in der Kältetechnik.

Ein beachtlicher Teil aller Kälteanlagen ist in den Werken der großen Chemieunternehmen installiert. Während es in der Wärme- und Energiewirtschaft dieser Unternehmen seit langer Zeit selbstverständlich ist, die Erzeugung von Dampf und elektrischer Energie zentral zusammenzufassen, hat dieses Prinzip bei der Kälteerzeugung noch keine allzu weite Verbreitung gefunden, obwohl die Wirtschaftlichkeit an ausgeführten Anlagen nachgewiesen werden konnte. Voraus-

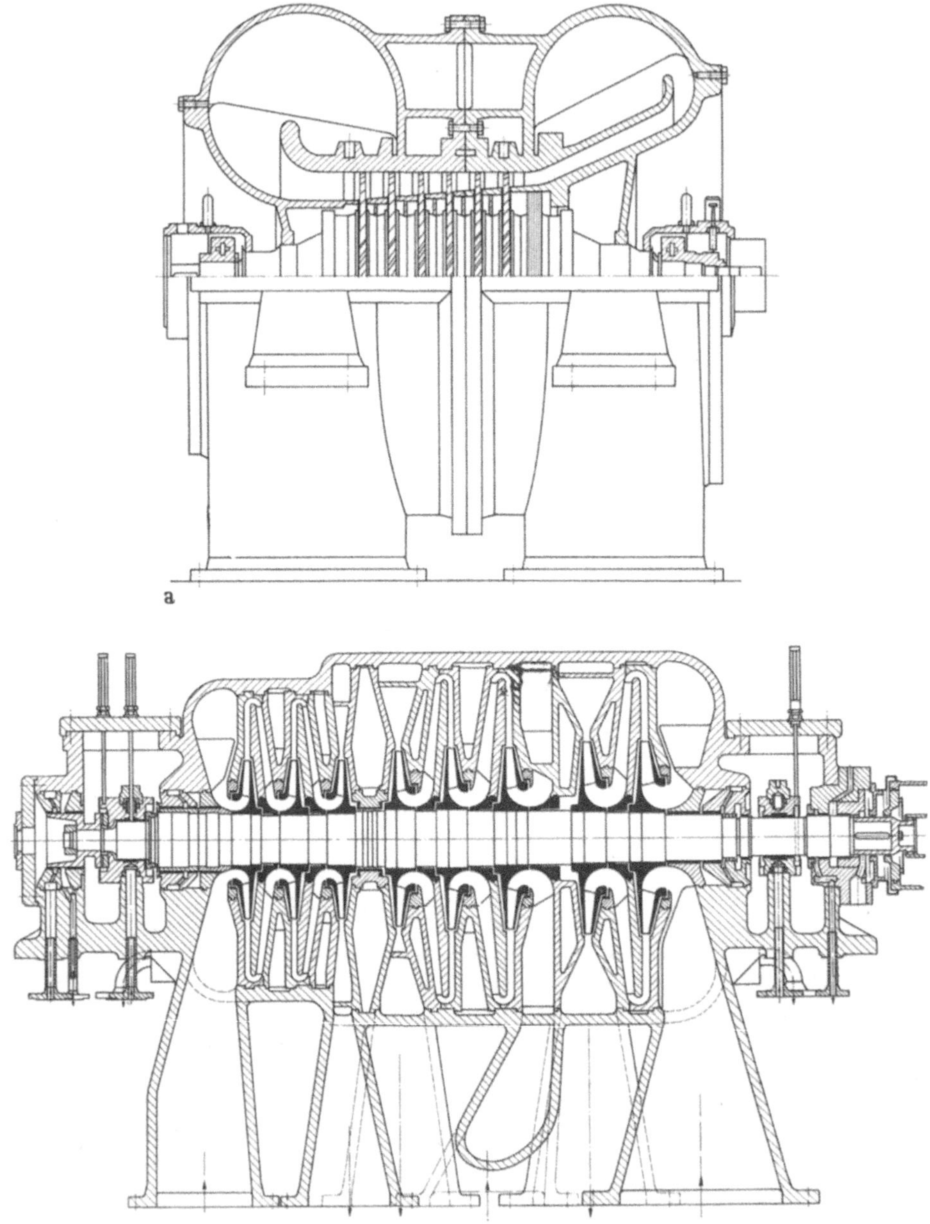

a

b

Abb. 286 a. u. b. Längsschnitt eines Axial- und eines Radialkompressors.

setzung für die Kälteversorgung von einer Zentrale ist, daß man sich auf eine oder zwei Verdampfungstemperaturen festlegt, wie es auch bei den Druckstufen der Dampfkraftwerke geschieht. Die Verbraucher können ihre Produkte oder

Fabrikationsprozesse mit dem verdampfenden Kältemittel entweder direkt oder bei Zwischenschaltung eines Kälteträgers indirekt kühlen. Verbraucher, die für Spezialzwecke noch tiefere Verdampfungstemperaturen benötigen, können in Kaskade mit eigenen und mit anderen Tieftemperatur-Kältemitteln arbeitenden Kältemaschinen an das allgemeine Kältenetz angeschlossen werden.

In Abb. 287 ist das Schema einer mit Ammoniak als Kältemittel arbeitenden Kälteanlage mit zentraler Kälteerzeugung dargestellt. Die beiden Zentralen sind untereinander und mit den Verbrauchern durch bis zu 1600 m lange Rohrleitungen verbunden. Sämtliche Rohrleitungen sind nicht isoliert. Die sehr kostspielige Isolierung konnte eingespart werden, da jedem Verdampfer ein Kälteaustauscher vorgeschaltet wurde. Die aus den Verdampfern aufsteigenden Ammoniak-Dämpfe geben in diesen Austauschern ihre Kälte an die ankommende warme Flüssigkeit

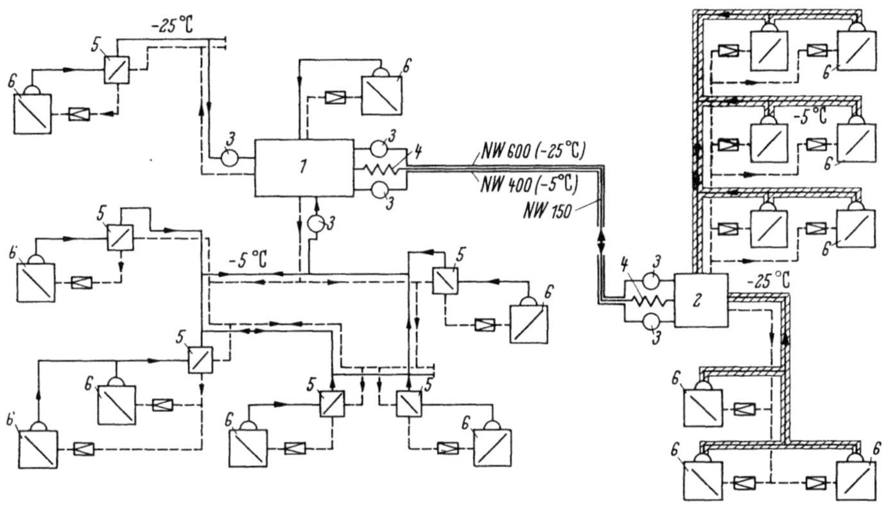

Abb. 287. Kälteversorgungsnetz eines großen Werkes.
1 Turbokältezentrale *1*; *2* Turbokältezentrale *2*; *3* Einspritzkühler; *4* Flüssigkeitsunterkühler; *5* Kälteaustauscher; *6* Verdampfer.

ab und werden dabei auf etwa +20° C erwärmt. Das flüssige Ammoniak wird dabei noch vor dem Einspritzventil stark unterkühlt. Bevor die von den Verbrauchern kommenden umgebungswarmen Dämpfe zu den Turbokompressoren gelangen, werden sie durch Einspritzen von flüssigem Ammoniak bis nahe an die Sättigungstemperatur zurückgekühlt. Die Vorteile einer solchen Zentralanlage liegen in den geringeren Investitions- und Betriebskosten gegenüber einer dezentralisierten Anordnung. Die Kälte kann in wenigen großen Turboeinheiten günstiger als in vielen kleinen Kolben- und Turboanlagen erzeugt werden. Die notwendige Ersatzteilhaltung wird auf ein Minimum beschränkt. Die Betriebssicherheit wird erhöht, da durch die Beschränkung auf *ein* Maschinenhaus qualifiziertes Personal zur Verfügung stehen kann.

In Abb. 288 ist das Prinzipschaltbild einer NH_3-Turbokälteanlage für zwei Temperaturstufen dargestellt. Aus Abb. 289 ist der Arbeitsprozeß ersichtlich. Bei einer Verdampfungstemperatur von −33° C und einer Verflüssigungstemperatur von +33° C hat die Anlage eine Kälteleistung von $3{,}5 \cdot 10^6$ kcal/h. Außerdem sind am MD-Netz bei einer Verdampfungstemperatur von −6° C weitere Verdampfer von insgesamt $0{,}5 \cdot 10^6$ kcal/h zur Süßwasserkühlung angeschlossen. Rund 20 Verdampfer, die maximal 200 m von den Turbokompressoren entfernt liegen, sind an den ND-Turbokompressor angeschlossen. Dabei handelt es sich um liegende Röhrenkesselverdampfer für direkte Kühlung.

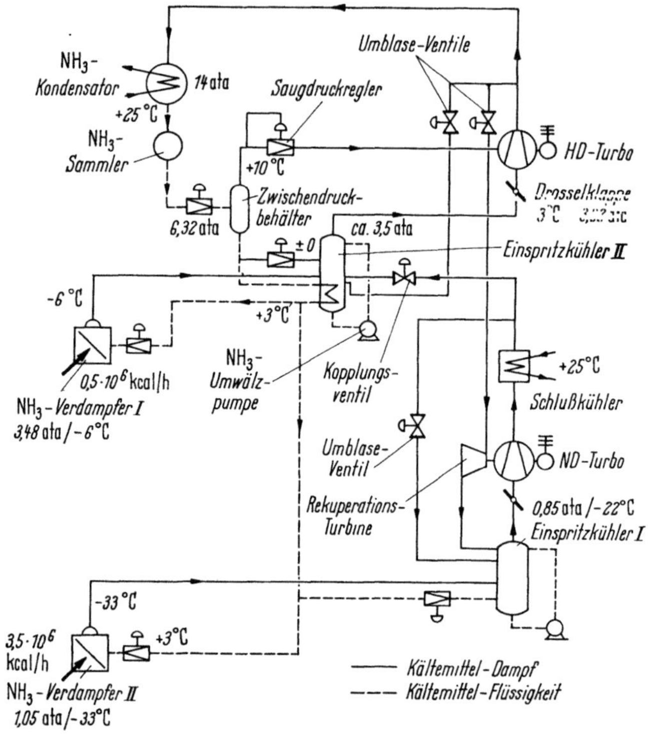

Abb. 288. Schaltbild einer Kälteanlage mit zwei Temperaturstufen.

In der ersten Ausbaustufe sollte die Anlage nur mit halber Kälteleistung betrieben werden. Um während dieser Zeit den unwirtschaftlichen Bypaßbetrieb zu vermeiden, wurde die Differenzmenge bis zur Pumpgrenzmenge von der

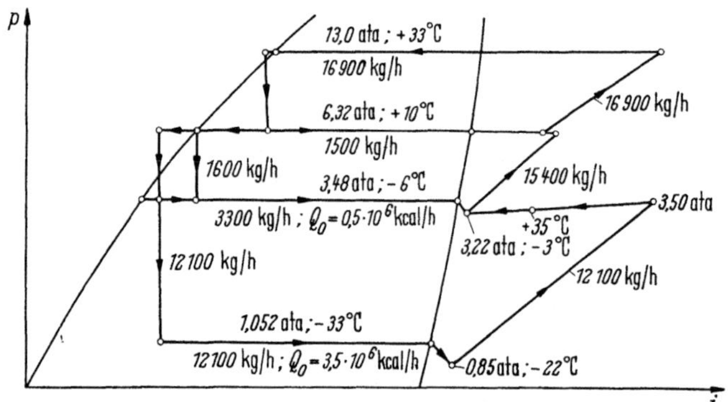

Abb. 289. Arbeitsprozeß einer Kälteanlage mit zwei Temperaturstufen im i, lg p-Diagramm.

Druckseite (13 ata) über eine Rekuperationsturbine (zweikränziges Curtisrad aufgeschrumpft auf ND-Kompressorwelle) in die Saugleitung (0,85 ata) entspannt. Wenn der Kompressor oberhalb seiner Pumpgrenze betrieben wird, muß der abgeschalteten Rekuperationsturbine Kühlgas aus dem MD-Netz zugeführt werden, um eine unzulässige Erwärmung der Turbine zu vermeiden.

Durch den Einspritzkühler *I* wird das aus den Verdampfern kommende Gas und die evtl. Bypaßmenge auf die dem Saugdruck zugeordnete Sättigungstemperatur heruntergekühlt, damit an Verdichtungsarbeit gespart wird und die Verdichtungsendtemperatur keine unzulässigen Werte erreicht. Auch vor dem HD-Kompressor wurde aus dem gleichen Grunde der Einspritzkühler *II* angeordnet. In einem Zwischendruckbehälter wird das Kältemittel auf den Druck entspannt, der sich im Vollastpunkt hinter dem zweiten Laufrad des HD-Kompressor ein-

Abb. 290. Zweigehäusige NH_3-Turbokompressoranlage in einem chemischen Werk (Bauart Borsig).

	ND-Kompressor	HD-Kompressor
Ansaugemenge	17560 m³/h	6160 m³/h
Ansaugedruck	0,85 ata	3,22 ata
Enddruck	3,50 ata	13,0 ata
Drehzahl	9400 U/min	15700 U/min

stellt. Im Teillastgebiet würde dieser entsprechend der Saugdrossel-Charakteristik so weit sinken, daß der notwendige Vordruck für die Einspritzventile an den MD-Verdampfern nicht mehr ausreichen würde. Ein Saugdruckregler in der Zwischendruckleitung sorgt deshalb für einen von der Last unabhängigen konstanten Druck im Zwischendruckbehälter. Das flüssige Kältemittel wird in dem Einspritzkühler *II* in einer Kühlschlange zwecks weiterer Verbesserung der spezifischen Kälteleistung heruntergekühlt und dann den Verdampfern beider Temperaturstufen zugeführt.

Abb. 290 zeigt die Turbokompressoren dieser Anlage im Betrieb. Im Vordergrund ist der ND-Kompressor mit vereistem Ansaugteil, auf der Druckseite die axial herausgeführte Abdampfleitung der Rekuperationsturbine zu sehen. Im Hintergrund steht der HD-Kompressor und rechts der Schaltschrank für die Kompressorgruppe, in dem die hydraulische Regleranlage untergebracht ist.

Abb. 291 zeigt das Schaltbild und den Kühlwasserkreislauf einer Ammoniakanlage mit einer Kälteleistung von $3{,}5 \cdot 10^6$ kcal/h. Sie dient zur Nutzwasserkühlung in einem Werk der chemischen Industrie und arbeitet mit einer Verdampfungstemperatur von + 10° C und einer Verflüssigungstemperatur von + 36° C. Der vom Turbokompressor verdichtete NH_3-Dampf wird in zwei Röhrenkesselkondensatoren niedergeschlagen und in einen Flüssigkeitssammler

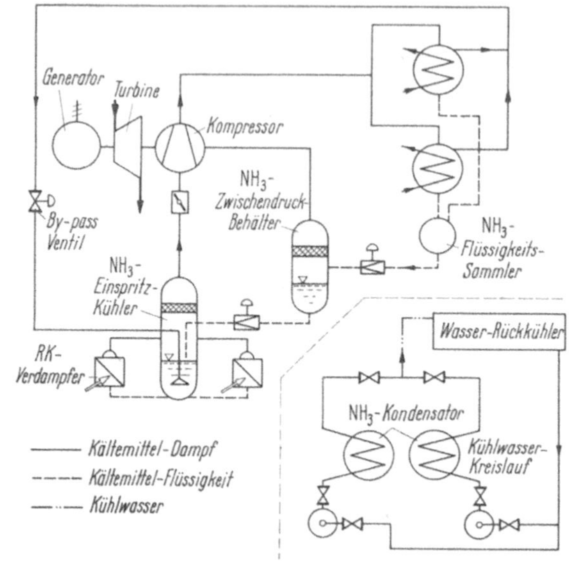

Abb. 291. Schaltbild und Kühlwasserkreislauf einer Turbokälteanlage zur Nutzwasserkühlung. Gesamtkälteleistung $3{,}5 \cdot 10^6$ kcal/h; Verdampfungstemperatur + 10° C; Verflüssigungstemperatur + 36° C.

geleitet. Zur Verbesserung des Leistungsbedarfs wird das flüssige NH_3 in einem Zwischendruckbehälter auf einen mittleren Druck entspannt, bevor es über ein weiteres Regelventil in den Einspritzkühler und zu den Verdampfern geführt

Abb. 292. Kältekompressoranlage (Bauart Borsig). Vorn Turbokompressor, Mitte Gegendruckdampfturbine, hinten Generator.
Ansaugemenge des Turbokompressors 2800 m³/h; Ansaugedruck 5,8 ata; Enddruck 14,4 ata; Drehzahl 14650 U/min

wird. Der Einspritzkühler dient beim Betrieb im Teillastbereich zur Kühlung der im Umblasebetrieb geförderten Gasmenge.

In Abb. 292 ist das zugehörige Turboaggregat dargestellt. Zum Antrieb des Kompressors wurde eine Gegendruck-Dampfturbine gewählt, um Dampf, der bisher über eine Reduzierstation in ein Niederdrucknetz entspannt wurde, wirtschaftlich auszunutzen. Da in der kälteren Jahreszeit genügend Frischwasser mit der benötigten Temperatur zur Verfügung steht, wird die Kälteanlage nur in den Sommermonaten benötigt. Um die Antriebsturbine und den Dampf jedoch während des ganzen Jahres auszunutzen, wurde ein Generator vorgesehen, der im Winter den Spitzenbedarf an elektrischer Energie deckt.

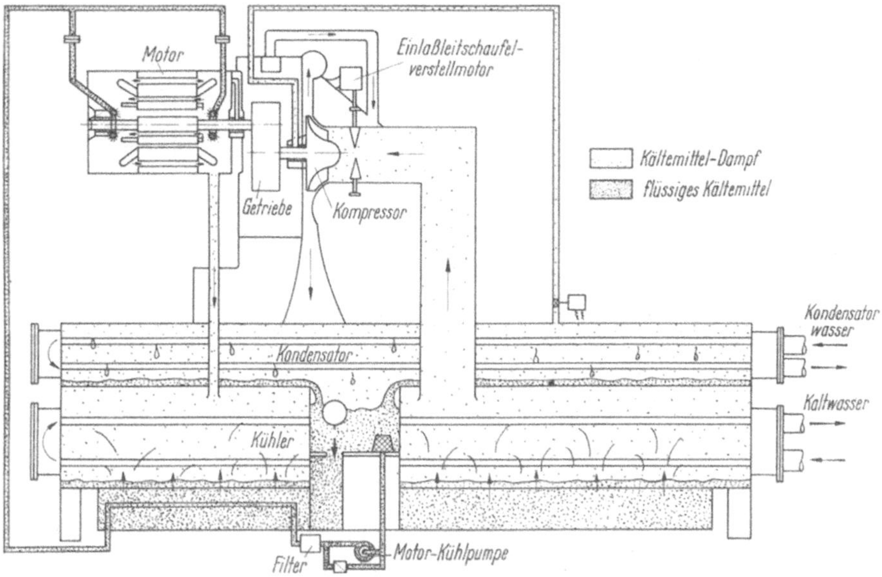

Abb. 293. Blockschaltbild eines Turbokältesatzes für die Klimatechnik (Bauart Carrier).

Durch die Ausführung der Turbine mit zwei freien Wellenenden konnte die Wirtschaftlichkeit der Anlage noch weiter erhöht werden, denn dadurch wurde der wahlweise Antrieb einer Arbeitsmaschine möglich, ohne daß die zweite im Leerlauf mitbetrieben werden muß. Während der Kompressor von der Turbine direkt angetrieben wird, ist zwischen Turbine und Generator ein Planetengetriebe geschaltet.

Auch im Bereich der Klimatechnik und der Wasserkühlung für industrielle Zwecke spielen heute Turbokompressoren eine überragende Rolle. Maschinensatz und Apparategruppen werden in bekannter Weise zu einem kompakten System so zusammengebaut, daß das Kältemittel nur kurze Wege zurückzulegen hat und geringe Druckverluste auftreten.

Für dieses Anwendungsgebiet werden heute meist Kältemittel aus der Gruppe der Kohlenwasserstoffderivate mit hohem Molekulargewicht wie R 11, R 12 oder R 113 verwendet. Diese Kältemittel haben den Vorteil, nicht brennbar, nicht explosiv und nicht giftig zu sein.

Abb. 293 zeigt das Blockschaltbild des Kältemittelkreislaufes einer solchen Anlage. Während man noch vor wenigen Jahren etwa 800000 kcal/h als die untere Grenze für Turboanlagen ansah, werden heute bereits Anlagen mit 300000 kcal/h gebaut. Es sind auch bereits Sonderausführungen für 40000 kcal/h z. B. für die

Flugzeugklimatisierung ausgeführt worden. Die Drehzahlen der Turbokompressoren liegen in solchen Fällen zwischen 90000 und 100000 U/min.

Bei den Maschinen für die Klimatechnik muß man unterscheiden zwischen der offenen und der hermetisch geschlossenen Bauart. Bei den hermetischen Maschinen liegt der Antriebsmotor innerhalb des geschlossenen Gehäuses und wird mit dem Kältemittel gekühlt. Dadurch entfällt das Problem der Wellenabdichtung. Außerdem ist der Platzbedarf etwas günstiger. Während man bei dieser Ausführung auf einen bestimmten Kurzschlußläufermotor angewiesen ist, bietet die offene Bauart die Möglichkeit, verschiedene Antriebe vorzusehen. So können Dampfturbinen, Gasturbinen, Dieselmotoren und alle Elektromotoren verwendet werden.

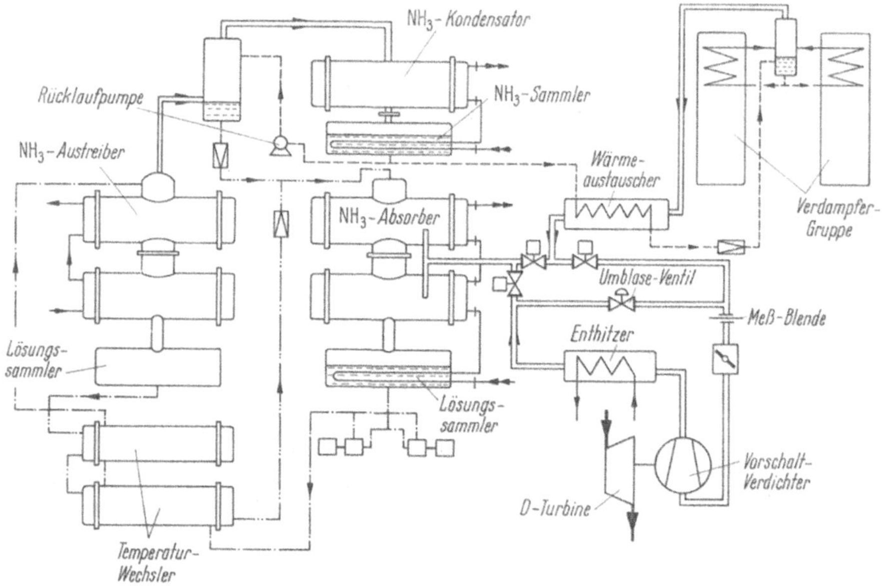

Abb. 294. Fließbild einer Absorptionsanlage mit Turbovorschaltkompressor.

Eine weitere Anwendungsmöglichkeit für Turbokompressoren ergibt sich bei einstufigen Absorptionskälteanlagen. Durch den Einsatz eines Turbokompressors können dann auch in der warmen Jahreszeit bei hohen Kühlwassertemperaturen tiefe Verdampfungstemperaturen erreicht werden. Abb. 294 zeigt die Schaltung einer solchen Anlage für eine Kälteleistung von $4{,}5 \cdot 10^6$ kcal/h bei einer Verdampfungstemperatur von $-45°$ C. Als Wärmequelle steht Heißwasser von 160° C und 16 ata zur Verfügung, das sich um 15° C abkühlen kann. Als Kühlwasser wird Rückkühlwasser verwendet, dessen Temperatur im Sommer auf maximal 32° C ansteigen kann. Diese Absorptionsanlage kann einstufig aber nur bis zu einer Kühlwassertemperatur von etwa 16° C betrieben werden. Da die Verdampfungstemperatur nie über $-45°$ C ansteigen darf, muß bei einer höheren Kühlwassertemperatur der Vorschaltkompressor zugeschaltet werden. Wie eine Statistik für den Aufstellungsort ergab, liegen die Kühlwassertemperaturen während 7 Monaten über 16° C; die Anlage kann also nur fünf Monate einstufig betrieben werden.

In der ersten Ausbaustufe wurde zunächst nur eine Kälteleistung von 60% benötigt, in der nächsten lag sie bei 80% und dann erst bei 100%. Die stark veränderliche Kühlwassertemperatur und die unterschiedlichen Kälteleistungen erforderten einen Vorschaltkompressor, der sich in weiten Grenzen wirtschaftlich regeln ließ. Als Antriebsmaschine wurde aus diesem Grunde eine Gegendruck-Dampfturbine gewählt.

Ein weiterer Anwendungsbereich wurde den Turbokompressoren durch den Bau großer Erdgasverflüssigungsanlagen erschlossen. Durch ein Hintereinanderschalten von Propan-, Äthylen- und Methankältekreisläufen wird das Erdgas bei etwa $-160°$ C verflüssigt. Mit Spezialtankern wird das Flüssiggas anschließend zum Verbraucher transportiert.

D. Physikalische Grundlagen.

Zum Verstehen der Arbeitsweise der Strömungsmaschinen ist die Kenntnis der physikalischen Grundlagen unerläßlich. Im Rahmen dieser Ausführungen muß auf eine ausführliche Erläuterung verzichtet werden.[1] Die wichtigsten Grundgesetze seien jedoch kurz zusammengestellt.

I. Thermodynamische Grundlagen.

1. Die Gasgleichung.

Die in der Form

$$p \cdot v = R \cdot T \tag{3}$$

bekannte Zustandsgleichung für ideale Gase kann bei der Berechnung der Zustandsänderung des Gases in einem Kompressor nur verwendet werden, solange die Zustandsänderungen in genügendem Abstand von der Sättigungslinie und dem kritischen Punkt vor sich gehen, so daß die Bedingung $c_p =$ konstant erfüllt ist.

Besonders bei Kältekompressoren jedoch, die die Kältemitteldämpfe aus einem Verdampfer absaugen, läßt sich die Gleichung in der angegebenen Form nicht verwenden. Bei Kältemitteln, die nur aus einer Komponente bestehen, wird man zweckmäßig auf Zustandsdiagramme oder entsprechende Zahlentafeln zurückgreifen. Dieses Verfahren kann auch noch zugelassen werden, wenn der Anteil eines Gases am Gemisch mindestens 95% beträgt und die Restgase von ähnlicher chemischer Zusammensetzung sind. Bei allen anderen Gasgemischen jedoch muß für jeden Arbeitspunkt die Abweichung vom Gesetz der idealen Gase

$$z = p \cdot v / R \cdot T \tag{4}$$

ermittelt werden. In der amerikanischen Literatur wird dieser Wert als Kompressibilitätsfaktor bezeichnet. Sachlich richtiger ist jedoch die Bezeichnung Realfaktor. Zur Berechnung dieses Realfaktors sind zahlreiche Untersuchungen durchgeführt worden. Besonders sei auf das Buch von W. C. Edmister, Applied Hydrocarbons Thermodynamics hingewiesen.[2] J. B. Maxwell gibt im Data Book for hydrocarbons[2] das in Abb. 295 dargestellte Diagramm zur Berechnung des Realfaktors.

Ergänzend zu den bereits in Band IV dieses Handbuches veröffentlichten Zustandsdiagrammen seien am Schluß dieses Beitrages (S. 391 u. 392) noch diejenigen für Äthylen und Propylen angefügt, da diese Gase häufig als Kältemittel verwendet werden.[3]

---

[1] Es wird auf Band II dieses Handbuches verwiesen.

[2] s. Literaturverzeichnis auf S. 390.

[3] Benzler, H., u. A. v. Koch: Ein Zustandsdiagramm für Äthylen bis 10000 Atm, Chem.-Ing.-Technik, Bd. 27 (1955) Nr. 2, S. 71—75. — Stephan, K., u. G. Scherer: Ein Mollier-Diagramm für Propylen, Chem.-Ing.-Technik, Bd. 33 (1961) Nr. 6, S. 417—420.

2. Enthalpie und spezifische Wärme.

Die Enthalpieänderung eines Gases ist definiert durch die Beziehung

$$di = c_p \cdot dT \tag{5}$$

Die Enthalpie ist bei idealen Gasen nur von der Temperatur abhängig. Bei realen Gasen ändert sich i außerdem noch mit dem Druck. c_p ist die spezifische Wärme bei konstantem Druck in kcal/kg Grad. Für Gase, die der Gasgleichung folgen, gilt die Beziehung

$$c_p = c_v + A\,R \tag{6}$$

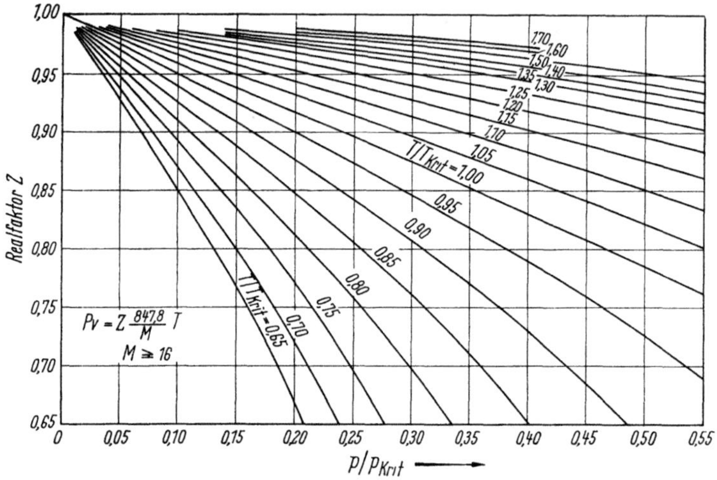

Abb. 295. Realfaktor z als Funktion des Druckes und der Temperatur.

wobei c_v die spezifische Wärme bei konstantem Volum und $A = {}^1/_{427}$ kcal/mkp das mechanische Wärmeäquivalent ist. Für die Berechnung der Kompressoren von großer Bedeutung ist außerdem das Verhältnis der spezifischen Wärmen

$$c_p/c_v = \varkappa \tag{7}$$

Mit (6) kann man auch schreiben

$$\varkappa = c_p/(c_p - A\,R) \tag{8}$$

Für Gasgemische ergibt sich

$$c_{p\,m} = \sum g_i \cdot c_{p\,i} \quad \text{und} \quad \varkappa_m = \frac{c_{p\,m}}{c_{p\,m} - A\,R_m}$$

Im allgemeinen bestehen Kältemittel zwar nur aus einer Komponente, doch können manchmal gewisse Restanteile anderer Gase eine Rechnung mit den Werten für das Gemisch erforderlich machen.

II. Strömungstechnische Grundlagen.

Die für die strömungstechnische Berechnung der Turbokompressoren benutzten Gleichungen beruhen auf den 3 Grundgleichungen der Strömungslehre:

a) Energiegleichung (Satz von Bernoulli)
b) Impuls- oder Drehmomentensatz
c) Kontinuitätsgleichung

Bevor auf die Anwendung dieser Gleichungen im Kompressorenbau eingegangen wird, seien die Geschwindigkeitsverhältnisse in einer Stufe erläutert.

1. Geschwindigkeitsverhältnisse.

Wie bei allen Strömungsmaschinen unterscheidet man auch bei Turbokompressoren zwischen Absolutgeschwindigkeiten, Relativgeschwindigkeiten und Umfangsgeschwindigkeiten.

Die Absolutgeschwindigkeit ist stets bezogen auf ein als ruhend definiertes System. Die Relativgeschwindigkeit hingegen ist die Geschwindigkeit, die von einem mitbewegten Beobachter in einem System gemessen wird, das sich gegenüber dem ruhenden mit einer Geschwindigkeit u bewegt. In unserem Falle ist die Erde das ruhende, das rotierende Laufrad das bewegte System.

Entsprechend Abb. 296 trete ein Masseteilchen mit der Absolutgeschwindigkeit c_1 in ein mit der Winkelgeschwindigkeit ω rotierendes Schaufelgitter eines Laufrades ein. Die Umfangsgeschwindigkeit des Rades am Eintritt in das Gitter betrage u_1. Nach dem Parallelogramm der Geschwindigkeiten beträgt dann die Relativgeschwindigkeit w_1 in vektorieller Schreibweise

$$\mathfrak{w} = \mathfrak{c} - \mathfrak{u} \tag{9}$$

Bei Anwendung des Cosinus-Satzes ergibt sich

$$w_1^2 = c_1^2 + u_1^2 - 2 c_1 \cdot u_1 \cdot \cos\alpha \tag{10}$$

Für den Fall drallfreier Zuströmung des Gases zum Laufrad ist $\alpha = 90°$, d. h. $\cos\alpha = 0$, so daß

$$w_1^2 = c_1^2 + u_1^2 \tag{11}$$

wird.

Diese Betrachtung gilt sinngemäß für jeden Punkt des Laufrades.

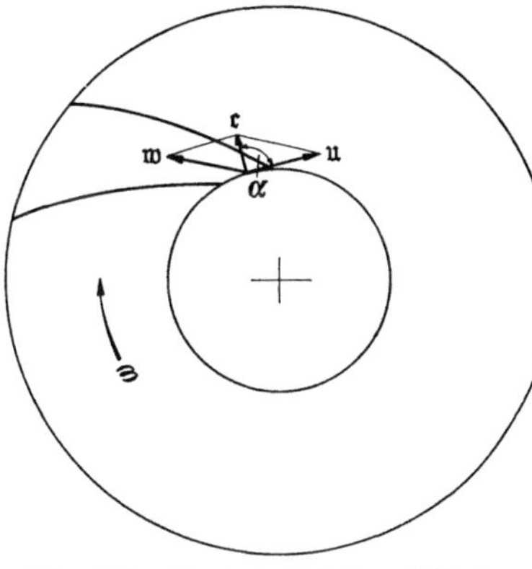

Abb. 296. Geschwindigkeitsverhältnisse in einer radialen Kompressorstufe.

2. Die Energiegleichung (Satz von Bernoulli).

Bei verlustloser Strömung gilt für alle Medien als Energiebilanz die Beziehung

$$E = \frac{A}{2g} c^2 + i + A \cdot h \tag{12}$$

worin bedeuten: A das mechanische Wärmeäquivalent
c die Gasgeschwindigkeit in m/s
i die Enthalpie in kcal/kg
h die geodätische Höhe in m

Der durch das Glied $A h$ wiedergegebene Einfluß der geodätischen Höhe ist bei den hier untersuchten Maschinen stets vernachlässigbar klein. Die Gleichung kann deshalb vereinfacht in der Form

$$\frac{A}{2g} \cdot c_{\mathrm{I}}^2 + i_{\mathrm{I}} = \frac{A}{2g} c_{\mathrm{II}}^2 + i_{\mathrm{II}} = \text{konst.} \tag{13}$$

geschrieben werden. Daraus folgt

$$\Delta i = A \cdot H = i_{\mathrm{II}} - i_{\mathrm{I}} = \frac{A}{2g} (c_{\mathrm{I}}^2 - c_{\mathrm{II}}^2) \tag{14}$$

Setzt man für $i = c_p \cdot T + \text{konst.}$, so erhält man bei $c_p = \text{konst.}$, also für ideale Gase

$$\Delta i = c_p \cdot (T_{\mathrm{II}} - T_{\mathrm{I}}) \tag{15}$$

Mit $c_p - c_v = AR$ und $c_p/c_v = \varkappa$ erhält man

$$\Delta i = \frac{\varkappa}{\varkappa - 1} \cdot A \cdot R\,(T_{\mathrm{II}} - T_{\mathrm{I}}) \tag{16}$$

Mit der Beziehung für die adiabate Verdichtung $T_{\mathrm{II}}/T_{\mathrm{I}} = (p_{\mathrm{II}}/p_{\mathrm{I}})^{\frac{\varkappa-1}{\varkappa}}$ erhält man die bekannte Gleichung für die adiabate Förderhöhe (s. Gl. 1)

$$\Delta i_{ad} = A \cdot H_{ad} = \frac{\varkappa}{\varkappa - 1} \cdot A\,R \cdot T_{\mathrm{I}} \left[(p_{\mathrm{II}}/p_{\mathrm{I}})^{\frac{\varkappa-1}{\varkappa}} - 1 \right] \quad [\mathrm{kcal/kg}] \tag{17}$$

Der Wert Δi_{ad} entspricht also der pro Kilogramm Gas bei der Druckerhöhung von p_{I} auf p_{II} zuzuführenden Arbeit. Es ist jedoch zu berücksichtigen, daß die Beziehung nach Gl. 17 nur für ideale Gase gilt. Da die Verdichtung der Kältemittel i. allg. immer in der Nähe der Sättigungskurve vor sich geht, also nicht nach den Gesetzen für ideale Gase verläuft, kann die Gleichung in dieser Form ohne weiteres nicht verwendet werden, sondern sie ist noch mit dem Realfaktor z zu korrigieren:

$$\Delta i_{ad} = A \cdot H_{ad} = \frac{\varkappa}{\varkappa - 1}\, A \cdot z \cdot R \cdot T_{\mathrm{I}} \left[(p_{\mathrm{II}}/p_{\mathrm{I}})^{\frac{\varkappa-1}{\varkappa}} - 1 \right] \quad [\mathrm{kcal/kg}] \tag{18}$$

3. Der Impuls- oder Drehmomentensatz.

Nach dem Impulssatz ist das zur Bewegung eines Laufrades erforderliche Drehmoment gleich der Differenz der Impulsmomente am Austritt und Eintritt des Rades.

Das Impulsmoment M ist das Produkt aus dem Hebelarm r, der sekundlich fließenden Masse m und der Umfangskomponente c_u der Absolutgeschwindigkeit c

$$M = m \cdot c_u \cdot r = \frac{G}{g} \cdot c_u \cdot r \tag{19}$$

Das dem Laufrad von außen zuzuführende Moment beträgt also

$$M = M_2 - M_1 = \frac{G}{g}\,(c_{2u} \cdot r_2 - c_{1u} \cdot r_1) \tag{20}$$

Diese Gleichung gilt sowohl für reibungsfreie als auch für reibungsbehaftete Strömung.

4. Die Kontinuitätsgleichung.

Nach dem Gesetz von der Erhaltung der Masse gilt für die strömende Masse in jedem Kontrollabschnitt die Beziehung

$$m = \frac{G}{g} = \frac{V \cdot \gamma}{g} = F \cdot c \cdot \frac{\gamma}{g} = \text{konst.} \tag{21}$$

Wobei F der jeweilige Strömungsquerschnitt ist.

5. Grundgleichung der Strömungsmaschinen (Euler-Gleichung).

Die dem Gas im Laufrad eines Kompressors zugeführte Arbeit je Zeiteinheit = Leistung beträgt

$$N = M \cdot \omega = G \cdot H_w \tag{22}$$

wobei G der Durchsatz in kg/s, M das Drehmoment, ω die Winkelgeschwindigkeit und

H_w die wirkliche Förderhöhe in mkp/kg ist.

Unter Benutzung der Gl. (20) ist also

$$H_w = \frac{M \cdot \omega}{G} = \frac{\omega}{g}(c_{2u} \cdot r_2 - c_{1u} \cdot r_1) \tag{23}$$

$$H_w = \frac{1}{g}(c_{2u} \cdot u_2 - c_{1u} \cdot u_1) \tag{23 a}$$

Diese Gleichung gilt allgemein für reibungsfreie und reibungsbehaftete Strömung. Aus den Geschwindigkeitsdreiecken am Eintritt und Austritt des Schaufelgitters kann mit Gl. (10) hergeleitet werden:

$$w_1^2 = c_1^2 + u_1^2 - 2c_1 \cdot u_1 \cdot \cos\alpha_1 \tag{24}$$

$$w_2^2 = c_2^2 + u_2^2 - 2c_2 \cdot u_2 \cdot \cos\alpha_2 \tag{25}$$

bzw.

$$c_1 \cdot u_1 \cdot \cos\alpha_1 = \tfrac{1}{2}(c_1^2 + u_1^2 - w_1^2) \tag{24 a}$$

$$c_2 \cdot u_2 \cdot \cos\alpha_2 = \tfrac{1}{2}(c_2^2 + u_2^2 - w_2^2) \tag{25 a}$$

Da $\cos\alpha = c_u/c$ ist, kann geschrieben werden:

$$c_{1u} \cdot u_1 = \tfrac{1}{2}(c_1^2 + u_1^2 - w_1^2) \tag{24 b}$$

$$c_{2u} \cdot u_2 = \tfrac{1}{2}(c_2^2 + u_2^2 - w_2^2) \tag{25 b}$$

Damit kann Gl. (23 a) auch in der Form geschrieben werden

$$H_w = \frac{1}{2g}[(c_2^2 - c_1^2) + (u_2^2 - u_1^2) + (w_1^2 - w_2^2)] \tag{26}$$

In dieser Form gibt die Gleichung die Anteile der verschiedenen Geschwindigkeiten an der Druckerhöhung in einer Stufe sehr übersichtlich wider.

Der Ausdruck $\frac{1}{2g}(c_2^2 - c_1^2)$ stellt den Zuwachs an kinetischer Energie dar. Der dieser Energieerhöhung entsprechende statische Druck ist am Laufradaustritt noch nicht vorhanden. Er wird erst in den nachgeschalteten Leitteilen wie Ringraum, Rückführstufe oder Spirale durch den Abbau der Geschwindigkeit c aufgebaut.

Das Glied $\frac{1}{2g}(u_2^2 - u_1^2)$ bedeutet eine statische Druckerhöhung im Laufrad infolge der Zentrifugalkraft. Bei einer axial durchströmten Arbeitsmaschine ist $u_1 = u_2$ und somit dieser Ausdruck gleich null. Daraus ist ersichtlich, daß die mögliche Druckerhöhung in einer Stufe eines Radialkompressors größer ist als bei einem Axialkompressor.

Der Ausdruck $\frac{1}{2g}(w_1^2 - w_2^2)$ schließlich entspricht der Verzögerung in den Laufradkanälen von w_1 am Eintritt auf w_2 am Austritt. Der dadurch aufgebaute statische Druck ist am Laufradaustritt vorhanden.

E. Wirtschaftlichkeitsüberlegungen beim Entwurf der Verdichtungsprozesse.

Bei den Überlegungen zur Wirtschaftlichkeit einer Turbokälteanlage kann bei der Planung in zwei Stufen vorgegangen werden:

a) Bei Betrachtung der Gesamtanlage ist ein optimales Verhältnis von Anschaffungskosten zu Betriebskosten durch sorgfältige Abstimmung von Apparate- und Kompressorenteil anzustreben.

So ist es z. B. häufig ungünstig, die Kondensationstemperatur durch eine große Differenz zwischen Kühlwasser- und Kältemitteltemperatur hoch zu legen. Zwar erhält man dadurch kleine und billige Apparate, andererseits kann der Bauaufwand und die Leistungsaufnahme des Kompressors jedoch sehr stark ansteigen.

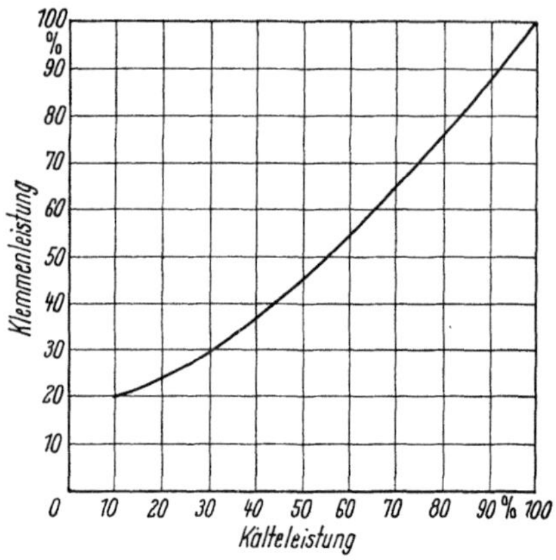

Abb. 297. Leistungsbedarf einer mit R 11 arbeitenden einstufigen Klimakälteanlage im ganzen Arbeitsbereich.

Es muß auch überlegt werden. ob eine Anlage häufig im Teillastbereich arbeiten wird. Die Charakteristiken von Kondensator und Verdampfer sollten so aufeinander abgestimmt werden, daß die Druckdifferenz zwischen Verdampfung und Kondensation möglichst klein wird. Erst dadurch ist es möglich, einen Turbokompressor weit in den Teillastbereich hinein zu betreiben. Abb. 297 zeigt den Leistungsbedarf einer mit R 11 arbeitenden einstufigen Klimakälteanlage im ganzen Lastbereich.

b) Wenn die Gesamtanlage derart festgelegt ist, kann der Kompressionsprozeß allein noch nach verschiedenen Gesichtspunkten gestaltet werden.

I. Wahl des Berechnungspunktes des Kompressors.

Kälteanlagen werden häufig während des größten Teils des Jahres je nach den klimatischen Verhältnissen im Teillastbereich betrieben. Die maximale Kälteleistung wird oft nur an wenigen Tagen benötigt. Es wäre deshalb vom wirtschaftlichen Standpunkt unzweckmäßig, den Kompressor für diesen maximalen Punkt zu berechnen und den größten Teil des Jahres mit schlechtem Teillastwirkungsgrad zu betreiben. In solchen Fällen empfiehlt es sich, den Kompressor für einen Teillastpunkt unter Berücksichtigung der Druckänderung entlang der Kennlinie bis zum Maximalpunkt zu berechnen. Man erreicht damit zweierlei:

Die Teillastpunkte werden mit besserem Wirkungsgrad, d. h. geringerem Leistungsaufwand betrieben.

Die Pumpgrenze wird entsprechend der Verlagerung des Berechnungspunktes verschoben. Man kann kleinere Teillasten erreichen, ohne daß die Maschine ins Pumpen gerät.

Ein solches Vorgehen bei der Berechnung setzt freilich voraus, daß die Kennlinien der verwendeten Stufen genau bekannt sind, damit der dann rechts vom Berechnungspunkt liegende Maximalpunkt auch tatsächlich mit der Kennlinie (Abb. 340) erreicht wird.

II. Einbau einer Dralldrossel.

In denjenigen Fällen, bei denen das obige Verfahren nicht angewendet werden kann, läßt sich der Teillastbereich durch den Einbau einer Dralldrossel wirkungsvoll verbessern. Allerdings gilt dieses nur für Maschinen mit geringer Stufenzahl. Abb. 298 zeigt einen Vergleich zwischen der Regelung mit Drosselklappe und Dralldrossel bei einer zweistufigen Maschine. Man erkennt den Vorteil der Dralldrossel im Teillastbereich bei verringertem Druckverhältnis.

III. Drehzahlregelbarer Antrieb.

Während bei kleineren Kälteanlagen der elektrische Antrieb mit konstanter Drehzahl vorherrschend ist, ist bei Großkälteanlagen häufiger der drehzahlregelbare Antrieb mit Dampf- oder Gasturbine anzutreffen. Abb. 299 zeigt das Kennfeld eines Ammoniak-Kompressors mit Dampfturbinenantrieb. Kompressor und Turbine sind für mittlere Betriebsverhältnisse berechnet. Der Maximalpunkt wird mit erhöhter Drehzahl erreicht.

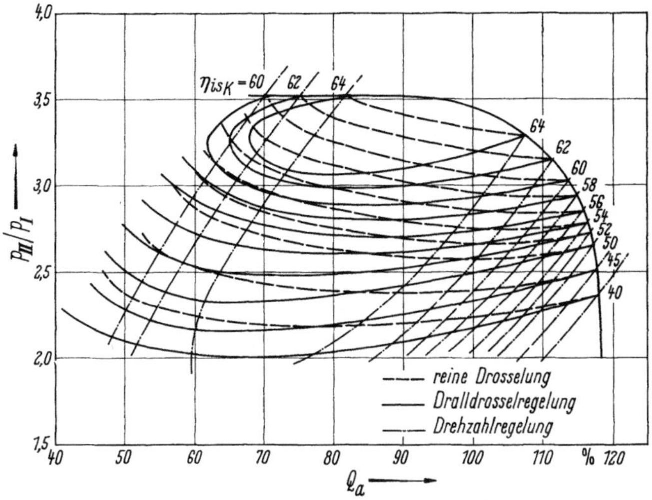

Abb. 298. Vergleich der Regelung mit Saugdrosselklappe, Dralldrossel und Drehzahlverstellung bei einem zweistufigen Turbokompressor. η_{is_K}=isoth. Wirkungsgrad an der Kupplung, Q_a=Ansaugemenge.

Ist eine Drehzahlregelung in weiten Bereichen erforderlich, so muß neben der Leistungsaufnahme des Kompressors auch der Dampfverbrauch der Turbine berücksichtigt werden. Abb. 300 zeigt das Kennfeld eines Ammoniak-Kompressors, der wegen seines Einsatzes als Vorschaltkompressor in einer Absorptionsanlage in einem sehr weiten Bereich regelbar sein mußte. Zum Antrieb dient eine Gegendruck-Dampfturbine. Für den unteren Betriebsbereich im Kompressorkennfeld müßte bei reiner Drehzahlregelung die Drehzahl etwa 55% der Nenndrehzahl betragen. Dabei sinkt der Umfangswirkungsgrad η_u infolge der schlechteren Strömungsverhältnisse im Schaufelgitter der Turbine derart ab, daß die Dampfverbrauchswerte sehr ungünstig werden. Eine wirtschaftliche Drehzahlregelung war nur bis auf 80% der Nenndrehzahl möglich. Es wurde deshalb eine kombinierte Drehzahl- und Saugdrosselregelung gewählt und damit der im Jahresmittel günstigste Dampfverbrauch erzielt.

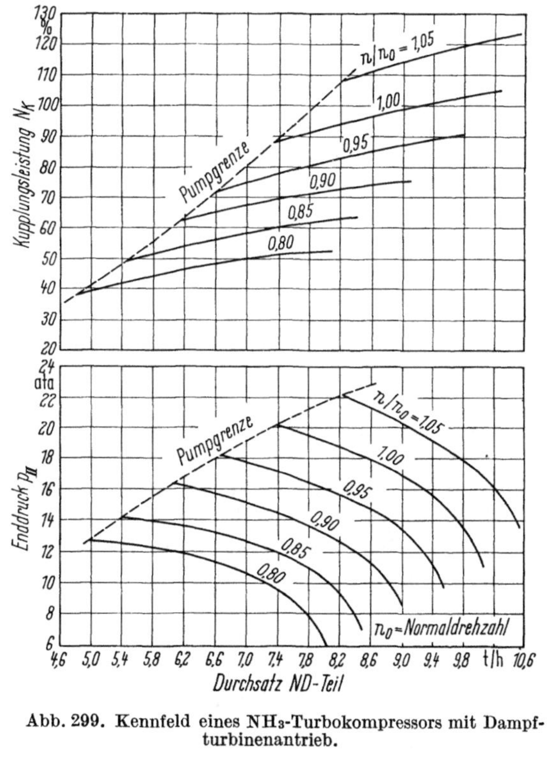

Abb. 299. Kennfeld eines NH_3-Turbokompressors mit Dampfturbinenantrieb.

IV. Zwischenkühlung mit Wasser.

Neben den geschilderten Möglichkeiten durch Wahl des Berechnungspunktes, der Regelorgane bzw. des Antriebs den Kompressor wirtschaftlich zu betreiben, kann durch Kühlung und zweistufige Drosselung des Gases der Verdichtungsprozeß wirtschaftlich beeinflußt werden. Im Kompressorenbau allgemein ist die Kühlung des Fördermediums mit Wasser am verbreitetsten. Bei Kältemaschinen jedoch läßt sie sich nur begrenzt anwenden, da bei niedrigen Verdampfungstemperaturen die Temperaturen des Gases in den einzelnen Stufen nicht die Werte erreichen, die eine Kühlung mit Wasser lohnend machen. Während Wasserkühlung

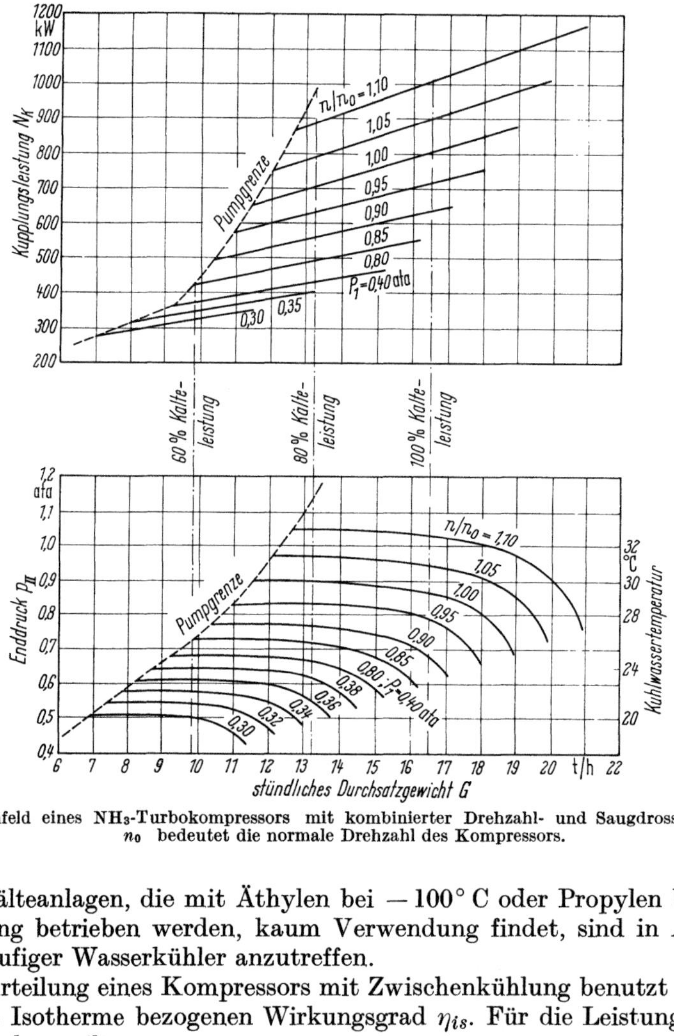

Abb. 300. Kennfeld eines NH_3-Turbokompressors mit kombinierter Drehzahl- und Saugdrosselregelung; n_0 bedeutet die normale Drehzahl des Kompressors.

z. B. bei Kälteanlagen, die mit Äthylen bei $-100°$ C oder Propylen bei $-40°$ C Verdampfung betrieben werden, kaum Verwendung findet, sind in Ammoniak-Anlagen häufiger Wasserkühler anzutreffen.

Zur Beurteilung eines Kompressors mit Zwischenkühlung benutzt man i. allg. den auf die Isotherme bezogenen Wirkungsgrad η_{is}. Für die Leistungsaufnahme an der Kupplung gilt

$$\eta_{is\,k} = \frac{G \cdot H_{is}}{N_k} = \frac{G \cdot R \cdot T_{\mathrm{I}} \cdot \ln(p_{\mathrm{II}}/p_{\mathrm{I}})}{N_k} \qquad (27)$$

Setzt man für $G = \frac{p_{\mathrm{I}} V_{\mathrm{I}}}{R\, T_{\mathrm{I}}}$ und für $N_k = \frac{G}{\eta_{mech.}}\left[\left(\frac{h_{ad}}{\eta_{i\,ad}}\right)_1 + \left(\frac{h_{ad}}{\eta_{i\,ad}}\right)_2 + \dots\right]$, worin h_{ad} die adiabate Stufenhöhe bedeutet, so erhält man

$$\eta_{is_k} = \frac{p_{\mathrm{I}} \cdot V_{\mathrm{I}} \cdot \ln\,(p_{\mathrm{II}}/p_{\mathrm{I}})_{ges} \cdot \eta_{mech.}}{\frac{p_{\mathrm{I}} \cdot V_{\mathrm{I}}}{R\,T_{\mathrm{I}}}\left[\left(\frac{h_{ad}}{\eta_i}\right)_1 + \left(\frac{h_{ad}}{\eta_i}\right)_2 + \cdots\right]} \tag{28}$$

$$\eta_{is_k} = \frac{\ln\,(p_{\mathrm{II}}/p_{\mathrm{I}})_{ges} \cdot \eta_{mech.}}{\frac{\varkappa}{\varkappa-1}\left[\left(\frac{1}{\eta_i}\left[(p_{\mathrm{II}}/p_{\mathrm{I}})^{\frac{\varkappa-1}{\varkappa}} - 1\right]\right)_1 + \left(\frac{1}{\eta_i} \cdot \frac{T_{Rk}}{T_{\mathrm{I}}}\left[(p_{\mathrm{II}}/p_{\mathrm{I}})^{\frac{\varkappa-1}{\varkappa}} - 1\right]\right)_2 + \cdots\right]}, \tag{29}$$

wobei T_{Rk}, die Rückkühltemperatur bedeutet.

Bezeichnet man mit n die Anzahl der Stufen und mit Z die Zahl der Kühler, so erhält man unter der näherungsweisen Voraussetzung gleicher Stufendruckverhältnisse und gleicher Stufenwirkungsgrade

$$\frac{\eta_{is_k}}{\eta_{iad} \cdot \eta_{mech}} = \frac{\ln\,(P_{\mathrm{II}}/P_{\mathrm{I}})_{ges}}{\frac{\varkappa}{\varkappa-1}\left[\left(\sqrt[n]{(p_{\mathrm{II}}/p_{\mathrm{I}})}\right)^{\frac{\varkappa-1}{\varkappa}} - 1 + \frac{T_{Rk}}{T_{\mathrm{I}}}(n-1)\left[\left(\sqrt[n]{(p_{\mathrm{II}}/p_{\mathrm{I}})_{ges} \cdot Z \cdot \Delta p}\right)^{\frac{\varkappa-1}{\varkappa}} - 1\right]\right]}. \tag{30}$$

Der isotherme Wirkungsgrad ist also unabhängig von der Gasart und nur abhängig von $(p_{\mathrm{II}}/p_{\mathrm{I}})$, $\frac{T_{Rk}}{T_{\mathrm{I}}}$, $\varkappa$, η_i, η_{mech}, dem Kühlerdruckverlust Δp und der Zahl der Kühler.

Abb. 301 zeigt die Abhängigkeit des Verhältnisses $\eta_{is_k}/\eta_i\,\eta_{mech}$ vom Druckverhältnis bei verschiedener Zwischenkühlerzahl und verschiedenen Druckverlusten. 2,5% Druckverlust entspricht mittleren Verhältnissen. Der Darstellung kann man deutlich entnehmen, daß jedem Druckverhältnis eine günstigste Anzahl von Zwischenkühlern zugeordnet ist.

Wie man aus Gl. (30) ersieht, sinken die Wirkungsgrade η_{is_k} bei größer werdendem Verhältnis $\frac{T_{Rk}}{T_{\mathrm{I}}}$.

Die Kurve für ungekühlte Verdichtung, zum Vergleich ebenfalls bezogen auf die Isotherme, ist in Abb. 301 auch eingetragen.

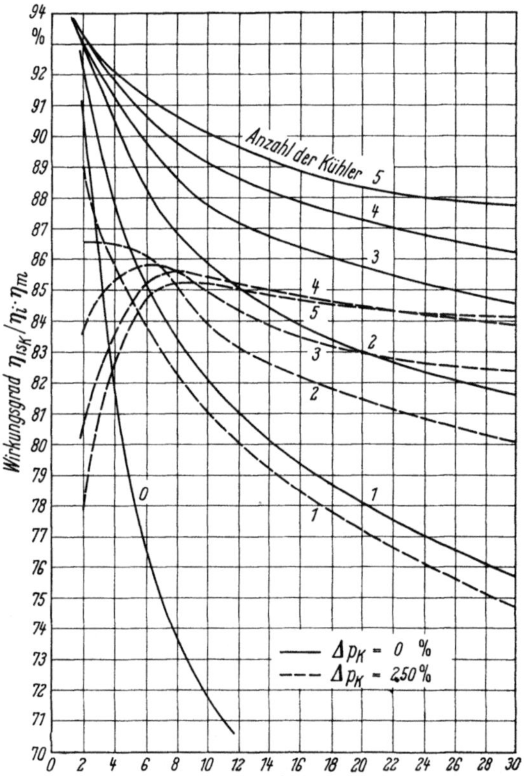

Abb. 301. Einfluß der Zahl der Zwischenkühler auf den Wirkungsgrad.

V. Kühlung durch Einspritzung.

Eine andere Möglichkeit, die Leistungsaufnahme an der Kompressorkupplung herabzusetzen, bietet die Kühlung durch Einspritzen von flüssigem Kältemittel. Man benutzt dazu einen Einspritzkühler, der an geeigneter Stelle im Verdichtungsprozeß angeordnet wird. Ein solcher Kühler ist in Abb. 302 dargestellt. Für den in Abb. 303 eingetragenen Kälteprozeß im i, $\log p$-Diagramm errechnet sich das in der dem Kühler folgenden Stufengruppe durchzusetzende Gasgewicht wie folgt:

$$G_3 = G_1 \cdot \frac{i_2 - i_7}{i_3 - i_6} \tag{31}$$

Bei der Berechnung eines Einspritzkühlers ist zu beachten, daß es für die Geschwindigkeit der den Kühler von unten nach oben durchströmenden und zu kühlenden Dämpfe eines Bestwert gibt. Ist die Geschwindigkeit zu niedrig, so ergeben sich unwirtschaftlich große Abmessungen des Behälters. Ist sie zu hoch, so werden Flüssigkeitströpfchen aus der Füllkörperschicht mit nach oben zum Kompressor gerissen oder es kommt sogar zu einem Flüssigkeitsstau in der Füllkörperschicht. Ferner spielt die Füllkörperart und -größe sowie die Menge der umgepumpten Flüssigkeit eine Rolle. Bei Ammoniak-Einspritzkühlern liegen die Dampfgeschwindigkeiten, auf den freien Querschnitt bezogen, zwischen 0,5 und 2,0 m/s bei Berieselungsstärken von 5 bis 10 m³/m²h. Die optimale Dampfgeschwindigkeit ist bei niedrigen Drücken höher als bei hohen Drücken.

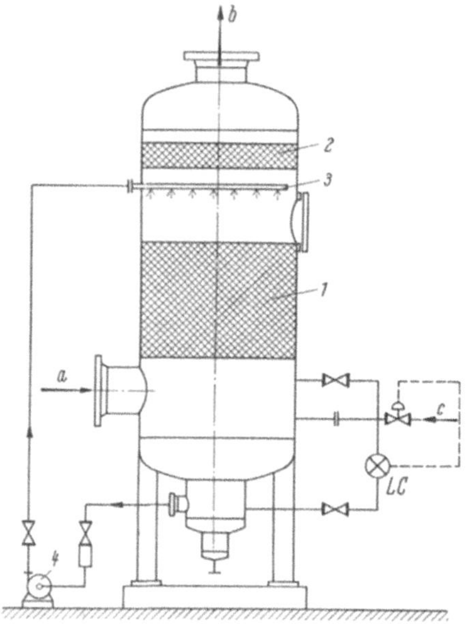

Abb. 302. NH_3-Einspritzkühler (Bauart Borsig). *1* Füllkörperschicht; *2* Trockenschicht; *3* Berieselungseinrichtung; *4* Ammoniak-Umwälzpumpe; *a* Eintritt der heißen Ammoniak-Dämpfe; *b* Austritt der kalten Ammoniak-Dämpfe; *c* Ammoniak-Flüssigkeit vor Einspritzventil, *LC* Niveauregler.

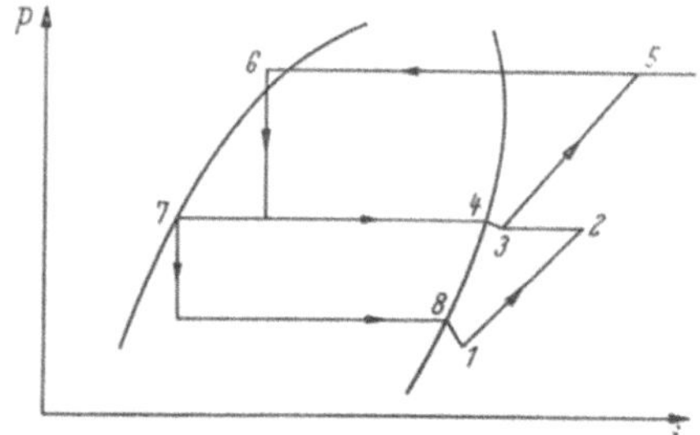

Abb. 303. Kälteprozeß im i, $\lg p$-Diagramm mit Einspritzkühlung.

VI. Zwischenexpansion des Kältemittels.

Neben den geschilderten Wegen zur Verbesserung des Gesamtwirkungsgrades einer Kälteanlage sei noch auf die Zwischenexpansion hingewiesen. Das aus dem Kondensator kommende flüssige Kältemittel wird in einem Behälter auf einen Zwischendruck entspannt. Die dabei entstehenden Dämpfe werden einer geeigneten mittleren Stufe des Kompressors zugeführt, während die restliche Flüssigkeit weiter expandiert und zum Verdampfer geleitet wird.

Berechnung der Gasströme (siehe auch Abb. 304c):

$$G_1 = \frac{Q_0}{i_8 - i_7}, \tag{32}$$

wobei Q_0 die stündliche Kälteleistung in kcal/h bedeutet, und

$$G_3 = G_1 \cdot \frac{i_4 - i_7}{i_4 - i_6} \tag{33}$$

VII. Vergleich der Verdichtungsprozesse.

In Abb. 304 sind 5 Kurven für die Wirksamkeit verschiedener Zwischenkühlungen bei Ammoniak aufgetragen. Daneben sind die zugehörigen Arbeitsprozesse im i, $\log p$-Diagramm schematisch dargestellt. Kurve a stellt die theoretisch erreichbaren Werte nach den Kältemaschinenregeln[1] dar. Die Kurven b bis e gelten für praktisch ausführbare Ammoniak-Kompressoren mit einer Kälteleistung von $5 \cdot 10^6$ kcal/h bei Verdampfungstemperaturen zwischen $+10°$ C und $-20°$ C und einer konstanten Verflüssigungstemperatur von $+35°$ C. Dabei wurden Druckverluste für Leitungen und Kühler berücksichtigt, so daß die

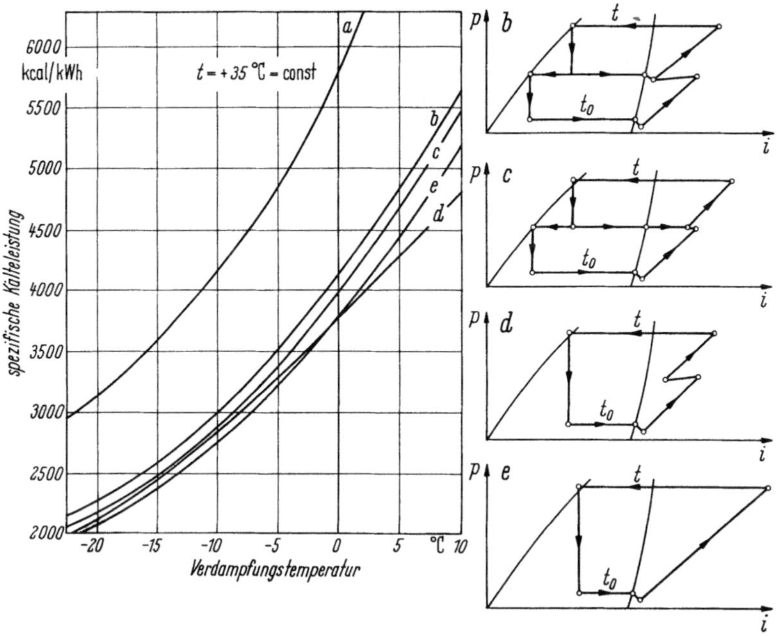

Abb. 304 a–e Spezifische Kälteleistung von Ammoniak-Turbokälteanlagen in Abhängigkeit von der Verdampfungstemperatur und dem Arbeitsprozeß (nach K.-H. RICHTER).
a) theoretische spezifische Kälteleistung.
b) Arbeitsprozeß mit Zwischenkühlung im Einspritzkühler;
c) Arbeitsprozeß mit Zwischenentspannung im Economiser;
d) Arbeitsprozeß mit Zwischenkühlung im Oberflächenkühler;
e) Arbeitsprozeß mit einstufiger Verdichtung.

Arbeitsprozesse tatsächlich vorkommenden Betriebsverhältnissen entsprechen. Kurve b gilt für eine Turbokälteanlage, bei der die verdichteten Ammoniakdämpfe in einem Einspritzkühler bis nahe an den Sättigungszustand zwischengekühlt werden. Etwas weniger günstig, aber mit geringerem apparativem Aufwand, ist die Kühlung bei zweistufiger Drosselung, wie die darunter liegende Kurve c zeigt. Kurve d kennzeichnet die Zwischenkühlung der Dämpfe in einem Oberflächenkühler mittels Kühlwasser auf $+35°$ C. Kurve e gilt für einstufige Verdichtung ohne jede Zwischenkühlung. Gegenüber dieser einstufigen Verdichtung ergeben sich im Durchschnitt Leistungsersparnisse bei einem Einspritzkühler von 7%, bei zweistufiger Drosselung von 4% und beim Oberflächenkühler von 2%. Oberhalb einer Verdampfungstemperatur von 0° C lohnt sich kein Oberflächenkühler, da die Druckverluste in Apparat und Rohrleitungen die Vorteile der Kühlung zunichte machen.

[1] Kältemaschinenregeln, 5. Aufl., Karlsruhe: C. F. Müller, 1958.

F. Wirkungsgrade einer Verdichterstufe.

Der Wirkungsgrad eines Turbokompressors bezogen auf die Kompressorkupplung setzt sich aus folgenden Einzelwirkungsgraden zusammen:

$$\eta_k = \eta_{mech} \cdot \eta_i = \eta_{mech} \cdot \eta_{ström} \cdot \eta_r \cdot \eta_{vol} \tag{34}$$

I. Mechanischer Wirkungsgrad η_{mech}.

Dieser Wirkungsgrad berücksichtigt die Verluste in den Lagern des Kompressors. Bei Maschinen mit Sperröldichtungen oder Gleitringdichtungen sind auch die in diesen Dichtungen auftretenden Reibungsleistungen bei der Ermittlung des mechanischen Wirkungsgrades zu berücksichtigen.

$$\eta_{mech} = \frac{N_i}{N_k} = \frac{N_i}{N_i + N_{mech}} \tag{35}$$

II. Innerer Wirkungsgrad η_i.

Dieser Wirkungsgrad gibt das Verhältnis der Nutzleistung $G \cdot H$ zur gesamten auf das Gas übertragenen Leistung N_i wider. Zur Vermeidung von Mißverständnissen ist die Angabe der Zustandsänderung bei der Verdichtung von großer Wichtigkeit. Es ist also anzugeben, ob der Wirkungsgrad auf die adiabate oder polytrope Förderhöhe bezogen ist. Also z. B.

$$\eta_{i-ad} = \frac{G \cdot H_{ad}}{N_i} \tag{36}$$

Wie aus Gl. (34) zu entnehmen ist, setzt sich der innere Wirkungsgrad eines Kompressors aus drei Teilwirkungsgraden zusammen.

1. Der Strömungswirkungsgrad $\eta_{ström}$.

Er wird häufig auch als hydraulischer Wirkungsgrad bezeichnet und gibt das Verhältnis der tatsächlich erreichten Förderhöhe zur theoretischen Förderhöhe wieder

$$\eta_{ström} = \frac{H_{ad} - \Sigma h_{verlust}}{H_{ad}} \tag{37}$$

Der Ausdruck $\sum h_{verlust}$ setzt sich zusammen aus Strömungsverlusten im Radeinlauf, im Laufrad und in den nachgeschalteten Ring- bzw. Sammelräumen. Außerdem sind bei jeder Stufe, vor der das Gas von außen in den Kompressor eingeführt wird, noch die in diesen Einläufen auftretenden Verluste zu berücksichtigen. Bei der Berechnung der Strömungsverluste in den einzelnen Elementen einer Stufe ergibt sich, daß die Verluste in den dem Laufrad nachgeschalteten Leitteilen wesentlich höher sind als die Verluste im Laufrad selbst. Bei der konstruktiven Gestaltung einer Kompressorstufe ist also ganz besonderer Wert auf die strömungstechnisch günstige Gestaltung dieser nachgeschalteten Teile zu legen.

2. Der Radreibungswirkungsgrad η_r.

Bei der Rotation eines Laufrades in einem Gehäuse wird das zwischen Rad und den Gehäusewänden befindliche Gas in Drehung versetzt. Zur Überwindung dieser Reibung muß an der Kompressorwelle zusätzlich Leistung aufgebracht werden. Die Gleichung zur Ermittlung dieser Leistung kann man in der Form

$$N_r = \text{konst.} \cdot \gamma \cdot u_2^3 \cdot d_2^2 \tag{38}$$

$$N_r = \text{konst.} \cdot \gamma \cdot n^3 \cdot d_2^5 \tag{38a}$$

schreiben, worin d_2 den Laufradaußendurchmesser und u_2 die Umfangsgeschwindigkeit bedeuten.

Die Radreibungsverluste steigen also mit der 5. Potenz des Raddurchmessers, jedoch nur mit der 3. Potenz der Drehzahl. Es ist deshalb stets anzustreben, die zur Erreichung einer bestimmten Förderhöhe notwendige Umfangsgeschwindigkeit durch hohe Drehzahlen bei möglichst kleinem Laufraddurchmesser zu verwirklichen. Allerdings sind diesem Streben durch die konstruktiven Möglichkeiten Grenzen gesetzt. Es ist also

$$\eta_r = \frac{N_i - N_r}{N_i} = 1 - \frac{N_r}{N_i} \tag{39}$$

3. Der volumetrische Wirkungsgrad η_{vol}.

Am Austritt eines Laufrades herrscht ein höherer Druck als am Radeintritt. Um das dadurch bedingte Rückströmen des Gases vom Druck- in den Saugraum einzuschränken, werden an der Welle sowie an den Deckscheiben Dichtungen angeordnet. Der bleibende Verlust wird durch den volumetrischen Wirkungsgrad erfaßt.

Der volumetrische Wirkungsgrad ist also das Verhältnis des zur Erreichung der Garantiewerte erforderlichen Fördergewichts zum tatsächlichen Fördergewicht

$$\eta_{vol} = \frac{G}{G + \Delta G} \tag{40}$$

G. Die Kennzahlen ψ und φ.

Zum Vergleich und zur qualitativen Beurteilung einzelner Kompressorstufen sind verschiedene Kennzahlen eingeführt worden. Die größte Bedeutung haben davon die Druckziffer ψ und die Lieferzahl φ erlangt.

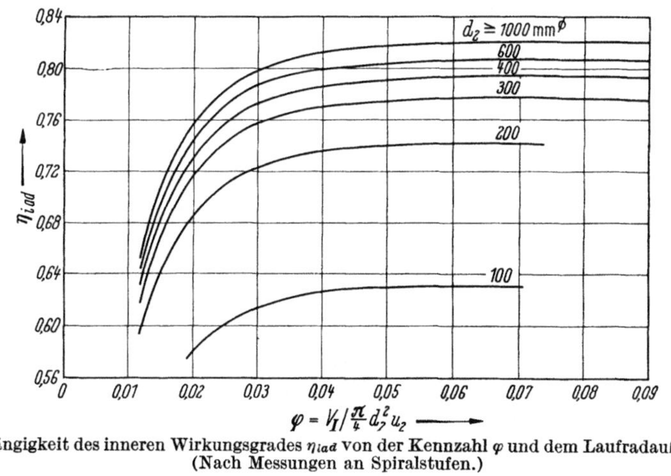

Abb. 305. Abhängigkeit des inneren Wirkungsgrades η_{iad} von der Kennzahl φ und dem Laufradaußendurchmesser. (Nach Messungen an Spiralstufen.)

Die Druckziffer ist wie folgt definiert:

$$\psi = \frac{2g \cdot H_{ad}}{u_2^2} = \frac{H_{ad}}{u_2^2/2g} \tag{41}$$

Erreicht werden bei Rädern mit rückwärts gekrümmten Schaufeln etwa $\psi = 1{,}0$ und bei Rädern mit radialer Beschaufelung etwa $\psi = 1{,}3$. Diese Werte sind Richtwerte für Überschlagsrechnungen. Tatsächlich werden die in einer Stufe erreichbaren Druckziffern von vielen Faktoren beeinflußt und müssen sorgfältig ermittelt werden.

In die zweite Kennzahl, die Lieferzahl φ, gehen drei charakteristische Kompressordaten ein: das Ansaugevolum V_I, der Laufradaußendurchmesser d_2 und die Umfangsgeschwindigkeit u_2.

$$\varphi = \frac{V_I}{\frac{\pi}{4} d_2^2 \cdot u_2} \tag{42}$$

Sie ist also definiert als das Verhältnis einer charakteristischen Geschwindigkeit des Mediums zur Geschwindigkeit u_2 des Laufrades.

Bei Radialverdichtern liegen die φ-Werte im Bereich zwischen etwa 0,080 und 0,010. Werte unter 0,020 sollten jedoch wegen der schlechten Wirkungsgrade (s. Abb. 305) nach Möglichkeit vermieden werden.

H. Bestimmung der Hauptabmessungen eines Turbokompressors.

Hat man die Betriebsdaten einer Kälteanlage festgelegt und das zweckmäßigste Kältemittel gewählt, so liegen damit auch die Forderungen, die der Kompressor zu erfüllen hat, weitgehend fest. Aus Dampftafeln und Diagrammen kann man die zu den festgelegten Temperaturen zugeordneten Drücke entnehmen. Je nach der Entfernung zwischen Verdampfer und Kompressor wird man noch einen mehr oder minder großen Druckabfall durch Reibungsverluste in den Rohrleitungen bis zum Eintrittsstutzen des Kompressors berücksichtigen müssen. Bei den zu kompakten Einheiten zusammengebauten Kältesätzen kann man wegen der sehr kurzen Rohrverbindung praktisch den Verdampferdruck als Saugdruck des Kompressors einsetzen.

Ebenso ist zu berücksichtigen, daß bei langen Rohrleitungen durch Wärmezufuhr von außen die Temperatur am Kompressorstutzen um einige Grade höher sein kann als die Temperatur im Verdampfer. Abb. 303 zeigt einen Kompressionsprozeß im $i, \log p$-Diagramm.

I. Der Laufradaußendurchmesser d_2.

Die bestimmende Größe einer Turbomaschine ist der Laufradaußendurchmesser d_2. Da das Erreichen einer bestimmten Enthalpiedifferenz nur eine Funktion der Umfangsgeschwindigkeit u_2 bei gegebener Laufradbeschaufelung ist, könnte an sich jeder beliebige Laufraddurchmesser bei entsprechender Drehzahl vorgesehen werden. Tatsächlich ist man jedoch bei der Berechnung auf einen relativ engen Bereich beschränkt. Wie in Abb. 305 gezeigt, lassen sich optimale Wirkungsgrade nur bei den großen φ-Werten in dem für Radialkompressoren in Betracht kommenden Bereich verwirklichen. Danach wären also gemäß Gl. (42) möglichst kleine Durchmesser anzustreben. Dem stehen jedoch verschiedene andere Forderungen entgegen:

a) Schnelläufige Räder mit rückwärts gekrümmten Schaufeln sind auf Grund ihrer größeren Schaufelbreiten und ihres großen Durchmesserverhältnisses d_s/d_2 (s. Abb. 283) festigkeitsmäßig ungünstiger als schmale Räder mit entsprechend kleinen φ-Werten. Sie können deshalb nicht mit den gewünschten hohen Umfangsgeschwindigkeiten betrieben werden. Einen Ausweg bieten die aus dem Turboladerbau übernommenen Räder mit radial angeordneten Laufschaufeln.

b) Mit steigender Schnelläufigkeit wird bei optimaler Bemessung nach Abschnitt H II der erforderliche Einlaufquerschnitt F_s sehr groß. Da der mögliche Einlaufquerschnitt jedoch durch den wegen der kritischen Drehzahl erforderlichen Wellendurchmesser begrenzt ist, ist damit auch die mögliche Schnelläufigkeit begrenzt.

c) Bei tiefen Gastemperaturen und bei hohem Molekulargewicht muß außerdem der Machzahleinfluß am Laufradeintritt beachtet werden. Da die Machzahl Werte von etwa 0,9 in keinem Punkt am Laufschaufeleintritt überschreiten sollte, müssen die Geschwindigkeiten im Einlauf und damit auch die Schnelläufigkeit beschränkt bleiben.

Auf Grund dieser Überlegungen kann man i. allg. für einstufige Gebläse bzw. für das erste Rad mehrstufiger Kompressoren mit φ-Werten von etwa 0,075 bis 0,040 rechnen.

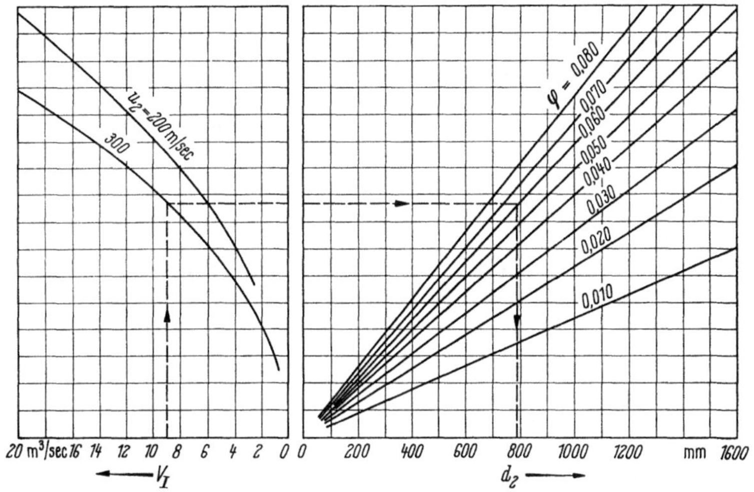

Abb. 306. Laufraddurchmesser d_2 als Funktion von Ansaugemenge, Umfangsgeschwindigkeit und Kennzahl φ.

Das Nomogramm, Abb. 306, gibt einen Überblick über die sich danach ergebenden Laufraddurchmesser.

Selbstverständlich kann es aus verschiedenen Gründen notwendig sein, von diesen Richtlinien abzuweichen. Das kann z. B. dann der Fall sein, wenn die Drehzahl nicht frei wählbar ist oder der Laufraddurchmesser aus konstruktiven Gründen einen Mindestwert nicht unterschreiten darf.

II. Das Durchmesserverhältnis d_s/d_2.

Ebenso wie die Wahl eines für die gegebenen Verhältnisse optimalen Laufraddurchmessers ist die Festlegung des Durchmesserverhältnisses d_s/d_2 für die Berechnung eines Radialkompressors von maßgebendem Einfluß.

Nun kann man die Verlusthöhe im Laufrad in vereinfachter Form ansetzen als

$$\Delta h_{Rad} = \xi \cdot \frac{w_1^2}{2g} \tag{43}$$

Um die Verluste so gering wie möglich zu halten, sollte also die Relativgeschwindigkeit w_1 einen minimalen Wert haben. Es ist für den Normalfall mit $c_{1u} = 0$

$$w_1^2 = c_1^2 + u_1^2 \tag{44}$$

$$w_1^2 = c_s^2 (F_s/F_1)^2 + u_2^2 (d_1/d_2)^2 = \frac{V_I^2 (v_s/v_I)^2}{\left[\frac{\pi}{4}(d_s^2 - d_n^2)\right]^2} \cdot \left(\frac{F_s}{F_1}\right)^2 + \frac{V_I^2}{\left(\frac{\pi}{4} d_2^2 \cdot \varphi\right)^2} \cdot \left(\frac{d_s}{d_2} \cdot \frac{d_1}{d_s}\right)^2$$

$$w_1^2 = \frac{V_I^2}{\left(\frac{\pi}{4}\right)^2 \cdot d^4} \left[\frac{(F_s/F_1)^2 \cdot (v_s/v_I)^2}{\left(\frac{d_s^2 - d_n^2}{d_2^2}\right)^2} + \frac{(d_s/d_2)^2 \cdot (d_1/d_s)^2}{\varphi^2}\right]$$

Die Differentiation nach d_s/d_2 ergibt

$$\left(\frac{d_s}{d_2}\right)^2 - \left(\frac{d_n}{d_2}\right)^2 = \sqrt[3]{\varphi^2 \cdot 2 \frac{(F_s/F_1)^2 \cdot (v_s/v_1)^2}{(d_1/d_s)^2}} \tag{45}$$

$$\frac{d_s}{d_2} = \sqrt[2]{\left(\frac{d_n}{d_2}\right)^2 + \sqrt[3]{\varphi^2} \cdot \sqrt[3]{2 \frac{(F_s/F_1)^2 \cdot (v_s/v_I)^2}{(d_1/d_s)^2}}} \tag{45a}$$

Abb. 307 zeigt die Auswertung dieser Gleichung für mittlere Verhältnisse mit $F_s/F_1 = 1{,}15, v_s/v_I = 1{,}05$ und $d_1/d_s = 1{,}06$.

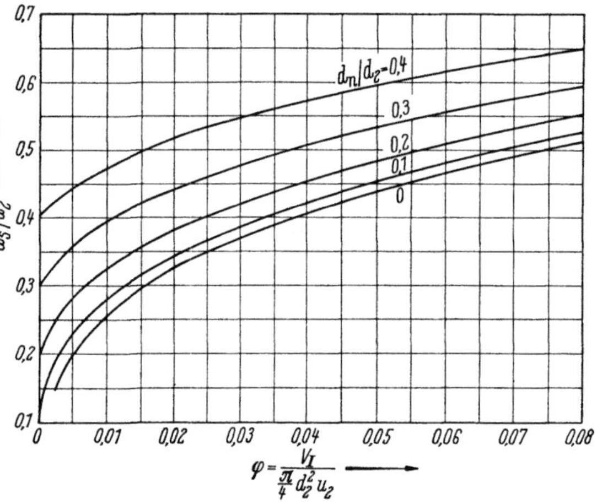

Abb. 307. Optimales Durchmesserverhältnis d_s/d_2 als Funktion vom Nabenverhältnis d_n/d_2 und von der Kennzahl φ.

Bei Verwendung eines festen Schaufelsystems liefert Gl. (45) bei Auflösung nach d_n/d_2 die maximal zulässigen Nabendurchmesser d_n. In der Praxis hat sich die Berechnung der Kompressorlaufräder nach dieser Minimum-Methode recht gut bewährt. Wie bei vielen Extremwertbedingungen ist der Verlauf der Kurve im Minimalbereich sehr flach, so daß selbstverständlich gewisse Abweichungen vom berechneten Wert zugelassen werden können.

III. Die Schaufeleintrittsbreite b_1.

Das Schluckvermögen eines Laufrades wird im wesentlichen bestimmt durch die richtige Dimensionierung des Strömungsquerschnitts am Eintritt in das Schaufelgitter. Die erforderliche Breite b_1 kann bestimmt werden aus der Beziehung

$$F_s = a \cdot F_1 = a \cdot \pi \cdot d_1 \cdot b_1 \tag{46}$$

worin a ein Proportionalitätsfaktor ist.

Die Strömung sollte zwischen dem Saugquerschnitt F_s und dem Schaufeleintritt unbedingt beschleunigt sein. Normalerweise wird diese Beschleunigung 5% bis 10% betragen, doch können auch höhere Werte zugelassen werden.

Bei einer Weiterentwicklung der Gl. (46) erhält man

$$\frac{\pi}{4}(d_s^2 - d_n^2) = a \cdot \pi \cdot d_1 \cdot b_1 \tag{47}$$

$$b_1 = \frac{d_s^2 - d_n^2}{4 \cdot a \cdot d_1} \tag{47a}$$

Unter Benutzung der Optimalbedingung nach Gl. (45a) folgt

$$\frac{b_1}{d_2} = \frac{1{,}415 \cdot \sqrt[3]{\varphi^2}}{4 \cdot a \cdot d_1/d_s \cdot \sqrt{(d_n/d_2)^2 + 1{,}415 \cdot \sqrt[3]{\varphi^2}}} \tag{48}$$

Mit $a = 1{,}06$ und $d_1/d_s = 1{,}06$ ergibt sich

$$\frac{b_1}{d_2} = 0{,}316 \cdot \frac{\sqrt[3]{\varphi^2}}{\sqrt{(d_n/d_2)^2 + 1{,}415 \cdot \sqrt[3]{\varphi^2}}} \tag{48a}$$

Abb. 308 gibt einen Überblick über den Verlauf des Verhältnisses b_1/d_2 als Funktion des φ-Wertes und des Nabenverhältnisses d_n/d_2. Mit Hilfe dieses Diagramms kann also sehr schnell die Eintrittsbreite für Entwürfe bestimmt werden.

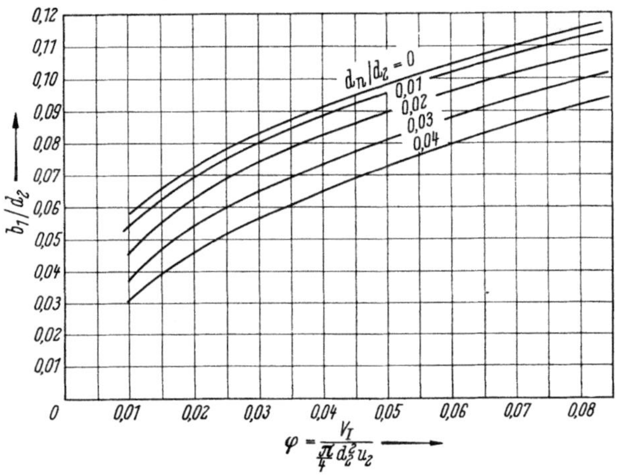

Abb. 308. Breitenverhältnis b_1/d_2 als Funktion vom Nabenverhältnis d_n/d_2 und der Kennzahl φ.

IV. Der Schaufeleintrittswinkel β_1.

In der Regel erfolgt die Zuströmung des Gases zum Laufrad drallfrei, d. h. $c_{1u} = 0$. Unter dieser Voraussetzung ist

$$\operatorname{tg}\beta_1 = c_1/u_1 \tag{49}$$

wobei c_1 die Absolutgeschwindigkeit im durch die endliche Schaufelstärke verengten Kanalquerschnitt ist. Diese Gleichung soll weiterentwickelt werden mit dem Ziel, eine Gleichung für den optimalen Eintrittswinkel zu erhalten.

$$\operatorname{tg}\beta_1 = \frac{c_s \cdot F_s/F_1 \cdot v_1/v_I}{u_2 \cdot d_1/d_2} = \frac{V_I/F_s \cdot F_s/F_1 \cdot v_1/v_I}{u_2 \cdot d_1/d_2} \tag{50}$$

Mit $\frac{V_I}{u_2} = \varphi \cdot \frac{\pi}{4} \cdot d_2^2$ erhält man

$$\operatorname{tg}\beta_1 = \varphi \cdot \frac{\pi}{4} d_2^2 \cdot \frac{F_s/F_1 \cdot v_1/v_I}{F_s \cdot d_1/d_2} \tag{51}$$

Mit Gl. (45a) folgt für mittlere Verhältnisse

$$\operatorname{tg}\beta_1 = \sqrt[3]{\varphi} \cdot \frac{0{,}842}{\sqrt{(d_n/d_2)^2 + 1{,}415 \cdot \sqrt[3]{\varphi^2}}} \tag{52}$$

In Abb. 309 ist der Verlauf des Schaufelwinkels β_1 als Funktion des φ-Wertes und des Nabenverhältnisses dargestellt.

V. Die Schaufelzahl.

Die im Laufrad erreichbare Förderhöhe hängt u. a. auch von der Zahl der vorhandenen Laufradschaufeln ab. Außerdem hat die Schaufelzahl einen großen Einfluß auf den Wirkungsgrad. Nur bei unendlicher Schaufelzahl folgt die Strömung exakt den von den Schaufeln vorgegebenen Strombahnen, doch vergrößern sich mit wachsender Schaufelzahl auch die Reibungsverluste in den Kanälen. Dadurch wird der Wirkungsgrad verschlechtert und eine nennenswerte Erhöhung der Druckziffer verhindert.

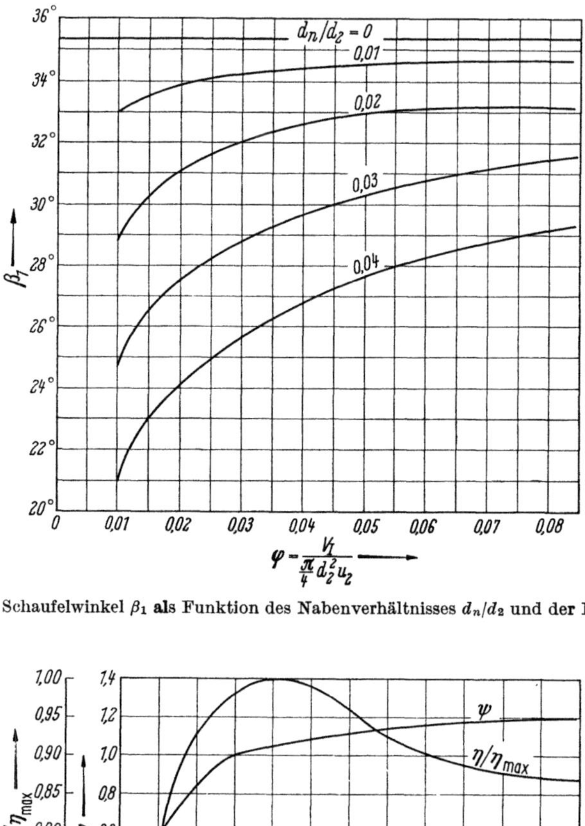

Abb. 309. Schaufelwinkel β_1 als Funktion des Nabenverhältnisses d_n/d_2 und der Kennzahl φ.

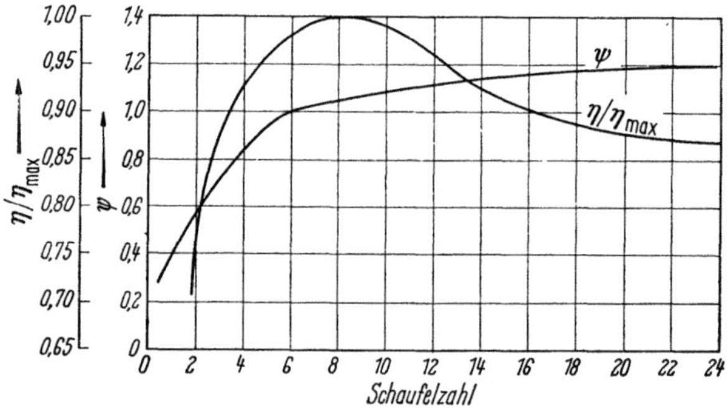

Abb. 310. Abhängigkeit des Wirkungsgrades und der Druckziffer von der Schaufelzahl bei Rädern mit radialen Schaufeln.

Für Räder mit rückwärts gekrümmten Schaufeln liegen die auf experimenteller Basis ermittelten günstigsten Schaufelzahlen je nach dem Durchmesser des Rades zwischen 13 und 21. Für Räder mit radial endigenden Schaufeln hat W. v. D. NÜLL die in Abb. 310 dargestellten Beziehungen zwischen Schaufelzahl, Druckziffer und Wirkungsgrad gefunden.

VI. Der Schaufelaustrittswinkel β_2.

Wegen des guten Wirkungsgrades und der günstigen Kennlinienform werden im Radialkompressorenbau überwiegend Laufräder mit rückwärts gekrümmten Schaufeln verwendet. Nach Versuchen von F. KLUGE erhält man optimale Wirkungsgrade bei Austrittswinkeln $\beta_2 = 40°$ bis $50°$. Es ist darauf zu achten, daß die Abnahme der Relativgeschwindigkeit im Laufradkanal etwa 25% nicht überschreitet, d. h. w_2 sollte nicht kleiner als etwa $0{,}75 \cdot w_1$ sein.

Nach intensiven Entwicklungsarbeiten konnten in den letzten Jahren auch Räder mit radial endigenden Schaufeln ($\beta_2 = 90°$) erfolgreich eingesetzt werden.

VII. Die Wahl der Stufenzahl.

Abgesehen von den einstufigen Kompressoren für Klimaanlagen wird man bei den in der Kältetechnik eingesetzten Turbokompressoren kaum die erforderliche Förderhöhe in *einem* Laufrad erreichen können, sondern es werden immer mehrere Stufen notwendig sein.

Die minimal erforderliche Stufenzahl erhält man, indem man alle Laufräder mit gleichem Durchmesser ausführt und mit der maximal zulässigen Umfangsgeschwindigkeit laufen läßt. Die minimale Stufenzahl errechnet sich also zu

$$s_{min} = \frac{H_{ad} \cdot 2g}{u_{2\,max}^2 \cdot \psi} = \frac{\Delta i_{ad}/A \cdot 2g}{u_{2\,max}^2 \cdot \psi} \qquad (53)$$

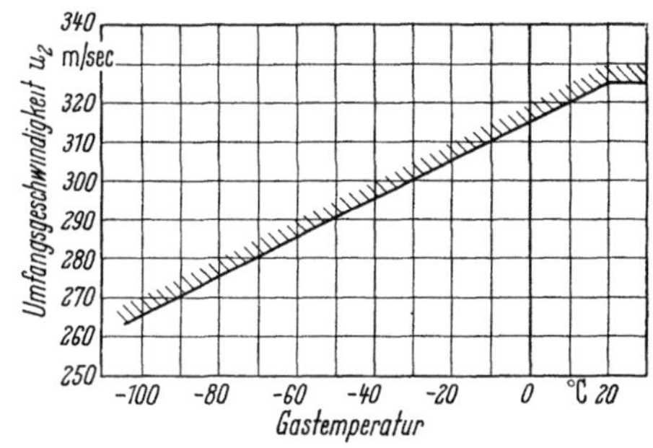

Abb. 311. Maximal zulässige Umfangsgeschwindigkeiten u_2 in Abhängigkeit von der Gastemperatur (Richtwerte).

Für Überschlagsrechnungen kann, wie bereits gesagt, mit einer Druckziffer $\psi = 1{,}0$ bei Verwendung von Rädern mit rückwärts gekrümmten Schaufeln gerechnet werden. Je nach der Ansaugtemperatur des Gases erhält man aus Abb. 311 die zulässige maximale Umfangsgeschwindigkeit u_2 (Richtwerte) und kann damit nach Gl. (53) die minimale Stufenzahl bestimmen. Es sei jedoch darauf hingewiesen, daß diese Rechnung nur für Kompressoren ohne Zwischenkühlung bzw. bei gekühlten Maschinen nur für die Stufengruppen zwischen den Kühlern gilt.

Diese minimale Stufenzahl wird man in der Praxis aber nur bei Gasen mit geringem Molekulargewicht und geringer Dichteänderung in der Maschine anwenden. Bei starker Volumänderung nimmt sonst die Lieferzahl φ von Stufe zu Stufe schnell ab und die Wirkungsgrade werden entsprechend schlecht. Deshalb ist es üblich, die Laufraddurchmesser nicht in allen Stufen konstant zu halten, sondern abzustufen. Natürlich erhöht sich damit die Stufenzahl. Die gewählte Stufenzahl ist also i. allg. ein Kompromiß zwischen dem Streben nach bestem Gesamtwirkungsgrad und einem wirtschaftlich vertretbaren Bauaufwand.

VIII. Die Umfangsgeschwindigkeit u_2.

Wie bereits ausgeführt, ist die in einer Kompressorstufe bei gegebener Beschaufelung erreichbare Förderhöhe h_{ad} proportional dem Quadrat der Umfangsgeschwindigkeit u_2. Danach scheint es also günstig zu sein, durch möglichst hohe Umfangsgeschwindigkeiten die Stufenzahl und damit auch den Preis einer Maschine niedrig zu halten. Abb. 312 gibt einen eindrucksvollen Vergleich des bei verschiedenen Umfangsgeschwindigkeiten erforderlichen Bauaufwandes.

Bei der Festlegung der Umfangsgeschwindigkeit müssen jedoch zwei Gesichtspunkte berücksichtigt werden:

a) die Festigkeit des Laufrades

b) die Machzahl in den kritischen Punkten einer Stufe.

Aus Gründen der Betriebssicherheit sollte die maximale Beanspruchung in einer Laufradscheibe höchstens bei 50% bis 60% der Streckgrenze des Werkstoffs liegen. Dabei ist bei den nickellegierten kaltzähen Werkstoffen die niedrigere Streckgrenze bei Raumtemperatur einzusetzen, da die Kompressoren i. allg. bei Raumtemperatur in Betrieb gesetzt werden und die Temperatur erst nach einer gewissen Zeit absinkt. Abb. 311 gibt Richtwerte über die mit normalen Werkstoffen erreichbaren Umfangsgeschwindigkeiten bei verschiedenen Gastemperaturen.

Während bei leichten Gasen bzw. bei Temperaturen über dem Gefrierpunkt die zulässige Umfangsgeschwindigkeit fast immer durch die Festigkeit des Werkstoffs begrenzt wird, muß bei der Verdichtung hochmolekularer Kältemittel bzw. bei niedrigen Gastemperaturen die Machzahl unbedingt berücksichtigt werden.

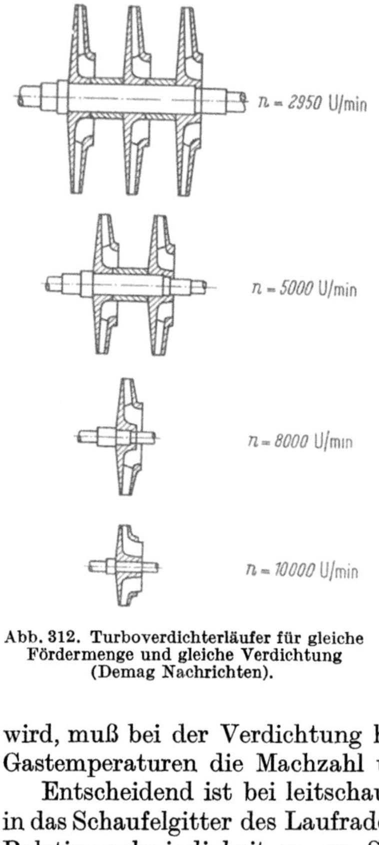

Abb. 312. Turboverdichterläufer für gleiche Fördermenge und gleiche Verdichtung (Demag Nachrichten).

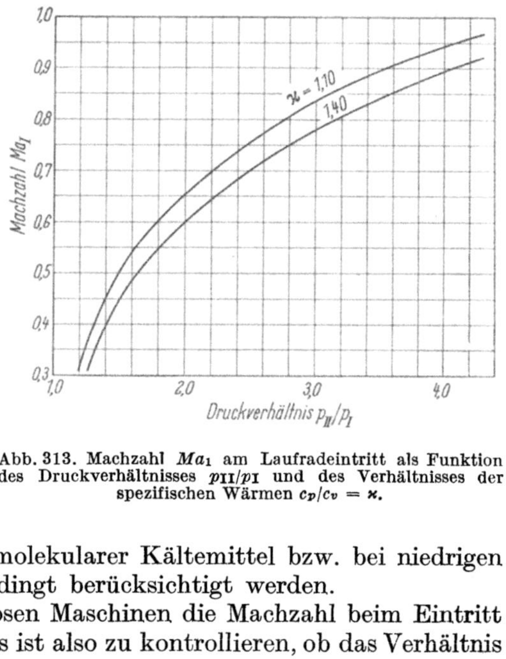

Abb. 313. Machzahl Ma_1 am Laufradeintritt als Funktion des Druckverhältnisses p_{II}/p_I und des Verhältnisses der spezifischen Wärmen $c_p/c_v = \varkappa$.

Entscheidend ist bei leitschaufellosen Maschinen die Machzahl beim Eintritt in das Schaufelgitter des Laufrades. Es ist also zu kontrollieren, ob das Verhältnis Relativgeschwindigkeit w_1 zu Schallgeschwindigkeit a_1 in zulässigen Grenzen bleibt:

$$Ma_1 = w_1/a_1 \tag{54}$$

Um bei zu projektierenden Maschinen schnell abschätzen zu können, ob man noch im zulässigen Bereich liegt, sei folgende Ableitung durchgeführt:

$$Ma_1 = \frac{u_1 \cdot \sqrt{1 + (c_1/u_1)^2}}{\sqrt{\varkappa \cdot g \cdot R \cdot T_I}} = \frac{\sqrt{2g\,H_{ad}/\psi} \cdot d_1/d_2 \cdot \sqrt{1 + \mathrm{tg}^2\,\beta_1}}{\sqrt{\varkappa \cdot g\,R \cdot T_I}} \tag{55}$$

$$Ma_1 = \frac{\sqrt{2 \cdot \frac{1}{\varkappa - 1}\left[(p_{II}/p_I)^{\frac{\varkappa-1}{\varkappa}} - 1\right]} \cdot d_1/d_2 \cdot \sqrt{1 + \mathrm{tg}^2\beta_1}}{\sqrt{\psi}} \tag{56}$$

Mit $\psi = 1{,}0$ erhält man

$$Ma_1 = d_1/d_2\sqrt{1 + \mathrm{tg}^2\beta_1}\cdot\sqrt{2}\cdot\sqrt{\frac{1}{\varkappa - 1}\left[(p_{II}/p_I)^{\frac{\varkappa-1}{\varkappa}} - 1\right]} \tag{56 a}$$

Gl. (56a) zeigt, daß die Machzahl am Schaufeleintritt bei vorgegebener Beschaufelung nur eine Funktion des Druckverhältnisses p_{II}/p_I und des Verhältnisses der spezifischen Wärmen $c_p/c_v = \varkappa$ ist. Setzt man für mittlere Verhältnisse $d_1/d_2 = 0{,}50$ und $\beta_1 = 30°$ ein, so erhält man

$$Ma_1 = 0{,}815\sqrt{\frac{1}{\varkappa - 1}\left[(p_{II}/p_I)^{\frac{\varkappa-1}{\varkappa}} - 1\right]} \tag{57}$$

Diese Gleichung ist in Abb. **313** für verschiedene $\varkappa$-Werte dargestellt.

Manchmal wird auch die Machzahl am Laufradaustritt zu Vergleichszwecken herangezogen. Sie hat jedoch nur bei Maschinen mit Leitschaufeln im Ringraum Bedeutung, bei denen darauf geachtet werden muß, daß das Leitschaufelgitter nicht mit Überschallgeschwindigkeit angeströmt wird.

Es ist

$$Ma_2 = c_2/a_2 \tag{58}$$

Nun ist bei Rädern mit rückwärts gekrümmten Schaufeln $c_2 = (0{,}60$ bis $0{,}70)\cdot u_2$, so daß man schreiben kann

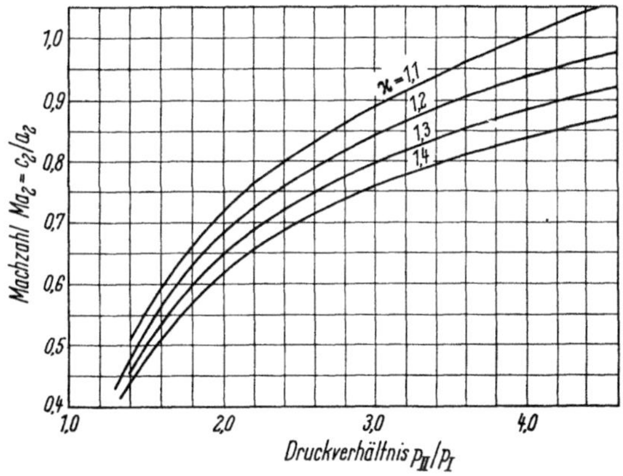

Abb. 314. Machzahl Ma_2 am Laufradaustritt als Funktion des Druckverhältnisses p_{II}/p_I und des Verhältnisses der spezifischen Wärmen $c_p/c_v = \varkappa$.

$$Ma_2 = \frac{0{,}65\cdot u_2}{\sqrt{\varkappa\cdot g\cdot R\cdot T_2}} = \frac{0{,}65\cdot\sqrt{\frac{2g\cdot H_{ad}}{\psi}}}{\sqrt{\varkappa\cdot g\cdot R\cdot T_2}} \tag{59}$$

$$Ma_2 = 0{,}65\cdot\frac{2\left[(P_{II}/P_I)^{\frac{\varkappa-1}{\varkappa}} - 1\right]}{\psi\cdot(\varkappa - 1)\cdot\left[1 + \frac{\varrho\left[(P_{II}/P_I)^{\frac{\varkappa-1}{\varkappa}} - 1\right]}{\eta_{i\,ad}}\right]} \tag{60}$$

wobei $\varrho = \dfrac{H_{stat}}{H_{ges}}$ der Reaktionsgrad ist.

Mit $\varrho = 0{,}70$ und $\eta_{i\,ad} = 0{,}70$ ergibt sich

$$Ma_2 = 0{,}92\sqrt{\frac{\frac{1}{\varkappa - 1}\left[(p_{II}/p_I)^{\frac{\varkappa-1}{\varkappa}} - 1\right]}{1 + \left[(p_{II}/p_I)^{\frac{\varkappa-1}{\varkappa}} - 1\right]}} \tag{61}$$

Abb. 314 zeigt den Verlauf der Machzahl Ma_2 als Funktion von p_{II}/p_I bei einer angenommenen Druckziffer $\psi = 1{,}0$ und $c_2 = 0{,}65\,u_2$. Es sei darauf hingewiesen, daß die Machzahl in jedem Falle unabhängig von der Art des Fördermittels ist.

IX. Die Drehzahl eines Kompressors.

Hat man die Umfangsgeschwindigkeit u_2 und den Laufraddurchmesser d_2 eines einstufigen Gebläses bzw. des ersten Rades einer mehrstufigen Maschine festgelegt, so ergibt sich die Drehzahl aus der Beziehung

$$n = \frac{u_2 \cdot 60}{\pi \cdot d_2} \quad [\mathrm{U/min}] \tag{62}$$

Während man in den USA bei stationären Anlagen bisher kaum über etwa 12000 U/min ging, haben sich in Europa bereits seit längerer Zeit Drehzahlen bis 20000 U/min und höher durchgesetzt. Die anfänglichen Bedenken gegen eine derartige Steigerung der Drehzahlen dürften inzwischen durch zahlreiche ausgeführte Maschinen überwunden sein. Erst durch die Anwendung dieser hohen Drehzahlen wurde es möglich, Turbokompressoren auch für kleinere Fördermengen mit relativ guten Wirkungsgraden zu bauen.

X. Berechnungsbeispiel.

Zu berechnen sei der Turbokompressor für eine Kälteanlage mit einer Kälteleistung von $8 \cdot 10^6$ kcal/h. Die Verdampfungstemperatur betrage $-2°$ C, die Verflüssigung erfolge bei $+35°$ C. Als Kältemittel soll Ammoniak verwendet werden.

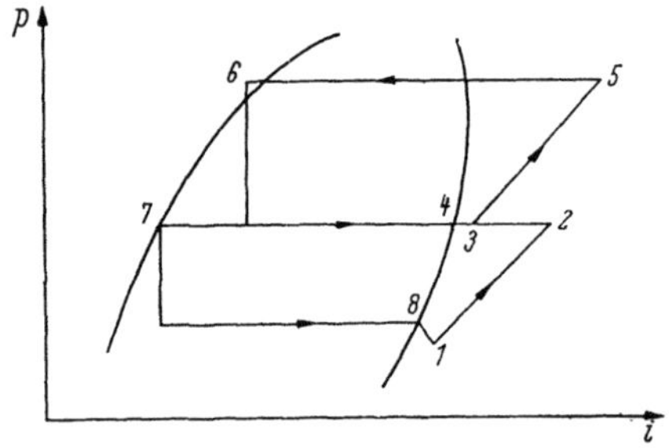

Abb. 315. Verdichtungsprozeß im i, lg$p$-Diagramm.

Die Berechnung erfolge unter Benutzung des i,lg$p$-Diagramms[1].

Rechnungsgang:

a) Festlegung des Anfangspunktes des Verdichtungsprozesses.

b) Ermittlung der Gesamtförderhöhe und der ungefähren Endtemperatur, wenn ohne Kühlung gearbeitet würde.

c) Untersuchung, ob eine Zwischenkühlung zweckmäßig ist und welche Art der Kühlung gegebenenfalls vorzusehen ist.

d) Berechnung der Durchsatzgewichte und der Arbeitspunkte der einzelnen Stufengruppen.

e) Bestimmung der Mindeststufenzahl je Stufengruppe.

f) Stufenweise Durchrechnung des Kompressors, Festlegung der Hauptabmessungen und der Antriebsleistung.

Ausführung der Berechnung:

a) Die Verdampfungstemperatur wurde auf $-2°$ C festgelegt. Der zugehörige Druck beträgt 4,06 ata. Eine entsprechende Berechnung habe in der Rohrleitung zwischen Verdampfer und Kompressor einen Druckabfall von 0,06 at und eine Aufheizung des Ammoniaks um 2° C ergeben. Damit liegt der Anfangspunkt 1 der Verdichtung mit $p_1 = 4{,}00$ ata und $\pm 0°$ C fest (s. Abb. 315).

b) Für die ungekühlte Verdichtung ergibt sich aus dem Diagramm eine Gesamtförderhöhe von $\Delta i_{ad} = 41{,}5$ kcal/kg oder $H_{ad} = 17700$ mkp/kg Bei einem zunächst geschätzten Gesamtwirkungsgrad $\eta_{i\,ad} = 0{,}74$ würde sich eine Endtemperatur von $+110°$ C ergeben.

c) Nach den von K.-H. RICHTER durchgeführten Untersuchungen (s. Abb. 304) kann bei den vorliegenden Betriebsverhältnissen am vorteilhaftesten mit Ein-

[1] Kältemaschineregeln, Verl. C. F. Müller, Karlsruhe, 1958.

spritzkühlung gearbeitet werden. Die Leistungsersparnis gegenüber ungekühlter Verdichtung beträgt etwa 7,5%.

d) Erste Berechnung der Arbeitspunkte und Durchsatzmengen. Diese Rechnung ist mit den sich bei der späteren stufenweisen Berechnung ergebenden endgültigen Werten zu korrigieren. Der Druck, bei dem die Einspritzung erfolgen soll, wird als geometrischer Mittelwert von Anfangs- und Enddruck festgelegt.

$$p_m = \sqrt{4{,}06 \cdot 13{,}7} = 7{,}45 \text{ ata}$$

Das Diagramm liefert folgende Enthalpiewerte:

$$i_7 = 116{,}5 \text{ kcal/kg}, \qquad i_8 = 401{,}0 \text{ kcal/kg}$$

Das Durchsatzgewicht in der ersten Stufengruppe errechnet sich damit zu

$$G_1 = \frac{Q_0}{i_8 - i_7} = \frac{8 \cdot 10^6}{401 - 116{,}5} = 28\,100 \text{ kg/h}$$

Bei einem dem Diagramm zu entnehmenden spezifischen Volum $v_1 = 0{,}32$ m³/kg ergibt sich ein Ansaugvolum von 9000 m³/h.

Bei einer Druckerhöhung von 4,00 ata auf 7,45 ata in der ersten Stufengruppe beträgt die Förderhöhe bei adiabater Verdichtung 20,0 kcal/kg bzw. 8540 mkp/kg. Bei einem geschätzten inneren Wirkungsgrad $\eta_{i\,ad} = 0{,}77$ ergibt sich die Enthalpie am Endpunkt 2 der Verdichtung zu $i_2 = 428{,}5$ kcal/kg.

Im Einspritzkühler soll das Ammoniak auf $+19°$ C entsprechend $i_3 = 408{,}0$ kcal/kg zurückgekühlt werden. Damit ist noch ein genügender Sicherheitsabstand von der Sättigungslinie eingehalten.

Das Durchsatzgewicht der zweiten Stufengruppe errechnet sich nach Gl. (31) zu

$$G_3 = G_1 \cdot \frac{i_2 - i_7}{i_3 - i_6} = 28\,100 \frac{428{,}5 - 116{,}5}{408 - 140} = 32\,700 \text{ kg/h}$$

Bei einem dem Diagramm zu entnehmenden spezifischen Volum $v_3 = 0{,}18$ m³/kg ergibt sich für die zweite Stufengruppe ein Ansaugvolum von 5890 m³/h.

Bei einer Druckerhöhung von 7,45 ata auf 13,7 ata in der zweiten Stufengruppe beträgt die Förderhöhe bei adiabater Verdichtung 20,0 kcal/kg bzw. 8540 mkp/kg. Die Übereinstimmung mit der ersten Stufengruppe ist zufällig. Bei einem geschätzten inneren Wirkungsgrad $\eta_{i\,ad} = 0{,}74$ ergibt sich die Enthalpie am Endpunkt 5 der Verdichtung zu $i_5 = 435{,}4$ kcal/kg.

Die inneren Leistungen der beiden Stufengruppen betragen 846 kW und 1025 kW, die gesamte innere Leistung also 1871 kW.

Bei Verdichtung ohne Zwischenkühlung errechnet sich das Durchsatzgewicht zu

$$G = \frac{Q_0}{i_8 - i_6} = \frac{8 \cdot 10^6}{402{,}5 - 140} = 30\,500 \text{ kg/h}$$

Mit den unter *b* ermittelten Werten ergibt sich damit eine innere Leistung von 1990 kW. Die durch die Einspritzung erzielte Leistungsersparnis beträgt also

$$\Delta N = \frac{1990 - 1871}{1990} \cdot 100\% = 6{,}0\%$$

e) Gemäß Abb. 311 kann für beide Stufengruppen mit einer Umfangsgeschwindigkeit von 315 m/s gerechnet werden. Einschränkungen wegen der Schallgeschwindigkeit bestehen bei Ammoniak nicht. Die minimale Stufenzahl errechnet sich nach Gl. (53) mit $\psi = 1{,}0$ und $u_2 = 315$ m/s zu 1,69, also 2 Stufen.

f) Die stufenweise Durchrechnung kann nach folgendem Schema erfolgen:

Stufengruppe		1		2	
Stufe		1	2	3	4
G	kg/s	7,81	7,81	9,09	9,09
v_{I}	m³/kg	0,32	0,25	0,18	0,144
V_{I}	m³/s	2,50	1,95	1,64	1,31
u_2	m/s	291	291	291	291
φ	—	0,048	0,038	0,031	0,025
d_2	mm	475	475	475	475
n	U/min	11700	11700	11700	11700
ψ	—	1,0	1,0	1,0	1,0
Δi_{ad}	kcal/kg	10,1	10,1	10,1	10,1
i_{I}	kcal/kg	402,5	415,3	408,0	421,5
$i_{\mathrm{II}\,ad}$	kcal/kg	412,6	425,4	418,1	431,6
$\eta_{i\,ad}$	—	0,79	0,77	0,75	0,74
$i_{\mathrm{II}\,w}$	kcal/kg	415,3	428,5	421,5	435,3
p_{I}	ata	4,00	5,50	7,40	10,1
p_{II}	ata	5,50	7,40	10,1	13,7
N_i	kW	418	428	510	515 = 1871 kW

Leckverluste am Ausgleichkolben 50 kW
Mechanische Verluste 24 kW
Leistungsaufnahme an der Kompressorkupplung N_k = 1945 kW

Stufe		1	2	3	4
d_n	mm	120	130	130	120
d_n/d_2	—	0,253	0,274	0,274	0,253
d_s/d_2	—	0,51	0,49	0,46	0,43
d_s	mm	242	233	219	204
b_1/d_2	—	0,084	0,075	0,066	0,061
b_1	mm	40	36	31	29
β_1		31,5	30,5	29,5	29,5

Der notwendige Nabendurchmesser d_n ergibt sich aus der Berechnung der kritischen Drehzahlen. Evtl. ist die obige Rechnung mit korrigierten Werten zu wiederholen.

J. Konstruktiver Aufbau der Kompressoren.

In diesem Abschnitt sollen die Bauelemente der Turbokompressoren näher untersucht werden. Anschließend wird die Anwendung dieser Elemente an ausgeführten Maschinen gezeigt.

I. Die Verdichterstufe.

1. Der Einlaufraum.

Die Bedeutung, die der strömungstechnisch richtigen Gestaltung des Einlaufs, d. h. des Strömungsweges zwischen dem Saugstutzen und dem Laufrad, zukommt, wird sehr häufig unterschätzt. Durch seine Ausbildung kann jedoch der Wirkungsgrad und die Kennlinie einer Maschine wesentlich beeinflußt werden.

Die günstigsten Verhältnisse erhält man bei axialer Zuströmung gemäß Abb. 316 mit allmählicher Beschleunigung des Gases von der Geschwindigkeit in der Saugleitung auf die Geschwindigkeit im Saugmund des Rades. Bei einer solchen Ausführung ist neben geringsten Verlusten auch die außerordentlich wichtige gleichmäßige Beaufschlagung des Schaufelgitters im Laufrad gewährleistet. Es ist jedoch darauf zu achten, daß die Strömung durch eventuell vorgesehene Krümmer in der Saugleitung keinen Drall erhält. Besteht diese Möglichkeit, so müssen unbedingt eine oder mehrere Führungsrippen vorgesehen werden. Diese Rippen können entfallen, wenn die Strömung durch verstellbare Eintrittsleitschaufeln („Dralldrossel“) vor dem Laufrad geführt wird. Abb. 317 zeigt einen zweistufigen R 11-Verdichter mit einer Dralldrossel vor dem ersten Rad und axialer Zuströmung des Gases.

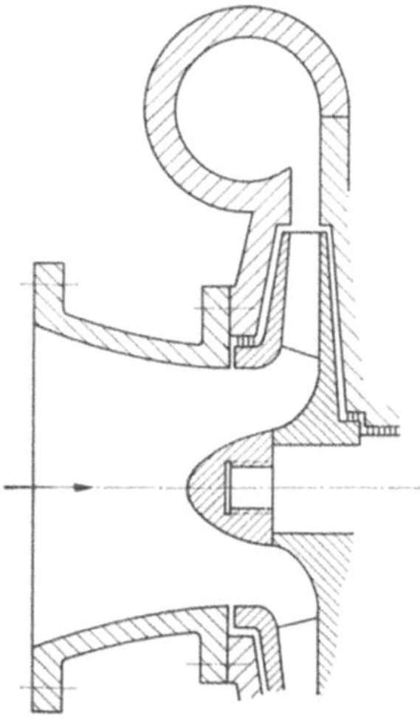

Abb. 316. Kompressorstufe mit axialer Zuströmung.

Die in diesem Bild gezeigte Anordnung der Laufräder auf dem überhängenden Wellenstumpf des Motors (auch „fliegende Lagerung“ genannt) ist nur bei ein- bis zweistufigen Maschinen durchzuführen. Bei vielstufigen Maschinen kann die axiale Zuströmung verwirklicht werden, wenn man das Lager in den Gasstrom legt. Diese Anordnung ist bei Kältemaschinen jedoch wenig gebräuchlich, da die Möglichkeit des Eindringens von Öl in den Kältemittelkreislauf dadurch erhöht wird.

Die gebräuchlichste aber auch die empfindlichste Form des Einlaufs bei mehrstufigen Maschinen ist die radiale Zuströmung des Gases zur Maschine. Durch eine strömungstechnisch ungünstige Gestaltung des Einlaufraums kann der Wirkungsgrad und die Fördermenge eines Kompressors erheblich beeinträchtigt werden.

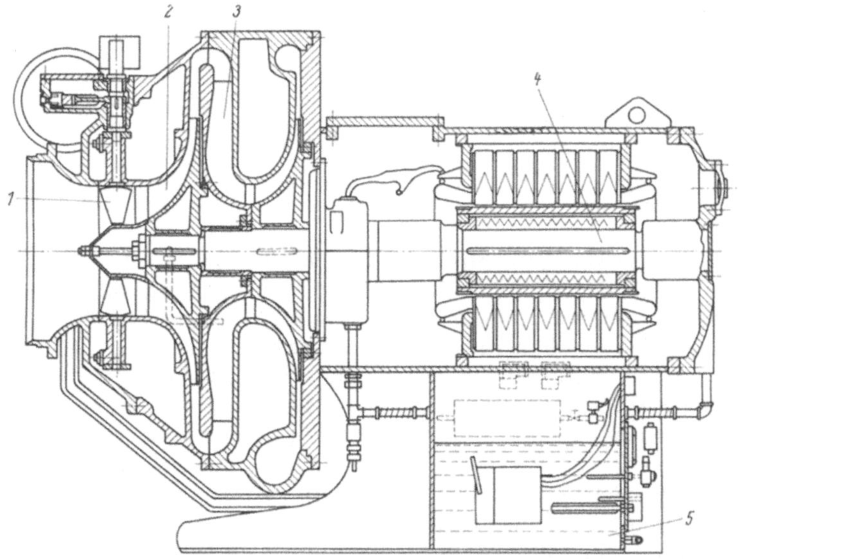

Abb. 317. Zweistufiger R 11 Kompressor mit Dralldrossel und axialer Zuströmung des Gases (Bauart Carrier) *1* Leitschaufel, *2* Laufrad, *3* Rückführkanal, *4* Motor, *5* Ölbehälter

Es ist unbedingt darauf zu achten, daß dem Gas genügend Raum zur Verfügung steht, um eine symmetrische Beaufschlagung des Laufrades zu gewährleisten. Theoretisch müßte der Querschnitt an der horizontalen Teilfuge des Gehäuses noch 50% des Querschnitts am Saugstutzen betragen. Es hat sich jedoch als günstig erwiesen, diesen Querschnitt etwa 40% bis 50% größer als theoretisch erforderlich auszuführen. Zur Vermeidung von Drallströmungen im Einlauf sind auch hier entsprechende Führungsrippen vorzusehen.

Die Umlenkung von der radialen in die axiale Strömungsrichtung sollte mit genügend großen Radien und nicht unmittelbar vor dem Laufrad erfolgen, da sonst Ablösungen der Strömung auftreten, deren Wirbelschleppen die empfindliche Strömung im Laufradschaufelgitter stören.

2. Das Laufrad.

Die Charakteristik eines Turbokompressors wird im wesentlichen bestimmt durch die Schaufelform seiner Laufräder. Während in früheren Jahren ganz überwiegend Räder mit rückwärts gekrümmten Schaufeln verwendet wurden, haben sich nach dem Kriege in zunehmendem Maße auch Räder mit radial endenden Schaufeln eingeführt.

Abb. 318. Laufrad mit Radialschaufeln und Vorsatzläufer.

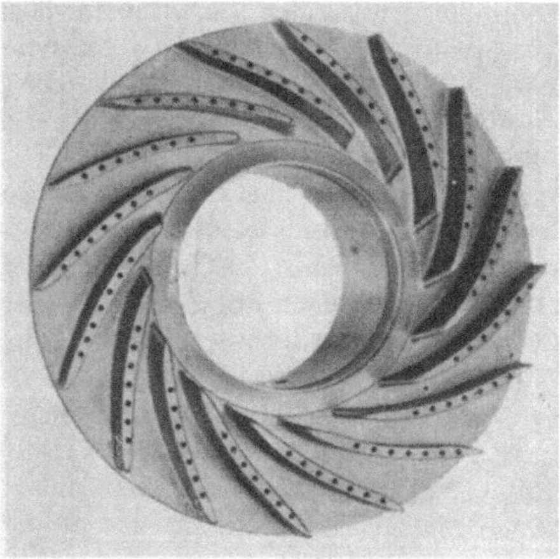

Abb. 319. Laufrad mit rückwärts gekrümmten gefrästen Schaufeln vor dem Aufsetzen der Deckscheibe.

Diese Räder (s. Abb. 318) erreichen bei gleicher Umfangsgeschwindigkeit u_2 eine etwa 30% größere Förderhöhe H_{ad} als Räder mit den üblichen Schaufelaustrittswinkeln von etwa 50°. Außerdem gestattet die radiale Schaufelstellung aus Festigkeitsgründen höhere Umfangsgeschwindigkeiten, so daß die Förderhöhe noch weiter gesteigert werden kann. Andererseits muß berücksichtigt werden, daß diese Räder eine nahezu horizontale Kennlinie aufweisen, so daß eine geringe Änderung des Druckverhältnisses p_{II}/p_I bereits eine große Änderung der Ansaugmenge bewirkt.

Die Umfangsgeschwindigkeiten solcher Räder betragen bei stationären Anlagen bis zu 360 m/s im Dauerbetrieb.

Abb. 319 zeigt ein Laufrad, bei dem die Schaufeln aus der Nabenscheibe herausgefräst wurden. Diese Bauart ist heute bei Rädern kleiner und mittlerer Durchmesser sehr verbreitet und bietet gegenüber der herkömmlichen Bauart mit eingenieteten z- oder u-förmigen Blechschaufeln erhebliche Vorteile. In den Strömungskanälen entfallen die vorspringenden Blechkanten und Nietköpfe. Das ist besonders bei Rädern mit kleinen Kanalbreiten wichtig. Die Strömungsquerschnitte können durch entsprechende Profilierung optimal gestaltet werden. Außerdem sei auf das günstigere festigkeitsmäßige Verhalten dieser Räder hingewiesen. Allerdings ist das Herausfräsen der Schaufeln aus dem vollen Material der Nabenscheibe nur bis zu einer bestimmten Laufradgröße wirtschaftlich anwendbar. Dieser Grenzwert ist abhängig von den angewendeten Bearbeitungsmethoden und dürfte bei 600 mm bis 800 mm Außendurchmesser liegen.

Darüber hinaus können Blechschaufeln verwendet werden, da das Verhältnis von Blechstärke zu Kanalbreite dann ohnehin klein ist und auf den Wirkungsgrad keinen großen Einfluß mehr hat. Ähnlich günstige Kanalformen wie mit gefrästen Schaufeln erreicht man durch das Einsetzen von Schaufeln mit angefrästen Nietzapfen in die Deck- und Nabenscheibe. Dieses Verfahren ist jedoch in der Fertigung aufwendiger.

Für Serienmaschinen mit konstanten Laufradkanälen empfiehlt sich das Gießen der Räder in Stahl oder Leichtmetall. Dabei können die Schaufeln in den Einlauf vorgezogen und verwunden ausgeführt werden. Gut bewährt hat sich auch das Schweißen von Laufrädern mit radialen Schaufeln. Beim vollständig geschweißten Rad schweißt man die aus Blechen gebogenen Schaufeln zuerst unter Verwendung einer Teilvorrichtung auf die Deckscheibe auf und verschweißt sie dann innerhalb der Schaufelkanäle mit der Nabenscheibe. Allerdings setzt dieses Verfahren das Vorhandensein hochqualifizierter Fachkräfte voraus. Um davon unabhängiger zu sein, wurden auch kombinierte Fräs-Schweiß-Verfahren entwickelt, bei denen die Schweißarbeit auf eine einfache Lippenschweißung beschränkt wird.

Bei Rädern mit rückwärts gekrümmten Schaufeln bereitete das Schweißen wegen der Schaufelkrümmung erhebliche Schwierigkeiten. Es sind jedoch Methoden entwickelt worden, die es gestatten, auch solche Räder zu schweißen. Bei einem Verfahren werden die Schaufelbleche zuerst mit der Nabenscheibe verschweißt und anschließend die Deckscheibe durch kurze Nähte an den Enden der Schaufel mit dem Rad verbunden. Die Deckscheibe wird dabei festigkeitsmäßig als selbsttragende Scheibe berechnet.

Als Werkstoffe für Laufräder im Temperaturbereich bis etwa $-30°$ C werden legierte Vergütungsstähle mit Streckgrenzen bis etwa 100 kg/mm^2 verwendet, z. B. 25CrMo4 oder 30CrNiMo8. Für tiefere Temperaturen kommen die entsprechenden kaltzähen Stähle in Betracht.

3. Die Leitapparate.

Hinter dem Laufrad eines Turbokompressors strömt das Gas in einen Ringraum, durch den es entweder in eine Sammelspirale oder in die folgende Stufe geleitet wird. Während bei Turboladern und Kompressoren für Flugzeugtriebwerke und Gasturbinen häufig beschaufelte Diffusoren dem Laufrad nachgeschaltet werden, verzichtet man bei Kompressoren für Kälteanlagen auf diese Leitschaufeln, um den Arbeitsbereich zu erweitern. Mit Leitschaufeln lassen sich zwar im Berechnungspunkt Spitzenwirkungsgrade erreichen, doch fällt der Wirkungsgrad zu beiden Seiten dieses Punktes viel schneller ab als bei leitschaufellosen Maschinen. Außerdem haben solche Maschinen eine sehr steile Kennlinie und eine ungünstige Pumpgrenze. Man kann zwar durch den Einbau von verstellbaren Leitschaufeln das Betriebsverhalten verbessern, jedoch ist der technische Aufwand so groß, daß solche Maschinen praktisch keine Bedeutung haben.

Von einigen Herstellern werden Gehäuseeinsätze mit feststehenden Schaufeln vor den Laufrädern verwendet, um das Gas bis kurz vor den Eintritt in das Laufrad zu führen.

Während diese feststehenden Leitschaufeln bisher wenig Bedeutung erlangt hatten, haben die verstellbaren Vorleitschaufeln, die sogenannten Dralldrosseln, weite Verbreitung gefunden. Im Kältemaschinenbau findet man sie hauptsächlich bei den ein- und zweistufigen Kompressoren für Sicherheitskältemittel. Da die Dralldrossel nur das jeweils folgende Rad beeinflußt, kann man bei einer vielstufigen Maschine keine Vorteile gegenüber der normalen Saugdrosselregelung mittels Drosselklappe erwarten. Zwar könnte man in eine solche Maschine mehrere Dralldrosseln einbauen, jedoch wird der Aufwand dann so groß, daß eine solche Lösung praktisch selten lohnend ist.

Abb. 320. Dralldrossel axialer Bauart (Bauart Demag).

Bei der Dralldrossel benutzt man das beim Drosseln verlorene Druckgefälle zum Erzeugen eines Dralles in der Einlaufströmung. Je nach der Leitschaufelstellung kann dieser Drall gleich oder entgegengesetzt dem Drehsinn des Laufrades sein. Man spricht auch kurz von Mit- oder Gegendrall. Je nach der Größe dieses Dralles, d. h. der Größe der Komponente c_{1u} der Absolutgeschwindigkeit vor dem Laufrad, ändert sich entsprechend Gl. (23) die Stufenförderhöhe und damit die Leistungsaufnahme des Kompressors. Außerdem bewirkt die Dralldrossel eine stoßfreiere Anströmung des Schaufelgitters bei Teillast, wodurch eine günstige Pumpgrenze und günstige Teillastwirkungsgrade erreicht werden. In Abb. 320 ist eine solche Dralldrossel axialer Bauart dargestellt.

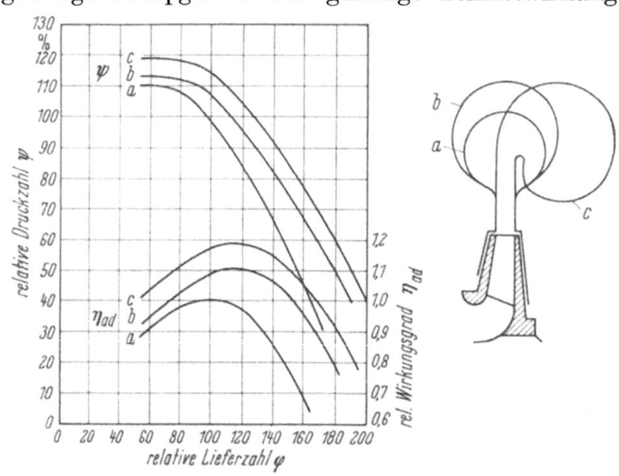

Abb. 321. Einfluß der Spiralausführung auf das Kennfeld und den Wirkungsgrad eines Radialkompressors (nach Escher-Wyss).

4. Die Spiralen.

Ebenso wichtig wie die Gestaltung der Einlaufräume ist die strömungsgerechte Ausbildung der Sammelräume, um das Gas wieder aus dem Gehäuse abzuführen. Von Sonderfällen abgesehen, benutzt man dazu Spiralen, die mit stetig wachsendem Querschnitt das Laufrad umschließen.

Die Querschnittsform dieser Sammelspiralen kann in gewissen Grenzen variiert werden, ohne daß merkbare Wirkungsgradveränderungen festzustellen wären. Nach Versuchen von Escher-Wyss lassen sich jedoch mit einer einseitig angeordneten Spirale mit runden Querschnitten gegenüber allen anderen Querschnittsformen wesentlich bessere Wirkungsgrade und Druckziffern erreichen (Abb. 321).

Nach Versuchen an der TH Dresden bringt die ohne Berücksichtigung von

Reibungsverlusten berechnete Spirale bessere Wirkungsgrade und Druckziffern als eine wegen des Reibungseinflusses erweiterte Spirale.

5. Die Zu- und Abführung von Teilströmen in einem Kompressor.

Kältenetze mit verschiedenen Temperaturstufen, die von einem Kompressor bedient werden, machen Einspeisungen des Kältemittels bei verschiedenen Drücken erforderlich. Das gleiche gilt für Anlagen mit Zwischenexpansion. Außerdem sollen in manchen Fällen Teilmengen entnommen werden, während der Hauptstrom weiter komprimiert wird.

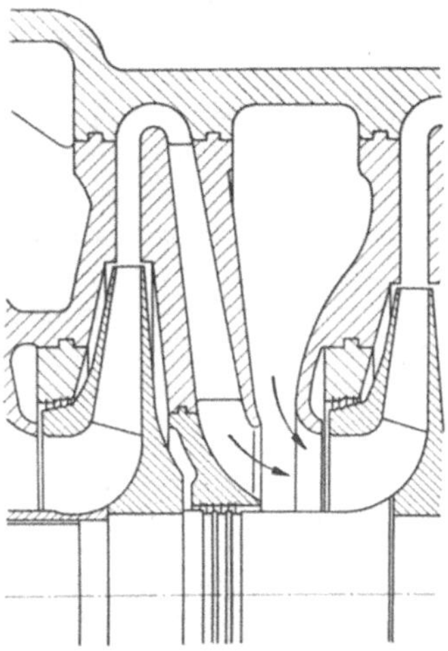

Abb. 322. Zuführung eines Seitenstromes unmittelbar vor dem Laufrad, Gefahr ungenügender Mischung und Wirbelbildung.

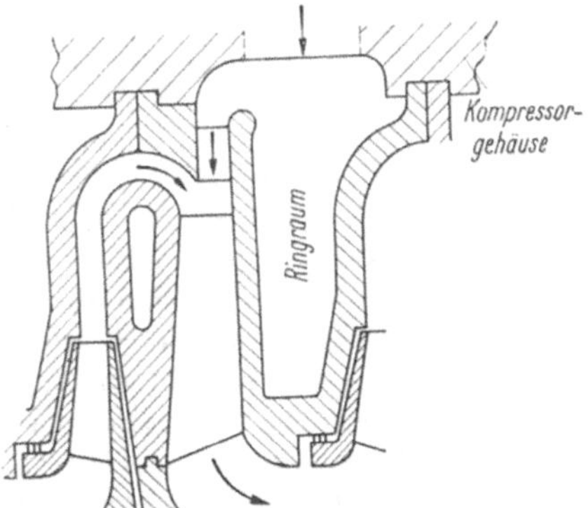

Abb. 323. Zuführung eines Seitenstromes in Rückführstufe.

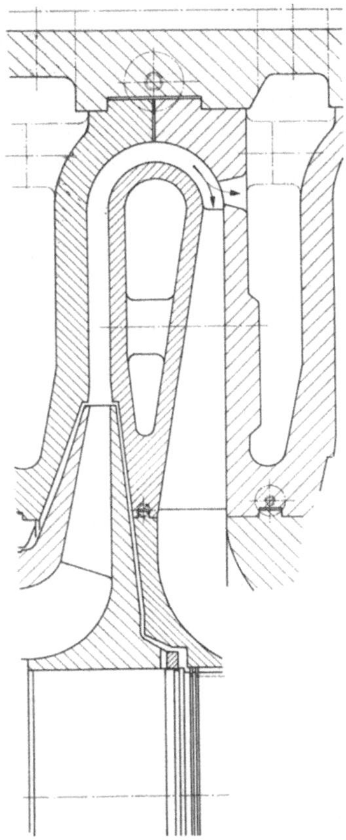

Abb. 324. Abführung einer Teilmenge.

Bei Zuführungen ist auf eine gute Mischung der zugeführten Gasmenge mit dem bereits vorverdichteten Gas im Kompressor zu achten. Deshalb sollte die Zuführung nicht, wie in Abb. 322 gezeigt, unmittelbar vor dem Laufrad erfolgen, da die Strähnen kalten und warmen Gases ein ungleichförmiges Arbeiten des Rades bewirken können. Bei kleinen Teilmengen, etwa aus einer Zwischenexpansion, genügt es i. allg., Bohrungen in den Rückführkanälen vorzusehen. Die Querschnitte der Zuführungen müssen jedoch so reichlich bemessen sein, daß die Geschwindigkeit des zuströmenden Gases im Vergleich zur Gasgeschwindigkeit im Rückführkanal gering ist, da sonst die empfindliche Diffusorströmung in diesen Kanälen gestört wird.

Sind die zuzuführenden Mengen größer als etwa 10% der Gesamtmenge, so sollte für eine strömungstechnisch bessere Einführung gesorgt werden. Abb. 323 zeigt als Beispiel die konstruktive Lösung der Einführung einer Zusatzmenge, die etwa 50% der Gesamtmenge ausmacht, bei einem Propylen-Kompressor. Die Zusatzmenge wird zunächst in einen Ringraum geleitet und von dort außen in die Rückführstufe eingeführt. Durch Leitschaufeln erhält das zugeführte Gas einen Drall, um Stoßverluste beim Eintritt in die Rückführbeschaufelung zu vermeiden.

Auf ähnliche Weise kann die Entnahme von Teilmengen erfolgen. Gemäß Abb. 324 wird die abzuführende Menge durch einen über den ganzen Umfang geführten Schlitz in einen Sammelraum geleitet und von dort in den Entnahmestutzen geführt. Es sind auch Konstruktionen bekannt, bei denen man auf einem dem Anteil der Entnahme entsprechenden Teil des Umfangs eine Spirale vorgesehen hat, während die weiter zu verdichtende Menge auf dem restlichen Umfang in die Rückführkanäle geleitet wird. Dabei ergibt sich jedoch die Schwierigkeit, die Rückführkanäle so zu führen, daß eine volle Beaufschlagung des nächsten Laufrades gewährleistet ist.

II. Die Dichtungen.

Die Abdichtung der schnellaufenden Wellen an den Gehäusedurchtritten machte die Entwicklung spezieller Dichtungselemente erforderlich. Diese Dichtungen sollen sowohl die Gasverluste auf ein Minimum beschränken als auch den Eintritt von Luft und Öl in den Kompressor mit Sicherheit verhindern. Außerdem treten in Kälteanlagen bei Stillstand teilweise beträchtliche Drücke auf, die dem Dampfdruck des Kältemittels bei Umgebungstemperatur entsprechen. Falls in der Anlage keine besonderen Maßnahmen getroffen werden, muß der Kompressor gegen diese Drücke nach außen abgedichtet werden.

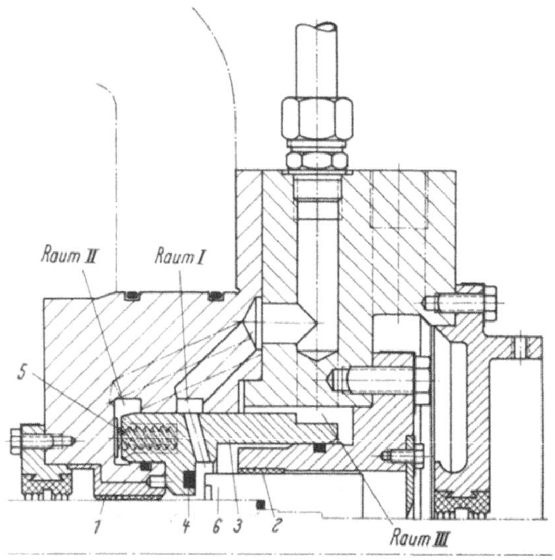

Abb. 325. Kombinierte Sperröl- und Stillstandsdichtung (Bauart Borsig).
1 Sperröldichtung, gasseitig; *2* Sperröldichtung, atmosphärenseitig; *3* Ringkolben; *4* Dichtung; *5* Feder; *6* Dichtungssitz.

Abb. 325 zeigt eine kombinierte Sperröl- und Stillstandsdichtung, die in Verbindung mit einem Sperrgassystem diese Bedingungen erfüllt. Die Ölstopfbuchse zur Abdichtung des Gehäuses während des Betriebes besteht aus den beiden mit Lagermetall ausgegossenen Ringen *1* und *2*, die gegenüber der Welle ein mit Rücksicht auf konstruktive Gegebenheiten festgelegtes möglichst geringes radiales Spiel erhalten. Das Sperröl wird diesen Dichtungsstellen aus dem Ringraum 1 durch Bohrungen im Ringkolben *3* zugeführt. Durch Veränderung der Axiallänge der Dichtungsspalte als Funktion des Gasdruckes kann die Dichtung in jedem

Bedarfsfall den jeweiligen Betriebsverhältnissen angepaßt werden, so daß mit minimalen Ölmengen gearbeitet werden kann.

Der in axialer Richtung verschiebbare Ringkolben *3* dient zur Abdichtung der Maschine im Stillstand. Um die Dichtung zu schließen wird Drucköl in den Raum II geleitet, welches zusammen mit den Federn *5* den Kolben nach rechts schiebt, so daß die Dichtung *4* gegen den Ring *6* gedrückt wird. Nach dem Schließen kann auf den Öldruck verzichtet werden, da dann der Gasdruck zusätzlich auf den Kolben wirkt. Die Maschine ist also hermetisch gegen die Umgebung abgedichtet, ohne daß die Sperrölpumpen laufen. Das Öffnen erfolgt durch Zufuhr von Drucköl in den Raum III, wodurch der Kolben nach links geschoben wird. Eine mechanische Verriegelungsvorrichtung verhindert ein Schließen der Stillstandsdichtung während des Betriebes.

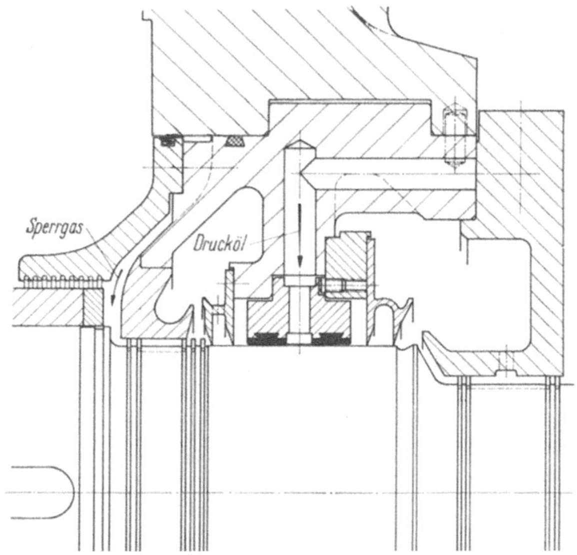

Abb. 326. Sperröldichtung mit zusätzlicher Sperrgasdichtung (Bauart Borsig).

Abb. 326 zeigt die Abdichtung eines Kompressors mit einer Sperröldichtung, jedoch ohne Stillstandsdichtung. Um das Eindringen von Sperröl in den Kompressor zu verhindern, wird in der Kammer *1* Sperrgas zugeführt, dessen Druck etwas höher als der Druck im Saugraum *2* und im Ölablauf *3* ist. Das Sperrgas wird auf der Druckseite der Maschine entnommen und druckgeregelt der Dichtung zugeführt. Eine gewisse Sperrgasmenge strömt stets durch die Spitzendichtung zur Öldichtung und verhindert dadurch ein Strömen des Öles in umgekehrter Richtung. Durch die Anordnung der Dichtungsspitzen auf der Welle, wo sie zugleich als Schleuderringe wirken, konnte die Betriebssicherheit dieser Dichtung vervollkommnet werden. Da der Sperrgasdruck auch bei Betrieb des Kompressors im Vakuum stets über dem Atmosphärendruck gehalten wird, ist diese Dichtung unabhängig von dem jeweiligen Betriebszustand des Kompressors.

Eine andere Bauart einer kombinierten Sperröl- und Stillstandsdichtung ist in Abb. 327 dargestellt. Diese Dichtung wurde entwickelt für Turbokompressoren, die mit dem Niederdruckkältemittel R 11 betrieben werden. Ihre Wirkungsweise läßt sich wie folgt beschreiben: Beim Anfahren des Kompressors wird Öl in den durch die Faltenbälge *1* gebildeten Raum gepreßt. Dadurch dehnen sich die Faltenbälge, indem sie den festen Dichtungsring *4* gegen den Druck der Feder *3* bewegen bis dieser einen Anschlag am Dichtungsgehäuse erreicht und dabei noch einen Raum zwischen seiner eigenen Dichtungsfläche und derjenigen des rotierenden Dichtungsringes *7* auf der Welle freiläßt. Das Öl fließt vom Raum innerhalb der Faltenbälge durch gebohrte Löcher in eine Ölnut, die exzentrisch in die Stirnfläche des festen Dichtungssitzes eingelassen ist. Von da aus füllt das Öl den Raum zwischen den zwei Dichtungsflächen und fließt in zwei Richtungen weiter:

Eine Teilmenge strömt über den äußeren Teil der Stirnfläche des festen Dichtungssitzes in den Raum zwischen Welle und Faltenbalg. Ein Weiterfließen des Öles von diesem Raum aus wird durch den inneren freilaufenden Dichtungsring *6* verhindert. Die übrige Ölmenge fließt über den inneren Teil der Stirnfläche des festen Dichtungssitzes und durch das Spiel zwischen der Nabe des rotierenden Dichtungssitzes und dem festen Dichtungssitz. Dieser Durchfluß ist beschränkt einerseits durch die enge Passung des freilaufenden Dichtungsringes zwischen diesen beiden Teilen, andererseits aber auch durch den äußeren freilaufenden Dichtungsring, der sich zwischen dem Deckel des Dichtungsgehäuses und der Nabe des rotierenden Dichtungssitzes befindet.

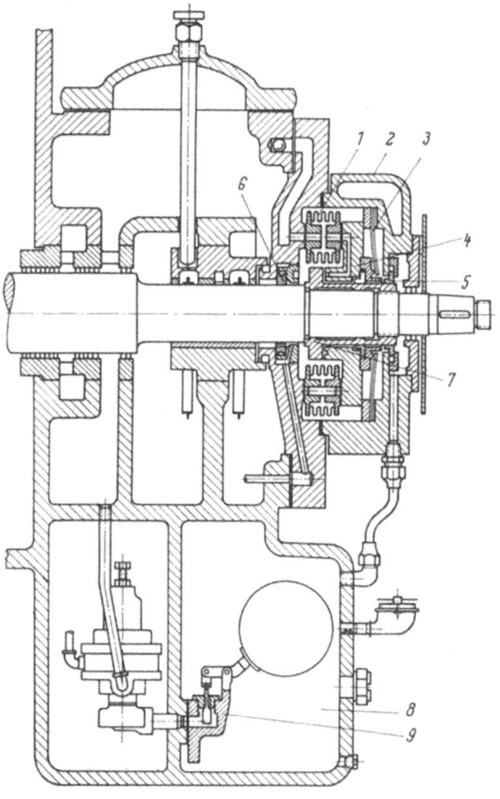

Abb. 327. Kombinierte Sperröl- und Stillstandsdichtung für R 11 Kompressoren (Bauart Carrier).

1 Faltenbalgsatz; *2* Dichtungsgehäuse; *3* Ringblattfedern; *4* Fester Dichtungssitz; *5* Äußerer freilaufender Dichtungsring; *6* Innerer freilaufender Dichtungsring; *7* Rotierender Dichtungssitz; *8* Ölkammer unter atmosphärischem Druck; *9* Öl-Schwimmerventil.

Neben diesen bewährten Sperröldichtungen werden seit einiger Zeit auch Gleitringdichtungen verwendet. Diese Dichtungen bestehen aus einem mit der Welle rotierenden Gleitring, der durch eine Axialkraft gegen einen im Gehäuse befestigten Dichtungsring gedrückt wird. Die Gleitgeschwindigkeit, bei der ein sicherer Dauerbetrieb, wie er bei Kälteanlagen gefordert wird, gewährleistet werden kann, lag bisher bei 15 bis 20 m/s. In jüngster Zeit konnten die zulässigen Gleitgeschwindigkeiten bis auf 60 bis 70 m/s gesteigert werden. Das ist etwa die Geschwindigkeit, die an den Dichtungspartien der Turbokompressoren normalerweise herrscht.

Selbstverständlich könnte die Abdichtung des unter Gasdruck stehenden Kompressorgehäuses gegen die Umgebung auch allein durch Labyrinthdichtungen erfolgen. Diese Dichtungsart hat jedoch bei Kältemittelkompressoren wegen der damit verbundenen hohen Kältemittelverluste keine Bedeutung. Dagegen werden die Labyrinthdichtungen benutzt, um die inneren Leckverluste eines Kompressors auf ein Minimum zu beschränken. Diese Verluste treten auf am Ausgleichskolben, zwischen den einzelnen Stufen und an den Deckscheiben der Laufräder. Besonders bei Kompressoren mit kleinen Fördermengen ist auf eine ausreichende Spitzenzahl und wirksame Ausführung der Labyrinthstrecken zu achten, da die Leckverluste sonst einen erheblichen Anteil der Fördermenge ausmachen können. In Abb. 328 sind wirksame Labyrinthdichtungen an einer Deckscheibe gezeigt.

Soweit es konstruktiv möglich ist, z. B. an der Welle und am Ausgleichskolben, hat sich die Anordnung der Spitzen im umlaufenden Teil bewährt. Im Falle eines Anstreifens wird die an den Spitzen entstehende Wärme sofort in den

Gehäuseeinsatz abfließen, während die Wärmeableitung von den Spitzen in das umlaufende Teil gering bleibt. Dadurch wird ein Verziehen der umlaufenden Teile vermieden.

III. Die Gehäuse der Kompressoren.

Bei den Gehäusen für Turbokompressoren unterscheidet man zwei Bauarten: Gehäuse mit horizontaler und mit vertikaler Teilfuge. Die Wahl der Gehäusebauart ist abhängig vom vorgesehenen Kältemittel. Wegen der leichteren Montage- und Überwachungsmöglichkeit werden Gehäuse mit horizontaler Teilung bevorzugt verwendet. Bei Kältemitteln wie Ammoniak, Propylen, Propan, Äthylen usw. bereitet auch die Abdichtung der Teilfuge keine Schwierigkeiten. Bei den Sicherheitskältemitteln wie R 11 und R 12 hingegen ist diese Abdichtung schwierig. Für diese Maschinen haben sich deshalb Gehäuse mit vertikaler Teilung, sogenannte Topfgehäuse, durchgesetzt. Wegen des hohen Molekulargewichts dieser Kältemittel liegt die Stufenzahl zwischen 1 und 4, so daß in jedem Falle eine einwandfreie Montage noch möglich ist.

Die im Turbinenbau bereits seit langer Zeit übliche Auflage der Gehäuse in Wellenmitte hat sich in den letzten Jahren auch im Turbokompressorenbau mehr und mehr durchgesetzt. Mit Rücksicht auf die von den Rohrleitungen auf den Kompressor übertragenen Kräfte und Momente sollten die Gehäusepratzen möglichst nahe an die Angriffspunkte dieser Belastungen herangebracht werden.

Die Lagerkörper sind heute i. allg. an die Kompressorgehäuse angegossen. Neben einem günstigeren Verhalten bei eventuellen Verformungen des Gehäuses unter dem Einfluß äußerer Kräfte erreicht man dadurch eine gleichmäßigere Reaktion auf thermische Beanspruchungen. Außerdem können noch angeflanschte Lagerkörper zugelassen werden, jedoch nur dann, wenn die Abstützung gegen die Grundplatte direkt über das Kompressorgehäuse erfolgt. Getrennt vom Kompressorgehäuse auf der Grundplatte stehende Lagerböcke sind ungünstig.

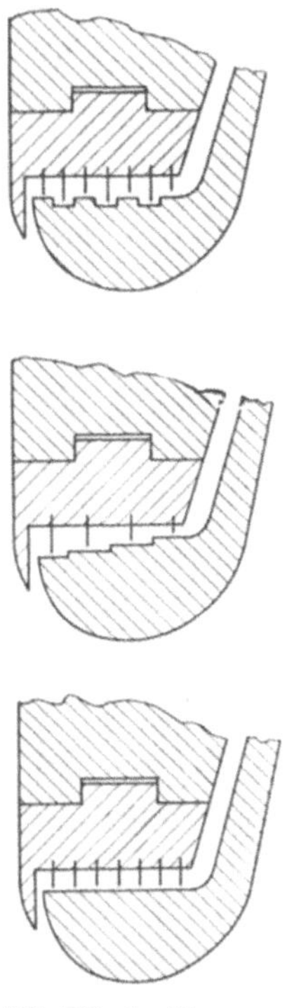

Abb. 328. Ausführungsformen von Labyrinthdichtungen an Deckscheiben von Kompressorlaufrädern.

IV. Die Lager.

Bis auf einige Kältemittelkompressoren kleiner Leistung, die mit Wälzlagern ausgerüstet sind, werden Turbokompressoren mit Gleitlagern ausgestattet. Die Anforderungen an die Lagertechnik wurden zwar durch die Einführung sehr hochtouriger leichter Läufer erheblich verschärft, doch sind die damit verbundenen Probleme erfolgreich gelöst worden.

Gut bewährt haben sich bei richtiger Dimensionierung Zweiflächenlager, wegen der Form ihrer Bohrung auch Zitronenspiellager genannt. Bei diesem Lagertyp ist das Spiel in der Horizontalen etwa 0,2 mm größer als in der Vertikalen.

Neben dieser Bauart haben sich in den letzten Jahren Mehrflächenlager mit drei und vier Gleitflächen stark in den Vordergrund geschoben. Diese Lager werden zum Teil auch mit beweglichen Klötzen ausgeführt.

Als Axiallager (Drucklager) hat sich das Segmentlager mit beweglichen Klötzen durchgesetzt. Bei allen Maschinen, bei denen auf Grund sich ändernder

Betriebsverhältnisse der Axialschub seine Richtung wechseln kann, wird es doppelseitig ausgeführt. Durch eine Gegeneinanderschaltung der Laufräder und durch die Bemessung des Ausgleichkolbens wird der Axialschub von vornherein so ausgeglichen, daß nur ein geringer Restschub, der gerade zur eindeutigen Festlegung des Läufers ausreicht, vom Drucklager aufgenommen werden muß.

V. Kritische Drehzahlen.

Die biegekritischen Drehzahlen der Turbokompressoren sollten in folgenden Bereichen liegen:

Bereich	1	2	3
n_{krit}/n_{betr}	$\geq 1{,}2$	$= 0{,}80$ bis $0{,}55$	$\leq 0{,}45$

Eine unterkritische Betriebsdrehzahl (Bereich 1) ist i. allg. nur bei ein- und zweistufigen Kompressoren zu verwirklichen. Bei vielstufigen Maschinen arbeitet man bevorzugt im Bereich 3. Dabei ist jedoch unbedingt die Lage der zweiten biegekritischen Drehzahl zu prüfen. Sie sollte mindestens 20% über der Betriebsdrehzahl liegen.

Bei Kompressoren mit drehzahlregelbarem Antrieb ist darauf zu achten, daß die kritischen Drehzahlen mindestens 20% unter der minimalen und 20% über der maximalen Betriebsdrehzahl liegen.

VI. Die Ölsysteme.

Für die Ausführung der Ölsysteme von Turbokompressoren haben sich in den letzten Jahren nicht zuletzt durch den Einfluß der entsprechenden API-Spezi-

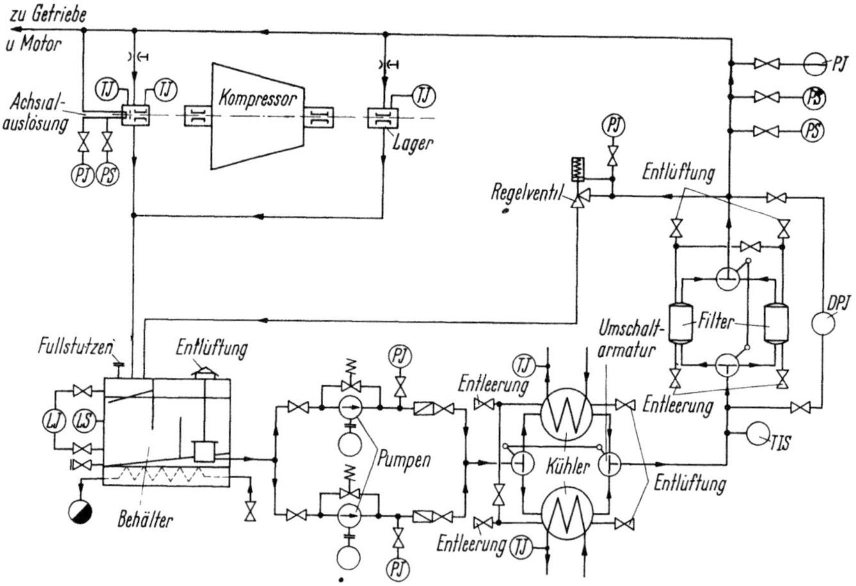

Abb. 329. Schmieröl-Fließschema einer Turbokompressorenanlage (offener Kreislauf).

fikationen (API = American Petroleum Institute) bestimmte Richtlinien ergeben. Abgesehen von Kälteanlagen zur Klimatisierung, für die vereinfachte Schaltungen zugelassen werden, sollten an die Ölsysteme von Turbokompressoren folgende Forderungen gestellt werden:

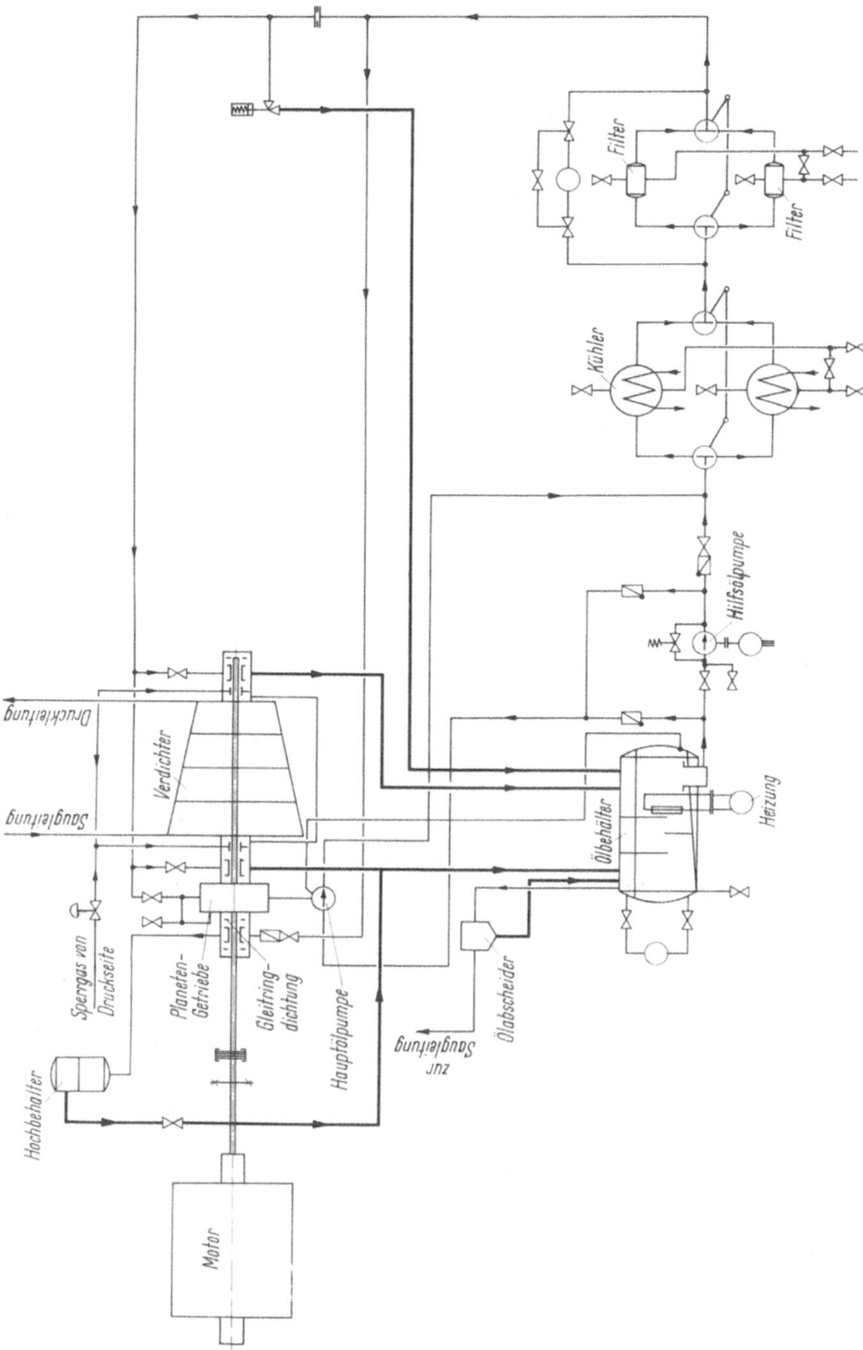

Abb. 330. Schmieröl-Fließschema einer Turbokompressorenanlage (geschlossener Kreislauf).

Die Verweilzeit des Öls im Ölbehälter soll zwischen 5 und 8 Minuten betragen. Es sind zwei voneinander unabhängige Pumpen vorzusehen. Bei Ausfall einer Energiequelle muß die Ölversorgung der Maschine sichergestellt sein. Falls die Hauptölpumpe direkt vom Maschinensatz angetrieben wird, sollte die Saughöhe nicht größer als etwa 2,5 m sein, da sonst ein Abreißen des Förderstroms eintreten kann. Tauchpumpen, d. h. unter dem Ölspiegel liegende Pumpen, sind zu bevorzugen.

Für die Kühlung des Öls sind bei größeren Anlagen umschaltbare Doppelkühler zu verwenden. Jeder Kühler soll für die volle Ölmenge bemessen sein. Entleerungs- und Füllanschlüsse sind vorzusehen. Das gleiche gilt für die Filter.

Als Sicherheitseinrichtungen sollten mindestens Druckschalter zum Einschalten der Hilfsölpumpe bei zu niedrigem Öldruck und zum Abschalten des Maschinensatzes bei weiter sinkendem Öldruck vorhanden sein.

In Abb. 329 ist ein nach diesen Gesichtspunkten aufgebautes Schmierölsystem gezeigt. Kühler und Filter sowie die Ölpumpen sind mit dem Behälter zu einer kompakten Einheit zusammengebaut. Für Anlagen, bei denen die Lager im Gasraum liegen, kann das Ölsystem gemäß Abb. 330 ausgeführt werden.

Ähnliche Überlegungen gelten für die Sperrölsysteme. Dabei wird das Druckhalteventil ersetzt durch ein Differenzdruckregelventil oder durch einen Hochbehälter.

Bei bestimmten Gasarten können Schmieröl- und Sperrölsystem kombiniert ausgeführt werden.

VII. Ausgeführte Maschinen.

Nachdem in den vorhergegangenen Abschnitten die wichtigsten Bauteile eines Turbokompressors beschrieben wurden, soll deren Gebrauch an Hand einiger ausgeführter Maschinen erläutert werden.

Abb. 331. 6stufiger Turbokompressor für ein Propylen-Gasgemisch während der Werkmontage (Bauart Demag).

Ein sehr interessanter Kompressor für ein Propylen-Gasgemisch ist in Abb. 331 gezeigt. In sechs Stufen wird das Gas von 1,4 ata und $-40°$ C auf 19,1 ata verdichtet. Deutlich zu erkennen sind die Gas-Zwischenzuführungen vor den Stufen *2* und *4*. Hinter Stufe *4* ist eine Entnahme vorgesehen. Vor dem ersten Laufrad ist eine Dralldrossel radialer Bauart zur Druckregelung angeordnet. Die Abdichtung an den Wellendurchtritten erfolgt durch ein kombiniertes Sperrgas- und Sperrölsystem.

Die Abstützung der Maschine auf die Grundplatten erfolgt über die am Gehäuse in unmittelbarer Nähe der Stutzen, d. h. der Lastangriffspunkte, angegossene Pratzen. Die Lagerkörper sind angeflanscht. Abb. 332 zeigt die gleiche Maschine nach dem Zusammenbau. An der Stirnseite des Gehäuseoberteils ist der Verstellhebel der Dralldrossel sichtbar. Am freien Wellenende ist der Wellenstandsanzeiger angebracht. Saug- und Druckstutzen liegen im Gehäuseunterteil, der Stutzen für die Zwischenentnahme ist horizontal aus dem Oberteil herausgeführt.

Abb. 333 zeigt einen Längsschnitt durch den ND-Kompressor der in Abb. 290 dargestellten Ammoniak-Kälteanlage. Das Gehäuse besteht aus Stahlguß, die Laufräder aus legiertem Cr-Ni-Mo-Stahl hoher Festigkeit. Die Umfangsgeschwin-

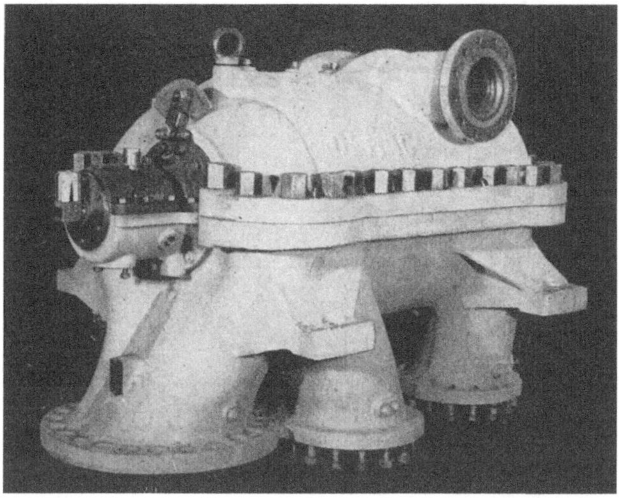

Abb. 332. Turbokompressor für ein Propylen-Gasgemisch (Bauart Demag).

digkeiten der ersten Laufräder betragen bei der ND-Maschine 300 m/s und bei der HD-Maschine 310 m/s. Hierbei liegen die strömungstechnischen Kennwerte sämtlicher Laufräder im Bereich optimaler Wirkungsgrade. Wie man aus dem Längsschnitt ersehen kann, befinden sich die Lager des Kompressors im Gasraum, d. h. man konnte mit einem kombinierten Lager- und Sperrölsystem auskommen, wobei der Ölbehälter als Druckbehälter ausgebildet ist. Im Stillstand steht dann das Öl unter dem Systemdruck der Kälteanlage, im Betrieb unter dem Saugdruck des ND- bzw. des HD-Kompressors, da jeder ein getrenntes Ölsystem hat. Bei dieser Anordnung ist nur eine kombinierte Sperröl-Stillstanddichtung erforderlich, welche nach Absperren und Entlüften ohne Aufdecken des Kompressors leicht ausgebaut werden kann. Damit das Fördermittel absolut ölfrei bleibt, wird Sperrgas zwischen Maschinen- und Lagerraum eingeführt.

Beim Anlaufen einer derartigen zweistufigen Anlage muß das MD- und das ND-Netz von den Kompressoren zunächst auf die gewünschten Drücke gebracht werden, die erst nach dem Absaugen von den Druckreglern konstant gehalten werden. Ein Kälteverbrauch ist im Anlaufstadium meist nicht vorhanden bis auf jenen, der durch die Abkühlung der Verdampferfüllungen verursacht wird, so daß mit fast völlig geöffnetem Ventil in der Umgehungsleitung angelaufen werden muß. Nach längerem Stillstand ist der Systemdruck etwa auf den der Umgebungstemperatur zugeordneten Dampfdruck gestiegen. Beim Anlaufen muß die Drosselklappe nahezu geschlossen sein, damit die Maschine wegen des hohen Druckes in der Saugleitung nicht überlastet wird und der Motor wegen Überstrom nicht ausfällt. Es muß aber die Drosselklappe wiederum so weit geöffnet sein, daß der Kom-

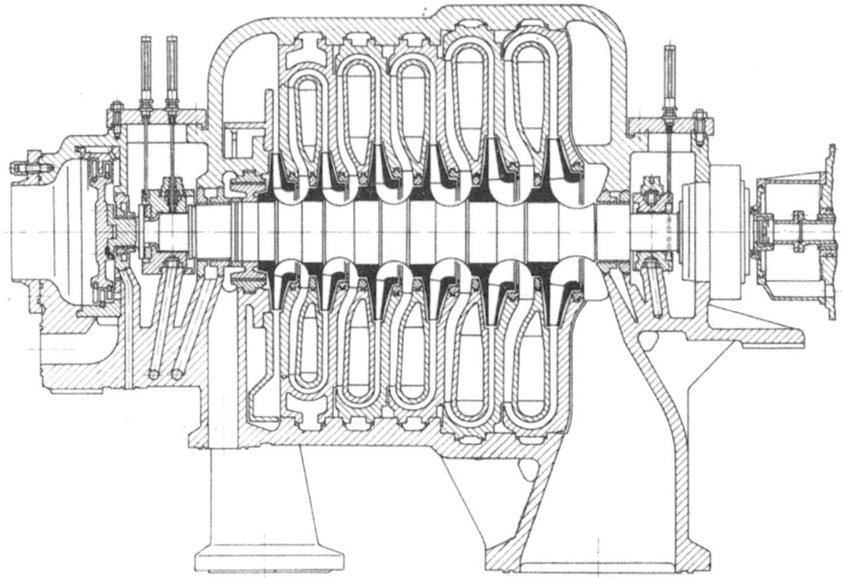

Abb. 333. Schnittbild eines 6stufigen Turbokompressors für Ammoniak mit angebauter Rekuperationsturbine (Bauart Borsig).

Abb. 334. 4stufiger Kältemittelkompressor mit vertikal geteiltem Gehäuse (Bauart Borsig).

pressor nicht in das Pumpgebiet kommt. Für jeden vor einem Anlaufvorgang vorhandenen Systemdruck gibt es also eine bestimmte Anlaufstellung der Drosselklappe. Ist nun das gesamte Netz durch den HD-Kompressor abgesaugt worden, so müßte der ND-Kompressor in das MD-Netz hineinfördern und das ND-Netz auf den gewünschten Druck von 0,85 ata bringen. Nur ein geschultes Betriebspersonal ist in der Lage, einen solchen Anlaufvorgang sicher zu beherrschen. Wegen des Fehlens von geeignetem Fachpersonal neigt man heute dazu, auch bei den größten Anlagen derartige Vorgänge so zu automatisieren, daß diese mit einem Minimum an Personalaufwand sicher beherrscht werden.

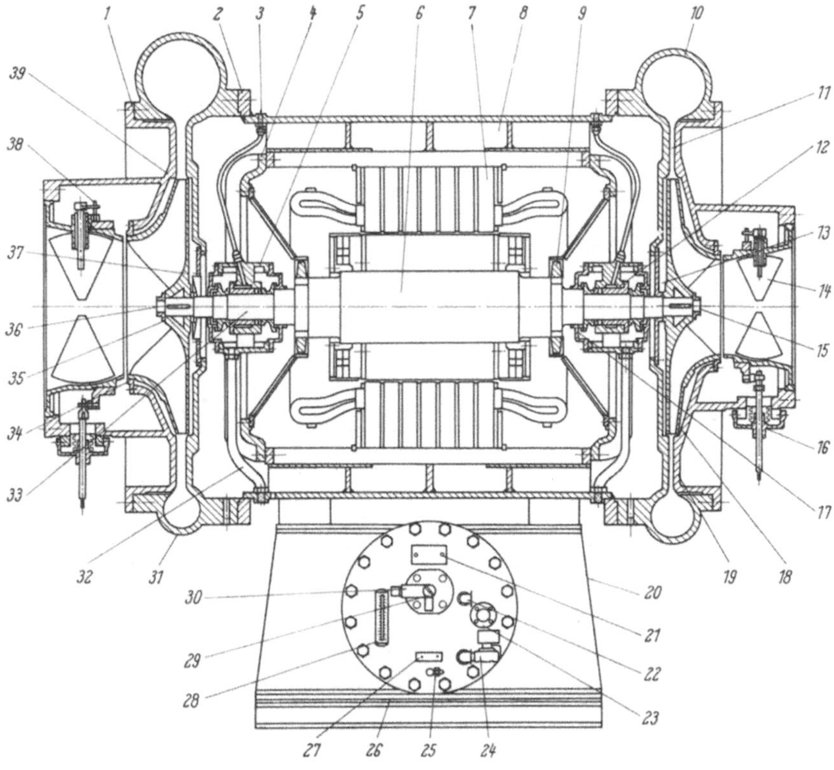

Abb. 335. 2stufiger Kältemittelkompressor mit gasgekühltem Motor und Leitschaufelregelung (Bauart Trane).

1 Dichtung
2 Dichtung
3 Öleintritt zum Gleitlager
4 Support des Motorlagers
5 Abschlußdeckel des Motorlagers
6 Motor-Läufer
7 Stator des Motors
8 Kühlgas-Kanäle
9 Gas-Ventilator
10 Schneckengehäuse zweite Stufe
11 Diffusorweg
12 Gleitlager
13 Labyrinth-Dichtung
14 Eintritt-Leitschaufeln
15 Schloßmutter
16 Hebel der Leitschaufelregelung
17 Feststehender Dichtring
18 Laufrad zweite Stufe
19 Sauggasdeckel zweite Stufe
20 Basis mit Ölsammler
21 Ölpumpenmotor-Klemmkasten
22 Kühlwasseraustritt
23 Ölstand-Schauglas
24 Magnetventil-Wassereintritt
25 Ölfüllventil
26 Dämmplatte
27 Leistungsschild des Ölpumpenmotors
28 Ölthermometer
29 Ölfiltergriff
30 Öldruckventil
31 Schneckengehäuse erste Stufe
32 Ölrückfluß vom Gleitlager
33 Welle
34 Laufrad-Labyrinth
35 Sicherungsblech
36 Keil des Laufrades
37 Laufrad erste Stufe
38 Hebel des Kugellagers
39 Sauggasdeckel

Die Regelung der Turbokälteanlage wurde deshalb so aufgebaut, daß während der Anlaufperiode keine Eingriffe von Hand nötig sind. Für derartige Kompressoranlagen, deren Ölsysteme unter Gasdruck stehen, ist eine langsame und stetige Absenkung des Systemdruckes wichtig. Das Öl ist entsprechend dem höheren Druck mit Kältemittel gesättigt. Eine plötzliche Druckabsenkung bewirkt eine starke Desorption des Kältemittels aus dem Öl. Das Öl fängt an stark zu schäumen, verstopft die Ölabläufe, und es kann Öl in den Gaskreislauf gelangen.

Abb. 334 zeigt einen fertig montierten Maschinensatz aus einer Reihe von Kompressoren, die speziell für die Klimatechnik und industrielle Zwecke entwickelt wurden. Als Kältemittel werden die fluorierten Kohlenwasserstoffe R 11 und R 12 verwendet. Es wurden mehrere Gehäusemodelle geschaffen, deren Abmessungen geometrisch ähnlich sind. In jedem Gehäuse lassen sich verschiedene Laufradzahlen und -kombinationen unterbringen, so daß jede gewünschte Kälteleistung bei verschiedenen Verdampfungs- und Verflüssigungstemperaturen erreicht werden kann. Wie aus dem Bild ersichtlich ist, handelt es sich bei den Kompressoren um eine vertikal geteilte Bauart (Topfbauart), um von vornherein jede Undichtigkeit an horizontalen Teilfugen auszuschließen. An dem zylindrischen Gehäuse befinden sich der Saug- und der Druckstutzen und in der Mitte der Stutzen für die Gasaufnahme aus der Zwischenexpansion. Der Läufer mit den Laufrädern

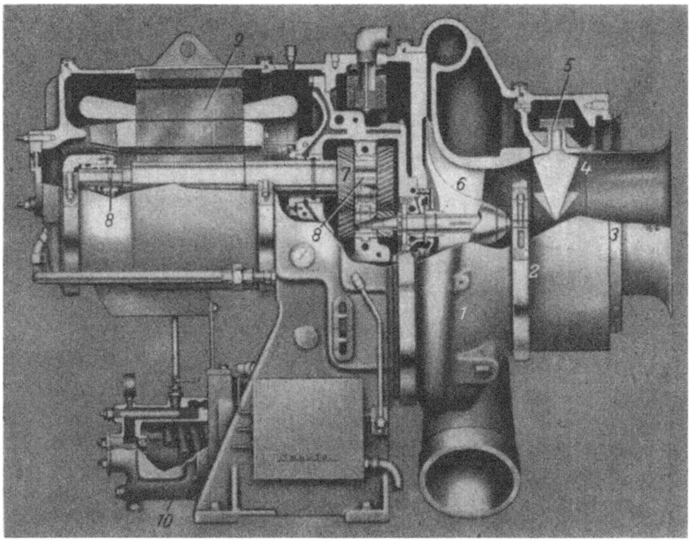

Abb. 336. Hermetisch gekapselter 1stufiger Turbokompressor für das Kältemittel R 11 (Bauart Carrier). *1* Spiralgehäuse; *2* V-Band-Flanschverbindung; *3* Einlaßstutzen aus Aluminium; *4* Dralldrossel; *5* Verstellmechanismus für Leitschaufeln; *6* gegossenes Leichtmetall-Laufrad; *7* Übersetzungsgetriebe; *8* Gleitlager mit Druckölschmierung; *9* gasgekühlter Motor; *10* Schmieröl-Versorgungsanlage.

wird mit dem Innengehäuse fertig montiert in das Gehäuse eingeschoben und befestigt. Die Lagerkörper sitzen an den Gehäusedeckeln, so daß ein zentrischer Aufbau des Kompressors gewährleistet ist.

Die Welle wird in druckölgeschmierten Gleitlagern, von denen eines mit einem doppelt wirkenden Axiallager kombiniert ist, gelagert. Die Temperatur eines jeden Lagers wird durch Thermoelemente gemessen und angezeigt. Der Ölstand im Ölbehälter wird thermostatisch überwacht und durch einen eingebauten Tauchheizkörper auf eine optimale Temperatur gebracht.

Vor dem Laufrad der ersten Stufe kann eine Dralldrossel angeordnet werden, die es ermöglicht, die Kälteleistung in weiten Grenzen zu regeln. Der Austritt von Kältemittel aus dem Kompressorraum wird am Wellendurchgang zur Atmosphäre durch eine doppelt wirkende Gleitringdichtung verhindert. Da das Getriebe direkt am Kompressorgehäuse angeflanscht wird, braucht nur die langsam laufende Antriebswelle abgedichtet zu werden. Eine Drehzahl von 1500 U/min wirft dichtungsmäßig keine Probleme auf und wird von den zur Verfügung stehenden Gleitringdichtungen sicher beherrscht.

Ein Kompressor mit einem gasgekühlten Motor ist in Abb. 335 dargestellt. Diese für die Klimatechnik entwickelte Maschine besteht aus dem Motorgehäuse,

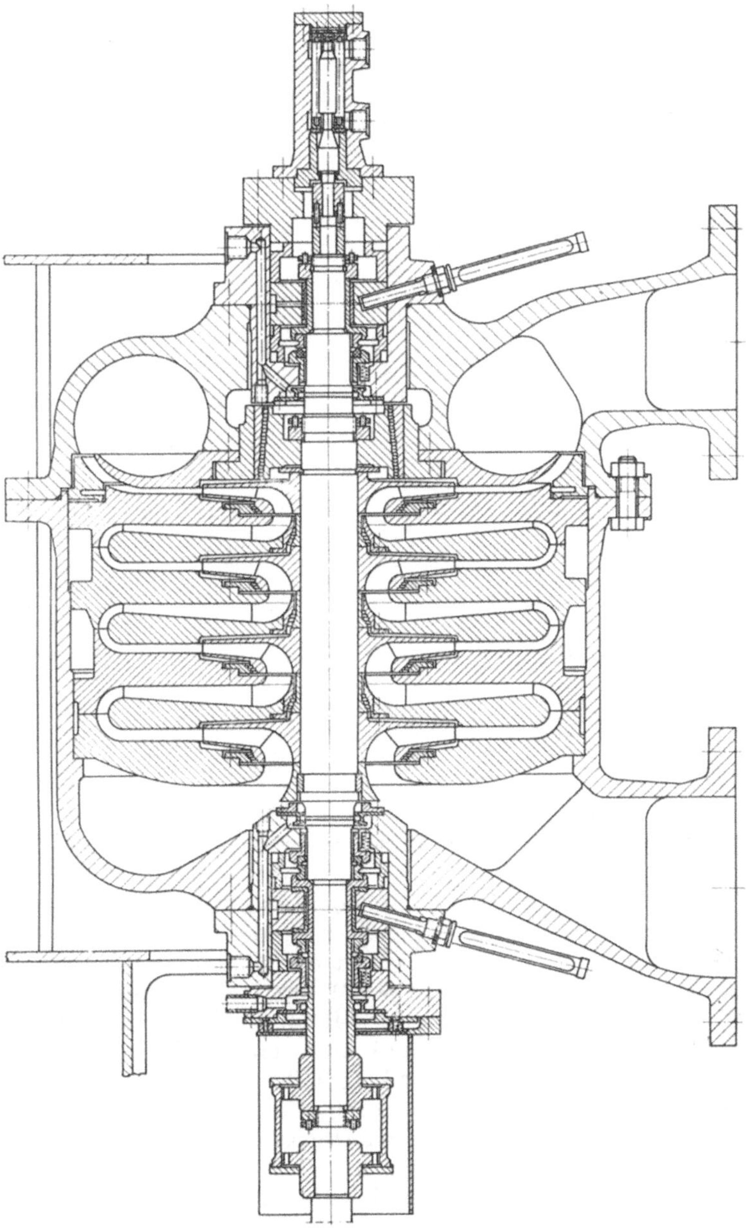

Abb. 337. Längsschnitt eines 4stufigen Turbokompressors für fluorierte Kohlenwasserstoffe (Bauart Sulzer).

an das auf beiden Seiten die Spiralgehäuse der Kompressorstufen angeflanscht sind. Vor jeder Stufe sind verstellbare Leitschaufeln vorgesehen. Diese Kompressoren arbeiten mit einer konstanten Drehzahl von etwa 3000 U/min. Die hermetisch gekapselten Motoren werden wahlweise durch Wasser oder Kältemitteldampf gekühlt.

Abb. 336 zeigt das Schnittbild und Abb. 293 das Blockschaltbild einer einstufigen Kältemaschine für das Kältemittel R 11. Interessant ist die Verwendung von sogenannten V-Band-Flanschverbindungen an Stelle der sonst üblichen Schraubverbindungen. Wie aus dem Block-Schaltbild zu ersehen ist, wird der Motor durch unterkühltes Kältemittelgas auf gleichmäßiger Temperatur gehalten. Dazu wird aus der Schwimmerkammer ein Teil der Flüssigkeit entnommen und zum Motor geführt. In der Verbindungsleitung wird eine Unterkühlung des Kältemittels erreicht. Die Motorwärme wird durch Verdampfen des versprühten Kälte-

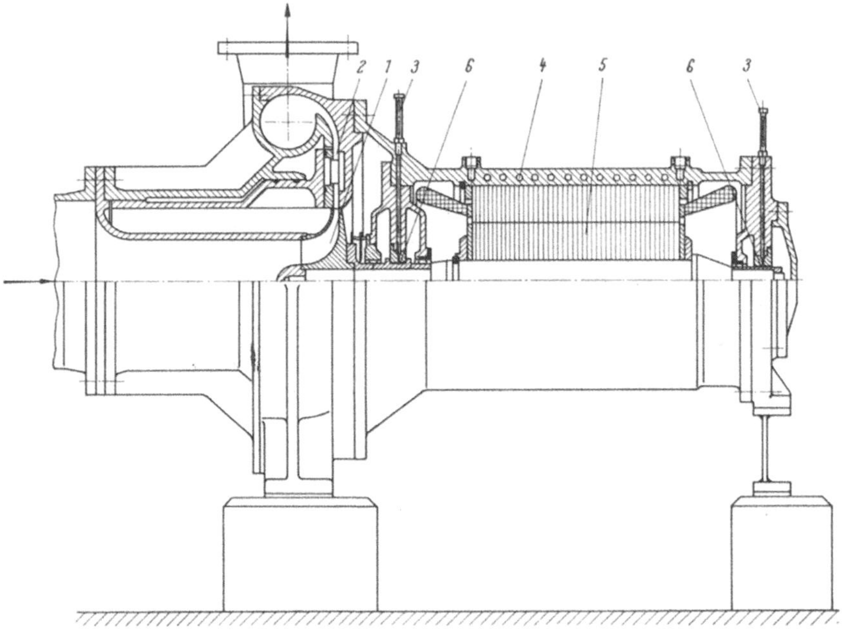

Bild 338. 1stufiger Kältemittelverdichter mit gekapseltem Mittelfrequenzmotor (Bauart Sulzer). *1* **Laufrad;** *2* **Diffusor;** *3* **Lagerthermometer;** *4* **Kühlwassermantel;** *5* **Mittelfrequenzmotor;** *6* **Gleitlager.**

mittels abgeführt, worauf der Kältemitteldampf zum Kühler zurückströmt. Wenn durch außergewöhnliche Betriebsbedingungen die Motortemperatur über einen bestimmten Sollwert steigt, wird automatisch eine Kältemittelpumpe zugeschaltet und verhindert damit ein Überhitzen des Motors und Ausfallen des Kältesatzes.

Abb. 337 zeigt den Längsschnitt eines 4stufigen Turbokompressors für fluorierte Kohlenwasserstoffe. Die Diffusoren und Umlenkstücke können baukastenähnlich als ungeteilte Ringe in das vertikal geteilte Gehäuse eingeschoben werden. Die Kompressorwelle aus geschmiedetem Stahl trägt die aus einer Leichtmetalllegierung gefertigten Laufräder und den Druckausgleichkolben. Als Dichtungselemente dienen rotierende Wellenringe aus Nitrierstahl und stillstehende Ringe aus imprägnierter Spezialkohle, die durch Federn gleichmäßig gegen die rotierenden Flächen gepreßt werden.

Das in sich geschlossene Sperrölsystem, das gleichzeitig auch der Schmierung der Kompressorlager dient, wird durch ein Stickstoffpolster unter einem Druck gehalten, der stets höher ist als der höchste abzudichtende Kältemitteldruck der Anlage. Die Sperrölpumpe ist direkt an den Kompressor angebaut.

Ein schematischer Längsschnitt durch einen einstufigen Kälteturbokompressor ist in Abb. 338 dargestellt. Der Antrieb erfolgt in diesem Falle durch einen Mittelfrequenzmotor, jedoch können auch andere Antriebe vorgesehen werden. Die Regelung auf verschiedene Kälteleistungen erfolgt durch verstellbare Diffusorschaufeln.

Ein weiterer Kältemittelkompressor ist auf Abb. 339 gezeigt.

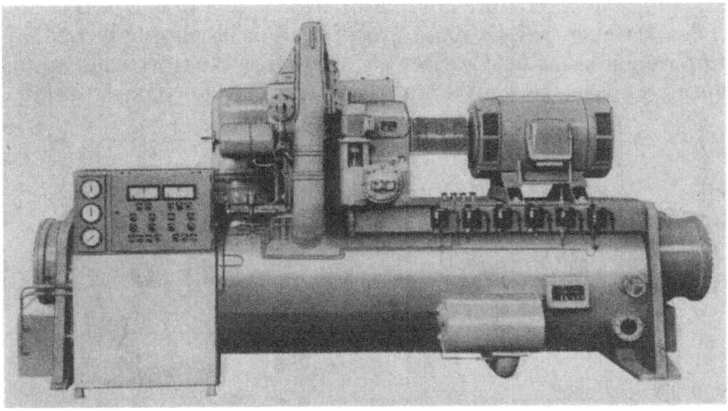

Abb. 339. Kälteanlage für die Klimatechnik mit einstufigem Turboverdichter (Bauart Borsig).

K. Betriebsverhalten.

Um das Verhalten eines Turbokompressors bei Betriebsverhältnissen, die vom Berechnungspunkt abweichen, beurteilen zu können, muß die Kennlinie dieser Maschine vorliegen. Diesem Kompressorkennfeld sind dann die Kennlinien des Verbrauchers zu überlagern, um die technisch günstigste und wirtschaftlichste Art der Regelung festlegen zu können.

I. Die Kennlinien eines Kompressors.

Die Kennlinie eines Kompressors gibt an wie sich die Förderhöhe mit der Variation der Durchflußmenge und der Drehzahl ändert. Eine Vorausberechnung einer solchen Kennlinie ist zwar theoretisch möglich, doch infolge der dabei zu treffenden Annahmen relativ ungenau. In der Praxis legt man deshalb die in Modellversuchen an geometrisch ähnlichen Rädern gemessenen Kurven zugrunde. Die Kennlinie eines mehrstufigen Kompressors wird durch Überlagerung der Kennlinien der Einzelstufen berechnet. Einer bestimmten Drehzahl ist jeweils auch eine bestimmte Kennlinie zugeordnet. Für drehzahlgeregelte Maschinen ergibt sich somit ein Kennlinienfeld.

In Abb. 299 ist das typische Kennlinienfeld eines solchen Turbokompressors dargestellt. Der Arbeitsbereich wird im Teillastgebiet durch die Pumpgrenzkurve begrenzt. Jeder Drehzahlkurve ist eine Minimalmenge zugeordnet, die nicht unterschritten werden darf. Beim Unterschreiten dieser Minimalmenge setzt die Förderung des Kompressors plötzlich aus, um kurze Zeit danach schlagartig wieder einzusetzen. Ursache dieser Instabilität ist das Abreißen der Strömung an gefährdeten Stellen des Schaufelgitters im Kompressor. Beim Abreißen der Strömung sinkt der Enddruck plötzlich und wird kleiner als der Druck im angeschlossenen Speichersystem, das entweder aus den nachgeschalteten Kompressorstufen oder dem angeschlossenen Leitungsnetz besteht. Dadurch strömt das Fördermittel von der Druckseite in den Kompressor zurück, bis dieser wieder zu fördern beginnt.

Durch dieses sogenannte Pumpen des Kompressors wird der Axialschub und damit die Belastung des Drucklagers schlagartig verändert, was leicht zu einer Beschädigung des Lagers führen kann. Durch die auftretenden Schwingungen der Gassäule in den Leitungen kann außerdem die ganze Anlage gefährdet werden. Die Pumpneigung eines Kompressors kann zwar durch konstruktive Maßnahmen beeinflußt, das Pumpen jedoch nicht grundsätzlich beseitigt werden.

Die Pumpgrenze kann bei der Berechnung eines Kompressors nur näherungsweise bestimmt werden, da ihr Verlauf nicht nur von der Konstruktion des Kom-

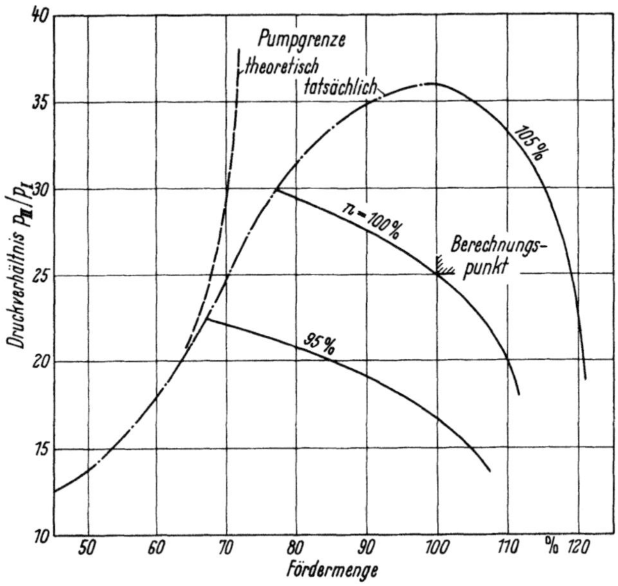

Abb. 340. Abweichung der tatsächlichen Pumpgrenze vom theoretischen Kurvenverlauf bei einer vielstufigen drehzahlgeregelten Maschine.

pressors, sondern auch von der Größe und Gestaltung des nachgeschalteten Netzes abhängig ist. Theoretisch ist die Pumpgrenzkurve bei Kompressoren mit Saugdrosselregelung eine Gerade, bei Maschinen mit Drehzahlregelung hingegen eine Parabel. In der Praxis werden diese aus dem Ähnlichkeitsgesetz für inkompressible Strömung abgeleiteten Kurven nur bei einstufigen Maschinen mit geringem Druckverhältnis gemessen. Die Abweichung der tatsächlichen Pumpgrenze von der theoretischen Parabelform bei einer vielstufigen drehzahlgeregelten Maschine zeigt Abb. 340.

Durch den Einbau einer Dralldrossel kann bei Maschinen mit geringer Stufenzahl das Teillastverhalten verbessert werden.

II. Die Regelung der Turbokompressoren.

Bei der Regelung eines Turbokompressors ist grundsätzlich zwischen folgenden Regelproblemen zu unterscheiden:

a) Die Druck- oder Mengenregelung
b) die Pumpgrenzregelung

1. Die Druck- oder Mengenregelung.

Diese Regelaufgabe kann auf folgende Weisen gelöst werden:

a) Drehzahlregelung. Sie ist die wirtschaftlichste Regelung und ist möglich bei Antrieb durch Dampf- oder Gasturbinen oder durch einen drehzahlregelbaren Elektromotor. Falls der Antrieb durch einen Drehstrommotor mit fester Polzahl erfolgt, kann ein drehzahlregelbares Getriebe oder eine Flüssigkeitskupplung vorgesehen werden.

b) Drosselregelung. Ist eine Drehzahlregelung nicht möglich, so kann die Regelung durch Drosselung auf der Saug- oder Druckseite des Kompressors erfolgen. Diese Regelungsart ist gegenüber der Drehzahlregelung ungünstiger, da die im Drosselorgan erzeugten Widerstände einen Energieverlust bedeuten. Im allgemeinen wird man die Drosselung auf der Saugseite vornehmen, da man sich dadurch weiter von der Pumpgrenze entfernt, also auf kleinere Fördermengen heruntergehen kann. Außerdem ist die Leistungsaufnahme etwas kleiner als bei druckseitiger Drosselung.

c) Drallregelung. Die Förderhöhe einer Kompressorstufe ist gleich der Zunahme des Dralls im Laufrad. Normalerweise hat die Strömung beim Eintritt in das Laufrad keinen Drall. Durch Verstellen der Leitschaufeln vor dem Laufrad kann aber der eintretenden Strömung ein mehr oder weniger großer Vordrall gegeben werden. Dadurch läßt sich auch bei konstanter Drehzahl die Förderhöhe stufenlos einstellen.

d) Diffusorregelung. Relativ aufwendig und daher selten angewendet wird die Regelung durch verstellbare Schaufeln im Diffusor hinter dem Laufrad. Ebenso wie bei der Drallregelung kann die Pumpgrenze damit zu kleineren Mengen verschoben werden.

2. Die Pumpgrenzregelung.

Um zu verhindern, daß ein Kompressor im instabilen Bereich seiner Charakteristik arbeitet und zu pumpen beginnt, wird er mit einer selbsttätigen Pumpgrenzmengenregelung ausgerüstet. Sie sorgt dafür, daß die Fördermenge des Kompressors nicht kleiner wird als die zum jeweiligen Druck gehörige Pumpgrenzmenge. Ist der Mengenbedarf der nachgeschalteten Verbraucher kleiner, so muß die Differenzmenge anderweitig von der Druckseite des Kompressors fortgeführt werden. Bei Kältemittelkompressoren können dazu zwei Verfahren angewendet werden:

a) Umblaseregelung. Die überschüssige Gasmenge wird von der Druckseite zur Saugseite des Kompressors zurückgeführt. Bei Kältemittelkompressoren mit mehreren Zuführungen können für die einzelnen Stufengruppen getrennte Umblaseleitungen vorgesehen werden, um den Leistungsverlust zu verringern. Bei der Projektierung einer solchen Regelung ist darauf zu achten, daß die Ansaugtemperatur des Gases durch die umgeblasene Menge nicht zu hoch wird. Gegebenenfalls ist ein Kühler für die Umblasemenge vorzusehen.

b) Entspannungsturbine. Falls der Teillastbetrieb unterhalb der Pumpgrenze aus betriebstechnischen Gründen über längere Zeit notwendig ist, empfiehlt sich die Verwendung einer Entspannungsturbine zur Rückexpansion des überschüssigen Gases. Ob eine solche relativ aufwendige Lösung vorteilhaft ist, muß von Fall zu Fall entschieden werden. Ein Ammoniak-Kompressor mit angebauter Entspannungsturbine ist in Abb. 333 dargestellt.

Die praktische Ausführung dieser Regelungen sei an einem Beispiel erläutert:

In Abb. 341 ist das Regelschema einer Turbokälteanlage dargestellt. Man könnte sie durch hydraulische, pneumatische oder elektrische Systeme regeln. Im vorliegenden Falle wurde die Regelung hydraulisch ausgeführt.

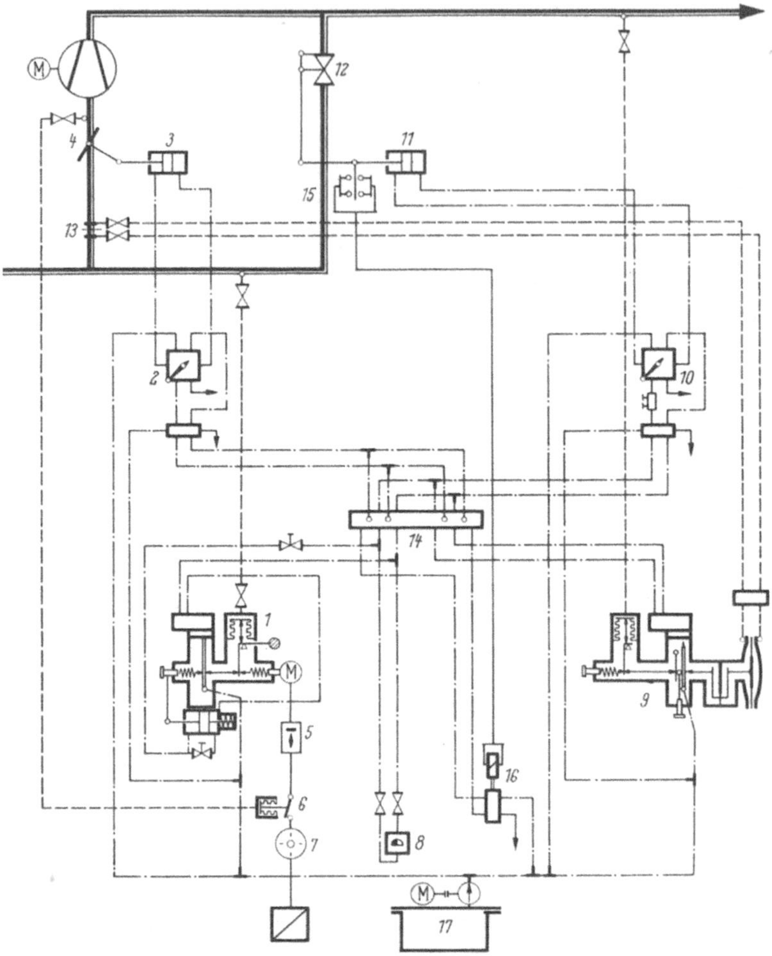

Abb. 341. Regelschema einer Turbo-Kälteanlage.

1 Druckreglersteuerwerk; *2* Fernsteuerhahn; *3* hydraulischer Stellmotor; *4* Drosselklappe; *5* Fernsteuerschalter; *6* Pressostat; *7* Impulsgeber; *8* Regelkontrollgerät; *9* Mengenreglersteuerwerk; *10* Fernsteuerhahn; *11* hydraulischer Stellmotor; *12* Umgehungsventil; *13* Normmeßblende; *14* Steuerschieber; *15* Kontaktanbau; *16* Magnetschieber; *17* Druckölversorgungsanlage.

Die Regelanlage gemäß Abb. 341 hat in dem geschlossenen Kältesystem drei Regelaufgaben zu erfüllen:

a) Der Druck in der Ansaugleitung des Kompressors (Verdampferdruck) soll durch Verstellen einer Drosselklappe *4* während des Betriebes konstant gehalten werden.

b) Beim Anlaufen soll der vorhandene Systemdruck langsam auf den Verdampferdrucksollwert vermindert werden.

c) Damit der Kompressor die notwendige Mindestmenge fördern kann, müssen kleinere Fördermengen über ein Umgehungsventil *12* bis zur Mindestmenge ergänzt werden.

Zu a) gehört das Druckreglersteuerwerk *1*, welches ein Wellrohrmeßsystem, darunter einen elektrischen Istwerteinsteller mit Reversiermotor und einstellbarer Laufzeit, eingebauten Endkontakten und eingebautem Fernsender umfaßt. Links befinden sich die Rückführfeder und das Gestänge für die Sollwerteinstellung. Ferner gehören dazu ein Kraftverstärkerfolgekolben und ein Rückführkolben, ein Fernsteuerhahn *2* für die Betätigung der Saugdrossel, ein hydraulischer Stellmotor *3* für die Drosselklappe mit Stellungsgeber für Stellungsanzeige und die Drosselklappe *4*.

Zu b) gehören außer dem Reversiermotor am Druckregler noch der Fernsteuerschalter *5* für „Automatik-Hand-Druckabsenkung" und ein Tastschalter, der Pressostat *6*, ein Impulsgeber mit einstellbarer Impulsdauer *7* und das Regelkontrollgerät *8*.

Zu c) gehören zunächst das Mengenreglersteuerwerk *9* mit dem Membranmeßsystem (rechts), einem Wellrohrmeßsystem für die Sollwertkorrektur durch den Enddruck, der Fernsteuerhahn *10* zur Betätigung des Umgehungsventils *12*, ein hydraulischer Stellmotor *11*, für das Umgehungsventil *12* und eine Normmeßblende *13*. Zu einer noch näher zu beschreibenden Umschalteinrichtung werden benötigt: ein Steuerschieber *14*, ein Kontaktanbau *15* und ein Magnetschieber *16*. Das Steueröl für die Regler liefert eine besondere Druckölversorgungsanlage *17*.

Im Normalbetrieb soll der Druck in der Ansaugeleitung bei dieser Anlage konstant auf 2,1 ata gehalten werden. Nach längerem Stillstand ist der Druck beispielsweise auf 8 ata im System angestiegen. Die Temperatur der Sole entspricht der Außentemperatur. Die Kälteverbraucherseite ist zunächst noch nicht angeschlossen, so daß vorerst nur die Sole abzukühlen ist. Der Drucksollwert von 2,1 ata wird auf der linken Seite des Reglers eingestellt. Das Wellrohrmeßsystem im Regler *1* ist aber mit dem gerade herrschenden Systemdruck von 8 ata beaufschlagt. Die Sollwertfeder wird nun durch Ablauf des Reversiermotors (Betätigung durch Fernsteuerschalter *5*) gegen den Druck des Wellrohrmeßsystems so gespannt, daß Gleichgewicht am Regler herrscht. Der Sollwertanzeiger zeigt nun einen Druck an, der dem eigentlichen Systemdruck entspricht. Die genaue Gleichgewichtslage des Strahlrohrs ist am Regelkontrollgerät festzustellen. Jetzt läßt sich die Drosselklappe *4* von Hand in jede gewünschte Stellung bringen, die sich nach Umschalten des Fernsteuerhahnes *2* auf „Regeln" nicht verändert. Um den Kompressor möglichst entlastet in Betrieb zu setzen, wurde für das Anlaufen empirisch eine Klappenstellung ermittelt, bei der gerade die Pumpgrenzmenge abgesaugt wird. Da der Wirkdruck an der Blende *13* noch Null ist und der Fernsteuerhahn *10* auf „Regeln" steht, wird durch das Mengenreglersteuerwerk *9* das Umgehungsventil *12* ganz offen gehalten.

In der Anlaufstellung wird der Kompressor etwa 10 bis 15 Sekunden betrieben. In dieser Zeit ist der Sicherheitspressostat *6* für zu hohen Saugdruck, der den Hauptmotor gegen Überlast schützen soll, durch ein Zeitrelais überbrückt. Anschließend wird die Druckabsenkungsregelung auf „Automatik" gestellt. Das Impulsgebersystem *7* bewirkt über den Reversiermotor ein langsames Entspannen der Sollwertfeder, wodurch die Drosselklappe langsam öffnet und der Systemdruck auf den Verdampferdrucksollwert gebracht wird.

Bei der hier beschriebenen Regleranlage wurde durch Wahl einer besonderen Schaltung die gegenseitige Beeinflussung der beiden Regler *1* und *9* völlig ausgeschaltet. Beim Mengenreglersteuerwerk *9* ist dadurch die hydraulische Rückführung entbehrlich. Durch Ansprechen des Mengenreglers erfolgt eine selbständige Umsteuerung in der Weise, daß die Drosselklappe *4* im Ansaugkanal vom Mengenreglersteuerwerk und das Umgangsventil vom Druckreglersteuerwerk gesteuert werden.

Es wird dadurch vermieden, daß das Öffnen des Umgehungsventils auf den konstant zu haltenden Verdampferdruck zurückwirkt. Durch einen Kontaktanbau *15* am Stellmotor *11* wird in der Regelstellung des Umgehungsventils der Umsteuerschieber *14* mit dem Magnetschieber *16* betätigt, und beide Regler sind über Kreuz geschaltet. Der Druckregler hält den Druck durch Verstellen des Umgehungsventils konstant. Der Mengenregler arbeitet auf die Saugdrosselklappe und korrigiert ihre Stellung je nach Last so, daß die Pumpgrenzmenge stets gefördert wird. Mengenmeßstelle *13* und Regelorgan *4* für die Pumpgrenzmenge liegen jetzt dicht beieinander. Pendelungen werden dadurch schon von Anfang an ausgeschaltet. Man braucht bei dieser Schaltung nicht mehr die Charakteristiken beider Regler aufeinander abzustimmen.

In der normalen Betriebsstellung beim Betrieb oberhalb der Pumpgrenze ist das Umgehungsventil völlig geschlossen, und der Saugdruckregler arbeitet wieder direkt, d. h. die Saugdrosselklappe wird durch den Druckregler gesteuert.

Literatur.

Eckert, B.: Axialkompressoren und Radialkompressoren, Springer Verlag.

Kluge, F.: Kreiselverdichter, Springer Verlag.

Misárek, D.: Turbokompressory, Státni Nakladatelstvi Technické Literatury, Praha.

Richter, K.-H.: Ammoniak-Turbokälteanlagen im Einsatz, „Kältetechnik“, Bd. 16 (1964) Heft 6.

Rüedi, Z.: Turbokompressoren in der Klimatechnik, „Kältetechnik“, Bd. 14 (1962) Heft 8.

Wemhöner, N., u. R. Göldner: Turboverdichter in Kälteanlagen für Industriekühlung und Klimatechnik, „Kältetechnik“, Bd. 14 (1962) Heft 10 u. 11.

Winckler, R.: Regelaufgaben an Turboverdichtern, Zeitschrift Automatik, Juni 1961. Die Pumpverhütung von Turboverdichtern als Regelaufgabe, Zeitschrift Automatik Januar 1962.

Jassniker, K.: Entwicklungstendenzen im Bau von Turbokompressoren für Kälteanlagen, „Kältetechnik“, Bd. 14 (1962) Heft 8.

Druckschriften der Firmen: Brissonneau-York, Carrier, York, Trane, Sulzer, Rheinkälte, Demag, Borsig.

Edmister, W. C.: Applied Hydrocarbon Thermodynamics, Gulf Publishing Company, Houston, Texas.

Maxwell, J. B.: Data book for Hydrocarbons, D. van Nostrand Company, Inc. New York.

v. d. Nüll, W., u. H. Pfau: Auslegung und Gestaltung der Flugmotorenlader. Z. VDI, Bd. 85 (1941) S. 763–773, S. 847–857, S. 905–913 u. S. 981–989.

Hans, W.: Untersuchungen über den Reibungszuschlag bei Auslegung von Spiralgehäusen für Radialverdichter. Maschinenbautechnik, Bd. 8 (1959) Heft 8.

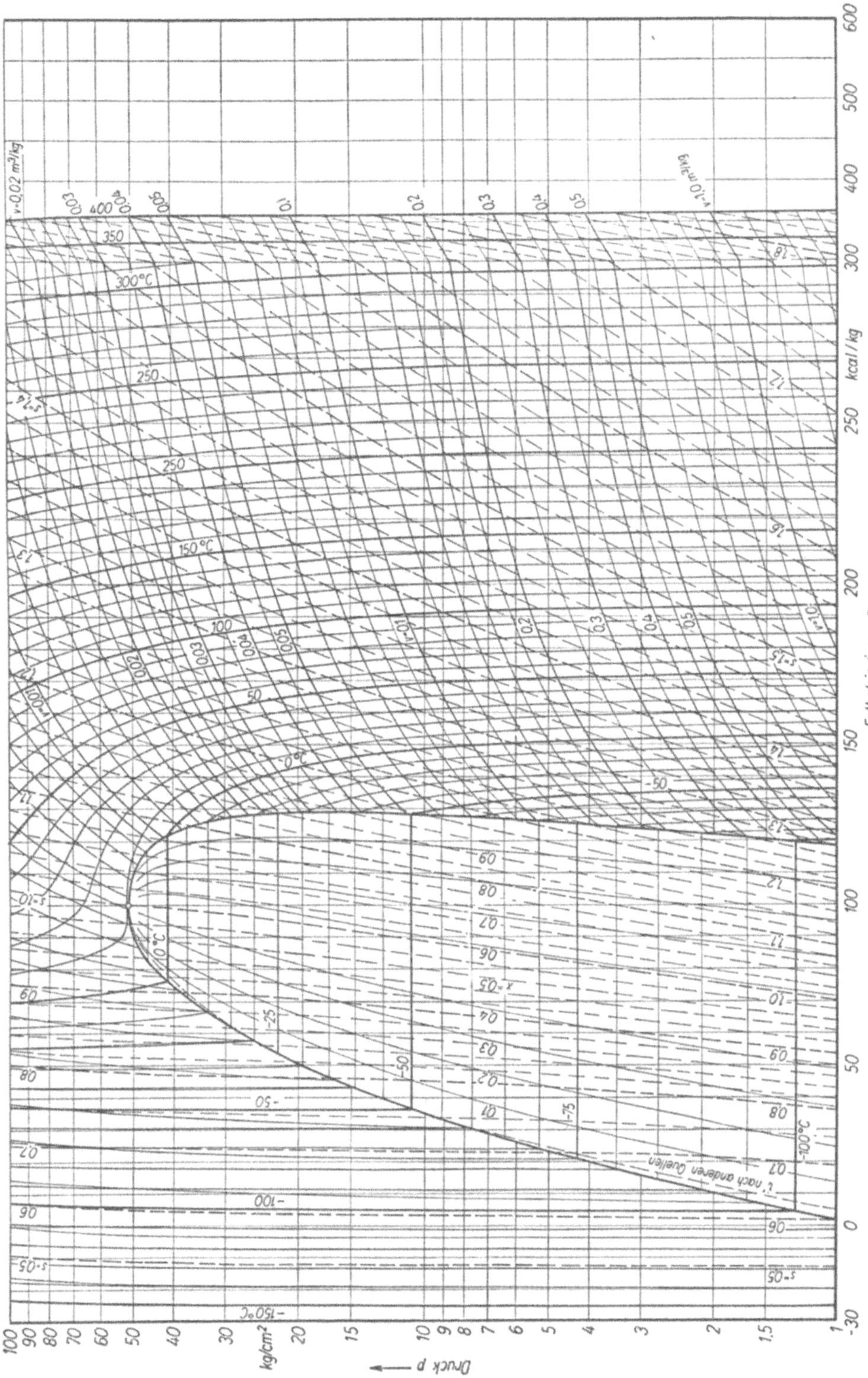

Zustandsdiagramm für Äthylen bis 100 Atm.

Zustandsdiagramm für Propylen bis 100 Atm.

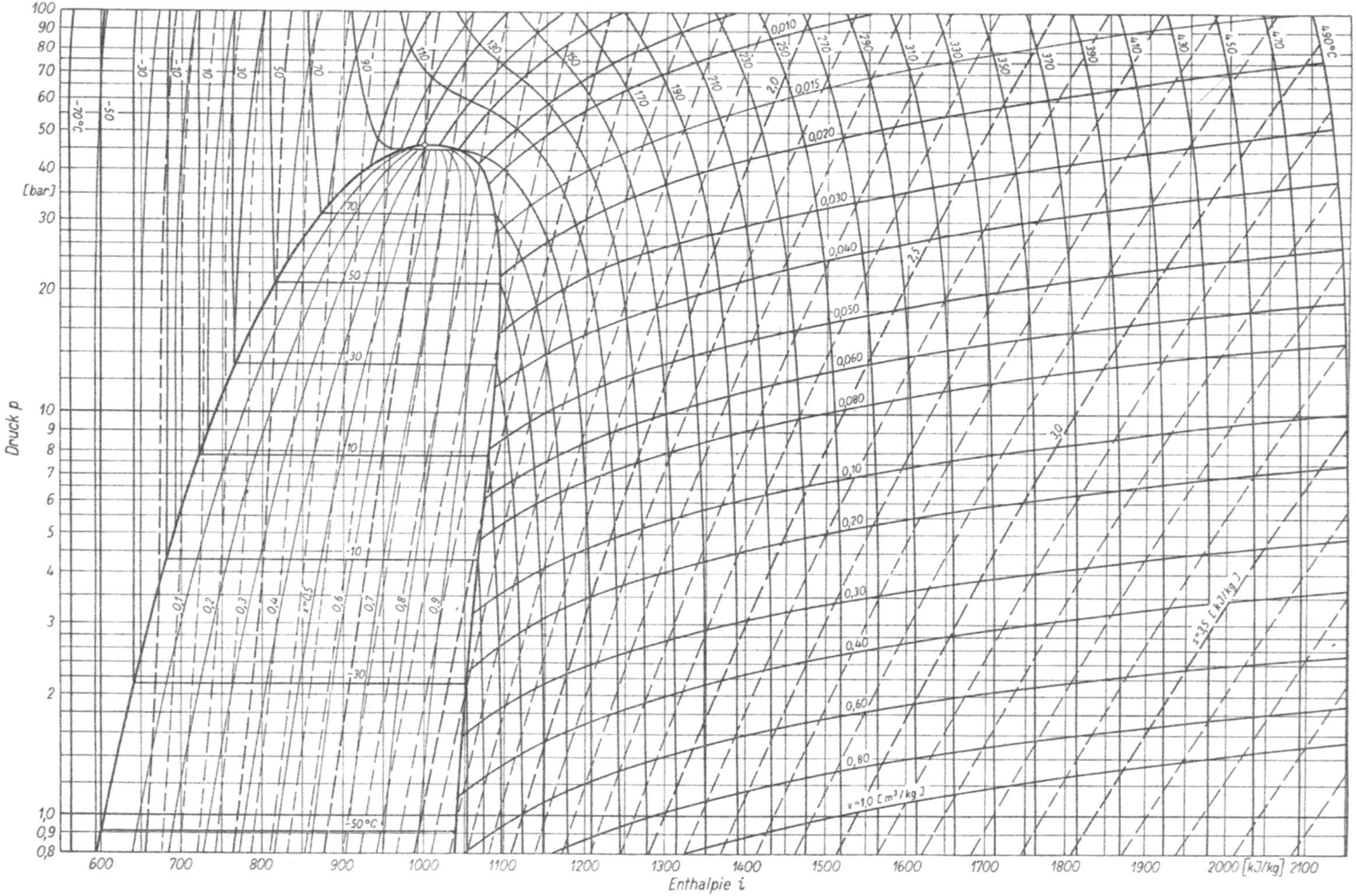

Dampfstrahl-Kältemaschinen.[1]

(Entwurf und Betrieb)

Von

Dr.-Ing. **L. Váhl**

Professor an der Technischen Hochschule Delft, Niederlande

Mit 35 Abbildungen

A. Einleitung.

Auf die große Mannigfaltigkeit der Verfahren zur Kälteerzeugung ist schon im dritten Band des „Handbuches der Kältetechnik“ eingegangen (S. 1—97). Im Sinne der Thermodynamik können alle Energiearten zur Kälteerzeugung verwendet werden. Es ist jedoch eine Frage der technischen Ausführbarkeit und Entwicklung der Verfahren und auch der Wirtschaftlichkeit der Kälteerzeugung ob bestimmte Verfahren in bestimmten Fällen mit Nutzen angewendet werden können oder nicht. Beim Wettbewerb der verschiedenen Verfahren der Kälteerzeugung kommt es auf die Erfüllung folgender Anforderungen an:

a) die anzuwendende *Energieart* muß auf wirtschaftlich verantwortbarer Weise vorhanden sein, und auch die Umwandlung muß sich mit einem technisch und wirtschaftlich ausreichenden *Wirkungsgrad* durchführen lassen;

b) die Energieumwandlung muß sich mit Hilfe einer betriebssicheren, wenig Raum beanspruchenden und preiswerten *Apparatur* verwirklichen lassen;

c) die *Betriebseigenschaften* der Kälteanlage müssen eine wirtschaftliche Anpassung der Kälteerzeugung an wechselnde Betriebsbedingungen möglichst durch automatische Regelgeräte gestatten.

Ein Vergleich aller Faktoren die eine Rolle spielen, aber hauptsächlich:

der Energieverbrauch,
die benötigte Apparatur,
die Betriebseigenschaften,

bestimmen schließlich den praktischen Wert eines Verfahrens zur Kälteerzeugung.

Die Anwendbarkeit oder sogar die Bevorzugung eines Verfahrens zur Kälteerzeugung hängt in erster Linie von zwei Betriebsgrößen ab:

1. dem *Temperaturniveau* bei welchem die Kälte benötigt wird,
2. der Größenordnung der erwünschten Kälteleistung.

Es können dann für einen gegebenen Fall mehrere Kälteerzeugungsverfahren in Frage kommen. Die Wahl des günstigsten Verfahrens ist dann meistens das

[1] Vgl. auch: Handbuch der Kältetechnik, Bd. II, S. 363—375. — Handbuch der Kältetechnik, Bd. III, S. 40—45.

Ergebnis von einem ingenieurmäßigen Kompromiß. Wie die Anwendung der verschiedenen Verfahren in Abhängigkeit vom Temperaturniveau und der Kälteleistung sich praktisch durchgesetzt hat, ist in den Abb. 342 und 343 angedeutet.

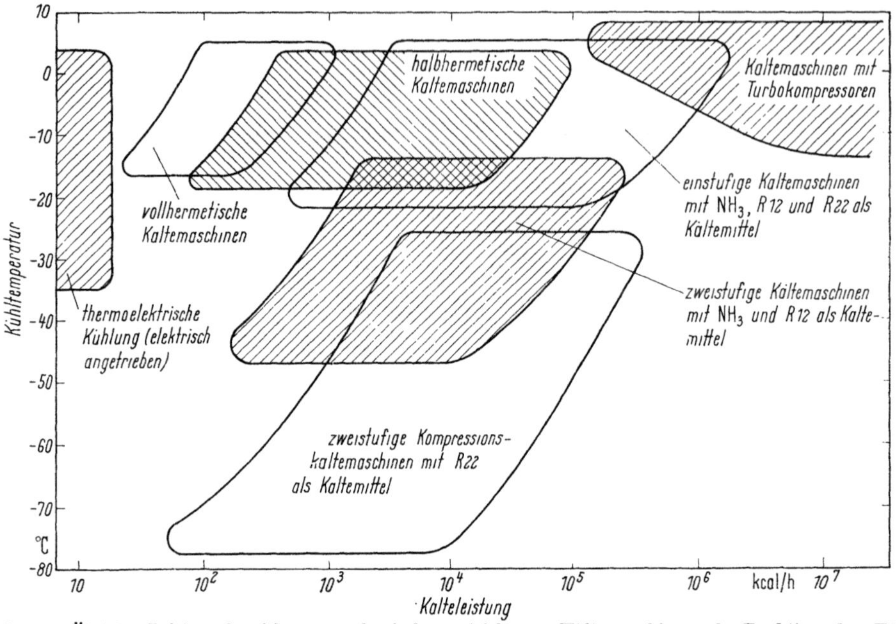

Abb. 342. Üblicher Leistungsbereich von mechanisch angetriebenen Kältemaschinen als Funktion der Kühltemperatur.

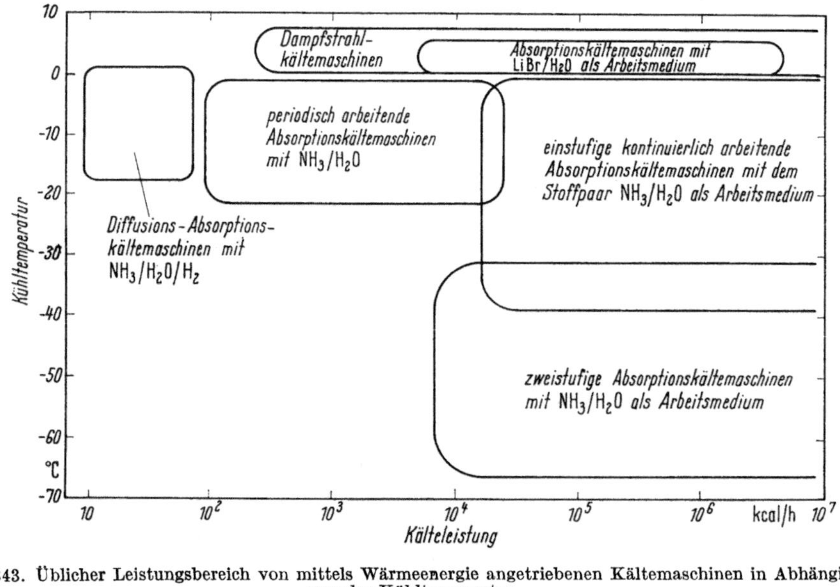

Abb. 343. Üblicher Leistungsbereich von mittels Wärmeenergie angetriebenen Kältemaschinen in Abhängigkeit von der Kühltemperatur.

Dabei gilt Abb. 342 für Kälteerzeugungsverfahren mit Verbrauch mechanischer oder elektrischer Arbeit und Abb. 343 für Verfahren, bei denen die Kälte auf Kosten eines Wärmeverbrauches erzeugt wird. Die in diesen Abbildungen angedeuteten Gebiete von Temperaturniveau und Kälteleistung, in welchen die angegebenen Arten von Kältemaschinen angewendet werden, können natürlich keinen Anspruch auf Genauigkeit der Grenzen erheben. Es handelt sich hier nur um eine Andeutung der Gebiete wo *vorzugsweise* gewisse Arten von Kältemaschinen gegenwärtig angewendet werden. Die Entwicklung der verschiedenen Verfahren bringt mit sich, daß im Laufe der Zeit starke Verschiebungen der in den Abbildungen angegebenen Grenzen auftreten, daß gewisse Maschinenarten zurückgedrängt werden und vielleicht neue Arten entstehen. Die Anwendung der Dampfstrahlkältemaschinen ist nach Abb. 343 beschränkt auf mittlere und große Kälteleistungen bei Kühltemperaturen von 0 bis 10° C.

B. Die charakteristischen Merkmale von Dampfstrahlkältemaschinen.

Nimmt man als Ausgangspunkt bei der Besprechung der Dampfstrahlkältemaschinen an, daß bei dieser Art von Kältemaschinen Wärmeenergie zur Erzeugung der Kälte angewendet wird, dann wird das Schema einer solchen Kälteanlage etwa durch die Abb. 344 wiedergegeben.

Bei diesem Beispiel ist eine durch Dampf betriebene Strahlkältemaschine mit Wasserdampf als Kälte- und Treibmittel gewählt. Dabei ist der Dampferzeuger mit einem geschlossenen „Treibmittelkreislauf" an den „Kältemittelkreislauf" angeschlossen. Im Strahlkompressor vereinigen sich die beiden Kreisläufe, hinter dem Kondensator werden sie wieder getrennt. Neben diesen beiden Kreisläufen kann man in der Abbildung noch einen „Kühlwasserstrom" und einen Kreislauf des gekühlten Wassers — „Kaltwasserstrom" — unterscheiden. Im Kühlwasser werden die beiden zugeführten Wärmemengen abgeführt. Diese sind:

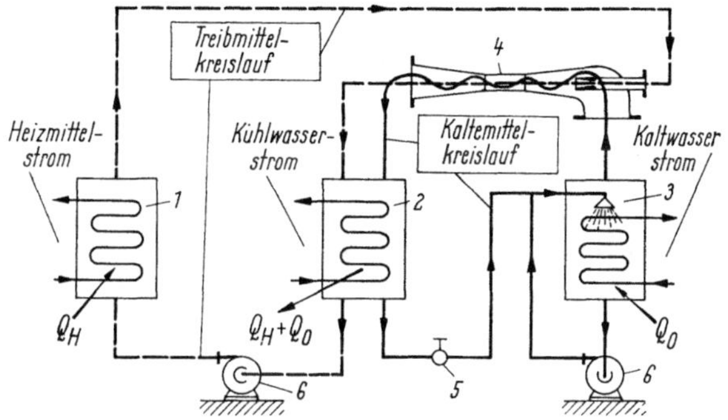

Abb. 344. Schematische Darstellung einer Dampfstrahlkältemaschine. *1* Dampferzeuger; *2* Kondensator; *3* Verdampfer; *4* Dampfstrahlkompressor; *5* Regelventil; *6* Umlaufpumpe.

a) die Kälteleistung Q_0, die bei der Kühltemperatur t_0 zugeführt wird;
b) die Heizleistung Q_H, die im Dampfkessel zur Dampferzeugung bei der Temperatur t_H zugeführt wird.

Die im Kondensator bei der Temperatur t_K abgeführte Wärmemenge Q_K ist also bei Vernachlässigung von Pumpenarbeit und Wärmeaustausch mit der Umgebung

$$Q_K = Q_0 + Q_H$$

Um das Wesentliche dieser Art von Kältemaschinen deutlich hervorzuheben, ist in Abb. 345 zum Vergleich das Schema einer Kompressionskältemaschine, die durch eine Dampfturbine angetrieben wird, schematisch dargestellt. Die mechanische Antriebsenergie der Kompressionskältemaschine wird hier aus dem mit Wärmezufuhr arbeitenden Dampfkessel-Turbine-Kreislauf gewonnen, und die so erweiterte Kompressionskältemaschine erscheint, ebenso wie die Strahlkältemaschine der Abb. 344, als ein mit Wärmezufuhr arbeitendes System der Kälteerzeugung. Auch hier ist Wasserdampf als Kältemittel der Kompressionskältemaschine gewählt; auch hier ist die zugeführte Antriebsenergie die Wärmemenge Q_H, die verbraucht wird zur Erzeugung des benötigten Antriebdampfes der Turbine. Der wesentliche Unterschied zwischen den zwei Anlagen ist die verschiedene Art der Energieumwandlung.

Im Dampfturbine-Turbokompressor-Aggregat geschieht die Energieumwandlung in der folgenden Weise:

a) durch Entspannung des Treibdampfes wird die Druckenergie in Strömungsenergie und diese in mechanische Energie umgewandelt. (Der entspannte Treibdampf kondensiert im Verflüssiger.)

b) die unter a) erzeugte mechanische Energie wird im Turbokompressor in Strömungsenergie des angesaugten Kältemitteldampfes umgesetzt und diese Strömungsenergie in Druckenergie des Kältemittels, so daß das Kältemittel ebenfalls beim Kondensatordruck verflüssigt werden kann.

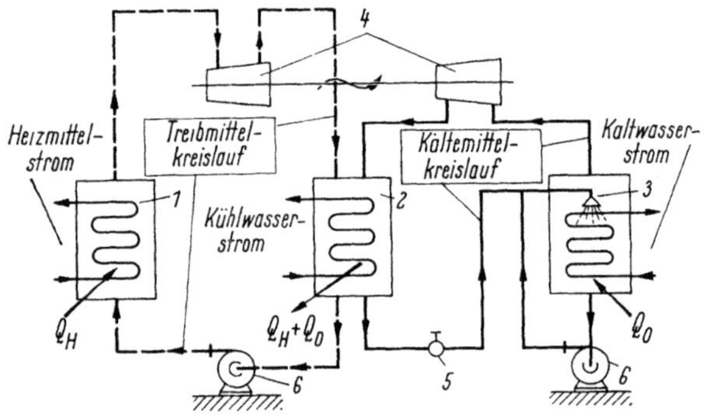

Abb. 345. Schematische Darstellung einer durch Dampfturbine angetriebenen Kompressionskältemaschine.
1 Dampferzeuger; *2* Kondensator; *3* Verdampfer; *4* Dampfturbine mit angetriebenem Turbokompressor; *5* Regelventil; *6* Umlaufpumpe.

Im Dampfstrahlkompressor der Kältemaschine nach Abb. 344 ist die Energieumwandlung wie folgt:

a) auch hier wird durch Entspannung des Treibdampfes die Druckenergie dieses Dampfes in Strömungsenergie umgesetzt (in der Düse des Strahlapparates);

b) auch hier wird dem Kältemitteldampf Strömungsenergie erteilt, und diese (im Diffusor des Dampfstrahlkompressors) in Druckenergie umgesetzt, so daß der Dampf im Kondensator durch Kühlung verflüssigt werden kann.

Als wesentlicher Unterschied zwischen den Prozessen in den beiden Maschinenarten erscheint die Art der Übertragung der Strömungsenergie des Treibdampfes auf den Kältemitteldampf. Bei dem Dampfturbine-Turbokompressor-Aggregat geschieht das auf dem Umwege über die mechanische Energie, beim Dampfstrahlkompressor aber durch Mischen des Treibstrahles von hoher Strömungsgeschwindigkeit mit dem Kältemitteldampf der hierdurch mitgeführt und beschleunigt wird.

In der Definition der Strahlkältemaschine kann man sich also hauptsächlich auf dieses letzte Merkmal — das Mischen — beziehen. Demgemäß kann man die Dampfstrahlkältemaschine definieren als:

> Eine Kompressionskältemaschine, bei welcher die Kompressionsarbeit durch einen Treibmittelstrahl auf das zu verdichtende Kältemittel übertragen wird *durch Mischen des Treibstrahles mit dem Kältemitteldampf*.

Diese Vermischung von zwei Stoffströmen von verschiedener Geschwindigkeit — ein im Prinzip nicht umkehrbarer Vorgang — ist für den Dampfstrahlkompressor und auch für die Dampfstrahlkältemaschine charakteristisch. Bei dem Vermischen von zwei Gasströmen von verschiedener Geschwindigkeit in einem Strahlkompressor kann auf den Mischvorgang der Impulssatz angewendet werden. Die Anwendung des Impulssatzes auf einen abgegrenzten Raum in welchen Gasströme stationär ein- und ausströmen[1], gibt die Grundlage einer fruchtbaren Behandlung des sich im Strahlkompressor in der Hauptsache abspielenden physikalischen Vorganges. Man kann somit gegenüber einem *mechanischen Kompressor* zweckmäßigerweise den Dampfstrahlkompressor *Impulskompressor* nennen und bei der Beschreibung des idealen Dampfstrahlkompressors dem Impulssatz zentrale Bedeutung erteilen.

Die Verdichtung des Kältemitteldampfes in einem Dampfstrahlkompressor ist also durch den Mischvorgang mit einer prinzipiell verlustbringenden Nichtumkehrbarkeit behaftet, im Gegensatz zum idealen mechanisch angetriebenen Kompressor. Bei den Wirkungsgradbetrachtungen wird gezeigt werden, daß durch diese Nichtumkehrbarkeit im Impulskompressor der Energieverbrauch sehr nachteilig beeinflußt wird. Man kann jedoch demgegenüber bei dieser Art von Kältemaschinen auch einen für den Energieverbrauch günstigen Umstand nennen: Die mit *Wasserdampf* getriebene „offene" Dampfstrahlkältemaschine zur Kühlung von Wasser (wässeriger Lösungen oder von nassem Material) gestattet die Ersparung von wesentlichen zur Wärmeübertragung benötigten Temperaturunterschieden.

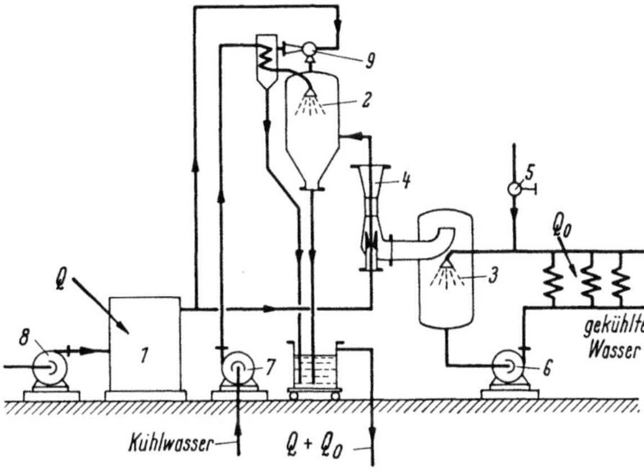

Abb. 346. Offene Dampfstrahlkältemaschine.

1 Dampferzeuger; *2* Mischkondensator; *3* Entspannungsverdampfer; *4* Dampfstrahlkompressor; *5* regelbares Ergänzungswasser; *6* Umlaufpumpe für Kaltwasser; *7*, *8* Pumpen; *9* Vakuumpumpe.

In Abb. 346 ist das Schema einer solchen offenen Dampfstrahlkältemaschine angegeben.

Während die in Abb. 344 dargestellte Dampfstrahlkältemaschine mit einem „geschlossenen" Kältemittelkreislauf arbeitet (Kühlwasser und Kaltwasser sind vom Kältemittel (Wasser) durch Begrenzungswände für die Wärmeübertragung abgeschlossen), erfolgt bei der Kältemaschine nach Abb. 346 der Wärmeentzug aus dem gekühlten Wasser durch Selbstverdampfung unter Vakuum. Auch die Abgabe der Kondensationswärme des verdichteten Kältemittels an das Kühlwasser im Kondensator geschieht hier durch Mischung des Dampfes mit dem versprühten Kühlwasser. Diese Arten der Wärmeübertragung durch direkten Kontakt erfolgen erfahrungsgemäß mit verhältnismäßig geringen Temperaturunterschieden im Vergleich zu denjenigen, die bei üblich bemessenen Oberflächen von Verdampfern und Kondensatoren auftreten.

Es ist sinnvoll, durch ein Beispiel die sich bei den verschiedenen Verfahren ergebenden „Leistungsziffern" von Kältemaschinen gegenüberzustellen. Als Beispiel seien verglichen:

---

[1] Dieser Satz besagt, daß bei einem offenen System im stationären Zustand die Differenz der Vektorsumme aller über die Systemgrenze austretenden Impulsströme und der Vektorsumme aller über die Systemgrenze eintretenden Impulsströme gleich der Vektorsumme aller auf das System wirkenden Kräfte ist.

a) Eine Kältemaschine mit mechanisch durch eine Dampfturbine angetriebenem Kompressor nach Abb. 345.

b) Eine „offene" Dampfstrahlkältemaschine nach Abb. 346.

Die für den Energieverbrauch einer Kältemaschine maßgebende Leistungsziffer* wird definiert als

$$\varepsilon = \frac{Q_0}{L}$$

wobei Q_0 die Kälteleistung und L die in denselben Einheiten gemessene zur Kälteerzeugung aufgewandte Energie (z. B. mechanische Arbeit) bedeutet.

Zum Vergleich soll in beiden Fällen als Antriebsenergie die durch Expansion des Dampfes gewinnbare Strömungsenergie dienen (für die Turbine in Abb. 345, bzw. für den Dampfstrahlkompressor in Abb. 346).

Die für die *Güte* der Kälteerzeugung maßgebende Größe ist das Verhältnis der Leistungsziffer einer ausgeführten Kälteanlage (ε_{eff}) zur Leistungsziffer einer verlustlosen Maschine (ε_c). Dieses Verhältnis, auch Carnot-Wirkungsgrad genannt,

$$\eta_c = \frac{\varepsilon_{eff}}{\varepsilon_c}$$

kann man sowohl auf das innere Verhalten[1] der Anlage als auch auf das äußere Verhalten beziehen.

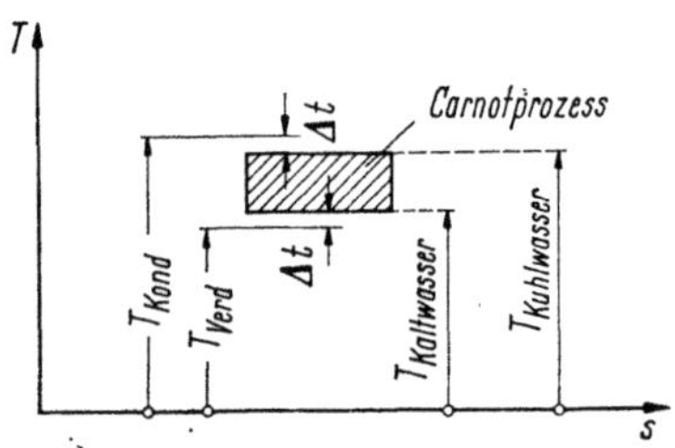

Abb. 347. Bezeichnungen zur Berechnung der Leistungsziffer für das äußere Verhalten einer Kältemaschine.

Durch die großen in Strahlkompressoren auftretenden Nichtumkehrbarkeiten ist η_c bei diesen Maschinen wesentlich kleiner als bei Kältemaschinen mit mechanisch angetriebenen Kompressoren.

Wie später gezeigt werden wird (Abb. 351) erreichen Strahlkältemaschinen sehr guter Konstruktion bei günstigen Betriebsbedingungen für das *innere Verhalten* einen Wert $\eta_c \approx 20\%$, wogegen man bei Kältemaschinen mit mechanisch (etwa durch Dampfturbinen) angetriebenen Kompressoren für das innere Verhalten mit einem Wert von $\eta_c \approx 60\%$ rechnen darf. Bei gegebenem η_c für verschiedene Maschinengattungen kann man die Leistungsziffer für das äußere Verhalten $(\varepsilon_{eff})_a$ mit Hilfe der angenommenen Temperaturdifferenzen Δt für die Wärmeübertragung im Verdampfer und im Kondensator berechnen. Man erhält dann für das äußere Verhalten aus $(\varepsilon_{eff})_a = \eta_c \cdot \varepsilon_c$ mit den Bezeichnungen der Abb. 347:

$$(\varepsilon_{eff})_a = \eta_c \cdot \frac{T_{\text{Kaltwasser}} - \Delta t}{(T_{\text{Kühlwasser}} - T_{\text{Kaltwasser}}) + 2\,\Delta t}.$$

Für das Beispiel nehmen wir an:

a) daß Kaltwasser von $+5\,°\mathrm{C}$ benötigt wird;

b) daß für die Wärmeübertragung durch metallische Oberflächen $\Delta t = 5\,°\mathrm{C}$ ist und für die Wärmeübertragung durch direkten Kontakt in der offenen Maschine nur $\Delta t = 0{,}5\,°\mathrm{C}$ nötig ist;

c) daß die Kühlwassermenge und Kaltwassermenge der Einfachheit halber unendlich groß sind.

Man erhält mit diesen Annahmen für $(\varepsilon_{eff})_a$ die in Tab. 1 angegebenen Werte, wobei die Kühlwassertemperatur als die Veränderliche angenommen ist.

---

* Die Leistungsziffer ε wird verschiedentlich auch „Kältefaktor" genannt. Siehe M. BÄCKSTRÖM u. E. EMBLIK: Kältetechnik, Karlsruhe: G. Braun, 3. Aufl. 1965, S. 64.

[1] Kältemaschinenregeln, 5. Aufl. Karlsruhe: C. F. Müller 1958, S. 3.

Man sieht aus Tab. 1, daß der schlechte Wirkungsgrad des Dampfstrahlkompressors — besonders bei geringen zu überbrückenden Temperaturunterschieden — teilweise kompensiert wird durch den Gewinn den bei der offenen Maschine die kleineren zur Wärmeübertragung nötigen Temperaturdifferenzen verursachen.

Tabelle 1. *Leistungsziffer für das „äußere Verhalten“ bei einer Kaltwassertemperatur von* + 5 °C.

Kühlwassertemperatur	Temperaturunterschied zwischen Kühlwasser und Kaltwasser	Leistungsziffer $(\varepsilon_{eff})_a$ für das äußere Verhalten	
		Mechanisch angetriebene Kältemaschine mit Δt = 5°C	Offene Dampfstrahlkältemaschine mit Δt = 0,5°C
10°	5°	10,9	9,3
20°	15°	6,5	3,5
30°	25°	4,7	2,1
40°	35°	3,6	1,5

C. Entwurf von Dampfstrahlkompressoren.

Durch Anwendung von Wasserdampf als Kältemittel in Dampfstrahlkältemaschinen und durch das dabei erforderliche verhältnismäßig hohe Vakuum sowohl im Verdampfer als auch im Kondensator, ergeben sich beim Entwurf und der Bemessung dieser Apparate andere Gesichtspunkte als beim Entwurf von Apparaten für Kompressions-Kältemaschinen, die mit den üblichen Kältemitteln arbeiten. In Tab. 2 sind die Dampfdrücke von Wasserdampf zwischen 0 °C und 50 °C angegeben.

Tabelle 2. *Dampfdrücke von Wasserdampf.*

Temperatur °C	Dampfdruck kp/cm²	Temperatur °C	Dampfdruck kp/cm²
0	0,0062	30	0,0432
5	0,0089	35	0,0573
10	0,0125	40	0,0752
15	0,0174	45	0,0977
20	0,0238	50	0,1258
25	0,0323		

Das im Anhang von Band IV dieses Handbuches beigegebene Diagramm 3 ist ein Ausschnitt aus dem i,s-Diagramm für Wasserdampf für das genannte Temperatur- und Druckgebiet. Man ersieht, daß auch bei sehr warmem Kühlwasser von 35 °C der Kondensatordruck unter 0,1 kp/cm² bleibt, und daß bei Wasser von + 5 °C der Druck im Verdampfer etwa 0,01 kp/cm² ist. Doch bringt dieser Umstand keine wesentlichen Schwierigkeiten für den Entwurf mit sich. Die Hauptschwierigkeit für die richtige Bemessung einer Dampfstrahlkältemaschine ist die Berechnung und Formgebung des Dampfstrahlkompressors. Bei seinem Entwurf ist es zweckmäßig nacheinander zu betrachten:

1. den Dampfverbrauch,
2. die Formgebung,
3. die Betriebseigenschaften.

Dampfverbrauch und Betriebseigenschaften sind naturgemäß von der Formgebung abhängig. Zur Formgebung jedoch ist die Kenntnis der verlangten Leistung, der Betriebsbedingungen und des Dampfverbrauches erforderlich. Man geht beim Entwurf zweckmäßigerweise von der gegebenen Leistung und von konstanten Betriebsbedingungen aus und berechnet für die aus der Literatur bekannte optimale Formgebung den Dampfverbrauch. Mit diesem Dampfverbrauch kann man die Hauptabmessungen bestimmen und nach allgemeinen strömungstechnischen Regeln und mit verfügbarer Erfahrung die Formgebung vornehmen. Es empfiehlt sich stets beim Neuentwurf die Betriebseigenschaften im Versuch nachzuprüfen, wobei die Ermittlung der optimalen Stellung der Antriebsdüse durch Axialverschiebung möglich sein soll (vgl. Abb. 360).

I. Der Dampfverbrauch von Dampfstrahlkompressoren.

Die wichtigste Betriebsgröße des Dampfstrahlkompressors in dem der Kältemitteldampf vom Verdampferdruck p_0 auf den Kondensatordruck p_2 verdichtet werden muß, ist das Druckverhältnis der Verdichtung p_2/p_0.

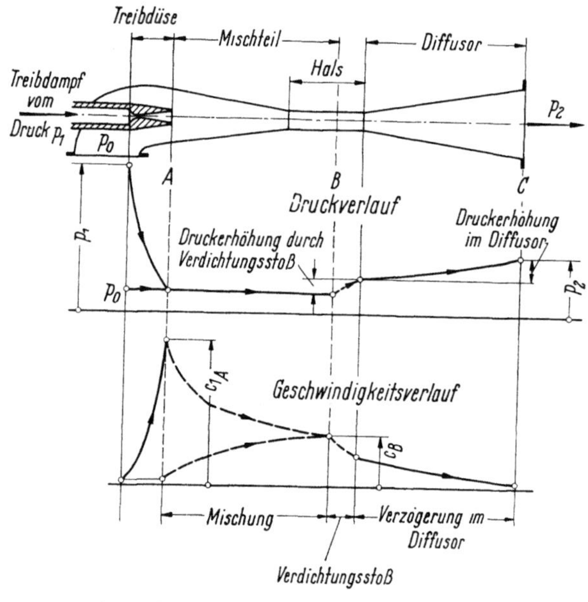

Abb. 348. Angenäherter Druck- und Geschwindigkeitsverlauf bei einem Dampfstrahlkompressor für überkritische Verdichtungsverhältnisse (Mischung bei konstantem Druck angenommen).

Die Verdichtung erfolgt dadurch, daß der in der Düse (Abb. 348) vom Druck p_1 auf den im Strahlkompressor an der Stelle A herrschenden Druck p_0 expandierte Treibmittelstrahl von sehr großer (überkritischer) Strömungsgeschwindigkeit sich mit dem angesaugten Kältemittelstrom von mäßiger Strömungsgeschwindigkeit mischt, so daß an der Stelle B nach vollständiger Vermischung im Mischteil eine „Mischgeschwindigkeit" erhalten wird. Diese muß hoch genug sein, um nach Umsetzung in Druck den Gegendruck p_2 zu erreichen. Die notwendige Höhe der Mischgeschwindigkeit ist für die Gestaltung des Dampfstrahlkompressors von großem Einfluß. Sie ist hauptsächlich abhängig vom Druckverhältnis p_2/p_0.

Dieses Druckverhältnis ist für eine Kondensationstemperatur von 30° C (p_2 = 0,043 kp/cm²) in Tab. 3 für verschiedene Verdampfungstemperaturen angegeben.

Tabelle 3. *Druckverhältnisse p_2/p_0 bei 30° C Kondensationstemperatur.*

Verdampfungstemperatur °C	0°	5°	10°	15°	20°
Druckverhältnis p_2/p_0	6,9	4,9	2,9	2,36	1,71

Da das kritische Druckverhältnis (Laval-Druckverhältnis) für gesättigten Wasserdampf 1,73 beträgt, erkennt man aus der Tab. 3, daß bei zu überwindenden Temperaturunterschieden zwischen Kühlwasser und Kaltwasser Δt von mehr als 10°C ein überkritisches Druckverhältnis im Strahlkompressor zu überwinden ist. Die Mischgeschwindigkeit muß daher größer sein als die Schallgeschwindigkeit.

Bei Überschallströmung des Mischstrahles treten bei Umsetzung der Geschwindigkeit in Druck Verdichtungsstöße auf die Energieverluste verursachen. Die gesamte Druckerhöhung von p_0 auf p_2 ergibt sich dann teilweise durch die Verdichtungsstöße und zum anderen Teil durch die Verzögerung der (unterkritischen) Strömung im sich erweiternden Diffusor. Wie einfach auch der äußere Aufbau eines Strahlkompressors zu sein scheint, sind die Vorgänge, die sich in ihm abspielen doch von großer Kompliziertheit, so daß eine vereinfachte Behandlung bei der Berechnung des Dampfverbrauches und der Hauptabmessungen notwendig erscheint. Im Band II dieses Handbuches (S. 363—375) ist auf die theoretischen Grundlagen eingegangen worden und auch der Verlauf der Zustandsänderungen von Treibdampf, Kältemitteldampf und Mischdampf wurde dort im i,s-Diagramm angegeben. Darauf weiterbauend kann man zu Entwurfsregeln kommen die für den Bau von Dampfstrahlkompressoren gemäß dem heutigen Stand unseres Wissens und der Erfahrung von Nutzen sind.

Wird der Impulssatz auf den Mischteil des Strahlkompressors der Abb. 348 angewandt und angenommen, daß das Mischen des Treibstrahles mit dem Kältemitteldampf zwischen A und B *bei konstantem Druck* erfolgt, dann erhält man aus dem Impulssatz für ein zylindrisches Mischrohr:

$$c_{1A} \cdot G + c_{0A} G_0 = c_B (G + G_0). \tag{1}$$

Hierbei ist:

G = Massenstrom des Treibstrahles
G_0 = Massenstrom des Kältemittels
c_{1A} = Geschwindigkeit des Treibstrahles bei A
c_{0A} = Geschwindigkeit des Kältemittels bei A
c_B = Mischgeschwindigkeit bei B.

Wird die Geschwindigkeit c_{0A} im Vergleich mit c_{1A} als vernachlässigbar klein angenommen, dann erhält man aus (1):

$$\frac{c_{1A}}{c_B} = \frac{G + G_0}{G}. \tag{2}$$

Die Geschwindigkeit c_{1A} wird erreicht durch Expansion des Treibdampfes vom Druck p_1 auf dem Ansaugdruck p_0. Der Vorgang ist in Abb. 349 (bei isentroper Expansion) durch die Zustandsänderung 1—2 dargestellt. Bei Expansion mit Verlusten wird die Zustandsänderung etwa gemäß 1—3 verlaufen und die Strömungsgeschwindigkeit des Strahles bei Austritt aus der Düse ergibt sich als[1]:

$$c_{1A} = \sqrt{\eta_s \frac{2g}{A} (i_1 - i_2)} \tag{3}$$

wobei η_s der Wirkungsgrad der Düse ist:

$$\eta_s = \frac{i_1 - i_3}{i_1 - i_2}.$$

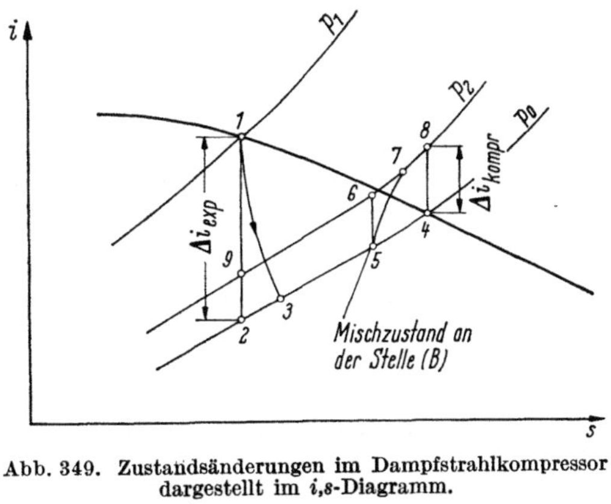

Abb. 349. Zustandsänderungen im Dampfstrahlkompressor dargestellt im i,s-Diagramm.

[1] Da in dieser Arbeit das aus dem Band II dieses Handbuches entnommene i,s-Diagramm benutzt war, in dem die Enthalpie i in kcal/kg gezählt wird, so wurde, um Widersprüche zu vermeiden, in Gl. (3) sowohl g wie auch A beibehalten.

Die Geschwindigkeit c_B in (2) muß so groß sein, daß auch bei den auftretenden Verlusten bei der Umsetzung der Bewegungsenergie in Druckenergie der Gegendruck p_2 im Mischstrom bei C erreicht wird. Für eine theoretisch richtige Behandlung der Umsetzung von Strömungsenergie in Druckenergie muß in Betracht gezogen werden, daß für die Verdichtung bei überkritischem Druckverhältnis die Geschwindigkeit c_B überkritisch sein muß. Dabei erfolgt die Umsetzung bei einem Strahlkompressor, in welchem die Mischung des Treibstrahles mit dem angesaugten Dampf bei konstantem Druck erfolgt, im Prinzip in zwei Abschnitten: Erst wird die überkritische Geschwindigkeit c_B durch Verdichtungsstöße in eine unterkritische Strömungsgeschwindigkeit umgesetzt. Die bei diesen Verdichtungsstößen erhaltene Druckerhöhung wie auch der Wirkungsgrad dieser Umsetzung können nur durch gasdynamische Berechnungen bestimmt werden. Die Umsetzung der sich danach ergebenden unterkritischen Geschwindigkeit in Druck erfolgt dagegen in dem sich erweiternden Diffusor mit den aus der unterkritischen Strömungslehre bekannten Wirkungsgraden. Da die Berechnungsgrundlagen für die Verdichtung durch Verdichtungsstöße im Falle von nassem Dampf noch nicht ausreichen, ist die genaue Berechnung von Strahlkompressoren nach den Regeln der Gasdynamik zur Zeit noch unsicher. Die Berechnung des Dampfverbrauchs und die Bestimmung der Hauptabmessungen kann jedoch auch in einer theoretisch zwar weniger befriedigenden, aber sich auf die Erfahrung stützenden Weise erfolgen.

Diese Berechnungsweise[1] geht vom Impulssatz Gl. (1) aus und ergibt den Dampfverbrauch mit Hilfe von Erfahrungswerten des Wirkungsgrades η_d der Energieumsetzung, vgl. Gl. (4a). Wird die Strömungsenergie des Gemisches hinter dem Diffusor an der Stelle C in Abb. 348 im Vergleich mit der Strömungsenergie an der Stelle B vernachlässigt, dann wird (Bezeichnungen der Enthalpien gemäß Abb. 349) nach dem Energiesatz:

$$c_B = \sqrt{\frac{1}{\eta_d} \cdot \frac{2g}{A} (i_6 - i_5)} \tag{4}$$

wobei η_d der Wirkungsgrad der totalen Umsetzung der Mischgeschwindigkeit c_B in Druck ist:

$$\eta_d = \frac{i_6 - i_5}{i_7 - i_5}. \tag{4a}$$

Aus (2), (3) und (4) erhält man dann[2]:

$$\frac{G_0}{G} = \sqrt{\eta_s \cdot \eta_d \frac{i_1 - i_2}{i_6 - i_5}} - 1. \tag{5}$$

Vernachlässigt man die Divergenz der Drucklinien p_2 und p_0 zwischen 5—6 und 4—8 in Abb. 349 und faßt man die Wirkungsgrade von Treibdüse und Diffusor zu einem Gütegrad λ zusammen:

$$\lambda = \eta_s \cdot \eta_d$$

dann erhält man für die *spezifische Fördermenge* $u = \frac{G_0}{G}$:

$$u = \sqrt{\lambda \frac{\Delta i_{exp}}{\Delta i_{kompr}}} - 1. \tag{6}$$

[1] FLÜGEL, G.: Berechnung von Strahlapparaten. VDI-Forschungsheft 395. Berlin 1939. — WIEGAND, J.: Bemessung von Dampfstrahl-Verdichtern. VDI-Forschungsheft 401. Berlin 1940. — BÄCKSTRÖM, M., u. E. EMBLIK: Kältetechnik. Karlsruhe: G. Braun 1965, S. 632.

[2] Man achte auf den Umstand, daß im Band II dieses Handbuches (S. 369) der reziproke Wert $\frac{G}{G_0}$ benutzt wird. Für die praktische Berechnung und die einfache Wiedergabe der Betriebsergebnisse ist jedoch die Größe $\frac{G_0}{G}$ zweckmäßiger.

Mit Gl. (6) ist die je kg Treibdampf durch den Dampfstrahlkompressor geförderte Kältemittelmenge u gegeben. Das *Wärmeverhältnis* ξ einer Dampfstrahlkältemaschine wird dann

$$\xi = \frac{Q_0}{Q_H} = u \cdot \frac{i_4 - i_\varkappa}{i_1 - i_\varkappa} \tag{7}$$

wobei Q_0 = die Kälteleistung
Q_H = die Heizleistung
$i_4 - i_\varkappa$ = die Enthalpiezunahme des Kältemittels (je kg) beim Verdampfen im Verdampfer
$i_1 - i_\varkappa$ = die Enthalpiezunahme des Treibmittels (je kg) beim Verdampfen im Dampfkessel
und $i_\varkappa$ = Enthalpie des Kälte- und Treibmittels im Kondensator.

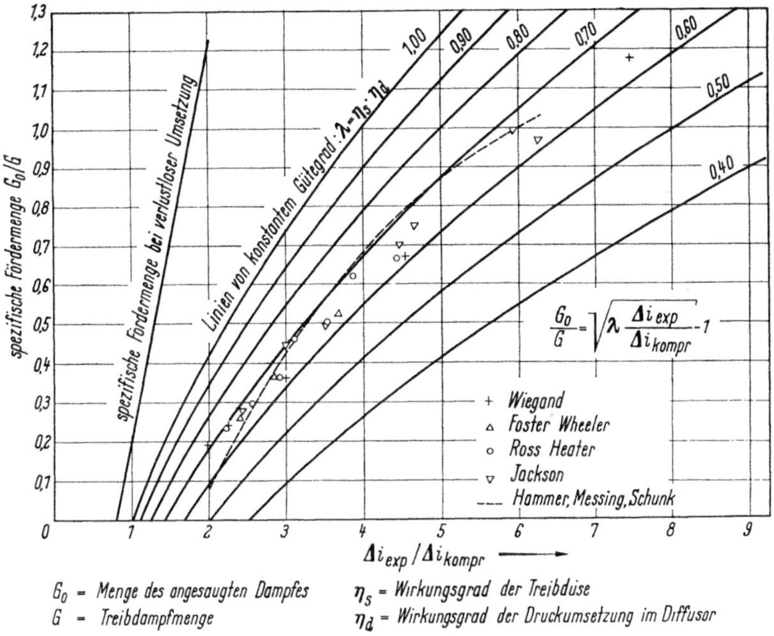

Abb. 350. Gütegrad ausgeführter Dampfstrahlkompressoren.

Die Größe λ in Gl. (6) ist definitionsgemäß der *Gütegrad* des Dampfstrahlkompressors. In ihm sind alle Verluste in der Düse und bei der Verdichtung *nach dem Vermischen* zusammengefaßt. Bei dem idealisierten Vermischungsvorgang gemäß dem Impulssatz sind Reibungsverluste nicht in Betracht gezogen.

Ein idealer Dampfstrahlkompressor hat somit den Gütegrad 1. In ihm treten Energieverluste ausschließlich durch die für Dampfstrahlkompressoren charakteristische Mischung von Treibdampf und Kältemittel auf.

Gl. (6) ist in Abb. 350 grafisch wiedergegeben. Dabei ist die spezifische Fördermenge $\frac{G_0}{G}$ als Funktion des Verhältnisses $\frac{\Delta i_{exp}}{\Delta i_{kompr}}$ mit $\lambda = \eta_s \cdot \eta_d$ als Parameter aufgetragen.

Aus diesem Diagramm kann man für gegebene Betriebsbedingungen bei bekanntem Gütegrad λ, unmittelbar die spezifische Fördermenge $\frac{G_0}{G}$ eines Dampfstrahlkompressors ablesen. Man kann aber auch aus der gemessenen Leistung für gegebene Betriebszustände den „Gütegrad" eines Dampfstrahlverdichters bestimmen.

In Abb. 350 sind die Gütegrade ausgeführter Dampfstrahlverdichter eingetragen[1]. Es handelt sich hier um Apparate, die dem Stand der Technik in den Jahren vor 1950 entsprechen. Der Gütegrad schwankt nach diesen Angaben um 65% und erreicht bei niedrigen Werten von $\frac{\Delta i_{exp}}{\Delta i_{kompr}}$ sogar 70%.

Der Gütegrad gibt also die spezifische Fördermenge des Kompressors im Verhältnis zu einem idealen Dampfstrahlkompressor an und ermöglicht dadurch die Beantwortung der Frage, wie weit man vom theoretisch Erreichbaren entfernt ist. Der Gütegrad ermöglicht auch den Vergleich von ausgeführten Kompressoren untereinander sowie beim Neuentwurf.

Neben dem Gütegrad ist jedoch in vielen Fällen auch der thermodynamische Wirkungsgrad η_{th} von Bedeutung. Dieser gibt an wie groß die spezifische Fördermenge eines ausgeführten Dampfstrahlkompressors im Verhältnis zur Fördermenge einer ganz verlustlosen Maschine, etwa eines Turbine-Kompressor-Aggregates mit isentroper Expansion und Kompression, ist. Die spezifische Fördermenge der idealen Anlage kann aus Abb. 349 entnommen werden. Sie beträgt:

$$\left(\frac{G_0}{G}\right)_{th} = \frac{i_1 - i_9}{i_8 - i_4}. \tag{8}$$

Nimmt man als Folge der Divergenz der Isobaren p_2 und p_0 an, daß:

$$i_9 - i_2 = K(i_8 - i_4)$$

und daß für mittlere Verhältnisse $K = 0{,}8$ ist, dann wird mit den Bezeichnungen der Gl. (6):

$$\left(\frac{G_0}{G}\right)_{th} = \frac{\Delta i_{exp}}{\Delta i_{kompr}} - 0{,}8\,. \tag{9}$$

Diese Funktion ist in Abb. 350 durch die steile, gerade Linie auf der linken Seite dargestellt.

Als thermodynamischen Wirkungsgrad η_{th} (Maschinenwirkungsgrad) kann man dann definieren:

$$\eta_{th} = \frac{u}{\left(\frac{G_0}{G}\right)_{th}}$$

und mit den Gleichungen (6) und (9) erhält man:

$$\eta_{th} = \frac{\sqrt{\lambda\,\Delta i_{exp}/\Delta i_{kompr}} - 1}{\Delta i_{exp}/\Delta i_{kompr} - 0{,}8}. \tag{10}$$

Der Zusammenhang zwischen Gütegrad λ und thermodynamischem Wirkungsgrad η_{th} kommt deutlich zum Ausdruck in Abb. 351, wo gemäß Gl. (10) der thermodynamische Wirkungsgrad über dem Verhältnis $\frac{\Delta i_{exp}}{\Delta i_{kompr}}$ für verschiedene Gütegrade λ aufgetragen ist. Man ersieht aus diesem Diagramm, daß für Werte von $\frac{\Delta i_{exp}}{\Delta i_{kompr}}$ zwischen 3 und 6, die etwa den gebräuchlichen Verhältnissen entsprechen, ein Gütegrad von 70% einem thermodynamischen Wirkungsgrad von etwa 20% entspricht. Mit diesem Werte wurde auch im Beispiel auf Seite 398 gerechnet.

[1] Messing, T.: Kältetechnik, Bd. 6 (1954) S. 38. — Wiegand, J.: VDI-Forschungsheft 401 (1940). — Plank, R.: Amerikanische Kältetechnik, 2. Bericht, Berlin: VDI-Verlag, 1938, S. 66.

II. Bestimmung der Hauptabmessungen von Dampfstrahlkompressoren.

Bestimmend für die *Leistung* eines Dampfstrahlkompressors bei bekanntem Dampfverbrauch ist der engste Querschnitt D_H (s. Abb. 352).

Maßgebend für den *Wirkungsgrad* (Gütegrad) sind hauptsächlich die Längenmaße L, L_H und L_D sowie die Kegelwinkel α und β. Wichtig für das Erreichen einer maximal möglichen *Treibstrahlgeschwindigkeit* unter gegebenen Betriebsbedingungen sind die Bemessung und der Wirkungsgrad η_s der Treibdüse.

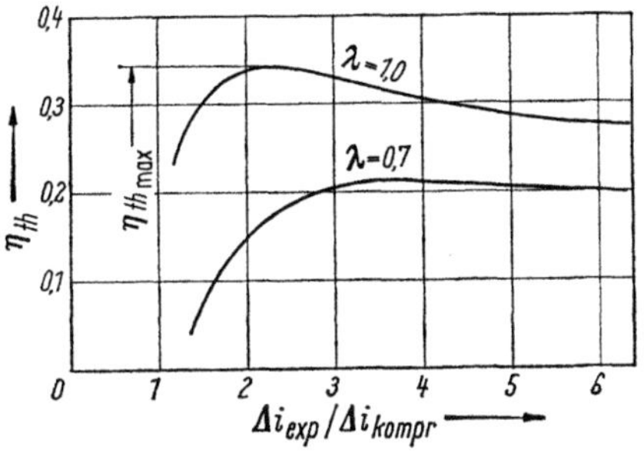

Abb. 351 Thermodynamischer Wirkungsgrad von Dampfstrahlkompressoren in Abhängigkeit von $\Delta i_{exp}/\Delta i_{kompr}$ für verschiedene Gütegrade λ.

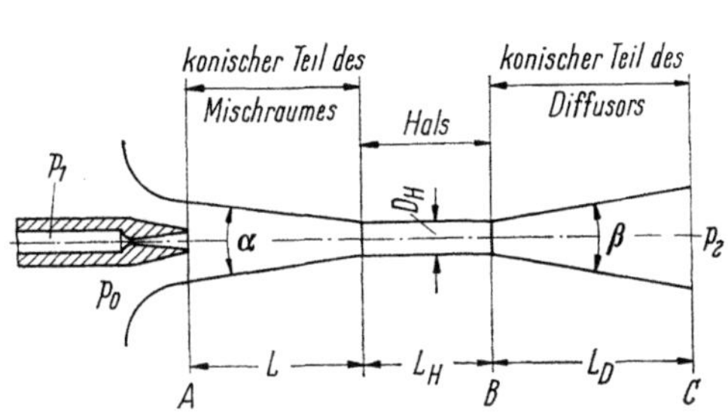

Abb. 352. Hauptabmessungen zum Entwurf von Strahlkompressoren.

Die Bestimmung des engsten Querschnittes D_H für eine gewisse Leistung wurde von WIEGAND[1] auf halb theoretischem, halb empirischem Wege angegeben. Vereinfachende Annahmen zur Berechnung sind dabei:

a) die Druckverteilung und die Geschwindigkeitsverteilung an der Stelle B ist über den Querschnitt konstant (eindimensionale Strömung);
b) die Verdichtung im Diffusor erfolgt isentrop;
c) die Strömungsenergie an der Stelle C ist restlos in Druckenergie umgesetzt;
d) der Zustand des Dampfes an der Stelle C ist trocken gesättigt;
e) Verdichtungsstöße bei Unterschreitung der kritischen Strömungsgeschwindigkeit werden außer acht gelassen.

Ausgangspunkt der Berechnung ist, daß der Druckanstieg im sich erweiternden Diffusor zwischen B und C höchstens mit dem Laval-Druckverhältnis erfolgen kann, was gleichlautend ist mit der Annahme das im Querschnitt B die Geschwindigkeit höchstens gleich der Schallgeschwindigkeit bei den an dieser Stelle herrschenden Druck und Temperatur ist. Auch bei überkritischen Verdichtungsverhältnissen im Dampfstrahlkompressor erhält man demnach den Druck p_B an der Stelle B aus der Gleichung für das Laval-Druckverhältnis:

$$\frac{p_B}{p_2} = \left(\frac{2}{\varkappa + 1}\right)^{\frac{\varkappa}{\varkappa - 1}} \tag{11}$$

mit $\varkappa = c_p/c_v$. Den engsten Querschnitt f_B berechnet man aus der Schallgeschwindigkeit an der Stelle B

$$c_B = \sqrt{2g\,\frac{\varkappa}{\varkappa + 1}\,p_2 v_2} \tag{11a}$$

und der theoretischen Durchströmmenge:

$$G_{th} \cdot v_B = f_B \cdot c_B \tag{11b}$$

[1] WIEGAND, J.: Bemessung von Dampfstrahlverdichtern. VDI-Forschungsheft 401, 1940. Im Auszug Z. VDI, Beiheft Verfahrenstechnik, Nr. 2 (1940) S. 61.

so daß man mit der Gleichung für isentropische Verdichtung

$$p_B v_B^\varkappa = p_2 v_2^\varkappa$$

die Gleichung

$$G_{th} = f_B \cdot 3600 \sqrt{g\varkappa \left(\frac{2}{\varkappa+1}\right)^{\frac{\varkappa+1}{\varkappa-1}} \cdot \frac{p_2}{v_2}} \tag{12}$$

erhält, wo v_2 das spezifische Volum des verdichteten Dampfes an der Stelle C ist.

Auf Grund von systematischen Versuchen an Dampfstrahlkompressoren hat WIEGAND festgestellt, daß der bei einem gegebenen Querschnitt f_B erreichbare „Durchsatz" an Mischdampf $(G_0 + G_1)$ kleiner ist als die theoretische Durchströmmenge G_{th}. Der „Durchsatz" $D = \frac{G_0 + G_1}{G_{th}} < 1$ ist auf Grund von Versuchen von WIEGAND in Abb. 353 dargestellt.

Man ersieht aus diesem experimentell gefundenem Verlauf, daß der Durchsatz beim kritischen Druckverhältnis nahezu 1,0 beträgt, aber mit zunehmendem Druckverhältnis p_2/p_0 abnimmt. Es hat den Anschein, daß bei höheren Druckverhältnissen als das Laval-Druckverhältnis die Strömungsgeschwindigkeit im engsten Querschnitt an der Stelle B geringer ist als die Schallgeschwindigkeit. Tatsächlich zeigt die gasdynamische Betrachtung des Vorganges im engsten Querschnitt, daß bei überkritischen Verdichtungsverhältnissen Verdichtungsstöße auftreten und daß beim Auftreten eines geraden Verdichtungsstoßes, die Geschwindigkeit in der eindimensionalen Strömung von einem überkritischen Wert c_a auf einen unterkritischen Wert c_n springt, wobei die Gleichung

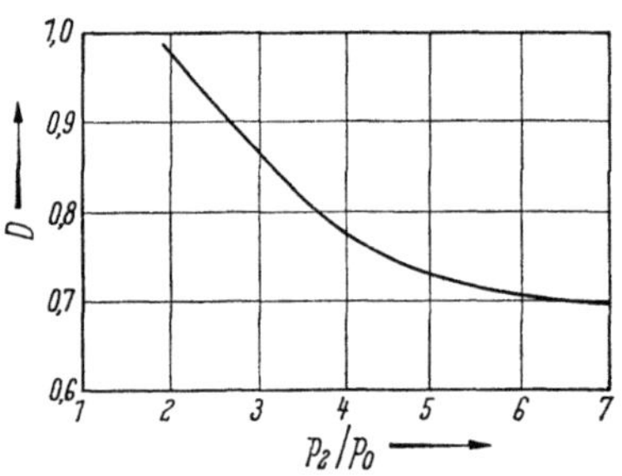

Abb. 353. Durchsatz des engsten Querschnittes von Dampfstrahlkompressoren (nach WIEGAND).

$$c_a \cdot c_n = c_s^2$$

erfüllt sein muß (c_s ist die Schallgeschwindigkeit).

Dies bedeutet, daß die Strömungsgeschwindigkeit an der Stelle B, die dann c_n beträgt, nur im Falle eines Verdichtungsverhältnisses, daß dem Laval-Druckverhältnis entspricht, gleich der Schallgeschwindigkeit sein kann, abgesehen von normalen Strömungsverlusten im Diffusor. Bei größeren Verdichtungsverhältnissen ist die Strömungsgeschwindigkeit an der Stelle B naturgemäß kleiner als die Schallgeschwindigkeit, wodurch die Geschwindigkeit *vor* dem Verdichtungsstoß höher als die Schallgeschwindigkeit sein muß. Mit dieser Erklärung kann man also den Verlauf des Durchsatzes in Abb. 353 als experimentelle Grundlage (Korrekturfaktor der Theorie) akzeptieren und verfügt so über eine Bestimmungsmethode für den engsten Querschnitt als Konstruktionsgrundlage[1].

Ebenfalls auf Erfahrung beruht die Bestimmung der anderen Hauptabmessungen des Strahlkompressors, wenn man sie nach den Untersuchungen von WIEGAND durchführt:

a) Die günstigste Mischraumlänge L (Abb. 352) wird in Abhängigkeit vom Ver-

[1] Es kann hinzugeführt werden, daß der mit Hilfe der Kurve Abb. 353 berechnete engste Querschnitt nicht wesentlich abweicht von demjenigen, der mit der gasdynamischen Berechnung von KEENAN, NEUMANN und LUSTWERK (Journ. of Applied Mech. (1950) S. 299) erhalten wird.

dichtungsverhältnis p_2/p_0 auf Grund von Versuchen mit den Werten der Tab. 4 angegeben.

Tabelle 4. *Empfohlene Mischraumlänge als Vielfaches des engsten Durchmessers D_H*

p_2/p_0	2	3	4	5	6	7	8
L/D_H	5,5	6	6,5	7	8	8,5	9

b) Die für den Wirkungsgrad der Umsetzung der überkritischen Strömungsgeschwindigkeit in Druckenergie sehr wichtige Länge des Kompressorhalses L_H wird gleich dem Durchmesser des engsten Querschnittes genommen[1].

c) Die Länge des sich erweiternden Diffusors L_D wird so bemessen, daß die Strömungsenergie an der Stelle C vernachlässigbar klein wird. Beim Kühlen von Kaltwasser auf etwa 5° C durch Selbstverdampfung wird dabei im Mittel eine Strömungsgeschwindigkeit an der Stelle C von 50 m/sec empfohlen. Die bei dieser Strömungsgeschwindigkeit nicht in Druck umgesetzte Strömungsenergie entspricht einem Verlust an Kondensationstemperatur des verdichteten Dampfes von etwa 0,1° C.

d) Der Winkel α ergibt sich für einen konischen Mischraum aus dem engsten Querschnitt, der Länge L und dem erforderlichen freien Durchströmungsquerschnitt für den angesaugten Dampf an der Stelle A. Die zweckmäßige Geschwindigkeit des Dampfes an dieser Stelle ist noch umstritten. Rechnungsgemäß ergibt sich eine Verbesserung des Wirkungsgrades des Strahlkompressors, wenn man diese Geschwindigkeit weit über die übliche Ansauggeschwindigkeit von 50 m/sec durch allmähliche Verengung dieses Querschnittes und Beschleunigung des angesaugten Dampfes erhöht.

Flügel, Petzold und Messing haben die erreichbare Verbesserung des Wirkungsgrades durch Beschleunigung des angesaugten Dampfes rechnerisch untersucht[2]. Inwieweit sich diese rechnerische Verbesserung verwirklichen läßt, ist jedoch aus dem verfügbaren Versuchsmaterial wegen unvollständiger Beschreibung der untersuchten Konstruktionen nicht erkennbar.

e) Der Winkel β ist erfahrungsgemäß auch bei Strahlkompressoren nach den gleichen Gesichtspunkten zu wählen, die auch bei unterkritischen Diffusoren anderer Maschinengattungen Geltung haben. Um ein Minimum an Verlusten durch Wandreibung und Wirbelablösung bei Verzögerung der Strömung zu erhalten, wird der Winkel β mit 6° bis 7° angenommen.

In den meisten Strahlkompressoren wird eine einzige *Treibdüse* gebraucht. Für das richtige Arbeiten ist es wichtig, daß die Achse dieser Düse und die Achse des Kompressorkörpers genau zentral montiert sind. Wenn mehrere Treibdüsen in einem Kompressor angewandt werden — was bei großen Einheiten der Fall sein kann — dann sind diese Düsen möglichst achsensymmetrisch um die Achse des Kompressorkörpers anzuordnen. Obwohl über die Bemessung und den Wirkungsgrad von Treibdüsen (Laval-Düsen) hauptsächlich im Zusammenhang mit ihrer Anwendung im Dampfturbinenbau viele Untersuchungen durchgeführt wurden, ist auch hier eine genaue Berechnung durch Mangel an einer vollständigen Theorie nicht möglich. Auch hier wird die Strömung als eindimensional angenommen und

[1] Die nach dieser Angabe bemessenen Strahlkompressoren haben einen niedrigeren Wert des günstigsten Wirkungsgrades als diejenigen Strahlkompressoren, die auf Grund von modernen gasdynamischen Betrachtungen mit einem Vielfachen der hier empfohlenen Länge L_H entworfen sind.

[2] Flügel, G.: Berechnung von Strahlapparaten. VDI-Forschungsheft 395 (1939). — Petzold, M.: Chem. Ing. Techn. (1950) S. 147. — Messing, Th.: Kältetechnik (1954) S. 38.

es wird von einer isentropischen Expansion ausgegangen. Der sich bei Erreichen der Schallgeschwindigkeit ergebende engste Querschnitt f_t der Treibdüse (Abb. 354) wird aus der Gleichung für die Schallgeschwindigkeit von idealen Gasen berechnet. Man erhält dann beim Ausströmen eines idealen Gases vom Ruhezustand p_1, ϱ_1 den engsten Querschnitt f_t der Lavaldüse zu[1]:

$$f_t = \varphi \cdot G \cdot \left(\frac{\varkappa+1}{2}\right)^{\frac{1}{\varkappa-1}} \cdot \sqrt{\frac{1}{p_1 \varrho_1} \cdot \frac{\varkappa+1}{2\varkappa}} \tag{13}$$

wobei bedeutet

G = die in der Zeiteinheit ausströmende Masse

$\varrho_1 = 1/v_1$ = die Dichte

$\varkappa$ = den Isentropenexponenten

φ = den Korrekturfaktor zur Berücksichtigung der Abweichungen von der vereinfachten Theorie (Durchflußzahl).

Für den Korrekturfaktor kann man gemäß Erfahrung:

$$\varphi = 0{,}94 \text{ bis } 0{,}98$$

setzen. Dabei wird für die Expansion von Wasserdampf für $\varkappa$ zweckmäßig der Wert für überhitzten Wasserdampf: $\varkappa = 1{,}31$ gesetzt[2], auch wenn der Dampf im Ausgangszustand trocken gesättigt ist und bei der Expansion durch Stoßkondensation nasser Dampf entsteht[3]. Der Wirkungsgrad einer Lavaldüse η_s ist definiert als das Verhältnis des in Geschwindigkeitsenergie umgesetzten Enthalpiegefälles zum isentropischen Enthalpiegefälle:

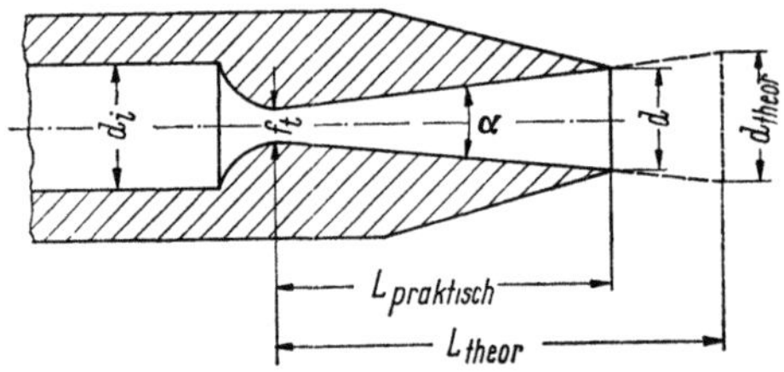

Abb. 354. Bezeichnung der Hauptabmessungen der Treibdüse.

$$\eta_s = \frac{i_1 - i_3}{i_1 - i_2} \tag{14}$$

(Bezeichnungen der Abb. 349.)

Auch dieser Wirkungsgrad wird beim Entwurf auf Grund der Erfahrung gewählt. Eine gebräuchliche empirische Beziehung für den Wirkungsgrad ist

$$\eta_s = 102{,}7 - 0{,}108\,(i_1 - i_2) \text{ in } \% \cdot \tag{15}$$

Den Erweiterungswinkel α wählt man mit 10° bis 15° und die Länge des divergierenden Teiles gleich oder kürzer als die theoretische Länge L_{theor}, die bei Vollexpansion auf den Gegendruck nötig wäre (Abb. 354).

III. Betriebseigenschaften von Dampfstrahlkompressoren.

Für den praktischen Gebrauch von Dampfstrahlkompressoren zur Kälteerzeugung ist es von Interesse, ihre Betriebseigenschaften bei wechselnden Betriebsbedingungen zu kennen. Beim ersten Entwurf bestimmt man die Hauptabmessungen für eine gewisse Leistung bei gegebenen, konstanten Arbeitsbedingungen des

[1] BAEHR, H. D.: Thermodynamik, Berlin/Göttingen/Heidelberg: Springer, 1962, S. 210 bis 212.

[2] Vielfach wird bei der Expansion von gesättigtem Dampf durch Düsen mit dem isentropen Exponenten für gesättigten Dampf $\varkappa = 1{,}135$ gerechnet, wobei sich für die Durchflußzahl größere Werte als 1,00 ergeben.

[3] Die sich bei diesem Vorgang ergebenden Unsicherheiten sind ausführlich behandelt in der Abhandlung von JOHANNESSEN, N. H.: Ejector theory and experiments. Trans. of the Danish Acad. of Techn. Sciences (1951) Nr. 1, S. 17.

Kompressors (Ansaugezustand, Gegendruck, Treibmittelzustand). Bei einer Kältemaschine hat man es jedoch vielfach mit wechselnden Betriebsbedingungen zu tun. Sowohl bei dem Anfahren der Kälteanlage bis zum Erreichen eines stationären Betriebszustandes, als auch beim Abkühlen von Stoffen im Chargenbetrieb ist die Verdampfungstemperatur (Saugdruck des Strahlkompressors) veränderlich. Auch die Kühlwassertemperatur der Kältemaschine und damit der Gegendruck des Dampfstrahlkompressors können im Laufe der Betriebszeit veränderlich sein. Demgegenüber kann man meistens mit konstantem Treibmittelzustand rechnen.

Das Verhalten von Dampfstrahlkompressoren bei verschiedenen Betriebsbedingungen wurde von WIEGAND[1] ausführlich untersucht. Durch systematische Veränderung der Betriebsbedingungen und des Treibstrahles (Dampfdruck und Treibdüsenabmessungen) ist es dadurch auf empirischem Wege gelungen, einen Einblick in das Verhalten dieser Kompressorart bei wechselnden Betriebsbedingungen zu gewinnen. Eine theoretisch befriedigende Erklärung für dieses Verhalten ist allerdings zur Zeit nur in sehr beschränktem Maße vorhanden. Die Ergebnisse der Untersuchungen von WIEGAND kann man am besten in einer Betriebscharakteristik eines gegebenen Dampfstrahlkompressors zusammenfassen. In Abbildung 355 ist so ein Schaubild für einen bestimmten Kompressor wiedergegeben. Dabei ist die Ansaugleistung G_0 in Abhängigkeit vom Gegendruck p_2 für konstant gehaltene Werte des Saugdruckes p_0 angegeben.

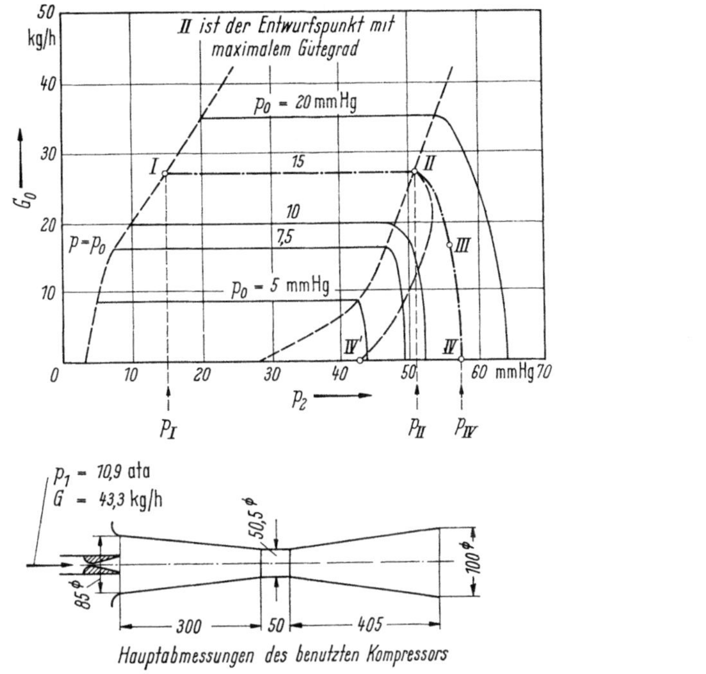

Abb. 355. Betriebscharakteristik eines Dampfstrahlkompressors, nach WIEGAND.

Diese Betriebscharakteristik bezieht sich auf einen Strahlkompressor mit den in Abb. 355 angegebenen Hauptabmessungen und auf eine Treibdüse, die bei dem konstant gehaltenen Dampfdruck von 10,9 ata einen Durchsatz von 43,3 kg/h Dampf hat. Für einen gegebenen konstanten Saugdruck von z. B. $p_0 = 15$mm Hg ist die Ansaugmenge G_0 bei einem von p_{I} bis p_{II} zunehmenden Gegendruck unverändert. Bei weiter zunehmendem Gegendruck (z. B. im Punkt III) sinkt die Ansaugleistung plötzlich ab und erreicht bei dem Punkt IV den Wert null. Betriebszustände zwischen I und II beziehen sich auf ein stabiles Arbeiten des Kompressors und sind mögliche Betriebspunkte. Betriebszustände zwischen II und IV sind labil und für normalen Betrieb zu vermeiden. Bei dem angegebenen Verlauf des Astes II-III schlägt der Strahlkompressor bei Zunahme des Gegendruckes über p_{II} ab; seine Saugleistung verschwindet bei dem Gegendruck p_{IV} und bei weiter steigendem Gegendruck tritt sogar Zurückströmen auf. Wird der Gegendruck dann allmählich wieder erniedrigt bis zu einem Wert p_{II} oder niedriger,

[1] Vgl. Fußnote 1 auf S. 405.

dann tritt von selbst wieder ein normales Funktionieren des Kompressors mit der Saugleistung G_0 ein. Bei einem Verlauf des Astes nach II—IV' (wobei $p_{IV}' < p_{II}$), wie dies beim Gebrauch von zu groß bemessenen Treibdüsen auftreten kann, ist das stabile Arbeiten eines Strahlkompressors nicht gesichert. Schlägt der Kompressor durch zu hoch gestiegenen Gegendruck ab, dann ist bei Verminderung dieses Druckes nicht ohne weiteres ein stabiles Arbeiten zu erreichen.

Da das stabile Arbeiten eines Kompressors eine Betriebsforderung ist, können nur Betriebscharakteristiken gemäß I, II, III, IV als brauchbar erachtet werden, und nur Betriebspunkte zwischen I und II als normal gelten.

Berechnet man die Gütegrade λ für die Punkte die auf der Betriebslinie I—II liegen aus der Gl. (6), dann ergibt sich, daß der maximale Gütegrad dem Betriebspunkt II zugeordnet ist.

Beim Entwurf bestimmt man also die Hauptabmessungen für den optimalen Betriebspunkt II, wobei man den Gegendruck p_{II} äußerstenfalls als den im normalen Betrieb auftretenden *Maximalwert* der Rechnung zugrunde legt.

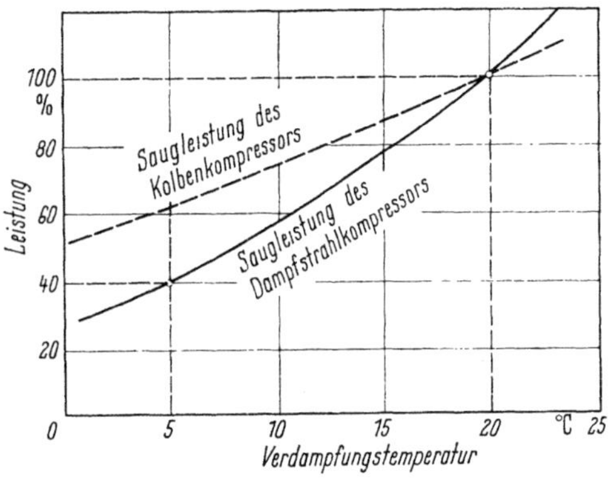

Abb. 356. Verlauf der Leistung eines Dampfstrahlkompressors nach Abb. 355 und eines Kolbenkompressors mit NH_3 als Kältemittel in Abhängigkeit von der Verdampfungstemperatur.

Neben der Betriebslinie für den Ansaugdruck von 15 mm Hg sind in Abb. 355 auch Betriebslinien für andere Drücke p_0 eingetragen. Man sieht, daß für niedrigere Ansaugdrücke die Saugleistung abnimmt, und daß der optimale Betriebspunkt sich nach niedrigeren Gegendrücken p_2 verschiebt. Soll ein Dampfstrahlkompressor, dessen Betriebseigenschaften (bei unveränderter Treibdüse) durch Abb. 355 gegeben sind, z. B. zur Abkühlung einer Flüssigkeit gebraucht werden, wobei die Verdampfungstemperatur von $+20°$ C auf $+5°$ C gesenkt werden muß (Saugdruck abnehmend von 17,5 mm Hg bis 6,5 mm Hg) dann ist aus Abb. 355 die Verminderung der Saugleistung mit abnehmender Verdampfungstemperatur zu entnehmen. In Abb. 356 ist dieser Verlauf wiedergegeben, wobei man sieht, daß die Saugleistung bei 5° C Verdampfungstemperatur bis auf 40% derjenigen bei 20° C Verdampfungstemperatur abgenommen hat. Die Leistungsverminderung einer Kälteanlage mit abnehmender Verdampfungstemperatur ist auch bei Kältemaschinen mit Kolbenkompressoren von derselben Größenordnung. In Abb. 356 ist gestrichelt die prozentuale Abnahme der theoretischen volumetrischen Kälteleistung einer Ammoniakkältemaschine die mit einem Kolbenkompressor arbeitet, angegeben. In beiden Fällen ist die zum Gegendruck des Kompressors gehörende Sättigungstemperatur mit 35° C angenommen. Die für den Dampfstrahlkompressor der Abb. 355 *maximal* zulässige Kondensationstemperatur (Grenzgegendruck p_{II}) beträgt bei der Verdampfungstemperatur von 20° C etwa 39° C (und sinkt mit abnehmender Verdampfungstemperatur bis auf etwa 36° C bei der Verdampfungstemperatur von 5° C). Zulässige maximale Kondensationstemperaturen (zulässiger maximaler Gegendruck) sind für Strahlkompressoren charakteristisch. Während bei Kolbenkompressoren die Leistung bei zunehmendem Gegendruck nur geringfügig gemäß der Abnahme des volumetrischen Wirkungsgrades mit dem Druckverhältnis abnimmt und der maximale Gegendruck meistens nur durch Festigkeitskriterien begrenzt ist, ist bei Strahlkompressoren der Grenzdruck durch gasdynamische Ursachen begrenzt.

Die Tatsache, daß der optimale Gütegrad beim Grenzgegendruck erreicht wird, hat zur Folge, daß man bei veränderlichem Gegendruck nur mit einem niedrigen gemittelten Gütegrad rechnen darf, im Gegensatz zu dem Arbeiten des Kompressors mit einem konstanten Gegendruck, wo der Entwurf auf das Erreichen eines maximalen Gütegrades gerichtet sein kann.

IV. Weitere Entwicklungen beim Entwurf von Dampfstrahlkompressoren.

Der im vorigen Abschnitt wiedergegebene Berechnungsgang hat als Ausgangspunkt die experimentellen Befunde, die um etwa 1940 verfügbar waren, wobei Gütegrade erreicht wurden, die in Abb. 350 eingetragen sind.

Günstigere Gütegrade, die an Dampfstrahlapparaten von Vakuumkühlanlagen erreicht wurden, haben HAMMER, MESSING und SCHUNCK 1951[1] bekannt gegeben. Die mitgeteilten Resultate der Messungen des Dampfverbrauches bei gegebenen Betriebsbedingungen ermöglichen es, die nach Gl. (6) berechneten Werte von λ in Abb. 350 einzutragen (gestrichelte Linie). Man sieht, daß Gütegrade bis über 70% erreicht worden sind. Die Ergebnisse erwecken den Eindruck, daß die Beschleunigung des angesaugten Dampfes vor der Mischung mit dem Treibdampf einen günstigen Einfluß auf den Dampfverbrauch haben könnte. Es ist darum sinnvoll, auf diesen Punkt näher einzugehen.

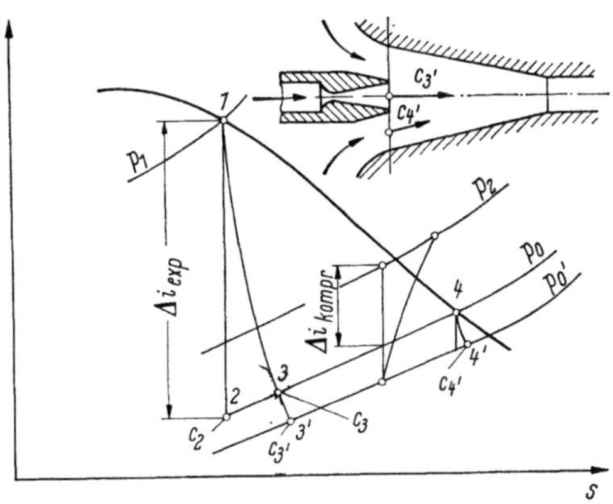

Abb. 357. Bezeichnungen zur Gleichung (16).

Weiterbauend auf die theoretischen Grundlagen, gegeben durch FLÜGEL[2], und auf die mehr praktisch gerichtete Veröffentlichung von PETZOLD[3], erhält man mit den Bezeichnungen der Abb. 357 durch Expansion des Kaltdampfes vom Druck p_0 (Punkt 4) auf den Druck p_0' (Punkt 4'), wobei die Ansauggeschwindigkeit c_4' erreicht wird, die spezifische Fördermenge $u = G_0/G$

$$u = \frac{\dfrac{c_3'}{c_3} - \sqrt{\dfrac{1}{\lambda}\left[\dfrac{\Delta i_{kompr}}{\Delta i_{exp}} + \left(\dfrac{c_4'}{c_3}\right)^2\right]}}{\sqrt{\dfrac{1}{\lambda}\left[\dfrac{\Delta i_{kompr}}{\Delta i_{exp}} + \left(\dfrac{c_4'}{c_3}\right)^2\right]} - \dfrac{c_4'}{c_3}}. \qquad (16)$$

Berechnet man aus dieser Gleichung für einen für Dampfstrahlkälteanlagen representativen Fall den Wert der spezifischen Fördermenge in Abhängigkeit vom Geschwindigkeitsverhältnis $\frac{c_4'}{c_3}$ mit der Annahme von z. B.:

$$\lambda = 0{,}66; \quad \frac{\Delta i_{kompr}}{\Delta i_{exp}} = 0{,}2; \quad \frac{c_3'}{c_3} = 1{,}025$$

[1] HAMMER, H., T. MESSING u. H. SCHUNCK: Dampfstrahl-Vakuumkühlung für Kristallisierapparate. Chem. Ing. Techn. (1951) Nr. 21, S. 513.

[2] FLÜGEL, G.: Berechnung von Strahlapparaten. VDI-Forschungsheft 395 (1939).

[3] PETZOLD, M.: Graphische Methode zur Bestimmung des Dampfverbrauches von Brüdenverdichtern. Chem. Ing. Techn. (1950) Nr. 7, S. 147.

dann erhält man den Verlauf der spezifischen Fördermenge gemäß Abb. 358, mit dem optimalen Wert bei $\frac{c_4'}{c_3}$ von etwa 0,18. Gegenüber dem gebräuchlichen Wert von 0,1 (bei einer Ansauggeschwindigkeit im Querschnitt der Düsenöffnung von etwa 120 m/sec und bei einer Ausströmgeschwindigkeit aus der Treibdüse von im Mittel 1200 m/sec), ergibt sich eine rechnerische Erhöhung der spezifischen Fördermenge von etwa 4%. Wie schon erwähnt ist jedoch eine praktische Verbesserung des Gütegrades von Dampfstrahlverdichtern durch Beschleunigung des Ansaugdampfes in Versuchen nicht erwiesen. Es ist möglich, daß die Verbesserung des Gütegrades gemäß der Veröffentlichung durch HAMMER, MESSING und SCHUNCK durch eine bessere Formgebung anderer Teile erreicht wurde. Dies könnte der Fall sein bei Anwendung eines längeren Halses. Da jedoch keine Maßangaben der untersuchten Strahlkompressoren gemacht wurden, kann es sich hier nur um eine Vermutung handeln. Sie wurde veranlaßt durch die theoretischen und experimentellen Arbeiten von KEENAN, NEUMANN und LUSTWERK[1].

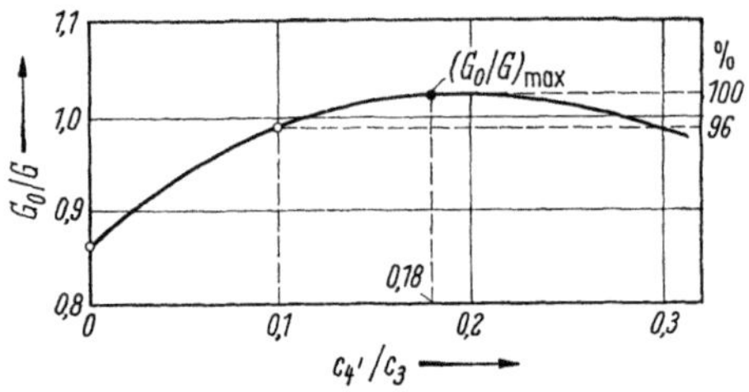

Abb. 358. Spezifische Fördermenge G_0/G eines Dampfstrahlkompressors in Abhängigkeit vom Verhältnis der Ansauggeschwindigkeit c_4', zur Treibstrahlgeschwindigkeit c_3.

Auf Grund von gaskinetischen Betrachtungen wird dabei das Mischen von zwei konzentrischen Luftströmen bei Überschallgeschwindigkeit sowohl bei konstantem Druck als auch bei konstantem Durchmesser der Mischstrecke untersucht. Es ergab sich beim Mischen unter konstanten Druck ein günstigerer Treibstoffverbrauch für die gegebenen Betriebsbedingungen eines Strahlkompressors als

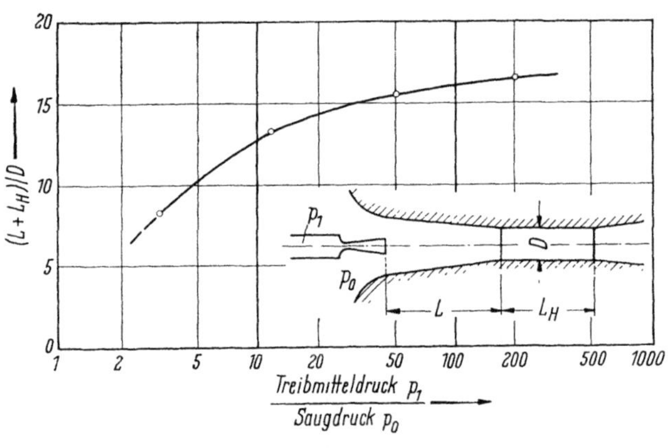

Abb. 359. Optimale Mischraumlänge $L + L_H$ in Abhängigkeit vom Druckverhältnis p_1/p_0 (nach KEENAN, NEUMANN und LUSTWERK).

beim Mischen in einem zylindrischen Mischrohr. Die Ergebnisse von Rechnung und Messungen stimmten in einem weiten Bereich der Betriebsvariablen überein. Die Untersuchung ergab als günstigste Mischlänge beim Mischen von zwei Strömen wesentlich andere Werte als von WIEGAND angegeben wurde (Tab. 4). Die notwendige totale Mischlänge, vom Eintritt des Mischstrahles bis zum Anfang des unterkritischen, sich erweiternden Diffusors, hängt sowohl vom Mischprozeß als auch

[1] KEENAN, J. H., E. P. NEUMANN u. F. LUSTWERK: An investigation of ejector design by analysis and experiment. Journ. of Applied Mechanics (1950) S. 299—309.

vom Ablauf der Verdichtungsstöße während der Strömung ab. Nach den Beobachtungen (Schlierenaufnahmen und Druckmessungen) sind bei Strahlkompressoren für überkritische Verdichtungsverhältnisse die Verdichtungsstöße für den Ablauf der Druckerhöhung maßgebend. Die für den Verlauf der Verdichtungsstöße und für die Mischung optimale relative Länge der Mischstrecke $\frac{L + L_H}{D}$ ist in Abb. 359 angegeben. Es wird empfohlen die Länge L_H des Halses und des konischen Teiles L gleich groß zu halten.

Somit ergeben sich etwa doppelt so große optimale Mischlängen als von WIEGAND (Tab. 4) angegeben wurden.

Weiterhin erhält man mit der Annahme, daß nach der Mischung die überkritische Strömung durch einen senkrechten Verdichtungsstoß in eine unterkritische Strömung übergeht, sowohl die dabei erreichbare Druckerhöhung als auch den Durchmesser des engsten Querschnittes. Durch diese gaskinetische Berechnungsweise ist eine experimentelle Bestimmung des „Durchsatzes" (wie

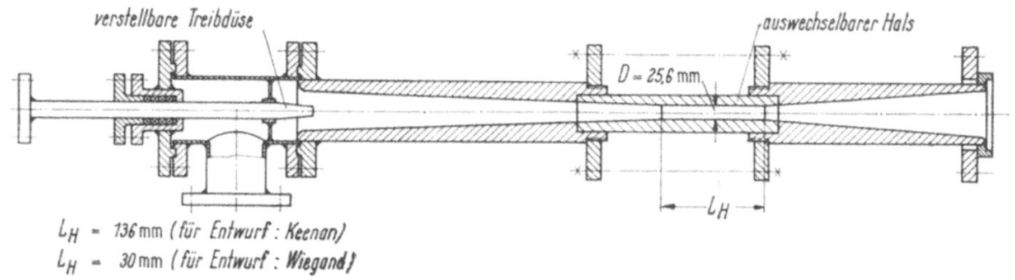

Abb. 360. Der für den Vergleich zwischen kurzem (WIEGAND) und langem (KEENAN u. a.) engsten Teil benutzte Strahlkompressor mit verstellbarer Treibdüse.

dies beim Entwurf nach den Regeln von WIEGAND der Fall ist) überflüssig geworden. KEENAN, NEUMANN und LUSTWERK haben eine Berechnungsweise von Dampfstrahlkompressoren angegeben, bei der ausschließlich die Länge des Mischweges und des Halses auf Grund von Erfahrung zu bestimmen ist, und die verschiedenen Querschnitte berechnet werden können.

Eine experimentelle Überprüfung der Betriebseigenschaften von Strahlkompressoren einerseits nach WIEGAND, und andererseits nach KEENAN und Mitarbeitern erschien notwendig. Sie wurde ausgeführt mit Luft als Arbeitsmedium[1]. Der Strahlkompressor mit axial verstellbarer Treibdüse ist in Abb. 360 dargestellt. Der auswechselbare Hals ermöglichte es, die Versuche sowohl mit einer Länge L_H des engsten Querschnittes von etwa D (nach WIEGAND) als auch von etwa 5,5 D (nach KEENAN und Mitarbeitern) auszuführen. Die Entwurfsdaten waren:

treibende Luftmenge	$G_1 = 70$ kg/h
Druck der Treibluft	$p_1 = 7$ ata
Ansaugdruck	$p_0 = 0{,}04$ ata (30 mm Hg)
maximaler Gegendruck	$p_2 = 0{,}2$ ata (147 mm Hg)
Anfangstemperatur der Luft	$T = 300°$ K.

Mit einem angenommenen Gütegrad $\lambda = 70\%$ findet man dann mit einem i,s-Diagramm für Luft aus Gl. (6) die Ansaugmenge zu $G_0 = 14{,}7$ kg/h.

Durch Axialverschiebung der Treibdüse wurde festgestellt, daß für beide Längen des engsten Querschnittes ($L_H = D$ und $L_H = 5{,}5\,D$) eine Länge des

[1] Unveröffentlichte Arbeit, ausgeführt im kältetechnischen Laboratorium der Technischen Hochschule, Delft.

konischen Teils von $L = 8\,D$ praktisch optimale Werte ergibt. Die Betriebscharakteristiken der beiden Strahlkompressoren wurden für mehrere konstant gehaltene Saugdrücke bestimmt und sind in Abb. 361 wiedergegeben. Die gestrichelten Kurven beziehen sich auf den Strahlkompressor nach Wiegand mit kurzem „Hals", die ausgezogenen Kurven auf die Ausführung mit einem längeren Hals nach Keenan und Mitarbeitern. Bei diesen letzten Betriebslinien ist der instabile Teil kurz gestrichelt angegeben. Auf jeder Kurve findet man einen Betriebspunkt, bei dem der Kompressor einen optimalen Gütegrad erreicht. Für jeden Kompressor sind diese Punkte durch eine Linie verbunden. Man kann auf Grund

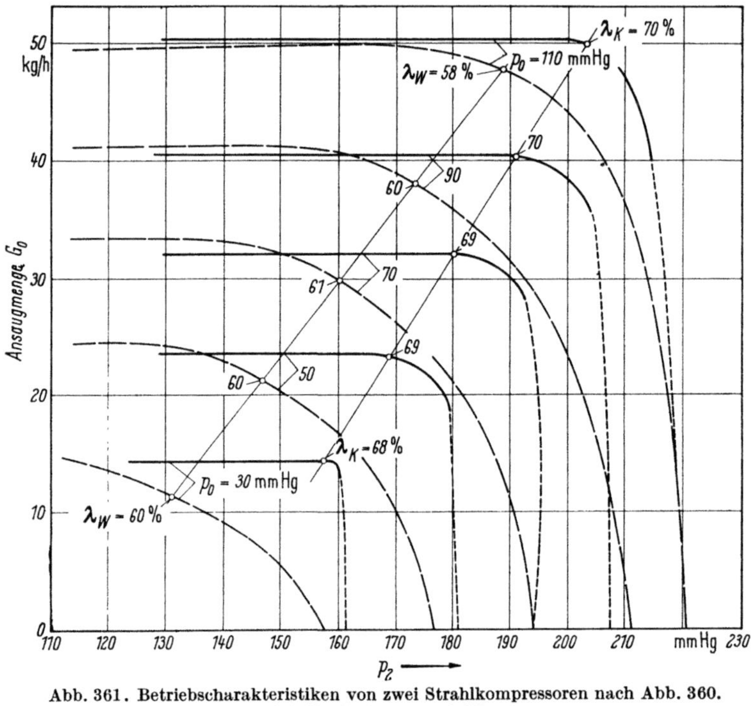

Abb. 361. Betriebscharakteristiken von zwei Strahlkompressoren nach Abb. 360.
1. gestrichelte Linien – nach Wiegand.
2. ausgezogene Linien – nach Keenan u. a.
(die kurz gestrichelte Fortsetzung der Linien entspricht instabilen Zuständen).
Die mit *o* angedeuteten Punkte der Betriebskurven entsprechen den optimalen Betriebszuständen. Daneben ist der nach Gl. (6) berechnete Gütegrad λ_w (Wiegand) und λ_K (Keenan) angegeben.

dieser Angaben feststellen, daß der Strahlkompressor der nach den neueren Untersuchungen bemessen wurde einen um etwa 10% höheren Gütegrad gegenüber dem Kompressor nach Wiegand ergibt.

Man darf wohl annehmen, daß die neue Berechnungsweise auch für Wasserdampf brauchbare und günstige Entwurfgrundlagen ergibt, und daß damit eine beachtliche Verbesserung des Gütegrades von Strahlkompressoren erreicht wird.

D. Anwendungen von Dampfstrahlkompressoren.

Bei den Anwendungen von Dampfstrahlkompressoren in der Kältetechnik kommt es darauf an, die Gebiete dieser Anwendungen ingenieurmäßig so zu wählen, daß die Vorteile dieser Art von Kompressoren zur Geltung kommen, die Nachteile jedoch von geringer Bedeutung sind. Zur Beurteilung der sich dabei ergebenden Möglichkeiten ist es notwendig, die Vorteile und Nachteile der Strahlkompressoren kurz zusammenzufassen.

Vorteile

1. Durch die Einfachheit der Bauart und durch das Fehlen von bewegten Teilen sind diese Kompressoren
a) *Preiswert* in der Anschaffung,
b) *Betriebssicher* und
c) sie erfordern geringe *Reparaturkosten.*

2. Da meistens Wasserdampf als Kältemittel und Treibmittel verwendet wird, ist diese Maschinenart *ungefährlich.*

3. Wenn Abdampf als Treibmittel zur Verfügung steht, sind die *Betriebskosten* niedrig.

Nachteile

1. *Hoher Dampfverbrauch* wegen im Prinzip großer thermodynamischer Verluste des theoretischen Arbeitsprozesses.

2. *Hoher Verbrauch an Kühlwasser,* da außer dem Kältemittel (Wasserdampf) auch der Treibdampf niedergeschlagen werden muß. Da außerdem eine hohe Erwärmung des Kühlwassers den Treibdampfverbrauch sehr ungünstig beeinflußt, wird das Kühlwasser nur wenig erwärmt.

3. *Geringe Anpassungsfähigkeit* bei veränderlichen Betriebsbedingungen. Die Leistung eines Dampfstrahlkompressors ist nur in engen Grenzen regelbar. Bei geringer Erhöhung der Kondensationstemperatur über diejenige, bei welcher der günstigste Wirkungsgrad erreicht wird, tritt Betriebsunfähigkeit ein.

4. *Beschränkte Fähigkeit, größere Temperaturunterschiede zu überbrücken.* Die tiefste Verdampfungstemperatur ist durch den Gefrierpunkt des Wassers gegeben.

Die Anwendung von Dampfstrahlkompressoren zur Kälteerzeugung ist im Vergleich zu der großen Verbreitung von Kälteanlagen mit Kolbenkompressoren sehr beschränkt. Selbst Absorptionskältemaschinen haben im Vergleich mit Strahlkältemaschinen eine viel größere Bedeutung in den Anwendungen erreicht. Diese Tatsachen sind vermutlich nicht nur durch die Gegenüberstellung von Nachteilen und Vorteilen zu erklären; den erwähnten Nachteilen stehen doch bedeutende Vorteile gegenüber. Es könnte sein, daß die geringe Beherrschung der Berechnung und des Entwurfs von Dampfstrahlkälteanlagen und ungenügende Kenntnis ihrer Betriebseigenschaften maßgeblich dazu beigetragen haben, daß Dampfstrahlkompressoren im Verhältnis zu den anderen Kältemaschinen bisher nur wenig gebraucht werden.

Dampfstrahlkältemaschinen können aber auf manchen Gebieten wirtschaftlich und betriebstechnisch mit Vorzug betrieben werden. Die Anwendungsgebiete von Dampfstrahlkompressoren umfassen in der Hauptsache:

1. die Kühlung von Flüssigkeiten durch „Selbstverdampfung";
2. die Benutzung als Vorschaltkompressoren (Booster) bei mehrstufiger Kompression.

Im folgenden werden diese Anwendungen besprochen.

I. Kaltwasserbereitung.

Kühlung durch kaltes Wasser ist sowohl für Komfort-Klimaanlagen als auch für Industrieprozesse von großer Bedeutung. Wenn keine Temperaturen unter 0 °C verlangt werden und es sich um umfangreiche Anlagen handelt, wobei eine genaue Regelung der Temperatur und Kälteleistung von Bedeutung ist, wird für den Transport und die Verteilung der benötigten Kälte gerne Wasser als Kälteträger benutzt. Obwohl die Bereitung des Kaltwassers heute hauptsächlich durch elektrisch angetriebene Kompressions-Kältesätze, und neuerdings auch in größerem Ausmaß (in den Vereinigten Staaten von Amerika) durch dampfbeheizte Absorptions-Kältemaschinen mit LiBr-H_2O als arbeitendem Stoffpaar[1] erfolgt, ist es in vielen Fällen vorteilhaft, für diesen Zweck von Dampfstrahl-Kältemaschinen Gebrauch zu machen.

Man wählt bei Komfort-Klimaanlagen und auch vielfach für Industrie-Anlagen — z. B. in den Fällen, bei denen chemische Prozesse stationär gehalten werden müssen und die entstehende Reaktionswärme bei niedrigen Temperaturen abgeführt werden muß — die umlaufende Kaltwassermenge so hoch, daß nur eine

Abb. 362. Dampfstrahlkältemaschine mit Oberflächenkondensator, Kälteleistung 10000 kcal/h bei Kaltwasserkühlung, Messo, Duisburg.

geringe Abkühlung des Kaltwassers von z. B. 5° C nötig ist. In solchen Fällen wird eine *einstufige Wasserabkühlung* in der Dampfstrahl-Kälteanlage bevorzugt. Die Anlage wird dann bei nicht zu großen Leistungen und, falls Oberflächenkondensatoren gewählt werden, in einer betriebsfertig zusammengebauten Ausführung geliefert.

Abb. 362 zeigt einen solchen Kältesatz für 10000 kcal/h. Der linke Teil des zylindrischen Behälters ist der Oberflächenkondensator, die rechte Hälfte ist das Entspannungsgefäß zur Wasserkühlung, aus dem die Dämpfe mit dem obenaufgebauten Dampfstrahlkompressor abgesaugt und zum Kondensator gefördert werden, wo sie bei einem höheren Druck niedergeschlagen werden.

Das Entspannungsgefäß (Verdampfer) zur Kühlung des Kaltwassers und der Kondensator sind neben dem Dampfstrahlkompressor die wichtigsten Teile der Anlage. Obwohl die Bauarten dieser Apparate sehr einfach sind, ist deren richtige Typenwahl und Bemessung noch in der Hauptsache im Stadium der Empirie. Die theoretischen Grundlagen des Mischkondensators und des Entspannungsverdampfers müssen noch weiter entwickelt werden, um rechnungsmäßig die sich in diesen Apparaten abspielenden Vorgänge vollständig beherrschen zu können.

[1] Siehe auch: Dieses Handbuch, Bd. VII, S. 522ff.

1. Das Entspannungsgefäß.

Das Entspannungsgefäß muß so entworfen werden, daß:

a) die Abkühlung der umlaufenden Wassermenge bis nahezu auf die zum Verdampferdruck gehörende Gleichgewichtstemperatur erfolgt;

b) der bei der Entspannung entstehende Dampf keinen oder nur wenig Wassernebel oder Wassertropfen zum Dampfstrahlkompressor mitreißt;

c) der Druckverlust bei der Dampfströmung von der verdampfenden Wasseroberfläche zum Dampfstrahlkompressor gering ist.

Am einfachsten befriedigt man diese drei Forderungen, wenn man das zu kühlende Wasser in einen *genügend* großen Vakuumbehälter fein verteilt einspritzt. Man versucht jedoch andererseits aus Gründen der Wirtschaftlichkeit, das Entspannungsgefäß klein zu halten.

Die Wasserverteilung erfolgt meistens durch:

Zerstäubungsdüsen,
Perforierte oder geschlitzte Rohre,
Gekerbte Überfallwehre.

Beim Gebrauch von Zerstäubungsdüsen sind zur Abscheidung von mitgerissenen Tröpfchen Tropfenfänger erforderlich, in denen aber meistens ein unzulässig hoher Druckverlust auftritt. Eine *zu* feine Verteilung des Kaltwassers muß darum vermieden werden. Gebraucht werden vielfach sowohl liegende zylindrische Behälter mit Schlitzrohren zur Wasserverteilung oder stehende zylindrische Behälter mit Überfallwehren (Katarakte). In jedem Fall sorge man für eine genügende Ausdampfoberfläche des Kaltwassers und vermeide zu hohe Dampfgeschwindigkeiten, um den Druckverlust gering zu halten.

Großen Einfluß auf den Entwurf des Entspannungsgefässes hat die gewünschte Art der Leistungsregelung der Anlage. Meistens werden bei größeren Anlagen zwei oder mehr Dampfstrahlkompressoren angewendet; bei wechselndem Kältebedarf wird ein Teil der Kompressoren wechselweise ab- oder zugeschaltet. Dies geschieht durch Unterbrechung der Zufuhr des Treibdampfes. Um ein Zurückströmen des komprimierten Dampfes vom Kondensator zu dem Entspannungsgefäß durch den außer Betrieb kommenden Kompressor zu verhindern, kann ein handbedienter Abschlußschieber in die Saugleitung des Kompressors eingebaut werden. Bei automatischem Betrieb ist jedoch die Bedienung von großen, gegen Vakuum dichten Schiebern unbequem. Man kann dann zweckmäßigerweise das Entspannungsgefäß entsprechend der Anzahl der Dampfstrahlkompressoren unterteilen und jedes Abteil eines Strahlkompressors mit einem genügend langen Fallrohr versehen. In Abb. 363 ist eine in drei Stufen regelbare Strahlkältemaschine gezeigt. Die drei Abteile sind mittels den drei Strahlkompressoren mit dem gemeinschaftlichen Oberflächenkondensator verbunden. Bei Außerbetriebsetzung eines Kompressors durch Abschluß der Dampfzufuhr steigt dann nur in dem dazugehörenden Entspannungsabteil der Druck durch zurückströmenden Dampf, und die anderen Abteile arbeiten normal weiter. Durch die Drucksteigerung im Abteil des abgeschalteten Kompressors wird das Kaltwasser aus dem Abteil verdrängt, und der Wasserspiegel stellt sich im Fallrohr selbständig gemäß dem Druckunterschied zwischen Kondensator und Verdampfer ein. Durch diesen Druckunterschied wird auch die Kaltwasserzufuhr zurückgedrängt und dadurch eine verlustbringende Erwärmung des Kaltwassers durch den aus dem Kondensator zurückströmenden Dampf weitgehend vermieden. Der Kälteverlust beschränkt sich auf die Erwärmung der obersten Schichten des ins Fallrohr gedrückten Wassers, und weiterhin gemäß der Menge des zurückgeströmten Dampfes, die für den Druckanstieg in diesem Abteil erforderlich ist. Um diesen Verlust bei der Leistungsregelung gering zu halten, ist es zweckmäßig, die Schalthäufigkeit auf 2 bis 3 Schaltungen je Stunde zu beschränken, was durch eine entsprechende Bemessung des Kaltwasserbehälters erreicht wird. Die Ab- und Wiedereinschaltung von Kompressoren geschieht dann durch einen oder mehrere Kaltwasserthermostaten.

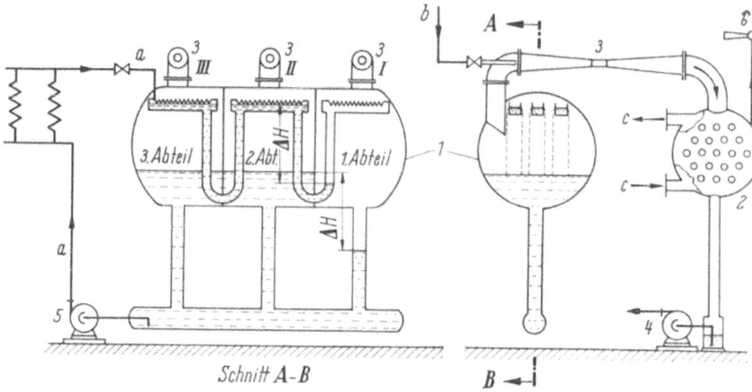

Abb. 363. Schema einer in drei Stufen regelbaren Dampfstrahlkältemaschine mit Oberflächenkondensator. *1* Verdampfer-Wasserkühler in drei Abteile unterteilt; *2* gemeinschaftlicher Kondensator; *3* Dampfstrahlkompressoren; *4* Kondensatpumpe; *5* Kaltwasserpumpe; *6* Entlüftung (Vakuumpumpe); *a* Kaltwasser; *b* Treibdampf; *c* Kühlwasser; ΔH Druckunterschied zwischen Abteil 1 und Abteil 2 bei abgestelltem Dampfstrahlkompressor *I*.

2. Der Kondensator.

Der Kondensator wird bei raumsparender Bauart als Oberflächenkondensator ausgeführt. Wenn die nötige Höhe zur Verfügung steht, kann aber auch ein barometrischer Mischkondensator verwendet werden. Die Gesichtspunkte, die die Wahl der Kondensatorart beeinflussen, sind neben den räumlichen Verhältnissen:

a) der Anschaffungspreis (der Mischkondensator ist im allgemeinen billiger);

b) die Zurückgewinnung des Kondensats des Antriebdampfes (bei dem Mischkondensator geht dieses Kondensatwasser verloren);

c) die Verschmutzung der wärmeübertragenden Oberfläche (tritt nur bei Oberflächenkondensatoren auf, die dann in gewissen Zeitabschnitten gereinigt werden müssen).

d) der zur Wärmeübertragung erforderliche Temperaturunterschied ist bei dem Oberflächenkondensator wesentlich größer als beim Mischkondensator. Der Verbrauch an Betriebsdampf und Kühlwasser ist dadurch bei Anwendung von Oberflächenkondensatoren höher.

Im allgemeinen wird man in Anbetracht der obengenannten Gesichtspunkte bei großen Anlagen, bei denen die Betriebskosten[1] wesentlich sind, Mischkondensatoren bevorzugen; bei kleinen Anlagen, oder dort, wo der Platzbedarf ausschlaggebend ist, wird man Oberflächenkondensatoren verwenden. Für den letzten Fall ist charakteristisch die neuerdings wieder eingeführte Anwendung von Dampfstrahl-Kälteanlagen zum Kühlen von Kaltwasser zwecks Klimatisierung von Aufenthaltsräumen auf Schiffen[2]. Hauptsächlich für Schiffe mit Dieselmotorenantrieb

[1] Angaben über Betriebskosten und Kaltwasserkosten sind zu finden in der zusammenfassenden Darstellung von G. G. BETTS: Steam Jet Refrigeration, Trans. Inst. Chem. Engrs. Vol. 33 (1955) S. 27—44.

[2] KROGSGAARD, M. R.: Air conditioning on the m. t. „Esso Danmark", Journ. of Refrig. Vol. 5 (1962) S. 76.

steht bei Gebrauch eines Abgaskessels als Dampferzeuger Dampf zur Verfügung, der ohne zusätzliche Brennstoffkosten erzeugt wird, so daß die Betriebskosten der Dampfstrahl-Kälteanlagen wesentlich niedriger sind als die von elektrisch oder durch Verbrennungsmotoren angetriebenen Kompressionskältemaschinen. Auch die Anschaffungskosten der Kälteanlage samt der Apparatur zur Erzeugung der Antriebsenergie sind bei einer Dampfstrahl-Kälteanlage niedriger als bei einer elektrisch angetriebenen Kompressionskältemaschine, so daß man für Schiffe mit Dieselmotoren-Antrieb die Dampfstrahlkühlung für Klimaanlagen stets in Betracht ziehen sollte[1]. In solchen Fällen ist auch die Tatsache, daß Dampfstrahl-Kältemaschinen einen wesentlich höheren Kühlwasserverbrauch haben, bedeutungslos, da auf Schiffen Kühlwasser unbeschränkt zur Verfügung steht.

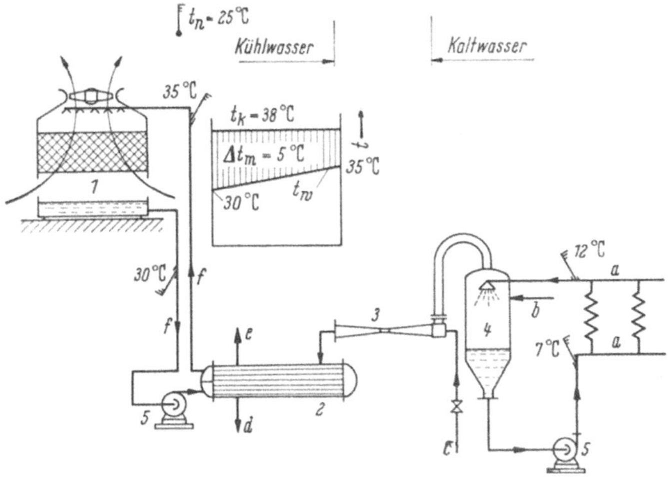

Abb. 364. Dampfstrahlkältemaschine mit Kühlturm.
1 Kühlturm; *2* Oberflächenkondensator; *3* Dampfstrahlkompressor; *4* Verdampfer-Wasserkühler; *5* Umlaufpumpen; *a* Kaltwasser; *b* Zusatzwasser; *c* Treibdampf; *d* Kondensat; *e* zur Vakuumpumpe; *f* Kühlwasser; t_n Anzeige des feuchten Thermometers; t_k Kondensationstemperatur; t_w Kühlwassertemperatur; Δt_m logarithmisch gemittelte Temperaturdifferenz.

Der Kühlwasserverbrauch der Dampfstrahl-Kältemaschinen ist hoch, weil im Kondensator auch der Treibdampf niedergeschlagen werden muß. Da Klimaanlagen, für welche Dampfstrahl-Kältemaschinen in Betracht kommen könnten, meistens in dichtbewohnten Städten gebraucht werden, in denen Kühlwasser immer knapper wird, macht man zur Kühlung des Kondensators vielfach von Wasser-Rückkühlwerken Gebrauch.

Im allgemeinen werden dabei sowohl Kühltürme mit künstlicher Belüftung als auch Verdunstungskondensatoren gebraucht. Bei Kühltürmen wird das gekühlte Wasser mittels einer Umlaufpumpe durch einen örtlich vom Kühlturm getrennten Kondensator geleitet. Das im Kondensator erwärmte Kühlwasser fließt dann dem Kühlturm wieder zu und wird dort rückgekühlt, Abb. 364. Um den Dampfverbrauch des Strahlkompressors niedrig zu halten, wird meistens nur eine geringe Erwärmung des Kühlwassers im Kondensator (z. B. 5° C) zugelassen, wodurch sich bei Kühltürmen eine verhältnismäßig große umlaufende Wassermenge und ein hoher Leistungsbedarf der Umlaufpumpe ergibt. Ein Verdunstungskondensator (Abb. 365) vereinigt Kühlturm und Kondensator in einem Apparat. Eine Wassererwärmung tritt nicht auf, da die Kondensationswärme durch Wasser-

[1] Christiansen, A., u. M. R. Kroggaard: Steamjet cooling plant for airconditioning of ships. Kulde, Vol. 17 (1963) S. 56—59.

verdunstung bei nahezu konstanter Wassertemperatur abgeführt wird. Die umlaufende Kühlwassermenge ist daher gering und der Leistungsbedarf der Pumpe niedrig. Bei mechanisch oder elektrisch angetriebenen Kältemaschinen für Klimaanlagen werden sowohl Kühlturm als auch Verdunstungskondensator meistens auf dem Dach des Gebäudes untergebracht und durch Kühlwasserleitungen (beim Kühlturm) oder Kältemittelleitungen (beim Verdunstungskondensator) mit dem an anderer Stelle untergebrachten übrigen Teil der Kälteanlage verbunden. Es ist bis heute nicht geklärt, ob für mechanisch angetriebene Kälteanlagen der Kühlturm oder der Verdunstungskondensator vorteilhafter ist.

Für Dampfstrahl-Kälteanlagen scheint diese Frage wohl zugunsten des Verdunstungskondensators entschieden zu sein[1]. Hierzu kann man die folgenden Gründe anführen:

a) Die Kondensationstemperatur kann im Verdunstungskondensator bei sonst gleichen Umständen niedriger sein als beim Kühlturm. Die Ursache dieses

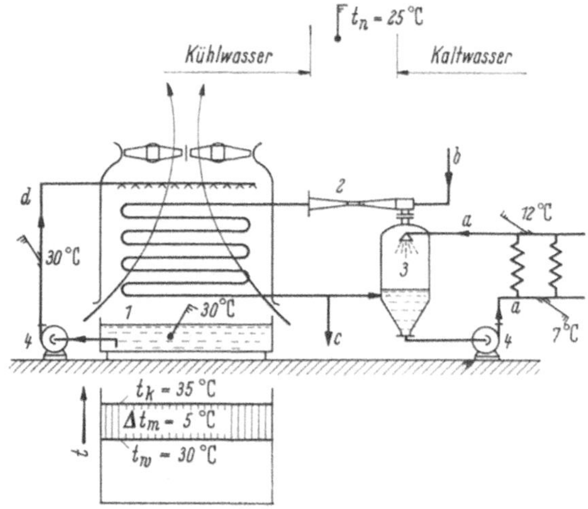

Abb. 365. Dampfstrahlkältemaschine mit Verdunstungskondensator.
1 Verdunstungskondensator; *2* Dampfstrahlkompressor; *3* Verdampfer-Wasserkühler; *4* Umlaufpumpen.
a Kaltwasser; *b* Treibdampf; *c* Kondensat; *d* Kühlwasser; t_n Anzeige des feuchten Thermometers; t_k Kondensationstemperatur; t_w Kühlwassertemperatur; Δt_m logarithmisch gemittelte Temperaturdifferenz.

Unterschiedes ist die Wassererwärmung in dem vom Kühlturm getrennten Kondensator. Der Unterschied beträgt im Beispiel der Abb. 364 und 365 drei Grad. Auch solch ein kleiner Unterschied in der Kondensationstemperatur ist für die Dampfstrahl-Kältemaschine von Bedeutung. Der Treibdampfverbrauch wird im Beispiel der Abb. 365 durch die um 3° niedrigere Kondensationstemperatur um etwa 15% vermindert.

b) Die Pumpenarbeit ist beim Verdunstungskondensator wesentlich niedriger als bei einem Kühlturm. Da man Dampfstrahl-Kältemaschinen oft anwendet, um den Verbrauch an elektrischem Strom niedrig zu halten, ist dies ein wesentlicher Punkt zugunsten des Verdunstungskondensators.

c) Bei Verwendung von Dampfstrahl-Kältemaschinen in Verbindung mit Verdunstungskondensatoren kann vorteilhaft die ganze Kälteanlage auf dem Dach des Gebäudes untergebracht werden, da der Dampfstrahlkompressor durch die Abwesenheit von bewegten Teilen keine Wartung benötigt. Die gesamte Kälte-

[1] SPENCER, E.: New development in steam vacuum refrigeration. ASHRAE-Transactions, Vol. 67 (1961) S. 339–359.

anlage nimmt dann keinen wesentlich größeren Platz ein als der Verdunstungskondensator allein.

Bei der Verwendung von Dampfstrahl-Kältemaschinen für Klimaanlagen mit Rückkühlung des Kühlwassers ist beim Entwurf und Betrieb die Anzeige des nassen Thermometers der Außenluft (Kühlgrenze) von großer Bedeutung. Da gemäß der Betriebscharakteristik nach Abb. 361 für einen gegebenen Dampfstrahlkompressor bei gegebenem Saugdruck (Verdampfungstemperatur) bei Überschreitung eines bestimmten Gegendruckes (Kondensationstemperatur) die Leistung ziemlich plötzlich bis auf Null abfällt (Ausklinkpunkt), muß man die Dampfstrahl-Kälteanlage für den Extremwert der Kühlgrenztemperatur, auch wenn er nur kurzzeitig auftritt, entwerfen, um ein Versagen in Zeiten, wo die Anlage am nötigsten gebraucht wird, zu vermeiden. Glücklicherweise ist in der Klimatechnik die benötigte Kaltwassertemperatur an sehr heißen Tagen höher als bei niedrigeren Außentemperaturen. Gemäß der Betriebscharakteristik steigt sowohl der Ausklinkpunkt (max. zulässiger Gegendruck) als auch die Kälteleistung mit steigender Kaltwassertemperatur (Verdampfungstemperatur), so daß die Anpassung der Kälteanlage an die Klimaanlage im Prinzip möglich ist. Die Regelapparatur der Klimaanlage muß aber mit Rücksicht auf die Charakteristik der Dampfstrahl-Kälteanlage entworfen sein, um bei richtiger Bemessung der Kälteanlage ein einwandfreies Arbeiten sicherzustellen. Bei Industrieanlagen mit Wasserrückkühlung — wobei man meistens während des ganzen Jahres eine konstante Kaltwassertemperatur wünscht — kann man von dem günstigen Umstand, daß der Ausklinkpunkt mit steigender Kaltwassertemperatur sich nach höheren Drücken verschiebt, keinen Gebrauch machen. Man entwerfe dann den Strahlkompressor für den Extremwert der Kühlgrenztemperatur der Außenluft, wobei dann die Anlage über den größten Teil der Betriebszeit unter ungünstigeren Verhältnissen und mit höherem Dampfverbrauch arbeitet.

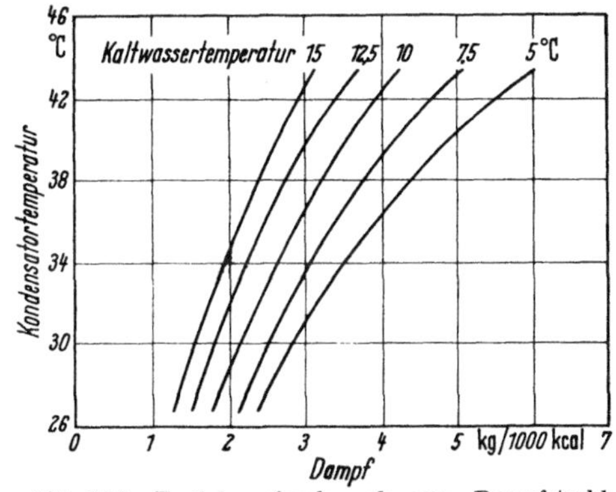

Abb. 366. Treibdampfverbrauch von Dampfstrahl-Kältemaschinen in Abhängigkeit von der Kondensationstemperatur und der Kaltwassertemperatur (nach Ashrae).

Besser ist es, für Anlagen mit konstanter Kaltwassertemperatur von Brunnenwasser mit konstanter Temperatur als Kühlwasser Gebrauch zu machen und dieses erwärmte Brunnenwasser weiterhin als Betriebswasser für andere Zwecke zu verwenden.

3. Mehrstufige Wasserabkühlung.

Wenn das Kaltwasser über einen größeren Temperaturbereich als etwa 5° C abgekühlt werden muß, oder wenn sehr große Kälteleistungen verlangt werden, ist es wirtschaftlich, die Kühlung des Kaltwassers in mehreren Stufen durchzuführen. Auch die Erwärmung des Kühlwassers geschieht dann meistens in derselben Anzahl Stufen. Treibdampfverbrauch und Kühlwasserverbrauch werden durch diese Maßnahme günstig beeinflußt. Abb. 366 zeigt den Dampfverbrauch von ausgeführten Anlagen zur Kaltwasserbereitung in Abhängigkeit von der tiefsten Kaltwasser- und der Kondensationstemperatur. Muß zum Beispiel Kaltwasser von 14° C auf 5° C abgekühlt werden und steht Kühlwasser von 25° C zur Verfügung, dann wird der Dampfverbrauch bei einstufigem Abkühlen 3,9 kg/1000 kcal Kälteleistung. Bei dreistufiger Arbeitsweise (Abkühlung von 14° C auf 11° C in der ersten, auf 8° C in der zweiten und auf 5° C in der dritten Stufe) sinkt der Dampfverbrauch auf 2,7 kg/1000 kcal. Meistens werden

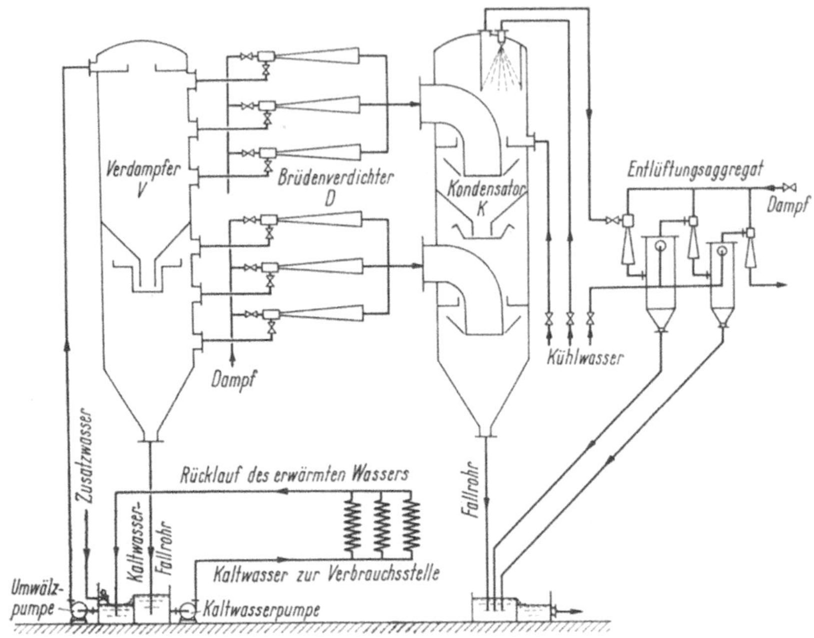

Abb. 367. Dampfstrahl-Kälteanlage mit zweistufiger Kühlung (Körting, Hannover).

Abb. 368. Fünfstufige Dampfstrahlkältemaschine. Leistung 1000000 kcal/h zur Kühlung von 100 m³/h Wasser von 20° C auf 10° C (Messo, Duisburg).

in diesen Fällen, bei denen es sich um Industrieanlagen in chemischen Prozessen handelt, übereinander gebaute Mischkondensatoren und übereinander gebaute Verdampferabteile angewandt. Abb. 367 gibt das Schema einer zweistufigen Anlage wieder; es sind drei Dampfstrahlkompressoren für jede Stufe zwecks Regelung der Kälteleistung vorhanden. Abb. 368 zeigt eine ausgeführte fünfstufige Anlage. Man spart bei dieser Bauweise an Grundfläche, muß jedoch bedenken, daß dabei der Energieverbrauch der Wasserpumpen einen erheblichen Anteil in den Betriebskosten erreichen kann.

II. Kühlung von Lebensmitteln.

Die Anwendung von Dampfstrahlkompressoren zur Kühlung von Wasser ist wohl die wichtigste Anwendung dieser Apparate. Daneben ist jedoch sowohl in der Lebensmittelindustrie als auch in der chemischen Industrie die Kühlung von verschiedenartigen Flüssigkeiten durch Entspannung im Vakuum und Abführung der entstehenden Dämpfe mittels Dampfstrahlkompressoren gebräuchlich.

In der Lebensmittelindustrie werden zum Beispiel neuerdings Dampfstrahl-Kältemaschinen bei *der Bereitung von Kondensmilch* angewendet. Dabei muß die eingedampfte Milch von der Eindampftemperatur bis etwa 8° C abgekühlt werden. Die sich bei der Kühlung abspielenden Vorgänge — hauptsächlich die Kristallisation der Lactose in sehr feinen Kristallen — lassen es wünschenswert erscheinen, die Kühlung der sehr viskösen Milchmasse rasch zu vollziehen. Die ursprünglich gebrauchte Methode der Abkühlung in Rührwerkgefäßen mit kalten eingetauchten Oberflächen ergibt eine langsame Kühlung. Die Entspannungskühlung mit einem Dampfstrahlkompressor hat sich dabei als vorteilhafter erwiesen.

Ein anderes Beispiel der Kühlung von Lebensmitteln mittels Dampfstrahlkompressoren ist die rasche Abkühlung von Salat und anderen großflächigen Pflanzen nach der Ernte[1]. Dabei werden die in warmem Zustand in Behältern verteilten feuchten Salatköpfe in einen Eisenbahnwagen geladen, und der ganze befrachtete Wagen wird in einen entsprechend großen Raum geschoben. Dampfstrahlkompressoren evakuieren dann den dicht geschlossenen Raum in etwa einer halben Stunde soweit, bis der Druck die Dampfspannung des Wassers bei + 1 °C erreicht hat (5 mm Hg). Dabei kühlt sich der Salat durch Selbstverdampfung der anhaftenden Feuchtigkeit bis auf diese Temperatur ab. Nicht feuchte Gegenstände, wie zum Beispiel der Eisenbahnwagen selbst, werden bei dieser Kühlmethode praktisch nicht abgekühlt. Der große Vorteil dieser Abkühltechnik ist einerseits eine Verlängerung der möglichen Lagerzeit, wichtiger jedoch ist die arbeitssparende Behandlung der Ware, die unmittelbar in dichter Stapelung in die Eisenbahnwagen verladen werden kann und nicht zwecks Kühlung umgelagert zu werden braucht.

III. Kristallisation von Salzen aus Lösungen.

In der chemischen Industrie werden vielfach Stoffe aus Lösungen durch Abkühlung und Kristallisation gewonnen. Die Trennung der Kristalle von der kalten Restlösung (Mutterlauge) geschieht dann durch Zentrifugen oder Filterapparate. Die kalte Mutterlauge kann meistens zur Vorkühlung von weiteren zu verarbeitenden Lösungsmengen benutzt werden.

Bei diesem Trennverfahren ist die Löslichkeit der zu kristallisierenden Salze als Funktion der Temperatur bestimmend für die Ausbeute an Salz. Vielfach ist mit Kühlwasser allein die gewünschte tiefe Temperatur, die für eine gute Ausbeute

[1] Refrigerating Engineering, Vol. 63 (1955) Juni, S. 70.

erforderlich ist, nicht zu erreichen, so daß zu Kältemaschinen gegriffen werden muß.

Die Kühlung von wässerigen Salzlösungen zwecks Kristallisation der Salze kann nach verschiedenen Verfahren geschehen. Man kann die Kühlung durch Berührung mit kalten Oberflächen durchführen. Man kann die Lösung aber auch unter einen Druck bringen, der niedriger ist als der Dampfdruck der Lösung, so daß Verdampfung des Lösungsmittels (Wasser) auftritt und die zur Verdampfung nötige Verdampfungswärme der Lösung entzogen wird, wodurch sie sich abkühlt (Vakuumkühlung durch Selbstverdampfung). Bei diesem letzten Kühlverfahren muß der entstehende Dampf abgeführt werden. Abführung und Kondensation dieses Dampfes durch Kühlung mit Kühlwasser ist nur dann möglich, wenn die Temperatur des Kühlwassers genügend tief ist. Ist dies nicht der Fall, dann muß der durch Verdampfung aus der Lösung entstehende Dampf auf den höheren Druck gebracht werden, bei dem Kondensation bei der Kühlwassertemperatur eintritt. Zur Verdichtung von Wasserdampf bei den verhältnismäßig niedrigen Drucken eignet sich der Dampfstrahlkompressor sehr gut. Die entsprechende Apparatur ist in Abb. 369 im Schema wiedergegeben. Sie ist aufgebaut aus:

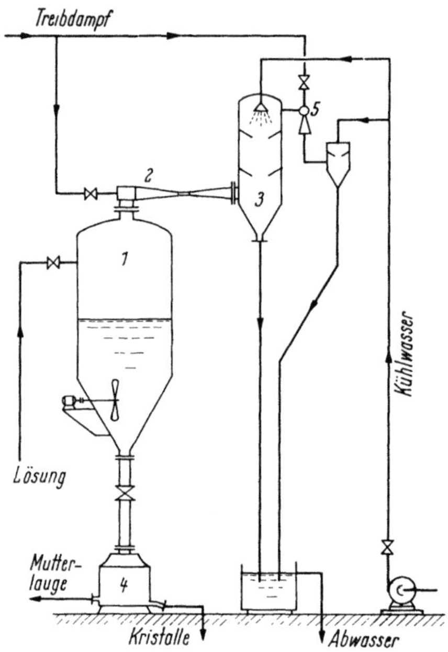

Abb. 369. Einstufiger Vakuumkristallisator mit Dampfstrahlkompressor.
1 Verdampfer-Kristallisator; *2* Dampfstrahlkompressor; *3* Mischkondensator; *4* Zentrifuge; *5* Vakuumpumpe.

a) *Verdampfer-Kristallisator 1*, in welchem ein der Temperatur und der Dampfdruckerniedrigung der Lösung entsprechender niedriger Druck herrscht, wobei Wasserdampf bei diesem niedrigen Druck aus der Lösung verdampft.

b) *Dampfstrahlkompressor 2*, durch welchen der Dampf vom niedrigeren, im Verdampferkristallisator herrschenden Druck auf den im Kondensator herrschenden Druck verdichtet wird.

c) *Kondensator 3*, in welchem der entstehende Dampf mittels Kühlwasser niedergeschlagen wird.

Das im Kondensator benötigte Vakuum wird durch eine Vakuumpumpe *5* (meistens eine zweistufige Dampfstrahlpumpe mit Zwischenkondensator) aufrechterhalten, welche die nichtkondensierbaren Gase (aus der Lösung und durch Undichtigkeiten der Apparatur) abführt. Die im Verdampfer-Kristallisator durch die Abkühlung entstehenden Kristalle werden von der kalten Mutterlauge meist in einer Zentrifuge *4* getrennt; die konzentrierte kalte Mutterlauge wird im Gegenstrom durch die zufließende Lösung erwärmt, die sich hierdurch abkühlt. Die beschriebene Apparatur ist eigentlich eine „offene" Dampfstrahl-Kältemaschine mit Wasserdampf als Kältemittel.

In neuerer Zeit werden in der chemischen Technik in zunehmendem Maße zur Kristallisation von Salzen aus Lösungen an Stelle von Oberflächen-Kristallisatoren mit oder ohne Dampfstrahlkompressoren arbeitende Vakuumkristallisatoren angewendet. Diese Bevorzugung ist nicht ausschließlich durch die meistens niedrigeren Betriebskosten und Preise der Apparatur zu erklären, es sind dabei auch noch andere Gründe anzuführen:

Es gibt bei der Kristallisation durch Abkühlung neben der Kristallkeimbildung und dem gleichmäßigen Kristallwachstum zwei Umstände, die große Schwierigkeiten bereiten:

1. Krustenbildung an der gekühlten Oberfläche;
2. Korrosion der Apparate durch die oft sehr aggressiven Lösungen.

Die Ursache der Krustenbildung ist einerseits die *Übersättigung* der Lösung, durch welche Keimbildung und Wachsen der Kristalle verursacht wird, sowie die Tatsache, daß die Übersättigung in der Grenzschicht an der Kühlfläche am größten ist; andererseits sind es die *Adhäsionskräfte*, die zwischen dem Konstruktionsmaterial der Kühlfläche und den Kristallen wirken. Die durch Übersättigung in der Grenzschicht entstehenden Kristalle haften durch die Adhäsionskräfte auf der Kühlfläche und wachsen durch die Übersättigung fortlaufend weiter. Die hierdurch entstehende Kruste hemmt den Wärmeübergang und kann auch Verstopfungen verursachen. Besonders bei kontinuierlich arbeitenden Kühlerkristallisatoren ist der Einfluß der Krustenbildung sehr nachteilig. Bei chargenweise arbeitenden Apparaten können wohl die entstehenden Krusten nach jeder Charge (durch Auflösung) entfernt werden, doch sind auch hier betriebstechnisch die Krusten sehr nachteilig.

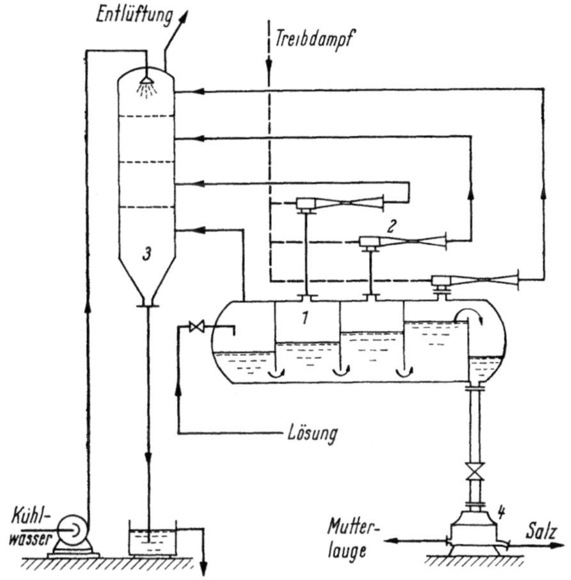

Abb. 370. Mehrstufiger Vakuumkristallisator mit Dampfstrahlkompressoren.

1 Vierstufiger Kristallisator; *2* Dampfstrahlkompressor; *3* Mischkondensator; *4* Zentrifuge.

Bei Verwendung von Vakuumkristallisatoren entfallen die festen, die Krustenbildung veranlassenden gekühlten Oberflächen. Die Korrosion der metallischen Baustoffe der Apparate durch aggressive Salzlösungen kann weitgehend vermieden werden durch Bekleidung der Apparatewände, welche mit der Lösung in Berührung kommen, mit entsprechenden Überzügen (Ebonit, Gummi oder Kunststoffe). Ihre niedrige Wärmeleitzahl verbietet es, sie zum Korrosionsschutz der Kühlflächen von Oberflächenkühlern zu gebrauchen, wohl aber kann man damit die Wände der Vakuumgefäße, Rührwerkteile und andere mit aggressiven Lösungen in Berührung stehenden Teile von Vakuumkristallisatoren bekleiden. Vakuumkristallisatoren mit Dampfstrahlkompressoren werden z. B. zur Kristallisation von Glaubersalz aus den Spinnbädern von Rayonfabriken zwecks Regeneration der Spinnbäder verwendet. Weiterhin z. B. auch zur Kristallisation von Eisensulfat aus den Beizbädern von Stahlfabriken. Zur Gewinnung von Binatriumphosphat, Zitronensäure und vielen anderen Stoffen werden für große Leistungen und größere Kühltrajekte vielfach mehrstufige, kontinuierlich arbeitende Vakuumkristallisatoren verwendet[1]. Durch das stufenweise Abkühlen der Lösungen wird an Treibdampf gespart und außerdem wird die Kristallisation durch Erzielung eines gleichmäßigen Produkts vorteilhaft beeinflußt. Abb. 370 zeigt das Schema eines mit vier Stufen arbeitenden Vakuumkristallisators.

Die Möglichkeiten, welche Dampfstrahlkompressoren zur Kristallisation aus Lösungen bieten, sollen weiterhin durch zwei Beispiele dargestellt werden. Damit soll gezeigt werden, daß schwierige verfahrenstechnische Aufgaben durch Anwendung von Dampfstrahlkompressoren gelöst werden können.

WITTENBERG schlägt zur Gewinnung von Karnalit (ein Doppelsalz von Kaliumchlorid und Magnesiumchlorid mit sechs Molekülen Kristallwasser) aus dem Wasser des Toten Meeres — das durch Sonnen-Eindampfpfannen konzentriert wurde — ein Verfahren durch Kühlung der Lösung vor[2]. Bei der Kühlung — wobei Karnalit

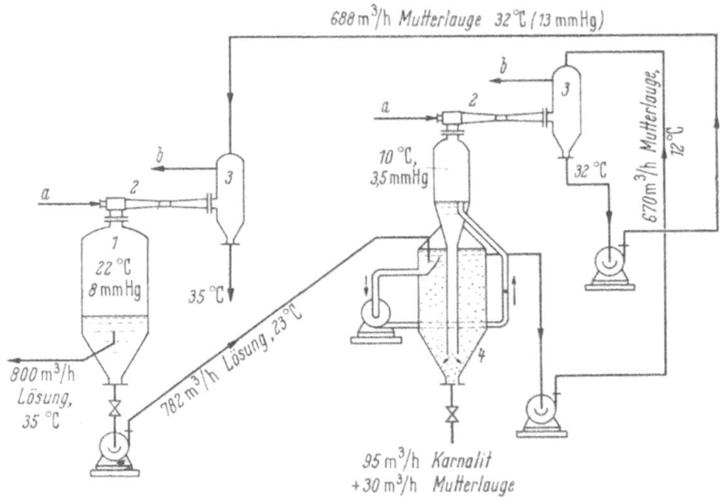

Abb. 371. Arbeitsschema einer Anlage zur Gewinnung von Karnalit aus einer Lösung.
1 Vakuumkühler; *2* Dampfstrahlkompressor; *3* Kondensator; *4* Kristallisator. *a* Treibdampf; *b* zur Vakuumpumpe (nach WITTENBERG).

auskristallisiert wird — verwendet man eine besondere Art von Dampfstrahl-Kälteanlage. Diese hat einen niedrigen Verbrauch an Treibdampf, weil zur Kondensation der mit Dampfstrahlkompressoren verdichteten Dämpfe in einem Mischkondensator nicht Kühlwasser, sondern die kalte Mutterlauge aus der Karnalitgewinnung benutzt wird. Da der Dampfdruck über der Mutterlauge bedeutend niedriger ist (durch die Dampfdruckerniedrigung der gelösten Salze) als von Wasser, muß dabei der Dampfstrahlkompressor die Dämpfe auf einen niedrigeren Gegendruck verdichten. Es ergibt sich dadurch eine beträchtliche Ersparnis an Treibdampf. Abb. 371 zeigt das Arbeitsschema des Verfahrens, bei welchem die Kühlung in zwei Stufen erfolgt: die Vorkühlstufe, bei welcher noch keine Kristallisation auftritt, und die zweite Kühlung, bei welcher Karnalit ausfällt. Mit diesem Verfahren ist der nachteilige Einfluß der Siedepunktserhöhung auf den Dampfverbrauch von Dampfstrahl-Kälteanlagen bei Salzlösungen weitgehend vermieden.

---

[1] HAMMER, H., T. MESSING u. H. SCHUNCK: Dampfstrahl-Vakuumkühlungen für Kristallisierapparate, Chem.-Ing.-Techn., Bd. 23 (1951) S. 513—516.

[2] WITTENBERG, D.: The use of brine in vacuum refrigeration and evaporation. The Industrial Chemist, Vol. 28 (1952) S. 535—537.

Ein weiterer Vorschlag von WITTENBERG zur Gewinnung von Trinkwasser aus Meerwasser nach einem Gefrierverfahren bei Verwendung von Dampfstrahlkühlung ist durch MESSING weiter ausgearbeitet[1]. Dieser Vorschlag ergibt rechnungsmäßig niedrigere Erzeugungskosten des Trinkwassers als die heute verwendeten modernen Verdampfer mit Erwärmung des Meerwassers und regenerativer Entspannung in vielen Stufen (flash evaporation).

Bei dem von MESSING beschriebenen Verfahren wird aus vorgekühltem Meerwasser durch Vakuumverdampfung und Ausfrieren reines Wassereis erzeugt, das vom übrigbleibenden konzentrierten Meerwasser getrennt und nach der Trennung geschmolzen wird. Die Schmelzwärme wird aus der Kondensationswärme des aus

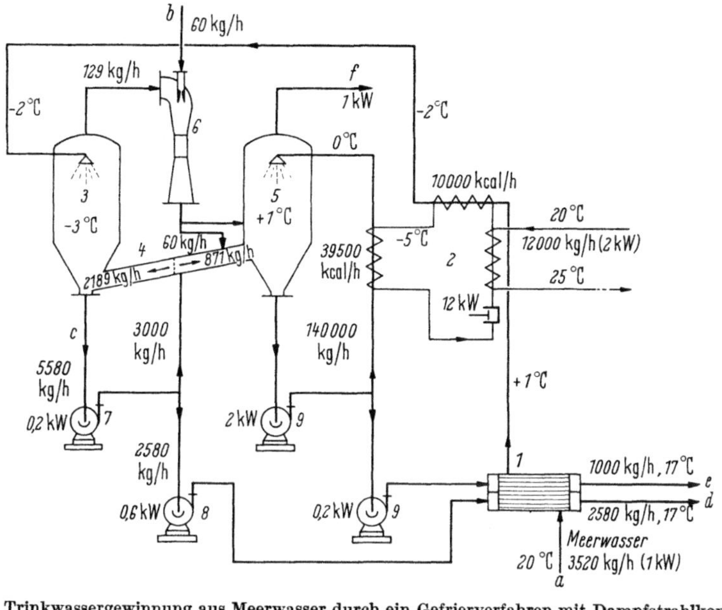

Abb. 372. Trinkwassergewinnung aus Meerwasser durch ein Gefrierverfahren mit Dampfstrahlkompressoren. *1* Wärmeaustauscher; *2* Kompressionskältemaschine; *3* Verdampfer; *4* Eisseparator; *5* Kondensator-Schmelzgefäß; *6* Dampfstrahlkompressor; *7* Eiswasserpumpe; *8* konzentrierte Lösungspumpe; *9* Trinkwasserpumpen. *a* Meerwasser 20° C; *b* Treibdampf; *c* Wasser mit Eis; *d* konzentrierte Lösung; *e* Trinkwasser; *f* zur Vakuumpumpe (nach MESSING).

dem Meerwasser im Verdampfer entstandenen Dampfes gewonnen. Der Druckunterschied zwischen dem Verdampfer und dem Kondensator-Schmelzgefäß wird durch einen Dampfstrahlkompressor überwunden. Abb. 372 zeigt das Schema des Verfahrens. Die eingeschriebenen Mengen sind rechnungsmäßig ermittelt für die Erzeugung von 1000 kg Trinkwasser. Sie müßten noch durch Messungen bestätigt werden.

Die Erzeugung von Eis durch Dampfstrahlkühlung bildet die Grundlage des obenbeschriebenen Verfahrens, das zur Trennung einer Lösung in ihre Bestandteile vorgeschlagen ist. Die Erzeugung von Eis hatte ein älteres Verfahren der Firmen Balke-Linde zum Ziel[2]. Diese „Vakuum-Eisanlage" arbeitet ebenfalls mit Dampfstrahlkühlung, wobei die bei der Entspannung von Wasser im Vakuum entstehenden Brüden, die die Kälteleistung ergeben, durch einen Dampfstrahlkompressor auf den Kondensatordruck verdichtet werden.

[1] MESSING, Th.: Sea water conversion by freezing. Annexe 1961—3 au Bulletin de l'Institut International du Froid. S. 345—357. Abb. 372 ist aus dieser Arbeit entnommen. In Anbetracht der Stoffbilanz ist eine Korrektur angebracht.

[2] Siehe auch dieses Handbuch, Bd. XI, S. 517.

Man ersieht aus diesen Beispielen die große Mannigfaltigkeit der Anwendungen von Dampfstrahlkompressoren. Es ist zu erwarten, daß eine weitergehende Vertiefung unserer Einsichten in die Arbeitsweise von Dampfstrahlkompressoren, von Entspannungskühlung und von Mischkondensation eine weitere Verbreitung der Anwendung dieses Verfahrens mit sich bringen wird.

IV. Vorschaltkompressoren bei mehrstufigen Kälteanlagen.

Bei den bisher behandelten Anwendungen von Dampfstrahl-Kältemaschinen wurde Wasser als Kältemittel verwendet. Die Anwendung von Dampfstrahlkompressoren zur Kälteerzeugung ist aber nicht auf das Kältemittel Wasser beschränkt[1]. BADYLKES[2] hat erkannt, daß Dampfstrahlkompressoren unter Umständen mit Vorteil als Vorschalt-Kompressoren zur Verdichtung von Kältemitteln wie NH_3 oder R 22, also als erste Druckstufe von mehrstufigen Kältemaschinen eingesetzt werden können.

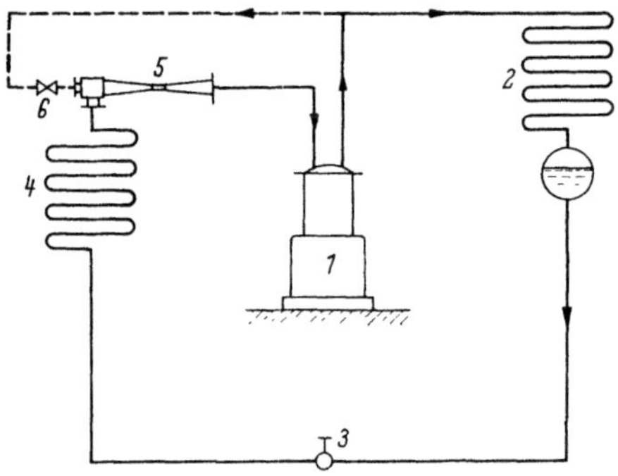

Abb. 373. Einstufige Kompressionskältemaschine mit vorgeschaltetem Dampfstrahlkompressor.
1 Kolbenkompressor; 2 Kondensator; 3 Drosselventil; 4 Verdampfer; 5 Dampfstrahlkompressor; 6 Absperrventil.

Das Schema einer Kältemaschine mit einem einstufigen Kolbenkompressor, die nach diesem Prinzip arbeitet, ist in Abb. 373 gezeigt. Man sieht, daß bei geschlossenem Absperrventil 6 eine einstufige Kompression des Kältemittels erfolgt (Kreislauf gemäß der ausgezogenen Linien). Das Gehäuse des Strahlkompressors ist dabei ein Teil der Ansaugleitung des Kolbenkompressors. Durch Öffnen des Absperrventils 6 wird der Strahlkompressor in Betrieb gesetzt, der dann als Vorschaltkompressor (Booster) arbeitet, so daß sich eine zweistufige Verdichtung (ohne Zwischenkühlung) ergibt.

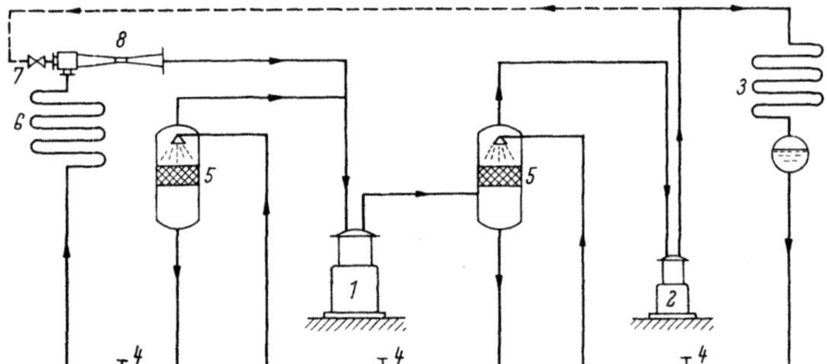

Abb. 374. Zweistufige Kompressionskältemaschine mit hinzugefügtem Vorschalt-Dampfstrahlkompressor.
1 Niederdruck-Kolbenkompressor; 2 Hochdruck-Kolbenkompressor; 3 Kondensator; 4 Drosselventil; 5 Zwischenkühler; 6 Verdampfer; 7 Absperrventil; 8 Dampfstrahlkompressor.

[1] Siehe auch: R. PLANK: Strahlkältemaschinen mit Frigen 113 als Kälte- und Treibmittel. Z. f. d. ges. Kälteindustrie (1941) S. 185—187.

[2] BADYLKES, I. S.: Probleme bei der Anwendung von Dampfstrahlkompressoren bei Kompressionskältemaschinen. Cholodilnaja Technika (1956) Nr. 1, S. 3.

Eine ähnliche Schaltung ist auch bei einer zweistufigen Kompressionskältemaschine mit nassem Zwischenkühler nach Abb. 374 möglich. Auch hier wird durch Öffnen des Absperrventils 7 eine Kompressionsstufe vorgeschaltet, so daß sich in diesem Fall eine dreistufige Kompression ergibt.

Als nützliche Möglichkeiten dieser Anwendungen von Dampfstrahlkompressoren in der Kältetechnik zeichnen sich zwei Gebiete ab:

a) Es kann sich der betriebstechnisch oft vorkommende Fall ergeben, daß in einem Kühlhaus neben der Lagerung von Gefriergut bei etwa — 20° C zeitweise auch Lebensmittel eingefroren werden müssen. Für die Gefrierlagerräume ist bei Kühlung mit direkter Verdampfung eine Verdampfungstemperatur von etwa — 29° C ausreichend. Für den Betrieb der Einfrierapparate ist jedoch eine Verdampfungstemperatur von etwa — 38° C erwünscht.

In diesen Fällen kann die Kälteanlage eines Betriebes, der mit Kolbenkompressoren arbeitet, für die meiste Zeit auf die Verdampfungstemperatur von — 29° C abgestimmt sein. Zur zeitweisen Inbetriebsetzung der Einfrierapparate kann dann dieselbe Kälteanlage nach Vorschaltung eines Dampfstrahlkompressors auf eine Verdampfungstemperatur von — 38° C umgestellt werden.

b) Als zweites Anwendungsgebiet kann man die Fälle betrachten, bei denen eine sehr tiefe Verdampfungstemperatur von z. B. — 100° C benötigt wird[1]. Mit Kolbenkompressoren kann man auch bei mehrstufiger Kompression eine so tiefe Temperatur nicht ohne weiteres erreichen. Es werden für diese Fälle Kälteanlagen in Kaskadenschaltung verwendet, wobei mit zwei verschiedenen Kältemitteln in den zwei Kreisläufen der Kaskade gearbeitet wird. In Kaskadenkälteanlagen für — 100° C Verdampfungstemperatur wird z. B. R 22 für den Hochtemperaturteil und R 13 für den Tieftemperaturteil verwendet. Eine solche Schaltung ist kompliziert und kostspielig. Man verwendet sie jedoch, weil die tiefste Temperatur, die man mit *einem* Kältemittel und mit normalen Kolbenkompressoren erreichen kann, begrenzt ist. Die Begrenzung ergibt sich aus der Tatsache, daß die Saugventile üblicher Konstruktion bei niedrigeren Drucken als etwa 0,1 ata nicht mehr befriedigend arbeiten[2].

Der Dampfdruck von 0,1 ata wird bei NH_3 bei — 70° C und bei R 22 bei — 80° C erreicht. Für tiefere Temperaturen greift man dann nach R 13, mit welchem Kältemittel dieser Dampfdruck erst bei — 115° C erreicht wird. Man kann damit aber nicht den ganzen Bereich zwischen Kondensator- und Verdampfertemperatur überbrücken, weil bei R 13 der kritische Punkt zu tief liegt und die im Hochdruckteil auftretenden Drücke zu hoch werden.

Man kann jedoch mit einem einzigen Kältemittel, z. B. mit R 22, eine Verdampfungstemperatur von — 100° C erreichen, wenn man bei einer zweistufigen (oder dreistufigen) Kompressions-Kältemaschine einen Dampfstrahlkompressor vorschaltet. Dieser arbeitet dann (etwa gemäß Abb. 374) mit einem Saugdruck von 0,02 ata, und verdichtet mittels R 22-Treibdampf von Kondensatordruck das angesaugte Kältemittel bis etwa 0,1 ata, also mit einem Druckverhältnis von etwa 5, welches für Dampfstrahlkompressoren ohne Schwierigkeiten zu überwinden ist.

Dampfstrahlkompressoren für diese zwei Anwendungsgebiete wurden jedoch bis jetzt nur in wenigen Fällen benutzt. Obwohl die Berechnung und der Entwurf von Dampfstrahlkompressoren für die üblichen Kältemittel (NH_3, R 12 und R 22)

[1] Badylkes, I. S.: On the problem of utilizing new refrigerants to obtain — 120° C in cascadeless refrigerating machines. Annexe 1960—3 au Bulletin de l'Institut International du Froid, S. 175.

[2] Natürlich ist auch das hohe spezifische Volum bei noch niedrigeren Drücken, das die Größe der Kompressoren beeinflußt, ein weiterer Hinderungsgrund.

mit den bekannten Grundlagen, wie sie im Abschnitt C mitgeteilt wurden, ohne weiteres möglich ist, wurde davon in der Praxis nur selten Gebrauch gemacht. Experimentelle Untersuchungen an Dampfstrahlkompressoren, die mit Ammoniak als Treib- und Kältemittel arbeiten, ergaben bei Anwendung von Gl. (6) Wirkungsgrade, die mit denjenigen von guten Wasserdampf-Strahlkompressoren übereinstimmen[1].

Allerdings ist zu beachten, daß diese Versuche mit unterkritischen Verdichtungsverhältnissen durchgeführt wurden; diese Druckverhältnisse treten auf, wenn man mit einem Vorschaltkompressor die Verdampfungstemperatur nur um etwa 10° erniedrigen will. MARTINOWSKY und ZHADAN[2] und weiterhin ZHADAN[3] berichten über Versuche an Dampfstrahlkompressoren, die mit R 12 arbeiten. Diese Versuche beziehen sich auf überkritische Verdichtungsverhältnisse, haben aber niedrige Entspannungs-Druckverhältnisse in der Treibdüse. Diese Betriebsbedingungen erhält man, wenn als Treibdampf R 12 verwendet wird, der bei 70° C mit Abfallwärme erzeugt wird und wenn Kälte bei 0 °C bis —10° C verlangt wird. Auch diese Versuche ergaben Übereinstimmung mit Gl. (6).

Schließlich kann man auf Grund von unveröffentlichten Versuchen des Verfassers auch als erwiesen erachten, daß man sich der Gl. (6) bedienen kann, wenn beim Kältemittel R 22 ein Vorschaltkompressor zwischen —100° C und —80° C verdichtet.

Durch Anwendung der in Abschnitt C gegebenen Konstruktionsregeln kann man dann einen Wirkungsgrad von 65 bis 70% erreichen. Anlagen mit Vorschaltkompressoren sind in den letzten Jahren in der Sowjetunion in Betrieb genommen worden. DANILOV und SISOYEV[1] berichten über die Anwendung von Vorschaltkompressoren für Ammoniak in den Kühlhäusern von Leningrad.

Ausgeführte Dampfstrahl-Vorschaltkompressoren zur Kälteerzeugung bei —100° C sind aus der Literatur nicht bekannt geworden. Erfahrungen mit einer Versuchsanlage[4] mit einer Kälteleistung von etwa 1000 kcal/h bei —100° C ergaben verschiedene Schwierigkeiten, die noch nicht alle überwunden sind. Das Schema der Anlage, die mit R 22 als Kältemittel arbeitet, ist in Abb. 375 wiedergegeben. Als wesentliche Punkte, die für einen befriedigenden kontinuierlichen Betrieb wichtig sind, kann man betrachten:

a) Der sehr *niedrige Verdampferdruck* von 0,02 ata (etwa 60 mm Kältemittelsäule) hat zur Folge, daß der Einfluß des hydrostatischen Druckes eine normale Konstruktion nicht zuläßt. Gewählt wurde ein Umlaufverdampfer mit einer stopfbüchsenlosen Pumpe zum Umpumpen des Kältemittels bei —100° C. Die Kälteleistung wurde in einem Doppelrohr-Wärmeaustauscher (elektrisch) zugeführt, das Verdampfen erfolgte in einem Entspannungsgefäß. Das System arbeitete zufriedenstellend.

b) Bei der sehr tiefen Verdampfungstemperatur *gefriert das Öl*, das aus dem Kolbenkompressor mitgerissen wird, und kann bei kontinuierlichem Betrieb Verstopfung ergeben. Ein Ölwascher wurde verwendet, in dem die aus dem Hochdruckkompressor kommenden Gase mit flüssigem R 22 gewaschen wurden. In der Betriebsperiode arbeitete der Ölwascher befriedigend.

---

[1] DANILOV, R. L., u. L. P. SISOYEV: Experimental investigation of ammonia vapour-jet devices operating as booster-compressors. Annexe 1960—3 au Bulletin de l'Institut International du Froid, S. 155.

[2] MARTINOWSKY, W., u. S. ZHADAN: Anwendung von Freon-Ejektoren zur Kälteerzeugung. Cholodilnaja Technika (1954) S. 55.

[3] ZHADAN, S.: Experimental Investigation of Freon Ejectors. Annexe 1960—3 au Bulletin de l'Institut International du Froid, S. 169.

[4] Im Laboratorium für Kältetechnik und Luftbehandlung der Technischen Hochschule Delft (Holland).

c) Die *automatische Regelung* der Kältemittelzufuhr zum Verdampfer darf keine ein-aus-Regelung sein. Die Flüssigkeitszufuhr muß kontinuierlich an die Dampfabfuhr angepaßt werden. Thermostatische Regelventile und Regelung der Flüssigkeitsfüllung des Verdampfers mit einem kapazitiven Niveauregler ergaben durch Pendeln unbefriedigende Resultate. Ein Pendeln der Anlage hat zur

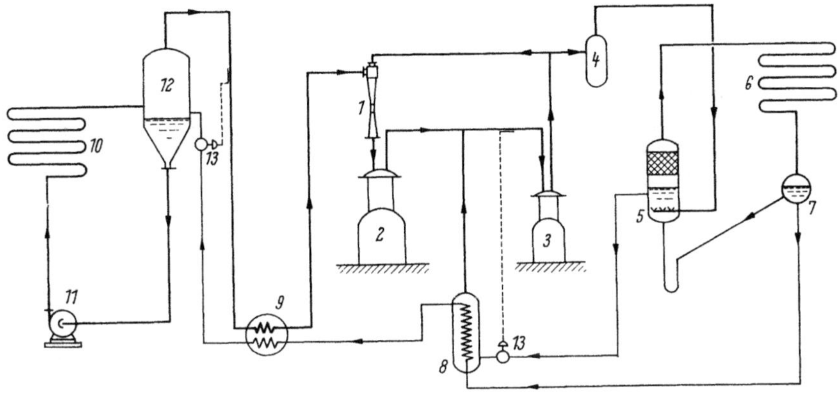

Abb. 375 Schema der Versuchsanlage zur Kälteerzeugung bei $-100°$ C mit R 22 als Kältemittel.
1 Dampfstrahlkompressor; *2* Kolbenkompressor *ND*; *3* Kolbenkompressor *HD*; *4* Ölabscheider; *5* Wascher; *6* Kondensator; *7* Flüssigkeitssammler; *8* Wärmeaustauscher *I*; *9* Wärmeaustauscher *II*; *10* Verdampfer; *11* Umlaufpumpe; *12* Flüssigkeitsabscheider; *13* Thermostatisches Regelventil.

Folge, daß die Wärmeaustauscher unvollkommen arbeiten. Obwohl es mit Handregelung möglich war, Messungen zur Beurteilung des Dampfstrahlkompressors auszuführen, ist die Anlage nicht geeignet für einen industriellen Betrieb. Die Entwicklungsarbeiten werden fortgesetzt.

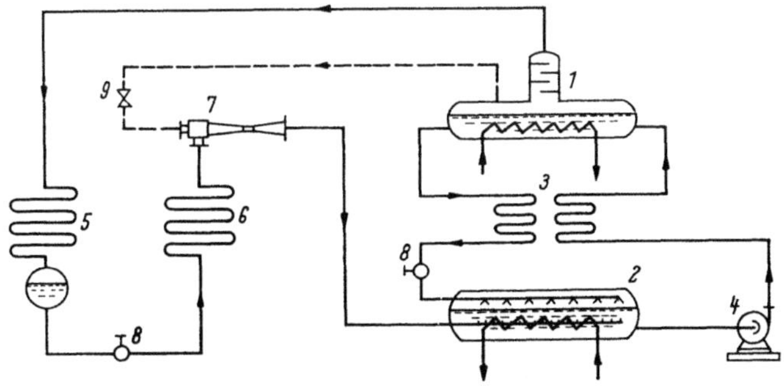

Abb. 376. Einstufige Absorptionskältemaschine mit Vorschalt-Dampfstrahlkompressor zur Kälteerzeugung bei $-70°$ C Verdampfungstemperatur.
1 Austreiber; *2* Absorber; *3* Wärmeaustauscher; *4* Lösungspumpe; *5* Kondensator; *6* Verdampfer für $-70°$ C; *7* Dampfstrahlkompressor; *8* Drosselventil; *9* Absperrventil.

Dampfstrahlkompressoren als Vorschaltkompressoren können nicht nur mit Kompressionskältemaschinen, sondern auch in Verbindung mit Absorptionskälteanlagen verwendet werden. Zur Erzeugung von Kälte bei tiefen Temperaturen wurden von ALTENKIRCH zweistufige Absorptions-Kälteanlagen, die mit dem Stoffpaar NH_3—H_2O arbeiten, vorgeschlagen[1]. Mit solchen Anlagen kann Kälte z. B. bei $-70°$ C erzeugt werden. Für denselben Zweck wurde später[2] eine Kombination von einer einstufigen Absorptionskältemaschine mit einem vorgeschalteten Dampfstrahlkompressor vorgeschlagen. Das Schaltbild der Anlage ist in Abb. 376 gezeigt. Berechnungen ergeben, daß der Dampfverbrauch und Kühlwasserverbrauch dieser Anlage günstiger sind als bei der zweistufigen Absorptions-Kältemaschine, und sogar ein Vergleich mit einer Kompressionskältemaschine, die mit einer Dampfturbine angetrieben wird, ergibt höhere Betriebskosten als das neu vorgeschlagene System.

Zusammenfassung.

Diese Übersicht der Anwendungen der Dampfstrahlkühlung zeigt, daß es sich hier — wegen der großen Mannigfaltigkeit der Möglichkeiten — um ein wichtiges Gebiet der Kältetechnik handeln könnte. In Wirklichkeit ist jedoch die industrielle Bedeutung der Kühlung durch Dampfstrahlkompressoren nicht erheblich. Man kann sich fragen, worin die Gründe dafür zu suchen sind. Ist es der Verbrauch an Betriebsmitteln, oder der Preis der Anlage (verursacht durch Einzelanfertigung), oder sind es die Betriebseigenschaften dieser Kälteanlagen?

Keiner dieser Gründe gibt eine wirklich befriedigende Erklärung. Vielleicht bietet der Umstand, daß die Dampfstrahlkompressoren zwischen den Gebieten der Kältetechnik und der Verfahrenstechnik liegen, eine Erklärung dafür, daß ihnen weder von Seiten der Kältetechniker noch der Verfahrensingenieure gebührende Beachtung geschenkt wurde. Diese wesentliche Art der Kälteerzeugung verdient es, beide Gruppen stärker zu interessieren.

---

[1] Dieses Handbuch, Bd. VII, S. 72.

[2] Heller, L., u. J. Farago: Absorption refrigeration at very low temperatures. Proc. IX International Congress of Refrigeration, Vol. 1 (1955) S. 3201.

Firmenverzeichnis

Namenverzeichnis

Sachverzeichnis

GPSR Compliance

The European Union's (EU) General Product Safety Regulation (GPSR) is a set of rules that requires consumer products to be safe and our obligations to ensure this.

If you have any concerns about our products, you can contact us on ProductSafety@springernature.com

In case Publisher is established outside the EU, the EU authorized representative is:

Springer Nature Customer Service Center GmbH
Europaplatz 3
69115 Heidelberg, Germany

Batch number: 10683525

Printed by Printforce, the Netherlands